Atlas der Anatomie des Hundes

Lehrbuch für Tierärzte und Studierende

PROF. DR. KLAUS-DIETER BUDRAS

WOLFGANG FRICKE
WISSENSCHAFTLICHER GRAFIKER

RENATE RICHTER
WISSENSCHAFTLICHE GRAFIKERIN

unter Mitarbeit von
DR. ANITA WÜNSCHE und DR. SVEN REESE

Mit Beiträgen zur klinisch-funktionellen Anatomie von
DR. SVEN REESE, PD DR. KLAUS GERLACH UND PROF. DR. KLAUS-DIETER BUDRAS

Einführung in die Röntgentechnik und Ultraschalldiagnostik
PROF. DR. CORDULA POULSEN NAUTRUP

6., überarbeitete und erweiterte Auflage

schlütersche

MITARBEIT AM ATLAS DER ANATOMIE DES HUNDES

6. Auflage:

Titelbild:
Renate Richter

Mitarbeiter am Gesamtprojekt:
Angela Baumeier
Daniela Bedenice
Sybille Ernsberger
Anne-Katrin Frohnes
Peter Haase
Klaus Korpel
Ute Markgraf
Susanne Poersch
Eva Radtke
Sabine Röck
Monika Sachtleben
Christina Schiel
Beate Tetzlaff

Herausgeber:
Prof. Dr. Klaus-Dieter Budras, Institut für Veterinär-Anatomie, Freie Universität Berlin

Beiträge von:
PD Dr. Klaus Gerlach, Tierärztliche Praxis, Fachklinik für Kleintiere und Chirurgie, Berlin
Prof. Dr. Horst E. König, Institut für Anatomie, Veterinärmedizinische Universität Wien
Prof. Dr. Dr. h. c. Hans-Georg Liebich, Institut für Tieranatomie, Ludwig-Maximilians-Universität München
Prof. Dr. Cordula Poulsen Nautrup, Institut für Tieranatomie, Ludwig-Maximilians-Universität München
Dr. Sven Reese, Institut für Tieranatomie, Ludwig-Maximilians-Universität München
Dr. Anita Wünsche, Institut für Veterinär-Anatomie, Freie Universität Berlin
Prof. Dr. Paul Simoens, Faculteit Diergeneeskunde, Universiteit Gent

Ein Verzeichnis früherer Mitarbeiter und der bisher zusätzlich verwendeten Quellen für Abbildungen, Röntgenaufnahmen und Fotografien kann den vorangegangenen Auflagen entnommen werden.

1. Auflage 1983
2. Auflage 1987
3. Auflage 1991
4. Auflage 1994
5. Auflage 1996
1. Spanische Auflage BUDRAS/FRICKE/SALAZAR 1989
1. Englische Auflage BUDRAS/FRICKE/McCARTHY 1994
2. Englische Auflage, in Vorbereitung
1. Japanische Auflage 1995
2. Japanische Auflage, in Vorbereitung
1. Italienische Auflage, in Vorbereitung

Die Deutsche Bibliothek – CIP-Einheitsaufnahme

Atlas der Anatomie des Hundes: Lehrbuch für Tierärzte und Studierende; mit Beiträgen zur klinisch-funktionellen Anatomie / Klaus Dieter Budras ... Einführung in die Röntgentechnik und Ultraschalldiagnostik / Cordula Poulsen Nautrup. – 6., überarb. und erw. Aufl. – Hannover: Schlütersche, 2000.

Bis 4. Aufl. u. d. T.: Budras, Klaus-Dieter: Atlas der Anatomie des Hundes

ISBN 3-87706-584-8

Gesamtherstellung: Schlütersche GmbH & Co. KG, Verlag und Druckerei, Hans-Böckler-Allee 7, 30173 Hannover

INHALTSVERZEICHNIS

Seite

Erläuterungen zu dem vorliegenden Buch

Die gerahmten Einführungen am Beginn der Textseiten zur topographischen Anatomie bieten Informationen zur Präparation für die Abbildungsvorlage und können gleichzeitig als kurzgefaßte Präparieranleitung genutzt werden. **Fettgedruckte Termini** anatomischer Strukturen dienen der Hervorhebung, und sofern sie zusätzlich beziffert sind, werden sie auf der nebenstehenden Abbildungsseite dargestellt und analog beziffert. Numerierungen am Rand der Textseiten beziehen sich auf die „Beiträge zur klinisch-funktionellen Anatomie". Die Numerierung in diesen Beiträgen weist auf die entsprechende Seite der topographischen Anatomie hin, z. B. weist 8.2 auf den 2. Beitrag zur Seite 8 hin. Die im Text vorkommenden anatomisch-medizinischen Fachausdrücke werden im Anatomischen Wortschatz erklärt und übersetzt. Abkürzungen anatomischer Begriffe werden entsprechend den Abkürzungen in den Nomina Anatomica Veterinaria (1994) gebraucht. Darüber hinaus vorkommende Abkürzungen sind in den dazugehörigen Texten, den Überschriften und Legenden zu den Abbildungen erklärt. Einige nicht allgemein gebräuchliche Abkürzungen werden hier noch einmal aufgelistet:

Die **Nervi craniales** werden mit den römischen Ziffern I-XII bezeichnet.

Nervi spinales:

n — Nervus spinalis
nd — Ramus dorsalis n. spinalis
ndl — Ramus dorsolateralis
ndm — Ramus dorsomedialis
nv — Ramus ventralis
nvl — Ramus ventrolateralis
nvm — Ramus ventromedialis
nC — Nervus cervicalis (z. B. nC 1 — Nervus cervicalis primus)
nCy — Nervus coccygeus s. caudalis
nL — Nervus lumbalis
nS — Nervus sacralis
nT — Nervus thoracicus

Vertebrae:

vC — Vertebra cervicalis (z. B. vC 3 — Vertebra cervicalis tertia)
vL — Vertebra lumbalis
vS — Vertebra sacralis
vT — Vertebra thoracica

VORWORT ZUR SECHSTEN AUFLAGE

Die Topographische Anatomie, im Hauptteil unseres Werkes dargestellt, erlangt durch die gerade erfolgte Neufassung der Approbationsordnung für Tierärzte und die damit einhergehende dramatische Kürzung des Unterrichtes in den anatomischen Fächern eine unerwartete aktuelle Bedeutung. Die topographisch-anatomische Vorgehensweise ermöglicht noch am ehesten, ein sehr umfangreiches und wichtiges Stoffgebiet in der Kürze der zur Verfügung stehenden Zeit angemessen zu vermitteln, und auch deshalb arbeiten wir seit vielen Jahren permanent an der Verbesserung unseres Werkes. Nach gründlicher Überarbeitung und Vervollständigung in der fünften Auflage verblieb noch die Neugestaltung, Ergänzung und Aktualisierung der „Beiträge zur klinisch-funktionellen Anatomie" in der nun vorliegenden sechsten Auflage. Für die wichtige Aufgabe konnten wir die Kollegen Dr. Reese, München und PD Dr. Gerlach, Berlin, gewinnen. Die Tierklinik Krüger in Hamburg unterstützte unser Vorhaben durch großzügige Bereitstellung hochwertiger computertomographischer Abbildungen. Folgende Kolleginnen und Kollegen stellten uns dankenswerterweise Spezialaufnahmen zur Verfügung: Frau Dr. Allgöwer / Berlin, Professor Dr. Berens v. Rautenfeld / Hannover, Dr. Dr. Fahrenkrug / Quickborn, Frau Professor Dr. Grevel / Leipzig, Professor Dr. W. Kraft / München, Dr. Maierl / München, Professor Dr. Poulsen Nautrup / München, Frau Dr. v. Ruedorffer / Essen.

Nach vollzogener Überarbeitung in der fünften und sechsten Auflage sind wir der Berliner Studentenschaft für konstruktive Vorschläge zu großem Dank verpflichtet. Das gilt auch für das engagierte Mitwirken der studentischen und wissenschaftlichen Mitarbeiter unseres Institutes. Für fachliche Hinweise danken wir den Herren Professoren Dr. R. Berg, Dr. G. Böhme, Dr. K. Dämmrich, Dr. K. Donat, Dr. H. Martens und Dr. H.-J. Risse. Von besonderem Wert waren Anregungen von Professor Hashimoto (Sapporo), Professor Horowitz (St. Kitts, West Indies, USA) und Dr. McCarthy (Sydney), die die japanische beziehungsweise englische Übersetzung unseres Buches vornahmen. Sehr wertvoll erachten wir die Mitarbeit international hochgeschätzter Kollegen wie Professor Liebich aus München, Professor König aus Wien und Professor Simoens aus Gent. Unser Dank gilt auch der Schlüterschen für die jederzeit gewährte Unterstützung und Zusammenarbeit bei der Entstehung dieser vervollständigten und verbesserten Auflage.

Berlin, im Frühjahr 2000

Die Verfasser

VORWORT ZUR FÜNFTEN AUFLAGE (gekürzt)

Dreizehn Jahre nach Erscheinen der ersten Auflage des Atlas der Anatomie des Hundes hatten wir bis heute ausreichend Gelegenheit zur Ergänzung, Verbesserung und fachlichen Anpassung unseres Werkes an die gültige Lehrmeinung und Nomenklatur. Mit der vorliegenden fünften Auflage wurde eine grundlegende Überarbeitung und eine weitergehende Vervollständigung und Ergänzung sowohl der Abbildungen als auch der Texte vorgenommen. Ursprünglich vorrangig für die Studenten der Berliner Veterinärmedizinischen Fakultät konzipiert, waren wichtige Kapitel wie die Körperhöhlen und deren Organe eher unterrepräsentiert, weil sie in speziellen Unterrichtsfächern, wie den Situsübungen, Berücksichtigung fanden. Zu unserer großen Überraschung fand der Atlas außerhalb Berlins viel größeren Anklang als an unserer heimischen Fakultät. Darüber hinaus gab es durch Auflagen in spanischer, englischer und japanischer Sprache ein nie erhofftes weltweites Echo. Auch aus diesem Grunde veranlaßte uns diese erfreuliche Entwicklung zur Erweiterung und zur stärkeren Berücksichtigung besonders bedeutsamer und klinisch relevanter Kapitel wie der speziellen Gelenklehre, der Brusthöhle mit Lungen und Herz, der Bauchhöhle mit ihren Eingeweiden sowie der Geschlechtsorgane. Eine erhebliche Anzahl von farbigen Halbton-Zeichnungen kam hinzu und alle alten Federzeichnungen wurden darüber hinaus zusätzlich von unserer wissenschaftlichen Graphikerin, Frau Richter, koloriert. Dies bedeutet nicht nur einen ästhetischen Gewinn, sondern einen Informationszuwachs, weil durch die Kolorierung eine eindeutige Abgrenzung morphologisch ähnlicher Gewebe, wie z. B. der Faszien, Aponeurosen und anderer Bindegewebsstrukturen sowie der Gelenkkapseln, möglich ist. Durch die Erweiterung und Vervollständigung gewann der topographisch-anatomische Teil derart an Übergewicht, daß er an den Anfang des Buches gestellt wurde. Dies geschah nicht zuletzt auch deshalb, weil dieses Buch mit dem bereits ebenfalls erschienenen „Atlas der Anatomie des Pferdes" in unser vorgesehenes Gesamtprojekt zur „Topographischen Anatomie der Haustiere" gehört. Die „Allgemeine Anatomie" wurde an das Ende unseres Buches verlagert in der Absicht, diesen Teil später zu ergänzen und als eigenen Band in das Gesamtprojekt zu integrieren.

Berlin, im Sommer 1996

Die Verfasser

VORWORT ZUR ZWEITEN AUFLAGE (gekürzt)

Mit der Veröffentlichung der zweiten Auflage konnten wir die Chance nutzen, ein erfolgreiches Konzept völlig zu überarbeiten, entscheidend zu verbessern und bedarfsgerecht zu ergänzen. Die Vorzüge des neuentwickelten Konzeptes liegen klar auf der Hand, wie die Notwendigkeit zur Neuauflage, erst wenige Jahre nach Erscheinen der ersten Auflage, belegt.

Die Verbesserungen gegenüber der Erstauflage wurden durch Einfügung oder Ersatz zahlreicher Farbtafeln mit übersichtlichen Halbtondarstellungen erreicht. Durch entscheidende Ergänzungen durch die Abschnitte allgemeine Anatomie, Zentralnervensystem, Sinnesorgane, Endokrinologie, spezielle Gelenklehre und spezielle Lymphologie wird ein vollständiges, aber kurzgefaßtes Lehrbuch vorgelegt, das bei Anwendung des topographisch-anatomischen Unterrichtskonzeptes den Studieninhalt des ersten Studienjahres umfaßt.

Die neu aufgenommenen klinisch-funktionellen Beiträge sollen den praktischen Bezug zu medizinisch relevanten Sachverhalten herstellen und die Verknüpfung zwischen vorklinischer und klinischer Ausbildung fördern sowie Beiträge für das Verständnis medizinisch-anatomischer Zusammenhänge bieten. Die ca. vierzig Röntgenbilder dokumentieren überwiegend „Fälle aus der Praxis", womit das Anatomiestudium „gewürzt" werden soll. Darüber hinaus sollen sie auch zum röntgenanatomischen Studium der normalen Gegebenheiten genutzt werden, wozu die farbigen Illustrationen zum Vergleich und zur Orientierung herangezogen werden können.

Es war uns ein besonderes Anliegen, den Wünschen der Studenten nach Straffung des Inhaltes und Gewichtung der überaus zahlreichen anatomischen Details entgegenzukommen. Der topographisch-anatomische Hauptteil des Buches bietet sich mit seinem Konzept des Textatlas für eine Komprimierung in der Beschreibung gewissermaßen von selbst an. Bei räumlicher Gegenüberstellung und engem inhaltlichem Bezug von Abbildung und Text, unter Verwendung korrespondierender Symbole kann das Wesentliche auf engstem Raum beschrieben werden, zumal viele Details direkt von den Abbildungen „abgelesen" werden können. Auf den Abbildungen und in der zugehörigen Beschreibung wurde die anatomische Norm berücksichtigt. Um einen angemessenen Rahmen nicht zu überschreiten, wurde auf die Wiedergabe anatomischer Variationen weitgehend verzichtet. Auch durch das Beschriftungskonzept der Abbildungen mit Hinweisstrichen, Ziffern und Buchstaben, die auf die zugehörige Textseite Bezug nehmen, und durch Erläuterungen in den klinisch-funktionellen Beiträgen werden medizinisch bedeutende Daten hervorgehoben, während weniger wichtige Details lediglich als Legende oder Tabelle ohne nähere Erläuterung aufgeführt werden.

Den Studenten soll der vorliegende Textatlas ein übersichtliches Anschauungsmaterial und zugleich ein kurzgefaßtes Lehrbuch für das anatomische und das klinisch ausgerichtete Studium der angewandten Anatomie bieten. Darüber hinaus soll der Textatlas eine Hilfe beim Repetieren und für die Examensvorbereitung sein. Für den Terminologie-Unterricht wird ein Vokabelschatz anatomisch-medizinischer Fachausdrücke angeboten.

Für den praktischen Tierarzt ist das vorliegende Buch als Quelle der raschen Information und Auffrischung, Vertiefung und Ergänzung des ehemals Gelernten gedacht. Besonders die aufgelisteten anatomisch-medizinischen Fachausdrücke mit Erläuterungen zur Bedeutung, Grammatik und Provenienz sowie die klinisch-funktionellen Beiträge können durchaus als ein Nachschlagewerk verwendet werden. Da die gültige Nomenklatur verwendet wird, kann das vorliegende Buch auch als Bild-Nomenklatur gelten.

Berlin, im Sommer 1987

Die Verfasser

VORWORT ZUR ERSTEN AUFLAGE (gekürzt)

Der **Atlas der Anatomie** des Hundes wurde als Kompendium und zugleich als Anleitung für die topographisch-anatomische Präparation sowie für den Situs-Unterricht konzipiert.

Vom Gesamtstoff der Anatomie bleiben das Zentralnervensystem mit Sinnesorganen sowie die spezielle Gelenklehre einer späteren Auflage vorbehalten.

Die anatomischen Sachverhalte wurden nach topographischen Gesichtspunkten bei systematischer Gliederung wiedergegeben. Dazu wurden in den verschiedenen Körperabschnitten schichtweise die Osteologie, Myologie, Angiologie, Neurologie und Splanchnologie in ihrem wechselseitigen Zusammenhang nacheinander abgehandelt und durch topographische Farbtafeln mit ergänzenden schematischen Darstellungen veranschaulicht. Die Darstellungsmethoden betonen die wechselseitigen Lagebeziehungen der berücksichtigten Leitungsstrukturen unter Heraushebung nomenklatorischer Übereinstimmungen. Dadurch soll der Schrecken vor der Vielfalt, dem Umfang und der Kompliziertheit der Materie gemindert werden. Das hier gewählte Konzept hat bei engem inhaltlichem Bezug und räumlicher Gegenüberstellung von Abbildung und zugehöriger Beschreibung den Vorteil, das Wesentliche auf engstem Raum abhandeln zu können.

Das vorliegende Buch soll dem Studenten ein übersichtliches Anschauungsmaterial und eine kurzgefaßte Zusatzlektüre zum Lehrbuchstudium und zum Vorlesungsstoff sowie eine Hilfe beim Repetieren, besonders für die Examensvorbereitung, bieten. Die Abbildungen sind auch als Anregung zum Nachzeichnen gedacht, wodurch in einer eigenen Arbeitskontrolle das Verständnis für die anatomischen Gegebenheiten überprüft und die Einprägung in das Gedächtnis vertieft werden. Für den praktischen Tierarzt ist es als Quelle zur raschen Information und zur Auffrischung und Vertiefung des ehemals Gelernten abgefaßt. Umfang, Einteilung und Abfolge des Stoffgebietes sind nach dem Vorgehen bei der topographischen Präparation ausgerichtet, die den Studenten an der Freien Universität Berlin als Unterrichtsprogramm im ersten Studiensemester geboten wird. Auf der erarbeiteten Grundlage setzt sich später das aufbauende Studium der vergleichenden und klinisch-angewandten Anatomie fort. Die topographische Anatomie ist die Grundlage und der Schlüssel für das Verständnis medizinischer Zusammenhänge. Sie ist für die Chirurgie und Pathologie von besonderem Wert.

Herr Professor Dr. Fritz Preuß führte die topographische Ganztierpräparation in Berlin ein, und seine Präparieranleitungen waren bis zur drastischen Kürzung und Umstellung der Präparierübungen richtungweisend für den Unterricht. Die erfolgreiche und anspruchsvolle Methode der Präparation stellt in der Kürze der zur Verfügung stehenden Zeit hohe Anforderungen an die Studenten und verlangt vielseitige Unterstützung durch die Lehrenden. Auch diesem Zweck soll der vorliegende Atlas durch seine naturgetreue Wiedergabe von Präparationsfeldern mit begleitendem Text dienen. Der gebotene Gesamtstoff wurde in Kapitel (K) und noch enger in Themen (T) gegliedert, die von Teilnehmern an Präparierübungen als Tagespensum (T) für die Erstellung eines Präparates aufzufassen sind. Dem beschreibenden Teil wurden Angaben zur präparatorischen Vorbehandlung des abgebildeten Präparats und Anweisungen zu dessen Erstellung durch den Übungsteilnehmer vorangestellt. Präparatorisch darzustellende Strukturen werden im Text durch Fettdruck besonders hervorgehoben. Um den vorgegebenen Rahmen einzuhalten, blieben anatomische Variationen unberücksichtigt. Die geltenden Nomina Anatomica Veterinaria (HOLZHAUSEN, Wien 1973) fanden Anwendung, was prinzipiell auch für verwendete Abkürzungen gilt. Darüber hinaus wurden im beschreibenden Teil nur Wirbel und Nervenäste abgekürzt (z. B.: vL 1 für die erste Vertebra lumbalis; nL 1vl für den Ventrolateralast des ersten Nervus lumbalis). In den Abbildungsbeschriftungen und tabellarischen Zusammenstellungen mußten aus Platzgründen auch weitergehende, sonst ungebräuchliche Abkürzungen verwandt werden. Anregungen und Wünsche der Studenten, beispielsweise nach Erstellung von Tabellen zur speziellen Myologie und des anatomischen Wortschatzes, wurden weitgehend berücksichtigt.

Als Vorlagen für die Abbildungen dienten Präparate der Anatomischen Sammlung aus dem Institut für Veterinär-Anatomie, -Histologie und -Embryologie der Freien Universität Berlin, die von den Präparatoren des Instituts Herrn Seifert, Herrn Dressel und Herrn Schneider angefertigt wurden.

Berlin, im Sommer 1983

Die Verfasser

EINFÜHRUNG IN DIE ANATOMIE

Der Begriff Anatomie stammt aus dem Griechischen von „anatemnein" = zergliedern, auseinanderschneiden. Der bedeutende Anatom Hyrtl sprach folgerichtig auch von der Zergliederungskunst. Die ursprüngliche Bedeutung gilt auch heute noch, wenngleich weitere Aspekte hinzugekommen sind. Die moderne Anatomie beschränkt sich nicht auf bloße Beschreibung, sondern betont die Wechselbeziehungen zwischen Form und Funktion sowie die Anwendung anatomischer Kenntnisse in der Klinik. Damals wie heute erwirbt der Studierende den Großteil seines Wissens beim Zergliedern des Tierkörpers im Präpariersaal, wobei er die „nackte Wahrheit" (Nuda veritas) bloßlegt. Diese Praxis dient auch der Erlangung einer erforderlichen Fingerfertigkeit, die im späteren Beruf, in erster Linie in der Chirurgie, von unschätzbarem Wert ist. Darüber hinaus sind dem Forscherdrang beim Präparieren kaum Grenzen gesetzt. Selbst die allerbeste anatomische Sammlung hervorragender Demonstrationspräparate kann die praktische Arbeit im Präpariersaal nicht ersetzen, wohl aber erleichtern und effizienter gestalten. Das eingehende Studium anatomischer Präparate ist ebenso wie der rege Gebrauch der Lehrbücher und Atlanten unverzichtbar. Alle diese Hilfsmittel sind heute wichtiger denn je, denn für die praktische Arbeit im Präpariersaal steht viel weniger Zeit zur Verfügung als früher. Kürzungen des Unterrichtsfaches Anatomie zugunsten neuer Fachgebiete waren unvermeidbar.

Das Anatomie-Studium ist wie kein anderes Grundlagenfach wichtig zum Erlernen der medizinischen Fachsprache, der **Terminologie**. Sehr viele Fachausdrücke für Krankheiten und Behandlungsmethoden sind von anatomischen Termini abgeleitet. Jahrhundertelange Forschung und Beschreibung erbrachte eine unübersehbare Fülle von Synonyma. Es ist das Verdienst der internationalen Nomenklaturkommission, den begrifflichen Dschungel gelichtet und eine anerkannte Liste offizieller Termini technici samt gebräuchlicher Synonyma veröffentlicht zu haben.

Die **Anatomie** in ihrer Gesamtheit ist in die Teilgebiete makroskopische Anatomie, mikroskopische Anatomie und Entwicklungslehre gegliedert. Die Teilgebiete der Anatomie fließen aber nahtlos zu einer Einheit zusammen, die von dem bedeutenden Berliner Veterinär-Anatomen und ehemaligen Lehrstuhlinhaber in unserem Institut Professor Preuß stets mit Nachdruck vertreten wurde. Das älteste und umfangreichste Teilgebiet ist die makroskopische Anatomie, oft mit dem Begriff Anatomie gleichgesetzt. Wo die methodischen Hilfsmittel zur Beobachtung in der makroskopischen Anatomie, das bloße Auge und die Präparierlupe nicht mehr ausreichen, geht sie kontinuierlich in die mikroskopische Anatomie (Histologie und Zytologie) über, die sich des Mikroskops als Hilfsmittel bedient. Der Grenzbereich zwischen der makroskopischen und mikroskopischen Anatomie wird auch Mesoskopie genannt, die mehr und mehr an Bedeutung erlangt. Diese Teilgebiete behandeln das gleiche Material und verfolgen die gleichen Ziele, lediglich die Technik ist unterschiedlich kompliziert. Das dritte Teilgebiet, die Embryologie, befaßt sich mit der Ontogenese (Individualentwicklung) vor und nach der Geburt und wendet dabei neben embryologischen auch makroskopische, mikroskopische und mesoskopische Methoden an.

Die **makroskopische Anatomie** kann (ähnlich wie die übrigen Teilgebiete) unter verschiedenen Blickwinkeln bei Betonung besonderer Schwerpunkte dargeboten werden. Die grundlegenden Fakten bleiben dabei selbstverständlich unverändert.

Die **systematische, deskriptive Anatomie** beschreibt den Tierkörper mit allen seinen Teilen in streng voneinander gegliederten Struktur- und Organsystemen, also ohne Berücksichtigung der natürlichen Zusammenhänge. Die umfangreichen Beschreibungen behandeln sehr viele Einzelheiten und lassen zuweilen den Blick für das Wesentliche vermissen; dennoch sind sie aber für die übrigen, nachfolgend aufgeführten Betrachtungsweisen eine notwendige Voraussetzung.

Die systematische Anatomie läßt sich weiter in die allgemeine und die spezielle Anatomie gliedern.

Die **allgemeine Anatomie** behandelt allgemeingültige Gegebenheiten, die für das gesamte Struktur- oder Organsystem gelten. (Zum Beispiel ist der Aufbau der Knochenhaut für alle Knochen prinzipiell gleich.)

Die **spezielle Anatomie** gibt spezielle Daten dieser Struktur- und Organsysteme wieder, die für Einzelstrukturen, wie für einen Knochen, gelten.

Die **vergleichende Anatomie** betont die anatomischen Wechselbeziehungen, Übereinstimmungen und Abweichungen zwischen den einzelnen Tierspezies und dem Menschen. Die anatomischen Vergleiche zwischen den einzelnen Spezies sind sehr oft aufschlußreich und hilfreich für Homologie und Funktionsbestimmung anatomischer Gegebenheiten. Die Prinzipien der vergleichenden Anatomie kamen bereits Goethe bei der Entdeckung des Zwischenkieferbeins des Menschen zugute. Dieser Knochen kommt bei unseren Haussäugetieren stets und nur gelegentlich beim Menschen vor. Bei seinem Studium des menschlichen Schädels fiel ihm ein Exemplar mit ausgebildetem Zwischenkieferbein in die Hände. Durch den Vergleich mit dem tierischen Schädel gelang die Homologisierung und Identifizierung.

Die **topographische Anatomie** betont die wechselseitigen Lagebeziehungen der anatomischen Strukturen und unterstreicht die Anwendungsbereiche für die Klinik. An den einzelnen Körperteilen werden die anatomischen Sachverhalte schichtweise analysiert, wobei der Gesamtbauplan des Körpers im Auge behalten wird.

Die **Angewandte Anatomie** ist klinisch ausgerichtet und betont anatomische Sachverhalte, aus denen sich tierärztliche Handlungen oder Krankheiten von Tieren ableiten oder erklären lassen. Dadurch werden nicht nur die interdisziplinäre Kooperation und das Interesse für den tierärztlichen Beruf gefördert, sondern auch das Erlernen anatomischer Sachverhalte erleichtert.

Die Anatomie am **lebenden Hund** ist zweifellos ein bedeutender Teil der Gesamtanatomie. Sie stellt den Körper in seiner natürlichen Beschaffenheit vor. Dadurch kann eine sinnvolle Ergänzung und ein Ausgleich für zwangsläufige Nachteile in den übrigen Sparten der Gesamtanatomie geboten werden, die postmortale Veränderungen wie Abweichungen in der Farbe, Konsistenz und Beschaffenheit sowie artifizielle Veränderungen infolge der Fixierung tolerieren müssen. Die Anatomie am lebenden Hund kann aus mehreren Gründen hier nicht berücksichtigt werden. Sie eignet sich auch weniger für eine Wiedergabe in einem Buch, sondern kann den Studierenden besser und erfolgreicher in einer Übung unter Leitung eines klinikerfahrenen Anatomen angeboten werden.

Die **Röntgenanatomie und die Sonographie** sind das direkte Verbindungsglied zur Klinik. Mit der Analyse von Röntgenbildern des normalen Körpers sollen im Anatomieunterricht erste Erfahrungen gesammelt werden, die im gesamten anschließenden Studium verwertet und erheblich ergänzt werden sollen. Darstellungen von Abnormitäten oder gar pathologische Veränderungen sollen das Interesse wecken und somit den Anatomieunterricht „würzen".

Der vorliegende **anatomische Atlas** ist im besonderen Maße geeignet, die verschiedenen anatomischen Darstellungsmethoden und Betrachtungsweisen sinnvoll zu kombinieren und zu koordinieren. Der Textteil kann in sehr komprimierter Form dargeboten werden, weil verschiedene Sachverhalte auf der jeweils zugehörigen nebenstehenden Farbtafel „abgelesen" werden können. Darüber hinaus stellt eine gute topographische Farbtafel eine ideale „Anleitung" für die topographische Präparation dar, die lediglich durch Kurzbemerkungen ergänzt wird. Auch den Erfordernissen der vergleichenden Veterinär-Anatomie wird in diesem Atlas insofern Rechnung getragen, als der in vielerlei Hinsicht einfach gebaute Hundekörper als „Grundbaustein" vorgestellt wird. Aufbauend auf diesem Wissensstoff lassen sich dann später die in vielerlei Hinsicht komplizierteren anatomischen Gegebenheiten der übrigen Haussäugetiere unter vergleichend-anatomischem Aspekt erfassen.

Die **Kunst und Anatomie** mit ihren gegenseitigen Wechselbeziehungen werden uns bei jedem Museumsbesuch eindrucksvoll vorgeführt. Der Künstler läßt sich von der körperlichen Schönheit inspirieren, und die Lehrenden und Lernenden der Anatomie genießen und profitieren vom Talent und der Akribie in der künstlerischen Darstellung. Genial wurden diese Ansprüche von Leonardo da Vinci verwirklicht, dessen umfangreiche anatomische Zeichnungen nach gründlichen präparatorischen Studien entstanden sind. Aristoteles veröffentlichte unter anderem eine anatomische Beschreibung der senilen Geschlechtsumkehr der Vögel sowie des Pferdehufs im Hinblick auf die Hufrehe. Welche Faszination von der Anatomie auf die Kunst übergeht, verewigte Rembrandt in seinem Werk „Die Anatomielektion des Dr. Nicolaes Tulp". Geniale Größen der Weltgeschichte wie Aristoteles, Leonardo da Vinci und Goethe belegen mit anatomischen Illustrationen, Beschreibungen und Forschungsergebnissen ihre Begeisterung für die Anatomie. Goethes Verdienst war die Förderung der Lehrmittelkunst und die Einführung plastischer Wachsmodelle in Deutschland, wozu er sich während seiner Italienreise, besonders in Florenz, inspirieren ließ. Die Vorzüge von Wachsmodellen, die gleichermaßen für gelungene naturgetreue Illustrationen gelten, überlieferte Goethe in seinem Romanwerk „Wilhelm Meisters Wanderjahre" mit folgender trefflicher Formulierung: „Geben Sie zu, daß der größte Teil von Ärzten und Wundärzten nur einen allgemeinen Eindruck des zergliederten menschlichen Körpers in Gedanken behält und damit auszukommen glaubt, so werden gewiß solche Modelle hinreichen, die in seinem Geiste nach und nach erlöschenden Bilder wieder aufzufrischen und ihm gerade das Nötige lebendig zu erhalten". Das forscherische Engagement fesselte Goethe, der bei seiner Entdeckung des menschlichen Zwischenkieferbeins „unsägliche Freude" empfand.

TOPOGRAPHISCHE ANATOMIE

1. KAPITEL: KÖRPEROBERFLÄCHE UND STAMMSKELETT

1. EINTEILUNG DES TIERKÖRPERS

a) UNTERTEILUNG DES KÖRPERS

Die Körperlängslinien und Körperebenen dienen der Orientierung im Körper und auf der Körperoberfläche. Die **Linea mediana dorsalis (a)** und die **Linea mediana ventralis (b)** sind die rücken- resp. bauchwärtigen Mittel-Längslinien des Körpers.

Die **Medianebene (Planum medianum – A)** ist die Ebene zwischen den beiden genannten Längslinien und halbiert den Körper in der Mittellinie. Die **Sagittalebenen (Plana sagittalia – B**, oder auch paramediana) sind die parallelen, seitlich benachbarten Ebenen zur Medianebene. Sie teilen den Körper ebenfalls längs, aber in ungleiche Teile. Die **Transversalebenen (Plana transversalia – C)** sind hintereinanderliegende Querebenen, die den Körper senkrecht zu den beiden vorgenannten Längsebenen gliedern. Die **Dorsalebenen (Plana dorsalia – D)** liegen parallel zur dorsalen Körperoberfläche und durchschneiden den Körper senkrecht zu den Längsebenen (Median- und Paramedianebenen). In der Aufsicht erscheinen 2 symmetrische Körperseiten, weshalb die Ebenen auch Bilateralebenen genannt werden.

b) Die **TERMINI FÜR RICHTUNGSBEZEICHNUNGEN UND LAGEBEZIEHUNGEN** leiten sich teils von Körperteilen, z. B. **schwanzwärts (caudalis – c)**, teils von Oberflächenmarkierungen, z. B. **scheitelparallel (sagittalis – d)**, ab oder bezeichnen an Hohlorganen außen (externus) oder innen (internus). Weiterhin werden Begriffe wie links (sinister) und rechts (dexter), kurz (brevis) und lang (longus) oder tief (profundus) und oberflächlich (superficialis), längs (longitudinalis) und quer (transversus) sowie seitlich, seitwärts (lateral) und zur Mitte hin gelegen (medial) benutzt. Der Begriff **schädelwärts (cranialis – e)** kann nicht im Kopfbereich angewandt werden. Hier gebraucht man **rüsselwärts (rostralis – f)**. Der Begriff **rückenwärts (dorsalis – g)** bezieht sich im Rumpfbereich auf den Rücken des Körpers. Er wird aber auch an den Gliedmaßen gebraucht und bezieht sich hier auf den Hand- resp. Fußrücken. **Bauchwärts (ventralis – h)** kann nicht an den Gliedmaßenenden angewandt werden. Hier spricht man von **hohlhandwärts (palmaris – i)** resp. **fußsohlenwärts (plantaris – k)**. Begriffe wie **ursprungsnah (proximalis – l)** und **ursprungsfern (distalis – m)** beziehen sich auf die Körperachse (Wirbelsäule und Rückenmark mit dem Ursprung von Spinalnerven). Begriffe wie nicht zur Achse gehörig oder **von der Achse weg (abaxialis – n)** und **zur Achse hin (axialis – o)** beziehen sich auf die Achse der Hand resp. des Fußes, die zwischen der 3. und 4. Zehe liegt. Vorne (anterior), hinten (posterior), oben (superior) und unten (inferior) werden in der Humananatomie oft benutzt. Zur Vermeidung von Mißverständnissen können sie jedoch nicht generell auf die quadrupeden Haussäugetiere übertragen werden. Ihr Gebrauch beschränkt sich in der Veterinäranatomie auf einige Begriffe am Kopf (z. B. oberes und unteres Augenlid; vordere und hintere Fläche des Auges).

c) **KÖRPERTEILE (PARTES CORPORIS) UND KÖRPERREGIONEN (REGIONES CORPORIS)** unterteilen den Körper resp. die Körperoberfläche. Körperteile sind Kopf und Stamm mit Hals, Rumpf und Schwanz sowie die Gliedmaßen. Die Körperregionen gliedern die Körperoberfläche und können in Subregionen untergliedert werden. In diesem Falle erscheinen sie in der nachfolgenden Tabelle eingerückt.

REGIONES CORPORIS

Regiones cranii
1 Regio frontalis
2 Regio parietalis
3 Regio occipitalis
4 Regio temporalis
5 Regio auricularis

Regiones faciei
6 Regio nasalis
6' Regio dorsalis nasi
6" Regio lateralis nasi
6''' Regio naris
7 Regio oralis
7' Regio labialis superior
7" Regio labialis inferior
8 Regio mentalis
9 Regio orbitalis
9' Regio palpebralis superior
9" Regio palpebralis inferior
10 Regio zygomatica
11 Regio infraorbitalis
12 Regio articulationis temporomandibularis
13 Regio masseterica
14 Regio buccalis
15 Regio maxillaris
16 Regio mandibularis
17 Regio intermandibularis

Regiones colli
18 Regio colli dorsalis
19 Regio colli lateralis
20 Regio parotidea
21 Regio pharyngea
22 Regio colli ventralis
22' Regio laryngea
22" Regio trachealis

Regiones dorsi
23 Regio vertebralis thoracis
23' Regio interscapularis
24 Regio lumbalis

Regiones pectoris
25 Regio praesternalis
26 Regio sternalis
27 Regio scapularis
28 Regio costalis
29 Regio cardiaca

Regiones abdominis
30 Regio abdominis cranialis
30' Regio hypochondriaca
30" Regio xiphoidea
31 Regio abdominis media
31' Regio abdominis lateralis
31" Fossa paralumbalis
31''' Regio umbilicalis
32 Regio abdominis caudalis
32' Regio inguinalis
32" Regio pubica et Regio praeputialis

Regiones pelvis
33 Regio sacralis
34 Regio glutaea
35 Regio tuberis coxae
36 Fossa ischiorectalis
37 Regio tuberis ischiadici
38 Regio caudalis
38' Regio radicis caudae
39 Regio perinealis
39' Regio analis
39" Regio urogenitalis
40 Regio scrotalis

Regiones membri thoracici
41 Regio articulationis humeri
42 Regio axillaris
42' Fossa axillaris
43 Regio brachii
44 Regio tricipitalis
45 Regio cubiti
46 Regio olecrani
47 Regio antebrachii
48 Regio carpi
49 Regio metacarpi
50 Regio phalangis

Regiones membri pelvini
51 Regio articulationis coxae
52 Regio femoris
53 Regio genus
53' Regio patellaris
54 Regio poplitea
55 Regio cruris
56 Regio tarsi
57 Regio calcanea
58 Regio metatarsi
59 Regio phalangis

Regiones corporis et termini situm et directionem partium corporis indicantes

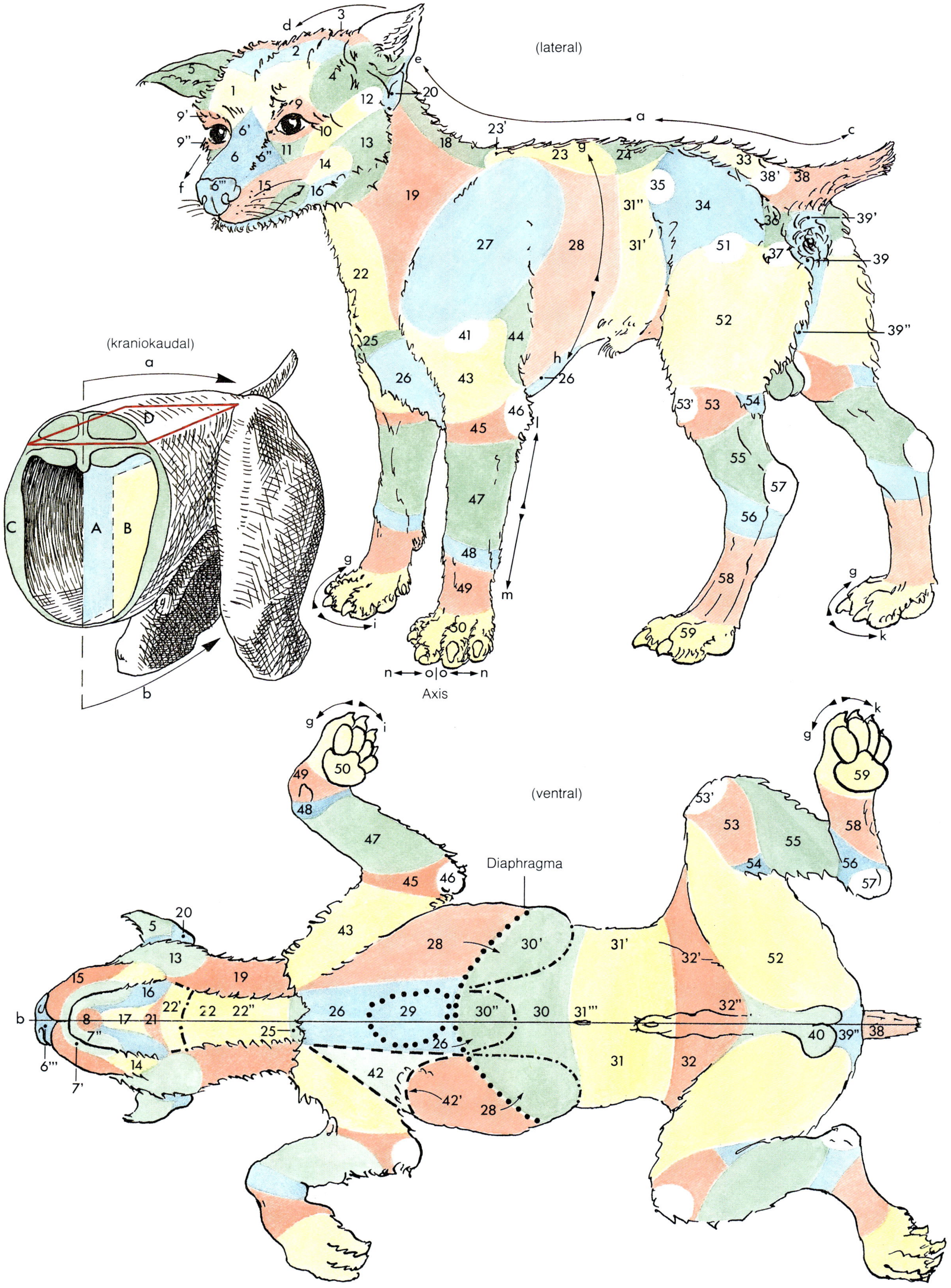

2. ÄUSSERE HAUT

1 a) Die **ÄUSSERE HAUT** bildet die äußere Körperoberfläche und besteht aus drei Schichten: I. Oberhaut (Epidermis), II. Lederhaut (Dermis, Corium) und III. Unterhaut (Subcutis), die in Panniculus adiposus (Fettgewebe) und ein Stratum fibrosum (Fascia trunci superficialis) gegliedert ist.

I. Die **Oberhaut (Epidermis** – **1)** besteht aus einem mehrschichtigen, oberflächlich verhornenden Plattenepithel. Dicke und Verhornungsgrad sind von der mechanischen Beanspruchung abhängig. Die Epidermis setzt sich aus tiefen, noch lebenden Schichten, die den Zellnachschub gewährleisten (Stratum germinativum, aus **Stratum basale** – **27** und **Stratum spinosum** – **26** bestehend) und aus verhornenden, absterbenden (**Stratum granulosum** – **25**) sowie bereits verhornten Zellschichten
2 (**Stratum lucidum** – **24** und **Stratum corneum** – **23**) zusammen. (Außer Epidermiszellen kommen noch Melanozyten, LANGERHANSzellen und MERKELsche Tastscheiben vor, besonders im Stratum germinativum).

Horn liegt an den verschiedenen Körperstellen in unterschiedlicher Qualität vor. Am Ballen und an anderen Bereichen der äußeren Haut kommt weiches Horn vor. Hartes Horn liegt an der Kralle vor. In der **äußeren Haut** und am **Ballen** werden die Hornzellen bei verminderter Adhäsion des Interzellularkitts = „membrane coating material" im Stratum disjunctum als Hornschuppen abgestoßen, während das **Krallenhorn** beim Distalwachstum ohne Desquamation wegen guter Adhäsion als solide Hornmasse erhalten bleibt. Die einzelne Hornzelle der Kralle ist wesentlich härter als die der äußeren Haut. Die Epidermis weist in den Bildungsarealen weichen Hornes an der Grenze zur Verhornung ein Stratum granulosum, so benannt wegen enthaltener Keratohyalingranula, auf, deren Proteine die Keratinfilamente ummanteln und verbacken. An einzelnen Stellen tritt zusätzlich ein Stratum lucidum auf. Es besteht aus jungen, noch nicht ausdifferenzierten Hornzellen, deren Zytoplasma bei mikroskopischer Betrachtung aufleuchtet, daher Stratum lucidum. In den Bildungsarealen harten Hornes fehlen diese Schichten, so daß die Zellen des Stratum spinosum direkt verhornen. Die Horn-Oberflächenkonfiguration mit Furchen und dazwischenliegenden Epidermisfeldern oder -papillen wird bei Spitzenwachstum, nicht jedoch bei ausgleichendem regulierendem Wachstum, durch die Form des unterlagernden Stratum papillare der Lederhaut geprägt.

Die **Funktion der Epidermis** besteht im Nachschub von Hornzellen zum Schutz des Körpers gegen Strahlen (durch strahlenabsorbierende Pigmente, s. Histologie), gegen den Verlust und das Eindringen von Wasser in den Körper, gegen das Eindringen von Parasiten und zum Schutz vor Traumen, die zur Heilung möglichst bald wieder mit Epidermiszellen bedeckt werden.

3 II. Die **Lederhaut (Corium, Dermis** – **6)** besteht aus einem dünnen, locker gefügten **Stratum papillare (2)**, dessen Papillen mit konkaven Epidermiskonfigurationen verzahnt sind, und einem dicken **Stratum reticulare (7)**. Das Stratum papillare enthält hauptsächlich locker gefügte Kollagenfibrillen. Das Stratum reticulare besteht aus einem Geflecht derber und zugfester Kollagenfasern mit bevorzugter Verlaufsrichtung. Elastische Fasern kommen in beiden Schichten vor und dienen der Wiederherstellung des typischen Gewebegefüges nach Deformationen. (An Zellen kommen besonders Fibrozyten, Fibroblasten, Mastzellen, Plasmazellen, Makrophagen und Pigmentzellen vor, s. Histologie.)

4 III. Die **Unterhaut (Subcutis, Tela subcutanea** – **10)** besteht überwiegend aus lockerem Bindegewebe und Fettgewebe. Sie ist von straffen Retinacula durchsetzt, die die Haut an unterlagernden Faszien oder am Periost fixieren. Der Panniculus adiposus ist die Fettschicht in der Unterhaut.

Funktionell dient sie mit ihrem Unterhautfettgewebe zur Abpolsterung, zur Kalorien- und Wasserspeicherung sowie zur Wärmeisolation. Mit dem lockeren Bindegewebsanteil fungiert sie als Verschiebeschicht. Wo die Unterhaut nicht ausgebildet ist (Lippen, Wangen, Augenlider), fehlt auch diese Gewebeverschieblichkeit, und die quergestreifte Muskulatur endet hier direkt in der Lederhaut.

Die **Gefäßversorgung** der Haut erfolgt über größere Arterien und Venen der Unterhaut, die wegen der Hautverschieblichkeit mehr oder weniger geschlängelt verlaufen. Sie senden Gefäßäste zur Lederhaut, die hier 2 Gefäßnetze bilden. Das **Rete arteriosum dermidis (9)** liegt an der Grenze zur Unterhaut und das **Rete arteriosum subpapillare (3)** liegt zwischen Stratum papillare und reticulare und sendet subepidermale Kapillarschlingen in den Papillarkörper hinein. Die entsprechenden Venenplexus haben eine vergleichbare Lage. Ein weiterer subfaszialer Gefäßplexus ist an der Versorgung der Unterhaut beteiligt. Über **arteriovenöse Anastomosen (Anastomoses arteriovenosae** – **4)** kann der Blutstrom unter Umgehung des Kapillarbettes kurzgeschlossen und so die Hautdurchblutung reguliert werden. Besonders das Stratum papillare ist reichlich blutversorgt. Diese Gefäße erweitern sich zur Wärmeabgabe und verengen sich zur Wärmeerhaltung und dienen somit ebenso wie die Schweißdrüsen der Thermoregulation. Die Venenplexus fungieren auch als Blutspeicher.

Die **Lymphentsorgung** erfolgt über Lymphkapillarnetze, die subepidermal beginnen und die Haarfollikel und Hautdrüsen „umspinnen".

Die **Nervenversorgung** erfolgt durch sensible und sympathische Neurone (sympathische Geflechte umspinnen die Gefäße und dienen der Blutdruck- und Thermoregulation). Die Haut kann als größtes Sinnesorgan des Körpers gewertet werden. Als Rezeptoren für Sinnesreize dienen **freie Nervenendigungen (Terminationes nervi liberae** – **16)** und Nervenendkörperchen, z. B. **MEISSNERsche Tastkörperchen (Corpusculum tactus** – **17)** und **VATER-PACINIsche Lamellenkörperchen (Corpusculum lamellosum** – **22)**. Die freien Nervenendigungen dringen bei Verlust ihrer Markscheide an einigen Körperstellen auch in die Epidermis ein und dienen der Schmerz- und Temperaturempfindung.

b) Die **HAARE (PILI)** bedecken fast die gesamte Körperoberfläche mit Ausnahme von Nasenspiegel, After, Schamlippen und Ballen. Haare sind verhornte fadenförmige Strukturen, die von der Epidermis gebildet werden. Man unterteilt das Haar in den **Schaft (Scapus pili** – **15)**, der über die Hautoberfläche hinausragt, und in die **Haarwurzel (Radix pili** – **21)**, die schräg in der Lederhaut steckt und am proximalen Ende eine Verdickung als **Haarzwiebel (Bulbus pili** – **8)** aufweist. Haarwurzel und Haarzwiebel stecken in einer unterteilten epithelialen Wurzelscheide (Vagina epithelialis radicularis), deren äußerer Anteil (äußere epitheliale Wurzelscheide) mit der oberflächlichen Epidermis in kontinuierlicher Verbindung steht, und deren innerer Anteil (innere epitheliale Wurzelscheide) oberhalb der Mündung der **Talgdrüse (Gl. sebacea pili** – **18)** verhornt und abgeschilfert wird. Die bindegewebige Wurzelscheide (Vagina dermalis radicularis) schließt sich peripher an und wird auch Haarbalg genannt. Die bindegewebige und epitheliale Wurzelscheide bilden den Haarfollikel. Haarbestandteile sind **Haarmark (Medulla pili** – **12)**, **Haarrinde (Cortex pili** – **13)** und das oberflächliche **Haarhäutchen (Cuticula pili** – **14)**, das aus dünnen schuppenartigen Hornzellen besteht und, ebenso wie das Haarmark, in der Forensik zur Art- und Individualdiagnostik herangezogen wird. Der **M. arrector pili (5)** setzt unterhalb der Talgdrüsenmündung schräg am Haarbalg an. Durch seine Kontraktion („Gänsehaut") richtet er die Haare auf (Haarsträuben als Imponiergehabe), wodurch die Talgdrüsen komprimiert werden und der Luftraum zwischen den Haaren zur Wärmeisolierung vergrößert wird.

Das **Haarkleid** ist rasseabhängig u. a. durch die einzelne oder gruppenförmige Anordnung der Haare, durch den Anteil verschiedener Haartypen (Leit-, Grannen- und Wollhaare) sowie durch Haardichte, Haarlänge, Haardicke und Haarfarbe charakterisiert. Es kommen grundsätzlich drei Haartypen vor:

Das **Leithaar** (Haupthaar) ist lang, steif und sehr schwach gebogen, es steht einzeln und kommt beim Hund äußerst selten vor. Das **Grannenhaar** (Stammhaar) ist kürzer als das Leithaar, spitzenwärts gebogen und
verdickt ("Granne"). Beide Haartypen bilden die **Deck- oder Fellhaare** 5
(Capilli). Der dritte und kürzeste Haartyp ist das **Wollhaar** (Beihaar). Es ist sehr dünn, biegsam und in seinem Verlauf schwach bis stark gewellt. Grannen- und Wollhaare treten büschelweise gemeinsam aus einem Haarbalgtrichter aus, wobei ein Grannenhaar als Stammhaar von sechs bis zwölf Wollhaaren als Beihaare umgeben wird.

Die **Wollhaare (Pili lanei** – **11)** stehen im Haarkleid des Welpen im 5
Vordergrund. Bei den meisten Hunderassen liegen sie unter den Deckhaaren und nur bei wenigen Hunderassen, wie beim Puli oder Kommodor überragen sie die Deckhaare und bilden ein oberflächliches, fliesähnliches „Wollfell".

Sinus- oder Tasthaare (Pili tactiles – **19)** sind auffallend lange spezielle Haarformen in der Umgebung der Mundöffnung. Zur Tastreizaufnahme weisen sie im Haarbalg einen **Blutsinus (Sinus sanguineus folliculi** – **20)** auf, an den zahlreiche sensible Nervenendigungen herantreten. Wegen der großen Hebelwirkung werden feinste Berührungsreize verstärkt wahrgenommen.

Die Haarlänge variiert in Abhängigkeit von der Rasse erheblich. Bei wildlebenden Hundevorfahren befinden sich die längsten Haare gewöhnlich am Rücken und die kürzeren am Bauch und am Kopf. Dieses Verteilungsmuster ist jedoch durch die Züchtung weitgehend verlorengegangen. Die Haardicke nimmt bei Wildcaniden zum Bauch hin zu (Dicke ca. 0,1 mm). Die Haarfarbe wird durch den Melaningehalt der Hornzellen sowie inter- und intrazelluläre Luftbläschen, besonders der Markzellen, beeinflußt.

Die **Haarrichtungen** charakterisieren das Fell. Flumina pilorum nennt man den Fellbereich mit gleicher Haarstrich-Richtung. Im Haarwirbel (Vortex) sind die Haare divergierend oder konvergierend zum Zentrum angeordnet. Zum Haarkamm (Linea pilorum convergens) konvergieren und zur Haarscheide (Linea pilorum divergens) divergieren die Haare. Durch Kreuzung von Haarkämmen entstehen Haarkreuze (Cruces pilorum).

Legenda:

a Ansa capillaris intrapapillaris
b Gl. sudorifera apocrina
c Fibra elastica
d Fibra collagenosa
e Adipocytus uniguttularis
f Vagina dermalis radicularis
g Vagina epithelialis radicularis
h Papilla pili

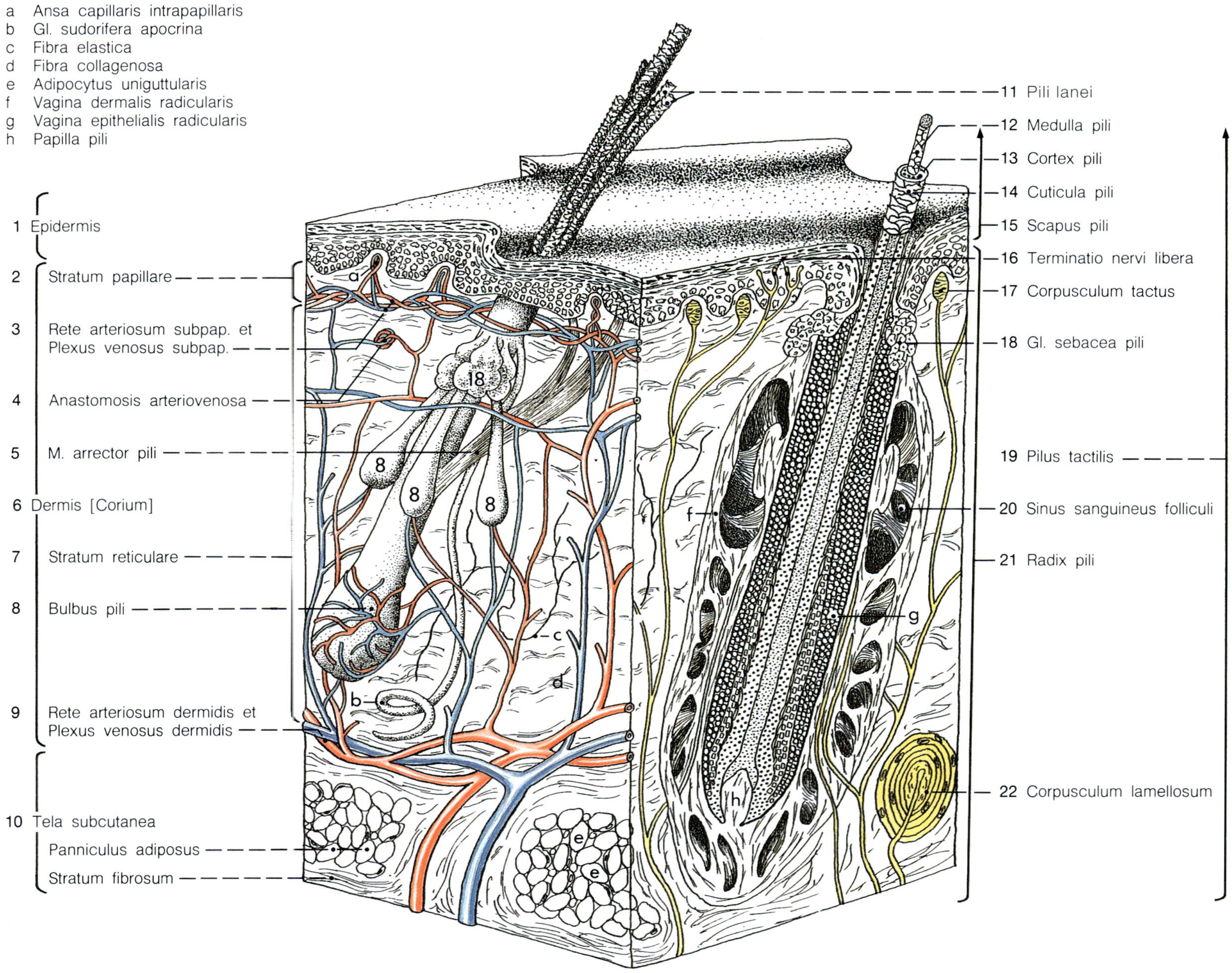

Epidermis

Epidermis tori **Epidermis parietis unguiculae**

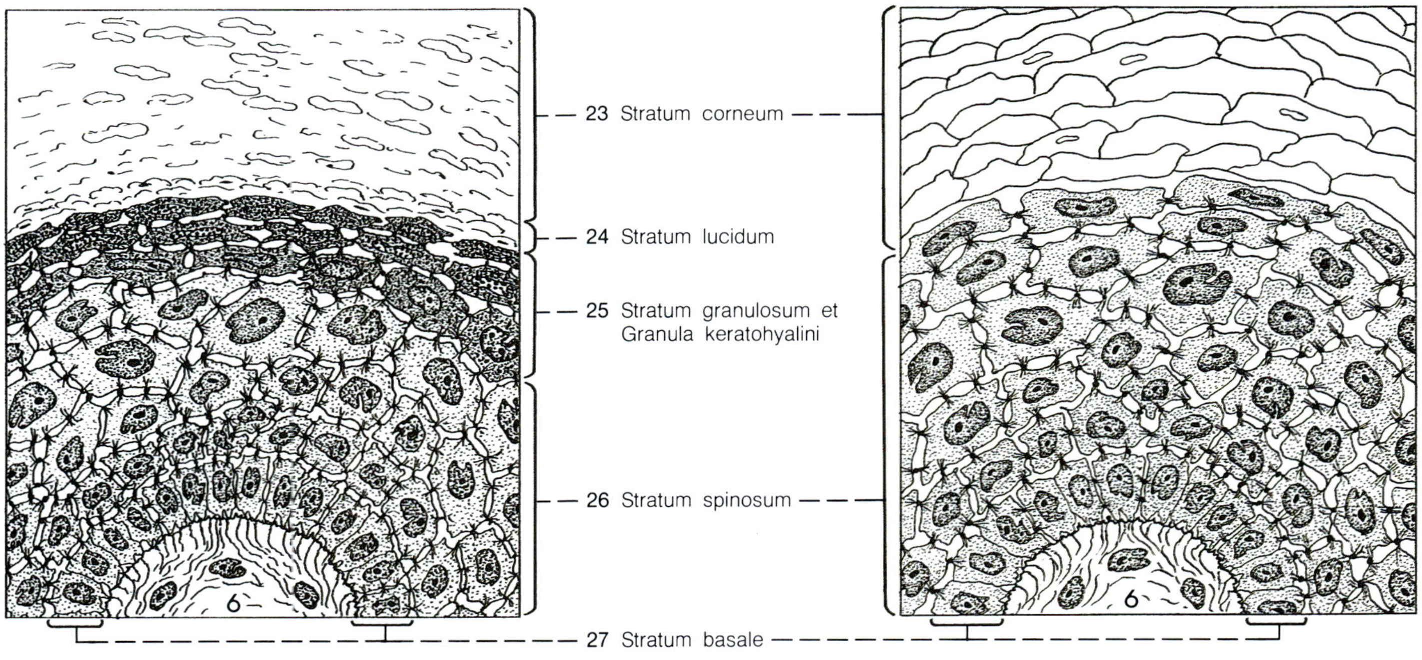

3. HAUTDRÜSEN, HAUTMODIFIKATIONEN UND ZEHENENDORGAN

a) Die **HAUTDRÜSEN (GLANDULAE CUTIS)** umfassen Talg- und Schweißdrüsen sowie die Milchdrüse als modifizierte Schweißdrüse.

1 I. Die **Talgdrüsen (Gll. sebaceae**, s. S. 4) münden in den Haartrichter, oder sie kommen an wenigen Körperstellen, wie am Übergang der äußeren Haut zur kutanen Schleimhaut (Lippen, Anus), auch unabhängig von Haaren vor. Talgdrüsen sind läppchenförmig. Die peripheren Zellen weisen eine hohe Mitoserate auf, und die Tochterzellen werden zentral zum Lumen geschoben. Hier zerfallen die inzwischen vergrößerten und gealterten Zellen (holokrine Sekretion), wodurch der freiwerdende Talg (Sebum) in das Drüsenlumen und über einen kurzen Ausführungsgang zum Haarbalgtrichter gelangt. Talg hält die Haut geschmeidig und verleiht den Haaren einen natürlichen Glanz.

II. Die **Schweißdrüsen (Gll. sudoriferae)** werden in merokrine (ekkrine) und apokrine Drüsen (Duftdrüsen) unterteilt. Diese Einteilung basiert auf einer vermuteten apokrinen Sekretion der (apokrinen) Duftdrüsen, die jedoch inzwischen widerlegt wurde. (Beide Schweißdrüsentypen sezernieren nach merokrinem (ekkrinem) Sekretionsmodus - s. Histologie).

Die **merokrinen Schweißdrüsen (Gll. sudoriferae merocrinae)** sind meist geknäuelte, unverzweigte, schlauchförmige Drüsen. Sie kommen beim Hund lediglich an den Ballen der Gliedmaßenenden vor (s. unten). (Einige Autoren werten diese Drüsen jedoch als apokrine Schweißdrüsen.) Beim Menschen sind echte merokrine (ekkrine) Schweißdrüsen in großen Bereichen der Hautoberfläche ausgebildet.

Die **apokrinen Schweißdrüsen oder Duftdrüsen (Gll. sudoriferae apocrinae**, s. S. 4) sind über weite Bereiche der Hautoberfläche vorhanden, aber sie sind vergleichsweise unterentwickelt. Die tubulösen Drüsen münden meistens mit ihrem Ausführungsgang im Haarbalgtrichter. Ihr dickflüssiges Sekret reagiert alkalisch und ist für den individualspezifischen Eigengeruch verantwortlich. (Beim Menschen sind sie gut entwickelt, aber nur an wenigen Körperstellen, After-Scham-Bereich, Achselhöhle, vorhanden.)

III. **Spezielle Hautdrüsenmodifikationen** sind die Drüsen des äußeren Gehörganges (Ohrenschmalzdrüsen), die Zirkumanaldrüsen, die Drüsen des Analbeutels und die Drüsen des dorsalen Schwanzorgans, Augenliddrüsen und die Milchdrüse.

2 Zu den **Ohrenschmalzdrüsen (Gll. ceruminosae)** des äußeren Gehörganges gehören hauptsächlich Talgdrüsen, weniger die apokrinen Schweißdrüsen. Das bräunlich-schmierige Produkt wird Cerumen genannt.

3 Die **Zirkumanaldrüsen (Gll. circumanales)** umgeben die Afteröffnung im Bereich fehlender oder geringer Behaarung. Beim Hund handelt es sich um modifizierte Talgdrüsen (bei anderen Haussäugetieren um apokrine Schweißdrüsen). Oberflächlich gelegene Einzeldrüsen münden in den Haarbalgtrichter. Tiefe Drüsen werden wegen ihrer Ähnlichkeit mit Lebergewebe auch hepatoide Drüsen genannt, die keinen Ausführungsgang besitzen sollen. Ihre Funktion ist ungeklärt.

4 Die **Wanddrüsen des Analbeutels (Gll. sinus paranales**, s. klin.-funktionelle Anat.) sind apokrine Schweiß- und Talgdrüsen.

5 Das **dorsale Schwanzorgan (Organum caudae)** mit seinen Talg- und apokrinen Schweißdrüsen wird in der klinisch-funktionellen Anatomie erwähnt.

Drüsen des Augenlides s. klin.-funktionelle Anat. (118.1)

Milchdrüse s. S. 32.

b) Zu den **HAUTMODIFIKATIONEN** gehören der Nasenspiegel und die Ballen an den Gliedmaßenenden.

I. Der **Nasenspiegel (Planum nasale**, s. S. 98) ist je nach Rasse unpigmentiert bis stark pigmentiert. Die Lederhaut bildet deutliche Papillen. Die Epidermis ist auffallend dünn, und ihr oberflächliches Stratum corneum besteht aus hartem Horn, das eine polygonale Felderung erkennen läßt. Das Oberflächenrelief weist eine individualspezifische Struktur auf und kann deshalb zur Individualbestimmung herangezogen werden. Drüsen kommen hier nicht vor. Die Hundenase wird durch Tränenflüssigkeit (s. S. 98) und Sekrete der lateralen Nasendrüsen, die tief in der Nasenhöhle im Recessus maxillaris liegen, feucht gehalten. Durch Verdunstung der Feuchtigkeit entsteht Kälte, die zur Redewendung „kalt wie eine Hundeschnauze" führte.

6 II. Zu den **Ballen** gehören beim Hund die **Zehenballen (Tori digitales — 14)** in der Höhe der distalen Zehengelenke, die **Tori metacarpeus (13)** resp. **metatarseus** in Höhe der Zehengrundgelenke und der **Torus carpeus** (12, mediodistal an der Handwurzel). Die dicke Unterhaut der Ballen weist reichlich Fettgewebe (Panniculus adiposus, Baufett) mit enthaltenen Schweißdrüsen auf und ist durch radiär-netzförmig angeordnete Haltebänder (Retinacula) aus kollagenen und elastischen Fasern gekammert (sehr empfindlich bei entzündungsbedingter Druckerhöhung). Die Haltebänder strahlen von der Lederhaut (Dermis tori) in die Unterhaut (Tela subcutanea tori) ein und verankern den Ballen an der unterlagernden Faszie und am Skelett. Gut ausgebildete **Spannbänder (Tractus tori — 15)** besitzen die Metatarsal- resp. Metakarpalballen. Sie fixieren die Ballen proximal an den Metakarpal- und Metatarsalknochen. Die Lederhaut weist sehr straffe Bindegewebszüge auf und formt einen sehr hohen Papillarkörper mit konischen Warzen. Die Epidermis (Epidermis tori) ist bis 2 mm dick und bildet entsprechende Konfigurationen aus weichem Horn. Die Ballen sind reichlich mit Blut- und Lymphgefäßen sowie Nerven versorgt.

Cutis tori

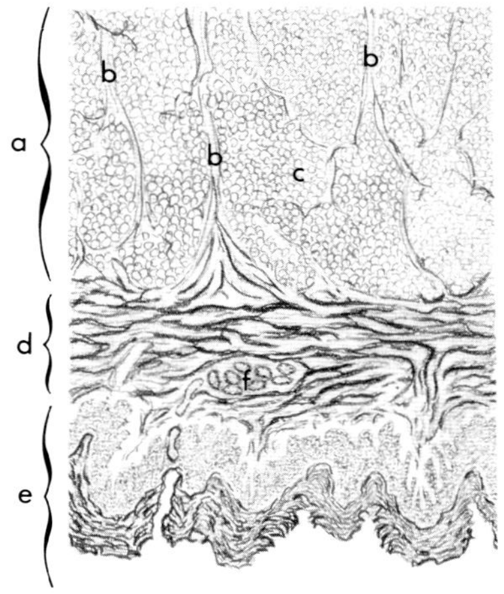

Legenda:

a Tela subcutanea tori [Pulvinus digitalis]:
b Retinacula
c Panniculus adiposus
d Dermis [Corium] tori
e Epidermis tori
f Gl. sudorifera merocrina

c) Das **ZEHENENDORGAN** ist das von modifizierter äußerer Haut umgebene knöcherne Zehenende. Abgesehen vom Zehenballen (Torus digitalis) fehlt eine Tela subcutanea. Die Dermis (Corium) ist in Form von Papillen, Zöttchen oder Blättchen ausgebildet oder weist eine glatte Oberfläche auf. Eine entsprechende Konfiguration weist auch die innere Oberfläche der Epidermis auf (Zapfen, Röhrchen, Blättchen, glatte Oberfläche). Beide, Dermis und Epidermis, gleichen einander wie die Patrize (Stempel = Dermis) der Matrize (Stempeleindruck = Epidermis).

Die verhornte **Kralle (Unguicula)** ist in Form einer Tüte ausgebildet, die 7
den **Krallenbeinfortsatz (Proc. unguicularis — 11)** umgibt. Dermis und Epidermis sind segmental ähnlich differenziert wie am Fingernagel des Menschen und am Huf des Pferdes.

Die knöcherne Krallenleiste (Crista unguicularis) wird basal von einem häutigen **Krallenwall (Vallum — 7)** überlagert. Die Außenlamelle des Krallenwalls ist behaart, und die unbehaarte Innenlamelle ist mit dem Saumsegment (Limbus) des Pferdes vergleichbar und bildet über ihrem Epidermisüberzug ein weiches **Wallhorn (Eponychium — 1)**, das dem Saumhorn (Glasurschicht) des Pferdes entspricht und wie dieses weit vor dem Distalende des Hornschuhs abgerieben wird. (Am menschlichen Fingernagel wird das bröckelig-weiche Eponychium bei der Maniküre entfernt.)

In der Tiefe des knöchernen Krallenfalzes (Sulcus unguicularis) liegt das Falzsegment, das dem Kronsegment des Pferdehufes entspricht. Seine Dermis trägt **Zöttchen (Papillae dermales — 10)**. Seine überlagernde Epidermis produziert ein Röhrchenhorn, das als **Schutzschicht (Mesonychium — 2)** einen erheblichen Anteil der Hornkralle ausmacht. Dorsal am Krallenbeinfortsatz befindet sich ein glatter **Dorsalwulst der Dermis (Dorsum dermale — 8)**, eine Eigentümlichkeit am Zehenendorgan der Fleischfresser, die nach eigenen Untersuchungen nicht mit dem Kronsegment des Pferdes vergleichbar ist. Über seinem Epidermisüberzug wird das **dorsale Wandhorn (Verbindungshorn)** gebildet **(Hyponychium dorsale — 3)**. Im Lateralbereich des Krallenbeinfortsatzes liegen Blättchen vor, und zwar **Lederhautblättchen (Lamellae dermales — 9)** und entsprechend geformte (unverhornte) Oberhautblättchen, die das einfach geschichtete **seitliche Wandhorn (Hyponychium laterale — 4)**, die Innenauskleidung der tütenförmigen Hornkralle, bilden.

Palmar (plantar) am Krallenbeinfortsatz liegt das Sohlensegment, an dem die Dermis deutliche Zöttchen trägt. Hier wird von der Epidermis das tubuläre **Sohlenhorn (Solea cornea — 5)** gebildet, dessen Zellen stark desquamieren.

Um die Spitze des Krallenbeinfortsatzes entsteht ein weiches **Terminalhorn (Hyponychium terminale — 6)**, das den distalen Teil der Krallentüte ausfüllt (daher auch Füllhorn).

Unguicula et Torus

Epidermis:

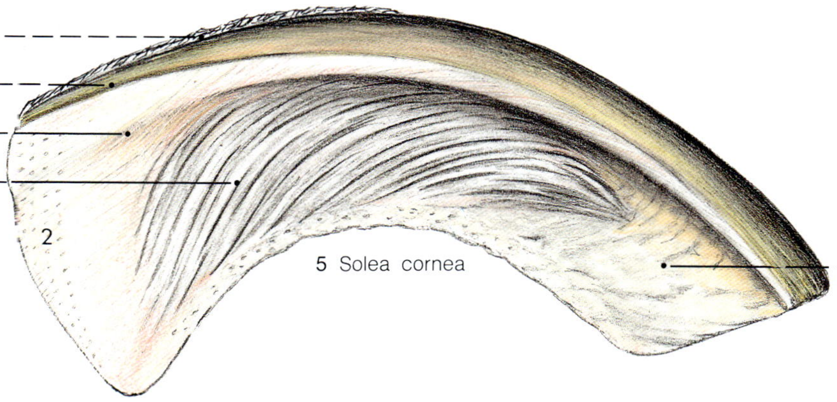

Dermis [Corium]:

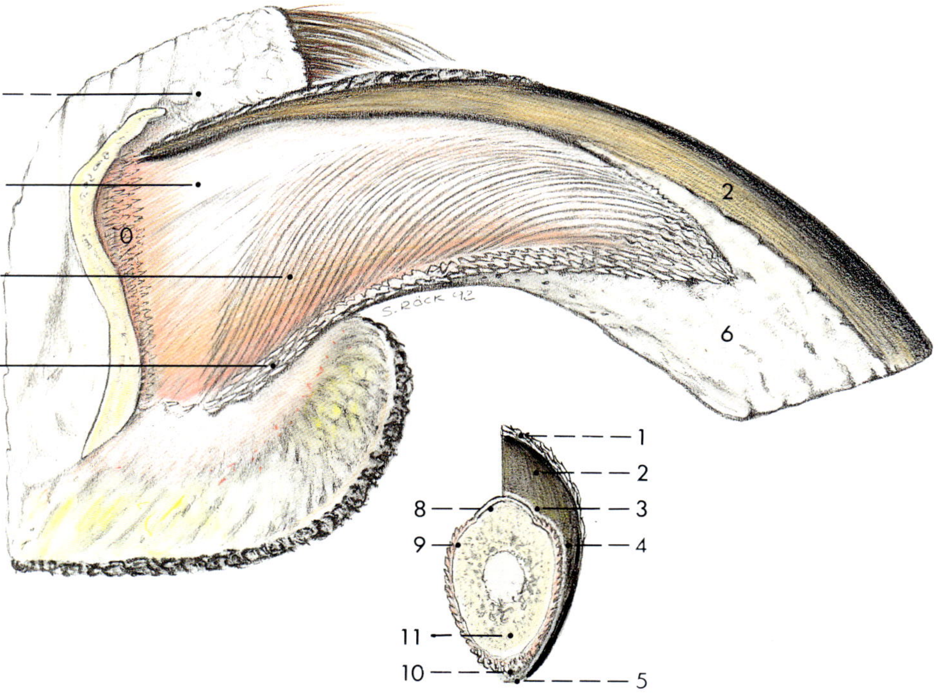

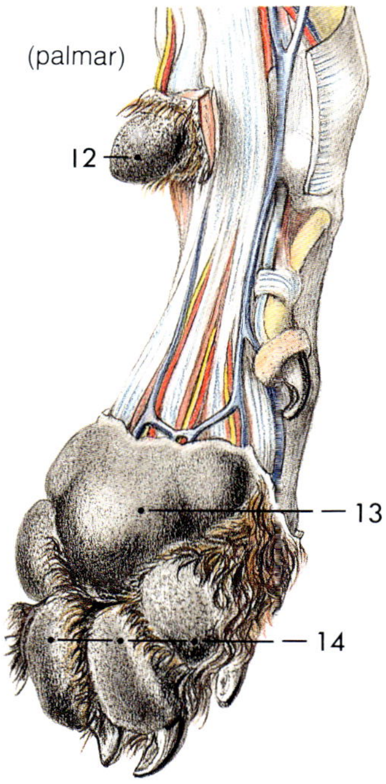

Tori manus

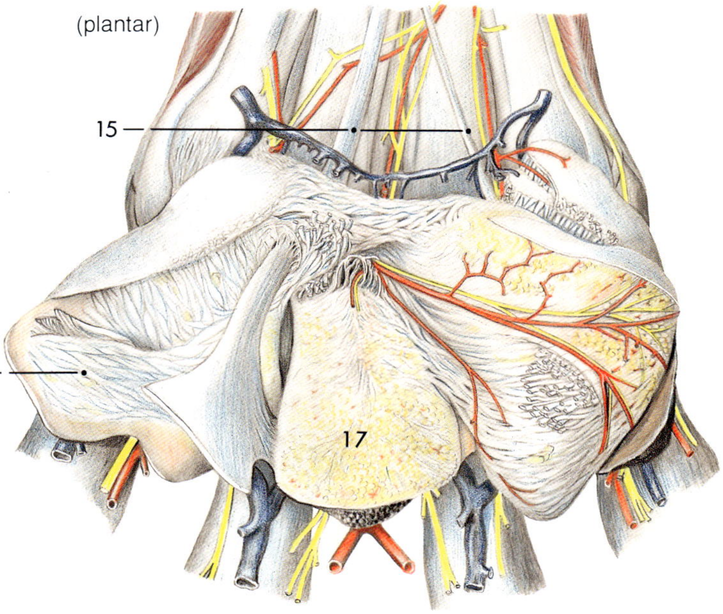

Torus metatarseus

Legenda:

11 Proc. unguicularis
12 Torus carpeus
13 Torus metacarpeus

14 Tori digitales
15 Tractus tori metatarsei

Tela subcutanea tori:
16 Retinacula
17 Panniculus adiposus

(vide p. 19, 81, 83)

Das Studium erfolgt an Einzelknochen und an montierten Skeletten zur Erlangung eines Gesamtüberblicks über die natürlich gestaltete S-förmige Wirbelsäule mit ihren Lordosen (ventrale Konvexität) und Kyphosen (ventrale Konkavität). Besonderes Augenmerk gilt aus forensischer Sicht der Identifizierung von Einzelwirbeln, weshalb Vergleiche zwischen den verschiedenen Wirbelsäulensegmenten angestellt werden.

1 a) Die **WIRBELSÄULE (COLUMNA VERTEBRALIS)** dient der Umhüllung und dem Schutz des Rückenmarks. Für die Statik und Dynamik des Tierkörpers übernimmt die Wirbelsäule eine Tragefunktion. Die dafür erforderliche Festigkeit wird durch die einzelnen Wirbel und die Elastizität sowie die Verformbarkeit durch die Zwischenwirbelscheiben und die Wirbelgelenke gewährleistet.

Die Wirbelsäule besteht aus sieben Zervikal- resp. Halswirbeln (Vertebrae cervicales, vC 1 - 7), dreizehn Thorakal- resp. Brustwirbeln (vT 1 - 13), sieben Lumbal- resp. Lendenwirbeln (Vertebrae lumbales, vL 1 - 7), drei Sakral- resp. Kreuzwirbeln (vS 1 - 3), die zum Os sacrum verschmolzen sind, und ca. zwanzig Coccygeal- resp. Schwanzwirbeln (vCy 1 - 20).

2 I. Die **Wirbel** (s. a. Textabb.) weisen drei Grundbestandteile auf: Corpus mit seinen Anteilen, Arcus und Processus, die entsprechend den funktionellen Anforderungen regional unterschiedlich abgewandelt sind.

3 Das **Corpus vertebrae (1)** besitzt eine **Crista ventralis** (2, deutlich im Bereich der Halswirbelsäule) sowie eine Facies terminalis cranialis resp. **Extremitas cranialis (3)** und **caudalis (4)**. An den Thorakalwirbeln bilden **Foveae costales caudalis (5)** und **— cranialis (6)** gemeinsam eine
4 Gelenkfacette für das Rippenköpfchen (s. unten). Der **Canalis vertebralis (7)** enthält in vivo das Rückenmark mit Cauda equina und liegt zwischen Corpus und Arcus vertebrae.

5 Der **Arcus vertebrae (8)** weist basal den Pediculus und dorsal die abgeflachte Lamina auf. Die **Forr. intervertebralia (9)** werden von den **Incisurae vertebrales cranialis (10)** sowie **— caudalis (11)** des gleich- und vorsegmentigen Wirbels begrenzt und sind Durchlaßöffnungen für die Spinalnerven (Ausnahme: 1. Halsnerv s. unten).

Von den Wirbelfortsätzen ist der **Processus spinosus (12)** am deutlichsten ausgeprägt (Ausnahme: 1. Halswirbel und Schwanzwirbel). Die **Processus transversi (13)** sind an den Hals- und Lendenwirbeln gut ausgebildet und tragen an den Brustwirbeln eine **Fovea costalis (14**, Gelenkfacette für das Rippenhöckerchen, s. unten). Am 1. bis 6. Halswirbel kommen an der Basis der Transversalfortsätze **Forr. transversaria (15)** vor, die zum Canalis transversarius hintereinander gereiht sind (für
6 A., V. und N. vertebralis). Die **Processus articulares cranialis (16)** und **— caudalis (17)** bilden echte Gelenke zwischen den Wirbeln. Ein **Processus costalis (18)** erscheint am 3. bis 6. Halswirbel als ventrokraniales Ende des hier zweigeteilten Querfortsatzes. An der Lendenwirbelsäule stellen die Enden der Querfortsätze Processus costales dar, da sie Rippenrudimente enthalten, die zu Lendenrippen auswachsen können. Ein **Processus accessorius (19)** fehlt im Kaudalbereich der Lendenwirbelsäule und ist in deren Kranialbereich als selbständiger Fortsatz ausgebildet. Er verliert am Übergang zur Brustwirbelsäule beim Übertritt auf die Kaudalkontur des Querfortsatzes seine Selbständigkeit. Der **Processus mamillaris (20)** ist an den Lendenwirbeln dem Processus articularis cranialis aufgelagert (Processus mamilloarticularis) und verlagert sich am Übergang zur Brustwirbelsäule ebenfalls auf den Transversalfortsatz, und zwar auf dessen Kranialkontur. **Processus haemales (21)** sind ab
7 dem 4. Schwanzwirbel ausgebildet und werden kaudal allmählich undeutlicher. Am 4. bis 7. (8.) Schwanzwirbel können sie zum **Arcus haemalis (22)** geschlossen sein.

Die dorsal offenen Spatia interarcualia sind als **Spatium lumbosacrale (23)** und **sacrococcygeum (24)** besonders weiträumig und für die Epiduralanästhesie bedeutsam. Das Spatium atlantooccipitale eignet sich für die Punktion des Subarachnoidalraumes, der mit Liquor cerebrospinalis angefüllt ist.

Besonderheiten liegen an folgenden Halswirbeln vor: Der **1. Halswirbel (Atlas — 25)** trägt einen breitflächigen **Processus lateralis (26)**, der auch Atlasflügel (Ala atlantis) genannt wird. Die **Incisura alaris** (**27**, For. alare anderer Haussäugetiere) liegt kranial am Ansatz des Atlasflügels und wird vom Ventralast des ersten Halsnerven ausgefüllt. Der erste Halsnerv tritt im Gegensatz zu den übrigen Spinalnerven nicht durch ein For. intervertebrale, sondern durch das **For. vertebrale laterale (28)**. Der Atlas besitzt außer einem **Arcus vertebrae** resp. **— dorsalis (29)** als einziger Wirbel anstelle eines Corpus einen **Arcus ventralis (30)**. Diese Benennung ist durch die Verlagerung des Großteils der embryonalen Anlage des Wirbelkörpers auf den Dens axis gerechtfertigt. Der **2. Halswirbel (Axis — 31)** enthält deshalb in seinem **Dens (32)** das verlagerte Corpus atlantis. Der letzte Halswirbel unterscheidet sich von den übrigen Halswirbeln durch seinen langen Processus spinosus, seine Fovea costalis caudalis für die erste Rippe und durch das Fehlen des For. transversarium.

Vertebra lumbalis

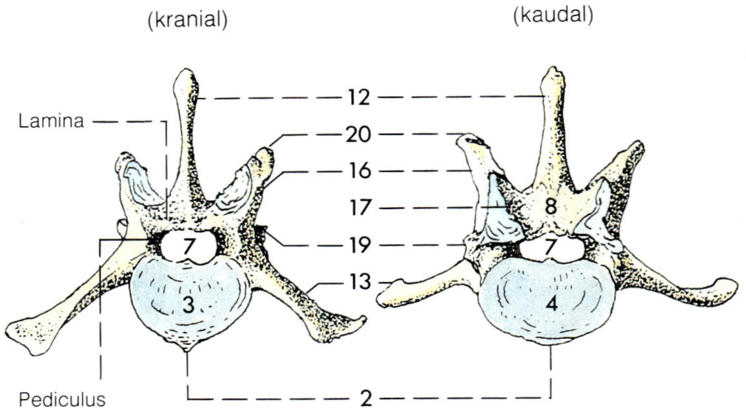

II. Das **Kreuzbein (Os sacrum)** ist das Verschmelzungsprodukt der drei Sakralwirbel. Es trägt lateral die **Ala sacralis** (33), deren **Facies auricularis (34)** mit der gleichnamigen und spiegelbildlich gleichgeformten ohrförmigen Fläche des Darmbeines das straffe Kreuzdarmbeingelenk bildet. Die **Crista sacralis mediana (35)** entsteht durch unvollständige Verschmelzung der Spinalfortsätze. Die Lateralenden der verschmolzenen Lateralfortsätze formen die **Crista sacralis lateralis (36)**. Die **Crista sacralis intermedia (37)** entsteht durch Hintereinanderreihung der Processus mamilloarticulares. Das **Promontorium (38)** ist die kranioventrale Kontur des Kreuzbeines und beteiligt sich an der Begrenzung der Beckeneingangslinie. Aus dem Wirbelkanal treten die Sakralnerven in die Foramina intervertebralia ein und verlassen die Wirbelsäule nach Aufteilung in Dorsal- und Ventraläste über die **Forr. sacralia dorsalia (39)** resp. **— ventralia (40)**.

b) Von den 13 **RIPPEN (COSTAE)** sind die erste bis neunte Rippe als Tragerippen (**Costae sternales — 41**) mit dem Brustbein gelenkig verbunden. Die Rippen 10 bis 12 sind die frei beweglichen Atmungsrippen (**Costae asternales — 42**). Durch Aneinanderlagerung ihrer Knorpelanteile entsteht auf beiden Körperseiten ein Arcus costalis, an dessen Bildung die letzte Rippe in der Regel nicht beteiligt ist. Sie endet als Fleischrippe (**Costa fluctuans — 43**) frei in der Körperwand. Rippen, Brustbein und Brustwirbelsäule bilden gemeinsam den Brustkorb (Thorax) mit Cavum thoracis, dessen Apertura thoracis cranialis vom ersten Rippenpaar und dessen Apertura thoracis caudalis vom Rippenbogen begrenzt wird. Der dorsale Rippenanteil ist knöchern (**Os costale — 44**). Sein **Caput costae (45)** trägt kranial und kaudal je eine **Facies articularis capitis costae (46)**. Beide Gelenkflächen sind durch eine rauhe Leiste abgegrenzt, die an den meisten Rippen mit dem Lig. intercapitale und somit indirekt mit der Zwischenwirbelscheibe in Verbindung steht (s. Abb. S. 11). Ein undeutliches **Collum costae (47)** ist das Verbindungsstück zum **Corpus costae (48)**. Das proximodorsal gelegene **Tuberculum costae (49)** trägt eine **Facies articularis tuberculi costae (50)** zur Artikulation mit der Fovea costalis processus transversi. Der **Rippenwinkel (Angulus costae — 51)** ist nur undeutlich erkennbar. Der **Rippenknorpel (Cartilago costalis — 52)** beginnt in der Rippenfuge und besitzt wenig distal davon das **Rippenknie (Genu costae — 53)**, das bei anderen Haussäugetieren im Bereich der Rippenfuge liegt.

c) Das **BRUSTBEIN (STERNUM)** besteht aus **Manubrium sterni (54)**, **Corpus sterni (55)** mit seinen sechs **Sternebrae (56)** und dem **Processus xiphoideus (57)**, der kaudal knorpelig endet. Das erste Rippenpaar artikuliert am Manubrium sterni, das zweite an der Grenz-Brustbeinfuge zum Körper, das dritte bis siebente an den folgenden Brustbeinfugen des Körpers und das achte und neunte gemeinsam an der Grenz-Brustbeinfuge zum Xiphosternum.

Columna vertebralis et Skeleton thoracis

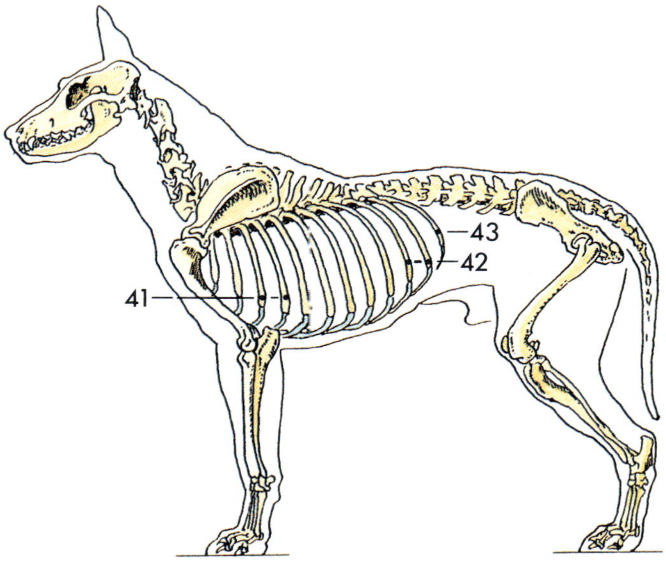

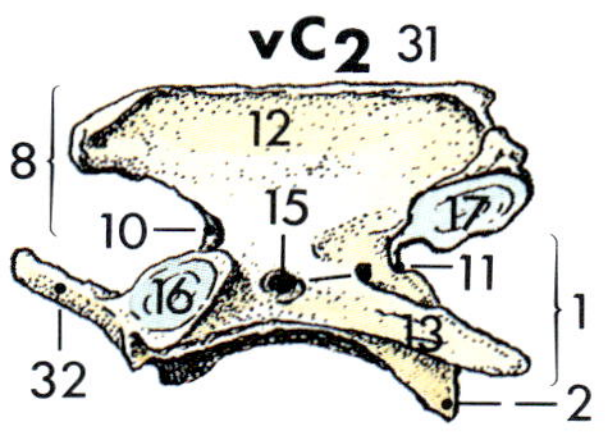

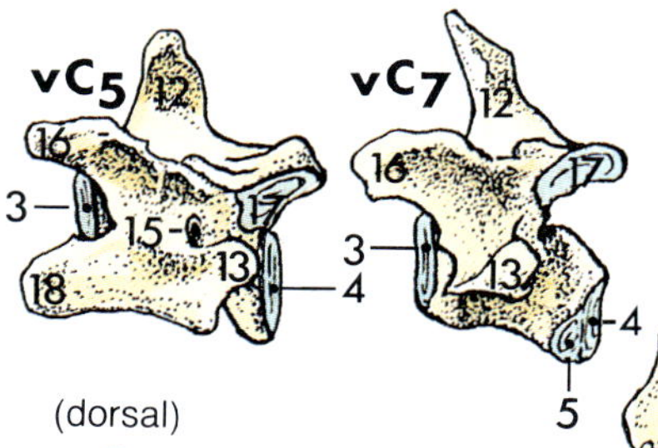

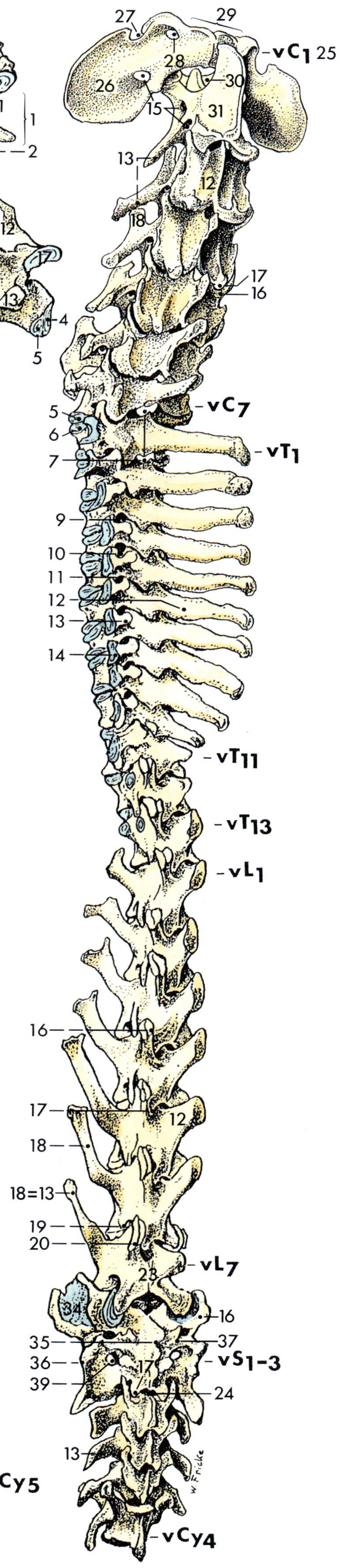

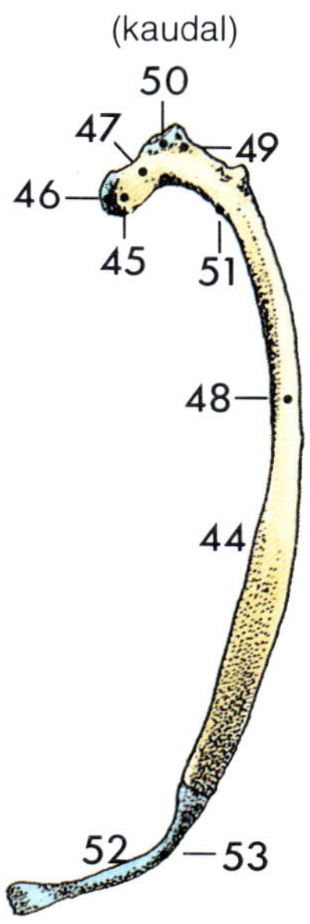

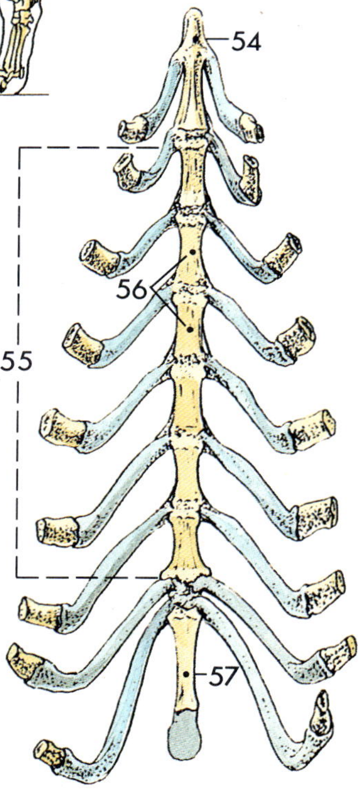

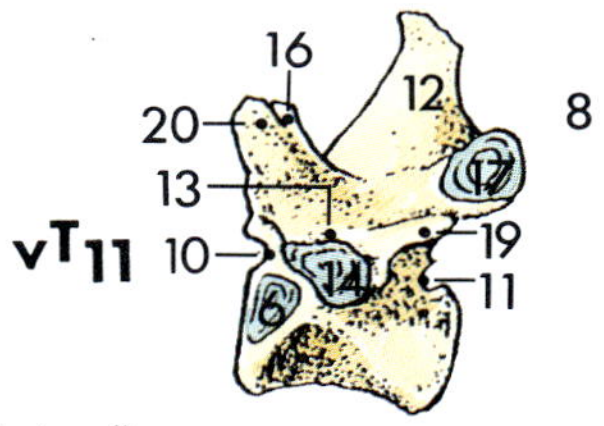

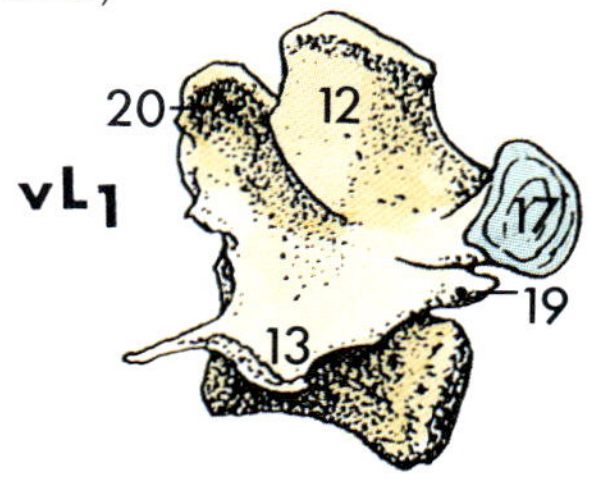

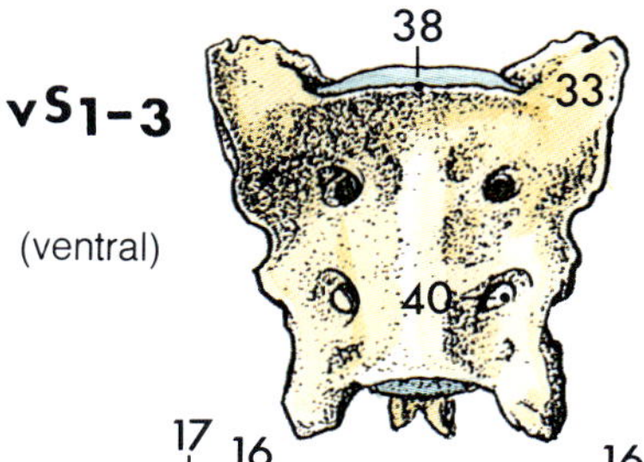

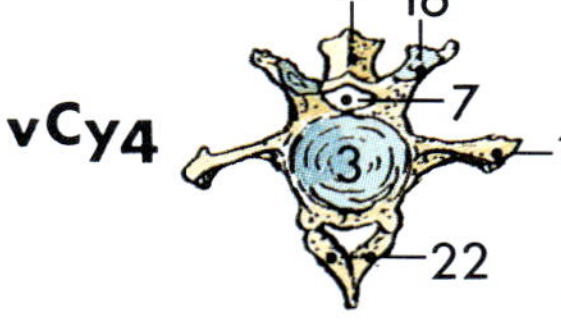

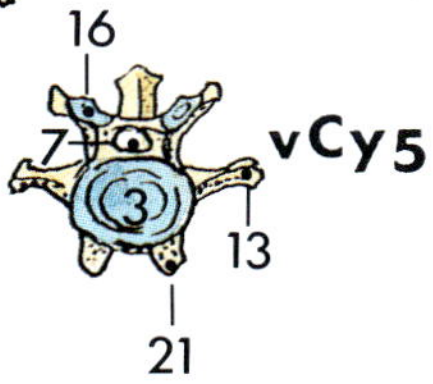

Vertebrae cervicales [vC_{1-7}]
Vertebrae thoracales [vT_{1-13}]
Vertebrae lumbales [vL_{1-7}]
Vertebrae sacrales [vS_{1-3}]
Vertebrae coccygeales [vCy_{1-x}]
Corpus vertebrae (1)
Crista ventralis (2)
Extremitas cranialis (3)
Extremitas caudalis (4)
Fovea costalis caudalis [vC_7,vT] (5)
Fovea costalis cranialis [vT] (6)
Canalis vertebralis (7)
Arcus vertebrae (8)
Foramen intervertebrale (9)
Incisura vertebralis cranialis (10)
Incisura vertebralis caudalis (11)
Processus spinosus (12)
Processus transversus (13)
Fovea costalis [vT] (14)
Foramen transversarium [vC_{1-6}] (15)
Processus articularis cranialis (16)
Processus articularis caudalis (17)
Processus costalis [vC_{3-6},vL] (18)
Processus accessorius (19)
Processus mamillaris (20)
Processus haemalis [vCy_{4-x}] (21)
Arcus haemalis [$vCy_{4,5}$] (22)
Spatia interarcualia
Spatium lumbosacrale (23)
Spatium sacrococcygeum (24)

Atlas [vC_1] (25)
Processus lateralis (26)
Incisura alaris (27)
Foramen vertebrale laterale (28)
Arcus dorsalis (29)
Arcus ventralis (30)

Axis [vC_2] (31)
Dens (32)

Os sacrum [vS_{1-3}]
Ala sacralis (33)
Facies auricularis (34)
Crista sacralis mediana (35)
Crista sacralis lateralis (36)
Crista sacralis intermedia (37)
Promontorium (38)
Foramen sacrale dorsale (39)
Foramen sacrale ventrale (40)

Costae
Costae sternales (41)
Costae asternales (42)
Costa fluctuans (43)
Os costale (44)
Caput costae (45)
Facies articularis capitis costae (46)
Collum costae (47)
Corpus costae (48)
Tuberculum costae (49)
Facies articularis tuberculi costae (50)
Angulus costae (51)
Cartilago costalis (52)
Genu costae (53)

Sternum
Manubrium sterni (54)
Corpus sterni (55)
Sternebrae (56)
Processus xiphoideus (57)

5. GELENKE DER WIRBELSÄULE UND DES BRUSTKORBS, 1. UND 2. KOPFGELENK

a) GELENKE

		NAME	beteiligte KNOCHEN	FORM/ZUSAMMENSETZUNG	FUNKTION	ANMERKUNGEN
	I.	**Art. atlantooccipitalis** (1. Kopfgelenk)	Condylus occipitalis und Fovea articularis cran. atlantis	Art. ellipsoidea Art. simplex	Wechselgelenk „Kopfnicken“	Die Gelenkkapseln des rechten u. linken Gelenks besitzen ventral des Rückenmarks eine Kommunikation.
1	II.	**Art. atlantoaxialis** (2. Kopfgelenk)	Fovea dentis et Fovea articularis caud. atlantis und Dens et Facies articularis ventr. dentis	Art. trochoidea Art. simplex	Rotation „Kopfschütteln“	Der Gelenkspalt des 2. Kopfgelenkes kommuniziert mit dem des 1. Kopfgelenks.
	III.	**Artt. processuum articularium**	Gelenkfortsätze benachbarter Wirbel	Artt. planae	Schiebegelenke	Im Halsbereich große, im Brust- und Lendenbereich abnehmende Beweglichkeit.
	IV.	**Art. capitis costae** (Rippenkopfgelenk)	Facies art. capitis costae und Fovea cost. caud. resp. cran. des vorzähligen resp. des gleichzähligen Wirbels	Art. sphaeroidea Art. composita	Wechselgelenk ermöglicht zusammen mit V die thorakalen Volumenschwankungen bei der Atmung	Die Gelenkerhöhung wird von 2 Gelenkfacetten des Rippenkopfes gebildet. Die Gelenkpfanne wird von je einer Gelenkfläche zweier Wirbelkörper gebildet. Die letzten 2-3 Rippen artikulieren nur mit der Fovea costalis cranialis des gleichzähligen Wirbelkörpers.
	V.	**Art. costotransversaria** (Rippenhöckergelenk)	Facies art. tuberculi costae und Fovea costalis processus transversi	Art. plana Art. simplex	Wechselgelenk	An den letzten Rippen Annäherung und schließlich Verschmelzung mit Art. capitis costae.
	VI.	**Art. sternocostalis** (Brustbein-Rippengelenk)	Knorpelende der Costae 1 bis 8 und Sternum	Art. condylaris Art. simplex	Wechselgelenk	Die 1. Rippe artikuliert mit dem Manubrium sterni. Die neunte (letzte sternale) Rippe ist nicht gelenkig sondern fibrös mit dem Sternum verbunden.
	VII.	**Synchondrosis costochondralis**	Rippenknochen und Rippenknorpel	Synchondrosis	fast starr	Postnatal kann sich aus einer Synchondrosis ein echtes Gelenk entwickeln.
	VIII.	**Synchondrosis sternalis**	Manubrium sterni; Sternebrae des Corpus sterni; Proc. xiphoideus	Synchondrosis	zunehmend starr	Von den Synchondroses sternales sind die Synchondroses manubriosternalis und xiphosternalis besonders benannt.
2	IX.	**Symphysis intervertebralis** (unechtes Wirbelsäulen-„gelenk“)	Körper der benachbarten Wirbel beginnend mit dem 2. Halswirbel einschließlich der Schwanzwirbel	Discus intervertebralis spaltfrei	geringe Bewegungsmöglichkeit	Die Disci im Zwischenwirbelbereich des Kreuzbeins verknöchern im 2. Lebensjahr.
	X.	**Art. sacroiliaca** (Kreuzdarmbeingelenk)	s. Gelenke der Beckengliedmaße			

b) BÄNDER DER WIRBELSÄULE

Drei Bänder erstrecken sich über längere Bereiche der Wirbelsäule. Kurze Bänder überbrücken Räume zwischen einzelnen Wirbeln.

Das **Ligamentum longitudinale ventrale** heftet sich ventral an den Wir-
3 belkörpern und an der Ventralkontur der Zwischenwirbelscheibe an. Es reicht vom 7. Brustwirbel bis zum Os sacrum.

Das **Ligamentum longitudinale dorsale** liegt am Boden des Wirbelkanals und heftet sich an der Dorsalkontur der Zwischenwirbelscheibe an. Es reicht vom zweiten Halswirbel bis zu den ersten Schwanzwirbeln.

Das **Lig. nuchae** (s. S. 29) besteht beim Hund nur aus dem paarigen elastischen **Nackenstrang (Funiculus nuchae)**. Es überspannt vom Kaudalende des Axiskamms an die Halswirbelsäule und reicht bis zum Dornfortsatz des 1. Brustwirbels. Hier geht es unter Verlust der Elastizität in das **Rückenband (Lig. supraspinale)** über, das sich an alle Dornfortsätze der Wirbel anheftet und bis zum dritten Kreuzwirbel zieht.

Die **Ligg. flava** erstrecken sich als kurze elastische Bänder von Wirbelbogen zu Wirbelbogen und verschließen die Spatia interarcualia.

Ligg. interspinalia fehlen. Zwischen den Dornfortsätzen befindet sich der **M. interspinalis.**

Ligg. intertransversaria sind nur an der Lendenwirbelsäule ausgebildet.

c) BÄNDER DER KOPF- UND BRUSTKORBGELENKE

Am **1. Kopfgelenk** verstärkt die elastische **Membrana atlantooccipitalis dorsalis** die Gelenkkapsel und überspannt das Spatium atlantooccipitale (Zugang zur subarachnoidalen Cisterna cerebellomedullaris zur Gewinnung von Liquor cerebrospinalis für diagnostische Zwecke). Eine ventrale Verstärkung der Gelenkkapsel ist die **Membrana atlantooccipitalis ventralis.** Das **Lig. laterale** ist eine seitliche Verstärkung der Gelenkkapsel.

Am **2. Kopfgelenk** wird der Dens axis durch die **Ligg. apicis dentis, transversum atlantis** und **alare** am Grund des Wirbelkanals und am Hinterhauptsbein fixiert. Das **Lig. transversum atlantis** wird von einem Schleimbeutel unterlagert und ist zu beiden Seiten des Atlas befestigt. Bei einer Ruptur dieser Bänder oder einer Fraktur des Dens axis infolge von Verkehrsunfällen oder Strangulationen kommt es zur Rückenmarksverletzung mit Querschnittslähmung und Todesfolge. Die elastische **Membrana atlantoaxialis dorsalis** ist eine dorsale Verstärkung der Gelenkskapsel.

Den **Gelenken zwischen den Gelenkfortsätzen** fehlen Gelenkbänder. Die Gelenkkapsel ist je nach Bewegungsspielraum eng anliegend oder weiter und beeinflußt die Bewegungsrichtung, die in erster Linie von der Stellung der Gelenkflächen abhängt.

Am **Rippenkopfgelenk** verbindet das **Lig. capitis costae intraarticulare** die Rippenköpfe beider Seiten und überlagert dabei die Zwischenwirbelscheibe, daher auch **Lig. intercapitale** genannt. Es fehlt am ersten und an den beiden letzten Rippenpaaren. Als Verstärkung der Gelenkkapsel kommt das **Lig. capitis costae radiatum** vor.

Am **Rippenhöckergelenk** wird die Gelenkkapsel durch das **Lig. costotransversarium** verstärkt.

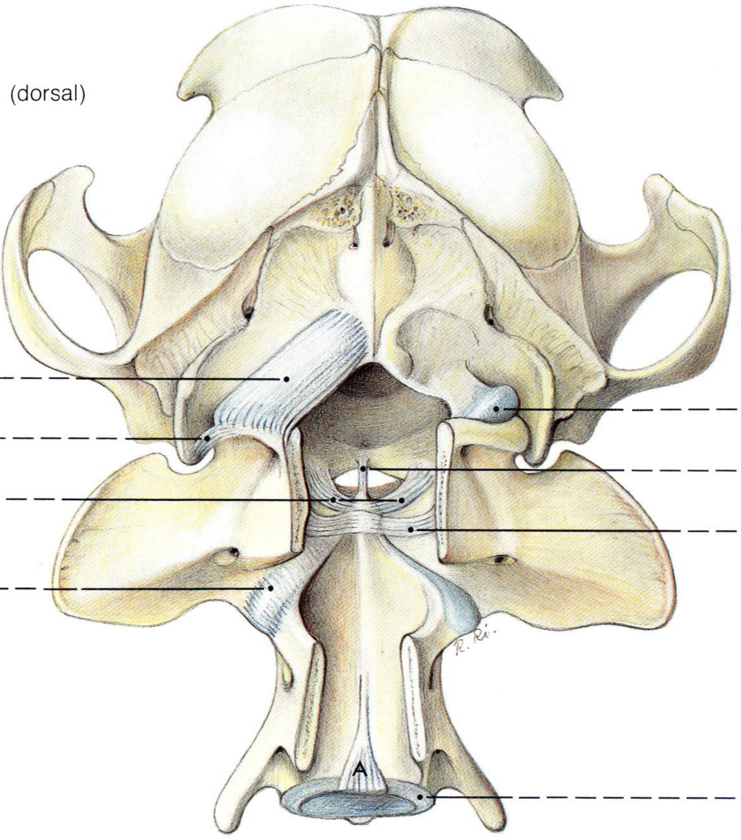

Artt. atlantooccipitalis et atlantoaxialis

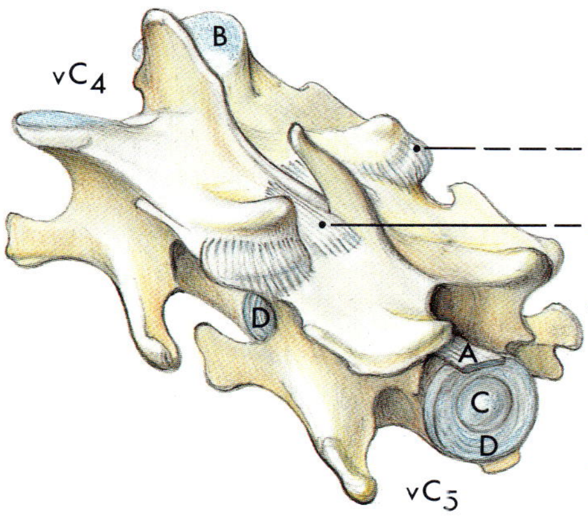

Art. processus articularis

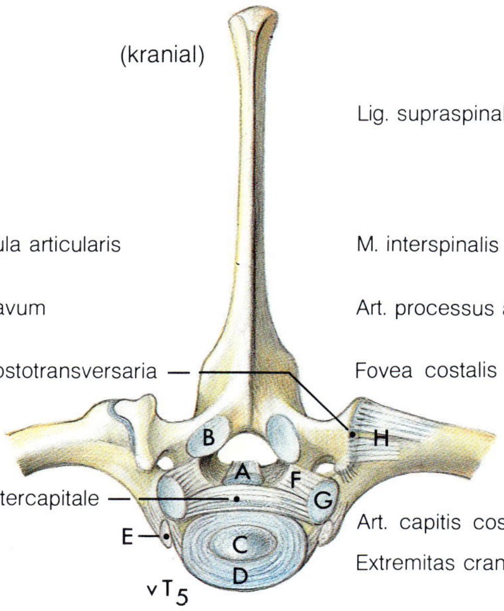

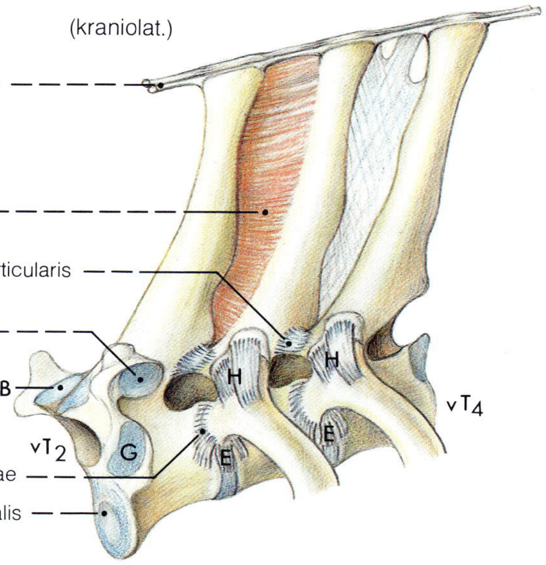

Artt. costovertebrales

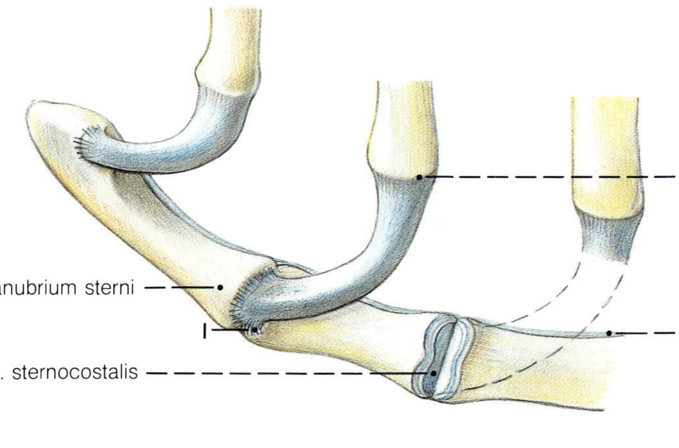

Artt. sternocostales et Synchondroses sternales

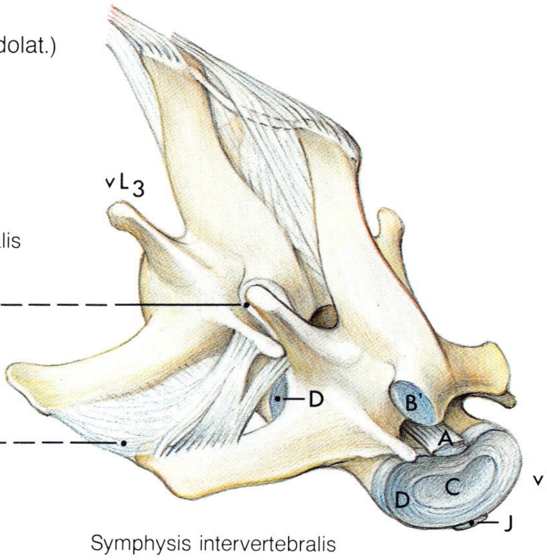

Symphysis intervertebralis

Legenda:

(vide p. 9, 89, 91)

A Lig. longitudinale dorsale
B Proc. articularis cran.
B' Proc. articularis caud.

Discus intervertebralis:
C Nucleus pulposus
D Anulus fibrosus

E Lig. capitis costae radiatum
F Lig. capitis costae intraarticulare
G Fovea costalis cran.

H Lig. costotransversarium
I Lig. sternocostale radiatum
J Lig. longitudinale ventrale

2. KAPITEL: HALS UND BRUSTREGION

1. HAUTMUSKELN UND HAUTNERVEN VON HALS UND BRUSTWAND

Zur Hautmuskel-Darstellung wird auf der linken Körperseite ein Hautlängsschnitt vom Ohrgrund über die Mitte der Scapula bis zum Ventralende der letzten Rippe geführt, wobei die unterlagernde Hautmuskulatur unbedingt zu schonen ist. An den Schnittenden am Ohrgrund und an der letzten Rippe erfolgt ein Haut-Querschnitt, und die Haut wird bis zur dorsalen und ventralen Medianlinie abgeklappt. Die oberflächlich gelegenen Vv. jugularis externa und omobrachialis werden zur Vermeidung unbeabsichtigter Verletzungen mit einhergehender Verschmutzung des Präparationsfeldes zuerst freigelegt.

a) Die **HAUTMUSKELN** enden mit feinsten Sehnen in der äußeren Haut und bewirken deren Bewegung etwa zur Abwehr von Insekten.

Der **M. cutaneus trunci (4)** konvergiert in seinem Faserverlauf zur Achselgegend und zur ventromedianen Bauchnaht (Linea alba) und wird von feinsten Hautnervenästen durchbohrt. Seine motorische Innervation erfolgt durch den **N. thoracicus lateralis (5)**, dessen Äste bei muskelfaserparalleler Verlaufsrichtung in der Ventralhälfte des Bauchhautmuskels sichtbar sind.

Das **Platysma (2)** wird am Hals (Halsplatysma - M. cutaneus colli) von seinem linearen Ursprung in der dorsalen Medianen bis zur Kopfhalsgrenze dargestellt, wo es in das Kopfplatysma (M. cutaneus faciei) übergeht.

Der **Nervenast für das Platysma am Hals (R. platysmatis 3)** stammt vom N. auricularis caudalis des VII. Gehirnnerven (N. facialis). Er unterkreuzt die Faserbündel seines Muskels bei dorsoparamedianem Verlauf etwa in Höhe der Lateralenden der Halswirbelquerfortsätze. Durch Auseinanderdrängen der groben Muskelfaserbündel kann der Nervenast bestimmt werden.

Der **M. sphincter colli superficialis (1)** liegt ventral am Hals. Seine transversalen Muskelfasern lassen sich nur mühsam von der Haut lösen.

Zur Halshautnerven-Darstellung wird der dorsale lineare Platysma-Ursprung durchtrennt und der Muskel wird bis zum kranialen Hautquerschnitt kranial geklappt. Zur Darstellung der Thorakalhautnerven wird der M. cutaneus trunci entlang des kaudalen Hautquerschnittes in Höhe der letzten Rippe sowie am Margo m. tricipitis brachii (Torus anconaeus) durchtrennt und bis zur Linea alba ventral geklappt. Im ventralen Bauch- und Brustbereich ist bei der weiteren Präparation unbedingt die Aponeurose des äußeren schiefen Bauchmuskels (34) zu schonen.

b) Die **HAUTNERVEN** versorgen die äußere Haut vornehmlich sensibel und sind deshalb als einzige Anteile der Spinalnerven subkutan sichtbar. Die Spinalnerven (z. B. nC 4) teilen sich bei Austritt aus dem For. intervertebrale in einen **Dorsalast (d)** und einen **Ventralast (v)**, die sich weiter in **Medial- (dm** resp. **vm)** und **Lateraläste (dl** resp. **vl)** aufteilen. Mit Ausnahme des dorsalen Halsbereiches führen die tiefliegenden Medialäste ganz oder überwiegend motorische Faserqualitäten, die Lateraläste für die Hautversorgung überwiegend sensible. Von den acht Halsnerven tritt nC 1 durch das For. vertebrale laterale atlantis, nC 2 bis 7 treten kranial der gleichzähligen Halswirbels und nC 8 kaudal des letzten Halswirbels hervor. Der erste Halsnerv erreicht mit seinem Dorsomedialast (nC 1dm) nicht die Halshaut. Der N. occipitalis major (nC 2dm) zieht unter dem M. cervicoauricularis superficialis zur Hinterhauptsregion. Die folgenden nC 3dm bis nC 6dm sind oft doppelt ausgebildet. Die beiden letzten nC 7dm und nC 8dm sind so schwach, daß sie in der Regel die Haut nicht erreichen, sondern in der dicken Muskelschicht steckenbleiben. Die Innervation des dorsalen Halshautgebietes durch dm-Äste stellt eine Abweichung von der in anderen Körperregionen gültigen Regel dar, daß die Haut von Lateralästen und die Muskulatur von Medialästen versorgt wird. Die Abweichung wird bei Gegenüberstellung der Nervendurchtritte im dorsalen Hals- und Brustbereich deutlich.

I. Die **dorsale Halshautnervenreihe** tritt in Gefäßbegleitung in der dorsalen Medianen an die Oberfläche und wird von dm-Ästen gebildet.

II. Die **dorsale Thorakalhautnervenreihe** tritt in Gefäßbegleitung handbreit dorsoparamedian, also lateral, hervor und wird bei regelrechtem 1
Verhalten von dl-Ästen gebildet. Die dreizehn Thorakalnerven verlassen kaudal des gleichnumerierten Wirbels den Wirbelkanal und teilen sich hier in den Dorsal- und Ventralast. Der Ventralast zieht als N. intercostalis zwischen den Rippen distal und gibt etwa auf halber Länge des Interkostalspaltes einen vl (prox.)-Ast und am Ventralende des Interkostalspaltes einen vl (dist.)-Ast ab.

III. Die **seitliche Halshautnervenreihe** wird von vl-Ästen (nC 2vl bis nC 5vl) gebildet. Die nC 2v bis nC 5v kommunizieren untereinander und bilden in der Tiefe der Muskulatur den Plexus cervicalis. Der nC 2vl zieht mit seinem **N. auricularis magnus (11)** zur Ohrgegend und mit seinem **N. transversus colli (12)** zur ventralen Halsregion. Die Wurzeln von nC 6v bis nT 2v fließen mit ihren Hauptanteilen in das Armgeflecht (Plexus brachialis - s. S. 19), aus dem die Plexusnerven der Schultergliedmaße hervorgehen.

IV. Die **seitliche Thorakalhautnervenreihe** wird von den erwähnten proximalen vl-Ästen (Rr. cutanei laterales nn. intercostales) gebildet.

V. Eine **ventrale Thorakalhautnervenreihe** wird von den erwähnten sehr schwachen distalen vl-Ästen (Rr. cutanei ventrales nn. intercostales) gebildet.

2. DORSALE STAMM-GLIEDMASSEN-MUSKULATUR

Kenntnisse über den knöchernen Schultergürtel sind für die Präparation erforderlich (s. S. 17). Im Verlauf der Präparation werden die Mm. cleidocervicalis und trapezius entlang der Verlaufsrichtung des innervierenden R. dorsalis n. accessorii (XI) durchschnitten und nach beiden Seiten geklappt. Danach kann die Aufzweigung des N. accessorius in einen langen Dorsalast und einen kurzen Ventralast dargestellt werden.

Die Muskelursprünge resp. Ansätze an Schädel, Hals- und Brustwirbelsäule, Rippen und Brustbein (insgesamt Stamm resp. Truncus) sowie an der Schultergliedmaße sind maßgebend für die Benennung als **Stamm-Gliedmaßen-Muskeln**. Da eine Insertion an Teilen des Schultergürtels vorliegt, ist auch eine synonyme Benennung als Schultergürtelmuskulatur berechtigt. Von diesen Muskeln stellt der M. serratus ventralis die synsarkotische Rumpf-Gliedmaßenverbindung her, deren Drehfeld inmitten der Facies serrata scapulae liegt.

Der **M. trapezius** entspringt mit seinen beiden Teilen (drei Teile nach Donat et al., 1967) an der Dorsomedianlinie über den Dornfortsätzen der Hals- und Brustwirbel. Seine **Pars thoracica (7)** endet bei kranioventraler Verlaufsrichtung am Dorsaldrittel der Spina scapulae. Die **Pars cervicalis (6)** inseriert bei kaudoventraler Verlaufsrichtung an den dorsalen zwei Dritteln der Spina scapulae. Trotz unterschiedlicher Faserverlaufsrichtung fungieren beide Teile als Vorführer der Gliedmaße, da die Pars thoracica dorsal und die Pars cervicalis ventral vom Drehfeld der synsarkotischen Rumpf-Gliedmaßenverbindung inseriert.

Der **M. cleidocervicalis (15)** wird nach dem Nomenklaturvorschlag von Donat et al. (1967) als dritter Teil (Pars clavicularis) zum M. trapezius gerechnet. Er verkehrt zwischen **Klavikularstreifen (Intersectio clavicularis — 16)** und der dorsalen Medianen des Halses.

Der innervierende **R. dorsalis n. accessorii (13)** kommt zwischen dem M. cleidocervicalis und der Pars cervicalis m. trapezii an der Spitze eines muskelumgrenzten Dreiecks zum Vorschein, wo zu seiner weiteren Verfolgung die Schnittführung durch den M. trapezius beginnt.

Der **M. omotransversarius (14)** verkehrt entsprechend seiner Benennung zwischen Acromion der Schulter (Omos) und Transversalfortsatz des Atlas. **Innervation:** nC 4vm. Unter seiner Dorsomedialfläche liegt der zu schonende Buglymphknoten (Lnn. cervicales superficiales).

Der **M. latissimus dorsi (8)** entspringt an der breiten **Fascia thoracolumbalis (9)** und endet an der Oberarmfaszie sowie an der Crista tuberculi majoris und — minoris humeri, wodurch ein breiter Arcus axillaris entsteht. Sein **N. thoracodorsalis** (s. S. 19) tritt mit begleitenden Gefäßen in die Medialfläche des Muskels.

Der **M. rhomboideus (10)** wird vom M. trapezius bedeckt und besteht aus den **Mm. rhomboideus capitis** (nC vm), **— cervicis** (nC vm) und **— thoracis** (nT vm), die an der Crista nuchae und an der Dorsomedianlinie entspringen und am Schulterblattknorpel enden. **Funktion:** Feststeller, Heber und Rückwärtsführer der Schultergliedmaße sowie Heber des Halses.

Legenda:

17 M. sternocleidomastoideus
18 Sternum
M. deltoideus:
19 Pars clavicularis
20 Pars acromialis
21 Pars scapularis
22 M. brachialis
23 M. extensor carpi radialis
24 Caput laterale m. tricipitis brachii
25 Caput longum m. tricipitis brachii
26 Papilla mammae
27 Mm. sternohyoideus et sternothyreoideus
28 M. parotidoauricularis
29 M. splenius
30 M. serratus ventr. cervicis
31 M. supraspinatus
32 M. infraspinatus
33 M. pectoralis prof.
34 M. obliquus ext. abdominis

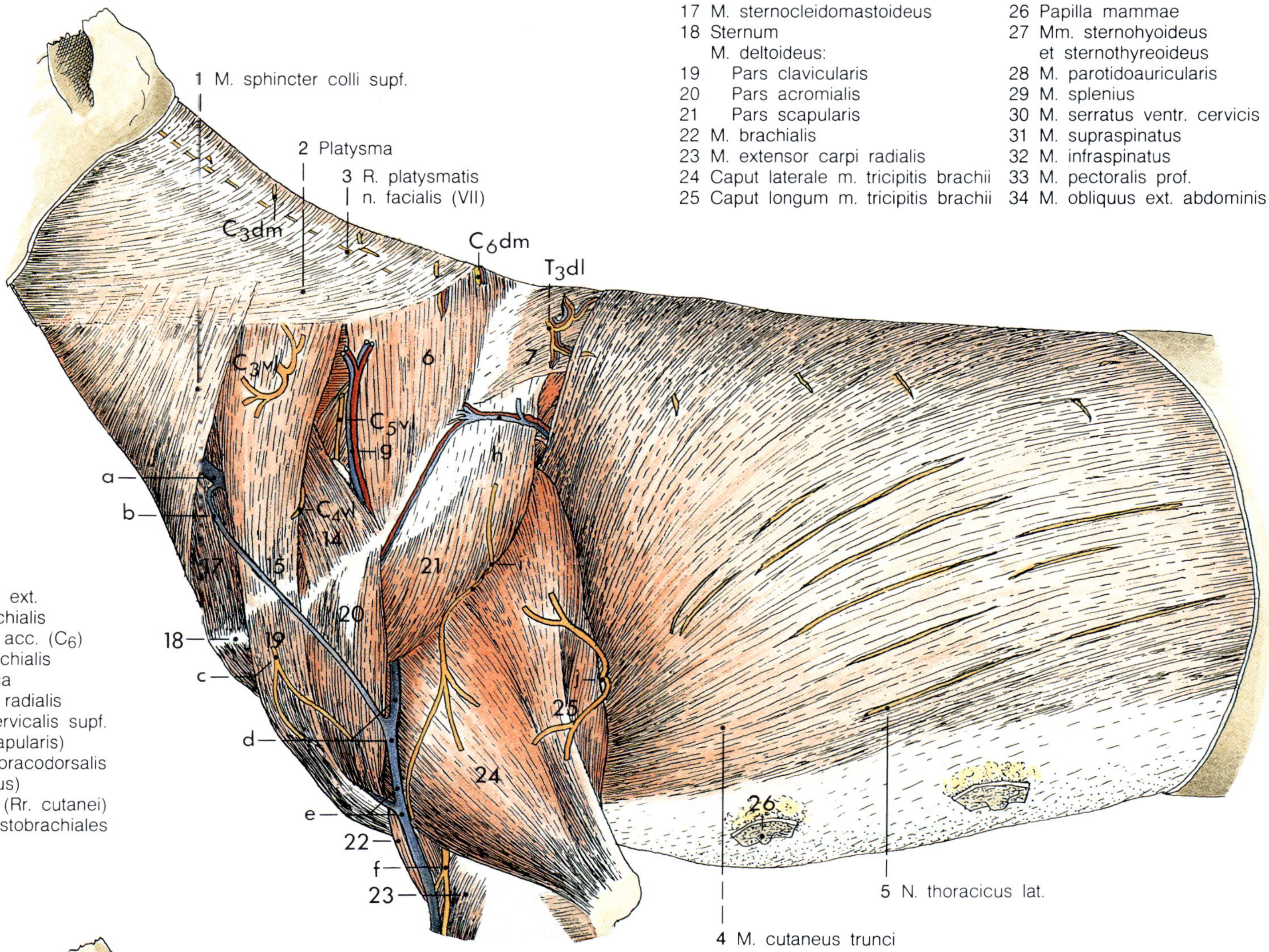

Legenda:

a V. jugularis ext.
b V. omobrachialis
c N. axillaris acc. (C_6)
d V. axillobrachialis
e V. cephalica
f R. supf. n. radialis
g A. et V. cervicalis supf. (R. praescapularis)
h A. et V. thoracodorsalis (R. cutaneus)
i N. axillaris (Rr. cutanei)
j Nn. intercostobrachiales

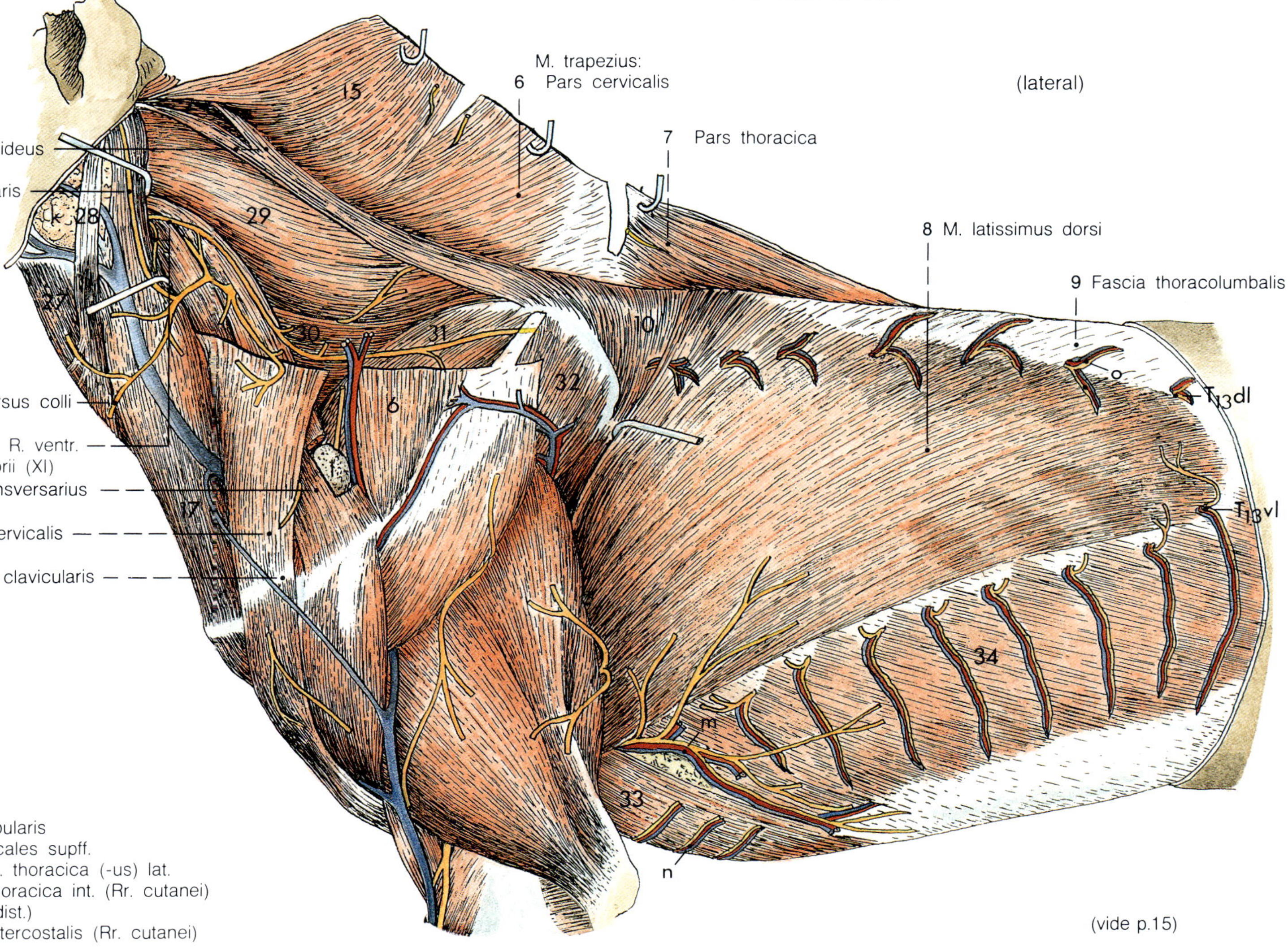

Legenda:

k Gl. mandibularis
l Lnn. cervicales supff.
m A. V. et N. thoracica (-us) lat.
n A. et V. thoracica int. (Rr. cutanei) et T_5 vl (dist.)
o A. et V. intercostalis (Rr. cutanei)

(vide p.15)

3. VENTRALE STAMM-GLIEDMASSEN-MUSKULATUR

Im Zuge der Präparation werden der oberflächliche und der tiefe Brustmuskel fingerbreit lateral der Medianlinie (Linea alba thoracis) durchschnitten. Dabei ist die Innervation durch die Nn. pectorales cranialis und caudalis zu beachten.

Die Funktion der **Stamm-Gliedmaßen-Muskeln** besteht sowohl in der Bewegung von Kopf, Wirbelsäule und Schultergliedmaße als auch in der Aufhängung des Stammes am Gliedmaßenpaar. Die weiter dorsal gelegenen Muskeln erfüllen überwiegend Bewegungsfunktionen und übernehmen in Nebenfunktion die Aufhängung der Schultergliedmaße. Die weiter ventral gelegenen Muskeln bewirken vornehmlich die Aufhängung des Stammes und besitzen dafür reichlich Sehneneinlagerungen.

Die **Mm. pectorales superficiales** (Nn. pectorales craniales et – caudales) bilden gemeinsam mit der Pars clavicularis m. deltoidei die seitliche Brustfurche mit darin gelegener V. cephalica. Der breite **M. pectoralis transversus (14)** hat seinen linearen Ursprung vom Kranialende des Corpus sterni bis zum Manubrium sterni, wo auch der schmale, oberflächlich aufliegende **M. pectoralis descendens (15)** entspringt. Die oberflächlichen Brustmuskeln enden an der Crista tuberculi majoris des Oberarmknochens.

Der **M. pectoralis profundus** (Nn. pectorales craniales et - caudales) bildet mit seiner **Hauptportion (Pars principalis – 17)** die Unterlage für die schmale, lateral gelegene **Nebenportion (Pars accessoria – 16).** Der tiefe Brustmuskel entspringt am Manubrium – und Corpus sterni und endet am Tuberculum majus und minus humeri. Die Nebenportion inseriert an der Oberarmfaszie. Die innervierenden Nerven sind auf der Schnittfläche der Brustmuskulatur erkennbar.

Der **M. serratus ventralis (31)** ist in den M. serratus ventralis cervicis (nCvm) und den M. serratus ventralis thoracis (**N. thoracicus longus – 30)** unterteilt, die im Bereich ihres transversalen Faserverlaufs am Brustkorbeingang nahtlos ineinander übergehen. Sie entspringen an den Transversalfortsätzen der Halswirbel resp. an den Rippen und inserieren gemeinsam an der Facies serrata scapulae.

Der **M. sternocleidomastoideus** (R. ventralis n. accessorii) besteht aus drei Einzelmuskeln: Die **Mm. cleidomastoideus (5)** und **sternomastoideus (3)** sind kranial, der M. sternomastoideus und der **M. sternooccipitalis (4)** sind kaudal miteinander verwachsen. Die Lateralfläche des M. sternocleidomastoideus bildet die Drosselrinne für die Drosselvene (V. jugularis externa). Die Innervation durch den R. ventralis n. accessorii wird am Kaudalrand der Gl. mandibularis deutlich. Der **N. accessorius** (s. S. 13) liegt hier zwischen den (künstlich voneinander zu trennenden) Mm. sternomastoideus und sternooccipitalis. Er teilt sich in den vorher bestimmten langen **R. dorsalis,** der mit nC 2 kommuniziert, sowie in den kurzen **R. ventralis,** dessen drei Äste nach kurzem Verlauf in den Einzelmuskeln des M. sternocleidomastoideus enden.

Der **M. deltoideus** (N. axillaris resp. N. axillaris accessorius, nC 6, für die Pars clavicularis) gehört mit seiner **Pars clavicularis** (13, M. cleidobrachialis), nicht jedoch mit seinen Partes scapularis und acromialis zur Stamm-Gliedmaßen-Muskulatur. Nach Abheben des lateralen oder medialen Randes der Pars clavicularis wird deutlich, daß der **N. axillaris accessorius** (nC 6 – 12) zwei Fingerbreiten distal vom Schlüsselbeinstreifen in die Medialfläche der Pars clavicularis eintritt und diese motorisch versorgt. Mit seinen sensiblen Hautastanteilen durchbohrt der N. axillaris accessorius den genannten Muskel.

Der **M. sternohyoideus** (nC 1vm – 7) und der **M. sternothyreoideus** 2
(nC 1vm – 2) gehören nicht zur Rumpf-Gliedmaßen-Muskulatur, sondern zu den langen Zungenbeinmuskeln. Der rechte und linke M. sternohyoideus berühren sich in der Ventromedianlinie des Halses. Der M. sternothyreoideus liegt lateral benachbart.

4. LEITUNGSSTRUKTUREN UND EINGEWEIDE DES HALSES

Die Drosselrinne mit darin gelegener Drosselvene wurde bereits freigelegt. Zur Darstellung der Strukturen im Spatium colli werden die beiderseitigen Mm. sternohyoidei in der Medianen auseinandergedrängt oder gemeinsam mit dem M. sternothyreoideus quer durchschnitten.

1 a) Die **V. JUGULARIS EXTERNA (8)** geht ebenso wie die Vv. subclavia und jugularis interna in Höhe der Apertura thoracis cranialis aus der V. brachiocephalica hervor. Sie entläßt in kaudokranialer Reihenfolge die Vv. cephalica, cervicalis superficialis und omobrachialis. Danach teilt sie sich an der Kaudalkontur der Gl. mandibularis in die dorsale **V. maxillaris (19)** und die ventrale **V. linguofacialis** (18). Die **V. cephalica (11)** zieht anfangs in der seitlichen Brustfurche zur Schultergliedmaße. Die **V. cervicalis superficialis (10)** verzweigt sich wie die gleichnamige, im Brustkorb entspringende Arterie, in der Stamm-Gliedmaßen-Muskulatur. Die **V. omobrachialis** (9) zieht lateral über den M. deltoideus zum Oberarm.

b) Von den **LEITUNGSSTRUKTUREN IM SPATIUM COLLI** zieht die **V. jugularis interna (22)** an der lateralen Kontur der Trachea entlang und schickt Äste zum Gehirn, zur Schilddrüse, zum Kehl- und Schlundkopf. Die Aa. carotis communis sinistra und – dextra gehen in Höhe der Apertura thoracis cranialis aus dem arteriellen Truncus brachiocephalicus hervor (s. S. 49). Die **A. carotis communis (24)** zieht an der dorsolateralen Kontur der Trachea kopfwärts und schickt Arterienäste zu Schilddrüse, Kehl- und Schlundkopf. Der **Truncus vagosympathicus (23)** liegt als großer Nervenstamm dorsal an der A. carotis communis. Er leitet sympathische Anteile vom Brust-Lenden-Grenzstrang (thorakolumbales System) zum Kopf (s. S. 49). Parasympathische Anteile des N. vagus (X. Gehirnnerv) gelangen vom Kopf überwiegend in die Körperhöhlen. Der N. vagus entläßt nach seiner Trennung vom N. sympathicus innerhalb des Brustkorbs den N. laryngeus recurrens (s. S. 49) und führt
2 danach ausschließlich parasympathische Nervenfasern. Der **N. laryngeus recurrens (26)** kehrt mit seinen überwiegend motorischen und sensiblen Faserqualitäten zum Hals zurück. Er liegt innerhalb der Bindegewebsumhüllung lateral an der Trachea, die ebenso wie der Oesophagus Nervenäste erhält. An der Medialfläche der Schilddrüse ist der N. laryngeus recurrens leicht auffindbar.

c) Vom **LYMPHSYSTEM** werden hier Lymphgefäßstämme und Lymphknoten berücksichtigt. Der Truncus jugularis (trachealis) ist der große paarige Lymphstamm des Halses. Er beginnt als Abfluß aus dem Ln. retropharyngeus medialis, erhält Zuflüsse von oberflächlichen und tiefen Halslymphknoten und mündet im Venenwinkel, der durch den Zusammenfluß von äußerer und innerer Jugularvene entsteht. Der **Endabschnitt des linken Truncus jugularis (trachealis – 28)** vereinigt sich kurz vor seiner Mündung mit dem **Ende des Milchbrustganges (Ductus thoracicus – 29)**, der die Lymphe aus den Körperhöhlen zuführt. Der **Ln. retropharyngeus medialis** (1) liegt auf dem Insertionsabschnitt des M. sternothyreoideus. Er erhält seine Lymphe aus dem Kopfbereich. Der **Buglymphknoten (Lnn. cervicales superficiales – 27)** liegt unter 3
dem Dorsalrand des M. omotransversarius auf dem M. serratus ventralis. Zum Einzugsgebiet gehören der oberflächliche Halsbereich, aber auch Rumpf, Kopf und Schultergliedmaße. Die Lnn. cervicales profundi liegen dicht an der Trachea und bestehen aus einer inkonstanten kranialen, mittleren und kaudalen Gruppe. Ihr Einzugsgebiet ist ihre unmittelbare Umgebung im Spatium colli.

d) Zu den **HALSEINGEWEIDEN** gehören Oesophagus, Trachea, Gl. thyreoidea und Gl. parathyreoidea. Die **Speiseröhre (Oesophagus – 25)** 4
liegt mit ihrer Pars cervicalis in der Halsmitte dorsal und am Brusteingang links dorsal der Trachea. Ihre rötliche Farbe wird durch Einlagerung von quergestreifter Muskulatur verursacht. Diese quergestreifte Muskulatur vom viszeralen Typ wird vom N. vagus innerviert. Die **Luft-** 5
röhre (Trachea – 6) besteht aus c-förmigen Knorpelspangen, die von dem Paries membranaceus mit enthaltenem M. trachealis (transversus) verschlossen werden. Die Knorpelspangen sind durch Ligg. anularia verbunden. Das Tracheallumen wird durch die Knorpelspangen offengehalten, die durch ein fibroelastisches Gewebe verspannt sind. Der Spanneffekt ermöglicht Längenveränderungen (bei Atmung und Schluckakt) und ist für die typisch runde Querschnittsform der Trachea verantwortlich, deren Lumen durch Anspannung des M. trachealis etwas eingeengt werden kann. Die **Schilddrüse** (**Gl. thyreoidea – 21)** 6
liegt dem Kranialende der Trachea mit ihrem Lobus dexter und sinister an, die gelegentlich durch einen schwachen ventralen Isthmus verbunden sein können. Die beiderseitigen zwei **Nebenschilddrüsen (Epithel-** 7
körperchen, Gll. parathyreoideae – 20) liegen als hellere runde Drüsen mit einem Durchmesser von ca. drei Millimetern an der Schilddrüse, und zwar an der Lateral- und Medialfläche oder darunter im Schilddrüsenparenchym.

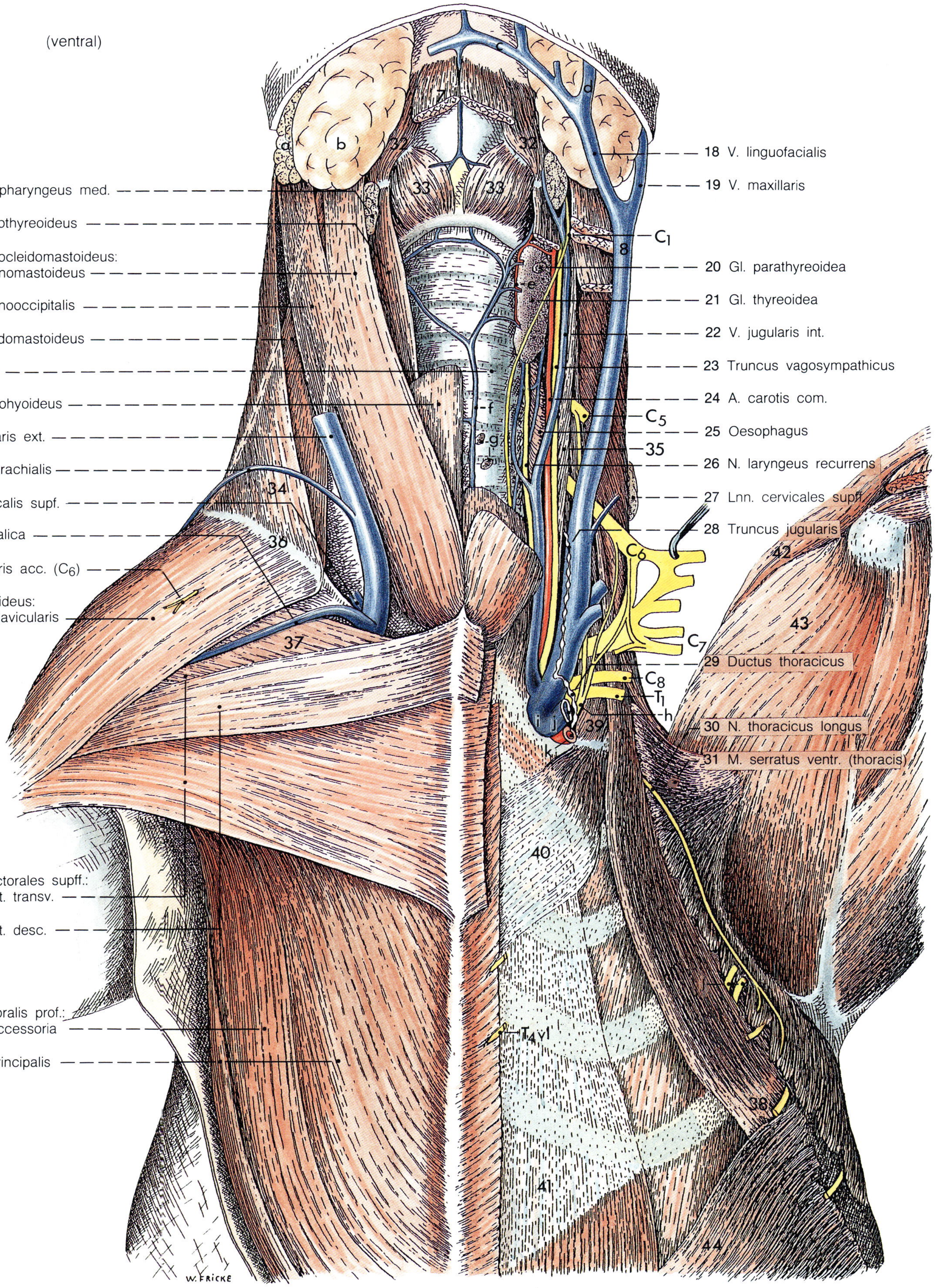

(vide p. 13)

Legenda:

32 M. thyreohyoideus
33 M. cricothyreoideus
34 M. cleidocervicalis
35 M. longus capitis
36 Intersectio clavicularis
37 Sulcus pectoralis lat.
38 M. scalenus dors.
39 M. scalenus med.
40 M. rectus thoracis
41 M. rectus abdominis
42 M. suprascapularis
43 M. subscapularis
44 M. obliquus ext. abdominis

a Gl. parotis
b Gl. mandibularis
c Arcus hyoideus
d V. facialis
e A. thyreoidea cran.
f V. thyreoidea caud.
g Lnn. cervicales proff.
h N. phrenicus
i V. brachiocephalica
j V. subclavia
k A. et V. axillaris
l Nn. intercostobrachiales

3. KAPITEL: SCHULTERGLIEDMASSE

1. DAS SKELETT DER SCHULTERGLIEDMASSE

Der **Schultergürtel (Cingulum membri thoracici)** besteht aus Schulterblatt (Scapula), Rabenschnabelbein (Os coracoideum) und Schlüsselbein (Clavicula), die bei Nichtsäugetieren (z. B. beim Vogel) noch vollständig als Einzelknochen ausgebildet sind. Bei den Haussäugetieren erfolgt eine weitgehende Rückbildung zum Rabenschnabelfortsatz der Scapula resp. zur weitgehend bindegewebigen Intersectio clavicularis mit gelegentlich übriggebliebenem winzigem knöchernem Klavikularrest, der röntgenologisch am Medialende des Klavikularstreifens als ca. 10 x 5 mm großes Knochenblättchen vorkommen kann.

a) Das **SCHULTERBLATT (SCAPULA)** ist der Hauptbestandteil des Schultergürtels. Die **Facies costalis (1)** der Scapula ist in eine dorsal gelegene **Facies serrata** (2, Ansatzfläche des M. serratus ventralis) und in eine ventral anschließende **Fossa subscapularis** (3, Ansatzfläche des M. subscapularis) unterteilt. Die **Facies lateralis (4)** ist durch die **Schulterblattgräte (Spina scapulae – 5)** in die **Fossa supraspinata** (6, Ursprung des M. supraspinatus) und die **Fossa infraspinata** (7, Ursprung des M. infraspinatus) untergliedert. Am Ventralende der Spina scapulae befin-
1 det sich das **Gräteneck (Acromion – 8)** mit einem distalen **Processus hamatus** (9). Der **Margo caudalis** (10) ist fast geradlinig, der **Margo cranialis** (11) besitzt distal eine **Incisura scapulae** (12), und der **Margo dorsalis** (13) trägt die schmale **Cartilago scapulae** (14). Von den drei Winkeln (**Angulus caudalis – 15, Angulus cranialis – 16, Angulus ventralis – 17**) besitzt der ventrale Winkel eine flachovale **Gelenkpfanne (Cavitas glenoidalis – 18)**. Kaudodistal des nur angedeuteten **Collum scapulae** (19) liegt das**Tuberculum infraglenoidale** (20) sowie kraniodistal das **Tuberculum supraglenoidale** (21) mit kraniomedialem **Processus coracoideus** (22).

2 b) Der **OBERARMKNOCHEN (HUMERUS)** trägt das **Caput humeri** (23) als Gelenkerhöhung für das Buggelenk. Der Oberarmkopf ist nur kaudal deutlich durch das **Collum humeri** (24) abgesetzt. Von der Kranialkontur des **Tuberculum majus** (25) ziehen die **Crista tuberculi majoris** (26) und von der Kaudalkontur die **Linea m. tricipitis** (27) distal. Der **Sulcus intertubercularis** (28) beherbergt die Ursprungssehne des M. biceps brachii und bildet die deutliche Grenzfurche zum medial gelegenen **Tuberculum minus** (29), von dem die **Crista tuberculi minoris** (30) distal zieht und in die Crista supracondylaris lateralis übergeht. Das **Corpus humeri** (31) besitzt lateral an der proximalen Drittelgrenze die **Tuberositas deltoidea** (32), für die Insertion des gleichnamigen Muskels. Von der Tuberositas deltoidea setzt sich die **Crista humeri** (33) bis zum Epicondylus medialis distal fort. Sie begrenzt kranial den spiralig verlaufenden **Sulcus m. brachialis** (34), der vom gleichnamigen Muskel ausgefüllt wird. Die distale **Gelenkwalze (Condylus humeri – 35)** besteht aus einer großen medialen **Gelenkrolle (Trochlea humeri – 36)** für die Artikulation mit der Ulna und dem kleinen lateralen **Capitulum humeri** (37), das mit dem Radius artikuliert. Der Condylus humeri besitzt Epikondylen. Vom **Epicondylus lateralis** (38, Streckknorren für den Ursprung der Zehen- und Karpalgelenksstrecker) strebt die auffällige **Crista supracondylaris lateralis** (38') nach proximal. Der **Epicondylus medialis** (39) ist der Beugeknorren für die Zehen- und Karpalgelenksbeuger. Die kaudale tiefe **Fossa olecrani** (40) und die kraniale seichte **Fossa radialis** (41) kommunizieren durch das **For. supratrochleare** (42).

c) Zu den **UNTERARMKNOCHEN (OSSA ANTEBRACHII)** gehören Speiche (Radius) und Elle (Ulna).

I. Am **Radius** besitzt das **Caput radii** (43) wenig distal der Gelenkfläche mit dem Humerus eine mediale walzenförmige **Gelenkerhöhung (Circumferentia articularis – 44)** für die proximale Artikulation mit der Ulna an deren Incisura radialis. Das undeutliche **Collum radii** (45) trägt medial eine unscheinbare **Tuberositas radii** (46) für den Ansatz der radialen Insertionssehne des M. biceps brachii. Der anschließende Schaft (**Corpus radii – 47**) geht in die **Trochlea radii** (48) über, die distal mit den Handwurzelknochen artikuliert, lateral mittels der **Incisura ulnaris** (49) an der distalen Artikulation mit der Circumferentia articularis ulnae mitwirkt und medial mit dem medialen **Griffelfortsatz (Processus styloideus medialis – 50)** endet.

II. Die **Ulna** überragt das Caput radii mit ihrem **Olecranon** (51), das 3
proximal zum **Tuber olecrani** (52) verdickt ist. Am hakenförmigen **Pro-** 4
cessus anconaeus (53) beginnt medial und lateral die **Incisura trochlearis (s. semilunaris – 54)**, die bis zum **Processus coronoideus medialis** 5
(55) resp. – **lateralis** (56) reicht. Die **Incisura radialis** (57) liegt am
Übergang zum **Corpus ulnae** (58). Das distale (!) **Caput ulnae** (59) 6
besitzt die mediale **Circumferentia articularis** (60) und endet distal mit dem lateralen **Griffelfortsatz (Processus styloideus lateralis – 61)**. Das **Spatium interosseum antebrachii** (62) ist im distalen Unterarmdrittel besonders weit.

d) Die **HANDWURZELKNOCHEN (OSSA CARPI)** werden embryonal in drei Reihen angelegt und sind postnatal auf zwei Reihen reduziert. Das mediale **Os carpi radiale** (63) enthält das Os carpi intermedium der proximalen Reihe sowie das Os carpi centrale der mittleren Reihe und wird auch Os carpi intermedioradiale genannt. Das distal der Ulna gelegene **Os carpi ulnare** (64) und das lateral herausragende **Os carpi accessorium** (65) vervollständigen die proximale Reihe. Die **Ossa carpalia I bis IV** (66) bilden die distale Reihe und artikulieren mit den Mittelhandknochen.

Synonyma für die Handwurzelknochen (Ossa carpi)

Os carpi radiale (Os scaphoideum) = Kahnbein } intermedioradiale
Os carpi intermedium (Os lunatum) = Mondbein }

Os carpi ulnare (Os triquetrum) = Dreieckbein

Os carpi accessorium (Os pisiforme) = Erbsenbein

Os carpale I (Os trapezium) = großes Vieleckbein

Os carpale II (Os trapezoideum) = kleines Vieleckbein

Os carpale III (Os capitatum) = Kopfbein

Os carpale IV (Os hamatum) = Hakenbein

e) Die **MITTELHANDKNOCHEN (OSSA METACARPALIA I BIS V)** besitzen proximal eine **Basis** (67) mit einer Gelenkfläche, ein langes **Corpus** (68) und schließlich ein distales (!) **Caput** (69). Das Os metacarpale I kann fehlen oder auch zweigeteilt sein, wobei dann das proximale Teilstück mit dem Os carpale I verschmolzen ist.

f) Zu den **FINGER- RESP. ZEHENKNOCHEN DER HAND (OSSA DIGITORUM MANUS)** gehören die Phalanges proximalis, media und distalis. Am Daumen (Pollex) fehlt gewöhnlich die mittlere Phalanx. Die **Phalanx proximalis** (70) und die **Phalanx media** (71) besitzen proximal eine **Basis** (72), ein mittleres **Corpus** (73) und distal ein **Caput** (74). An der Phalanx media liegt proximopalmar die undeutliche **Tuberositas flexoria** (75) für den Ansatz der oberflächlichen Beugesehne. Das **Krallenbein (Phalanx distalis, Os unguiculare – 76)** besitzt proximal eine **Facies articularis** (77), proximodorsal einen undeutlichen **Processus extensorius** (78) für den Ansatz der Strecksehne und proximopalmar ein deutliches **Tuberculum flexorium** (79) für den Ansatz der tiefen Beugesehne. Die scharfkantige **Krallenleiste (Crista unguicularis – 80)** überlagert den **Krallenfalz (Sulcus unguicularis – 81)** und die Basis des **Processus unguicularis** (82), der die Kralle trägt.

g) Die **SESAMBEINE (SESAMOIDES, OSSA SESAMOIDEA)** der Hand sind das medial am Os carpale I gelegene **Os sesamoideum m. abductoris digiti I** (83) und die palmar am Zehengrundgelenk gelegenen **Ossa sesamoidea proximalia (Sesama bina resp. Gleichbeine – 84)**. Von den palmar am Zehenendgelenk gelegenen Sesamoides sind das **Sesamoideum distale** (85) sowie das dorsal am Zehenmittelgelenk vorkommende **Sesamoideum dorsale** (86) stets (Cartilago sesamoidea) und das dorsal am Zehengrundgelenk befindliche gelegentlich knorpelig (86).

Ossa membri thoracici

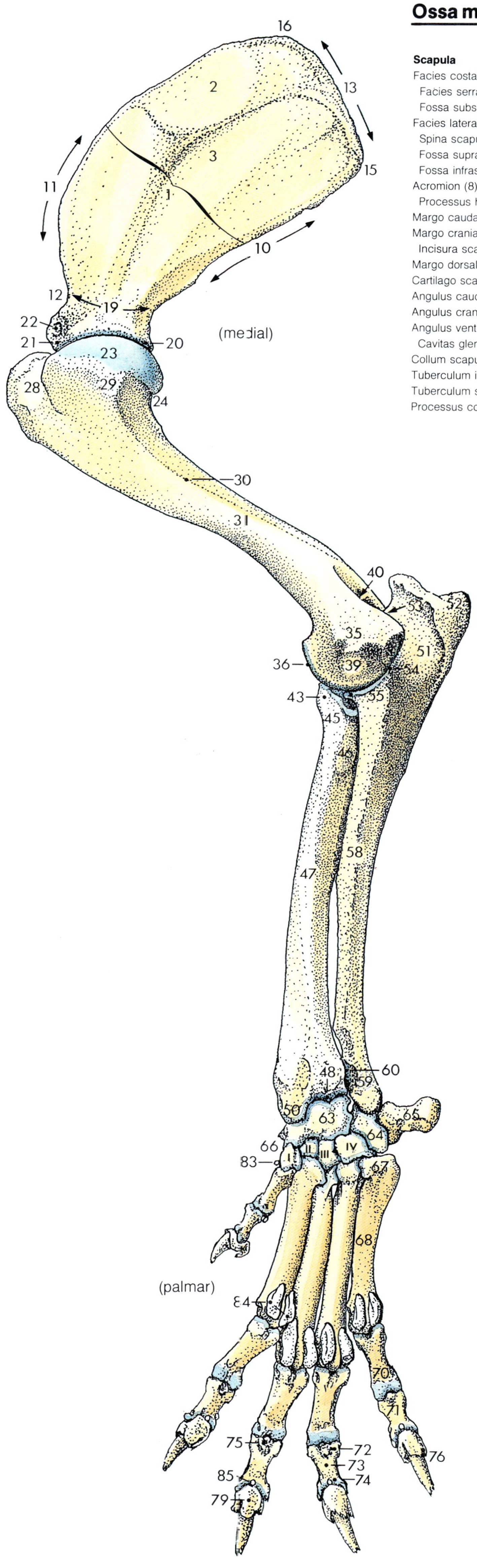

Scapula
Facies costalis (1)
  Facies serrata (2)
  Fossa subscapularis (3)
Facies lateralis (4)
  Spina scapulae (5)
  Fossa supraspinata (6)
  Fossa infraspinata (7)
Acromion (8)
  Processus hamatus (9)
Margo caudalis (10)
Margo cranialis (11)
  Incisura scapulae (12)
Margo dorsalis (13)
Cartilago scapulae (14)
Angulus caudalis (15)
Angulus cranialis (16)
Angulus ventralis [articularis] (17)
  Cavitas glenoidalis (18)
Collum scapulae (19)
Tuberculum infraglenoidale (20)
Tuberculum supraglenoidale (21)
Processus coracoideus (22)

Humerus
Caput humeri (23)
Collum humeri (24)
Tuberculum majus (25)
  Crista tuberculi majoris (26)
  Linea m. tricipitis (27)
Sulcus intertubercularis (28)
  Tuberculum minus (29)
  Crista tuberculi minoris (30)
Corpus humeri (31)
  Tuberositas deltoidea (32)
  Crista humeri (33)
  Sulcus m. brachialis (34)
Condylus humeri (35)
  Trochlea humeri (36)
  Capitulum humeri (37)
  Epicondylus lateralis (38)
    Crista supracondylaris lat. (38')
  Epicondylus medialis (39)
  Fossa olecrani (40)
  Fossa radialis (41)
  Foramen supratrochleare (42)

Radius
Caput radii (43)
  Circumferentia articularis (44)
Collum radii (45)
  Tuberositas radii (46)
Corpus radii (47)
Trochlea radii (48)
  Incisura ulnaris (49)
  Processus styloideus medialis (50)

Ulna
Olecranon (51)
  Tuber olecrani (52)
Processus anconaeus (53)
Incisura trochlearis [semilunaris] (54)
Processus coronoideus medialis (55)
Processus coronoideus lateralis (56)
Incisura radialis (57)
Corpus ulnae (58)
Caput ulnae (59)
Circumferentia articularis (60)
Processus styloideus lateralis (61)
Spatium interosseum antebrachii (62)

Ossa carpi
Os carpi (intermedio-) radiale (63)
Os carpi ulnare (64)
Os carpi accessorium (65)
Os carpale I, II, III, IV (66)

Ossa metacarpalia I-V
Basis (67)
Corpus (68)
Caput (69)

Ossa digitorum
Phalanx proximalis (70)
Phalanx media (71)
  Basis (72)
  Corpus (73)
  Caput (74)
  Tuberositas flexoria (75)
Phalanx distalis (76)
[Os unguiculare]
  Facies articularis (77)
  Processus extensorius (78)
  Tuberculum flexorium (79)
  Crista unguicularis (80)
  Sulcus unguicularis (81)
  Processus unguicularis (82)
Sesamoides (83-86)

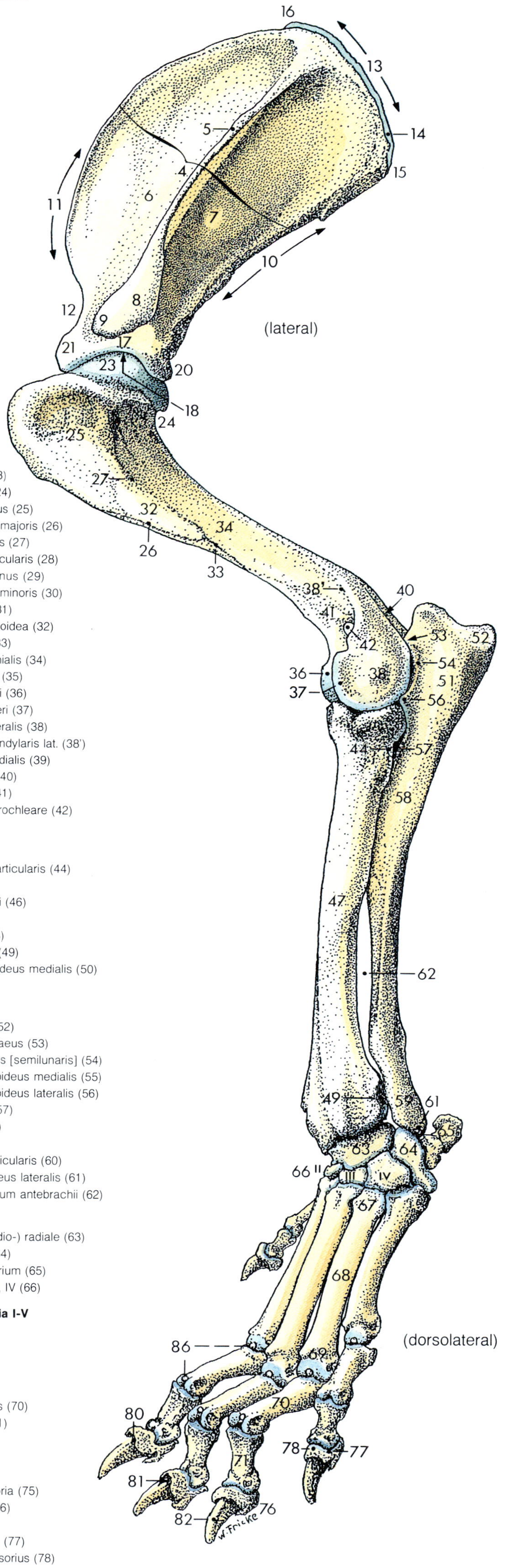

2. DIE MEDIALEN VENEN DER SCHULTERGLIEDMASSE SOWIE MEDIALE SCHULTER- UND OBERARMMUSKULATUR SAMT NERVENVERSORGUNG

Für die weitere Präparation wird die Schultergliedmaße vom Rumpf isoliert. Dazu werden die Rumpf-Gliedmaßen-Muskeln wenige Fingerbreiten proximal des Klavikularstreifens resp. proximal ihrer Insertion an der Schultergliedmaße durchtrennt. Die V. jugularis externa wird kranial vom Abgang der V. omobrachialis, und die V. brachiocephalica wird wenig kaudal ihrer Aufteilung in die Vv. subclavia und jugularis externa durchschnitten. Die segmentalen Nervenwurzeln (nCv 6 bis nTv 2) werden kurz vor ihrem Zusammenfluß zum Plexus brachialis durchtrennt, wobei die drei Wurzeln des N. phrenicus (nCv 5 bis 7) auf ihrem Weg durch die Apertura thoracis cranialis geschont werden. Die Schultergliedmaße wird nach ihrer Isolation bis zur Höhe des Zehengrundgelenks enthäutet, wobei der Karpalballen am Carpus, der Metakarpalballen am Zehengrundgelenk und die Zehenballen in Höhe des Zehenendgelenks zu beachten sind. Zur Vermeidung von Austrocknungen ist das distale Gliedmaßenende feucht einzuwickeln. Beim Enthäuten sind besonders in der Ellenbogenbeuge und an der Kranialkontur des Unterarms die oberflächlich gelegenen Venen mit begleitenden Hautnerven für die weitere Präparation zu schonen. Medial am Ellenbogengelenk wird der M. pronator teres (42) zur Venendarstellung durchschnitten.

a) Die **VENEN** werden anhand ihres Versorgungsgebietes bestimmt. Die Astfolge gilt für die Venenbestimmung nur als Hilfskriterium, da sie im Venensystem stark variiert. Im Arterien- und Nervensystem ist die Varianz geringer.

Die sehr kurze V. subclavia geht in Höhe der ersten Rippe in die **V. axillaris (21)** über, die zuerst die oft doppelt ausgebildete **V. thoracica externa (22)** zu den Brustmuskeln entläßt. Als weiterer Venenast wird die **V. thoracica lateralis (4)** entlassen, die gemeinsam mit der gleichnamigen Arterie und dem gleichnamigen Nerven am Lateralrand des M. pectoralis profundus (s S. 13) resp. M. latissimus dorsi entlangzieht und an ihrem Ursprung den **Ln. axillaris (21)** sowie in Höhe des zweiten Interkostalraumes den **Ln. axillaris accessorius (3)** tangiert. Aus der V. axillaris ziehen dann die **V. subscapularis (5)** zum gleichnamigen Muskel und die **V. thoracodorsalis (2)** zur Medialfläche des M. latissimus dorsi. Die V. subscapularis entläßt die **V. circumflexa humeri caudalis (18)**, die sofort in die Tiefe tritt, bogenförmig um den Humerus zieht und hier mit der **V. circumflexa humeri cranialis (23)** anastomosiert (s. S. 25). Letztgenannte sehr schwache Vene entspringt aus der V. axillaris und zieht zum Hilusgebiet des M. biceps brachii. Nach Abgabe der V. axillobrachialis (s. S. 25), die auch aus der V. circumflexa humeri caudalis entspringen kann, geht die V. axillaris in die **V. brachialis (6)** über. Diese entläßt in der Ellenbogenbeuge die **V. brachialis superficialis (10)**, deren Fortsetzung, die **V. mediana cubiti (27)**, aus der V. cephalica entspringt. Die V. brachialis gibt unter dem (zu durchschneidenden) M. pronator teres die **V. interossea communis (12)** ab und geht dann in die **V. mediana (13)** über.

b) Die **SPINALNERVEN** nCv 6 bis nTv 2 bilden die Wurzeln für das
1 Armgeflecht (Plexus brachialis), wo sich die Ventraläste mehrerer Spinalnervensegmente durchflechten. Aus dem Plexus brachialis gehen die Plexusnerven für die Schultergliedmaße hervor. Bei der nachfolgenden Nerven- und Muskelbestimmung dienen die Nerven als Leitstrukturen für die Homologisierung der Muskeln, und wechselseitig werden die Nerven anhand ihres Innervationsgebietes identifiziert.

Der **N. axillaris** (nC 7 und 8 **–17**) schickt einen Ast in den **M. teres major (1)**, der proximal am Kaudalrand der Scapula entspringt und an der proximalen Drittelgrenze des Humerus an der Crista tuberculi majoris endet. Der N. axillaris innerviert zusätzlich den Kaudalrand des M. subscapularis sowie das Schultergelenk, tritt hier distal am Kaudalrand des M. subscapularis in die Tiefe und schließlich auf die Lateralfläche der Schulter (s. S. 21). Der **N. axillaris accessorius** (nC 6 **–15**, kein Plexusnerv!) verzweigt sich mit seinen motorischen Anteilen in der Pars clavicularis des M. deltoideus und durchbohrt mit seinen sensiblen Hautastanteilen diesen Muskelteil. Der **N. subscapularis** (nC 6 und 7 **–16**) tritt mit zwei Ästen in seinen **M. subscapularis (16)** ein, der an der Fossa subscapularis entspringt und am Tuberculum minus humeri endet. Der **N. suprascapularis** (nC 6 und 7 **–14**) kreuzt die distale Drittelgrenze des Margo cranialis scapulae und tritt zwischen den Mm. subscapularis und supraspinatus auf die Lateralfläche des Schulterblattes (s. S. 21). Der **N. musculocutaneus** (nC 6 bis nT 1 **–25**) liegt der A. brachialis kranial an. Er versorgt mit proximalen Muskelästen die Mm. coracobrachialis und biceps brachii, kommuniziert fingerbreit proximal des Ellenbogens mit dem N. medianus und teilt sich unter dem M. biceps brachii in einen distalen Muskelast für die Mm. brachialis und (nochmals) biceps brachii sowie in den **N. cutaneus antebrachii medialis (11)**, der zwischen der V. brachialis und der Endigung des M. biceps brachii unter die Haut tritt. Der kurze spindelförmige **M. coracobrachialis (20)** entspringt am Processus coracoideus und endet in Höhe der proximalen Drittelgrenze des Humerus an der Crista tuberculi minoris.
2 Die Ursprungssehne des langen **M. biceps brachii (26)** beginnt dicht benachbart am Tuberculum supraglenoidale scapulae, senkt sich unter Bildung einer Kapselsehnenscheide in die Schultergelenkskapsel ein und wird im Sulcus intertubercularis durch ein Querband in seiner Lage gehalten.

Die Endsehne des M. biceps brachii (s. Textabb.) spaltet sich distal der Ellenbogenbeuge Y-förmig auf und inseriert proximal an Radius und Ulna. Der **M. brachialis** (s. Textabb.) zieht mit seiner Endsehne durch diese Y-förmige Bicepssehnenendigung bis zur proximalen Medialkontur der Ulna und zum Radius. Er entspringt kaudal vom Oberarmkopf, windet sich spiralförmig im Sulcus m. brachialis von kaudal über laterokranial und medial um den Humerus und endet proximal an der Ulna.
Der **N. radialis** (nC 7 bis nT 2 **–19**) tritt distal der starken Endsehne 3
des M. teres major in die Tiefe und innerviert hier den M. triceps brachii. Vorher entläßt der N. radialis noch proximomedial am Oberarm einen winzigen Ast zum dünnen **M. tensor fasciae antebrachii (7)**, der an der Insertion des M. latissimus dorsi entspringt und in Höhe des
Olecranon in die Unterarmfaszie einstrahlt. Die **Nn. ulnaris** (nC 8 bis 4
nT 2 **–8**) und **medianus** (nC 8 bis nT 2 **–24**) gehen gemeinsam aus dem Plexus brachialis hervor, trennen sich in Höhe des Schultergelenks voneinander und begleiten zunächst die V. brachialis, bevor der N. medianus medial und der N. ulnaris kaudal in die Unterarmmuskulatur gelangen. Der N. ulnaris entläßt in Höhe der distalen Drittelgrenze des Oberarms den zum Ellenbogenscheitel strebenden **N. cutaneus antebrachii caudalis (9)**. (Nach der gültigen Nomenklatur werden auch die **Nn. pectorales crann.** und **– caudd.**, der **N. thoracicus longus**, der **N. thoracodorsalis** und der **N. thoracicus lateralis** zu den Plexusnerven gezählt.)

Mm. biceps brachii, brachialis, coracobrachialis

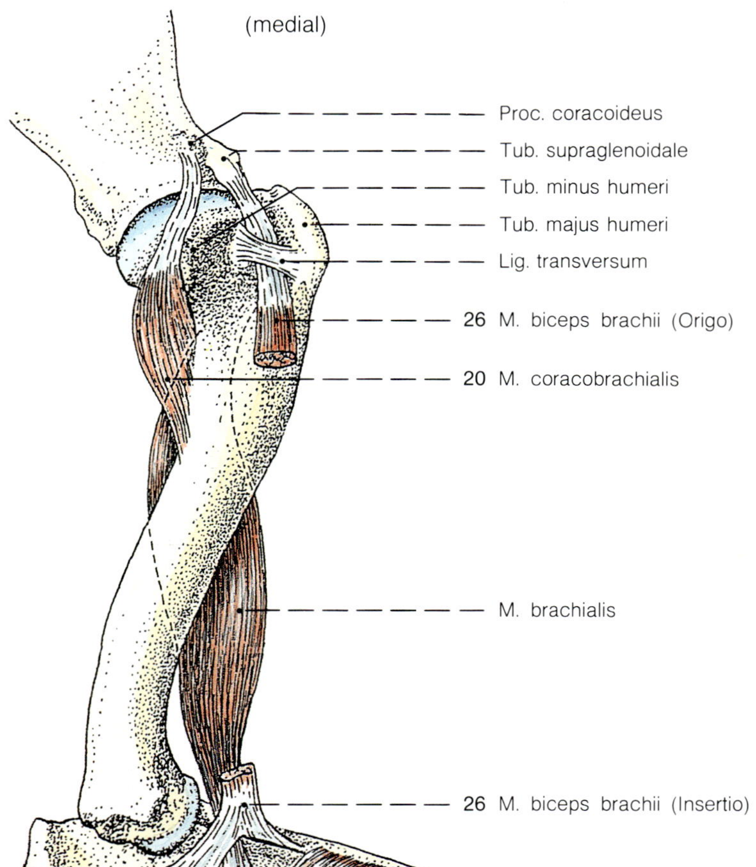

Membrum thoracicum

Legenda:

a N. phrenicus
b A. et V. profunda brachii
c A. et V. bicipitalis
d A. et V. collateralis ulnaris
e A. et V. transversa cubiti
f A. et V. recurrens ulnaris
g A. et V. ulnaris
h R. dors. a. et n. ulnaris
i A. et V. interossea caud.
j A. et V. profunda antebrachii
k V. cephalica
l R. med. a. antebrachialis supf. cran. et R. supf. n. radialis
m V. cephalica acc.
n A. et V. radialis
o R. carpeus dors.
p N. digitalis palm. I abaxialis
q Aa. et Nn. digitales palmares comm.
r Arcus palmaris supf.
s Vv. digitales palmares comm.

(kaudomedial)

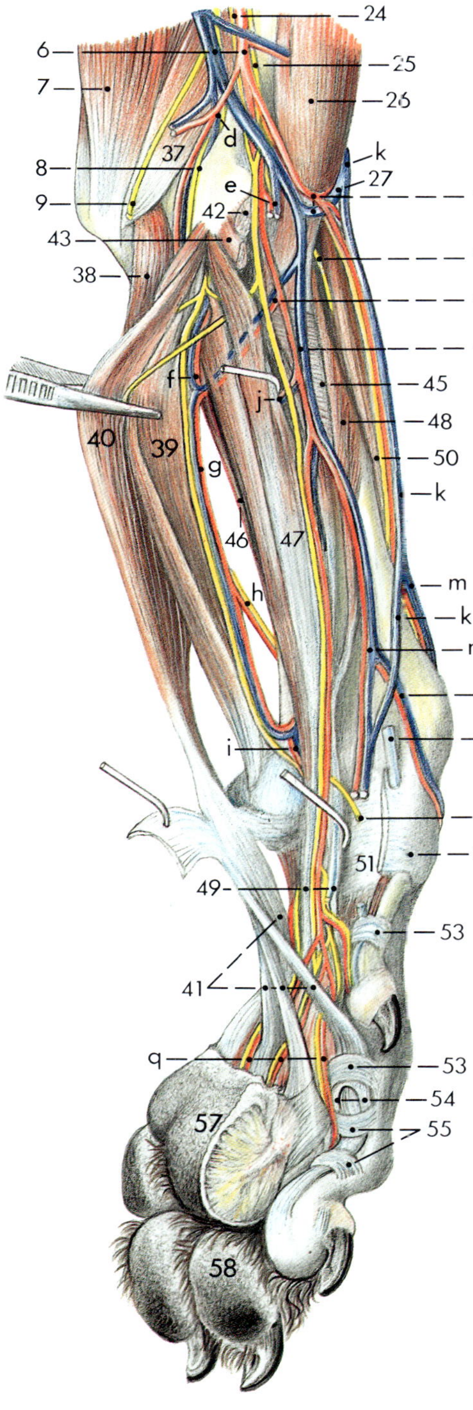

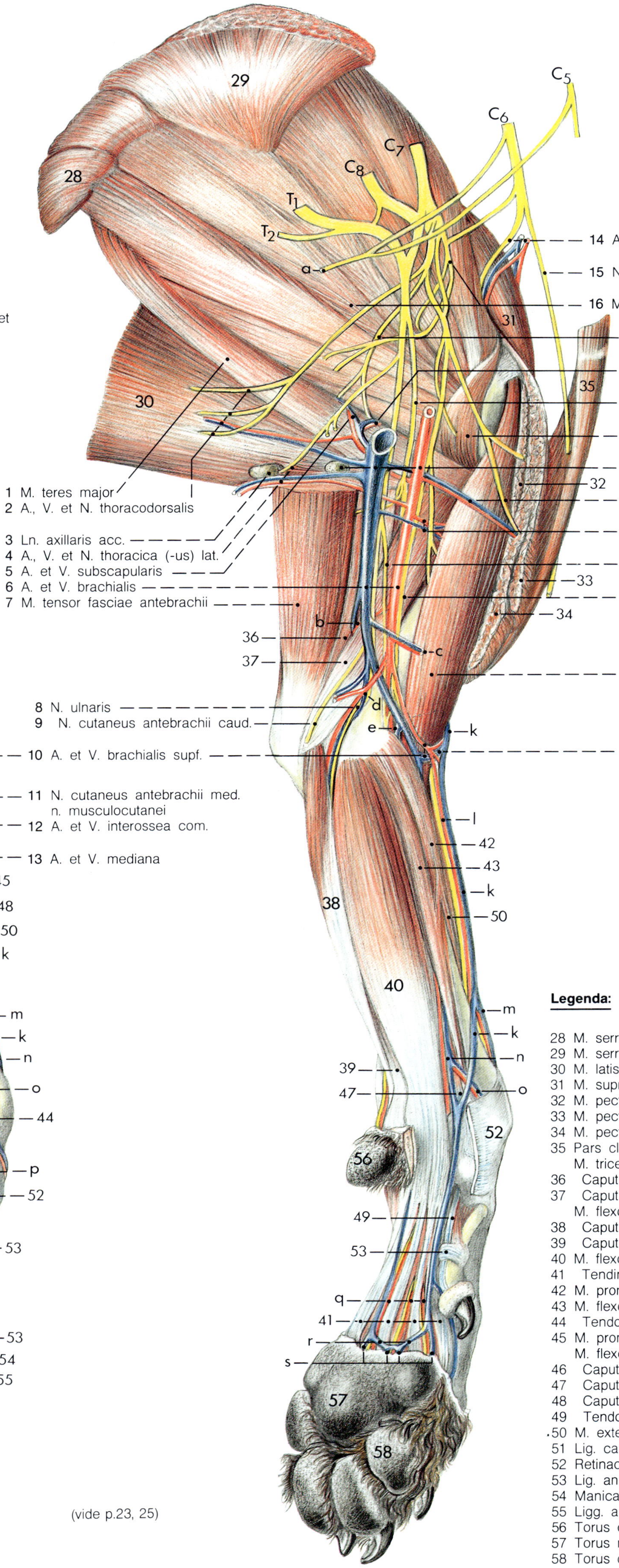

(vide p.23, 25)

Legenda:

28 M. serratus ventr. thoracis
29 M. serratus ventr. cervicis
30 M. latissimus dorsi
31 M. supraspinatus
32 M. pectoralis prof. (Sectio)
33 M. pectoralis desc. (Sectio)
34 M. pectoralis transversus (Sectio)
35 Pars clavicularis m. deltoidei
M. triceps brachii:
36 Caput longum
37 Caput mediale
M. flexor carpi ulnaris:
38 Caput ulnare
39 Caput humerale
40 M. flexor digitalis supf.
41 Tendines
42 M. pronator teres
43 M. flexor carpi radialis
44 Tendo (Sectio)
45 M. pronator quadratus
M. flexor digitalis prof.:
46 Caput ulnare
47 Caput humerale
48 Caput radiale
49 Tendo resp. Tendines
50 M. extensor carpi radialis
51 Lig. carpi radiatum
52 Retinaculum flexorum (Sectio)
53 Lig. anulare palmare
54 Manica flexoria
55 Ligg. anularia digiti prox. et dist.
56 Torus carpeus
57 Torus metacarpeus
58 Torus digitalis

3. DIE LATERALEN VENEN DER SCHULTERGLIEDMASSE SOWIE LATERALE SCHULTER- UND OBERARMMUSKULATUR SAMT NERVENVERSORGUNG

Zur Darstellung der proximalen Anastomose zwischen dem medialen tiefen und dem lateralen oberflächlichen Venensystem sowie der Muskeläste des N. axillaris werden die Partes scapularis und acromialis des M. deltoideus an ihren linearen Ursprüngen an der Spina scapulae gelöst (s. Textabb.). Zur Darstellung der Muskeläste des N. radialis wird das Caput laterale des M. triceps brachii auf halber Länge durchschnitten.

a) Die **LATERAL GELEGENEN OBERFLÄCHLICHEN HAUTVENEN** verlaufen im Schulter- und Oberarmbereich ohne gleichnamige
1 Arterienbegleitung. Die **V. cephalica (19)** zieht in der seitlichen Brustfurche zur Kraniolateralkontur des Oberarms. Hier nimmt sie die starke V. axillobrachialis auf. Bevor die **V. axillobrachialis (7)** unter die Pars scapularis m. deltoidei tritt, empfängt sie die bereits dargestellte **V. omobrachialis (6)**. Die V. cephalica entläßt in der Ellenbogenbeuge die querverlaufende **V. mediana cubiti (20)**, deren Fortsetzung als V. brachialis superficialis zur medial gelegenen V. brachialis gelangt. Die V. cephalica wird bei ihrem Verlauf entlang der Kranialkontur des Unterarms von den beiden Ästen des R. superficialis n. radialis und von der Distalfortsetzung (A. antebrachialis superficialis cranialis) der schwachen A. brachialis superficialis begleitet. Drei Fingerbreiten proximal des Carpus biegt die V. cephalica medial um und gelangt zur Palma. Distal dieser Stelle wird ihre gerade Verlaufsrichtung entlang der Kranialkontur der Gliedmaße durch die **V. cephalica accessoria (21)** fortgesetzt, die auf dem Handrücken die dorsalen gemeinsamen Zehenvenen entläßt.

b) Die **NERVEN**, die die **LATERALE MUSKULATUR** an der Schulter und am Oberarm versorgen, gehen medial an der Schulter aus dem Plexus brachialis hervor, wo ihre Anfangsabschnitte bestimmt wurden (s. S. 19).

Der **N. axillaris** gibt Muskeläste an die Medialfläche der Partes scapularis und acromialis m. deltoidei sowie an den spindelförmigen M. teres minor ab. Danach endet der N. axillaris mit seinem **N. cutaneus brachii lateralis cranialis (10)** und seinem **N. cutaneus antebrachii cranialis (11)**, die an der Ventralkontur des M. deltoideus zwischen den Partes scapularis und acromialis in Begleitung der V. axillobrachialis unter die Haut treten. Der **M. deltoideus** entspringt mit seiner **Pars scapularis (3)** an der Spina scapulae sowie mit seiner **Pars acromialis (4)** an deren Acromion. Beide Teile enden an der Tuberositas deltoidea humeri. Die davon abweichende **Pars clavicularis** (5, M. cleidobrachialis) verkehrt zwischen Klavikularstreifen und Distalende der Crista humeri und wird vom N. axillaris accessorius (nC 6) versorgt. Der **M. teres minor** (s. Textabb.) entspringt am Tuberculum infraglenoidale sowie distal am Margo caudalis scapulae und endet an der Tuberositas deltoidea. Der bereits bestimmte **N. suprascapularis (2)** innerviert den M. supraspina- 2
tus und zieht lateral am Schulterblatt an der Basis des Acromion vorbei und tritt in den M. infraspinatus ein. Der **M. supraspinatus (1)** entspringt in der Fossa supraspinata scapulae und endet kranial am Tuberculum majus humeri. Der **M. infraspinatus (9)** liegt unter der Pars sca- 3
pularis m. deltoidei. Sein Ursprung befindet sich in der Fossa infraspinata. Er endet, von der Bursa subtendinea m. infraspinati unterlagert, kaudal am Tuberculum majus humeri. Die Endsehnen der Mm. infraspinatus und subscapularis übernehmen die Funktion von lateralen resp. medialen kontraktilen Spannbändern am Schultergelenk, dem eigentliche Kollateralbänder fehlen. Tief in der Gelenkkapsel kommen lateral und medial fibröse Verstärkungen als Ligg. glenohumeralia vor (s. S. 26). Der **N. radialis (15)** tritt mit seinen proximalen Muskelästen unter dem (durchschnittenen) Caput laterale m. tricipitis brachii in die Köpfe dieses Muskels und in den M. anconaeus. Der fortlaufende N. radialis zieht über die Crista supracondylaris lateralis. Er teilt sich in einen **R. profundus (17)** für die langen Zehen- und Karpalgelenksstrecker und in einen **R. superficialis (16)**, dessen R. lateralis und R. medialis beiderseits die V. cephalica sowie anschließend die V. cephalica accessoria begleiten und mit ihren Nn. digitales dorsales communes den Handrücken versorgen. Der **M. triceps brachii** (s. a. kleine Abb.) entspringt mit seinem **Caput longum (12)** am Kaudalrand der Scapula, mit seinem **Caput** 4
accessorium (14) kaudal am Collum humeri, mit seinem **Caput laterale** (13) kaudal von der Linea m. tricipitis und seinem **Caput mediale** (8) proximomedial vom Humerus. Unter der gemeinsamen Endigung am Olecranon liegt lateral ein Schleimbeutel. Über dem Processus olecrani liegt die inkonstante Bursa subcutanea olecrani. Der **M. anconaeus (18)** entspringt an der Umrandung der Fossa olecrani und endet „fleischig" lateral am Olecranon.

Musculi articulationis humeri

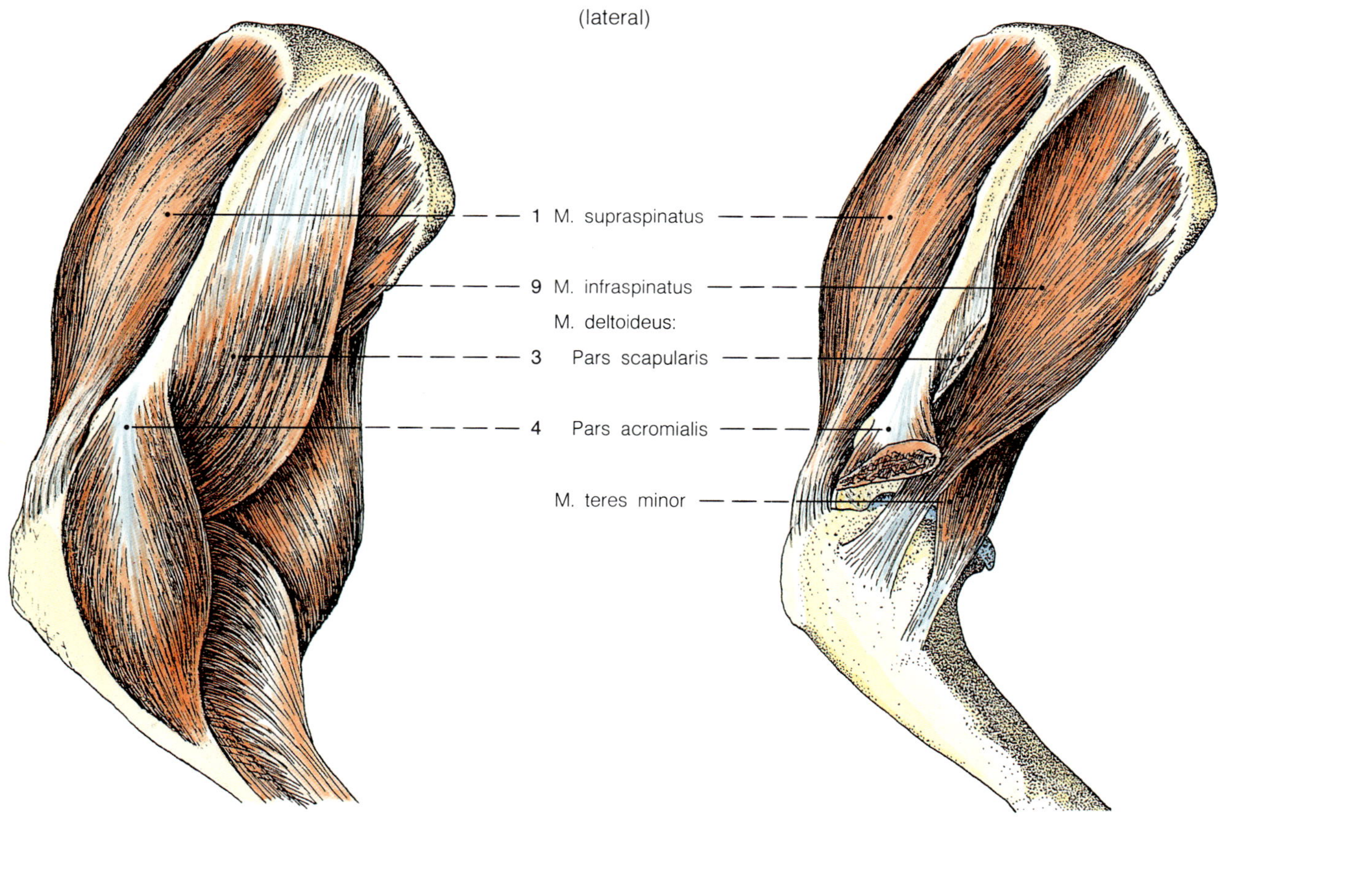

Membrum thoracicum

1 M. supraspinatus

2 A., V. et N. suprascapularis

M. deltoideus:

3 Pars scapularis

4 Pars acromialis

5 Pars clavicularis

6 V. omobrachialis

7 V. axillobrachialis

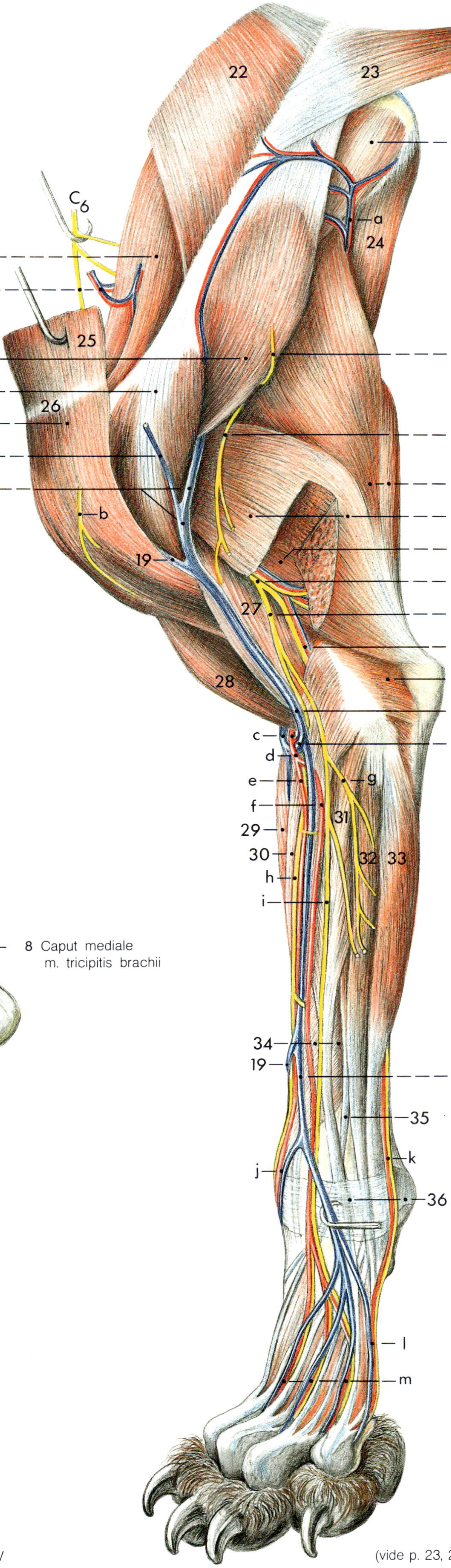

9 M. infraspinatus

10 N. cutaneus brachii lat. cran. n. axillaris

11 N. cutaneus antebrachii cran. n. axillaris

M. triceps brachii:

12 Caput longum

13 Caput laterale

14 Caput accessorium

15 N. radialis

16 R. supf.

17 R. prof. et A. et V. collateralis radialis

18 M. anconaeus

19 V. cephalica

20 V. mediana cubiti

(kraniolateral)

21 V. cephalica acc.

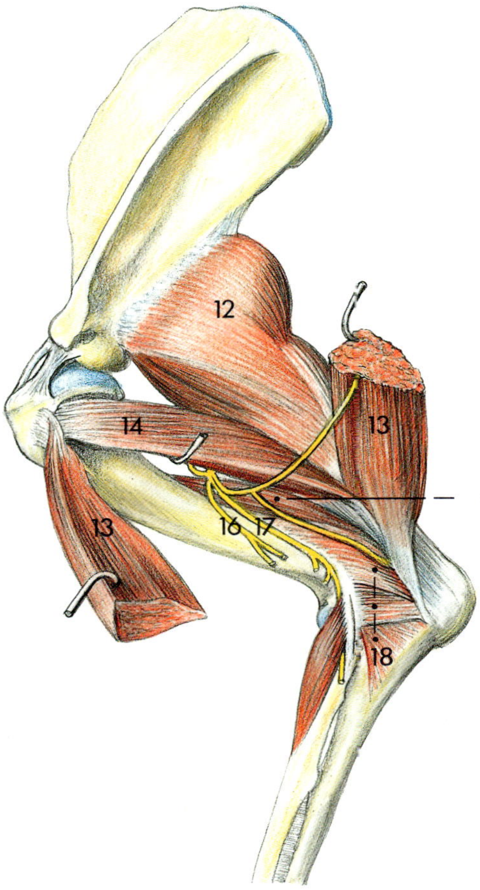

8 Caput mediale m. tricipitis brachii

Legenda:

a R. cutaneus a. et v. thoracodorsalis
b N. axillaris acc. (C_6)
c A. et V. brachialis supf.
d A. antebrachialis supf. cran.
e R. med.
f R. lat.
g N. cutaneus antebrachii lat. n. racialis
h R. med. n. radialis
i R. lat. n. radialis
j A. et V. digitalis dors. com. I
k R. dors. a. et n. ulnaris
l A., V. et N. digitalis dors. V abaxalis
m Aa., Vv. et Nn. digitales dorss. comm. II-IV

(vide p. 23, 25)

Legenda:

22 Pars cervicalis m. trapezii
23 Pars thoracica m. trapezii
24 M. teres major
25 M. cleidocervicalis
26 Intersectio clavicularis
27 M. brachialis
28 M. biceps brachii
29 M. pronator teres
30 M. extensor carpi radialis
31 M. extensor digitalis com.
32 M. extensor digitalis lat.
33 M. extensor carpi ulnaris
34 M. abductor pollicis longus
35 M. extensor pollicis
36 Retinaculum extensorum

Zur eindeutigen Unterscheidung der einzelnen Karpal- und Zehenbeugemuskeln wird ihre Sehneninsertion bestimmt. Dazu wird palmar am Carpus der Canalis carpi, der Führungstunnel beider Beugesehnen samt Leitungsstrukturen, eröffnet. Zunächst wird das oberflächliche Blatt des Retinaculum flexorum zwischen Os carpi accessorium und Processus styloideus medialis durchschnitten. Anschließend wird die oberflächliche Beugesehne aus dem Karpalkanal herausgehoben. Nun wird auch das tiefe Blatt des Retinaculum flexorum zwischen beiden Beugesehnen durchtrennt. Nach Abheben der tiefen Beugesehne ist die tiefe Begrenzung des Canalis carpi durch das palmare Karpalband sichtbar. Zur Darstellung der Streck- und Beugesehneninsertion wird die zweite Zehe vollständig enthäutet. Die Manica flexoria der oberflächlichen Beugesehne wird lateral aufgeschnitten, um den Durchtritt der tiefen Beugesehne besser verfolgen zu können.

1 a) Zu den **KAUDOMEDIALEN UNTERARMMUSKELN** gehören zwei Zehenbeuger, zwei Karpalgelenksbeuger und zwei Einwärtsdreher (Pronatoren) der Radioulnargelenke.

Die **Muskelursprünge** liegen überwiegend am Beugeknorren (Epicondylus medialis humeri). Eine Ausnahme gilt lediglich für den M. pronator quadratus, der mit horizontalem Faserverlauf das Spatium interosseum antebrachii ausfüllt. Die beiden mehrköpfigen Muskeln besitzen neben dem humeralen Ursprungskopf am Beugeknorren noch zusätzliche Ursprungsköpfe an den Unterarmknochen, und zwar weist der zweiköpfige M. flexor carpi ulnaris zusätzlich ein Caput ulnare auf, während der dreiköpfige M. flexor digitalis profundus zusätzlich ein Caput ulnare und ein Caput radiale besitzt, welche entsprechend ihrer Benennung proximal an den jeweiligen Unterarmknochen entspringen.

Die **Muskelansätze** der beiden Zehenbeuger liegen an den Zehenknochen, die der beiden Karpalgelenksbeuger am Carpus resp. proximal am Metacarpus und die der beiden Einwärtsdreher an den Unterarmknochen (was bei der Muskelbestimmung zu berücksichtigen ist).

I. Von den beiden **Zehenbeugemuskeln** geht der **M. flexor digitalis superficialis (10)** im distalen Drittel des Unterarms in die oberflächliche Beugesehne über, die sich proximal am Metacarpus in die vier Insertionsschenkel für die Zehen aufteilt. Kurz vor dem Ansatz an der Tuberositas flexoria der Phalanx media sind die Endsehnenschenkel für den Durchtritt der tiefen Beugesehnenschenkel tunnel- oder manschettenförmig als **Manica flexoria (20)** umgestaltet. Der **M. flexor digitalis profundus** bildet mit den Sehnen seines schwachen lateralen **Caput ulnare (7)**, des starken mittleren **Caput humerale (8)** und des schwachen medialen **Caput radiale (6)** im distalen Unterarmdrittel die tiefe Beugesehne, deren fünf Insertionsschenkel nach Durchtritt durch die tunnelförmige Manica flexoria am Tuberculum flexorium der Krallenbeine enden.

2 II. Von den beiden **Karpalgelenksbeugern** ist der **M. flexor carpi ulnaris (15)** bis zu seinem Ansatz am Os carpi accessorium in den überwiegend sehnigen ulnaren und den überwiegend fleischigen humeralen Kopf zweigeteilt. Der **M. flexor carpi radialis (2)** inseriert mit einer zweigeteilten Endsehne proximopalmar an den Ossa metacarpalia II und III.

III. Von den beiden **Einwärtsdrehern** der Radioulnargelenke endet der **M. pronator teres** (s. Textabb.) kraniomedial am Radius. Der **M. pronator quadratus (4)** verkehrt im Spatium interosseum antebrachii zwischen beiden Unterarmknochen.

Die **Nervenversorgung** erfolgt über die **Nn. medianus (5)** und **ulnaris (9)**, wobei die mehr medial gelegenen Muskeln (Mm. pronator teres, pronator quadratus, flexor carpi radialis und Caput radiale des tiefen Zehenbeugers) allein vom N. medianus und die mehr kaudal gelegenen Muskeln (M. flexor carpi ulnaris und Caput ulnare des tiefen Zehenbeugers) allein vom N. ulnaris innerviert werden. Eine Ausnahme bildet jedoch der M. flexor digitalis superficialis, der als weit kaudal gelegener Muskel vom N. medianus versorgt wird. Der in der Mitte zwischen beiden Versorgungsgebieten liegende dreibäuchige humerale Kopf des tiefen Zehenbeugers erhält eine Doppelinnervation von den Nn. ulnaris und medianus. Der **N. ulnaris** teilt sich im proximalen Unterarmdrittel in den R. palmaris und **R. dorsalis n. ulnaris** (N. dorsalis manus – 14). Letzterer zieht an der Kaudolateralkontur des M. extensor carpi ulnaris distal und endet als N. digitalis dorsalis V abaxialis auf dem Handrücken. Der **R. palmaris n. ulnaris (17)** zieht an der Unterseite und der N. medianus an der Oberfläche der tiefen Beugesehne durch den Canalis carpi zur Palma.

b) Zu den **KRANIOLATERALEN UNTERARMMUSKELN** gehören zwei Zehenstrecker, zwei Daumenmuskeln, zwei Karpalgelenksstrecker und zwei Auswärtsdreher (Supinatoren) der Radioulnargelenke (s. a. Textabb.).

Die **Muskelursprünge** der kraniolateralen Unterarmmuskeln liegen überwiegend am Streckknorren (Epicondylus lateralis humeri). Ausnahmen gelten lediglich für die Mm. extensor carpi radialis und brachioradialis, die etwas weiter proximal an der Crista supracondylaris lateralis entspringen - und für die beiden Daumenmuskeln, die etwas weiter distal von beiden Unterarmknochen kommen.

Die **Muskelansätze** werden für die Bestimmung der kraniolateralen Unterarmmuskeln herangezogen. Von den vier Muskelgruppen aus jeweils zwei Einzelmuskeln inserieren die Zehenstrecker distal am Processus extensorius der Krallenbeine, die Daumenmuskeln zwischen Metacarpus und Krallenbein, die Karpalgelenksstrecker direkt distal vom Carpus am Metacarpus und die Supinatoren weit proximal vom Carpus am Radius.

I. Von den beiden **Zehenstreckern** inseriert der **M. extensor digitalis communis (13)** an der zweiten bis fünften Zehe und der **M. extensor digitalis lateralis (16)** an der dritten bis fünften Zehe.

II. Von beiden **Daumenmuskeln** endet der **M. abductor pollicis longus (11)** proximal am Os metacarpale I, und der **M. extensor pollicis (12)** zieht mit zwei sehr schwachen Endsehnen zur ersten und zweiten Zehe.

III. Von beiden **Karpalgelenksstreckern** endet der **M. extensor carpi radialis (3)** mit zwei Endsehnen proximal an den Ossa metacarpalia II und III. Der **M. extensor carpi ulnaris (18)** zieht proximal zum Os metacarpale V und endet mit einem Querschenkel am Os carpi accessorium, weshalb er bei entsprechender Gelenkstellung auch als Abduktor fungieren soll.

IV. Von beiden **Supinatoren** (s. Textabb.) liegt der **M. supinator** unter den Muskelursprüngen der Zehenstrecker und endet proximokranial am Radius. Der **M. brachioradialis** durchzieht oberflächlich die Ellenbogenbeuge und endet auf halber Höhe des Radius in der Unterarmfaszie.

Die **Nervenversorgung** erfolgt durch den **N. radialis**, der mit dem **R. profundus** (1) in alle kraniolateralen Unterarmmuskeln eintritt. Sein R. superficialis (s. S. 21) begleitet mit zwei Ästen (Ramus lateralis und medialis) beiderseits die V. cephalica und entläßt den N. cutaneus antebrachii lateralis. In Begleitung der V. cephalica accessoria ziehen beide Rami auf den Handrücken und verzweigen sich hier in die **Nn. digitales dorsales communes (19)**, die die Nn. digitales dorsales proprii abgeben.

Musculi antebrachii

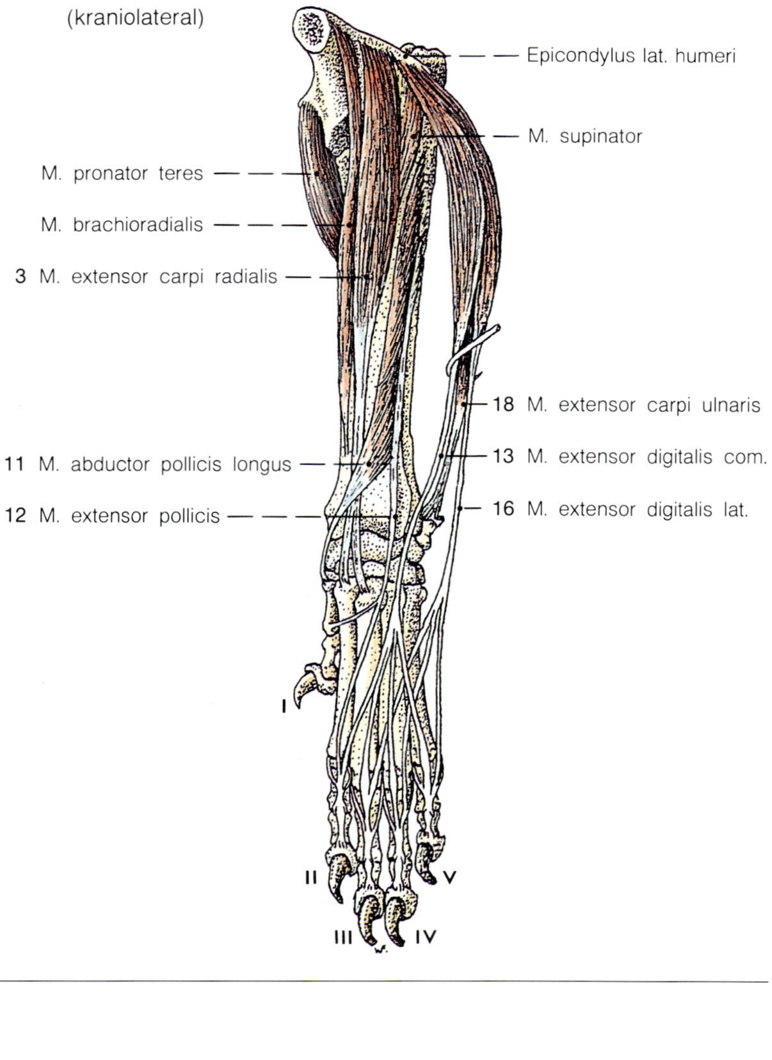

Antebrachium

(kaudomedial)

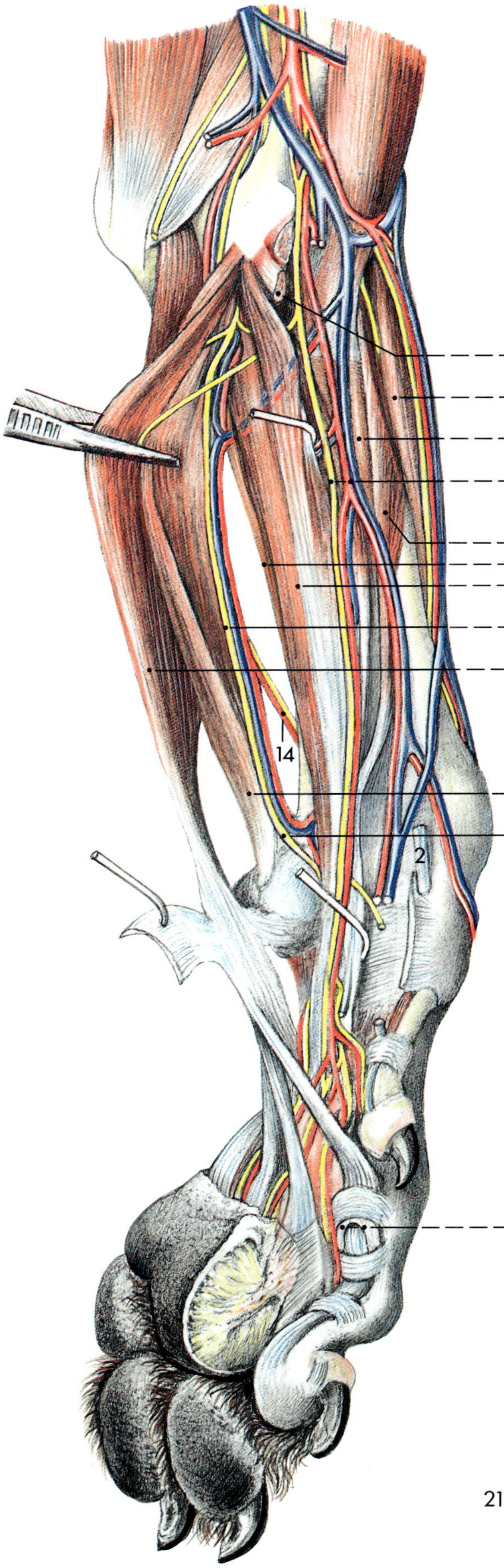

(kraniolateral)

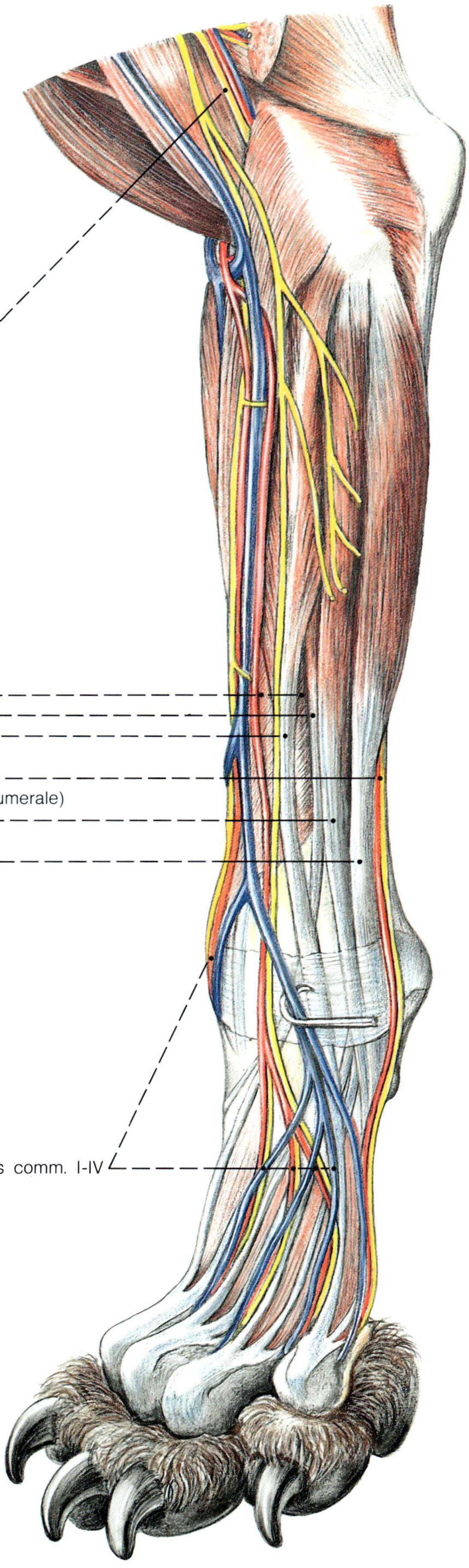

1 R. prof. n. radialis
2 M. flexor carpi radialis (Sectio)
3 M. extensor carpi radialis
4 M. pronator quadratus
5 A., V. et N. mediana (-us)

M. flexor digitalis prof.:
6 Caput radiale
7 Caput ulnare
8 Caput humerale

9 N. ulnaris

10 M. flexor digitalis supf.
11 M. abductor pollicis longus
12 M. extensor pollicis
13 M. extensor digitalis com.

14 R. dorsalis a. et n. ulnaris
15 M. flexor carpi ulnaris (Caput humerale)
16 M. extensor digitalis lat.
17 R. palmaris n. ulnaris
18 M. extensor carpi ulnaris

19 Aa., Vv. et Nn. digitales dorsales comm. I-IV

20 Manica flexoria

Digitus III

(medial)

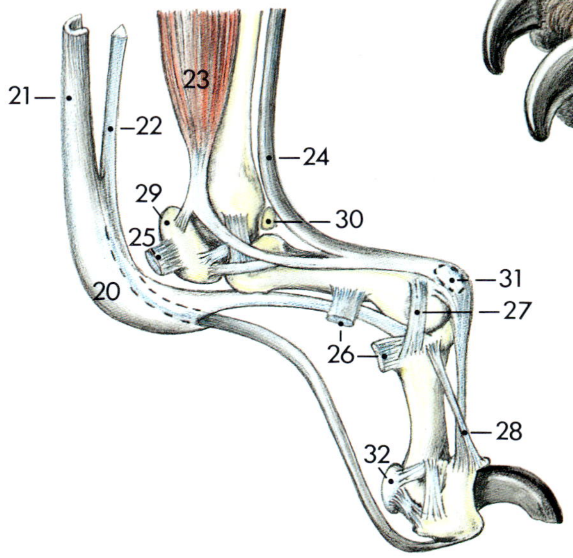

(vide p. 19, 21, 25)

Legenda:

21 Tendo m. flexoris dig. supf.
22 Tendo m. flexoris dig. prof.
23 M. interosseus digiti III
24 Tendo m. extensoris dig. com.
25 Lig. anulare palmare
26 Lig. anulare digiti prox. et dist.
27 Lig. collaterale med.
28 Lig. dorsale
29 Sesama bina
30 Os sesamoideum dors. (metacarpophalangeale)
31 Cartilago sesamoidea dors. (interphalangealis prox.)
32 Cartilago sesamoidea palm. dist.

5. ARTERIEN UND BEGLEITENDE LEITUNGSSTRUKTUREN DER SCHULTERGLIEDMASSE

a) **SCHULTER, OBER- UND UNTERARM** werden von Gefäß- und Nervensträngen versorgt, die vornehmlich medial und kranial an der Gliedmaße verlaufen und an Gelenken bevorzugt in geschützten Bereichen (in der Gelenkkehle) liegen. Die Blutzufuhr zur Schultergliedmaße erfolgt nur über eine einzige Arterie, die A. axillaris. Für den Blutabfluß aus der Schultergliedmaße sorgen dagegen drei Venen, nämlich die medial gelegene V. axillaris und die lateral gelegenen Vv. cephalica und omobrachialis.

Die **A. und V. axillaris (15)** liegen in der Schultergelenksbeuge oberflächlich vom N. axillaris. Sie setzen in Höhe der ersten Rippe die lange A. subclavia resp. die sehr kurze V. subclavia fort und entlassen die Aa. und Vv. thoracica externa, thoracica lateralis, subscapularis und, vor ihrem Übergang in die A. und V. brachialis, die A. und V. circumflexa humeri cranialis. Die **A. und V. thoracica externa (16)** treten mit den begleitenden Nn. pectorales craniales in die Brustmuskeln ein. Die **A. und V. thoracica lateralis** (3) ziehen mit dem gleichnamigen Nerven am Lateralrand des M. pectoralis profundus entlang und vaskularisieren den Ln. axillaris, den inkonstanten Ln. axillaris accessorius und die thorakalen Mammae. Die **A. und V. subscapularis** (1) verlaufen am Kaudalrand des gleichnamigen Muskels. Die A. subscapularis entläßt kaudal die **A. thoracodorsalis** (2). Die **V. thoracodorsalis** (2) geht aus der V. axillaris hervor. Beide Gefäße treten mit dem gleichnamigen Nerven in die Medialfläche des M. latissimus dorsi ein. Als weitere Gefäße der A. und V. subscapularis ziehen die **A. und V. circumflexa humeri caudalis** (4) in tiefem, bogenförmigem Verlauf um den Humerus und anastomosieren hier mit der schwachen A. resp. V. circumflexa humeri cranialis. Die **A. und V. circumflexa humeri cranialis (17)** ziehen aus dem Distalende der A. und V. axillaris kranial und treten in Höhe des Muskelhilus unter den M. biceps brachii. Die **A. und V. brachialis** (5), die aus der A. und V. axillaris hervorgehen, entlassen die Aa. und Vv. profunda brachii, bicipitalis, collateralis ulnaris, brachialis superficialis sowie transversa cubiti und gehen distal vom Ellenbogengelenk nach Abgabe der A. und V. interossea communis in die A. und V. mediana über. Im distalen Oberarmdrittel ziehen die **A. und V. profunda brachii** (6) kaudal in den dreiköpfigen und die **A. und V. bicipitalis** (18) kranial in den zweiköpfigen Oberarmmuskel. Die **A. und V. collateralis ulnaris** (7) begleiten den N. ulnaris zum Scheitel des Ellenbogengelenks und anastomosieren danach über die A. und V. recurrens ulnaris mit der A. und V. ulnaris. Die **A. brachialis superficialis** (8) entspringt im distalen Oberarmdrittel und die gleichnamige Vene in Höhe des Ellenbogengelenks. Die Arterie und Vene ziehen zunächst oberflächlich und transversal gerichtet durch die Ellenbogenbeuge, und beide Gefäße nehmen anschließend einen unterschiedlichen Verlauf. Die A. brachialis superficialis geht distal in die oberflächliche Unterarmarterie (A. antebrachialis superficialis cranialis) über, deren Äste zunächst mit der V. cephalica und anschließend gemeinsam mit der V. cephalica accessoria zum Handrücken streben. Die sehr kurze **V. brachialis superficialis** (8) geht in der Ellenbogenbeuge kontinuierlich in die V. mediana cubiti über, die aus der V. cephalica kommt. Beide querverlaufenden und ineinander übergehenden Venen (Vv. brachialis superficialis und mediana cubiti) bilden formal den Querschenkel einer H-förmigen Venenkonfiguration, deren Längsschenkel medial von der V. brachialis und lateral von der V. cephalica vertreten werden. Die **A. und V. transversa cubiti** (9) unterqueren in der Ellenbogenbeuge den Endabschnitt des M. biceps brachii. Die **A. und V. interossea communis** (10) schicken aus ihrem Ursprungsabschnitt die **A. und V. ulnaris** (11), die gemeinsam mit dem N. ulnaris distal ziehen. Die A. und V. interossea communis teilen sich dann in die A. und V. interossea cranialis und in die A. und V. interossea caudalis, die kranial resp. kaudal im Spatium interosseum antebrachii distal ziehen. Die **A. und V. mediana** (12), die aus der A. und V. brachialis hervorgehen, entlassen im proximalen Drittel des Unterarms kaudal die **A. und V. profunda antebrachii** (13) für die Unterarmmuskulatur sowie nach fingerbreitem Abstand kranial die **A. und V. radialis** (14), die am Radius entlangziehen. Anschließend gelangt die A. mediana (bei Versiegen der Vene) nach Durchtritt durch den Canalis carpi auf der Oberfläche der tiefen Beugesehne zur Palma.

b) Die **VERSORGUNG DER HAND** erfolgt durch tiefe und oberflächliche Arterien, Venen und Nerven. Auf dem Handrücken und der Hohlhandfläche heißen die tief gelegenen Leitungsstrukturen Aa. und Vv. metacarpeae - sowie Nn. metacarpei dorsales resp. palmares und die oberflächlichen Leitungsstrukturen Aa., Vv. und Nn. digitales dorsales communes resp. palmares communes, die sich in die Aa. und Vv. digitales propriae - sowie Nn. digitales proprii dorsales resp. palmares aufteilen.

I. Auf dem **Handrücken (Dorsum manus)** gehen die Aa. digitales dorsales communes I bis IV aus den beiden Ästen der oberflächlichen Unterarmarterie, A. antebrachialis supf. cran., hervor, die die A. brachialis superficialis distal fortsetzt. Die Vv. digitales dorsales communes I bis IV werden von der V. cephalica accessoria entlassen. Die Nn. digitales dorsales communes I bis IV gehen von den beiden Ästen des R. superficialis n. radialis ab. Der R. dorsalis n. ulnaris endet mit seinem N. digitalis dorsalis V abaxialis auf dem Handrücken. Die tief gelegenen Aa. resp. Vv. metacarpeae dorsales I bis IV gehen aus dem arteriellen resp. venösen Rete carpi dorsale hervor. Das venöse Wundernetz wird von Rr. carpei dorsales gebildet, die den Vv. cephalica accessoria und radialis entstammen. Das arterielle Wundernetz wird über die Rr. carpei dorsales von den Aa. interossea caudalis, ulnaris und radialis gespeist.

II. An der **Hohlhand (Palma)** entspringen die Aa und Vv. digitales palmares communes I bis IV aus dem arteriellen resp. venösen Arcus palmaris superficialis. Der arterielle Arcus palmaris superficialis geht distal am Karpalgelenk mit seinem medialen Bogenschenkel aus den Aa. mediana samt radialis und mit seinem lateralen Bogenschenkel aus einem Zusammenfluß der Aa. ulnaris und interossea caudalis hervor. Der venöse Arcus palmaris superficialis liegt weiter distal am Metakarpalballen und entsteht aus einem medialen Zusammenfluß der Vv. cephalica und radialis sowie einem lateralen Zusammenfluß der Vv. ulnaris und interossea caudalis. Die Aa. und Vv. metacarpeae palmares I bis IV gehen wenig distal der Karpalgelenksbeuge aus dem arteriellen resp. venösen Arcus palmaris profundus hervor. Der arterielle resp. venöse Arcus palmaris profundus wird medial von der A. radialis resp. den Vv. cephalica und radialis und lateral von einem Zusammenfluß der Aa. resp. Vv. ulnaris und interossea caudalis gebildet. Die Nn. digitales palmares communes I bis III gehen aus dem N. medianus, der N. digitalis palmaris communis IV geht aus dem R. superficialis des R. palmaris n. ulnaris hervor. Die Nn. metacarpei palmares I - IV stammen vom R. profundus des R palmaris n. ulnaris.

c) Der **LYMPHABFLUSS** aus der Schultergliedmaße (s. S. 15 u. 19) erfolgt über oberflächlich und tief gelegene Lymphgefäße. Die Vasa lymphatica superficialia begleiten überwiegend die oberflächlichen lateralen Hautvenen und leiten die Lymphe nach Durchfluß durch die **Lnn. cervicales superficiales** zum Venenwinkel. Die Vasa lymphatica profunda ziehen in Begleitung der tiefen medialen Blutgefäße zu den Lnn. axillaris und axillaris accessorius, die auch Lmphe von der Brustwand und den drei vorderen Mammae drainieren. Der diskusförmige **Ln. axillaris** mit einem Durchmesser von ca. zwei Zentimetern ist für die Palpation im Abzweigwinkel der A. und V. thoracica lateralis aus der A. und V. axillaris zugänglich. Der **Ln. axillaris accessorius** liegt einen Interkostalraum weiter kaudal am Verlauf der A. und V. thoracica lateralis. Von den Lnn. axillaris und axillaris accessorius gelangt die Lymphe ebenfalls in den Venenwinkel.

Legenda (s. nebenstehende Abb.)

19 A. et V. circumflexa scapulae
20 V. brachiocephalica
21 V. subclavia
22 A. et V. collateralis radialis
23 N. ulnaris
24 N. cutaneus antebrachii caud.
25 R. palmaris
26 R. profundus
27 R. superficialis
28 A. et N. digitalis palmaris V abaxialis
29 Arcus palmaris supf.
30 Aa., Vv. et Nn. digg. palmm. - resp. — dorss. comm. I - IV
31 Aa., Vv. et Nn. digg. palmm. - resp. — dorss. proprr.
32 N. phrenicus
33 V. axillobrachialis
34 N. medianus
35 A. et V. recurrens ulnaris
36 A. et V. interossea cran.
37 A. et V. interossea caud.
38 R. interosseus
39 R. dorsalis a. et n. ulnaris
40 Arcus palmaris prof.
41 N. musculocutaneus
42 N. cutaneus antebrachii med.
43 N. radialis
44 R. superficialis
45 R. lateralis
46 R. medialis
47 R. profundus
48 A. antebrachialis supf. cran.
49 R. lateralis
50 R. medialis
51 N. axillaris
52 N. cutaneus antebrachii cran.
53 N. suprascapularis
54 N. axillaris accessorius (C6)
55 V. jugularis ext.
56 V. cephalica
57 V. mediana cubiti
58 V. cephalica accessoria
59 V. omobrachialis
60 Aa., Vv. et Nn. metacarpp. palmm. I - IV
61 N. digitalis palm. resp. dors. I abaxialis
62 R. carpeus dors. a. et v. radialis
63 R. carpeus dors. a. interosseae caud. (r. interossei)
64 R. carpeus dors. v. cephalicae acc.
65 R. carpeus dors. a. ulnaris
66 Rete carpi dorsale
67 Aa. et Vv. metacarpeae dorss. I - IV
68 A., V. et N. digitalis dors. V abaxialis

Arteriae, Venae et Nervi membri thoracici

(Basset Artésien - Normand)

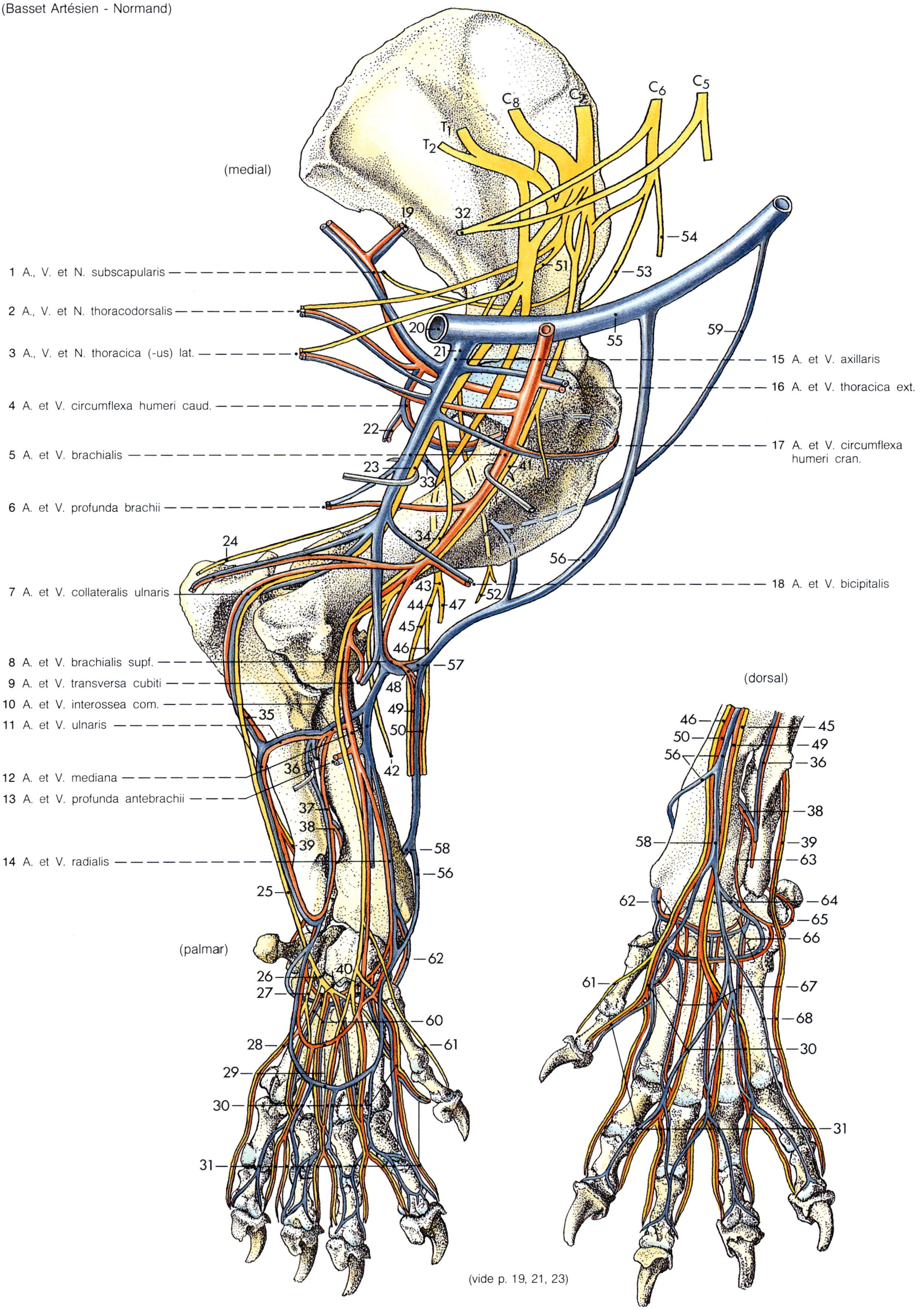

(vide p. 19, 21, 23)

6. SYNOVIALE EINRICHTUNGEN (SYNOVIALSTRUKTUREN) DER SCHULTERGLIEDMASSE

a) GELENKE DER SCHULTERGLIEDMASSE

		NAME	beteiligte KNOCHEN	FORM/ZUSAMMENSETZUNG	FUNKTION	ANMERKUNGEN
1	I.	**Art. humeri** (Schultergelenk)	Cavitas glenoidalis scapulae und Caput humeri	Art. sphaeroidea Art. simplex	alle Richtungen hauptsächlich Wechselgelenk	Eine Kapselsehnenscheide umgibt die Ursprungssehne des M. biceps brachii, die durch das Retinaculum transversum im Sulcus intertubercularis gehalten wird.
2	II.	**Art. cubiti** (Ellenbogengelenk)		Art. composita		1. Rec. craniolateralis (unter dem M. ext. digit. communis; 2. Rec. craniomedialis unter dem M. biceps brachii; 3. Rec. caudalis zwischen Epicondy. lat. und Olecranon
		a) Art. humeroulnaris	Condylus humeri mit Incisura trochlearis ulnae	Ginglymus	Schnappendes Wechselgelenk	
		b) Art. humeroradialis	Condylus humeri mit Caput radii	Ginglymus		
3		c) Art. radioulnaris prox.	Circumferentia articularis radii mit Incisura radialis ulnae	Art. trochoidea	Drehgelenk	
3	III.	**Art. radioulnaris dist.**	Incisura ulnaris radii und Circumferentia radialis ulnae	Art. trochoidea Art. simplex	Drehgelenk	Die Gelenkkapsel artikuliert mit der des Karpalgelenks. Zur Behebung von Wachstumsstörungen kann das Lig. radioulnare durchtrennt werden.
		Artt. manus				
4	IV.	**Art. carpi**				
		a) Art. antebrachiocarpea (Unterarm-Handwurzelgelenk)	Trochlea radii, Ulna und Ossa carpi radiale u. ulnare	Art. ellipsoidea Art. composita	vornehmlich Wechselgelenk mit geringer Ab- und Adduction	Die Gelenkhöhle besteht aus 2 Anteilen, die miteinander kommunizieren. Prox. Anteil: a) und e), der mit der Art. radioulnaris dist. kommuniziert. Dist. Anteil: b) und c). Zum Karpalgelenk gehört eine dorsale Faszienverstärkung (Retinaculum extensorum), das die Strecksehnen in der Lage hält. Auf der Palmarseite überbrückt das Retinaculum flexorum den Canalis carpi. Die Ligg. collaterale laterale und — mediale sind vergleichsweise kurze Bänder, weil sie nur den proximalen Gelenkspalt überspannen
		b) Art. mediocarpea (Handwurzel-Mittelgelenk)	Prox. und dist. Reihe der Handwurzelknochen	Art. condylaris Art. composita		
		c) Art. carpometacarpea (Handwurzel-Mittelhandgelenk)	Ossa carpalia I – IV und McII – V	Art. plana Art. composita		
		d) Artt. intercarpeae (Handwurzel-Zwischengelenke)	senkrecht zwischen den Handwurzelknochen	Art. plana Art. composita		
		e) Art. ossis carpi accessorii	Os carpi acc. und Os carpi ulnare, Ulna	Art. plana Art. composita	straffes Gelenk	
	V.	**Art. metacarpophalangea** (Zehengrundgelenk)	Phalanges proximales Sesama bina Ossa metacarpalia	Art. composita	vornehmlich Wechselgelenk mit geringer Ab- und Adduction sowie Rotation	V-VII weisen in ihrer Gelenkkapsel jeweils eine dorsale und eine palmare Gelenkaussackung auf. Die Gelenkkapsel ist mit Sesamoides verbunden. V. Sesama bina und Sesamoideum dorsale.
	VI.	**Art. interphalangea prox. manus** (Zehenmittelgelenk)	Phalanges proximales und medii	Art. sellaris Art. simplex		VI. Sesamoideum dorsale.
	VII.	**Art. interphalangea dist. manus** (Zehenend- bzw. Krallengelenk)	Phalanges medii Phalanges distales	Art. sellaris Art. simplex		VII. Sesamoideum distale.

Am **Schultergelenk** fehlen typische, außen an der Kapsel gelegene Gelenkbänder, deren Funktion von kontraktilen Spannbändern (Sehnen der Mm. infraspinatus und subscapularis) übernommen wird. Die Ligg. glenohumerale lat. und - med. sind "innere" Kapselverstärkungen.

Am **Ellenbogengelenk** sind die Kollateralbänder zweischenkelig (radialer und ulnarer Ansatzschenkel). Das Lig. anulare radii umgreift das Caput radii und reicht vom Proc. coronoideus medialis ulnae zum Lig. collaterale laterale.

b) SCHLEIMBEUTEL (BURSAE SYNOVIALES)

Die **Bursa subtendinea m. infraspinati** befindet sich zwischen der Endsehne ihres Muskels und der Schultergelenkskapsel.

Die **Bursa subtendinea m. subscapularis** liegt zwischen der Endsehne ihres Muskels und der Schultergelenkskapsel.

Die **Bursa subtendinea m. tricipitis brachii** dehnt sich zwischen dem Olecranon und der Insertion des M. triceps brachii aus.

Die **Bursa subcutanea olecrani** ist ein erworbener Schleimbeutel. 5

Die **Bursa bicipitoradialis** liegt zwischen ihrem Muskel und dem Radius und ist oft mit der Bursa subtendinea m. brachialis vereinigt.

Die **Bursa subtendinea m. brachialis** befindet sich zwischen der Endsehne ihres Muskels und dem Radius.

c) SEHNENSCHEIDEN (VAGINAE SYNOVIALES)

Sehnenscheiden schützen die Ursprungssehne des M. coracobrachialis **(Vagina synovialis m. coracobrachialis)** und des M. biceps brachii im Sulcus intertubercularis **(Vagina synovialis intertubercularis)** und die Endsehnen der **Karpalgelenks-** und **Zehengelenksstrecker** sowie **-beuger** am Carpus und an den Zehengelenken.

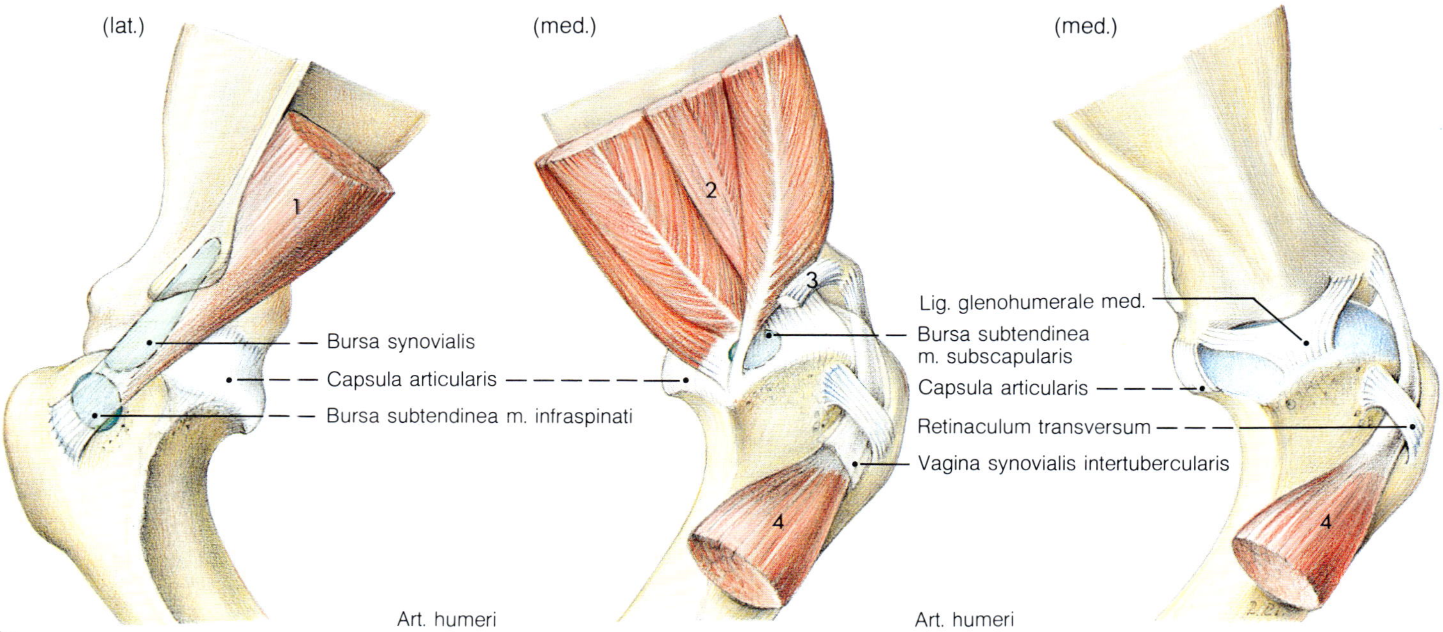

Legenda:

1 M. infraspinatus
2 M. subscapularis
3 M. coracobrachialis
4 M. biceps brachii
M. triceps brachii:
5 Caput laterale
5' Caput longum
5'' Caput accessorium
5''' Caput mediale
6 M. brachialis
7 M. anconaeus
8 M. extensor carpi radialis

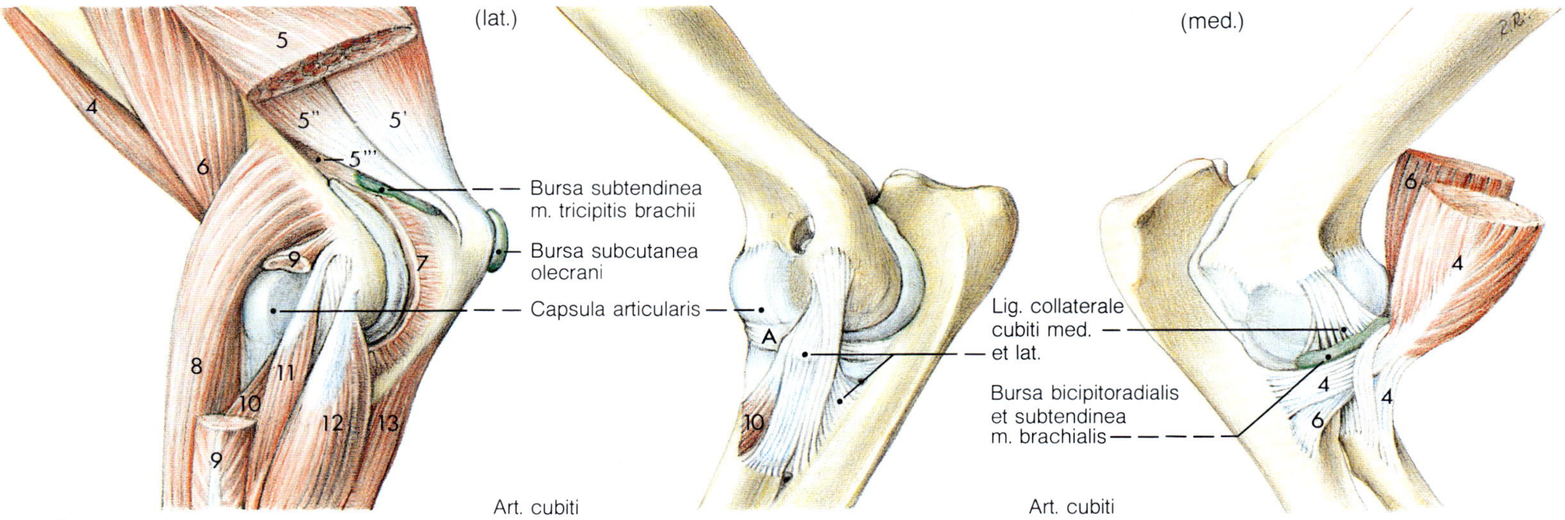

Legenda:

9 M. extensor digitalis com.
10 M. supinator
11 M. extensor digitalis lat.
12 M. extensor carpi ulnaris
M. flexor carpi ulnaris:
13 Caput ulnare
13' Caput humerale
14 M. abductor pollicis longus
15 M. extensor pollicis
16 M. flexor digitalis supf.
17 M. flexor digitalis prof.
18 M. flexor carpi radialis
19 Mm. interflexorii

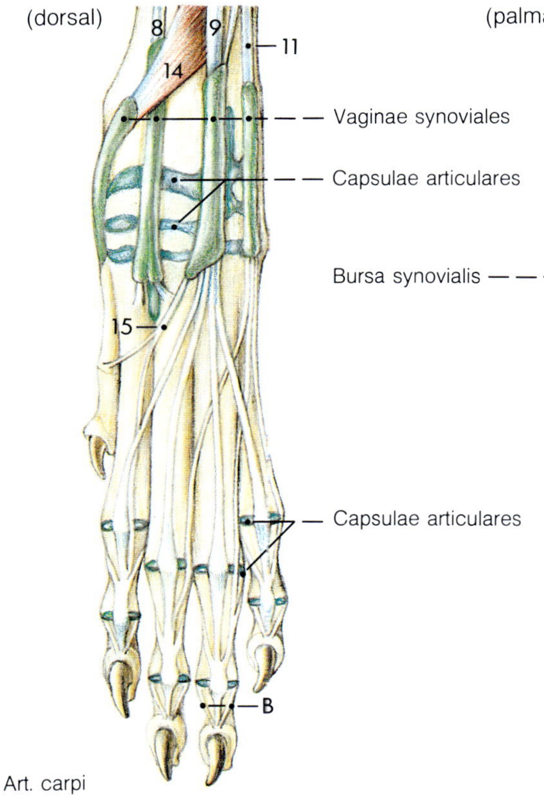

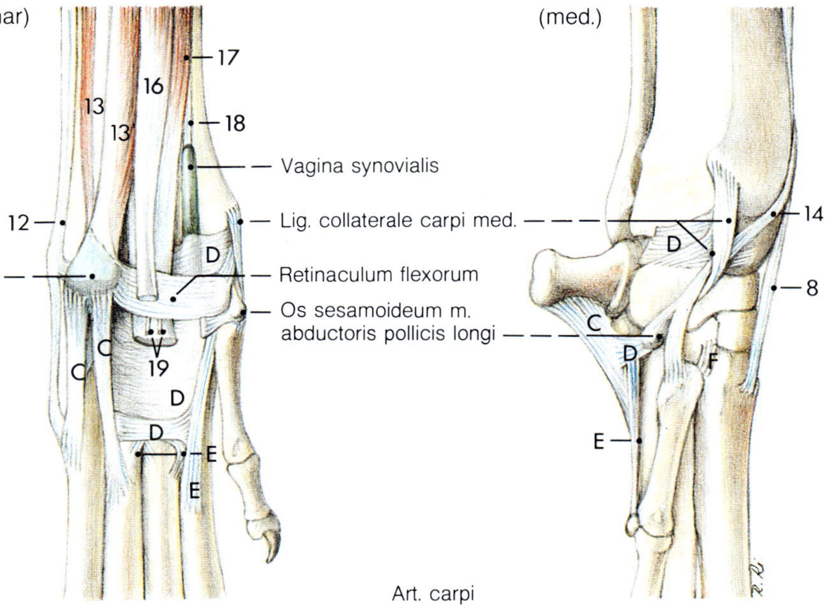

(vide p. 18, 23, 143)

Legenda:

A Lig. anulare radii
B Ligg. dorsalia
C Ligg. accessoriometacarpeae
D Lig. carpi palmare prof.
E Ligg. carpometacarpeae palmm.
F Lig. carpometacarpeum dors.

4. KAPITEL: BRUST- UND BAUCHWAND

1. WIRBELSÄULENMUSKELN, NACKENBAND UND LENDENHAUTNERVEN

Zur Darstellung der Wirbelsäulenmuskeln werden die seitliche Bauchwand, der Rücken und die Kruppe auf der linken Körperseite bis zum Ende des Kreuzbeins enthäutet. Die Stümpfe der Stamm-Gliedmaßen-Muskeln werden danach entfernt. Der M. serratus dorsalis cranialis (33) wird von seiner Rippeninsertion gelöst und dorsal geklappt. Die **Fascia thoracolumbalis** (**22**, s. a. Textabb. S. 30) wird fingerbreit dorsoparamedian längs durchschnitten. Der darunterliegende lumbodorsale Sehnenspiegel (Tendo lumbodorsalis – 40) wird im Kreuz- und Lendenbereich auf gleicher Höhe wie die Faszie längs sowie an den Schnittenden quer durchschnitten und danach von seiner Muskelunterlage gelöst. Am Lateralrand des M. longissimus lumborum teilt sich der lumbodorsale Sehnenspiegel. Das tiefe Spaltblatt tritt als intermuskuläres Septum zwischen die Mm. iliocostalis und longissimus lumborum in die Tiefe (s. Textabb. S. 30), und das oberflächliche Spaltblatt überzieht den M. iliocostalis. Am Hals werden der M. splenius und der M. semispinalis capitis nach ihrer Präparation quer durchschnitten. Die Reihenfolge in der Präparation entspricht der Numerierung in der nachstehenden Tabelle.

a) Die **WIRBELSÄULENMUSKELN** werden in eine dorsale und ventrale Muskelgruppe sowie die dorsalen Kopfbeweger unterteilt. Die dorsalen Wirbelsäulenmuskeln (Nr. I bis X) fungieren alle als Aufrichter und Seitwärtsbeweger der Wirbelsäule. Die **Innervation aller dorsalen Wirbelsäulenmuskeln** und der **dorsalen Kopfbeweger** (Nr. XIV bis XVII) erfolgt durch Rr. dorsales der Spinalnerven. Die ventralen Wirbelsäulenmuskeln (Nr. XI bis XIII) fungieren als Ab- und Seitwärtsbieger der Halswirbelsäule. Die **Innervation aller ventralen Wirbelsäulenmuskeln** erfolgt durch Rr. ventrales der segmentalen Spinalnerven. Die ventral an der Lendenwirbelsäule gelegenen Mm. quadratus lumborum, psoas major und psoas minor gehören zur Gruppe der inneren Lendenmuskeln und werden auf der S. 60 abgehandelt.

MUSCULI COLUMNAE VERTEBRALIS

Dors. (autochthone) Wirbelsäulenmuskeln		Ventr. Wirbelsäulenmuskeln	Dors. Kopfbeweger
I. M. splenius	VI. Mm. multifidi	XI. Mm. scaleni	XIV. M. rectus capitis dors. major
II. M. iliocostalis	VII. M. sacrococcygeus (-caud.) dors. med.	XII. M. longus capitis	XV. M. rectus capitis dors. minor
III. M. longissimus	VIII. M. sacrococcygeus (-caud.) dors. lat.	XIII. M. longus colli	XVI. M. obliquus capitis caud.
IV. M. semispinalis capitis	IX. Mm. interspinales		XVII. M. obliquus capitis cran.
V. M. spinalis et semispinalis cervicis et thoracis	X. Mm. intertransversarii		

I. Der in der Halsmitte durchschnittene **M. splenius** (**1**) reicht von den Dornfortsätzen der ersten drei Brustwirbel bis zur Crista nuchae des Schädels. II. Der **M. iliocostalis** entspringt am Darmbeinflügel und endet an den Lendenwirbelquerfortsätzen (**M. iliocostalis lumborum – 24**), an den Rippenwinkeln sowie an den Querfortsätzen der letzten beiden Halswirbel (**M. iliocostalis thoracis – 17**). III. Der **M. longissimus** liegt bei gleicher kaudaler Reichweite medial neben dem M. iliocostalis und gliedert sich in die **Mm. longissimus lumborum (23), – thoracis (16), – cervicis (12)** und **– capitis (2)**, die entsprechend ihrer Reichweite an den Lendenwirbelquerfortsätzen resp. Rippenhöckerchen resp. Halswirbelquerfortsätzen resp. am Warzenfortsatz des Schädels inserieren. IV. Der **M. semispinalis capitis** liegt im Halsbereich dorsal vom M. longissimus und besteht aus einem dorsalen **M. biventer cervicis (4)** mit querverlaufenden Zwischensehnen und einem ventralen **M. complexus (3)**, die beide von der Brust-Halsgrenze bis zum Schädel reichen. V. Der **M. spinalis et semispinalis cervicis et thoracis (15)** liegt medial neben dem M. longissimus und verkehrt zwischen dem zweiten Hals- und elften Brustwirbel. VI. Die **Mm. multifidi** (mehrfachgefiedert) reichen vom Axis bis zum Kreuzbein. Der **M. multifidus cervicis (10)** liegt in der kaudalen Halshälfte tief unter dem M. complexus und wird an seiner Ventrolateralkontur von Dorsalästen der Halsnerven überquert. Der M. multifidus thoracis liegt tief, und der **M. multifidus lumborum (26)** liegt oberflächlich neben den Lendenwirbel-Dornfortsätzen. VII. Der **M. sacrococcygeus (-caudalis) dorsalis medialis (27)** setzt in Höhe des siebten Lendenwirbels bei annähernd kaudalem Faserverlauf den schräg gefiederten M. multifidus fort. VIII. Der **M. sacrococcygeus (-caudalis) dorsalis lateralis (25)** beginnt spitz am vierten Lendenwirbel und zieht als kaudomediale Fortsetzung des M. longissimus mit einer kräftigen Endsehne zum Schwanz. IX. Die **Mm. interspinales** liegen tief zwischen den Dornfortsätzen. X. Die **Mm. intertransversarii (8)** liegen am Hals oberflächlich und im Brust- sowie Lendenbereich in der Tiefe an der Wirbelsäule. Die Mm. intertransversarii cervicis befinden sich ventral der Insertionslinie des M. longissimus cervicis. XI. Die **Mm. scaleni** ziehen vom vierten oder fünften Halswirbel zur achten Rippe (**M. scalenus dorsalis – 14**) resp. zur ersten Rippe (**M. scalenus medius – 13**). Der M. scalenus ventralis fehlt beim Hund. XII. Der ventromedial benachbarte **M. longus capitis (9)** liegt ventrolateral an den Halswirbeln und erstreckt sich vom sechsten Halswirbel zum Tuberculum musculare des
1 Hinterhauptsbeins. XIII. Der zopfförmige **M. longus colli** (s. Textabb.) befindet sich ventromedial an der Hals- und Brustwirbelsäule und reicht vom ersten Hals- bis zum sechsten Brustwirbel. XIV. Der **M. rectus capitis dorsalis major (6)** ist die Kranialfortsetzung des Lig. nuchae. Er überlagert zwischen Axiskamm und Hinterhauptsbein den **M. rectus capitis dorsalis minor** (XV). XVI. Der **M. obliquus capitis caudalis (7)** ist die schräge Kranialfortsetzung des Nackenbandes bis zur Ala atlantis. XVII. Der **M. obliquus capitis cranialis (5)** zieht vom Atlasflügel zum Hinterhauptsbein.

b) Das **NACKENBAND (LIG. NUCHAE – 11)** liegt dorsomedian über den Dornfortsätzen der Halswirbel und verbindet die Spinalfortsätze des zweiten Hals- und ersten Brustwirbels, wo es kaudal in das Lig. supraspinale übergeht. Die gelbe Farbe des paarig ausgebildeten Nackenbandes ist ein Ausdruck seines überwiegenden Anteils an elastischen Fasern.

c) Die **LENDENHAUTNERVEN** bilden mit ihren hintereinander gereihten Durchtritten durch die skelettführende Muskelschicht eine dorsale, laterale und ventrale Hautnervenreihe.

I. Die **dorsale Lendenhautnervenreihe** wird von nL 1dl bis nL 4dl (Nn. clunium craniales) gebildet und tritt handbreit paramedian unter die Haut. Die nL 5dl bis nL 7dl erreichen in der Regel kein Hautgebiet.
II. Die **laterale Lendenhautnervenreihe** wird von Ästen der Nn. iliohypogastricus cranialis (nL 1vl) und iliohypogastricus caudalis (nL 2vl), ilioinguinalis (nL 2vl und nL 3vl) sowie cutaneus femoris lateralis (nL 3vl und nL 4vl) gebildet. Die Nerven-Durchtrittsstellen durch die Bauchmuskeln liegen auf einer Verbindungslinie, die vom Ventralende der letzten Rippe zum Tuber coxae ansteigt. Die **Nn. iliohypogastricus cranialis** (**18**, mit Gefäßbegleitung) und **iliohypogastricus caudalis (19)** durchbohren den äußeren schiefen Bauchmuskel. Die **Nn. ilioinguinalis** (**20**, kann fehlen) und **cutaneus femoris lateralis** (**21**, mit Gefäßbegleitung) treten über den Dorsalrand dieses Bauchmuskels unter die Haut.
III. Die **ventrale Lendenhautnervenreihe** erreicht nahe der Linea alba mit winzigen Ästchen die Haut (s. S. 33).

Mm. columnae vertebralis
(Pars cervicalis et thoracica)

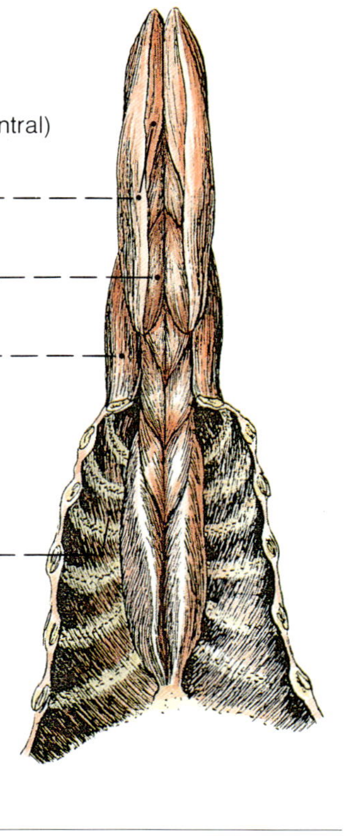

Musculi cervicis et thoracis

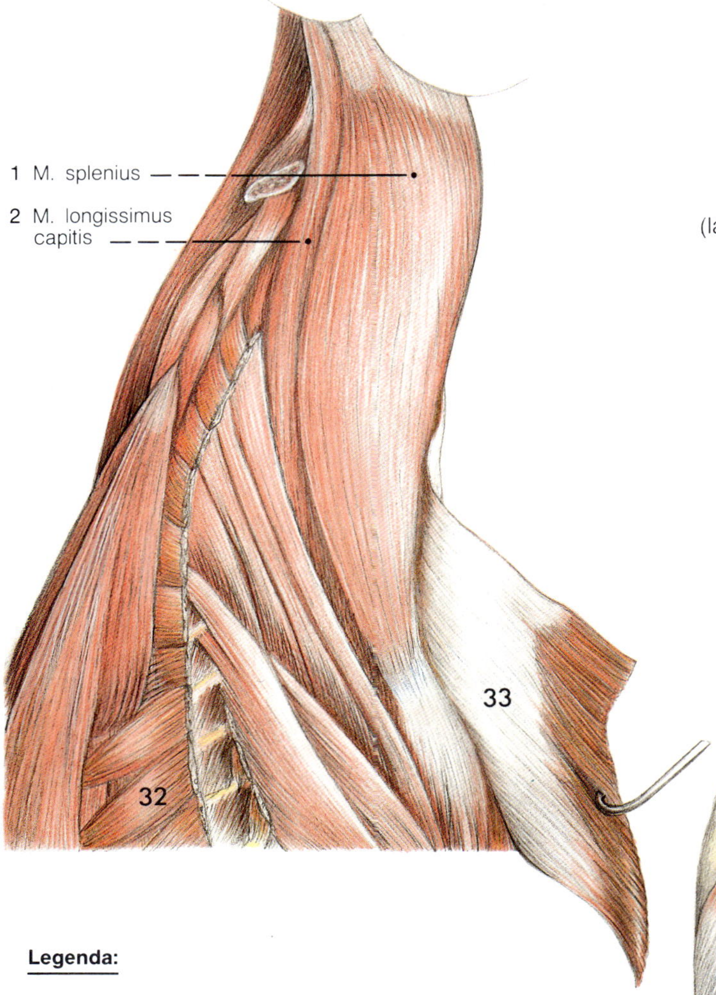

(lateral)

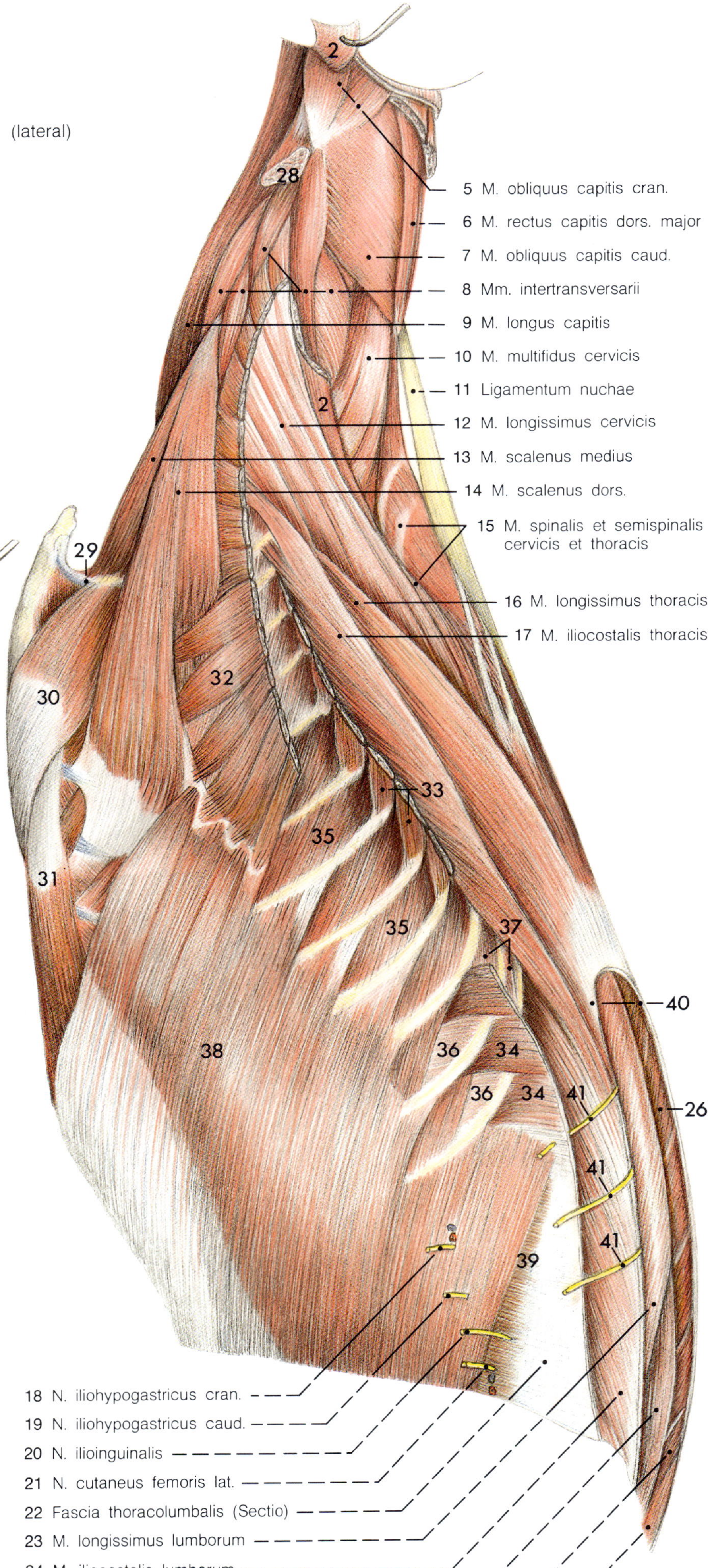

Legenda:

28 M. omotransversarius
29 Costa I
30 M. rectus thoracis
31 M. rectus abdominis
32 M. serratus ventr.
33 M. serratus dors. cran.
34 M. serratus dors. caud.
35 Mm. intercostales extt.
36 Mm. intercostales intt.
37 Mm. levatores costarum
38 M. obliquus ext. abdominis
39 M. obliquus int. abdominis
40 Tendo lumbodorsalis (Sectio)
41 Nn. clunium crann.

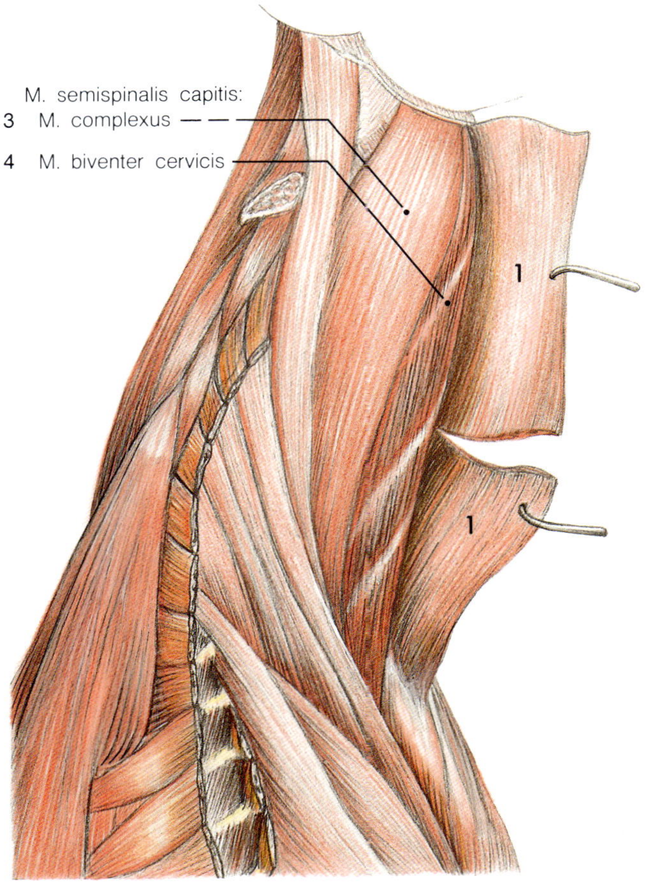

(vide p. 31)

Nach Darstellung der äußeren Atmungsmuskeln wird die Brusthöhle eröffnet. Dazu wird die rechte Schultergliedmaße samt Stamm-Gliedmaßen-Muskeln entfernt. Anschließend werden auf beiden Körperseiten die Sehnenzacken der Mm. obliquus externus abdominis und scalenus dorsalis sowie rechts die Rippen Nr. eins bis neun und links die Rippen Nr. zwei bis neun dorsal am Lateralrand des M. iliocostalis und ventral am Lateralrand des M. rectus abdominis durchtrennt. Dabei ist die lineare Zwerchfellsinsertion zu schonen, die vom neunten Rippenknorpel über die elfte Rippenfuge bis zur Mitte der dreizehnten Rippe verläuft und die Grenze zwischen Brusthöhle resp. Cava pleurae einerseits und Bauchhöhle resp. Cavum peritonaei andererseits darstellt. An der eröffneten Brusthöhle werden die fünf Körperwandschichten studiert: I. Die Haut; II. Fascia trunci externa; III. Skelettführende Muskelschicht; IV. Fascia trunci interna; V. Serosa. Zur Darstellung des M. intercostalis internus wird der M. intercostalis externus im zehnten Interkostalraum entfernt.

Die **Atmungsmuskeln** liegen am Thorax und werden auch Musculi thoracis genannt. Sie werden nach funktionellen Gesichtspunkten in Exspiratoren und Inspiratoren unterteilt.

Der Hauptatmungsmuskel (Diaphragma) und die übrigen obligaten Atmungsmuskeln werden funktionell von Hilfsatmungsmuskeln unterstützt, die im Zusammenhang mit anderen Muskelgruppen (z. B. Wirbelsäulenmuskeln) abgehandelt wurden. Die Mm. scalenus und serratus ventralis sind Hilfsinspiratoren, und der M. iliocostalis sowie die Mm. abdominis sind Hilfsexspiratoren. (Der M. scalenus wird jedoch von einigen Autoren als obligater Atmungsmuskel geführt). Die obligaten Atmungsmuskeln können unter Berücksichtigung ihrer Lagebeziehungen zum Thorax in äußere, mittlere und innere Atmungsmuskeln eingeteilt werden.

Die **Innervation des** Zwerchfells (Diaphragma) erfolgt durch den N. phrenicus, die der übrigen Atmungsmuskeln durch die Nn. intercostales.

ATMUNGSMUSKELN

Exspiratoren		**Inspiratoren**	
I. M. serratus dorsalis caudalis	Äußere Atmungsmuskeln	IV.	M. serratus dorsalis cranialis
		V.	M. rectus thoracis
II. Mm. intercostales interni incl. Mm. subcostales und retractor costae	Mittlere Atmungsmuskeln	VI.	Mm. intercostales externi incl. Mm. levatores costarum
III. M. transversus thoracis	Innere Atmungsmuskeln	VII.	Diaphragma

1 a) Die **EXSPIRATOREN** haben einen kranioventralen Faserverlauf und inserieren am Kaudalrand der Rippen. Sie ziehen diese nach innen und kaudal, wodurch die Brustkorbhöhle verengt wird.

I. Der **M. serratus dorsalis caudalis (2)** entspringt an der Fascia thoracolumbalis (s. Textabb.) und zieht bei kranioventralem Faserverlauf an den Kaudalrand der letzten drei Rippen. II. Die **Mm. intercostales interni (5)** liegen dorsal der Rippenfugen unter den äußeren Zwischenrippenmuskeln. Im Spalt zwischen den Rippenknorpeln kommen sie unter dem M. rectus abdominis zum Vorschein. Zum System der inneren Zwischenrippenmuskeln gehören auch die **Mm. subcostales**, die als längere Muskelanteile die Medialfläche einer Rippe überspringen und zur übernächsten Rippe ziehen, sowie der **M. retractor costae** (34), der von den Transversalfortsätzen der ersten drei Lendenwirbel zum Kaudalrand der letzten Rippe zieht. III. Der **M. transversus thoracis (13)** ist kranial vom Zwerchfell die Kranialfortsetzung des M. transversus abdominis. Er entspringt an der Innenfläche des Sternum und reicht mit seinen Insertionszacken zu den Medialflächen der Rippenknie.

1 b) Die **INSPIRATOREN** sind durch eine kaudoventrale Muskelfaserverlaufsrichtung gekennzeichnet. Sie inserieren am Kranialrand der Rippen und ziehen diese nach außen und kranial, wodurch die Brustkorbhöhle erweitert wird.

IV. Der **M. serratus dorsalis cranialis (3)** entspringt am Lig. supraspinale über den ersten acht Brustwirbeldornfortsätzen und endet mit sieben bis neun Fleischzacken am Kranialrand der Rippen Nr. drei bis zehn. V. Der **M. rectus thoracis (6)** setzt in Höhe des vierten Rippenknorpels den M. rectus abdominis kranial fort und zieht schräg über dessen Ursprungsaponeurose zur ersten Rippe. VI. Die **Mm. intercostales externi (4)** liegen vornehmlich zwischen den knöchernen Teilen der Rippen und ziehen bis zu den Rippenfugen etwa zur Höhe des Lateralrandes des M. rectus abdominis. Ventral der Rippenfugen liegen nur spärliche Muskelfaserbündel. Zum System der äußeren Zwischenrippenmuskeln können als deren vertebrale Anteile auch die **Mm. levatores costarum** (1) der Mm. intercostales externi gerechnet werden. Die Mm. levatores costarum ziehen bei annähernd gleicher Faserverlaufsrichtung vom Processus transversus der Brustwirbel über den Rippenwinkel proximal zum Kranialrand der nachfolgenden Rippe. Dabei werden die Mm. levatores costarum weitgehend von den Mm. iliocostalis und serratus dorsalis caudalis bedeckt.

2 VII. Das **Diaphragma** ist das sehnig-muskulöse Septum zwischen Brust- und Bauchhöhle und ragt mit seiner zentralen sehnigen Zwerchfellskuppel weit in die Brusthöhle vor. Es wirkt als Hauptinspirator, da bei seiner Kontraktion die Zwerchfellskuppel seitlich abgeflacht wird, während der Scheitel der Zwerchfellskuppel am Durchtritt der V. cava caudalis fixiert ist und bei der Atembewegung weitgehend lagekonstant bleibt.

Das Zwerchfell ist in einen peripheren muskulösen und einen zentral gelegenen sehnigen Anteil untergliedert. Der periphere muskulöse Anteil des Zwerchfells besteht aus der **Pars sternalis (15)** mit Brustbeininsertion, der **Pars costalis (12)** mit Insertion an den Rippen Nr. neun bis dreizehn und einer **Pars lumbalis** mit Insertion ihrer Crura am dritten und vierten Lendenwirbel. Das schwächere **Crus sinistrum (8)** und das stärkere **Crus dextrum (7)** begrenzen mit ihren freien Medialrändern den **Hiatus aorticus (9)** für den Duchtritt der Aorta samt Ductus thoracicus und V. azygos dextra. Mit ihren freien Laterodorsalrändern bilden sie den Arcus lumbocostalis, über den der Truncus sympathicus und der abzweigende N. splanchnicus major hinwegziehen. Der **Hiatus oesophageus (10)** liegt leicht links im muskulösen Grenzbereich zum Centrum tendineum und ist der Durchlaßschlitz für den Oesophagus mit begleitenden dorsalen und ventralen Stämmen des N. vagus. Das **Centrum tendineum (14)** ist V-förmig und weist rechts im Bereich der Zwerchfellskuppel das **For. venae cavae (11)** für den Durchtritt der hinteren Hohlvene auf, die vom rechten Zwerchfellsnerven begleitet wird.

Die **Innervation** erfolgt durch den **N. phrenicus (11)**, der mit drei Wurzeln vom fünften bis siebten Halsnerven abzweigt und in Höhe der Vorkammer-Kammergrenze über das Herz zieht. Anschließend gelangen der rechte Zwerchfellsnerv im Hohlvenengekröse und der linke Zwerchfellsnerv in einer kurzen Falte des Mediastinum zum Diaphragma.

Fascia thoracolumbalis

(Sectio transversa)

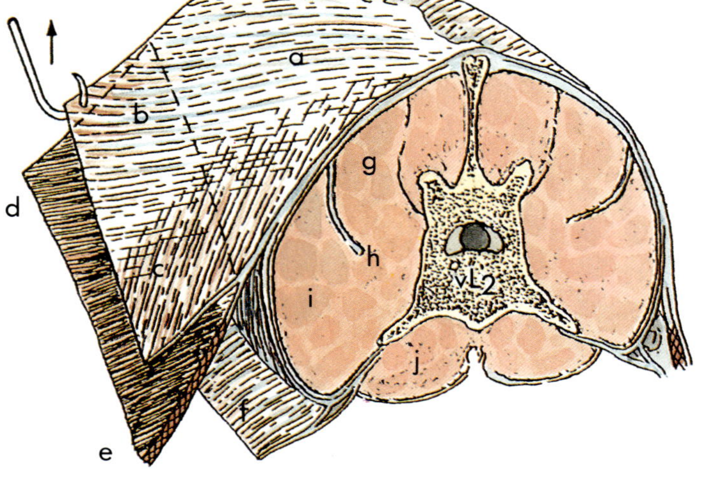

a Fascia thoracolumbalis
b M. latissimus dorsi
c M. obliquus ext. abdominis
d M. serratus dors. caud.
e M. obliquus int. abdominis
f M. transversus abdominis
g M. longissimus lumborum
h Septum intermusculare
i M. iliocostalis lumborum
j M. quadratus lumborum et M. psoas minor

Musculi thoracis

(Facies sinistra)

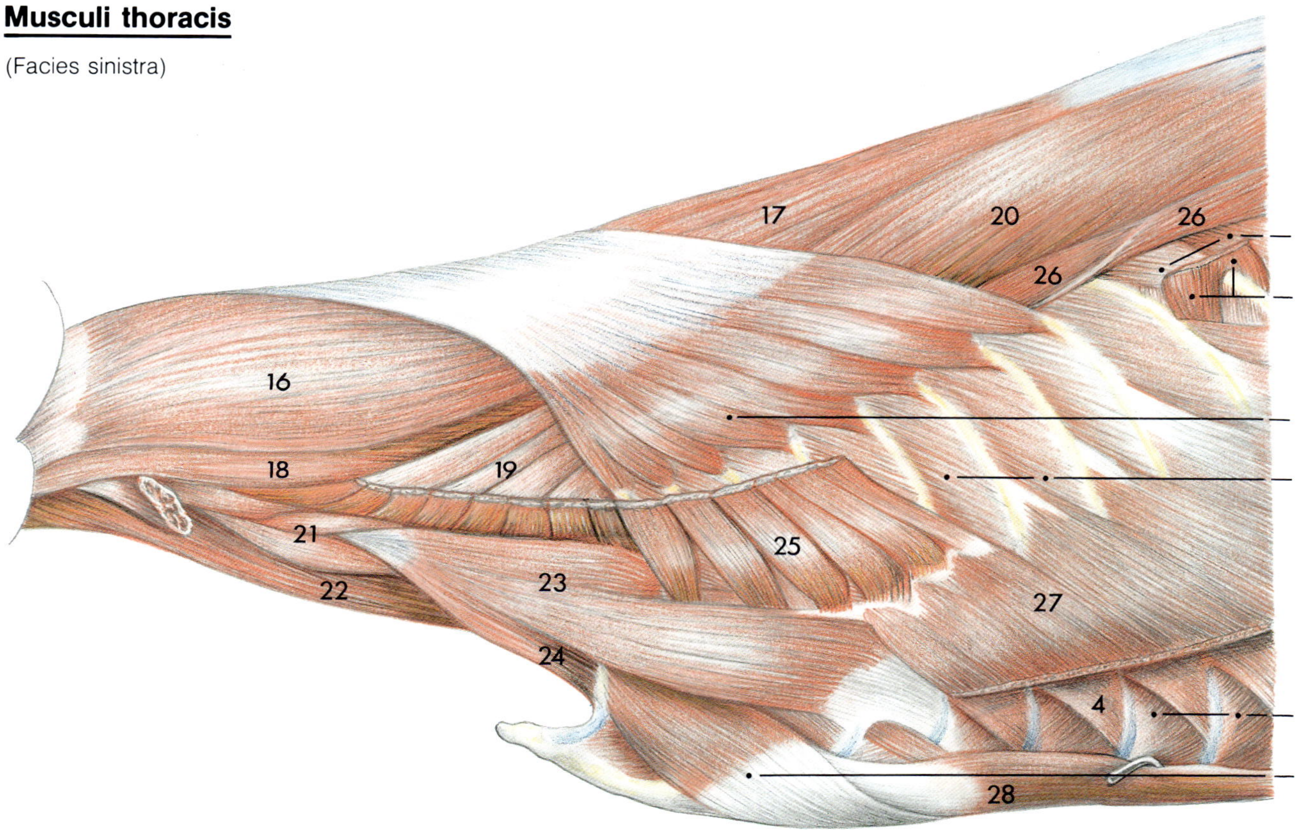

1 Mm. levatores costarum

2 M. serratus dors. caud. (Sectio)

3 M. serratus dors. cran.

4 Mm. intercostales extt.

5 Mm. intercostales intt.

6 M. rectus thoracis

Diaphragma

Facies thoracica (Facies cranialis)

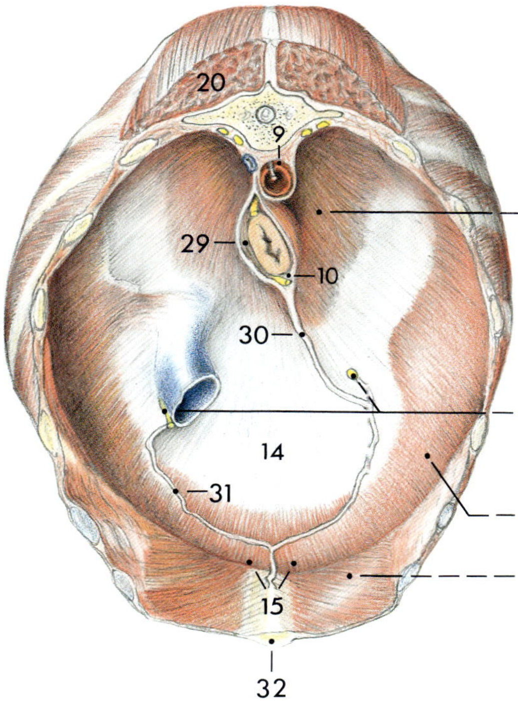

Pars lumbalis:

7 Crus dextrum

8 Crus sinistrum

9 Hiatus aorticus

10 Hiatus oesophageus

11 N. phrenicus dext. et sin. et For. venae cavae

12 Pars costalis

13 M. transversus thoracis

14 Centrum tendineum

15 Pars sternalis

Facies abdominalis (Facies caudalis)

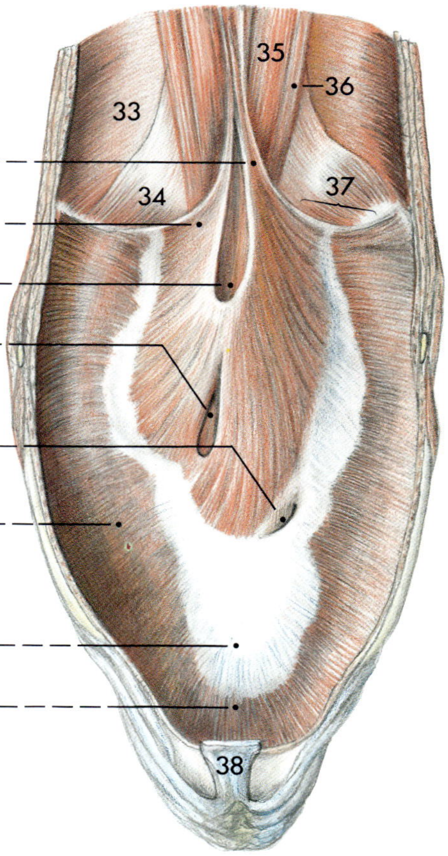

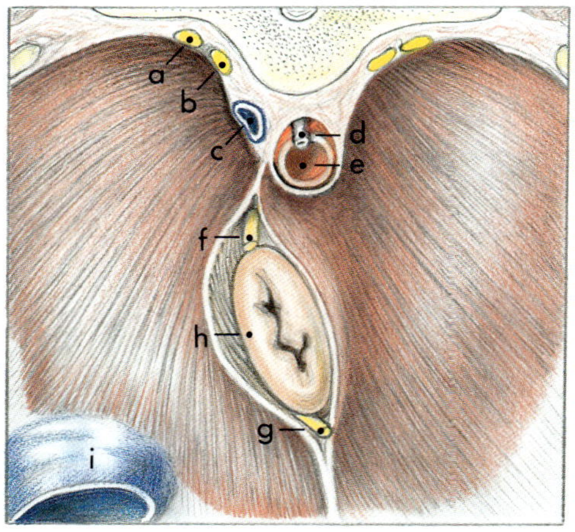

Legenda:

a Truncus sympathicus
b N. splanchnicus major
c V. azygos dext.
d Ductus thoracicus
e Aorta
f Truncus vagalis dors.
g Truncus vagalis ventr.
h Oesophagus
i V. cava caud.

Legenda:

16 M. splenius
17 M. spinalis et semispinalis thoracis
18 M. longissimus capitis
19 M. longissimus cervicis
20 M. longissimus thoracis
21 Mm. intertransversarii
22 M. longus capitis
23 M. scalenus dors.
24 M. scalenus medius
25 M. serratus ventr.
26 M. iliocostalis thoracis
27 M. obliquus ext. abdominis
28 M. rectus abdominis
29 Cavum mediastini serosum
30 Mediastinum
31 Plica venae cavae
32 Sternum
33 M. transversus abdominis
34 M. retractor costae
35 M. psoas minor
36 M. quadratus lumborum
37 Arcus lumbocostalis
38 Proc. xiphoideus

(vide p. 29)

3. KÖRPERWAND MIT PRÄPUTIUM UND GESÄUGE

Auf beiden Körperseiten wird die verbliebene Bauchhaut unter Schonung des Gesäuges resp. des Penis entfernt. Bei der Hündin bleibt die linke Gesäugehälfte am Körper, weshalb die Haut an der Zitzenbasis umschnitten wird. Die rechte Gesäugehälfte wird, lateral beginnend, nach Durchschneidung des rechten M. supramammarius und des Lig. suspensorium mammae entfernt. Beim Rüden werden die behaarte äußere Haut im Bereich des Penis und deren Kranialfortsetzung in die Lamina externa praeputii unter Schonung des M. praeputialis cranialis sowie des Lig. suspensorium penis entfernt. Die Laminae praeputii werden wie in der nebenstehenden Abb. aufgeschnitten.

a) Die **VORHAUT (PRAEPUTIUM)** bedeckt die Glans penis. Der kaudale Teil, der in die behaarte Haut im Bereich des Corpus penis übergeht, ist an der ventralen Bauchwand befestigt und der kraniale, fast bis zum Nabel reichende Anteil ist ringsum frei. Das **Praeputium** besteht
1 aus einer behaarten **Lamina externa (7)**, die sich am **Ostium praeputiale (1)** in die unbehaarte kutane Schleimhaut der **Lamina interna (8)** fortsetzt. Im **Fundus praeputialis (10)** schlägt sich das Innenblatt - in Höhe des größten Umfanges des Bulbus glandis - in das **Penisblatt (Lamina penina — 9)** um, das die Glans penis überzieht. Das Innenblatt und das Penisblatt weisen zahlreiche Lymphknötchen auf. Bei der Erektion des Penis wird die Vorhaut zurückgestreift, und dabei schlägt sich das Innenblatt der Vorhaut auf den Penis um, wobei Cavum praeputiale und Fundus praeputialis verlorengehen.

2 b) Das **GESÄUGE (MAMMA)** besteht beiderseits des medianen Sulcus intermammarius in der Regel aus fünf Mammar — resp. Milchdrüsenkomplexen, und zwar aus einem kranialen und kaudalen thorakalen — sowie kranialen und kaudalen abdominalen — und einem inguinalen Mammarkomplex. Die Mammae masculinae sind an ihren unscheinbaren Papillae mammae kenntlich. Ein Mammarkomplex besteht aus dem **Corpus mammae** mit enthaltenen acht bis zwanzig Glandulae mammariae (meistens sind ca. 12 Drüsen ausgebildet) und einer Zitze (Papilla mammae).

Pränatal sprossen von der Spitze jeder Zitzenanlage zunächst mehrere solide Epidermisknospen in die Tiefe, ein Vorgang, der auch beim männlichen Geschlecht ohne erkennbaren Unterschied abläuft. Zur Zeit der Geburt liegen lumenhaltige Epithelsprosse vor.

Ein geschlechtsspezifischer Unterschied wird erst mit der **Geschlechtsreife** und dem ersten Östrus deutlich. Besonders durch Östrogeneinwirkung kommt es zur Verzweigung und partiellen Lumenbildung in den Epidermissprossen. Außerdem bewirkt Östrogen die Einlagerung von Fettgewebe in die Milchdrüse. Es handelt sich um Platzhalterfett, das bei der Entfaltung der Epidermissprosse zu gut entwickelten Drüsen während der Gravidität wieder verdrängt wird. Bei der nichtlaktierenden Hündin sind das Drüsengewebe und das Fettgewebe so gering ausgeprägt, daß sich die Drüsenkörper nicht deutlich vorwölben und kaum voneinander abgrenzen.

Während der Gravidität nehmen Sprossung, Verzweigung und Lumenbildung in der Drüse stark zu, vornehmlich induziert durch den erhöhten Östrogen-Blutspiegel. In der 2. Hälfte der Gravidität entstehen besonders durch Progesteroneinfluß an den Enden der Milchdrüsenkanälchen zunehmend bläschenförmige Drüsenendstücke (Alveolen).

Während der ca. 30tägigen Laktationsperiode gewährleisten die Drüsenendstücke die Milchsekretion. Aus einem einzelnen embryonalen Epidermissproß entwickelt sich also eine große Drüse mit Endstücken, Milchkanälchen, Milchzisterne und Ductus papillaris. Von den Endstücken gelangt die Milch über zunächst kleinere und danach über größere **Milchgänge (Ductus lactiferi — 3)** in die **Milchzisterne (Sinus lactifer — 4)**. Diese liegt ohne Unterteilung durch eine - für Großtiere typische - Querfalte mit ihrem überwiegenden Anteil in der Papilla mammae (Zitzenzisterne, Pars papillaris) und reicht nur mit ihrem Anfangsanteil, der die Milchgänge aufnimmt, in den Drüsenkörper (Drüsenzisterne, Pars glandularis) hinein. Zur Mündung auf der Körperoberfläche geht die Milchzisterne in einen engeren **Strichkanal (Ductus papillaris — 5)** über, der sich im apikalen Drittel der Zitze befindet und meistens unabhängig von den benachbarten Drüsen einzeln auf der Kuppe der **Zitze (Papilla mammae — 2)** mit einem **Ostium papillare (6)** endet. Erektile Blutgefäße der Zitze mit typisch dickwandigen (muskulösen) Venen sind bei der Hündin eher unterentwickelt, glatte Muskelfaserbündel umgeben die einzelnen Strichkänale zirkulär als Sphinkter.

Nach der Laktationsperiode wird ein Großteil des Gangsystems und besonders der Drüsenalveolen wieder zurückgebildet.

Der **fasziale** und **muskulöse Aufhängeapparat** sowie die Blut-, Lymph- und Nervenversorgung von Gesäuge und Präputium weisen zahlreiche Übereinstimmungen auf und werden deshalb gemeinsam studiert.

I. Das **Lig. suspensorium mammae** resp. **— penis (20)** spaltet sich als Fortsetzung der Fascia trunci profunda in Höhe der Linea alba ab und zieht um die Mammarkomplexe resp. ins Präputium und um den Penis (als Fascia penis). Der **M. supramammarius cranialis** resp. **praeputialis cranialis (18)** entspringt in Höhe der Cartilago xiphoidea an der Linea alba und zieht an die Basis der abdominalen Mammae resp. ins Präputium. Die kaudalen gleichnamigen Muskeln sind unscheinbar.

In der **Blut-, Lymph- und Nervenversorgung** gibt es ein kraniales Versorgungsgebiet für die beiden thorakalen Mammarkomplexe und den kranialen abdominalen Mammarkomplex sowie ein kaudales Versorgungsgebiet für den kaudalen abdominalen und inguinalen Mammarkomplex resp. für Präputium, die Haut im Bereich des Penis und Scrotum. Zwischen dem kranialen und kaudalen Versorgungsgebiet kommen in Nabelhöhe Anastomosen vor.

II. Die **Blutgefäße** des kranialen Versorgungsgebietes entstammen der **A. und V. thoracica lateralis (13)** für die kraniale thorakale Mamma sowie der **A. und V. thoracica interna.** Letztere treten mit **Rr. perforantes (16)** nahe der Linea alba zur Versorgung der beiden thorakalen Mammae hervor und enden mit der **A. und V. epigastrica cranialis superficialis (17)**, die in Höhe des Rippenbogens die Brustwand durchbohren und nach Versorgung der kranialen abdominalen Mamma in Nabelhöhe mit den gleichnamigen kaudalen Gefäßen anastomosieren. Die Blutgefäße des kaudalen Versorgungsgebietes entstammen der **A. und V. pudenda externa (26)**, die sich nach Passage des Leistenspaltes in Höhe der inguinalen Zitze in die **Rr. labiales ventrales** resp. **scrotales ventrales (27)** und in die **A. und V. epigastrica caudalis superficialis (23)** aufspalten, die ihrerseits Rr. mammarii resp. praeputiales abgeben. Die kraniale und kaudale A. und V. epigastrica superficialis sind die Hauptgefäße, die auch die Versorgung der Zitzen übernehmen. Zusätzliche Gefäße sind die Aa. und Vv. intercostales, abdominalis cranialis und circumflexa ilium profunda. Einzelne Gefäßäste (vornehmlich Venen) können die Mediane (Linea alba) überkreuzen und somit das kontralaterale Gesäuge mitversorgen.

III. Die **Lymphgefäße** des kranialen Versorgungsgebietes ziehen von den drei kranialen Mammae zum **Ln. axillaris (11)** und zum **Ln. axillaris accessorius (12)**. Die Lymphgefäße des kaudalen Versorgungsgebietes drainieren die beiden kaudalen Mammae und beim Rüden das Präputium sowie die Penishaut samt Scrotum. Sie ziehen zu den **Lnn. inguinales superficiales (25)**, die an der Basis der inguinalen Mamma an der Aufspaltung der A. und V. pudenda externa in die Rr. labiales ventrales resp. scrotales ventrales und die A. und V. epigastrica caudalis superficialis liegen. Kommunikationen sollen wie bei den Blutgefäßen auch zwischen den beidseitigen Achsellymphknoten und zwischen den beidseitigen oberflächlichen Leistenlymphknoten vorkommen.

IV. Die **sensible Nervenversorgung** übernehmen kranial die **Nn. intercostales** und kaudal die **Nn. iliohypogastricus cranialis** und **— caudalis**, die mit **Rr. cutanei laterales (15 u. 21**, von der lateralen Reihe der Thorakal- und Lendenhautnerven) und mit **Rr. cutanei ventrales (14 u. 22)** nahe der Linea alba an das Gesäuge herantreten. Die inguinale Mamma wird außerdem vom **N. genitofemoralis (24)** innerviert, der durch den Leistenspalt tritt.

c) Zu den **FASZIENVERHÄLTNISSEN** (s. a. S. 36 u. 146) soll vor dem Studium der Bauchmuskeln eine Information vorangestellt werden. I. Zur **Fascia trunci externa** gehören die Fascia trunci superficialis und Fascia trunci profunda. Die **Fascia trunci superficialis** steht in enger Verbindung zur äußeren Haut und schließt mit zwei Blättern den Bauchhautmuskel ein. Die **Fascia trunci profunda (19)** ist innig mit der Oberfläche des äußeren schiefen Bauchmuskels verbunden. Sie wird dorsal im Lendenbereich **Fascia thoracolumbalis** (s. S. 30) genannt, die die Wirbelsäulenmuskeln zwischen den Dorn- und Querfortsätzen überzieht. Ventromedian ist die Fascia trunci profunda mit der Linea alba verlötet und spaltet hier das Lig. suspensorium mammae resp. — penis ab. In der Leistengegend setzt sich die Fascia trunci externa (mit Fascia trunci superficialis und — profunda) am äußeren Leistenring als **Fascia spermatica externa** (Umhüllung aller den äußeren Leistenring durchziehenden Strukturen) fort und geht in der Leistenfurche als **Fascia lata (28)** auf den Oberschenkel über. II. Die **Fascia trunci interna** ist überwiegend mit der Serosa verlötet und wird abschnittsweise unterschiedlich benannt. In der Brusthöhle heißt sie **Fascia endothoracica**, in der Bauchhöhle **Fascia transversalis** sowie im Bereich der Ventralfläche der inneren Lendenmuskeln **Fascia iliaca** und in der Beckenhöhle **Fascia pelvis.** Die Fascia trunci interna, speziell die Fascia transversalis, setzt sich als **Fascia spermatica interna** (direkte Umhüllung des Processus vaginalis peritonaei) fort.

Corpus mammae

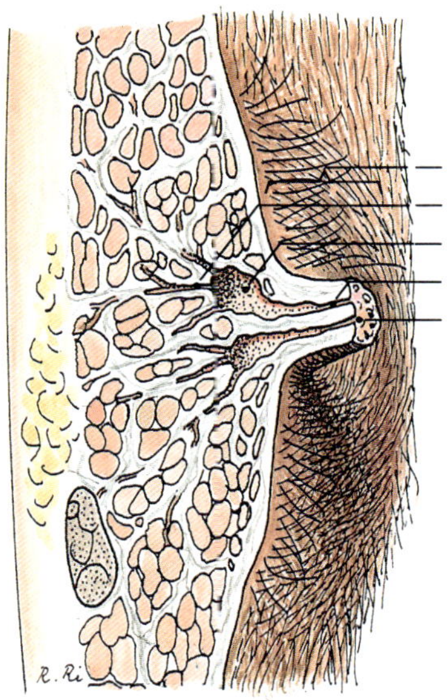

Praeputium

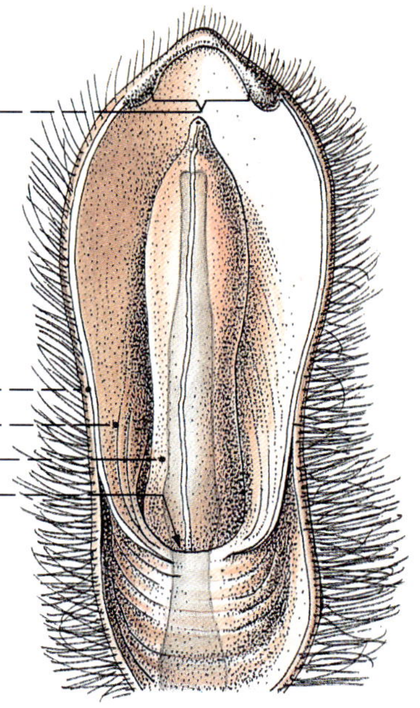

1 Ostium praeputiale
2 Papilla mammae
3 Ductus lactifer
4 Sinus lactifer
5 Ductus papillaris
6 Ostium papillare
Praeputium:
7 Lamina externa
8 Lamina interna
9 Lamina penina
10 Fundus praeputialis

Legenda:

29 M. pectoralis prof.
30 M. cutaneus trunci
31 M. obliquus ext. abdom.
32 Anulus inguinalis externus
33 M. supramammarius caud. s. praeputialis caud.
34 Linea alba
35 Umbilicus
36 Fascia penis
37 Vasa lymphatica
38 Fascia spermatica externa
39 Fascia spermatica interna et Processus vaginalis peritonei
40 Vulva
41 Scrotum

♀ (Facies ventralis) ♂

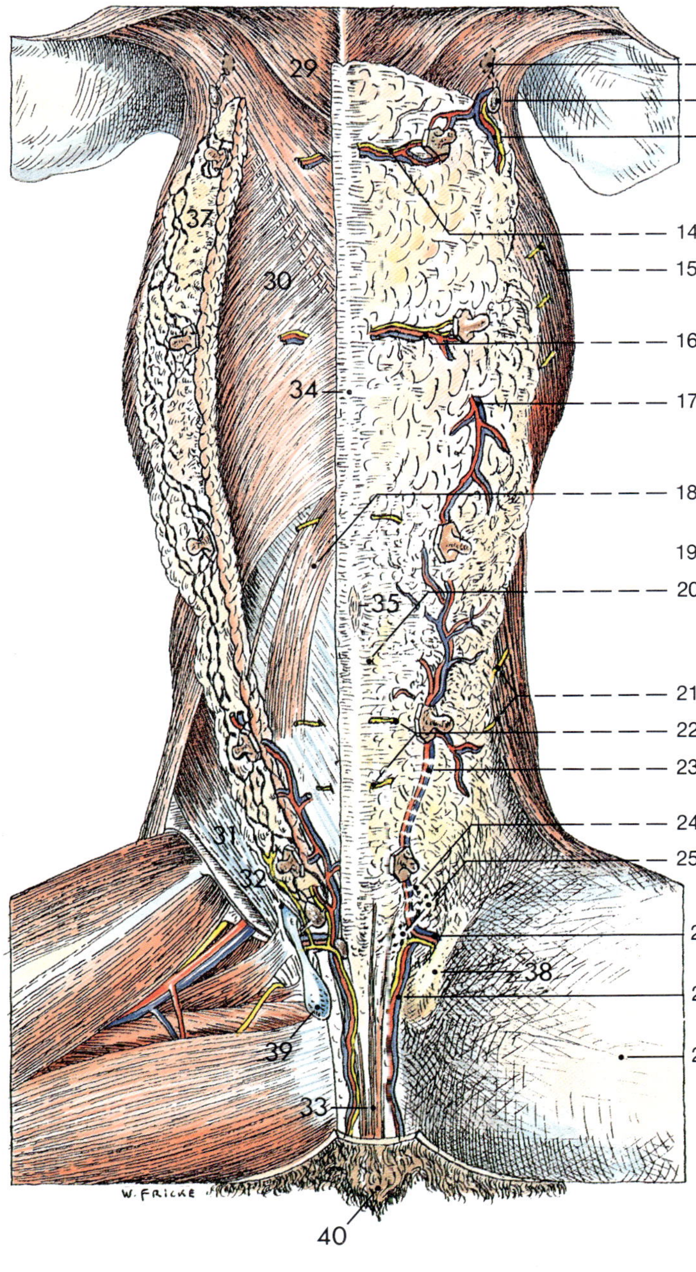

11 Ln. axillaris
12 Ln. axillaris acc.
13 A. et V. thoracica lateralis
N. intercostalis:
14 Rr. cutanei ventrr.
15 Rr. cutanei latt.
A. et V. thoracica int.:
16 Rr. perforantes
17 A. et V. epigastrica cran. supf.
18 M. supramammarius cran. s. praeputialis cran.
19 Fascia trunci ext. [-prof.]
20 Lig. suspensorium mammae s. penis
Nn. iliohypogastrici cran. et caud.:
21 Rr. cutanei laterales
22 Rr. cutanei ventrales
23 A. et V. epigastrica caud. supf.
24 N. genitofemoralis
25 Lnn. inguinales supff.
26 A. et V. pudenda externa
27 Rr. labiales ventrr. s. scrotales ventrr.
28 Fascia lata

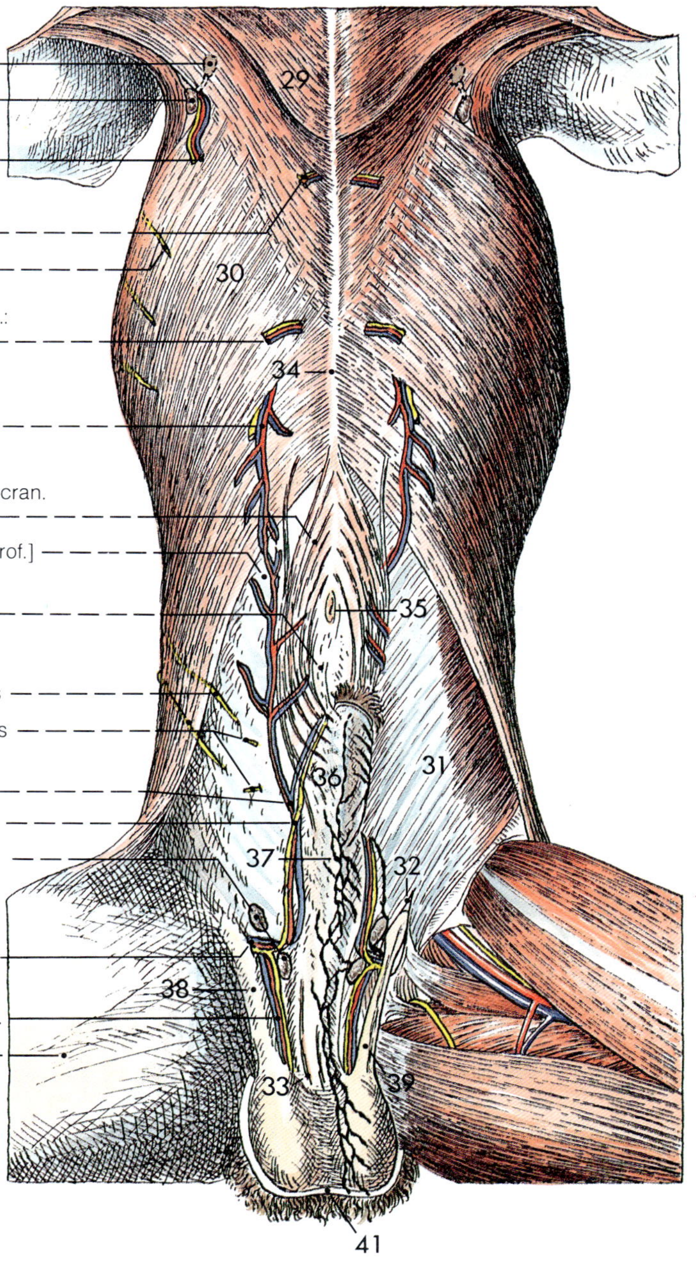

(vide p. 35, 37, 67, 69)

Zur Bauchmuskel- und Rektussscheiden-Präparation wird auf der linken Körperseite der M. obliquus externus abdominis samt bedeckender Fascia trunci profunda fingerbreit ventroparallel seines Ursprungs an den Rippen und an der Fascia thoracolumbalis (s. Textabb. S. 30) durchschnitten, und der Ventralstumpf wird bis zum Lateralrand des geraden Bauchmuskels abgeklappt. Danach wird auch der M. obliquus internus abdominis fingerbreit dorsoparallel seiner Muskel-Aponeurosengrenze durchschnitten und abgeklappt.

1 a) Die **BAUCHMUSKELN** werden unter Berücksichtigung ihrer Ursprungsorte in Partes unterteilt, wobei die Pars costalis an den Rippen, die Pars sternalis am Brustbein, die Pars lumbalis an der **Fascia thoracolumbalis** (s. Textabb. S. 30) und die Pars inguinalis am **Lig. inguinale** (7) entspringen. Mit Ausnahme des M. rectus abdominis erfolgt die Insertion mit einer Bauchsehne ventromedian an der Linea alba. Der innere schiefe Bauchmuskel endet auch am Rippenbogen mit einer Rippensehne (Tendo costalis), und der äußere schiefe Bauchmuskel endet auch mit einer Beckensehne (Crus laterale) am Schambeinkamm. Vor ihrer Insertion bilden die Bauchmuskeln mit ihren Aponeurosen die **Rectusscheide (Vagina musculi recti abdominis**, s. a. S. 36), die ein Außenblatt (Lamina externa) und ein Innenblatt (Lamina interna) aufweist. Die Aponeurosen des Außenblattes formen ventroparamedian eine Durchflechtungszone, die mit den **Intersectiones tendineae (2)** des **M. rectus abdominis** verankert ist. Ventromedian entsteht durch Anein-
2 anderreihung von Sehnenfaserdurchkreuzungen die **Linea alba (10)**. Sie beginnt als ventromediane Verankerungsnaht für die Bauchmuskel-Aponeurosen am Mesosternum, umfließt an ihrer breitesten Stelle mit
3 zwei Nabelschenkeln den **Anulus umbilicalis (11)** und endet stark verjüngt am Kranialende der Symphysis pelvina.

I. Der **M. obliquus externus abdominis (8)** entspringt mit einer Pars costalis und einer Pars lumbalis, die in die **Bauchsehne (Crus mediale – 8')** resp. **Beckensehne (Crus laterale – 8")** übergehen und so den **äußeren Leistenring (Anulus inguinalis externus s. inguinalis superficialis)** begrenzen (s. S. 37). Der Muskel beteiligt sich durchweg am Außenblatt (Lamina externa) der Rectusscheide und inseriert kaudal mit der Bauch- und Beckensehne am Becken samt vorgelagertem Tendo praepubicus. Als **Fibrae reflexae (13)** enden an diesem auch tiefliegende Fasern der Bauchsehne des kontralateralen äußeren schiefen Bauchmuskels.

Vagina musculi recti abdominis
(Regio abdominis cranialis)

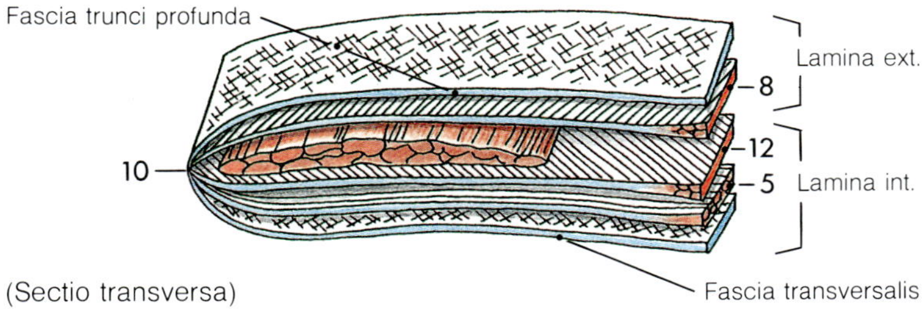

(Sectio transversa)

II. Der **M. obliquus internus abdominis (12)** besitzt die Partes lumbalis und inguinalis. Er weist nach Übergang in seine Aponeurose eine dreifach unterschiedliche Beteiligung an der Rektusscheide auf: 1. Ein kranialer fingerbreiter Abschnitt der Aponeurose beteiligt sich nur am Innenblatt (Lamina interna). 2. Ein anschließender ein- bis zweifingerbreiter Abschnitt ist im Nabelbereich doppelblättrig. Er beteiligt sich sowohl am Innenblatt als auch am Außenblatt (Lamina interna et externa). 3. Kaudal anschließend überzieht die Aponeurose den M. rectus abdominis nur noch außen (Lamina externa).

Vagina musculi recti abdominis
(Regio abdominis media)

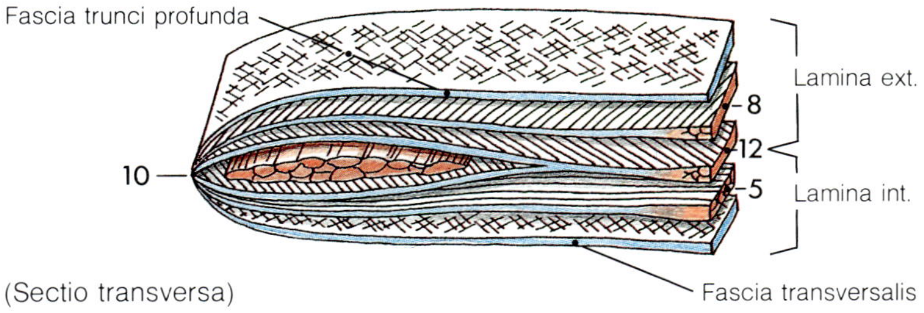

(Sectio transversa)

III. Der **M. transversus abdominis (5)** beteiligt sich mit seinen Partes costalis und lumbalis wie der innere schiefe Bauchmuskel an der Rektusscheide. Seine Doppelblättrigkeit befindet sich jedoch ein bis zwei Wirbellängen weiter kaudal. An seiner Lateralfläche ziehen muskelfaserparallel die Ventromedialäste der Brust- und Lendennerven (Nn. iliohypogastricus cranialis und – caudalis, N. ilioinguinalis) ventral.

Vagina musculi recti abdominis
(Regio abdominis caudalis)

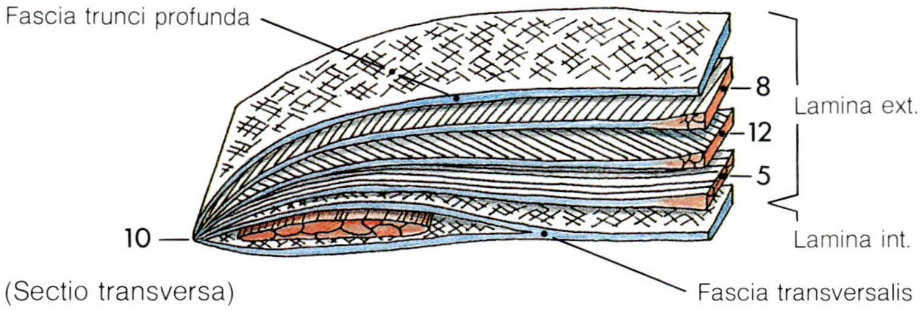

(Sectio transversa)

IV. Der **M. rectus abdominis (1)** entspringt an der ersten Rippe und den Sternebrae eins bis vier und könnte somit in eine Pars costalis und Pars sternalis untergliedert werden. Er endet am Pecten ossis pubis und wird kaudal des Rippenbogens von der Rektusscheide umhüllt, die von den übrigen drei Bauchmuskeln sowie von den Rumpffaszien gebildet wird. Dabei beteiligt sich die **äußere Faszie** durchweg am Außenblatt (Lamina externa) und die **innere Faszie** am Innenblatt (Lamina interna) der Rektusscheide, mit Ausnahme des Kaudalbereichs, wo sie doppelblättrig ist.

Die **Innervation** der vier Bauchmuskeln erfolgt über die Interkostalnerven, über die **Nn. iliohypogastricus cranialis** (3) und – **caudalis** (4) und über den **N. ilioinguinalis** (6), die alle mit ihren vm-Ästen auf der Lateralfläche des M. transversus abdominis ventral streben und nahe der Linea alba mit Haut- resp. Gesäugeästen hervortreten. Mit ihren vl-Ästen ziehen die genannten Nerven auf dem äußeren schiefen Bauchmuskel zum Gesäuge (s. S. 33).

Zur Darstellung des Tendo praepubicus in nebenstehender Abbildung wurde rechts die Bauchwand über der Harnblase (und der Prostata beim männlichen Geschlecht) gefenstert. Der äußere und innere schiefe sowie der quere Bauchmuskel samt Fascia transversalis und Peritonaeum sind am Lateralrand des M. rectus abdominis durchschnitten und der letztgenannte Muskel nach einem Querschnitt in Höhe des Tuber coxae kaudal geklappt. Auf der linken Körperseite ist die Bauchsehne des äußeren schiefen Bauchmuskels im Kaudalbereich entfernt. Der Tendo praepubicus ist durch einen scharfen Schnitt zwischen der Beckensehne des äußeren schiefen Bauchmuskels und der medialen sowie lateralen Ursprungssehne des M. pectineus (et adductor longus) faserparallel gespalten. Dabei kommt es zwangsläufig auch zur Spaltung der Cartilago iliopubica (14).

b) Der **TENDO PRAEPUBICUS** (9) ist als zentrale Verankerungsstelle dem Schambeinkamm vorgelagert und besteht hauptsächlich aus den lateralen und medialen Ursprungssehnen des (ipsilateralen, diesseitigen) **M. pectineus (et adductor longus** – 15) sowie der kranial anliegenden **Beckensehne des M. obliquus externus abdominis** (Crus laterale), die besonders durch die faserknorpelige **Cartilago iliopubica (14)** verhaftet sind. Die äußerlich palpierbare Cartilago iliopubica verstärkt den Kaudalwinkel des äußeren Leistenringes, indem sie Bauch- und Beckensehne des äußeren schiefen Bauchmuskels miteinander verbindet und dem M. pectineus (et adductor longus) einen mittleren oberflächlichen Sehnenursprung bietet. Ein zusätzlicher starker fleischiger Ursprung des M. pectineus (et adductor longus) kommt als mittlerer tiefer Ursprung von der **Eminentia iliopubica** (s. S. 37). Die laterale Ursprungssehne kommt vom Tuberculum m. psoas minoris. Die mediale Ursprungssehne des diesseitigen (ipsilateralen) M. pectineus (et adductor longus) durchkreuzt sich nicht mit der medialen Ursprungssehne des kontralateralen gleichnamigen Muskels. Somit fehlt dem Hund eine Verankerung am kontralateralen (jenseitigen) Schambein durch den M. pectineus (et adductor longus), die für den Tendo praepubicus der großen Haussäugetiere zur Sicherung eines mechanischen Zusammenhaltes beider Beckenhälften in der Symphysis pelvina bedeutsam ist.

(kaudoventral)

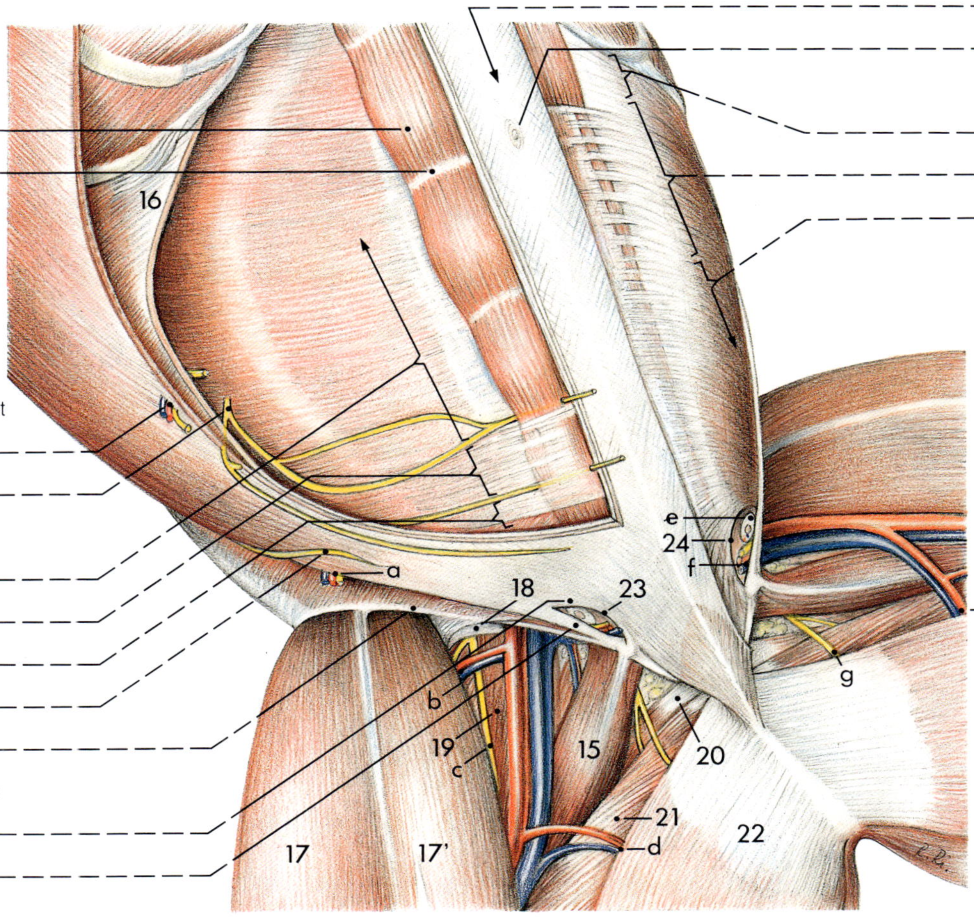

Legenda:

M. obl. int. abdominis:
16 Tendo costalis
M. sartorius:
17 Pars cranialis
17' Pars caudalis
18 Fascia iliaca ext.
19 M. iliopsoas
20 M. adductor brevis
21 M. adductor magnus
22 M. gracilis
23 Anulus inguinalis ext. [- supf.]
24 Anulus inguinalis int. [- prof.]
25 Fascia transversalis et Peritonaeum

a N. cutaneus femoris lat. et A. et V. circumflexa ilium prof.
b A. et V. circumflexa femoris lat.
c N. saphenus
d A. et V. caud. femoris prox.
e Processus vaginalis peritonaei et M. cremaster ext.
f N. genitofemoralis et A. et V. pudenda ext.
g N. obturatorius
h A., V. et N. femoralis
i Vesica urinaria
j Prostata

(kaudoventral)

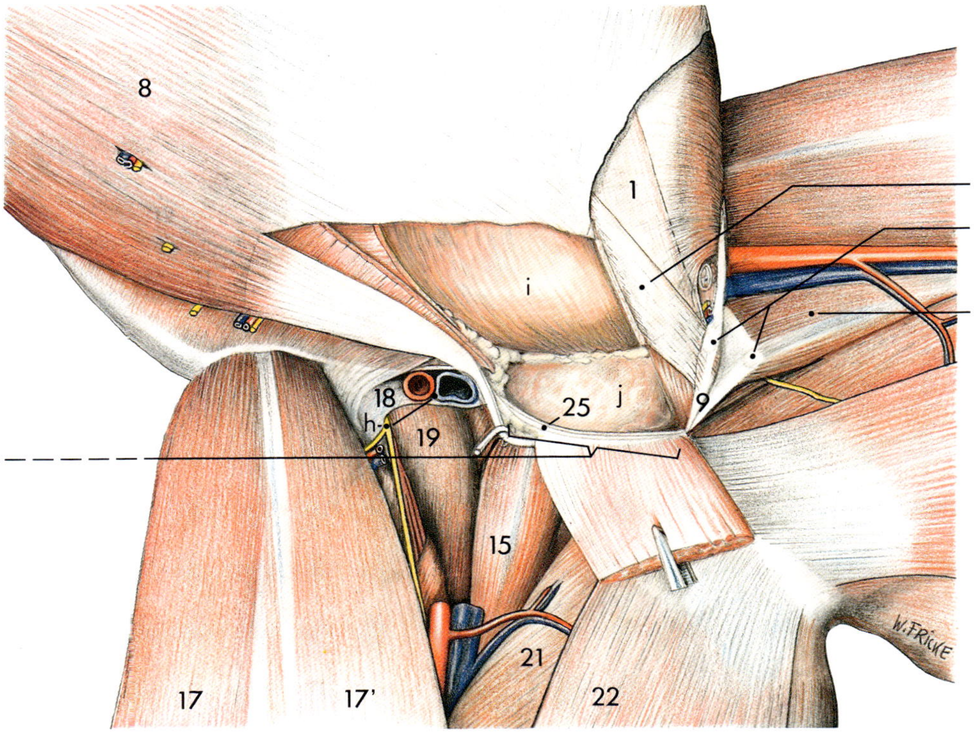

(vide p. 37)

5. REGIO INGUINALIS MIT LEISTENSPALT, MUSKEL- UND GEFÄSSPFORTE

In der Regio inguinalis werden die drei Durchlässe (Leistenspalt, Lacuna musculorum und Lacuna vasorum) präpariert. Nachfolgend wird die Beteiligung der fünf Bauchwandschichten an der Bildung des Spatium inguinale studiert, das mit dem Anulus inguinalis internus (– profundus) beginnt und mit dem Anulus inguinalis externus (– superficialis) endet. Zu beachten ist die Fortsetzung der Fascia trunci externa in die schlauchförmige Fascia spermatica externa, die den Processus vaginalis peritonaei außerhalb der Fascia spermatica interna umhüllt. Anschließend werden rechts die Fascia trunci externa, die drei großflächigen Bauchmuskeln und die Fascia transversalis samt Peritonaeum in Verlängerung der Längsachse des äußeren Leistenringes bis zum Rippenbogen durchschnitten und abgeklappt, wobei jede einzelne Bauchwandschicht studiert wird.

1 a) Das **SPATIUM INGUINALE** reicht vom inneren bis zum äußeren Leistenring, deren Kaudalwinkel auf gleicher Höhe übereinanderliegen. Der Kranialwinkel des inneren Leistenringes liegt jedoch fingerbreit kraniolateral vom Kaudalwinkel des äußeren Leistenringes, woraus eine entsprechende Länge des Leistenspaltes resultiert.

I. Die **äußere Haut (Cutis)** beteiligt sich nicht an der Bildung des Spatium inguinale, sondern geht kontinuierlich in die Skrotal- resp. Schamlippenhaut über.

II. Die **Fascia trunci externa (5)** stülpt sich am äußeren Leistenring als **Fascia spermatica externa (21)** aus, die den **Processus vaginalis peritonaei (24)** mit Inhalt schlauchförmig umgibt. Der Inhalt ist beim Rüden der Samenstrang (Funiculus spermaticus) und bei der Hündin das runde Mutterband mit umgebendem Fettkörper. Die Hündin besitzt im Gegensatz zu anderen weiblichen Haussäugetieren meistens einen Processus vaginalis peritonaei und somit eine Fascia spermatica externa. Die **A. und V. pudenda externa (20)** samt **N. genitofemoralis** und der M. cremaster (externus) durchziehen außerhalb des Processus vaginalis peritonaei den Leistenspalt und treten danach in die schlauchförmige Fascia spermatica externa ein. Die genannten Leitungsstrukturen durchbrechen nach wenigen Millimetern die Fascia spermatica externa. Danach zweigen sich die Gefäße dicht an den Lnn. inguinales superficiales in die **A. und V. epigastrica caudalis superficialis** und die **Rr. scrotales ventrales** resp. **labiales ventrales** auf (s.S. 33).

III. Der **M. obliquus externus abdominis** bildet durch die Aufspaltung seiner Aponeurose in die **Crura laterale (16)** und **mediale (15)** den **Anulus inguinalis externus (– superficialis – 17)**.

Der **M. obliquus internus abdominis (14)** bildet mit seinem freien Kaudalrand gemeinsam mit dem Lateralrand des **M. rectus abdominis (19)** und der Innenfläche des Crus laterale des äußeren schiefen Bauchmuskels den **Anulus inguinalis internus (– profundus – 18)**.

Der **M. cremaster** (**externus** – **22**) spaltet sich bei Nagetieren mit seiner Hauptportion vom M. transversus abdominis und mit seiner Nebenportion vom M. obliquus internus abdominis ab. Bei unseren Haussäugetieren hat der einheitliche M. cremaster (externus) seine direkte Verbindung zu den genannten Bauchmuskeln meistens verloren, und der selbständig gewordene Muskel entspringt am Lig. inguinale. Er zieht außen am Processus vaginalis peritonaei durch den Leistenspalt. Beim Rüden ist er deutlich; bei der Hündin kommt er in schwacher Ausprägung vor.

Der **M. transversus abdominis (6)** beteiligt sich in den meisten Fällen nicht an der Bildung des Leistenspaltes, da sein freier Kaudalrand bereits in Höhe des Hüfthöckers mit der Linea arcuata endet. In wenigen Fällen liegt der kaudale Rand weiter kaudal. Dann beteiligt er sich gemeinsam mit dem kaudalen freien Rand des inneren schiefen Bauchmuskels an der Bildung des inneren Leistenringes und endet danach am Tendo praepubicus.

IV. Die **Fascia trunci interna (Fascia transversalis – 7)** ist mit dem Peritonaeum verlötet und stülpt sich in direkter Umgebung des Processus vaginalis peritonaei als schlauchförmige **Fascia spermatica interna (23)** durch den Leistenspalt aus.

V. Das **Peritonaeum (8)** stülpt sich als schlauchförmiger Processus vaginalis peritonaei aus, der den Leistenspalt durchsetzt und mit der umgebenden Fascia spermatica interna verlötet ist. Der bauchhöhlenseitige Ausstülpungsring ist der **Anulus vaginalis (9)**, der als Eingang in den Processus vaginalis peritonaei nicht zum Leistenspalt gehört.

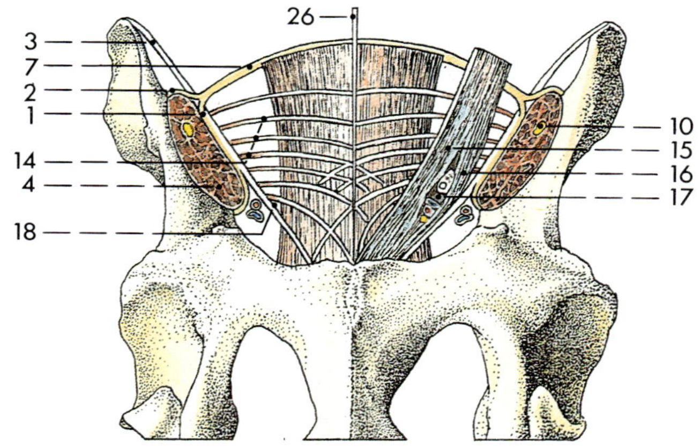

b) Die **LACUNA MUSCULORUM** (s. a. Textabb.) ist eine Durchlaßpforte für den M. iliopsoas mit eingeschlossenem N. femoralis. In Höhe der Muskelpforte überzieht die **Fascia transversalis (7)** am Übergang von der lateralen in die dorsale Bauchwand den **M. iliopsoas (4)** und heißt hier **Fascia iliaca**. In diesen Faszienüberzug ist das Lig. inguinale eingewebt, wodurch die Fascia iliaca in die bauchhöhlenseitige **Fascia iliaca interna (1)** und die oberschenkelseitige **Fascia iliaca externa (Lamina iliaca – 2)** unterteilt wird, die am Darmbein endet. Das sehr schwache und gelegentlich fehlende **Lig. inguinale (3)** beginnt am Tuber coxae, ist im Bereich der Lacuna musculorum als Bindegewebsverstärkung für den Ursprung des inneren schiefen Bauchmuskels in die Fascia iliaca eingewebt, vereinigt sich in Höhe des Leistenspaltes mit dem Crus laterale des äußeren schiefen Bauchmuskels und endet am Pecten ossis pubis. Gemeinsam mit dem M. iliopsoas zieht der **N. femoralis (10)** mit abzweigendem **N. saphenus (11)** durch die Lacuna musculorum, die ventral vom Lig. inguinale und dorsal vom Darmbein begrenzt wird. Der N. saphenus gelangt anschließend in das **Trigonum femorale (12)**, dessen drei begrenzende Seiten vom Lig. inguinale, M. pectineus (et adductor longus) und M. sartorius (Pars caudalis) gebildet werden. Das Trigonum femorale umgrenzt den **Schenkelspalt (Spatium femorale, Canalis femoralis – 13)**, der in der Tiefe vom M. iliopsoas begrenzt und oberflächlich von der Fascia lata abgedeckt wird. Er beherbergt neben dem N. saphenus die A. und V. femoralis.

c) Die **LACUNA VASORUM** (s. a. Textabb.) ist die Gefäßpforte für die Schenkelgefäße. Sie wird dorsolateral durch die Lacuna musculorum, dorsomedial durch den Darmbeinkörper und ventral durch das Lig. inguinale begrenzt. Der von den Schenkelgefäßen nicht ausgefüllte mediale Abschnitt der Lacuna vasorum wird **Anulus femoralis** genannt. 2
Dieser Schenkelring ist der durch Peritonaeum und Fascia transversalis verschlossene Zugang zum Spatium femorale (Canalis femoralis) und bildet bei Schenkelhernien die Bruchpforte.

BETEILIGUNG DER BAUCHWANDSCHICHTEN AN SPATIUM INGUINALE UND VAGINA M. RECTI ABDOMINIS

	Abdomen	Anuli		Processus	Vagina m. recti abdominis
I.	Cutis	–		Cutis scroti	–
II.	Fascia trunci ext.	–		Fascia spermatica ext.	Lamina externa
III.	M. obl. ext. abdom.	Anulus inguinalis ext.	Spatium		Lamina externa
III.	M. obl. int. abdom.	Anulus inguinalis int.	inguinale		Laminae ext.; ext. et int.; int.
		– – – – – – – – – – – – – – – – – –		M. cremaster (ext.)	–
III.	M. transv. abdom.	–			Laminae ext.; ext. et int.; int.
IV.	Fascia trunci interna (Fascia transversalis)	–		Fascia spermatica int.	Lamina interna
V.	Peritonaeum	Anulus vaginalis		Processus vaginalis periton.	–

Regio inguinalis (♂)

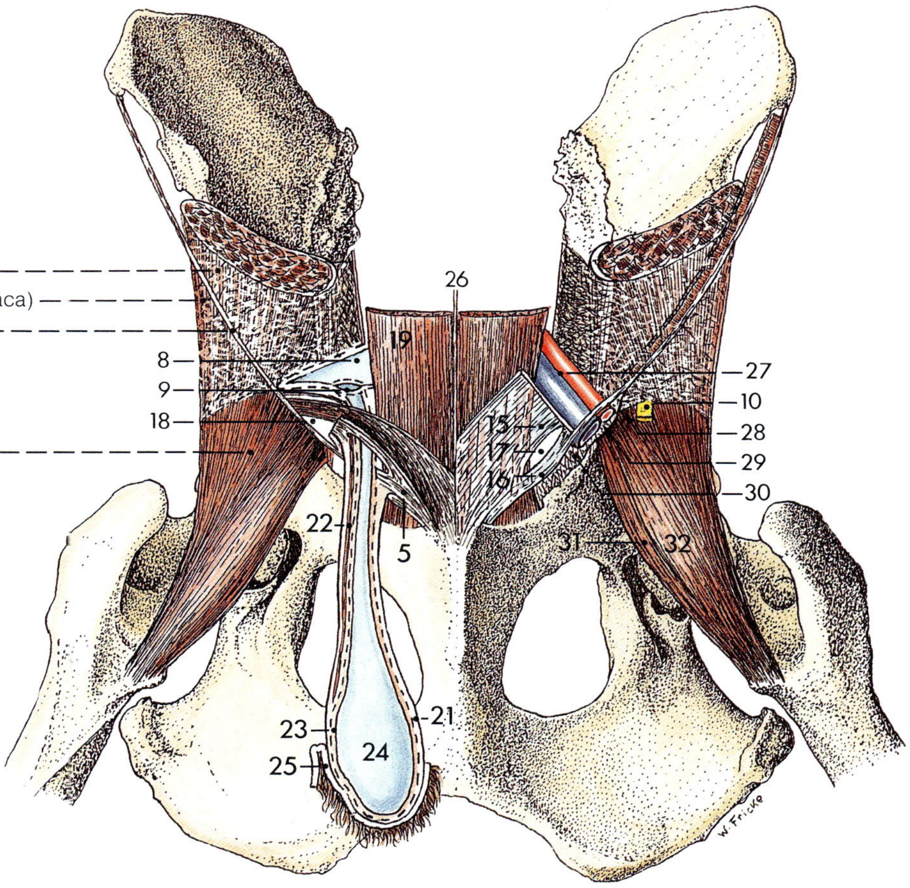

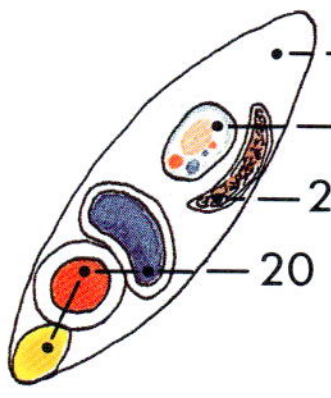

(kaudoventral)

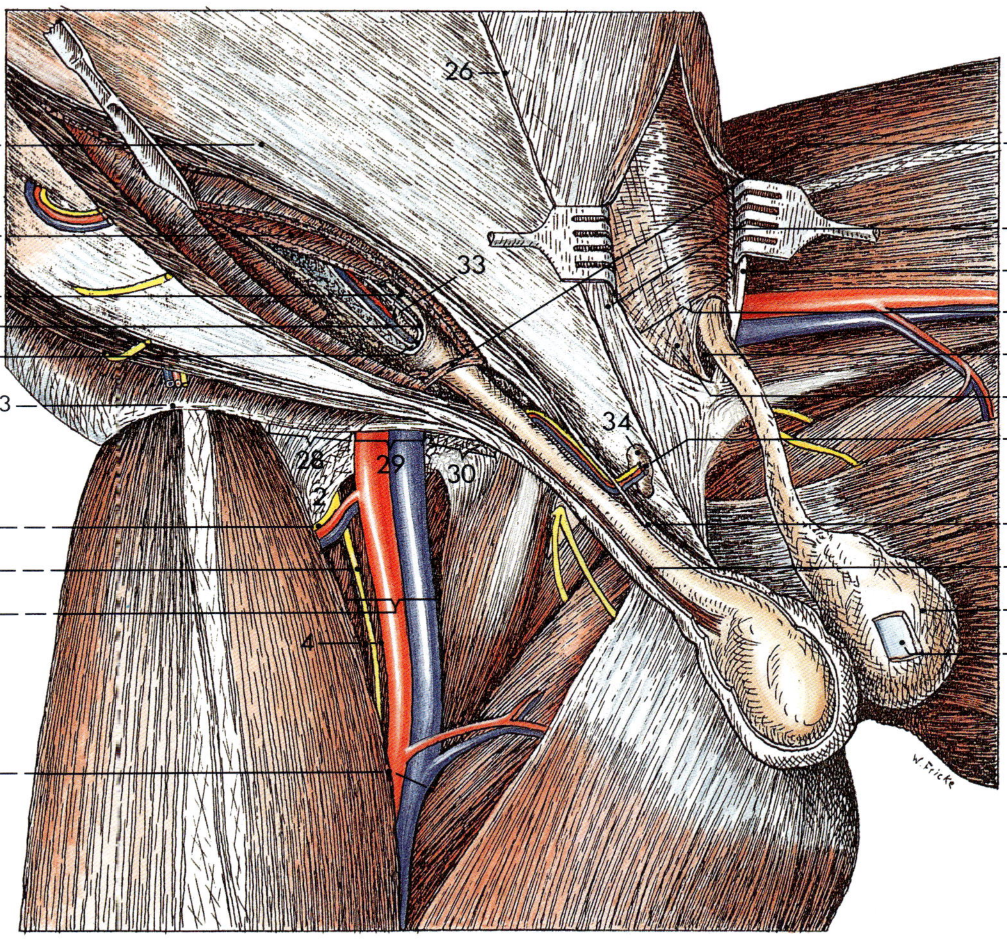

(vide p. 35)

Legenda:

25 Cutis scroti
26 Linea alba
27 A. et V. iliaca ext.
28 Lacuna musculorum
29 Lacuna vasorum
30 Anulus femoralis

M. iliopsoas:
31 M. iliacus
32 M. psoas major

33 A. et V. testicularis et Ductus deferens
34 Lnn. inguinales supff.

5. KAPITEL: BRUSTHÖHLE

1. LUNGEN MIT BIFURCATIO TRACHEAE UND BRONCHEN

1 Im **Lungenfeld**, dem etwa dreiseitigen Projektionsfeld der Lungen auf die seitliche Brustwand, ist das Atmungsorgan bei der Auskultation und Perkussion äußerlich zugänglich. Die **kraniale Dreiecksseite** liegt bei normaler Gliedmaßenstellung im Stand in Höhe der fünften Rippe. Durch Vorverlagerung der Schultergliedmaße kann das Lungenfeld kranial um zwei Rippenbreiten vergrößert werden. Die **dorsale Dreiecksseite** wird bis zur 11. Rippe vom Lateralrand des M. iliocostalis begrenzt und die **kaudoventrale (basale) Dreiecksseite** steigt vom Knie der sechsten - über die Mitte der achten - bis zum Vertebralende der elften Rippe an.

Die äußere **Form der Lungen** ist inkonstant, da die Lungen den Dimensionsschwankungen der Brustkorbhöhle bei der Atmung folgen müssen. Beide Lungen zusammengenommen ähneln einem Kegel (jede Lunge etwa einem Halbkegel) mit kranialgelegener **Lungenspitze (Apex pulmonis)**, die leicht den Thoraxeingang überragt und einer umfangreichen **Basis (Basis pulmonis)**, die dem Zwerchfell anliegt.

Die **Lungenoberfläche** ist mit Lungenfell überzogen (s. S. 42). Die **Facies costalis** weist in Anbetracht der Plastizität des Lungenparenchyms nach einer Fixierung in situ deutliche Eindrücke durch die Rippen auf. Die **Facies medialis** (s. Textabb. unten) reicht dorsal mit ihrer **Pars vertebralis** an die Wirbelsäule heran und läßt ventral anschließend in ihrem **Mittelfellabschnitt (Pars mediastinalis)** die **Impressio aortica (12)**, die **Impressio oesophagea (13)** sowie den **Sulcus venae cavae caudalis (14)** und ventral folgend die **Herzmulde (Impressio cardiaca – 15)** erkennen. Die **Facies diaphragmatica (16)** liegt dem Zwerchfell glatt auf.

2 a) Die **LUNGEN (PULMONES**, s. a. Textabb.) des Hundes sind deutlich asymmetrisch, denn die rechte Lunge mit ihren vier Lappen ist wesentlich größer als die linke Lunge mit nur zwei Lappen.

Äußerlich sind die Lungenlappen beim Hund durch Einschnitte **(Fissurae interlobares)** unterteilt oder abgegrenzt, die sehr tief und teilweise bis auf die Bronchen einschneiden.

I. Die **rechte Lunge (Pulmo dexter)** ist durch **Fissurae interlobares cranialis (2)** und **caudalis (3)** in den **Lobus cranialis (5), Lobus medius (4), Lobus caudalis (1)** und den kleinen **Lobus accessorius** (s. Textabb., – 17) gegliedert, der an der Facies medialis in den Recessus mediastini hineinreicht (s. S. 42) und bei lateraler Ansicht nicht kenntlich ist. Er umgreift teilweise die V. cava caudalis unter Bildung des Sulcus venae cavae caudalis. Die Fissura interlobaris cranialis geht am ventralen Lungenrand in die **Incisura cardiaca pulmonis dextri (6)** über. Die Fissura interlobaris caudalis grenzt den Lobus medius vom Lobus caudalis ab, der medial mit dem Lobus accessorius verschmolzen ist.

Pulmo dexter et sinister (Facies medialis)

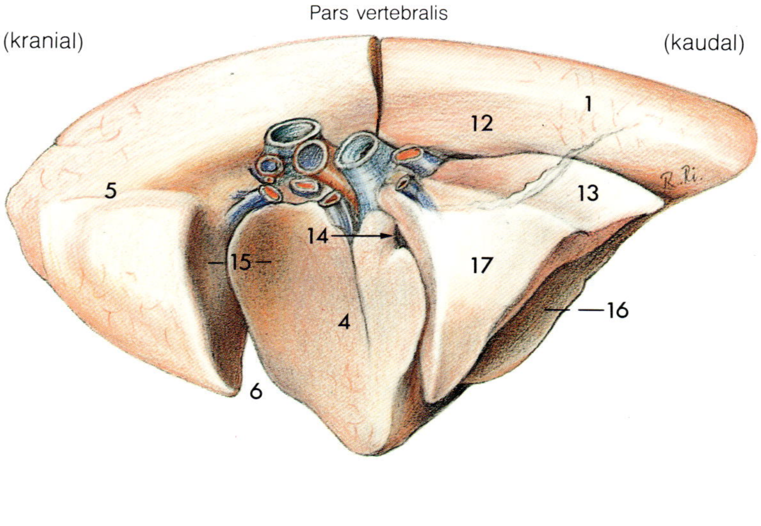

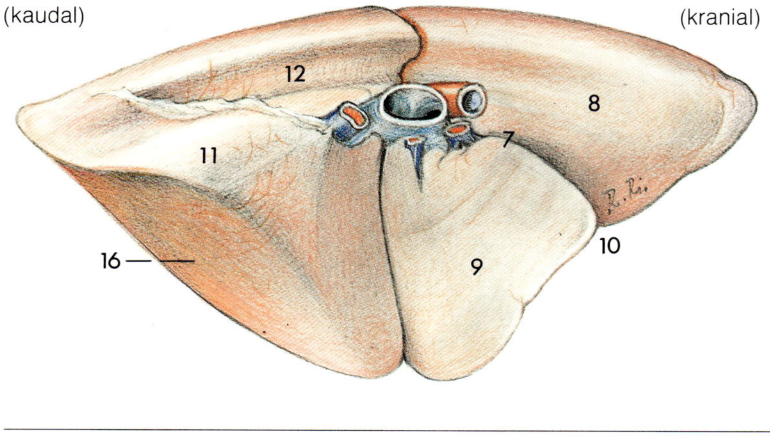

II. Die **linke Lunge (Pulmo sinister)** weist in ihrem **Lobus cranialis** (7) eine Unterteilung in eine **Pars cranialis** (8) und **Pars caudalis** (9) auf. Die Pars cranialis überlappt lateral den kranialen Abschnitt der Pars caudalis oder diese den kaudalen Abschnitt der Pars cranialis. Die Fissura intralobaris öffnet sich am Lungenrand in die seichte **linke Herzbucht (Incisura cardiaca pulmonis sinistri – 10).** Der **Lobus caudalis (11)** ist einheitlich und liegt mit seiner Facies diaphragmatica dem Zwerchfell auf.

Arbor bronchalis et Vasa pulmonalia (dorsal)

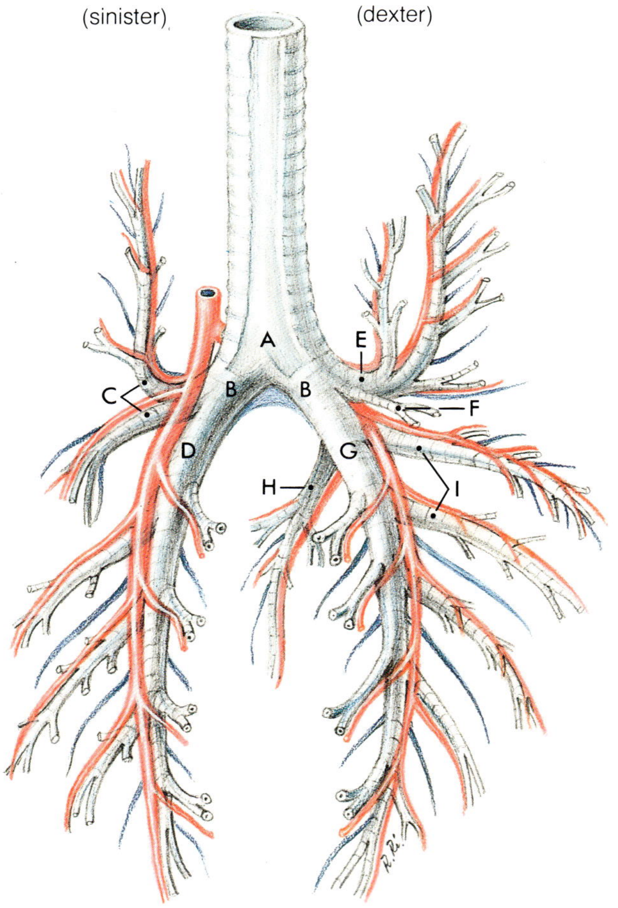

3 b) Die **BIFURCATIO TRACHEAE** (s. Textabb. oben, – A) und deren Gabelung in die **Hauptbronchen (Bronchi principales – B)** ist für die Gliederung in die rechte und linke Lunge maßgeblich. Die äußerlich unkenntliche Aufteilung der Hauptbronchen in **Lappenbronchen (Bronchi lobares)** ist für die Abgrenzung der Lungenlappen eindeutiger als die äußerlich sichtbaren Fissurae, die teils zwischen den Lappen, teils innerhalb von Lappen liegen.

Die Bifurcatio tracheae befindet sich ventral des Oesophagus etwa auf halbem Wege zwischen der Apertura thoracis cranialis und dem Zwerchfell. Die Hauptbronchen teilen sich für die Belüftung je eines Lungenlappens in der **linken Lunge** in **zwei Lappenbronchen (Bronchus lobaris cranialis** – C und – **caudalis** – D) und in der **rechten Lunge** in **vier Lappenbronchen (Bronchus lobaris cranialis – E, – medius – F, – caudalis – G** und – **accessorius – H)** auf.

Die Lappenbronchen spalten **Segmentbronchen (Bronchi segmentales – I)** ab, die entsprechend ihrer Lage als dorsale, ventrale, laterale und mediale Segmentbronchen benannt werden. Die Segmente sind u.a. an anatomischen Korrosionspräparaten abgrenzbar. Im Kaudallappen verlaufen die Lungenarterienäste beim Hund gemeinsam mit dem Segmentbronchus (bronchoarterieller Versorgungstyp) im Zentrum des Segments und die Lungenvenenäste markieren die Segmentperipherie. Im Kranial- und Mittellappen werden die Segmentbronchen nicht nur von Arterien- sondern auch von Venenästen begleitet (bronchovaskulärer Versorgungstyp) und die periphere Segmentabgrenzung ist undeutlich. Weil das Lungensegment nur durch einen einzigen Segmentbronchus belüftet wird, ist es bei einem Verschluß dieses Bronchus auf dem Röntgenbild als keilförmige Verschattung mit zentraler Keilspitze und peripherer Basis kenntlich. Dort, wo die Bronchalknorpel verschwinden, gehen die kleineren Äste der Segmentbronchen in die Bronchuli über, die im Durchmesser kleiner als 1 mm sind. Die Endabschnitte des luftleitenden Systems, die Bronchuli terminales, gehen in das Gasaustausch-System über, zu dem die Bronchuli respiratorii (Durchmesser kleiner als 0,5 mm), die Ductuli- und Sacculi alveolares und schließlich die Alveolen (Alveoli) gehören.

(Pulmo dexter)

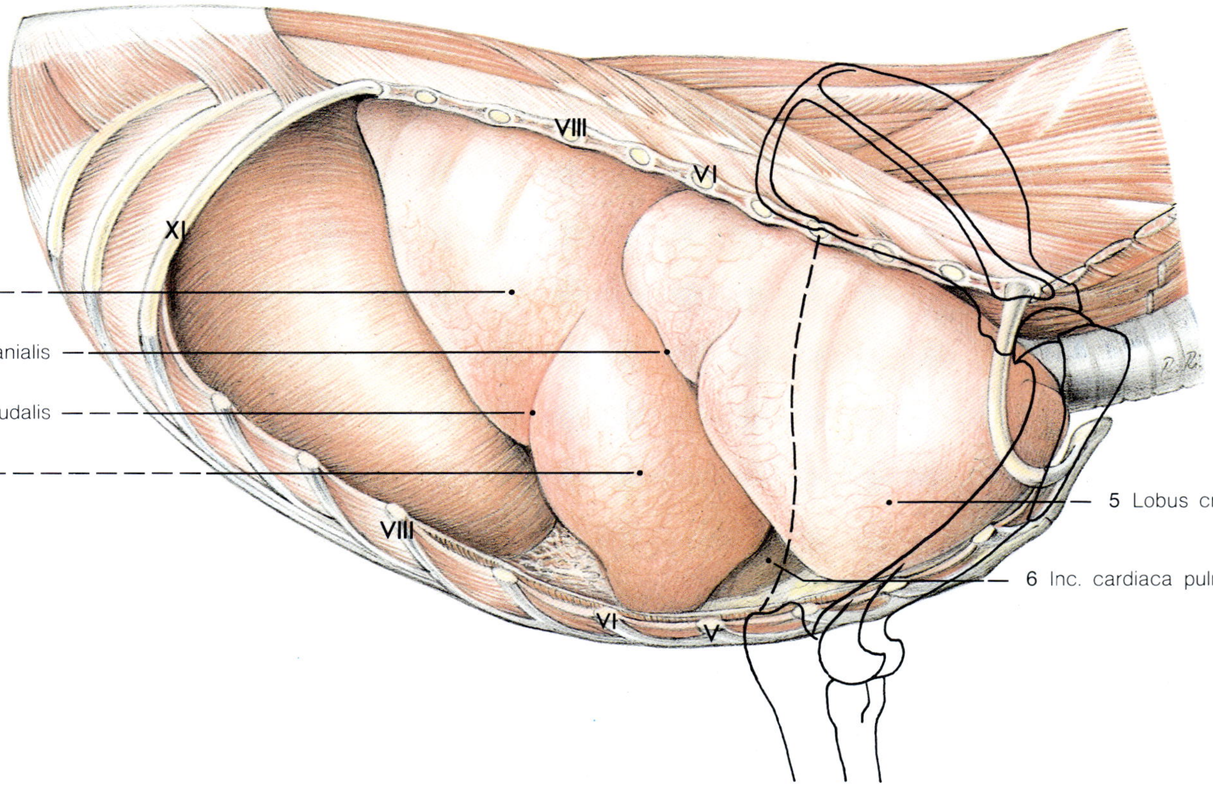

(Pulmo sinister)

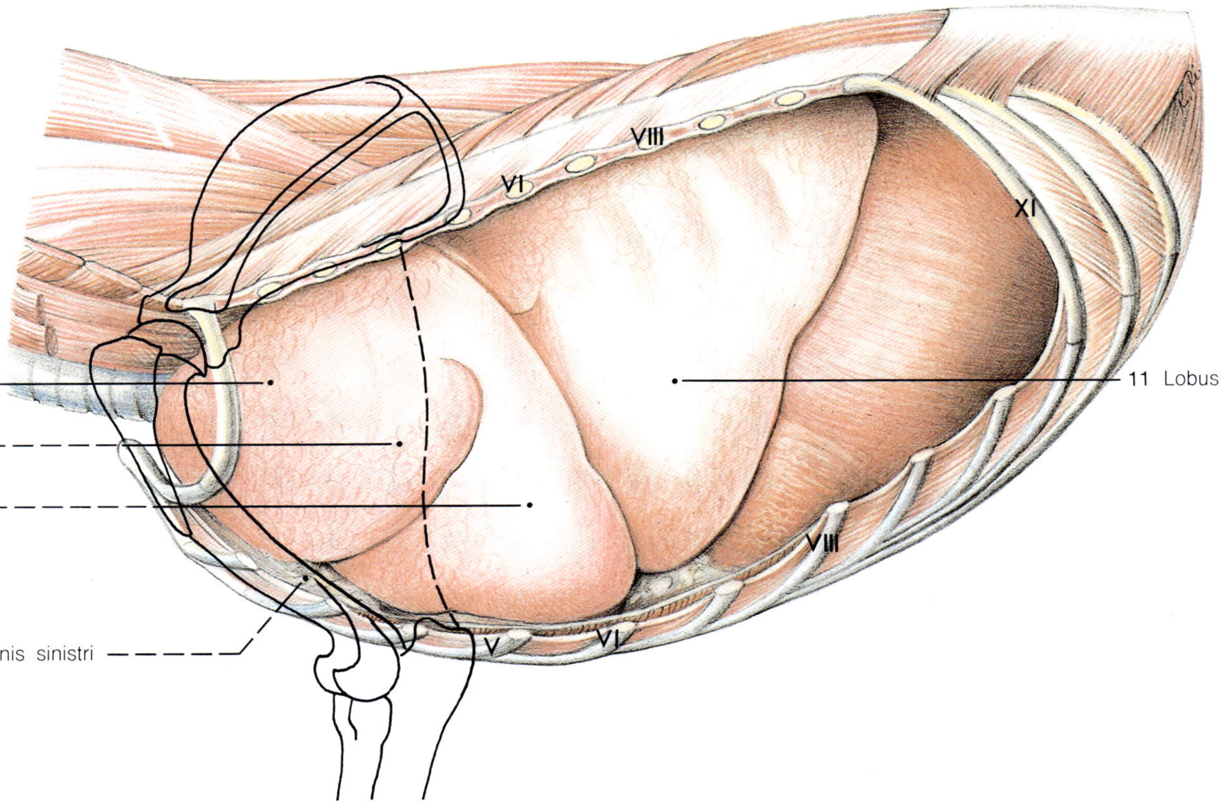

(vide p. 29)

2. BLUT- UND NERVENVERSORGUNG SOWIE LYMPHSYSTEM DER LUNGE, AORTENBOGEN, LYMPHKNOTEN IN DER BRUSTHÖHLE, THYMUS

1 a) Die **BLUTVERSORGUNG DER LUNGEN** erfolgt über den Lungenkreislauf (Aa. und Vv. pulmonales, Vasa publica) und über die A. und V. bronchooesophagea (Vasa privata).

Zur Abgrenzung vom Körperkreislauf mit hohem Blutdruck wird der Lungenkreislauf wegen des niedrigen Blutdrucks in seinen Gefäßen das Niederdrucksystem genannt, das die funktionelle Versorgung der Lungen übernimmt. Aus der rechten Herzkammer gelangt das venöse Blut durch den arteriellen **Truncus pulmonalis (10)** und seine Hauptleitungsäste (A. pulmonalis dextra und — sinistra) über den Hilus in die linke resp. rechte Lunge. Das im Kapillarbett mit Sauerstoff angereicherte Blut fließt über fünf bis acht **Lungenvenen (Vv. pulmonales — 14)** zur linken Vorkammer des Herzens.

Die Vasa privata, deren paarige A. bronchooesophagea etwa in Höhe der 5. bis 7. Rippe aus der Aorta oder aus einer abgehenden Interkostalarterie entspringt, treten in den Hilus der rechten resp. linken Lunge ein. Sie übernehmen die nutritive Versorgung des Bronchalbaumes samt seiner unmittelbaren Umgebung. Im Grenzbereich zwischen dem Luftleitungs- und dem Gasaustauschsystem wurden bei einigen Species Anastomosen zu Ästen der A. pulmonalis nachgewiesen. Die daraus resultierende Vermischung von funktionellem und nutritivem Blut ist beim Hund umstritten. Die V. bronchooesophagea mündet meistens in die V. azygos dextra.

2 b) Die **NERVENVERSORGUNG DER LUNGEN** erfolgt über autonome Plexus des sympathischen und parasympathischen Nervensystems. Mit den autonomen Nervenbahnen treten auch viszerosensible Nerven an die Lungenwurzel, ohne jedoch das Lungenparenchym mit schmerzleitenden Nervenfasern zu versorgen.

c) Zum **LYMPHSYSTEM DER LUNGEN** (s. Textabb.) zählen die zum Lymphocentrum bronchale gehörenden und im Lungenparenchym gelegenen **Lungenlymphknoten (Lnn. pulmonales — E)** und die **Lnn. tracheobronchalis dexter (D)**, **— medius (C)** und **— sinister (13 u. B)**, die an der Kranialkontur des rechten Hauptbronchus resp. dorsal an der Bifurcatio tracheae resp. kaudodorsal am linken Hauptbronchus liegen. Die Einzugsgebiete sind Lunge und Herz. Die Vasa lymphatica efferentia ziehen direkt oder indirekt nach Durchfluß der kranialen Mediastinallymphknoten zu den Lymphmündungsstämmen im Venenwinkel (Winkel zwischen der V. jugularis interna und V. jugularis externa).

3 d) Der **AORTENBOGEN** entläßt zunächst den **Truncus brachiocephalicus (7)**, der die **Aa. carotis communis sinistra (1)** und **— dextra** sowie **die A. subclavia dextra** abgibt. Die **A. subclavia sinistra (9)** geht fingerbreit distal aus der Konvexität des Aortenbogens hervor. Rechte und linke A. subclavia entlassen vier Arterien: Die **A. vertebralis (3)** unterkreuzt den **Truncus costocervicalis (2)** medial und gelangt mit Nerv und Vene gleichen Namens in den Canalis transversarius der Halswirbelsäule. Die **A. thoracica interna (5**, s. a. S. 49) unterkreuzt bei kaudoventraler Verlaufsrichtung den M. transversus thoracis. Ihre Äste perforieren hier die Brustwand und schicken **Rr. mammarii** zu den thorakalen Mammarkomplexen. In Höhe des Xiphosternum geht eine Arterie zum Zwerchfell ab, bevor die Aufteilung in die **Aa. epigastrica cranialis** und **— cranialis superficialis** erfolgt, die auf der Innen- resp. Außenfläche des M. rectus abdominis kaudal ziehen und hier mit den gleichnamigen kaudalen Gefäßen anastomosieren. Die **A. cervicalis superficialis** entläßt den R. deltoideus zur seitlichen Brustfurche und verzweigt sich in der seitlichen Halsregion. Direkt aus der **Aorta descendens (12)** oder aus den Interkostalarterien fünf bis sieben (s.o.) geht die **A. bronchooesophagea** hervor. Die **Aa. intercostales (11)** verlaufen mit Venen und Nerven gleichen Namens direkt kaudal an den Rippen und verbinden die Aorta mit der A. thoracica interna.

e) Zu den **LYMPHKNOTEN DER BRUSTHÖHLE** gehören weiterhin die **Lnn. mediastinales craniales (6 u. A**, mittlere und kaudale Lnn. mediastinales fehlen dem Hund, s. a. Textabb.). Sie liegen im präkardialen Mediastinum besonders an der Wand von Riesengefäßen oder von Eingeweiden. Die **Lnn. sternales craniales (4**, kaudale Lnn. sternales 4
fehlen dem Hund) befinden sich am Kranialrand des M. transversus thoracis. Die **Lnn. intercostales** kommen inkonstant proximal im fünften oder sechsten Interkostalraum vor. Die Einzugsgebiete liegen in unmittelbarer Umgebung der betreffenden Lymphknoten, und ihre Vasa lymphatica efferentia ziehen von den kranialen Mediastinallymphknoten direkt oder von den Lnn. sternales craniales und intercostales indirekt nach Durchfluß durch die Lnn. mediastinales craniales zum Venenwinkel.

f) Der **THYMUS (8)** ist die Prägungsstelle der T-Lymphozyten. Gemäß 5
der Herkunft aus der dritten und vierten Schlundtasche des Kiemendarmes gilt der Thymus als lympho-epitheliales Organ, das auf dem Anschnitt eine Gliederung in Mark und Rinde erkennen läßt. Ausbuchtungen des baumartig verzweigten Marks sind vom Rindenanteil überlagert und vom Bindegewebe der Organkapsel umlagert, woraus scheinbar eine Lappengliederung resultiert.

Der Thymus ist in der perinatalen Phase voll entfaltet. Bereits im Alter von vier bis sechs Monaten setzt eine Thymusinvolution ein, wobei das Parenchym mehr und mehr durch Fettgewebe ersetzt wird. Es bleiben aber immer noch winzige aktive Thymusinseln erhalten, selbst im höchsten Lebensalter.

Der Thymus reicht beim Neugeborenen vom Herzen bis wenige Millimeter über den Brusteingang hinaus. Die paarigen Organteile sind medial miteinander verwachsen und befinden sich im Mediastinalspalt.

Pulmones et Lc. bronchale (dorsal)

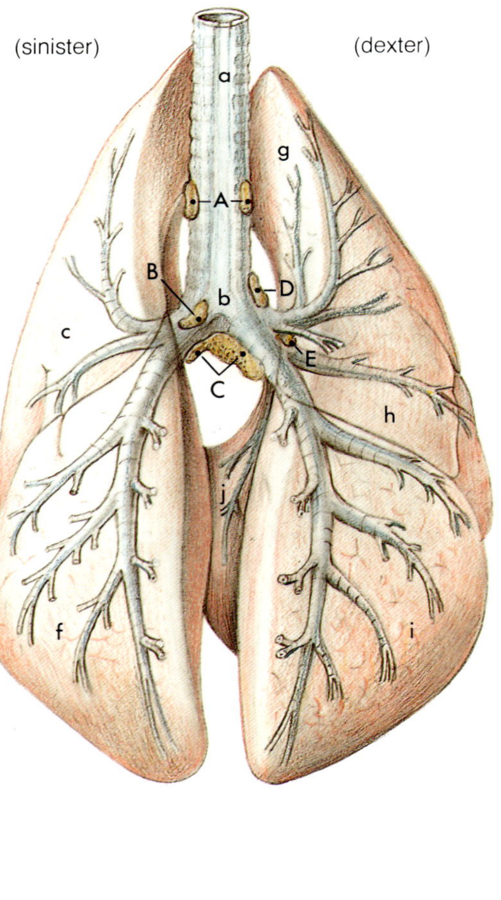

Legenda:

A Lnn. mediastinales craniales
B Ln. tracheobronchalis sinister
C Ln. tracheobronchalis medius
D Ln. tracheobronchalis dexter
E Lnn. pulmonales

a Trachea
b Bifurcatio tracheae
Pulmo sinister:
c Lobus cranialis
d Pars cranialis
e Pars caudalis
f Lobus caudalis
Pulmo dexter:
g Lobus cranialis
h Lobus medius
i Lobus caudalis
j Lobus accessorius

Pulmones (ventral)

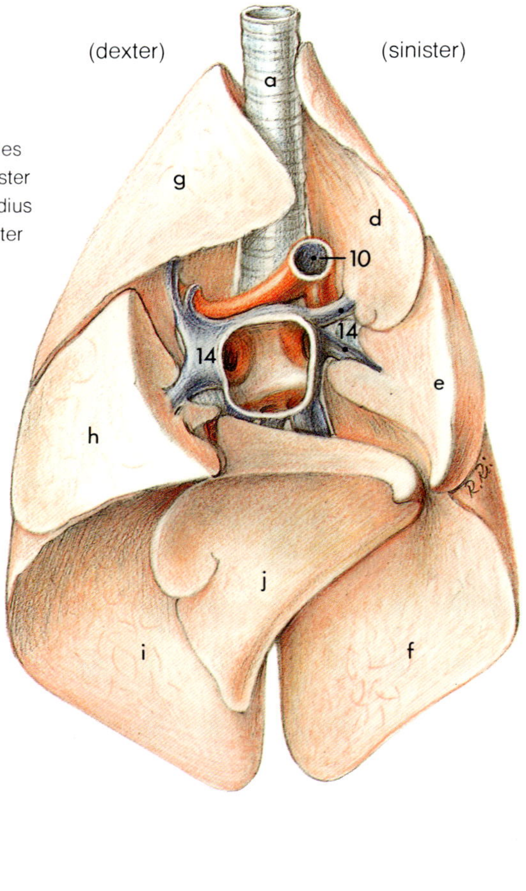

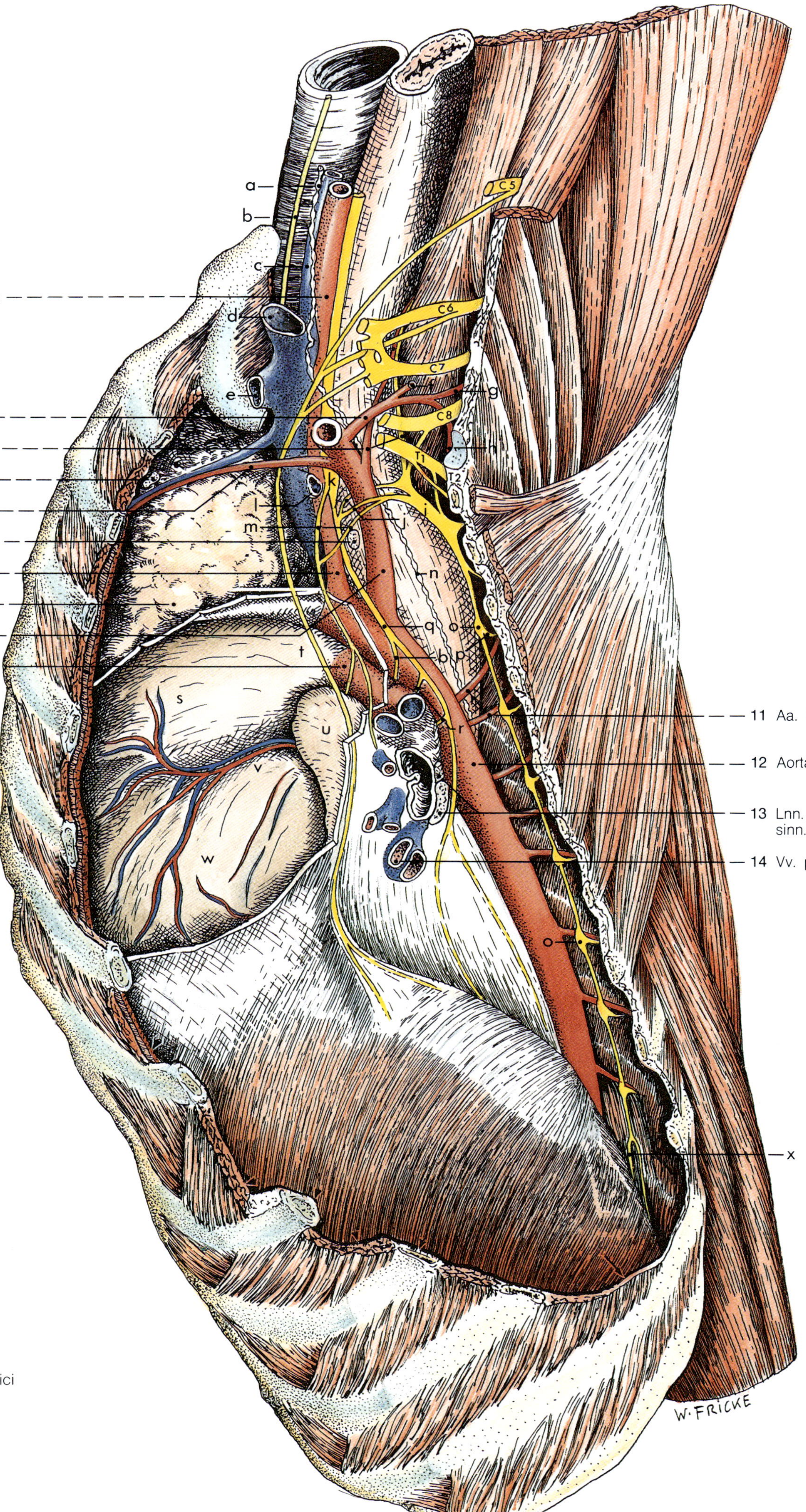

1 A. carotis communis sinistra
2 Truncus costocervicalis
3 A. et N. vertebralis
4 Ln. sternalis cranialis
5 A. thoracica int.
6 Ln. mediastinalis cran.
7 Truncus brachiocephalicus
8 Thymus
9 A. subclavia sinistra
10 Truncus pulmonalis
11 Aa. intercostales
12 Aorta descendens
13 Lnn. tracheobronchales sinn.
14 Vv. pulmonales

Legenda:

a Truncus jugularis
b N. laryngeus recurrens
c V. jugularis int.
d V. jugularis ext.
e V. subclavia
f A. scapularis dorsalis
g A. cervicalis prof.
h A. vertebralis thoracica
i Ggl. cervicothoracicum
j Ansa subclavia
k Ggl. cervicale medium
l V. costocervicalis
m Nn. cardiaci trunci sympathici
n Ductus thoracicus
Tr. sympathicus:
o Ggll. trunci sympathici
p Ramus communicans albus et griseus
q N. vagus
r Rr. cardiaci et bronchales
s Ventriculus dexter
t Conus arteriosus
u Auricula cordis sinistra
v Sulcus interventricularis paraconalis
w Ventriculus sinister
x N. splanchnicus major

(vide p. 31, 49)

3. BRUSTHÖHLE MIT BRUSTFELL UND VENEN DER BRUSTHÖHLE

a) Die **BRUSTHÖHLE (CAVUM THORACIS**, s. a. Textabb.) wird kranial des Zwerchfells vom Brustkorb umschlossen, der aus den Brustwirbeln, den Rippen und dem Brustbein besteht. Kaudal des Zwerchfells umschließt der Brustkorb den intrathorakalen Teil der Bauchhöhle. Die Brusthöhle ist mit einer serösen Haut, dem **Brustfell (Pleura)** ausgekleidet, das auch die Brusthöhlenorgane überzieht. Die der Brustwand von innen anliegende Pleura heißt **Pleura parietalis**, deren Abschnitte je
1 nach Lage **Pleura costalis (F)**, – **diaphragmatica (H)** und – **mediastinalis (G)** genannt werden. Die **Pleura visceralis** überzieht die Lunge und heißt deshalb **Pleura pulmonalis (D)**. Die mediastinalen Pleuraabschnitte bilden mit einer dazwischenliegenden fibrösen Schicht das
2 **Mediastinum (8)**, das den Mesenterien in der Bauchhöhle (s. dort) entspricht. Das Mediastinum kann als Gekröse des Oesophagus interpretiert werden. Es inseriert dorsal an den Wirbelkörpern, ventral am Brustbein und kaudal am Zwerchfell, wo die Insertionslinie weit links von der Mittellinie verschoben ist. Durch das Mediastinum ziehen in kraniokaudaler Richtung die **V. azygos dextra (10)**, der **Ductus thoracicus (12)**, die **Aorta descendens (C)**, der **Truncus vagalis dorsalis (13)**, der **Oesophagus (19)**, der **Truncus vagalis ventralis (18)** und die **Trachea (9)** mit der Bifurcatio tracheae. Das **Lig. pulmonale (17)** zieht vom kaudalen Lungenlappen zum Mediastinum und verbindet somit die Pleura pulmonalis mit der Pleura mediastinalis.

3 Die Pleura bildet innerhalb der Brusthöhle zwei **Cava pleurae (B)**, die durch die Apertura thoracis cranialis links um zwei Rippenbreiten und rechts um eine Rippenbreite als **Cupulae pleurae (A)** in den Halsbereich hineinreichen. Der am weitesten kaudal reichende Abschnitt jedes
4 Cavum pleurae ist der **Recessus costodiaphragmaticus (20)**, der unmittelbar kranial der Zwerchfellinsertionslinie liegt. Die Cava pleurae stellen einen flüssigkeitsgefüllten kapillären Spalt dar. Pleura pulmonalis und Pleura parietalis liegen einander an und sind durch Adhäsionskräfte miteinander verhaftet, so daß die Lunge der Bewegung der Brustwand folgen muß, wodurch sie bei Erweiterung des Brustkorbs entfaltet wird (Inspiration). Durch die kaudal asymmetrische Insertion des Mediastinums besitzt das Cavum pleurae sinistrum ferner einen **Recessus costomediastinalis (P)**; das Cavum pleurae dextrum weist dagegen einen **Recessus mediastinodiaphragmaticus sinister (O)** auf. Da die V. cava caudalis in einer eigenen, vom Mediastinum abgefalteten Plica venae cavae durch das Cavum pleurae dextrum zieht, entsteht so eine weitere Nische, der **Recessus mediastini (15)**, für den Anhangslappen der rechten Lunge. Rechts des Oesophagus und kaudal der Bifurcatio tracheae liegt im Mediastinum eine weitere seröse Höhle, das **Cavum mediastini serosum (16)**, eine während der Ontogenese entstandene Abschnürung vom Cavum peritonaei. Das Cavum mediastini serosum kann durch Anheben des Kaudallappens der rechten Lunge und damit einhergehender Anspannung des Lig. pulmonale entfaltet werden. Durch einen ventroparallel zur Insertionslinie des Lig. pulmonale geführten Schnitt kann der Bauchfellspalt eröffnet und seine Reichweite vom Zwerchfell bis zur Lungenwurzel mit dem Zeigefinger sondiert werden. Ventral des Oesophagus und der Bifurcatio tracheae liegt im Mediastinum die vierte
intrathorakale seröse Höhle, die **Herzbeutelhöhle (Cavum pericardii –** 5
J) mit dem Herzen. Am eröffneten Perikard erkennt man als Innenauskleidung das **Pericardium serosum**, und zwar dessen **Lamina parietalis (K)**, die sich an der Herzbasis als **Lamina visceralis (Epicardium – L)** auf die Herzoberfläche umschlägt. Die außenumhüllende bindegewebige Grundlage des Perikards, das **Pericardium fibrosum (M)** steht über das bindegewebige **Lig. phrenicopericardiacum (N)** mit der **Fascia endothoracica (E)** in Verbindung, die die bindegewebige Grundlage der Pleura parietalis darstellt. Der als **Pleura pericardiaca (I)** benannte Abschnitt der **Pleura mediastinalis** überzieht seitlich den Herzbeutel.

b) VENEN DER BRUSTHÖHLE

Die **V. cava cranialis (7)** gibt herznah die **V. azygos dextra (10)** und am Brustkorbeingang nacheinander die **Vv. costocervicalis (5)** und **thoracica interna (6)** ab, bevor sie sich in die rechte und linke **V. brachiocephalica (4)** gabelt. Die **V. brachiocephalica** entläßt die **Vv. subclavia, jugularis externa (1)** und – **interna (2)**. Die **V. cava caudalis (11)** besitzt mit der **Plica venae cavae (14)** ein eigenes Gekröse, das sich vom Mediastinum abspaltet.

Cavum thoracis

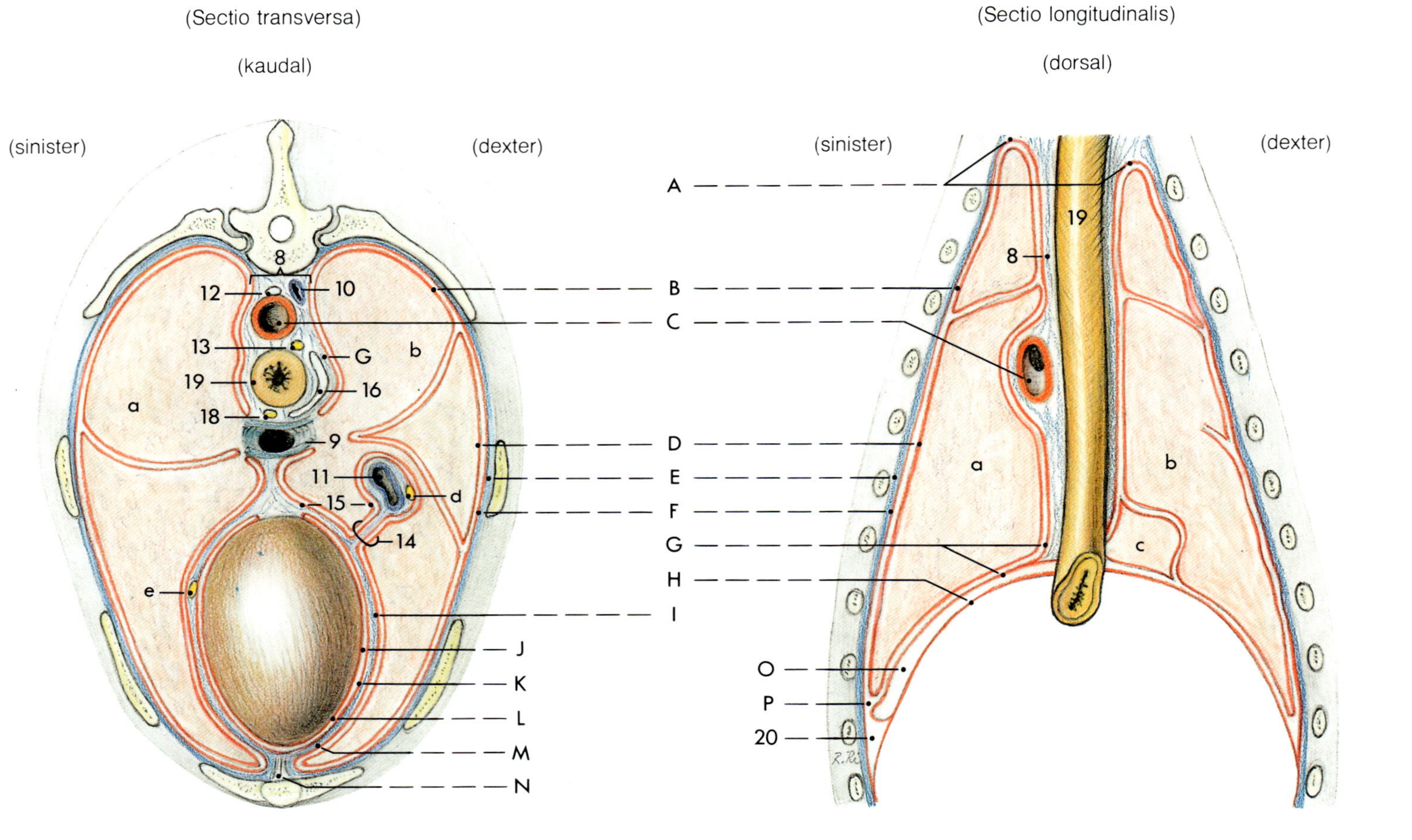

Legenda:

A Cupulae pleurae
B Cava pleurae
C Aorta descendens
D Pleura pulmonalis
E Fascia endothoracica

F Pleura costalis
G Pleura mediastinalis
H Pleura diaphragmatica
I Pleura pericardiaca
J Cavum pericardii

Pericardium serosum:
K Lamina parietalis
L Lamina visceralis
M Pericardium fibrosum

N Lig. phrenicopericardiacum
O Rec. mediastinodiaphragmaticus sinister
P Rec. costomediastinalis

a Pulmo sinister
b Pulmo dexter
c Lobus accessorius
d N. phrenicus dexter
e N. phrenicus sinister

Cavum thoracis dextrum

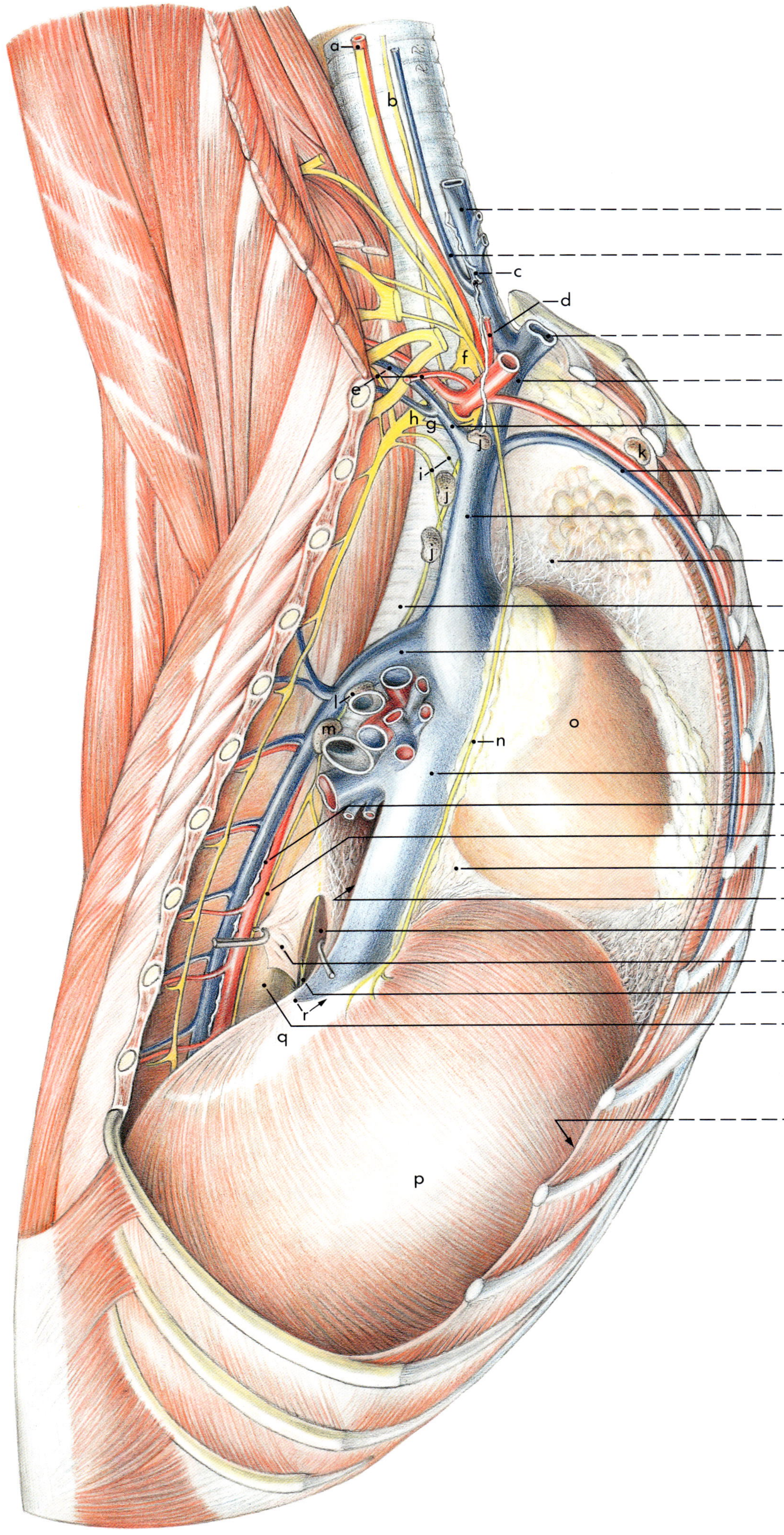

1 V. jugularis ext.
2 V. jugularis int.
3 V. subclavia
4 V. brachiocephalica
5 V. costocervicalis
6 V. thoracica interna
7 V. cava cranialis
8 Mediastinum
9 Trachea
10 V. azygos dextra
11 V. cava caudalis
12 Ductus thoracicus
13 Truncus vagalis dors.
14 Plica venae cavae
15 Recessus mediastini
16 Cavum mediastini serosum
17 Lig. pulmonale
18 Truncus vagalis ventr.
19 Oesophagus
20 Recessus costodiaphragmaticus

Legenda:

a Truncus vagosympathicus et A. carotis communis dext.
b N. laryngeus recurrens
c Truncus jugularis
d A. cervicalis supf.
e A., V. et N. vertebralis
f Ggl. cervicale medium
g Ansa subclavia
h Ggl. cervicothoracicum
i Nn. cardiaci tr. sympathici
j Lnn. mediastinales cran.
k Ln. sternalis cran.
l Ln. tracheobronchalis dext.
m Ln. tracheobronchalis medius
n N. phrenicus
o Facies atrialis cordis
p Diaphragma
q Centrum tendineum
r Foramen venae cavae

(vide p. 29)

4. HERZ MIT HERZOBERFLÄCHE, HERZWAND UND HERZBINNENVERHÄLTNISSEN

Am isolierten Herzen wird der Herzbeutel mit einem Kreisschnitt in Höhe des Sulcus coronarius eröffnet. Die Aorta wird bis zum Sichtbarwerden der Valva aortae gekürzt. Der Truncus pulmonalis wird ebenfalls stückweise bis zum Sichtbarwerden der Valva trunci pulmonalis abgeschnitten. Nach diesen Präparationsschritten wird die Herzoberfläche studiert. Zum Studium der Herzbinnenverhältnisse wird der rechte Vorhof durch einen Scherenschnitt eröffnet. Der Schnitt beginnt an der rechten Herzohrspitze, folgt dem Ventralrand des Herzohrs und wird am Sulcus coronarius durch die Vorhofswand bis zum Vorhofsseptum weitergeführt. Der linke Vorhof wird in entsprechender Weise eröffnet. Die Kammern werden durch unterschiedliche Schnittführung geöffnet. Die Eröffnung der rechten Kammer erfolgt mit einem Längsschnitt. Er beginnt an der Valva trunci pulmonalis, verläuft parallel zum Kammerseptum und endet auf halbem Weg zur Herzspitze. Von hier wird ein Querschnitt durch die gesamte rechte Kammer geführt, wobei die Papillarmuskeln geschont werden. Zur Eröffnung der linken Kammer wird ein Längsschnitt entlang dem Margo ventricularis sinister geführt, wodurch die Cuspis parietalis der Valva bicuspidalis halbiert wird.

1; 2 Das Herz kombiniert die Funktionen einer Druck- und Saugpumpe zur Aufrechterhaltung des Blutkreislaufes. Es liegt im Mittelfellspalt und bildet mit seiner Längsachse und der Längsachse des Körpers einen kaudal offenen Winkel von 45 - 50°. Die Herzspitze reicht bis zur ventralen Zwerchfellsinsertion. Das Herz liegt zwischen der 3. und 7. Rippe und befindet sich zu 4/7 links und zu 3/7 rechts der Medianen.

3 a) An der **HERZOBERFLÄCHE** ist die **Herzbasis (Basis cordis)** durch ein- resp. austretende Riesengefäße und die **Herzspitze (Apex cordis** — 7) durch wirbelartige Anordnung der Herzmuskulatur charakterisiert. Die Spitzen beider **Herzohren (Auriculae atrii dextra** — 2 und **sinistra** — 4) sind kennzeichnend für die **Facies auricularis (8)** des Herzens. Die gegenüberliegende Fläche wird nach dem herzohrenfreien Vorkammerabschnitt als **Facies atrialis (12)** bezeichnet. Das linke (arterielle) Herz ist vom rechten (venösen) Herzen äußerlich durch seine größere Ausdehnung zu unterscheiden, denn es bildet allein die Herzspitze und weist, abgesehen von dieser, eine dickere und derbere Herzkammerwand auf. Der **Margo ventricularis dexter (3)** und der **Margo ventricularis sinister (5)** liegen zwischen den beiden Herzflächen im Bereich der jeweiligen Herzkammern. Zwischen beiden Herzohrspitzen wölbt sich an der rechten Kammer die Blutaustreibungsbahn zum Truncus pulmonalis als
4 **Conus arteriosus (9)** vor. Das **Lig. arteriosum (1)** verkehrt als Überbleibsel des embryonalen Ductus arteriosus in Höhe der Herzbeutelumschlagslinie zwischen Aorta und Truncus pulmonalis. Als äußerlich erkennbare Kammergrenze mit enthaltenen Längsschenkeln der Herzkranzgefäße liegt der **Sulcus interventricularis paraconalis (6)** neben dem Conus arteriosus. Der undeutliche, gegenüberliegende **Sulcus interventricularis subsinuosus (11)** zieht unter dem Mündungsgebiet der großen und mittelgroßen Herzvenen (Sinus coronarius) herzspitzenwärts. Der **Sulcus coronarius (10)** mit enthaltenen Zirkulärschenkeln der Herzkranzarterien ist die äußerlich erkennbare Grenze zwischen Vorkammer- und Kammerbereich.

b) Die **HERZWAND** besteht aus dem sehr dünnen Endokard, dem
5 mächtigen Myocard und dem sehr dünnen Epicard. Das **Endocardium (k)** bedeckt lückenlos die innere Herzoberfläche und geht kontinuierlich in die Innenauskleidung der großen Blutgefäße über, die zum Herzen
6 hinziehen oder von ihm wegziehen. Das **Myocardium (j)** wird in das Arbeitsmyokard und das Erregungsleitungsmyokard gegliedert. Das weit überwiegende Arbeitsmyokard ist in seiner Dicke an lokale Druckunterschiede angepaßt. Es besteht aus quergestreiften Herzmuskelzellen, die End zu End aneinandergekoppelt sind und miteinander ein spitzwinkeliges Netzwerk bilden. Die Herzmuskelzellen sind in drei (äußere, mittlere und innere) Schichten angeordnet, die sich an der Herzspitze wirbelförmig durchflechten. Im Bereich des Conus arteriosus liegen zirkulär verlaufende Muskelzellbündel vor. Vorkammer- und Kammermuskulatur bilden kein Kontinuum, sondern inserieren aus der jeweiligen Richtung kommend, am Herzskelett (s. S. 46). Das Erregungsleitungsmyokard (s. S. 46) besteht aus sehr wenig Myofibrillen, die bei funktioneller Spezialisierung zur Erregungsleitung ihr Kontraktions-
7 vermögen weitgehend oder vollständig eingebüßt haben. Das **Epicardium (i)** ist eine dem Herzen aufliegende Serosaschicht, die der Lamina visceralis des Pericardium serosum entspricht.

c) Die **HERZBINNENVERHÄLTNISSE** werden entsprechend der Blutflußrichtung beschrieben. Im **Atrium dextrum (A)** ist das innen glattwandige Mündungsgebiet beider Hohlvenen **(Sinus venarum cavarum** resp. **Sinus venosus a)** vom eigentlichen Vorkammergebiet mit seinem netzartig gefurchten Innenrelief undeutlich abgegrenzt. Die Herzvenen münden ventral der Einmündung der kaudalen Hohlvene in den **Sinus coronarius (b)** (V. cordis magna und — media), der eine schlauchförmige Ausstülpung der rechten Vorkammer darstellt, und zwischen den kammartig ins Vorkammerlumen vorspringenden **Mm. pectinati (c)** münden in den rechten Vorhof die **Vv. cordis dextrae (d)** und die Vv. cordis minimae. Am **Ventriculus dexter (B)** liegt eingangs
8 die **Valva tricuspidalis (e)** mit ihren drei Zipfeln (Cuspides), die am Anulus fibrosus des Herzskelettes verankert sind. Von der **Cuspis parietalis** (e'_1) ziehen Chordae tendineae vornehmlich zum **M. papillaris magnus** (e''_1), von der **Cuspis septalis** (e'_2) vornehmlich zu den unauffälligen **Mm. papillares parvi** (e''_2) und von der undeutlichen **Cuspis angularis** (e'_3, im Winkel zwischen den vorgenannten gelegen) vornehmlich zum **M. papillaris subarteriosus** (e''_3, unter dem arteriellen Truncus pulmonalis gelegen). An der **Valva trunci pulmonalis (f)** werden entsprechend 9
der Lagebeziehung zum rechten resp. linken Herzen die drei Kläppchen als **Valvulae semilunaris dextra** (f_1) resp. — **sinistra** (f_2) resp. — **intermedia** (f_3) bezeichnet. Zwischen beiden Herzhälften liegt im Vorkammerbereich das **Septum interatriale (g)**. Wenn es gegen eine Lichtquelle
gehalten wird, ist die durchscheinende **Fossa ovalis (h)** erkennbar. Da 10
Epikard und Myokard hier fehlen, besteht die Fossa ovalis nur aus einer Duplikatur des Endokards. Durch das **Ostium atrioventriculare (l) dextrum** und — **sinistrum** strömt das Blut in beide Herzkammern, die
durch ein dickes **Septum interventriculare (m)** vollständig getrennt sind. 11
In beiden Kammern führen sehnenartige **Trabeculae septomarginales (n)** Erregungsleitungsmuskulatur vom Septum zum Marginalbereich, besonders zu den warzenförmigen Muskeln. **Trabeculae carneae (o)** ragen besonders deutlich im Herzspitzenbereich beider Kammern als Fleischbälkchen ins Kammerlumen hinein. Die **Chordae tendineae (p)** sind Sehnenfäden, die an den Atrioventrikularklappen einen Klappenzipfel mit jeweils zwei Papillarmuskeln verbinden.

Im **Atrium sinistrum (C)** befinden sich fünf bis acht **Ostia venarum pul-**
monalium (q). Der **Ventriculus sinister (D)** besitzt eingangs die **Valva** 12
bicuspidalis (r), die mit ihrem **parietalen Zipfel (Cuspis parietalis** — r'_1) über Chordae tendineae vornehmlich mit dem **M. papillaris subauricularis** (r''_1) und mit ihrem **septalen Zipfel (Cuspis septalis** — r'_2) vornehmlich mit dem **M. papillaris subatrialis** (r''_2) verbunden ist. Die Austrei-
bungsbahn zur **Valva aortae (s)** liegt zwischen dem septalen Zipfel und 13
dem Kammerseptum. Die halbmondförmigen Kläppchen der Aortenklappe werden entsprechend ihrer Lagebeziehung zum rechten resp. linken Herzen resp. zum Vorkammerseptum als **Valvulae semilunaris dextra** (s_1) resp. — **sinistra** (s_2) resp. — **septalis** (s_3) bezeichnet.

Legenda (s. nebenstehende Abbildung)

A	Atrium dextrum			C	Atrium sinistrum
a	Sinus venarum cavarum [Sinus venosus]	g	Septum interatriale	q	Ostia venarum pulmonalium
		h	Fossa ovalis		
b	Sinus coronarius	i	Epicardium		
c	Mm. pectinati	j	Myocardium		
d	Vv. cordis dextt.	k	Endocardium		

B	Ventriculus dexter			D	Ventriculus sinister
e	Valva tricuspidalis (Valva atrioventricularis dext.)	l	Ostium atrioventriculare	r	Valva bicuspidalis [mitralis] (Valva atrioventricularis sin.)
e'_1	Cuspis parietalis			r'_1	Cuspis parietalis
e'_2	Cuspis septalis	m	Septum interventriculare	r'_2	Cuspis septalis
e'_3	Cuspis angularis				
e''_1	M. papillaris magnus	n	Trabeculae septomarginales	r''_1	M. papillaris subauricularis
e''_2	Mm. papillares parvi			r''_2	M. papillaris subatrialis
e''_3	M. papillaris subarteriosus	o	Trabeculae carneae		
f	Valva trunci pulmonalis	p	Chordae tendineae	s	Valva aortae
f_1	Valvula seminularis dext.			s_1	Valvula semilunaris dext.
f_2	Valvula semilunaris sin.			s_2	Valvula semilunaris sin.
f_3	Valvula semilunaris intermedia			s_3	Valvula semilunaris sept.

Ventriculus dexter

(Facies auricularis)

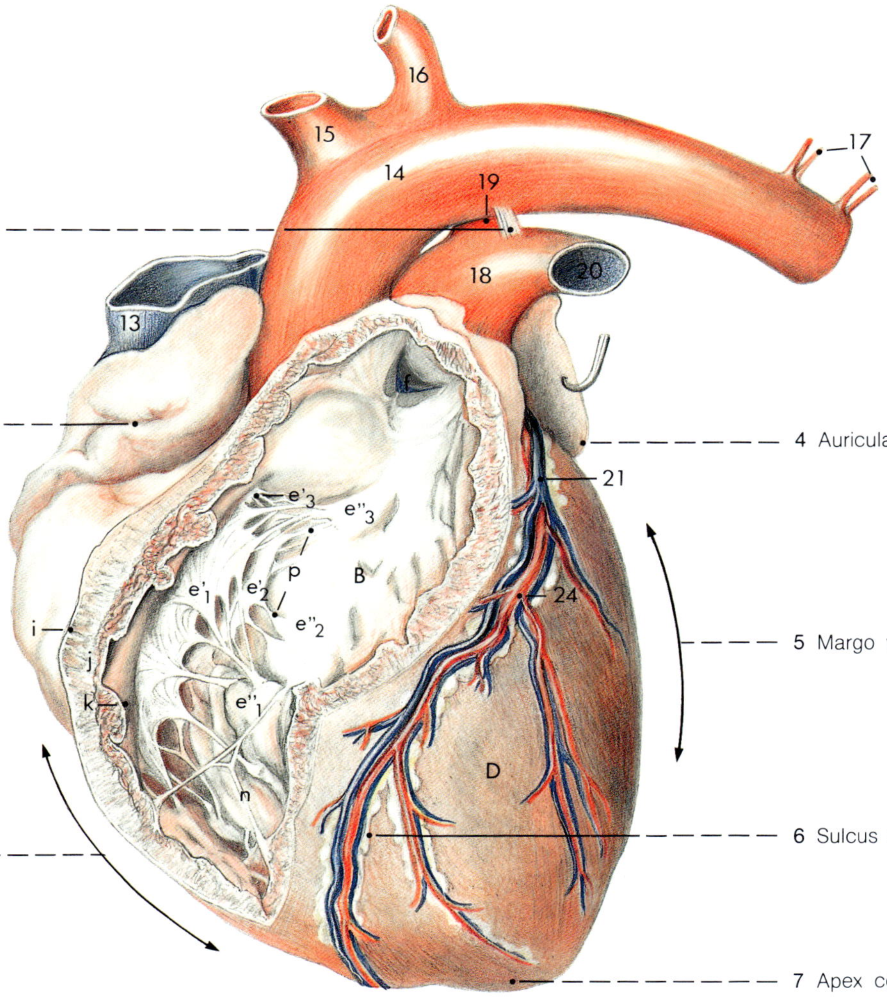

Legenda:

13 V. cava cranialis
14 Aorta
15 Truncus brachiocephalicus
16 A. subclavia sinistra
17 Aa. intercostales

18 Truncus pulmonalis
19 A. pulmonalis dextra
20 A. pulmonalis sinistra
21 V. cordis magna
22 A. coronaria dextra

23 A. coronaria sinistra
24 R. interventricularis paraconalis
25 R. circumflexus
26 R. interventricularis subsinuosus
27 V. cordis media

28 V. cava caudalis
29 Vv. pulmonales

Basis cordis

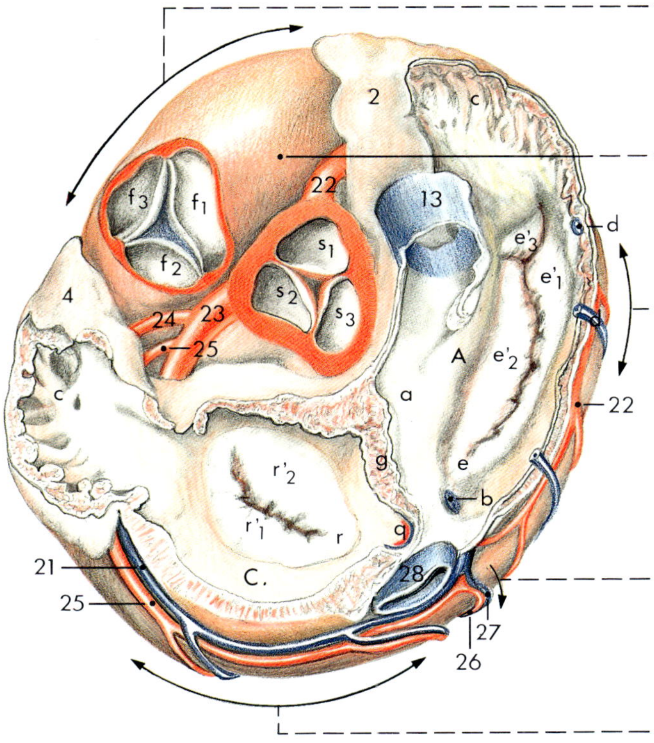

Atrium sinistrum et Ventriculus sinister

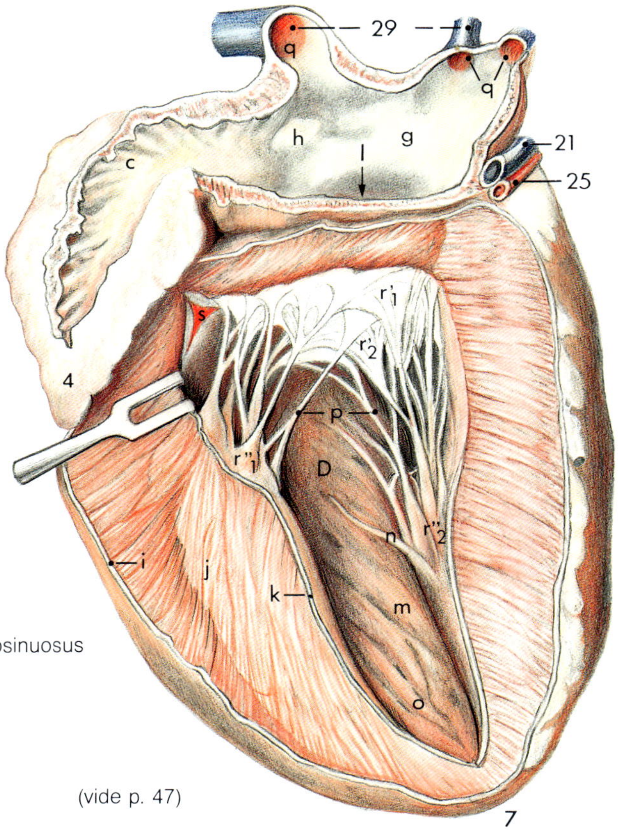

(vide p. 47)

5. HERZ MIT HERZKRANZGEFÄSSEN, KLAPPENAPPARAT SOWIE REIZBILDUNGS- UND ERREGUNGSLEITUNGSSYSTEM

a) Zu den **HERZGEFÄSSEN** gehören die Herzkranzarterien und die Herzvenen. Da die Hauptäste in der Herzkranzfurche (Sulcus coronarius) verlaufen, spricht man von Herzkranzarterien. Hier liegen sie unter dem Epikard und sind von Fettgewebe umgeben. Linke und rechte Herzkranzarterie entspringen aus dem Anfangsabschnitt der Aorta, distal vom Bereich der Taschenklappen. Die Herzkranzarterien können bezüglich ihres Verlaufes und des Versorgungsgebietes Variationen aufweisen und bei der Diagnostik von Durchblutungsstörungen zu Verwirrungen beitragen.

1 I. Die **zwei Herzkranzarterien (Aa. coronariae)** führen ca. 10 % des vom Herzen ausgestoßenen Blutes dem Herzmuskel zu.

Die **A. coronaria sinistra** (5, s. a. S. 45) verläßt den Anfang der Aorta direkt oberhalb der Taschenklappe und teilt sich bei Unterquerung des linken Herzohres in die beiden Hauptäste: Der erste Hauptast, der **Ramus interventricularis paraconalis** (7) zieht in der gleichnamigen Herzlängsfurche, wo er ein proximales und distales Kollateralgefäß an die linke Kammerwand abgibt. Der zweite Hauptast, der **Ramus circumflexus** (6) zieht nach Unterquerung des linken Herzohres in der Herzkranzfurche zwischen linker Kammer und Vorkammer bis zum Sulcus interventricularis subsinuosus, wo er in den meisten Fällen in den **Ramus interventricularis subsinuosus** (8) übergeht.

Die **A. coronaria dextra** (2, s. a. S. 45) entspringt zwischen dem Ursprung des Truncus pulmonalis und der Auricula atrii dextri aus der Aorta. Sie zieht mit dem allein ausgebildeten **Ramus circumflexus** (3) nach Unterquerung des rechten Herzohres in der rechten Semizirkumferenz der Herzkranzfurche.

II. Die **Herzvenen (Vv. cordis)** werden in eine große (magna), eine mittelgroße (media) Vene und kleine (minimae) Venen eingeteilt. Die **V. cordis magna** (1) verläuft zunächst im Sulcus interventricularis paraconalis, anschließend im Sulcus coronarius und geht ohne Richtungsänderung in den Sinus coronarius der rechten Vorkammer über. Die **V. cordis media** (9) zieht aus dem Sulcus interventricularis subsinuosus mit dem allein ausgebildeten Längsschenkel rechtwinkelig in den Sinus coronarius. Die kleinen **Vv. cordis dextrae** (4) führen Blut aus der rechten Kammerwand direkt dem rechten Vorhof zu. Die **Vv. cordis minimae** leiten Blut aus dem subendocardialen Gewebe direkt in die angrenzenden vier Herzbinnenräume, besonders in die Vorkammern.

b) Der **KLAPPENAPPARAT** besteht aus dem Herzskelett und den Herzklappen, die entweder als Segelklappen oder Taschenklappen strukturiert sind. Das **Herzskelett** wird von den bindegewebigen **Anuli fibrosi** gebildet, die die Öffnungen zwischen Vorkammer und Kammer und von Aorta und Truncus pulmonalis umgeben und stellenweise Knorpeleinlagerungen enthalten. Zwischen den Atrioventrikularöffnungen und der Aorta ist das Herzskelett als **Trigonum cartilagineum dextrum** und als **Cartilago cordis septalis** ausgebildet. Außer der Insertion für die Arbeitsmuskulatur fungiert das Herzskelett als Verankerungsstelle für die Herzklappen und in elektrophysiologischer Hinsicht als Isolator, so daß die Vorkammererregung nicht diffus auf die Kammern übertreten kann. Lediglich für den Durchtritt des Erregungsleitungssystems ist eine Öffnung ausgespart.

Weil alle vier großen Herzklappen etwa auf einer Ebene angeordnet sind, wird auch von einer Ventilebene des Herzens gesprochen. Äußerlich ist die Ventilebene zwischen Vorkammer und Kammer durch die zirkulär verlaufende Herzkranzfurche markiert. Die Ventilebene verlagert sich bei der Herzaktion. Während der Kammersystole (Kontraktion) wird sie in Richtung Herzspitze verlagert und während der Kammerdiastole (Erschlaffung) wird sie in die ursprüngliche Position zurückverlagert. Während der Systole wird Blut ausgeworfen, und durch die Senkung der Ventilebene wird gleichermaßen Blut aus den Vorhöfen und den herznahen Venen angesaugt (Funktion als Saug- und Druckpumpe).

Die **Segelklappen (Valva bicuspidalis** – 15 und **Valva tricuspidalis** – 12), die die Atrioventrikularöffnungen verschließen, werden von **Sehnenfäden (Chordae tendineae** – 13) und von den **Papillarmuskeln (Mm. papillares** – 14) auf der Höhe der Ventilebene gehalten, damit sie bei Umkehr des Blutflusses nicht in den Vorhofsbereich zurückschlagen, sondern sich mit ihren freien Rändern aneinander legen und so den Klappenschluß vollziehen. Die Papillarmuskeln dienen keineswegs der Öffnung der Klappen, denn diese werden passiv durch den Blutstrom wie eine Tür durch einen Windstoß geöffnet.

Die **Taschenklappen (Valva trunci pulmonalis** und **Valva aortae**, s. S. 45) bestehen formal aus drei schwalbennestähnlichen Einzeltaschen. Sie funktionieren rein passiv. Die ins Lumen ragenden Ränder flottieren bei physiologischer Strömungsrichtung. Bei Strömungsumkehr werden sie jedoch aufgebläht, und dabei legen sich die freien Ränder aneinander und verschließen so die Klappenöffnung.

c) Das **HERZEIGENE REIZBILDUNGS- UND ERREGUNGSLEITUNGSSYSTEM** ermöglicht dem Herzen eine selbständige Herzaktion, die selbst bei Bewußtlosigkeit weiter funktioniert. Dieses System besteht aus modifizierten Herzmuskelzellen, dem Erregungsleitungsmyokard, das mit makroskopisch-anatomischen Methoden schwer darstellbar ist. Es handelt sich also nicht um Nervengewebe, erhält jedoch Impulse vom autonomen Nervensystem, das die Reizbildung und Erregungsleitung beschleunigt (Sympathicus) oder verlangsamt (Parasympathicus). 2

Der **Sinusknoten (Nodus sinuatrialis** – 10), der natürliche Herzschrittmacher, liegt als übergeordnetes Reizbildungszentrum im Bereich des Sinus venosus zwischen der Mündung der V. cava cranialis und dem rechten Herzohr. Die hier entstehenden rhythmischen Erregungen erreichen zunächst die Vorkammer-Arbeitsmuskulatur und schließlich den **Atrioventrikularknoten (Nodus atrioventricularis** – 11), wo die Erregungsleitung verzögert wird. Das hier beginnende **Atrioventrikularbündel (Fasciculus atrioventricularis, HIS-Bündel** – 16) tritt durch eine Lücke des Herzskeletts zur Kammerscheidewand, wo es sich in zwei **Schenkel (Crus dextrum** – 17 und **Crus sinistrum** – 18) teilt. Beide Schenkel des HIS-Bündels ziehen subendokardial in der jeweiligen Herzkammer spitzenwärts und gelangen teils durch **Trabeculae septomarginales** (19) auf kurzem Wege zu den Papillarmuskeln, ohne die Herzspitze zu passieren. Beide Schenkel spalten sich in feinere Fasern (PURKINJE-Fasern) auf, die die Erregung zum Arbeitsmyokard und zu den Papillarmuskeln der Herzkammern weiterleiten.

d) Die **HERZNERVEN** (s. S. 49) des autonomen Nervensystems modifizieren die Eigenrhythmik des Herzens. Der **Sympathicus**, der in den Nn. cardiaci verläuft, entstammt dem Ganglion cervicothoracicum (stellatum) sowie dem Ganglion cervicale medium und bildet mit parasympathischen Anteilen vom N. vagus (X) oder dessen Abzweigung, dem N. laryngeus recurrens, das nervale Herzgeflecht (Plexus cardiacus), von dem die Nervenäste an das Herz, speziell an die Blutgefäße sowie an das Erregungsleitungs- und Arbeitsmyokard herantreten und außerdem einen weiteren (subendokardialen) Nervenplexus bilden. Sympathicus und **Parasympathicus** sind am Herzen Antagonisten. Der Sympathicus erhöht die Herzfrequenz (positiv chronotrop) und verkürzt die Überleitungszeit (positiv dromotrop) und erhöht die Schlagstärke (Muskelkraft - positiv inotrop). Der Parasympathicus wirkt negativ chrono-, dromo- und inotrop. 3

Die efferenten Neurone der Nn. cardiaci sind überwiegend postganglionär, deren Umschaltung vornehmlich in den Grenzstrangganglien erfolgt. Die parasympathischen Anteile, die zum Plexus cardiacus und zum Herzen ziehen, sind präsynaptische Neurone. Die synaptische Umschaltung erfolgt in kleinen Ganglien, die vornehmlich subepikardial in der Wand der Vorhöfe liegen.

Der Sympathicus und der Parasympathicus führen auch afferente Neurone. Die Afferenzen des Sympathicus sind schmerzleitend, und die des Parasympathicus kommen von Dehnungsrezeptoren.

Endokrine (modifizierte) Herzmuskelzellen kommen in den Vorhofswänden vor. Sie sezernieren das natriuretrische Peptidhormon Cardiadilatin, das der Steuerung von Blutdruck und Blutvolumen dient.

Arteriae coronariae et Venae cordis

(Facies auricularis)

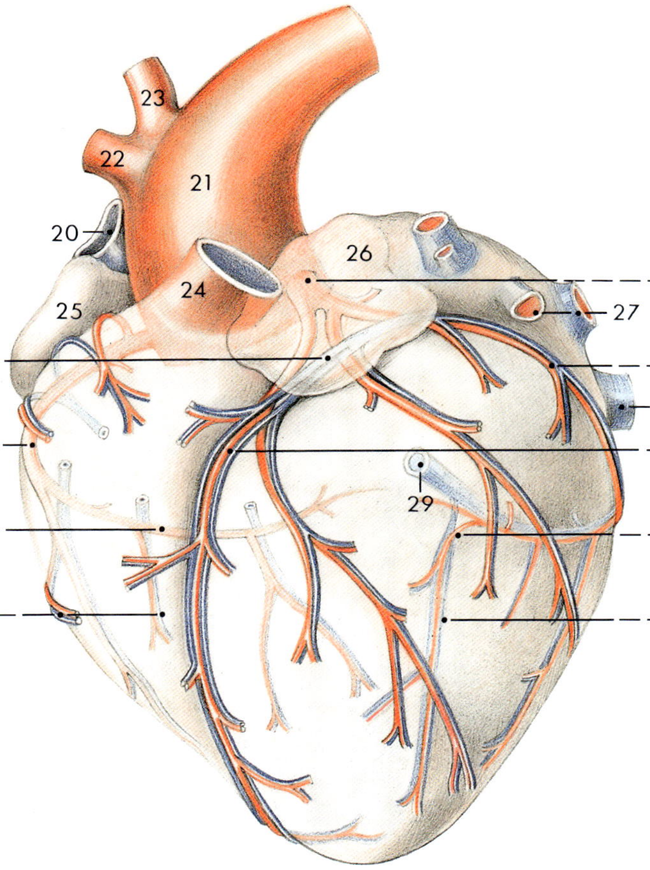

Legenda:

20 V. cava cranialis
21 Aorta
22 Truncus brachiocephalicus
23 A. subclavia sinistra
24 Truncus pulmonalis
25 Auricula atrii dextra
26 Auricula atrii sinistra
27 Vv. pulmonales
28 V. cava caudalis
29 Sinus coronarius
30 Atrium dextrum
31 Ventriculus dexter
32 Valva aortae
33 Ventriculus sinister

Systema conducens cardiacum

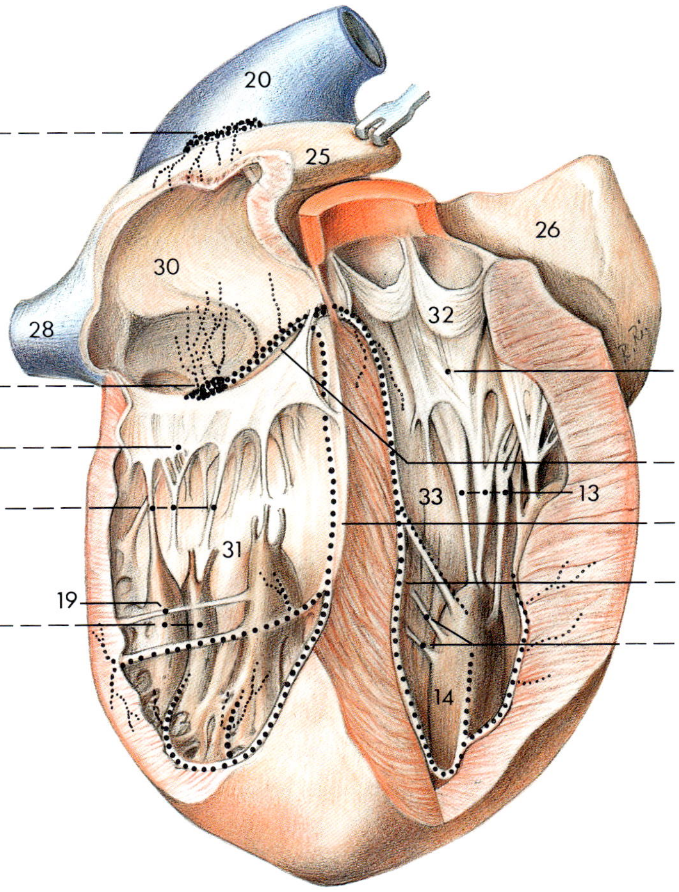

(vide p. 45)

6. AUTONOMES NERVENSYSTEM

1 Das **autonome (vegetative) Nervensystem** umfaßt hauptsächlich den **Sympathicus (Pars sympathica)** und den **Parasympathicus (Pars parasympathica)**. Als Anteil des autonomen Nervensystems wird das **intramurale (intestinale) System** betrachtet, das im Verdauungstrakt z. B. als Plexus submucosus, myentericus und subserosus mikroskopisch wahrnehmbar ist (s. unten). Das autonome (vegetative) Nervensystem reguliert die körperinneren Funktionen. Autonom, also unbewußt, beeinflußt werden u. a. die glatte Muskulatur von Drüsen, von Gefäßen und Organsystemen, wodurch das körperinnere Milieu, z. B. die Stoffwechselvorgänge, der Wasser- und Wärmehaushalt sowie die verschiedenen Körperfunktionen reguliert und koordiniert werden (z. B. Kreislauf und Atmung). So greift das autonome Nervensystem in die Autonomie des Reizbildungs- und Erregungsleitungssystems im Herzen regulierend ein. Das autonome Nervensystem ist gegenüber dem somatischen Nervensystem nicht vollkommen, sondern im beschränkten Maße selbständig und kann seine z. T. lebensnotwendigen Funktionen auch im Schlaf, bei Bewußtlosigkeit und in der Narkose ausüben. Eine eingeschränkte Autonomie besteht auch gegenüber den vegetativen Zentren des Gehirns (z. B. des Diencephalon) und gegenüber den humoralen Steuerungssystemen, z. B. der Hypophyse. Wie im somatischen Nervensystem mit seinen sensiblen Afferenzen und motorischen Efferenzen, existieren auch im autonomen Nervensystem afferente und efferente Nervenfasern, wobei jedoch die efferenten Anteile weit überwiegen. Die afferenten viszerosensiblen Nervenfasern vermitteln den Eingeweideschmerz und regulieren Abstufung und Modifikation der peripheren Erregung. Ihre Nervenzellen liegen unweit vom Rückenmark in den Spinalganglien, und die Nervenfasern ziehen in der Dorsalwurzel der Spinalnerven zum Rückenmark. Sie verlaufen nur hier getrennt von den efferenten Nervenfasern, die in der Ventralwurzel das Rückenmark verlassen und aus zwei hintereinander geschalteten Neuronen bestehen. Das zweite periphere Neuron erreicht das Erfolgsorgan. Die Hauptanteile des autonomen Nervensystems, der Sympathicus und Parasympathicus, unterscheiden sich in ihrer topographischen Anatomie und histochemisch hinsichtlich ihrer Überträgerstoffe. Als Überträgerstoff (Neurotransmitter) wird an den Enden sowohl der prä- als auch der postsynaptischen parasympathischen Fasern Acetylcholin freigesetzt. Im sympathischen Nervensystem wird an den präsynaptischen Nervenfasern ebenfalls Acetylcholin und an den postsynaptischen Fasern überwiegend Noradrenalin freigesetzt. Funktionell sind beide Anteile in ihrer Grundtendenz (überwiegend) antagonistisch. Die Piloarrektoren und die Gefäße der Haut werden jedoch ausschließlich vom Sympathicus versorgt. Der Sympathicus wirkt leistungsaktivierend durch Steigerung des Energieumsatzes, des Blutdrucks und der Herzfrequenz sowie anderer Leistungen. Der Parasympathicus fördert die Erholung des Körpers, indem Energiereserven bei Aktivierung der Verdauung aufgebaut werden. Das autonome Nervensystem bildet Nervenplexus. Die Geflechte enthalten gleichnamige Ganglien, wodurch sie sich von den Plexus des somatischen Nervensystems (Plexus brachialis und lumbosacralis) eindeutig unterscheiden. Die Ganglien enthalten die Perikarien (Nervenzelleiber), und hier erfolgt die Umschaltung von der markhaltigen präganglionären zur marklosen postganglionären Nervenfaser.

Das intramurale (intestinale) System besteht aus Nervenfasern und Nervenzellen. Ein Teil der Nervenzellen ist für die synaptische Umschaltung vom zentralen auf das periphere Neuron des Parasympathicus zuständig. Andere Nervenzellen gehören zu kurzen intramuralen Reflexbögen, die die Drüsentätigkeit und Motorik des Darmes durch Neuropeptide als Transmitter regulieren.

a) Der **SYMPATHICUS** reicht mit seinem paarigen Grenzstrang (Truncus sympathicus) von der Kopf-Halsgrenze bis zum Schwanz. Hinter dem Brusteingang ist der Grenzstrang durch seine **Ganglien (Ganglia trunci sympathici – 10)** mit Zu- und Abflüssen (Rr. communicantes) annähernd segmental gegliedert. Durch longitudinale **Rr. interganglionares (11)** erfolgt eine Verknüpfung zu einer Kette von Ganglien, die den Wirbelkörpern ventrolateral anliegen und deshalb auch Paravertebralganglien genannt werden. Die Ursprungsperikarien liegen im Seitenhorn des thorakolumbalen Rückenmarksabschnittes. Ihre zentralen markhaltigen Nervenfasern verlassen in den Rami communicantes albi das Rückenmark und gelangen als Zuflüsse zu den Grenzstrangganglien. Ein Teil dieser Nervenfasern wird in den Grenzstrangganglien synaptisch umgeschaltet und die anschließenden peripheren marklosen Nervenfasern ziehen in den Rami communicantes grisei zu den somatischen Rückenmarksnerven (Näheres s. S. 60). Marklose und markhaltige Nervenfasern liegen jedoch oft gemeinsam in gemischten Rami communicantes vor. Der Halsgrenzstrang weist gegenüber den anderen Abschnitten die Besonderheit auf, daß er in deutlicher Entfernung zur Wirbelsäule mit dem N. vagus zum Truncus vagosympathicus vereinigt ist und an seinen drei Ganglien (Ggll. cervicale craniale, - medium und - caudale) keine Zuflüsse aus dem Rückenmark erhält und somit eine segmentale Gliederung vermissen läßt. Die ersten drei paravertebralen Brustgrenzstrang-Ganglien bilden gemeinsam mit dem Ganglion cervicale
caudale das **Ganglion cervicothoracicum (stellatum – 5)**, von dem die 2
zwei Schenkel der **Ansa subclavia (6)** ausgehen. Nach Umschlingung der A. subclavia sinistra resp. dextra vereinigen sich beide Schenkel wieder im undeutlichen **Ganglion cervicale medium (4)**. Von hier werden die sympathischen Qualitäten im Truncus vagosympathicus über das Ganglion cervicale craniale (k) zum Kopf geleitet (s. S. 102). Aus dem Ganglion cervicothoracicum werden folgende drei Astgruppen entlassen: Erstens ziehen marklose Nervenäste zu den Brusteingeweiden und werden nach diesen benannt (z. B. **Nn. cardiaci** – 7), die auch Wurzeln aus der Ansa subclavia und dem Ganglion cervicale medium erhalten). Die sympathischen Nerven für die Brusthöhlenorgane durchflechten sich mit parasympathischen Fasern vom N. vagus und bilden gemeinsam mit diesen gemischte Plexus für die Brusteingeweide (Plexus cardiacus, – oesophageus und – pulmonalis). Zweitens gelangt der **N. vertebralis (2)** mit den begleitenden gleichnamigen Blutgefäßen in den Canalis transversarius der Halswirbelsäule und gibt hier seine sympathischen Qualitäten an die Halsnerven ab. Drittens ziehen schwache **Rr. communicantes grisei (3)** zum Plexus brachialis sowie zu den ersten vier Interkostalnerven und führen diesen sympathische Nervenqualitäten zu.

Aus dem Brustgrenzstrang geht noch vor seinem Übergang in den Lendengrenzstrang in Höhe des zehnten bis dreizehnten Brustwirbels der starke **N. splanchnicus major (13)** ab, der über den Arcus lumbocostalis des Zwerchfells in die Bauchhöhle zum Plexus solaris (s. S. 60) zieht. Der Brustgrenzstrang ist danach sehr dünn geworden und geht kontinuierlich in den wieder anschwellenden Lendengrenzstrang (s. S. 61) über.

b) Zum **PARASYMPATHICUS** gehört ein kranialer Gehirnanteil und ein kaudaler Sakralanteil. Von den Gehirnnerven Nr. III, VII, IX und X mit parasympathischen Faserqualitäten zieht der **N. vagus (X – 8)** in die Körperhöhlen. Im Halsbereich ist er im Truncus vagosympathicus enthalten. Am sympathischen Ganglion cervicale medium trennt sich der N. vagus vom Sympathicus und begleitet die Trachea bis zur Lungenwurzel, wo er **Rr. cardiaci und bronchales (9)** an die Plexus cardiacus und pulmonalis abgibt. Kaudal der Lungenwurzel gabeln sich der rechte und linke N. vagus in je einen langen Dorsal- und einen kurzen Ventralast. Die Dorsal- und Ventraläste beider Körperseiten vereinigen sich zu den **Trunci vagales dorsalis** et **ventralis (12)**. Die Vagusstämme begleiten den Oesophagus dorsal resp. ventral durch den Hiatus oesophageus in die Bauchhöhle, wo sie die Bauchhöhlenorgane bis einschließlich Colon transversum versorgen. In der Brusthöhle entläßt der
N. vagus noch den N. laryngeus recurrens. Der rechte N. laryngeus 3
recurrens schlingt sich nach seinem Abgang um die rechte A. subclavia, und der **linke N. laryngeus recurrens (1)** schlingt sich an der Herzbasis um den Aortenbogen. Danach ziehen die Nerven beider Körperseiten ventral der A. carotis communis zurück zum Kehlkopf. Der N. laryngeus recurrens entläßt Rr. tracheales und oesophagei und endet als N. laryngeus caudalis. Nach Abgang des N. laryngeus recurrens mit seinen motorischen und sensiblen Anteilen enthält der N. vagus neben viszerosensiblen Anteilen ausschließlich parasympathische Qualitäten. Die parasympathischen Umschaltungen von der markhaltigen präganglionären zur marklosen postganglionären Nervenfaser erfolgen bevorzugt dicht am Erfolgsorgan überwiegend in den intramuralen Ganglien. (Zum Parasympathicus des Sakralmarks, s. S. 60 und 70)

<u>Legenda</u> (s. nebenstehende Abb.)

a Ganglion ciliare
b Ganglion pterygopalatinum
c Glandula lacrimalis
d Ganglion mandibulare et Ganglion sublinguale
e Glandula sublingualis
f Glandula mandibularis
g Ganglion oticum
h Glandula zygomatica
i Glandula parotis
j Ganglion distale (nodosum)
k Ganglion cervicale cran.
l Truncus vagosympathicus
m Ramus communicans albus
n Ganglion coeliacum
o N. splanchnicus minor
p Ramus adrenalis
q Ganglion mesentericum cran.
r Plexus aorticus abdominalis
s Nn. splanchnici lumbales
t Ganglion mesentericum caud.
u N. hypogastricus
v Nn. splanchnici sacrales
w Nn. pelvini
x Plexus pelvinus
y Hiatus oesophageus

Nervi, Arteriae et Venae cervicis et thoracis

(Facies sinistra)

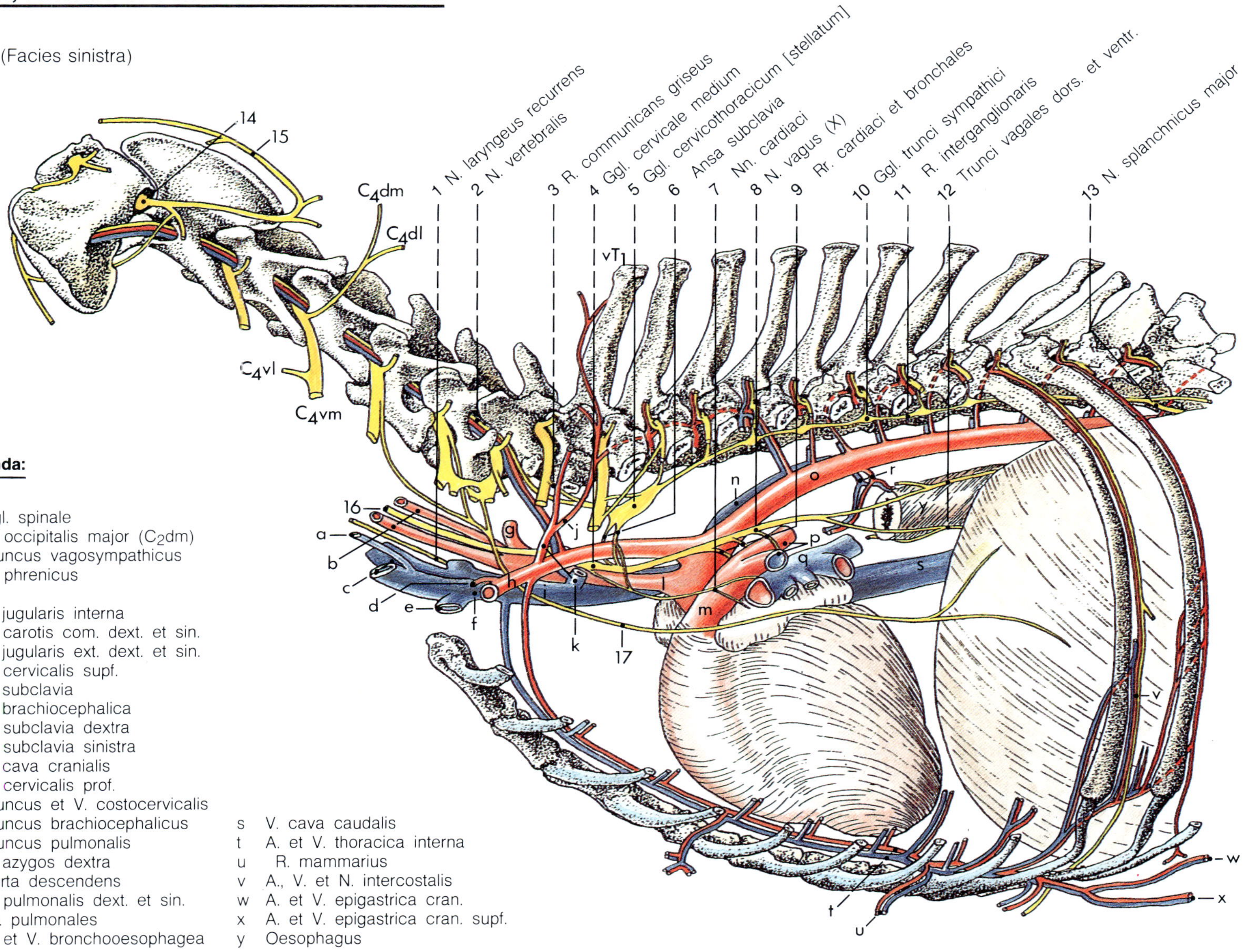

Legenda:

14 Ggl. spinale
15 N. occipitalis major (C_2dm)
16 Truncus vagosympathicus
17 N. phrenicus

a V. jugularis interna
b A. carotis com. dext. et sin.
c V. jugularis ext. dext. et sin.
d A. cervicalis supf.
e V. subclavia
f V. brachiocephalica
g A. subclavia dextra
h A. subclavia sinistra
i V. cava cranialis
j A. cervicalis prof.
k Truncus et V. costocervicalis
l Truncus brachiocephalicus
m Truncus pulmonalis
n V. azygos dextra
o Aorta descendens
p A. pulmonalis dext. et sin.
q Vv. pulmonales
r A. et V. bronchooesophagea
s V. cava caudalis
t A. et V. thoracica interna
u R. mammarius
v A., V. et N. intercostalis
w A. et V. epigastrica cran.
x A. et V. epigastrica cran. supf.
y Oesophagus

Systema nervosum autonomicum

(vide p. 41, 61)

Pars parasympathica: Neurofibra praeganglionica / Neurofibra postganglionica

Pars sympathica: Neurofibra praeganglionica / Neurofibra postganglionica

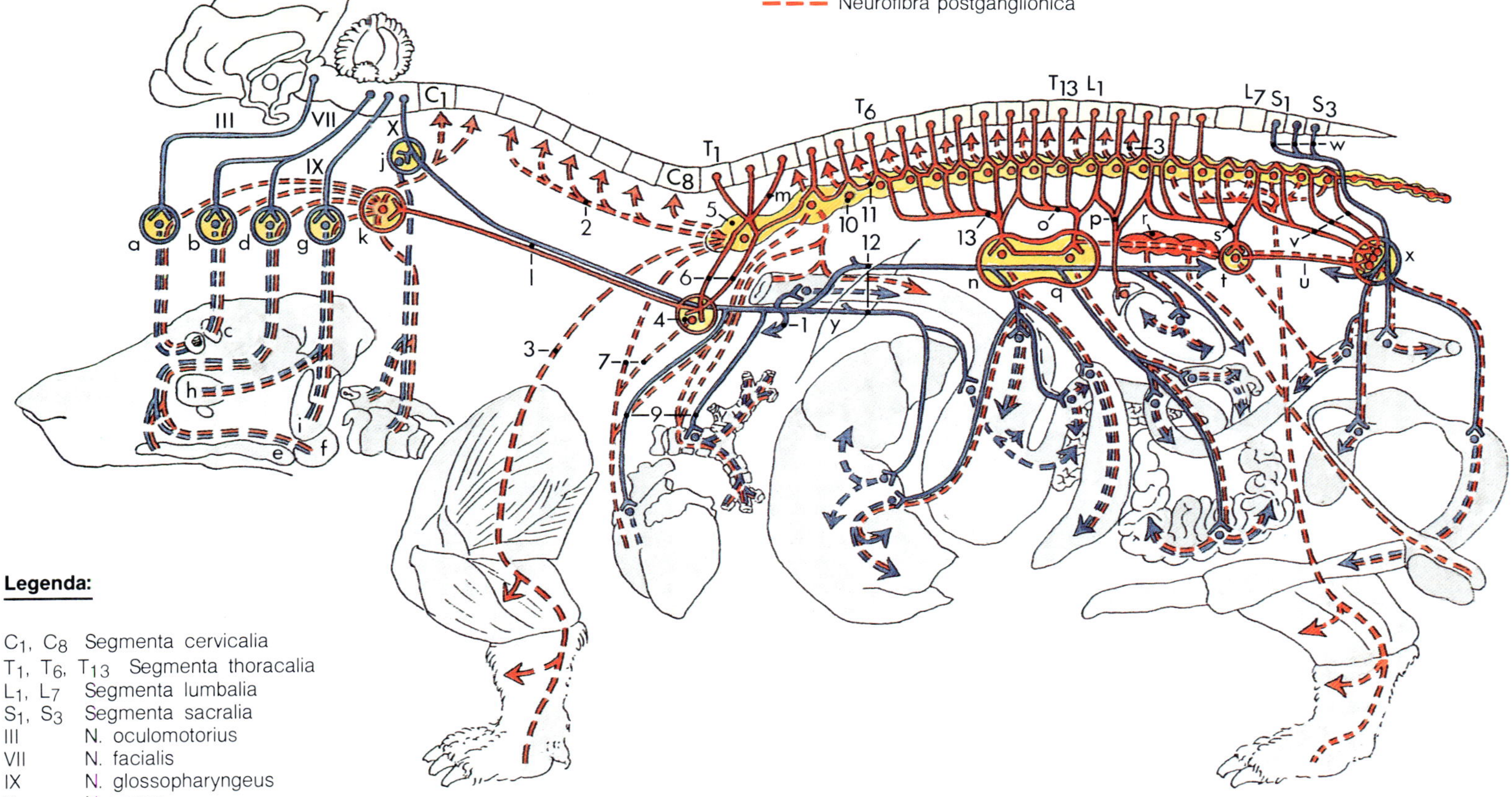

Legenda:

C_1, C_8 Segmenta cervicalia
T_1, T_6, T_{13} Segmenta thoracalia
L_1, L_7 Segmenta lumbalia
S_1, S_3 Segmenta sacralia
III N. oculomotorius
VII N. facialis
IX N. glossopharyngeus
X N. vagus

6. KAPITEL: BAUCHHÖHLE

1. TOPOGRAPHIE DER BAUCHORGANE UND BAUCHFELLVERHÄLTNISSE

Die Bauchhöhle wird ohne Verletzung von Baucheingeweiden durch einen Paramedianschnitt vom Zwerchfell bis zum Schambein und durch einen Querschnitt in Höhe der letzten Rippe eröffnet. Anschließend wird die Lage jener Bauchorgane studiert, die nicht vom großen Netz bedeckt werden. Danach wird das große Netz - kaudal beginnend - von den Bauchorganen abgehoben und kranial über den Magen geklappt. Die meisten Bauchhöhlenorgane können nun in ihrer Lage überblickt werden.

a) Der **BAUCHBEREICH** wird durch natürliche Grenzmarkierungen in die **Bauchregionen (Regiones abdominis)** unterteilt, die sich auf die Bauchwand projizieren und die darunter gelegenen Organe umfassen. Die **Regio abdominis cranialis** reicht vom Zwerchfell bis zu einer Querebene, die den am weitesten kaudal gelegenen Punkt beider Rippenbögen verbindet. Die **Regio abdominis media** liegt zwischen dieser kranialen Querebene und einer kaudalen Querebene, die beide Hüfthöcker (Tuber coxae) miteinander verbindet. Die **Regio abdominis caudalis** reicht von dieser kaudalen Querebene bis zur Beckeneingangslinie (Linea terminalis, bestehend aus Promontorium ossis sacri, Linea arcuata und Pecten ossis pubis). Die nachfolgenden Regionen werden zusätzlich in Subregionen unterteilt.

I. Der **Regio abdominis cranialis** liegen die **Leber (Hepar — 1)**, die die Gallenblase (Vesica fellea, s. S. 59) bedeckt, der Anfangsabschnitt des **Zwölffingerdarms (Duodenum)** sowie der Großteil der **Bauchspeicheldrüse (Pancreas — 5)** und die **Milz (Lien s. Splen)** an. Bei geringer Füllung betrifft das auch den gesamten **Magen (Ventriculus s. Gaster — 2)**.

Auf die **Regio xiphoidea** projizieren sich, getrennt durch den präumbilikalen Fettkörper des **Lig. falciforme (10)**, der Lobus quadratus hepatis und Anteile des linken und rechten Mittellappens der Leber sowie die große Magenkurvatur und die Gallenblase, die verdeckt von der Leber rechts der Medianen in Höhe des 7. Interkostalraumes liegt.

In der **Regio hypochondriaca sinistra** liegen der mediale linke Leberlappen (Bereich des 6. bis 8. Interkostalraumes) und der laterale linke Leberlappen (Bereich des 10. Interkostalraumes) sowie die **Milz (Lien — 11)** in Höhe des 11. und 12. Interkostalraumes der Körperwand an.

In der **Regio hypochondriaca dextra** projizieren sich auf den Thorax der mediale rechte Leberlappen (Bereich des 6. - 8. Interkostalraumes), der laterale rechte Leberlappen (Bereich des 8. - 9. Interkostalraumes) und der Proc. caudatus hepatis, der den Kranialpol der rechten Niere umhüllt und im Bereich des 11. bis 12. Interkostalraumes die **Pars descendens duodeni (3)** und der rechte Lappen der Bauchspeicheldrüse.

II. In der **Regio abdominis media** liegen das Darmkonvolut mit Ausnahme seines Anfangs- und Endabschnittes, kaudale Abschnitte der **Milz (Lien — 11)** und beim weiblichen Geschlecht der **Eierstock (Ovarium — 7)** samt Eileiter (Tuber uterina) und die **Hörner** des **Uterus (Cornua uteri — 8)** der Bauchwand an.

In der **Regio umbilicalis** liegen **Jejunalschlingen (Jejunum — 6)** der ventralen Bauchwand an.

In der **Regio abdominis lateralis sinistra** projizieren sich dorsal die linke Niere und kaudal anschließend der linke Eierstock sowie Anteile des Colon descendens und des Jejunum auf die Bauchwand.

In der **Regio abdominis lateralis dextra** sind es der Kaudalpol der rechten Niere, der rechte Eierstock, die Pars descendens duodeni und Jejunumanteile sowie der Blinddarm samt Colon ascendens.

III. Der **Regio abdominis caudalis** liegen die **Harnblase (Vesica urinaria — 9)**, der Anfangsabschnitt des Mastdarms (Rectum) und bei der Hündin der Körper des Uterus (Corpus uteri) sowie beim Rüden das Ende des Samenleiters (Ductus deferens) an.

Unter der **Regio pubica** befinden sich die Harnblase und beim alten Rüden die Prostata.

Auf die **Regio inguinalis sinistra** und die **Regio inguinalis dextra** projzieren sich Jejunalschlingen und Uterusanteile.

b) Bevor eine **Unterscheidung der Bauchhöhle** von der **Bauchfellhöhle** und vom **Retroperitonäalspalt** vorgenommen wird, soll das **BAUCHFELL (PERITONAEUM)** studiert werden.

Das **Bauchfell (Peritonaeum)** ist eine seröse Haut und besteht aus dem oberflächlichen Mesothel, der unterlagernden bindegewebigen Lamina propria serosae und einer locker bindegewebigen Tela subserosa als Verschiebeschicht. Es kleidet die **Bauchfellhöhle** aus **(Peritonaeum parietale)** und überzieht die Oberfläche der intraperitonäal gelegenen Organe **(Peritonaeum viscerale)**. Diese haben sich von außen in die Bauchfellhöhle eingesenkt und ziehen eine Serosenduplikatur als **Gekröse (Mesenterium)** mit. Die Tela subserosa kann Fetteinlagerungen enthalten. Im Bereich des parietalen und viszeralen Peritonaeums ist bei normalem Ernährungszustand wenig Fett enthalten. Die Gekröse enthalten überwiegend reichlich subseröse Fetteinlagerungen. Im **Magengekröse (Mesogastrium**, s. S. 53) umlagern subseröse Fettstränge netzartig angeordnete Blut- und Lymphgefäße. Dazwischen, in den Netzmaschen, ist das subseröse Fettgewebe spärlich bis fehlend. Wegen dieser Struktur werden Teile des **ventralen Magengekröses** als **kleines Netz (Omentum minus)** und das verlängerte **dorsale Magengekröse** als **großes Netz (Omentum majus)** bezeichnet. Dort, wo sich Bauchorgane in das ventrale Magengekröse (Leber) oder in das dorsale Magengekröse hineinentwickeln (Bauchspeicheldrüse, Milz), fehlt auf der Organoberfläche die Netzstruktur mangels subseröser Fetteinlagerungen.

Das **Ausmaß der Bauchfellbedeckung** der Organe hängt von ihrer Lage ab, die intra-, retro- und extraperitonäal sein kann. **Intraperitonäale Organe** sind bis auf den Gekröseansatz vom Peritonaeum eingehüllt und als solche auf den ersten Blick an Gekrösen resp. Bauchfellduplikaturen erkennbar, wie z. B. der Leerdarm. (Bei enggefaßter - nicht mehr gebräuchlicher - Definition werden diese Organe, wie der Leerdarm, nicht als intraperitonäal - in der Peritonäalhöhle gelegen - eingestuft, weil sie sich von außen in die Bauchfellhöhle einsenken. Danach wäre nur die seröse Flüssigkeit intraperitonäal gelegen). **Retroperitonäale Organe** (an der Peritonäalhöhle gelegen) wie die Nieren werden nur einseitig (bauchhöhlenseitig) vom Bauchfell bedeckt und besitzen kein Gekröse. **Extraperitonäale Organe** (außerhalb der Peritonäalhöhle gelegen) sind vom Bauchfell unbedeckt, z. B. der Enddarm. Longitudinal zur Körperachse gelegene Organe wie der Mastdarm gehen von einer intraperitonäalen Lage in eine retroperitonäale und schließlich extraperitonäale Position über.

c) Die **BAUCHHÖHLE (CAVUM ABDOMINIS)** umfaßt zwischen dem Zwerchfell und dem Beckeneingang den Hohlraum, der nach Entfernung aller Bauchhöhlenorgane samt Bauchfell frei wird.

d) Die **BAUCHFELLHÖHLE (CAVUM PERITONAEI)** ist der vom 1
Peritonaeum parietale umschlossene Raum, der die intraperitonäal gelegenen Organe samt Gekröse enthält (Magen-Darm-Kanal, Leber, Milz, Bauchspeicheldrüse sowie Eierstock, Eileiter und Gebärmutter der Hündin).

e) Die **BAUCHORGANE** können vom Mesogastrum dorsale (Omentum majus) unbedeckt oder bedeckt sein.

Die Bauchorgane, die **vom großen Netz (Omentum majus — 4) unbedeckt** sind, wohl aber vom Peritonaeum viscerale überzogen sind, liegen mit ihrer Oberfläche direkt der Bauchwand an. Kranial sind Abschnitte der **Leber (Hepar)** samt **Gallenblase (Vesica fellea**, s. S. 59) und kaudal anschließend Teile des **Magens (Ventriculus)** unbedeckt. Links liegt die **Milz (Lien)** oberflächlich auf dem Darmkonvolut. Kaudal ragt die **Harnblase (Vesica urinaria)** aus dem Becken frei in den Unterbauch hinein. Rechts ist der absteigende Teil des **Zwölffingerdarms (Pars descendens duodeni)** von der Nabelhöhe bis zur Leber vom großen Netz unbedeckt.

Die Bauchorgane, die **vom großen Netz bedeckt** sind, werden nach Abklappen des Omentum majus sichtbar. Zwischen Milzhilus und Mesocolon descendens wird das **Segelnetz (Velum omentale — 12)** angespannt und das **Dünndarmkonvolut (Jejunum)** samt **Bauchspeicheldrüse (Pancreas)** wird überblickbar. Ausnahmen gelten lediglich für den Übergangsbereich zwischen Zwölffingerdarm und Leerdarm sowie für Anfangsteile des Grimmdarms (Colon), die nach Verlagerung von Darmteilen ebenfalls sichtbar werden. Bei der Hündin sind der **Eierstock (Ovarium)**, eingehüllt in der Eierstockstasche, und die **Uterushörner (Cornua uteri)** erkennbar, beim Rüden Endabschnitte des Samenleiters.

f) Der **RETROPERITONAEALSPALT (SPATIUM RETROPERITONAEALE)** ist an der dorsolateralen Bauchwand zwischen dem Peritonaeum parietale und der inneren Lendenmuskulatur gelegen und enthält die Nieren samt Nebennieren sowie zahlreiche Leitungsstrukturen einschließlich Aorta und Vena cava caudalis. Er kann überblickt werden, indem der nierenbedeckende Peritonäalabschnitt gemeinsam mit den Nieren von der Unterlage abgehoben wird.

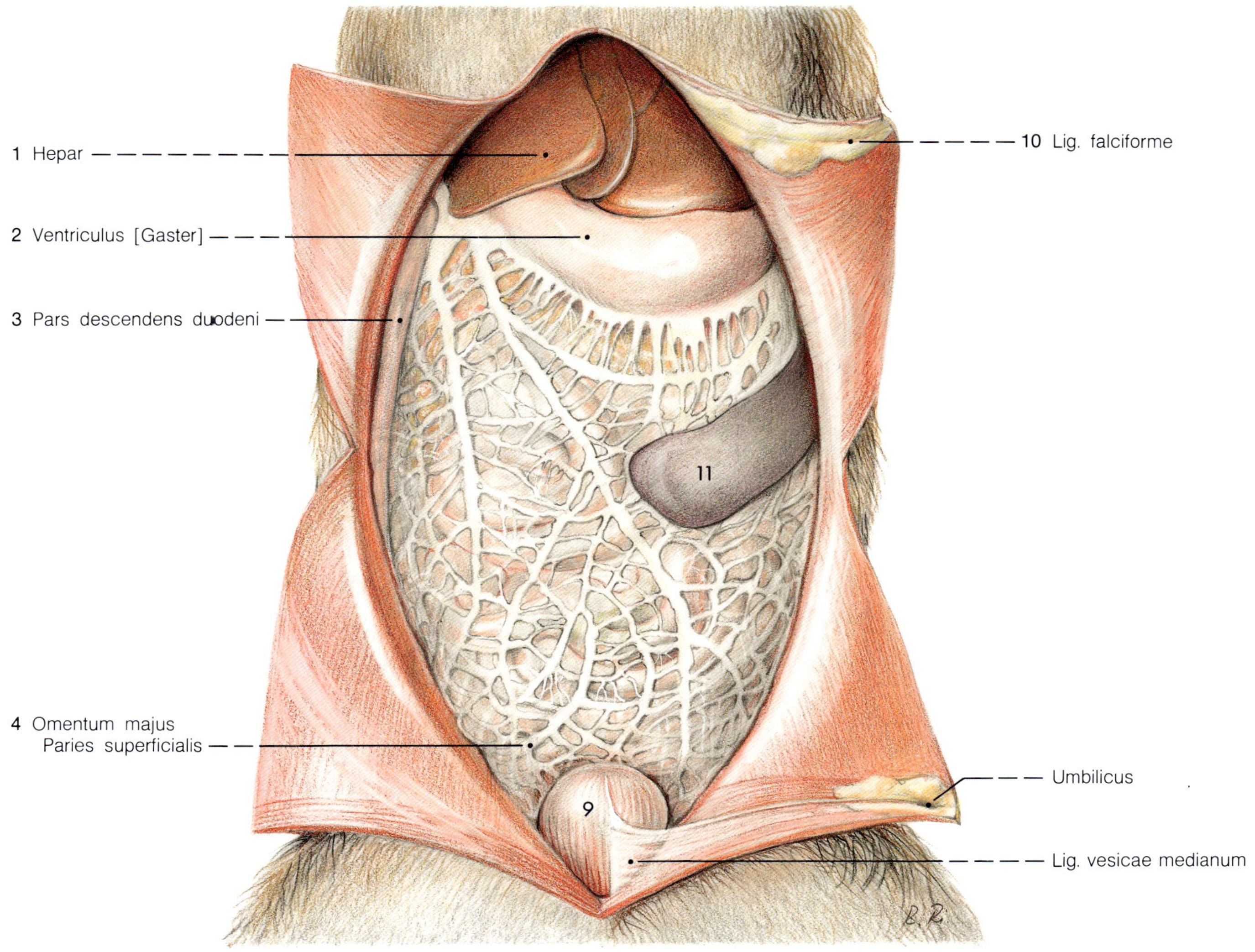

(ventral)

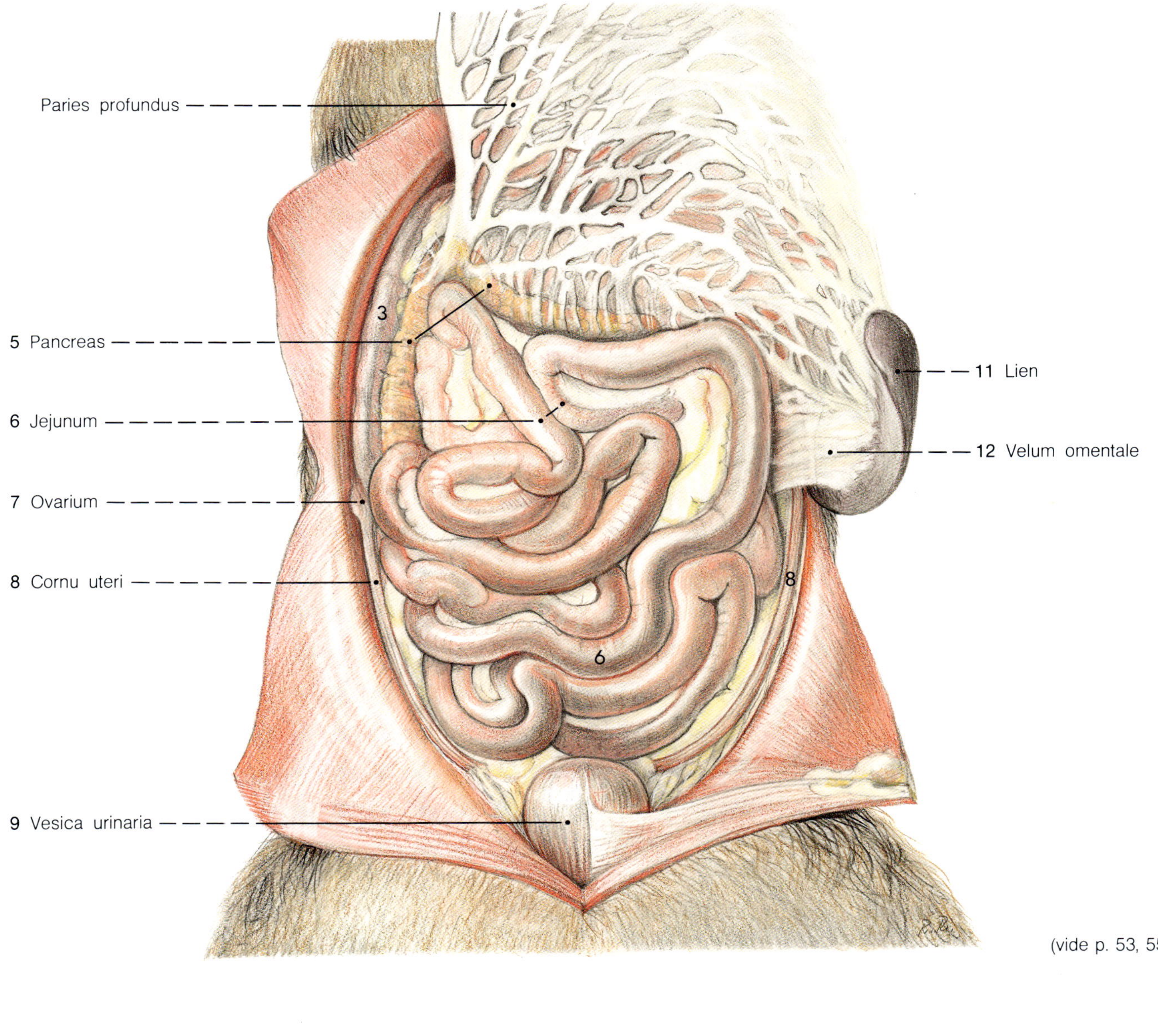

(vide p. 53, 55, 57, 59)

a) Die **BAUCHFELLHÖHLE (CAVUM PERITONAEI)** endet kaudal in der Beckenhöhle mit drei übereinanderliegenden Ausbuchtungen (Excavationes) des **Peritonaeum parietale (15)**. Die dorsal gelegene **Excavatio rectogenitalis (3)** reicht am weitesten kaudal und wird dorsal vom Rectum und ventral vom Uterus resp. Ductus deferens begrenzt. Zwischen den genannten Genitalorganen und der Harnblase (Vesica urinaria) liegt die **Excavatio vesicogenitalis (5)**. Die ventral gelegene **Excavatio pubovesicalis (2)** liegt zwischen Harnblase und Os pubis und wird bei geringer kaudaler Reichweite durch das **mediane Harnblasenband (Ligamentum vesicae medianum – 1)** unterteilt. Eine handschuhfingerförmige Ausstülpung des Cavum peritonaei ist der Processus vaginalis peritonaei, der am **Anulus vaginalis (7)** beginnt und durch den Leistenspalt zieht. Außerdem schnürt sich kranial während der Ontogenese das Cavum mediastini serosum durch die Zwerchfellsentwicklung ab. Es reicht im Mediastinum bis zur Herzbasis.

b) Zu den **GEKRÖSEN** der intraperitonäal gelegenen Organe werden das dorsale und ventrale Magengekröse (Mesogastrium dorsale und -ventrale, s. a. Textabb.) sowie das gemeinsame dorsale Darmgekröse (Mesenterium dorsale commune) gezählt.

1 I. Das **Mesogastrium dorsale (17**, großes Netz resp. Omentum majus s. Epiploon) überlagert ventrolateral weitgehend den Darmtrakt. Das **große Netz (Omentum majus – 26)** gliedert sich in ein oberflächliches und ein tiefes Blatt. Jedes Blatt besteht aus einer Serosadoppellamelle. Es beginnt als **tiefes (viszerales) Blatt (Paries profundus – 28)** gemeinsam mit dem Mesocolon transversum an der dorsalen Bauchwand, liegt dem Darmkonvolut (Viscera) ventrolateral auf und schlägt sich am Beckeneingang als **oberflächliches (parietales) Blatt (Paries superficialis – 27)** um. Dieses Blatt liegt der ventralen Bauchwand (Paries) an und reicht bis zur Curvatura major ventriculi. Hier trennen sich beide Serosalamellen und überziehen die Magenoberfläche als **Peritonaeum viscerale (4)** und treffen sich wieder an der Curvatura minor. Hier beginnt das Mesogastrium ventrale (kleines Netz). Paries superficialis und Paries profundus bilden die Wandung des Netzbeutels (Bursa omentalis), der mit der spaltförmigen Kaudalausbuchtung der **Netzbeutelhöhle (Recessus caudalis omentalis** – 50) bis zum Beckeneingang reicht. Zwischen beide Lamellen des tiefen Blattes hat sich der linke Lappen der Bauchspeicheldrüse, und zwischen beide Lamellen des oberflächlichen Blattes hat sich die Milz hinein entwickelt. Das **For. epiploicum (16)**, das kaudal der Leber, ventral der V. cava caudalis und dorsal der V. portae liegt, ist eine Öffnung zum **Netzbeutelvorhof (Vestibulum bursae omentalis – 19)**, der gemeinsam mit dem Recessus caudalis omentalis den gesamten Netzbeutel (Bursa omentalis) bildet. Der Netzbeutelvorhof liegt zwischen der dorsalen Bauchwand und dem kleinen Netz und besitzt an der Curvatura minor des Magens einen Zugang zur Kaudalausbuchtung der Netzbeutelhöhle (Aditus ad recessum caudalem). Besonders benannte Abschnitte des großen Netzes sind das **Milznetz (Lig. gastrolienale – 24)** und das Segelnetz. Das **Segelnetz (Velum omentale**, s. S. 51) liegt links im Körper und verkehrt zwischen Paries profundus und Mesocolon descendens. Es beteiligt sich als einziger Abschnitt des großen Netzes nicht an der Bildung und der Begrenzung der Netzbeutelhöhle.

II. Das **Mesogastrium ventrale** beginnt an der Curvatura minor ventriculi und endet an der ventralen Bauchwand zwischen Zwerchfell und Nabel. Im ventralen Magengekröse entwickelt sich die Leber. Dadurch wird es in einen proximalen (viszeralen) und distalen (parietalen) Anteil untergliedert. Der proximale Teil ist das **kleine Netz (Omentum minus – 20)**, das aus den **Ligg. hepatogastricum (21)** und **hepatoduodenale (22)** besteht. Der distale Teil des ventralen Magengekröses ist das **Lig. falciforme (23)**, das zwischen Leber und ventraler Bauchwand verkehrt. Es enthält im freien Rand das Lig. teres hepatis, die obliterierte Nabelvene. Die übrigen Leberbänder (Ligg. triangulare und coronarium, s. S. 58) sind sekundär entstandene Nebengekröse, die im Gegensatz zu den vorgenannten Gekrösen keine Blutgefäße führen.

III. Das **Mesenterium dorsale commune (10)** reicht vom Beginn des Duodenum bis zum Rectum und wird als Gekröse für die einzelnen Darmteile abschnittsweise als **Meso**duodenum, - jejunum, - ileum, -caecum, - colon und - rectum benannt. Durch die Darmverlängerung mit einhergehender Darmdrehung während der Ontogenese wird das kranial gelegene Gekröse am Ursprung der A. mesenterica cranialis als **Gekrösewurzel (Radix mesenterii – 13)** zusammengedreht, während das kaudal anschließende **Mesocolon descendens (9)** samt **Mesorectum (6)** linear an der dorsalen Bauchwand befestigt sind. Ein ventrales Darmgekröse ist kaudal der Pars cranialis duodeni nicht ausgebildet.

c) Die **LYMPHKNOTEN** des Magen-Darm-Traktes liegen bevorzugt in den Gekrösen jener Eingeweideabschnitte, die zum Einzugsgebiet der betreffenden Lymphonodi gehören. Die **Lnn. hepatici (portales – 18)** befinden sich kranial der Bauchspeicheldrüse beiderseits der Pfortader. Die **Lnn. jejunales (12)** liegen im proximalen Drittel des Jejunalgekröses hintereinander gereiht. Die Einzelknoten können eine Länge bis zu 20 Zentimetern erreichen. Die **Lnn. lienales** gruppieren sich um die Aufzweigung der A. und V. lienalis. Der inkonstante **Ln. gastricus** befindet sich pylorusnah an der kleinen Magenkurvatur. Die **Lnn. colici (14)** liegen nahe am Darmansatz des Mesocolon ascendens und des Mesocolon transversum. Die **Lnn. mesenterici caudales (8)** sind an der Endaufteilung der A. mesenterica caudalis auffindbar. Die Abflüsse aus den genannten Lymphknoten vereinigen sich überwiegend zum Truncus visceralis, der in Nierenhöhe in die Lendenzisterne (Cisterna chyli) einmündet.

d) Die **CISTERNA CHYLI** (s. S. 61) befindet sich dorsal an der Bauch- 2
aorta in Höhe der Nieren zwischen den Zwerchfellspfeilern. Als Hauptzuflüsse führen der **Truncus lumbalis** die Lymphe aus dem Becken samt Gliedmaßenbereich und der **Truncus visceralis** die Lymphe von den Eingeweiden in die Lendenzisterne. Von hier wird die Lymphe durch den **Ductus thoracicus** nach Passieren des Hiatus aorticus zum bereits erwähnten Venenwinkel abgeleitet (s. S. 41).

e) Die **MILZ (LIEN, SPLEN – 11**, s. a. Textabb.) ist in ihrer Lage von 3
der füllungsbedingten Ausdehnung des Magens abhängig, mit dem eine lockere Verbindung über das Milznetz (Lig. gastrolienale) vorliegt. Bei fast leerem Magen liegt die **Extremitas ventralis** kaudal vom linken Rippenbogen und kann über die Medianlinie hinweg die rechte Körperseite erreichen. Am **Milzhilus (Hilus lienis – 25)** befestigen sich beide Serosalamellen des oberflächlichen Blattes des großen Netzes, deren oberflächliche Lamelle die Milz als Peritonäalüberzug umgibt. Sie läßt auf dem Anschnitt mit dem bloßen Auge gerade noch oder nicht die rote und weiße Milzpulpa erkennen, die grundsätzlich verschiedene Funktionen aufweisen. Die **rote Milzpulpa** steht vornehmlich im Dienste des Blutkreislaufs. In ihr fließt das Blut teils außerhalb von Blutgefäßen (offener Milzkreislauf) und teils innerhalb weitlumiger, dünnwandiger Blutsinus (geschlossener Milzkreislauf). In der roten Milzpulpa erfolgt die Blutmauserung, ein Abbau gealterter roter Blutkörperchen und die Blutspeicherung (Speichermilz). Die reichlich vorhandenen glatten Muskelzellen der Milzkapsel und der abstrahlenden Milztrabekel können das Blut zur Entspeicherung wie aus einem Schwamm ausdrücken. Da das Blut aus der V. lienalis in die Pfortader gelangt, fungiert die Milz als Blutdruckregulator besonders des Pfortaderkreislaufs (s. S. 57). Die aus der A. coeliaca stammende A. lienalis entsendet mehrere Äste durch den langgestreckten Milzhilus. Die **weiße Milzpulpa** (Milzknötchen und Peri-Arterielle-Lymph-Scheiden (PALS) stehen vornehmlich im Dienste der Immunabwehr und haben ähnliche Aufgaben wie ein Lymphknoten (Bildung von Lymphozyten und Abwehrstoffen; Filter für das Blut; Lymphozyten-Rezirkulation). Die Lymphozyten halten sich nur in kurzen Zeitabständen im Blut auf und lassen sich danach in den lymphatischen Organen wie die Milz nieder.

Milzgefäße s. S. 57; **Milznerven** vom N. vagus u. N. sympathicus s. S. 49

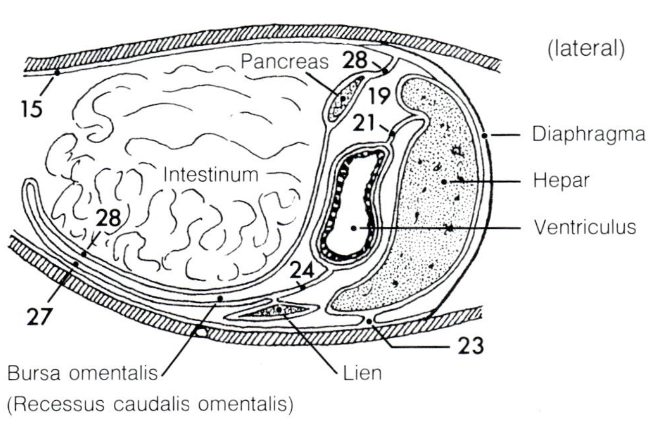

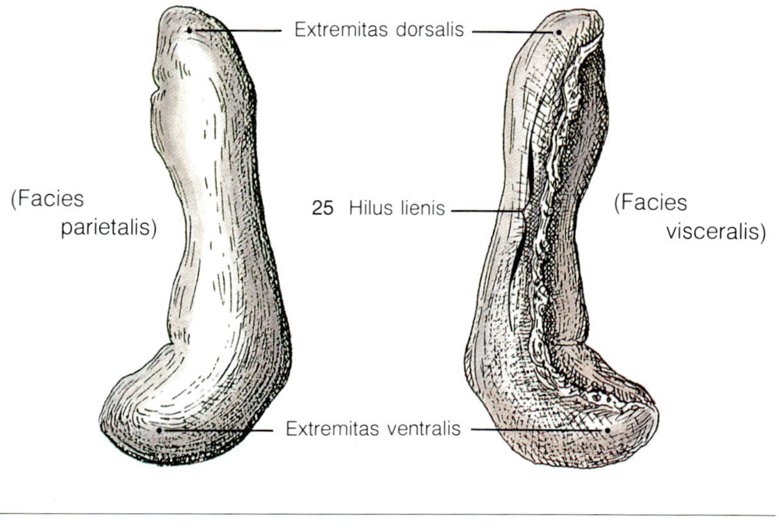

Mesenterium et Cavum peritonaei ♀

(Facies dextra)

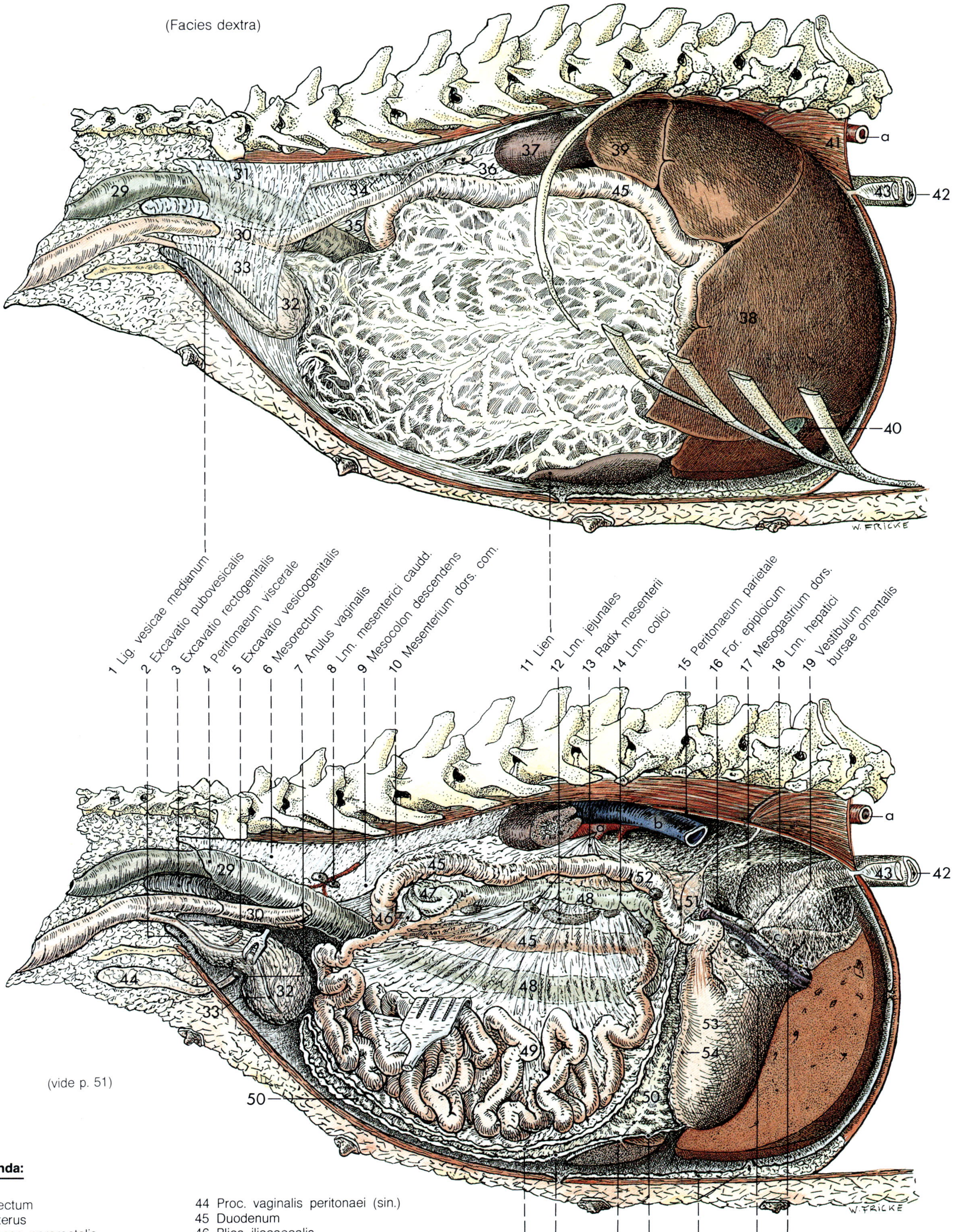

(vide p. 51)

Legenda:

29 Rectum
30 Uterus
31 Fossa pararectalis
32 Vesica urinaria
33 Lig. vesicae lat.
34 Lig. teres uteri (Sectio)
35 Plica duodenocolica
36 Ovarium
37 Ren dexter
38 Hepar
39 Proc. caudatus
40 Vesica fellea
41 Diaphragma
42 Oesophagus
43 Cavum mediastini serosum
44 Proc. vaginalis peritonaei (sin.)
45 Duodenum
46 Plica iliocaecalis
47 Caecum
48 Colon
49 Jejunum
50 Bursa omentalis (Recessus caud. omentalis)
51 Pancreas
52 Lnn. pancreaticoduodenales
53 Ventriculus [Gaster]
54 Curvatura major

a Aorta
b V. cava caud.
c V. portae

3. MAGEN UND DÜNNDARM MIT BAUCHSPEICHELDRÜSE

a) Der **OESOPHAGUS** liegt mit seiner **Pars thoracica** im Mediastinum und zieht durch den Hiatus oesophageus des Zwerchfells in die Bauchhöhle. Die sehr kurze **Pars abdominalis (25)** tritt sofort in den Magen. Beide Teile besitzen einen serösen Überzug und unterscheiden sich darin vom Zervikalteil, der von einer Adventitia umgeben ist.

1 b) Der **MAGEN (VENTRICULUS, GASTER** – 7) schließt sich an die
2 Speiseröhre an. Die **Magenfunktion** besteht in der vorübergehenden Speicherung von Nahrung und der Regulierung des Weitertransportes in kleinen Mengen in den Dünndarm. Die Salzsäure des Magens wirkt desinfizierend und aktivierend auf das von Magendrüsen gebildete Pepsinogen, das als Pepsin die Verdauung einleitet. Er ist durchweg drüsenhaltig und im Vergleich mit den Mägen anderer Haussäugetiere ein einhöhliger einfacher Magen. Die Magenwand besteht ebenso wie die
3 Darmwand aus einer Schleimhaut (Tunica mucosa mit Laminae epithelialis, propria und muscularis mucosae), Tela submucosa als Verschiebe-
4 schicht, Tunica muscularis und Tunica serosa als Überzug. Lage und Form des Magens variieren je nach Füllungszustand erheblich. Der fast leere Magen liegt mit seiner Längsachse annähernd quer zur Körperlängsachse. Der Magen-Fundus stößt an das Zwerchfell. Von der ventralen Bauchwand ist der Magen durch die unterlagernde Leber getrennt. Er liegt fast vollständig im intrathorakalen Teil der Bauchhöhle. Bei starker und sehr starker Magenfüllung ragt der Magenausgang weit in den Mittelbauch hinein, und zwar bis zur Höhe des dritten Lendenwirbels. Der Magen liegt dann der seitlichen und ventralen Bauchwand breitflächig an.

Die **Pars cardiaca** mit ihrem **Ostium cardiacum (27)** samt umgebendem
5 **M. sphincter cardiae** geht links an der **großen Kurvatur (Curvatura major** – 30) in der **Incisura cardiaca (26)** in die blindsackartige **Magenblase (Fundus ventriculi** – 28) und rechts an der **kleinen Kurvatur (Curvatura minor** – 15) ohne erkennbare Grenze in das **Corpus ventriculi** (29) über. Die **Magenrinne (Sulcus ventriculi** – 14) liegt an der Innenoberfläche des Magenkörpers im Bereich der kleinen Kurvatur, wo die **Incisura angularis (16)** die Grenze zur Pars pylorica markiert. Sie wird beiderseits durch Längsmuskelzüge flankiert, die bei ihrer Kontraktion die Magenrinne zu einem Rohr verschließen können. Die Pars pylorica besteht aus dem dünnwandigen und weitlumigen **Antrum pyloricum** (22), das an einer inneren Querfalte in den dickwandigen konusartig auslaufenden **Canalis pyloricus** (17) übergeht. Der anschließende **Pfört-**
6 **ner (Pylorus)** weist vermehrt sphinkterartige Ringmuskelzüge auf und grenzt mit seinem **Ostium pyloricum** (18) an das Duodenum. An der inneren Magenoberfläche wird die Magenwand durch einen Schleimüberzug vor einer Selbstverdauung geschützt. Die **Magenschleimhaut (Tunica mucosa)** ist zu cm-dicken Magenfalten (Plicae gastricae) aufgeworfen, die bei der Magenfüllung zunehmend verstreichen. Oberflächliche Magenfelder (Areae gastricae) sind kuppelförmige Vorwölbungen mit einem Durchmesser von wenigen Millimetern, die seitlich durch grabenförmige Vertiefungen abgegrenzt werden. Auf den Magenfeldern sind Magengrübchen (Foveolae gastricae) mit bloßem Auge gerade noch sichtbar. Hier münden die vereinigten Ausführungsgänge mehrerer Magendrüsen. Die Magenschleimhaut besitzt in der Pars cardiaca die schmale ringförmige Kardiadrüsenzone, im Fundus und Corpus die Zone der Gll. gastricae propriae und in der Pars pylorica die Pylorusdrüsenzone, die aber im Bereich der kleinen Kurvatur auch auf den Magenkörper hinüberreicht. Der **Muskelmantel (Tunica muscularis)** enthält neben dem äußeren Stratum longitudinale, das auf den Oesophagus und das Duodenum übergeht, und dem inneren Stratum circulare, das zu den **Mm. sphincter cardiae (27)** und – **pylori (18)** verdickt ist, auch schräg verlaufende Fibrae obliquae, die besonders im Fundus ventriculi, aber auch noch im Corpus ventriculi, deutlich sind. Die **Tunica serosa** geht an der großen Magenkurvatur in das dorsale und an der kleinen Magenkurvatur in das ventrale Magengekröse über.

7 I. Die **Gefäßversorgung** (s. S. 57) des Magens erfolgt über Gefäßarkaden, die an der großen resp. kleinen Magenkurvatur entlang ziehen und zahlreiche gewundene Äste an die Magenwand abgeben, die sich mit zunehmender Magenfüllung strecken. Der Arterienbogen an der kleinen Magenkurvatur liegt zwischen der A. gastrica sinistra und der A. gastrica dextra. Der Arterienbogen an der großen Magenkurvatur wird von der A. gastroepiploica dextra und der A. gastroepiploica sinistra gebildet. Die **Magenvenen** münden in die Pfortader (s. S. 57).

II. Die **Lymphdrainage** erfolgt über den Ln. gastricus, der inkonstant an der kleinen Magenkrümmung vorkommt, sowie über die Lnn. lienales, pancreaticoduodenales und hepatici.

III. Die **Nervenversorgung** des Magens erfolgt über den Plexus gastricus des autonomen Nervensystems. Die parasympathischen Anteile gelangen über die dorsalen und ventralen Vagusstämme in Begleitung des Oesophagus zum Plexus gastricus und versorgen die Magendrüsen und die Magenmuskulatur. Die Umschaltung auf das zweite postganglionäre Neuron erfolgt in der Magenwand im Plexus myentericus und Plexus submucosus.

c) Die **BAUCHSPEICHELDRÜSE (PANCREAS**, s. a. S. 57) besteht aus 8
2 Organbestandteilen unterschiedlichster Funktion, dem weit überwiegenden exokrinen Anteil und dem verschwindend kleinen endokrinen Anteil. Die Organoberfläche ist lobiert und teils noduliert. Die Farbe ist je nach Blutfüllung blaß bis dunkelrot. Die Bauchspeicheldrüse ist etwa bumerangförmig mit einer Gesamtlänge von ca. 25 cm beim mittelgroßen Hund mittleren Gewichts (15 kg). Ihr **Corpus pancreatis (2)** liegt der Pars cranialis duodeni an und ihr anschließender nach links zur Milz weisender **Lobus pancreatis sinister (8)**, auch Milzlappen oder Querschenkel genannt, befindet sich im viszeralen Blatt des großen Netzes. Der rechts vom Körper absteigende Längsschenkel liegt im Mesoduodenum descendens und wird daher **Lobus pancreatis dexter (4)** oder auch Duodenallappen genannt. Der exokrine Pancreasanteil geht embryonal aus zwei Organanlagen hervor und in Übereinstimmung dazu liegen meistens zwei Ausführungsgänge vor. Der **Ductus pancreaticus (21)** mündet entweder gemeinsam mit oder direkt neben dem **Ductus choledochus (19)** auf der **Papilla duodeni major (20)** im Bereich des Corpus pancreatis. Der **Ductus pancreaticus accessorius (24)** endet wenige cm weiter kaudal auf der **Papilla duodeni minor (23)** am Kranialteil des Lobus pancreatis dexter. Beide Ausführungsgänge kommunizieren innerhalb der Bauchspeicheldrüse und bei selten vorkommender Obliteration des Mündungsstückes des Ductus pancreaticus bleibt lediglich die Mündung des Ductus pancreaticus accessorius auf der Papilla duodeni minor erhalten. An der Mündung der Pancreas-Ausführungsgänge ist deren Ringmuskulatur zum M. sphincter verstärkt, wodurch ein Rückfluß von (aktiviertem) Pancreassaft und eine Selbstverdauung des Organs verhindert werden. Innerhalb der Bauchspeicheldrüse werden lipid-, kohlenhydrat- und eiweißspaltende Enzyme gebildet, die zum Teil als inaktive Vorstufen enstehen und im Darm durch eine Enterokinase aktiviert werden. Die winzigen **Pankreasinseln (LANGERHANSsche Inseln)** erreichen nur einen Durchmesser von maximal 0,5 Millimetern und bilden zusammen den endokrinen Anteil, der schätzungsweise 1 bis 2 % der Bauchspeicheldrüse repräsentiert. Die Pankreasinseln weisen ein dichtes Kapillarnetz auf, denn ihre Hormone (hauptsächlich Insulin, Glucagon) werden über das Blutgefäßsystem abgeführt.

I. Die **Blutversorgung** erfolgt über die A. coeliaca (Rr. pancreatici der A. lienalis und A. pancreaticoduodenalis cranialis) sowie über die A. pancreaticoduodenalis caudalis der A. mesenterica cranialis. Der venöse Abfluß erfolgt in die Pfortader.

II. Der **Lymphabfluß** erfolgt über die Lnn. pancreaticoduodenales, die am Anfang des Zwölffingerdarms liegen. Außerdem gelangt Lymphe zu den Lnn. hepatici und jejunales.

III. Die **Nervenversorgung** durch den Parasympathicus aktiviert den exokrinen Pankreasteil und wird dabei durch Hormone der Darmwand unterstützt. Der Sympathicus wirkt sekretionshemmend.

d) Im **DÜNNDARM (INTESTINUM TENUE**, s. a. S. 57) findet die 9
Verdauung und die Resorption von Nährstoffen statt, wozu die innere Darmoberfläche durch Ringfalten, Darmzotten, Krypten der Schleimhaut und Mikrovilli seiner Enterozyten erheblich vergrößert ist. Der Dünndarm besteht aus dem Zwölffingerdarm (Duodenum), Leerdarm (Jejunum) sowie Krummdarm (Ileum) und reicht vom Pylorus bis zur Einmündung des Ileums in den Dickdarm. Er ist etwa dreieinhalbmal länger als die Körperlänge des betreffenden Hundes.

I. Das **Duodenum** hat die Form eines Hakens, das die Bauchspeicheldrüse umgibt. Es beginnt mit der **Pars cranialis (1)**, die nach rechts-dorsal zur Leberpforte ansteigt und danach an der Flexura duodeni cranialis in
die Pars descendens übergeht. Die **Pars descendens** (3) trägt an ihrem 10
Anfang innen die Papilla duodeni major (s. o.). Drei Fingerbreiten weiter kaudal befindet sich die Papilla duodeni minor. Die Pars descendens geht an der Flexura duodeni caudalis in die **Pars transversa** (6) über, die kaudal der kranialen Gekröseaterie bei transversalem Verlauf über die Medianlinie nach links zieht und hier in die **Pars ascendens** (5) übergeht. Die Pars ascendens wird in der **Flexura duodenojejunalis (10)** vom Jejunum fortgesetzt. Die Grenze liegt am kranialen undeutlichen Rand der **Plica duodenocolica (11)** bei unvermittelter Verlängerung des Gekröses.

II. Das **Jejunum** (9) hängt als weitaus längster Dünndarmabschnitt an einem langen Gekröse, das die räumlich weite Ausbreitung der Jejunalschlingen vom Magen bis zum Beckeneingang ermöglicht.

III. Das kurze **Ileum** (13) beginnt am undeutlichen freien Ende der kurzen **Plica ileocaecalis** (12). Die Stelle des Versiegens des arteriellen und venösen **R. ilei antimesenterialis** zeigt die Grenze zum Jejunum deutlicher an. Das Ileum endet bei gestrecktem Verlauf mit dem Ostium ileale und umgebendem M. sphincter ilei an der Grenze zum Colon ascendens (s. S. 56).

Ventriculus, Intestinum et Pancreas

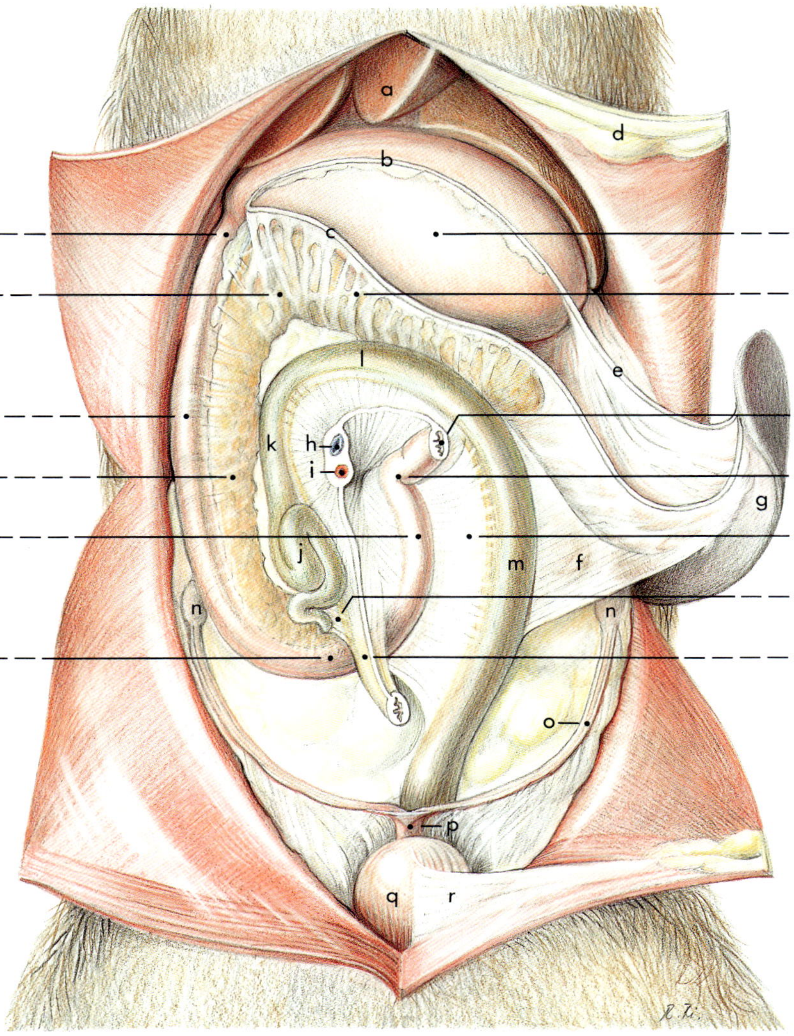

Legenda:

a Hepar
Omentum majus:
b Paries superficialis (Sectio)
c Paries profundus (Sectio)
d Lig. falciforme et Lig. teres hepatis
e Lig. gastrolienale
f Velum omentale
g Lien [Splen]
h V. mesenterica communis
i A. mesenterica cranialis
j Caecum
k Colon ascendens
l Colon transversum
m Colon descendens
n Ovarium
o Cornu uteri
p Corpus uteri
q Vesica urinaria
r Lig. vesicae medianum

Ventriculus [Gaster]

(Facies visceralis, Sectio)

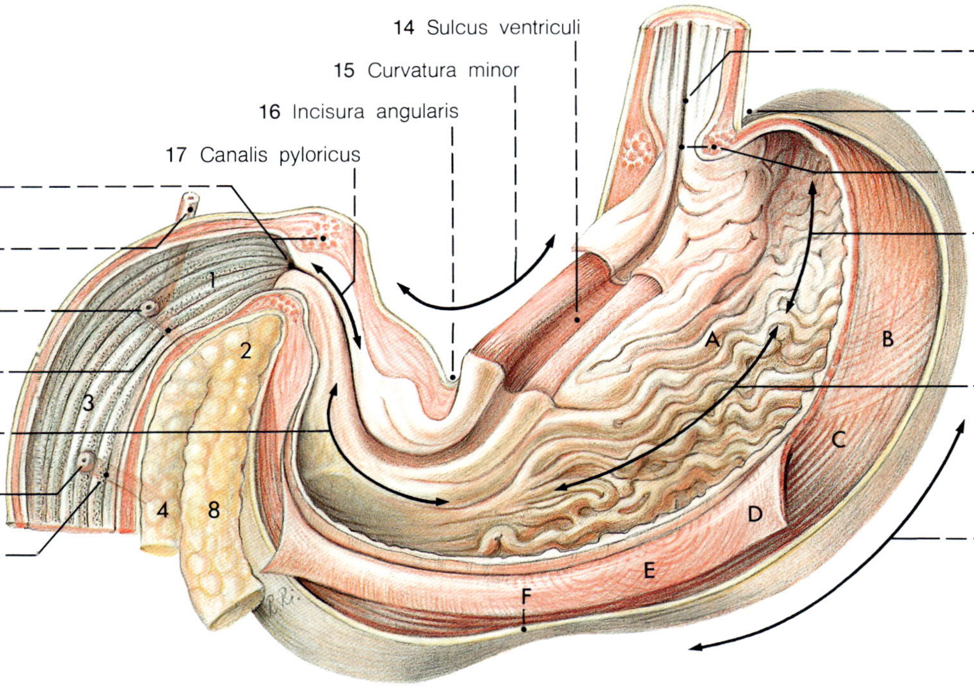

(vide p. 51, 57)

Legenda:

A Tunica mucosa et Plicae gastricae
Tunica muscularis:
B Fibrae obliquae externae
C Stratum longitudinale
D Stratum circulare
E Fibrae obliquae internae
F Tunica serosa

4. DICKDARM UND BLUTGEFÄSSE VON MAGEN UND DARM

1 a) Im **DICKDARM (INTESTINUM CRASSUM)** findet die Rückresorption von Wasser und gelösten Elektrolyten statt, die mit den Verdauungssäften in den Dünndarm gelangten. Auf der inneren Darmoberfläche fehlen Zotten. Die Dickdarm-Krypten sind besonders tief. Die Schleimhaut weist Längsfalten auf, die bei Anschoppung des Darminhaltes und Zunahme des Darmdurchmessers um das Zwei- bis Dreifache, verstreichen. Der Dickdarm des Hundes ist im Vergleich zu entsprechenden Verhältnissen bei anderen Haussäugetieren kurz und einfach geformt. Zu ihm gehören der Blinddarm (Caecum), Grimmdarm (Colon), Mastdarm (Rectum) und der Analkanal (Canalis analis).

I. Das korkenzieherartig gewundene **Caecum (H**, s. a. Textabb. unten links) besteht aus Apex und Corpus, das an das Colon ascendens grenzt. Der Blinddarm liegt rechts in der Konkavität des C-förmigen Duodenums. Das Caecum kann als Diverticulum des Colon aufgefaßt werden. Beide Dickdarmabschnitte stehen über das **Ostium caecocolicum** in Verbindung, das neben dem **Ostium ileale**, der Ileum-Einmündung in das Colon ascendens, liegt.

2 II. Das **Colon** ist hakenförmig und beginnt rechts am Ostium caecocolicum mit dem kurzen **Colon ascendens (I-J)**, das bis zur Höhe der A. mesenterica cranialis ansteigt. An der Flexura coli dextra geht es kranial der A. mesenterica cranialis in das **Colon transversum (J-K)** über, das sich auf der linken Körperseite, an der Flexura coli sinistra, in das **Colon descendens (K-L)** fortsetzt.

III. Das **Rectum (L-M)** beginnt an der T-förmigen Endaufteilung der A. mesenterica caudalis in die A. colica sinistra und A. rectalis cranialis und ist vor dem Übergang in den Canalis analis als **Ampulla recti** erweitert.

3 IV. Der **Canalis analis** (s. Textabb., unten rechts) besitzt drei hintereinanderliegende Zonen: Die **Zona columnaris** beginnt an der Linea anorectalis, wo die einschichtig-hochprismatische Drüsenschleimhaut mit enthaltenen Darmdrüsen (Gll. intestinales) endet. Für die Zona columnaris sind bis zu einem (1) Zentimeter lange säulenförmige Vorwölbungen der plattenepithelbedeckten Analschleimhaut mit den enthaltenen Lymphonoduli solitarii und Gll. anales kennzeichnend. Die Schleimhautsäulen überlagern längs verlaufende Blutgefäße und bilden so einen Schwellkörper, der den Analverschluß unterstützt. Die anschließende **Zona intermedia** (auch Linea anocutanea genannt) ist als ca. ein (1) Millimeter lange undeutliche Ringfalte am Übergang zur modifizierten äußeren Haut erkennbar. Die abschließende **Zona cutanea** ist ca. vier Zentimeter lang und weist eine schwache, kaudal zunehmende
4 Behaarung sowie leberzellähnliche hepatoide Gll. circumanales auf.
Seitlich liegen zwischen Canalis analis und M. sphincter ani externus die
5 **Analbeutel (Sinus paranales)**, die seitlich zwischen der Zona intermedia
und der Zona cutanea münden.

Der Analverschluß wird besonders durch die Mm. sphincter ani internus und – externus bewirkt. Der **M. sphincter ani internus** ist eine Verstärkung der glatten Ringmuskelschicht der Tunica muscularis des Mastdarms. Der quergestreifte **M. sphincter ani externus** verschließt den Anus und komprimiert dabei den Analbeutel, wodurch dieser entleert wird.

b) Die **ARTERIEN VON MAGEN UND DARM** entstammen den Aa. coeliaca, mesenterica cranialis und – caudalis, die aus der Aorta hervorgehen.

Die **A. coeliaca (22)** zweigt sich in drei Hauptäste auf: Die **A. gastrica sinistra (17)** entläßt einen R. oesophageus und versorgt den linken kardiaseitigen Teil der Curvatura minor ventriculi. Die **A. lienalis (21)** entläßt Rr. pancreatici, **Rr. lienales (18)** sowie die **Aa. gastricae breves (16)** und **gastroepiploica sinistra (20)** für die Curvatura major. Die **A. hepatica (5)** zieht in Richtung Leberpforte und geht nach Abgabe der **A. gastrica dextra (4)** für den pylorusseitigen Teil der Curvatura minor und der **Rr. hepatici (1)** für die Leber in die **A. gastroduodenalis (3)** über, die sich in die **A. gastroepiploica dextra (7)** für die Curvatura major und in die **A. pancreaticoduodenalis cranialis (6)** gabelt. Die A. gastroepiploica dextra anastomosiert an der Curvatura major mit der gleichnamigen linken Arterie, die A. gastrica dextra anastomosiert an der Curvatura minor mit der gleichnamigen linken Arterie, und die A. pancreaticoduodenalis cranialis anastomosiert am Duodenum mit dem gleichnamigen kaudalen Gefäß, das der A. mesenterica cranialis entstammt.

Die **A. mesenterica cranialis (23)** entläßt die **A. ileocolica (27)**, die oft doppelte **A. pancreaticoduodenalis caudalis (11)**, zwölf bis fünfzehn **Aa. jejunales (29)** und endet als **A. ilei (14)**. Die A. ileocolica verzweigt sich in die **A. colica media (24)** zum Colon transversum, die **A. colica dextra (9)** und den **R. colicus (10)** zum Colon ascendens und teilt sich in die **A. caecalis (12)** sowie die **Rr. ilei antimesenterialis (15)** und **– mesenterialis (13)**. Der R. ilei mesenterialis anastomosiert mit der A. ilei, die mit der letzten Jejunalarterie einen gemeinsamen Stamm bildet.

Die **A. mesenterica caudalis (30)** entläßt die **A. rectalis cranialis (31)** für den Enddarm sowie die **A. colica sinistra (28)**, die am Colon descendens mit der A. colica media anastomosiert.

c) Die **PFORTADER (V. PORTAE –2**, s. a. S. 59) entsteht aus drei 6
Hauptzuflüssen*, deren Verzweigungen sich prinzipiell wie die gleichnamigen begleitenden Arterienäste verhalten. Diese sind: 1. Die **V. gastroduodenalis (3)**, die in Magenhöhe von rechts in die V. portae - und 2. die **V. lienalis (19)** , die von links zwei Fingerbreiten kaudal in die V. portae mündet. Die V. lienalis wird wegen der Vereinigung mit der V. gastrica sinistra auch V. gastrolienalis genannt. 3. Der stärkste Zufluß ist die von kaudal kommende **V. mesenterica communis (8)**, die durch den Zusammenfluß der **Vv. mesenterica cranialis (26)** und **– caudalis (25)** entsteht.

Lymphsystem des Darmkanals (s. S. 52)

Nervenversorgung des Darmes (s. S. 60)

Caecum et Ileum

(ventral)

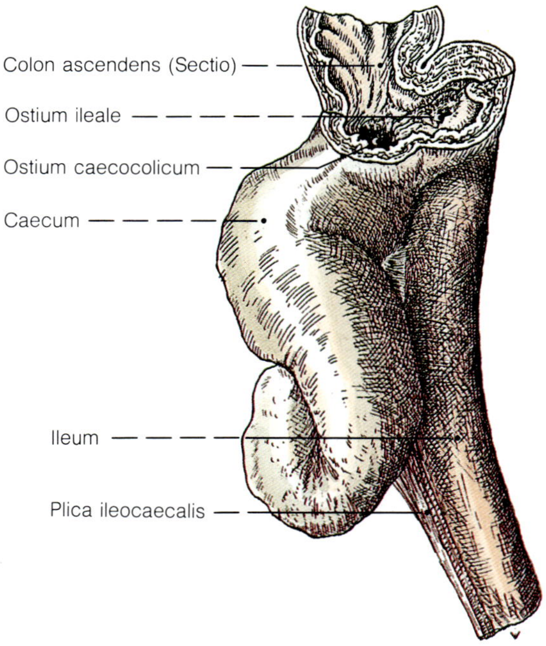

Rectum et Canalis analis

(dorsal)

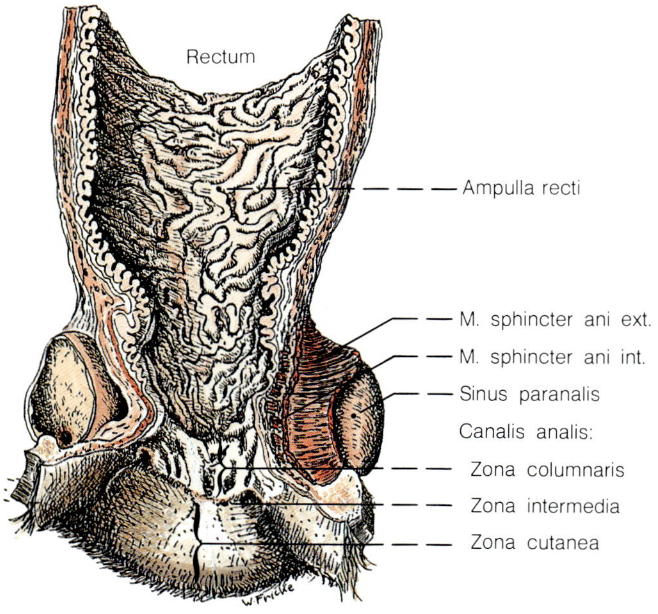

*) Nach anderer Auffassung beginnt die V. portae bereits am Zusammenfluß der Vv. mesenterica cranialis u. – caudalis und sie entsteht einschließlich der Vv. gastroduodenalis und lienalis aus vier Hauptzuflüssen.

(ventral)

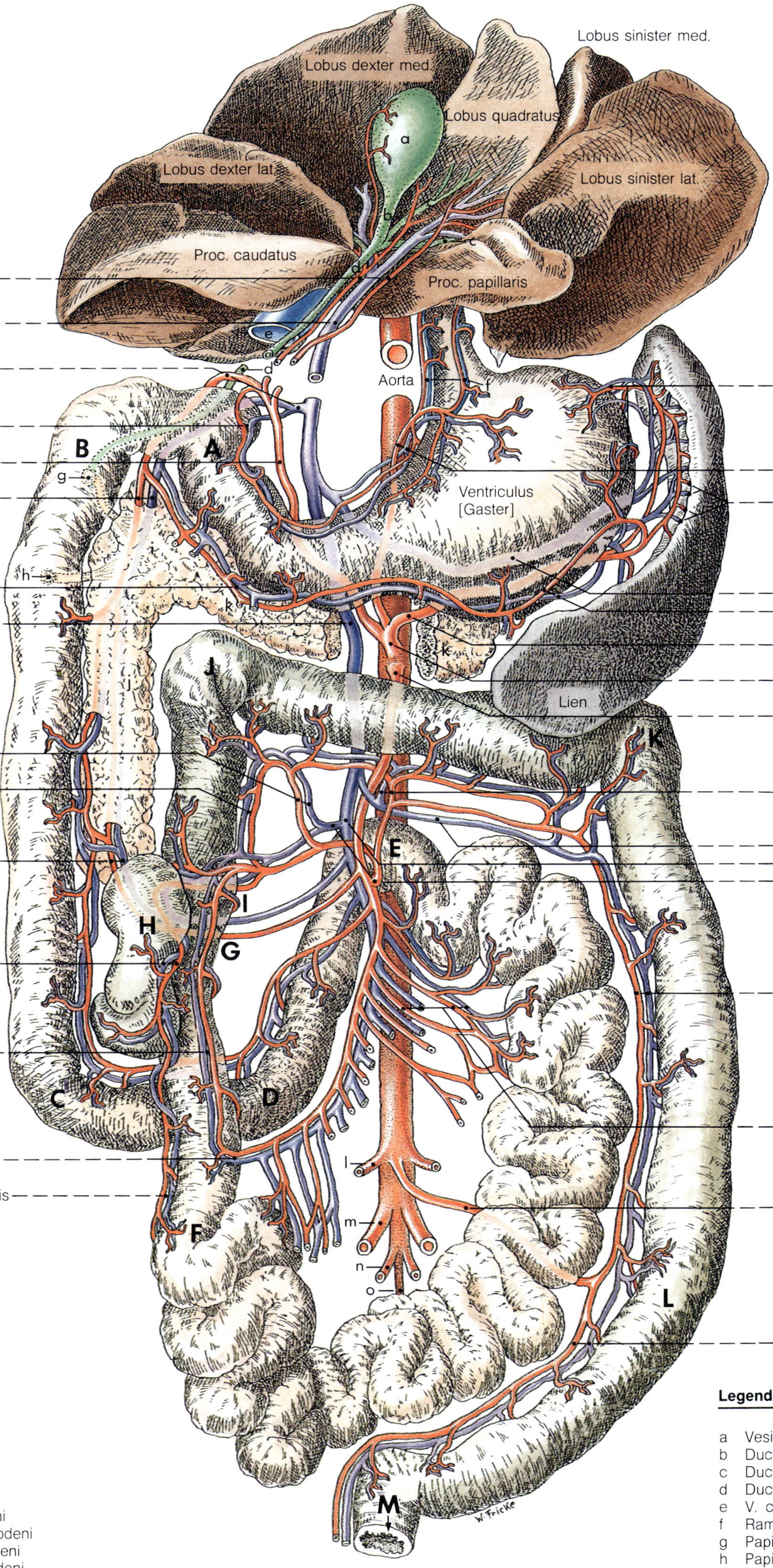

1 Rami hepatici
2 V. portae
3 A. et V. gastroduodenalis
4 A. et V. gastrica dextra
5 A. hepatica
6 A. et V. pancreatico-duodenalis cranialis
7 A. et V. gastro-epiploica dextra
8 V. mesenterica com.
9 A. et V. colica dextra
10 Ramus colicus
11 A. et V. pancreatico-duodenalis caudalis
12 A. et V. caecalis
13 Ramus ilei mesenterialis
14 A. et V. ilei
15 Ramus ilei antimesenterialis
16 Aa. et Vv. gastricae breves
17 A. et V. gastrica sin.
18 Rami lienales
19 V. lienalis
20 A. et V. gastro-epiploica sinistra
21 A. lienalis
22 A. coeliaca
23 A. mesenterica cran.
24 A. et V. colica media
25 V. mesenterica caud.
26 V. mesenterica cran.
27 A. et V. ileocolica
28 A. et V. colica sin.
29 Aa. et Vv. jejunales
30 A. mesenterica caud.
31 A. et V. rectalis cran.

Legenda:

A→B Pars cranialis duodeni
B→C Pars descendens duodeni
C→D Pars transversa duodeni
D→E Pars ascendens duodeni
E→F Jejunum
F→G Ileum
H Caecum
I→J Colon ascendens
J→K Colon transversum
K→L Colon descendens
L→M Rectum

Legenda:

a Vesica fellea
b Ductus cysticus
c Ductus hepatici
d Ductus choledochus
e V. cava caudalis
f Rami oesophagei
g Papilla duodeni major
h Papilla duodeni minor
i Corpus pancreatis
j Lobus pancreatis dexter
k Lobus pancreatis sinister
l A. circumflexa ilium profunda
m A. iliaca externa
n A. iliaca interna
o A. sacralis mediana

(vide p. 51, 55, 59)

5. LEBER UND GALLENBLASE

1 a) Die **Funktionen** der **LEBER (HEPAR s. JECUR)** sind vielfältig und korrelieren mit der beachtlichen Größe des Organs, das bei Adulten 3,3 % des Körpergewichtes beträgt. Neben Stoffwechselfunktionen im Kohlenhydrat-, Eiweiß- und Fettstoffwechsel sind Inaktivierungen von Hormonen und Entgiftungen von Fremdstoffen sowie von Medikamenten bedeutsam (Näheres s. klin.-funkt. Anat. und Lehrbücher der Biochemie). Pränatal weist das größte innere Organ einen noch größeren Anteil am Gesamtkörpergewicht auf, weil beim Foetus durch die bedeutende Funktion der Blutbildung zusätzliche Gewebeanteile in der Leber vorkommen.

Die **Lage der Leber** ist überwiegend intrathorakal. Der rechte seitliche Leberlappen und der Proc. caudatus des Lobus caudatus stoßen in Höhe der letzten Rippe an die rechte Niere. Der Lateralrand der Leber läuft annähernd parallel zum Rippenbogen. Nur der Ventralbereich der Leber ruht extrathorakal auf dem verfetteten Lig. falciforme.

Die **Leberoberfläche** liegt mit ihrer glatten konvexen **Facies diaphragmatica** dem Zwerchfell an und paßt sich der Form der Zwerchfellskuppel an. Ihre konkave **Facies visceralis** ist den Bauchorganen zugewandt. Magen, Zwölffingerdarm, Colon und rechte Niere rufen auf der plastischen, derb elastischen Oberfläche des Organs Impressiones hervor. Von den Leberrändern ist der dorsale Leberrand stumpf und trägt die **Impressio oesophagea (16)** während die übrigen Leberränder des gesunden Organs scharfrandig ausgebildet sind.

I. Die **Leberlappen** des Hundes sind durch tiefe **Organeinschnitte (Incisurae interlobares – 13)** gut voneinander abzugrenzen. Die daraus resultierende deutliche Lobierung soll mit der deutlich ausgeprägten Wirbelsäulendynamik korrelieren.

Die **Lappengliederung (Lobierung)** der Leber erfolgt nach vergleichenden-anatomischen Gesichtspunkten. Danach wird die Leber durch zwei vom Margo dorsalis zum Margo ventralis reichende Verbindungslinien untergliedert. Die linke Verbindungslinie verläuft zwischen dem dorsal gelegenen Oesophagus und dem ventral liegenden Lig. teres hepatis, das jedoch beim Hund meistens fehlt. Die rechte Linie verbindet die dorsal gelegene V. cava caudalis und die ventral gelegene Gallenblase. Dazwischen liegt ventral der Porta hepatis der **Lobus quadratus (11)** und dorsal der **Lobus caudatus**. Zum Lobus caudatus gehören der große **Proc. caudatus** (7), der mit der rechten Niere durch das Lig. hepatorenale verbunden ist und der kleine, links herausragende **Proc. papillaris (15)**, der dorsal vom kleinen Netz liegt. Lateral der Verbindungslinien liegen der rechte und der linke Lappen, die durch Incisurae intralobares in rechte und linke Mediallappen **(Lobus hepatis dexter medialis – 2 und – sinister medialis – 12)** und Laterallappen **(Lobus hepatis dexter lateralis – 6 und – sinister lateralis – 14)** gegliedert werden.

Die **Läppchengliederung (Lobulierung)** der Leber ist zwar nicht so deutlich wie beim Schwein, aber dennoch leicht an der Leberoberfläche erkennbar. Die Leberläppchen (Lobuli) weisen bei einem Durchmesser von etwa 1 - 1,5 mm eine Höhe von 1,5 - 2 mm auf. Die zuführenden Blutgefäße der Pfortader und der A. hepatica umgeben die Peripherie der Lobuli und markieren die Eckpunkte der meist sechseckigen klassischen Leberläppchen. Zentral im Leberläppchen liegt die Zentralvene, der blutabführende beginnende Ast der Lebervenen (zu anderen Einteilungsprinzipien wie Portalvenenläppchen s. Lehrbücher der Histologie).

II. Die **Leberbänder** (s. a. Abb. S. 59 unten) befestigen das Organ vornehmlich am Zwerchfell. Die **Ligg. triangularia dextrum** et **sinistrum** fixieren den rechten und linken Seitenlappen. Das sich medial fortsetzende **Lig. coronarium hepatis** befestigt den rechten und linken Mittellappen. Das **Lig. hepatorenale (9)** gehört ebenfalls zu den Leberbändern und verkehrt zwischen dem Proc. caudatus und der rechten Niere. Das **Lig. falciforme (10)** ist der distale Teil des ventralen Magengekröses und führt in seinem freien Rand das **Lig. teres hepatis** von der Leber zum Nabel. Die Area nuda der Leber ist eine peritonäumfreie Verwachsungsstelle mit dem Zwerchfell, die rechts und links der V. cava caudalis liegt. Das kleine Netz wird in das Lig. hepatoduodenale und Lig. hepatogastricum gegliedert, die von den betreffenden Organen ausgehen und zur Leberpforte konvergieren (s. S. 53). Im freien Rand des Lig. hepatoduodenale zieht der Hauptgallengang (Ductus choledochus), daneben die Pfortader und die A. hepatica.

III. Die **Leberpforte (Porta hepatis)** passieren folgende Leitungsstrukturen: V. portae (funktionelles Gefäß), A. hepatica (nutritives Gefäß), Gallengänge (Ductus hepatici), Vagus- und Sympathicusäste sowie Lymphgefäße zu den Lnn. portales hepatici.

Die **Blutversorgung** (s. nebenstehende Abb. unten) der Leber erfolgt aus
2 zwei Quellen: Die **V. portae (18)** mit ihren Ästen (Vasa publica) übernimmt entsprechend ihrer Größe die Hauptversorgung mit nährstoffreichem und sauerstoffhaltigem Blut. Die kleinkalibrige **A. hepatica (17)** führt mit ihren Ästen (Vasa privata) der Leber sauerstoffreiches Blut zu. Die Pfortader teilt sich nach Eintritt in die Leber in den Ramus dexter und Ramus sinister, die mit ihren Lappenästen die Leber hauptsächlich versorgen. Die A. hepatica folgt einem ähnlichen Aufteilungsprinzip wie die Pfortader, und beide schicken ihr Blut innerhalb der Leberläppchen durch die hepatischen Kapillaren, die als Lebersinusoide besonders durchlässig sind. Das venöse Blut gelangt im Zentrum der Leberläppchen aus den Lebersinusoiden in die Zentralvene und anschließend über Sammelvenen in die **Lebervenen (Vv. hepaticae)**, die am Dorsalrand der Leber in die hier eingebettete **V. cava caudalis (19)** einmünden.

Das **Prinzip des Pfortaderkreislaufs** kann nach Abhandlung der Blutversorgung der Leber erklärt werden: Im Pfortaderkreislauf durchfließt das Blut innerhalb des venösen Schenkels des Kreislaufs hintereinander zwei Kapillarbetten. Zunächst durchfließt es das erste Kapillarbett in der Darmwand und sammelt sich schließlich in den Ästen der Pfortader, um danach in den Leberläppchen das zweite Kapillarbett zu durchfließen. Die Pfortader der Leber sammelt das Blut aus Organen des Magen-Darm-Kanals sowie aus der Milz, das diesen unpaaren Organen über unpaare Arterien zugeführt wird.

Der **Lymphabfluß** aus der Leber erfolgt über die **Lnn. hepatici (portales – 8)**, die nahe der Leberpforte liegen.

Die **Nervenversorgung** mit sympathischen und parasympathischen Nerven erfolgt über den Plexus hepaticus, dessen Anteile in Begleitung der A. hepatica in die Leberpforte eintreten.

Die **Gallenwege** (s. a. Textabb.) beginnen innerhalb der Leber intralobulär mit den Gallenkanälchen, die ohne eigene Wand zwischen den Leberzellen liegen. Interlobulär wird die Galle der Leber zunächst über kleinere Gallengänge und schließlich über mehrere isolierte **Gallengänge (Ductus hepatici – 4)** abgeführt. Außerhalb der Leber geht an der Mündungsstelle des letzten Ductus hepaticus der **Ductus cysticus (3)** der Gallenblase in den **Ductus choledochus (5)** über, der mit einem Schließmuskel ausgestattet (M. sphincter ductus choledochi) auf der Papilla duodeni major mündet.

Ductus hepatici et Vesica fellea

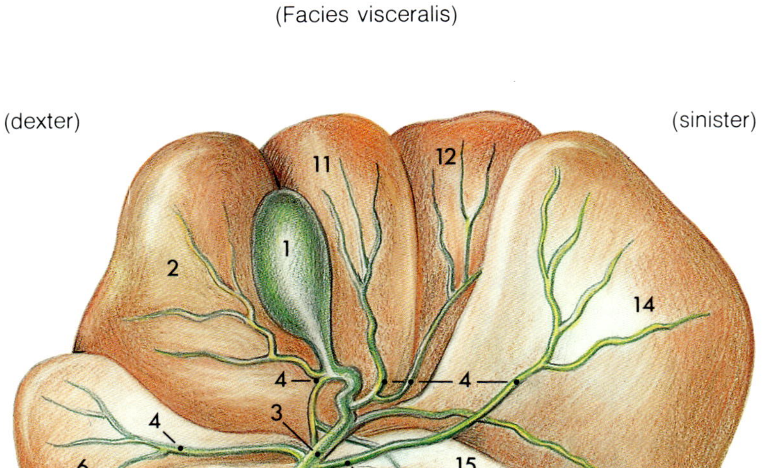

b) Die **GALLENBLASE (VESICA FELLEA – 1)** speichert die Galle, 3
sofern sie nicht direkt in das Duodenum abfließt. In der Gallenblase wird die zunächst goldgelbe Gallenflüssigkeit durch Wasserentzug eingedickt und nimmt dabei eine tiefgrüne Farbe an. Die Gallenblase liegt zwischen dem Lobus quadratus und dem Lobus hepatis dexter medialis. Bei adultem Hund reicht der **Fundus vesicae felleae** bis zum Zwerchfell. Das **Corpus vesicae felleae** geht in das **Collum vesicae felleae** über, das sich in den Ductus cysticus fortsetzt. Durch den Ductus cysticus kann die Galle in verschiedene Richtungen fließen: Zur Verdauung in den Zwölffingerdarm und in den Verdauungspausen aus der Leber zur Speicherung in die Gallenblase.

Hepar (Facies visceralis)

(ventral)

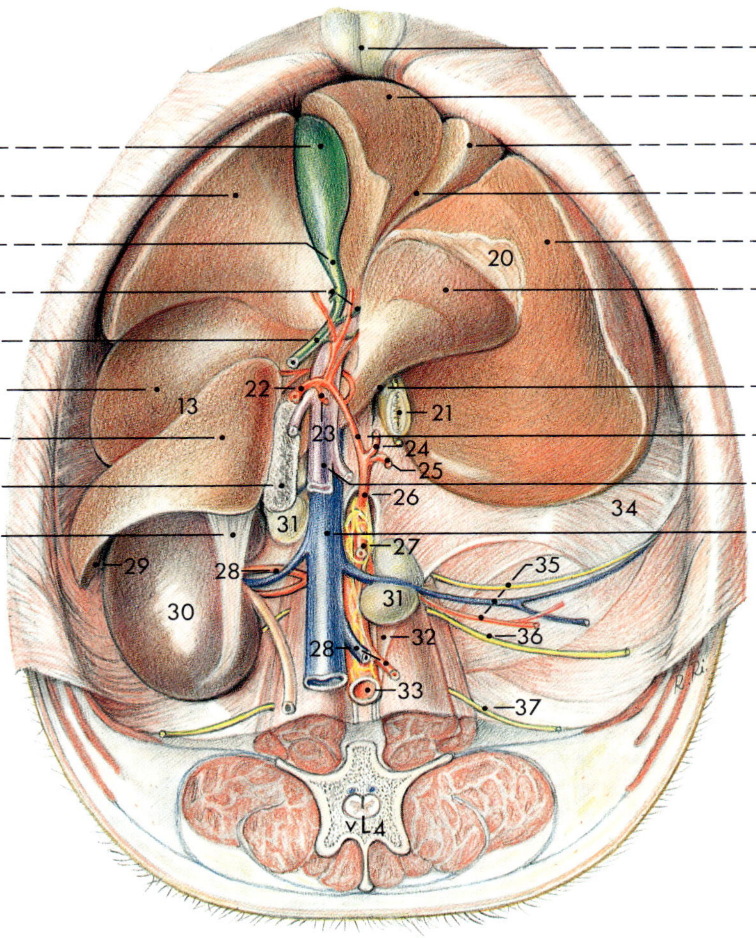

1 Vesica fellea
2 Lobus hepatis dexter medialis
3 Ductus cysticus
4 Ductus hepatici
5 Ductus choledochus
6 Lobus hepatis dexter lateralis
7 Proc. caudatus lobi caudati
8 Lnn. hepatici [portales]
9 Lig. hepatorenale

10 Lig falciforme et
Lig. teres hepatis
11 Lobus quadratus
12 Lobus hepatis sinister medialis
13 Incisura interlobaris
14 Lobus hepatis sinister lateralis
15 Proc. papillaris lobi caudati
16 Impressio oesophagea
17 A. hepatica
18 V. portae
19 V. cava caudalis

(dorsal)

(vide p. 57,61)

Legenda:

20 Omentum minus (Sectio)
21 Oesophagus et Trr. vagales
22 A. gastroduodenalis
23 A. gastrica dextra
24 A. gastrica sinistra

25 A. lienalis
26 A. coeliaca
27 A. mesenterica cranialis
28 A. et V. renalis
29 Impressio renalis

30 Ren dexter
31 Glandula adrenalis
32 Crus sinistrum p. lumbalis diaphragmatis
33 Aorta

34 Pars costalis diaphragmatis
35 A. et V. abdominalis cran. et N. iliohypogastricus cranialis
36 N. iliohypogastricus caudalis
37 N. ilioinguinalis

Facies visceralis

(V. portae et A. hepatica)

(dexter)

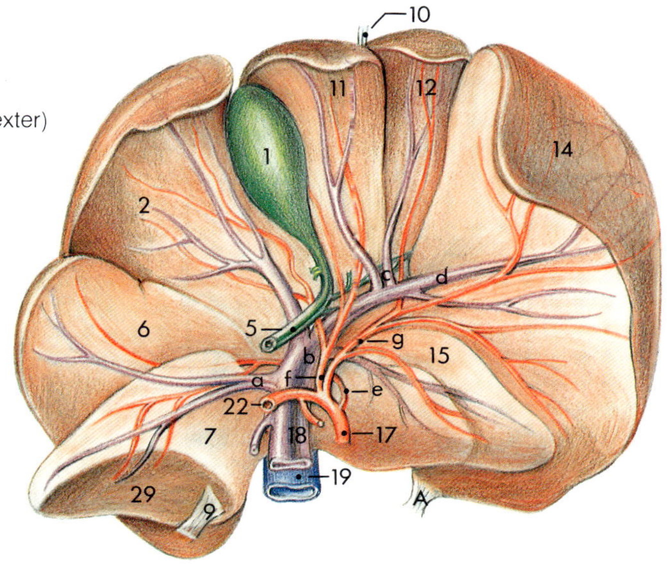

(sinister)

Facies diaphragmatica (parietalis)

(Venae hepaticae)

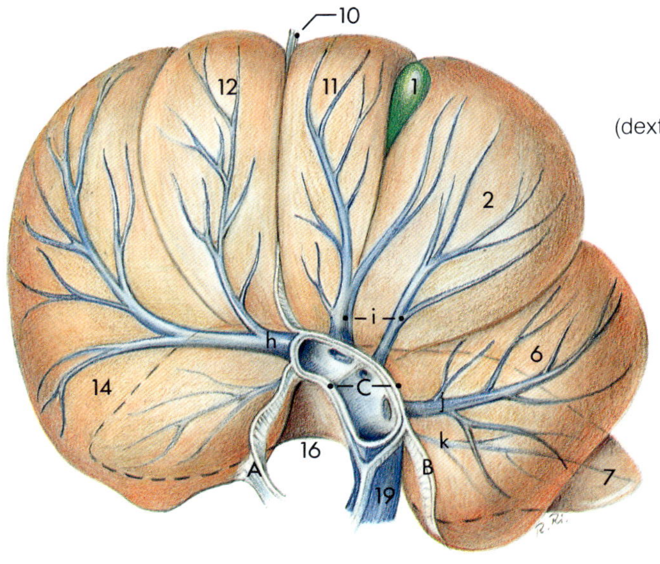

(dexter)

Legenda:

A Lig. triangulare sinistrum
B Lig. triangulare dextrum
C Lig. coronarium hepatis

V. portae:
a R. dexter
b R. sinister
c Pars umbilicalis
d Pars transversa

A. hepatica:
e R. dexter lateralis
f R. dexter medialis
g R. sinister

Vv. hepaticae:
h V. hepatica sinistra
i V. hepatica media
j V. hepatica dextra
k V. hepatica dextra acc.

6. AUTONOMES NERVENSYSTEM, AORTA ABDOMINALIS, V. CAVA CAUDALIS, INNERE LENDENMUSKELN UND PLEXUS LUMBALIS

Die Baucheingeweide werden nach rechts verlagert, um den linken Lendengrenzstrang und die Aorta abdominalis mit den abgehenden unpaaren großen Darmarterien mit ihren Abgängen darstellen zu können. Dazu wird die linke Niere mit dem Bauchfellüberzug von der Unterlage gelöst, um in den Retroperitonäalspalt und hier zur Aorta und zum Lendengrenzstrang zu gelangen.

a) Der **LENDENGRENZSTRANG** liegt im Lendenbereich medial neben dem M. psoas minor. Aus den ersten drei Lumbalganglien werden zwei bis drei dünne Äste entlassen, die den N. splanchnicus minor bilden. Im Kreuzbeinbereich verschmelzen die beiderseitigen Anteile einschließlich der Sakralganglien zum unpaaren Sakralgrenzstrang mit enthaltenem Ganglion impar. Die kaudale Fortsetzung ist der unpaare Coccygealgrenzstrang mit seinen unpaaren Ganglien. Die letzten Lumbal-, die Sakral- und Coccygealganglien erhalten im Gegensatz zum Anfangsabschnitt des Lendengrenzstranges keine segmental zufließenden Rr. communicantes albi, sondern die sympathischen Nerven ziehen longitudinal innerhalb des Lendengrenzstranges durch den Sakral- zum Coccygealgrenzstrang. Überwiegend in den Lendengrenzstrangganglien oder erst in den distal folgenden Prävertebralganglien (s. unten) kommt es zur Umschaltung der markhaltigen präganglionären auf die marklosen postganglionären Nervenfasern. Im Gegensatz zum Parasympathicus erfolgt die Umschaltung auf die postganglionären Fasern des Sympathicus bevorzugt in der Nähe des Zentralnervensystems. Nach Umschaltung der präganglionären Fasern in den Grenzstrangganglien finden die marklosen postganglionären Fasern als Rr. communicantes grisei wieder Anschluß an die segmentalen (somatischen) Spinalnerven und führen diesen sympathische Qualitäten zu. Die Rr. communicantes grisei und – albi können dicht am Grenzstrangganglion entweder getrennt oder in einem gemeinsamen Nervenstrang verlaufen. Der kleinere Anteil der markhaltigen präganglionären Fasern, der die Grenzstrangganglien ohne Umschaltung durchläuft, zieht in den **Nn. splanchnici lumbales (13)** und – sacrales sowie durch die **Plexus aorticus (9)** und **adrenalis (4)** zu den prävertebralen Plexus mit den enthaltenen gleichnamigen Ganglien. Die prävertebralen Ganglien sind die **Ganglia coeliacum (1)** und **mesentericum craniale (2)**, die gemeinsam mit den dazugehörigen Plexus das Sonnengeflecht (Plexus solaris) bilden, sowie das **Ganglion mesentericum caudale (15)**. In diesen Ganglien, die am Ursprung der gleichnamigen unpaaren Arterien liegen, erfolgt die Umschaltung auf die postganglionären marklosen Nervenfasern. Die postganglionären Fasern bilden in der Arterien-Adventitia periarterielle Geflechte und erreichen mit den Arterien die Eingeweide. In das Ganglion mesentericum caudale gelangen von kraniodorsal aus dem Lendengrenzstrang die Nn. splanchnici lumbales. Vom Ganglion mesentericum caudale gelangen sympathische Nervenfasern über den **N. hypogastricus (25)** in die Beckenhöhle zum Plexus pelvinus (s. a. S. 49).

1 b) Der **PARASYMPATHICUS DES SAKRALMARKS** schickt seine Nerven in umgekehrter Richtung in die Bauchhöhle bis zum Colon transversum. Die parasympathische Versorgung der kranial vom Colon transversum gelegenen Bauchhöhlenorgane übernimmt der N. vagus, der mit seinen Trunci vagalis dorsalis und – ventralis mit dem Oesophagus in die Bauchhöhle eintritt (hier aufsuchen!) und auch Äste zum Solarplexus abgibt.

c) Die **AORTA ABDOMINALIS (10)** entläßt aus ihrer Dorsalwand die segmental angeordneten paarigen Aa. lumbales, die in Venenbegleitung zur Lendenwirbelsäule und deren unmittelbare Umgebung ziehen. Aus der Lateralwand der Aorta ziehen der gemeinsame Stamm der Aa. phrenica caudalis und abdominalis cranialis sowie die Aa. renalis, ovarica resp. testicularis und circumflexa ilium profunda, die alle von gleichnamigen Venen begleitet werden. Aus der Ventralwand der Aorta treten die unpaaren Aa. coeliaca, mesenterica cranialis und – caudalis. Sie werden bei ihrem anfänglichen Verlauf zu den Eingeweiden nicht von gleichnamigen Venen begleitet. Die **A. coeliaca (1)** entspringt unmittelbar kaudal des Hiatus aorticus in Höhe des dreizehnten Brustwirbels. Die **A. mesenterica cranialis (2)** folgt wenig kaudal in Höhe des ersten Lendenwirbels. Die **A. abdominalis cranialis (5)** entspringt gemeinsam mit der A. phrenica caudalis in Höhe des zweiten Lendenwirbels aus der Aorta. Die **A. renalis (6)** folgt unmittelbar kaudal ebenfalls noch in Höhe des zweiten Lendenwirbels. Die **A. ovarica (11)** resp. testicularis entspringt in Höhe des dritten Lendenwirbels. Die **A. mesenterica caudalis (15)** geht in Höhe des vierten Lendenwirbels ab, was durch Anspannen des Dickdarmgekröses an der Colon-Rectum-Grenze sichtbar wird. Die **A. circumflexa ilium profunda (17)** zweigt wenig kaudal der A. mesenterica caudalis in Höhe des vierten Lendenwirbels rechtwinkelig ab, bevor sich die Bauchaorta in Höhe des fünften Lendenwirbels in die **Aa. iliaca externa (19)** und – **interna (21)** aufteilt.

d) Die **V. CAVA CAUDALIS (18)** liegt rechts der Aorta und entläßt begleitende Venen zu den oben genannten Arterien, jedoch nicht zu den Aa. coeliaca, mesenterica cranialis und – caudalis.

e) Die **INNEREN LENDENMUSKELN** liegen ventrolateral der Lendenwirbelsäule an und werden von Ventralästen der Lendennerven innerviert. Der **M. quadratus lumborum (12)** entspringt an den letzten drei Brustwirbeln sowie an den Lendenwirbel-Querfortsätzen und zieht zu seinem Insertionsareal, das von der Spina alaris bis zur Facies auricularis des Darmbeins reicht. Der **M. psoas major (22)** kommt vom Vertebralende der letzten beiden Rippen sowie von den Lendenwirbeln und vereinigt sich in Beckenhöhe mit dem M. iliacus zum M. iliopsoas (s. S. 37), der durch die Muskelpforte zum Trochanter minor des Oberschenkelbeins zieht. Der **M. iliacus (24)** entspringt an der Facies sacropelvina des Darmbeins und an der Lateralfläche der Endsehne des M. psoas minor. Der **M. psoas minor (14)** beginnt an den letzten drei Brustwirbeln und ersten vier Lendenwirbeln, wo er dem M. psoas major ventral aufliegt. Er endet mit einer platten Sehne am Tuberculum m. psoas minoris des Darmbeins.

f) Der **PLEXUS LUMBALIS** des somatischen Nervensystems (s. a. Textabb.) wird ab nLv 3 von den Ventralästen der Lendennerven gebildet und ist mit dem Plexus sacralis zum Plexus lumbosacralis verbunden. 2
Das Nervengeflecht liegt innerhalb der inneren Lendenmuskulatur und kann erst nach Muskelentfernung überblickt werden (s. S. 71). Die **Nn. iliohypogastricus cranialis** (nLv 1 – 3) und – **caudalis** (nLv 2 – 7), die als Segmentalnerven nicht vom Plexus lumbalis kommen, sowie der erste Plexusnerv (**N. ilioinguinalis** – nLv 2 und 3 – 8) treten zwischen den Mm. psoas minor und quadratus lumborum hervor. Bei subperitonäalem Verlauf durchbohren sie ca. drei Zentimeter lateral vom M. quadratus lumborum den M. transversus abdominis und teilen sich in einen vl- und einen vm-Ast. Die vl-Äste durchbohren auf langem Weg schräg die Bauchmuskeln und versorgen die ventrolaterale Bauchhaut (s. S. 33). Die vm-Äste versorgen die Bauchmuskeln und das Peritonaeum. Sie ziehen auf der Lateralfläche des queren Bauchmuskels zum geraden Bauchmuskel und erreichen nahe der Linea alba die Bauchhaut und das Gesäuge. Der **N. cutaneus femoris lateralis** (nLv 3 und 4 – 16) tritt zwischen M. psoas major und – minor hervor und zieht transversal mit der A. und V. circumflexa ilium profunda durch die Mm. obliquus internus abdominis und transversus abdominis. Er versorgt die Haut im Kniefaltenbereich. Der **N. genitofemoralis** (nLv 3 und 4 – 20) kommt medial der Endsehne des M. psoas minor hervor, begleitet die A. iliaca externa lateral und teilt sich ventral an dieser Arterie in einen sehr schwachen R. femoralis und einen starken R. genitalis. Der R. femoralis tritt durch die Gefäßpforte zum Schenkelspalt, und der starke R. genitalis versorgt nach Durchtritt durch den Leistenspalt den inguinalen Mammarkomplex resp. die Skrotal- und Präputialhaut. Der **N. femoralis** (nLv 4 bis 5 – 23) zieht im M. iliopsoas durch die Muskelpforte und entläßt vor Eintritt in den M. quadriceps femoris den langen N. saphenus. Der **N. obturatorius** (nLv 4 bis 6 – 26) kommt medial am M. iliopsoas hervor, kreuzt das Darmbein medial und zieht nach Durchbohrung des M. levator ani durch das For. obturatum zu den Adduktorenmuskeln.

Plexus lumbalis

(lateral)

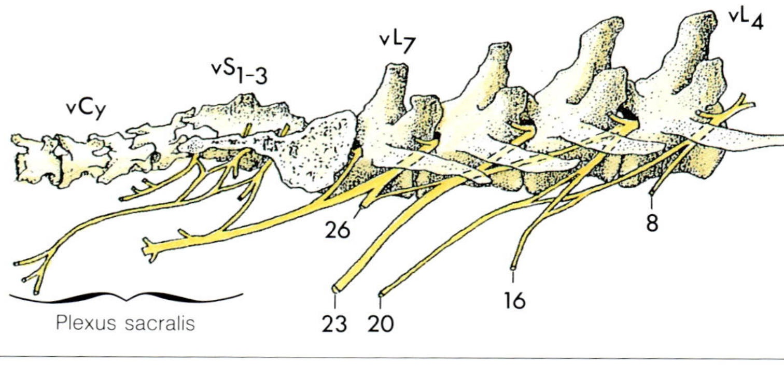

(kaudoventral)

(dext.) (sin.)

1 A. et Ggl. coeliaca (-um)
2 A. et Ggl. mesent. cranialis (-e)
3 N. iliohypogastricus cranialis
4 Plexus adrenalis
5 A. abdominalis cranialis
6 A. renalis
7 N. iliohypogastricus caud.
8 N. ilioinguinalis
9 Plexus aorticus
10 Aorta abdominalis
11 A. ovarica
12 M. quadratus lumborum
13 Nn. splanchnici lumbales
14 M. psoas minor
15 A. et Ggl. mesent. caudalis (-e)
16 N. cutaneus femoris lateralis
17 A. et V. circumflexa ilium prof.
18 V. cava caudalis
19 Aa. iliacae externae
20 N. genitofemoralis
21 Aa. iliacae internae
22 M. psoas major (Sectio)
23 N. femoralis
24 M. iliacus (Sectio)
25 N. hypogastricus
26 N. obturatorius

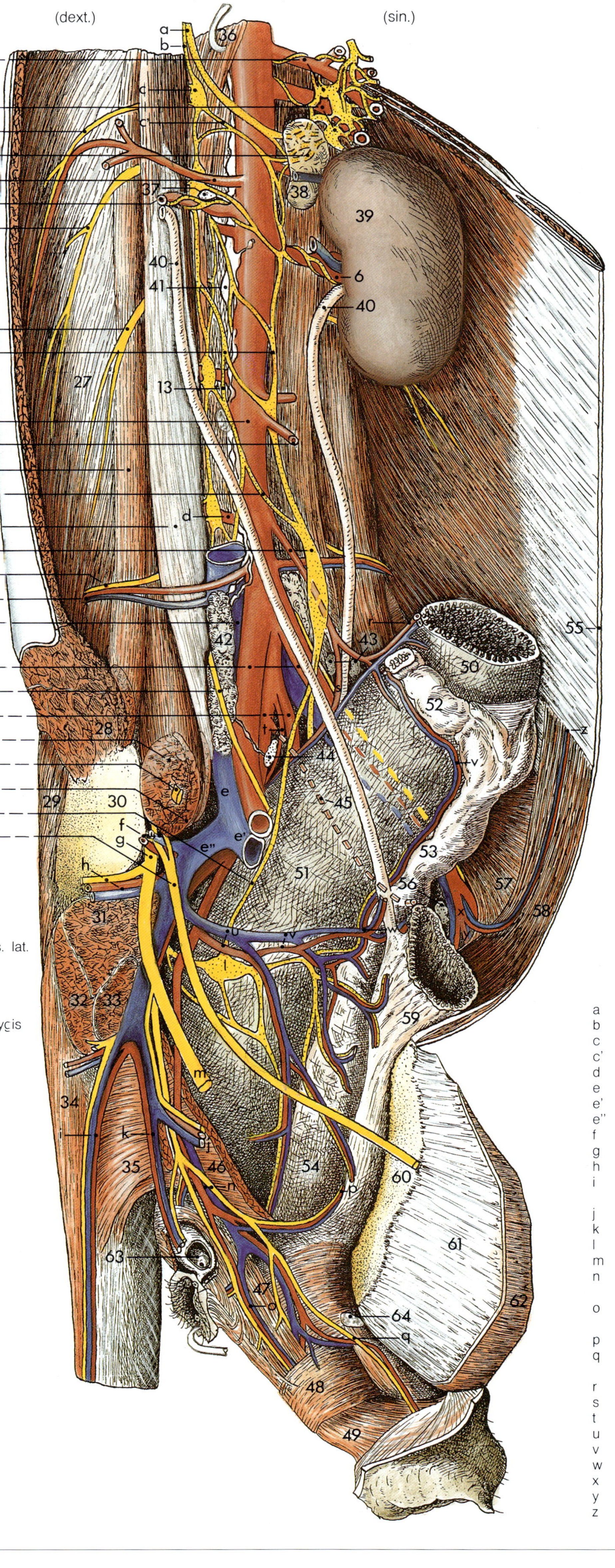

Legenda:

27 M. transversus abdominis
28 M. erector spinae (Sectio)
29 M. sacrococcygeus [-caud.] dors. lat.
30 Facies auricularis ossis sacri
31 M. glutaeus medius (Sectio)
32 M. glutaeus supf. (Sectio)
33 M. piriformis (Sectio)
34 M. intertransversarius dors. coccygis [caudae]
35 M. coccygeus (Sectio)
36 Diaphragma (Crus dext.)
37 Ln. lumbalis aorticus
38 Gl. adrenalis
39 Ren
40 Ureter
41 Cisterna chyli
42 Ln. iliacus med.
43 Lnn. mesenterici caudales
44 Ln. sacralis
45 Lig. teres vesicae
46 M. levator ani (Sectio)
47 Mm. perineales
48 M. constrictor vestibuli
49 M. constrictor vulvae
50 Colon descendens
51 Rectum
52 Cornu uteri
53 Corpus uteri
54 Vagina
55 Linea alba
56 Ln. iliofemoralis
57 M. obliquus int. abdominis
58 M. rectus abdominis
59 Vesica urinaria
60 Symphysis pelvina
61 Tendo symphysialis
62 M. gracilis
63 Sinus paranalis (Sectio)
64 Crus clitoridis

(vide p. 49, 63, 71)

a N. splanchnicus major
b Truncus sympathicus (lumbalis)
c Ggl. trunci sympathici
c' N. splanchnicus minor
d A. lumbalis
e V. iliaca com.
e' V. iliaca ext.
e'' V. iliaca int.
f A. et V. iliolumbalis
g Truncus lumbosacralis
h A., V. et N. glutaea (-us) cran.
i A. et V. coccygea [caudalis] lat.
j A., V. et N. glutaea (-us) caud.
k A. et V. perinealis dors.
l Plexus pelvinus
m N. ischiadicus
n A. et V. pudenda int. et N. pudendus
o A. et V. perinealis ventr. et N. perinealis supf.
p A. et V. urethralis
q A. et V. clitoridis et N. dors. clitoridis
r A. colica sinistra
s A. rectalis cranialis
t A. sacralis mediana
u A. et V. vaginalis
v A. et V. uterina
w A. et V. vesicalis caud.
x A. et V. prof. femoris
y A. et V. pudenda ext.
z A. et V. epigastrica caud.

7. KAPITEL: HARN- UND GESCHLECHTSORGANE SOWIE BECKEN

1. HARNORGANE

Der Darm wird nach doppelter Unterbindung zwischen Colon und Rectum unter Erhaltung des Ganglion mesentericum caudale zwischen den Unterbindungsstellen durchschnitten, und der kraniale Körperteil einschließlich des Magen-Darm-Kanals und der Darmanhangsdrüsen wird entfernt. Zum Studium der Nieren werden Schnitte angelegt (Sectiones mediana, paramediana, sagittalis und transversa). Die abgebildeten **Lymphknoten (Lnn. sacrales – 8, iliaci mediales – 7 und lumbales aortici – 6)** sowie die **Nebennieren (Gll. adrenales – 1)** werden zunächst bestimmt und auf der S. 68 näher beschrieben.

Von den **Harnorganen** werden die Nieren, der Harnleiter und die Harnblase hier und die Harnröhre später gemeinsam mit den Geschlechtsorganen abgehandelt.

1 a) Die **NIEREN (RENES)** liegen retroperitonäal im **Spatium retroperitonaeale (4)**, wobei die **linke Niere** ventral der ersten drei Lendenwirbel liegt und die **rechte Niere** eine halbe Wirbellänge weiter kranial. Bei vergleichend-anatomischer Einteilung gehören die Nieren des Hundes zum glatten, einwarzigen Nierentyp. Ihre **Nierenlappen (Lobi renales – 23)**, die bei einigen Meeressäugern (z. B. Robben) in Form einer „Traubenniere" voneinander getrennt sind, weisen beim Hund eine Verschmelzung ihrer Rindenanteile auf, die eine glatte Nierenoberfläche bedingt. Das **Nierenmark (Medulla renis – 24)** läßt die Lappengliederung noch erkennen. Die pyramidenförmige Marksubstanz **(Pyramis renalis – 25)** der Nierenlappen besteht aus einer peripheren **Basis pyramidis (s. Pars externa – 27)** und einer zentralen **Papilla renalis (s. Pars interna – 26)**, die in den inneren **Hohlraum der Niere (Sinus renalis – 14)** hineinragt. In der Nieren-Medianebene sind die Nierenpapillen zu einer einzigen **gemeinsamen Nierenpapille (Papilla communis – 12)** verschmolzen, daher einwarzige Niere. Beiderseits der Medianebene ragen zwischen den **Recessus pelvis (19)** unverschmolzene Teile der Nierenpapillen als einzelne **Pyramides renales (25)** in den Sinus renalis hinein. Die Nieren sind in eine äußere **Fettkapsel (Capsula adiposa – 2)** eingebettet. Die darunter folgende **Capsula fibrosa (13)** läßt sich nach ihrer Durchschneidung leicht vom Nierenparenchym abziehen, was jedoch bei bestimmten pathologischen Veränderungen nicht möglich ist. Die etwa zwei Zentimeter dicke **Rinde (Cortex renis – 18)** läßt ihre Nierenkörperchen als nadelstichgroße Pünktchen erkennen. Ein Nierenkörperchen (Corpusculum renis) besteht aus einem Blutkapillarknäuel (Glomerulus*) und einer umgebenden Kapsel (Capsula glomeruli), in die der Primärharn - ein Ultrafiltrat aus dem Blutplasma - hineingelangt. Das Nierenkörperchen bildet gemeinsam mit dem abgehenden proximalen Tubuluskonvolut, der anschließenden Nephronschleife (HENLE-Schleife) und dem distalen Tubuluskonvolut das Nephron, in dessen Nierenkörperchen der Primärharn (etwa 150 Liter pro Tag) hineingepreßt wird und in dessen Tubulussystem die Rückresorption von Flüssigkeit samt Glucose und Elektrolyten aus dem Primärharn erfolgt. In umgekehrter Richtung werden harnpflichtige Stoffe, vor allem stickstoffhaltige Endprodukte des Eiweißstoffwechsels besonders Harnstoff, aber auch bestimmte Medikamente, ausgeschieden. Über ein Verbindungsstück erhält das Nephron Anschluß an das Sammelrohr. Mehrere gebogene Sammelrohre gehen wie die Äste eines Baumes in ein gestrecktes Sammelrohr über, das gemeinsam mit gleichartigen Sammelrohren zu den Ductus papillares zusammenfließt, die auf der gemeinsamen Nierenpapille münden. In den Sammelrohren erfolgt wegen eines osmotischen Druckgefälles unter dem Einfluß des Adiuretins, eines Hypophysenhinterlappenhormons, ein weiterer Wasserentzug, so daß der Sekundärharn (ca. 1,5 Liter pro Tag) entsteht. Auf der gemeinsamen Nierenpapille münden sehr zahlreiche Ductus papillares überwiegend einzeln, wodurch bei Aufsicht auf die **Crista renalis (22)** eine längliche **Siebplatte (Area cribrosa – 21)** sichtbar ist. An beiden Enden der Area cribrosa liegt eine etwa zwei Millimeter lange schlitzförmige Öffnung des **Ductus papillaris communis (20)**, der vor seiner Mündung zahlreiche Ductus papillares aufnimmt.

Das **Nierenbecken (Pelvis renalis – 11)** liegt im Sinus renalis. Es ist im Nierenhilusgebiet durch Fettgewebe von den hier eintretenden Nierengefäßen und vom Nierenparenchym getrennt und im Bereich der gemeinsamen Nierenpapille mit dem Nierenparenchym durch hier hineinreichende Ductus papillares verwachsen.

I. Das **Blutgefäßsystem** der Niere (s. a. Textabb.) weist komplizierte topographische Beziehungen zum harnleitenden schleifenförmigen Tubulus renalis auf. Die **Nierenarterie (A. renalis – 3)** teilt sich in die **Aa. interlobares (15)** auf, die zwischen den Lobi verlaufen und in die **Aa. arcuatae (16)** übergehen, welche bogenförmig an der Mark-Rindengrenze entlangziehen. Von der A. arcuata gehen peripher die **Aa. interlobulares (17)** ab, die vorwiegend die Nierenrinde versorgen und jederseits einen Lobulus begrenzen. (Die Nierenlobuli sind makroskopisch kaum abgrenzbare Untereinheiten der Nierenlobi.) Die Aa. interlobulares entlassen die Arteriola glomerularis afferens, die am Gefäßpol des Nierenkörperchens in einen Kapillarknäuel (Glomerulus) übergeht, aus dem die Arteriola glomerularis efferens wieder aus dem Gefäßpol heraustritt und in ein dichtes Kapillarnetz in Umgebung der Nierentubuli übergeht. Das erste Kapillarnetz (Glomerulus) dient der Auspressung des Primärharns und liegt innerhalb des arteriellen Schenkels des Blutkreislaufes. Es wird Rete capillare glomerulare genannt. Aus dem zweiten (normalen) Kapillarnetz geht der venöse Abfluß aus der Niere hervor.

Arteriae et Venae renis

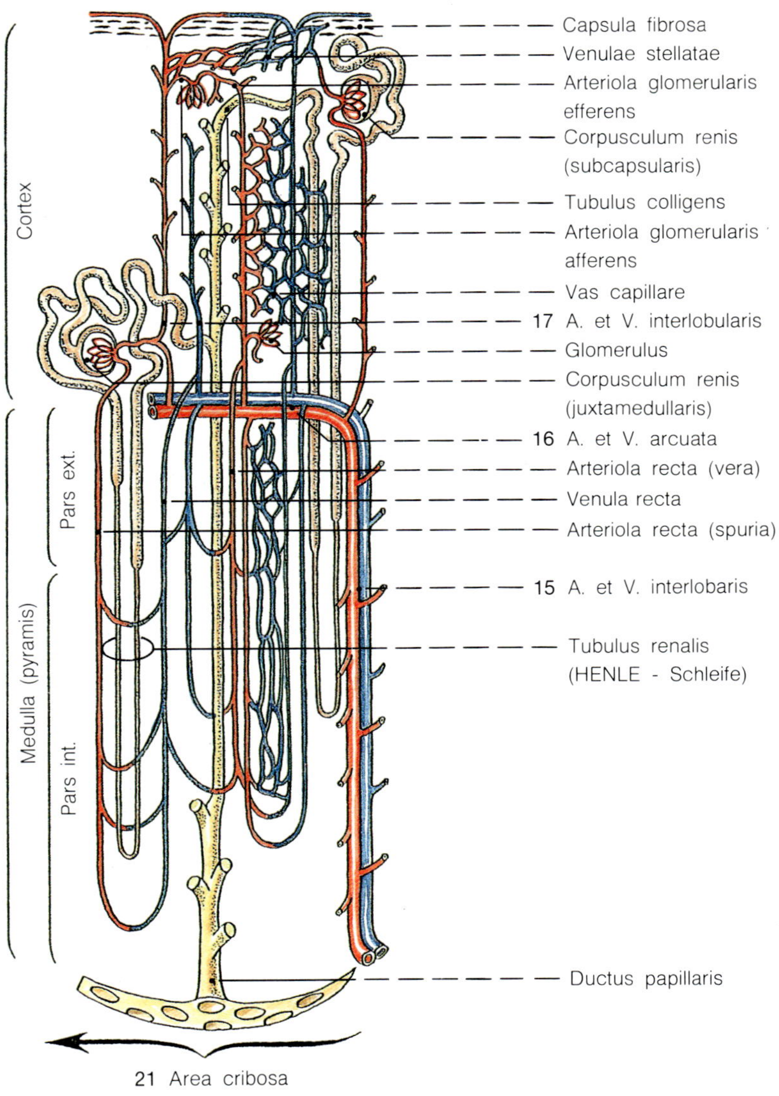

II. Die **Lymphe** aus der Niere gelangt zu den Lnn. lumbales aortici.

III. Die **autonome Innervation** erfolgt über sympathische und parasympathische Nervenfasern, die vornehmlich vom Plexus coeliacus herkommen.

b) Der **HARNLEITER (URETER – 5)** verkehrt zwischen dem Nieren- 2
becken und der Harnblase. Er liegt retroperitonäal der inneren Lendenmuskulatur an. Der Mündungsabschnitt liegt intraperitonäal, kreuzt beim Rüden den Samenleiter und durchsetzt schräg, auf langem Wege die Wand des Harnblasenhalses.

c) Die **HARNBLASE** (s. a. S. 64) liegt intraperitonäal. Von ihr zieht das **Lig. vesicae medianum (10)** zur ventralen Medianen und damit zur Linea alba. Es führt während der Foetalentwicklung den embryonalen Harngang (Urachus) zum Nabel. Das paarige **Lig. vesicae laterale (9)** zieht zur dorsolateralen Körperwand und enthält die A. umbilicalis, die in vielen Fällen zum **Lig. teres vesicae (9)** obliteriert ist und in anderen Fällen als A. vesicalis cranialis Blut zur Harnblase führt.

*) Grammatikalisch richtiger wäre Glomerulum

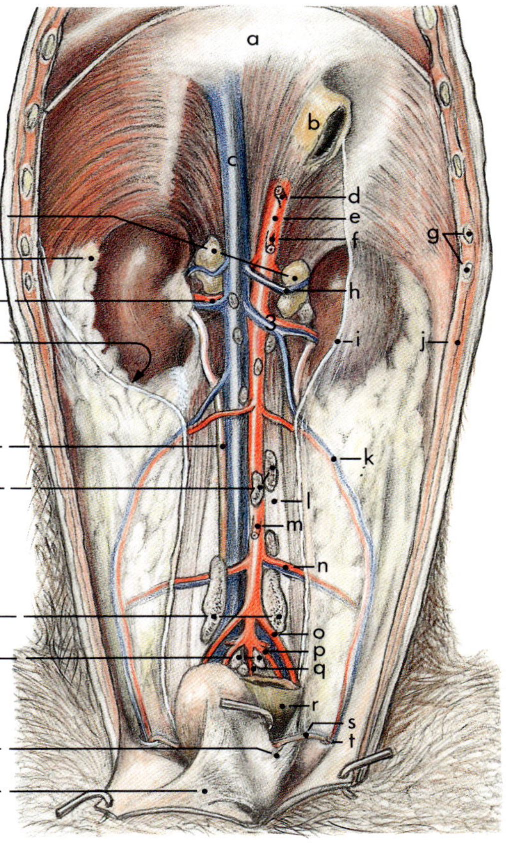

Legenda:

a Diaphragma
b Oesophagus
c V. cava caudalis
d A. coeliaca
e Aorta
f A. mesenterica cranialis
g Costae
h V. abdominalis cranialis
i Peritonaeum (Sectio)
j Mm. abdominis
k A. et V. testicularis
l M. psoas minor
m A. mesenterica caudalis
n A. et V. circumflexa ilium prof.
o A. iliaca externa
p A. iliaca interna
q A. sacralis mediana
r Rectum
s Ductus deferens
t Anulus vaginalis

(vide p.69)

Ren sinister

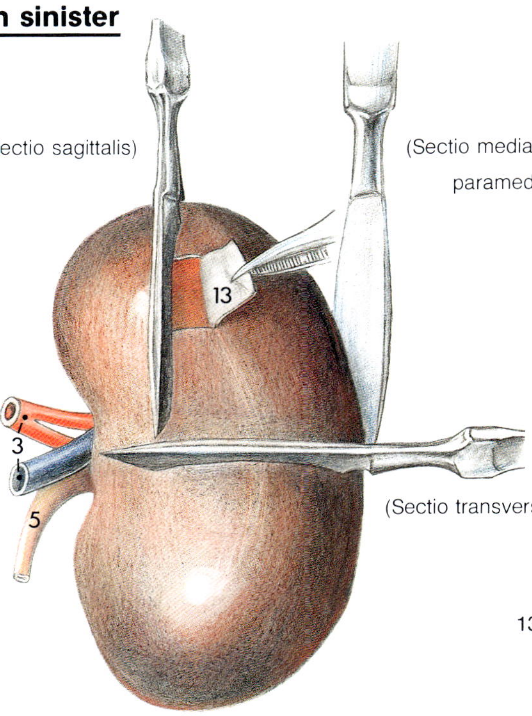

Sectio transversa

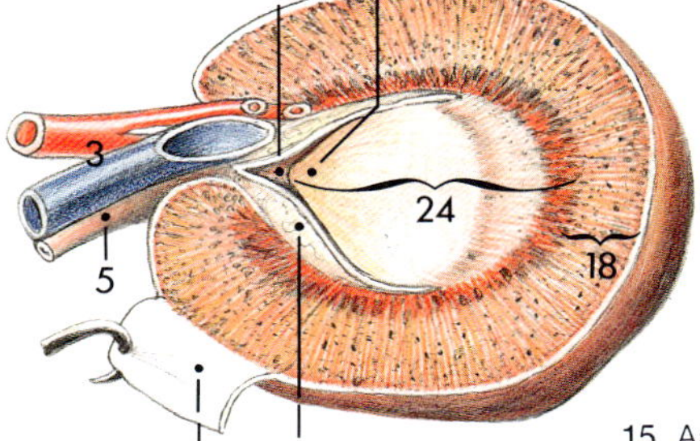

Sectio paramediana

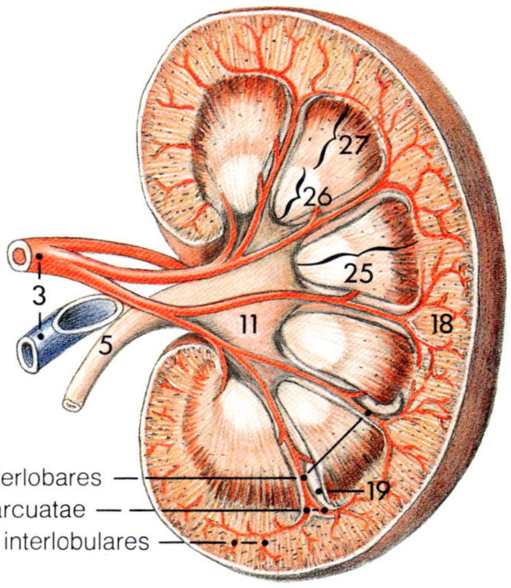

Sectio sagittalis

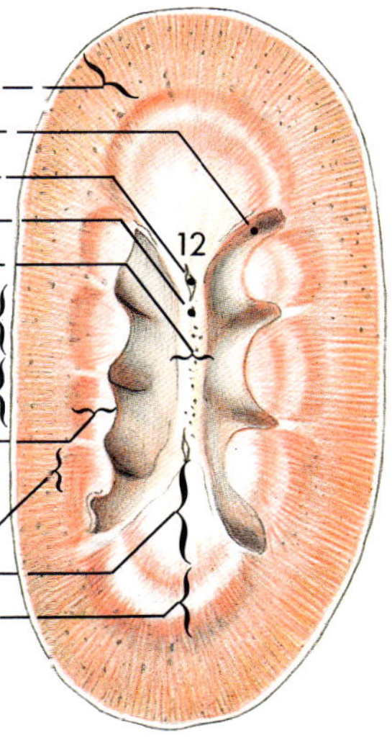

Sectio paramediana

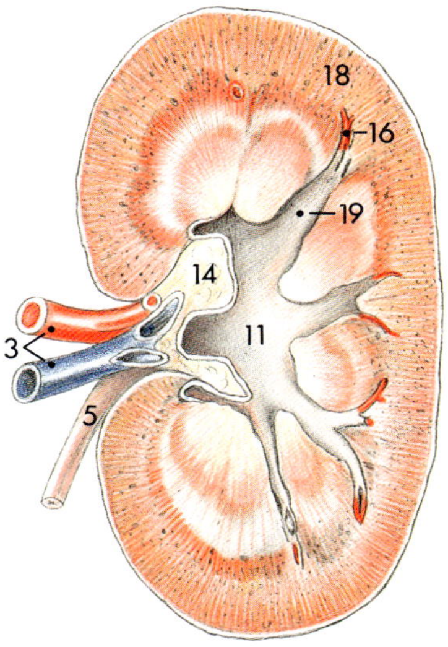

Sectio mediana

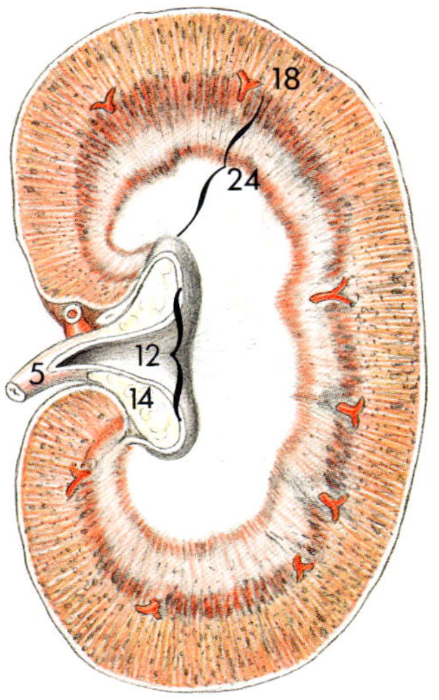

2. HARNBLASE UND PERITONÄALVERHÄLTNISSE DER GESCHLECHTSORGANE

Beim Rüden wird auf der rechten Körperseite das **Scrotum** (s. klin. - funkt. Anat.) parallel zur Raphe scroti unter Beachtung der Tunica dartos durchschnitten. Die glatte Muskulatur der Tunica dartos zieht auch in das Septum scroti, das die Hodensackhüllen trennt. Der Processus vaginalis peritonaei mit lateral anliegendem M. cremaster (externus) und umgebender Fascia spermatica externa sowie Fascia spermatica interna wird aus dem Scrotum herausgelöst und durch einen Längsschnitt bis zum Anulus vaginalis eröffnet. Bei der Hündin wird in entsprechender Weise verfahren, sofern ein Scheidenhautfortsatz ausgebildet ist.

a) Die **HARNBLASE (VESICA URINARIA** s. a. S. 62 u. Textabb.) besitzt einen kranialen **Apex vesicae (Vertex)**, ein anschließendes **Corpus vesicae** und eine kaudale **Cervix vesicae**. Dorsal am Harnblasenhals durchziehen die konvergierenden Harnleitermündungsabschnitte schräg
1 die Harnblasenwand und wölben dabei innen die Harnblasenschleimhaut als **Columnae uretericae** bis zur **Harnleitermündung (Ostium ureteris)** lumenwärts vor. Die sich kaudal fortsetzenden **Plicae uretericae** ver-
2 einigen sich am Übergang zur **Harnröhre (Urethra)**, am **Ostium urethrae internum** zur unpaaren **Crista urethralis**, die beim Rüden bis zum **Colliculus seminalis** und bei der Hündin bis zum Ende der Urethra reicht.

Die **Blutversorgung** erfolgt vornehmlich über die A. vesicalis caudalis, die aus der A. prostatica resp. vaginalis abzweigt und aus der Beckenhöhle kommend zur Harnblase zieht. Der gesamte venöse Abfluß erfolgt über die V. vesicalis caudalis (s. a. S. 71).

Die **Lymphgefäße** gelangen zu den Lnn. sacrales.

3 Die **autonome Innervation** erfolgt über den Plexus pelvinus. In der Harnblasenwand regulieren intramurale Nervenplexus mit enthaltenen Ganglienzellen die Kontraktion der Muskelwand.

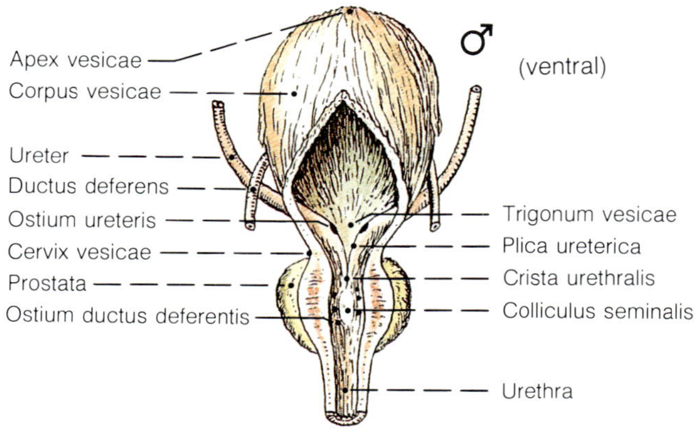

b) Die **PERITONÄALFALTEN** an den inneren Geschlechtsorganen werden bei der Hündin und beim Rüden in **GEKRÖSE** und in **GONADENBÄNDER** unterteilt.

I. Zu den **Gekrösen*** **der Geschlechtsorgane der Hündin** gehören Mesovarium (proximale und distale), Mesosalpinx und Mesometrium, die allesamt auch breites Mutterband (Lig. latum uteri) genannt werden. Das **Mesovarium (6)** führt die A. und V. ovarica zum Ovar. Eierstocksnah spaltet sich lateral das **Eileitergekröse (Mesosalpinx –9)** ab, wodurch eine Unterteilung des Mesovarium in ein langes **Mesovarium proximale (7)** und ein kurzes **Mesovarium distale (8)** erfolgt, dessen Epithel (Mesothel) sich als Oberflächenepithel (Keimepithel) auf das Ovar fortsetzt. Zwischen beiden Lamellen der Mesosalpinx liegen lateral vom Ovar der dünne Endabschnitt und medial vom Ovar der dickere Anfangsabschnitt des bogenförmig um den Eierstock ziehenden Eileiters. Das kurze Mesovarium distale und die lange Mesosalpinx bilden gemeinsam die **Eierstockstasche (Bursa ovarica –10).** Diese weist am freien distalen Rand der Mesosalpinx medial das **Ostium bursae ovaricae (11)** und lateral eine fettfreie Stelle auf, durch die das Ovar hindurchschimmert (s. S. 67). Das Mesovarium geht kaudal kontinuierlich in das **Mesometrium (4)** über. Dessen Ansatz am Uterus, **Parametrium (12),** umschließt mit seinen beiden Lamellen die **A.** und **V. uterina** und setzt sich kontinuierlich als **Perimetrium (13)** auf die Uterusoberfläche fort.

II. Zu den **Gonadenbändern**** **(Keimdrüsenbänder) der Hündin** (s. a. S. 67) gehören die Ligg. suspensorium ovarii, ovarii proprium und teres
uteri. Das **Lig. suspensorium ovarii (1)** ist das **kraniale Keimdrüsen-** 4
band, das lateral der Niere vom Zwerchfell zum Ovar zieht. Das kaudal anschließende **kaudale Keimdrüsenband (Lig. inguinale ovarii)** ist an der Eileitermündung unterteilt und besteht aus dem **Lig. ovarii proprium (2),** das zwischen Ovar und Eileiterendigung verkehrt, und dem anschließenden **runden Mutterband (Lig. teres uteri –3).** Das runde Mutterband ist lateral am Mesometrium verhaftet und zieht durch den **Anulus vaginalis (5)** bis zum Grund des **Processus vaginalis peritonaei.** Auch wenn der Scheidenhautfortsatz fehlt, was etwa bei 25 % der Hündinnen auf einer oder beiden Körperseiten vorkommt, zieht der bindegewebige Anteil des Lig. teres uteri ohne Peritonäalumhüllung durch den Leistenspalt hindurch und kann die Schamgegend erreichen.

Da die Ovarien nahe an ihrem Entstehungsort liegen, d. h. nur ein geringfügiger Descensus ovarii stattfindet, bleiben die kranial und kaudal an das Ovar herantretenden Peritonäalfalten während der Ontogenese gleichermaßen erhalten und werden nicht zurückgebildet.

III. Zu den **Gekrösen*** **der Geschlechtsorgane des Rüden** gehören Mesorchium (proximale und distale), Mesoductus deferens, Mesofuniculus und Mesepididymis. Das **Mesorchium proximale (15)** liegt im Cavum peritonaei als **Plica vasculosa** mit enthaltenen Hodengefäßen und tritt durch den **Anulus vaginalis (5)** in den Processus vaginalis peri-
tonaei ein. Hier im **Canalis vaginalis** ist das Mesorchium proximale par- 5
tiell mit dem **Mesoductus deferens (s. Plica ductus deferentis –24)** zum **Mesofuniculus (23)** verschmolzen. Der **Canalis vaginalis** und das sich kaudal anschließende **Cavum vaginale** besitzen (vergleichbar mit dem Cavum peritonaei) ein **Wandblatt (Perifuniculus –25 - resp. Periorchium –22),** ein sich abfaltendes **Gekröseblatt (Mesofuniculus –23)** und ein **Organblatt,** das nur als **Hodenüberzug (Epiorchium –21)** besonders benannt ist.

Der Mesofuniculus ist das Gekröse des **Samenstranges (Funiculus spermaticus),** der aus sieben Strukturen besteht (Arterie, Vene, autonomer Nervenplexus und Lymphgefäße des Hodens, Samenleiter mit Arterie und Vene –a - g). Dicht vor dem Hoden geht das lange Mesorchium proximale an der lateralen Abspaltung des kurzen **Nebenhodengekröses (Mesepididymis –18)** in das kurze **Mesorchium distale (19)** über, wo sich zwischen den beiden kurzen Gekrösen die lateral zugängliche **Bursa testicularis (s. Sinus epididymalis –20)** befindet.

IV. Die **Gonadenbänder**** **des Rüden** werden in das kraniale und kaudale Keimdrüsenband unterteilt. Das **kraniale Keimdrüsenband (Lig. suspensorium testis –14)** ist mehr oder weniger vollständig zurückgebildet. Sofern es vorkommt, löst es sich lateral aus dem Mesorchium proximale und kann lateral an der Niere vorbei zwerchfellwärts verfolgt
werden. Das **kaudale Keimdrüsenband (Lig. inguinale testis)** ist durch 6
den Nebenhoden unterteilt, und zwar in das **Lig. testis proprium (16),** das zwischen Hoden und Nebenhodenschwanz verkehrt, und in das **Lig. caudae epididymidis (17),** das von hier zum Grund des Processus vaginalis peritonaei reicht. Der Grund des Processus vaginalis peritonaei ist an der Innenfläche des Scrotum durch den extraperitonäalen Abschnitt des Lig. caudae epididymidis verankert, der auch **Lig. scroti** genannt wird.

PERITONÄALVERHÄLTNISSE DER GESCHLECHTSORGANE

Gekröse der Gonaden: Hündin		Gekröse der Gonaden: Rüde	Bänder der Gonaden: Hündin	Bänder der Gonaden: Rüde
Mesovarium proximale		Mesorchium proximale (Plica vasculosa)	Lig. suspensorium ovarii (zwischen Ovar und Zwerchfell)	Lig. suspensorium testis (weitgehend zurückgebildet)
Mesovarium distale	Bursa ovarica s. testicularis	Mesorchium distale	Lig. ovarii proprium (zwischen Ovar und Eileiterendigung)	Lig. testis proprium (zwischen Hoden und Nebenhodenschwanz)
Mesosalpinx (laterale Abspaltung zwischen Mesovarium proximale und distale)		Mesepididymis (laterale Abspaltung zwischen Mesorchium proximale und distale)	Lig. teres uteri (zwischen Eileiterendigung und Grund des Proc. vaginalis peritonaei)	Lig. caudae epididymidis (zwischen Nebenhodenschwanz und Grund des Processus vaginalis peritonaei)
Mesometrium		Mesoductus deferens		

*) Wegen ihres schrägen Verlaufs zur Körperlängsachse werden sie auch **Schrägbänder** genannt.
) Wegen ihres kranio-kaudalen Verlaufs werden sie auch **Längsbänder genannt.

(Facies dextra)

Legenda:

26 Ovarium
27 Duodenum
28 Cornu uteri
29 Corpus uteri
30 Vagina
31 Rectum
32 Excavatio rectogenitalis
33 Excavatio vesicogenitalis
34 Excavatio pubovesicalis
35 Urethra
36 Lig. vesicae laterale et Lig. teres vesicae
37 Vesica urinaria
38 Lig. vesicae medianum
39 Omentum majus
40 Tuba uterina [Salpinx]

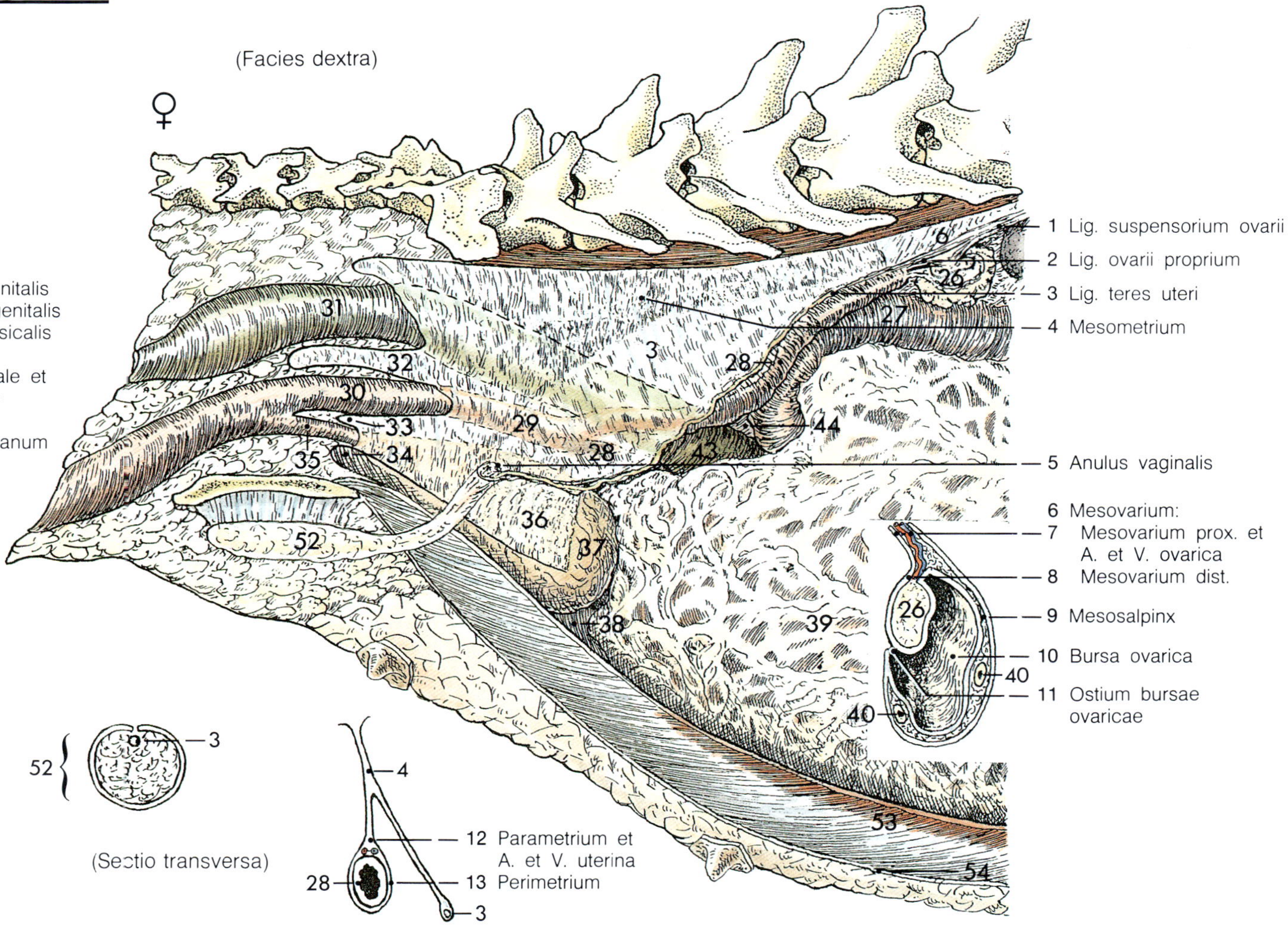

41 V. cava caudalis
42 Aorta
43 Colon descendens
44 Plica duodenocolica
45 Prostata
46 M. retractor penis
47 Radix penis
48 Corpus penis
49 Caput penis
50 Epididymis
51 Testis
52 Processus vaginalis peritonaei
53 M. obliquus ext. abdominis
54 Linea alba

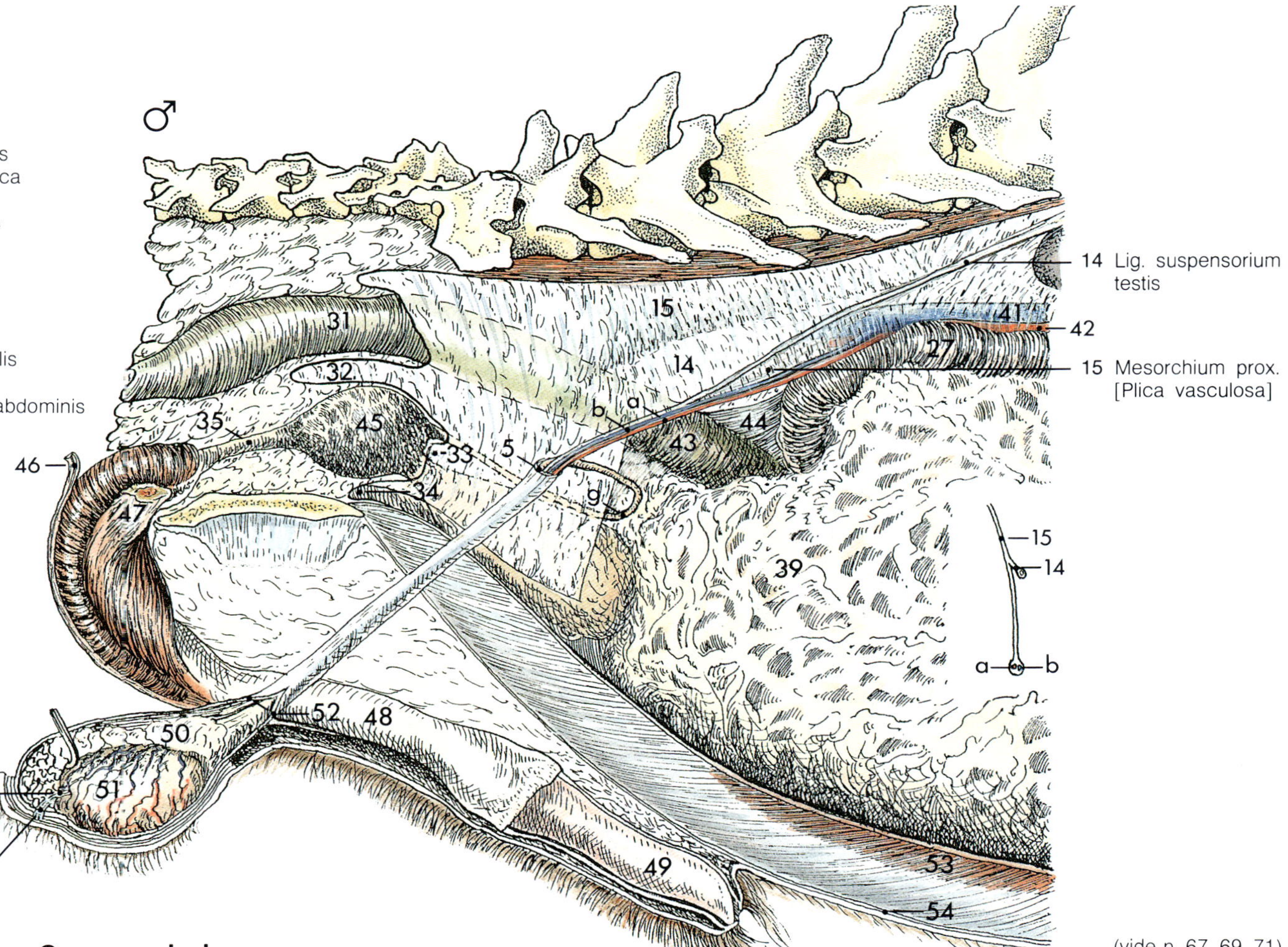

(vide p. 67, 69, 71)

Cavum vaginale

(Sectio transversa)

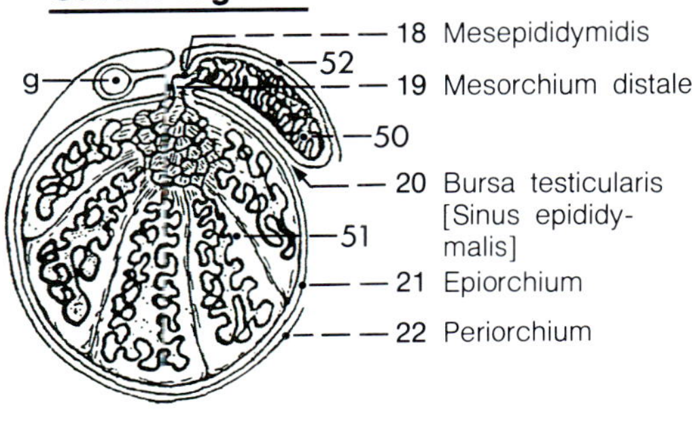

Canalis vaginalis

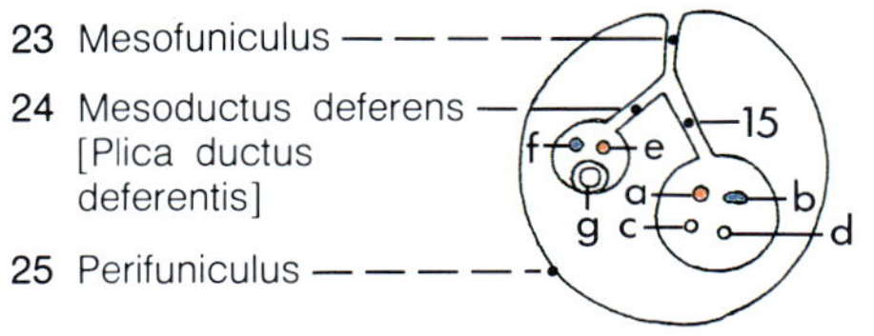

Legenda:

a A. testicularis
b V. testicularis
c Vas lymphaticum
d Pl. nervorum testicularis
e A. ductus deferentis
f V. ductus deferentis
g Ductus deferens

Bei der Hündin wird das Ovar durch das in longitudinaler Schnittrichtung erweiterte Ostium bursae ovaricae herausgestülpt. Anschließend wird der Eierstock in Längsrichtung halbiert. Der Eileiter wird auf ganzer Länge freigelegt. Uterus, Uterushals, Vagina, Vestibulum vaginae und Vulva werden zum Studium der Innenverhältnisse dorsomedian auf ganzer Länge eröffnet.

Ein **gemeinsamer Grundbauplan für beide Geschlechter** ist selbst **an den Geschlechtsorganen** deutlich erkennbar, was besonders während der Ontogenese deutlich wird. Bei beiden Geschlechtern erfolgt eine Einteilung in innere und äußere Geschlechtsorgane.

a) Zu den **INNEREN GESCHLECHTSORGANEN** gehören das keimbereitende Organ (Gonade: Ovarium) und die keimleitenden Organe (Tuba uterina und Uterus). Der Uterus der Hündin ist während der Trächtigkeit auch das keimbewahrende Organ. Das sich kaudal anschließende Begattungsorgan besteht aus der Vagina und dem kaudal anschließenden Vestibulum vaginae.

1 I. Das **Ovar (Ovarium, Oophoron – 9)**, die weibliche Keimdrüse (Gonade), bildet die Keimzellen und fungiert darüber hinaus als Hormondrüse. Die zyklusabhängige Größe des tropfenförmigen bilateral abgeflachten Organs beträgt etwa 15 x 10 x 6 mm. Der Eierstock ist in der geräumigen **Eierstockstasche (Bursa ovarica – 1)** verborgen, die aus verfetteten Gekrösefalten besteht (s. a. S. 65), medial einen nur schlitzförmigen Zugang (**Ostium bursae ovaricae – 2**) aufweist und lateral durch die fettfreie Fenestra bursae ovaricae das Ovar hindurchschimmern läßt. Die Ovarien liegen intraperitonäal kaudal der Nieren, in Höhe des vierten bis fünften Lendenwirbels und werden in Mark und Rinde unterteilt.

Die **Eierstocksrinde (Cortex ovarii s. Zona parenchymatosa)** enthält die Funktionskörper (Eierstocksfollikel mit enthaltener Eizelle und in Abhängigkeit vom Zyklusstadium auch Gelbkörper - Corpora lutea - die sich nach der Ovulation aus der Follikelwand bilden, s. klin. - funkt. Anat.).

Das **Eierstocksmark (Zona vasculosa)** wird auch heterosexueller Eierstocksanteil genannt, weil es embryonal mit einer Hodenanlage vergleichbar ist. Die hier gelegenen Markstränge entsprechen embryonalen Hodensträngen, sie gehen jedoch beim Säugetier frühzeitig verloren. Es enthält ein dichtes Netz von Blut- und Lymphgefäßen sowie autonome Nerven (hauptsächlich Sympathicusanteile).

2 II. Der **Eileiter (Tuba uterina, Salpinx – 10)** transportiert die Eizelle nach der Ovulation zum Uterus und ist außerdem der Ort der Befruchtung. Er ist 5 bis 10 cm lang und nur wenige mm dick. In der reichlich verfetteten Wand der Eierstockstasche, in der Mesopalpinx verlaufend (s. a. S. 65), ist er im allgemeinen nur an seinem Anfang, der mit seinem Fimbrientrichter partiell von innen aus dem Ostium bursae ovaricae herausragt, und mit seinem Endabschnitt (Isthmus) äußerlich sichtbar. Das **Infundibulum (14)** mit dem zentral gelegenen **Ostium abdominale tubae uterinae (15)** und den umgebenden **Fimbrien (Fimbriae tubae)** befindet sich medial vom Ovar. Die anschließende **Ampulla tubae uterinae (13)** steigt ventral ab und zieht dabei kranial um das Ovar herum und geht nun in der Lateralwand der Eierstockstasche in den leicht gewundenen **Isthmus tubae uterinae (16)** über, der sich in die **Pars uterina (17)** fortsetzt, die die Wand der Uterushornspitze durchdringt und sich auf der **Papilla uterina** mit dem zentropapillär gelegenen **Ostium uterinum tubae (18)** ins Uteruslumen eröffnet.

3; 4 III. Die **Gebärmutter (Uterus, Metra)** gehört bei vergleichend-anatomischer Einordnung zum Typ des Uterus bicornis. Bei der geschlechtsreifen, nicht trächtigen mittelgroßen Hündin sind die **Uterushörner (Cornua uteri – 6)** etwa 12 cm lang und gehen kaudal nach ihrer Vereinigung in den **Uteruskörper (Corpus uteri – 7)** über. Der Uteruskörper ist mit nur 2-3 cm kürzer als zunächst vermutet, weil die äußerlich bereits vereinigten Cornua im Inneren durch ein Velum uteri auf einer Strecke von ca. einem cm wie in einem Doppelrohr weiter getrennt bleiben.
5 Neben Cornua und Corpus ist der **Uterushals (Cervix uteri – 8)** der Gebärmutteranteil mit dem engsten Lumen und dem festesten Muskelmantel, der die palpatorische Abgrenzung leicht ermöglicht. Der Uterushals ist ca. 1 cm lang und ragt mit dem **Scheidenteil (Portio vaginalis cervicis – 20)** in die Vagina hinein. Die Portio vaginalis (cervicis) überragt das ventrale Scheidengewölbe und ist als Halbzylinder in die dorsale Scheidenwand integriert, die mit einem Längswulst die Portio vaginalis kaudal fortsetzt. Der enge **Canalis cervicis uteri (22)** ist durch longitudinale Schleimhautfalten begrenzt und beginnt mit dem inneren Muttermund (**Ostium uteri internum – 23**) und endet vaginal inmitten der Portio vaginalis cervicis mit dem äußeren Muttermund (**Ostium uteri externum – 21**). Die Uteruswand ist dreischichtig und setzt sich aus Endo-, Myo- und Perimetrium zusammen.

6 IV. Die **Scheide (Vagina – 30)** ist das stark dehnungsfähige, in deutliche Längsfalten und undeutliche Querfalten gelegte Begattungsorgan, das durch benachbarte Organe (dorsal: Enddarm, ventral: Harnröhre) zu einem dorsoventralen Schlauch mit dorsaler sowie ventraler Wand und querem spaltförmigem Lumen abgeflacht ist. Die Länge beträgt ca. 12 cm und reicht kranial bis zum **Scheidengewölbe (Fornix vaginae – 19)**, das die Portio vaginalis cervicis ventral und bilateral umgibt und kaudal bis zum **Scheidenmund (Ostium vaginae – 29)** reicht, wo sich ventral auf dem Tuberculum urethrale die Mündung der Harnröhre befindet und seitlich abstrahlende semizirkuläre Schleimhautfalten evtl. ein Jungfernhäutchen (Hymen) andeuten. Die Vaginalwand ist ebenfalls dreischichtig.

V. Der **Scheidenvorhof (Vestibulum vaginae – 27)** reicht vom Ostium vaginae bis zur Schamspalte und geht von einer zunächst horizontalen Ausrichtung hinter dem Sitzbeinausschnitt in einen ventralen bogenförmigen Abschnitt über, der mit zunehmendem Alter stärker geneigt ist. Die kutane Schleimhaut erscheint glatt. In der Seitenwand liegt der **Vorhofsschwellkörper (Bulbus vestibuli – 25)**, der lateral vom quergestreiften **M. sphincter vestibuli (24)** umgeben ist. Glatte Wandmuskulatur ist spärlich. Die **akzessorischen Geschlechtsdrüsen (Gll. vestibulares minores)** sezernieren eine schleimige Flüssigkeit und münden nacheinander in zwei Längsreihen, die kaudolateral des **Ostium urethrae externum** 7
(28) liegen.

b) Zu den **ÄUßEREN GESCHLECHTSORGANEN** gehören die weibliche Scham (Vulva, Pudendum femininum), der Kitzler (Clitoris) und die weibliche Harnröhre (Urethra feminina).

I. Die **weibliche Scham (Vulva, Pudendum femininum)** besteht aus den **Schamlippen (Labia pudendi s. vulvae – 11)** mit der **Schamspalte (Rima pudendi s. vulvae – 12)**. Die Schamlippen treffen sich in einer abgerundeten dorsalen und einer zugespitzten ventralen Kommissur. Sie entsprechen den kleinen Schamlippen des Menschen. Die muskulöse Grundlage bildet der M. sphincter labiorum cutaneus.

II. Der **Kitzler (Clitoris)** ist das weibliche Homologon zum Penis und 8
besteht wie dieser aus **Radix clitoridis**, **Corpus clitoridis** und **Caput clitoridis** mit Beteiligung beider Schwellkörpertypen. Das unpaare **Corpus spongiosum clitoridis** bildet allein die Klitorisspitze (Glans clitoridis), die kaudal im Vestibulum vaginae gelegen aus der **Fossa clitoridis (26)** leicht herausragen kann. Die beiden übrigen Anteile des unpaaren Schwellkörpers (Bulbus und P. intermedia) liegen außerhalb der Clitoris als **Bulbus vestibuli (25)** unter der kutanen Schleimhaut des Vestibulum vaginae. Das paarige **Corpus rigidum clitoridis** ist über die Crura clitoridis am Sitzbeinausschnitt verankert. Beide Crura vereinigen sich kaudal zum Corpus rigidum clitoridis, das bis auf das Fehlen einer apikalen Verknöcherung prinzipiell wie das Corpus rigidum des Penis gebaut ist. Knorpeleinlagerungen können in der Klitorisspitze vorkommen.

Die **Blutversorgung** der Vulva samt Vestibulum vaginae erfolgt über Äste der A. und V. pudenda interna, die auch die A. und V. vaginalis mit abgehender **A. und V. uterina (5)** entläßt. Die Uterusgefäße ziehen im Mesometrium arkadenbildend kranial und anastomosieren an der Uterushornspitze mit dem **Ramus uterinus (4)** der **A. und V. ovarica (3)**, die den Eierstock vaskularisieren und den Eileiter mitversorgen. Der venöse Ramus uterinus ist besonders stark, weil er den Hauptabfluß aus dem Uterus übernimmt (s. a. S. 71).

Der **Lymphabfluß** aus Eierstock, Eileiter und Uterushornspitze erfolgt zu den Lnn. lumbales aortici und aus den übrigen Anteilen des Uterus sowie aus der Scheide samt Vulva zu den Lnn. iliaci mediales und sacrales (s. a. S. 68).

Die **autonome Innervation** des Eierstocks samt Eileiter erfolgt über den Plexus aorticus abdominalis mit Plexus ovaricus, Plexus intermesentericus und Plexus mesentericus caudalis. Uterus und Scheide werden vom Plexus pelvinus autonom versorgt. Die äußere Scham wird sensibel und autonom über den N. pudendus innerviert.

III. Die **Harnröhre (Urethra feminina)**, die am Harnblasenhals mit dem Ostium urethrae internum beginnt und ventral am Ostium vaginae zwischen Scheide und Scheidenvorhof mit dem Ostium urethrae externum auf einem Schleimhauthügel (Tuberculum urethrale) endet, mißt nur wenige cm und ist somit wesentlich kürzer als die Urethra masculina des Rüden. Sie befindet sich zwischen Beckenboden und der Scheide. Der Anfangsteil ist ähnlich wie der Harnblasenhals mit äußeren longitudinalen und inneren zirkulären glatten Muskelfaserbündeln ausgestattet. Der Kaudalteil weist in seiner Wand einen venösen Schwellkörper und den quergestreiften M. urethralis auf, die den Verschluß der Harnröhre (Kontinenz) sichern.

Organa genitalia feminina

(ventral)

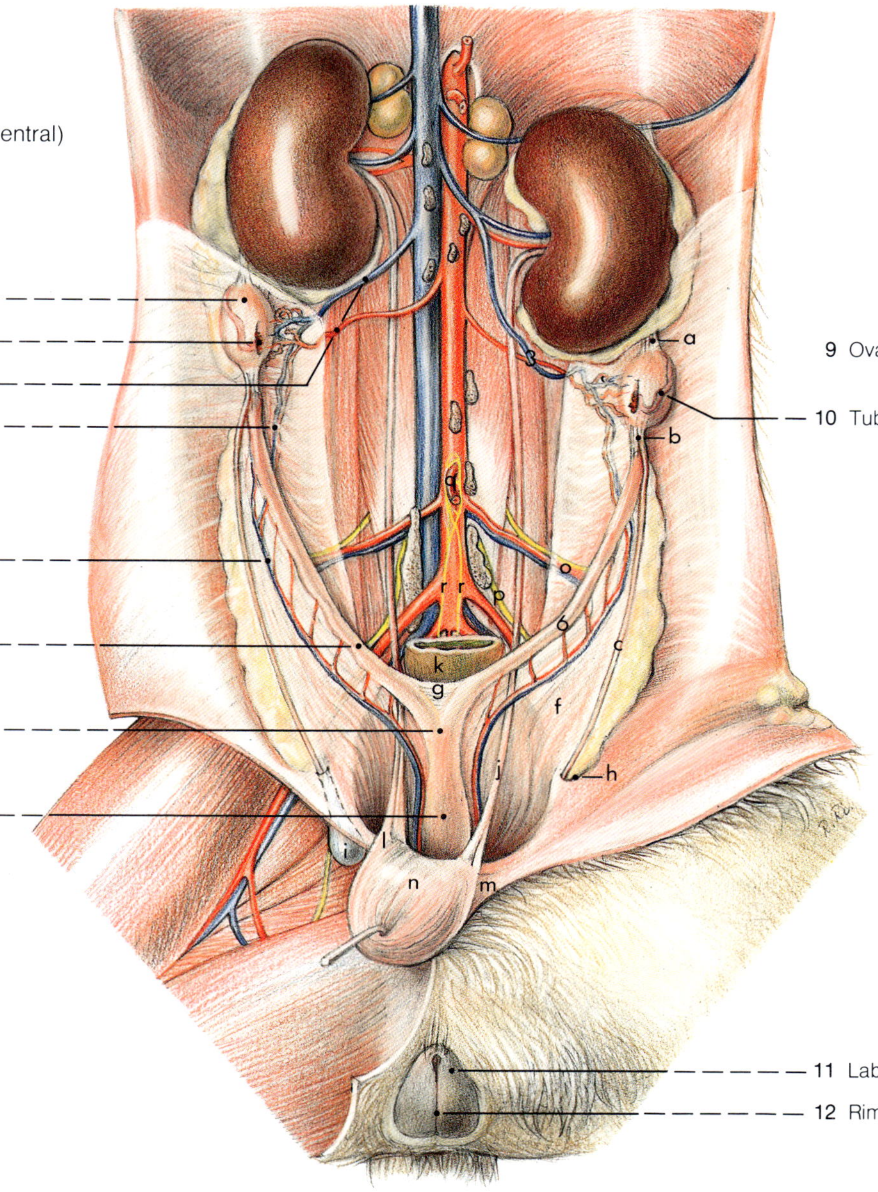

Bursa ovarica

(Sectio longitudinalis)

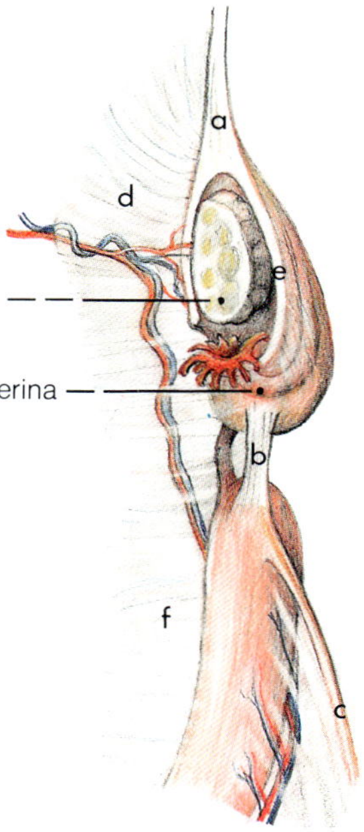

(vide p. 33, 63, 65, 69, 71)

Legenda:

a Lig. suspensorium ovarii
b Lig. ovarii proprium
c Lig. teres uteri
d Mesovarium
e Mesosalpinx
f Mesometrium

g Lig. intercornuale
h Anulus vaginalis
i Processus vaginalis peritonaei
j Ureter
k Rectum
l Ligg. vesicae latt.

m Lig. vesicae medianum
n Vesica urinaria
o A. et V. circumflexa ilium prof. et N. cutaneus femoris lat.
p N. genitofemoralis
q A. mesenterica caud. et Ggl. mesentericum caud.

r Nn. hypogastrici
s Perimetrium
t Myometrium
u Endometrium
v Fenestra bursae ovaricae

(dorsal)

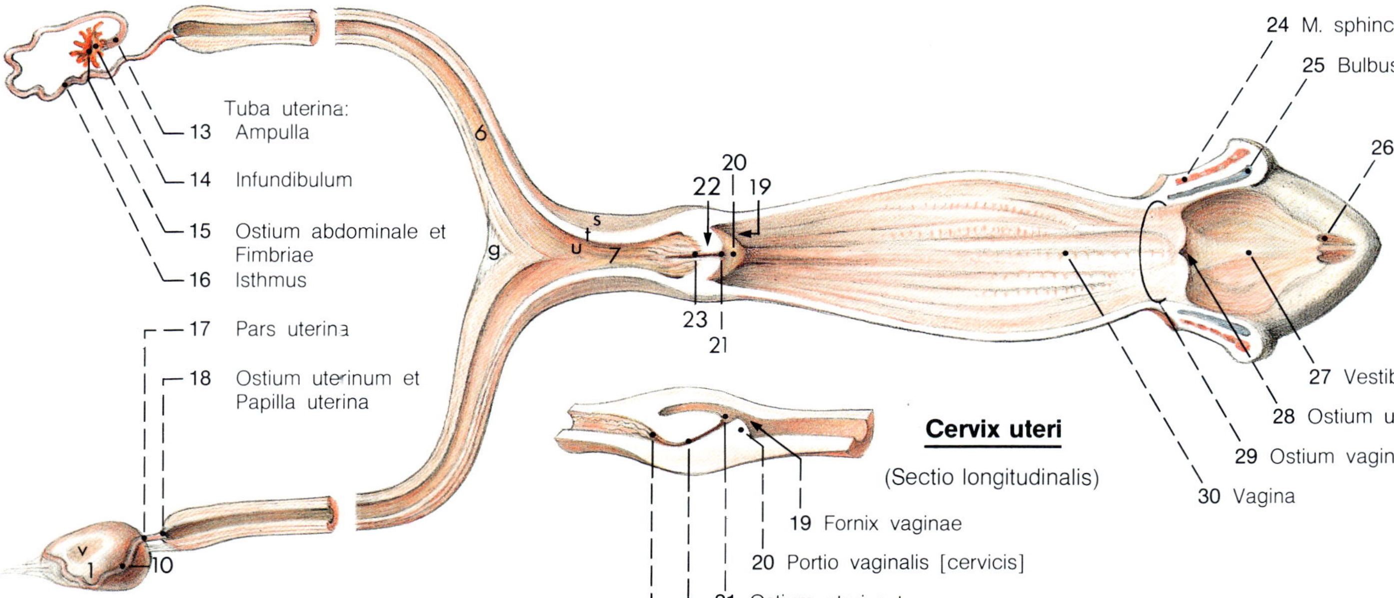

Cervix uteri

(Sectio longitudinalis)

4. MÄNNLICHE GESCHLECHTSORGANE, LYMPHSYSTEM DES LENDEN- UND BECKENBEREICHS

Beim Rüden wird der Hoden durch einen Längsschnitt halbiert. Auch Harnblase und Harnröhre werden durch einen Ventromedianschnitt eröffnet. Die Schwellkörper werden auf Penisquerschnitten in Höhe von Radix –, Corpus – und Caput penis studiert.

Die **Geschlechtsorgane** werden beim Rüden, wie bei der Hündin, in innere und äußere Geschlechtsorgane unterteilt. Die akzessorischen Geschlechtsdrüsen zählen zu den inneren Geschlechtsorganen.

a) Zu den **INNEREN GESCHLECHTSORGANEN** gehören nach dem Hodenabstieg das keimbereitende Organ (Gonade: Testis) und die keimleitenden Organe (Epididymis und Ductus deferens).

1 I. Der **Hoden (Testis s. Orchis – 11)** liegt im Scrotum. Von der derben **Tunica albuginea** strahlen bindegewebige **Septula testis** aus und bilden im Hodenzentrum das **Mediastinum testis.** Zwischen den Septen liegen in den Hodenläppchen die androgenproduzierenden LEYDIGschen Zwischenzellen (Endocrinocyti interstitiales) und die Tubuli seminiferi convoluti, die sich im Mediastinum testis über die samenableitenden Tubuli seminiferi recti in das Rete testis fortsetzen. Dieses Hodennetz stellt die Verbindung zu zwölf bis sechzehn Ductuli efferentes und somit zum Nebenhoden her (s. klin. - funkt. Anat.).

2 II. Der **Nebenhoden (Epididymis)** gliedert sich in das verdickte **Caput epididymidis (16)**, das vom Anfangsabschnitt des Nebenhodenganges (Ductus epididymidis) mit hier einmündenden Ductuli efferentes gebildet wird, sowie in das schlanke **Corpus epididymidis (15)** und die wieder anschwellende **Cauda epididymidis (17)**. Der Nebenhodenkörper und -schwanz enthalten den stark gewundenen Nebenhodengang, der eine Länge von mehreren Metern aufweist und bei Abnahme seiner Windungen medial am Hoden in den Ductus deferens übergeht. Der Nebenhoden ist das keimleitende, keimreifende und für einen beschränkten Zeitraum auch das keimbewahrende Organ.

3 III. **Der Samenleiter (Ductus deferens – 8)** ist die Fortsetzung des Nebenhodenganges. Der Anfangsteil des Samenleiters gehört zum **Samenstrang (Funiculus spermaticus** – 26, s. a. S. 64), der im **Proc. vaginalis peritonaei (9)** liegt und bis zum **Anulus vaginalis (4)** reicht. Der Endabschnitt des Samenleiters gelangt durch den Anulus vaginalis in die Bauchhöhle und besitzt kurz vor Erreichen der Prostata eine nur angedeutete spindelförmige Erweiterung (**Ampulla ductus deferentis** – 5), in deren Wand akzessorische Geschlechtsdrüsen (Gll. ampullae) liegen. Der anschließende enge Endabschnitt ist vom Prostataparenchym
4 umgeben und mündet auf dem **Samenhügel (Colliculus seminalis – 24).**

5 IV. **Die Vorsteherdrüse (Prostata – 23)** ist die akzessorische Geschlechtsdrüse. Ihre Ductuli prostatici münden neben dem Samenhügel. Die Vorsteherdrüse besitzt ein **Corpus prostatae (P. externa)** mit zwei Drüsenlappen und eine schwache **Pars disseminata prostatae (P. interna)**, deren Drüsenläppchen in der Harnröhrenwand liegen und vom **M. urethralis** umgeben werden. Bei anderen Haussäugetieren kommen noch die Samenblasendrüse (Gl. vesicularis) und die Harnröhrenzwiebeldrüse (Gl. bulbourethralis) vor.

b) Zu den **ÄUSSEREN GESCHLECHTSORGANEN** gehören der Penis mit Praeputium (s. S. 33), die Harnsamenröhre und das Scrotum.

I. Der **Penis** besteht aus **Radix penis, Corpus penis** und **Caput penis** und wird von zwei verschiedenen Schwellkörpertypen (Corpora cavernosa) gebildet. Dabei handelt es sich einmal um den **harten paarigen Schwellkörper (Corpus rigidum penis*** **– 18)** und zum anderen um den schwammig-weichen **unpaaren Schwellkörper der Harnsamenröhre (Corpus spongiosum penis – 19).** Auf dem Querschnitt durch den Penis können von beiden Schwellkörpertypen die Tunica albuginea, die Tra-
6 beculae und die Cavernae studiert werden. Die Erektion des Penis erfolgt durch Steigerung des Blutdrucks in den Kavernen infolge gesteigerter Blutzufuhr, was durch Dilatation der Penisarterien und durch Drosselung des Blutabflusses begünstigt wird. Im Bereich der **Radix penis** ist das Corpus rigidum penis über seine paarigen **Crura penis (13)** am Sitzbeinausschnitt verankert. Das dazwischen liegende Corpus spongiosum penis der Harnsamenröhre ist als **Bulbus penis (12)** deutlich entfaltet und wird vom M. bulbospongiosus überlagert. Im Bereich des **Corpus penis** stoßen die beiden rigiden Schwellkörper im Septum penis median aneinander und überlagern dachförmig das hier schwach entwickelte Corpus spongiosum penis mit enthaltener Harnsamenröhre. Im Bereich des **Caput penis** verschmilzt der paarige rigide Schwellkör-
7 per zum unpaaren rinnenförmig ausgehöhlten **Penisknochen (Os penis – 22).** Das unpaare Corpus spongiosum penis liegt in der ventromedianen langgestreckten Rinne des Penisknochens. Aus dem Corpus spongiosum penis entfaltet sich der **Glans-Schwellkörper (Corpus spongiosum glandis)** zur **Glans penis**, die in Höhe des Kaudaldrittels des Penisknochens den auffälligen **Bulbus glandis (21)** und kranial davon die **Pars longa glandis (20)** aufweist.

II. Die **Harnsamenröhre (Urethra masculina – 14)** geht am **Ostium urethrae internum (25)** aus dem Harnblasenhals hervor und endet mit dem **Ostium urethrae externum (27)** auf der Penisspitze. An den Ostia ejaculatoria entsteht durch Vereinigung von Harn- und Samenweg der Beckenteil der Harnsamenröhre. Kaudal der Prostata liegt in der Wand ein Schwellkörper, der vom quergestreiften M. urethralis zirkulär umgeben ist. Der Beckenteil der Harnsamenröhre geht in kaudal-konvexem Bogen bei starker Umfangsvermehrung des Schwellkörpers in den Penisteil über.

Die **Blutversorgung** des Hodens samt Nebenhoden erfolgt durch die **A. testicularis** (7), die etwa in Höhe des 3. Lendenwirbels aus der Aorta abzweigt und im Mesorchium proximale (Plica vasculosa) und schließlich im Samenstrang zum Hoden gelangt, vorher noch Rami epididymales entlassend. Samenleiter, Harnsamenröhre und die Prostata werden durch Äste der A. pudenda interna versorgt (**Aa. ductus deferentis – 8**, urethralis und prostatica). Die A. penis der A. pudenda interna versorgt mit ihrer A. bulbi penis das Corpus spongiosum penis samt Corpus spongiosum glandis und mit ihrer A. profunda penis das Corpus rigidum (cavernosum) penis sowie mit ihrer A. dorsalis penis Anteile des Corpus spongiosum glandis und des Präputiums. Die **V. testicularis** (7) entspringt rechts aus der V. cava caudalis und links aus der Nierenvene und bildet über dem Nebenhodenkopf ein **Rankengeflecht (Plexus pampiniformis – 10)**, dessen Venenäste die A. testicularis umschlingen. Die Vv. ductus deferentis, urethralis und prostatica führen in Begleitung der gleichnamigen Arterien das Blut aus Samenleiter, Harnsamenröhre und Prostata zur V. pudenda interna ab. Die Penisvenen begleiten die gleichnamigen Penisarterien. Aus der Glans penis erfolgt der Blutabfluß anteilig über die V. pudenda externa durch den Leistenspalt.

Der **Lymphabfluß** aus Hoden und Nebenhoden samt Samenstrang erfolgt zu den **Lnn. iliaci mediales (2)** und **lumbales aortici (1)**. Aus der Prostata und der Harnsamenröhre gelangt die Lymphe zu den **Lnn. sacrales** (3) und iliaci mediales. Die **Lnn. inguinales superficiales** s. **scrotales** (6) nehmen die Lymphe von Penis, Präputium und Scrotum auf.

Die **Innervation** des Hodens und Nebenhodens erfolgt über den autonomen Plexus testicularis, der zum Samenstrang gehört und mit dem Plexus aorticus abdominalis sowie mesentericus caudalis in Verbindung steht. Der Plexus prostaticus und Plexus deferentialis versorgen die entsprechenden Organe (Prostata und Dc. deferens) und zweigen sich vom Plexus pelvinus mit sympathischen und parasympathischen Qualitäten ab. Die Nervenversorgung des Penis erfolgt durch den N. pudendus, dessen N. penis sensible, sympathische und parasympathische Qualitäten enthält.

c) Das **LYMPHSYSTEM DES LENDEN- UND BECKENBEREICHS** wird nachfolgend für **beide Geschlechter** unter Berücksichtigung der natürlichen Lymphflußrichtung in kaudokranialer Reihenfolge abgehandelt.

Die **Lnn. sacrales** (3) liegen im Ursprungswinkel zwischen der rechten und linken A. iliaca interna. Die Lymphzuflüsse kommen von nahe gelegenen Abschnitten des Enddarms und der Geschlechtsorgane sowie der sacrococcygealen Wirbelsäule und deren Umgebung und aus tiefen Bereichen der Beckengliedmaße. Die Lymphabflüsse gelangen zu den medialen Darmbeinlymphknoten.

Die **Lnn. iliaci mediales** (2) liegen an der Aorta am Abgang der A. cir- 8
cumflexa ilium profunda (laterale Darmbeinlymphknoten fehlen dem Hund). Die Lymphzuflüsse kommen von den oberflächlichen Leistenlymphknoten und durchziehen den Leistenspalt. Außerdem erhalten sie Lymphe von der Bauch- und Beckenwand, dem Enddarm, dem Hoden, der Harnblase, dem Harnleiter sowie aus der Beckengliedmaße. Die Hodenlymphe kann den medialen Darmbeinlymphknoten umfließen und direkt zu den Lnn. lumbales aortici gelangen. Die Lymphabflüsse sammeln sich zum größten Teil im Truncus lumbalis, der in die Lendenzisterne (Cisterna chyli) mündet.

Die **Lnn. lumbales aortici** (1) liegen in regelloser Anordnung entlang der Aorta abdominalis und nehmen den kleineren Teil der Abflüsse aus den medialen Darmbeinlymphknoten auf. Außerdem stammen Lymphzuflüsse von der kaudalen Thorakalwand, der Bauchwand, der Lendenwirbelsäule und deren Umgebung sowie von den Nieren. Die Lymphabflüsse münden in die Cysterna chyli.

*) In der Nomenklatur wird statt Corpus rigidum der Begriff Corpus cavernosum penis aufgeführt.

Organa genitalia masculina

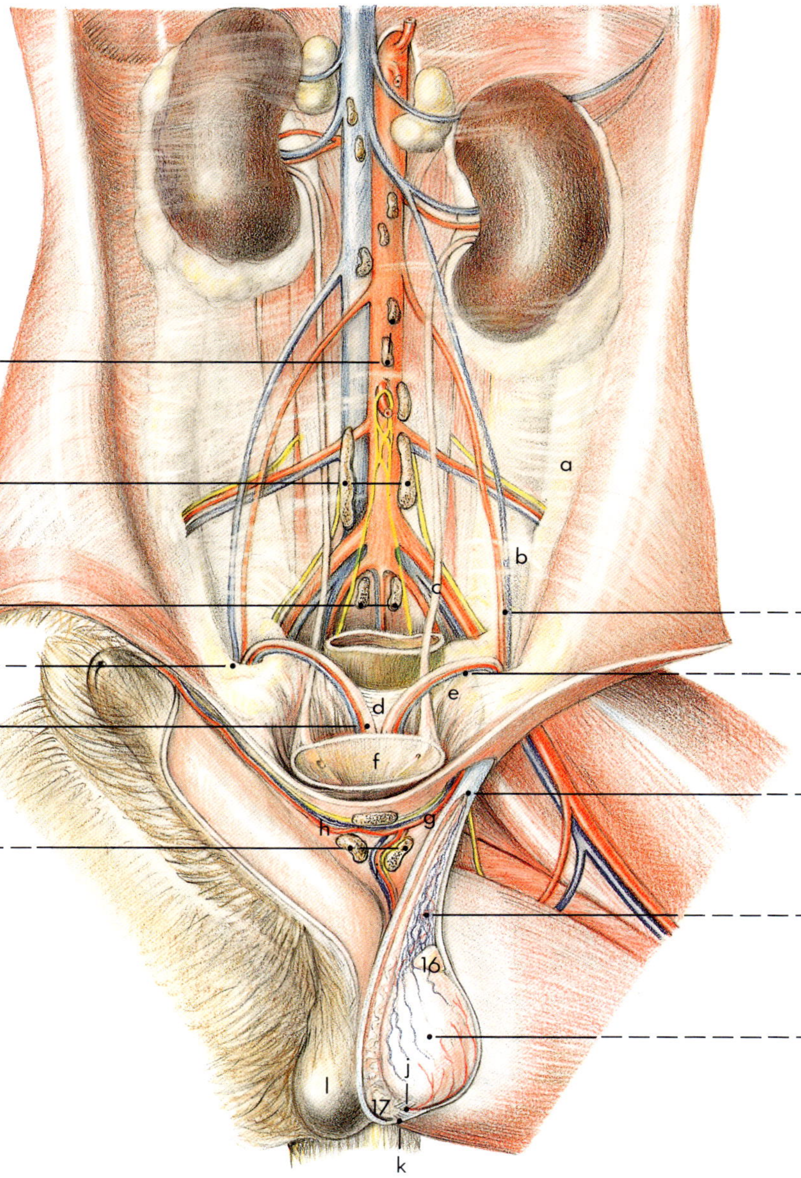

(vide p. 33, 37, 63, 65, 71)

Legenda:

- a Ligamentum suspensorium testis
- b Mesorchium proximale [Plica vasculosa]
- c Ureter
- d Lig. interductus
- e Mesoductus deferens [Plica ductus deferentis]
- f Vesica urinaria et Ostia ureteris
- g A. et V. pudenda externa
- h A. et V. epigastrica caudalis supf.
- i Rr. scrotales ventrales
- j Lig. testis proprium
- k Lig. caudae epididymidis
- l Scrotum
- m M. retractor penis
- n M. ischiocavernosus
- o M. urethralis
- p M. bulbospongiosus

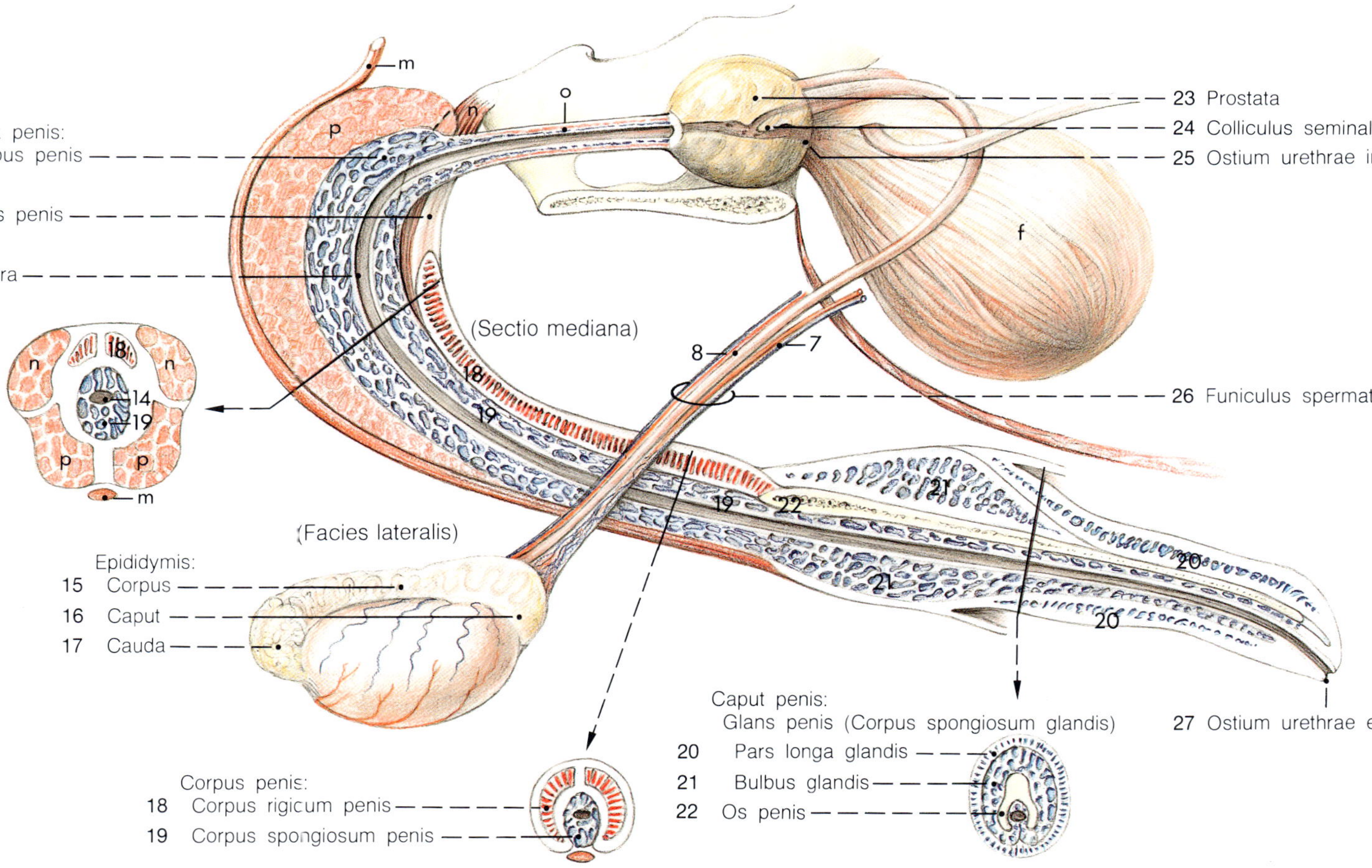

Die rechte Beckengliedmaße wird gemeinsam mit dem rechten Anteil des knöchernen Beckens entfernt und dabei werden die Leitungsstrukturen geschont und die Organe (Enddarm sowie Harn- und Geschlechtsorgane) verbleiben in der Beckenhöhle. Dazu werden Scham- und Sitzbein fingerbreit rechts, parallel zur Symphysis pelvina durchsägt und das rechte Darmbein im Iliosakralgelenk vom Kreuzbein getrennt. Anschließend werden das rechte Crus penis resp. clitoridis vom Sitzbeinausschnitt sowie alle zwischen dem rechten Oberschenkel und dem Becken verkehrenden Muskeln und Leitungsstrukturen durchtrennt.

a) Die **ENDAUFTEILUNG DER AORTA (21)** in die unpaare A. sacralis mediana und die paarigen Aa. iliaca externa und – interna erfolgt in Höhe des letzten Lendenwirbels.

Die unpaare **A. sacralis mediana (18)** zieht in Kaudalfortsetzung der Aorta ventral am Kreuzbein entlang und geht in die A. coccygea (caudalis) mediana über.

Die **A. iliaca externa (12)** wird lateral vom N. genitofemoralis begleitet und entläßt kurz vor ihrem Durchtritt durch die Lacuna vasorum und somit kurz vor ihrem Übergang in die Oberschenkelarterie die **A. profunda femoris (13)**, die noch vor Erreichen der tief gelegenen Oberschenkelbereiche den **Truncus pudendoepigastricus (14)** abgibt. Dieser Gefäßstamm teilt sich in die **A. pudenda externa (15)**, die durch den Leistenspalt zieht, und in die **A. epigastrica caudalis (27)**, die auf der Innenfläche des M. rectus abdominis in Nabelhöhe mit der gleichnamigen kranialen Arterie anastomosiert, die aus der A. thoracica interna hervorgeht. Auf der Außenfläche des M. rectus abdominis liegt in Nabelhöhe eine weitere (oberflächliche) Anastomose zwischen der A. epigastrica cranialis superficialis und der A. epigastrica caudalis superficialis. Die kraniale Arterie wird aus der A. thoracica interna und die kaudale Arterie aus der A. pudenda externa entlassen.

Die **A. iliaca interna (17)** entläßt aus ihrem Ursprung die A. umbilicalis, die im Lig. vesicae laterale zur Harnblase zieht und entweder vollständig zum **Lig. teres vesicae (25)** obliteriert ist oder anderenfalls als A. vesicalis cranialis den Kranialteil der Harnblase versorgt. Nach kurzem Verlauf geht die A. iliaca interna am Abgang der **A. glutaea caudalis (6)** in die **A. pudenda interna (9)** über. Die A. glutaea caudalis entläßt die **Aa. iliolumbalis (1), glutaea cranialis (3), coccygea (caudalis) lateralis (7)** und **perinealis dorsalis (8)**, die als Parietalarterien die Beckenwand versorgen. Die innere Schamarterie entläßt noch vor Eintritt in die Fossa ischiorectalis die Viszeralgefäße der Beckenhöhle, und zwar die A. vaginalis resp. prostatica mit kaudal abzweigender A. rectalis media und kranial abzweigender A. uterina resp. ductus deferentis samt A. vesicalis caudalis. Die **A. vaginalis (11)** und die ihr entsprechende **A. prostatica (11)** ziehen fast senkrecht zu ihrem Versorgungsgebiet, zur Scheide resp. Vorsteherdrüse. Die abzweigende **A. rectalis media (10)** versorgt den ventrolateralen Bereich der Ampulla recti. Die **A. uterina (24)** verläuft
1 nahe am Ansatz des Mesometrium und anastomosiert mit dem **R. uterinus (23)** der **A. ovarica (22)**, die in Höhe des vierten Lendenwirbels direkt aus der Aorta hervorgeht. Die **A. ductus deferentis (24)** begleitet den Samenleiter bis zum Nebenhoden. Die **A. vesicalis caudalis (26)** versorgt im Falle vollständiger Obliteration der A. umbilicalis die gesamte Harnblase allein.

BLUTGEFÄSSE DER BECKENHÖHLE

Aorta	**V. cava caudalis**
A. sacralis mediana	V. sacralis mediana
A. coccygea (caudalis) mediana	V. coccygea (caudalis) mediana
A. iliaca externa	V. iliaca communis
A. profunda femoris	V. iliaca externa
Truncus pudendoepigastricus	V. profunda femoris
A. iliaca interna	V. pudendoepigastrica
A. umbilicalis	V. iliaca interna
A. glutaea caudalis	V. iliolumbalis
A. iliolumbalis	V. vaginalis s. prostatica
A. glutaea cranialis	V. uterina
A. coccygea (caudalis) lateralis	s. ductus deferentis
A. perinealis dorsalis	V. vesicalis caudalis
A. pudenda interna	V. rectalis media
A. vaginalis s. prostatica	V. glutaea cranialis
A. uterina	V. coccygea (caud.) lateralis
s. ductus deferentis	V. glutaea caudalis
A. vesicalis caudalis	V. perinealis dorsalis
A. rectalis media	V. pudenda interna

b) Die **ENDAUFTEILUNG DER V. CAVA CAUDALIS (20)** erfolgt in Höhe des letzten Lendenwirbels. Hier setzt die sehr schwache **V. sacralis mediana (18)** die Verlaufsrichtung der V. cava caudalis schwanzwärts fort. Die kaudale Hohlvene endteilt sich in die rechte und linke **V. iliaca communis (19)**, die sich in Höhe des Beckeneinganges in die Vv. iliaca externa und – interna verzweigt. Die **V. iliaca interna (17)** ist im Vergleich zur gleichnamigen Arterie sehr lang und entläßt den Viszeralvenenstamm (V. vaginalis resp. prostatica), dessen gleichnamige Begleitarterien aus der A. pudenda interna stammen. Nach Abgang der **Vv. iliolumbalis (1), glutaea cranialis (3)** und **coccygea (caudalis) lateralis (7)** geht die lange V. iliaca interna erst am Ursprung der **letzten Parietalvene (V. glutaea caudalis – 6)** in Höhe des dritten Schwanzwirbels in die **V. pudenda interna (9)** über. Die V. glutaea caudalis entläßt die **V. perinealis dorsalis (8)**.

c) Der **PLEXUS SACRALIS** des Plexus lumbosacralis wird von den Ventralästen der letzten beiden Lumbalnerven und der Sakralnerven gebildet. Er kann in einen stärkeren Kranialteil (Truncus lumbosacralis) und einen schwächeren Kaudalteil untergliedert werden.

I. Der **Truncus lumbosacralis (16)** entspringt aus den nLv 6 und nLv 7 2
sowie nSv 1 und entläßt die **Nn. glutaeus cranialis (3)** und – **caudalis (6)**, die von den gleichnamigen Blutgefäßen begleitet werden und die Glutäalmuskeln sowie die darüberliegende Haut versorgen. Der Truncus lumbosacralis geht dann kontinuierlich in den **N. ischiadicus (4)** über, der über die Incisura ischiadica major lateral zum Oberschenkel zieht.

II. Der **Kaudalteil** des Plexus sacralis entläßt den **N. pudendus** (nSv 1 bis nSv 3 - 9), der in Begleitung der A. und V. pudenda interna in die Fossa ischiorectalis tritt (s. S. 73). Der **N. cutaneus femoris caudalis (5)** geht bei erheblicher individueller Variation seines Ursprungs meistens aus den nSv 2 und nSv 3 hervor. Er entläßt aus seinem Ursprung Muskeläste für die Mm. coccygeus und levator ani und zieht am Lig. sacrotuberale entlang vorbei am Sitzbeinhöcker zur Oberschenkelhaut. Seine Äste versorgen als Nn. clunium caudales die Hinterbackengegend.

Zu den Nn. clunium caudales (s. S. 73) gehören auch Hautäste des N. glutaeus caudalis, die mit den gleichnamigen Blutgefäßen proximal am Kaudalrand des M. glutaeus superficialis unter die Haut treten.

Die Nn. clunium medii (s. S. 73) werden von schwachen Dorsalästen der Sakralnerven sowie einem Hautast des N. glutaeus cranialis gebildet, der mit gleichnamigen Blutgefäßen proximal am Kranialrand des M. glutaeus superficialis die Haut erreicht.

Die Nn. clunium craniales (s. S. 29) werden von Dorsalästen der Lendenhautnerven gebildet und versorgen die Haut der Lendengegend.

d) Zum **PARASYMPATHICUS DES SAKRALMARKS** gehören die senkrecht ziehenden **Nn. pelvini (2)**, die auf der Lateralwand des Rectum in Höhe des Scheidengewölbes resp. der Prostata auf den horizontal verlaufenden N. hypogastricus treffen, wo der sympathisch-parasympathisch gemischte Plexus pelvinus mit enthaltenen Ganglia pelvina liegt. Von hier ziehen sehr feine Nervenplexus in Begleitung von Blutgefäßen zu den verschiedenen Organen der Beckenhöhle (Plexus rectales, vesicales, prostaticus, deferentialis, uterovaginalis).

e) Die **NEBENNIEREN (GLANDULAE ADRENALES s. SUPRARE-** 3
NALES, s. S. 63) sind Hormondrüsen und liegen kraniomedial der Niere. Ihr Rindenanteil ist durch den Gehalt an fettähnlichen Reservestoffen für die Steroidhormonsynthese von gelblicher Färbung, was auf dem Anschnitt durch das frische Organ sichtbar ist. Der bräunliche bis graue Markanteil produziert die Hormone Adrenalin und Noradrenalin (s. Biochemielehrbücher). Beide Nebennieren liegen retroperitonäal und sind durch die ventral überkreuzenden und sich tief einsenkenden A. und V. abdominalis cranialis unvollständig in eine kraniale und eine kaudale Portion unterteilt. Die rechte, mehr kranial gelegene Nebenniere liegt der V. cava caudalis an und das linke Organ grenzt an die Aorta abdominalis.

Die multiple **Blutversorgung** erfolgt über die Aa. und Vv. suprarenales, die aus der Aorta resp. V. cava caudalis oder A. und V. phrenica oder A. und V. abdominalis cranialis und/oder A. und V. renalis abzweigen. Von den Aa. suprarenales zweigen die Blutkapillaren ab, die nacheinander Rinde und Mark durchziehen und ihr Blut über Markvenen in die Zentralvene schicken. Die Vv. suprarenales führen das venöse Blut aus der Zentralvene der Nebenniere ab.

Der **Lymphabfluß** gelangt zu den Lnn. lumbales aortici. Die **autonome Innervation** erfolgt vornehmlich sympathisch über den Plexus suprarenalis, der mit dem N. splanchnicus major und dem Plexus solaris in Verbindung steht.

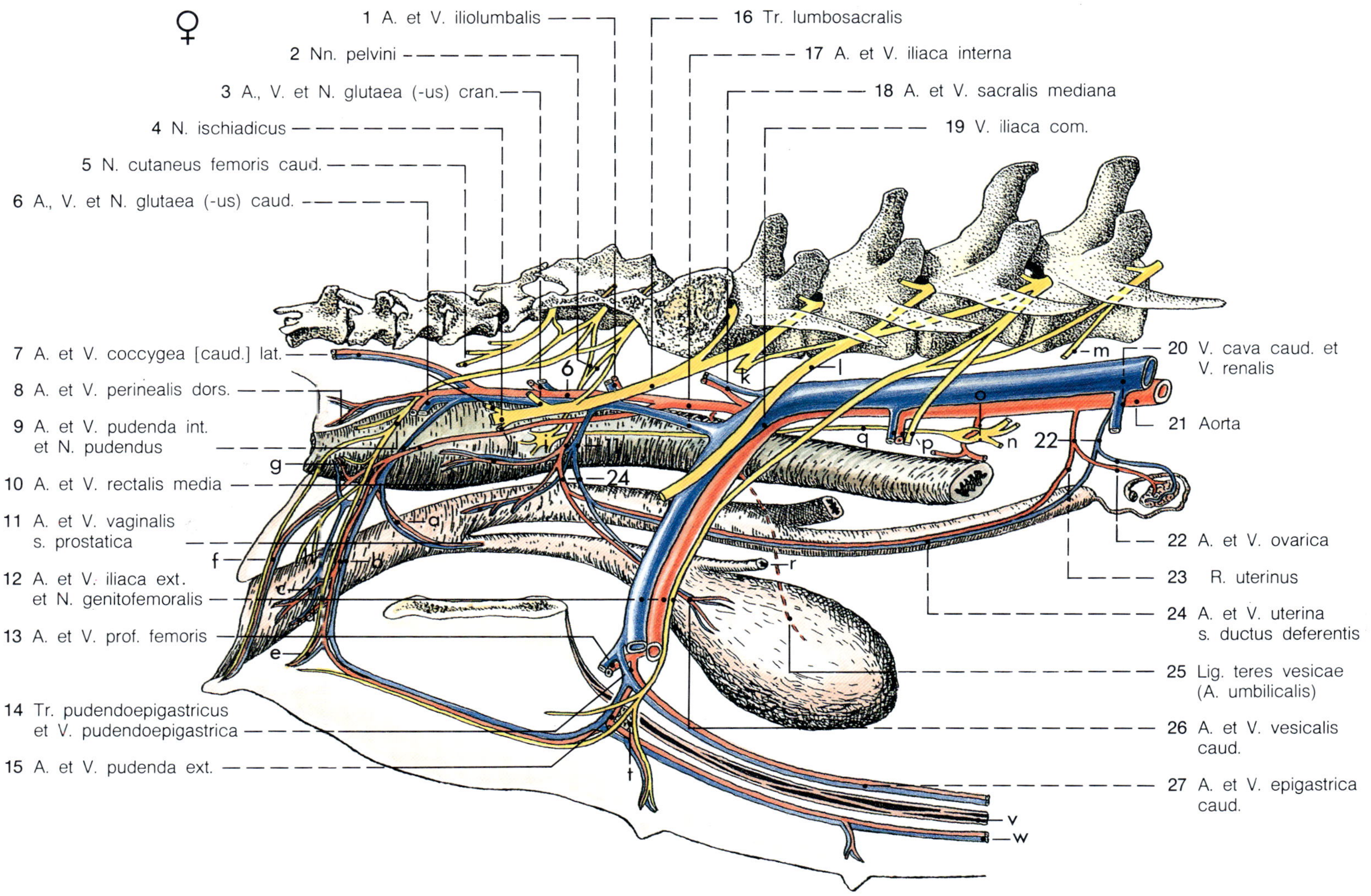

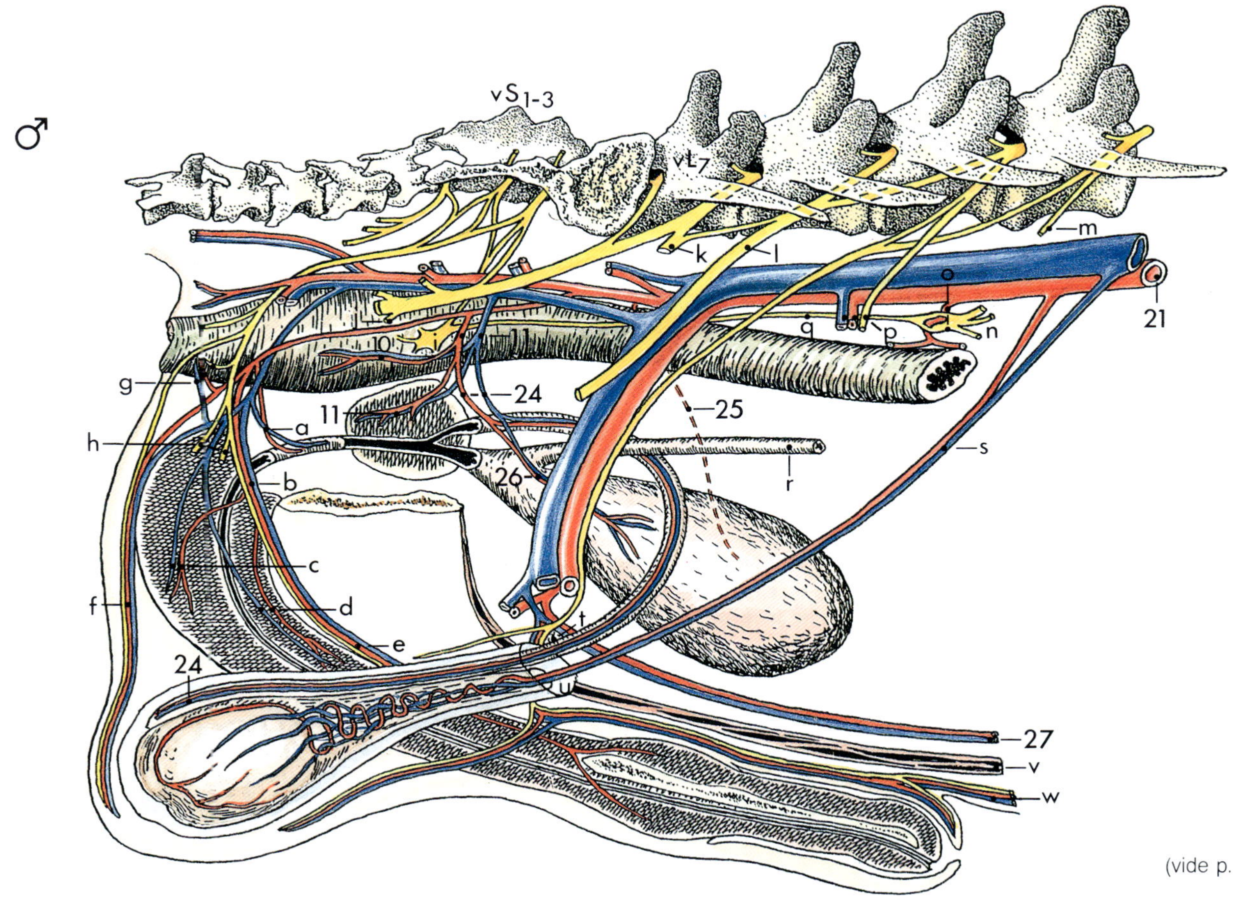

(vide p. 61, 65, 69, 73)

Legenda:

a A. et V. urethralis
b A. et V. clitoridis s. penis
c A. et V. bulbi vestibuli s. bulbi penis
d A. et V. profunda clitoridis s. prof. penis
e A., V. et N. dorsalis clitoricis s. dors. penis
f A. et V. perin. ventr. et N. perin. supf.
g A., V. et N. rectalis caud.
h Nn. perineales proff.
i Ggl. pelvinum
j Rr. musculares (N. rotatorius)
k N. obturatorius
l N. femoralis
m N. ilioinguinalis
n Nn. splanchnici lumbales
o A. mesenterica caud. et Ggl. mesentericum caud.
p A. et V. circumflexa ilium prof. et N. cutaneus femoris lat.
q N. hypogastricus
r Ureter
s A. et V. testicularis
t Ln. inguinalis supf.
u Proc. vaginalis peritonaei
v M. rectus abdominis
w A. et V. epigastrica caud. supf.

6. DIAPHRAGMA PELVIS MIT FOSSA ISCHIORECTALIS UND LEITUNGSSTRUKTUREN

Zur nachfolgenden Präparation wird die Haut nach Umschneidung des Anus und der Labia pudendi (s. vulvae) entfernt. Nach Kupierung des Schwanzes wird die verbleibende Schwanzwurzel dorsal fixiert. Anschließend werden auf der rechten Körperseite zunächst die Muskeln resp. Muskelstümpfe und danach die Leitungsstrukturen präpariert. Nach dieser Vorübung werden auch auf der linken Körperseite die Leitungsstrukturen und danach die Muskeln dargestellt.

Der **Beckenausgang** wird im mittleren Bereich durch das Diaphragma pelvis verschlossen, dem beiderseits die Fossa ischiorectalis anliegt. Oberflächlich befindet sich am Beckenausgang die Regio perinealis, die sich rhombenförmig zwischen der Schwanzwurzel, den beiderseitigen Sitzbeinhöckern und dem Kaudalende der Beckensymphyse ausdehnt. Beim Rüden und bei der Hündin mit weit herunterhängender Vulva wird die ventrale Grenze bis zum Scrotum resp. zur Ventralbegrenzung der Vulva überschritten. In diesem Ausdehnungsbereich der Regio perinealis bildet die Körperwand das Perineum (Damm), sofern dieses klinik-gebräuchlich und weitgefaßt definiert wird. Bei enggefaßter Definition versteht man unter Perineum nur den eigentlichen Damm (Perineum proprium) zwischen Anus und Scham, der oberflächlich vom M. longitudinalis perinei cutaneus und in der Tiefe von einer sehnig-muskulösen Verankerungsplatte für benachbarte Muskeln, dem Centrum tendineum perinei (Corpus perinei) gebildet wird.

a) Das **DIAPHRAGMA PELVIS** ist der innen und kaudal am Becken gelegene muskulofasziale Verschluß am Beckenausgang. Es wird vom beiderseitigen M. levator ani mit bilateral anliegendem M. coccygeus und den beiden Blättern der Fascia diaphragmatis pelvis gebildet, die den Muskeln des Perineum anliegen. Bei Einblick in die Beckenhöhle ist in der muldenförmigen Vertiefung zwischen den beiderseitigen Mm. levatores ani eine dorsoventral ausgerichtete längliche Öffnung erkennbar. Dieses „Levatortor" wird dorsal in der Pars analis diaphragmatis pelvis vom Canalis analis mit umgebender Muskulatur und ventral in der Pars urogenitalis diaphragmatis pelvis vom Canalis urogenitalis mit umgebender Muskulatur sowie dazwischenliegend vom Perineum proprium verschlossen.

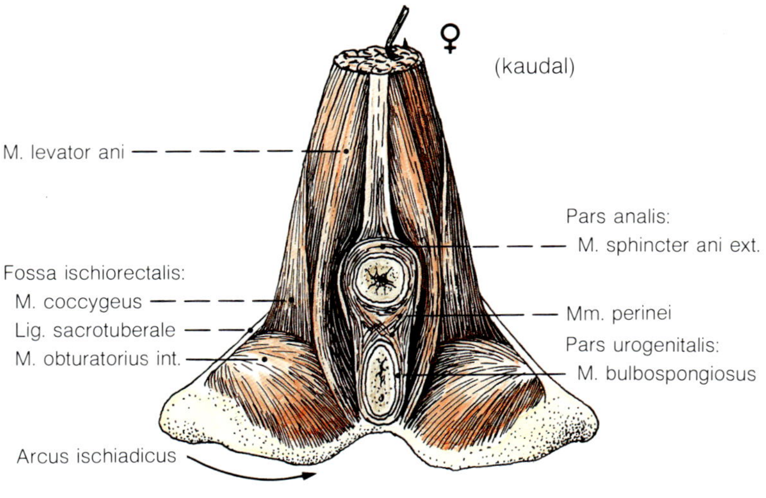

b) Die **FOSSA ISCHIORECTALIS** ist die pyramidenförmige Beckenausgangsgrube mit kranialer Spitze und kaudal gelegener offener Basis. Die laterale Begrenzung erfolgt durch den Sitzbeinhöcker und hier inserierendem Lig. sacrotuberale, die ventrale Begrenzung durch den Arcus ischiadicus samt M. obturatorius internus und die mediale Begrenzung durch das Diaphragma pelvis mit den Mm. levator ani und coccygeus. Die Fossa ischiorectalis ist mit einem Fettkörper und darin gelegenen Leitungsstrukturen angefüllt.

DIAPHRAGMA PELVIS MIT MUSCULI COCCYGEUS UND LEVATOR ANI

Pars analis diaphragmatis pelvis	**Perineum proprium**	**Pars urogenitalis diaphragmatis pelvis**
M. sphincter ani externus	Mm. perinei	M. bulbospongiosus
M. sphincter ani internus	M. longitudinalis perinei cutaneus	M. constrictor vestibuli
M. rectococcygeus	Centrum tendineum perinei	M. constrictor vulvae
	(Corpus perineale)	M. ischiocavernosus
		M. retractor penis s. — clitoridis

Der **M. coccygeus (13)** liegt medial neben dem Lig. sacrotuberale und verkehrt zwischen Spina ischiadica und den ersten vier Schwanzwirbeln. Der **M. levator ani (12**, s. a. Textabb.) ist bei ähnlicher Faserverlaufsrichtung medial benachbart. Der lineare Ursprung liegt neben der Beckensymphyse am Sitz- und Schambein und steigt von hier an der Innenfläche des Darmbeins dorsal an. Die spitz auslaufende Insertion erfolgt am vierten bis siebten Schwanzwirbel. Anders als beim Menschen treten nur wenige Muskelfasern mit dem M. sphincter ani externus in Verbindung, so daß der funktionsbezogene Name des Muskels für den Hund eher irreführend ist. Vielmehr wird bei beidseitiger Kontraktion der „Schwanz eingeklemmt".

Der **M. sphincter ani externus (14)** umgibt gemeinsam mit dem M. sphincter ani internus den Analkanal. Der M. sphincter ani internus ist die Kaudalfortsetzung der zirkulären glatten Muskelschicht des Rectum. Zwischen dem quergestreiften — und dem glatten Afterschließmuskel liegt der Analbeutel.

Mm. rectococcygeus (11) und **retractor penis (19)** resp. clitoridis s. S. 74.

1 Die **Mm. perinei (15)** bestehen aus längs verlaufenden Muskelfaserbündeln, die mit dem M. sphincter ani externus und dem M. bulbospongiosus in Verbindung treten.

Der **M. bulbospongiosus (20)** zieht beim Rüden transversal über den Bulbus penis. Bei der Hündin besteht der Muskel aus dem **M. constrictor vestibuli (17)** mit annähernd zirkulärem Faserverlauf und dem kaudal folgenden **M. constrictor vulvae (18)** mit annähernd longitudinalem Muskelfaserverlauf. Der **M. ischiocavernosus (16)** entspringt am Arcus ischiadicus und überzieht das Crus clitoridis resp. das Crus penis.

Die **Innervation** der Mm. coccygeus und levator ani erfolgt über Muskeläste des nSv 3. Die übrigen Muskeln werden von Ästen des N. pudendus versorgt, und zwar die Muskeln der Pars analis vom N. rectalis caudalis und die Muskeln der Pars urogenitalis und der des Perineum von den Nn. perineales profundi.

c) Die **LEITUNGSSTRUKTUREN** ziehen durch den Canalis pudendalis in den Grund der Fossa ischiorectalis hinein.

Der **N. pudendus (2)** zieht zwischen dem M. obturatorius internus und dem M. coccygeus in die Fossa ischiorectalis hinein. Er entläßt den **N. rectalis caudalis (3)** zur Pars analis diaphragmatis pelvis, den langen **N. perinealis superficialis (7)** mit abzweigenden Nn. labiales dorsales resp. scrotales dorsales für die Haut und die kurzen **Nn. perineales profundi (6)** für die Muskeln der Pars urogenitalis diaphragmatis pelvis. Der N. pudendus endet als **N. dorsalis clitoridis (5)** resp. — **penis (10)** auf dem Klitoris- resp. Penisrücken.

Die **A. pudenda interna (2)** begleitet den N. pudendus und gibt die A. urethralis zum Beckenteil der Harnröhre ab. Danach entläßt sie die **A. perinealis ventralis (8)** mit ursprungsnah abzweigender **A. rectalis caudalis (3)** sowie distal abzweigendem R. labialis dorsalis resp. scrotalis dorsalis und geht in die **A. clitoridis (4)** resp. **penis (9)** über. Die Klitoris — resp. Penisarterie teilt sich in die Aa. dorsalis clitoridis resp. — penis, bulbi vestibuli resp. — penis und profunda clitoridis resp. — penis. Die **A. perinealis dorsalis (1)** entstammt der A. glutaea caudalis.

Die **V. pudenda interna** (s. S. 71) weist im Vergleich zur gleichnamigen Arterie bei Abweichungen in der Astfolge einen ähnlichen Verlauf auf.

ARTERIEN UND NERVEN DER FOSSA ISCHIORECTALIS

A. pudenda interna	**N. pudendus**
A. urethralis	N. rectalis caudalis
A. perinealis ventralis	N. perinealis superficialis
A. rectalis caudalis	Nn. labiales dorsales
R. labialis dorsalis	s. scrotales dorsales
s. scrotalis dorsalis	Nn. perineales profundi
A. clitoridis s. penis	N. dorsalis clitoridis
A. bulbi vestibuli s. — penis	s. — penis
A. profunda clitoridis	N. cutaneus femoris caudalis
s. — penis	
A. dorsalis clitoridis	
s. — penis	

Fossa ischiorectalis

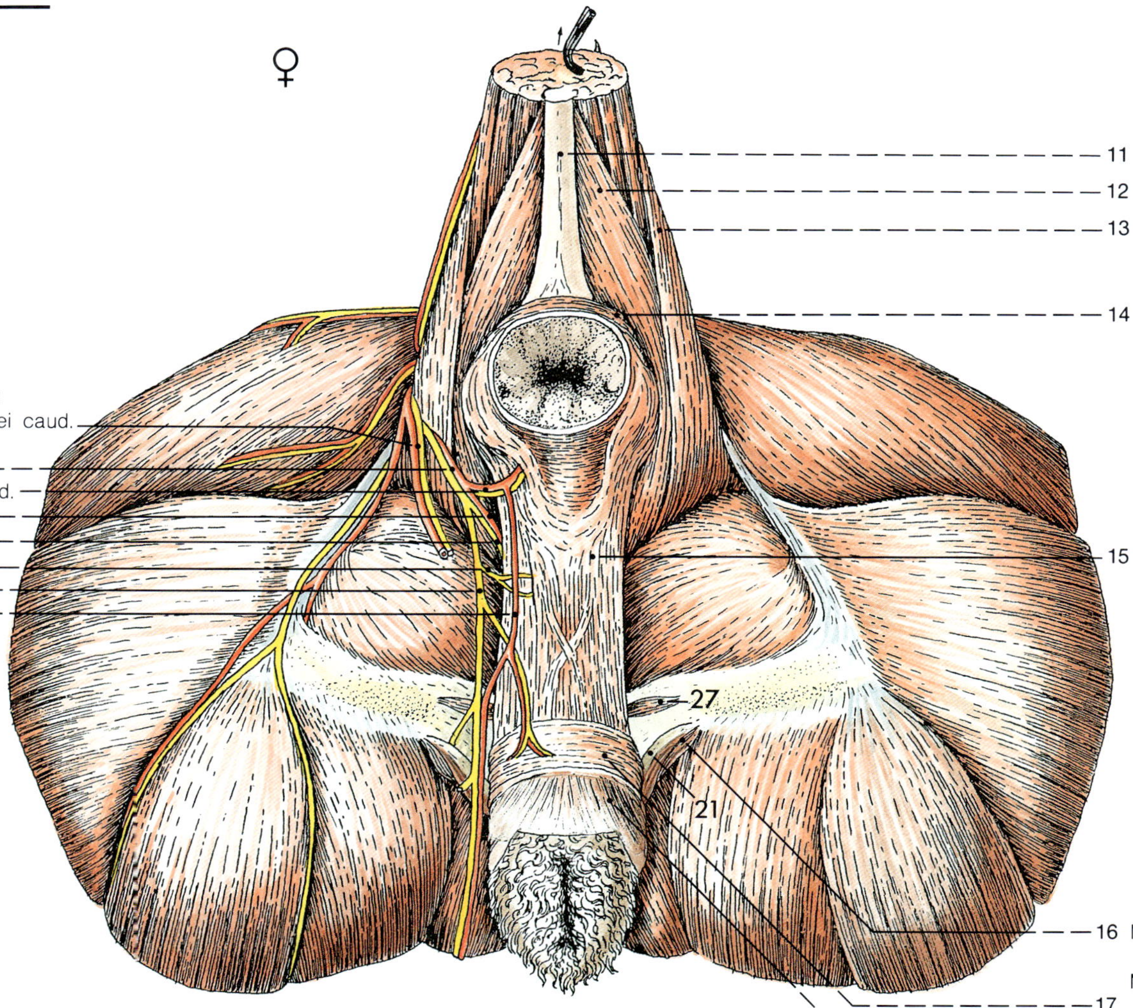

(kaudal)

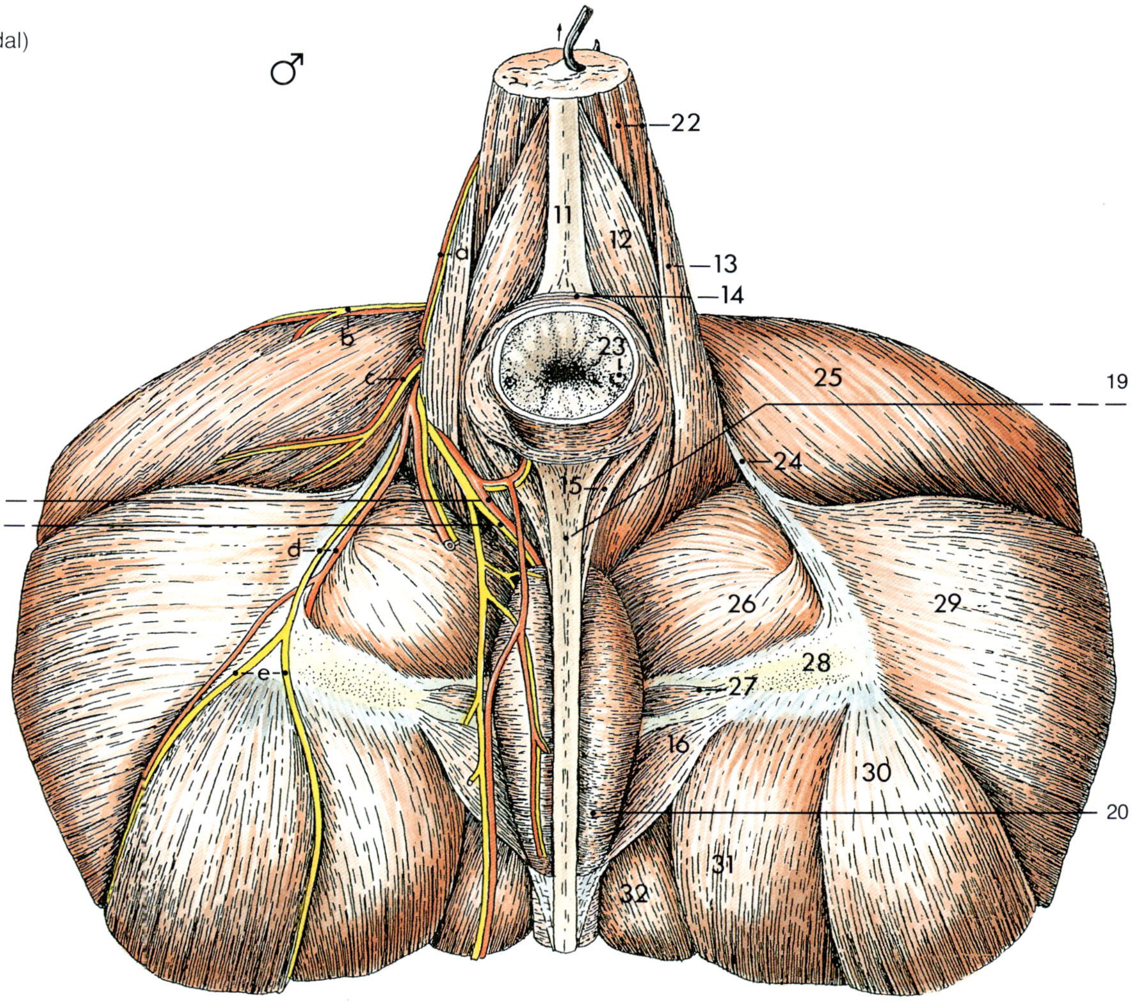

(vide p. 71, 75, 79)

Legenda:

21 Crus clitoridis
22 Mm. sacrococcygei [-caudales] ventrr. lat. et med.
23 Ostium sinus paranalis
24 Ligamentum sacrotuberale
25 M. glutaeus supf.
26 M. obturatorius int.
27 M. ischiourethralis
28 Tuber ischiadicum
29 M. biceps femoris
30 M. semitendinosus
31 M. semimembranosus
32 M. gracilis

a A. coccygea [caudalis] lat.
b A. glutaea cran. et Nn. clunium medii
c Nn. clunium caudd. (dorss.) et Rr. cutanei a. glut. caud.
d A. glutaea caud. et N. cutaneus femoris caud.
e Nn. clunium caudd. (lat. et med.)

Die glatten Muskeln können nach Vorverlagerung des freien Kaudalrandes des M. levator ani und nach Kaudalverlagerung des Anus mit umgebender Schließmuskulatur übersichtlich dargestellt werden.

a) Die **GLATTEN MUSKELN IM DIAPHRAGMA PELVIS** verkehren zwischen den Eingeweiden und dem Skelettsystem.

I. Der unpaare **M. rectococcygeus (A)** ist eine Verstärkung der Längsmuskulatur des Rectum, die ventromedian an der Schwanzwirbelsäule zum dritten Schwanzwirbel zieht und auch Afterschwanzband genannt wird.

II. Der paarige **M. retractor clitoridis** s. – **penis** beginnt unter dem M. levator ani am ersten Schwanzwirbel und teilt sich kaudolateral auf dem Rectum in drei Teile, die in der nachfolgend aufgeführten Reihenfolge dorsoventral nebeneinander liegen: Die starke **Pars analis (B)** inseriert dorsolateral am Anus zwischen den Analmuskeln. Die mittelstarke **Pars penina** (C) trifft sich mit dem entsprechenden Teil der anderen Körperseite kaudomedian am Perineum und zieht ventromedian am Penis kranial. Die **Pars clitoridea** (C) der Hündin ist unscheinbar und erreicht nicht die Clitoris. Die schwache bis fehlende **Pars rectalis (D)** umgreift bei guter Ausbildung ventral das Rectum, was beim Pferd sehr deutlich ausgeprägt ist und zur Benennung als ventrale Mastdarmschleife führte.

1 b) Der **KNÖCHERNE BECKENGÜRTEL (CINGULUM MEMBRI PELVINI**, s. auch Textabb.) besteht aus den beiden Hüftbeinen (Ossa coxarum), deren drei Einzelknochen beim Adulten nahtlos miteinander verwachsen sind. Die Hüftbeine beider Körperseiten bilden gemeinsam
2 die ventromedian gelegene **Beckenfuge (Symphysis pelvina – 1)** und sind dorsal durch das Kreuzbein voneinander getrennt. Sie beteiligen sich gemeinsam mit dem Kreuzbein und den ersten beiden Schwanzwirbeln an der Bildung des knöchernen Beckens. Von den drei miteinander verwachsenen Einzelknochen des Hüftbeins umgrenzen das Schambein (Os pubis) und das Sitzbein (Os ischii) das **For. obturatum (2)**, und beide Knochen verschmelzen mit dem dritten, dem Darmbein (Os ilium), im **Acetabulum (3)**. Im Grund der Hüftgelenkspfanne (**Fossa acetabuli** – 4) ist im Föten- und Welpenalter noch ein vierter winziger Knochen (Os acetabulare) erkennbar, der frühzeitig mit den übrigen Hüftknochen nahtlos verwächst. Das starke Lig. capitis ossis femoris verkehrt zwischen Fossa acetabuli und Oberschenkelkopf. Die vom Lig. transversum acetabuli überbrückte **Incisura acetabuli (5)** ist eine ventromediale Unterbrechung der **Facies lunata (6)**, die vom Gelenkknorpel überlagert ist. Auf dem Margo acetabuli ist das bindegewebige Labrum acetabulare aufgelagert, wodurch die Hüftgelenkspfanne vertieft wird. Dorsal vom Acetabulum liegt die beim Hund stumpfrandige **Spina ischiadica (7)**, die im Grenzbereich zwischen Darm- und Sitzbein von beiden miteinander verwachsenen Knochen gebildet wird. Kranial grenzt das Darmbein an der **Eminentia iliopubica (34)** an das Schambein. Die aneinanderstoßenden Schambeine beider Körperseiten bilden den Kranialabschnitt, und die kaudal folgenden Sitzbeine bilden den Kaudalabschnitt der Symphysis pelvina.

Os coxae

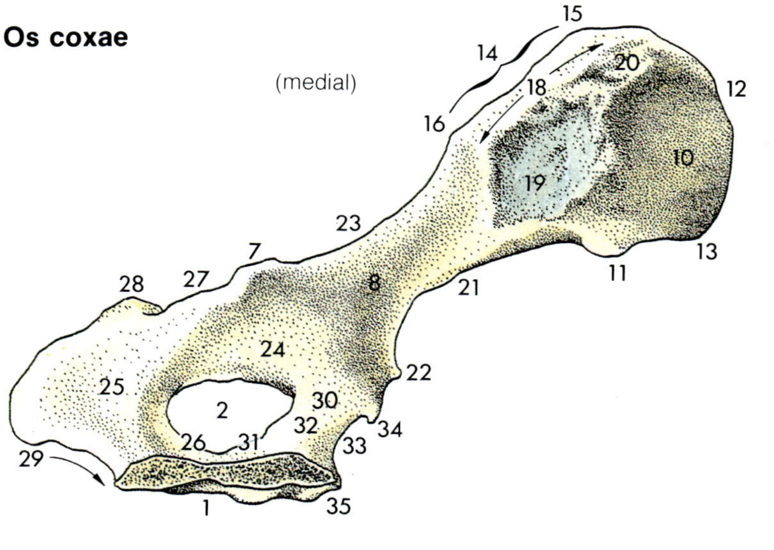

I. Das **Darmbein (Os ilium)** beteiligt sich mit seinem **Corpus** (8) an der Bildung der Hüftgelenkspfanne (was auch für den Körper des Schambeins und des Sitzbeins gilt). Kraniodorsal vom Acetabulum liegt die **Spina iliaca ventralis caudalis** (9, Ursprungsareal für den M. rectus femoris) am Übergang zum Darmbeinflügel (**Ala ossis ilii*** – **10**). Die **Spina alaris** (11, Insertionsareal für den M. quadratus lumborum) liegt am Kranioventralrand des Darmbeinflügels, und zwar daumenbreit ventral seines Überganges in die dorsal gelegene, knorpelüberlagerte **Crista iliaca (12)**. Hier am Übergang befindet sich am lateralen Darmbeinwinkel der Hüfthöcker (**Tuber coxae** – **13**), der beim Hund mit der Spina iliaca ventralis cranialis identisch ist. Der **Kreuzbeinhöcker** (**Tuber sacrale** – 14) liegt gegenüber am Dorsokaudalrand des Darmbeinflügels und reicht von der **Spina iliaca dorsalis cranialis** (15) bis zur **Spina iliaca dorsalis caudalis** (16). Die **Facies glutaea** (17) ist die lateral am Darmbeinflügel gelegene Ursprungsfläche für die Glutäalmuskeln, wo in Höhe der Spina alaris die undeutliche **Linea glutaea ventralis** (17') und in Höhe der Spina iliaca ventralis caudalis die **Linea glutaea caudalis** (17") beginnt. Innen am Darmbeinflügel liegt die **Facies sacropelvina** (18), die unterteilt wird in die höckrige ohrmuschelförmige Gelenkfläche (**Facies auricularis** – 19) zur Artikulation mit dem Kreuzbein und in die dorsal anschließende glattflächige **Facies iliaca** (20) für die Insertion der Mm. longissimus dorsi und iliocostalis. Kranioventral am Darmbein beteiligt sich die **Linea arcuata** (21) gemeinsam mit dem dorsal gelegenen Promontorium ossis sacri und dem ventral gelegenen **Pecten ossis pubis** (33) an der Bildung der Beckeneingangslinie (Linea terminalis), die etwa auf halber Höhe den beim Hund sehr undeutlichen **Psoashöcker** (**Tuberculum m. psoas minoris** – 22) aufweist. Gegenüber befindet sich am kaudodorsalen Rand des Darmbeinflügels die **Incisura ischiadica major** (23), die von der Spina iliaca dorsalis caudalis des Tuber sacrale bis zur Spina ischiadica reicht und den N. ischiadicus passieren läßt.

II. Das **Sitzbein (Os ischii)** geht vom Acetabulum mit dem hier liegenden **Corpus** (24) kaudal in die ebene **Sitzbeinplatte** (**Tabula ossis ischii** – 25) über. Der medial anschließende **Fugenast - R. (symphysialis) ossis ischii** – 26 - beteiligt sich mit dem der anderen Körperseite an der Bildung des Kaudalabschnitts der Beckenfuge. Laterodorsal gegenüber liegt die **Incisura ischiadica minor** (27), die kaudolateral am deutlichen **Sitzbeinhöcker** (**Tuber ischiadicum** – 28) in den konkaven **Sitzbeinausschnitt** (**Arcus ischiadicus** – 29) übergeht. Sitzbeinausschnitt mit Sitzbeinhöcker umgrenzen gemeinsam mit dem Lig. sacrotuberale und dem dritten Schwanzwirbel den Beckenausgang.

III. Das **Schambein (Os pubis)** geht vom Acetabulum mit dem hier gelegenen **Corpus** (30) kaudomedial in Richtung Beckenfuge in **den R. caudalis** (R. symphysialis – 31) und kraniomedial in den **R. cranialis** (32) über. Der Kranialast trägt am Beckeneingang den **Schambeinkamm** (**Pecten ossis pubis** – 33), der von der lateral gelegenen **Eminentia iliopubica** (34) bis zum median gelegenen **Tuberculum pubicum ventrale** (35) reicht. An der Innenfläche des Schambeins ist am Sulcus obturatorius die Verlaufsrichtung des N. obturatorius erkennbar.

c) Die **BECKENDURCHMESSER (DIAMETER**, s. Textabb.) sind für die Beurteilung des natürlichen Geburtsweges bei der Geburtshilfe bedeutsam. Die **Diameter verticalis** ist die Vertikale vom Kranialende der Symphysis pelvina zur Wirbelsäule. Die **Diameter conjugata** reicht vom Kranialende der Symphysis pelvina zum Promontorium ossis sacri. Querverbindungen liegen als **Diameter transversa dorsalis** zwischen beiden Kreuzbeinflügelenden, als **Diameter transversa media** zwischen dem rechten und linken Psoashöcker und als **Diameter transversa ventralis** zwischen beiden Eminentiae iliopubicae.

Diameter pelvis

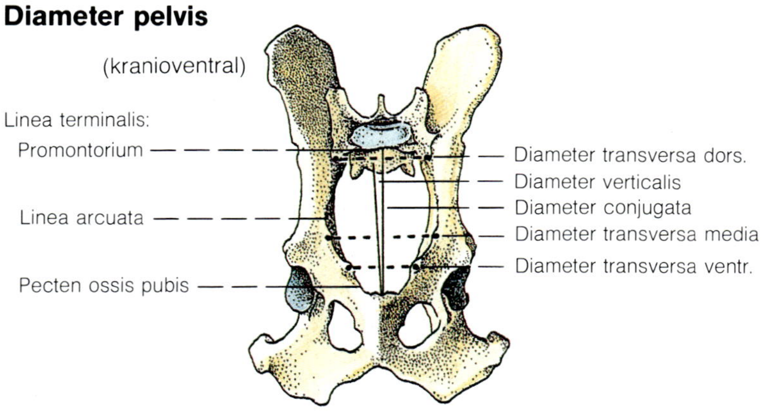

d) Die **BECKENEINGANGSLINIE (LINEA TERMINALIS)** liegt beim Hund an der Grenze zum Abdomen. Bei Mensch und Haussäugetier wird die Linea terminalis vom Vorgebirge des Kreuzbeins (Promontorium ossis sacri), von der Linea arcuata des Darmbeins und vom Schambeinkamm gebildet.

e) Der **BECKENBODEN** wird anders als beim aufrecht gehenden Menschen vom Scham- und Sitzbein mit enthaltenem For. obturatum gebildet.

*) Grammatikalisch richtiger wäre Ala ossis ilium

Musculi anales et urogenitales

(kaudolateral)

Legenda:

A M. rectococcygeus
M. retractor clitoridis s. retractor penis:
B Pars analis
C Pars clitoridea s. penina
D Pars rectalis
E M. sphincter ani ext.
F Pars vertebralis
G Sinus paranalis
H M. longitudinalis perinei cutaneus
I M. ischiourethralis
J M. ischiocavernosus
K M. bulbospongiosus
L M. constrictor vestibuli
M M. constrictor vulvae
N M. sacrococcygeus [-caudalis] dors. lat.
O M. intertransversarius dors. caudae
P M. levator ani
Q M. coccygeus
R M. glutaeus supf.
S M. glutaeus medius
T Lig. sacrotuberale
U M. obturatorius int.
V M. semimembranosus
W M. semitendinosus
X M. biceps femoris

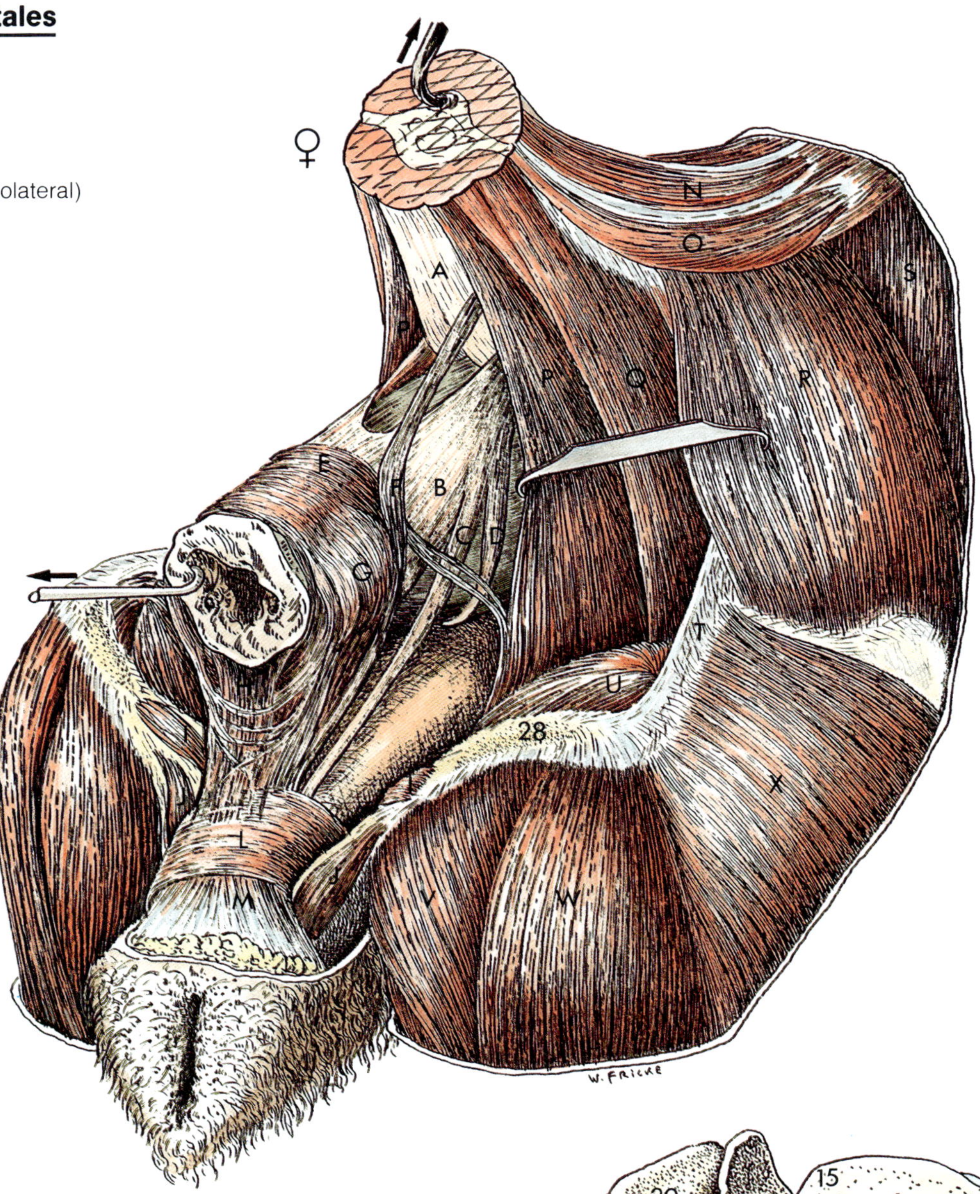

(vide p. 73, 79)

Cingulum membri pelvini

(lateral)

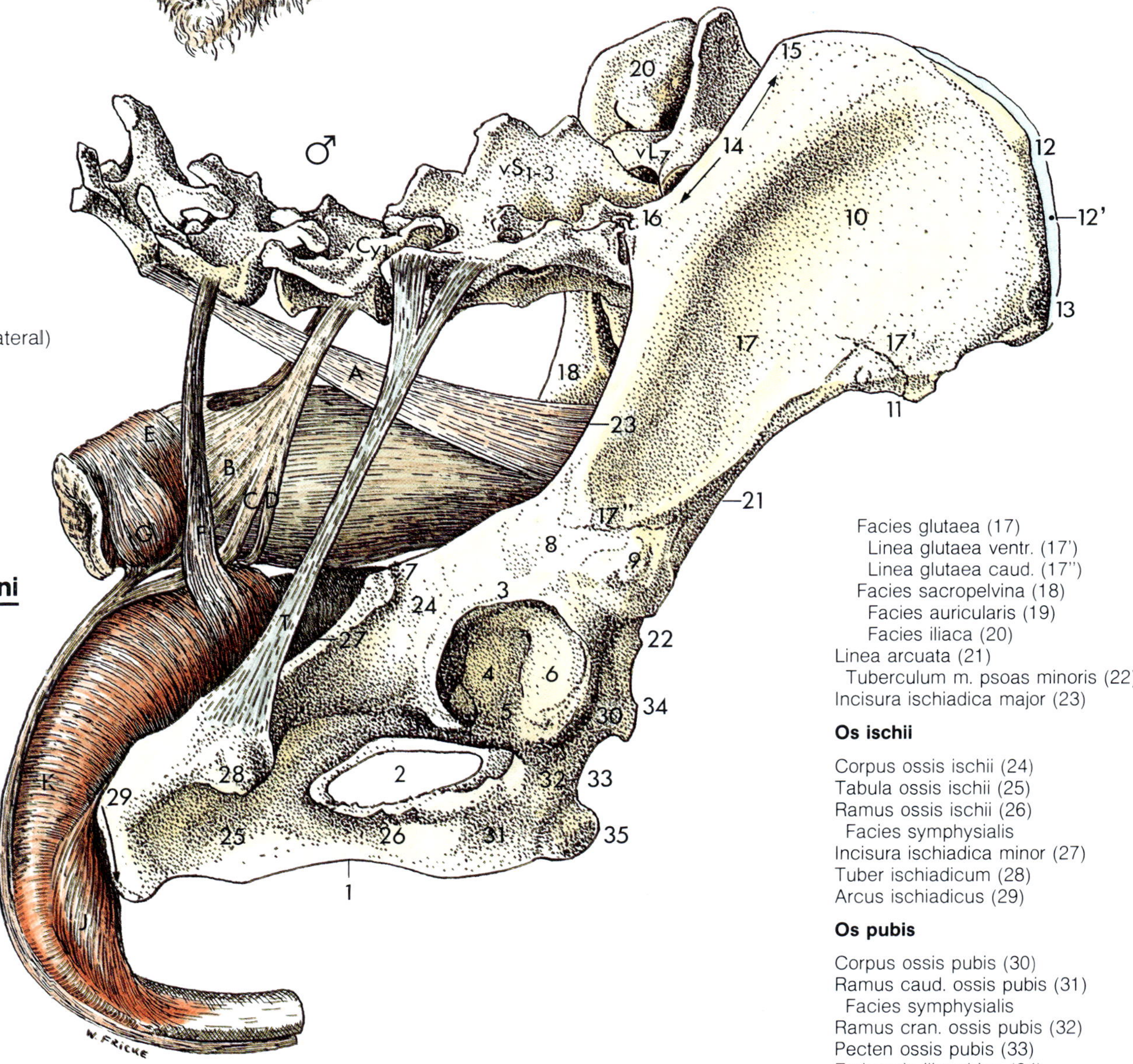

Os coxae

Symphysis pelvina (1)
Foramen obturatum (2)
Acetabulum (3)
  Fossa acetabuli (4)
  Incisura acetabuli (5)
  Facies lunata (6)
Spina ischiadica (7)

Os ilium

Corpus ossis ilii (8)
  Spina iliaca ventr. caud. (9)
Ala ossis ilii (10)
  Spina alaris (11)
  Crista iliaca (12)
    Cartilago (12')
    Tuber coxae (13)
      Spina iliaca ventr. cran.
    Tuber sacrale (14)
      Spina iliaca dors. cran. (15)
      Spina iliaca dors. caud. (16)
  Facies glutaea (17)
    Linea glutaea ventr. (17')
    Linea glutaea caud. (17'')
  Facies sacropelvina (18)
    Facies auricularis (19)
    Facies iliaca (20)
Linea arcuata (21)
  Tuberculum m. psoas minoris (22)
Incisura ischiadica major (23)

Os ischii

Corpus ossis ischii (24)
Tabula ossis ischii (25)
Ramus ossis ischii (26)
  Facies symphysialis
Incisura ischiadica minor (27)
Tuber ischiadicum (28)
Arcus ischiadicus (29)

Os pubis

Corpus ossis pubis (30)
Ramus caud. ossis pubis (31)
  Facies symphysialis
Ramus cran. ossis pubis (32)
Pecten ossis pubis (33)
Eminentia iliopubica (34)
Tuberculum pubicum ventr. (35)

8. KAPITEL: BECKENGLIEDMASSE

1. DAS SKELETT DER BECKENGLIEDMASSE

Die **Beckengliedmaße** schließt auch den Beckengürtel mit ein. Zum Studium der Gemeinsamkeiten im Bauplan zwischen Schulter- und Beckengliedmaße sind die Ausführungen über das Skelett der Schultergliedmaße heranzuziehen.

a) Das **OBERSCHENKELBEIN (OS FEMORIS)** besteht proximal aus einem Kopf, einem anschließenden dünnen Hals, prominenten Muskelhöckern (Umdrehern) und einem Corpus, das in die Kniescheiben-
1 Gelenksrolle übergeht. Der **Oberschenkelkopf (Caput ossis femoris – 1)** trägt inmitten seiner knorpelüberlagerten Gelenkfläche die knorpelfreie **Fovea capitis (2)** als Insertionsstelle des runden Lig. capitis ossis
2 femoris, das im Acetabulum verankert ist. Der **Oberschenkelhals (Collum ossis femoris – 3)** ist eine deutliche Einziehung zwischen Oberschenkelkopf und den Muskelhöckern, von denen der laterale **große Umdreher (Trochanter major – 4)** als Insertionsstelle für die Glutäalmuskeln dient. Der große Umdreher trägt medial an seiner Basis die **Fossa trochanterica (5)**, eine Grube für den Ansatz der tiefen Hüftgelenksmuskeln. Medial am Grund der Fossa trochanterica befindet sich der **Trochanter minor (6)** für die Insertion des M. iliopsoas. Der **Trochanter tertius (7)** ist beim Hund ein undeutlicher Knochenvorsprung distal vom Trochanter major. Das lange **Corpus ossis femoris (8)** weist kaudal die **Facies aspera (9)** auf, die als rauhe Insertionsfläche für den M. adductor magnus und den M. adductor brevis fungiert und vom **Labium laterale (10)** und **Labium mediale (11)** begrenzt wird. Die distal anschließende **Kniekehlfläche (Facies poplitea – 12)** wird lateral durch die **Tuberositas supracondylaris lateralis (13)** begrenzt, eine Rauhigkeit für den Ursprung des oberflächlichen Zehenbeugers. Der **mediale Gelenkknorren (Condylus medialis – 14)** trägt kaudal eine glatte **Gelenkfläche (Facies articularis sesamoidea medialis – 15)** zur Artikulation mit dem **Os sesamoideum m. gastrocnemii (64)** und einen medial herausragenden **Bandhöcker (Epicondylus medialis – 16)** für den Ansatz der Kollateralbänder des Kniekehlgelenks. Der **Condylus lateralis (17)** weist mit seiner **Facies articularis sesamoidea lateralis (18)** und seinem **Epicondylus lateralis (19)** eine entsprechende Konfiguration auf. Die zwischen den Gelenkknorren gelegene tiefe **Fossa intercondylaris (20)** geht kranial kontinuierlich in die **Kniescheiben-Gelenksrolle (Trochlea ossis femoris – 21)** über, die zwischen beiden Rollkämmen ein Gleitlager für die **Patella (69)** bietet.

b) Zu den **UNTERSCHENKELKNOCHEN (OSSA CRURIS)** gehören Schienbein (Tibia) und Wadenbein (Fibula), die proximal und distal miteinander artikulieren. Am Schienbein fehlen Kopf und Hals. Die Distalenden des Schien- und Wadenbeins ragen an der Fußwurzel über die distale Gelenkfläche als medialer resp. lateraler Knöchel hinaus.

I. An der **Tibia** sind die Menisken des Kniekehlgelenks an der **Facies articularis proximalis (22)** ligamentös verankert. Der **Condylus medialis (23)** ist durch die proximomedian herausragende **Eminentia intercondylaris (24)** vom **Condylus lateralis (25)** abgegrenzt, der die **Facies articularis fibularis (26)** zur gelenkigen Verbindung mit dem Fibulakopf trägt. Kranial davon befindet sich der **Sulcus extensorius (27)** für die Sehne des M. extensor digitalis longus, der am Condylus lateralis ossis femoris entspringt. Das direkt anschließende **Corpus tibiae (28)** besitzt proximokranial an der Insertionsstelle des Lig. patellae (Tendo quadricipitis)
3 die **Tuberositas tibiae (29)**, die distal in den **Margo cranialis (29')** übergeht. Am Distalende der Tibia wird die Gelenksschraube (**Cochlea tibiae – 30**) vom **medialen Knöchel (Malleolus medialis – 31)** zehenwärts überragt.

II. An der **Fibula** geht das **Caput (32)** mit seiner **Facies articularis capitis fibulae (33)** in das lange Mittelstück (**Corpus fibulae – 34**) über, an das sich distal der **laterale Knöchel (Malleolus lateralis – 35)** anschließt. Beide Unterschenkelknochen umschließen das **Spatium interosseum cruris (36)**.

c) Die **FUSSWURZELKNOCHEN (OSSA TARSI)** sind in drei Reihen angeordnet. Von beiden Knochen der proximalen Reihe besitzt das medial gelegene **Rollbein (Talus – 37)** proximal ein **Corpus tali (38)** mit einer **Gelenkrolle (Trochlea tali – 39)**, ein anschließendes **Collum (40)** und distal ein **Caput (41)**. Das lateral gelegene **Fersenbein (Calcaneus – 42)** ragt mit seinem **Fersenbeinhöcker (Tuber calcanei – 43)** weit proximal hervor, was seine Funktion als Ansatzhebel für die Sprunggelenks-Streckmuskeln ermöglicht. Über seine **Lehne für das Rollbein (Sustentaculum tali – 44)** zieht die Sehne des M. flexor digitalis lateralis hinweg, bevor sie sich wenig distal dieser Stelle mit der Sehne des M. flexor digitalis medialis zur tiefen Beugesehne vereinigt. Das **Os tarsi centrale (45)** ist der einzige Knochen der mittleren Reihe, in die das besonders große Os tarsale IV hineinragt. Die **Ossa tarsalia I - IV (46)** bilden die distale Reihe der Fußwurzelknochen.

d) Die **MITTELFUSSKNOCHEN (OSSA METATARSALIA I - V)** bestehen aus einer proximalen **Basis (47)**, einem mittleren **Corpus (48)** und dem distalen **Caput (49)**. Der kurze erste Mittelfußknochen kann fehlen. Gelegentlich ist er auch zweigeteilt, wobei dann der proximale Teil mit dem Os tarsale I verschmelzen kann.

e) Für die **ZEHENKNOCHEN (OSSA DIGITORUM)** gilt prinzipiell das für die Fingerknochen Gesagte (s. Schultergliedmaße).

Die **Phalanx proximalis (50)** und **Phalanx media (51)** besitzen proximal eine **Basis (52**, mit undeutlicher Tuberositas flexoria an der Phalanx media), ein mittleres **Corpus (54)** und ein distales **Caput (55)**. Die undeutliche proximopalmar am mittleren Zehenglied gelegene **Tuberositas flexoria (53)** ist das Insertionsareal für die oberflächliche Beugesehne. Das **Krallenbein (Phalanx distalis, Os unguiculare – 56)** weist proximal die **Facies articularis (57)** und proximodorsal einen undeutlichen **Processus extensorius (58)** für den Ansatz der Strecksehne auf. Proximoplantar liegt das **Tuberculum flexorium (59)** für den Ansatz der tiefen Beugesehne. Die scharfkantige **Krallenleiste (Crista unguicularis – 60)** überragt den **Krallenfalz (Sulcus unguicularis – 61)**. Der distale Anteil des Krallenbeins ist der **Krallenfortsatz (Processus unguicularis – 62)**, der vom Horn der Kralle umgeben ist.

Von einer **Wolfskralle (Paraunguicula – 63)** wird gesprochen, wenn 4
von der ersten Zehe nur die Kralle erhalten bleibt und das zentrale knöcherne Stützskelett fehlt.

f) Von den **SESAMBEINEN (SESAMOIDES, OSSA SESAMOIDEA)** wurden die **Ossa sesamoidea m. gastrocnemii (64)** oben im Zusammenhang mit den Gelenkknorren des Oberschenkelbeins erwähnt. Das **Os sesamoideum m. poplitei (65)** liegt kaudolateral an der Eminentia intercondylaris am Übergang der Ursprungssehne des M. popliteus in den Muskelbauch. Die **Ossa sesamoidea proximalia (Sesama bina** resp. **Gleichbeine – 66)** liegen plantar am Zehengrundgelenk. Die **Sesamoidea distalia (67)** plantar am Zehenendgelenk und die **Sesamoidea dorsalia** dorsal am Zehenmittelgelenk sind knorpelig, die **Sesamoidea dorsalia (68)** am Zehengrundgelenk sind meist knöchern. Die **Patella (69)** ist das größte Sesambein des Körpers und liegt in der Endsehne des M. quadriceps femoris. Sie trägt eine knorpelüberzogene Gelenkfläche zur Artikulation mit der Trochlea ossis femoris.

Ossa membri pelvini

(Basset Artesien - Normand)

(medial)

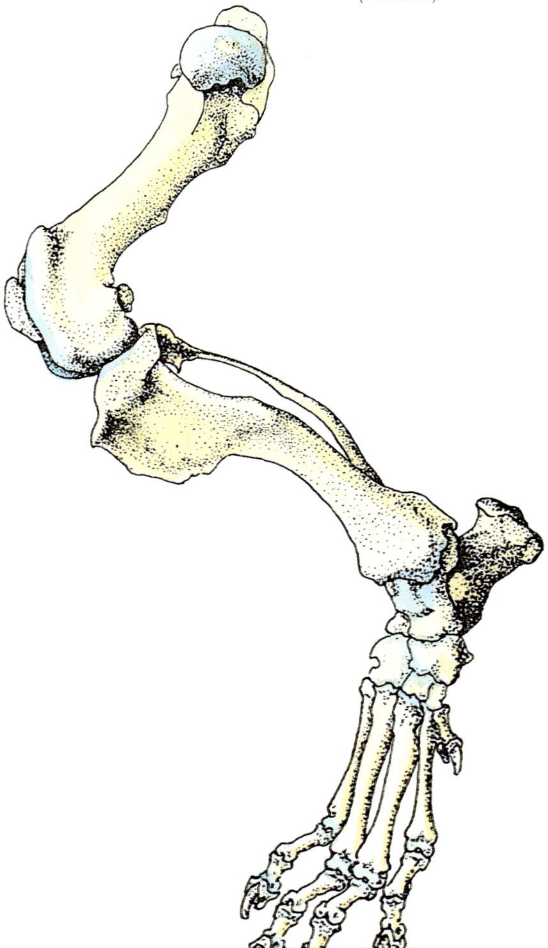

Ossa membri pelvini

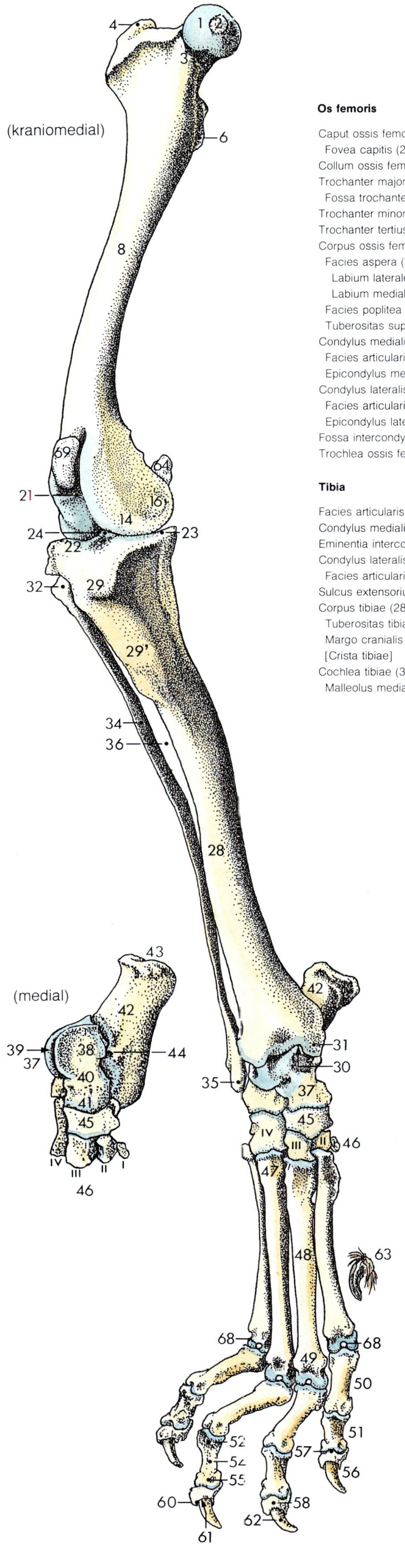

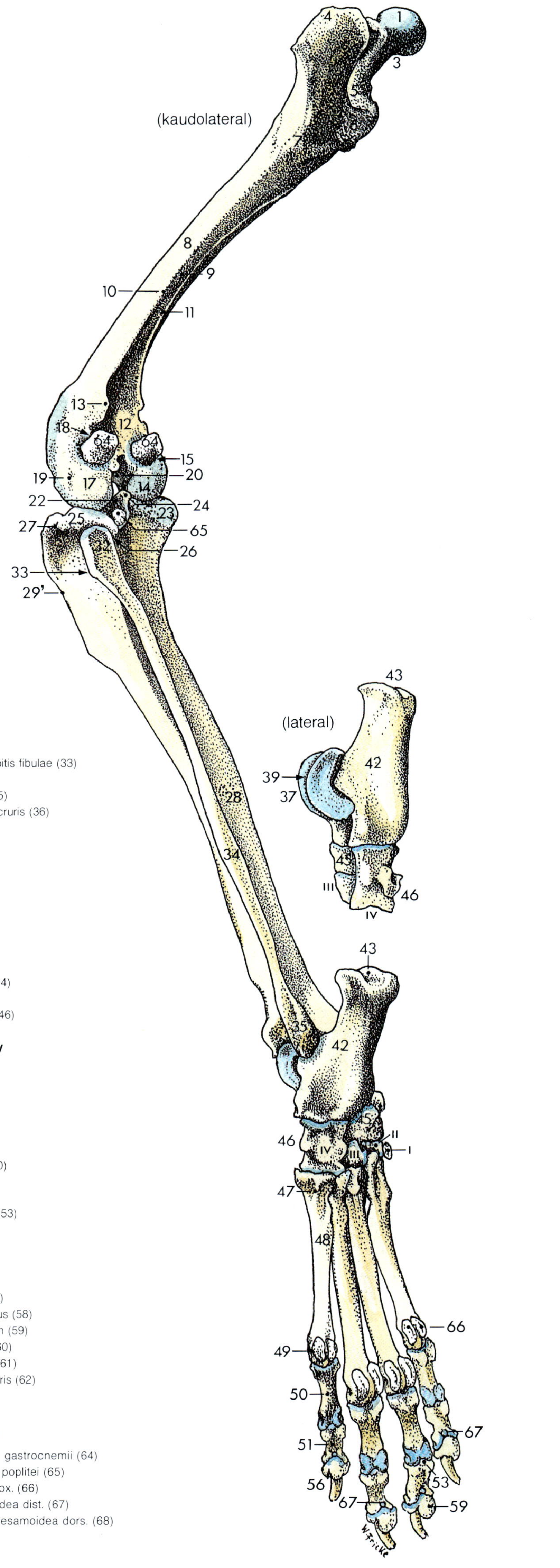

Os femoris

Caput ossis femoris (1)
  Fovea capitis (2)
Collum ossis femoris (3)
Trochanter major (4)
  Fossa trochanterica (5)
Trochanter minor (6)
Trochanter tertius (7)
Corpus ossis femoris (8)
  Facies aspera (9)
    Labium laterale (10)
    Labium mediale (11)
  Facies poplitea (12)
  Tuberositas supracondylaris lateralis (13)
Condylus medialis (14)
  Facies articularis sesamoidea medialis (15)
  Epicondylus medialis (16)
Condylus lateralis (17)
  Facies articularis sesamoidea lateralis (18)
  Epicondylus lateralis (19)
Fossa intercondylaris (20)
Trochlea ossis femoris (patellaris) (21)

Tibia

Facies articularis proximalis (22)
Condylus medialis (23)
Eminentia intercondylaris (24)
Condylus lateralis (25)
  Facies articularis fibularis (26)
Sulcus extensorius (muscularis) (27)
Corpus tibiae (28)
  Tuberositas tibiae (29)
  Margo cranialis (29')
  [Crista tibiae]
Cochlea tibiae (30)
  Malleolus medialis (31)

Fibula

Caput fibulae (32)
  Facies articularis capitis fibulae (33)
Corpus fibulae (34)
  Malleolus lateralis (35)
Spatium interosseum cruris (36)

Ossa tarsi

Talus (37)
  Corpus tali (38)
    Trochlea tali (39)
  Collum (40)
  Caput (41)
Calcaneus (42)
  Tuber calcanei (43)
  Sustentaculum tali (44)
Os tarsi centrale (45)
Os tarsale I, II, III, IV (46)

Ossa metatarsalia I-V

Basis (47)
Corpus (48)
Caput (49)

Ossa digitorum

Phalanx proximalis (50)
Phalanx media (51)
  Basis (52)
  Tuberositas flexoria (53)
  Corpus (54)
  Caput (55)
Phalanx distalis (56)
[Os unguiculare]
  Facies articularis (57)
  Processus extensorius (58)
  Tuberculum flexorium (59)
  Crista unguicularis (60)
  Sulcus unguicularis (61)
  Processus unguicularis (62)
Paraunguicula (63)

Sesamoides (64-69)

Ossa sesamoidea m. gastrocnemii (64)
Os sesamoideum m. poplitei (65)
Ossa sesamoidea prox. (66)
Cartilagines sesamoidea dist. (67)
Ossa (Cartilagines) sesamoidea dors. (68)
Patella (69)

Bei der Enthäutung der Gliedmaße bis zum Sprunggelenk sind die Hautvenen zu schonen (s. S. 81 und 83). Die Mm. glutaeus superficialis, — medius und biceps femoris (glutaeobiceps) werden im Verlauf der Präparation unmittelbar nach ihrer Darstellung an ihrer distalen Drittelgrenze quer durchschnitten. Die Nervenversorgung kann in Abweichung vom üblichen Vorgehen erst nach der Durchschneidung der Muskeln studiert werden und wird deshalb nach der Abhandlung einer Muskelgruppe abschließend beschrieben. Zu den Mm. articulationis coxae gehören der M. tensor fasciae latae sowie drei Muskelgruppen (Kruppen-, lange Sitzbein- und tiefe Hüftgelenksmuskeln), die je aus vier Einzelmuskeln bestehen.

a) Die **OBERFLÄCHLICHE MUSKELBINDE (FASCIA)** der Glutäalgegend ist die **Fascia glutaea (14)**, die aus der Fascia thoracolumbalis hervorgeht und sich oberschenkelwärts in die mehrblättrige Fascia lata fortsetzt, die vom einstrahlenden M. tensor fasciae latae angespannt wird.

Der **M. tensor fasciae latae** (3) entspringt am Hüfthöcker samt dessen unmittelbaren Umgebung und strahlt mit seiner kranialen Hauptportion in das oberflächliche Blatt der Fascia lata ein, das distal mit dem Lig. patellae (Tendo quadricipitis) verschmilzt. Seine kaudale fächerförmige Nebenportion geht in das tiefe Blatt der Fascia lata über, das am Labium laterale der Facies aspera ossis femoris endet. **Funktion:** Spanner der Fascia lata und Beuger des Hüftgelenks. **Innervation:** N. glutaeus cranialis.

b) Die **KRUPPENMUSKELN** entspringen an der Facies glutaea ossis ilii (Mm. glutaeus medius und — profundus) resp. am Kreuzbein und Lig. sacrotuberale (Mm. piriformis und glutaeus superficialis). Alle Kruppenmuskeln enden am Trochanter major ossis femoris. **Funktion:** Extension des Hüftgelenks und Abduktion der Gliedmaße.

Der **M. glutaeus superficialis (2)** liegt am weitesten kaudal und endet am weitesten distal an der Basis des Trochanter major an der hier befindlichen Tuberositas glutaea, was nach seiner Durchschneidung und nach Abklappen der Muskelstümpfe deutlich wird.

Der **M. glutaeus medius (1)** entspringt dorsal an der Facies glutaea zwischen der Linea glutaea ventralis und der Crista iliaca.

Der **M. piriformis (6)*** liegt unter dem M. glutaeus medius und endet mit diesem gemeinsam am Trochanter major ossis femoris.

Der **M. glutaeus profundus (7)** hat sein großflächiges Ursprungsareal zwischen der Linea glutaea ventralis und der Linea glutaea caudalis. Er inseriert mit konvergierendem Faserverlauf am Trochanter major ossis femoris.

Die **Innervation** erfolgt durch die Nn. glutaeus cranialis und — caudalis, die beide über die Incisura ischiadica major ziehen. Der **N. glutaeus caudalis (17)** tritt in die Medialfläche des M. glutaeus superficialis und in Ausnahmefällen auch in den M. piriformis ein. Der **N. glutaeus cranialis (5)** tritt zwischen die Mm. glutaeus medius und — profundus. Er versorgt diese Muskeln sowie meistens auch den M. piriformis und endet im M. tensor fasciae latae.

1 c) Die **LANGEN SITZBEINMUSKELN** haben ihren Ursprung am Sitzbeinhöcker und zusätzlich am Lig. sacrotuberale (M. biceps femoris) resp. nur am Lig. sacrotuberale (M. abductor cruris caudalis). **Funktion:** Hüftgelenksstrecker, Kniegelenksbeuger und, sofern sie mit einem Tractus calcaneus enden (Mm. biceps femoris und semitendinosus), auch Sprunggelenksstrecker.

Der **M. biceps femoris (4)** endet mit seiner breiten Aponeurose am Lig. patellae (Tendo quadricipitis), am Margo cranialis tibiae und an der Fascia cruris. Außerdem endet er am Tuber calcanei mit dem Tractus calcaneus lateralis, der im Distaldrittel des Unterschenkels mit dem Tractus calcaneus medialis (vom M. semitendinosus und M. gracilis) verschmilzt. Nach Durchschneidung des M. biceps femoris wird deutlich, daß der Tractus calcaneus lateralis eine Faszienverstärkung vom Labium laterale der Facies aspera ossis femoris erhält (daher die Benennung als Tractus statt Tendo).

Der bandförmige **M. abductor cruris caudalis (20)** entspringt distal am Lig. sacrotuberale unter dem M. biceps femoris und seine Insertion strahlt mit dem Kaudalrand dieses Muskels in die Fascia cruris ein.

Der kaudolateral gelegene **M. semitendinosus (16)** endet proximomedial an der Tibia und geht (gemeinsam mit dem M. gracilis) in den Tractus calcaneus medialis über.

Der kraniomedial gelegene **M. semimembranosus (15)** besitzt zwei starke Muskelbäuche. Der kraniale Muskelbauch endet am Condylus medialis ossis femoris, und der kaudale Muskelbauch endet distal der Kniegelenksspalte am Condylus medialis tibiae.

Die **Innervation** der langen Sitzbeinmuskeln erfolgt über die Nn. tibialis und fibularis communis, die als Teilungsäste aus dem N. ischiadicus hervorgehen. Der **N. tibialis (13)** innerviert mit seinen proximalen Muskelästen die Mm. biceps femoris, semitendinosus und semimembranosus. In den kranial am Lig. sacrotuberale entspringenden Kranialteil des M. biceps femoris tritt zusätzlich ein Ast des N. glutaeus caudalis, was die synonyme Benennung als M. glutaeobiceps rechtfertigt. Nur der M. abductor cruris caudalis erhält vom **N. fibularis communis (11)** seinen **Nervenast (R. musculocutaneus — 12)**, der als Hautast endet.

Der **N. ischiadicus (18)** zieht vor seiner Aufteilung über die Incisura ischiadica major und über den von tiefen Hüftgelenksmuskeln überlagerten Oberschenkelhals. Er innerviert das Hüftgelenk und teilt sich danach zwischen den Mm. biceps femoris und adductor magnus in den starken N. tibialis und den schwächeren N. fibularis communis, was aber wegen einer gemeinsamen Bindegewebsumhüllung erst in der Distalhälfte des Oberschenkels deutlich wird. 2

d) Die **TIEFEN HÜFTGELENKSMUSKELN** („kleine Beckengesellschaft", s. a. Textabb.) sind Supinatoren des Oberschenkels.

Der **Ursprung** der tiefen Hüftgelenksmuskeln liegt am Os coxae in der Umgebung des For. obturatum. Die **Insertion** erfolgt in der Fossa trochanterica ossis femoris. Die vier Muskeln liegen in der nachfolgend aufgeführten Reihenfolge von kranial nach kaudoventral hintereinander.

Die **Mm. gemelli (8)** entspringen im Bereich der Incisura ischiadica minor und grenzen an den Kaudalrand des M. glutaeus profundus.

Der **M. obturatorius internus (19)** hat sein Ursprungsareal innen am Medialrand des For. obturatum und zieht mit einer kräftigen Sehne dorsal über den hier eingedellten Mittelbereich der fächerförmigen Mm. gemelli.

Der **M. obturatorius externus (9)** hat am Medialrand des For. obturatum ein ähnliches Ursprungsareal, das jedoch außen am knöchernen Becken liegt (s. a. Textabb. S. 80). Von diesem Muskel ist nur seine tiefgelegene kräftige Endsehne am Kaudalrand der Mm. gemelli sichtbar. **Innervation:** N. obturatorius.

Der **M. quadratus femoris (10)** beginnt ventromedial am Sitzbeinhöcker und endet am Distalrand der Fossa trochanterica bis hin zum Trochanter tertius ossis femoris.

Die **Innervation** übernehmen die Rr. musculares n. ischiadici (N. rotatorius), die am Kaudalrand des M. glutaeus profundus aus dem N. ischiadicus hervorgehen. Eine Ausnahme gilt lediglich für den M. obturatorius externus, der durch den N. obturatorius und nicht durch den N. ischiadicus versorgt wird.

Mm. articulationis coxae proff.

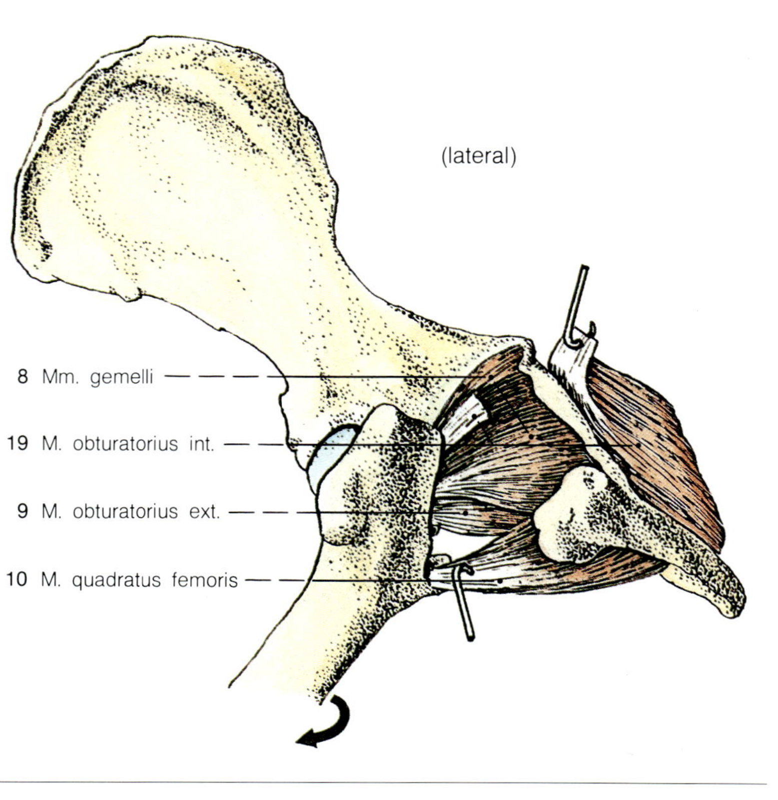

*) Die Homologisierung des M. piriformis erfolgt nach Henning (1965)

Musculi articulationis coxae

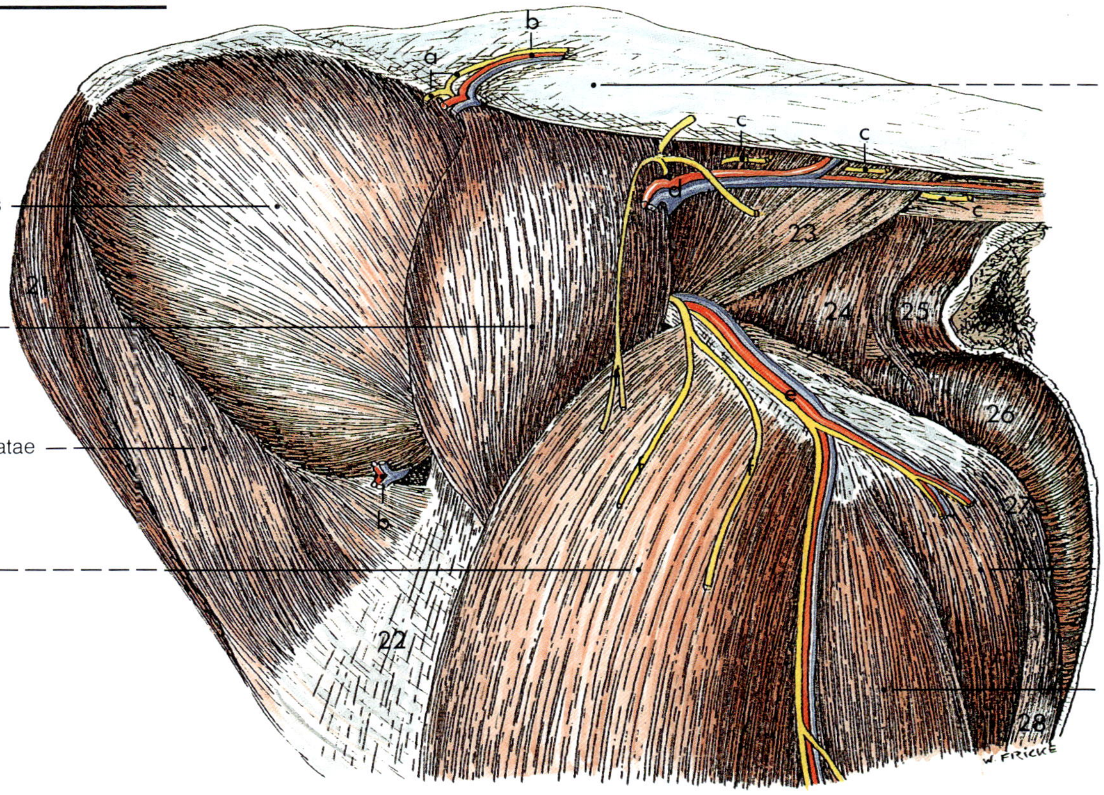

(lateral)

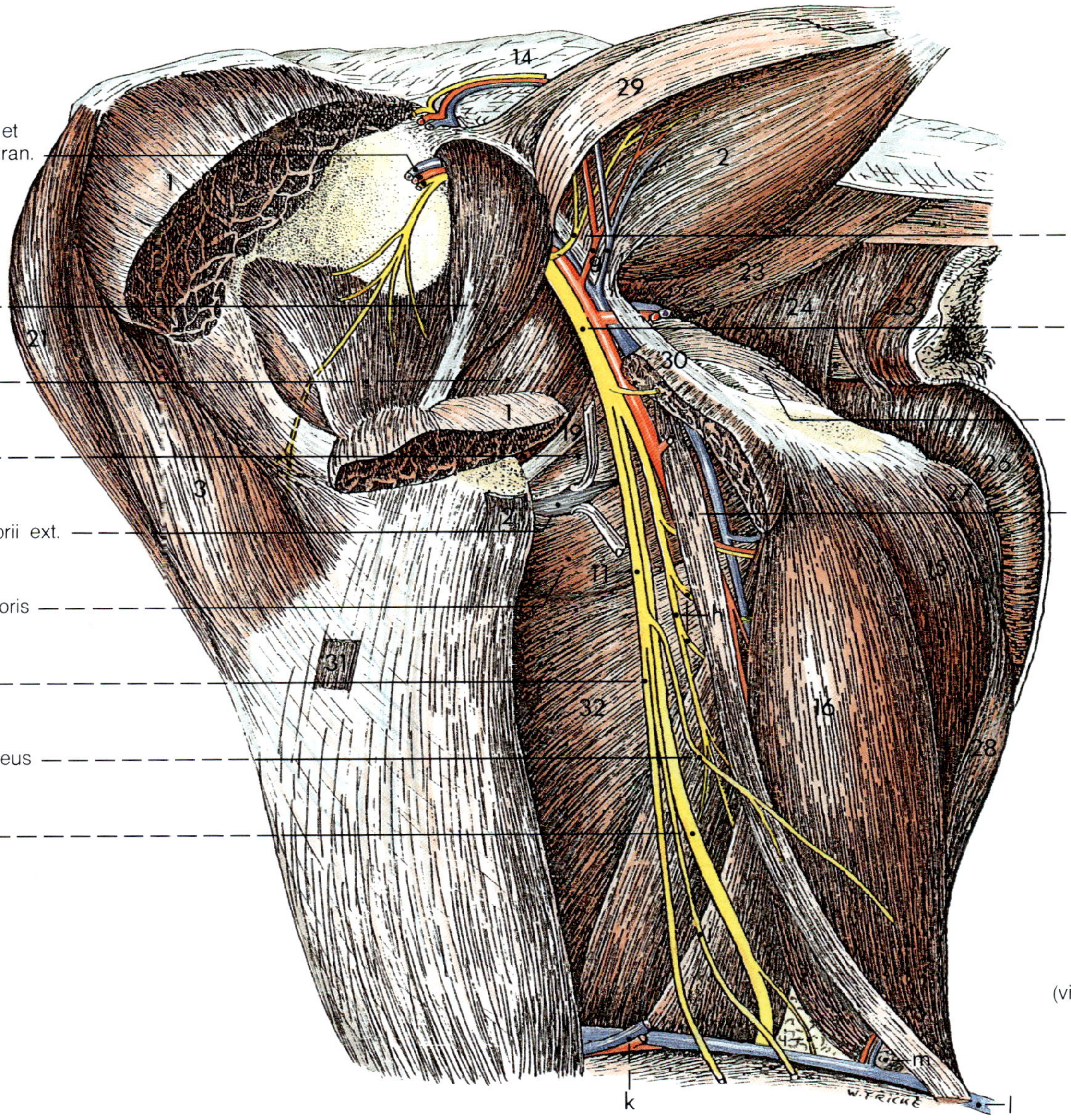

(vide p. 71, 73, 75)

Legenda:

21 Pars. cran. m. sartorii
22 Fascia lata
23 M. coccygeus
24 M. levator ani
25 M. sphincter ani ext.
26 M. bulbospongiosus
27 M. ischiocavernosus
28 M. gracilis
29 Pars profunda m. glutaei supf.
30 Lig. sacrotuberale
31 M. vastus lat.
32 M. adductor magnus

a Nn. clunium medii
b Rr. cutanei a. et v. glut. cran.
c Nn. coccygei [caudales]
d A. et V. coccygea [caudalis] lat.
e N. cut. femoris caud. et Rr. cutanei a. et v. glut. caud.
f Nn. clunium caudd. dorss.
g A. et V. glutaea caud.
h Rr. musculares proxx. n. tibialis
i N. cutaneus surae caud. n. tibialis
j N. cutaneus surae lat. n. fibularis com.
k A. et V. caud. femoris dist.
l V. saphena lat.
m Ln. popliteus supf.

3. DIE MEDIALE HAUTVENE DER BECKENGLIEDMASSE SOWIE NN. OBTURATORIUS UND FEMORALIS MIT MEDIALEN OBERSCHENKELMUSKELN SAMT SCHENKELSPALT

Im Verlauf der Präparation wird der M. rectus femoris nach seiner Darstellung fingerbreit distal seines Ursprungs durchschnitten, um einen Überblick über die vier Köpfe des M. quadriceps femoris zu erhalten. Dazu muß die Pars caudalis m. sartorii abgedrängt oder durchschnitten werden.

a) Die **MEDIALE HAUTVENE (V. SAPHENA MEDIALIS – 6)** geht in der Spitze des Trigonum femorale aus der V. femoralis hervor. Sie zieht in Begleitung der **A. saphena (6)** und des **N. saphenus (12)** medial am Kniegelenk vorbei zum Unterschenkel, wo im proximalen Drittel die Aufspaltung in einen **R. cranialis** (8) und einen **R. caudalis** (7) erfolgt.

b) Der **N. OBTURATORIUS (1)** zieht an der Innenfläche des Beckens durch eine Lücke des M. levator ani und anschließend im Sulcus obturatorius des Schambeins zum For. obturatum. Er tritt durch das For. obturatum, innerviert den **M. obturatorius externus (G)** und entläßt in der Tiefe Muskeläste für die Adduktorenmuskeln des Oberschenkels (Mm. adductor magnus, – brevis, pectineus et adduktor longus) und zieht anschließend an der medialen Oberfläche des Oberschenkels in den M. gracilis, der ebenfalls als Adduktor fungiert. Der N. obturatorius endet mit einem sehr schwachen sensiblen Ast medial am Kniegelenk.

1 Der **M. gracilis (5)** entspringt entlang der Beckensymphyse, und die Ursprungsaponeurosen des ipsi- und des kontralateralen Muskels verschmelzen zu einer senkrecht stehenden sehnigen Doppelplatte, dem **Tendo symphysialis (2)**, der nach Abschaben der fleischigen Ursprungsfasern des rechten M. adductor magnus deutlich wird. Der M. gracilis geht in Höhe des Kniegelenks in die Fascia cruris über und beteiligt sich an der Bildung des Tractus calcaneus medialis.

Der **M. adductor magnus (4)** entspringt großflächig am Tendo symphysialis sowie am Scham- und Sitzbein entlang der Symphysis pelvina. Er besitzt eine breitflächige „fleischige" Insertion an der Facies aspera ossis femoris.

Der **M. adductor brevis** (3) kommt vom Tuberculum pubicum ventrale und endet gemeinsam mit dem M. adductor magnus proximal an der Facies aspera. Er kann anhand eines typischen Nervenastes bestimmt werden, der den M. adductor brevis überkreuzt, bevor er in den M. adductor magnus eintritt.

2 Der **M. pectineus (et adductor longus – 13, F)** muß bei phylogenetischer Betrachtung als Doppelmuskel angesehen werden, da er mit dem M. adductor longus verwachsen ist. Er weist neben der Versorgung durch den N. obturatorius oft eine zusätzliche Innervation durch den N. saphenus oder R. femoralis n. genitofemoralis auf. Der Muskel entspringt an der Eminentia iliopubica sowie am Kaudalwinkel des äußeren Leistenringes und endet distal am Labium mediale der Facies aspera.

c) Der **N. FEMORALIS** (9) ist im Abdominalbereich in den M. iliopsoas eingebettet und zieht mit ihm durch die Muskelpforte. Danach tritt er auf die ventrale Oberfläche des M. iliopsoas. Hier entläßt er den langen **N. saphenus (12)**, der das Kniegelenk versorgt und medial an der Gliedmaße bis zur ersten und zweiten Zehe zieht. Der N. femoralis versorgt nach Abgabe des N. saphenus den M. sartorius und die vier Muskelköpfe des M. quadriceps femoris.

Der **M. sartorius (10)** ist in eine Pars cranialis und eine Pars caudalis gespalten, die an der Crista iliaca resp. am Kranialrand des Darmbeinflügels entspringen und in die Unterschenkelfaszie einstrahlen. **Funktion:** Adduktor der Gliedmaße und Strecker des Kniegelenks.

Der **M. quadriceps femoris** (s. Textabb.) besteht aus den **Mm. vastus** 3
lateralis (A), – intermedius (B) und **– medialis (11, C)**, die proximal vom Os femoris kommen, und aus dem **M. rectus femoris (D)**, der kraniodorsal vom Acetabulum an der Spina iliaca ventralis caudalis entspringt. Wegen des Ursprungs am knöchernen Becken kann der M. rectus femoris als Strecker des Kniegelenks und zugleich als Beuger des Hüftgelenks fungieren. Nach Abklappen des durchschnittenen M. rectus femoris können alle vier Muskelköpfe überblickt werden. Die kräftige Endsehne des M. quadriceps femoris umschließt die Patella und endet mit dem **Lig. patellae (E**, besser: Tendo quadricipitis) an der Tuberositas tibiae, wo die Endsehne von der Bursa (subtendinea) infrapatellaris distalis unterlagert wird (s. S. 87).

d) Der **SCHENKELSPALT (SPATIUM FEMORALE, CANALIS FEMORALIS***) liegt im Trigonum femorale, das basal durch das Lig. inguinale, kranial durch den M. sartorius caudalis und kaudal durch den M. pectineus (et adductor longus) umgrenzt wird. In der Tiefe wird der rinnenförmige Schenkelspalt durch den M. iliopsoas abgegrenzt und oberflächlich durch die mediale Oberschenkelfaszie bedeckt. Er beherbergt die A. und V. femoralis sowie den N. saphenus. Sein bauchhöhlenseitiger Zugang ist der Anulus femoralis, der lediglich vom Peritonaeum und der Fascia transversalis verschlossen ist. An der Spitze des Trigonum femorale treten die Oberschenkelgefäße von der medialen Oberschenkelfläche in die Tiefe und erreichen das Kniekehlgebiet. Sie verlassen dabei den Schenkelspalt durch eine Lücke zwischen den Mm. adductor magnus und semimembranosus oder durch den Adduktorenschlitz, der im M. adductor magnus vorkommen kann.

Musculi articulationis coxae et - genus

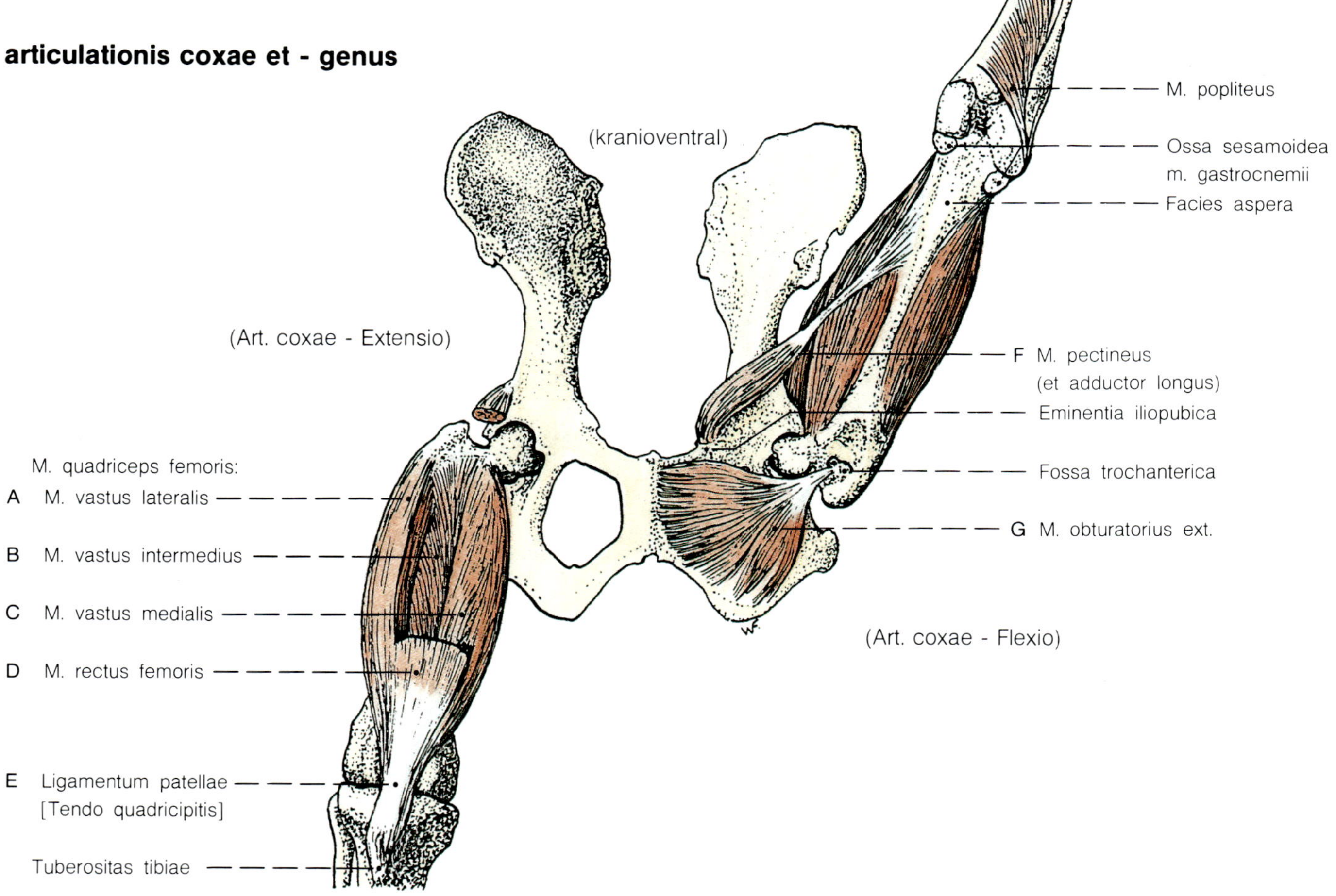

*) Spatium femorale und Canalis femoralis werden von vielen Veterinär-Anatomen als Synonyme aufgefaßt. In der Humanmedizin wird Canalis femoralis völlig abweichend als „Bruchkanal" für Schenkelhernien definiert.

(medial)

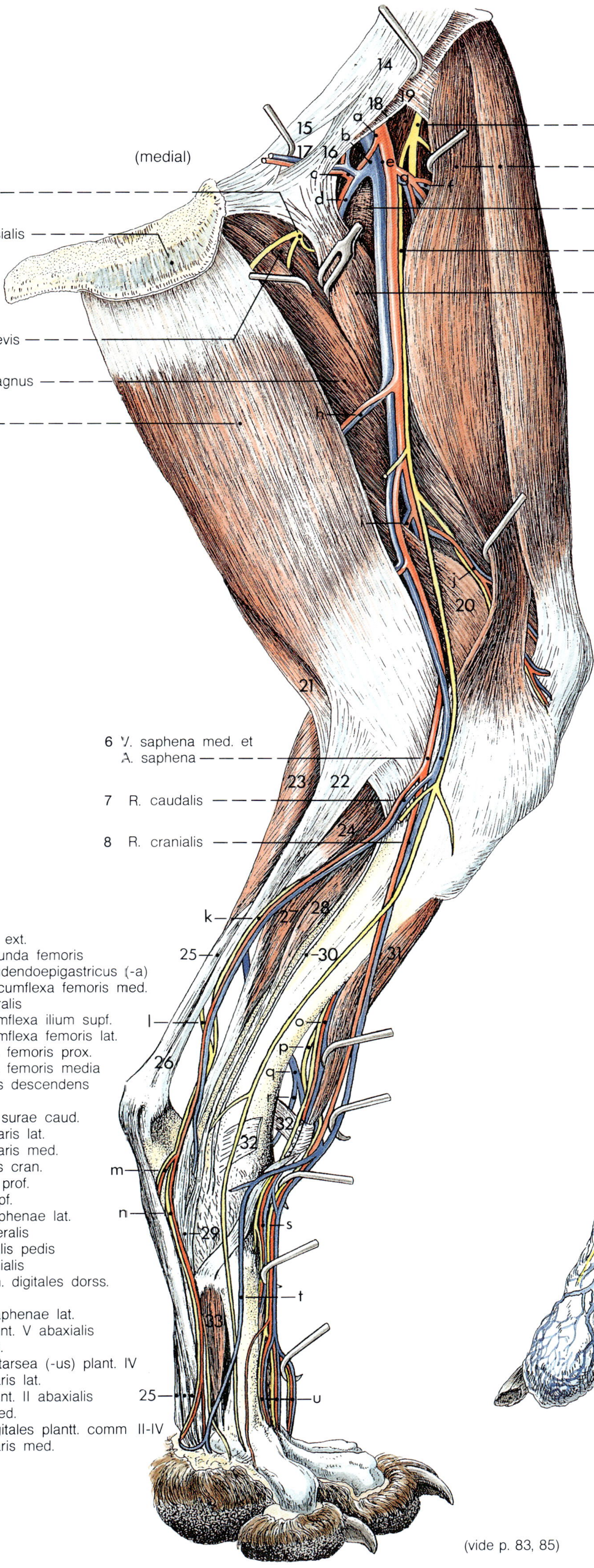

1 N. obturatorius
2 Tendo symphysialis
3 M. adductor brevis
4 M. adductor magnus
5 M. gracilis
6 V. saphena med. et A. saphena
7 R. caudalis
8 R. cranialis
9 N. femoralis
10 M. sartorius
11 M. vastus medialis
12 N. saphenus
13 M. pectineus (et adductor longus)

Legenda:

14 M. obliquus ext. abdominis (Aponeurosis):
15 Crus mediale
16 Crus laterale
17 Anulus inguinalis ext. (-supf.)
18 Lig. inguinale
19 M. iliopsoas
20 M. semimembranosus
21 M. semitendinosus
22 Tractus calcaneus med.
23 Caput med. m. gastrocnemii
24 M. flexor digitalis supf.
25 Tendo resp. Tendines
26 Tendo calcaneus com.
Mm. flexores digg. proff.:
27 M. flexor digitalis lat.
28 M. flexor digitalis med.
29 Tendo communis
30 Tendo m. tibialis caud.
31 M. tibialis cran.
32 Retinaculum extensorum crurale
33 Mm. interossei
34 Tractus tori metatarsei

(plantar)

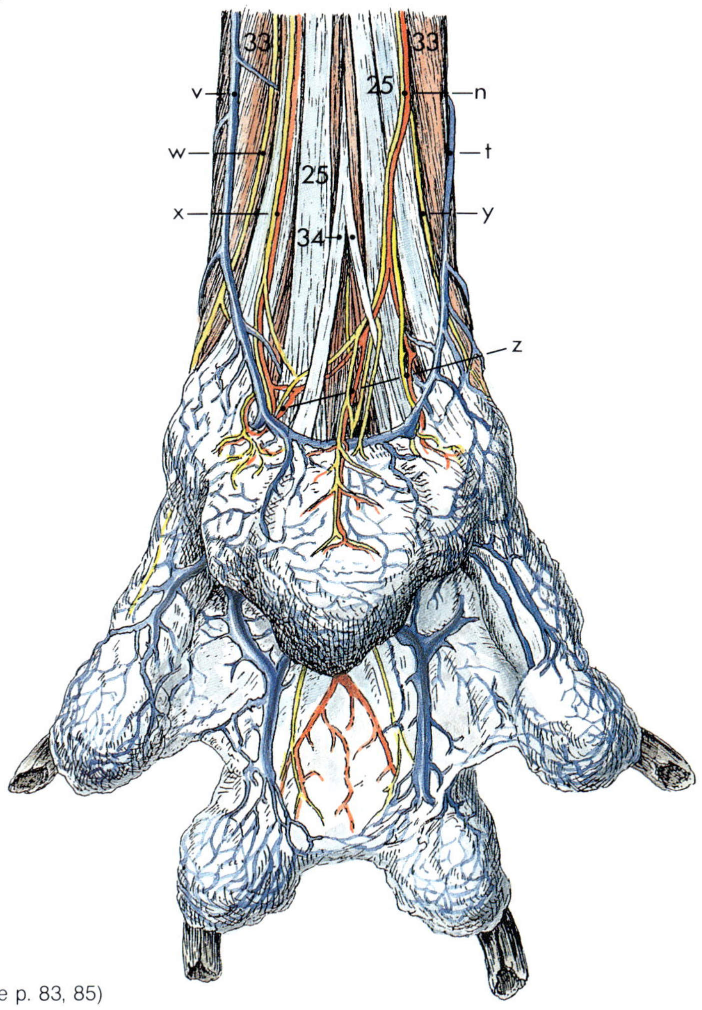

Legenda:

a A. et V. iliaca ext.
b A. et V. profunda femoris
c Tr. et V. pudendoepigastricus (-a)
d A. et V. circumflexa femoris med.
e A. et V. femoralis
f A. et V. circumflexa ilium supf.
g A. et V. circumflexa femoris lat.
h A. et V. caud. femoris prox.
i A. et V. caud. femoris media
j A. et V. genus descendens
k N. tibialis
l N. cutaneus surae caud.
m A. et N. plantaris lat.
n A. et N. plantaris med.
o A. et V. tibialis cran. et N. fibularis prof.
p N. fibularis supf.
q R. cran. v. saphenae lat.
r V. tarsea lateralis
s A. et V. dorsalis pedis
t V. tarsea medialis
u Aa., Vv. et Nn. digitales dorss. comm. II - IV
v R. caud. v. saphenae lat.
w N. digitalis plant. V abaxialis n. plantaris lat.
x A. et N. metatarsea (-us) plant. IV a. et n. plantaris lat.
y N. digitalis plant. II abaxialis n. plantaris med.
z Aa. et Nn. digitales plantt. comm II-IV a. et n. plantaris med.

(vide p. 83, 85)

4. DIE LATERALE HAUTVENE DER BECKENGLIEDMASSE SOWIE NN. FIBULARIS COMMUNIS UND TIBIALIS SAMT UNTERSCHENKELMUSKULATUR UND M. POPLITEUS

Die Haut der Gliedmaße wird bis zum Distalende des Metatarsus und an der zweiten Zehe vollständig entfernt. Zur Präparation der Ursprünge der Unterschenkelmuskeln werden die Mm. semitendinosus und gracilis fingerbreit proximal ihres Übergangs in ihre Endsehnen durchschnitten. Zur Darstellung des N. fibularis communis und der Ursprünge der Zehenstrecker und Sprunggelenksbeuger wird die breite Endsehne des M. biceps femoris wie in der nebenstehenden Abbildung so gefenstert, daß nur zwei je fingerbreite Endsehnenstreifen, einmal am Lig. patellae (proximal) und zum anderen an der Fascia cruris (distal) erhalten bleiben. Der Tractus calcaneus lateralis ist zu schonen.

1 a) Die **LATERALE HAUTVENE (V. SAPHENA LATERALIS – 25)** geht in der Kniekehle aus der V. caudalis femoris distalis hervor. Sie teilt sich im distalen Unterschenkeldrittel in einen **R. cranialis (26)** und **R. caudalis (27)**. Die Rr. craniales der Vv. saphena lateralis und – medialis anastomosieren zweimal auf dem Fußrücken (s. S. 85). Die proximale Anastomose erfolgt in der Tarsalbeuge und die distale auf halber Länge des Metatarsus. Die distale Anastomose ist der Arcus dorsalis superficialis, der die Vv. digitales dorsales communes II bis IV entläßt. Auch die Rr. caudales der Vv. saphena lateralis und – medialis anastomosieren miteinander, und zwar plantar am Distalende des Metatarsus. Die Anastomose heißt Arcus plantaris superficialis, der die Vv. digitales plantares communes II bis IV abgibt.

2 b) Der **N. FIBULARIS COMMUNIS (21)*** ist der laterale Teilungsast des N. ischiadicus. Der N. fibularis communis überquert den lateralen Kopf des M. gastrocnemius und entläßt vorher den **N. cutaneus surae lateralis (22)**, der in Kniekehlhöhe zwischen der Haupt- und Nebenportion des M. biceps femoris hindurchtritt und die Haut erreicht. Danach tritt der N. fibularis communis lateral in die Unterschenkelmuskulatur und teilt sich hier in die **Nn. fibularis superficialis (8)** und **– profundus (9)**, welche die distalen Muskeläste für die Sprunggelenksbeuger und Zehenstrecker entlassen. Beide Nerven passieren distal die Tarsalgelenksbeuge. Der N. fibularis superficialis zieht hier kraniolateral über und der N. fibularis profundus kraniomedial durch die ringförmige Öffnung des Retinaculum extensorum crurale. Der N. fibularis superficialis entläßt danach die Nn. digitales dorsales communes II bis IV. (Die erste und zweite Zehe werden dorsal vom N. saphenus versorgt.) Der N. fibularis profundus gibt in der Tarsalbeuge einen Muskelast für den **M. extensor digitalis brevis (15)** ab und verzweigt sich in die Nn. metatarsei dorsales II bis IV (s. S. 85).

3 c) Zu den **KRANIOLATERALEN UNTERSCHENKELMUSKELN** gehören die Sprunggelenksbeuger und Zehenstrecker. Es sind in kraniokaudaler Reihenfolge:

I. Der **M. tibialis cranialis (4)** entspringt lateral am Margo cranialis tibiae. Er zieht gemeinsam mit den Mm. extensor digitalis longus und – digiti I sowie mit dem N. fibularis profundus durch das Retinaculum extensorum crurale und endet proximal am ersten Metatarsalknochen.

4 II. Der **M. extensor digitalis longus (7)** entspringt am Condylus lateralis ossis femoris (daher langer (!) Zehenstreckmuskel) und endet nach Aufspaltung seiner Endsehne an der Phalanx distalis aller Zehen. Er zieht durch die ringförmige Öffnung des kruralen und danach - als einziger Muskel - des tarsalen Retinaculum extensorum.

III. Der **M. extensor digiti I** liegt als unscheinbarer Muskel an den distalen zwei Dritteln der Tibia unter dem M. extensor digitalis longus. Er entspringt proximal an der Fibula und endet an der ersten und zweiten Zehe.

IV. Der **M. fibularis longus (3)*** entspringt am Caput fibulae sowie proximal an der Tibia und überquert die Sehnen der Mm. fibularis brevis und extensor digitalis lateralis. Er heftet sich plantar an das Proximalende des fünften Metatarsalknochens und endet danach mit querverlaufender Sehne medial am ersten Metatarsalknochen.

V. Der **M. extensor digitalis lateralis (10)** entspringt am proximalen Drittel der Fibula und verbindet sich an der Phalanx proximalis der fünften Zehe mit dem langen Zehenstrecker.

VI. Der **M. fibularis brevis (11)*** entspringt an den distalen zwei Dritteln der Fibula und endet proximal am fünften Metatarsalknochen.

d) Bevor der **N. TIBIALIS (23)** zwischen beiden Köpfen des M. gastrocnemius in die Tiefe tritt und seine distalen Muskeläste für die Sprunggelenksstrecker und Zehenbeuger abgibt, entläßt er den **N. cutaneus surae caudalis (24)**. Dieser Hautnerv tritt über den lateralen Kopf des M. gastrocnemius und überkreuzt oder durchbohrt den Tractus calcaneus lateralis. Er innerviert das Hautgebiet kaudal am Unterschenkel und vereinigt sich fingerbreit proximal des Fersenbeinhöckers wieder mit dem N. tibialis. Der N. tibialis zieht danach über das Sustentaculum tali und teilt sich hier in die Nn. plantaris medialis und – lateralis. Der **N. plantaris medialis (19)** entläßt die Nn. digitales plantares communes II bis IV, und der **N. plantaris lateralis (18)** gibt die Nn. metatarsei plantares II bis IV ab.

3 e) Zu den **KAUDALEN UNTERSCHENKELMUSKELN** gehören die Sprunggelenksstrecker und die Zehenbeuger.

I. Der **M. gastrocnemius** ist der Streckmuskel des Sprunggelenks. Er weist in den Ursprungssehnen seines **Caput laterale (1)** und seines **Caput mediale (2)** die Ossa sesamoidea m. gastrocnemii auf, die mit dem unterlagernden Condylus lateralis resp. medialis ossis femoris gelenkig verbunden sind. Die Insertion des M. gastrocnemius erfolgt über die Achillessehne am Fersenbeinhöcker.

II. Der **M. flexor digitalis superficialis (6)** entspringt an der Tuberositas supracondylaris lateralis ossis femoris und wird proximal vom M. gastrocnemius umlagert. Nach Durchschneidung des medialen Kopfes des M. gastrocnemius kann der oberflächliche Zehenbeuger aus seiner Muskelumlagerung herausgelöst werden. Seine Fortsetzung in die oberflächliche Beugesehne wird bis zum Fersenbeinhöcker Tendo plantaris genannt und bildet gemeinsam mit dem Tractus calcaneus und der Achillessehne (Tendo calcaneus) den **Tendo calcaneus communis (12)**. 5
Die **oberflächliche Beugesehne (Tendo m. flexoris dig. supf. – 17)** windet sich von kranial über medial nach plantar um die Achillessehne. Sie verbreitert sich am Fersenbeinhöcker zur **Fersenbeinkappe (Galea calcanea – 16)** und ihre Spaltsehnen ziehen nach Bildung der tunnelförmigen Manica flexoria (s. S. 23) plantar zur Phalanx media der Zehen. Die Fersenbeinkappe ist durch die Retinacula lateral und medial am Fersenbeinhöcker befestigt. Auf der Fersenbeinkappe liegt die inkonstante (erworbene) Bursa subcutanea calcanea, und unter der Fersenbeinkappe befindet sich die konstante **Bursa calcanea subtendinea (13)**, die nach Durchschneidung des **Retinaculum flexorum laterale (14)** und Abklappen der Fersenbeinkappe eröffnet wird. 6

III. Zu den **Mm. flexores digitales profundi** (s. a. Textabb.) gehören der starke **M. flexor digitalis lateralis (5)** und der mittelstarke **M. flexor digitalis medialis**** (C). Der am Fibulakopf entspringende sehr schwache **M. tibialis caudalis (B)** beteiligt sich bei anderen Haussäugetieren, aber nicht beim Hund, an der Bildung der tiefen Beugesehne. Beim Hund endet er mit einer sehr langen und dünnen Sehne am Os tarsi centrale. Die beiden Muskeln des tiefen Zehenbeugers entspringen proximokaudal an den Unterschenkelknochen. Ihre Sehnen ziehen getrennt über den Sprunggelenksscheitel und vereinigen sich kurz danach am Proximalende des Metatarsus zur **tiefen Beugesehne (Tendo communis mm. flexx. digg. proff. – 20)**, deren Spaltsehnen durch die tunnelförmige Manica flexoria der oberflächlichen Beugesehne hindurch zu den Krallenbeinen ziehen.

f) Der **SPEZIELLE BEUGEMUSKEL DES KNIEGELENKS** (s. Textabb.) ist der **M. popliteus (A)**. Seine Innervation erfolgt über den N. tibialis. Er entspringt am Condylus lateralis ossis femoris, liegt in der Kniekehle unter dem M. gastrocnemius und inseriert proximomedial an der Tibia. Am Übergang seiner Ursprungssehne in den Muskelbauch liegt das Os sesamoideum m. poplitei (s. a. S. 87). 7

Mm. flexores digitales profundi et M. popliteus

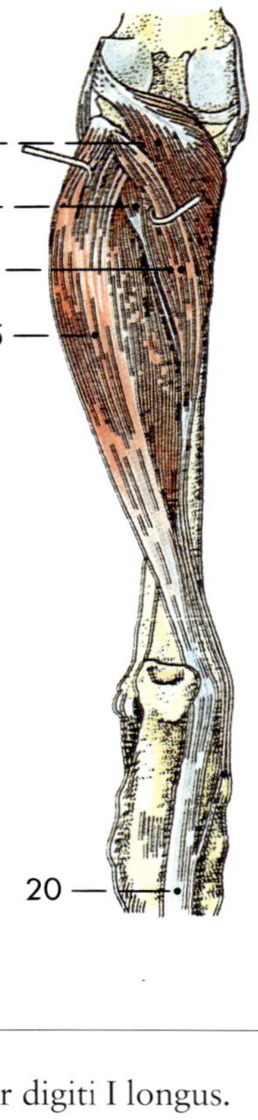

*) In den NAV (1994) wird für „fibularis" synonym „peronaeus" verwendet.
**) Der M. flexor digitalis medialis heißt auch M. flexor digitalis longus und der M. flexor digitalis lateralis auch M. flexor digiti I longus.

Legenda:

28 Ln. popliteus supf.
29 M. biceps femoris
30 Tractus calcaneus lat.
31 M. semitendinosus
32 Tractus calcaneus med.
33 Tendo calcaneus
34 Tendo plantaris m. flex. dig. supf.
35 M. flexor dig. med.
36 M. abductor digiti V
37 Mm. interossei
38 M. sartorius
39 Fascia lata
40 M. adductor magnus
41 M. semimembranosus
42 M. abductor cruris caud.
43 Retinaculum extensorum crurale
44 Retinaculum extensorum tarsale
45 Tendo m. fibularis longus
46 Tendo m. fibularis brevis
47 Tendines m. extensoris dig. longus
48 Tendo m. extensoris dig. lat.
49 Calcaneus
50 Mm. interflexorii
51 Mm. lumbricales
52 Tractus tori metatarsei
53 Ligg. anularia plantaria

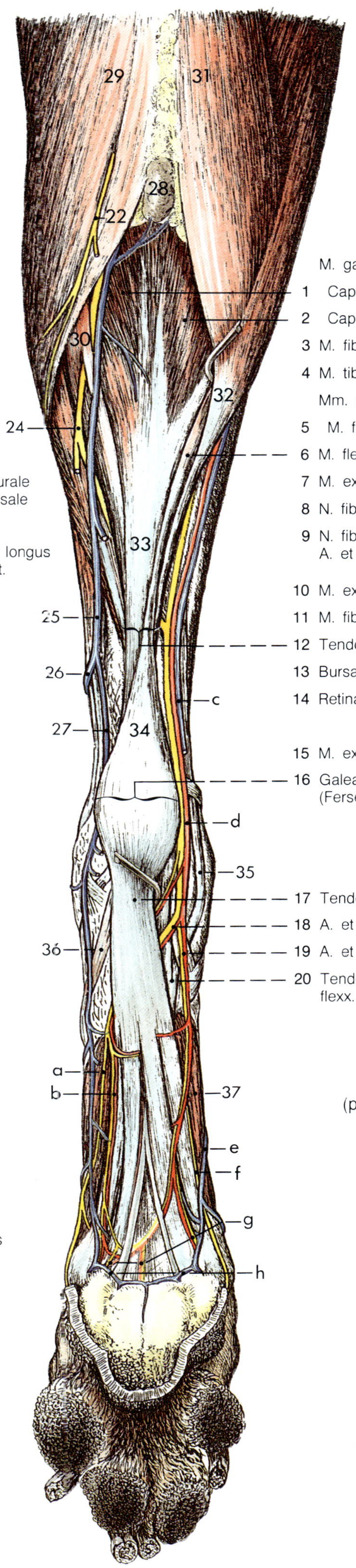

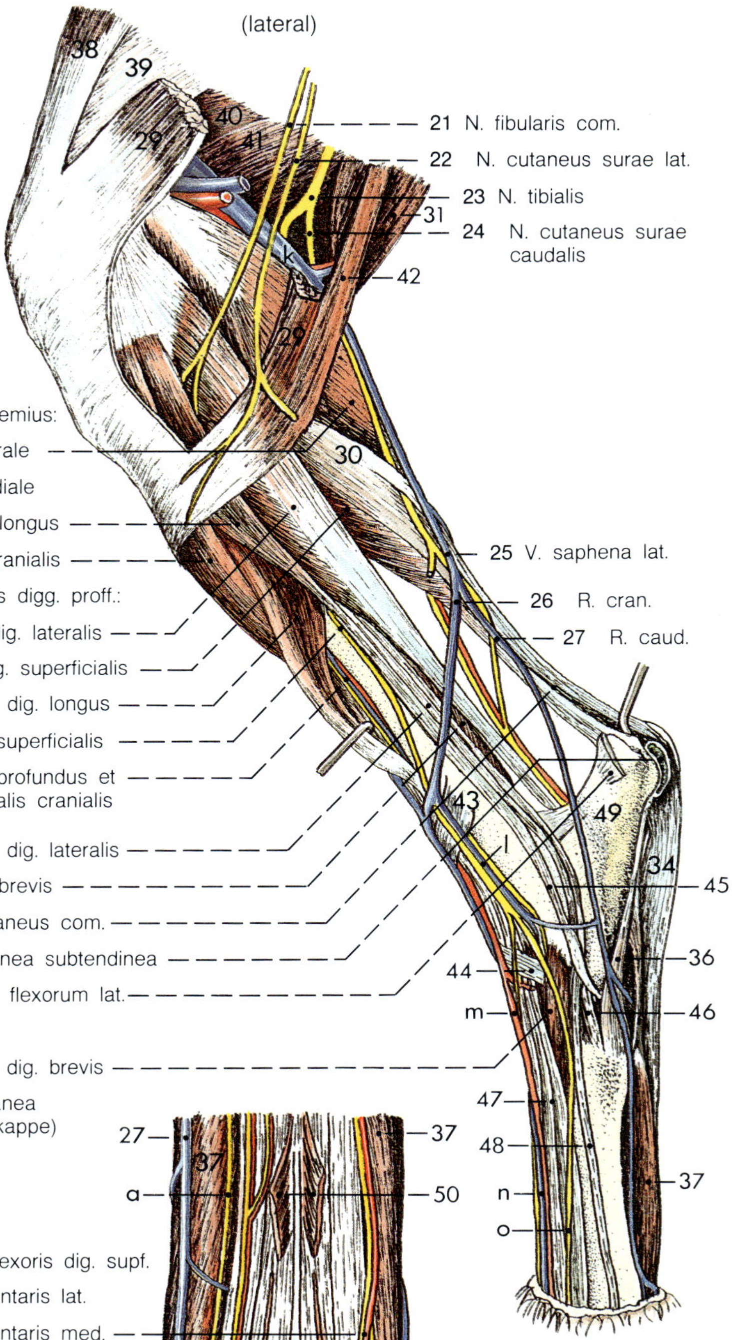

21 N. fibularis com.
22 N. cutaneus surae lat.
23 N. tibialis
24 N. cutaneus surae caudalis

M. gastrocnemius:
1 Caput laterale
2 Caput mediale
3 M. fibularis longus
4 M. tibialis cranialis
Mm. flexores digg. proff.:
5 M. flexor dig. lateralis
6 M. flexor dig. superficialis
7 M. extensor dig. longus
8 N. fibularis superficialis
9 N. fibularis profundus et A. et V. tibialis cranialis
10 M. extensor dig. lateralis
11 M. fibularis brevis
12 Tendo calcaneus com.
13 Bursa calcanea subtendinea
14 Retinaculum flexorum lat.
15 M. extensor dig. brevis
16 Galea calcanea (Fersenbeinkappe)
17 Tendo m. flexoris dig. supf.
18 A. et N. plantaris lat.
19 A. et N. plantaris med.
20 Tendo communis mm. flexx. digg. proff.

25 V. saphena lat.
26 R. cran.
27 R. caud.

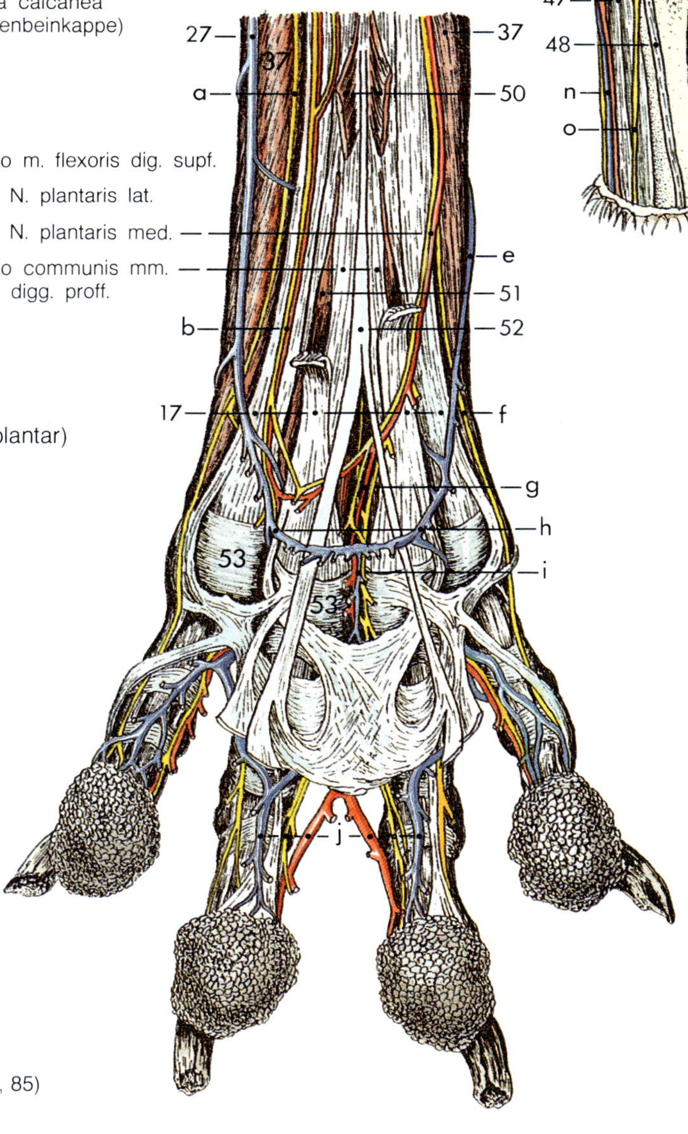

Legenda:

a N. digitalis plant. V abaxialis n. plantaris lat.
b A. et N. metatars. plant. IV a. et n. plantaris lat.
c R. caud. v. saphenae med.
d R. caud. a. saphenae
e V. tarsea med. r. cran. v. saphenae med.
f N. digitalis plant. II abaxialis n. plantaris med.
g Aa. et Nn. digitales plantt. comm. II-IV a. et n. plantaris med.
h Arcus plantaris supf.
i V. digitalis plant. com III
j Aa., Vv. et Nn. digitales plantt. proprr.
k V. caud. femoris dist.
l V. tarsea lat. r. cran. v. saphenae lat.
m R. cran. a. saphenae
n A., V. et N. digitalis dors. com. IV
o N. digitalis dors. V abaxialis n. fibularis supf.

(vide p. 79, 81, 85)

Bei der Arterienpräparation werden die begleitenden, meist gleichnamigen Venen mit berücksichtigt, und die Nerven werden rekapituliert. Im Verlauf der Präparation wird der M. popliteus zur Darstellung der A. poplitea von seiner Insertion am Medialrand der Tibia gelöst.

a) Die **KRUPPEN- UND LATERALE OBERSCHENKELREGION** werden von Parietalästen der A. iliaca interna versorgt (s. S. 79). Die **A. glutaea cranialis (2)** tritt mit ihren Hautästen in Begleitung der Nn. clunium medii proximal am Kranialrand des M. glutaeus superficialis an die Oberfläche und zieht mit tief gelegenen Ästen in Begleitung des **N. glutaeus cranialis (1)** zwischen die Mm. glutaeus medius und profundus, die arteriell resp. nervös versorgt werden. Die starke **A. glutaea caudalis (3)** tritt mit der abzweigenden A. coccygea (caudalis) lateralis (s. S. 79) und begleitenden Nn. clunium caudales proximal am Kaudalrand des M. glutaeus superficialis unter die Haut. Mit tief gelegenen Ästen begleitet die A. glutaea caudalis den N. ischiadicus kaudal und versorgt den M. glutaeus superficialis sowie die Ursprungsköpfe der langen Sitzbeinmuskeln.

b) **OBER- UND UNTERSCHENKEL** werden von den Distalfortsetzungen der A. iliaca externa versorgt.

Die **A. iliaca externa (8)** entläßt kurz vor ihrem Durchtritt durch die Lacuna vasorum und ihrem Übergang in die **A. femoralis (10)** die **A. profunda femoris (9)**. Diese tiefe Oberschenkelarterie unterquert nach Abgabe des Truncus pudendoepigastricus den Ursprung des M. pecti-
1 neus (et adductor longus). Ihre Fortsetzung, die A. circumflexa femoris medialis, zieht zwischen den Mm. adductor magnus und obturatorius externus kaudal um den Oberschenkelknochen und anastomosiert hier mit der A. circumflexa femoris lateralis. Die **Aa. circumflexa femoris lateralis (12)** und **circumflexa ilium superficialis (11)** gehen fingerbreit distal der Lacuna vasorum mit einem gemeinsamen Ursprungsstamm oder einzeln aus der Kranialkontur der A. femoralis hervor. Die A. circumflexa ilium superficialis zieht zwischen den Mm. sartorius und tensor fasciae latae zum M. rectus femoris. Die **A. caudalis femoris proximalis (4)** entspringt auf halber Länge des Trigonum femorale aus der Kaudalkontur der A. femoralis und zieht unter dem M. gracilis in die Oberschenkelmuskulatur. In der Spitze des Trigonum femorale entläßt die A. femoralis kraniodistal die **A. genus descendens (13)** zum Kniegelenk und kaudodistal die tief gelegene **A. caudalis femoris media (5)** zum M. semimembranosus sowie die oberflächlich gelegene A. saphena, die von der V. saphena medialis begleitet wird. Die **A. saphena (16)** teilt sich wie die begleitende Vene im proximalen Unterschenkeldrittel. Ihr **R. cranialis (17)** zieht auf dem M. tibialis cranialis distal und entläßt auf dem Fußrücken die Aa. digitales dorsales communes I bis IV. Der R. caudalis der A. saphena zieht am Medialkopf des M. gastrocnemius distal und teilt sich medial am Sprunggelenk in die **A. plantaris medialis (19)**, die die Aa. digitales plantares communes II bis IV abgibt, und in die **A. plantaris lateralis (18)**, aus deren Arcus plantaris profundus die Aa. metatarseae plantares II bis IV hervorgehen. Die **A. caudalis femoris distalis (6)** geht kaudodistal als letztes Gefäß aus der A. femoralis ab. In der Kniekehle tritt sie in die langen Sitzbeinmuskeln sowie in den M. gastrocnemius. (Die begleitende V. caudalis femoris distalis entläßt hier die V. saphena lateralis, die ohne Arterienbegleitung auf dem Lateralkopf des M. gastrocnemius distal zieht und sich im distalen Unterschenkeldrittel in den R. caudalis und R. cranialis aufteilt.)

Die **A. poplitea (14)** ist die Fortsetzung der A. femoralis und liegt unter dem M. popliteus. Sie gibt mehrere Kniegelenksarterien ab und teilt sich in Höhe des Kniegelenkspaltes unter der Insertion des M. popliteus in die schwache und kurze A. tibialis caudalis und die starke und lange A. tibialis cranialis. Die **A. tibialis cranialis (15)** passiert das Spatium interosseum cruris und zieht mit der gleichnamigen begleitenden Vene und dem N. fibularis profundus auf der Kranialkontur der Tibia distal. Danach tritt sie zwischen den Mm. tibialis cranialis und extensor digitalis longus durch die ringförmige Öffnung des Retinaculum extensorum crurale. Ihre Distalfortsetzung heißt auf dem Fußrücken **A. dorsalis pedis (7)**, die die A. arcuata mit den hier abzweigenden Aa. metatarseae dorsales II bis IV abgibt.

c) Die **VERSORGUNG DES FUSSES** erfolgt vornehmlich über die oberflächlich ziehenden Aa., Vv. und Nn. digitales dorsales communes resp. plantares communes sowie über tief ziehende Aa. und Vv. metatarseae dorsales resp. plantares sowie die Nn. metatarsei dorsales resp. plantares.

I. Auf dem **Fußrücken (Dorsum pedis)** werden die Aa. digitales dorsales communes I bis IV vom R. cranialis der A. saphena entlassen. Die Vv. digitales dorsales communes II bis IV gehen aus dem Arcus dorsalis superficialis hervor, der von den Rr. craniales der Vv. saphena lateralis und — medialis gebildet wird. Die Nn. digitales dorsales communes II bis IV werden vom N. fibularis superficialis entlassen. Die Aa. metatarseae dorsales II bis IV werden von der A. arcuata entlassen. Die Vv. metatarseae dorsales II bis IV entspringen aus dem Arcus dorsalis profundus, der in die V. dorsalis pedis übergeht. Die Nn. metatarsei dorsales II bis IV gehen vom N. fibularis profundus ab.

II. Auf der **Fußsohle (Planta)** zweigen die Aa. digitales plantares communes II bis IV von der A. plantaris medialis ab. Die Aa. metatarseae plantares II bis IV entspringen aus dem Arcus plantaris profundus, der von der A. plantaris lateralis gespeist wird. Die Vv. digitales plantares communes II bis IV gehen vom Arcus plantaris superficialis ab, an dessen Bildung sich der R. caudalis der V. saphena lateralis und die V. tarsea medialis beteiligen. Die Vv. metatarseae plantares II bis IV gehen aus dem Arcus plantaris profundus hervor, der vom R. profundus des Kaudalastes der V. saphena lateralis gebildet wird. Die Nn. digitales plantares communes II bis IV sind Äste des N. plantaris medialis. Die Nn. metatarsei plantares II bis IV stammen vom N. plantaris lateralis. Der laterale und mediale Plantarnerv sind Endäste des N. tibialis.

d) Die **LYMPHGEFÄSSE (VASA LYMPHATICA)** beginnen distal im Zehen- und Sohlenballengebiet mit einem gut ausgebildeten Lymphkapillarnetz, das für eine indirekte Lymphographie geeignet ist. (Die applizierten Röntgenkontrastmittel gelangen indirekt aus dem Bindegewebe in das Lymphkapillarnetz). Aus dem Distalbereich der Beckengliedmaße ziehen die oberflächlichen Lymphgefäße zum **Ln. popliteus superficialis** (s. S. 83), der in der Kniekehle zwischen den Mm. biceps femoris und semitendinosus liegt. Die oberflächlichen Lymphgefäße ziehen danach vornehmlich zu den Lnn. inguinales superficiales und von hier durch den Leistenspalt zu den medialen Darmbeinlymphknoten. Die tiefen Lymphgefäße gelangen auch zum Ln. popliteus superficialis und von hier auf unterschiedlichen Wegen zu den medialen Darmbeinlymphknoten. Einmal ziehen sie in Begleitung des N. tibialis und N. ischiadicus zu den Sakrallymphknoten und von hier zu den medialen Darmbeinlymphknoten. Zum anderen gelangen sie in Begleitung der A. und V. femoralis durch den Schenkelspalt und den Anulus femoralis zum inkonstanten Ln. iliofemoralis und schließlich ebenfalls zum medialen Darmbeinlymphknoten. Von den medialen Darmbeinlymphknoten fließt der Lymphstrom zur Cisterna chyli und kann auf seinem Weg die Lnn. lumbales aortici passieren. Die Kranialfortsetzung der Cisterna chyli ist der unpaare Ductus thoracicus, der die Lymphe zum mehrfach erwähnten Venenwinkel (zwischen den Abzweigungen der Vv. jugularis externa und — interna) transportiert.

Legenda (s. nebenstehende Abb.)

20 Tr. lumbosacralis
21 N. glutaeus caudalis
22 N. ischiadicus
23 N. rotatorius
24 N. tibialis
25 R. muscularis prox.
26 N. cutaneus surae caudalis
27 N. fibularis communis
28 R. musculocutaneus
29 N. cutaneus surae lat.
30 N. fibularis profundus
31 N. fibularis superficialis
32 V. saphena lateralis
33 R. caudalis
34 R. anastomoticus cum 16
35 R. cranialis
36 R. anastomoticus cum 17
37 R. caudalis a. saphenae et v. saphenae med.
38 Tr. pudendoepigastricus
38' A. et V. circumflexa femoris med.
39 N. femoralis
40 N. saphenus
41 R. superficialis a. tibialis cran.
42 V. tarsea med.
43 A., V. et N. dig. dors. V abaxialis
44 A. arcuata
45 Arcus dors. — resp. — plant. profundus
46 Arcus dors. — resp. — plant. superficialis
47 Aa., Vv. et Nn. metatarss. dorss. resp. — plantt.
48 Aa., Vv. et Nn. digg. dorss. — resp. — plantt. comm.
49 Aa., Vv. et Nn. digg. dorss. — resp. — plantt. proprr.
50 N. dig. plant. V abaxialis
51 N. dig. plant. II abaxialis

Arteriae, Venae et Nervi membri pelvini

(Basset Artésien - Normand)

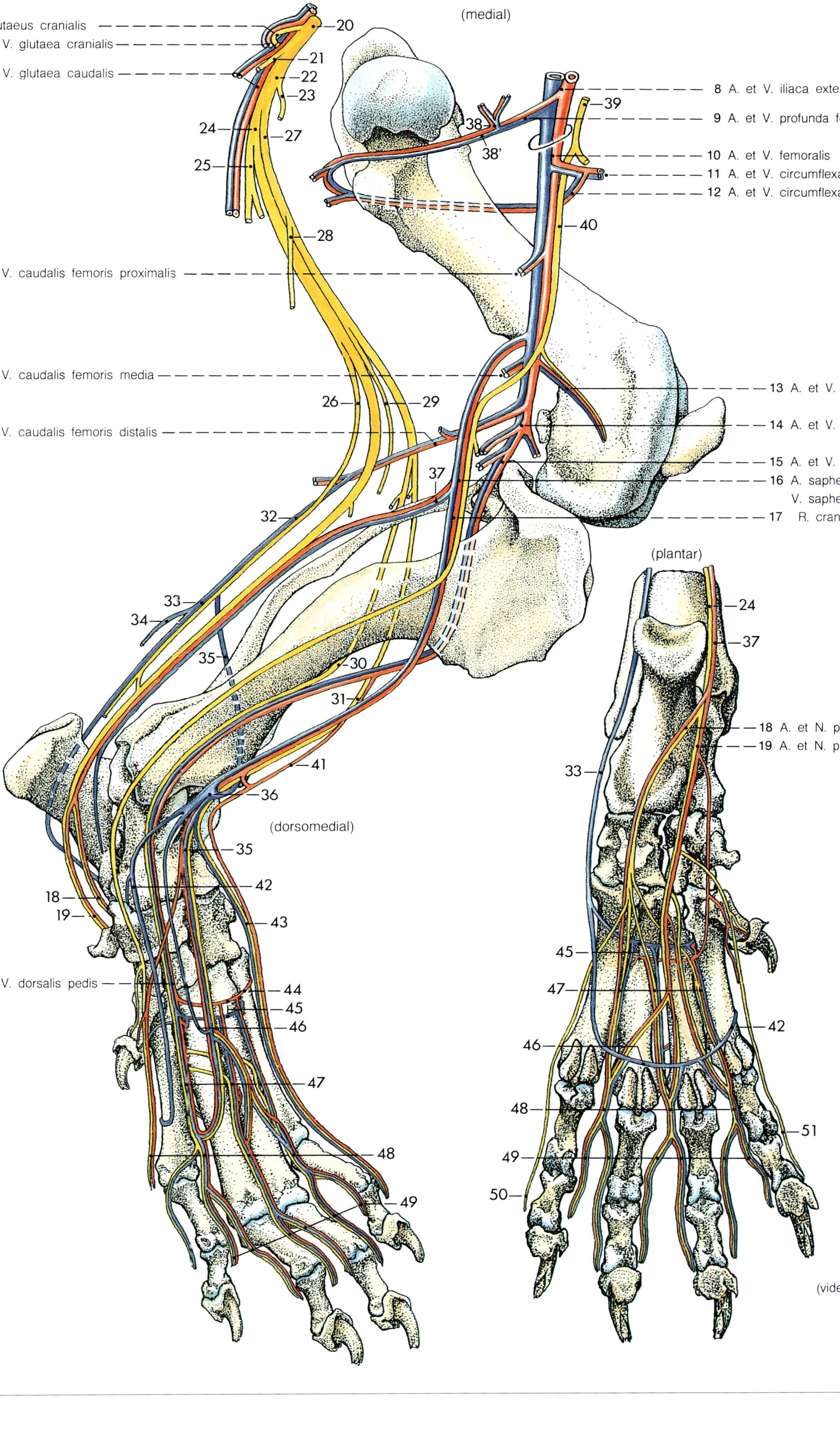

(vide p. 81, 83)

6. SYNOVIALE EINRICHTUNGEN (SYNOVIALSTRUKTUREN) DER BECKENGLIEDMASSE

a) GELENKE DER BECKENGLIEDMASSE

		NAME	beteiligte KNOCHEN	FORM/ZUSAMMENSETZUNG	FUNKTION	ANMERKUNGEN
	I.	**Art. sacroiliaca** (Kreuzdarmbeingelenk)	Facies auricularis ossis sacri und ossis ilii	Art. plana Art. simplex	Amphiarthrosis	Das straffe Gelenk stellt die Verbindung zwischen Rumpf und Beckengliedmaße her.
1	II.	**Art. coxae** (Hüftgelenk)	Darm-, Scham- und Sitzbein im Acetabulum und Caput ossis femoris	Art. sphaeroidea Art. composita	Freies Gelenk	Das Lig. capitis ossis femoris verankert den Oberschenkelkopf im Acetabulum und führt, zumindest bei jungen Hunden, diesem Blutgefäße zu (A. epiphysialis).
	III.	**Art. genus** (Kniegelenk)				
2		Art. femorotibialis (Kniekehlgelenk)	Condylus lat. und med. tibiae und – ossis femoris, Ossa sesamoidea m. gastrocnemii et m. poplitei	Art. spiralis Art. composita	Wechselgelenk mit Bremswirkung, hauptsächlich einachsig mit geringen Ab- und Adduktionen sowie Rotationen	Das Kniekehlgelenk besitzt zum Ausgleich der Inkongruenz 2 faserknorpelige Menisken, die als Stoßdämpfer (Puffer) fungieren und untereinander sowie an der unterlagernden Tibia durch Meniskenbänder verankert sind. Das Lig. meniscofemorale stellt die Verbindung zum Oberschenkelbein her. Menisken ändern ihre Form bei Gelenkbewegungen.
3		Art. femoropatellaris (Kniescheibengelenk)	Trochlea ossis femoris Patella	Art. delabens Art. simplex	Gleiten	Die Patella ist ein Sesambein, das in die Endsehne des M. quadriceps eingelagert ist und über deren Insertionsabschnitt (Lig. patellae) an der Tuberositas tibiae verankert ist.
	IV.	**Art. tibiofibularis prox.**	Tibia u. Caput fibulae	Art. plana	straffes Gelenk	Kommuniziert mit dem Kniegelenk.
	V.	**Art. tibiofibularis dist**	Distalende der Ossa cruris	Art. simplex	ohne Bewegung	Kommuniziert mit dem Sprunggelenk.
		Artt. pedis				
4	VI.	**Art. tarsi** (Sprunggelenk)		Art. composita		Für a) u.b) Gemeinsame große Gelenkhöhle. Innerhalb von b) kommt zwischen Trochlea tali und Sustentaculum tali eine kleine eigene Gelenkhöhle vor, die nicht kommuniziert. Jeweils eigene Gelenkhöhlen besitzen c) und d).
		a) Art. tarsocruralis	Cochlea tibiae mit Malleolus lat. fibulae und Trochlea tali	Art. cochlearis Art. composita	Schnappend-federndes Wechselgelenk, geringe Rotation, hauptsächlich Bewegung in a), wenig in b)	Die Gelenkbänder des Sprunggelenks bestehen aus langen Bändern, die mehrere Gelenke überbrücken und aus kurzen Bändern, die einzelne Gelenkspalten überbrücken. Das Lig. collaterale tarsi laterale longum reicht vom Malleolus lateralis bis zum Proximalende des Os metatarsale V. Es überlagert kurze Gelenkbänder. Das Lig. collaterale tarsi mediale longum reicht von der Tibia bis zum Os metatarsale I und II. Das Lig. plantare longum reicht vom Calcaneus bis zum Os metatarsale IV. Weitere Bänder können den nebenstehenden Abbildungen (unten) entnommen werden.
		b) Art. intertarsea prox.*	Zwischen Talus, Calcaneus und Os tarsi centrale, Os tarsale IV	Art. plana Art. composita		
		c) Art. intertarsea dist.*	Zwischen Os tarsi centrale und Ossa tarsalia I-III	Art. plana Art. composita	In c) - e) kaum Beweglichkeit.	
		d) Art. tarsometatarsea	Zwischen Ossa tarsalia I–IV und MtII–V	Art. plana Art. composita		

e) Artt. intertarseae (perpendiculares): senkrechte straffe Gelenke zwischen den Fußwurzelknochen.

VI. Die **ZEHENGELENKE** sind ebenso wie an der Hand geformt.

Am **Kreuzdarmbeingelenk** werden die straffe Gelenkkapsel und die Bänder (Ligg. sacrotuberale, sacroiliaca dors. et ventr.) am Ende der Trächtigkeit zur Erweiterung des Geburtsweges etwas aufgelockert.

Am **Hüftgelenk** überbrückt das Lig. transversum acetabuli die Incisura acetabuli, und das faserknorpelige Labrum acetabuli vertieft die Gelenkpfanne, ohne jedoch den „Äquator" des Gelenkkopfes zu überragen. Deshalb liegt beim Hund ein Kugelgelenk und kein Nußgelenk vor.

Das **Kniegelenk** ist zusammengesetzt aus dem Kniekehlgelenk und dem Kniescheibengelenk. Das Kniekehlgelenk besitzt zwei offen miteinander kommunizierende Gelenksäcke, die ihrerseits mit dem Kniescheibengelenk und der Art. tibiofibularis proximalis sowie der gelenkigen Verbindung der Ossa sesamoidea m. gastrocnemii am Os femoris kommunizieren. Die Kniegelenkskapsel umfaßt auch die Ursprungssehnen des M. popliteus und des M. extensor digitalis longus (Recessus subextensorius) als Kapselsehnenscheiden, wodurch diese in das Gelenk einbezogen werden. Die Gelenkkapsel heftet sich an der äußeren Konvexität der Menisken an (Kreuzbänder s. klin.-funkt. Anat. 86.2).

b) SCHLEIMBEUTEL (BURSAE SYNOVIALES)

Die **Bursa ischiadica m. obturatorii interni** liegt zwischen diesem Muskel und der Incisura ischiadica minor.

Die **Bursa trochanterica m. glutaei superficialis** befindet sich bei einem Drittel der Hunde zwischen der Endsehne des Muskels und dem Trochanter major.

Die **Bursa trochanterica m. bicipitis femoris** befindet sich über dem Trochanter major zwischen dem Muskel und der Endsehne des M. glutaeus superficialis.

Die **Bursa infrapatellaris distalis** befindet sich unter dem Lig. patellae auf der Tuberositas tibiae.

Die **Bursa calcanea subtendinea m. flexoris dig. superficialis** liegt unter der Fersenbeinkappe der oberflächlichen Beugesehne und über dem Tuber calcanei.

c) SEHNENSCHEIDEN (VAGINAE SYNOVIALES)

Beim Passieren des Sprunggelenkes werden die Sehnen von Sehnenscheiden geschützt. Eine Ausnahme gilt für die oberflächliche Beugesehne. Die Sehnenscheiden an den Zehengelenken verhalten sich ebenso wie an der Schultergliedmaße.

*) In der Nomenklatur werden statt Art. intertarsea prox. die Termini Art. talocalcaneocentralis und Art. calcaneoquartalis und anstelle von Art. intertarsea dist. der Terminus Art. centrodistalis verwendet.

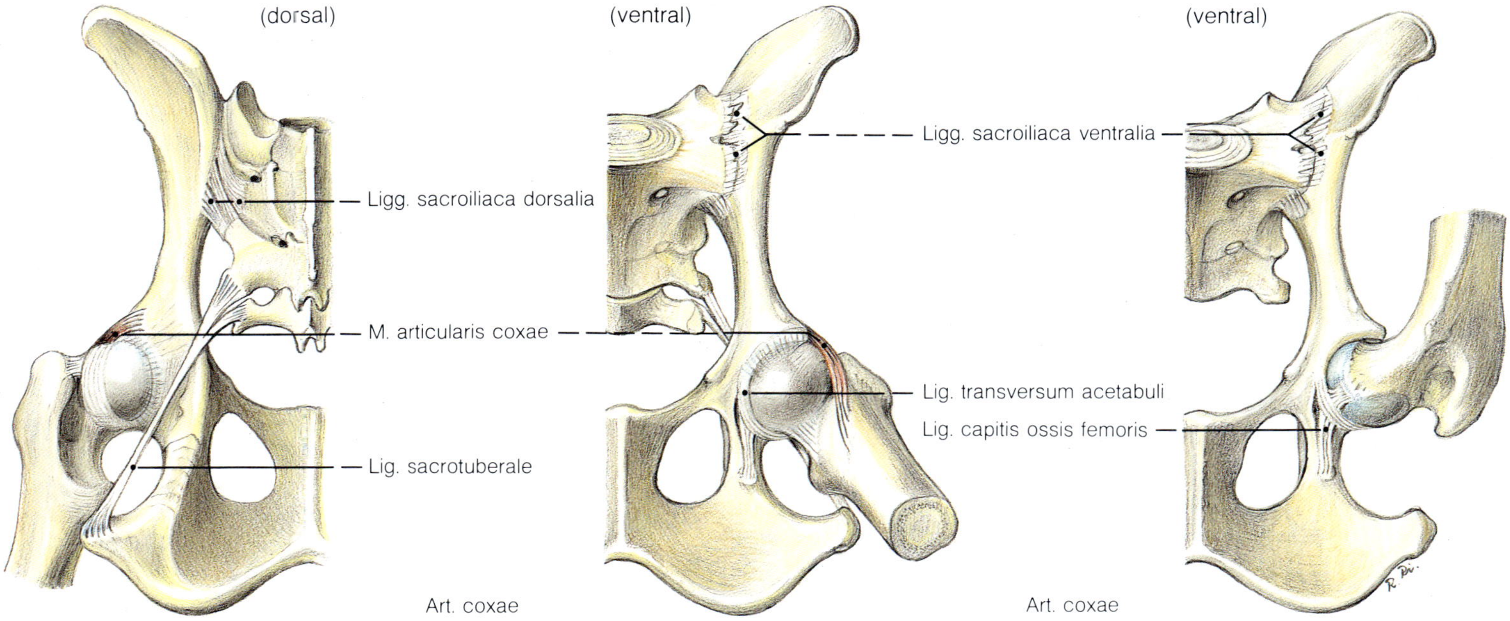

Art. coxae

Art. coxae

Legenda:

1 M. quadriceps femoris
2 M. semimembranosus
3 M. gracilis
4 M. semitendinosus
5 M. gastrocnemius
6 M. popliteus
7 M. flexor digitalis supf.
8 M. tibialis cran.

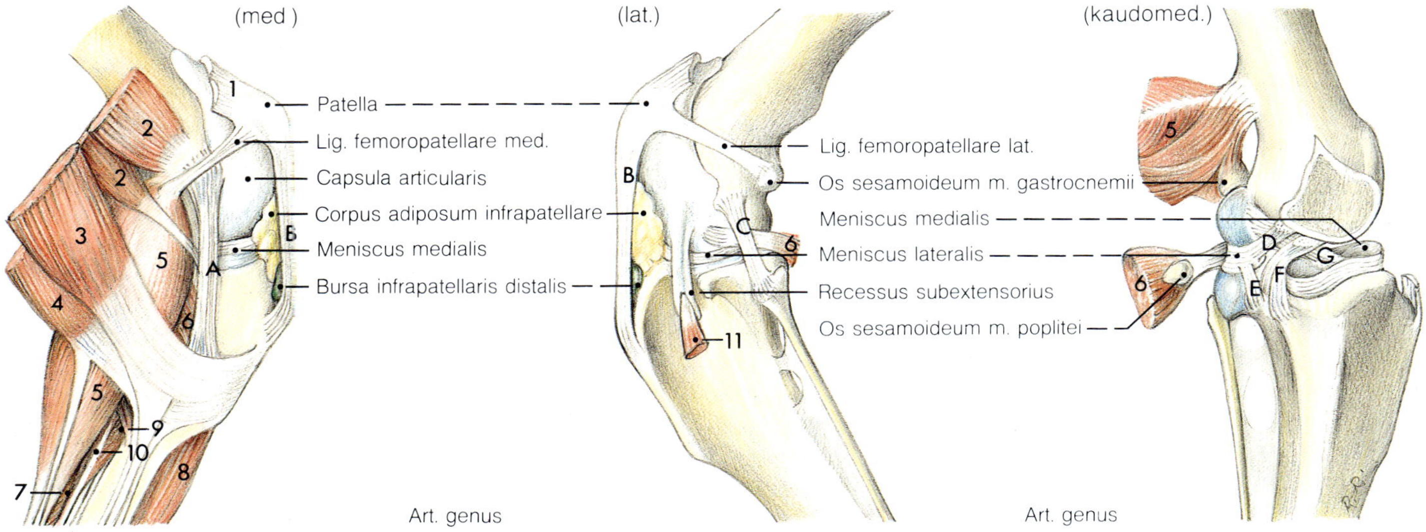

Art. genus

Art. genus

Legenda:

Mm. flexores digg. proff.:
9 M. flexor digitalis med.
10 M. flexor digitalis lat.
11 M. extensor digitalis longus
12 M. fibularis longus
13 M. extensor digitalis lat.
14 M. fibularis brevis
15 M. extensor digitalis brevis
16 M. abductor digiti V
17 M. quadratus plantae
18 M. interosseus
19 M. tibialis caud.
20 M. extensor digiti I

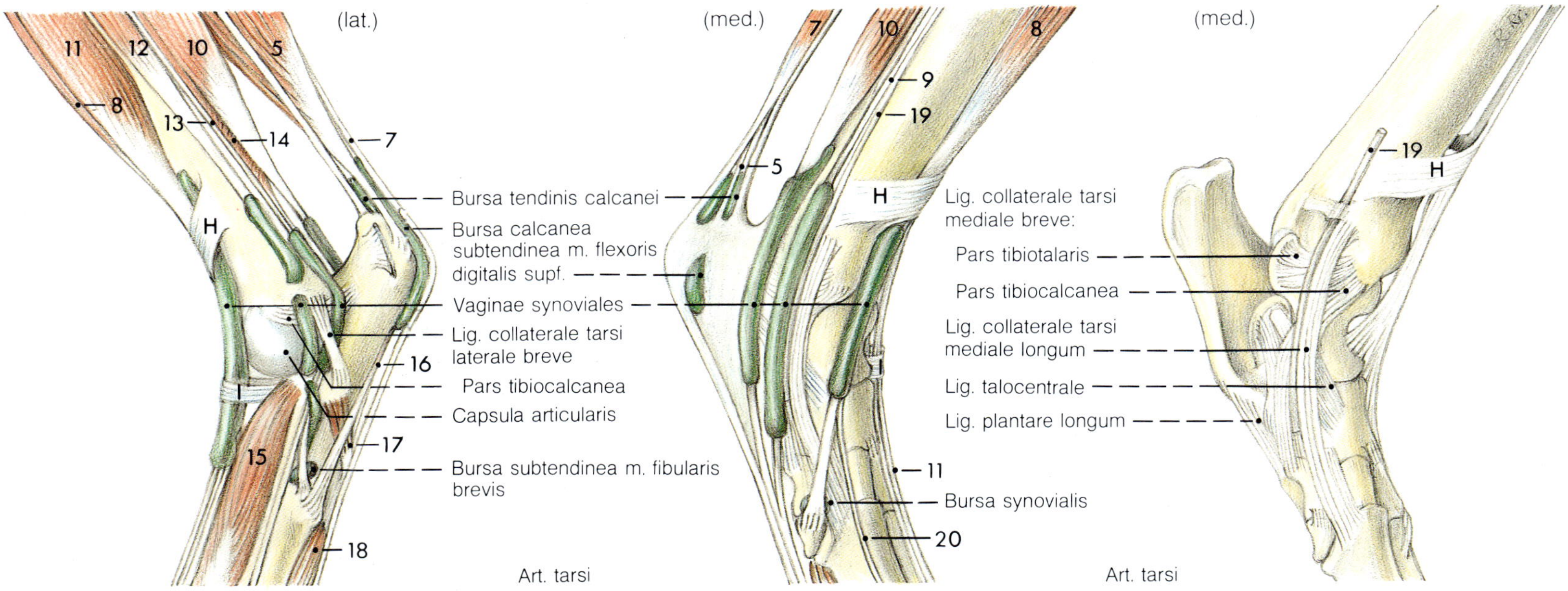

Art. tarsi

Art. tarsi

Legenda:

(vide p. 81, 83, 143)

A Lig. collaterale med.
B Lig. patellae
C Lig. collaterale lat.
D Lig. meniscofemorale
E Lig. tibiale caud. menisci lat.
F Lig. cruciatum caudale
G Lig. cruciatum craniale
H Retinaculum extensorum crurale
I Retinaculum extensorum tarsale

9. KAPITEL: KOPF

1. SCHÄDEL MIT ZUNGENBEIN

1 Der **Schädel** ist das Skelett des Kopfes. Er wird in den **Hirnschädel (Cranium)** und den **Gesichtsschädel (Facies)** gegliedert. Von den sieben Ossa (neuro)cranii sind die Einzelknochen Nr. **I** bis **III** sowie **IVc** Deck- resp. Bindegewebsknochen, die das Schädeldach (Calvaria) bilden. Die Einzelknochen Nr. **IVa** und b sowie **V** bis **VII** sind Primordial- resp. Ersatzknochen, die an der Schädelbasis das knorpelige Primordialskelett ersetzen.

2 a) Am **HIRNSCHÄDEL (CRANIUM)** weist das Schädeldach die **Schläfengrube (Fossa temporalis – j)** auf, die dem Schläfenmuskel Ursprung gewährt und von der **Crista frontalis externa (k)**, **Crista sagittalis externa (l)**, **Crista nuchae (m)** und **Crista temporalis (m')** umrandet wird. Der **Canalis caroticus** (für die A. carotis interna) beginnt an der Schädelbasis in der Tiefe des For. jugulare mit dem **For. caroticum caudale (n)** und endet kranial im Cavum cranii mit dem **For. caroticum internum (o)** und außen an der Schädelbasis mit dem **For. caroticum externum (p)**. Das **For. jugulare (q)** läßt die Gehirnnerven Nr. IX bis XI passieren. Die Anteile des **Cavum cranii** werden auf Seite 90 beschrieben.

I. Das **Stirnbein (Os frontale)** weist kaudodorsal an der Augenhöhle den **Processus zygomaticus (1)** auf, von dem das Lig. orbitale zum Stirnfortsatz des **Jochbeins (56)** zieht. Die **Forr. ethmoidalia (2)** lassen den N. ethmoidalis sowie die A. und V. ethmoidalis externa passieren. Die **Stirnhöhlen** werden auf der Seite 90 beschrieben.

II. Das **Scheitelbein (Os parietale)** und

III. das **Zwischenscheitelbein (Os interparietale)** ragen mit ihren **Processus tentorici (4 und 5**, auf S. 91) in die Schädelhöhle hinein,

IV. Das **Schläfenbein (Os temporale)** besteht aus einem Felsenteil (Pars petrosa), einem Paukenteil (Pars tympanica) und aus der Schläfenbeinschuppe (Pars squamosa).

a. Vom **Felsenteil (Pars petrosa – 6)** sind nur der **Processus mastoideus** (7, Ansatz für Teile des M. sternocleidomastoideus) sowie das **For. stylomastoideum (10**, für den Austritt des N. facialis), der Ausgang des **Canaliculus chordae tympani (11)** sowie die **Fissura petrotympanica (12)** äußerlich sichtbar. (Nr. **8** und **9** sowie **13** und **14** werden auf Seite 90 beschrieben.)

b. Der **Paukenteil (Pars tympanica – 15)** liegt kaudal vom Kiefergelenk an der Schädelbasis. Sein äußerer Gehörgang (Meatus acusticus externus) beginnt mit dem **Porus acusticus externus (16)** und geht in der Tiefe (am Trommelfell) in die medial anschließende **Paukenblase (Bulla tympanica – 17)** über, die das Cavum tympani mit dem Mittelohr enthält. Hier endet die Tuba auditiva. die im Nasenrachenraum am Ostium pharyngeum tubae auditivae beginnt.

c. **Der Schuppenteil (Pars squamosa – 18)** gehört zum Schädeldach und beteiligt sich mit seinem **Processus zygomaticus (19)** an der Bildung des Jochbogens, an dessen Basis kaudoventral die **Fossa mandibularis (20)** mit der **Kiefergelenksfläche (Facies articularis – 21)** und dem kaudal abschließenden **Processus retroarticularis (22)** liegt.

Os temporale

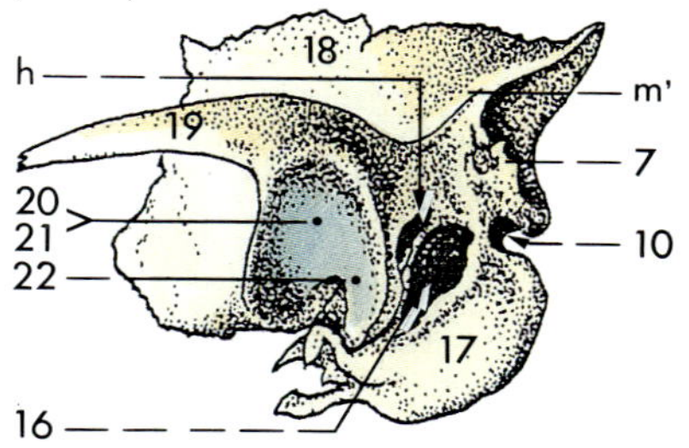

V. Das **Siebbein (Os ethmoidale)** mit seinen Anteilen **(23 bis 29)** wird im Zusammenhang mit der Schädelhöhle und den Nasenmuscheln beschrieben (s. S. 90).

VI. Das **Hinterhauptsbein (Os occipitale)** läßt bei Föten die Grenznähte zwischen den drei Anteilen (Schuppe, Seiten- und Basalteil) noch erkennen.

Die **Schuppe (Squama – 30)** trägt dorsomedian die auffällige **Protuberantia occipitalis externa (31)**, die beiderseits in die Nackenleiste übergeht.

Der **Seitenteil (Pars lateralis – 32)** trägt beiderseits vom For. magnum einen **Hinterhauptsknorren (Condylus occipitalis – 33)** für das Atlantookzipitalgelenk. Im For. magnum liegt innen am Condylus occipitalis der **Canalis condylaris (34)** für abfließende Schädelvenen (Vv. emissariae) und rostroventral davon die (kleine) Anfangsöffnung für den **Canalis n. hypoglossi (35)**, dessen Ausgangsöffnung kaudal vom For. jugulare zwischen Condylus occipitalis und **Processus jugularis (36)** liegt. Der **Basalteil (Pars basilaris – 37)** begrenzt das **For. magnum (38)** ventral. Er besitzt median zwischen den Forr. jugularia das undeutliche unpaare **Tuberculum pharyngeum (39)** für den Ursprung von Pharynxmuskeln und medial neben der Paukenblase das paarige **Tuberculum musculare (40)** für die Insertion des M. longus capitis.

Os occipitale

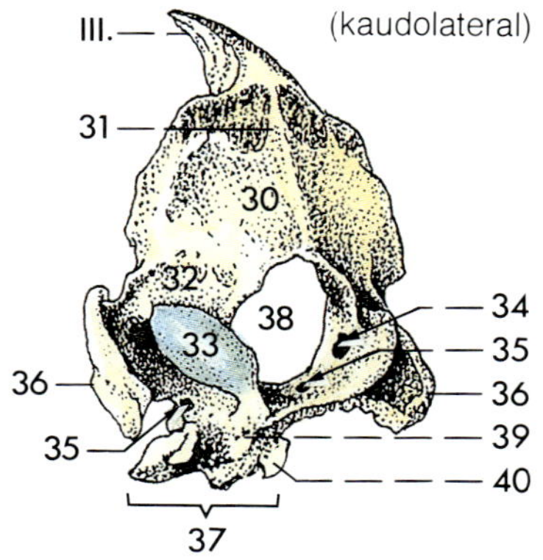

VII. Das **Keilbein (Os sphenoidale)** besteht aus dem Os basisphenoidale und dem Os praesphenoidale, die je einen medial gelegenen (horizontalen) Körper als knöcherne Dorsalbegrenzung des Nasenrachens und einen lateral gelegenen (vertikalen) Flügel aufweisen.

Das **Os basisphenoidale** trägt innen an seinem **Corpus (41)** den **Türkensattel (Sella turcica – 42)**. Der **Flügel (Ala – 43)** läßt innen das **For. rotundum (44)** für den Eintritt des N. maxillaris (V2) und außen, medial neben der Fossa mandibularis, das **For. ovale (45)** für den Durchtritt des N. mandibularis (V3) erkennen. Die **Crista pterygoidea (46)** ist die knöcherne Ursprungsleiste für die Augapfelmuskeln und beginnt ventral vom **Flügelkanal (Canalis alaris – 47)**. Am **For. alare rostrale (48)** verlassen die A. und der N. maxillaris den Canalis alaris, in den der N. maxillaris durch das For. rotundum und die A. maxillaris durch das **For. alare caudale (49)** eintreten.

Vom **Os praesphenoidale** geht das medial gelegene **Corpus (50)** in den lateral gelegenen **Flügel (Ala – 51)** über, der im Grund der Augenhöhle rostral den **Canalis opticus (52)** für den Durchtritt des **N. opticus** und kaudal folgend die **Fissura orbitalis (53)** für den Durchtritt der Gehirnnerven Nr. III, IV, V1 und VI aufweist.

b) Der **GESICHTSSCHÄDEL (FACIES)** beherbergt rostroventral an der Augengrube die **Fossa pterygopalatina (A)**. Der Canalis palatinus major (Durchtritt für den N. palatinus major) beginnt hier mit dem **For. palatinum caudale (B)** und endet am harten Gaumen mit dem **For. palatinum majus (C)**. Canales palatini minores (für die Nn. palatini minores) gehen in der Tiefe vom Canalis palatinus major ab und enden am harten Gaumen mit **Forr. palatina minora (D)**. Dorsal vom For. palatinum caudale liegt das **For. sphenopalatinum (E)**, durch das der N. nasalis caudalis (von V2) zur Nasenhöhle zieht. An den **Choanae (F)** geht der Nasenrachengang in den Nasenrachen über. Die **Augenhöhle (Orbita – G)** wird kaudal durch das Lig. orbitale geschlossen. Die paarige **Fissura palatina (H)** befindet sich im harten Gaumen kaudal der Schneidezähne (Durchtritt für den Ductus incisivus s. nasopalatinus). Die **Zahnfächer (Alveoli dentales – J)** sind grubenförmige Vertiefungen zur Aufnahme der Zahnwurzeln, die die **Juga alveolaria (K)** nach außen vorwölben. Die **Canales alveolares (L)** beginnen in der Tiefe der Zahnfächer und führen Leitungsstrukturen (A., V., N.) an den Zahn heran. Die **Septa interalveolaria (M)** sind Knochenkämme zwischen den Zahnfächern. Eine **Zahnlücke (Diastema – N)** liegt rostral und kaudal vom Dens caninus.

VIII. bis **XVII.** werden auf Seite 90 beschrieben.

XVIII. Das **Zungenbein (Os hyoideum)** hat knorpelige Vorläufer in den Kiemenbögen und kann zu den Schädelknochen gerechnet werden. Es liegt mit seinem unpaaren **Basihyoideum (90)** im Zungengrund und flankiert mit seinem paarigen **Ceratohyoideum (91)** den Zungengrund. Von hier streben das **Thyreohyoideum (92)** kaudodorsal zum Schildknorpel des Kehlkopfes und das **Epihyoideum (93)** sowie das rostral anschließende **Stylohyoideum (94)** zur Schädelbasis, wo über das bindegewebige **Tympanohyoideum (95)** die Aufhängung am Processus mastoideus ossis temporalis erfolgt. 3

Hinweis zum Gebrauch der nebenstehenden Abbildungen: Mit Sternchen (*) gekennzeichnete Skelettanteile: obere Abbildung, mit Punkt (•) versehene Anteile: untere Abbildung: Skelettanteile ohne Kennzeichnung: Seite 91.

Cranium

Lamina externa (a)
Diploë (b)
Lamina interna (c)
Tentorium cerebelli osseum (d)
Meatus temporalis (e)
Canalis sinus transversi (f)
Sulcus sinus transversi (g)
Foramen retroarticulare (h)•
Fossa temporalis (j) ★
Crista frontalis externa (k) ★
Crista sagittalis externa (l) ★ •
Crista nuchae (m) ★ •
Crista temporalis (m') ★ •
Canalis caroticus
Foramen caroticum caudale (n) •
Foramen caroticum internum (o)
Foramen caroticum externum (p) •
Foramen jugulare (q) •

Ossa neurocranii

I. Os frontale ★ •
Processus zygomaticus (1) ★ •
Foramina ethmoidalia (2) ★ •
Sinus frontalis rostralis (3a)
Sinus frontalis lateralis (3b)
Sinus frontalis medialis (3c)

II. Os parietale ★ •
Processus tentoricus (4)

III. Os interparietale ★ •
Processus tentoricus (5)

IV. Os temporale ★ •
a. Pars petrosa (6) ★ •
Processus mastoideus (7) ★ •
Meatus acusticus internus
Porus acusticus internus (8)
Canalis facialis (9)
Foramen stylomastoideum (10) •
Canaliculus chordae tympani (11) •
Fissura petrotympanica (12) •
Fossa cerebellaris [floccularis] (13)
Canalis nervi trigemini (14)

b. Pars tympanica (15) •
Meatus acusticus externus
Porus acusticus externus (16) ★
Bulla tympanica (17) •
Ostium tympanicum tubae auditivae (17') •

c. Pars squamosa (18) ★
Processus zygomaticus (19) ★ •
Fossa mandibularis (20) •
Facies articularis (21) •
Processus retroarticularis (22) ★ •

VI. Os occipitale •
Squama occipitalis (30) •
Protuberantia occipitalis externa (31) •
Processus tentoricus (31')
Pars lateralis (32) •
Condylus occipitalis (33) ★ •
Canalis condylaris (34)•
Canalis n. hypoglossi (35)•
Processus jugularis [paracondylaris] (36) ★ •
Pars basilaris (37) •
Foramen magnum (38) •
Tuberculum pharyngeum (39) •
Tuberculum musculare (40) •

VII. Os sphenoidale •

Os basisphenoidale
Corpus (41) •
Sella turcica (42)
Ala (43) ★ •
Foramen rotundum (44)
Foramen ovale (45) •
Crista pterygoidea (46) ★ •
Canalis alaris (47) •
Foramen alare rostrale (48) ★ •
Foramen alare caudale (49) •

Os praesphenoidale
Corpus (50) •
Ala (51) ★ •
Canalis opticus (52) ★ •
Fissura orbitalis (53) ★ •

Facies

Fossa pterygopalatina (A) •
Canalis palatinus major
Foramen palatinum caudale (B) ★ •
Foramen palatinum majus (C) •
Canales palatini minores
Foramen palatinum caudale (B) ★ •
Foramina palatina minora (D) •
Foramen sphenopalatinum (E) ★ •
Choanae (F) •
Orbita (G) ★ •
Fissura palatina (H) ★ •
Alveoli dentales (J) •
Juga alveolaria (K) ★ •
Canales alveolares (L) •
Septa interalveolaria (M) •
Diastema (N) ★

Ossa faciei

VIII. Os lacrimale ★ •
Fossa sacci lacrimalis (54) ★ •

IX. Os zygomaticum •
Processus temporalis (55) •
Processus frontalis (56) •

X. Os nasale ★

XI. Maxilla ★
Corpus maxillae (57) ★
Canalis infraorbitalis
Foramen maxillare (58) ★ •
Foramen infraorbitale (59) ★
Canalis lacrimalis (60)
Sulcus lacrimalis (61)
Processus frontalis (62) ★
Processus zygomaticus (63) ★ •
Processus palatinus (64)•
Processus alveolaris (65) ★
Recessus maxillaris (65')

XII. Os incisivum ★ •
Corpus ossis incisivi (66) ★
Processus alveolaris (67) ★
Processus palatinus (68)•
Processus nasalis (69) ★

XIII. Os palatinum •
Lamina perpendicularis (70) •
Lamina horizontalis (71) •

XIV. Os pterygoideum ★ •
Hamulus pterygoideus (72) ★ •

XV. Vomer •
Sulcus septalis (73)

(kraniodorsal) ★

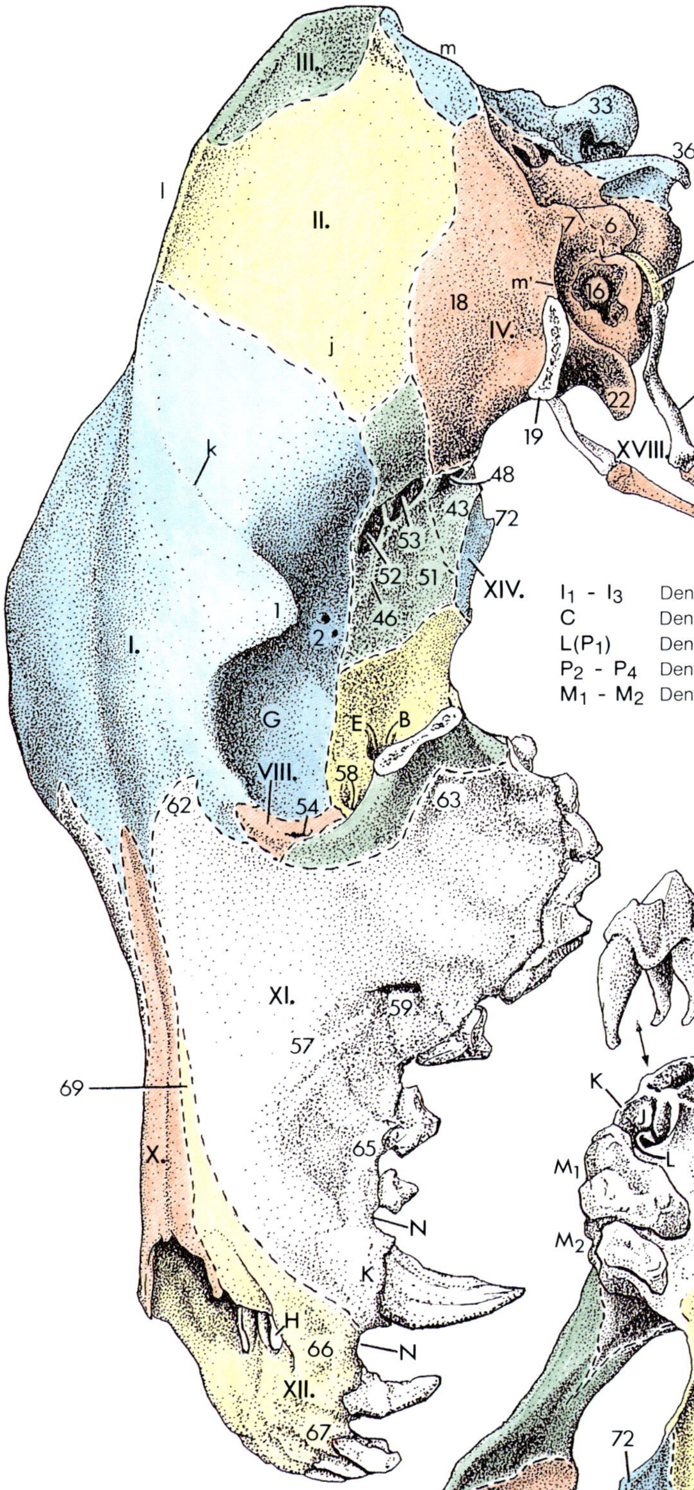

XVIII. Os hyoideum ★
Basihyoideum (90) ★
Ceratohyoideum (91) ★
Thyreohyoideum (92) ★
Epihyoideum (93) ★
Stylohyoideum (94) ★
Tympanohyoideum (95) ★

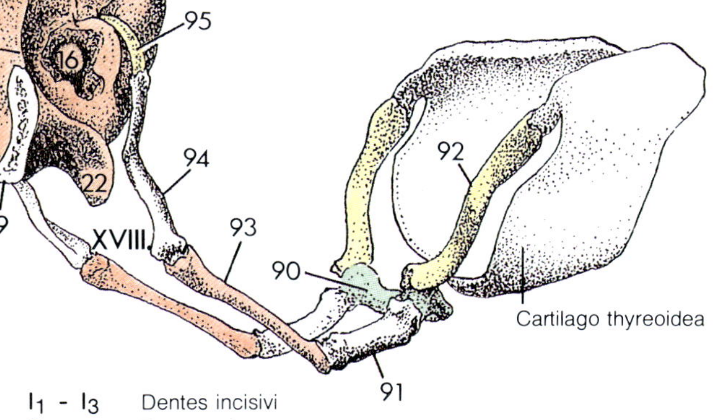

I_1 - I_3	Dentes incisivi
C	Dens caninus
L(P_1)	Dens lupinus
P_2 - P_4	Dentes praemolares
M_1 - M_2	Dentes molares

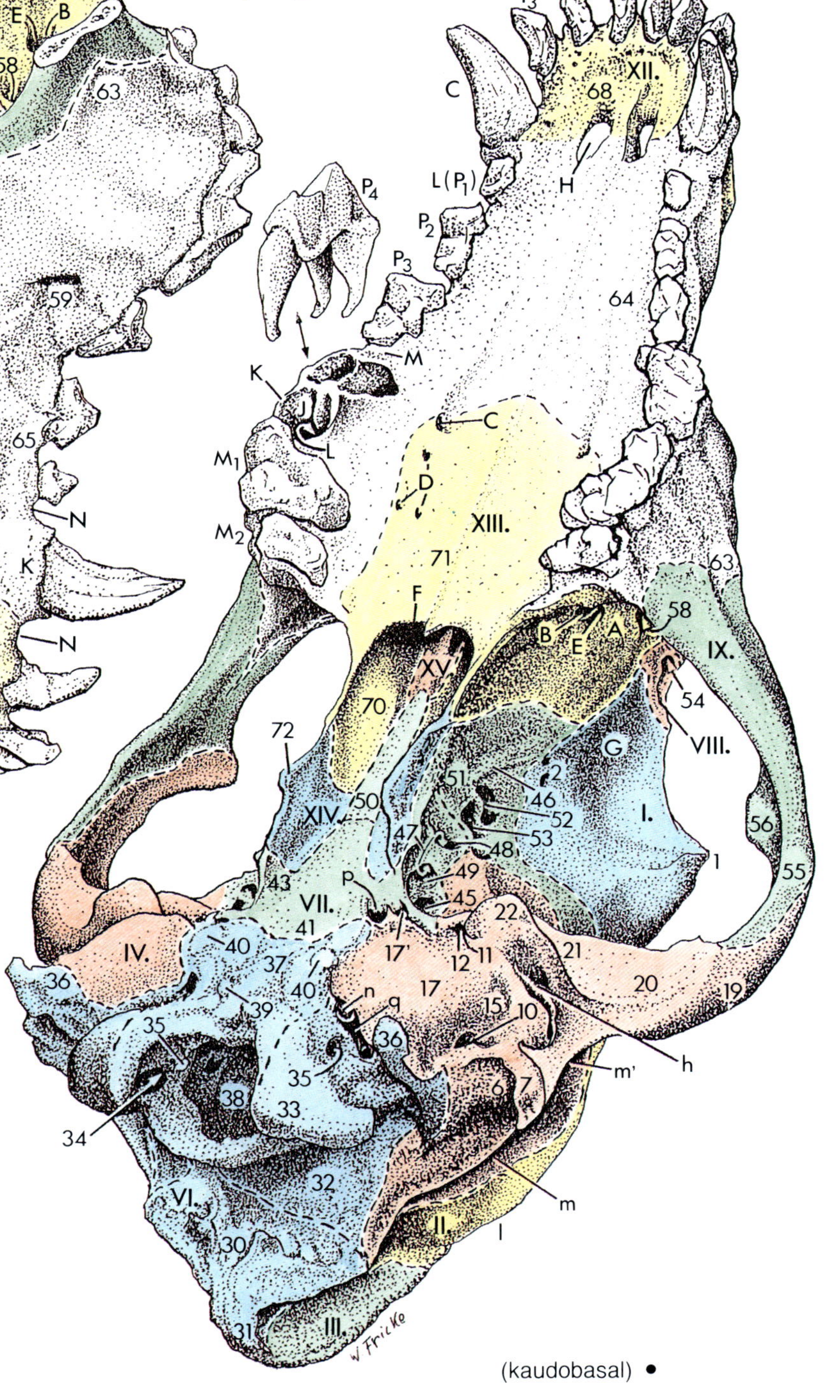

(kaudobasal) •

2. SCHÄDEL MIT NASENNEBENHÖHLEN

1 a) Die SCHÄDELWAND besteht aus einem **äußeren kortikalen Knochenblatt (Lamina externa — a)**, einer mittleren reduzierten **Spongiosa (Diploë — b)** und einem **inneren kortikalen Knochenblatt (Lamina interna — c)**. Im Stirnbein ist dorsal die Substantia spongiosa völlig verschwunden, und beide Knochenblätter weichen zur Bildung der Stirnhöhlen auseinander. Die paarigen Stirnhöhlen (Sinus frontales) sind
2 Nasennebenhöhlen und stehen mit dem Cavum nasi in offener Verbindung. Der **Sinus frontalis rostralis** (3a) liegt zwischen dem medianen knöchernen Septum sinuum frontalium und der Augenhöhle. Der **Sinus frontalis lateralis** (3b) ist die größte Stirnhöhle und reicht bis in den Processus zygomaticus ossis frontalis hinein. Der **Sinus frontalis medialis** (3c) ist die sehr kleine und gelegentlich fehlende Höhle zwischen den vorgenannten Stirnhöhlen. Als weitere Nasennebenhöhle ist ein Sinus sphenoidalis in einigen Fällen ausgebildet.

Das knöcherne **Kleinhirnzelt (Tentorium cerebelli osseum — d)** wird von den miteinander verschmolzenen **Processus tentorici** (4, 5 und 31') der Ossa parietale, interparietale und occipitale gebildet. Es ist die knöcherne Grundlage für das häutige Kleinhirnzelt (Tentorium cerebelli membranaceum), das im Cavum cranii Groß- und Kleinhirn voneinander separiert.

Der Abflußgang für das dorsale Gehirnblutleitersystem liegt teils innen an der Schädelwand und teils in der Schädelwand. Dorsomedian beginnt er an der Basis des knöchernen Kleinhirnzeltes mit dem **Canalis sinus transversi (f)**, der sich lateral an der Felsenbeinpyramide in den **Sulcus sinus transversi (g)** fortsetzt, danach in den **Meatus temporalis (e)** übergeht und außen am Schädel mit dem **For. retroarticulare (h)** endet.

b) Die SCHÄDELHÖHLE (CAVUM CRANII) wird von der Innenfläche der Hirnschädelknochen begrenzt. Am Grund der Schädelhöhle liegen die rostrale, mittlere und kaudale Schädelgrube hintereinander. Die **Fossa cranii rostralis (r)** beginnt mit den paarigen **Siebbeingruben (Fossae ethmoidales — s)** und endet mit dem **Sulcus chiasmatis (t)**, in dem sich die beiden Augennerven vor dem Eintritt in den **Canalis opticus** (52) kreuzen. Die **Fossa cranii media (u)** beherbergt median den
3 vom Os basisphenoidale gebildeten **Türkensattel (Sella turcica — 42)**, der kranial seiner Sattellehne (Dorsum sellae) die median liegende **Fossa hypophysialis (v)** zur Aufnahme der Hirnanhangsdrüse trägt. Lateral liegt die paarige **Fossa piriformis (w)** zur Aufnahme des birnenförmigen Lappens des Riechhirns. Die **Fossa cranii caudalis (x)** weist rostromedian die seichte **Impressio pontina (y)** für die Brücke des Hinterhirns und kaudal die median gelegene **Impressio medullaris (z)** für das verlängerte Mark (Medulla oblongata) des Gehirns auf. Die **Fissura petrooccipitalis (z')** ist beim Hund ein sehr enger, gelegentlich fehlender Spalt zwischen Felsen- und Hinterhauptbein.

IV. a. Die **Pars petrosa ossis temporalis** (6) liegt nur mit dem **Processus mastoideus** (7) an der Außenfläche des Schädels, während die Felsenbeinpyramide das Cavum cranii basolateral begrenzt. Der innere Gehörgang (Meatus acusticus internus) beginnt inmitten der Medialfläche der Felsenbeinpyramide mit dem **Porus acusticus internus** (8), in den der VII. und VIII. Gehirnnerv eintreten. Der **Canalis facialis** (9) für den N. facialis geht rostrodorsal in der Tiefe vom inneren Gehörgang ab und endet außen am Schädel mit dem **For. stylomastoideum** (10). Der **Canaliculus chordae tympani** (11) geht zentral im Felsenbein aus dem Canalis facialis hervor und endet außen am Schädel mit der winzigen **Fissura petrotympanica** (12). Die dorsokaudal an der Felsenbeinpyramide gelegene **Fossa cerebellaris** (13) nimmt einen kleinen Anhang des Kleinhirns auf. Rostroventral wird die Felsenbeinpyramide vom **Canalis nervi trigemini** (14) durchsetzt.

Os temporale

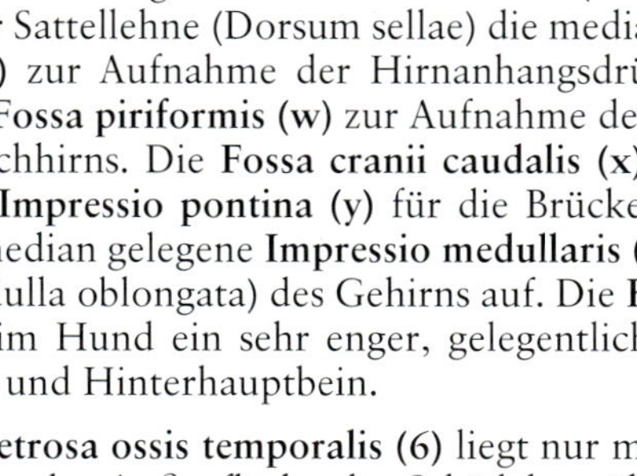

V. Das **Os ethmoidale** liegt mit seiner **Siebplatte (Lamina cribrosa — 23)** und der medianen **Crista galli** (24) an der Grenze zur Nasenhöhle. Das **Siebbeinlabyrinth (Labyrinthus ethmoidalis — 25)** ragt mit seinen Siebbeinmuscheln (Ethmoturbinalia) in die Nasenhöhle hinein. Die kleineren und außen gelegenen Siebbeinmuscheln heißen **Ectoturbinalia** (26) und die größeren, innen an der Nasenscheidewand gelegenen, werden **Endoturbinalia** (27) genannt, die in dorsoventraler Reihenfolge gezählt werden (I bis IV). Das Endoturbinale I bildet die knöcherne Grundlage für die **dorsale Nasenmuschel (Concha nasalis dorsalis — 28)** und das Endoturbinale II für die **mittlere Nasenmuschel (Concha nasalis media — 29)**. Das **Os conchae nasalis ventralis** (XVI) ist die knöcherne Grundlage für die ventrale Nasenmuschel und gehört als selbständiger Gesichtsschädelknochen nicht zum Siebbein.

Os ethmoidale

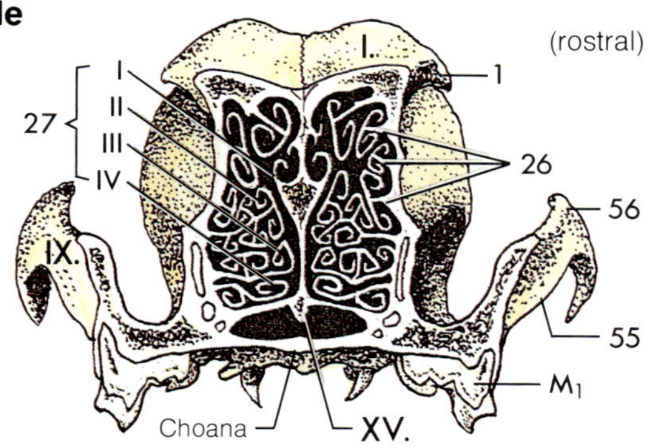

c) Der GESICHTSSCHÄDEL (FACIES) wird von den **Ossa Faciei** (**VIII.** bis **XVII.**) gebildet. Sie beteiligen sich an der Außenbegrenzung der Nase resp. des Nasenrachenganges und des Nasenrachens.

VIII. Das kleine **Tränenbein (Os lacrimale)** besitzt im Zentrum die **Fossa sacci lacrimalis** (54) für die Aufnahme des Tränensackes.

IX. Das **Jochbein (Os zygomaticum)** beteiligt sich mit seinem **Processus temporalis** (55) an der Bildung des Jochbogens. Sein **Processus frontalis** (56) ist die Ansatzstelle für das Lig. orbitale.

X. Das **Nasenbein (Os nasale)** liegt dorsal an der Nase.

XI. Das **Oberkieferbein (Maxilla)** weist in seinem zentral gelegenen 4
Corpus (57) den Canalis infraorbitalis für den Durchtritt des N. und der A. infraorbitalis auf, die kaudal in der Fossa pterygopalatina durch das **For. maxillare** (58) in den Kanal eintreten und ihn rostrolateral am **For. infraorbitale** (59) verlassen. Im Anschluß an den Tränensack durchzieht der Tränennasengang den **Canalis lacrimalis** (60) und rostral den **Sulcus lacrimalis** (61). Die **Processus frontalis** (62), **zygomaticus** (63) und **palatinus** (64) grenzen entsprechend ihrer Benennung an die betreffenden Knochen. Der **Processus alveolaris** (65) trägt Zahnfächer. Im Gegensatz zu anderen Haussäugetieren besitzt die Maxilla des Hundes keine Nasennebenhöhle, sondern nur eine lateralgerichtete Ausbuchtung (**Recessus maxillaris — 65'**).

XII. Das **Zwischenkieferbein (Os incisivum)** besteht aus dem **Corpus** (66) und den **Processus alveolaris** (67), **palatinus** (68) und **nasalis** (69)

XIII. Das **Gaumenbein (Os palatinum)** beteiligt sich mit der Medialfläche seiner vertikalen **Lamina perpendicularis** (70) an der Bildung des Nasenrachenganges und mit seiner Lateralfläche an der Bildung der Augengrube. Die **Lamina horizontalis** (71) bildet gemeinsam mit dem Oberkieferbein die knöcherne Grundlage für den harten Gaumen.

XIV. Das **Flügelbein (Os pterygoideum)** begrenzt den Nasenrachen seitlich und besitzt kaudoventral den **Hamulus** (72).

XV. Das **Pflugscharbein (Vomer)** weist einen dorsomedianen **Sulcus septalis** (73) zur Aufnahme der Nasenscheidewand auf.

XVI. Das **Os conchae nasalis ventralis** wurde bereits als knöcherne Grundlage für die ventrale Nasenmuschel erwähnt. Es ist mit der Medialfläche der Maxilla verwachsen.

XVII. Der **Unterkieferknochen (Mandibula)** besteht aus dem vertikal 5
gerichteten Ast und dem horizontal ausgerichteten Körper. Der lange Canalis mandibulae (für A., V. und N. alveolaris inferior) beginnt kaudal am Ast mit dem **For. mandibulae** (74) und endet rostral am Körper mit mehreren **Forr. mentalia** (75). Das **Corpus mandibulae** (76) besitzt einen **Margo ventralis** (77), einen **Margo alveolaris** (78) und medial die sehr schwache **Linea mylohyoidea** (79, Ursprungslinie für den M. mylohyoideus). Der **Unterkieferast (Ramus mandibulae — 80)** weist kaudoventral den **Angulus mandibulae** (81) mit dem **Processus angularis** (82) auf. An der Lateralfläche des Unterkieferastes liegt die dreieckige Ansatzgrube für den **M. masseter (Fossa masseterica — 83)**, und an der Medialfläche befindet sich die undeutliche Ansatzgrube für den **M. pterygoideus (Fossa pterygoidea — 84)**. Der **Processus condylaris** (85) beteiligt sich mit seinem **Caput mandibulae** (86) an der Bildung des Kiefergelenks und geht mit seinem **Collum mandibulae** (87) in die konkave **Incisura mandibulae** (88) über, die kaudal am **Processus coronoideus** (89, Insertionsfortsatz für den M. temporalis) liegt.

Für den Gebrauch nebenstehender Abbildung gelten sinngemäß die Ausführungen auf der vorigen Seite. (► - Abb. oben links; * - Abb. oben rechts; □ - Abb. unten)

Cranium

Lamina externa (a) ▸
Diploë (b) ▸
Lamina interna (c) ▸
Tentorium cerebelli osseum (d) ▸
Meatus temporalis (e) ▸
Canalis sinus transversi (f) ▸
Sulcus sinus transversi (g) ▸
Foramen retroarticulare (h)
Fossa temporalis (j)
  Crista frontalis externa (k)
  Crista sagittalis externa (l)
  Crista nuchae (m) o
  Crista temporalis (m')
Canalis caroticus
  Foramen caroticum caudale (n)
  Foramen caroticum internum (o) ▸
  Foramen caroticum externum (p)
Foramen jugulare (q) ▸

Cavum cranii
Fossa cranii rostralis (r) ▸
  Fossae ethmoidales (s) ▸
  Sulcus chiasmatis (t) ▸
Fossa cranii media (u) ▸
  Fossa hypophysialis (v) ▸
  Fossa piriformis (w) ▸
Fossa cranii caudalis (x) ▸
  Impressio pontina (y) ▸
  Impressio medullaris (z) ▸
Fissura petrooccipitalis (z') ▸

Ossa neurocranii

I. Os frontale ▸
Processus zygomaticus (1)
Foramina ethmoidalia (2)
Sinus frontalis rostralis (3a) ▸
Sinus frontalis lateralis (3b) ▸
Sinus frontalis medialis (3c) ▸

II. Os parietale ▸
Processus tentoricus (4) ▸

III. Os interparietale ▸
Processus tentoricus (5) ▸

IV. Os temporale ▸
a. Pars petrosa (6) ▸
Processus mastoideus (7)
Meatus acusticus internus
  Porus acusticus internus (8) ▸
Canalis facialis (9) ▸
  Foramen stylomastoideum (10)
Canaliculus chordae tympani (11)
  Fissura petrotympanica (12)
Fossa cerebellaris [floccularis] (13) ▸
Canalis nervi trigemini (14) ▸

b. Pars tympanica (15)
Meatus acusticus externus
  Porus acusticus externus (16)
Bulla tympanica (17)
Ostium tympanicum tubae auditivae (17')

c. Pars squamosa (18)
Processus zygomaticus (19) ▸
Fossa mandibularis (20)
  Facies articularis (21)
Processus retroarticularis (22)

V. Os ethmoidale ▸
Lamina cribrosa (23) ▸
Crista galli (24) ▸
Labyrinthus ethmoidalis (25) ▸
Ethmoturbinalia
  Ectoturbinalia (26) ▸
  Endoturbinalia (27) ▸
    Concha nasalis dorsalis (28) ▸
    Concha nasalis media (29) ▸

VI. Os occipitale ▸
Squama occipitalis (30) ▸
  Protuberantia occipitalis externa (31) ▸
  Processus tentoricus (31') ▸
Pars lateralis (32) ▸
  Condylus occipitalis (33) ▸
  Canalis condylaris (34) ▸
  Canalis n. hypoglossi (35) ▸
  Processus jugularis [paracondylaris] (36)
Pars basilaris (37)
  Foramen magnum (38) ▸
  Tuberculum pharyngeum (39)
  Tuberculum musculare (40) ▸

VII. Os sphenoidale ▸
Os basisphenoidale
Corpus (41) ▸
  Sella turcica (42) ▸
Ala (43) ▸
  Foramen rotundum (44) ▸
  Foramen ovale (45) ▸
  Crista pterygoidea (46)
  Canalis alaris (47) ▸
    Foramen alare rostrale (48)
    Foramen alare caudale (49)

Os praesphenoidale
Corpus (50) ▸
Ala (51) ▸
  Canalis opticus (52) ▸
  Fissura orbitalis (53) ▸

(Sectio paramediana) ▸

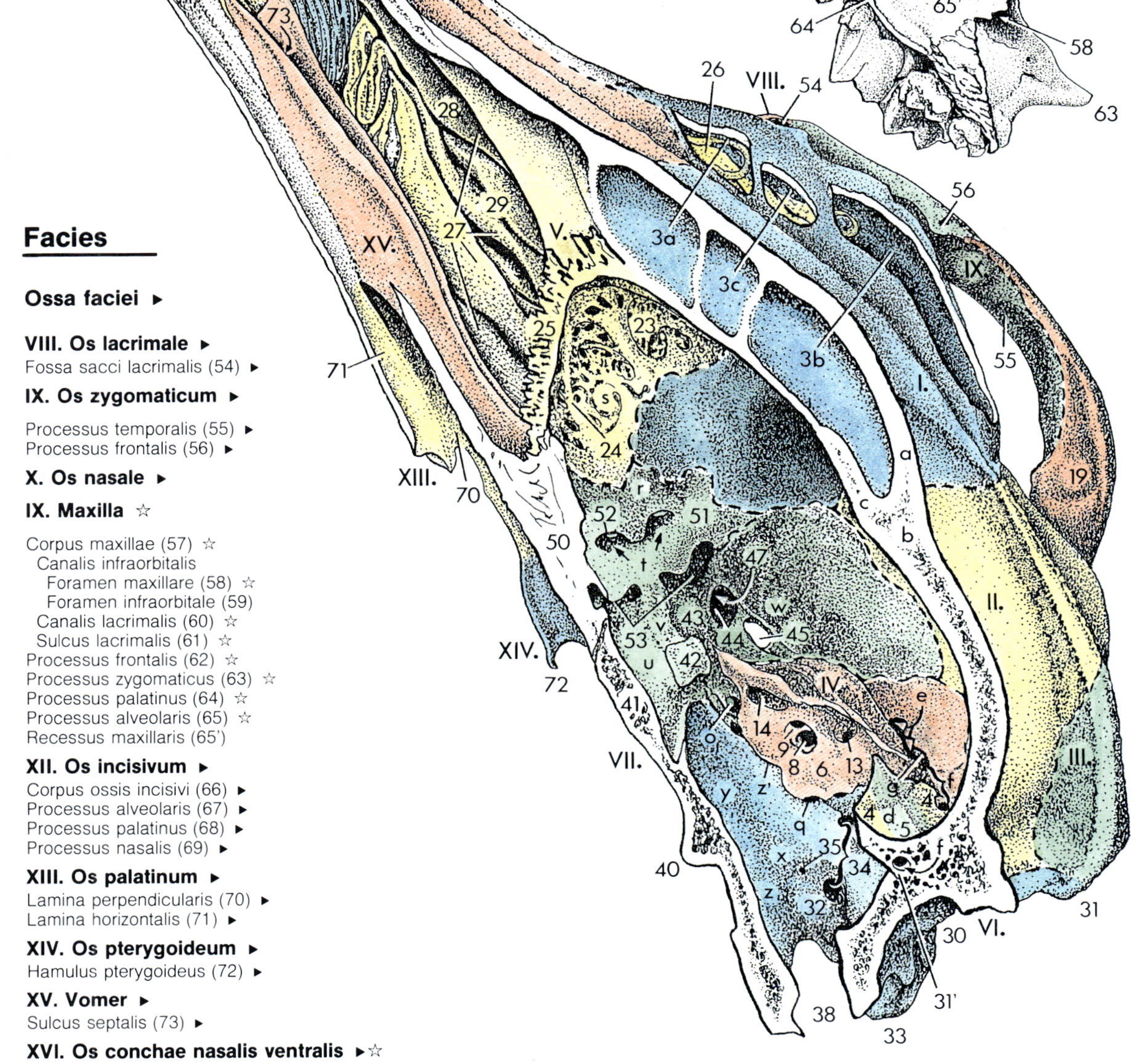

XI. Maxilla ☆

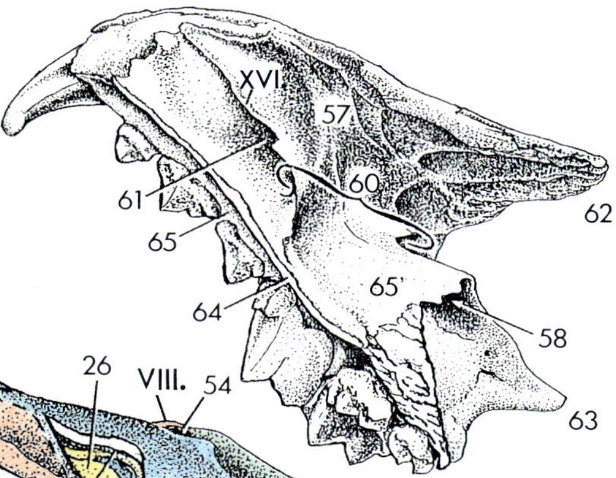

Facies

Ossa faciei ▸

VIII. Os lacrimale ▸
Fossa sacci lacrimalis (54) ▸

IX. Os zygomaticum ▸
Processus temporalis (55) ▸
Processus frontalis (56) ▸

X. Os nasale ▸

IX. Maxilla ☆
Corpus maxillae (57) ☆
  Canalis infraorbitalis
    Foramen maxillare (58) ☆
    Foramen infraorbitale (59)
  Canalis lacrimalis (60) ☆
  Sulcus lacrimalis (61) ☆
Processus frontalis (62) ☆
Processus zygomaticus (63) ☆
Processus palatinus (64) ☆
Processus alveolaris (65) ☆
Recessus maxillaris (65')

XII. Os incisivum ▸
Corpus ossis incisivi (66) ▸
Processus alveolaris (67) ▸
Processus palatinus (68) ▸
Processus nasalis (69) ▸

XIII. Os palatinum ▸
Lamina perpendicularis (70) ▸
Lamina horizontalis (71) ▸

XIV. Os pterygoideum ▸
Hamulus pterygoideus (72) ▸

XV. Vomer ▸
Sulcus septalis (73) ▸

XVI. Os conchae nasalis ventralis ▸☆

XVII. Mandibula □
Canalis mandibulae
  Foramen mandibulae (74) □
  Foramina mentalia (75) □
Corpus mandibulae (76) □
  Margo ventralis (77) □
  Margo alveolaris (78)
  Linea mylohyoidea (79) □
Ramus mandibulae (80) □
  Angulus mandibulae (81) □
    Processus angularis (82) □
  Fossa masseterica (83) □
  Fossa pterygoidea (84) □
  Processus condylaris [articularis] (85) □
    Caput mandibulae (86) □
    Collum mandibulae (87) □
Incisura mandibulae (88) □
Processus coronoideus [muscularis] (89) □

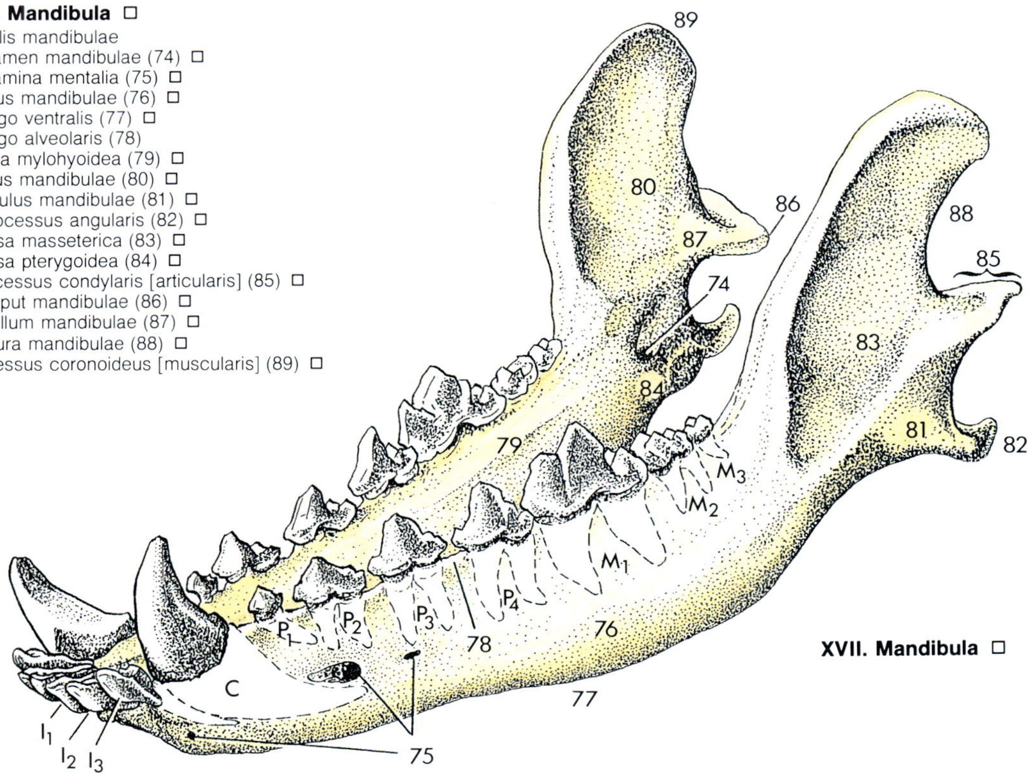

XVII. Mandibula □

Die linke Kopfhälfte ist unter Schonung der oberflächlich gelegenen Leitungsstrukturen und der Hautmuskeln zu enthäuten. Die Ohrmuschel wird an ihrer Basis durchschnitten und entfernt. Anschließend wird der M. cutaneus faciei des Platysma nach seiner Präparation von der Unterlage gelöst und rostral geklappt, wobei die Mm. malaris, zygomaticus und parotidoauricularis zu schonen sind. Zur Darstellung der Leitungsstrukturen werden die einzelnen Gesichtsmuskeln beiseite gedrängt, oder ihre groben Muskelfaserbündel werden über dem Verlauf der Nerven und Venen auseinandergedrängt. Der M. levator nasolabialis wird nach seiner Präparation quer durchschnitten und nach beiden Seiten geklappt. Bei der nachfolgenden Präparation der V. maxillaris und des N. facialis ist die Ohrspeicheldrüse (Gl. parotis) mit Ausnahme eines haselnußgroßen Restes am Anfang ihres Ausführungsganges zu entfernen.

a) Zum **LYMPHSYSTEM** des Kopfes (s. a. Textabb.) gehören die oberflächlich gelegenen und palpierbaren Lnn. parotideus und mandibulares sowie der tiefer gelegene Ln. retropharyngeus medialis und der inkonstante Ln. retropharyngeus lateralis.

Der **Ln. parotideus (24)** liegt in Höhe des Kiefergelenks am und unter dem Rostralrand der Ohrspeicheldrüse. Die Lymphzuflüsse kommen aus oberflächlichen Kopfbereichen, die dorsal einer Verbindungslinie zwischen Auge und Ohrgrund liegen. Die Lymphabflüsse gelangen zum Ln. retropharyngeus medialis.

Die **Lnn. mandibulares (29)** liegen rostroventral an der Gl. mandibularis. Die Lymphzuflüsse sammeln sich aus tiefen Kopfbereichen und einem oberflächlichen Kopfgebiet, das ventral der obengenannten Verbindungslinie zwischen Auge und Ohrgrund liegt. Die Lymphabflüsse erreichen ebenfalls den Ln. retropharyngeus medialis.

Der **Ln. retropharyngeus medialis (30)** liegt unter und kaudal der Unterkieferspeicheldrüse dorsolateral hinter dem Pharynx. Er sammelt die Lymphe aus tiefen Kopfbereichen und von den Lnn. mandibulares und dem Ln. parotideus. Seine Vasa efferentia vereinigen sich zum Truncus jugularis. Ein inkonstanter Ln. retropharyngeus lateralis kann dem Ln. retropharyngeus medialis vorgeschaltet sein und einen Teil der Lymphe vom Ln. parotideus aufnehmen. Bei Vorhandensein liegt der Ln. retropharyngeus lateralis am Kaudalrand der Ohrspeicheldrüse in Höhe des Atlasflügels. Sein Lymphabfluß gelangt zum Ln. retropharyngeus medialis.

Lymphonodi capitis

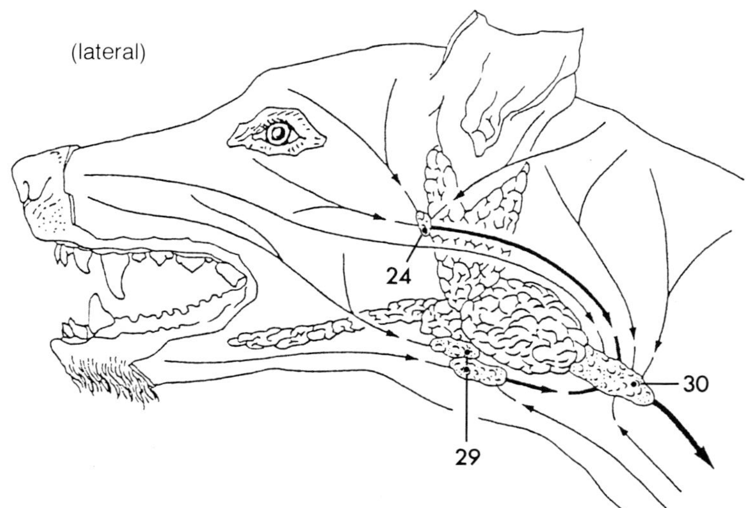

b) Die **OBERFLÄCHLICHEN VENEN** des Kopfes gehen aus der **V. jugularis externa (18)** hervor, die sich kaudal an der Gl. mandibularis in die dorsal vorbeiziehende V. maxillaris und in die ventral passierende V. linguofacialis gabelt. (Die oberflächlichen Arterien der Ohrmuschel und des Gesichts entstammen der A. carotis externa resp. der A. facialis und werden bei der Venendarstellung mit berücksichtigt.)

Die **V. maxillaris (8)** sammelt das Blut der Ohrmuschel und aus überwiegend tiefen Kopfbereichen wie Gaumen, Schädelhöhle, Unterkiefer und Auge. Sie entläßt innerhalb der (zu entfernenden) Ohrspeicheldrüse die **V. auricularis caudalis (7)** zur Kaudalkontur der Ohrmuschel und daumenbreit rostral die **V. temporalis superficialis (6)**, die bogenförmig über die Schläfengegend zieht und vorher an der Ohrbasis die starke **V. auricularis rostralis (5)** zum Kranialrand der Ohrmuschel abgibt. Die fortlaufende V. maxillaris zieht in der Tiefe medial am Kiefergelenk vorbei und anastomosiert nach Bildung der Plexus pterygoideus, palatinus und ophthalmicus am medialen Augenwinkel mit einem Endast der V. facialis und der V. profunda faciei (s. unten).

Die **V. linguofacialis (17)** besorgt den Blutabfluß aus der Zunge und vom Gesicht. Sie gabelt sich ventral an der Gl. mandibularis in die ventrorostral strebende V. lingualis und die dorsorostral ziehende V. facialis. Die **V. lingualis (15)** gibt kurz nach ihrem Ursprung den querverlaufenden **Arcus hyoideus (16)** als Anastomose mit der V. lingualis der gegenüberliegenden Körperseite ab. Sie kreuzt danach den Kaudalrand des M. mylohyoideus dorsal und gibt nach fingerbreitem Verlauf, noch vor Eintritt in die Zunge, die **V. sublingualis (11)** ab, was nach Rostral- 1
verlagerung des Kaudalrandes des M. mylohyoideus sichtbar ist.

Die **V. facialis (14)** verläuft zunächst ventrolateral am Unterkiefer entlang und entläßt hier die **V. submentalis (10)**, die ventral über die Insertion des M. digastricus und anschließend ventromedial am Unterkieferkörper zum Kinngebiet zieht. Zur Unterlippe entläßt die Gesichtsvene die **V. labialis inferior (9)** und dann die schwache **V. angularis oris (12)** für den Mundwinkel. Die fortlaufende V. facialis zieht danach schräg bogenförmig über das Gesicht zum medialen Augenwinkel. Aus ihrer Kaudalkontur wird in Höhe des Mundwinkels die **V. profunda faciei (13)** in die Tiefe entlassen, die unter dem Jochbogen in die Augenhöhle zieht. Aus ihrer Rostralkontur entspringen die **V. labialis superior (1)** zur Oberlippe und lateral an der Nase die schwache **V. lateralis nasi (2)** sowie eine Anastomose zur V. infraorbitalis, die aus dem Canalis infraorbitalis heraustritt und vorher aus dem Ende der V. profunda faciei hervorgeht. (Die **A. facialis – 14** -endet hier mit der Anastomose zur A. infraorbitalis.) Danach teilt sich die Gesichtsvene bei Erreichen des Nasenrückens T-förmig auf. Die **V. dorsalis nasi (3)** zieht rostral in Richtung Nasenspitze und die **V. angularis oculi (4)** entgegengesetzt in den medialen Augenwinkel, wo die Anastomose von Ästen der Vv. profunda faciei und maxillaris erfolgt.

c) Der **N. FACIALIS (VII s. intermediofacialis – 26)** besteht aus zwei 2
Anteilen, dem N. facialis und dem N. intermedius. Der noch einheitliche N. facialis tritt am Porus acusticus internus des Felsenbeins in den Canalis facialis ein. Er entläßt hier am sensibel-sensorischen Ganglion geniculi den N. intermedius-Anteil, von dem die Chorda tympani durch die Fissura petrotympanica zum N. lingualis (von V3) zieht. Auch der parasympathische N. petrosus major kommt vom N. facialis. Seine Fortsetzung zieht nach Vereinigung mit dem sympathischen N. petrosus profundus als N. canalis pterygoidei zum Ganglion pterygopalatinum (s. S. 137). Der eigentliche N. facialis gibt noch im Canalis facialis den N. stapedius zum M. stapedius ab und führt mit Ausnahme des überwiegend sensiblen R. auricularis internus ausschließlich motorische Qualitäten. Die sensiblen Fasern des R. auricularis internus werden dem N. facialis vom N. vagus (X) zugeführt. Nach Austritt aus dem For. stylomastoideum verläßt der häufig zweigeteilte R. auricularis internus wieder den N. facialis und versorgt nach Durchbohrung des Ohrmuschelknorpels den äußeren Gehörgang bis hin zum Trommelfell. Der fortlaufende N. facialis zieht in ventral-konvexem Bogen in der Gl. parotis um den knöchernen Gehörgang. Aus der Konvexität des N. facialis werden in kaudorostraler Reihenfolge die nachfolgend beschriebenen Endäste entlassen, die mit sensiblen Anteilen des fünften Gehirnnerven sowie des zweiten Halsnerven in Verbindung treten und die oberflächliche und tiefe Fazialismuskulatur einschließlich des Platysma des Kopfes und Halses sowie den Kaudalbauch des M. digastricus innervieren.

Der **N. auricularis caudalis (23)** versorgt die kaudalen Ohrmuschelmuskeln und entläßt den **R. platysmatis (21)** für das Halsplatysma. Die kurz danach folgenden Rr. digastricus und stylohyoideus innervieren die gleichnamigen Muskeln. Aus dem ventralen Scheitel der Konvexität des N. facialis geht ein gemeinsamer Ursprungsstamm für die Rr. colli und buccolabialis ventralis ab. Der kaudal ziehende **R. colli (27)** versorgt den M. parotidoauricularis und führt dem N. transversus colli des zweiten Halsnerven motorische Anteile zu. Der die V. facialis rostral begleitende **R. buccolabialis ventralis (28)** kommuniziert in Augenhöhe mit dem R. buccolabialis dorsalis, und beide innervieren die Muskeln der Wange, Lippen und Nase. Der fingerbreit dorsoparallel zum Ductus parotideus verlaufende **R. buccolabialis dorsalis (25)** tritt rostral unter dem Ln. parotideus und der Ohrspeicheldrüse aus dem N. facialis hervor. Der Gesichtsnerv endet mit seinem **N. auriculopalpebralis (22)**, dessen **Rr. auriculares rostrales (19)** die rostralen und dorsalen Ohrmuschelmuskeln versorgen, und dessen **R. palpebralis (20)** in der Schläfengegend einen weit verzweigten Plexus bildet, bevor er in die Muskeln der Augenlider und der Nase eintritt.

(lateral)

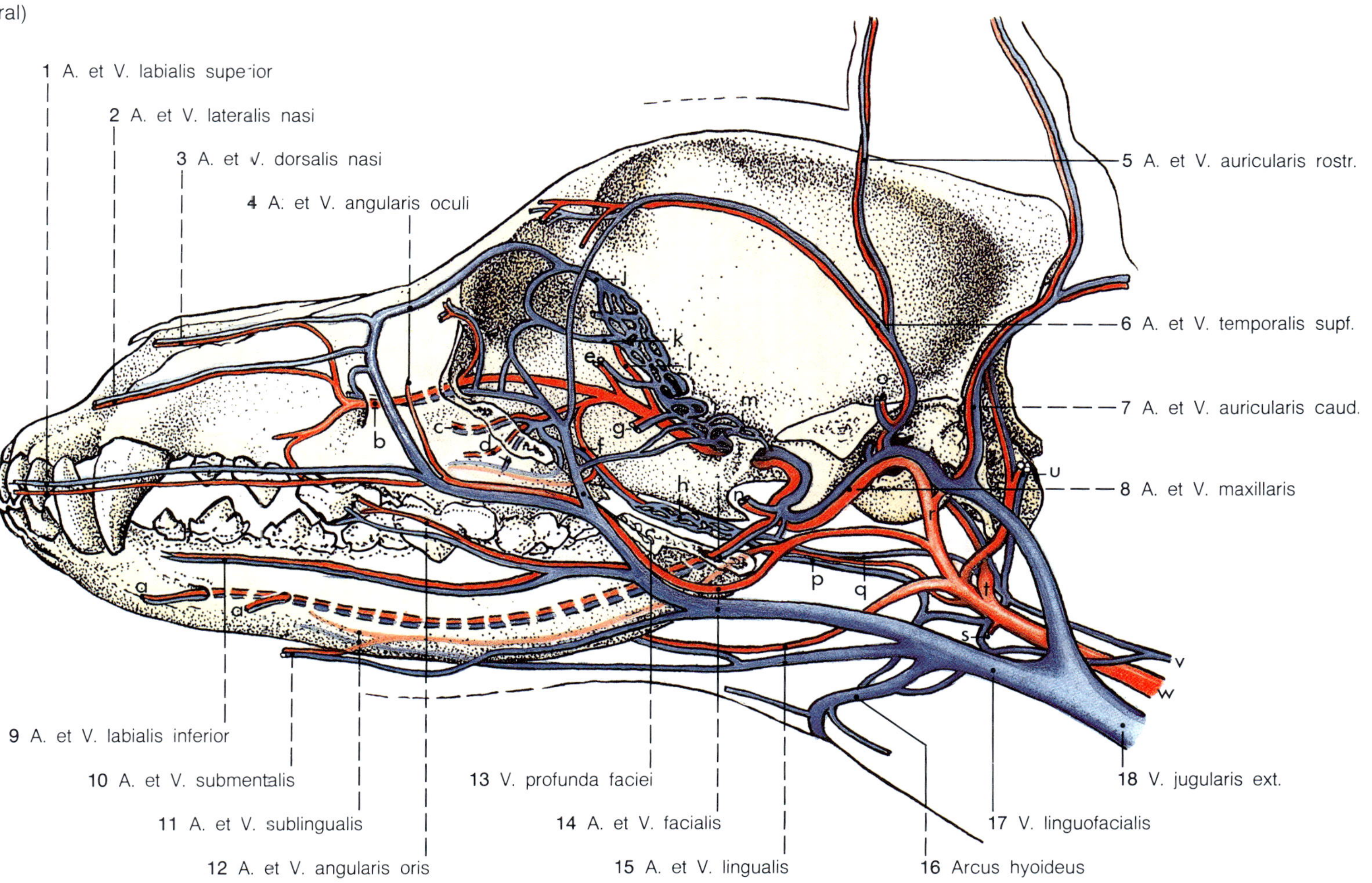

Legenda:

a Rr. mentales
b A. et V. infraorbitalis
c A. et V. sphenopalatina
d A. et V. palatina major
e A. et V. temporalis prof. rostr.
f A. et V. palatina minor
g A. et V. buccalis
h Plexus palatinus
i A. et V. alveolaris inferior
j V. ophthalmica ext. dors.
k V. ophthalmica ext. ventr.
l Plexus ophthalmicus et A. ophthalmica ext.
m Plexus pterygoideus
n A. et V. temporalis prof.
o A. et V. transversa faciei
p A. et V. pharyngea asc.
q V. pharyngea
r A. carotis externa
s A. et V. thyreoidea cran.
t A. carotis interna et Sinus caroticus
u A. et V. occipitalis
v V. jugularis interna
w A. carotis com.

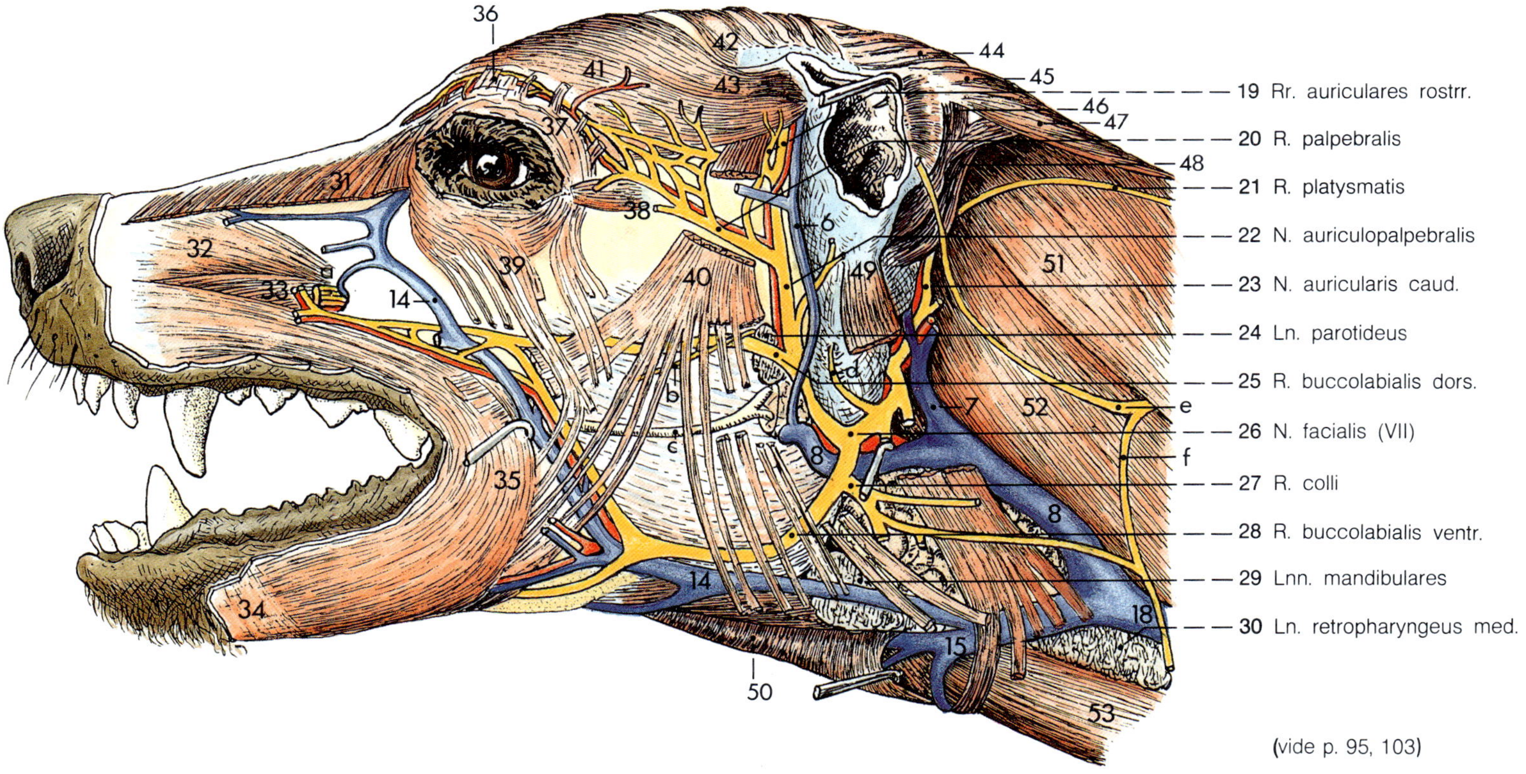

(vide p. 95, 103)

Legenda:

31 M. levator nasolabialis
32 M. levator labii superioris
33 M. caninus
34 M. mentalis
35 M. orbicularis oris
36 M. levator anguli occuli med.
37 M. orbicularis oculi
38 M. retractor anguli oculi lat.
39 M. malaris
40 M. zygomaticus
41 M. frontoscutularis
42 M. interscutularis
43 M. scutuloauricularis supf.
44 M. occipitalis
45 M. cervicoscutularis
46 M. cervicoauricularis medius
47 M. cervicoauricularis supf.
48 M. cervicoauricularis prof.
49 M. parotidoauricularis
50 M. mylohyoideus
51 M. cleidocervicalis
52 M. sternocleidomastoideus
53 M. sternohyoideus
a N. infraorbitalis (V2)
b R. transversus faciei (V3)
c Ductus parotideus
d R. auricularis int. (VII)
e N. auricularis magnus
f N. transversus colli

4. FAZIALIS- UND MANDIBULARISMUSKELN

Die oberflächlichen Fazialismuskeln in der Kaumuskel- und Schläfenregion werden an der linken Kopfhälfte präpariert und die Mandibularismuskeln werden an der enthäuteten rechten Kopfhälfte dargestellt. Die Innervation durch den N. mandibularis (V 3) kann erst später, nach Entfernung des Unterkiefers, bestimmt werden (s. S. 97).

Die **Fazialismuskeln** sowie die **Mandibularismuskeln** sind zwei von sechs Muskelgruppen am Kopf. Die Einteilung in Muskelgruppen erfolgt unter Berücksichtigung ihrer Genese und damit ihrer Innervation. Die Gesichtsmuskeln werden vom N. facialis (VII) und die Kehlgangs- und Kaumuskeln vom N. mandibularis (V3) des N. trigeminus (V) versorgt. Die Muskeln des Augapfels werden von den Augenmuskelnerven III, IV und VI innerviert. Die Pharynxmuskeln gehören zum Innervationsgebiet des IX. und X. Gehirnnerven und die Kehlkopfmuskeln zum Innervationsgebiet des X. Gehirnnerven. In die Zungenmuskeln zieht der XII. Gehirnnerv.

a) Die **GESICHTSMUSKELN** werden entsprechend ihrer Innervation durch den N. facialis auch **FAZIALISMUSKELN** genannt und in oberflächliche und tiefe Muskeln unterteilt. Die tiefen Fazialismuskeln werden nicht dargestellt (Mm. stapedius, occipitohyoideus und stylohyoideus) resp. werden im Zusammenhang mit den Kehlgangsmuskeln abgehandelt (M. digastricus). Die oberflächlichen Fazialismuskeln haben überwiegend Hautmuskeleigenschaften. Sie entspringen vornehmlich an mehr oder weniger glatten Knochenarealen oder Faszien und strahlen in die Haut ein oder sind bei ringförmigem Faserverlauf sphinkterartig um Gesichtsöffnungen angeordnet. Antagonisten fehlen. Die Gesichtsmuskeln wirken nicht auf Gelenke ein, sondern bestimmen in Abhängigkeit von der Stimmungslage den Gesichtsausdruck, weshalb sie auch mimische Muskulatur genannt werden. Bei niederen Tieren sind die Gesichtsmuskeln zu drei mehr oder weniger einheitlichen Muskelschichten übereinander gelagert, von denen sich bei phylogenetischer Höherentwicklung die einzelnen Gesichtsmuskeln abspalten.

Der sehr schwache M. sphincter colli superficialis (24) liegt mit transversalem Muskelfaserverlauf in der ventralen Halsregion und ist im Kehlkopfbereich noch am deutlichsten ausgebildet. Von ihm spalten sich keine Gesichtsmuskeln ab.

Vom Platysma mit longitudinalem Muskelfaserverlauf haben sich kaudale Ohrmuschelmuskeln abgespalten. Das Platysma strahlt mit seinem M. cutaneus faciei (23) in die Lippen ein.

Der M. sphincter colli profundus bestand ursprünglich, im phylogenetischen Sinn, aus einer transversalen Hautmuskelschicht, was noch an der Faserverlaufsrichtung der Mm. malaris, zygomaticus und parotidoauricularis kenntlich ist. Im Verlauf der Phylogenese hat sich der ursprünglich einheitliche Muskelmantel (z. B. beim Maulwurf) in die einzelnen Ohrmuschelmuskeln, in die Muskeln der Augenlider und Nase sowie in die Muskeln der Lippen und Wange aufgespalten.

I. Von den **Ohrmuschelmuskeln** mit kaudalen, dorsalen, rostralen und ventralen Muskelgruppen werden je zwei meist oberflächlich gelegene Einzelmuskeln dargestellt. **Funktionell** werden die Ohrmuschelmuskeln in Schildchenspanner, Auswärtszieher, Heber, Niederzieher und Einwärtszieher (Merkwort: **SAHNE**) eingeteilt. Ursprung und Ansatz resp. Lage ergeben sich aus den Muskelnamen. **Innervation:** N. facialis mit seinen Ohr- und Halsästen. Zwischen einzelnen Ohrmuschelmuskeln liegt rostrodorsal an der Ohrmuschel das knorpelige **Schildchen (Scutulum — 11)** als bewegliche Insertionsstelle mehrerer Muskeln.

Von den **kaudalen Ohrmuschelmuskeln** sind der **M. cervicoauricularis superficialis (H — 9)** und der rostral kontinuierlich anschließende **M. cervicoscutularis (H u. S — 12)** an ihrem Ursprung in der Nackenmittellinie miteinander verwachsen und nur am Ansatz an der Ohrmuschel resp. am Scutulum voneinander getrennt. (Die darunter liegenden Mm. cervicoauricularis medius und — profundus sind Auswärtszieher **A**, s. S. 93).

Von den **dorsalen Ohrmuschelmuskeln** zieht der schwache **M. occipitalis (S — 13)** von der Crista sagittalis externa des Scheitelbeins bogenförmig rostral und tangiert lateral das Scutulum. Der rostral anschließende **M. interscutularis (S — 14)** verbindet mit transversalen Muskelfaserbündeln das rechte und linke Schildchen.

Von den **rostralen Ohrmuschelmuskeln** verläuft der **M. frontoscutularis (S — 4)**, der sich kontinuierlich an den eben genannten Muskel anschließt, in rostralkonvexem Bogen über die Mediane hinweg und verbindet so die Schildchen beider Kopfhälften. Rostral abscherende Muskelfaserbündel strahlen ohne Erreichen der Medianlinie in das obere
1 Augenlid ein. Der **M. scutuloauricularis superficialis (E — 10)** zieht vom Schildchen zum Rostralrand der Ohrmuschel.

Von den **ventralen Ohrmuschelmuskeln** zieht der **M. parotidoauricularis (N — 8)** vom Kehlkopfgebiet über die Ohrspeicheldrüse lateral zum Ohrgrund. Der M. mandibuloauricularis (N — 26) verkehrt in der Tiefe zwischen Unterkiefer und Ohrgrund und kann bei erheblicher individueller Variation seiner Stärke auch fehlen.

II. Die **Muskeln der Augenlider und der Nase** werden vom N. auriculopalpebralis des N. facialis versorgt.

Der **M. orbicularis oculi (2)** ist der ringförmige Augenschließmuskel.

Der **M. retractor anguli oculi lateralis (3)** strahlt in den lateralen Augenwinkel ein.

Der **M. levator anguli oculi medialis (15)** zieht nahe am medialen Augenwinkel in das obere Augenlid.

Der **M. levator nasolabialis (1)** beginnt am medialen Augenwinkel und verbreitert sich über der Nase, bevor er in die Oberlippe einstrahlt.

Der **M. malaris (6)** ist mit Muskelfasern des Platysma verflochten und zieht mit sehr zarten Muskelfasersträngen von der Wange ins untere Augenlid.

III. Die **Muskeln der Lippen und der Wange** werden von den Rr. buccolabialis dorsalis und — ventralis des N. facialis versorgt.

Der M. **orbicularis oris (5)** umschließt bei medianer Unterbrechung in der Ober- und Unterlippe kreisförmig die Mundöffnung.

Der **M. buccinator (17)** liegt mit seinem Rostralteil unter dem M. orbicularis oris und ist mit diesem durchflochten. Er strahlt von der Oberlippe auf die Wange zum Alveolarrand des Unterkiefers und von der Unterlippe zum Alveolarrand des Oberkiefers über, wobei es in der Wange bei Muskelfaserdurchkreuzung zur Bildung einer längsgerichteten Muskelnaht (Raphe) kommt.

Der **M. zygomaticus (7)** verkehrt zwischen Mundwinkel und Scutulum, wobei aus seinem Kaudalrand transversale Muskelfaserbündel zum Kehlgang abscheren.

Der **M. caninus** entspringt ventral vom For. infraorbitale und strahlt in Höhe des Dens caninus in die Oberlippe ein (s. S. 93).

Der **M. levator labii superioris** beginnt rostral vom For. infraorbitale und zieht dorsoparallel zum M. caninus in die Oberlippe (s. S. 93).

b) Die **MANDIBULARISMUSKELN** werden nach funktionell-topographischen Gesichtspunkten entsprechend ihrer Lage zum Unterkiefer
in oberflächliche Kehlgangsmuskeln sowie äußere und innere Kaumus- 2
keln unterteilt, zu denen je zwei Einzelmuskeln gehören. Die Kaumuskeln sind als Schließer der Mundspalte besonders bei Fleischfressern sehr kräftige, sehnig durchsetzte Muskeln, die mehr oder weniger deutliche Ursprungs- resp. Insertionsgruben am Kopfskelett besitzen (Fossae temporalis, masseterica, pterygoidea für die entsprechend benannten Muskeln). Von den oberflächlichen Kehlgangsmuskeln ist der M. digastricus der einzige Öffner der Mundspalte, und der M. mylohyoideus kann als Heber der Zunge die Nahrung zwischen die Mahlzähne befördern und so den Kauvorgang unterstützen.

I. Von den **oberflächlichen Kehlgangsmuskeln** zieht der **M. digastricus (20)** vom Processus jugularis zum Ventralrand des Unterkieferkörpers. Seine beiden Bäuche sind durch eine schwache Zwischensehne nur undeutlich voneinander getrennt. Nur der rostrale Bauch wird vom N. mandibularis innerviert, während der kaudale Muskelbauch vom N. facialis versorgt wird. Der **M. mylohyoideus (18)** entspringt linear an der sehr schwachen Linea mylohyoidea medial am Unterkieferkörper und zieht mit transversalem Faserverlauf zu einer medianen Muskelraphe. Er ist der hängemattenförmige Heber und Träger der Zunge sowie des Mundhöhlenbodens.

II. Von den **äußeren Kaumuskeln** zieht der **M. temporalis (16)** von der Umrandung und vom Grund der Fossa temporalis zum Processus coronoideus des Unterkiefers. Eine Nebenportion mit gänzlich abweichender Muskelfaserverlaufsrichtung beginnt am Kaudalende des Jochbogens und verläuft dorsoparallel zu diesem zum Rostralrand des Processus coronoideus. Der abweichende Muskelfaserverlauf ist nach Entfernung des oberflächlichen Sehnenspiegels erkennbar. Der **M. masseter (19)** besteht aus einem oberflächlichen und einem tiefen Teil, die lateral resp. medial am Jochbogen entspringen und an der Fossa masseterica resp. an deren Umrandung inserieren.

Musculi capitis

Regiones faciei

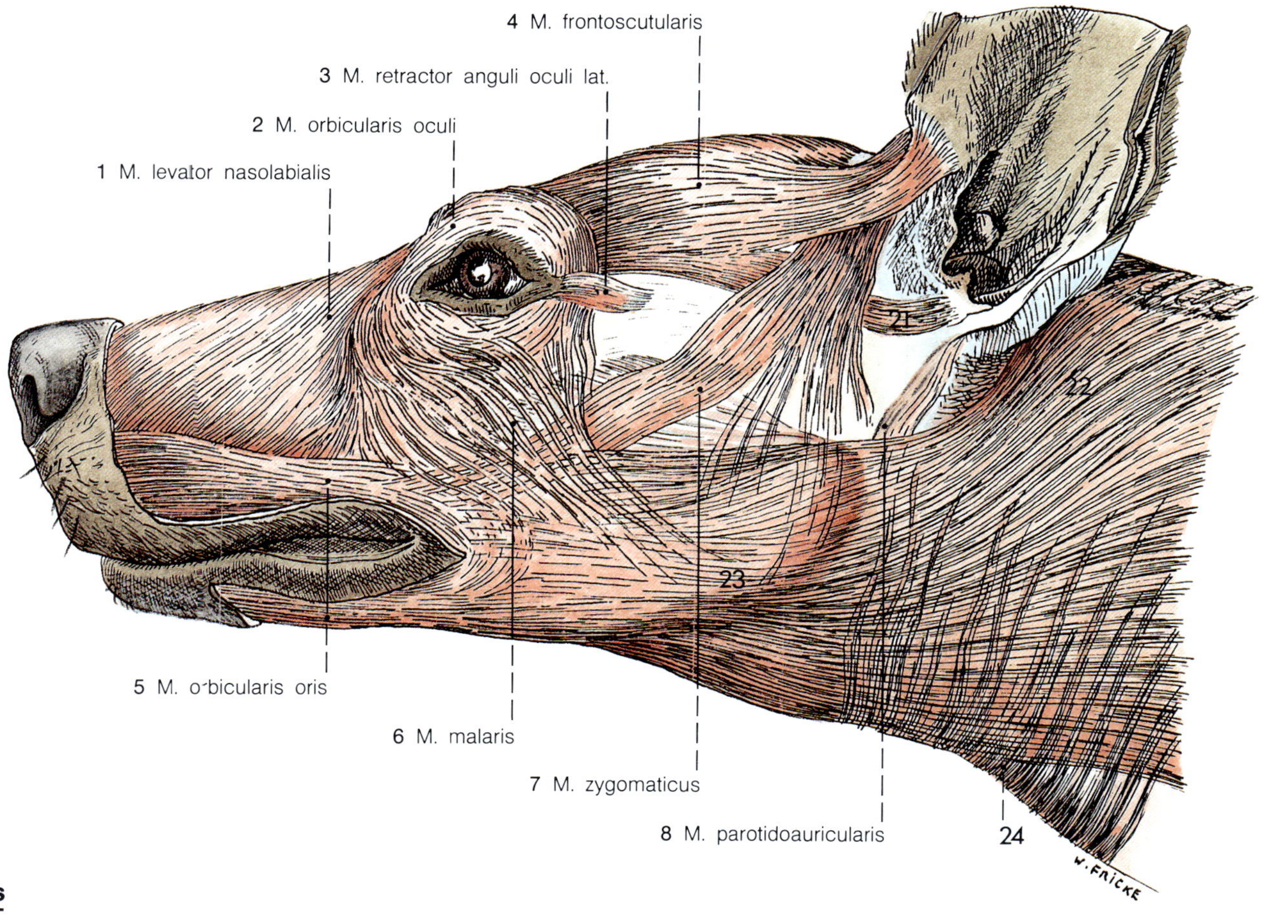

Regio frontalis

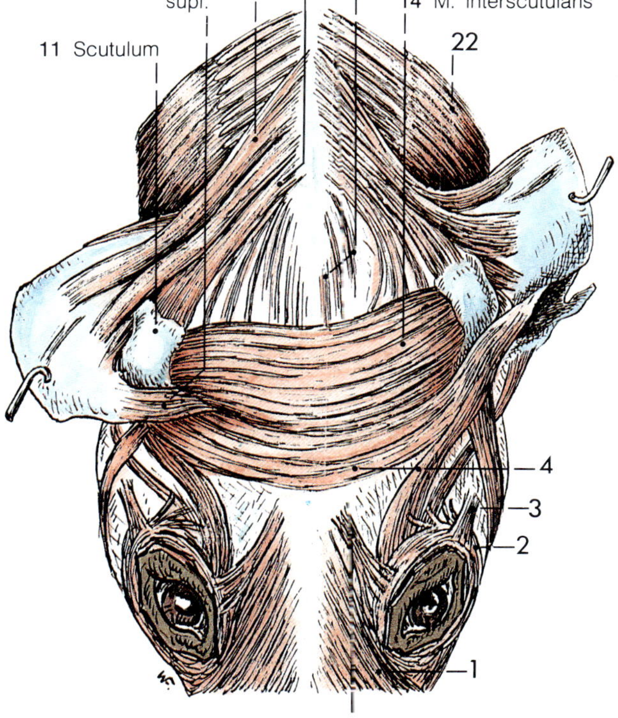

Regiones masseterica et temporalis

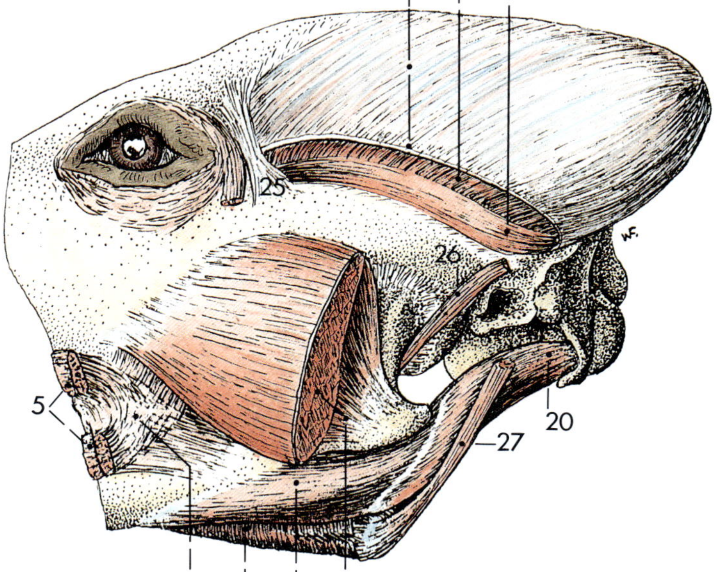

Legenda:

21 M. zygomaticoauricularis
Platysma:
22 M. cutaneus colli
23 M. cutaneus faciei
24 M. sphincter colli supf.
25 Lig. orbitale
26 M. mandibuloauricularis
27 M. stylohyoideus

(vide p. 93, 97)

5. INNERE KAUMUSKELN UND N. TRIGEMINUS (V) MIT N. MANDIBULARIS (V3) SOWIE N. MAXILLARIS (V2)

Zur Exartikulation des rechten Unterkiefers und der nachfolgenden Präparation der inneren Kaumuskeln sowie der Nn. mandibularis und maxillaris wird der Kopf gehälftet, und an der rechten Kopfhälfte wird weiter präpariert. Der M. masseter wird schichtweise entfernt, wobei die unterschiedlichen Faserverlaufsrichtungen seines oberflächlichen und tiefen Anteils sowie die kräftigen Zentralsehnen beachtet werden. Fingerbreit rostral des Kiefergelenks kann auf der Schnittfläche des M. masseter die Endverzweigung des **N. massetericus (3)** dargestellt werden, der von medial über die Incisura mandibulae in den Kaumuskel eintritt. Der Jochbogen wird kaudal am Kiefergelenk und rostral am Ansatz des Lig. orbitale durchsägt, und das dazwischen liegende Knochenstück wird entfernt. Der M. digastricus ist an seiner Insertion am Ventralrand des Unterkieferkörpers zu lösen, wobei sein innervierender Ast vom N. mylohyoideus zu schonen ist. Auch der M. mylohyoideus wird entlang seines Ursprungs an der Linea mylohyoidea gemeinsam mit der Mundschleimhaut durchschnitten. Bei kräftigem Seitwärtszug am Unterkiefer gelingt die Durchschneidung der Insertion des M. temporalis an der Medial- und Lateralfläche des Processus coronoideus mandibulae und der Mm. pterygoideus medialis und – lateralis an der Fossa pterygoidea. Am For. mandibulae werden die A., V. und der N. alveolaris inferior vor dem Eintritt in den Canalis mandibulae durchschnitten und die Exartikulation des Unterkiefers bei Durchschneidung der Kiefergelenksbänder vollendet. Dabei wird deutlich, daß die Kiefergelenkshöhle durch den Discus articularis in zwei „Etagen" unterteilt wird. Zur Ausweitung des Präparationsfeldes wird der M. temporalis bis zur Dorsalkontur der Periorbita gekürzt. Dabei werden im M. temporalis die **Nn. temporales profundi (2)** geschont und retrograd bis zur gemeinsamen Abzweigung (mit dem vorher bestimmten N. massetericus) aus dem N. masticatorius verfolgt. Zur Darstellung der Äste des N. maxillaris wird die Gl. zygomatica aus der Fossa pterygopalatina herausgedrängt.

a) Zu den **INNEREN KAUMUSKELN** gehören der kräftige M. pterygoideus medialis und der schwache M. pterygoideus lateralis. Sie ziehen vom Flügelbein und den hier angrenzenden Knochen zur undeutlichen Fossa pterygoidea, die an der Medialfläche des Unterkieferastes liegt. Der M. pterygoideus medialis und der M. pterygoideus lateralis werden von den tief gelegenen Nn. pterygoideus medialis resp. – lateralis innerviert, die den N. mandibularis (V3) unmittelbar nach dessen Austritt aus dem For. ovale verlassen.

Der **M. pterygoideus medialis (8)** ist an seiner Außenfläche von einem auffälligen Sehnenspiegel überzogen und wird vom N. mandibularis überquert.

Der **M. pterygoideus lateralis (18)** ist wesentlich kleiner und liegt in der Abzweigungsgabel der Nn. masticatorius und buccalis vom Stamm des N. mandibularis.

b) Der **N. TRIGEMINUS** (V, s. auch Textabb.) besitzt eine große Radix sensibilis und eine kleinere Radix motoria. Die sensiblen Neurone weisen nach Verlassen des Gehirns, noch vor ihrem Schädeldurchtritt, das Ganglion trigeminale auf (s. S. 137). Die peripheren Fortsätze der Nervenzellen formieren sich am Ganglion zu den drei Ästen des N. trigeminus. Der erste Ast, der sensible N. ophthalmicus (V1), zieht durch die Fissura orbitalis. Der zweite Ast, der sensible N. maxillaris (V2), zieht vom Flügelkanal zu seiner Aufzweigung in der Fossa pterygopalatina. Der dritte Ast vereinigt sich mit seinen sensiblen Anteilen vor dem Durchtritt durch das For. ovale mit der Radix motoria zum N. mandibularis (V3).

1 I. Der **N. mandibularis (V3 – 5)** tritt medial vom Kiefergelenk aus dem For. ovale hervor und entläßt die folgenden Nervenäste:

Der **N. masticatorius (4)** versorgt mit seinen rein motorischen Nn. temporales profundi und massetericus (s. oben) die entsprechend benannten äußeren Kaumuskeln (s. S. 95).

Der **N. buccalis (1)** zieht (gemeinsam mit dem N. masticatorius) dorsolateral über den M. pterygoideus lateralis und versorgt mit seinen sensiblen Nervenfaserqualitäten die Mundschleimhaut und mit seinen autonomen Anteilen die Speicheldrüsen (Gll. zygomatica und buccales).

Der **N. lingualis (10)** ist die direkte Fortsetzung des N. mandibularis. Ihm fließt an seinem Beginn von ventrokaudal spitzwinkelig die Chorda tympani (f) vom N. facialis zu, deren sensorische Nervenfasern die Geschmacksknospen der rostralen zwei Drittel der Zunge versorgen. Ihre autonomen Anteile gelangen zur Unterkieferspeicheldrüse und rostral zur Unterzungenspeicheldrüse. Die sensiblen Fasern des N. lingualis versorgen die Zunge und als **N. sublingualis (11)** die Schleimhaut des Mundbodens.

Der **N. auriculotemporalis (7)** zweigt nahe am Austritt aus dem For. ovale vom N. mandibularis ab und zieht in ventral-konvexem Bogen kaudal um das Kiefergelenk. Er versorgt mit seinen autonomen Anteilen die Ohrspeicheldrüse und mit seinem sensiblen N. meatus acustici externi den äußeren Gehörgang bis zum Trommelfell. Seine sensiblen Rr. auriculares rostrales treten an den Rostralrand der Ohrmuschel, und sein sensibler R. transversus faciei versorgt das Gesicht.

Der **N. mylohyoideus (9)** zieht mit seinen motorischen Fasern in den Rostralbauch des M. digastricus und verzweigt sich mit seinen sensiblen Rr. submentales in der Kinngegend.

Der **N. alveolaris inferior (6)** tritt am For. mandibulae in den Canalis mandibulae ein (wo er vorher durchschnitten wurde). Er versorgt hier mit seinen sensiblen Anteilen die Unterkieferzähne und nach Austritt
2 aus den Forr. mentalia mit seinen Nn. mentales die Kinnhaut.

II. Der **N. maxillaris (V2 – 16)** tritt durch das For. rotundum in den Flügelkanal ein und verläßt diesen durch das For. alare rostrale. Der rein sensible Nerv verzweigt sich in drei Hauptnervenäste:

Der **N. zygomaticus (14)** zieht zum Augapfel und gabelt sich innerhalb der Periorbita auf. Der ventrale Gabelungsast ist der **R. zygomaticofacialis (13)**, und der dorsale Gabelungsast ist der **R. zygomaticotemporalis (12)**, der über das Ganglion pterygopalatinum autonome Fasern erhält und diese der Tränendrüse zuführt. Die Rr. zygomaticofacialis und zygomaticotemporalis versorgen nach Verlassen der Augenhöhle die Gesichtshaut dorsolateral vom Auge.

Der sensible **N. infraorbitalis (15)** setzt die Verlaufsrichtung des N. 3
maxillaris rostral fort und tritt in der Fossa pterygopalatina durch das For. maxillare in den Canalis infraorbitalis ein. Er gibt hier Nervenäste für die Zähne des Oberkiefers ab und versorgt nach Austritt aus dem For. infraorbitale die äußere Nase und die Oberlippe sensibel.

Der **N. pterygopalatinus (17)** verläßt ventrorostral den N. maxillaris und weist an seinem Dorsalrand (medial unter dem N. infraorbitalis) das bräunliche Ganglion pterygopalatinum (m) auf. Dieses Ganglion erhält seine parasympathischen und sympathischen Nervenfaserqualitäten über den dünnen N. canalis pterygoidei vom VII. Gehirnnerven resp. vom Truncus sympathicus und leitet diese nach teilweiser Umschaltung auf das zweite Neuron an die Endäste des N. pterygopalatinus weiter. Die nachfolgend in dorsoventraler Reihenfolge beschriebenen drei Endäste versorgen mit ihren sensiblen Anteilen die Schleimhaut und mit ihren autonomen Fasern die Drüsen ihres Versorgungsgebietes (Gaumen- und Nasendrüsen):

Der **N. nasalis caudalis (21)** zieht durch das For. sphenopalatinum zur Gl. nasalis lateralis und zu den Nasenmuscheln.

Der N. **palatinus major (20)** gelangt durch den gleichnamigen Knochenkanal zum harten Gaumen.

Der **N. palatinus minor (19)** zieht durch die gleichnamigen Knochenkanälchen vornehmlich zum weichen Gaumen.

N. trigeminus (V)

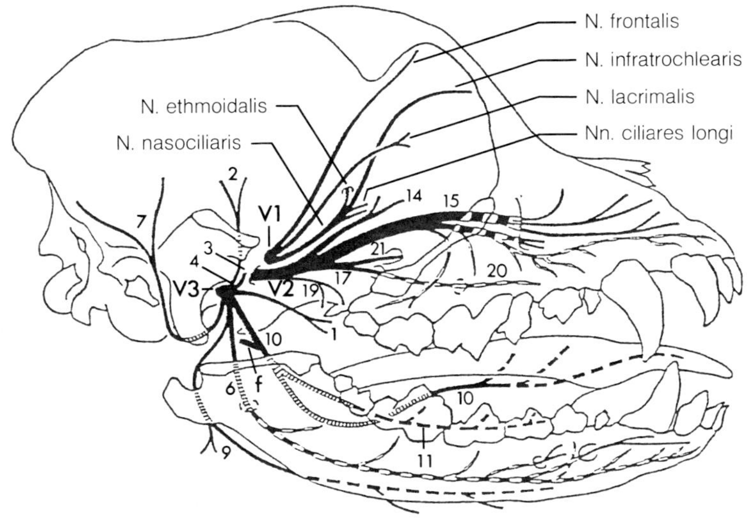

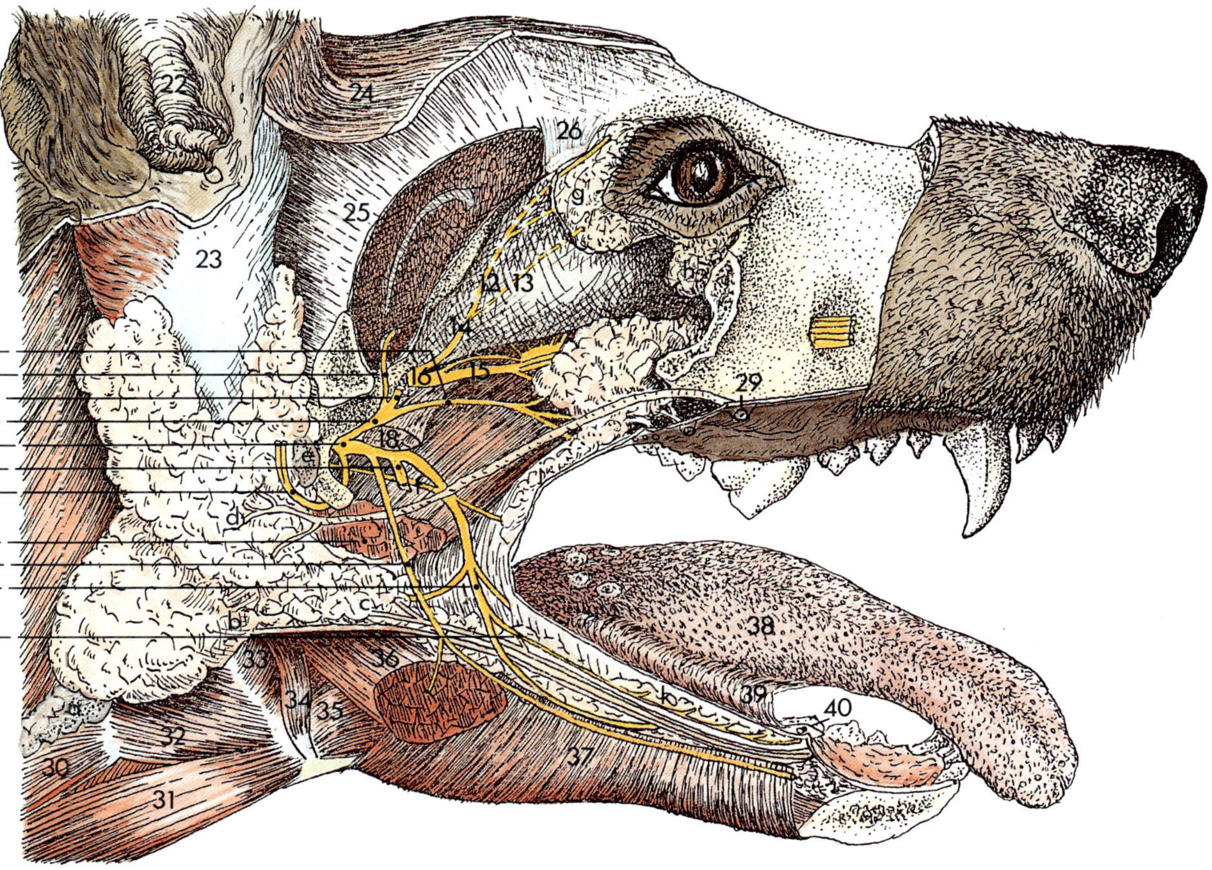

(lateral)

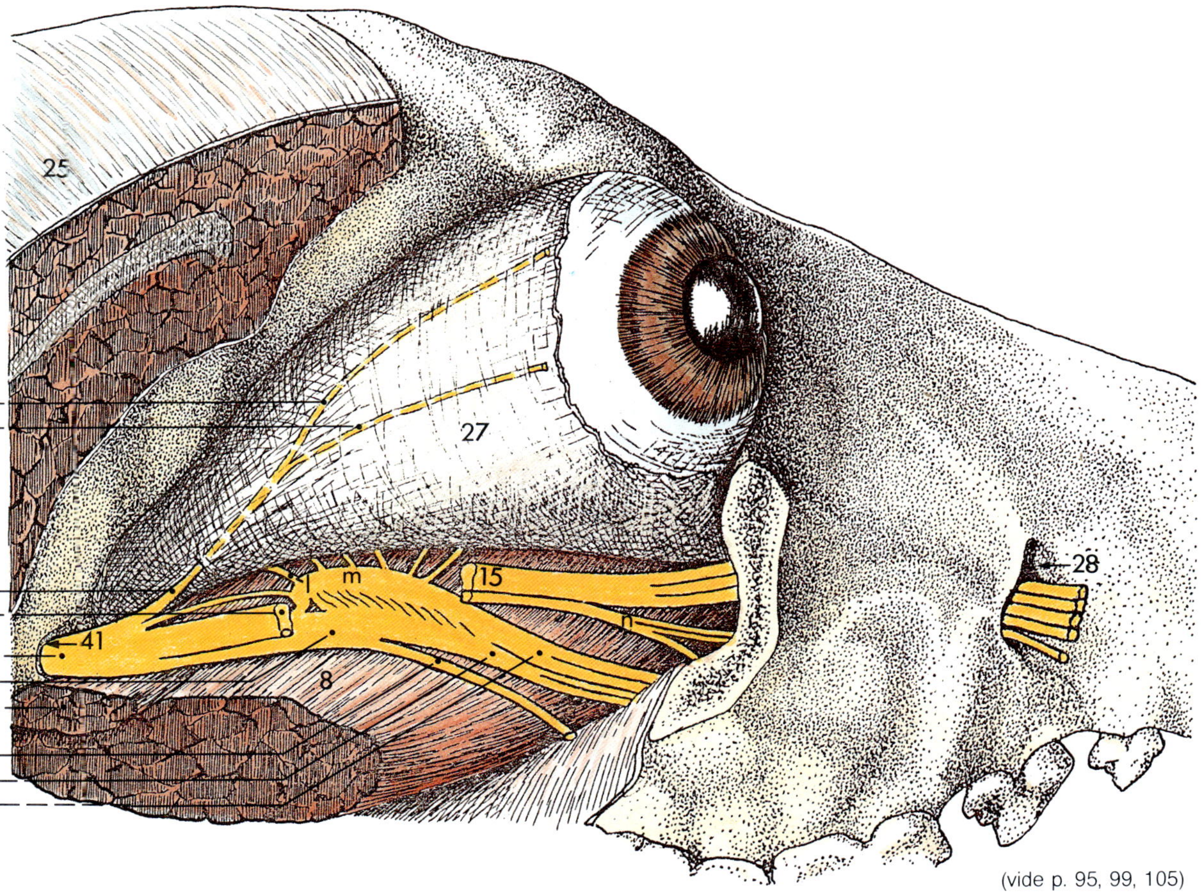

(vide p. 95, 99, 105)

Legenda:

22 Auricula (Scapha)
23 Cartilago auriculae
24 M. frontoscutularis
25 M. temporalis
26 Lig. orbitale
27 Periorbita
28 For. infraorbitale
29 Papilla parotidea
30 M. sternothyreoideus
31 M. sternohyoideus
32 M. thyreohyoideus
33 M. hyopharyngeus
34 M. stylohyoideus
35 M. hyoglossus
36 M. digastricus
37 M. mylohyoideus
38 Lingua
39 Frenulum
40 Caruncula sublingualis
41 Foramen alare rostrale

a Ln. retropharyngeus med.
b Gl. et Duct. mandibularis
c Gl. et Duct. sublingualis monostomatica (-major)
d Gl. et Duct. parotidea (-us)
e Ln. parotideus
f Chorda tympani
g Gl. lacrimalis
h Gl. palpebrae tertiae supf.
i Gl. et Duct. zygomatica (-us)
j Gll. buccales
k Gl. sublingualis polystomatica
l N. canalis pterygoidei
m Ggl. pterygopalatinum et Rami orbitales
n Rami alveolares superiores

6. TRÄNENAPPARAT, N. OPTICUS (II), N. OPHTHALMICUS (V1), AUGENMUSKELNERVEN MIT AUGENMUSKELN SOWIE ÄUSSERE NASE

Teile des Tränenapparates werden freigelegt, indem das obere und untere Augenlid entfernt werden. Der dreieckige Blinzknorpel, die Stütze für das dritte Augenlid, wird an seiner Spitze aus seiner Verankerung in der Augengrube herausgelöst. An der Lateralfläche des Blinzknorpels wird der häutige Überzug entfernt, um die Tränendrüse des dritten Augenlids (Gl. palpebrae tertiae superficialis) freizulegen. An der Medialfläche des dritten Augenlids sind die zahlreichen Lymphonoduli zu beachten. Zur Präparation des Augapfels wird der M. temporalis weiter gekürzt, die verbliebene Periorbita weitgehend entfernt, und die Augenmuskelpyramide wird von der knöchernen Augenhöhle ventrolateral abgedrängt. Dabei kommt dorsomedial am Bulbus oculi der **Rollknorpel (Trochlea – 21)** zum Vorschein, der aus seiner Verankerung aus der Orbita gelöst wird. Der Sehnerv liegt zentral in der Augenmuskelpyramide und wird durch Abdrängen der umgebenden Augenmuskeln überblickbar.

a) Zum **TRÄNENAPPARAT (APPARATUS LACRIMALIS**, s. a. Textabb.) gehören die Tränendrüsen und das Ausführungsgangsystem.
1 Die **Tränendrüse (Gl. lacrimalis – 16)**, die medial vom Lig. orbitale liegt, und die **Gl. palpebrae tertiae superficialis (20)** sezernieren die Tränenflüssigkeit. Von der Gl. lacrimalis fließt die Tränenflüssigkeit über enge Ductuli excretorii in den **Fornix conjunctivae superior (A)** des Konjunktivalsackes (Saccus conjunctivae). Durch den Lidschlag wird die Hornhaut mit einem Tränenflüssigkeitsfilm benetzt. Die Tränenflüssigkeit sammelt sich in der Tiefe des medialen Augenwinkels im hier liegenden **Tränensee (Lacus lacrimalis – B)**, aus dessen Mitte die **Caruncula lacrimalis (C)** aus der umgebenden Flüssigkeit herausragt. Wenige Millimeter vom medialen Augenwinkel entfernt liegen am Umschlagsrand des oberen und unteren Augenlids, nahe einer Pigmentierungsgrenze, die **Puncta lacrimalia (17)**. Durch diese kleinen Öffnungen fließt die Tränenflüssigkeit ab, und zwar über den oberen und unteren **Canaliculus lacrimalis (18)**. Diese beiden Kanälchen vereinigen sich im **Sac-**
2 **cus lacrimalis (19)**. Der hier beginnende Ductus nasolacrimalis liegt zunächst im knöchernen Canalis lacrimalis und rostral anschließend im Sulcus lacrimalis des Oberkieferbeins. Er führt die Tränenflüssigkeit zu seiner millimetergroßen Mündung im Nasenvorhof, zum **Ostium nasolacrimale**. Diese Mündung befindet sich ca. einen Zentimeter kaudal vom Ventralwinkel des Nasenlochs am Beginn des ventralen Nasenganges, wo eine auffällige Pigmentierungsgrenze sichtbar ist.

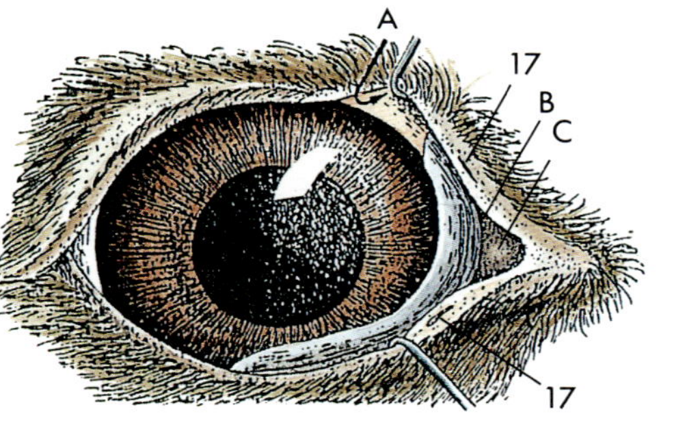

b) Der **N. OPTICUS (II – 13)** besteht aus einem Nervenfaserbündel, das an der inneren Augenhaut (Netzhaut, Retina) beginnt, welches beim Verlassen des Augapfels Markscheiden erhält und bis zur Sehnervenkreuzung reicht, wo über den Tractus opticus die Fortsetzung zum Zwischenhirn beginnt. Der Sehnerv ist entwicklungsgeschichtlich als Gehirnanteil aufzufassen. Er wird von einer Fortsetzung der drei Gehirnhäute umgeben, und seine Markscheide wird von Gliazellen des Zentralnervensystems gebildet (von Oligodendroglia).

3 c) Der **N. OPHTHALMICUS** (V1, s. Textabb. S. 96) ist der erste Ast des N. trigeminus (V). Er entläßt die Nn. lacrimalis, frontalis und nasociliaris.

Der **N. lacrimalis (5)** ist nur seidenfadenstark und begleitet die gleichnamige Arterie sowie den bereits bestimmten R. zygomaticotemporalis (V2). Er versorgt mit seinen autonomen Anteilen, die vom Ganglion pterygopalatinum zufließen, die Tränendrüse und mit seinen sensiblen Anteilen das obere Augenlid.

Der **N. frontalis (4)** verläßt lateral vom Rollknorpel neben der V. angularis oculi die Orbita und versorgt die Stirnhaut sensibel.

Der **N. nasociliaris (10)** verzweigt sich in die Nn. infratrochlearis, ethmoidalis und ciliares longi, die retrograd zum Stamm des N. nasociliaris verfolgt werden. Der **N. infratrochlearis (22)** verläßt ventromedial (unterhalb) der Trochlea die Orbita und versorgt die Haut am medialen Augenwinkel. Der **N. ethmoidalis (8)** tritt mit seinen sensiblen und autonomen Anteilen durch das For. ethmoidale (Bestimmungsstelle) und anschließend durch die Lamina cribrosa zum Nasengrund. Er kann zwischen medialem geraden und dorsalem schiefen Augenmuskel hindurch bis zu seiner Abzweigung vom Stamm des N. nasociliaris verfolgt werden. Die **Nn. ciliares longi (9)** zweigen hier ebenfalls aus dem N. nasociliaris ab und begleiten lateral den N. opticus. Ihre sympathischen Anteile innervieren den M. dilatator pupillae, und sensible Fasern versorgen die Hornhaut des Auges.

d) Die **AUGENMUSKELNERVEN** und die **AUGENMUSKELN** werden gemeinsam abgehandelt. Dabei werden bei der nachfolgenden Präparation die Augenmuskelnerven (III, IV und VI) als Leitstrukturen für die Bestimmung der Augenmuskeln herangezogen, wozu die Endäste der Nerven retrograd zum Nervenstamm verfolgt werden. Zu den Augapfelmuskeln gehören die Mm. rectus dorsalis, – medialis, – ventralis und – lateralis, die Mm. obliquus dorsalis und – ventralis und der M. levator palpebrae superioris sowie der M. retractor bulbi, der den N. opticus mantelförmig umgibt. Die Augapfelmuskeln können den Augapfel medial, lateral, dorsal und ventral bewegen, was vornehmlich durch die geraden Augenmuskeln erfolgt, während der Augapfel durch den M. obliquus dorsalis einwärts (nasenwärts) und durch den M. obliquus ventralis auswärts (schläfenwärts) gedreht wird.

I. Der **N. oculomotorius (III)** innerviert alle Augapfelmuskeln mit Ausnahme der Mm. obliquus dorsalis und rectus lateralis.

II. Der **N. trochlearis (IV)** versorgt nur den M. obliquus dorsalis.

III. Der **N. abducens (VI)** versorgt nur den M. rectus lateralis sowie laterale Anteile des M. retractor bulbi.

Der **N. oculomotorius** endet mit seinem **R. ventralis (12)** distal im **M. obliquus ventralis (23)**. Retrograd kann der R. ventralis zwischen den Mm. rectus lateralis und – ventralis und schließlich durch den M. retractor bulbi hindurch bis zur Lateralkontur des N. opticus verfolgt werden, wo sein hirsekorngroßes bräunlich verfärbtes **Ganglion ciliare (15)** erkennbar ist. Aus diesem Ganglion treten spinnwebfeine Nn. ciliares breves, die in Begleitung des N. opticus durch die äußere Augenhaut (Lederhaut, Sklera) hindurchtreten und mit ihren parasympathischen Fasern die Mm. ciliaris und sphincter pupillae sowie mit ihren sympathischen Anteilen den M. dilatator pupillae innervieren. Der **R. dorsalis (11)** des N. oculomotorius versorgt den **M. rectus dorsalis (3)** und den oberflächlich aufliegenden **M. levator palpebrae superioris (2)**, die beide nacheinander vom N. frontalis (von V1) überquert werden. Der **N. trochlearis (6)** tritt in die proximale Drittelgrenze des **M. obliquus dorsalis (1)** hinein. Dieser Muskel zieht mit seiner Endsehne über den Rollknorpel, biegt hier von einer longitudinalen in die transversale Verlaufsrichtung um und endet ventral der Insertion des dorsalen geraden Augenmuskels. Der ventromedial benachbarte **M. rectus medialis (14)** wird vom N. oculomotorius versorgt. Der **M. rectus lateralis (24**, Abführer, d. h. Auswärtsbeweger des Augapfels) weist an seiner Dorsalkontur die Eintrittsstelle für den **N. abducens (7)** auf.

e) Die **ÄUSSERE NASE (NASUS EXTERNUS**, s. Textabb.) reicht von der **Nasenwurzel (Radix nasi – D)** über den **Nasenrücken (Dorsum nasi – E)** bis zur **Nasenspitze (Apex nasi – G)**, wo die **Nasenlöcher (Nares)** 4
vom medialen und lateralen **Nasenflügel (Ala nasi – H)** und vom **Nasenspiegel (Planum nasale – F)** begrenzt und allseits von den Nasenknorpeln (Cartilagines nasi) sowie von der Cartilago septi nasi gestützt werden. Der Nasenspiegel wird von der unbehaarten modifizierten Haut in der Umgebung der Nasenlöcher gebildet und weist in der Medianen die **Lippenrinne (Philtrum – I)** auf. Das Septum nasi wird im Bereich der Nasenlöcher membranös, anschließend in den rostralen zwei Dritteln der Nasenhöhle knorpelig und im kaudalen Drittel knöchern gestützt.

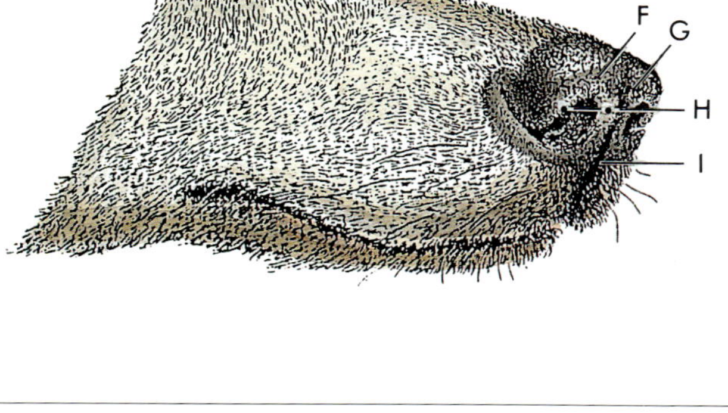

Legenda:

25 M. frontoscutularis
26 M. temporalis
27 Lig. orbitale
28 Periorbita
29 Maxilla
30 Plica recta
31 Plica alaris
32 Foramen alare rostr.
33 M. pterygoideus lat.
34 M. pterygoideus med.
35 M. retractor bulbi
36 M. rectus ventr.
37 Os zygomaticum
38 Pupilla
39 Iris
40 Sclera
41 Tunica conjunctiva bulbi

(lateral)

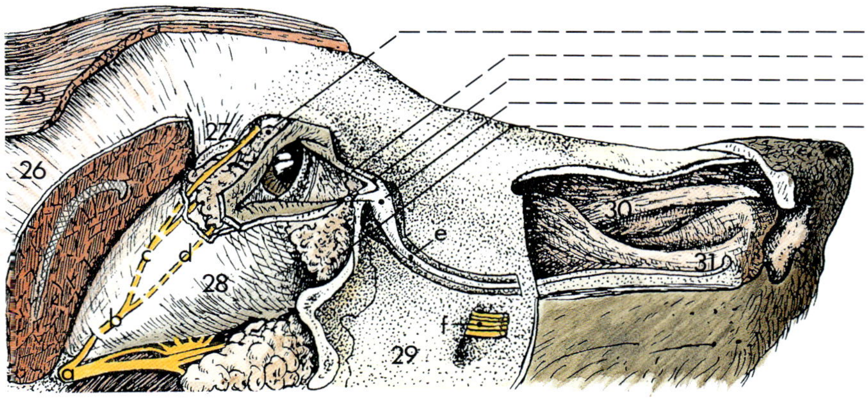

16 Gl. lacrimalis
17 Punctum lacrimale
18 Canaliculus lacrimalis
19 Saccus lacrimalis
20 Gl. palpebrae tertiae supf.

(dorsolateral)

1 M. obliquus dors.
2 M. levator palpebrae superioris
3 M. rectus dors.
4 N. frontalis
5 N. lacrimalis
6 N. trochlearis (IV)
7 N. abducens (VI)

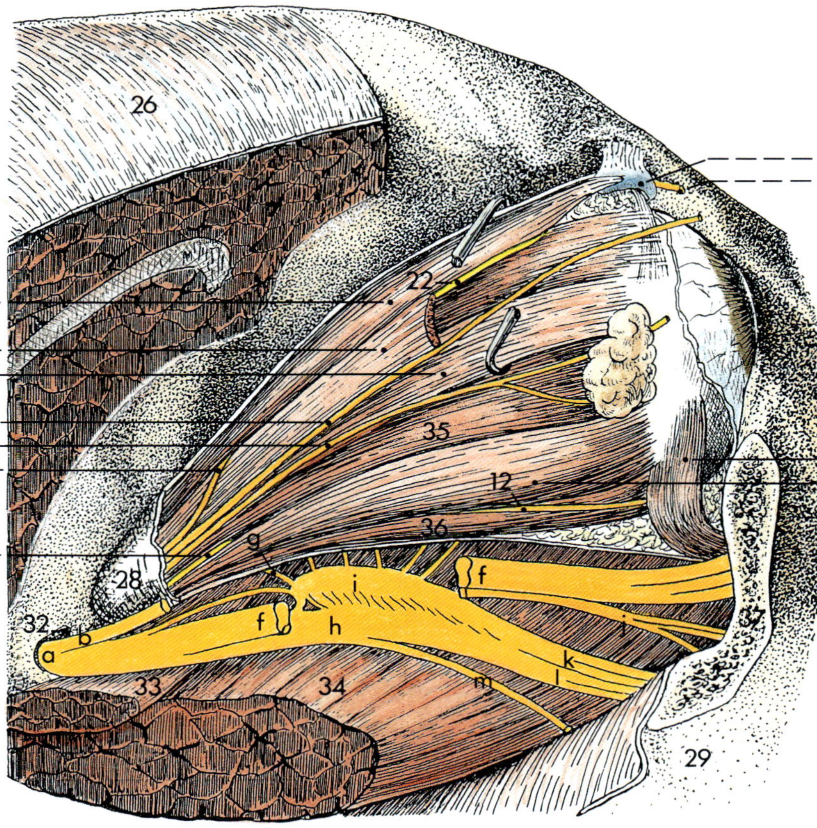

21 Trochlea
22 N. infratrochlearis
23 M. obliquus ventr.
24 M. rectus lat.

(dorsolateral)

8 N. ethmoidalis
9 Nn. ciliares longi
10 N. nasociliaris
N. oculomotorius (III):
11 R. dors.
12 R. ventr.

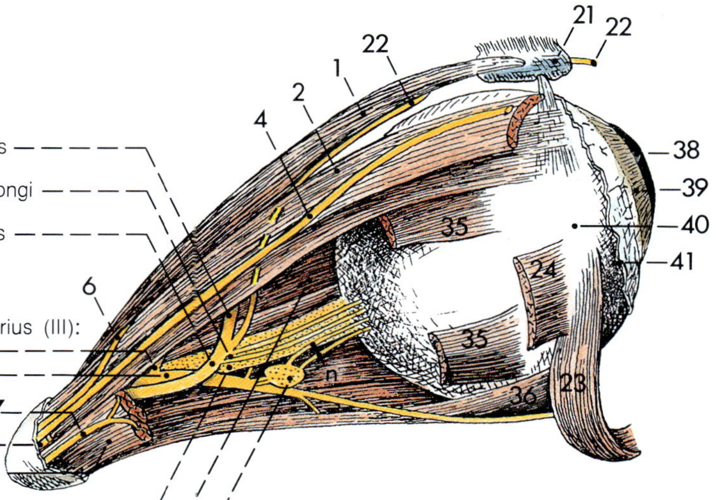

13 N. opticus (II)
14 M. rectus med.
15 Ggl. ciliare

(rostral)

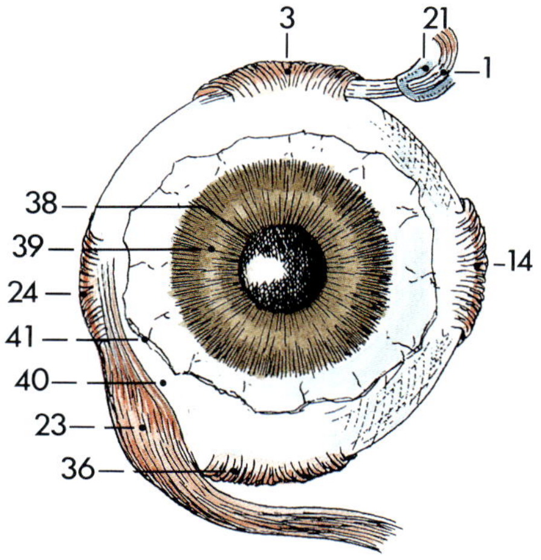

(vide p. 97, 103, 105)

Legenda:

a N. maxillaris (V2)
b N. zygomaticus
c R. zygomaticotemporalis
d R. zygomaticofacialis
e Ductus nasolacrimalis
f N. infraorbitalis
g N. canalis pterygoidei
h N. pterygopalatinus
i Ggl. pterygopalatinum et Rami orbitales
j Rami alveolares superiores
k N. nasalis caud.
l N. palatinus major
m N. palatinus minor
n Nn. ciliares breves

7. NASE, KEHLKOPF, MUNDHÖHLE UND SCHLUNDKOPF

a) NASE (NASUS):

1 I. Die **Nasenhöhle (Cavum nasi)** beginnt an den Nasenlöchern mit dem **Nasenvorhof (Vestibulum nasi – 1)**, der mit pigmentierter kutaner Schleimhaut ausgekleidet ist und die dorsal gelegene **gerade Falte (Plica recta – 4**, Ausläufer der dorsalen Nasenmuschel), die mittlere **Flügelfalte (Plica alaris – 3**, Ausläufer der ventralen Nasenmuschel) sowie die ventral gelegene undeutliche **Bodenfalte (Plica basalis – 2)** beherbergt. Das anschließende Cavum nasi proprium ist mit Atmungsschleimhaut ausgekleidet und enthält die dorsale und ventrale Nasenmuschel (Conchae nasalis dorsalis resp. – ventralis, s. S. 90). Zwischen beide fügt sich von kaudal die mittlere Nasenmuschel (Concha nasalis media) ein. Die laterale Nasendrüse liegt im Recessus maxillaris des Oberkieferknochens und mündet (ebenso wie der Tränennasengang) im Nasenvorhof, was zur Befeuchtung des Nasenspiegels mit Drüsensekret (und Tränenflüssigkeit) führt. Der **Nasengrund (Fundus nasi – 9)** beherbergt das mit Riechschleimhaut ausgekleidete Siebbeinlabyrinth.

II. Vier **Nasengänge** durchziehen die Nasenhöhle: Der **Meatus nasi dorsalis (8)** führt zwischen dorsaler Nasenmuschel und Nasenbein zum Riechorgan (daher Riechgang). Der **Meatus nasi medius (6)** liegt zunächst zwischen dorsaler und ventraler Nasenmuschel, ist anschließend an der mittleren Nasenmuschel dorsoventral aufgespalten und führt zu den Sinus paranasales (daher auch Sinusgang genannt). Der
2 **Meatus nasi ventralis (5)** wird auch Atmungsgang genannt. Er liegt zwischen ventraler Nasenmuschel und Gaumen und reicht bis zum Nasengrund, wo er bis zu den „hinteren" Nasenlöchern (Choanen) vom Meatus nasopharyngeus fortgesetzt wird. Riech-, Sinus- und Atmungsgang gehen medial in den **gemeinsamen Nasengang (Meatus nasi communis – 7)** über, der sich am Nasenseptum entlang über die gesamte dorsoventrale Reichweite der Nasenhöhle erstreckt.

III. Das **Riechorgan (Organum olfactus)** liegt im Nasengrund. Seine Riechschleimhaut überzieht hier das Siebbeinlabyrinth.

IV. Das **Organum vomeronasale** (s. S. 123) ist ebenfalls mit Riechschleimhaut ausgekleidet. Es liegt am Boden des Vestibulum nasi am Übergang zum Cavum nasi direkt am knorpeligen Nasenseptum und ist über den Ductus incisivus (s. nasopalatinus) mit dem Mundhöhlendach verbunden, was seiner Funktion als Mundriechorgan resp. Witterungsorgan dienlich ist.

V. Die **Riechnerven (Nn. olfactorii, I)** setzen sich aus Neuronen der Riechzellen zusammen, die vornehmlich vom Riechorgan aus dem Nasengrund, aber auch vom Organum vomeronasale aus dem Nasenvorhof kommen (N. vomeronasalis). Sie treten durch die Siebbeinplatte in den Riechkolben des Endhirns ein (s. S. 137).

b) Der **KEHLKOPF (LARYNX)** ist ventral an der Kopf-Halsgrenze palpierbar. Er gehört zu den Atmungswegen und dient der Stimmbildung. Sein Eingang kann gegen den Schlundkopf und damit gegen den Speiseweg verschlossen werden, was beim Schluckakt geschieht. Die Kehlkopfwand besteht von innen nach außen aus Schleimhaut, Knorpeln und Kehlkopfmuskeln.

3 I. Die **Kehlkopfschleimhaut** kleidet das Kehlkopflumen aus. Sie besteht am Kehlkopfeingang, an den Stimmlippen und in den seitlichen Kehlkopftaschen aus kutaner Schleimhaut mit Plattenepithel-Überzug und in den übrigen Bereichen aus Atmungsschleimhaut mit Flimmerhärchen.

II. Die **Kehlkopfhöhle (Cavum laryngis)** umfaßt das Vestibulum laryngis, die Stimmritze mit Stimmapparat (Glottis) und das Cavum infraglotticum.

Der **Kehlkopfvorhof (Vestibulum laryngis – E)** reicht vom Kehldeckelrand bis zu den **Taschenfalten (Plicae vestibulares – F")**. Der **Stimmapparat (Glottis – F)** wird von beiden Stimmlippen gebildet, deren freie Ränder als **Stimmfalten (Plicae vocales – F)** den intermembranösen Teil
4 (Pars intermembranacea) der Stimmritze (Rima vocalis) umgrenzen. Die Pars intercartilaginea der Stimmritze wird von der Cartilago arytaenoidea und deren Schleimhautüberzug gebildet. Die mit Plattenepithel
5 überzogenen Stimmlippen sind vom Stimmband (Lig. vocale) unterlagert und vom Stimmuskel (M. vocalis) seitlich abgestützt. Zwischen
6 Taschen- und Stimmfalten liegt der Eingang zur **seitlichen Kehlkopftasche (Ventriculus laryngis lateralis – F')**. Das Cavum infraglotticum reicht von der Stimmlippe bis zur ersten Trachealspange.

7 III. Von den vier **Kehlkopfknorpeln** bestehen Teile des Stellknorpels und der **Kehldeckelknorpel (Cartilago epiglottica – 21)** aus elastischem Knorpelgewebe. Die übrigen Kehlkopfknorpel bestehen aus hyalinem Knorpelgewebe. Der **Schildknorpel (Cartilago thyreoidea – 20)** umschließt schützend mit seinen dorsal offenen Seitenplatten (Laminae) die übrigen Kehlkopfteile weitgehend und steht mit seinem Cornu rostrale mit dem Thyreohyoideum sowie mit seinem Cornu caudale mit dem Ringknorpel in gelenkiger Verbindung. Der Stellknorpel oder **Gießkannenknorpel (Cartilago arytaenoidea – 19)** ist paarig. Er weist kaudal einen Processus muscularis, einen ventral gerichteten Processus vocalis für den Ansatz des Stimmuskels und der Stimmbänder, einen rostrodorsalen (keilförmigen) Processus cuneiformis und einen dorsokaudal gerichteten (hornförmigen) Processus corniculatus auf. Der unpaare **Ringknorpel (Cartilago cricoidea – 22)** stützt zwischen den Schildknorpelseitenplatten das Kehlkopflumen dorsal ab.

IV. Von den **Kehlkopfmuskeln** ist der M. cricoarytaenoideus dorsalis als 8
einziger Stimmritzenerweiterer funktionell und klinisch wichtig. Er reicht vom Ringknorpel zum Processus muscularis des Gießkannenknorpels und spannt (durch eine Hebelwirkung) das am Processus vocalis befestigte Stimmband an. (Stimmritzenverengerer s. Muskeltabelle).

Die **Innervation** der Kehlkopfmuskeln und der Schleimhaut erfolgt durch den N. vagus. Sein N. laryngeus caudalis innerviert die Kehlkopfmuskeln mit Ausnahme des am weitesten kaudal und außen gelegenen M. cricothyreoideus, der vom N. laryngeus cranialis n. vagi versorgt wird (s. S. 103). Die sensible Innervation erfolgt kranial der Stimmritze durch den R. internus des N. laryngeus cranialis und kaudal davon durch den N. laryngeus caudalis.

c) Die **MUNDHÖHLE (CAVUM ORIS)** umschließt zwischen den
Wangen mit den Lippen und den Zahnreihen das **Vestibulum oris (11)** 9
sowie zwischen den Zahnreihen das **Cavum oris proprium (10)**, das kaudal des letzten Backenzahns in den Mundrachen übergeht. Das
Mundhöhlendach wird vom harten Gaumen gebildet, dessen transversal 10
gerichtete **Gaumenstaffeln (Rugae palatinae – 13)** durch die median gelegene **Raphe palati** (nicht abgebildet) halbiert werden. Kaudal der mittleren Schneidezähne liegt median die **Papilla incisiva (12)**, von der beiderseits ein Ductus incisivus (s. nasopalatinus) durch die Fissura palatina führt, der vor seiner Öffnung in die Nasenhöhle mit dem Organum vomeronasale in Verbindung tritt. Der Mundhöhlenboden trägt die Zunge mit dem Zungenbändchen (Frenulum).

d) Der **RACHEN ODER SCHLUNDKOPF (PHARYNX)** umschließt die Schlundkopfhöhle (Cavum pharyngis). Hier kommt es im Ostium intrapharyngeum zur Kreuzung des Atem- (Atmungsrachen) und Speiseweges (Schlingrachen).

I. Der **Schlingrachen (Pars digestoria – B - D)** besteht aus dem Mundrachen, auch Isthmus faucium - Schlundenge - genannt, und dem Kehlrachen. Der **Mundrachen (Pars oralis – B)** reicht vom letzten Backenzahn bis zum Grund des Kehldeckels. Der Boden des Mundrachens wird vom Zungengrund, die Seitenwand vom Arcus palatoglossus mit enthaltener Gaumenmandel (Tonsilla palatina im Sinus tonsillaris gelegen) und das Dach vom weichen Gaumen gebildet. Der **Kehlrachen (Pars laryngea – C)** beginnt am Ostium intrapharyngeum, in das die Kehlkopfkrone hineinragt. Der Kaudalabschnitt des Kehlrachens heißt Vestibulum oesophagi und geht an einem deutlichen **Schleimhautwulst (Limen pharyngooesophageum – 18)** in den Oesophagus über.

II. Der **Nasen-** resp. **Atmungsrachen (Pars nasalis – A)** reicht von den Choanen bis zum **Ostium intrapharyngeum**, das vom kaudalen freien Rand des Gaumensegels, **Arcus veli palatini (16)**, sowie vom **Arcus palatopharyngeus (17)** umgrenzt wird. Etwa auf halber Länge des Nasenrachens liegt das **Ostium pharyngeum tubae auditivae (14)**, das
über die Ohrtrompete (Tuba auditiva) zum Mittelohr führt. 11

Die **Mandeln (Tonsillae)** umgeben ringförmig den Mund- und Nasenrachen. In den Tonsillen liegen Lymphknötchen (Noduli lymphatici tonsillares) und diffus verteiltes lymphatisches Gewebe dicht unter dem Epithel der Mundschleimhaut. Lymphozyten und auch Granulozyten wandern vom unterlagernden lymphoretikulären Gewebe in das Epithel, in dem sie die Interzellularspalten auseinanderdrängen und dabei das Epithel retikulieren, also retikulär verändern. Die Mandeln sind in der Tiefe durch eine Kapsel vom unterlagernden Gewebe abgegrenzt. Sie sind reichlich mit Blut versorgt und besitzen nur abführende, aber keine zuführenden Lymphgefäße.

Der lymphatische Rachenring wird am Dach des Nasenrachens von der Tonsilla pharyngea, am Dach des Mundrachens von der Tonsilla veli palatini, an der Seitenwand von der in der Gaumenmandelnische liegen-
den **Gaumenmandel (Tonsilla palatina – 15)** und am Boden von der 12
Tonsilla lingualis gebildet.

Cavum pharyngis ⟨ Pars nasalis / Pars oralis ⟩ – Ostium intrapharyngeum
– Pars laryngea, Vestibulum oesophagi } Pars digestoria

Sectio mediana capitis

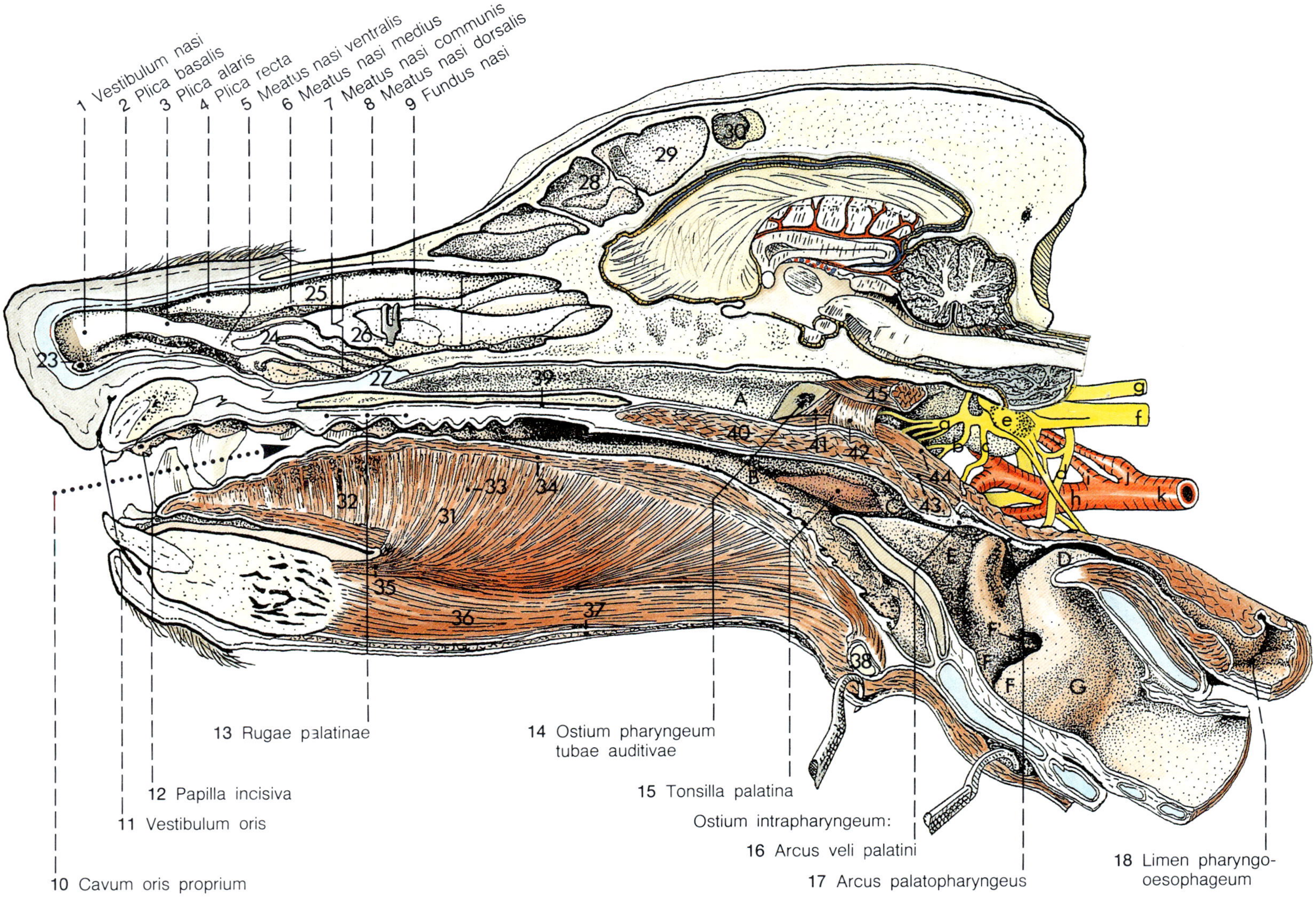

(vide p. 91, 103, 106, 107, 111)

Cartilagines laryngis

(kraniolateral)

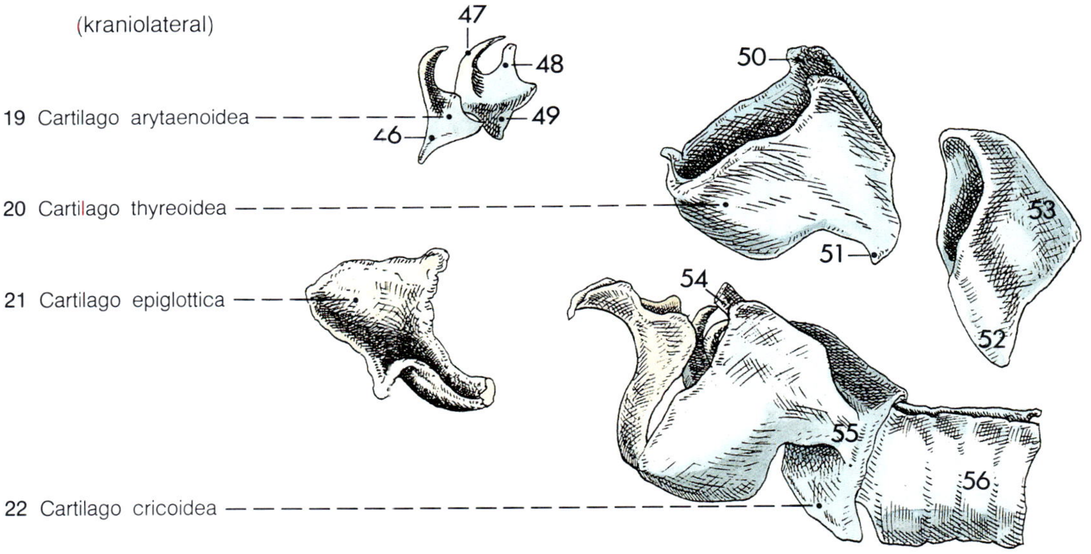

Cavum pharyngis

A Pars nasalis
B-D Pars digestoria:
B Pars oralis
C Pars laryngea
D Vestibulum oesophagi

Cavum laryngis

E Vestibulum laryngis
F Glottis et Plica vocalis
F' Ventriculus laryngis (lat.)
F" Plica vestibularis
G Cavum infraglotticum

Legenda:

23 Ostium nasolacrimale
Cavum nasi proprium:
24 Concha nasalis ventr.
25 Concha nasalis dors.
26 Concha nasalis media
27 Septum nasi (Sectio)
28 Sinus frontalis rostr.
29 Sinus frontalis med.
30 Sinus frontalis lat.
31 M. lingualis proprius:
32 Fibrae transversae
33 Fibrae perpendiculares
34 Fibrae longitudinales
35 M. genioglossus
36 M. geniohyoideus
37 M. mylohyoideus
38 Basihyoideum
39 Palatum durum
40 Palatum molle (Velum palatinum)
41 M. tensor veli palatini
42 M. levator veli palatini
43 M. palatopharyngeus
44 M. pterygopharyngeus
45 M. longus capitis (Sectio)
46 Proc. cuneiformis
47 Proc. corniculatus
48 Proc. muscularis
49 Proc. vocalis
50 Cornu rostrale
51 Cornu caudale
52 Arcus cartilaginis cricoideae
53 Lamina cartilaginis cricoideae
54 Art. thyreohyoidea
55 Art. cricothyreoidea
56 Trachea

N. glossopharyngeus (IX):
a R. lingualis
b R. pharyngeus
c R. pharyngeus n. vagi
d N. laryngeus cran.
e Ggl. cervicale cran.
f Tr. vagosympathicus
g N. accessorius (XI)
h A. carotis ext.
i A. occipitalis
j A. carotis int.
k A. carotis com.

8. SCHLUNDKOPFMUSKELN; GEHIRNNERVEN DER VAGUSGRUPPE (IX, X, XI), AUTONOMES NERVENSYSTEM UND ARTERIEN DES KOPFES SOWIE ÄUSSERER GEHÖRGANG

Die Präparation erfolgt zugleich von lateral und medial. Zur Darstellung der Muskeln des Gaumensegels und der rostralen Schlundkopfschnürer sowie der Gehirnnerven IX, X und XI wird medial die Atmungsschleimhaut des Atmungsrachens vom Ostium pharyngeum tubae auditivae bis zum Ostium intrapharyngeum abpräpariert und der M. longus capitis von seiner Insertion am Tuberculum musculare des Hinterhauptsbeins gelöst (s. S. 101). Zur Darstellung des äußeren Gehörganges wird kaudal und rostral am viereckigen Tragus (J) beginnend, ein keilförmiges Gewebestück aus dem Ohrmuschelknorpel herausgeschnitten, was bei der Operation zur Behandlung der Otitis externa in ähnlicher Weise erfolgt. Dazu beginnt der rostrale Schnitt an der Incisura praetragica und der kaudale Schnitt an der Incisura intertragica. Beide Schnitte konvergieren zum knöchernen Gehörgang.

1 a) Zu den **SCHLUNDKOPFMUSKELN** gehören der Schlundkopferweiterer (I) und die Muskeln des weichen Gaumens (II) sowie die rostralen, mittleren und kaudalen Schlundkopfschnürer (III - V).

I. Der **M. stylopharyngeus caudalis (14)** ist der einzige **Schlundkopferweiterer.** Er zieht von der Kaudalkontur des Stylohyoideum zur dorsolateralen Pharynxwand. II. Beide **Muskeln des weichen Gaumens** (Präparation von medial) entspringen rostral der Bulla tympanica an der Schädelbasis. Der **M. tensor veli palatini (2)** zieht rostroventral um den Hamulus pterygoideus zum weichen Gaumen. Der **M. levator veli palatini (7)** zieht senkrecht in den weichen Gaumen. III. Von den beiden **rostralen Schlundkopfschnürern** entspringt der **M. pterygopharyngeus (5)** am Hamulus des Flügelbeins und kreuzt vor seinem Ansatz an der Pharynxwand den M. levator veli palatini lateral. Der **M. palatopharyngeus (6)** verkehrt zwischen der Gaumenaponeurose und der Pharynxwand. IV. Der **mittlere Schlundkopfschnürer** ist der **M. hyopharyngeus (18,** Präparation von lateral), der vom Basi- und Thyreohyoideum dorsal zum Schlundkopf zieht. V. Von den beiden **kaudalen Schlundkopfschnürern** zieht der **M. thyreopharyngeus (19)** vom Schildknorpel und der kaudal undeutlich abgegrenzte **M. cricopharyngeus (17)** vom Ringknorpel zur Dorsalwand des Schlundkopfes.

Die **Innervation** der Schlundkopfmuskeln erfolgt durch die Rr. pharyngei der Nn. glossopharyngeus und vagus, die dorsolateral am Schlundkopf den Plexus pharyngeus bilden. Eine Ausnahme gilt für den M. tensor veli palatini, der vom N. mandibularis (V3) versorgt wird, und für den M. stylopharyngeus caudalis, der nur vom N. glossopharyngeus innerviert wird.

b) Die **GEHIRNNERVEN DER VAGUSGRUPPE** ziehen alle durch das For. jugulare und werden vom N. hypoglossus (XII) lateral gekreuzt.

2 Der **N. glossopharyngeus (IX – 9)** gibt kurz nach seinem Austritt aus dem For. jugulare den parasympathischen N. tympanicus ab, der sich als N. petrosus minor fortsetzt und über das Ganglion oticum zum N. mandibularis (V 3) gelangt (s. S. 137). Der IX. Gehirnnerv versorgt danach den M. stylopharyngeus caudalis und teilt sich medial der Bulla tympanica in die Rr. linguales und pharyngeus. Die **Rr. linguales (13)** kreuzen das Stylohyoideum und den hier entspringenden M. styloglossus medial. Sie versorgen den Zungengrund sensibel sowie die hier liegenden Papillae vallatae und foliatae sensorisch. Der **R. pharyngeus (10)** bildet mit dem gleichnamigen Nervenast vom N. vagus sowie mit sympathischen Fasern vom Ganglion cervicale craniale dorsolateral am Schlundkopf den Plexus pharyngeus, der die motorische und sensible Versorgung des Schlundkopfes übernimmt.

2 Der **N. vagus (X – 8)** entläßt bei seinem Durchtritt durch das For. jugulare einen sensiblen Anteil zum N. facialis, der als R. auricularis internus den äußeren Gehörgang versorgt (s. S. 93). Sein **R. pharyngeus (10)** kommuniziert mit dem gleichnamigen Ast des N. glossopharyngeus und zieht in den Plexus pharyngeus. Der N. vagus biegt kaudal um und weist hier das deutliche Ganglion distale (nodosum) auf, wo der **N. laryngeus cranialis (15)** beginnt. Der N. laryngeus cranialis versorgt mit seinem R. externus den M. cricothyreoideus und zieht mit seinem sensiblen R. internus durch die Fissura thyreoidea zur Kehlkopfschleimhaut, die er kranial der Stimmritze versorgt. Der N. vagus zieht im Truncus vagosympathicus dorsoparallel zur A. carotis communis und entläßt in der Brusthöhle den N. laryngeus recurrens (s. S. 49), der nach Abgang der Rr. tracheales und oesophagei mit seinem **N. laryngeus caudalis (20)** unter dem M. cricothyreoideus hindurch zum Kehlkopf zieht und mit Ausnahme dieses Muskels die übrigen Kehlkopfmuskeln sowie die Schleimhaut kaudal der Stimmritze innerviert.

Der **N. accessorius (XI – 11)** zieht dorsolateral am Ganglion distale (X) vorbei zu den Mm. trapezius und sternocleidomastoideus.

c) Zum **AUTONOMEN NERVENSYSTEM DES KOPFES** (s. S. 137) gehören der Parasympathicus, dessen Ursprungskerne im Mittel- und Rautenhirn liegen, und der Sympathicus, der aus dem Rückenmark des Brustbereiches hervorgeht.

3 I. Der **Truncus sympathicus** (s. S. 49) zieht mit seinen präganglionären Nervenfasern im **Truncus vagosympathicus (16)** zur Kopf-Halsgrenze. Hier gabelt sich der Truncus vagosympathicus in den dorsalziehenden N. vagus und den ventralgelegenen Truncus sympathicus mit seinem Ganglion cervicale craniale. Nach der Umschaltung im **Ganglion cervicale craniale (12)** ziehen die marklosen postganglionären sympathischen Fasern als perivaskuläre Geflechte in der Adventitia großer Kopfgefäße (z. B. als Plexus caroticus internus, Plexus caroticus externus) zu ihren Versorgungsgebieten (z. B. Drüsen, Schleimhäute, innere Augenmuskeln).

4 II. Der **Parasympathicus** folgt mit seinen Nervenfasern nach dem Austritt aus dem Gehirn auf der ersten Wegstrecke den Gehirnnerven III, VII, IX und X. Sie zweigen jedoch bald zu ihren parasympathischen Ganglien ab, wo die Umschaltung auf die postganglionären Fasern erfolgt, die gemeinsam mit Ästen anderer Gehirnnerven ihre Innervationsgebiete erreichen. Anders verhält sich lediglich der X. Gehirnnerv, der mit seinen parasympathischen Qualitäten in die großen Körperhöhlen zieht und keine parasympathischen Anteile an andere Gehirnnerven abgibt.

d) Die **ARTERIEN DES KOPFES** entstammen der **A. carotis communis (33)**, die die **A. thyreoidea cranialis (34)** zur Schilddrüse entläßt und sich an der Kopf-Halsgrenze in die schwache rostrodorsal strebende A. carotis interna und die starke A. carotis externa gabelt (Karotisgabel). Die A. carotis externa setzt die Verlaufsrichtung der A. carotis communis rostral fort. Die **A. carotis interna (27)** weist an ihrem Ursprung eine bauchige Ausweitung, den **Sinus caroticus (27)**, mit enthaltenen Pressorezeptoren auf. In der „Karotisgabel" liegt das Glomus caroticum mit seinen Chemorezeptoren. Die A. carotis interna zieht bei typischer Schleifenbildung durch den Canalis caroticus und entläßt in der Schädelhöhle mehrere Gehirnarterien. Die **A. carotis externa (29)** reicht bis zum Kiefergelenk, wo sie in die A. maxillaris übergeht. Sie entläßt an ihrem Beginn, noch in der „Karotisgabel", die anfangs parallel zur A. carotis interna ziehende **A. occipitalis (28)** zur Hinterhauptsregion. Etwa auf gleicher Höhe geht aus der Ventralkontur die **A. laryngea cranialis (30)** ab, die mit dem gleichnamigen Nerven in die Fissura thyreoidea eintritt. Die Aa. lingualis und facialis gehen in fingerbreitem Abstand ebenfalls ventral aus der A. carotis externa hervor. Die **A. lingualis (32)** gelangt zwischen den Mm. styloglossus und hyoglossus zur Zunge und zu den Tonsillen. Die **A. facialis (31)** zieht zunächst medial am Unterkiefer entlang und gibt hier die **A. sublingualis (41)** ab (die begleitende V. sublingualis entspringt aus der V. lingualis). Danach schlägt sich die A. facialis zwischen der Insertion des M. digastricus und dem Margo ventralis mandibulae herum auf die Lateralfläche des Unterkiefers. Ihren weiteren Verlauf im Gesicht s. S. 93. Die **A. auricularis caudalis (23)** und die **A. temporalis superficialis (22)** mit abzweigender **A. auricularis rostralis (21)** gehen aus der dorsalen Konvexität des Endbogens der A. carotis externa hervor und versorgen die Ohrmuschel samt Schläfengegend. Als Rostralfortsetzung der A. carotis externa zieht die **A. maxillaris (24)** ventral um das Kiefergelenk und entläßt hier die **A. alveolaris inferior (26)** zum Canalis mandibulae sowie die **A. temporalis profunda caudalis (25)** zum Schläfenmuskel. Nach Durchtritt durch den Flügelkanal entläßt sie die **A. ophthalmica externa (35)** zum Augapfel und die **A. temporalis profunda rostralis (36)** zum Schläfenmuskel. Die Endäste der A. maxillaris (**Aa. infraorbitalis – 37, palatina major – 39** und **– minor – 40** sowie **sphenopalatina – 38**) ziehen in Begleitung der gleichnamigen Nerven durch die gleichnamigen Knochenkanäle resp. -löcher zu ihren Versorgungsgebieten. (Die A. sphenopalatina zieht mit dem N. nasalis caudalis durch das For. sphenopalatinum.)

5 e) Der **ÄUSSERE GEHÖRGANG (MEATUS ACUSTICUS EXTERNUS – 3)** wird vom proximal eingerollten **Ohrmuschelknorpel (Cartilago auriculae – 1)** und anschließend vom Küraßknorpel sowie schließlich vom knöchernen Gehörgang gestützt. Er ist in den langen aurikulären (perpendikulären) und den kurzen tympanalen (horizontalen) Anteil untergliedert, was nach seiner Eröffnung überblickbar ist. Zwischen beiden liegt eine annähernd rechtwinkelige Abknickung (ca. 100 Grad bei Stehohrrassen und mehr als 110 Grad bei Hängeohrrassen). An der Bildung des tympanalen (horizontalen) Anteils sind in Verlängerung des Ohrmuschelknorpels der **ringförmige Küraßknorpel (Cartilago anularis – 4)** und nachfolgend bis zum abschließenden Trommelfellring der nur wenige Millimeter lange knöcherne Gehörgang beteiligt.

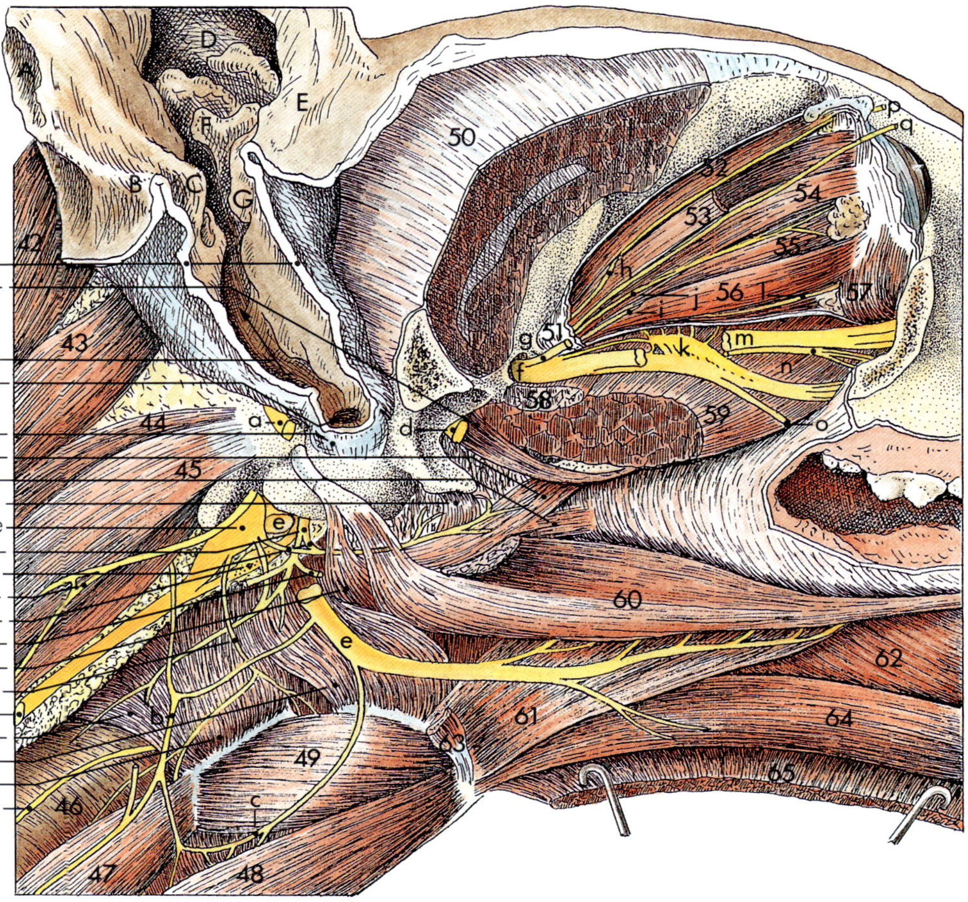

1 Cartilago auriculae (Sectio)
2 M. tensor veli palatini
3 Meatus acusticus ext. cartilagineus:
Pars perpendicularis
Pars horizontalis
4 Cartilago anularis
5 M. pterygopharyngeus
6 M. palatopharyngeus
7 M. levator veli palatini
8 N. vagus (X) et Ggl. distale
9 N. glossopharyngeus (IX)
10 Rr. pharyngei n. IX et n. X
11 N. accessorius (XI)
12 Ggl. cervicale cran.
13 R. lingualis n. IX
14 M. stylopharyngeus caud.
15 N. laryngeus cran.
16 Tr. vagosympathicus
17 M. cricopharyngeus
18 M. hyopharyngeus
19 M. thyreopharyngeus
20 N. laryngeus caud.

Legenda:

42 M. cleidocervicalis
M. sternocleidomastoideus:
43 M. sternooccipitalis
44 M. sternomastoideus
45 M. cleidomastoideus
46 Oesophagus
47 M. sternothyreoideus
48 M. sternohyoideus
49 M. thyreohyoideus
50 M. temporalis
51 Periorbita
52 M. obliquus dors.
53 M. levator palpebrae superioris
54 M. rectus dors.
55 M. retractor bulbi
56 M. rectus lat.
57 M. obliquus ventr.
58 M. pterygoideus lat.
59 M. pterygoideus med.
60 M. styloglossus
61 M. hyoglossus
62 M. genioglossus
63 M. stylohyoideus
64 M. geniohyoideus
65 M. mylohyoideus
66 M. digastricus

Legenda:

A Saccus cutaneus marginalis
B Proc. antitragicus lat.
C Proc. antitragicus med.
D Scapha
E Helix
F Crus helicis med.
G Crus helicis lat.
H Antitragus
I Incisura intertragica
J Tragus
K Incisura praetragica

(lateral)

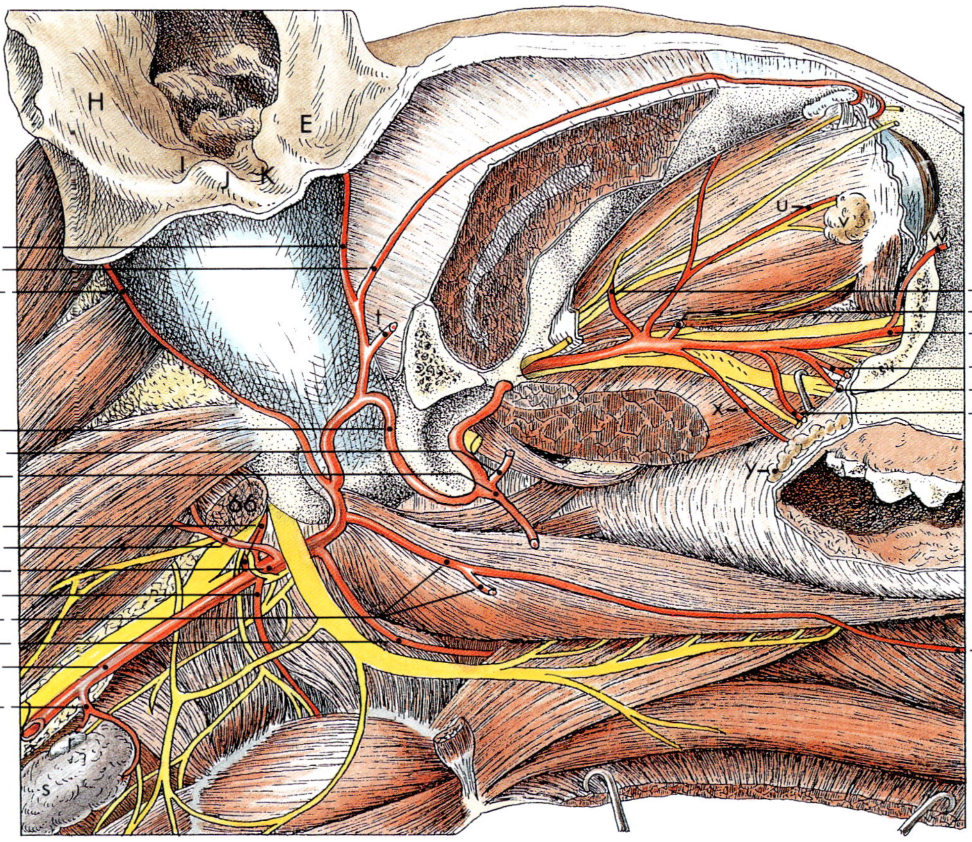

21 A. auricularis rostr.
22 A. temporalis supf.
23 A. auricularis caud.
24 A. maxillaris
25 A. temporalis prof. caud.
26 A. alveolaris inferior
27 A. carotis int. et Sinus caroticus
28 A. occipitalis
29 A. carotis ext.
30 A. laryngea cran.
31 A. facialis
32 A. lingualis
33 A. carotis com.
34 A. thyreoidea cran.

35 A. ophthalmica ext.
36 A. temporalis prof. rostr.
37 A. infraorbitalis
38 A. sphenopalatina
39 A. palatina major
40 A. palatina minor
41 A. sublingualis

(vide p. 93, 95, 99)

Legenda:

a N. facialis (VII)
b N. cervicalis (C1)
c Ansa cervicalis
d N. mandibularis (V3)
e N. hypoglossus (XII)
f N. maxillaris (V2)
g N. zygomaticus
h N. trochlearis (IV)
i N. abducens (VI)
j N. lacrimalis
k N. pterygopalatinus et Ggl. pterygopalatinum
l R. ventr. n. oculomotorii (III)
m N. infraorbitalis
n Rr. alveolares superiores
o N. palatinus minor
p N. infratrochlearis
q N. frontalis
r Gl. parathyreoidea
s Gl. thyreoidea
t A. transversa faciei
u A. lacrimalis
v Gl. lacrimalis
w A. malaris
x A. buccalis
y Gll. buccales

9. ZUNGE MIT ZUNGENMUSKELN UND N. HYPOGLOSSUS (XII), SPEICHELDRÜSEN UND GEBISS

a) Die **ZUNGE (LINGUA s. GLOSSA)** liegt mit ihrem **Zungenbänd-**
1 **chen (Frenulum – 17)** dem Mundboden auf, enthält in ihrer **Wurzel (Radix linguae)** im Mundrachen das Basihyoideum und wird vom Keratohyoideum beiderseits flankiert, während der **Zungenkörper (Corpus**
2 **linguae)** und die **Zungenspitze (Apex linguae)** in die Mundhöhle hineinragen. Am **Zungenrücken (Dorsum linguae)** trägt die Schleimhaut **mechanische Papillen (Papillae mechanicae)**, und zwar auf dem gesamten Zungenrücken die feinen fadenförmigen **Papillae filiformes (13)** und auf der Zungenwurzel die auffallend größere und plumpere Sonderform als **Papillae conicae (10)**. Die **Geschmackspapillen (Papillae gustatoriae)**
3 weisen Geschmacksknospen auf und werden sensorisch innerviert. Dazu gehören die Papillae vallatae, die Papillae foliatae sowie ein Teil der Papillae fungiformes. Die vier bis sechs **Papillae vallatae (11)** liegen auf der Zungenwurzel und sind von einem Wall und einer Rinne umgeben. Auf gleicher Höhe liegen am seitlichen Zungenrand die undeutlich blattförmigen **Papillae foliatae (12).** Die pilzförmigen **Papillae fungiformes (14)** kommen auf dem gesamten Zungenrücken vor. **Papillae marginales** kommen nur beim Welpen vor. Die Schleimhaut der Zunge wird vom N. lingualis (von V3) und von den Rr. linguales (von IX) sensibel versorgt. Die Chorda tympani (von VII) versorgt die Papillae fungiformes in den rostralen zwei Dritteln der Zunge und der N. glossopharyngeus (IX) die Papillae vallatae und foliatae im kaudalen Drittel der Zunge sensorisch. Die parasympathischen Anteile der Chorda tympani übernehmen die Innervation der Zungendrüsen, wozu die Spüldrüsen der Papillae vallatae gehören. Die **Lyssa** ist ein stabförmiges Gebilde von maximal 4 cm. Sie liegt als morphologische Besonderheit der Fleischfresser ventromedian in der Zungenspitze. Sie besitzt eine bindegewebige Umhüllung und enthält quergestreifte Muskelzellen, Fett und Knorpelgewebe.

b) Zu den **ZUNGENMUSKELN** gehören der Zungenbinnenmuskel, die äußeren Zungenmuskeln, die von außen in die Zunge einstrahlen, und die Zungenbeinmuskeln, die am Basihyoideum inserieren.

4 I. Der **Zungenbinnenmuskel (M. lingualis proprius)** enthält Fibrae longitudinales, transversae und perpendiculares (s. S. 101).

II. Die **äußeren Zungenmuskeln** strahlen vom Stylohyoideum **(M. styloglossus – 9)**, Basihyoideum **(M. hyoglossus – 8)** und vom Kinn **(M. genioglossus – 16)** in die Zunge hinein.

III. Von den **Zungenbeinmuskeln** ziehen der **M. geniohyoideus (18)** vom Kinn zum Basihyoideum und der **M. thyreohyoideus** (7, in Kranialfortsetzung des M. sternothyreoideus) vom Schildknorpel zum Basihyoideum. (Lange Zungenbeinmuskeln: Mm. sternohyoideus und sternothyreoideus s. S. 14). Die Mm. stylohyoideus, occipitohyoideus und ceratohyoideus bleiben bei der Präparation unberücksichtigt.

Die **Innervation** erfolgt durch den N. hypoglossus (XII). Nur die Zungenbeinmuskeln werden überwiegend über die Ansa cervicalis versorgt,
5 die den N. hypoglossus mit dem ersten Halsnerven verbindet. Der **N. hypoglossus** (XII – 6) kreuzt nach seinem Austritt aus dem Canalis n. hypoglossi den Truncus sympathicus sowie den N. glossopharyngeus lateral und kommuniziert über die Ansa cervicalis mit dem ersten Halsnerven, bevor er die Zungenmuskulatur erreicht. Ob sich der N. vagus an der Innervation der Zunge des Hundes beteiligt, ist nicht restlos geklärt. Als Kiemenbogennerv ist er entwicklungsgeschichtlich an der Genese der Zunge beteiligt. Beim Menschen ist seine Beteiligung an der Innervation des Zungengrundes an der Basis der Epiglottis bewiesen.

6 c) Die **SPEICHELDRÜSEN (GLL. SALIVARIAE)** der Mundhöhle werden in Wanddrüsen und Anhangsdrüsen unterteilt, die entweder als Wanddrüsen in der Mundschleimhaut liegen und viele kurze Ausführungsgänge aufweisen oder als mehr oder weniger weit entfernte Mundhöhlen-Anhangsdrüsen lange Ausführungsgänge besitzen. Die Anhangsdrüsen, die im Vestibulum oris münden, sind die Gll. parotis und zygomatica. Die im Cavum oris proprium mündenden Anhangsdrüsen sind die Gll. mandibularis und sublingualis monostomatica. Die
7 **Ohrspeicheldrüse (Gl. parotis – 3)** liegt mit ihren drei Zipfeln dem Ohrgrund lateral an und endet mit ihrem **Ductus parotideus (3)** dorsal vom Reißzahn des Oberkiefers (P4) auf der **Papilla parotidea (2).** Die **Gl. zygomatica (1)** liegt ventrolateral in der Orbita unter dem rostralen Ende des Jochbogens und mündet mit einem großen und mehreren kleinen Ausführungsgängen kaudal vom oberen Reißzahn. Die **Unterkieferspeicheldrüse (Gl. mandibularis – 5)** und die sich rostral anschließende
8 **Gl. sublingualis monostomatica (4)** münden mit ihren parallel verlaufenden Ausführungsgängen rostral am Zungenbändchen auf der **Caruncula sublingualis (19).** Die in Höhe des Zungenbändchens liegende **Gl. sublingualis polystomatica (15)** mündet mit vielen und kurzen Ausführungsgängen in der Mundhöhle. Es handelt sich um eine Wanddrüse, und das gilt auch für die Gll. buccales und palatinae.

Die **parasympathische Nervenversorgung** der Gll. palatinae (s. S. 137) erfolgt über den N. canalis pterygoidei, dessen Neurone im Ganglion pterygopalatinum umgeschaltet werden. Die Gll. zygomatica, buccales und parotis werden über den N. petrosus minor (von IX) und das Ganglion oticum innerviert. Die Gll. mandibularis und sublingualis werden über die Chorda tympani (von VII) innerviert.

d) Am **GEBISS** des Ober- und Unterkiefers können die einzelnen Zähne 9
anhand der **Zahnformel** bestimmt werden, die sich vom vollzähligen Säugetiergebiß mit vierundvierzig Zähnen ableitet, das unter den Haussäugern nur beim Schwein komplett ist.

Milchgebiß (Dentes decidui)	$\frac{\text{iiicopppoo0}}{\text{iiicopppooo}}$	= (7 + 7) x 2 = 28 Milchzähne
Dauergebiß (Dentes permanentes)	$\frac{\text{IIICLPPPMMO}}{\text{IIICLPPPMMM}}$	= (10 + 11) x 2 = 42 Dauerzähne

Über dem Querstrich stehen in der Zahnformel die Zähne des Oberkiefers, darunter die Zähne des Unterkiefers. Die Symbole für die Milchzähne (Dentes decidui) werden in Kleinbuchstaben geschrieben. Kleine Nullen (o) symbolisieren, daß an dieser Stelle im permanenten Gebiß Zuwachszähne stehen. Große Nullen (0) bedeuten absolut fehlende Zähne beim Hund. Die bleibenden Zähne (Dentes permanentes) sind entweder Ersatzzähne, die Milchzähne ersetzen, oder Zuwachszähne, die keine Milchzahnvorgänger besitzen (P 1 = L und alle M). Die
Schneidezähne (Dentes incisivi – I) des Oberkiefers sind größer als die 10
Unterkieferschneidezähne. Im Oberkiefer besteht zwischen dem dritten
Schneidezahn und dem **Eck-** resp. **Hundszahn (Dens caninus – C)** eine 11
deutliche **Zahnlücke (Diastema – 20)**, die im Unterkiefer zwischen C
und L vorliegt. Der **Wolfszahn (Dens lupinus – L)** ist der erste **Vor-** 12
mahlzahn (Dens praemolaris – P 1). Er besitzt ebenso wie die I und C nur eine Wurzel. Die übrigen drei **Vormahlzähne (Dentes praemolares P**
2 - 4) sind schneidende Zähne und besitzen je zwei Wurzeln. Eine Aus- 13
nahme bildet nur der oberwurzelige P 4, der der kräftigste Zahn im Oberkiefer ist und auch **Reißzahn (Dens sectorius)** heißt. Der Reißzahn
des Unterkiefers ist der erste Mahlzahn (M 1). Die **Mahlzähne (Dentes** 14
molares – M) haben Quetschflächen. Sie sind im Oberkiefer dreiwurzelig und im Unterkiefer zweiwurzelig.

Zahnwechsel und Zahnabnutzung erlauben eine annähernde Altersschätzung des Tieres (Zahnaltersschätzung). Dabei sind beide Kriterien rassen- und haltungsabhängig. Für den Zahnwechsel gelten folgende ungefähre Daten:

bis dritte Woche: zahnlos
ab sechste Woche: vollständiges Milchgebiß
ab dritten Monat: Beginn des Schneidezahnwechsels
ab sechsten Monat: vollständiges Dauergebiß

Am **Zahnaufbau** sind drei Hartsubstanzen (Zahnschmelz, -zement,
-dentin) beteiligt. Der **Zahnschmelz (Enamelum – 22)** bedeckt mit einer 15
etwa millimeterdicken, sehr harten und auffallend weißen Schicht den freien Teil des Zahnes, die Zahnkrone (Corona dentis). Der **Zahnzement (Cementum – 27)** besteht aus geflechtartigem Knochengewebe und reicht am **Zahnhals (Cervix dentis – 24)** an die Schmelzschicht und somit an die Zahnkrone heran und umgibt mit einer etwa millimeterdicken Schicht die gesamte **Zahnwurzel (Radix dentis – 28).** Das **Zahnbein (Dentinum – 21)** ist ein knochenähnliches zellfreies Gewebe und besteht aus verkalkter Grundsubstanz und Kollagenfaserbündeln. Es bildet innen vom Schmelz- und Zementüberzug die Hauptmasse des Zahnes und umgrenzt das **Cavum dentis (29).** Hier befindet sich das Zahnmark (Zahnpulpa) mit enthaltenen Nerven, Blut- und Lymphgefäßen, die durch das **For. apicis dentis (31)** und anschließend durch den **Canalis radicis dentis (30)** in das Cavum dentis eintreten resp. in umgekehrter Richtung austreten. An der **Zahnkrone (Corona dentis – 23)** werden fünf Kontaktflächen unterschieden, und zwar die Kaufläche (Facies occlusalis), die Facies vestibularis, Facies lingualis und Facies contactus mit mesialer (vorderer) und distaler (hinterer) Fläche. Bei anatomischer Betrachtungsweise gilt der Zahnhals als Berührungsstelle zwischen Zahnschmelz und -zement. Nach klinischen Betrachtungsweise umfaßt der Zahnhals den Bereich zwischen Zahnfach und der Oberfläche des
Zahnfleisches (Gingiva – 25). Die Krone ragt danach über das Zahn- 16
fleisch hinaus. Die Zahnwurzel (Radix dentis clinica) ist der im Zahnfach steckende und vom Zahnfleisch bedeckte Zahnteil.

Durch den **Zahnhalteapparat (Parodontium – 26)** sind die Zähne 17
federnd in der knöchernen Alveole verkeilt (Gomphosis). Das Parodontium umfaßt das Zahnfach (Alveolus), die Wurzelhaut (Periodontium) und den Zahnzement. Die Kollagenfasern des Periodontium (Desmodontium) verkehren zwischen Zement und dem Zahnfach in unterschiedlicher Verlaufsrichtung.

(lateral)

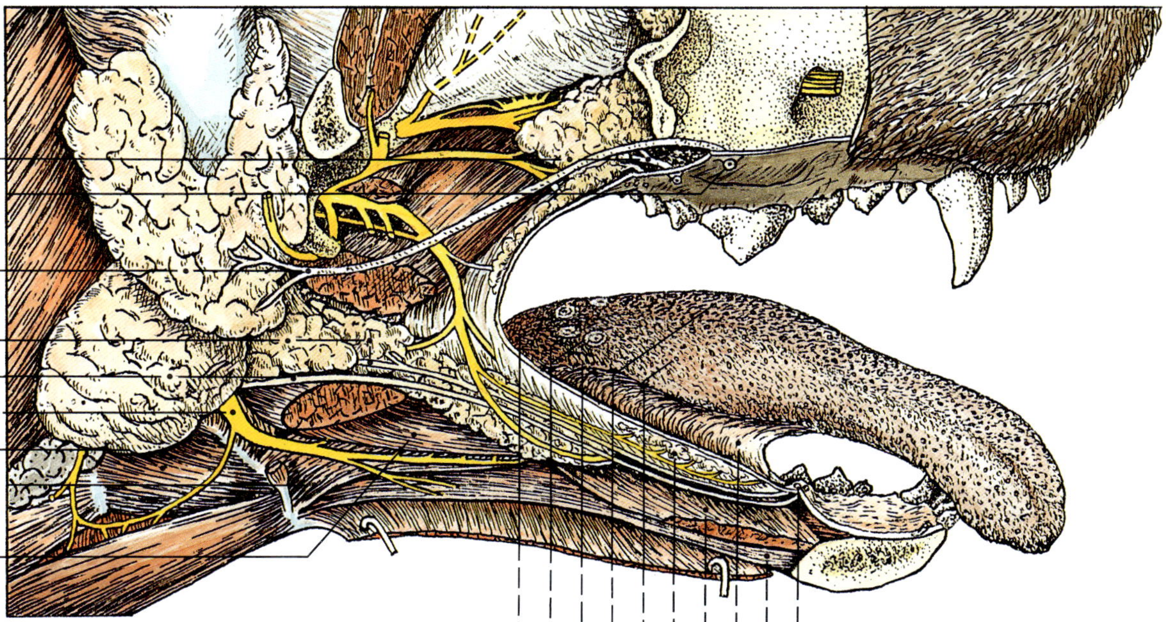

Arcus dentalis maxillaris

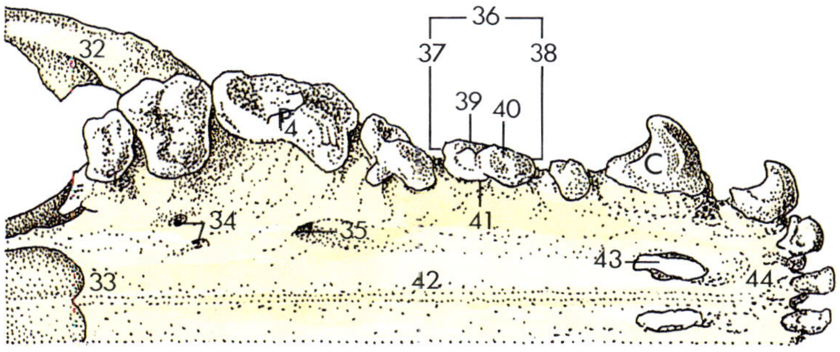

Legenda:

32 Arcus zygomaticus
33 Lamina horizontalis ossis palatini
34 Forr. palatina minora
35 For. palatinum majus
36 Facies contactus:
37 Facies distalis
38 Facies mesialis
39 Facies vestibularis
40 Facies occlusalis
41 Facies lingualis
42 Proc. palatinus maxillae
43 Fissura palatina
44 Proc. palatinus ossis incisivi
45 Cuticula
46 Radix dentis anatomica
47 Canalis alveolaris

Dentes permanentes

(lateral)

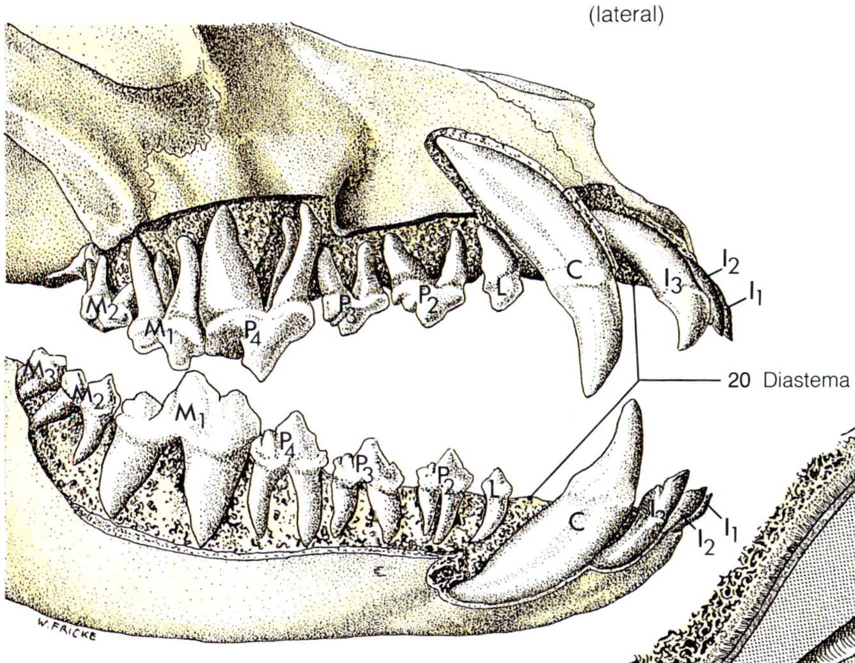

(vide p. 89, 91, 97)

Dens caninus

(Sectio mediana)

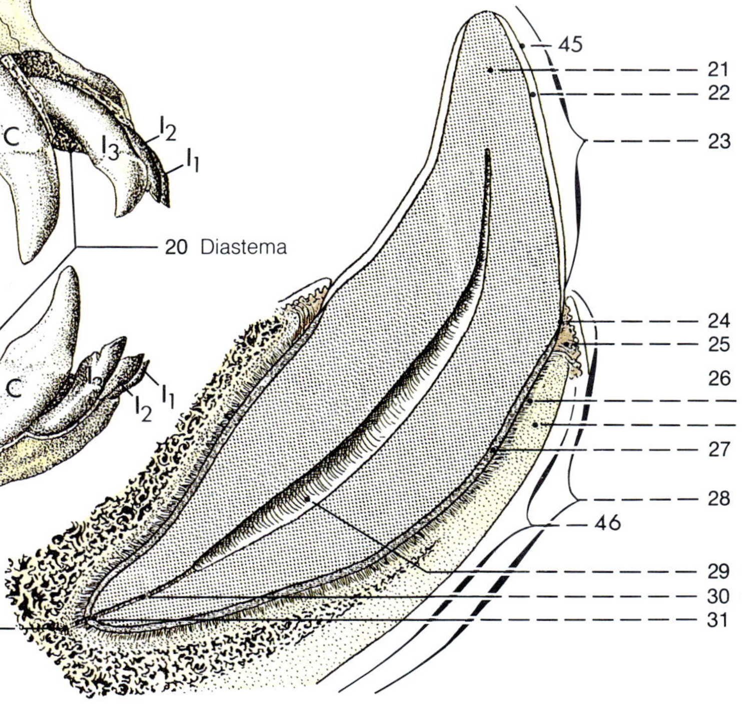

10. GELENKE AM KOPF

	NAME	beteiligte KNOCHEN	FORM/ZUSAMMENSETZUNG	FUNKTION	ANMERKUNGEN
1	I. **Art. temporomandibularis** (Kiefergelenk)	Proc. condylaris mandibulae und Fossa mandibularis ossis temporalis	Art. condylaris Art. simplex	Wechselgelenk	Der faserknorpelige Discus articularis unterteilt die Gelenkhöhle in zwei Etagen

2 II. Die **Symphysis (Art.) intermandibularis** verbindet beide Unterkieferhälften zwischen den mittleren Schneidezähnen.

III. Das **Zungenbein** ist über das Tympanohyoideum bindegewebig mit dem Schläfenbein und über das Thyreohyoideum gelenkig mit dem Schildknorpel verbunden. Die einzelnen Zungenbeinteile sind miteinander teils gelenkig, teils bindegewebig verbunden (s. a. S. 89).

Das **Kiefergelenk (Art. temporomandibularis)** ist ein inkongruentes Walzengelenk, das durch einen faserknorpeligen Discus articularis in zwei übereinanderliegende Etagen, eine größere obere und eine kleinere untere gegliedert ist. Die querstehende Gelenkrolle (Processus condylaris mandibulae) weist einen kleineren Durchmesser als die Gelenkvertiefung auf, die am temporalen Ansatz des Jochbogens von der Fossa mandibularis ossis temporalis gebildet wird und kaudal durch den Proc. retroarticularis abgestützt wird, der eine Kaudalverlagerung des Unterkiefers abblockt. Die Gelenkkapsel verkehrt zwischen Ober- und Unterkiefer und heftet sich dazwischen rings an der Konvexität des knorpeligen Discus articularis an. Sie ist lateral durch straffe Bindegewebszüge zum **Lig. laterale** verstärkt. Die Bewegungsaktivitäten, die rechts und links synchron ablaufen, sind beim Hund fast ausschließlich auf scharnierartiges Öffnen und Schließen des Mundes beschränkt. Hunderassen mit relativ großem Processus coronoideus wie der Basset - Hund neigen bei extremer Mundöffnung zur Kiefersperre, zum Verhaken von Gelenkteilen verbunden mit der Unfähigkeit zum Schließen der Mundspalte.

Die **Symphysis intermandibularis** (in der neuesten Nomenklatur **Art. intermandibularis** genannt) besteht zwischen rechtem und linken Unterkiefer aus einem knorpeligen Anteil **(Synchondrosis intermandibularis)** und einem größeren bindegewebigen Anteil **(Sutura intermandibularis)**. Die straffe Verbindung gestattet eine geringe Beweglichkeit zur Angleichung der oberen und unteren Zahnbögen. Eine traumatische Trennung in der Symphysis intermandibularis ist möglich. Eine Verknöcherung kann im hohen Alter vorkommen.

Die **Schädelnähte (Suturae capitis)** liegen zwischen den einzelnen Schädelknochen des Hirn- und Gesichtsschädels, die teilweise in einer Zickzacklinie verzahnt sind. Im Bereich der Schädelkalotte sind die bindegewebigen Anteile an den Schädelnähten das erhalten gebliebene Potential der desmalen Ossifikation, die nach endgültiger rassespezifischer Ausformung des Schädels unter Bildung einer Knochenzuwachszone beendet ist. Breite bindegewebige Anteile liegen perinatal als Fontanellen vor.

Das **Schläfenbein - Zungenbeingelenk (Art. temporohyoidea)** verankert das Tympanohyoideum am Proc. mastoideus des Felsenbeins. Zwischen den einzelnen Zungenbeinanteilen (Tympano-, Stylo-, Epi-, Kerato-, Basi-, und Thyreohyoideum) befinden sich ebenfalls gelenkige Verbindungen.

Im **Schildknorpel - Zungenbeingelenk (Art. thyreohyoidea)** ist das Thyreohyoideum mit dem Kehlkopf und zwar mit dem Cornu rostrale des Schildknorpels verbunden.

Gelenke und Bänder des Kehlkopfes

Gelenke, Bänder und Muskeln verbinden alle Kehlkopfknorpel miteinander und ermöglichen intralaryngeale Bewegungen.

Das **Ringknorpel - Schildknorpel - Gelenk (Art. cricothyreoidea)** liegt zwischen der Außenfläche des Ringknorpels und der Innenfläche des Schildknorpels. Es erlaubt ein scharnierartiges Abkippen zwischen Ring- und Schildknorpel.

Das **Ringknorpel - Stellknorpelgelenk (Art. cricoarytaenoidea)** liegt zwischen der Stellknorpelbasis und der Ringknorpelplatte. Kippung und Drehung gewährleisten einen vielfältigen Bewegungsspielraum, der durch das Lig. cricoarytaenoideum, eine Verstärkung der Gelenkkapsel, beeinflußt wird.

Die **Bänder des Kehlkopfes** (s. Textabb.) sind nach Entfernung der Kehlkopfschleimhaut kenntlich. Breitflächige Bandverbindungen werden Membranen genannt.

Das **Stimmband (Lig. vocale)** enthält überwiegend elastische Fasern und ist zwischen der Innenfläche des Schildknorpels ausgespannt.

Das **Vorhofsband (Lig. vestibulare)** ist die bindegewebige Grundlage der Taschenfalte (Vorhofsfalte) und verkehrt zwischen dem Keilfortsatz des Stellknorpels und der Innenfläche des Schildknorpels.

Die **Membrana thyreohyoidea** spannt sich zwischen dem Rostralrand des Schildknorpels und dem Basihyoideum aus.

Das **Lig. hyoepiglotticum** verbindet die Zungenbeinbasis mit dem Kehldeckelknorpel.

Das **Lig. cricothyreoideum** verläuft ventral zwischen Ring- und Schildknorpel.

Die **Membrana fibroelastica laryngis** ist die breitflächige laterale Fortsetzung des Lig. cricothyreoideum.

Das **Lig. thyreoepiglotticum** verbindet den Kehldeckelknorpel mit dem Rostralrand des Schildknorpels.

Das **Lig. cricotracheale** ist die dorsale Verbindung zwischen dem Ringknorpel und der ersten Trachealspange.

Das **Lig. arytaenoideum transversum** verbindet beide Stellknorpel dorsal miteinander und verankert hier die etwa hirsekorngroßen Cartilago interarytaenoidea und die etwa gleichgroße Cartilago sesamoidea (nicht abgebildet).

Larynx

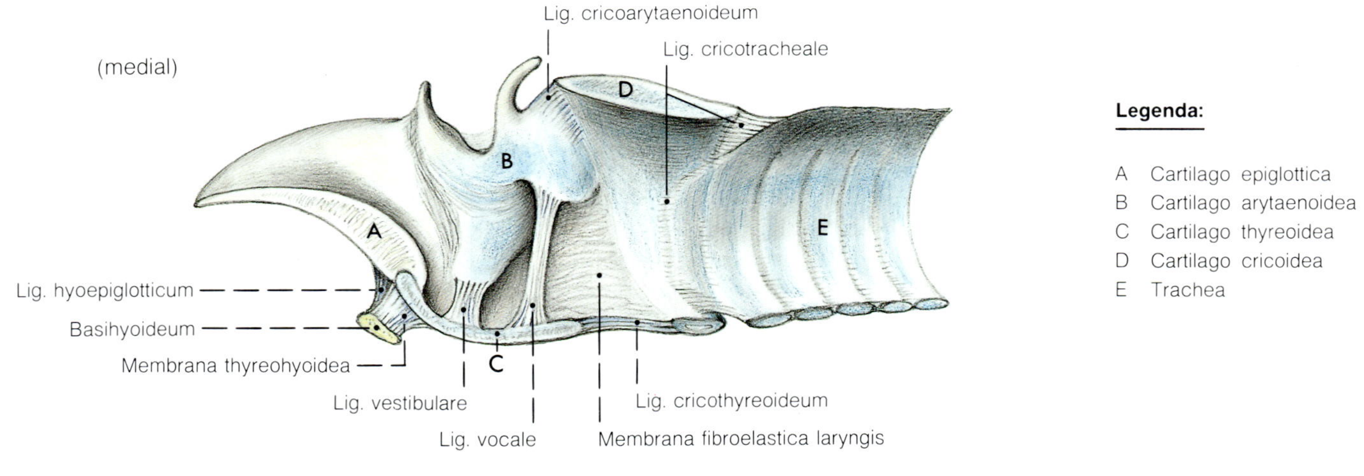

Juncturae (Articulationes) et Suturae capitis

(lateral)

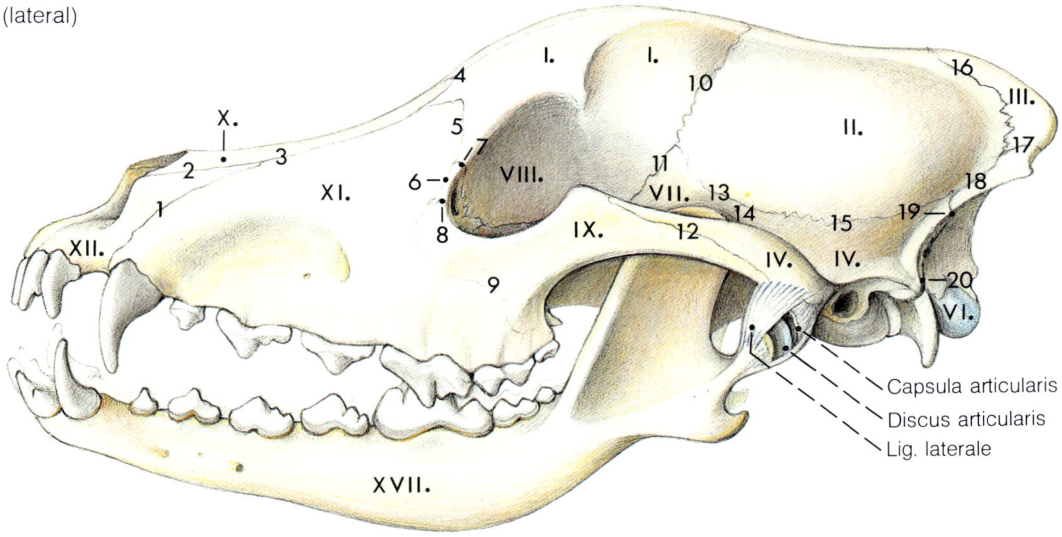

Art. temporomandibularis et Suturae capitis

(medial)

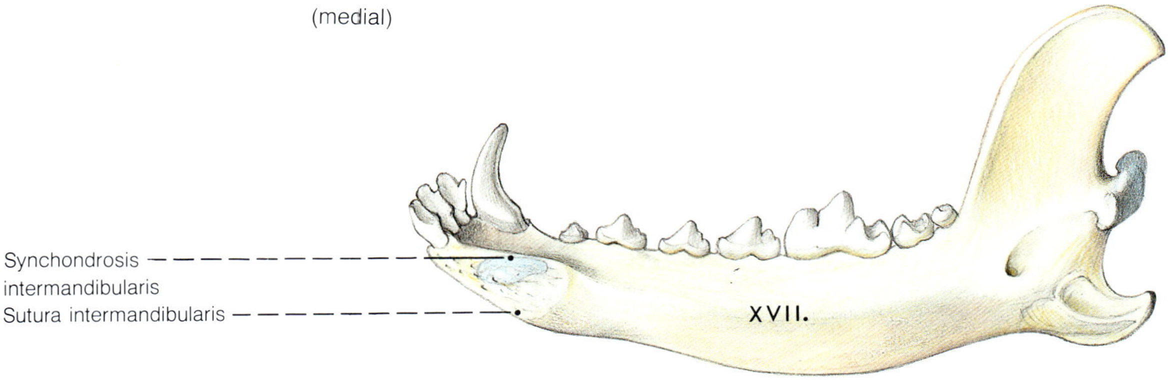

(vide p. 89, 91, 101,105)

Symphysis (Articulatio) intermandibularis

Legenda:

I. Os frontale
II. Os parietale
III. Os interparietale
IV. Os temporale
V. Os ethmoidale (vide p. 91)
VI. Os occipitale
VII. Os sphenoidale
VIII. Os lacrimale
IX. Os zygomaticum
X. Os nasale
XI. Maxilla
XVII. Mandibula

Juncturae (Articulationes) laryngis

(lateral)

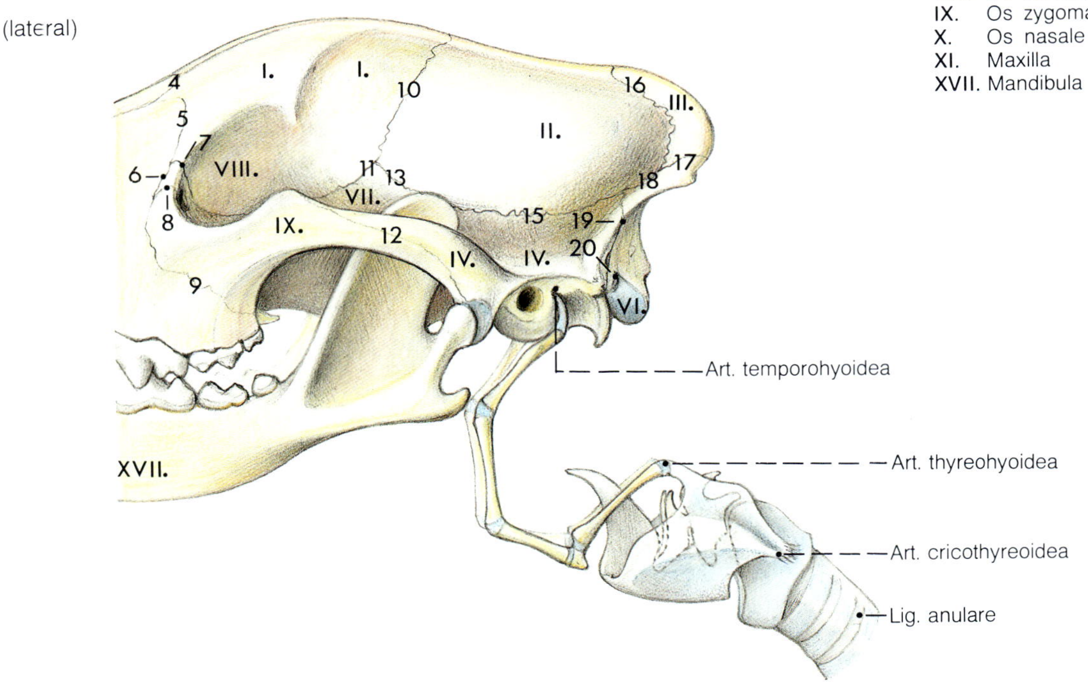

Legenda:

1 Sutura maxilloincisiva
2 Sutura nasoincisiva
3 Sutura nasomaxillaris
4 Sutura frontonasalis
5 Sutura frontomaxillaris
6 Sutura lacrimomaxillaris
7 Sutura frontolacrimalis
8 Sutura lacrimozygomatica
9 Sutura zygomaticomaxillaris
10 Sutura coronalis
11 Sutura sphenofrontalis
12 Sutura temporozygomatica
13 Sutura sphenoparietalis
14 Synchondrosis sphenopetrosa
15 Sutura squamosa
16 Sutura parietointerparietalis
17 Sutura occipitointerparietalis
18 Sutura lambdoidea
19 Sutura occipitosquamosa
20 Sutura occipitomastoidea

10. KAPITEL: ZENTRALNERVENSYSTEM

1. RÜCKENMARK MIT RÜCKENMARKSHÄUTEN

a) Die **DREI RÜCKENMARKSHÄUTE** gehen kaudal des For. magnum aus den drei Hirnhäuten hervor. Die außenliegende Ectomeninx umgibt die Spinnwebhaut (Arachnoidea) und die dem Rückenmark eng anliegende weiche Rückenmarkshaut (Pia mater), die beide als Endomeninx (Leptomeninx) zusammengefaßt werden (s. entsprechende Verhältnisse a. d. Hirnhäuten, S. 110).

Die **Ectomeninx** besteht aus zwei Blättern. Das Außenblatt ist mit der Periostinnenauskleidung des Wirbelkanals identisch **(Periosteum – 1).**
1 Das derbe Innenblatt ist die **Dura mater (3).** Sie umhüllt das Rückenmark sowie die Spinalnervenwurzeln bis hin zum Ganglion spinale und weiter als Außenmantel des Epineuriums die Anfangsstrecke der Spinalnerven. Kranial des vierten Halswirbels haben die dorsale und ventrale Wurzel des Spinalnerven eine gemeinsame Durahülle, während kaudal davon beide Wurzeln eine eigene Durascheide aufweisen (Bildmitte).

2 Zwischen beiden Blättern der Ectomeninx liegt das **Cavum epidurale (2),** das Fettgewebe, Lymphgefäße und großkalibrige Venenplexus enthält. Das Fett polstert das Rückenmark ab, das bei Krümmungen der Wirbelsäule passiv deformiert wird.

Unter der Dura mater liegt die **Endo-** bzw. **Leptomeninx,** die ebenfalls aus zwei Blättern besteht. Zunächst folgt die **Spinnwebhaut (Arachnoidea – 31).** Diese besteht oberflächlich aus einer Schicht epitheloider Zellen, die sich als neurotheliale Innenauskleidung des Perineurium internum auf die peripheren Nerven (nicht abgebildet) fortsetzt. Von der darunterliegenden gefäßarmen Bindegewebslage der Arachnoidea strahlt ein lockeres bindegewebiges Bälkchenwerk ab, das in seinen
3 Maschen das **Cavum subarachnoidale (32)** mit enthaltenem Liquor cerebrospinalis beherbergt (s. entsprechende Verhältnisse am Gehirn, S. 111). Das Cavum subarachnoidale reicht bis zum Spinalganglion und ist zwischen dem Kleinhirn und dem Anfang des Rückenmarks als **Cisterna cerebellomedullaris** (s. S. 111) auffällig ausgeweitet. Auch um den Conus medullaris und das Filum terminale (s. unten) ist das Cavum subarachnoidale relativ weit und zur Punktion zwecks Gewinnung von Liquor cerebrospinalis geeignet. Die **Pia mater (33)** ist als gefäßreiche Haut der Oberfläche des Rückenmarks eng angeschmiegt. Außen an der Pia mater befestigen sich die **Ligamenta denticulata (22)** mit ihrer verbreiterten Basis zwischen den Wurzeln der Spinalnerven. Die Bänder durchsetzen die Arachnoidea und verjüngen sich, bevor sie spitz an der Innenfläche der Dura mater enden. Sie verankern das Rückenmark an seinen umgebenden Häuten.

Die arterielle Versorgung des Rückenmarks erfolgt vornehmlich über die **A. spinalis ventralis (6),** die sich entlang der **Fissura mediana** über die gesamte Länge des Rückenmarks ausdehnt.

Der venöse **Plexus vertebralis internus ventralis (29)** ist am Grunde des Wirbelkanals in epidurales Fettgewebe eingebettet. (Der **Plexus vertebralis externus ventralis (30)** zieht außen ventral an der Wirbelsäule entlang.)

4 b) Das **RÜCKENMARK (MEDULLA SPINALIS,** s. a. Textabb.) geht in Höhe des ersten Halswirbels aus dem Nachhirn hervor. An der Brust-Halsgrenze besitzt es am Abgang der Wurzeln des Plexus brachialis die **Halsanschwellung (Intumescentia cervicalis – 4)** und im Lendenmark am Abgang des Plexus lumbosacralis die **Intumescentia lumbalis (14).** Danach erfolgt in Höhe des fünften Lendenwirbels die konische Verjüngung zum **Conus medullaris (15),** der in Höhe des siebten Lendenwirbels in das **Filum terminale (16)** übergeht. Das Filum terminale und längsbegleitende Wurzeln der letzten Lumbalnerven und der Sakralnerven bilden innerhalb des Wirbelkanals gemeinsam den **Pferdeschweif (Cauda equina – 17).** Die Wurzeln der Rückenmarksnerven verlaufen im Hals und Brustbereich noch annähernd transversal und verlassen auf kurzem Wege den Wirbelkanal durch die **Forr. intervertebralia (5).** Im Lumbalbereich und noch deutlicher im Sakralbereich verlassen sie erst nach longitudinalem, zunehmend rückenmarksparallelem Verlauf den Wirbelkanal. Embryonal liegen in allen Rückenmarksbereichen die Nervenursprünge und Nervendurchtritte durch die Forr. intervertebralia noch annähernd auf gleicher Höhe. Mit zunehmendem Alter kommt es durch das verzögerte Wachstum des Rückenmarks gegenüber dem des Wirbelkanals zu dem genannten Niveauunterschied, was unvorteilhaft „Ascensus des Rückenmarks" genannt wird. Im Halsmark entspringen die **Radices spinales** des **N. accessorius (23),** die bei longitudinalem Verlauf zwischen den Dorsal- und Ventralwurzeln der Spinalnerven kranial ziehen und sich nach Passieren des For. magnum mit den Hirnwurzeln des Nerven verbinden. Der vereinigte N. accessorius verläßt die Schädelhöhle durch das For. jugulare. Auf der Oberfläche und auf der Querschnittsfläche des Rückenmarks können der **Sulcus medianus (25),** und in Höhe des Austritts der dorsalen Nervenwurzeln der **Sulcus lateralis dorsalis (24)** bestimmt werden, die beide den längsverlaufenden **Funiculus dorsalis (19)** flankieren. Nur am Zervikalmark kann noch dazwischen ein **Sulcus intermedius dorsalis (18)** bestimmt werden. Medial des Sulcus intermedius dorsalis liegt der **Fasciculus gracilis (20)** und lateral davon der **Fasciculus cuneatus (21).** Der **Funiculus lateralis** (s. Textabb.) liegt zwischen dem Sulcus lateralis dorsalis und dem sehr undeutlichen bis fehlenden **Sulcus lateralis ventralis,** dessen Lage durch die Austritte der ventralen Nervenwurzeln markiert ist. Ventromedial benachbart liegt der **Funiculus ventralis,** der von der Fissura mediana (ventralis) begrenzt wird. In diesen Funiculi ziehen zahlreiche, hier nicht benannte Tractus, die verschiedene Hirn- und Rückenmarksabschnitte verbinden und makroskopisch nicht exakt abgegrenzt werden können.

c) Am **RÜCKENMARKSQUERSCHNITT** (s. Textabb.) kann innen von der **Substantia alba** mit ihren markhaltigen Nervenbahnen die „Schmetterlingsfigur" der **Substantia grisea** lokalisiert werden. Sie weist auf dem Querschnitt das **Cornu dorsale** und das **Cornu ventrale,** sowie im Thorakal- und Lumbalmark zusätzlich das **Cornu laterale** auf, die unter Berücksichtigung der räumlichen Gegebenheiten besser als Säulen (Columnae) benannt werden sollten. Im Zervikalmark liegen zwischen Cornu dorsale und Cornu ventrale verstreute Ganglienzellgruppen, die zur **Formatio reticularis** gehören und sich ins Gehirn fortsetzen. Im Zentralbereich der Substantia grisea durchzieht der **Canalis centralis** das Rückenmark.

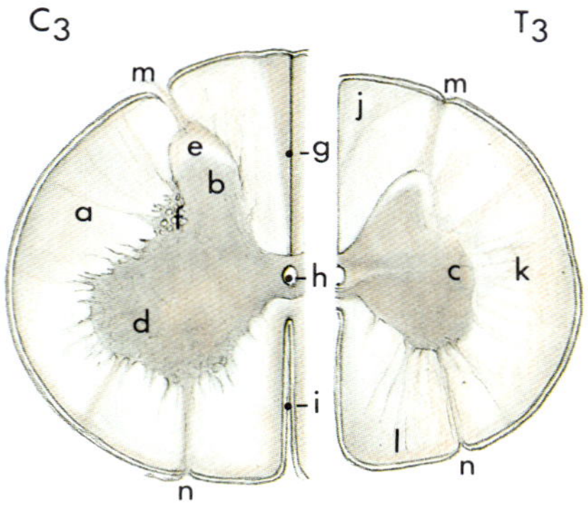

Legenda:

a Substantia alba
Substantia grisea:
b Cornu dorsale
c Cornu laterale
d Cornu ventrale
e Substantia gelatinosa
f Formatio reticularis
g Septum medianum dors.
h Canalis centralis
i Fissura mediana [ventr.]
j Funiculus dorsalis
k Funiculus lateralis
l Funiculus ventralis
m Sulcus lateralis dors.
n Sulcus lateralis ventr.

d) Die **SPINALNERVENWURZELN** weisen eine Dorsal- und Ventralwurzel auf. In der **Radix ventralis (28)** ziehen die Nervenfasern der **Motoneurone (Neuronum motorium s. efferens – 37),** die an den großen Ventralhornzellen beginnen. Die Fasern der **sympathischen Neurone (Neuronum sympathicum s. autonomicum – 38)** kommen vom Cornu laterale des Thorakal- und Lumbalmarks und ziehen ebenfalls durch die Radix ventralis. (Die parasympathischen Neurone beginnen in der intermediozentralen Zellsäule des Sakralmarks, die manche Autoren auch Cornu laterale bzw. Columna lateralis nennen.) Die **Radix dorsalis (26)** der Spinalnerven führt überwiegend afferente, unter anderem von der Haut kommende **sensible Neurone (Neuronum sensibile s. afferens – 36).** Ihre Perikarien liegen im **Ganglion spinale (27)** in der Nähe der Forr. intervertebralia. Von den Perikarien gelangen die zentralen Axone in das Rückenmark.

e) Die Nervenfasern der **SYMPATHISCHEN NEURONE** (s. a. S. 149) ziehen von ihren Ursprungsperikarien des Seitenhorns in der Radix ventralis aus dem Rückenmark. Nach Verlassen der Ventralwurzel gelangen sie in den **Rr. communicantes albi (7)** zum **Grenzstrang (Truncus sympathicus – 35),** speziell zu den **Ggll. trunci sympathici s. autonomica (34).** Ein Teil der Nervenfasern zieht nach Umschaltung auf das zweite Neuron von den Grenzstrangganglien in den **Rr. communicantes grisei (8)** wieder zu den segmentalen (somatischen) Spinalnerven. Die den Grenzstrang ohne Umschaltung durchziehenden markhaltigen Fasern gelangen teils im **N. splanchnicus minor (9)** und teils in den Nn. splanchnici lumbales zu den distal folgenden Prävertebralganglien (z. B. **Ggl. coeliacum – 10)** und werden hier auf marklose und markarme postganglionäre Fasern umgeschaltet. Die umgeschalteten Fasern der (zweiten) Neurone ziehen in der Adventitia der Eingeweidearterien als periarterielle Plexus zu den Eingeweiden, u. a. zum **Dünndann (Intestinum tenue).** Sie gehen in die intramuralen Plexus über, die entsprechend ihrer Lage **Plexus subserosus (11), – myentericus (12)** und **– submucosus (13)** genannt werden. (Die in den Plexus liegenden Ganglienzellen gehören weit überwiegend zum Parasympathicus.) Die Nervenfasern der **parasympathischen Neurone (Neuronum parasympathicum s. autonomicum – 39)** vom **Truncus vagalis dorsalis (40)** ziehen auch über den Plexus solaris in Begleitung der Darmgefäße zu den verschiedenen Darmabschnitten.

Medulla spinalis

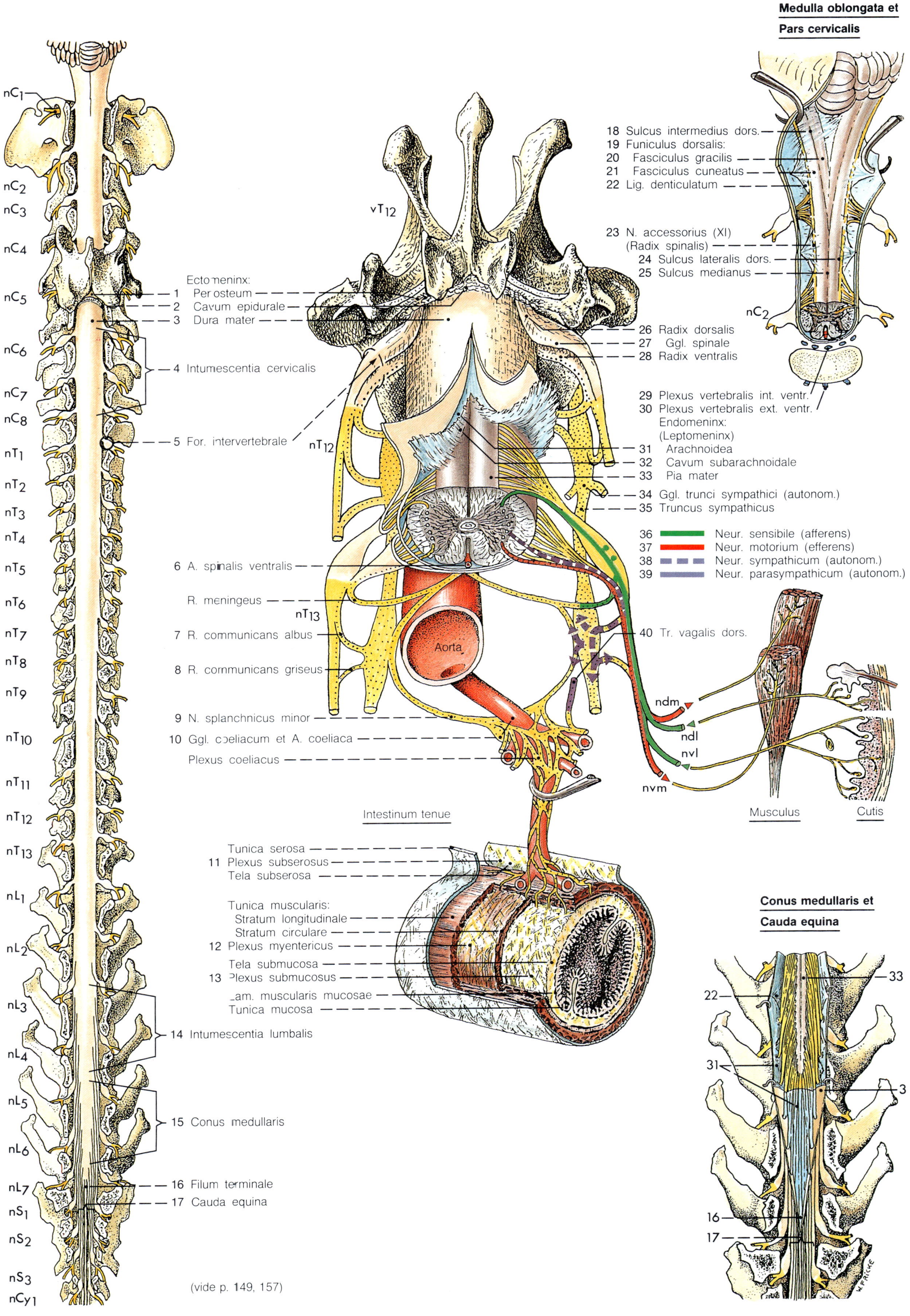

(vide p. 149, 157)

2. GEHIRN (ENCEPHALON) MIT HIRNHÄUTEN

1 a) Die **HIRNHÄUTE (MENINGES)** sind Fortsetzungen der Rückenmarkshäute.

I. Die **äußere Hirnhaut (Ectomeninx)** besteht aus der Periost-Innenauskleidung der Hirnschädelknochen (Endocranium, **Periosteum** – **24**) und der harten Hirnhaut (Dura mater, Pachymeninx). Beide Blätter, die im Wirbelkanal durch den Epiduralraum getrennt sind, verschmelzen in der Schädelhöhle zur einheitlichen Ectomeninx. Sie weichen an zwei Stellen auseinander. Das erfolgt erstens zur Bildung des **Diaphragma sellae (33)** der Hypophyse und zweitens im Verlauf der **Sinus durae matris (26)**. An der Hirnanhangsdrüse (Hypophyse) kleidet die Periost-Innenauskleidung den Türkensattel aus und umgibt die hier hineinragende Hirnanhangsdrüse (Hypophysis), während sich die Dura mater von den Rändern des Türkensattels abhebt und die Hypophyse als Diaphragma sellae dorsal überspannt. Im Diaphragma sellae befindet sich eine zentrale Öffnung für den hindurchtretenden Hypophysenstiel. Bei der Herausnahme des Gehirns aus der Schädelhöhle reißt gewöhnlich der Hypophysenstiel am Diaphragma sellae ab. Die Ectomeninx bedeckt mit beiden (verschmolzenen) Blättern die gesamte Innenfläche der Schädelhöhle. Die **harte Hirnhaut (Dura mater** – **25)** löst sich dorsomedian zwischen beiden Großhirnhemisphären und an der Grenze zwischen Groß- und Kleinhirn vom Periost und ragt als Großhirnsichel und als häutiges Kleinhirnzelt in die Schädelhöhle hinein. Die **Großhirnsichel (Falx cerebri** – **27)** trennt vom Siebbein bis zum Hinterhauptbein als dorsomediane Scheidewand beide Großhirnhemisphären voneinander. Das **häutige Kleinhirnzelt (Tentorium cerebelli membranaceum)** wird ebenfalls von der Dura mater gebildet und von den knöchernen Processus tentorici resp. vom **Tentorium cerebelli osseum (28)** des Scheitel- und Zwischenscheitelbeins gestützt. Es überragt zeltartig das Kleinhirn, das dadurch vom Großhirn separiert wird.

II. Die **innere (weiche) Hirnhaut (Endomeninx, Leptomeninx)** besteht aus der Arachnoidea und der Pia mater. Die **Arachnoidea (Spinnwebhaut** – **21)** liegt mit ihrem Neurothel der Dura mater an und überspannt den Raum zur Pia mater mit einem Netz aus Bindegewebsbälkchen, in dessen Maschen das liquorhaltige **Cavum subarachnoidale (22)** liegt. Das Cavum subarachnoidale umgibt das Gehirn, das gewissermaßen in einer Flüssigkeitsumhüllung aus Liquor cerebrospinalis schwimmt. Der Subarachnoidalraum ist in den verschiedenen Hirnabschnitten unterschiedlich weit. Auf der oberflächlichen Konvexität der Gehirnwindungen ist er sehr eng, da hier Dura mater und Pia mater dicht aneinander liegen. An den Sulci cerebri ist das Cavum subarachnoidale dagegen sehr weit, weil die Pia mater hier in die Tiefe tritt, während die Dura mater in weitem Abstand darüber hinwegzieht und die Arachnoidea den weiten Raum zwischen den genannten Hirnhäuten ausfüllt. Die weiten Abschnitte des Cavum subarachnoidale sind als
2 Zisternen besonders benannt. Die **Cisterna cerebellomedullaris (31)** liegt dorsolateral zwischen Kleinhirn und Rückenmark. Die **Cisterna intercruralis (34)** liegt ventromedian zwischen beiden Großhirnstielen. Die Arachnoidea „wuchert" mit ihren **Granulationes arachnoideae (20)** in die Sinus durae matris und an anderen Stellen von innen in die Schädelknochen hinein. Die Granulationes arachnoideae wurden als Resorptionsstellen für Liquor cerebrospinalis gedeutet. Das wird aufgrund neuerer Untersuchungen angezweifelt. Die **Pia mater (zarte Hirnhaut, Gefäßhaut** – **23)** schmiegt sich der Oberfläche des Gehirns an und folgt den Gehirnfurchen in die Tiefe.

3 b) Der **BAU DER EINZELNEN GEHIRNABSCHNITTE** soll am Medianschnitt in kaudorostraler Reihenfolge abgehandelt werden. Die Gehirnabschnitte entwickeln sich aus dem embryonalen Neuralrohr und aus den drei Hirnbläschen (nach anderer Meinung zwei Hirnbläschen), die sich zu den fünf Hirnabschnitten und dem Kleinhirn (Cerebellum) differenzieren:

Vorderhirnblase (Prosencephalon) < Endhirn (Telencephalon); Zwischenhirn (Diencephalon)

Mittelhirnblase (Mesencephalon) — Mittelhirn (Mesencephalon)

Rautenhirnblase (Rhombencephalon) < Hinterhirn (Metencephalon); Kleinhirn (Cerebellum); Nachhirn (Myelencephalon)

I. Das **Rautenhirn (Rhombencephalon** – **46)** mit enthaltener **4. Gehirnkammer (Ventriculus quartus** – **40)** ähnelt im Grundbauplan noch deutlich dem Rückenmark. Das gilt auch mit zunehmender Einschränkung für das Mittel- und Zwischenhirn. Die Kerne und Austrittsstellen des motorischen N. hypoglossus (XII) liegen ventromedial (s. S. 115), was mit den Verhältnissen an der motorischen Ventralsäule des Rückenmarks vergleichbar ist. Die Austrittsstellen der sensiblen resp. sensorischen Nerven (wie VIII) liegen dorsolateral, was mit den Verhältnissen an der sensiblen Dorsalsäule des Rückenmarks vergleichbar ist. Kerne und Austrittsstellen von Nerven mit überwiegend parasympathischen Anteilen (wie X) liegen dazwischen, was mit den Verhältnissen am Seitenhorn des Rückenmarks vergleichbar ist. Die Gehirnnerven V bis XII kommen vom Rautenhirn. (XI hat zusätzlich eine Rückenmarkswurzel, und V hat zusätzlich sensible Kerne im Mittelhirn und Rückenmark.) Im Rautenhirn sowie im anschließenden Mittelhirn und Rücken-
marksabschnitt liegt die **Formatio reticularis (42)**, die aus verstreuten 4
Nervenzellansammlungen und Neuronen besteht und als übergeordnetes vegetatives Zentrum sensorische, motorische und vegetative Funktionen koordiniert (z. B. Kreislauf- und Atemzentrum). Außerdem bewirkt sie eine funktionelle Koordination der Gehirnnerven untereinander und mit benachbarten Teilen des Zentralnervensystems. Besonders der Ventralbereich des Rautenhirns wird von wichtigen Nervenleitungsbahnen durchzogen. Dazu gehört die ventromediale **Pyramidenbahn (Tractus pyramidalis** – **43)**, die am Übergang zum Rückenmark die Pyramidenbahnkreuzung aufweist. Das Rautenhirn wird in das Hinter- und Nachhirn sowie das Kleinhirn unterteilt.

Das **Hinterhirn (Metencephalon** – **44)** ist der rostrale Abschnitt des Rhombencephalon und läßt ventral die deutliche **Brücke (Pons** – **45)** erkennen. Die Brücke besteht überwiegend aus transversalen Faserzügen, die in den mittleren Kleinhirnstiel (s. S. 115) übergehen. Der Zentralbereich der Brücke wird von longitudinalen Nervenbahnen, unter anderem von der Pyramidenbahn, durchzogen, die Gehirn und Rückenmark verbinden.

Das **Nachhirn (Medulla oblongata** – **41**, Myelencephalon) reicht von der Brücke bis zur Wurzel der ersten Halsnerven.

Das **Kleinhirn (Cerebellum)** ist dem Rautenhirn dorsal aufgelagert. Es ist 5
über die Kleinhirnstiele (Pedunculi, s. a. Textabb. S. 112) mit dem übrigen Zentralnervensystem verbunden. Der Pedunculus cerebelli rostralis führt zum Mittelhirn, der Pedunculus cerebelli medius zur Brücke des Hinterhirns und der Pedunculus cerebelli caudalis zur Medulla oblongata. Rostral ist es durch das Kleinhirnzelt vom Großhirn getrennt. Bei der Dorsalansicht wird deutlich, daß der unpaare Kleinhirnwurm (Vermis cerebelli, s. S. 113) von den paarigen Kleinhirnhemisphären flankiert wird. Auf dem Medianschnitt sind die außen gelegene graue Substanz der **Kleinhirnrinde (Cortex cerebelli** – **29)** und die innen gelegene weiße Substanz des **Markkörpers (Corpus medullare)** erkennbar. Die Kleinhirnrinde ist viel feiner gegliedert als die Großhirnrinde und der Markkörper ist so stark verzweigt, daß er als **Lebensbaum (Arbor vitae** – **30)** in Erscheinung tritt.

II. Vom **Mittelhirn (Mesencephalon** – **16)** sollen drei Hauptanteile 6
abgehandelt werden: Das **Dach (Tectum** – **35)** mit der **Vierhügelplatte (Lamina tecti quadrigemina** – **36)** überlagert dorsal den **Aquaeductus mesencephali (39)**. Der **Colliculus rostralis (37)** ist an die Sehbahn, und der **Colliculus caudalis (38)** ist an die Hörbahn angeschlossen. Die **Haube (Tegmentum** – **17)** liegt ventral vom Aquaeductus mesencephali. Sie enthält die motorischen Kerne der Augenmuskelnerven (III und IV) und einen Anteil der Formatio reticularis sowie den Nucleus ruber und die Substantia nigra. Der paarige **Großhirnschenkel (Crus cerebri** – **18)** mit der medianen **Fossa intercruralis (19)** liegt ventral.

III. Vom **Zwischenhirn (Diencephalon** – **2)** sollen Thalamus sowie Epi-
und Hypothalamus erwähnt werden. Der **Thalamus (3)** begrenzt dorso- 7
lateral die ringförmige **dritte Gehirnkammer (Ventriculus tertius** – **15)**. Die paarigen Anteile berühren sich median in der **Adhaesio*** **interthalamica (4)** und weisen lateral die Kniehöcker auf. Der **laterale Kniehöcker (Corpus geniculatum laterale**, s. S. 115) liegt am Ende des Tractus opticus und ist andererseits mit dem rostralen Hügel der Vierhügelplatte verbunden. Der **mediale Kniehöcker (Corpus geniculatum mediale**, s. S. 115) steht mit dem kaudalen Höcker der Vierhügelplatte in Verbindung. Funktionell ist der Thalamus die letzte Umschaltstelle aller zum Großhirn aufsteigenden Bahnen mit Ausnahme der Riechbahn. Somit ist der Thalamus das „Tor zum Bewußtsein", weil im Großhirn die Sinneseindrücke bewußt werden. Zum Epithalamus gehört unter anderem die
Zirbeldrüse (Epiphysis – **1**, obere Hirnanhangsdrüse, Corpus pineale), 8
die als pinienzapfenähnlicher Anhang der dritten Gehirnkammer rostral an die Vierhügelplatte grenzt und dem Parietalauge niederer Wirbeltiere
homolog ist. Der **Hypothalamus (5)** liegt ventrolateral der dritten 9
Gehirnkammer und hat überwiegend vegetative Funktionen. Die ventral anschließende **Hirnanhangsdrüse (Hypophysis** – **7)** entwickelt sich mit ihrem Gehirnteil (**Lobus posterior** – **9)** aus dem Hypothalamus und
mit ihrem **Lobus anterior (8)** aus dem Rachendach. Kaudal der Hypo- 10
physe liegt am Boden des Zwischenhirns an der Grenze zum Mittelhirn das zweigeteilte rundliche **Corpus mamillare (32**, s. a. S. 115). Rostral der Hypophyse entspringt der **N. opticus (6)** aus dem Zwischenhirn.

IV. Das **Endhirn (Telencephalon** – **10)** besteht aus dem **Großhirn (Cerebrum** – **11)** und dem **Riechhirn (Rhinencephalon** – **12)**. Das Großhirn wird durch die Falx cerebri der Dura mater in die beiden Großhirnhemisphären unterteilt. Die zentralen Kommissuren im **Corpus callosum (13)** und in der **Commisssura rostralis (14)** bleiben jedoch ungeteilt (s. S. 112 u. 113).

*) Anstelle einer Adhaesio (Berührung) erkennen andere Autoren eine Verschmelzung der paarigen Anteile und sprechen von einer Massa intermedia

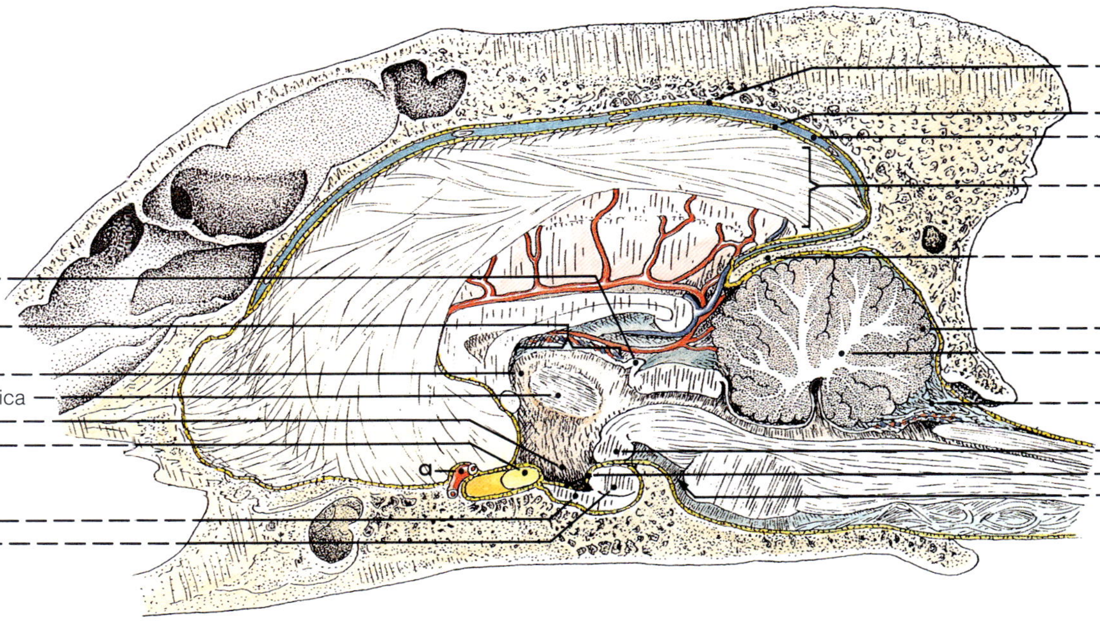

(Sectio mediana)

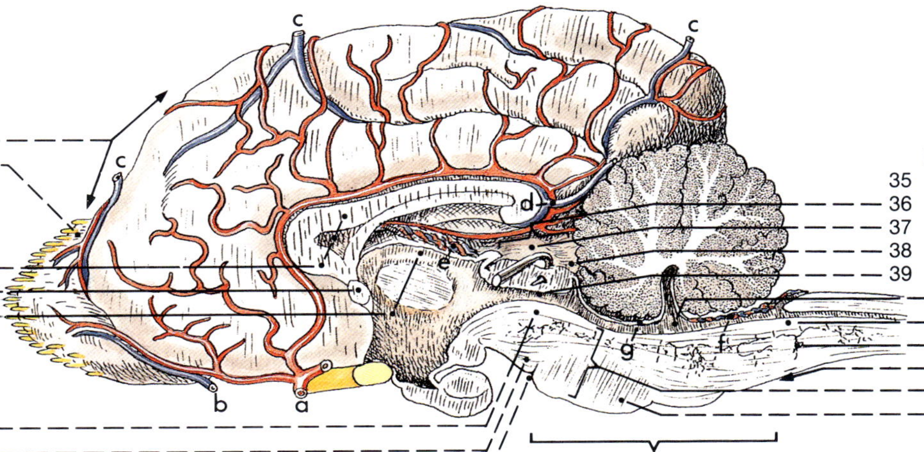

Legenda:

a A. cerebri rostr.
b V. cerebri ventr.
c Vv. cerebri dorss.
d V. cerebri magna
e Plexus chorioideus ventriculi tertii
f Plexus chorioideus ventriculi quartii
g Velum medullare rostr.
h V. diploica parietalis

(vide p. 113, 115, 116, 117)

(Sectio transversa)

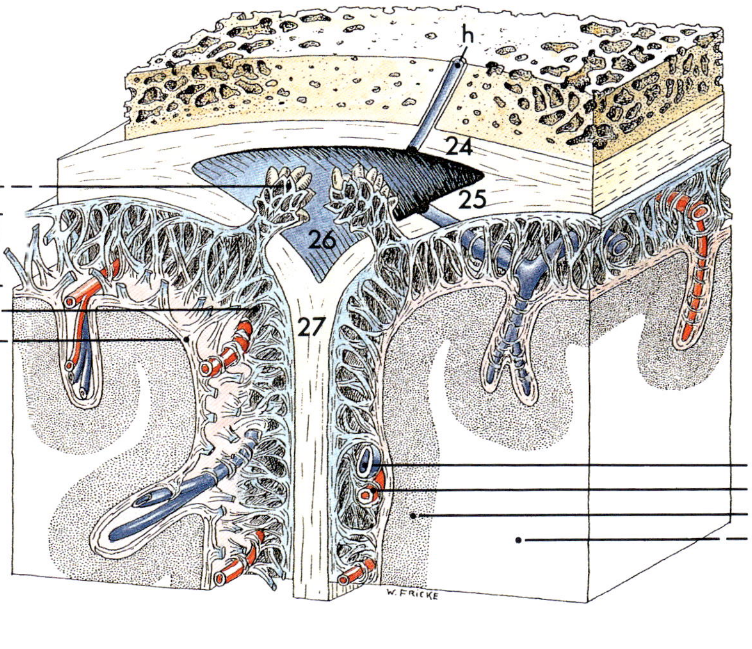

Darstellung und Studium des Gehirns erfolgen nach seiner Herausnahme aus der Schädelkapsel. Die Gehirnnerven werden an der Hirnbasis vor dem Durchtritt durch die Schädelkapsel kontrolliert durchschnitten. Querschnitte in Höhe der Sehnervenkreuzung des Gehirns werden zum Studium herangezogen.

Das **Endhirn (Telencephalon)** wird nach stammesgeschichtlichen Kriterien weiter untergliedert: Es kommen während der Phylogenese drei Phasen der Hirnentwicklung vor. Der phylogenetisch älteste Hirnabschnitt **(Palaeopallium)** und der bald folgende Gehirnabschnitt **(Archipallium)** bilden zusammen das Riechhirn im weiteren Sinne. Bei den Säugetieren hat das Archipallium seine Riechfunktion jedoch weitgehend eingebüßt und das Palaeopallium hat zusätzlich andere Funktionen angenommen, weshalb einige Lehrbuchautoren den Begriff „Riechhirn" nicht mehr verwenden. Nach internationaler Übereinkunft wird er jedoch in den Nomina Anatomica Veterinaria weiter geführt. Der phylogenetisch jüngste Anteil **(Neopallium)** entfaltet sich beim Hund zum gefurchten Großhirn.

1 a) Das **GROSSHIRN (CEREBRUM)**, als ein Teil des Endhirns, überzieht als mächtigster Hirnteil während der Ontogenese von rostral über dorsal und kaudoventral die übrigen Hirnabschnitte mit Ausnahme des Kleinhirns und der Hirnbasis. Dieser Entwicklungsvorgang wird Dorso-Rotation genannt, wobei sich Anteile des Großhirns einschließlich der Seitenventrikel regelrecht einrollen, was bei Seitenansicht und auch am Ausgußpräparat zur Darstellung der Hirnventrikel deutlich wird (s. Textabb. S. 116).

I. Die beiden **Großhirnhälften (Großhirnhemisphären - Hemisphaerium – 1)** sind wegen der Halbkugelform des Gehirns (etwa bei kurzschädeligen Rassen) keine Halb-, sonder eher zwei Viertelkugeln, die voneinander durch die Großhirnsichel abgegrenzt werden. Auf dem Großhirnanschnitt wird deutlich, daß ebenso wie am Kleinhirn eine Gliederung in die periphere **Rinde (Cortex cerebri, Substantia grisea – 4)** und in das mehr zentral gelegene **Mark (Corpus medullare, Substantia alba – 5)** vorliegt. Während der Ontogenese wandert der überwiegende Teil der Neuroblasten des Telencephalonbläschens (mit Ausnahme der Basalganglien) zur Peripherie aus, wodurch das periphere Rindengrau (Cortex, Pallium) mit Anhäufungen von Nervenzelleibern und das zentrale Weiß des Marks mit enthaltenen Leitungsbahnen entstehen.

II. Die **Furchen (Sulci cerebri – 2)** und **Windungen (Gyri cerebri – 3)** des Großhirns sind in ihrer Ausprägung ein ungefährer Ausdruck des Entwicklungsstandes der betreffenden Tierart. Primitive Säuger und Vögel besitzen noch keine Gyri und Sulci und sind deshalb glatthirnig (lissencephal), unsere Haussäugetiere sind gewundenhirnig (gyrencephal). Die konstanten Windungen können der nebenstehenden Abb. (oben) und der Abb. S. 117 (unten) entnommen werden. Neben konstanten Furchen und Windungen kommen auch Nebenfurchen und -windungen in erheblicher Variationsbreite vor, was sich auch auf Unterschiede in beiden Hirnhemisphären eines Individuums bezieht.

III. Die **Großhirnlappen (Lobi)** liegen in etwa den gleichbenannten Schädelknochen an **(Stirnlappen, Hinterhauptlappen, Schläfenlappen** und **Scheitellappen).** Einige Autoren unterscheiden zusätzlich einen Riechhirnlappen (s. Abb. S. 117).

IV. Die **Rinde (Cortex cerebri)** ist unterschiedlich dick und gemäß der spezifischen Zytoarchitektonik werden zahlreiche **Rindenfelder (Areae)** abgegrenzt (beim Menschen Area 1 bis 52), die teilweise für Bezeichnungen von Hirndetails herangezogen werden.

Eine somatotope Gliederung in sensomotorische Felder erfolgt nach funktionellen Gesichtspunkten. Einer bestimmten Empfindung an einer eng begrenzten Körperstelle oder einer bestimmten Bewegung von Körperteilen kann ein umschriebenes sensibles und sensorisches oder motorisches Projektionsfeld der Großhirnrinde zugeordnet werden. Die somatotope Gliederung konnte erforscht werden, weil sich einem zentralen Hirnschaden (z. B. bei Verletzungen) ein peripherer Ausfall zuordnen ließ. Außerdem konnten durch elektrische Reizung eines bestimmten Areals der Großhirnrinde spezifische periphere Reaktionen ausgelöst werden.

Die sensomotorischen Regionen der Großhirnrinde sind untereinander und mit tiefen Anteilen des Zentralnervensystems durch zu- oder abführende Bahnen des Großhirnmarks verbunden.

V. Der **Markkörper (Corpus medullare)** besteht aus 3 Fasersystemen:

Assoziationsbahnen sind Bahnen mit unterschiedlichen Verlaufsrichtungen innerhalb einer Großhirnhemisphäre.

Kommissurenbahnen sind Querverbindungen der beiden Großhirnhemisphären in der **Commissura rostralis** (s. S. 111), im **Balken (Corpus callosum – 6)** und im **Gewölbe (Fornix – 7).**

Projektionsbahnen sind Verbindungen der Großhirnrinde mit anderen tiefen (kaudalen) Anteilen des Zentralnervensystems wie dem Hirnstamm und dem Rückenmark. Alle Projektionsfasern sind fächerförmig angeordnet und konvergieren zum Zwischenhirn und bilden hier (am „Stiel" der Fächerformation) die **Capsula interna (9)**, die das Gebiet der Basalganglien durchbricht, um im Großhirnschenkel (Crus cerebri) des Mittelhirns kaudal zu ziehen. Der Bereich der Basalganglien ist am Durchtritt der Capsula interna und **Capsula externa (13)** durch alternierenden Wechsel von grauer Substanz und weißen Faserbündeln auf dem Anschnitt streifig und wird deshalb **Streifenkörper (Corpus striatum)** genannt. 2

b) Der **HIRNSTAMM** wird von den Lehrbuchautoren verschieden definiert. Unbestritten gehören Rhomb- und Mesencephalon dazu. Darüber hinaus zählen einige Autoren auch das Zwischenhirn und die Basalganglien des Großhirns zum Hirnstamm, die dementsprechend dann auch Stammganglien genannt werden. 3

(dorsal)

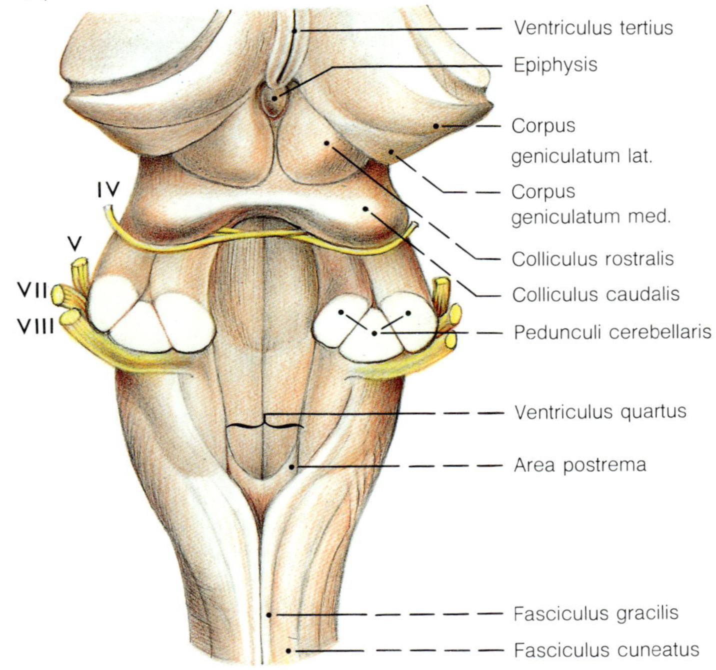

I. Die **Basalganglien** des Streifenkörpers sind die Anteile der grauen Substanz, die während der Ontogenese nicht peripher auswandern, sondern im Grenzgebiet zum Zwischenhirn liegen bleiben. Zu den Basalganglien zählen der **Schwanzkern (Nucleus caudatus – 8)**, der **Linsenkern (Nucleus lentiformis)**, die **Vormauer (Claustrum – 14)** und der **Mandelkörper (Corpus amygdaloideum – 12).** Der Schwanzkern wölbt sich in den Seitenventrikel vor. Der **Linsenkern (Nucleus lentiformis)** besteht aus der lateral gelegenen **Schale (Putamen – 10)** und dem medial gelegenen **bleichen Kern (Pallidum – 11)**, der von manchen Autoren nicht zum Großhirn, sondern zum Zwischenhirn gezählt wird, die sich hier nicht scharf voneinander trennen lassen. Der Mandelkörper gehört topographisch zu den Basalganglien, funktionell aber zum Riechhirn. Die Funktion der Basalganglien ist noch weitgehend ungeklärt, weil sie für experimentelle Forschungen schwer erreichbar sind. Für den Menschen ist bekannt, daß sie Bewegungsabläufe regeln und Bewegungsprogramme der Großhirnrinde modifizieren, insbesondere Programme langsamer Bewegungen. Anteile der Basalganglien beteiligen sich an Funktionen des limbischen Systems. 4

c) Das **LIMBISCHE SYSTEM** ist die strukturell ungenau abgegrenzte Randzone (Limbus = Rand) zwischen Diencephalon und Telencephalon und innerhalb des Endhirns zwischen Cerebrum und Rhinencephalon. Zu ihm gehören limbische Rindenanteile wie der **Lobus piriformis** und der **Hippocampus** sowie tiefer gelegene Teile des Groß- und Riechhirns. Von den tiefen Anteilen seien hier nur wenige genannt: Nuclei septi des **Septum telencephali**, früher **Septum pellucidum** genannt, und Teile des Streifenkörpers: **Nucleus caudatus, Putamen** sowie **Corpus amygdaloideum.** Zwischen den Anteilen des limbischen Systems und anderen Hirnregionen besteht eine rege Kommunikation.

Zur Funktion des limbischen Systems bestehen ebenfalls Unklarheiten. Es kontrolliert Gefühle, Stimmungen, Triebe sowie das emotionale Verhalten und wird deshalb auch „viszerales" oder „emotionales" Gehirn genannt.

Encephalon (Neopallium)

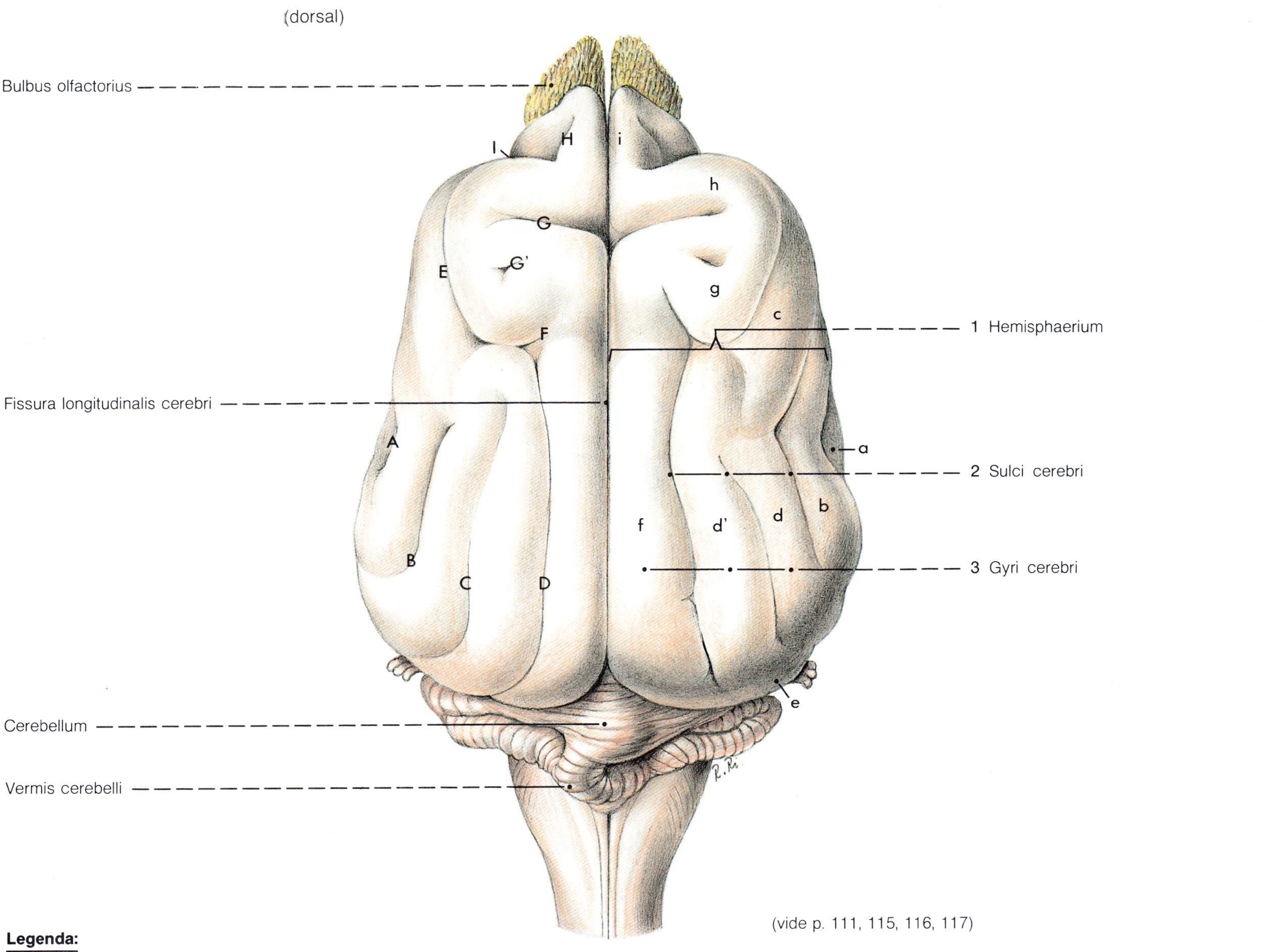

(vide p. 111, 115, 116, 117)

Legenda:

A Sulcus ectosylvius caudalis
B Sulcus suprasylvius
C Sulcus ectomarginalis
D Sulcus marginalis
E Sulcus coronalis

F Sulcus ansatus
G Sulcus cruciatus
G' Sulcus postcruciatus
H Sulcus proreus
I Sulcus praesylvius

a Gyrus sylvius
b Gyrus ectosylvius caudalis
c Gyrus ectomarginalis rostralis
Gyrus ectomarginalis medius:
d Pars lateralis
d' Pars medialis

e Gyrus ectomarginalis caudalis
f Gyrus marginalis
g Gyrus postcruciatus
h Gyrus praecruciatus
i Gyrus proreus

Sectiones thalami et Corpus striatum

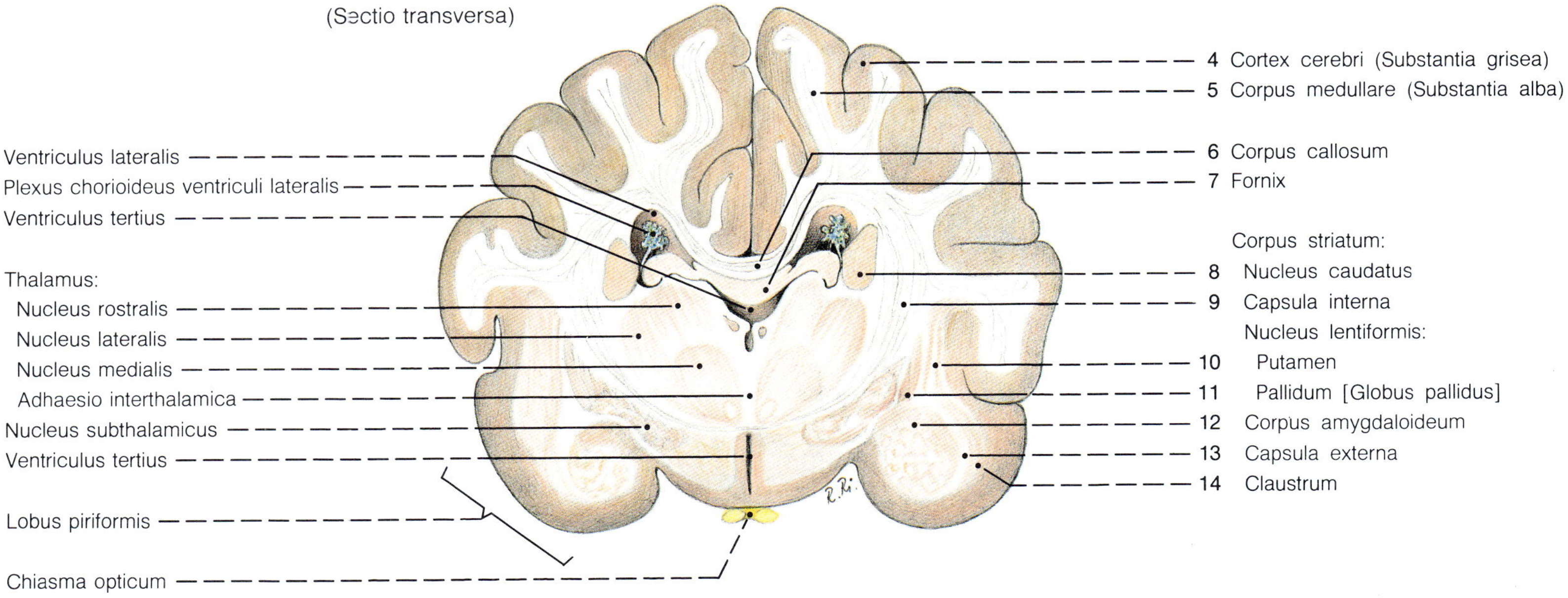

Die Großhirnhemisphäre und das Kleinhirn werden mit Hilfe des Lehrpersonals bei horizontaler Schnittführung durch den Balken gekappt, wodurch die Seitenkammern des Gehirns eröffnet werden. Das Ammonshorn (Hippocampus) wird, wie auf nebenstehender Abbildung abgetragen, um das Kniehöckergebiet und den Tractus opticus darstellen zu können.

a) Das **RIECHHIRN (RHINENCEPHALON)** als weiterer Hirnteil des Endhirns (Telencephalon) beginnt mit seiner **Pars basalis** (2) rostral am **Bulbus olfactorius** (3). Hier enden die Neurone der Nn. olfactorii (**Fila olfactoria** – 1), deren Perikarien und Dendriten mit enthaltenen Rezeptoren im Nasengrund und im Organum vomeronasale liegen. Im Bulbus olfactorius beginnen die zweiten Neurone. Sie ziehen zunächst im kurzen **Pedunculus olfactorius** (4) und nach dessen Teilung teils im **Tractus olfactorius lateralis** (5) und teils im **Tractus olfactorius medialis** (6). Vom Tractus olfactorius lateralis gelangen sie, nach erneuter Umschaltung auf ein weiteres Neuron, zur primären Riechrinde des **Lobus piriformis** (9) und weiter zum Limbischen System, hier besonders zum Mandelkörper (Corpus amygdaloideum). Vom Tractus olfactorius medialis ziehen die Neurone nach teilweiser Umschaltung zur **Pars septalis rhinencephali**, unter anderem zu den Nuclei septi des Septum telencephali (Septum pellucidum). Zwischen dem Tractus olfactorius medialis und – lateralis liegt das **Riechfeld (Trigonum olfactorium)**.

b) Der **HIPPOCAMPUS** (28) ist ein Kerngebiet des limbischen Systems und ist (beim Menschen) an Gedächtnisleistungen beteiligt. Er liegt kaudal im Grund der **seitlichen Gehirnkammer (Ventriculus lateralis** – 25). Von der glatten und widderhornartig eingerollten Oberfläche wurde
1 der ebenfalls gebräuchliche Terminus **Ammonshorn (Cornu ammonis)** abgeleitet. Auf dem Querschnitt durch das Großhirn in Höhe der **Epiphyse (Epiphysis** – 27, s. a. S. 111 u. 117) kann der eingerollte Verlauf des Ammonshorns studiert werden, das dem lateralen und dem medialen Kniehöckergebiet schalenförmig aufliegt und mit seiner dorsomedialen Fimbria hippocampi unter dem Adergeflecht (**Plexus chorioideus** – 26) der Seitenkammern liegt.

c) Von den **LEITUNGSBAHNEN** vom und zum Gehirn sollen hier nur zwei absteigende (motorische) und zwei aufsteigende (sensible) Verbindungen berücksichtigt werden.

I. **Motorische Leitungsbahnen** bilden das pyramidale und das extrapyramidale System.

Das **pyramidale System** ist für fein abgestimmte Bewegungsabläufe zuständig und beim Menschen bedeutsamer als bei den Haussäugetieren. Es beginnt mit Projektionsfasern im Motocortex des Neopallium und setzt sich in der Capsula interna zum Crus cerebri fort, um danach verschiedene Verlaufsrichtungen anzunehmen. Ein Teil der Fasern kreuzt zu den Kernen der kontralateralen Gehirnnerven. Ein anderer Teil zieht zum Pons und weiter via Pedunculus cerebelli medius zum Cerebellum. Der überwiegende Teil liegt ventromedial in der **Pyramis** (17) der Medulla oblongata, wo kaudal die meisten Fasern in der **Pyramidenkreuzung (Decussatio pyramidum** – 22) die Medianebene kreuzen und danach in tieferen Bereichen zu allen Abschnitten des Rückenmarks ziehen.

Das **extrapyramidale System** ist für gröbere Bewegungsabläufe zuständig und bei unseren Haussäugetieren als motorisches Leitungssystem dominierend. Läsionen führen zu erheblichen Ausfällen in der Bewegung. Es beginnt in der Großhirnrinde: die synaptischen Umschaltungen auf nachfolgende Neurone erfolgen im **Nucleus caudatus** (24), im **Tegmentum mesencephali** (s. S. 111), speziell in der Substantia nigra sowie im Nucleus ruber und in der **Oliva** (21) der Medulla oblongata. Die Fasern ziehen danach im Funiculus lateralis des Rückenmarks bis zu dessen Ende. Das extrapyramidale System besitzt zahlreiche Rückkopplungsmechanismen, die unter Einschaltung des Kleinhirns via **Pedunculus cerebelli caudalis** (33) anregende und hemmende Impulse vermitteln. Der **Pedunculus cerebellaris rostralis** und – **medius** (33) stellen die Verbindung zwischen dem Kleinhirn und dem Mittelhirn resp. der Brücke (Pons) des Hinterhirns her.

II. **Sensible Leitungsbahnen** verlaufen im Fasciculus gracilis resp. cuneatus.

Der **Fasciculus gracilis** (34), der dorsomedial am Rückenmark aufsteigt, führt sensible Leitungsbahnen von der Beckengliedmaße und kaudalen Rumpfbereichen zu Kaudalbereichen der Medulla oblongata, wo im Tuberculum nuclei gracilis die synaptische Umschaltung erfolgt und die Weiterleitung zur Großhirnrinde beginnt.

Der **Fasciculus cuneatus** (35), der dorsolateral am Rückenmark verläuft, führt sensible Leitungsbahnen von der Schultergliedmaße und kranialen Rumpfbereichen zum Tuberculum nuclei cuneati, das ebenfalls kaudal in der Medulla oblongata liegt. Hier erfolgen Umschaltung und beginnende Weiterleitung zum Cortex cerebri.

d) HIRNNERVENAUSTRITTE

Die **Nn. olfactorii** (I) stehen mit dem Riechhirn in Verbindung.

Der **N. opticus** (II) gelangt mit seinen Neuronen von der Netzhaut durch den Canalis opticus (s. S. 91) zur **Sehnervenkreuzung (Chiasma opticum** – 7), wo ca. 75% aller Nervenfasern, vornehmlich die von der nasalen Netzhauthälfte die Mediane kreuzen, während 25% aller Nervenfasern, vornehmlich die von der temporalen Netzhauthälfte ungekreuzt weiterziehen. Der Sehnerv wird nach der Sehnervenkreuzung vom **Tractus opticus** (8) fortgesetzt, der im **lateralen Kniehöcker (Corpus geniculatum laterale** – 29) endet. Anschließende Fasern gelangen überwiegend via Capsula interna zur Sehrinde im Lobus occipitalis des Großhirns, wo die bewußte visuelle Wahrnehmung erfolgt. Andere Fasern gelangen vom lateralen Kniehöckergebiet und vom Tractus opticus zum **Colliculus rostralis** (31) des Mittelhirns, wo u. a. Verbindungen zum III. Gehirnnerven der Regulierung der Pupillenweite und der Augenmuskelbewegungen dienen.

Der **N. oculomotorius** (III) geht kaudolateral des **Mamillarkörpers (Corpus mamillare** – 11) aus dem Mittelhirn hervor.

Der **N. trochlearis** (IV) entspringt dorsal am Mesencephalon an der Kaudalkontur der kaudalen Hügel und zieht bogenförmig zwischen Groß- und Kleinhirn um das Mittelhirn herum zur Hirnbasis und weiter durch die Fissura orbitalis (s. S. 89 u. 91) zur Augenmuskelpyramide.

Der **N. trigeminus** (V) tritt mit seiner starken sensiblen Wurzel und seiner schwachen motorischen Wurzel kaudal zwischen der **Brücke (Pons** – 14) und dem **Kleinhirn (Cerebellum** – 16) aus dem Rautenhirn hervor. Die Perikarien der sensiblen (afferenten) Neurone liegen im auffallend großen Ganglion trigeminale, das subdural zwischen dem Rostralende des Felsenbeins und den Schädeldurchtrittsstellen der drei Trigeminusäste liegt.

Der **N. abducens** (VI) geht im Winkel zwischen **Pyramide (Pyramis** – 17) und **Trapezkörper (Corpus trapezoideum** – 15) am Kaudalrand der Brücke aus dem Rautenhirn hervor.

Der **N. facialis** (VII) kommt zwischen dem Kleinhirn und dem Rostralrand des Trapezkörpers aus dem Rautenhirn und zieht durch den Porus acusticus internus in den knöchernen Canalis facialis.

Der **N. vestibulocochlearis** (VIII) zieht in den Porus acusticus internus. Die **Hörbahn** besteht aus mehreren hintereinandergereihten Neuronen und beginnt im Innenohr und endet im Großhirn. Vom Hörorgan der Schnecke des Innenohres gelangen die afferenten Axone zum Ganglion spirale, wo ihre Perikarien liegen, deren efferenten Axone zum N. vestibulocochlearis gelangen, der am Trapezkörper in das Rautenhirn eintritt. Von hier zieht die Hörbahn zum **Colliculus caudalis** (32) der Vierhügelplatte des Mittelhirns, wobei ein Teil der Nervenfasern zur Gegenseite kreuzt. Vom Colliculus caudalis ziehen die Axone zum **Corpus geniculatum mediale** (30) des Zwischenhirns und weiter durch die Capsula interna zur Hörrinde des Großhirns.

Der **N. glossopharyngeus** (IX) verläßt im Kaudalwinkel zwischen Trapezkörper und Kleinhirn das verlängerte Rückenmark und zieht zum For. jugulare (s. S. 89 u. 91).

Der **N. vagus** (X) zieht kaudoparallel zum N. glossopharyngeus ebenfalls zum For. jugulare.

Der **N. accessorius** (XI – 18) besitzt einen dicken Rückenmarksanteil und einen dünnen Hirnanteil. Die **Rückenmarkswurzeln (Radices spinales** – 20) ziehen zwischen den Dorsal- und Ventralwurzeln der Halsnerven an der Lateralkontur des Rückenmarks durch das For. magnum. Die **Hirnwurzeln (Radices craniales** – 19) entspringen kaudal vom N. vagus aus dem verlängerten Rückenmark. Beide Anteile treten gemeinsam durch das For. jugulare. Der Hirnanteil schließt sich als R. internus dem N. vagus an. Der Rückenmarksanteil wird zum R. externus, der die Mm. trapezius, sternocleidomastoideus und cleidocervicalis innerviert.

Der **N. hypoglossus** (XII) tritt mit zahlreichen Nervenfäden zwischen der Pyramide und der **Olive (Oliva** – 21) aus dem Kaudalende der Medulla oblongata. Nach Vereinigung seiner Nervenfäden verläßt der N. hypoglossus durch den Canalis n. hypoglossi den Schädel und gelangt zur Zungenmuskulatur.

e) Die **ARTERIENVERSORGUNG DES GEHIRNS** erfolgt über den 2
Circulus arteriosus cerebri (12), der seitlich von der **A. carotis interna** (10) und kaudal von der unpaaren **A. basilaris** (13) gespeist wird. Die A. basilaris geht in Ursprungshöhe des 1. Halsnerven aus dem Zusammenfluß der rechten und linken **A. vertebralis** (23) hervor.

Basis encephali (ventral)

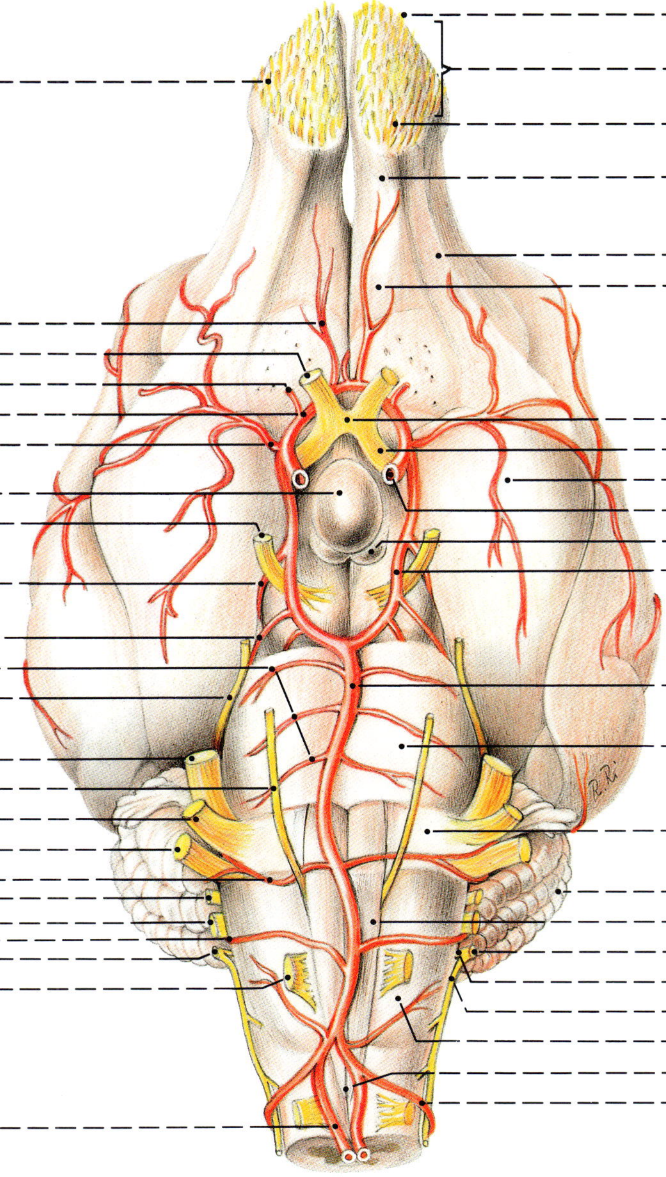

Sectio cerebri (dorsal)

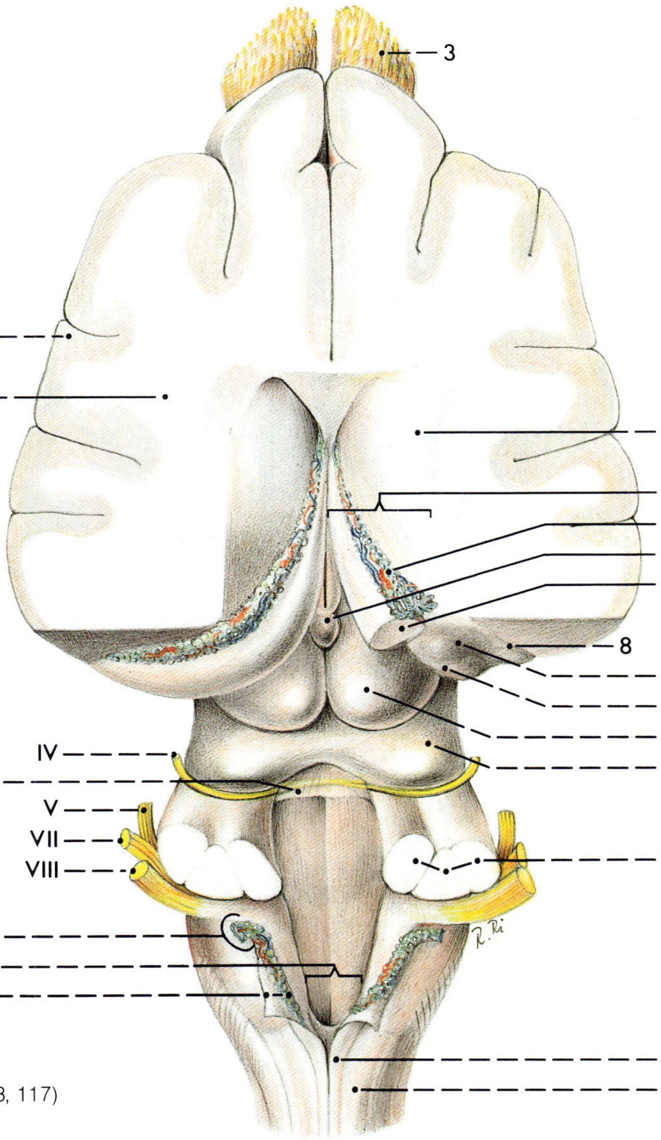

(vide p. 111, 112, 113, 117)

5. GEHIRNVENEN, HIRNBLUTLEITER, GEHIRNKAMMERN UND ADERGEFLECHTE

a) Die **VENEN DES GEHIRNS** münden ohne Arterienbegleitung in die Hirnblutleiter und besitzen wie diese weder Klappen noch eine Muskelwand (Media). Es werden oberflächliche und tiefe Hirnvenen unterschieden.

Von den oberflächlichen Hirnvenen münden zwei bis vier **Vv. cerebri dorsales (1)** in den Sinus sagittalis dorsalis, und die oberflächlich an der Hirnbasis und seitlich am Schläfenlappen gelegenen Vv. cerebri ventrales (Abb. unten, A und B) münden an unterschiedlichen Stellen in das ventrale Hirnblutleitersystem.

Die tiefen Hirnvenen kommen unter anderem vom Balken, vom Basalganglienhügel und vom Adergeflecht der Seitenkammern (s. unten) und vereinigen sich dorsal am Mittelhirn zur **V. cerebri magna (6)**, die sich zwischen Groß- und Kleinhirn im Kleinhirnzelt als Sinus rectus kaudal fortsetzt.

1 b) Die **HIRNBLUTLEITER (SINUS DURAE MATRIS)** sind blutableitende modifizierte Venen in der Ectomeninx (s. S. 111), die überwiegend zwischen Periosteum (Endocranium) und Dura mater verlaufen. Durch ihre Lage in der Ectomeninx oder in Knochenkanälen wird die Lumenweite des Hirnblutleiters bei Fehlen einer Muskelwand ständig konstant gehalten. Das Fehlen von Venenklappen ermöglicht einen Blutstrom in verschiedene Richtungen. Die Hirnblutleiter nehmen hauptsächlich die o. g. Hirnvenen und die **Venen der Hirnschädelwand (Vv. diploicae – 2)** auf und führen das Blut über Vv. emissariae zu den Kopfvenen und zur **V. jugularis interna (15)** ab. Entsprechend der Lage zum Gehirn wird ein dorsales und ventrales Hirnblutleitersystem unterschieden.

I. Das **ventrale Hirnblutleitersystem** beginnt mit dem rechten und linken **Sinus cavernosus (8)**, die beide rostral mit dem venösen **Plexus ophthalmicus (17)** der Augenhöhle in Verbindung stehen und rostral der Hypophyse durch einen inkonstanten sowie kaudal durch einen konstanten **Sinus intercavernosus (14)** verbunden sind. Kaudal setzt sich der Sinus cavernosus im Canalis petrooccipitalis in den **Sinus petrosus ventralis** (12) fort. Der Sinus petrosus ventralis entläßt eine Emissionsvene durch das Foramen jugulare, die in die V. jugularis interna übergeht. Danach anastomosiert er mit dem **Sinus sigmoideus (11)**, bevor er in den **Sinus basilaris (10)** übergeht. Nach Passage des Canalis condylaris und des For. magnum mündet der Sinus basilaris in den **Plexus** (venosus) **vertebralis internus ventralis (9)**. Der Sinus petrosus dorsalis (7) zieht im Kleinhirnzelt zum Sinus transversus.

II. Das **dorsale Hirnblutleitersystem** beginnt rostral mit dem **Sinus sagittalis dorsalis (3)**, der hier Venenäste aus der Nasenhöhle aufnimmt und sich kaudal über dem knöchernen Kleinhirnzelt nach Aufnahme des **Sinus rectus (4,** Fortsetzung der V. cerebri magna) in den paarigen **Sinus transversus (5)** gabelt. Der Sinus transversus verläuft im knöchernen Canalis sinus transversi und anschließend im Sulcus sinus transversi. Hier entläßt er den Sinus sigmoideus (Anastomose zum ventralen Hirnblutleitersystem), im Meatus temporalis geht er in den **Sinus temporalis** (13) über, der bei Passage des For. retroarticulare (j) in die V. emissaria foraminis retroarticularis übergeht, die in die **V. maxillaris (16)** mündet.

2 c) Die **GEHIRNKAMMERN (VENTRICULI ENCEPHALI,** s. Textabb.*) entwickeln sich während der Ontogenese aus dem Lumen des Neuralrohres. Die 1. **(rechte)** und 2. **(linke) Gehirnkammer (Ventriculus lateralis – S)** liegen in der rechten resp. linken Großhirnhemisphäre (s. a. S. 113). Das **For. interventriculare** (W) stellt die Verbindung der Seitenventrikel zur unpaaren **3. Gehirnkammer (Ventriculus tertius – Y)** her, die im Zwischenhirn die zentral gelegene Adhaesio interthalamica ringförmig umgibt und sich ventral in Richtung Sehnervenkreuzung und Neurohypophyse mit je einem **Recessus (Z u. Z')** ausstülpt. Die enge **Wasserleitung (Aquaeductus mesencephali – X)** geht am Übergang zum Mittelhirn aus der ringförmigen 3. Gehirnkammer hervor und mündet am Übergang zum Rautenhirn in die geräumige 4. **Gehirnkammer (Ventriculus quartus – V)**, die in den engen **Zentralkanal** des Rückenmarks **(Canalis centralis – U)** übergeht. Der Boden der 4. Gehirnkammer (s. S. 115) erscheint bei der Aufsicht rauten(rhomben)förmig, was für die Namengebung des umgebenden Hirnabschnittes entscheidend war. Das Dach der 4. Gehirnkammer wird rostral im Hinterhirn vom sehr dünnen rostralen Marksegel (Velum medullare rostrale) und im Nachhirn vom Velum medullare caudale sowie von der Tela chorioidea gebildet. (Infolge der Fixierung ist das rostrale Marksegel mit dem Boden des 4. Gehirnventrikels verklebt, wodurch die Verbindung zum Aquaeductus mesencephali verlegt ist.) Das sehr dünne Velum medullare caudale liegt dem Kleinhirn sowie den Kleinhirnschenkeln eng an. Es trägt die Tela chorioidea (s. S. 115) mit dem Adergeflecht (Plexus chorioideus). Im **Recessus lateralis ventriculi quarti (T)** befindet sich die Apertura lateralis zum Subarachnoidalraum.

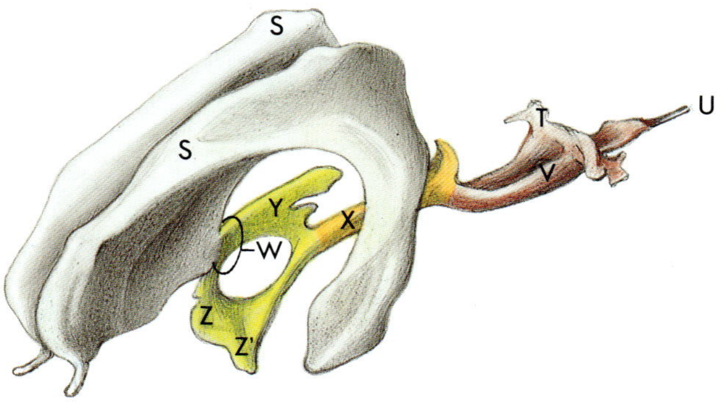

Legenda:

S Ventriculus lateralis
T Recessus lateralis ventriculi quarti
U Canalis centralis medullae spinalis
V Ventriculus quartus
W For. interventriculare
X Aquaeductus mesencephali
Y Ventriculus tertius
Z Recessus opticus
Z' Recessus neurohypophysialis

d) Die **ADERGEFLECHTE (PLEXUS CHORIOIDEI,** s. S. 111 u. 115), die in allen vier Hirnventrikeln (nicht jedoch im Aquaeductus mesencephali) liegen, produzieren Liquor cerebrospinalis. Außerhalb der Adergeflechte wird Liquor cerebrospinalis von den Blutgefäßen der Pia mater gebildet. Zur Bildung der Adergeflechte ragt die Pia mater mit enthaltenen Blutgefäßen girlandenförmig in das Lumen der Hirnventrikel hinein und wird hier vom modifizierten kubischen Ependym, der Innenauskleidung der Hirnventrikel, überlagert.

Die **Hirn-Rückenmarksflüssigkeit (Liquor cerebrospinalis)** stammt aus 3
dem Blut und dringt unter Zurückhaltung der Blutkörperchen und der Eiweißanteile durch die Poren des Kapillarendothels, die Basalmembran und die modifizierten Ependymzellen hindurch in die Hirnventrikel. Die Blut-Liquorschranke verändert durch Zurückhaltung verschiedener Blutanteile den entstehenden Liquor cerebrospinalis gegenüber dem Blutserum entscheidend, wozu auch die Sekretionsleistung der Ependymzellen beiträgt. Er füllt die Hirnventrikel einschließlich der Wasserleitung sowie den Zentralkanal des Rückenmarks aus. Diese inneren Liquorräume sind in der 4. Hirnkammer mit dem Cavum subarachnoidale (s. S. 111), dem äußeren Liquorraum, verbunden. Die Verbindung wird am Lateralende des Recessus lateralis ventriculi quarti (s. S. 115) durch die paarige Apertura lateralis zur Cisterna cerebellomedullaris hergestellt. Liquor cerebrospinalis wird in beträchtlichen Mengen gebildet. (Für den Hund werden etwa 350 Milliliter pro Tag angegeben.) Da aber die Gesamtmenge in den Gehirnventrikeln samt Zentralkanal und dem Subarachnoidalraum konstant bleibt, muß es ein Gleichgewicht zwischen Bildung und Resorption geben (Abb. S. 111, unten). Als Orte der Resorption gelten die Granulationes arachnoidales sowie die Ausläufer des Subarachnoidalraumes auf den Anfangsabschnitt der Spinalnerven und auf die zu- und abführenden Blutgefäße des Gehirns. Auch die meningealen Umhüllungen der Nn. olfactorii (I) und des N. opticus (II) gelten als Orte der Resorption von Liquor cerebrospinalis. Über die meningealen Umhüllungen der Nn. olfactorii gelangt Liquor cerebrospinalis vom Gehirn durch die Lamina cribrosa ethmoidalis hindurch zur olfaktorischen Schleimhaut im Nasengrund, wo die Flüssigkeit über nasale Lymphgefäße aufgenommen und abtransportiert wird. In ähnlicher Weise gelangt Liquor cerebrospinalis in der Umgebung des N. opticus vom Subarachnoidalraum über Poren und Mikrokanäle in das retrobulbäre lockere Bindegewebe des Auges und wird von hier über Lymph- und Blutgefäße abgeführt. Bei einem Ungleichgewicht zwischen Bildung und Resorption entsteht bei vermehrter Bildung oder bei Abflußhemmnissen ein Hydrocephalus internus (Wasserkopf). Dabei sind die Kammern geweitet und das Gehirngewebe wird zunehmend verdrängt. Der Kopf ist unproportioniert groß, und die Schädelknochen sind abnorm dünn. Als Ursache kommen pathologische Umfangsvermehrungen besonders in den engen Bereichen der „inneren" Liquorräume in Betracht.

Bei gesunden Tieren hat Liquor cerebrospinalis neben nutritiven und thermoregulierenden Funktionen hauptsächlich mechanische Aufgaben in Form einer flüssigen Schutzhülle. Bei Gewalteinwirkungen auf den Kopf wird die Bewegung des Gehirns durch Liquor cerebrospinalis verzögert. Es kommt an der Stelle der Gewalteinwirkung und mit einiger Verzögerung an der gegenüberliegenden Stelle zu Läsionen. Bei heftiger Rotation entstehen an den Übertritten von Leitungsstrukturen auf den Schädel Scherkräfte, die an den Mündungen der Hirnvenen in die Hirnblutleiter zu Blutungen führen können.

*) Nach einem Tensol-Cement®-Ausgußmodell gezeichnet, Böhme, G. (1967)

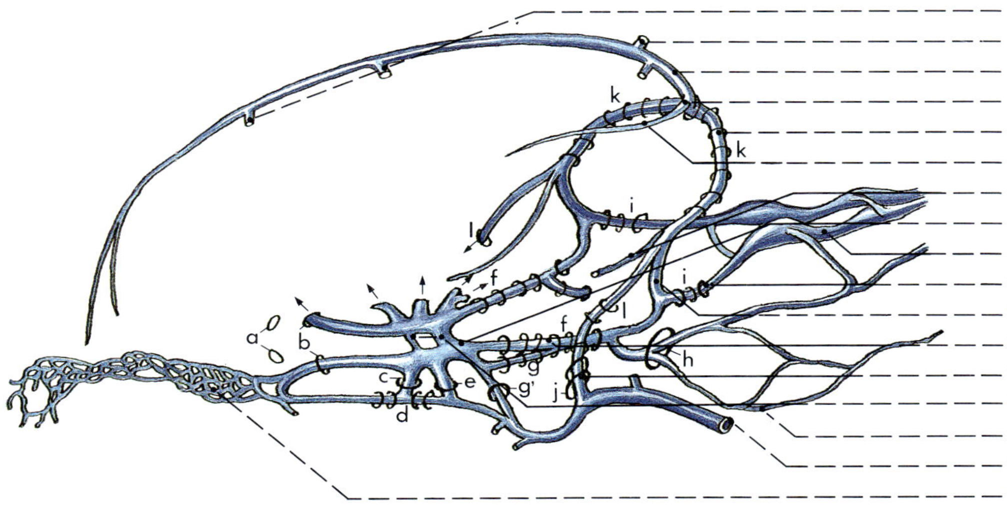

Sinus durae matris

1 Vv. cerebri dorss.
2 V. diploica
3 Sinus sagittalis dors.
4 Sinus rectus
5 Sinus transversus
6 V. cerebri magna
7 Sinus petrosus dors.
8 Sinus cavernosus
9 Plexus vertebralis int. ventr.
10 Sinus basilaris
11 Sinus sigmoideus
12 Sinus petrosus ventr.
13 Sinus temporalis
14 Sinus intercavernosus
15 V. jugularis int.
16 V. maxillaris
17 Plexus ophthalmicus

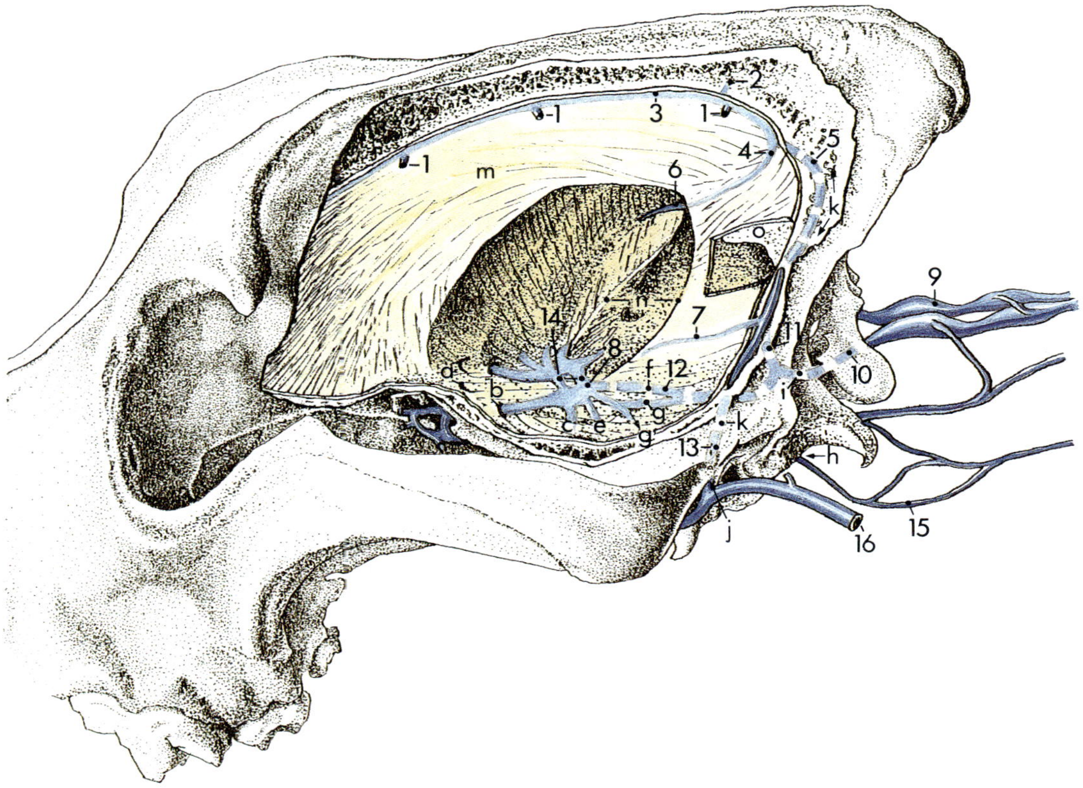

Cavum cranii et Sinus durae matris

a Canalis opticus
b Fissura orbitalis
c Foramen rotundum
d Canalis alaris
e Foramen ovale
f Canalis petrooccipitalis
g Canalis caroticus
g' Foramen caroticum ext.
h Foramen jugulare
i Canalis condylaris
j Foramen retroarticulare
k Canalis sinus transversi
l Meatus temporalis
m Falx cerebri
n Tentorium cerebelli membranaceum
o Processus tentoricus

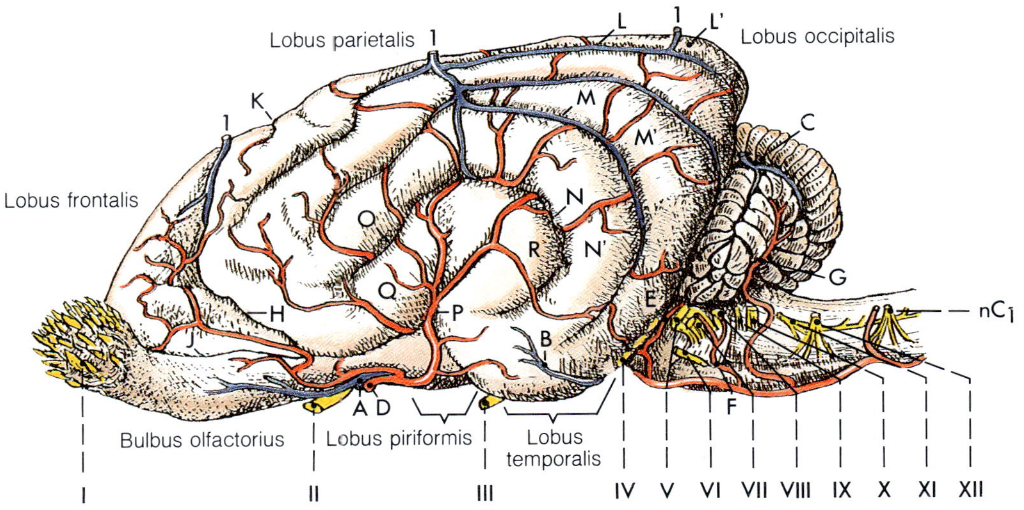

Encephalon (lateral)

A Vv. cerebri ventrr. (rostrr.)
B Vv. cerebri ventrr. (caudd.)
C Vv. cerebelli dorss.
D A. carotis int.
E A. cerebelli rostr.
F A. labyrinthi
G A. cerebelli caud.
H Sulcus praesylvius
J Sulcus rhinalis lat.
K Sulcus cruciatus
L Sulcus marginalis
L' Gyrus marginalis
M Sulcus suprasylvius
M' Gyrus ectomarginalis medius
N Sulcus ectosylvius caud.
N' Gyrus ectosylvius caud.
O Sulcus ectosylvius rostr.
P Fissura pseudosylvia
Q Gyrus sylvius rostr.
R Gyrus sylvius caud.

(vide p. 111, 113, 115)

11. KAPITEL: SINNESORGANE

1. DAS AUGE

Die **Sinnesorgane (Organa sensuum)** empfangen über ihre Rezeptorzellen, die überwiegend mit benachbarten Zellen (meist Stützzellen) das Rezeptororgan bilden, adäquate Sinnesreize mechanischer oder chemischer Natur. Die Sinneszellen werden nach morphologischen Gesichtspunkten in primäre und sekundäre Sinneszellen eingeteilt. Primäre Sinneszellen sind modifizierte Nervenzellen mit einem kurzen dendritischen Rezeptor und einem langen Axon, das zum ZNS führt. Sekundäre Sinneszellen sind nicht-neurale Rezeptorzellen an bestimmten Sinnesorganen, die Impulse über Synapsen an umspinnende Nervenfasern weiterleiten, die zum ZNS ziehen.

Das **SEHORGAN (ORGANUM VISUS)** besteht aus dem **Auge (Oculus)** einschließlich Nervus opticus samt seinen Hüllen (**Vagina externa n. optici – 25**), den zentralen **Sehbahnen (Tractus optici)** und den **Sehzentren** im Gehirn.

Der **Augapfel (Bulbus oculi)** ist annähernd kugelförmig, und deshalb können Richtungsbezeichnungen aus der Geographie wie **äquatorial** und **meridional** unmißverständlich genutzt werden. Zusammen mit Hilfseinrichtungen wie die äußeren Augenmuskeln samt Periorbita resultiert eine Pyramidenform, die sich vom Rand der Orbita bis zum Canalis opticus in die Augenhöhle einfügt. Die Richtungsbezeichnungen am Auge stimmen mit den entsprechenden Termini aus der Humananatomie überein, und bei logischem Gebrauch sind Mißverständnisse ausgeschlossen. Die Begriffe **anterior** und **posterior**, die bei anderen Körperregionen wegen mißverständlicher Deutung in der Veterinäranatomie vermieden werden, beziehen sich am Auge auf die okuläre Frontseite resp. auf den Augenhintergrund. Auch **superior** und **inferior** können am Auge angewandt werden, wenn sie sich z. B. auf das obere resp. untere Augenlid beziehen. Der Augapfel ist eine Ausstülpung des Gehirns samt Hirnhäuten. Die äußere Augenhaut kann als Fortsetzung der harten Hirnhaut (Dura mater) und die mittlere Augenhaut als Fortsetzung der weichen Hirnhaut (Leptomeninx) aufgefaßt werden. Die innere Augenhaut ist eine Fortsetzung der nervenzellreichen Hirnoberfläche.

Funktionell kann das Auge mit den fünf (1-5) Hauptbestandteilen einer Fotokamera verglichen werden.

1 Die **Augenlider (Palpebrae superior – 1 et inferior – 9)** als Hilfs- und Schutzeinrichtung bewirken den Lidschluß und entsprechen dem Kamera-
2 raverschluß (1). Das **dritte Augenlid (Palpebra tertia – 8)** liegt im medialen Augenwinkel.

I. Die **äußere Augenhaut (Tunica fibrosa bulbi)** besteht aus der (hinteren) **Lederhaut (Sclera)**, die am **Limbus corneae (15)** in die (vordere) **Hornhaut (Cornea)** übergeht. Sie ist formgebend für den Augapfel und entspricht dem Kameragehäuse mit der Cornea als der Frontlinse (2).

3 Die **glasklare Hornhaut (Cornea – 2)** behält ihre Durchsichtigkeit bei einem bestimmten Quellungszustand, der vorn von der Tränenflüssigkeit und hinten vom Kammerwasser (s. unten) aufrechterhalten wird. Das Licht bricht sich an der äußeren Oberfläche der Cornea (kaum an der inneren). Die Hornhaut ist nicht verhornt.

4 In der **weißen Lederhaut (Sclera – 22)** haben die zugfesten Fasern mechanischen Beanspruchungen standzuhalten, und zwar dem beträchtlichen Augeninnendruck und dem Zug der äußeren Augenmuskeln. Für den Durchtritt der Sehnervenaxone ist die Sklera am Discus n. optici als Siebplatte (Area cribrosa) modifiziert. Die skleralen Pigmentzellen, vornehmlich an der Grenze zur mittleren Augenhaut gelegen, dienen der „Abdunkelung" des Augenbinnenraumes (vergleichbar dem Kameragehäuse).

5 II. Die **mittlere Augenhaut (Tunica vasculosa bulbi)** ist als **Aderhaut (Chorioidea – 23)** besonders zur Sklera hin pigmentreich, besitzt eine Grenzmembran (BRUCHsche Membran) zur inneren Augenhaut und führt (dazwischen) ein gut entwickeltes Blutgefäßnetz. Das **Tapetum lucidum (21)** ist eine besondere Vorrichtung zur optimalen Ausnutzung des einfallenden Lichtes durch die Photorezeptoren der inneren Augenhaut. Die Fleischfresser besitzen ein **Tapetum cellulosum** mit speziellen Zellen, die gitterförmig angeordnete Stäbchen enthalten, die das Licht reflektieren und streuen (die übrigen Haussäugetiere besitzen an dieser Stelle ein Tapetum fibrosum mit speziellen Fasern). Das einfallende Licht kann durch die Reflektion praktisch zweimal auf die Photorezeptoren einwirken, weil die äußere Pigmentschicht der inneren Augenhaut im Bereich des Tapetum lucidum pigmentfrei oder -arm ist. Das Tapetum lucidum ist in Abhängigkeit von Rasse und Größe des Hundes in einem etwa dreieckigen Bereich dorsal des blinden Fleckes (Discus n. optici) ausgebreitet.

6 Die **Regenbogenhaut (Iris – 3)** entspricht der Irisblende (3) einer Fotokamera. Sie gehört zur mittleren Augenhaut und liegt zwischen vorderer und hinterer Augenkammer vor der Frontseite der Linse, wo sie das **Sehloch (Pupilla – 4)** freiläßt und durch zwei glatte Muskeln neurektodermaler Herkunft den Lichtdurchtritt reguliert. Der **M. sphincter pupillae (11)** umgibt die Pupille mit zirkulärem Faserverlauf, während der **M. dilatator pupillae (12)** mit radiärem Faserverlauf im hinteren Bereich der Iris liegt. An der Rückseite ist die Regenbogenhaut mit dem stark pigmentierten Epithel der Pars caeca retinae (s. unten) überzogen. Auch das Stroma der Iris kann Pigmente enthalten. (Diese Pigmente bestimmen die genetisch festgelegte Augenfarbe.)

Der **Strahlenkörper (Corpus ciliare)** ist ebenfalls Bestandteil der mittleren Augenhaut und bildet einen zirkulären Wulst um die Linse. Er kann durch Kontraktion seines glatten **M. ciliaris (17)** bei Vermittlung durch die **Zonulafasern (Fibrae zonulares – 14)** auf die Form der Augenlinse bei der Akkommodation einwirken. Deshalb können Linse und Strahlenkörper mit von hier ausgehenden und auf die Augenlinse ausstrahlenden Zonulafasern mit der regulierbaren Objektivlinse (4) einer Fotokamera verglichen werden, die die Scharfeinstellung auf die Netzhaut (Film) ermöglichen. Die Oberfläche des Strahlenkörpers bildet an ihrer Basis zunächst den **Orbiculus ciliaris (7)** und ist im Bereich der **Corona ciliaris (6)** durch ca. 80 **Falten (Processus ciliares – 6)** vergrößert, die mit den abgehenden Zonulafasern die Verbindung zur Augenlinse herstellen. Bei Kontraktion der meridionalen Muskelfasern des M. ciliaris nähern sich die Strahlenkörperfalten der Linse, wodurch die Zonulafasern entspannt werden. Dadurch kann sich die Linse, besonders des jungen Individuums, durch ihre Eigenelastizität abrunden. Im Zuge der Akkommodation werden durch Linsenabrundung und einhergehende Zunahme der Brechkraft nahegelegene Objekte auf der Netzhaut scharf „abgebildet". Im Ruhezustand wird die Linse durch den Zug der Zonulafasern bei entspanntem M. ciliaris zum Weitsehen in einer abgeflachten Form gehalten.

III. Die **innere Augenhaut (Tunica interna bulbi, Retina)** besteht aus 10 7
Schichten (s. Histologie) und trägt in der 9. Schicht - von innen gezählt - die Photorezeptoren (Stäbchen und Zapfen) und ist deshalb dem Film (Bildträger – 5) einer Fotokamera vergleichbar. Die lichtempfindliche **Pars optica retinae (19)** reicht vom Augenhintergrund bis zur Basis des Strahlenkörpers, wo sie an der **Ora serrata (20)** in die lichtrezeptorfreie, stark pigmenthaltige **Pars caeca retinae (18)** übergeht, die die Innenfläche des Strahlenkörpers und der Regenbogenhaut überzieht. Die Photorezeptoren bestehen zu 95 % aus Stäbchen und nur zu 5 % aus Zapfen. Die Lichtempfindlichkeit der Netzhaut (die in der Kamera durch unterschiedlich lichtempfindliche Filme = DIN-Zahl reguliert ist) wird durch das Pigmentepithel (10. Schicht der Retina) reguliert. Bei Helligkeit dringen Zellfortsätze des Pigmentepithels in den Bereich der Rezeptoren ein und umhüllen diese regelrecht. Bei Dunkelheit zieht sich das Pigmentepithel aus dem Bereich der Stäbchen und Zapfen zurück.

Im **blinden Fleck (Discus n. optici – 27)** liegen keine Photorezeptoren. Er ist die Durchtrittsstelle des **N. opticus (26)** und der **Blutgefäße der Retina (Vasa sanguinea retinae – 24)**, die bei der Augenspiegelung sichtbar sind. Wenige Millimeter dorsolateral liegt die Macula, die Stelle des schärfsten Sehens. Sie ist beim Hund im Vergleich zum Primaten unterentwickelt und kaum erkennbar. Die Zapfen sind hier nur leicht vermehrt. Der entsprechende Fleck beim Menschen wird wegen seiner Färbung gelber Fleck (Macula lutea) genannt und ist besonders reich an Zapfen.

IV. Die **Linse (Lens – 5)** entwickelt sich nicht aus dem Gehirn, sondern 8
aus dem Hautektoderm und liegt hinter der Pupille samt der Regenbogenhaut. Überzogen wird die Linse von der elastischen Linsenkapsel (Capsula lentis), einem Produkt der Linsenepithelzellen, das den Zonulafasern Verankerung bietet. Während der Ontogenese bleibt die vordere Linsenkapsel einschichtig (Epithelium lentis), während die Zellen des hinteren Epithels bei Verlust der Zellkerne zu Linsenfasern auswachsen, die eine Länge von 1 cm erreichen können und den Hohlraum des ursprünglichen Linsenbläschens ausfüllen. Die annähernd halbkreisförmig verlaufenden Linsenfasern (Fibrae lentis) treffen sich an der vorderen bzw. hinteren Linsenhälfte in zwei Linsensternen, die eine aufrechtstehende bzw. umgekehrte Y-Form aufweisen.

V. Im **Augeninnern** befinden sich vor der Linse und vor resp. hinter der Iris die **vordere Augenkammer (Camera anterior bulbi – 10)** und **hintere Augenkammer (Camera posterior bulbi – 13)**, und hinter der Linse der **Glaskörperraum (Camera vitrea bulbi – 28)** für den **Glaskörper**
(Corpus vitreum). Das Kammerwasser beider Augenkammern ist was- 9
serklar und wird von Blutgefäßen, besonders des Strahlenkörpers, freigesetzt. Zur Resorption fließt das Kammerwasser durch das Ligamentum pectinatum am **iridokornealen Winkel (Angulus iridocornealis – 16)** in die Lücken eines schwammartigen Trabekelsystems (Spatia anguli iridocornealis) und weiter zu den Plexus venosus sclerae (Äquivalent der SCHLEMMschen Kanäle des Menschen) und wird hier von Ziliarvenen aufgenommen. Bei Verlegung des Abflußsystems erhöht sich der Augeninnendruck (Glaucoma = grüner Star).

Oculus dexter

(nasal)

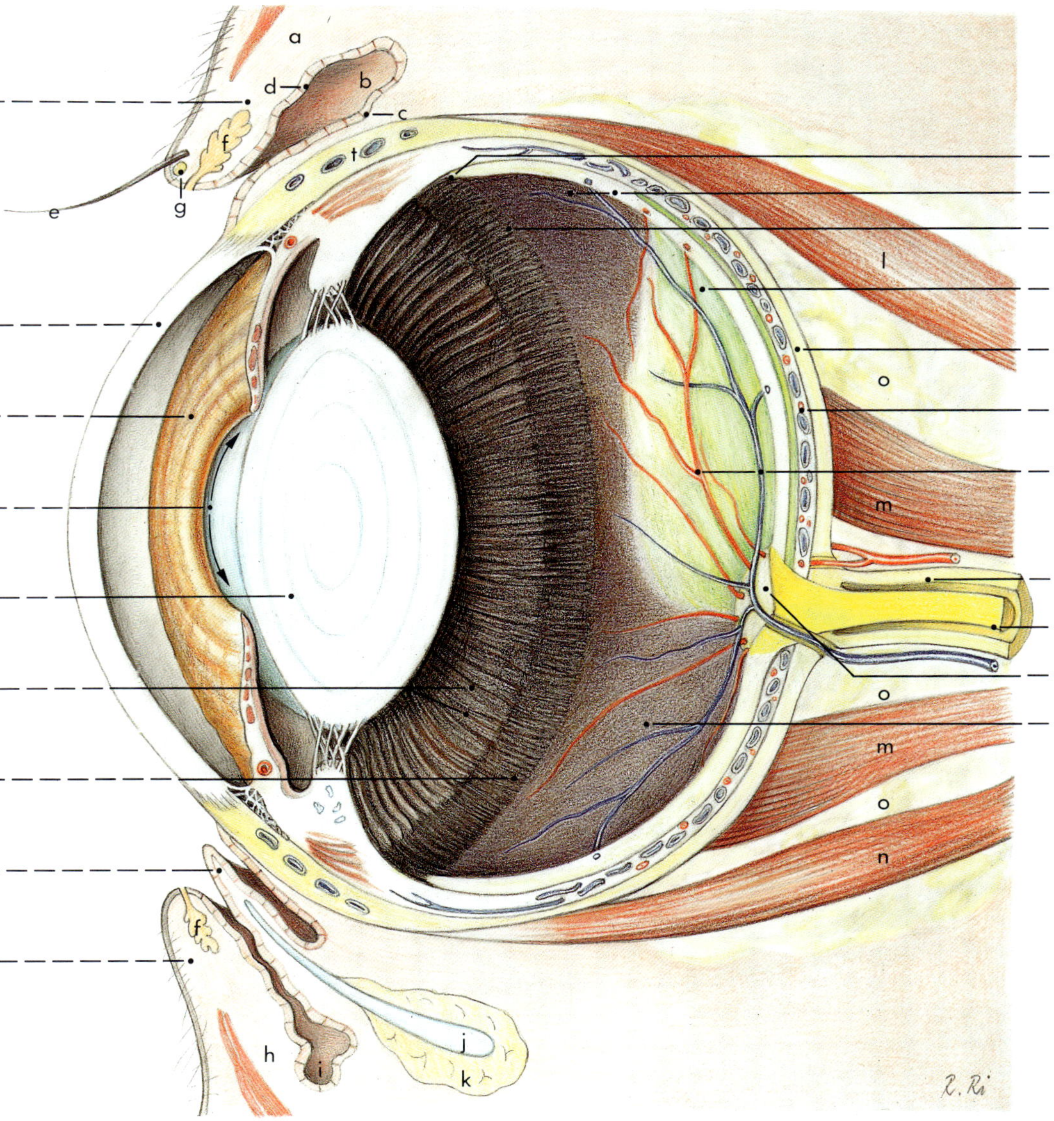

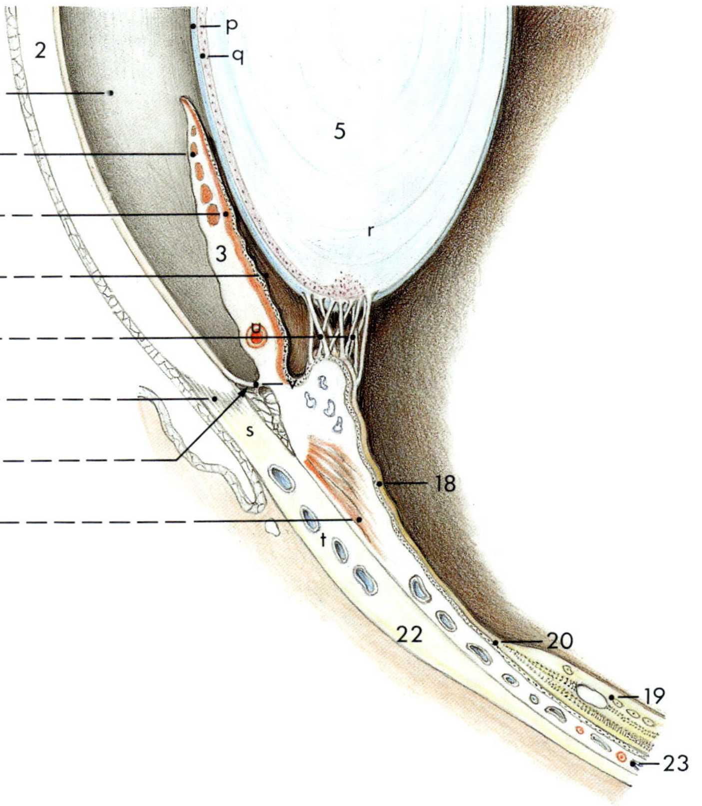

Legenda:

a Tarsus superior
b Fornix conjunctivae superior
c Tunica conjunctiva bulbi
d Tunica conjunctiva palpebrarum
e Cilium
f Gl. tarsalis
g Gl. ciliaris
h Tarsus inferior
i Fornix conjunctivae inferior
j Cartilago palpebrae tertiae
k Glandula superficialis palpebrae tertiae
l M. rectus dorsalis
m M. retractor bulbi
n M. rectus ventralis
o Corpus adiposum intraperiorbitale
p Capsula lentis
q Epithelium lentis
r Fibrae lentis
s Anulus sclerae
t Plexus venosus sclerae
u Circulus arteriosus iridis major
v Ligamentum pectinatum anguli iridocornealis

2. DAS OHR

Das Ohr (Auris, Organum vestibulocochleare) ist ein Doppelsinnesorgan und dient als Hörorgan der Wahrnehmung von Geräuschen und als Gleichgewichtsorgan zur Wahrnehmung der Lage des Körpers in seiner Umgebung. Es besteht aus dem äußeren Ohr (Auris externa), dem Mittelohr (Auris media) und dem Innenohr (Auris interna). Während die dem Hören dienenden Strukturen in allen Abschnitten des Ohres zu finden sind, liegt das Gleichgewichtsorgan allein im Innenohr.

a) Das **ÄUSSERE OHR (AURIS EXTERNA,** s. a. S. 102 u. 103) dient dem Auffangen und Weiterleiten der Schallwellen und ihrer Orientie-
1 rung zum Trommelfell. Es setzt sich aus der **Ohrmuschel (Auricula – 1)**
2 und dem **äußeren Gehörgang (Meatus acusticus externus)** zusammen. Die Grundlage der Ohrmuschel bildet der von dünner Haut überzogene **elastische Muschelknorpel (Cartilago auriculae – 3).** Außen von dichtem, innen von weniger dichtem Haarkleid bedeckt, werden am Beginn des äußeren Gehörganges gröbere Schutzhaare angetroffen. Bei einigen Hunderassen mit Hängeohren (Basset) können die Ohrmuschelhaare beträchtliche Länge erreichen. Am Kaudalrand der Ohrmuschel faltet sich die Haut zu einer **Hauttasche (Saccus cutaneus marginalis – 2)** ein. Der Muschelknorpel rollt sich zur tütenförmigen **Concha auriculae** ein, die an ihrer Basis in den **äußeren Gehörgang (Meatus acusticus externus)** übergeht. Er beginnt mit dem **Meatus acusticus externus cartilagineus (4)**, der zunächst absteigend und senkrecht (Pars perpendicularis) und danach medial und horizontal (Pars horizontalis) verläuft (s. S. 103). In Höhe der Abbiegung geht der Muschelknorpel in den **halbringförmigen Knorpel (Cartilago meatus acustici – 5)** über, dem der **Küraßknorpel (Cartilago anularis – 6)** folgt. Dieser liegt dem kurzen röhrenförmigen **knöchernen äußeren Gehörgang (Meatus acusticus externus osseus – 7)** der Pars tympanica ossis temporalis auf. Der knöcherne äußere Gehörgang endet am spangenförmigen Anulus tympanicus, in den das Trommelfell eingespannt ist.

Muskeln der Ohrmuschel (s. S. 93-95).

b) Das **TROMMELFELL (MEMBRANA TYMPANI – 8)** liegt an der Grenze zwischen äußerem Gehörgang und Mittelohr. Es besteht aus der außen gelegenen haar-, drüsen- und pigmentlosen äußeren Haut, der innen gelegenen drüsenlosen Schleimhaut der Paukenhöhle und dazwischen gelegener gefäßhaltiger bindegewebiger Eigenschicht, die durch den **Anulus fibrocartilagineus** am **knöchernen Paukenring (Anulus tympanicus)** befestigt ist. Das Trommelfell ist mit seinem gespannten Abschnitt (Pars tensa) stumpfkegelförmig gegen die Paukenhöhle vorgewölbt. Ein dorsaler schlaffer Abschnitt (Pars flaccida) verschließt die Lücke im spangenförmigen Anulus tympanicus.

3 c) Das **MITTELOHR (AURIS MEDIA)** besteht aus der Paukenhöhle (Cavum tympani), den darin befindlichen Gehörknöchelchen (Ossicula auditus) und der Ohrtrompete (Tuba auditiva). Die Paukenhöhle und die darin befindlichen Strukturen werden von einer Schleimhaut mit einschichtigem Plattenepithel, teilweise auch von Flimmerepithel, ausgekleidet resp. bedeckt.

I. In die **Paukenhöhle (Cavum tympani – 9)** wölbt sich von lateral das Trommelfell, von medial das Promontorium des Felsenbeins vor. Der dorsale Abschnitt (das Dach) mit Gehörknöchelchen und Chorda tympani wird **Epitympanicum (Paries tegmentalis)**, der mittlere Abschnitt **Mesotympanicum (Paries labyrinthicus)** und der ventrale Abschnitt (der Boden), der der **Paukenblase (Bulla tympanica – 9)** entspricht, wird **Hypotympanicum** genannt. In der medialen Wand sind zwei Öffnungen vorhanden. Das mehr dorsale gelegene ovale **Vorhofsfenster (Fenestra vestibuli – 13)** wird gegen den Vorhof des Innenohres von der Fußplatte des Steigbügels abgeschlossen, das mehr ventrale gelegene runde **Schneckenfenster (Fenestra cochleae – 14)** wird von der Membrana tympani secundaria verschlossen.

II. Die **Gehörknöchelchen (Ossicula auditus)** Hammer (Malleus), Amboß (Incus) und Steigbügel (Stapes) sind von lateral nach medial zu einer vom Trommelfell zum Vorhofsfenster reichenden Kette verbunden. Trommelfell und Gehörknöchelchen stellen den Schalleitungsapparat dar.
Der **Hammer (Malleus – 10)** liegt am weitesten lateral und ist mit dem **Hammerstiel (Manubrium mallei – A)** im Trommelfell verankert. Der darauffolgende **Hals (Collum mallei – B)** geht in den **Kopf (Caput mallei – C)** über, der mit dem **Körper (Corpus incudis – D)** des **Amboß (Incus – 11)** artikuliert. Von den beiden **ungleich langen Schenkeln (Crus longum – E und breve – F)** des Amboß ist dem Crus longum das rechtwinkelig dazu angeordnete **Linsenbeinchen (Os lenticulare – E')** angefügt, das mit dem **Kopf (Caput stapedis – G)** des **Steigbügels (Stapes – 12)** artikuliert. Die **beiden Schenkel** des Steigbügels **(Crus rostrale – H** und **caudale – I)** ruhen auf der ovalen **Fußplatte (Basis stapedis – J)**, die das Vorhofsfenster verschließt. Die Gehörknöchelchen werden durch Bänder in ihrer Lage gehalten. Die Schallintensität wird durch zwei antagonistisch und reflektorisch wirkende Muskeln reguliert, deren Funktion aber noch nicht eindeutig geklärt ist. Der **M. tensor tympani** zieht bei Kontraktion den Hammerstiel in die Paukenhöhle und spannt so das Trommelfell an. Er wird von einem Ast (N. tensoris tympani) des N. mandibularis (V3) versorgt. Der **M. stapedius** verändert die Lage der Fußplatte des Steigbügels im Vorhofsfenster und wird von einem Ast (N. stapedius) des N. facialis (VII) innerviert.

III. Die **Hörtrompete (Tuba auditiva – 15)** verbindet das Mittelohr mit der Pars nasalis pharyngis. Sie dient dem Druckausgleich zwischen Mittelohr und Außenwelt und dem Sekretabfluß von Drüsen, die im Bereich der pharynxseitigen Mündung liegen. Die Tuba auditiva besteht aus einem **knöchernen (Pars ossea tubae auditivae)** und einem **knorpeligen (Pars cartilaginea tubae auditivae) Abschnitt.** Sie wird - ventral rinnenförmig offen - von einer mit Flimmerepithel ausgekleideten bilateral komprimierten Schleimhautröhre durchzogen und endet am Ostium pharyngeum tubae auditivae des Nasenrachens.

d) Das **INNENOHR (AURIS INTERNA)** besteht aus einem in sich geschlossenen System von membranösen, dünnwandigen Blasen und Kanälen, dem **häutigen Labyrinth (Labyrinthus membranaceus).** Es 4
wird von einer Knochenkapsel umgeben, deren Hohlräume, entsprechend dem häutigen Labyrinth, das **knöcherne Labyrinth (Labyrinthus osseus)** bilden. Der Querschnitt des gesamten Innenohres beträgt beim Hund ca. 12 mm. Das knöcherne Labyrinth enthält die wässrig klare **Perilymphe (Liquor cerebrospinalis)**, die das häutige Labyrinth wie ein Wasserkissen umgibt. Die **perilymphatischen Räume (Spatia perilymphatica – 20)** stehen über den **Ductus perilymphaticus** (23) mit dem Subarachnoidalraum in der Schädelhöhle in Verbindung. Im häutigen Labyrinth ist die visköse **Endolymphe** enthalten. Der im Ductus perilymphaticus verlaufende dünne **Ductus endolymphaticus** (27) endet blind mit einer flachen Blase unter der Dura mater der Schädelhöhle.

Das knöcherne Labyrinth besteht aus dem Vorhof (Vestibulum), den Bogengängen (Canales semicirculares ossei) und der Schnecke (Cochlea).

I. Der einheitliche **Vorhof (Vestibulum – 16)** liegt im Zentrum des knöchernen Labyrinths und enthält die beiden häutigen Säckchen, den dorsalen **Utriculus (25)** und den ventralen **Sacculus (24).**

Kaudodorsal sind die knöchernen Bogengänge, rostroventral die knöcherne Schnecke angelagert. Die **häutigen Bogengänge (Ductus semicirculares – 26)** gehen vom Utriculus, der **häutige Schneckengang (Ductus cochlearis – 28)** geht über den Ductus reuniens vom Sacculus ab.

II. Die **Bogengänge (Canales semicirculares ossei – 17)** mit enthaltenen häutigen **Ductus semicirculares (26)** sind etwa rechtwinkelig zueinander angeordnet. Ein vorderer liegt transversal, ein hinterer sagittal und ein seitlicher horizontal. Jeder Bogengang bildet am Übergang zum Vestibulum resp. zum Utriculus eine Ampulla ossea resp. Ampulla membranacea aus. Vorderer und hinterer Bogengang vereinigen sich zu einem gemeinsamen Schenkel (Crus commune).

Sacculus, Utriculus und die Ductus semicirculares enthalten den für das Gleichgewicht zuständigen **Vestibularapparat.** Die registrierenden Sinneszellen finden sich auf umschriebenen Sinnesarealen, die entsprechend ihrer Lage und Form **Macula sacculi, Macula utriculi** und **Cristae ampullares** genannt werden. Von diesen ziehen afferente sensorische Nervenfasern zur Pars superior und Pars inferior des **Ggl. vestibulare (d)** und über den **N. vestibularis (b)** zum Gehirn. Dieser Nerv bildet mit dem N. chochlearis (s. u.) den **N. vestibulochochlearis (VIII – a).** 5

III. Die **Schnecke (Cochlea – 18)** windet sich ventrolateral um die **Schneckenspindel (Modiolus)**, die beim Hund drei Windungen besitzt. Von der Spindel springt die **Lamina spiralis ossea** in den Schneckengang vor und teilt den Schneckenkanal in die obere, im Vorhof beginnende, **Vorhofstreppe (Scala vestibuli – 21)** und in die untere, an der Membrana tympani secundaria endende, **Paukentreppe (Scala tympani – 22),** die an der **Schneckenspitze (Cupula cochleae)** im **Schneckenloch (Helicotrema)** ineinander übergehen. Zwischen den beiden Treppengängen befindet sich der im Querschnitt dreieckige häutige **Schneckengang (Ductus cochlearis – 28).** Seine dorsale Abgrenzung zur Scala vestibuli wird von der **REISSNERschen Membran (Membrana vestibularis – K),** seine ventrale Abgrenzung zur Scala tympani von der, der Lamina basilaris aufsitzenden, **Membrana spiralis (L)** gebildet. Die äußere Abgrenzung bildet das gefäßhaltige verdickte **Lig. spirale cochleae (M)**, das mit dem Periost der Schneckenwand verwachsen ist. In den Ductus cochlearis ragt das **Cortische Organ (Organum spirale – N)** hinein, das mit seinen schallempfindlichen Sinneszellen der Membrana spiralis aufsitzt. Afferente sowie efferente sensorische Nervenfasern verlaufen von hier zum jeweiligen **Ggl. spirale (O)** an der Basis der Lamina spiralis ossea und vereinigen sich danach in der Spindelachse der Schnecke zum **N. cochlearis (c).**

Organum vestibulocochleare [Auris]

Auris externa

1 Auricula
2 Saccus cutaneus marginalis
3 Cartilago et Concha auriculae
4 Meatus acusticus externus cartilagineus
5 Cartilago meatus acustici
6 Cartilago anularis
7 Meatus acusticus externus osseus

(vide p. 103)

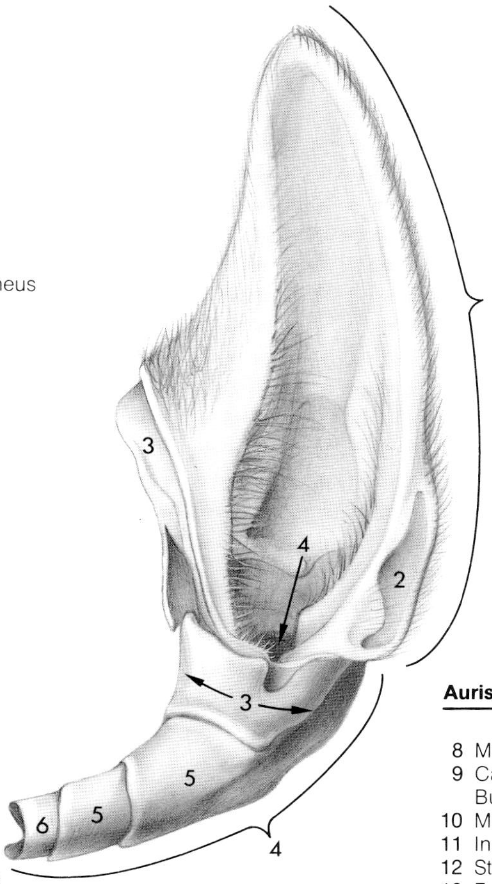

(Pars tympanica et petrosa ossis temporalis - rostral)

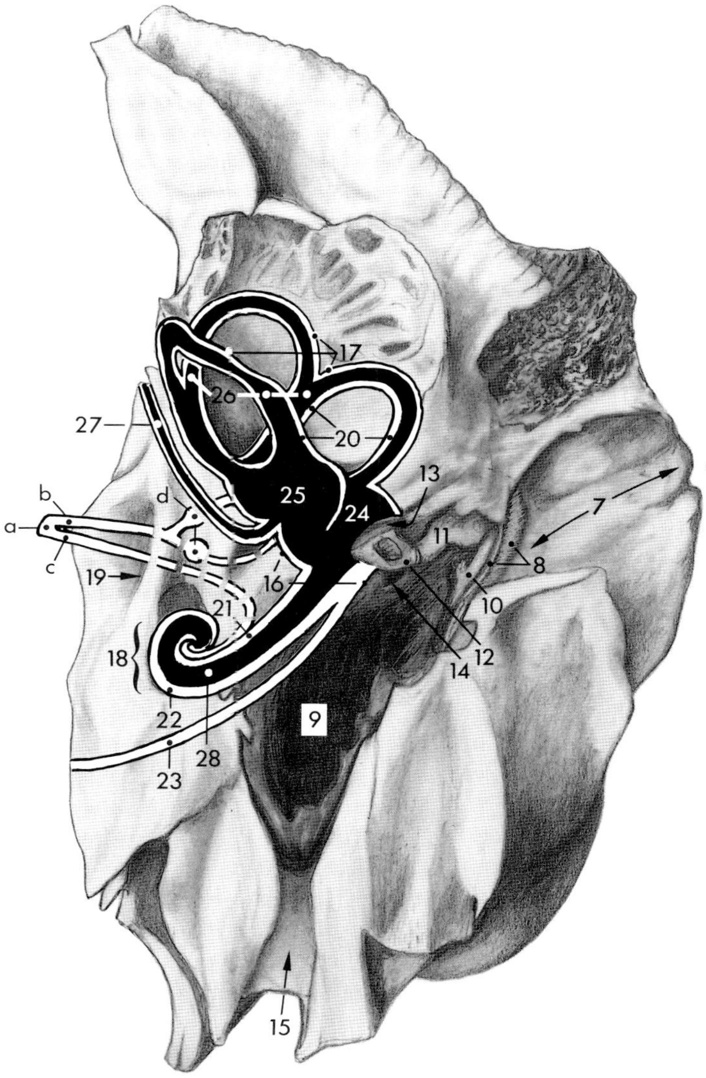

Auris media

8 Membrana tympani
9 Cavum tympani et Bulla tympanica
10 Malleus
11 Incus
12 Stapes
13 Fenestra vestibuli
14 Fenestra cochleae
15 Tuba auditiva

Auris interna

Labyrinthus osseus:
16 Vestibulum
17 Canales semicirculares ossei
18 Cochlea
19 Meatus acusticus internus
Labyrinthus membranaceus:
20 Spatium perilymphaticum
21 Scala vestibuli
22 Scala tympani
23 Ductus perilymphaticus
24 Sacculus
25 Utriculus
26 Ductus semicirculares
27 Ductus endolymphaticus
28 Ductus cochlearis

Legenda:

a N. vestibulocochlearis
b N. vestibularis
c N. cochlearis
d Ggl. vestibulare

Membrana tympani et Ossicula auditus

(medial)

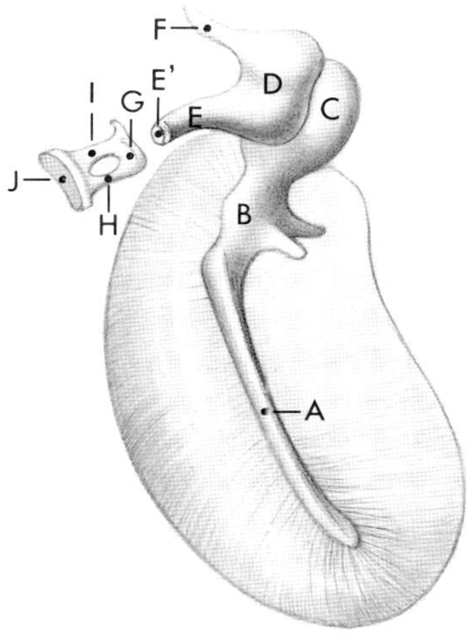

Canalis spiralis cochleae

(Sectio transversa)

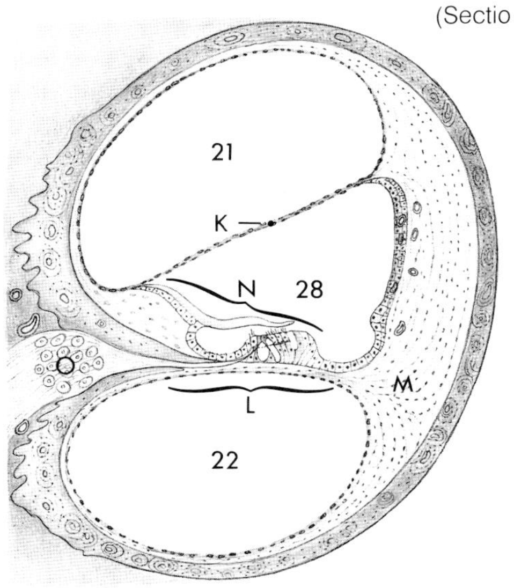

Legenda:

Malleus:
A Manubrium
B Collum
C Caput

Incus:
D Corpus
E Crus longum
E' Os lenticulare
F Crus breve

Stapes:
G Caput
H Crus rostrale
I Crus caudale
J Basis

K Membrana vestibularis
L Membrana spiralis
M Lig. spirale cochleae
N Organum spirale
O Ggl. spirale cochleae

3. GERUCHS- UND GESCHMACKSSINN, OBERFLÄCHEN- UND TIEFEN- SOWIE EINGEWEIDESENSIBILITÄT

a) Das **RIECHORGAN (ORGANUM OLFACTUS)** ist beim Hund besonders gut ausgebildet und dient mit dem **Riechsinn** auch der Orientierung in der Umwelt.

Der mit **Riechschleimhaut (Tunica mucosa olfactoria)** bedeckte Nasengrund wird **Riechfeld** genannt. Er ist mit **Riechepithel (Epithelium olfactorium)** ausgekleidet, in dem die **Riechzellen (primäre Sinneszellen, Epitheliocyti neurosensorii olfactorii – b)** von **Stützzellen (Epitheliocyti sustentantes – a)** und **Basalzellen (Epitheliocyti basales – c)** flankiert werden, die gemeinsam mit den Gll. olfactoriae dem gesamten Riechfeld einen gelb-bräunlichen Farbton verleihen. Die Farbabweichung zur angrenzenden Atmungsschleimhaut ermöglicht jedoch keine exakte Abgrenzung des Riechfeldes mit bloßem Auge. Die Riechzellen haben eine kurze Lebensdauer (beim Menschen wurden 60 Tage ermittelt) und müssen regelmäßig ersetzt werden. Das ist deshalb bemerkenswert, weil die Riechzellen Nervenzellen sind, und deren Ersatz im adulten Stadium eine Besonderheit darstellen. Der Hund als „Makrosmatiker" besitzt ein Riechfeld von beträchtlicher Größe, das beim mittelgroßen Tier etwa 15mal größer ist als beim Menschen. Geruchsstoffe kann der Hund noch in niedrigsten Konzentrationen wahrnehmen, die weit jenseits der menschlichen Geruchswahrnehmung liegen.

b) Das **NASENBODENORGAN (ORGANUM VOMERONASALE)** wird auch nach seinem Entdecker JACOBSONsches Organ genannt. Das Organ liegt direkt am knorpeligen Nasenseptum und reicht von der **Papilla incisiva (1)** bis zur Höhe des zweiten prämolaren Backenzahnes. Es weist über den **Ductus vomeronasalis (2)** und **Ductus incisivus (3)** eine Verbindung zum Mundhöhlendach auf. Es handelt sich um eine wenige Millimeter dicke **Röhre (Ductus vomeronasalis)**, die an der inneren Oberfläche mit modifiziertem Riechepithel ausgekleidet ist und außen knorpelig gestützt wird **(Cartilago vomeronasalis – 4)**. Die **Funktion** des Organs ist noch nicht endgültig abgeklärt. Gesichert ist jedoch seine Funktion als akzessorisches olfaktorisches Organ. Eine Aufnahme von Geruchsreizen aus der Nahrung und die Wahrnehmung von Pheromonen wird ihm zugeschrieben, womit ein Einfluß auf die Fortpflanzung gegeben wäre. Das Organum vomeronasale fungiert als Rezeptor für nichtflüchtige Duftstoffe, die das Riechfeld im Nasengrund nicht erreichen. Die sensorische Innervation erfolgt über den **N. vomeronasalis (5)**, der zu den Fila olfactoria gezählt wird. Bei Mensch und vielen Säugetieren wird das Organ frühzeitig während der Ontogenese zurückgebildet.

c) Das **GESCHMACKSORGAN (ORGANUM GUSTUS)** dient mit dem **Geschmackssinn** der Wahrnehmung von Geschmacksstoffen über spezielle **Geschmackszellen (Epitheliocyti sensorii gustatorii – -e)**. Diese sind zusammen mit **Stützzellen (Epitheliocyti sustentantes – f)** und **Basalzellen (Epitheliocyti basales – g)** in einer faßförmigen **Geschmacksknospe (Caliculus gustatorius s. Gemma gustatoria)** integriert, die mit dem **Geschmacksporus (Porus gustatorius – d)** die Oberfläche erreicht. Die Geschmacksknospen befinden sich im Oberflächenepithel der Zunge an den **Geschmackspapillen (Papillae gustatoriae)**. Zu den Geschmackspapillen zählen die **Papillae foliatae (6), vallatae (7)** und **fungiformes (8)** (s. a. S. 105). Die **Geschmackszellen** sind **sekundäre Sinneszellen**, von denen Reize über synaptische Kontakte zu sensorischen Nervenfasern und weiter zum Gehirn geleitet werden.

d) Die **OBERFLÄCHEN-, TIEFEN- UND EINGEWEIDE-SENSIBILITÄT** sind nicht an spezifische Sinnesorgane gebunden wie das beim Gesichts-, Gehör-, Gleichgewichts-, Geschmacks- und Geruchssinn mit massiver Konzentration von Rezeptoren der Fall ist. Die Dichte an Nervenendigungen kann hoch bis gering sein, oder sie können lokal gänzlich fehlen. Von den peripheren Rezeptoren führen lange Dendriten zu Nervenzelleibern (Perikarien), die nahe am ZNS in den Spinalganglien oder in den sensiblen Kopfganglien liegen und mit kurzem Axon in das ZNS eintreten.

I. Die **Oberflächensensibilität** vermittelt Berührungs-, Druck-, Schmerz- und Temperaturempfindungen von der äußeren Haut. Die Rezeptoren sind entweder **freie Nervenendigungen (Terminationes nervi liberae)** afferenter Neurone, die als Schmerzrezeptoren fungieren und die in die Oberhaut (Epidermis) eintreten und hier ihre Markscheide, verlieren oder es sind Nervenendkörperchen. Die Nervenendkörperchen sind kolben-, lamellen- oder scheibenförmig. Sie liegen überwiegend in der Lederhaut oder in der Unterhaut. **Kolbenförmige Nervenendkörperchen (Corpuscula tactus)** sind wahrscheinlich Temperaturrezeptoren. **Lamellenkörperchen (Corpuscula lamellosa)** mit einer beachtlichen Größe bis zu 3 mm bestehen aus abgeplatteten Zellen, die konische Lamellen bilden und die zentralgelegene Nervenendigung umhüllen, die für Druckreize empfänglich ist. **Scheibenförmige Nervenendkörperchen (Menisci tactus)** fungieren vermutlich als Tastrezeptoren (s. a. S. 5).

Sinushaare mit assoziierten Nervenendigungen sind sehr empfindliche Strukturen für Tastempfindungen.

II. Die **Tiefensensibilität** registriert Spannungszustände über Propriorezeptoren, die sich in Skelettmuskeln, Sehnen, Gelenkkapseln und Gelenkbändern befinden. Der Begriff „Propriorezeptoren" bedeutet, daß die Sinneseindrücke nicht von der Oberfläche, sondern aus dem „eigentlichen" Körperteil selbst heraus vermittelt werden. Von den **Gelenken** werden auch die Winkelung und die **Geschwindigkeiten** in der Bewegung registriert. Die Rezeptoren der Tiefensensibilität sind Muskelspindeln, Sehnenspindeln und nach Auffassung mancher Autoren auch Lamellenkörperchen. Die **Muskelspindel (Fusus neuromuscu-** 1
laris) ist der Rezeptor in der Skelettmuskulatur. Die Rezeptoren befinden sich nahe am Muskelübergang zur Sehne. Sie weisen eine Länge bis zu 3 mm und eine Dicke bis 0,5 mm auf. Eingehüllt in eine bindegewebige Kapsel enthalten die Muskelspindeln modifizierte besonders dünne Skelettmuskelfasern, deren zahlreiche Zellkerne kettenförmig hintereinander liegen (Kettenfasern) oder haufenförmig zusammengedrängt erscheinen (Kernhaufenfasern).

Afferente und efferente Nervenendigungen treten in verschiedenen Formationen an die Muskelspindeln heran. Efferente Motoneurone enden mit motorischen Endplatten an beiden Enden der Muskelspindeln und regulieren die Vorspannung der modifizierten Skelettmuskelfasern. Die afferenten Nervenendigungen, die vom Mittelbereich der Muskelspindel kommen, werden bei der Dehnung der intrafusalen modifizierten Skelettmuskelfasern erregt. Die Erregung wird zum Rückenmark geleitet und hier direkt auf die dicken Motoneurone umgeschaltet (monosynaptischer Reflex), die proximal durch den Muskelhilus über motorische Endplatten an die (normalen) Skelettmuskelfasern herantreten und diese zur Kontraktion veranlassen. Die dünnen Motoneurone steigen auch im extrapyramidal-motorischen System des Rückenmarks auf. Bei der Überprüfung von Reflexen z. B. des Kniescheibenreflexes wird auch die Funktionsfähigkeit der Leitungsbahnen bestimmter Rückenmarkssegmente beurteilt.

Die **Sehnenspindel (Fusus neurotendineus)** ist ähnlich wie die Muskel- 1
spindel gebaut. Die Spindeln sind jedoch dünner und kürzer. Sie liegen in der Sehne, wo diese in den Muskelbauch übergeht. Sie sind als Dehnungsrezeptoren anzusehen und wirken hier zusammen mit den Muskelspindeln. Außerdem kommen sie auch in geringer Anzahl in den Gelenkbändern, z. B. in den Kreuzbändern des Kniegelenkes vor. Funktionell regulieren sie die Koordination von Bewegungen.

Die Informationen laufen über den afferenten Schenkel eines Reflexbogens zum ZNS, und von hier beginnt der efferente Schenkel und aktiviert die zugehörigen Muskelgruppen. Bei Ermüdungserscheinungen verzögern sich die Abläufe, woraus Unsicherheiten in der Bewegung resultieren (z. B. stolpern). Parallel zu den Nervenfasern der Tiefensensibilität verlaufen schmerzleitende Nervenfasern zum Spinalganglion und schließlich zum ZNS.

III. Die **Eingeweidesensibilität** vermittelt über Dehnungsreize an den inneren Organen tiefe, dumpfe und ungenau abgrenzbare, diffuse Schmerzen. Die intramuralen Rezeptoren der Eingeweide registrieren Expansionen, Kontraktionen und Spasmen z. B. bei Koliken. Die glatte Muskulatur der Eingeweide und die quergestreifte Muskulatur der Körperwand reagieren mit abgeflachter Atmung und reflektorischer Kontraktion der quergestreiften Muskulatur der Körperwand (der Spannungszustand der Bauchmuskeln ist bedeutsam für die Diagnose). Der Schmerz von den inneren Organen wird über das Rückenmark auf Hautbezirke projiziert (HEADsche Zonen).

Organum olfactus et Organum gustus

Organum vomeronasale

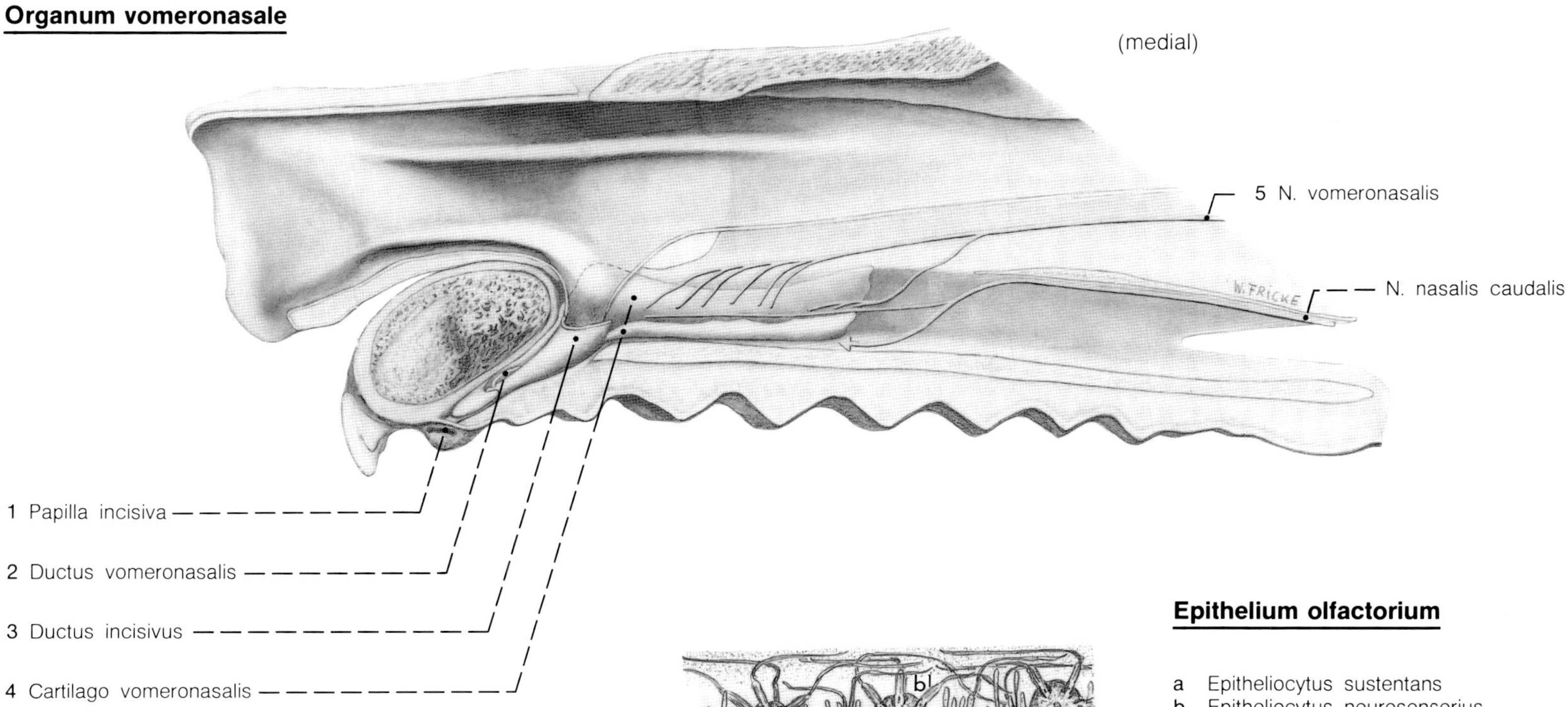

Epithelium olfactorium

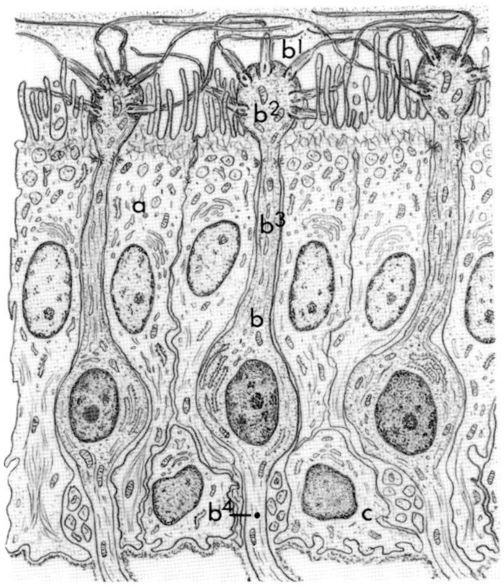

a Epitheliocytus sustentans
b Epitheliocytus neurosensorius olfactorius
b^1 Cilium
b^2 Bulbus dendriticus
b^3 Dendritum
b^4 Axon [Neurofibra olfactoria]
c Epitheliocytus basalis

(vide p. 101,105)

Lingua [Glossa]

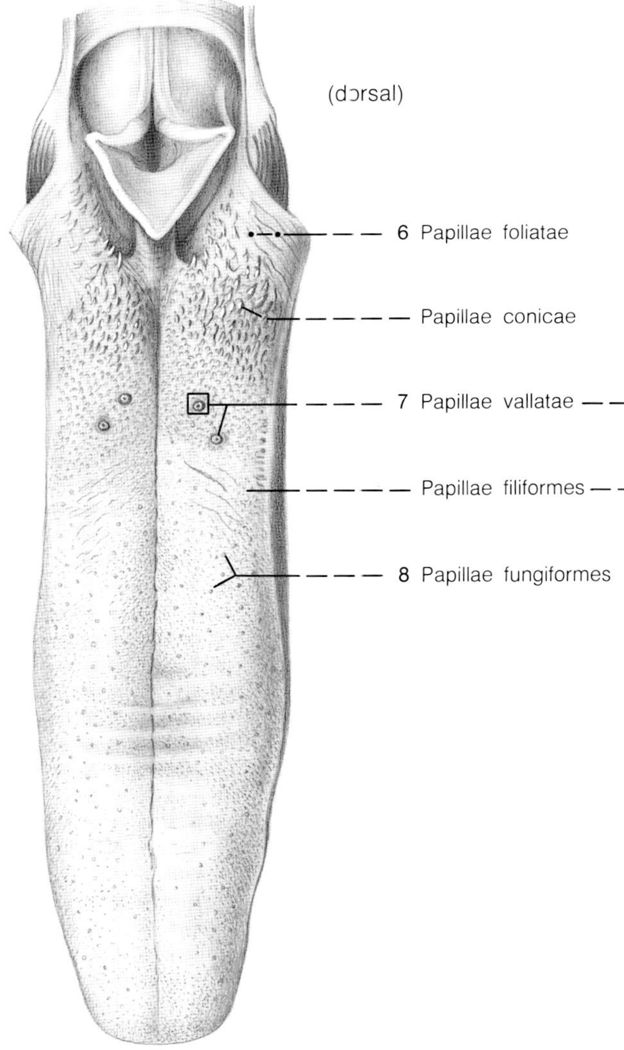

Caliculus gustatorius [Gemma gustatoria]

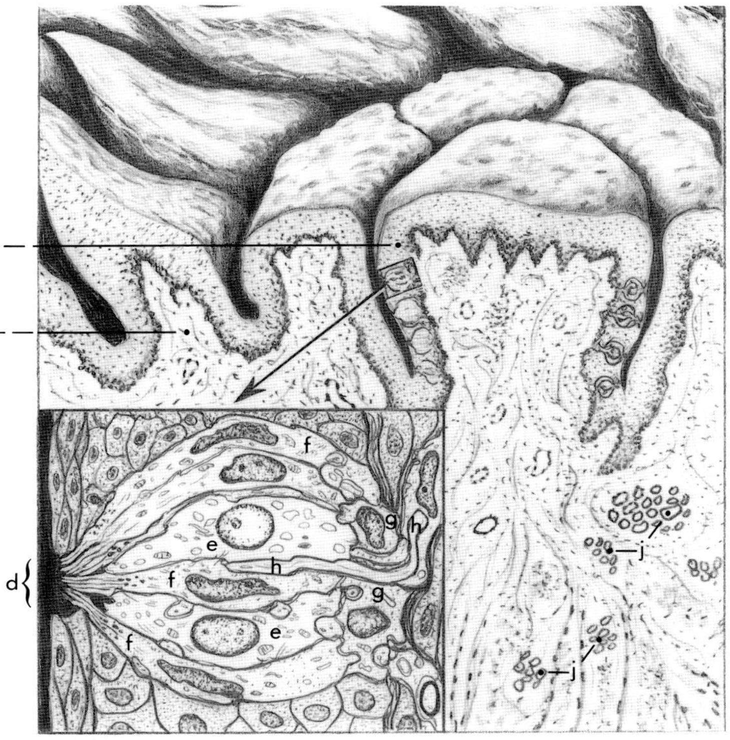

d Porus gustatorius
e Epitheliocytus sensorius gustatorius
f Epitheliocytus sustentans
g Epitheliocytus basalis
h Neurofibra gustatoria
j Gll. gustatoriae

TABELLARISCHER TEIL ZUR SPEZIELLEN ANATOMIE

1. MYOLOGIE

MUSKEL	URSPRUNG	ANSATZ	INNERVATION	FUNKTION	ANMERKUNGEN
DORSALE STAMM-GLIEDMASSEN-MUSKULATUR: AUFHÄNGUNG DER SCHULTERGLIEDMASSE („Gliedmaßenträger") (zu S. 12)					
M. trapezius	Dorsomedian im Bereich des 3. Hals- bis 9. Brustwirbels über den Dornfortsätzen	**P. thoracica:** dorsales Drittel der Spina scapulae **P. cervicalis:** dorsale zwei Drittel der Spina scapulae	R. dorsalis n. accessorii (XI)	Vorführer der Gliedmaße	Rechter und linker Muskel formen zusammen ein Trapez
M. cleidocervicalis	Dorsomedianer Halsbereich	Klavikularstreifen	R. dorsalis n. accessorii (XI)	Vorführer der Gliedmaße	Teil des M. trapezius
M. omotrans-versarius	Acromion scapulae	Proc. transversus atlantis	nC4vm	Vorführer der Gliedmaße resp. Seitwärtsbieger des Halses	Bedeckt den Buglymphknoten
M. rhomboideus: – capitis – cervicis – thoracis	 Crista nuchae Dorsomedian vom 2. Hals- bis 6. Brustwirbel	 Cartilago scapulae	 nCvm nCvm nTvm	 Feststeller, Heber und Rückführer der Schultergliedmaße; Heber des Halses	 Rechter und linker Muskel formen eine Raute. Vom M. trapezius bedeckt
M. latissimus dorsi	F. thoracolumbalis	Oberarmfaszie, Crista tuberculi majoris und – minoris humeri	N. thoracodorsalis	Rückzieher der Gliedmaße, Beuger des Buggelenks, Vorzieher des Rumpfes bei fixierter Gliedmaße	Ansatzsehne bildet den Arcus axillaris
VENTRALE STAMM-GLIEDMASSEN-MUSKULATUR: AUFHÄNGUNG DES RUMPFES („Rumpfträger") (zu S. 14)					
Mm. pectorales superficiales: M. pectoralis transversus M. pectoralis descendens	 Manubrium und kranial am Corpus Manubrium sterni	Crista tuberculi majoris humeri	Nn. pectorales craniales et caudales	Rumpf-Gliedmaßen-Verbindung; Adduktor, Vor- und Rückzieher der Gliedmaße	Bilden mit der P. clavicularis m. deltoidei die seitliche Brustfurche
M. pectoralis profundus: P. principalis P. accessoria	Manubrium und Corpus sterni	 Tuberculum maj. u. min. humeri; Oberarmfaszie	Nn. pectorales craniales et caudales	Rumpfträger; Rückführer der Gliedmaße; Feststeller des Buggelenks	Teilt sich in eine Hauptportion und eine Nebenportion
M. serratus ventralis: – cervicis – thoracis	 Transversalfortsätze der Halswirbel 2 - 7 Erste 7-10 Rippen	Facies serrata scapulae	 nCvm N. thoracicus longus	Wichtigster Rumpfträger; Heber des Halses bei fixierter Gliedmaße; Hilfsinspirator	„Gezähnter Muskel". An der Grenze zwischen beiden Teilen verläuft die A. scapularis dorsalis
M. sternocleido-mastoideus: M. cleidomas-toideus M. sternomas-toideus M. sternoocci-pitalis	 Klavikularstreifen Manubrium sterni Manubrium sterni	 Proc. mastoideus des Schläfenbeines Proc. mastoideus des Schläfenbeines Crista nuchae	R. ventralis n. accessorii (XI)	Vorführer der Gliedmaße; Niederzieher des Kopfes; Seitwärtsdreher von Kopf und Hals bei einseitiger Kontraktion	Auf der Lateralfläche liegt die Drosselrinne
M. deltoideus	siehe Kap. laterale Schulter- u. Oberarmmuskulatur				
LANGE ZUNGENBEINMUSKELN (zu S. 14)					
M. sternohyoideus	Sternum: Innenfläche des Manubrium und 1. Rippenknorpel	Zungenbeinkörper (Basihyoideum)	nC 1 vm	Rückzieher von Zungenbein und Zunge	Rechter und linker Muskel sind in der Ventromedianlinie (Linea alba colli) miteinander verbunden
M. sterno-thyreoideus	Sternum: Innenfläche des Manubrium und 1. Rippenknorpel	Schildknorpel (Cartilago thyreoidea des Kehlkopfes)	nC 1 vm	Synergist des M. sternohyoideus und Rückzieher des Schildknorpels	Am Ursprung mit dem M. sternohyoideus verbunden

MUSKEL	URSPRUNG	ANSATZ	INNERVATION	FUNKTION	ANMERKUNGEN
MEDIALE SCHULTER- UND OBERARMUSKELN (zu S. 18)					
M. teres major	Margo caudalis scapulae	Crista tuberculi majoris	N. axillaris	Beuger des Buggelenks	Kein runder Muskel beim Hund
M. subscapularis	Fossa subscapularis scapulae	Tub. minus humeri	N. subscapularis und N. axillaris	Überwiegend Strecker des Buggelenks	Mediales kontraktiles Spannband des Buggelenks
M. coracobrachialis	Proc. coracoideus scapulae	Crista tuberculi minoris	N. musculocutaneus	Strecker und Adduktor des Buggelenks	Ursprungssehne von einer Sehnenscheide umgeben
M. biceps brachii	Tuberculum supraglenoidale scapulae	Tuberositas radii u. proximomedial an der Ulna	N. musculocutaneus	Beuger des Ellenbogengelenks	Beim Menschen 2 Ursprungsköpfe
M. brachialis	Kaudal unter dem Collum humeri	Proximomedial an der Ulna	N. musculocutaneus	Beuger des Ellenbogengelenks	Langfaseriger Muskel mit beträchtlicher Hubhöhe
M. tensor fasciae antebrachii	M. latissimus dorsi	Unterarmfaszie	N. radialis	Spanner der Unterarmfaszie	Beim Hund nur gering ausgeprägt
LATERALE SCHULTER- UND OBERARMMUSKELN (zu S. 14 u. 20)					
M. deltoideus:					Bei Operationen am Humeruskopf geht man zwischen der P. acromialis m. deltoidei und dem M. supraspinatus ein
P. clavicularis (M. cleido-brachialis)	Klavikularstreifen	Crista humeri	N. axillaris acc.	P. clavicularis: Vorführer der Gliedmaße	
P. scapularis	Aponeurotisch an der Spina scapulae	Tuberositas deltoidea humeri	N. axillaris	Pp. scapularis und acromialis: Buggelenksbeuger	
P. acromialis	Acromion	Tuberositas deltoidea humeri	N. axillaris		
M. teres minor	Tub. infraglenoidale und distales Drittel des Margo caudalis scapulae	Tuberositas deltoidea	N. axillaris	Buggelenksbeuger	Liegt unter der P. scapularis m. deltoidei
M. supraspinatus	Fossa supraspinata und Spina scapulae	Tuberculum majus humeri	N. suprascapularis	Buggelenksstrecker und Fixator	„Oberer Grätenmuskel"
M. infraspinatus	Fossa infraspinata, Spina scapulae	Tuberculum majus humeri	N. suprascapularis	Buggelenksbeuger; lat. kontraktiles Spannband des Buggelenks	Stark gefiedert; unter der P. scapularis m. deltoidei zu finden
M. triceps brachii:		Gemeinsam (von einem Schleimbeutel unterlagert) am Olecranon	N. radialis	Strecker des Ellenbogengelenks; Caput longum auch Buggelenksbeuger	Füllt das Dreieck zwischen Skapula, Humerus u. Olecranon vollständig aus. Seine kaudale Kontur bildet den Margo tricipitalis (vom Widerrist zum Olecranon absteigend)
Caput longum	Margo caudalis scapulae				
Caput laterale	Lateral am Humerus				
Caput mediale	Medial am Humerus				
Caput accessorium	Kaudal am Collum humeri				
M. anconeus	Umrandung der Fossa olecrani	„Fleischig"; lat. mit den Sehnen des M. triceps brachii am Olecranon	N. radialis	Strecker des Ellenbogengelenks	Kann als 5. Kopf des M. triceps brachii angesehen werden
MUSKELN KAUDOMEDIAL AM UNTERARM: **i.d.R. Beuger, die am BEUGEKNORREN (Epicondyl. med. hum.) entspringen (zu S. 22)**					
M. flexor digitalis superficialis	Epicondylus med. humeri	Tuberositas flexoria der Phalanx media der 2.-5. Zehe	N. medianus	Beuger der Zehen und der Karpalgelenke	Distal am Unterarm in die oberfl. Beugesehne übergehend; „Manica flexoria"
M. flexor digitalis profundus:	Drei Köpfe:	Tuberositas flexoria der Phalanx dist. aller Zehen		Beuger der Karpalgelenke und der Zehenendgelenke	Muskelköpfe vereinigen sich im distalen Unterarmdrittel zur tiefen Beugesehne, welche durch die Manica flexoria tritt
Caput humerale	Epicondylus med. humeri		N. ulnaris und N. medianus		
Caput radiale	Radius		N. medianus		
Caput ulnare	Ulna		N. ulnaris		
M. flexor carpi ulnaris	Caput humerale: Epicondylus med. humeri; Caput ulnare: Olecranon	Os carpi accessorium	N. ulnaris	Beuger und Supinator des Karpalgelenks	Durchgehend in zwei Muskelköpfe gespalten
M. flexor carpi radialis	Epicondylus medialis humeri	Mc II und III	N. medianus	Beuger des Karpalgelenks	Zweigespaltene Endsehne
M. pronator teres	Epicondylus medialis humeri	Kraniomedial am Radius	N. medianus	Pronator (= Einwärtsdreher des Unterarms)	Liegt medial im Ellenbogengelenk
M. pronator quadratus	Überbrückt das Spatium interosseum zwischen Radius und Ulna		N. medianus	Pronator (= Einwärtsdreher des Unterarms)	Konstant nur bei Fleischfressern

MUSKEL	URSPRUNG	ANSATZ	INNERVATION	FUNKTION	ANMERKUNGEN
MUSKELN KRANIOLATERAL AM UNTERARM: i.d.R. STRECKER, die am STRECKKNORREN (Epicondyl. lat. hum.) entspringen (zu S. 22)					
M. extensor digitalis communis	Epicondylus lat. humeri	Phalanx dist. der 2.-5. Zehe	N. radialis	Strecker der Zehe und des Karpalgelenks	Zwischen den Endsehnen des M. ext. dig. lat. und M. ext. carpi ulnaris geht man zur Durchtrennung des Lig. radioulnare ein
M. extensor digitalis lateralis	Epicondylus lat. humeri	Phalanx dist. der 3.-5. Zehe	N. radialis	Strecker der Zehen	
M. abductor pollicis longus	Dreieckige Muskelplatte, am Unterarmskelett kraniolat. entspringend	Mc I	N. radialis	Strecker und Abduktor der 1. Zehe	Seiner Endsehne liegt ein Sesambein an
M. extensor pollicis	Mittleres kraniolat. Drittel der Ulna	1. und 2. Zehe	N. radialis	Strecker der 1. und 2. Zehe	Konstant nur bei Fleischfressern
M. extensor carpi radialis	Crista supracondyl. lateralis	Mc II und Mc III	N. radialis	Wichtigster Strecker und Fixator des Karpalgelenks	zwei- oder dreigespaltene Endsehne
M. extensor carpi ulnaris	Epicondylus lat. humeri	Mc V, Os carpi acc.	N. radialis	Strecker des Karpalgelenks	Kann durch Ansatz am Os carpi acc. auch als Beuger und Abduktor fungieren
M. supinator	Crista supracondyl. lat.; Ligg. collaterale lat. u. anulare radii	Proximokranial am Radius	N. radialis	Supinator des Unterarmes und des Vorderfußes	Liegt unter dem M. extensor digitalis communis
M. brachioradialis [supinator longus]	Crista supracondyl. lateralis	Mediodistal am Radius und Unterarmfaszie	N. radialis	Supinator der Radioulnargelenke	Kann beim Hund fehlen
WIRBELSÄULENMUSKELN: A. DORSALE (AUTOCHTHONE) MUSKULATUR (zu S. 28)					
M. splenius	Dornfortsätze der ersten 3 Brustwirbel	Crista nuchae	Rr. dorsales der entsprechenden Spinalnerven	Strecken und Seitwärtsbiegen von Kopf und Hals	Der milz- oder riemenförmige Muskel
M. iliocostalis: – lumborum – thoracis	Darmbeinflügel (Crista iliaca)	Querfortsätze der LW, Rippenwinkel und Querfortsätze der letzten beiden HW	Rr. dorsales der entsprechenden Spinalnerven	Feststellen von Lende und Rippen; Aufrichter und Seitwärtsbieger der Wirbelsäule	Der M. iliocostalis thoracis geht übergangslos aus dem M. iliocostalis lumborum hervor
M. longissimus: – lumborum – thoracis – cervicis – capitis	Dornfortsätze des Kreuzbeins, der Lenden- und Brustwirbel; Darmbeinflügel; Querfortsätze der BW und HW	Hilfs- und Querfortsätze der Wirbelsäule; Rippenhöckerchen; Atlasflügel u. Proc. mastoideus des Schläfenbeins	Rr. dorsales der entsprechenden Spinalnerven	Feststellen und Strecken der Wirbelsäule; Aufrichten des Oberkörpers; Heben von Hals und Kopf; Halsbieger bei einseitiger Kontraktion	Direkt unter der Fascia thoracolumbalis medial dem M. iliocostalis anliegend; längster Wirbelsäulenmuskel
M. spinalis et semispinalis thoracis et cervicis	Verkehrt zwischen den Dornfortsätzen des 2. Halswirbels (Axis) und des 11. Brustwirbels		Rr. dorsales der entsprechenden Spinalnerven	Feststellen von Rücken und Hals	Medial neben dem M. longissimus gelegen; beim Menschen in zwei selbst. Muskeln getrennt
M. semispinalis capitis: – M. biventer cervicis – M. complexus	Querfortsätze des 4.-2. Brustw.; kaud. Gelenkfortsätze des 1. BW bis 3. HW	Squama occipitalis	Rr. dorsales der entsprechenden Spinalnerven	Heben und Seitwärtsbiegen des Kopfes	Dorsale Portion: M. biventer cervicis mit querverlaufenden Zwischensehnen; Ventrale Portion: M. complexus
Mm. multifidi: – multifidus cerv. – multifidus thor. – multifidus lumb.	Gelenk- und Zitzenfortsätze vom 2. Halswirbel bis Kreuzbein	Dornfortsätze der vorausgehenden Wirbel	Rr. dorsales der entsprechenden Spinalnerven	Feststeller und Dreher der Wirbelsäule; Heber des Halses	Mehrfach gefiederte Muskeln, die 1 bis 4 Wirbelsegmente überspringen
Mm. intertransversarii	Processus transversi, mammillares, articulares und accessorii der Wirbel		Rr. dorsales der entsprechenden Spinalnerven	Feststeller und Bieger der Wirbelsäule	An Hals und Schwanz in dors. und ventr. Muskeln unterteilt
Mm. interspinales	Verkehren zwischen den Dornfortsätzen der Lenden-, Brust- und Halswirbel		Rr. dorsales der entsprechenden Spinalnerven	Feststeller und Bieger der Wirbelsäule	Zwischen zwei benachbarten Dornfortsätzen ausgespannt
M. sacrococcygeus (-caud.) dors. med.	Zitzenfortsätze des 7. LW bis letzten SW	Dornfortsätze der vorausgehenden Wirbel	Rr. dorsales der entsprechenden Spinalnerven	Heber und Seitwärtsbieger des Schwanzes	Kaudalfortsetzung der Mm. multifidi
M. sacrococcygeus (-caud.) dors. lat.	Sehnenspiegel des M. longissimus und Zitzenfortsätze der Lendenwirbel (ab 4. LW) und SW	Zartsehnig am vorausgehenden Wirbel	Rr. dorsales der entsprechenden Spinalnerven	Heber und Seitwärtsbieger des Schwanzes	Kaudomedialfortsetzung des M. longissimus

MUSKEL	URSPRUNG	ANSATZ	INNERVATION	FUNKTION	ANMERKUNGEN
WIRBELSÄULENMUSKELN: B. VENTRALE WIRBELSÄULENMUSKELN (zu S. 28)					
Mm. scaleni: – M. scalenus dorsalis – M.scalenus medius (primae costae)	Querfortsätze des 4. oder 5. Halswirbels	8. Rippe 1. Rippe	Rr. ventrales der Spinalnerven	Heber der Rippen (Hilfsinspirator); Niederzieher und Seitwärtsbieger des Halses	„Treppenmuskel"; ein M. scalenus ventralis fehlt dem Hund
M. longus capitis	Ventral an den Querfortsätzen der Halswirbel 1-6	Tuberculum musculare der Schädelbasis	Rr. ventrales der Spinalnerven	Beuger und Seitwärtszieher von Kopf und Hals	Chirurgischer Zugang zur Bandscheibe zwischen rechtem u. linkem Muskel
M. longus colli	Querfortsätze des 5.-6. Brustwirbels	Querfortsätze des 1. Halswirbels	Rr. ventrales der Spinalnerven	Beuger des Halses	Zopfförmiger Muskel
WIRBELSÄULENMUSKELN: C. DORSALE KOPFBEWEGER (zu S. 28)					
M. rectus capitis dors. major	Processus spinosus axis	Crista nuchae	R. dorsalis des 1. Halsnerven	Kopfheber	Gerade Kranialfortsetzung des Lig. nuchae
M. rectus capitis dors. minor	Atlas	Os occipitale	R. dorsalis des 1. Halsnerven	Kopfheber	Unter dem M. rectus capitis dors. major gelegen
M. obliquus capitis caudalis	Processus spinosus axis	Ala atlantis	R. dorsalis des 2. Halsnerven	Dreher des Atlas um den Dens axis	Schiefe Kranialfortsetzung des Lig. nuchae
M. obliquus capitis cranialis	Ala atlantis	Crista nuchae	R. dorsalis des 1. Halsnerven	Kopfstrecker und -dreher	Füllt das Spatium atlantooccipitale aus
ATMUNGSMUSKELN (EXSPIRATOREN): Ziehen die Rippen nach innen und kaudal = Verengung des Brustkorbes (zu S. 30)					
M. serratus dorsalis caudalis	Fascia thoracolumbalis	Kaudalränder der letzten 3 Rippen	Nn. intercostales	Exspirator	Die Endzacken schieben sich unter die Mm. intercostales externi
Mm. intercostales interni	Füllen die Zwischenrippenräume aus		Nn. intercostales	Exspirator	Unter den Mm. intercostales externi gelegen
Mm. subcostales	Ziehen medial der Mm. intercostales interni über eine Rippe hinweg zur übernächsten Rippe		Nn. intercostales	Exspirator	Gehören zum System der Mm. intercostales interni
M. retractor costae	Querfortsätze der ersten Lendenwirbel	Kaudalrand der letzten Rippe	Nn. intercostales	Exspirator	Gehört zum System der Mm. intercostales interni
M. transversus thoracis	Medial am Sternum	Medial am 2.-8. Rippenknie	Nn. intercostales	Exspirator	Kranialfortsetzung des M. transversus abdominis
ATMUNGSMUSKELN (INSPIRATOREN): Ziehen die Rippen nach außen und kranial = Erweiterung des Brustkorbes					
M. serratus dorsalis cranialis	Lig. supraspinale der ersten 8 BW	Kranialränder der 3.-10. Rippe	Nn. intercostales	Inspirator	Besitzt eine breitflächige Ursprungsaponeurose
M. rectus thoracis	1. Rippe	2.-4. Rippenknorpel; Fascia trunci profunda im Ursprungsgebiet des M. rectus abdominis	Nn. intercostales	Inspirator	Kranialfortsetzung des M. rectus abdominis
Mm. intercostales externi	Füllen die Zwischenrippenräume aus		Nn. intercostales	Inspirator	Fast rechtwinkelig kreuzend über den Mm. intercostales interni gelegen
Mm. levatores costarum	Querfortsätze der Brustwirbel	Kranialränder der nachfolgenden Rippen	Nn. intercostales	Inspirator	Vertebralportion der Mm. intercostales externi
Diaphragma: Pars sternalis Pars costalis Pars lumbalis	Brustbein 9.-13. Rippe 3. u. 4. Lendenwirbel	Centrum tendineum	N. phrenicus	Inspirator	Kranial vorgewölbtes Septum zwischen Brust- und Bauchhöhle; drei Durchlässe: – Hiatus aorticus – Hiatus oesophageus – For. venae cavae

MUSKEL	URSPRUNG	ANSATZ	INNERVATION	FUNKTION	ANMERKUNGEN
BAUCHMUSKULATUR: Muskeln besitzen großflächige Ursprungs- und Ansatzaponeurosen (zu S. 34 u. 36)					
M. obliquus externus abdominis	Pars costalis: ab der 4. und 5. Rippe Pars lumbalis: Fascia thoracolumbalis	Bauchsehne: Linea alba Beckensehne: Mit dem Lig. inguinale am Schambeinkamm	Ventraläste der entsprechenden Interkostal- und Lumbalnerven	Insgesamt: Kontraktionsfähiger Tragegurt mit Anpassungsfähigkeit an das Volumen der Bauchorgane; Bauchpresse zum Harn- und Kotabsatz sowie bei der Geburt bei Inspirationsstellung des Zwerchfells; Krümmung der Wirbelsäule durch Kontraktion des M. rectus abdominis; Hilfsatemmuskulatur (Exspiration) bei Exspirationsstellung des Zwerchfells; gerade Gurtung: Mm. rectus abdominis und transversus abdominis; schiefe Gurtung: Mm. obliquus ext. u. int. abdominis. Die breitflächigen Aponeurosen bilden vor ihrer Insertion an der Linea alba eine Durchflechtungszone.	Leistenspalt: Bauch- und Beckensehne bilden den Anulus inguinalis externus; Rektusscheide: Stets Außenblatt
M. obliquus internus abdominis	Pars inguinalis: Tuber coxae und proximal am Lig. inguinale Pars lumbalis: Fascia thoracolumbalis	Linea alba und Rippenbogen	Ventraläste der entsprechenden Interkostal- und Lumbalnerven		Leistenspalt: Bildung des Anulus ing. internus gemeinsam mit dem Lig. inguinale und M. rectus abdominis; Abspaltung des M. cremaster (externus); Rektusscheide: kranial: Innenblatt; Nabelgegend: Innen- und Außenblatt; kaudal: Außenblatt
M. transversus abdominis	Pars costalis: Costae asternales Pars lumbalis: Fascia thoracolumbalis und LW-Querfortsätze	Linea alba	Ventraläste der entsprechenden Interkostal- und Lumbalnerven		Abspaltung des M. cremaster (externus); Rektusscheide: Prinzipiell wie M. obliquus int. abdom., jedoch ist die Doppelblättrigkeit um 2 Wirbel kaudal verschoben
M. rectus abdominis	Sternale Rippenknorpel und Brustbein	Pecten ossis pubis	Ventraläste der entsprechenden Interkostal- und Lumbalnerven		Verbindung zwischen Brustkorb und Becken; Segmentierung durch Intersectiones tendineae
INNERE LENDENMUSKELN: VENTROLATERAL DER LENDENWIRBELSÄULE ANLIEGEND (zu S. 60)					
M. quadratus lumborum	Letzte drei BW und LW-Querfortsätze	Spina alaris bis zur Facies auricularis ossis ilii	Ventraläste der Lendennerven	Versteifung, Aufbiegen der Lendenwirbelsäule	Starker Muskel, überragt d. M. iliopsoas kranial u. lateral
M. psoas major	Querfortsätze des 2. u. 3. LW; Vertebralende der letzten beiden Rippen	Als **M. iliopsoas** gemeinsam am Trochanter minor	Ventraläste der Lendennerven	Vorführer der Hintergliedmaße; Beuger des Hüftgelenks; Supinator des Hüftgelenks, Stabilisator der Wirbelsäule bei fixierter Gliedmaße	„Filetmuskel". Zieht durch die Lacuna musculorum zum Oberschenkel. Die Mm. psoas major und iliacus bilden den M. iliopsoas
M. iliacus	Facies sacropelvina ossis ilii		Ventraläste der Lendennerven		
M. psoas minor	Letzte 3 BW u. erste 4 LW; Sehnenspiegel des M. quadratus lumborum	Tuberculum m. psoas minoris ossis ilii	Ventraläste der Lendennerven	Steilstellen des Beckens (bei fixierter WS); Feststellen und Aufbiegen d. LWS (bei fixiertem Becken)	Die breite Endsehne wird von der F. iliaca überzogen
DIAPHRAGMA PELVIS, MUSCULI COCCYGEUS UND LEVATOR ANI (zu S. 72)					
M. coccygeus	Spina ischiadica	Erste 4 Schwanzwirbel	nSv3	Einseitige Kontraktion: Seitwärtsziehen des Schwanzes	„Einklemmen" des Schwanzes
M. levator ani	Medial am Sitz-, Darm- und Schambein	4. bis 7. Schwanzwirbel (Hämalfortsätze)	nSv3	Beidseitige Kontraktion: Niederziehen d. Schwanzes	Muskulöse Grundlage des Diaphragma pelvis
M. sphincter ani externus	Von den Schwanzwirbeln kommende Muskelringe, die die Afteröffnung umgeben		N. rectalis caudalis n. pudendi	Verschluß der Afteröffnung	Willkürlicher Muskel. Zwischen beiden Schließmuskeln liegen beiderseits die Analbeutel.
M. sphincter ani internus	Verstärkte Ringmuskulatur des letzten Rektum- Abschnitts		N. rectalis caudalis n. pudendi	Verschluß der Afteröffnung	Glatter Muskel
M. rectococcygeus	Äußere Längsmuskulatur des Rectum	Ventromedian an den ersten Schwanzwirbeln	N. rectalis caudalis n. pudendi	Stabilisierung von Analkanal und Rectum	„Afterschwanzband" Glatter Muskel
Mm. perinei	Verbindung zwischen Anal- und Genitalmuskeln		Nn. perineales profundi n. pudendi	Muskulöser Verschluß zwischen Anus und Scham	Tiefe Verankerung im Centrum tendineum perinei
M. bulbospongiosus (Hündin: M. constr. vestibuli M. constr. vulvae)	M. urethralis (Scheidenvorhof) (Schamlippen)	Radix penis	Nn. perineales profundi n. pudendi	Austreiben von Inhalt aus der Urethra	Zieht transversal über den Bulbus penis
M. ischiocavernosus	Arcus ischiadicus	Corpus cavernosum penis resp. — clitoridis	Nn. perineales profundi n. pudendi	Anheben des erigierten Penis	Überzieht die Crura penis resp. — clitoridis
M. retractor penis resp. — clitoridis	Kreuzbein oder erste Schwanzwirbel	Anus; Rektum; Penis resp. Klitoris	Nn. perineales profundi n. pudendi	Rückzieher von Penis resp. Klitoris	Glatter Muskel mit Pp. rectalis, analis, penina resp. clitoridis

MUSKEL	URSPRUNG	ANSATZ	INNERVATION	FUNKTION	ANMERKUNGEN
MUSKELN DES HÜFTGELENKS (zu S. 78)					
M. tensor fasciae latae	Tuber coxae	Fascia lata	N. glutaeus cranialis	Beuger des Hüftgelenks; Vorführer der Gliedmaße; Strecker des Kniegelenks; Spanner der Fascia lata	Unterteilt in Haupt- und Nebenportion
KRUPPENMUSKELN					
M. glutaeus superficialis	Fascia glutaea; lateral am Kreuzbein, erster SW; Lig. sacrotuberale	Tuberositas glutaea	N. glutaeus caudalis	Strecker des Hüftgelenks; Rückwärtsführer der Gliedmaße	Als selbständiger Muskel nur bei Flfr., sonst zum M. glutaeobiceps verwachsen
M. glutaeus medius	Facies glutaea; dorsal am Darmbeinflügel	Trochanter major ossis femoris	N. glutaeus cranialis	Strecker des Hüftgelenks; Rück-und Auswärtsführer der Gliedmaße	Stärkster Glutäalmuskel des Hundes
M. piriformis	Ventral und lateral am Kreuzbein; Lig. sacrotuberale	Trochanter major ossis femoris	N. glutaeus cranialis (oder N. glutaeus caudalis)	Strecker des Hüftgelenks; Rück- und Auswärtsführer der Gliedmaße	„Birnenförmiger" Muskel zwischen den Mm. glutaeus profundus und – medius
M. glutaeus profundus	Facies glutaea	Trochanter major ossis femoris	N. glutaeus cranialis	Unterstützung der abduzierenden Wirkung des M. glutaeus medius	Liegt dem Hüftgelenk direkt auf, bedeckt vom M. glutaeus medius
LANGE SITZBEINMUSKELN					
M. biceps femoris (M. glutaeobiceps)	Tuber ischiadicum; Lig. sacrotuberale	Fascia cruris; Lig. patellae; Margo cranialis tibiae; mit dem Tractus calcaneus lateralis am Fersenbein	Kraniale Portion: N. glutaeus caudalis Kaudale Portion: N. tibialis	Strecker des Hüft- und Kniegelenks; mit kaudaler Portion Beuger des Kniegelenks; Abduktor der Gliedmaße; Sprunggelenksstrecker	Homolog mit dem Caput longum m. bicipitis femoris hominis
M. abductor cruris caudalis	Lig. sacrotuberale	Fascia cruris	**N. fibularis!**	Auswärtsführer (unterstützt den kaudalen Bizeps-Anteil unbedeutend)	Homolog mit dem Caput breve m. bicipitis femoris hominis
M. semitendinosus	Tuber ischiadicum	Tibia und Tuber calcanei als Tractus calcaneus medialis zusammen mit dem M. gracilis	N. tibialis	Im Stützbein: Strecker des Hüft-, Knie- und Sprunggelenks; im Hangbein: Beuger des Kniegelenks sowie Ein- und Rückwärtsführer der Gliedmaße	Beim Menschen halbsehnig; proximal schräge Intersectio tendinea
M. semimembranosus	Tuber ischiadicum	Condylus medialis ossis femoris und Condylus medialis tibiae	N. tibialis	Im Stützbein: Strecker des Hüft-, Knie- und Sprunggelenks; im Hangbein: Rück- und Einwärtsführer sowie Einwärtsdreher der Gliedmaße	Beim Menschen halbmembranös; die beiden Bäuche enden proximal resp. distal vom Kniegelenksspalt
TIEFE HÜFTGELENKSMUSKELN („Kleine Beckengesellschaft"): Dienen der feineren Beeinflussung des Bewegungsablaufes					
Mm. gemelli	Incisura ischiadica minor	Fossa trochanterica ossis femoris	Rr. musculares n. ischiadici (N. rotatorius)	Supinator (Auswärtsdreher) des Oberschenkels; Hilfsstrecker des Hüftgelenks	Beim Menschen als Zwillingsmuskel zweigeteilt
M. obturatorius internus	Innenfläche des Beckens am For. obturatum	Fossa trochanterica ossis femoris	Rr. musculares n. ischiadici (N. rotatorius)	Supinator (Auswärtsdreher) des Oberschenkels; Hilfsstrecker des Hüftgelenks	Verschließt das For. obturatum innen am Beckenboden
M. obturatorius externus	Außenfläche des Beckens am For. obturatum, bedeckt von den Adduktorenmuskeln	Fossa trochanterica ossis femoris	N. obturatorius	Auswärtsdreher des Oberschenkels; Adduktor der Gliedmaße	Verschließt das For. obturatum außen am Beckenboden
M. quadratus femoris	Ventromedial am Tuber ischiadicum	Distal der Fossa trochanterica am Trochanter tertius ossis femoris	Rr. musculares n. ischiadici (N. rotatorius)	Auswärtsdreher des Oberschenkels; Hilfsstrecker des Hüftgelenks	Liegt kaudolateral den Mm. gemelli an

MUSKEL	URSPRUNG	ANSATZ	INNERVATION	FUNKTION	ANMERKUNGEN
MEDIALE OBERSCHENKELMUSKELN: Adduktoren (zu S. 80)					
M. gracilis	Aponeurotisch mit Tendo symphysialis an Beckensymphyse	Fascia cruris; Tractus calcaneus medialis	N. obturatorius	Adduktor; Sprunggelenksstrecker (evtl. Kniegelenksstrecker über Fascia cruris)	„Schlanker Muskel“. Nach Inaktivität Muskelruptur bei Rennhunden
M. adductor magnus	„Fleischig“ am Tendo symphysialis an Beckensymphyse	Facies aspera ossis femoris	N. obturatorius	Adduktor und Rückführer der Gliedmaße	Schnittfläche zeigt geschlechtsspezifische Form
M. adductor brevis	Tuberculum pubicum ventrale	Proximal an der Facies aspera ossis femoris	N. obturatorius	Adduktor	Lage in einer Astgabel des N. obturatorius
M. pectineus (et adductor longus)	Eminentia iliopubica	Labium mediale der Facies aspera	N. obturatorius (N. saphenus/ R. femoralis n. genitofemoralis)	Adduktor der Gliedmaße; Beuger des Hüftgelenks	Durch Verschmelzung entstandener „Doppelmuskel“
OBERSCHENKELMUSKELN: Kniegelenksstrecker (zu S. 80)					
M. sartorius P. cranialis P. caudalis	Tuber coxae, Crista iliaca	Fascia cruris Crista tibiae	N. femoralis	Beuger des Hüftgelenks; Vorführer u. Adduktor der Gliedmaße; Kniegelenksstrecker (Fascia cruris)	Beim Hund bildet der „Schneidermuskel“ die Kranialkontur des Oberschenkels
M. quadriceps femoris – vastus lateralis – vastus medialis – vastus intermed. – rectus femoris	 Femur: kraniolat. Femur: kraniomed. Femur: kraniomed. Darmbein: Spina iliaca ventralis caud.	Von der Bursa infrapatellaris distalis unterlagert mit dem Tendo quadricipitis (Lig. patellae) an der Tuberositas tibiae	N. femoralis	Stärkster Strecker des Kniegelenks; Fixator der Gliedmaße; Beuger des Hüftgelenks durch M. rectus femoris	Liegt als starke Muskelmasse an der Vorderseite des Oberschenkels, bedeckt vom M. tensor fasciae latae, Fascia lata und M. sartorius
SPEZIELLER KNIEGELENKSBEUGER: Lage in der Kniekehle (zu S. 82)					
M. popliteus	Condylus lateralis ossis femoris	Proximomedial an der Tibia	N. tibialis	Beuger des Kniegelenks; Pronator des Unterschenkels	Zwischen Ursprungssehne und Muskelbauch des „Kniekehlmuskels“ liegt sein Sesambein
MUSKELN KRANIOLATERAL AM UNTERSCHENKEL: (zu S. 82)					
M. tibialis cranialis	Lateral am Margo cran. tibiae	Proximal am Mt I	N. fibularis	Beuger des Sprunggelenks; Supinator des Fußes	Zieht durch die ringförmige Öffnung des Retinaculum extensorum crurale
M. extensor digit. brevis	Distal am Calcaneus	Mit M. extens. digit. longus an der 2.-4. Zehe	N. fibularis	Zehenstrecker	Nur Zehenstrecker
M. extensor digitalis longus	Condylus lateralis ossis femoris	Phalanx III aller Zehen	N. fibularis	Strecker der Zehen; Vorführer des Fußes	Zieht durch die ringförmige Öffnung des Retinaculum extensorum crurale u. tarsale
M. extensor digiti I	Fibula (unter dem M. tibialis cranialis)	Phalanx I der ersten und zweiten Zehe	N. fibularis	Strecker der entsprechenden Zehen	Zieht durch den Durchlaß des cruralen Retinaculum extensorum
M. fibularis longus	Condylus lateralis tibiae und Caput fibulae	Mit querverlaufender Sehne medial am Mt I	N. fibularis	Hilfsbeuger des Sprunggelenks; Pronator des Fußes	Querverlaufende Endsehne bildet einen „Steigbügel“ mit M. tibialis cranialis
M. extensor digitalis lateralis	Fibula prox.; Lig. collaterale genus lat.	Phalanx III der fünften Zehe	N. fibularis	Strecker der fünften Zehe	Unterquert die Sehne des M. fibularis longus
M. fibularis brevis	Distale zwei Drittel der Fibula	Mt V	N. fibularis	Beuger des Sprunggelenks	Nur bei Flfr. und Msch. gut ausgebildet
MUSKELN KAUDAL AM UNTERSCHENKEL: (zu S. 82)					
M. gastrocnemius	Caput lat. u. med. distal am Femur	Mit der Achillessehne am Tuber calcanei	N. tibialis	Sprunggelenksstrecker; Beuger des Kniegelenks	In den Ursprungsköpfen liegen Sesambeine
M. flexor digitalis superficialis	Tuberositas supracondylaris lateralis ossis femoris	Phalanx II der Zehen	N. tibialis	Beuger der entsprechenden Zehen; Strecker des Sprunggelenks; Hilfsbeuger des Kniegelenks	Die Sehne bildet die Fersenbeinkappe und Manica flexoria
Mm. flexores digitales profundi: M. flexor digitalis lateralis M. flexor digitalis medialis	Tibia und Fibula proximokaudal	Phalanx III der Zehen	N. tibialis	Beuger der Zehen; Hilfsstrecker des Sprunggelenks	Die Sehnen fließen distal des Sustentaculum tali zur tiefen Beugesehne zusammen
M. tibialis caudalis	Proximal an der Fibula	Os tarsi centrale	N. tibialis	Sprunggelenksstrecker	Bei anderen Hsgt. Beteiligung an tiefer Beugesehne

MUSKEL	URSPRUNG	ANSATZ	INNERVATION	FUNKTION	ANMERKUNGEN
FAZIALISMUSKULATUR (zu S. 94)					
M. sphincter colli superficialis	Ventral am Hals sind die einzelnen, nicht zusammenhängenden Muskelfasern in die oberflächliche Halsfaszie eingewebt		R. colli n. facialis	Spanner und Beweger der ventralen und seitlichen Halshaut	Sehr spärliche Muskelfasern
Platysma	Überzieht mit longitudinalem Faserverlauf die Nackengegend, geht rostral in den M. cutaneus faciei et labiorum über, welcher in den M. orbicularis oris der Ober- und Unterlippe einstrahlt		R. platysmatis des N. auricularis caudalis, Rr. colli, buccolabialis dorsalis und —ventralis	Spanner und Beweger der Haut in der Nacken- und Masseter-Region; Rückzieher des Mundwinkels; Spanner der Haut in der Lippengegend	Im Halsbereich zwei Muskelschichten
M. sphincter colli profundus:					
OHRMUSCHELMUSKELN					
M. cervicoauricularis superficialis	Nackenmediane	Dorsalfläche der Ohrmuschel	N. auricularis caudalis n. facialis	Langer Heber der Ohrmuschel	Am Ursprung sind die Mm. cervicoauricularis supf. und cervicoscutularis miteinander verwachsen
M. cervicoscutularis	Nackenmediane	Schildchen (Scutulum) kaudomedial	N. auricularis caudalis n. facialis	Heber der Ohrmuschel und Schildchenspanner	
Mm. cervicoauricularis profundus und — medius	Crista sagittalis externa	Lateralrand der Ohrmuschel	N. auricularis caudalis n. facialis	Auswärtszieher der Ohrmuschel	Vom M. cervicoauricularis superficialis bedeckt
M. occipitalis	Crista sagittalis externa	Oberflächliche Kopffaszie	Rr. auriculares rostrales n. auriculopalpebralis	Schildchenspanner	Bogenförmige, sehr zarte Muskelfasern
M. interscutularis	Transversal zwischen beiden Schildchen verlaufend		Rr. auriculares rostrales n. auriculopalpebralis	Schildchenspanner	
M. frontoscutularis	Kraniale Fortsetzung des M. interscutularis		Rr. auriculares rostrales n. auriculopalpebralis	Schildchenspanner	
M. scutuloauricularis superficialis	Scutulum	Rostraler Rand der Ohrmuschel	Rr. auriculares rostrales n. auriculopalpebralis	Einwärtszieher, Aufrichter der Ohrmuschel	
M. parotidoauricularis	Vordere Hals- und Parotisgegend	Ventrolateral am Ohrgrund	R. colli n. facialis	Niederzieher u. Zurückleger der Ohrmuschel	
M. mandibuloauricularis	Zwischen Proc. angularis u. Proc. articularis mandib.	Ventral am Ohrgrund	N. auricularis caudalis n. facialis	„Gehörgangs-Muskel"	Kann fehlen
MUSKELN DER LIPPEN UND WANGE					
M. orbicularis oris	Geschlossener Kreismuskel um die Mundöffnung; keine Beziehung zum Skelett		Rr. buccolabiales dorsalis und ventralis n. facialis	Schließer der Mundspalte	
M. buccinator	Verkehrt zwischen den Lippen und den Alveolarfortsätzen des Ober- und Unterkiefers und ist um die Mundöffnung mit dem M. orbicularis oris verflochten		Rr. buccolabiales dorsalis und ventralis n. facialis	Seitliche Begrenzung der Mundhöhle; Verbringen von Futter aus dem Vestibulum (buccale) in das Cavum oris; Druck auf die Backendrüsen	
M. zygomaticus	Scutulum	Strahlt in den M. orbicularis oris ein	Rr. buccolabiales dorsalis und ventralis n. facialis	Rückzieher des Mundwinkels; Vorzieher des Scutulum	
M. caninus	Ventral am For. infraorbitale	Oberlippe	Rr. buccolabiales dorsalis und ventralis n. facialis	Rückzieher der Oberlippe	
M. levator labii superioris	Rostral am For. infraorbitale	Divergierend sehnig in der Gegend des Nasenloches; Oberlippe	Rr. buccolabiales dorsalis und ventralis n. facialis	Heber und Rückzieher von Oberlippe und Nasenspiegel	
MUSKELN DER AUGENLIDER UND DER NASE					
M. orbicularis oculi	Nahezu vollständig geschlossener, das Auge umgebender Muskelring		N. auriculopalpebralis n. facialis	Verengung und Schluß der Lidspalte	
M. retractor anguli oculi lateralis	Fascia temporalis profunda (Schläfenfaszie)	Lateraler Augenwinkel	N. auriculopalpebralis n. facialis	Rückzieher des lateralen Augenwinkels	
M. levator anguli oculi medialis	Stirnfaszie	Medial am oberen Augenlid	N. auriculopalpebralis n. facialis	Heber des medialen Anteils des oberen Augenlids; Aufrichter der Tasthaare	
M. levator nasolabialis	Maxilla im Bereich des med. Augenwinkels; Stirnfaszie	Oberlippe und lateral am Nasenloch	N. auriculopalpebralis n. facialis	Heber der Oberlippe; Erweiterer des Nasenloches	
M. malaris	Tiefe Gesichtsfaszie (Wangenbereich)	Unteres Augenlid	N. auriculopalpebralis n. facialis	Niederzieher des unteren Augenlids	

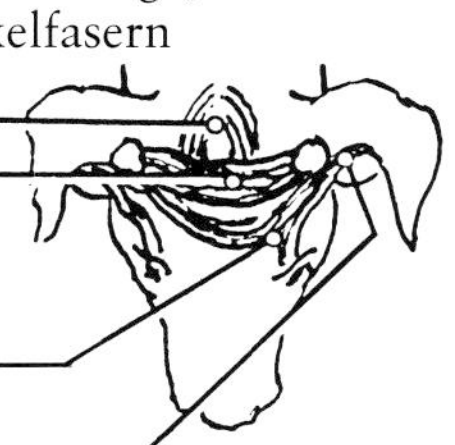

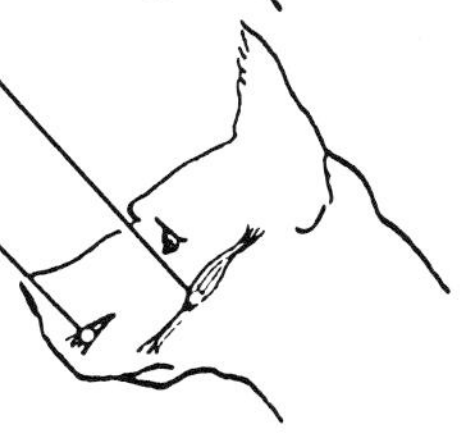

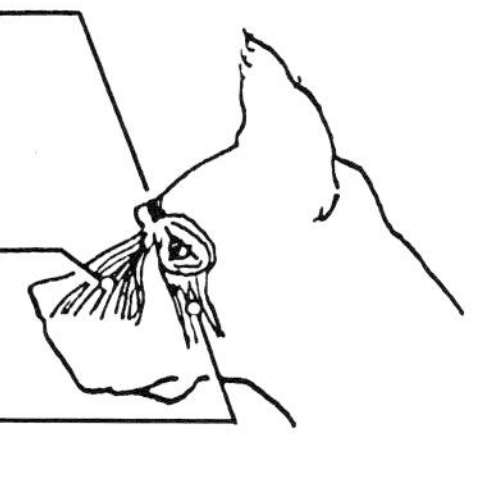

MANDIBULARISMUSKULATUR (zu S. 94 u. 96)

OBERFLÄCHLICHE KEHLGANGSMUSKELN

MUSKEL	URSPRUNG	ANSATZ	INNERVATION	FUNKTION	ANMERKUNGEN
M. digastricus	Processus jugularis	Margo ventralis mandibulae	Kaudaler Bauch: R. digastricus n. facialis; Rostraler Bauch: N. mylohyoideus n. mandibularis	Öffner der Mundspalte	Schwache Zwischensehne zwischen den beiden Bäuchen
M. mylohyoideus	Mandibula medial (Linea mylohyoidea)	Zungenbeinkörper; mediane Muskelraphe	N. mylohyoideus n. mandibularis	Heber und Andrücker der Zunge gegen den Gaumen	Hängemattenförmiger Träger des Mundhöhlenbodens

ÄUSSERE KAUMUSKELN

MUSKEL	URSPRUNG	ANSATZ	INNERVATION	FUNKTION	ANMERKUNGEN
M. temporalis	Schläfengrube (Fossa temporalis)	Proc. coronoideus mandibulae	N. masticatorius n. mandibularis	Kaumuskel: Heber und Andrücker der Mandibula an die Maxilla	Die Nebenportion zieht dorsoparallel zum Jochbogen
M. masseter	Jochbogen	Fossa masseterica	N. masticatorius n. mandibularis	Kaumuskel: Heber und Andrücker der Mandibula an die Maxilla	In oberflächlichen und tiefen Teil gegliedert

INNERE KAUMUSKELN

MUSKEL	URSPRUNG	ANSATZ	INNERVATION	FUNKTION	ANMERKUNGEN
M. pterygoideus – medialis – lateralis	Flügelbein und Umgebung	Fossa pterygoidea an der Mandibula	Nn. pterygoidei n. mandibularis	Synergist des M. masseter; bei einseitiger Kontraktion: Seitwärtszieher des Unterkiefers	Zwischen beiden Muskeln liegt der N. mandibularis

AUGENMUSKELN (zu S. 98)

MUSKEL	URSPRUNG	ANSATZ	INNERVATION	FUNKTION	ANMERKUNGEN
M. obliquus dorsalis	Medialrand des For. opticum	Dorsal am Bulbus oculi, ventral von der Insertion des M. rectus dorsalis	N. trochlearis (IV)	Einwärtsdrehen des Augapfels	Hakenförmiger Verlauf (über die Trochlea)
M. obliquus ventralis	Ventral an der Fossa sacci lacrimalis	Lateral am Bulbus oculi auf der Höhe der Insertion des M. rectus lat.	N. oculomotorius (III)	Auswärtsdrehen des Augapfels	
M. rectus dorsalis	Gemeinsamer Sehnenring an der Crista pterygoidea und um das For. opticum für den Ursprung der geraden Augenmuskeln	Rostrodorsal am Bulbus oculi	N. oculomotorius (III)	Drehung des Augapfels um die waagerechte Achse nach dorsal	
M. rectus medialis		Rostromedial am Bulbus oculi	N. oculomotorius (III)	Drehung des Augapfels um die sekrechte Achse nach medial	
M. rectus ventralis		Rostroventral am Bulbus oculi	N. oculomotorius (III)	Drehung des Augapfels um die waagerechte Achse nach ventral	
M. rectus lateralis		Rostrolateral am Bulbus oculi	N. abducens (VI)	Drehung des Augapfels um die senkrechte Achse nach lateral	
M. retractor bulbi	Zwischen For. opticum und Fissura orbitalis	Verdeckt von den Mm. recti am Bulbus oculi	N. oculomotorius (laterale Anteile durch den N. abducens, VI)	Rückzieher des Augapfels	Umgibt den N. opticus (II) mantelförmig
M. levator palpebrae superioris	Dorsal am For. opticum	Breitsehnig am oberen Augenlid	N. oculomotorius (III)	Heber des oberen Augenlids	Liegt dem M. rectus dorsalis auf

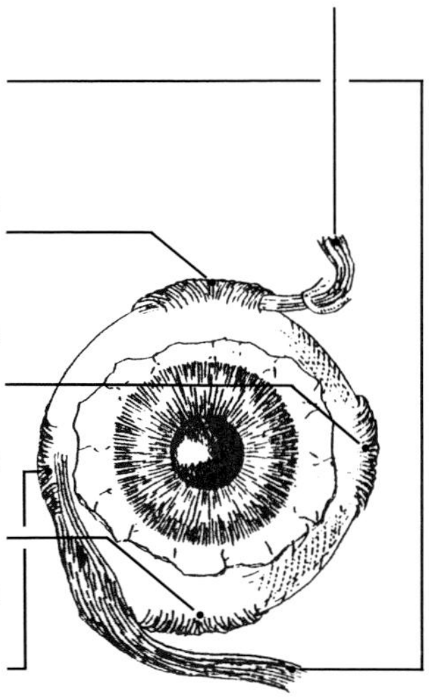

Innere GLATTE AUGENMUSKELN (zu S. 118)

MUSKEL	URSPRUNG	ANSATZ	INNERVATION	FUNKTION	ANMERKUNGEN
M. ciliaris	Skleralring (Anulus sclerae)	Über Zonulafasern an der Linsenkapsel	Parasympathisch von Nn. ciliares breves (von III)	Akkomodation; Annäherung des Ziliarkörpers an die Linse	Besitzt zirkuläre und meridionale Fasern
M. sphincter pupillae	Zirkulär um den Rand der Pupille		Parasympathisch von N. oculomotorius (III)	Verengung der Pupille	Glatter Muskel ektodermaler Herkunft
M. dilatator pupillae	Radiär zum Rand der Pupille		Sympathicus	Erweiterung der Pupille	

MUSKEL	URSPRUNG	ANSATZ	INNERVATION	FUNKTION	ANMERKUNGEN
SCHLUNDKOPFMUSKELN: **Befestigen über ihre dorsomediane Raphe den Schlundkopf am Tuberculum pharyngeum des Hinterhauptbeins (zu S. 102)**					
M. stylopharyngeus caudalis	Kaudalkontur des Stylohyoideum	Dorsolaterale Pharynxwand	N. glossopharyngeus (IX)	Schlundkopferweiterer	Einziger Schlundkopferweiterer
MUSKELN DES WEICHEN GAUMENS					
M. tensor veli palatini	Rostral an der Bulla tympanica	Hamulus pterygoidei und sehnig am weichen Gaumen	N. mandibularis (V 3)	Spanner des weichen Gaumens	Ihre Kontraktion wird durch den Schluckakt ausgelöst, wobei die Ohrtrompete geöffnet resp. ihre Wand angespannt wird. (Druckausgleich)
M. levator veli palatini	Rostral an der Bulla tympanica	Weicher Gaumen	Plexus pharyngeus (IX u. X)	Heber des weichen Gaumens	
ROSTRALE SCHLUNDKOPFSCHNÜRER					
M. pterygopharyngeus	Hamulus pterygoidei	Raphe pharyngis	Plexus pharyngeus (IX u. X)	Schlundkopfschnürer und -vorzieher	Kreuzt vor seinem Ansatz den M. levator veli palatini lateral
M. palatopharyngeus	Gaumenaponeurose	Dorsolaterale Pharynxwand	Plexus pharyngeus (IX u. X)	Schlundkopfschnürer und -vorzieher; Niederzieher des Gaumens	Medial des M. levator veli palatini gelegen
MITTLERER SCHLUNDKOPFSCHNÜRER					
M. hyopharyngeus	Thyreohyoideum	Raphe pharyngis	Plexus pharyngeus (IX u. X)	Schlundkopfschnürer	Oft zweigeteilt
KAUDALE SCHLUNDKOPFSCHNÜRER					
M. thyreopharyngeus	Cartilago thyreoidea	Raphe pharyngis	Plexus pharyngeus (IX u. X)	Schlundkopfschnürer	Nahtloser Übergang zwischen den Muskeln
M. cricopharyngeus	Cartilago cricoidea	Raphe pharyngis	Plexus pharyngeus (IX u. X)	Schlundkopfschnürer	
ZUNGEN- UND ZUNGENBEINMUSKELN **(zu S. 104)**					
M. lingualis proprius	Zungenbinnenmuskel		N. hypoglossus (XII)	Eigenbeweger der Zunge	Fibrae longitudinales, transversae u. perpendiculares
ÄUSSERE ZUNGENMUSKELN					
M. styloglossus	Stylohyoideum	Zunge (seitlich einstrahlend)	N. hypoglossus (XII)	Zieht die Zunge kaudodorsal	Verdeckt lateral das Stylohyoideum
M. hyoglossus	Basihyoideum	Zunge (seitlich und kaudal einstrahlend)	N. hypoglossus (XII)	Zieht die Zunge kaudoventral	An der Zungenwurzel gelegen
M. genioglossus	Kinn	Zunge	N. hypoglossus (XII)	Zieht die Zunge ventral und rostral	Strahlt fächerförmig in die Zunge ein
ZUNGENBEINMUSKELN					
M. geniohyoideus	Kinn	Basihyoideum	Ansa cervicalis (XII u. C 1)	Zieht das Zungenbein rostral	Muskulöse Grundlage des Mundbodens
M. thyreohyoideus	Cartilago thyreoidea	Basihyoideum	Ansa cervicalis (XII u. C 1)	Nähert Zungenbeinkörper u. Kehlkopf	Kranialfortsetzung des M. sternothyreoideus
KEHLKOPFMUSKELN (EIGENMUSKULATUR DES KEHLKOPFES)					
M. cricothyreoideus	Ventrolateral an der Cartil. cricoidea	Kaudal an der Cartil. thyreoidea	N. laryngeus **cran.** n. vagi	Stimmritzen-Verengerer; Spanner der Stimmbänder	
M. cricoarytaenoideus dorsalis	Dorsolateral an der Cartilago cricoidea	Proc. muscularis der Cartil. arytaenoidea	N. laryngeus caud. n. vagi	**Stimmritzen-Erweiterer**	
M. cricoarytaenoideus lateralis	Kraniolateral an der Cartilago cricoidea	Proc. muscularis der Cartil. arytaenoidea	N. laryngeus caud. n. vagi	Stimmritzen-Verengerer	
M. arytaenoideus transversus	Proc. muscularis der Cartil. arytaenoidea	Median sehnig am gleichen Muskel der anderen Seite	N. laryngeus caud. n. vagi	Stimmritzen-Verengerer	
M. thyreoarytaenoideus	Ventromedian an der Cartilago thyreoidea		N. laryngeus caud. n. vagi	Stimmritzen-Verengerer; Erweiterer des Ventriculus laryngis lateralis	
– M. ventricularis		Proc. muscularis der Cartil. arytaenoidea			
– M. vocalis		Proc. vocalis der Cartil. arytaenoidea			

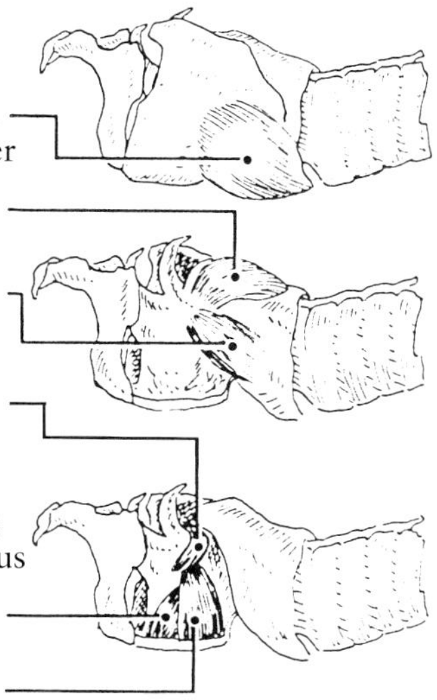

2. LYMPHOLOGIE

LYMPHOCENTRUM RESP. LYMPHONODUS	LAGE	TRIBUTÄRES GEBIET	ABFLUSS	ANMERKUNGEN	SEITE
1) **Ln. parotideus**	An oder in der Gl. parotis in Höhe des Kiefergelenks	Vornehmlich oberflächliche Kopfbereiche oberhalb der Verbindungslinie Auge – Ohr	Ln. retropharyngeus med.	Palpierbar; tiefe Knoten liegen in der Gl. parotis	92
2) **Lnn. mandibulares**	Im Kehlgang rostro-ventral der Gl. mandibularis	Oberflächliche und tiefe Teile des Gesichtsschädels; Muskeln; Kopfdrüsen unterhalb Auge – Ohr	Ln. retropharyngeus med.	Palpierbar; Kehlgangslymphknoten	92
Lc. retropharyngeum					
3) Ln. retropharyngeus lateralis	Kaudal der Ohrspeicheldrüse in Höhe des Atlasflügels	Oberflächliche und tiefe Kopfgebiete; lymphatischer Rachenring; kopfnahe Halsmuskulatur	Ln. retropharyngeus med.	Inkonstant	92
4) Ln. retropharyngeus medialis	Dorsolateral am Schlundkopf	Durchgangslymphe von Lnn. parotideus und mandibularis	Tr. jugularis	Mittlerer Schlundkopflymphknoten	92
Lc. cervicale superficiale					
5) Lnn. cervicales supff.	Kranial der Schulter unter dem M. omotransversarius	Oberflächliche Teile des Halses, des Kopfes, der Bauchwand und der Schulterextremität	In den Venenwinkel oder das Ende der Lymphstämme	Palpierbar; „Buglymphknoten"	14
Lc. cervicale prof.					
6) Ln. cervicalis prof. cranialis	Kraniodorsal der Schilddrüse	Tiefe Teile des Halses, Halseingeweide	In einen der Lymphsammelgänge oder Lc. mediastinale	Inkonstant; Gefahr d. Verwechselung mit Epithelkörperchen	14
7) Ln. cervicalis prof. medius	Im mittleren Halsdrittel	Teile des Kopfes			
8) Ln. cervicalis prof. caudalis	An der Trachea vor der 1. Rippe	Schulter- und Oberarmregion			
Lc. mediastinale					
9) Lnn. mediastinales crann.	Im präkardialen Mediastinum	Tiefe Teile des Thorax; z.T. auch Hals, Schulter, Pleura, Brusthöhleneingeweide; Durchgangslymphe von 7,8,10,12-14	Ende der großen Lymphstämme	Lnn. mediastinales medii und caudd. fehlen	40
Lc. thoracicum ventrale					
10) Ln. sternalis cranialis	Kranialrand des M. transversus thoracis auf dem Sternum	Brustwand; Schultergürtel; Diaphragma; Mediastinum; kraniale Gesäugekomplexe; ventrale Bauchwand	Lnn. mediastinales crann.	Lnn. sternales caudd. und Ln. epigastricus cran. fehlen	40
Lc. thoracicum dorsale					
11) Ln. intercostalis	Proximal im 5. oder 6. Interkostalraum	Tiefe Teile des Rückens, der Schulter; Bauchmuskeln; Aorta	Lnn. mediastinales crann.	Fehlt sehr oft	40
Lc. bronchale					
12) Ln. tracheobronchalis dexter	Kranial am rechten Hauptbronchus	Lunge und übrige Thoraxeingeweide	Lnn. mediastinales crann.	Lnn. tracheobronchales crann. fehlen	40
13) Ln. tracheobronchalis medius	Dorsal der Bifurcatio tracheae			Lnn. pulmonales liegen am Lungenhilus	40
14) Ln. tracheobronchalis sinister	Dorsal am linken Hauptbronchus				40

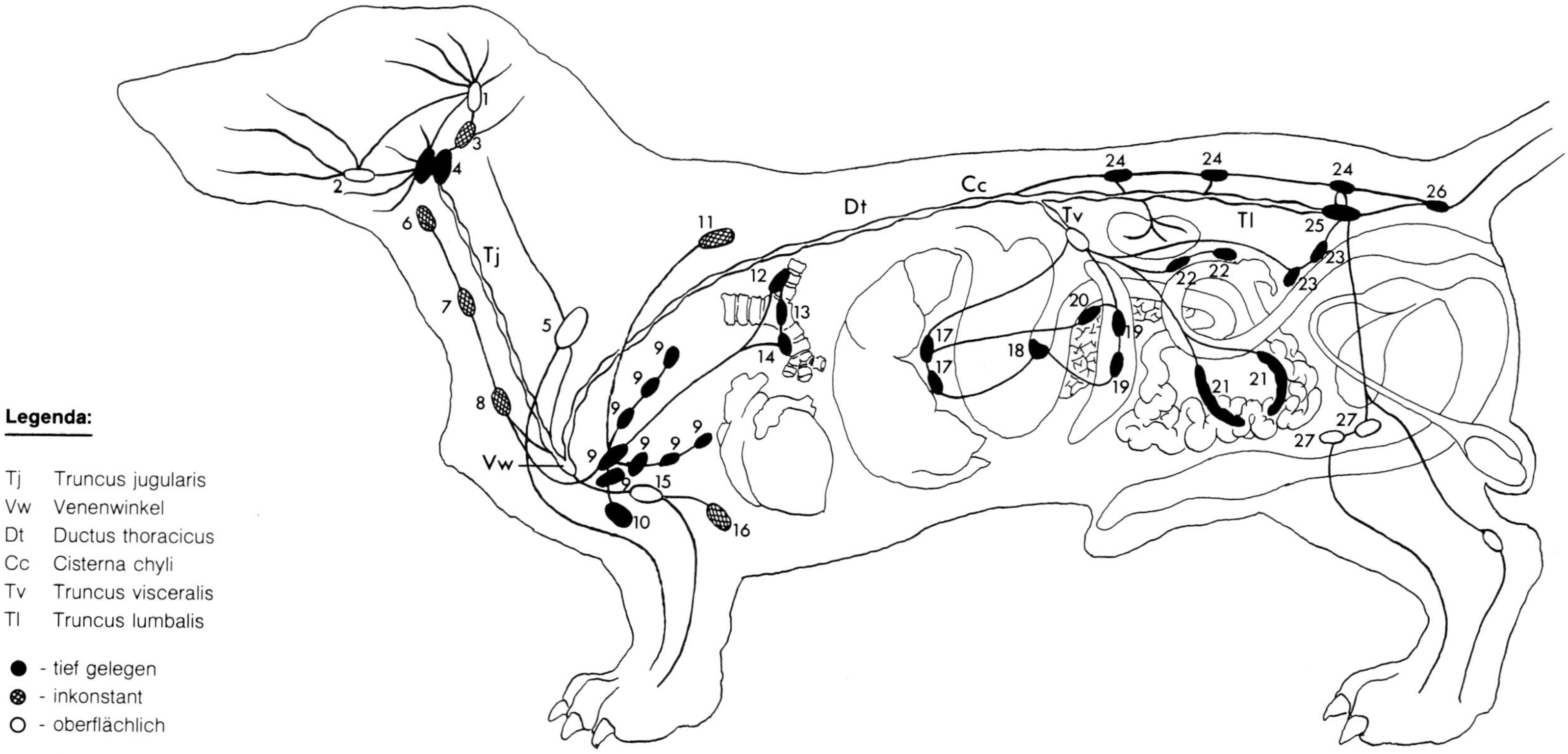

LYMPHOCENTRUM RESP. LYMPHONODUS		LAGE	TRIBUTÄRES GEBIET	Kniegelenks	ABFLUSS	und sacrales
Lc. axillare						
15)	Ln. axillaris	Kaudal des Schultergelenks entlang der V. thoracica lat.	Oberflächliche Teile der Brustwand und ventralen Bauchwand; thorakale und abdominale Gesäugekomplexe		Venenwinkel oder Ende der Lymphstämme	ANMERKUNGEN
16)	Ln. axillaris accessorius	2 cm kaudal von 15)	Wie 15)		Wie 15)	
	Lc. coeliacum					
17)	Ln. hepatici (portales)	An der Pfortader	Primärlymphe von allen Versorgungsgebieten der A. coeliaca		Tr. visceralis	Palpierbar; Lnn. cubitales und axillares primae costae fehlen
18)	Ln. gastricus	Pylorusnah an der kleinen Kurvatur	Magen		Lnn. hepatici oder Lnn. lienales	
19)	Lnn. lienales	An der Aufzweigung der A. und V. lienalis	Milz und Durchgangslymphe vom Ln. gastricus		Tr. visceralis	
20)	Lnn. pancreatico-duodenales	Zwischen Pars cran. duodeni u. Pankreas	Duodenum, Pankreas, Magen, Omentum majus		Lnn. hepatici	
Lc. mesentericum craniale						
21)	Lnn. jejunales	Proximal im Jejunalgekröse	Organe des Versorgungsgebietes der A. mesenterica cranialis		Tr. visceralis	Inkonstant
22)	Lnn. colici	Im Mesocolon asc. bis Colon transvers.	Durchgangslymphe von Lnn. mesenterici caudd.		Tr. visceralis	Leberlymphknoten
Lc. mesentericum caudale						
23)	Lnn. mesenterici caudd.	Im Mesocolon descendens	Organe des Versorgungsgebietes der A. mesenterica caudalis		Tr. visceralis oder Tr. lumbalis	Inkonstant
Lc. lumbale						
24)	Lnn. lumbales aortici	Dorsal, ventral und lateral der Bauchaorta und der V. cava caudalis	Tiefe Teile der dorsalen Bauchwand, der Bauch- und Beckenhöhle; Harn- und Geschlechtsorgane; Nebenniere; Durchgangslymphe vom Lc. iliosacrale		Tr. lumbalis oder direkt in die Cisterna chyli	Gruppe kleiner Lymphknoten
Lc. iliosacrale						Inkonstant
25)	Lnn. iliaci mediales	Am Ursprung der A. und V. circumflexa ilium profunda	Beckenwand; Beckenorgane; möglicherweise Hoden; Primär- und Durchgangslymphe von Lymphknoten der Beckengliedmaße		Tr. lumbalis oder Lnn. lumbales	
26)	Lnn. sacrales	Zwischen rechter u. linker A. iliaca int.	Enddarm und Geschlechtsorgane sowie Umgebung		Lnn. iliaci medd.	Sehr große Lymphknotenpakete
Lc. inguinale supf.						
27)	Lnn. inguinales supff.	An der Aufzweigung der A. und V. pudenda ext. in Höhe der inguinalen Zitze	Haut des Bauches, des Skrotums, des Beckenausgangs; des Schwanzes, der Beckengliedmaße, kaudale Mammakomplexe; Teile der äußeren Geschlechtsorgane		Lnn. iliaci medd.	Lnn. ileocolicus und caecalis fehlen
Lc. popliteum						
28)	Ln. popliteus supf.	Kniekehle zwischen M. biceps femoris u. M. semitendinosus	Oberflächliche und tiefe Teile der Beckengliedmaße distal des		Lnn. iliaci medd.	

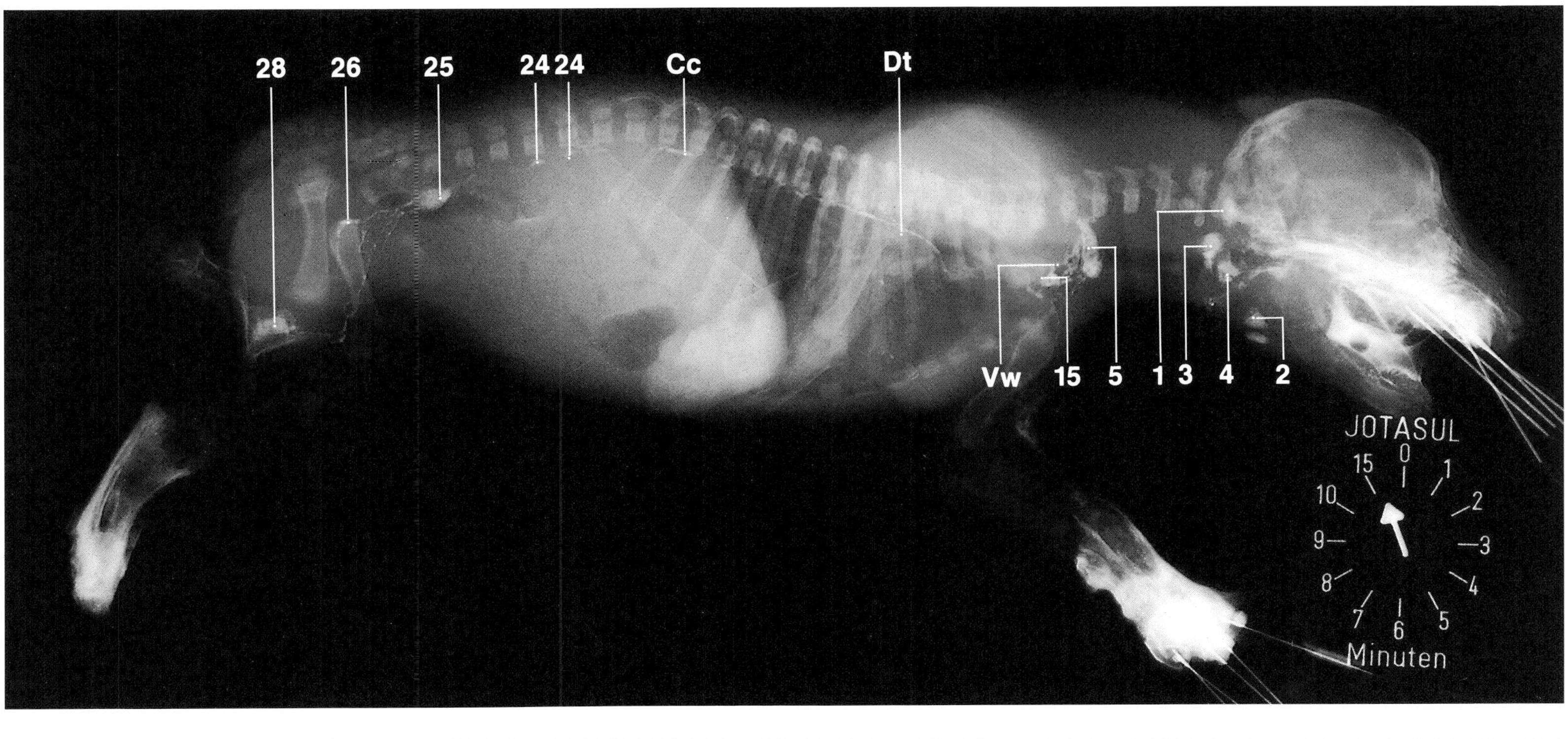

3. NN. CRANIALES

	Nerv	Einteilung	Ursprung	Schädeldurchtritt	Qualität	Innervationsgebiet	Anmerkung
I	Nn. olfactorii	Sinnesnerven	Endhirn	Lamina cribrosa	sensorisch	Regio olfactoria im Nasengrund u. Organum vomeronasale	Rezeptorzellen sind primäre Sinneszellen
II	N. opticus	Sinnesnerv	Zwischenhirn	Canalis opticus	sensorisch	Retina (innere Augenhaut)	Ausstülpung des Zwischenhirns, die von den 3 Gehirnhäuten umhüllt ist
III	N. oculomotorius Radix motoria	Augenmuskelnerv	Mittelhirn	Fissura orbitalis	motorisch	Äußere Augapfelmuskeln außer Mm. obliquus dors., rectus lat. und Lateralteile des M. retractor bulbi	Parasympathische praeganglionäre Neurone werden im Ggl. ciliare umgeschaltet. Symp. Fasern ziehen in den Nn. ciliares breves zum M. dilatator pupillae
	Radix parasympathica				parasympathisch	Mm. sphincter pupillae und ciliaris	
IV	N. trochlearis	Augenmuskelnerv	Mittelhirn	Fissura orbitalis	motorisch	M. obliquus dorsalis	Schwächster Gehirnnerv
V	N. trigeminus	1. Kiemenbogennerv					Seine Endäste erhalten parasymp. Anteile über das Ggl. pterygopalatinum von VII, über das Ggl. oticum von IX, über die Ggll. mandibulare und sublinguale von der Chorda tympani (VII), die die Speicheldrüsen, Tränen- und Nasendrüsen versorgen; Klinik: Trigeminusneuralgie
	N. ophthalmicus V1		Mittelhirn	Fissura orbitalis	sensibel	Nasenrücken, Siebbein, Tränendrüse, oberes Augenlid	
	N. maxillaris V2		Rautenhirn	For. rotundum und Canalis alaris	sensibel	Gesicht, Nasenhöhle, Zähne im Oberkiefer, Schläfenregion	
	N. mandibularis V3 Radix sensibilis		Rautenhirn	For. ovale	sensibel	Mundhöhle, Schläfen- u. Ohrgegend, Zähne im Unterkiefer, Kinnhaut	
	Radix motoria				motorisch	Kau- u. Kehlgangsmusk., Mm. tensor tympani und — veli palatini	
VI	N. abducens	Augenmuskelnerv	Rautenhirn	Fissura orbitalis	motorisch	M. rectus lat. und Teile des M. retractor bulbi	Liegt mit III u. V 1 in einer gemeinsamen Durascheide
VII	N. facialis (N. intermediofacialis) Fazialisanteil	2. Kiemenbogennerv	Rautenhirn	Canalis facialis vom Porus acusticus int. bis For. stylomastoideum	motorisch	Fazialismuskeln, Mm. stapedius, occipitohyoideus, stylohyoideus	Klinik: Fazialislähmung. Der N. intermedius kann als 13. Gehirnnerv aufgefaßt werden.
	Intermediusanteil: R. auricularis internus			For. stylomastoideum	sensibel	Meatus acusticus externus und Trommelfell	Der R. auricularis int. erhält sensible Anteile vom N. vagus und N. intermedius
	Chorda tympani			Fissura petrotympanica	sensorisch u. parasymp.	Rostr. 2/3 der Zunge, Gll. sublingualis und mandibularis	Vereinigt sich mit dem N. lingualis von V3
	N. petrosus major			Canalis petrosus, Canalis pterygoideus	parasympathisch	Drüsen d. Nase und des Gaumens, Tränendrüse	Vereinigt sich mit d. symp. N. petrosus prof. zum N. canalis pterygoidei
VIII	N. vestibulocochlearis (N. statoacusticus)	Sinnesnerv	Rautenhirn	Porus acusticus int.	sensorisch	Macula utriculi, Macula sacculi, Crista ampullaris, Cochlea	Im ZNS Verbindung zu Augenmuskelnerven
IX	N. glossopharyngeus R. pharyngeus	3. Kiemenbogennerv und Vagusgruppe	Rautenhirn	For. jugulare	sensibel u. motorisch	Teile der Pharynxmuskulatur resp. Schleimhaut	Der R. sinus carotici vermittelt als „Blutdruckfühler" Impulse zum Kreislaufzentr.
	Rr. linguales				sensibel u. sensorisch	Rachen, kaudales Drittel der Zunge	Kommuniziert mit dem N. lingualis von V3
	N. tympanicus			Canaliculus tympanicus	parasymp. u. sensibel	Gll. zygomatica, buccales, parotis; Schleimhaut der Paukenhöhle	Fortsetzung ist der N. petrosus minor, der im Ggl. oticum umgeschaltet wird
X	N. vagus	4. Kiemenbogennerv und Vagusgruppe	Rautenhirn	For. jugulare	motorisch	Larynxmuskeln und Teile der Pharynxmuskulatur	Der „umherschweifende" Nerv. Sein Ggl. distale (nodosum) wird zur Tollwutdiagnose herangezogen
					sensibel	Rachen, Larynx	
					parasymp.	Brust- und Baucheingeweide	
XI	N. accessorius Radix encephali	4. Kiemenbogennerv und Vagusgruppe	Rautenhirn	For. jugulare	motorisch	Mm. sternocleidomastoideus, trapezius und cleidocervicalis	Stammesgeschichtlich eine Abspaltung vom N. vagus
	Radix spinalis		Halsmark	For. magnum			
XII	N. hypoglossus	auch Halsnerv	Rautenhirn	Canalis n. hypoglossi	motorisch	Zungenmuskeln und Zungenbeinmuskeln	Verbindung zu C1 über die Ansa cervicalis

Nn.craniales (encephalici)

Concept: Prof. Dr. Th. Nitschke

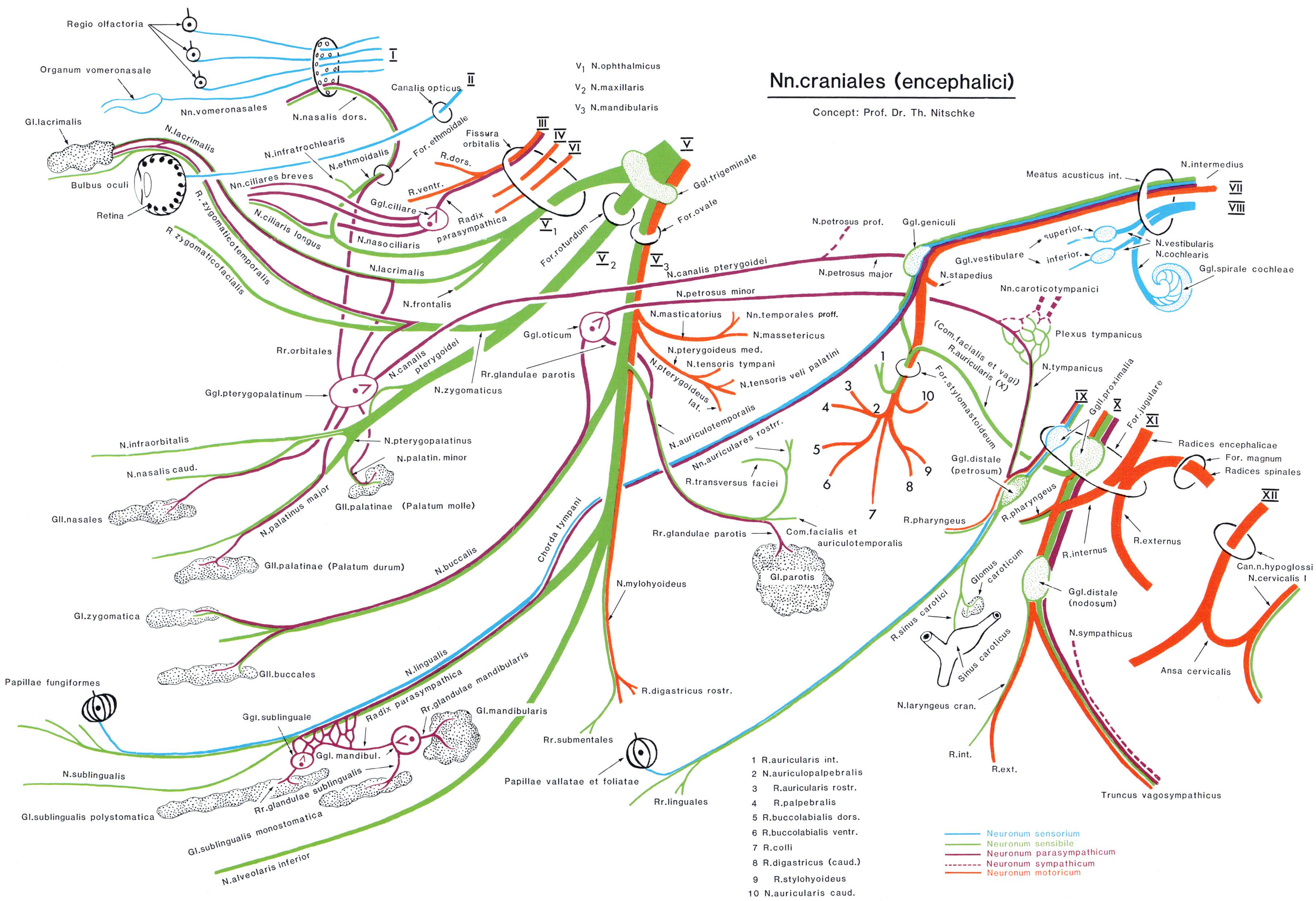

ALLGEMEINE ANATOMIE

1. KNOCHENLEHRE: DESMALE UND CHONDRALE KNOCHENENTWICKLUNG; LÄNGEN- UND DICKENWACHSTUM

a) Die **DIREKTE (DESMALE) KNOCHENENTWICKLUNG (OSTEOGENESIS MEMBRANACEA s. DESMALIS**, s. Textabb.) erfolgt an Knochen des Schädeldaches (Schädelkalotte) und des Gesichts. Dabei differenzieren sich embryonale **Bindegewebszellen (Mesenchymzellen)** zu **Knochenbildungszellen (Osteoblasti – A)**, die primäre Knochenbälkchen aus **Geflechtknochen (Textus osseus reticulofibrosus – B)** bilden. Die Osteoblasten synthetisieren Osteoid. Osteoid besteht aus Kollagenfibrillen, die durch eine chondroitinsulfathaltige Grundsubstanz maskiert sind. Durch die Osteoidsynthese „mauern" sich die Osteoblasten bei Umwandlung zu **Knochenzellen (Osteocyti – C)** in die entstehenden primären Knochenbälkchen aus Geflechtknochengewebe ein. Das Osteoid wird schließlich durch Einlagerung von Kalziumionen und organischem Phosphat zu Matrix ossea mineralisiert. Zum Knochenumbau ordnen sich auf der äußeren Oberfläche der primären Knochenbälkchen resp. außen an den Schädelknochen Osteoblasten reihenförmig nebeneinander an. Durch äußeres appositionelles Wachstum bei gleichzeitigem Knochenabbau durch **Knochenfreßzellen (Osteoclasti – D)** an der inneren Schädeloberfläche resultiert eine stetige Umfangszunahme des Schädels, wobei der primäre Geflechtknochen in sekundären Knochen umgebaut wird. Die desmale Ossifikation ist zum Geburtstermin noch nicht abgeschlossen, sondern bindegewebige Bereiche (Fontanellen) bleiben zunächst noch unverknöchert erhalten. Diese Fontanellen ermöglichen beim Geburtsvorgang eine Umfangsverminderung des Schädels.

Osteogenesis desmalis

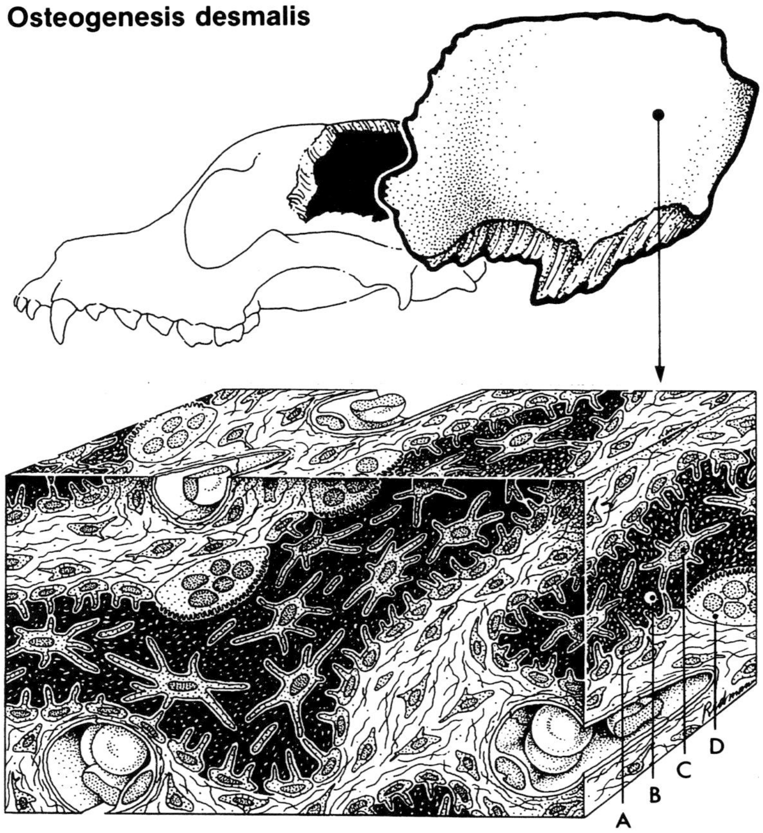

A Osteoblastus
B Textus osseus reticulofibrosus
C Osteocytus
D Osteoclastus

1 b) Bei der **INDIREKTEN (CHONDRALEN) KNOCHENENTWICKLUNG (OSTEOGENESIS CARTILAGINEA)** wird ein knorpelig vorgeformtes Primordialskelett durch Knochengewebe ersetzt (Ersatzknochen). Die indirekte Ossifikation erfolgt an Knochen des Rumpfes (z. B. Wirbel), an den langen Röhrenknochen der Gliedmaßen und an der Schädelbasis. Die chondrale Knochenbildung verläuft in zwei Differenzierungsschritten, wobei die perichondrale Ossifikation der enchondralen Ossifikation vorangeht. An den langen Röhrenknochen, die an beiden Knochenenden eine **Epiphysis (1)** und dazwischen einen **Knochenschaft (Diaphysis – 4)** aufweisen, erfolgt die perichondrale Ossifikation nur im Bereich des Knochenschaftes, nicht jedoch an den Knochenenden. Unter der Knorpelhaut (Perichondrium) resp. der daraus entstehenden **Knochenhaut (Periosteum – 6)** wird nach dem Prinzip der desmalen Ossifikation eine gürtelförmige **Knochenmanschette (Anulus osseus perichondralis – 3)** gebildet, die den Röhrenknochen mechanisch stabilisiert. Die anschließende enchondrale Ossifikation erfolgt im Knocheninneren, und zwar im **Verknöcherungskern** (s. u.) **der Diaphyse (Centrum ossificationis primarium s. diaphysiale**, s. klin.-funkt. Anat.) und beginnt mit der Einsprossung von Blutgefäßen **(Vasa sanguinea perforantes – 21)** in das knorpelige Primordialskelett, wobei die äußere Knochenmanschette an der Stelle des späteren **Canalis nutritius** (22) perforiert wird. Die eingedrungenen Blutgefäße bilden mit dem umgebenden Bindegewebe das primäre Knochenmark, das in der **primären Knochenmarkshöhle (Cavum medullare primarium – 7)** liegt. Diese entsteht infolge der Aktivität der **Chondroklasten (Chondroclasti** 2 **– 2)** durch Abbau von großblasigen Knorpelzellen und mineralisierter Knorpelgrundsubstanz in der **Zona resorbens (16).** Auf der Oberfläche von spießförmigen Resten mineralisierter **Knorpelmatrix (Matrix cartilaginea – 19)** lagern sich **Osteoblasten (Osteoblasti – 5)** an und „mauern" sich unter Entstehung von **Knochenmatrix (Matrix ossea – 20)** als 3 **Osteozyten (Osteocyti – 8)** in die so entstehenden **primären Knochenbälkchen (Trabeculae osseae primariae – 18)** ein. Die Verknöcherungskerne sind wegen ihrer Mineralisierung auf dem Röntgenbild gut sichtbar, weil die mineralisierte Matrix nur wenig röntgenstrahlendurchlässig ist. Dagegen ist der noch nicht mineralisierte Knorpel in der Umgebung der Verknöcherungskerne weitaus strahlendurchlässiger. In die **Epiphyse** dringen später ebenfalls Blutgefäße ein, und es bildet sich durch Mineralisierung ein **Verknöcherungskern,** der im allgemeinen 4 später entsteht und **Centrum ossificationis secundarium s. epiphysiale** (12) genannt wird. Die enchondrale Ossifikation schreitet von hier peripher und besonders diaphysär voran. Im Bereich zwischen den diaphysären und epiphysären Verknöcherungszentren, also zwischen Dia- und Epiphyse, liegt der **Wachstumsknorpel (Cartilago physialis*** **– 13)**, der 5 zunächst noch nicht mineralisiert und deshalb röntgenologisch gut erkennbar ist. Er liefert aus seiner **Zona reservata (14)** großblasige Knorpelzellen, die in kleinen **Säulen (Columellae chondrocyti – 15)** übereinanderliegen und zur Zona resorbens vorgeschoben werden, wo sie durch Chondroklasten zerstört und durch Knochengewebe ersetzt werden. Da die Verknöcherungszone des primären Verknöcherungszentrums von der Diaphyse in Richtung Epiphyse voranschreitet und im sekundären Verknöcherungszentrum die Verknöcherungszone sich in umgekehrter Richtung von der Epiphyse zur Diaphyse verschiebt, wird die Cartilago physialis mit zunehmendem Alter immer dünner. Die entstehenden primären Knochenbälkchen aus primitivem Geflechtknochengewebe mit zentral gelegenen Resten von Knorpelgrundsubstanz werden bald durch Knochenumbau infolge der Aktivität der **Osteoklasten (Osteoclastus – 9)** und Osteoblasten in sekundäre Knochenbälkchen (s. S. 140) umgebaut. Sie sind im Bereich der Knochenkompakta nach dem Bauprinzip eines Lamellenknochens geformt und enthalten regelmäßig angeordnete Osteozyten, Kollagenfasern und mineralisierte Knochengrundsubstanz, aber im Gegensatz zu den primären Knochenbälkchen keine Knorpelgrundsubstanz.

Die **Metaphyse (Metaphysis s. Zona ossificationis – 17)** ist der diaphysäre Umbaubereich der primären in sekundäre Knochenbälkchen. Sie liegt an den epiphysären Enden der Diaphyse, wo sich der Knochen konisch verdickt und eine rege Mineralisation aufweist (s. Dickenwachstum).

Apophysen (Apophyses – 10) sind Knochenvorsprünge für Muskelansätze und besitzen einen eigenen Verknöcherungskern sowie einen **Apophysenfugenknorpel (Cartilago apophysialis – 11).** 5

c) Das **LÄNGENWACHSTUM** des Knochens wird durch den Nach- 6 schub der säulenförmig übereinanderliegenden Knorpelzellen gewährleistet. Wenn die Zerstörung der großblasigen Knorpelzellen und der Ersatz durch Knochengewebe nicht mehr durch Knorpelzellproliferation ausgeglichen werden kann, wird der stetig dünner werdende Wachstumsknorpel schließlich durch Knochengewebe ersetzt, das auf dem Röntgenbild als Physenlinie sichtbar ist. Diese Linea physialis besteht aus verdichtetem Knochengewebe, das die Röntgenstrahlen stark absorbiert.

d) Das **DICKENWACHSTUM** des Knochens geht von der Kambium- 7 schicht (Stratum osteogenicum) des Periosts aus. Durch äußeres appositionelles Wachstum bei gleichzeitigem inneren Knochenabbau an der (sekundären) Markhöhle (Cavum medullare) vergrößert sich diese bei zunehmender Knochenverdickung. Im Bereich der Metaphyse vollzieht sich das Dickenwachstum nach anderem Prinzip. Hier wird innen an der Knochenmanschette neues Knochengewebe angelagert, während an der äußeren, periostalen Oberfläche eine Resorption von Knochengewebe stattfindet. (Regenerationswachstum s. klin.-funkt. Anat.) 8

*) Cartilago physialis wurde früher Cartilago epiphysialis genannt. Nach neuer Übereinkunft ist jedoch die Cartilago epiphysialis das gesamte knorpelige Ende einer Röhrenknochenanlage.

Osteogenesis cartilaginea

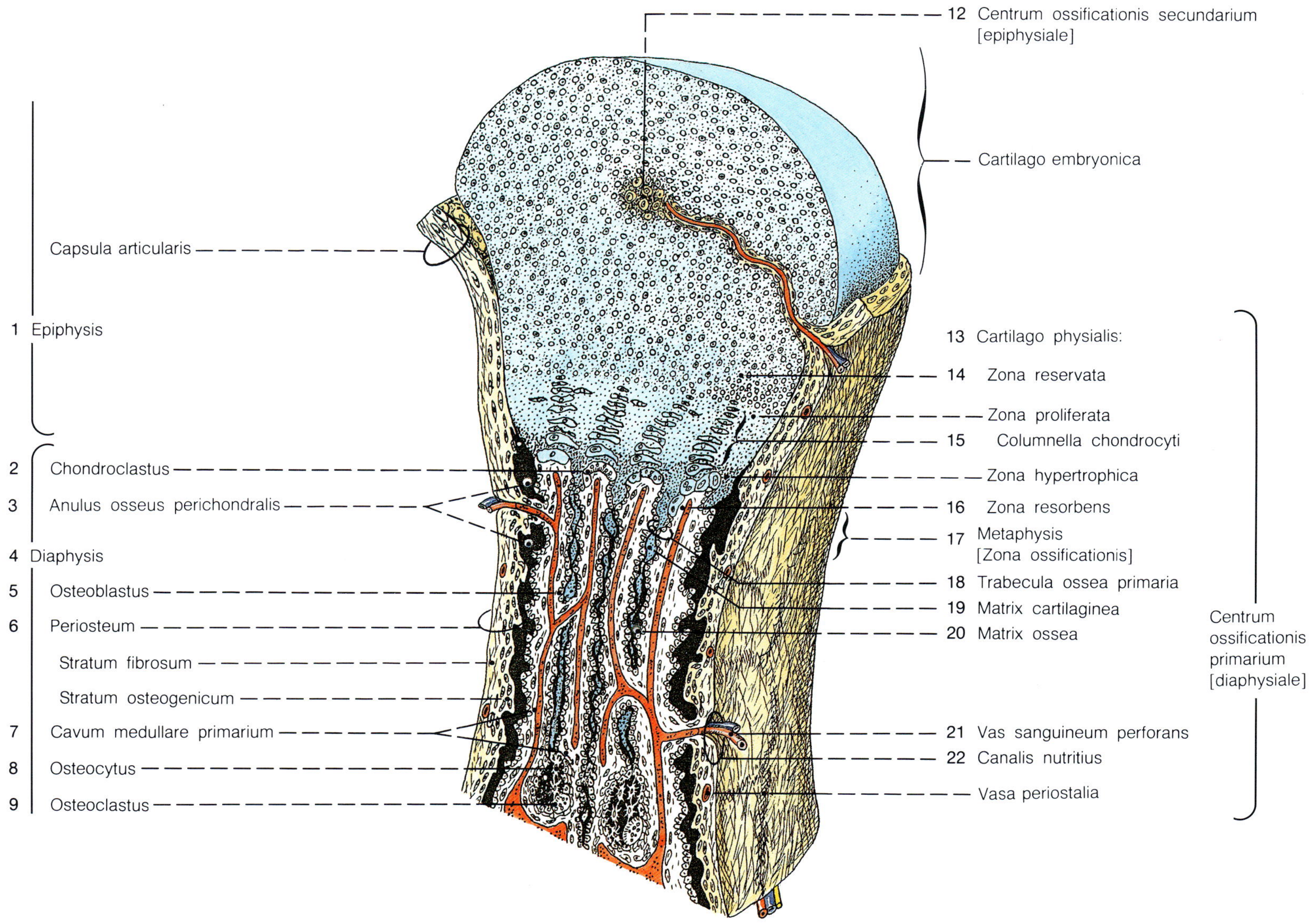

Os femoris (juvenilis)

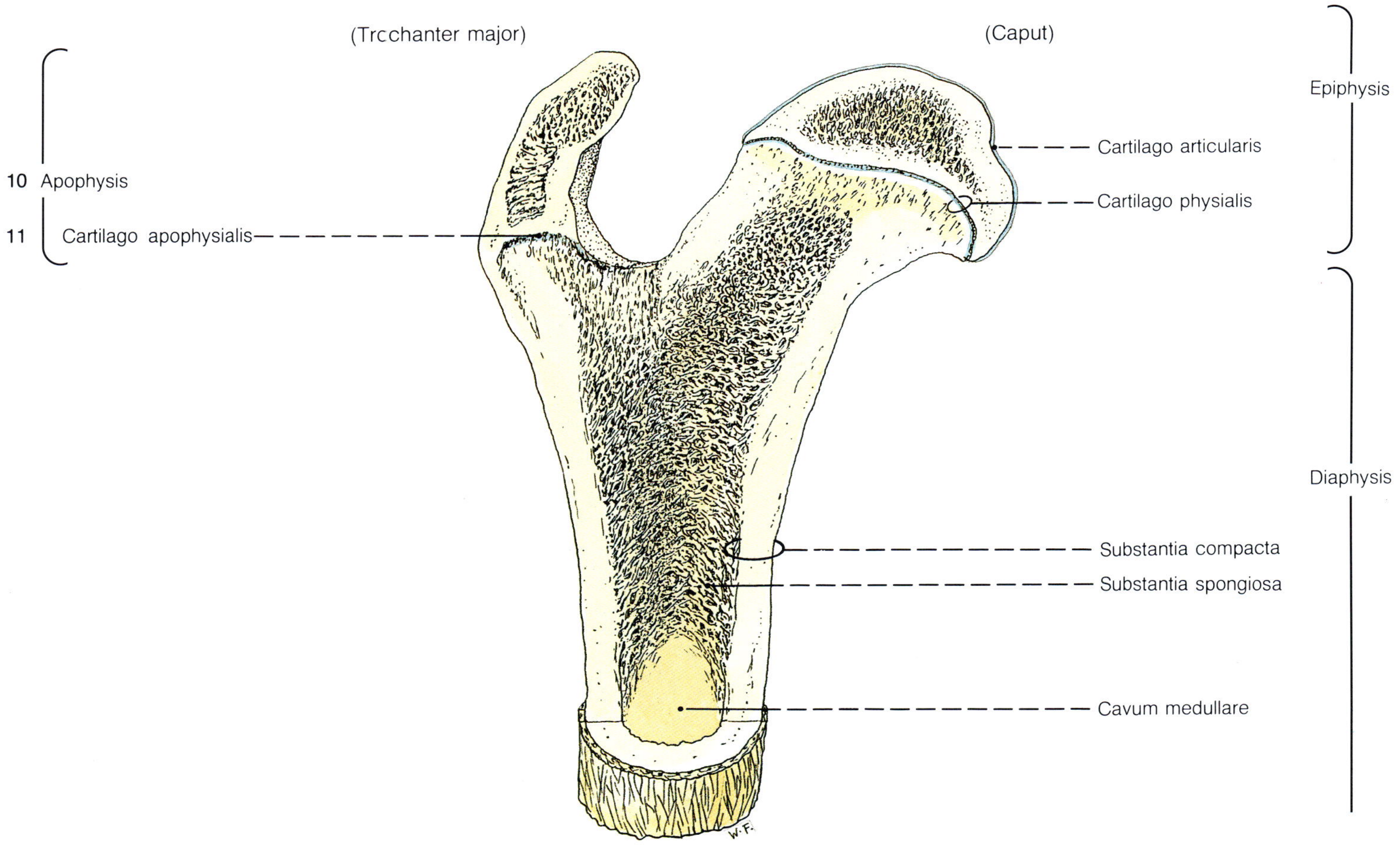

Das **Knochengewebe** besteht aus Knochenzellen (Osteozyten) und aus mineralisierter Knochengrundsubstanz (Matrix ossea) mit enthaltenen Kollagenfasersystemen. Die Trockensubstanz eines ausdifferenzierten Knochens enthält etwa zu einem Drittel organische Bestandteile, vor allem Kollagen, und zu zwei Dritteln anorganische Bestandteile. Der Knochen behält nach Entmineralisierung seine äußere Form. Er hat jedoch seine Druckfestigkeit eingebüßt und ist biegsam geworden. Dagegen ist der vom organischen Anteil befreite Knochenrest spröde und brüchig. Der sekundär entstandene Lamellenknochen liegt besonders in der Substantia compacta der Röhrenknochen vor. In den Schädelnähten bleibt Geflechtknochengewebe noch lange Zeit nach der Geburt erhalten.

a) Die **HARTTEILE DES KNOCHENS** sind die Substantia compacta als Ummantelung der Markhöhle der Röhrenknochen, die Substantia corticalis an der Oberfläche der Epiphyse und der kurzen Knochen sowie das Bälkchenwerk der Schwammsubstanz (Substantia spongiosa) im Knocheninneren.

I. Die **Substantia compacta (27)** besteht aus Lamellenknochengewebe (Textus osseus lamellaris). Zwischen der **äußeren Generallamelle (Lamella circumferentialis externa — 26)** an der äußeren Oberfläche der Substantia compacta resp. der **inneren Generallamelle (Lamella circumferentialis interna — 28)** an der Grenze zur Markhöhle oder zur Substantia spongiosa liegen die **Osteone (Osteonum — 14)**, die überwiegenden Baueinheiten des Lamellenknochengewebes. Die bis zu zwei Zentimeter langen Osteone bestehen in der Umgebung ihres Canalis centralis aus ineinander geschachtelten **Speziallamellen (Lamellae osteoni — 16)**. Zwischen den Speziallamellen liegen die Osteozyten. Die Speziallamellen enthalten in ihrer mineralisierten Knochengrundsubstanz Kollagenfaserbündel. (Ein vergleichbares Bauprinzip liegt im Stahlbeton vor, wobei sich Härte - Beton resp. Mineralsalze im Knochen - und Biegsamkeit - Stahl resp. Kollagenfasern - wirkungsvoll ergänzen). Die **Kollagenfasern (Fibrae collagenosae ossis — 15)** wechseln in ihrer Verlaufsrichtung von Speziallamelle zu Speziallamelle in rechts- und linksgerichteten, flach und steil verlaufenden Schraubenwindungen (Bauprinzip einer Sperrholzplatte mit unterschiedlich gerichteter Holzmaserung in den aneinandergeklebten Einzellagen). Zwischen den Osteonen liegen **Schaltlamellen (Lamellae interstitiales — 8)**, die als morphologisches
1 Äquivalent für den stetigen und regen Knochenumbau gelten. Der Knochenumbau erfolgt zeitlebens. In der Wachstumsphase überwiegt die Knochenzubildung. Im Alter überwiegt der Abbau, was eine zunehmende Brüchigkeit bedingt.

II. Die **Substantia corticalis (12)*** kommt an den kurzen Knochen und an der Epiphyse vor und kann als verdichtete Substantia spongiosa aufgefaßt werden.

III. Die **Substantia spongiosa (6)** liegt innen von der Substantia compacta und besteht nur stellenweise nicht aus typischem Lamellenknochengewebe. Sie läßt einen trajektoriellen Aufbau erkennen, da die Spongiosabälkchen, -lamellen oder -tubuli in der Verlaufsrichtung von **Druck-** und **Zuglinien (Lineae trajectoriae — 11)** angeordnet sind und Markkämmerchen (Cellulae medullares) freilassen, die Knochenmark enthalten. (Das Leichtbauprinzip, z. B. an Hochspannungsmasten, mit Einsparung von Baumaterial bei ausreichender Festigkeit ist dem Knochenaufbau vergleichbar). An einigen Schädelknochen ist die Spongiosa als Diploë stark reduziert oder fehlt in pneumatisierten Knochen wie in den Nasennebenhöhlen. Kompakte Knochen bestehen bei fast vollständigem Fehlen einer Substantia spongiosa ausschließlich oder überwiegend aus der Substantia compacta (z. B. Felsenbein, Unterkiefer des Elefanten).

b) Die **WEICHTEILE DES KNOCHENS** sind Beinhaut, Gelenkknorpel, Gefäße und Knochenmark.

2 I. Die **Beinhaut (Periosteum — 18)** besteht aus einem oberflächlichen **Stratum fibrosum (20)**, von dem **Fibrae perforantes (19)** in die Substantia compacta des Knochens einstrahlen, und einem tiefen zellreichen **Stratum osteogenicum (21**, Cambium), in dem zahlreiche Nerven und Blutgefäße (Vasa periostalia) verlaufen. Im Gelenkbereich geht die Beinhaut bei Abhebung von der Knochenunterlage in die Gelenkkapsel über.
3 Das **Endosteum (10)** liegt an der Grenze zur Markhöhle und kleidet die Cellulae medullares aus. Es ist wesentlich dünner als das Periosteum und enthält Vorläuferzellen von Osteoblasten, aber auch wenige Osteoblasten und Osteoklasten.

II. Der **Gelenkknorpel (Cartilago articularis — 1)** besteht aus einer nichtmineralisierten **Zona superficialis (2)**, von der tangential zur Oberfläche verlaufende Kollagenfasern unter Richtungsänderung den **Grenzstreifen (Zona intermedia — 3)** durchsetzen und in die tiefgelegene mineralisierte **Zona profunda (4)** eindringen. Die Grenze zwischen der mineralisierten tiefen Gelenkknorpelschicht und dem **Knochengewebe (Textus osseus — 5)** verläuft unregelmäßig, wodurch ein Abgleiten des Gelenkknorpels erschwert wird. Die freie Oberfläche des Gelenkknorpels ist nicht vom Perichondrium überzogen.

III. Die **Vasa ossea** verlaufen als feine **Aa. periostales (22)** in der Tiefe 4
der Beinhaut. **Rami perforantes (24)** ziehen in die Knochenoberfläche hinein, was jedoch einige Autoren bestreiten. Die Gefäße dringen über Canales perforantes in den **Canalis centralis** (7) der Osteone ein, wo sie HAVERSsche Gefäße genannt werden. Die Querverbindungen zwischen den Osteonen stellen **VOLKMANNsche Kanälchen (Canales perforantes — 17)** her, die VOLKMANNsche Gefäße enthalten. Aus den Kapillaren gelangt das Blut über dünne Äste zu den **Vv. periostales (23)**. Die langen Röhrenknochen werden über Aa. diaphysialis, metaphysialis, epiphysialis (nicht abgebildet) und periostales versorgt (s. klin.-funkt. Anat.). Bei jugendlichen Individuen ist die Gefäßversorgung der Epiphyse durch den Epiphysenfugenknorpel total separiert. Nach Epiphysenfugenschluß und Beendigung des Längenwachstums kommt es jedoch zu Anastomosenbildungen zu den dia- und metaphysialen Gefäßen. Die Nerven (**Nn. periostales — 25**) begleiten die größeren Gefäße.

IV. Das **Knochenmark** befindet sich im **Cavum medullare (13)** und in den **Cellulae medullares (9)**. Es ist im foetalen und juvenilen Organismus als rotes Knochenmark weit verbreitet und dient der Blutbildung. Mit zunehmendem Alter ist rotes Knochenmark vornehmlich in kurzen und platten Knochen vorhanden. In den Röhrenknochen kommt vermehrt gelbes Fettmark vor, das sich bei Bedarf (starkem Blutverlust) wieder in blutbildendes rotes Knochenmark rückwandeln kann. In sehr hohem Alter sowie bei kachektischen (auszehrenden) Zuständen wandelt es sich irreversibel zu gräulich-glasigem Gallertmark um.

c) An **KNOCHENFORMEN** werden **lange Röhrenknochen, kurze** 5
Knochen (Fuß- und Handwurzelknochen), **irreguläre Knochen** (Wirbel) und **platte Knochen** (Schädelknochen) unterschieden. Am kurzen Knochen und am platten Knochen umgibt eine dünne Substantia corticalis die Schwammsubstanz (Substantia spongiosa). Eine einheitliche Markhöhle liegt nicht vor. Im Röhrenknochen wird die Markhöhle mit zunehmendem Alter größer. Die verschiedenen Knochenformen weisen unterschiedliche Ossifikationsmodi auf. Lange Röhrenknochen verknöchern überwiegend enchondral (Epi- und Diaphysen) und in der Diaphyse auch perichondral. Kurze Knochen ossifizieren ebenso wie Epiphysen hauptsächlich enchondral. Platte Knochen entstehen durch desmale Ossifikation oder werden perichondral gebildet. Die irregulären Knochen (Wirbel) verknöchern in ihrem Körper im allgemeinen mit drei Verknöcherungskernen (zwei Epiphysen mit dazwischenliegender Diaphyse), was formal mit dem Verknöcherungsmodus an langen Röhrenknochen vergleichbar ist.

d) Die **SESAMBEINE (OSSA SESAMOIDEA)** sind aufgrund ihrer Ent- 6
stehung aus Gelenkkapseln, ihrer Funktion zum Schutz einer Gelenkkapsel und des Fehlens der Kambiumschicht des Periosts besondere Skelettanteile. Sie liegen im Gelenkbereich entweder in einer Sehne (z. B. Kniescheibe) oder als Gleitfläche unter einer Sehne (z. B. plantar am Zehenendgelenk) und sind dann durch Bänder mit den unterlagernden Knochen verbunden. Einige Sesambeine bestehen aus Knorpelgewebe und werden deshalb auch Sesamoides genannt.

e) **ORGANKNOCHEN** kommen z. B. als Penisknochen beim Rüden und als Herzknochen beim Rind vor.

f) Das **KNORPELGEWEBE** ist ein gefäßfreies Stützgewebe, das aus 7
Knorpelzellen (Chondrozyten) und einer interzellulären Matrix cartilaginea besteht. Diese enthält Bindegewebsfasern und eine mehr oder weniger feste Knorpelgrundsubstanz (bes. Chondroitinsulfat). Oberflächlich ist der Knorpel von der gefäßhaltigen Knorpelhaut (Perichondrium) überzogen, die am Gelenkknorpel fehlt. Das Knorpelgewebe ist nach dem Bauprinzip des blasigen Stützgewebes (Turgorgewebe) konstruiert, indem sich die Turgoreigenschaften der Zellen einschließlich umgebender Knorpelgrundsubstanz mit der Zugfestigkeit der Bindegewebsfasern gegenseitig funktionell ergänzen. Fasern kommen im Knorpelgewebe besonders vom kollagenen und auch vom elastischen Typ vor, die sich in Morphologie, Menge und Verlaufsrichtung an den verschiedenen Körperstellen und in den drei verschiedenen Knorpeltypen charakteristisch unterscheiden. Die Kollagenfasern sind überwiegend trajektoriell angeordnet. Im hyalinen Gelenkknorpel (Bildausschnittsvergrößerung oben links) des Kniegelenkes streben die Kollagenfibrillenbündel von der Knochen-Knorpel-Grenze bogenförmig zur Oberfläche, laufen hier oberflächenparallel und kehren wieder bogenförmig in den Knochen zurück. In den Maschen zwischen den Kollagenfibrillenbündeln liegen die Knorpelzellen (umgeben von Knorpelkapsel und -hof) in Zellgruppen (Territorien) aneinander. Die Kollagenfibrillen kommen in allen **drei Knorpeltypen (hyaliner, elastischer, kollagenfaseriger)** vor.

*) Viele Autoren, bes. aus dem angelsächsischen Sprachraum, verwenden Substantia compacta und Substantia corticalis als Synonyma.

Os femoris (Homo sapiens)

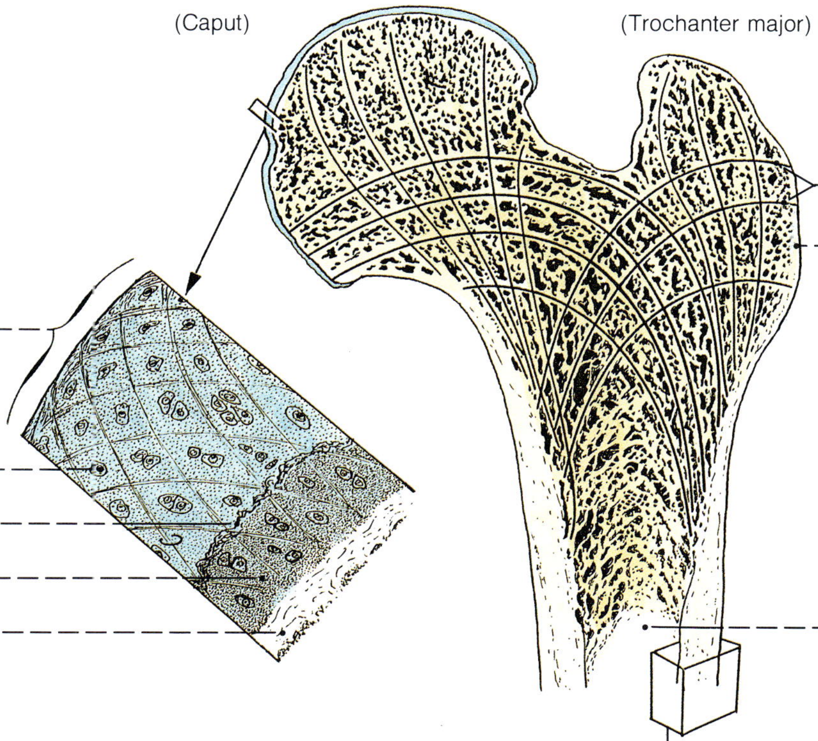

Textus osseus lamellaris

(nach Benninghoff)

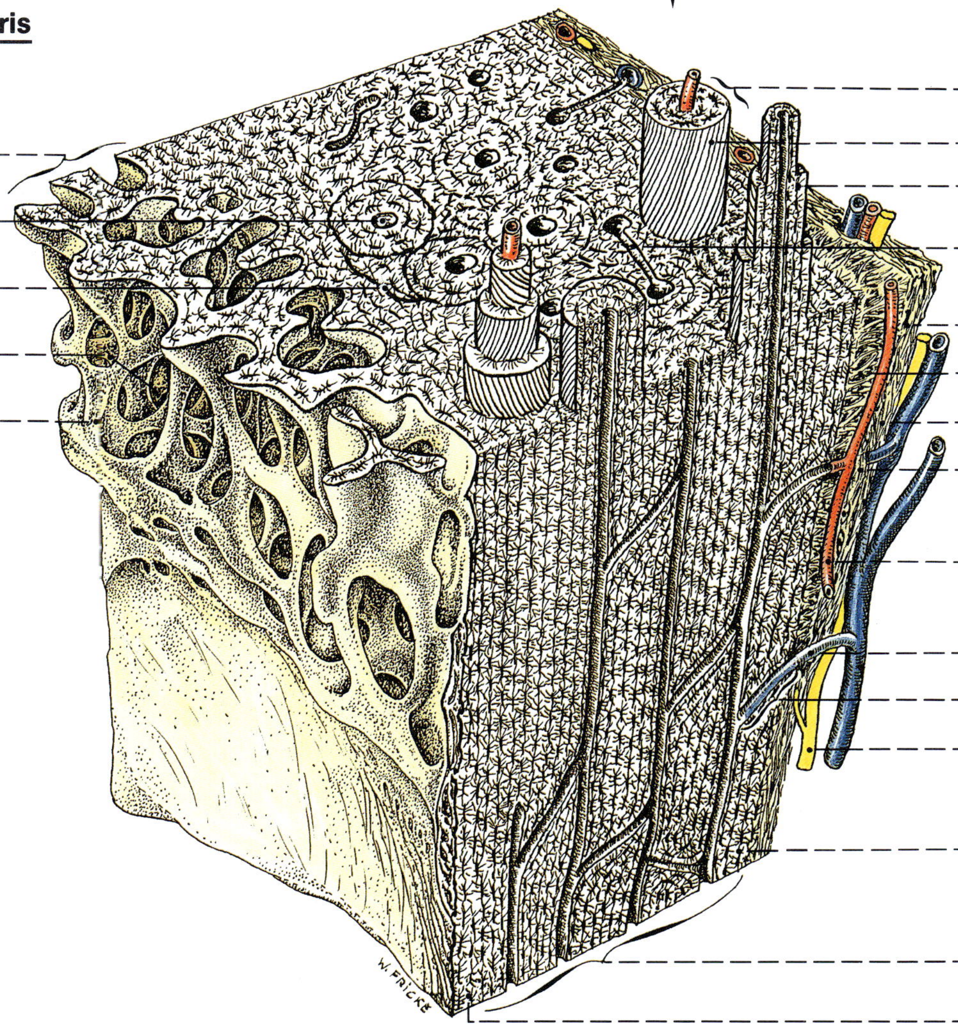

3. GELENKLEHRE: VERBINDUNGEN DER KNOCHEN UND GELENKFORMEN

1 a) Zu den **VERBINDUNGEN DER KNOCHEN** gehören die spaltfreien Synarthrosen (Juncturae fibrosae, cartilagineae sowie Synostoses) und die spalthaltigen echten Gelenkverbindungen oder Diarthrosen (Juncturae synoviales s. Articulationes synoviales).

I. **Fibröse Verbindungen (Juncturae fibrosae)** sind: 1. Bandhaft (Syndesmosis, z. B. als Membrana interossea cruris), 2. Knochennähte (Suturae capitis zwischen Schädelknochen) und 3. Einkeilung (Gomphosis der Zähne in den Zahnfächern durch das Periodontium).

II. **Knorpelige Verbindungen (Juncturae cartilagineae)** resp. **Knorpelhaft** sind: 1. die **Synchondrosis** (Verbindung durch hyalinen Knorpel, u. a. zwischen den spät verknöchernden Anteilen des Brustbeins, z. B. Synchondrosis manubriosternalis) und 2. die **Symphysis** (Verbindung durch Faserknorpel, z. B. in der Symphysis pelvina, Beckenfuge).

III. Die **Knochenhaft (Synostosis)** entsteht durch Verwachsung mehrerer Einzelknochen (z. B. Os sacrum).

IV. Das **echte Gelenk (Junctura synovialis s. Articulatio synovialis)** weist einen Gelenkspalt auf. Den Gelenkspalt begrenzen die Enden zweier Knochen (Articulatio simplex, z. B. Schultergelenk) oder mehrerer Knochen (Articulatio composita, z. B. Kniegelenk - s. a. S. 87, oben). Die **Gelenkhöhle (Cavum articulare – 1)** mit enthaltener Gelenkflüssigkeit
2 (Synovia) ist von einer **Gelenkkapsel (Capsula articularis – 2)** umgeben.
3 Fibröse parallelfaserige Verstärkungen der Gelenkkapsel sind **Gelenk-**
4 **bänder (Ligg. articularia – 4 u. 6)**. Der **Gelenkknorpel (Cartilago arti-**
cularis – 3) überzieht die am Gelenk beteiligten Knochenenden. Die Gelenkkapsel ist die Fortsetzung des Periosts, dessen äußeres **Stratum fibrosum** in das der Gelenkkapsel übergeht. Das innere **Stratum synoviale** kann als modifizierte zellreiche Fortsetzung des Stratum osteogenicum angesehen werden. Es kleidet die Gelenkkapsel innen mit zwei Typen locker aneinander gefügter Synovialzellen aus: 1. Die sezernierenden Synovialzellen beeinflussen die Zusammensetzung der **Gelenkflüssigkeit (Synovia)**, die aus den Blutkapillaren als Ultrafiltrat austritt und durch das Stratum synoviale in die Gelenkhöhle hineinsickert. Die Gelenkflüssigkeit hat eine ernährende Funktion für den nichtvaskularisierten Gelenkknorpel. 2. Der phagozytierende Synovialzelltyp kann z. B. Blutzellen nach Gelenkblutungen (Haemarthrosen) oder abgestoßene kleinste Knorpelpartikel (z. B. bei Arthrosen, degenerativen Gelenkveränderungen) aufnehmen. Die Gelenkkapsel überzieht mehr oder weniger glatt den Gelenkscheitel und ist in der Gelenkkehle in Falten und Zotten gelegt, was besonders für Gelenke mit großer Bewegungsfreiheit zutrifft. Aussackungen der Gelenkkapsel können Ursprungssehnen von Muskeln als Kapselsehnenscheiden umgeben, was am Kniegelenk für den M. extensor digitalis longus gilt.

5 b) **SCHLEIMBEUTEL* (BURSAE SYNOVIALES)** und **SEHNENSCHEIDEN (VAGINAE SYNOVIALES TENDINES)** besitzen den gleichen Wandaufbau wie die Gelenkkapsel. Schleimbeutel liegen zwischen Knochenunterlagen und darübergleitenden Sehnen (z. B. **Bursa subtendinea infrapatellaris distalis – 7)** oder an besonders beanspruchten Stellen unter der Haut. Sehnenscheiden führen und fixieren Sehnen bei ihrem Verlauf über längere Knochenstrecken. (Näheres s. S. 146).

c) **FASERKNORPELIGE ZWISCHENSCHEIBEN** kommen an einigen Gelenken in drei Formvarianten vor und dienen u. a. der Stoßdämpfung:

I. Zwei **Menisci articulares (5)** ragen am inkongruenten Kniekehlgelenk von medial und lateral als apfelsinenscheibenförmige Zwischenscheiben in die Gelenkhöhle hinein, wodurch diese mit Ausnahme des Zentralbereichs unterteilt wird. Sie werden durch Meniskenbänder fixiert.

II Ein **Discus articularis** unterteilt die Gelenkhöhle vollständig in zwei übereinander liegende Etagen (z. B. am Kiefergelenk).

6 III. **Zwischenwirbelscheiben (Disci intervertebrales)** füllen den Spalt zwischen zwei Wirbelkörpern vollständig aus, weshalb hier von unechten Gelenken gesprochen wird. Echte Wirbelsäulengelenke kommen zwischen den Gelenkfortsätzen und zwischen dem 1. und 2. Halswirbel vor. Hier fehlt die Zwischenwirbelscheibe. Zwischenwirbelscheiben, auch Bandscheiben genannt, bestehen aus einem äußeren faserknorpeligen Anulus fibrosus und einem zentral gelegenen gallertigen Nucleus pulposus, der ein Überbleibsel der Chorda dorsalis ist.

d) Entsprechend der **ZUSAMMENSETZUNG** aus 2 oder mehreren gelenkbildenden Knochen werden **Articulationes simplex** und **composita** unterschieden.

e) **GELENKFORMEN** (s. a. Textabb.)

I. Ein **ebenes Schiebegelenk (Articulatio plana)** kommt zwischen den aneinander verschieblichen Processus articulares der Wirbel vor. Das straffe Kreuzdarmbeingelenk (Iliosakralgelenk) ist insofern eine Sonderform, weil wegen der sehr kurzen Gelenkbänder bei höckeriger Gelenkoberfläche kaum ein Bewegungsspielraum gegeben ist **(Amphiarthrosis)**.

II. Am **Kugelgelenk (Articulatio sphaeroidea)** ist die hohlkugelförmige Gelenkpfanne kleiner als eine Halbkugel (z. B. Schultergelenk, Articulatio humeri).

III. Das **Nußgelenk (Enarthrosis)** ist eine Sonderform des Kugelgelenks, bei dem die Gelenkpfanne den dazugehörigen Gelenkkopf über seinen Äquator hinaus überragt (z. B. Hüftgelenk des Menschen). Das Hüftgelenk (Articulatio coxae) des Hundes ist nach Henschel, E. (Berlin), kein Nuß-, sondern ein einfaches Kugelgelenk.

IV Am **Zapfengelenk (Articulatio trochoidea)** rotiert ein Hohlzylinder (Atlas) um einen feststehenden Gelenkzapfen (Dens axis) (z. B. Articulatio atlantoaxialis).

V. Zum **Ellipsoidgelenk (Articulatio ellipsoidea)** gehört eine ellipsoide Gelenkerhöhung (Condylus occipitalis) und eine entsprechend geformte Gelenkpfanne (Wirbelbogen des Atlas) an der Articulatio atlantooccipitalis.

VI. Am **Sattelgelenk (Articulatio sellaris)** erscheint die Gelenkerhöhung bei seitlicher Ansicht sattelförmig und ragt in eine kongruente konkave Gelenkpfanne (z. B. Krallengelenk, Articulatio interphalangea distalis).

VII. Das **Walzengelenk (Articulatio condylaris)** weist entweder zwei getrennte Kondylen oder eine einheitliche quergestellte Gelenkwalze auf, die in eine kongruente Gelenkvertiefung paßt (z. B. am Kiefergelenk, Articulatio temporomandibularis). **Sonderformen** des Walzengelenkes sind **Scharnier-**, **Schrauben-**, **Spiral-** und **Schlittengelenk** (VIII. - XI.).

VIII. Das **Scharniergelenk (Ginglymus)** besitzt einen senkrecht auf der Gelenkwalze stehenden Führungskamm, der die Beweglichkeit auf Streckung und Beugung einschränkt (z. B. Ellenbogengelenk, Articulatio cubiti, das eine geringgradige Schnappwirkung aufweist).

IX. Das **Schraubengelenk (Articulatio cochlearis)** weist schräg auf der Gelenkwalze stehende Führungskämme auf, die lediglich Beugung und Streckung erlauben (z. B. Sprunggelenk, Articulatio tarsocruralis).

X. Am **Spiralgelenk (Articulatio spiralis)** beschreibt die Außenkontur der Gelenkwalze eine unvollständige Spirale, was bei der Seitenansicht kenntlich ist. Die exzentrisch inserierenden Kollateralbänder werden bei Beugung und Streckung angespannt (Kniekehlgelenk, Articulatio femorotibialis, mit Bremswirkung).

XI. Am **Schlittengelenk (Articulatio delabens)** gleitet die Kniescheibe in einer Gelenkvertiefung zwischen zwei Rollkämmen (Kniescheibengelenk, Articulatio femoropatellaris).

f) Die **FUNKTION** wird von der **Gelenkform** und der Weite der Gelenkkapsel sowie der Länge und Straffheit der Gelenkbänder bestimmt. Das **straffe Gelenk (Amphiarthrosis)** weist kaum eine Bewegungsmöglichkeit auf, weil die Bänder sehr kurz sind und die Gelenkkapsel sehr eng anliegt. Inkongruente Gelenke weisen eine Gelenkvertiefung auf, in die eine Gelenkerhöhung hineinragt. Nach dem Grad der **Bewegungsfreiheit** werden **ein-, zwei- oder mehrachsige Gelenke** unterschieden. Das **einachsige Gelenk** erlaubt als Wechselgelenk Beugung und Streckung. Der Beugewinkel ist kleiner als 180° (Nur bei Überstreckung = Hyperextension ist er ausnahmsweise größer). Bei der Beugung verkleinert sich in der Gelenkkehle der Beugewinkel. Bei Streckung vergrößert er sich. Das **mehrachsige Gelenk** ist funktionell ein **freies Gelenk**, da es mehrere **Bewegungsmöglichkeiten** erlaubt.

Gelenkformen

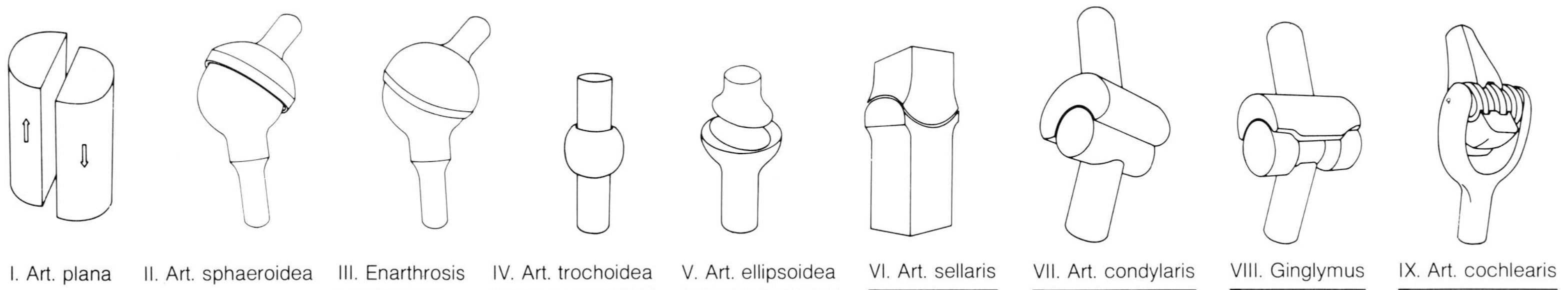

*) Der Begriff „Schleimbeutel" ist deshalb falsch, weil kein „Schleim" sondern Synovialflüssigkeit enthalten ist.

Articulatio genus

X. Articulatio spiralis
(-femorotibialis)

XI. Articulatio delabens
(-femoropatellaris)

(medial)

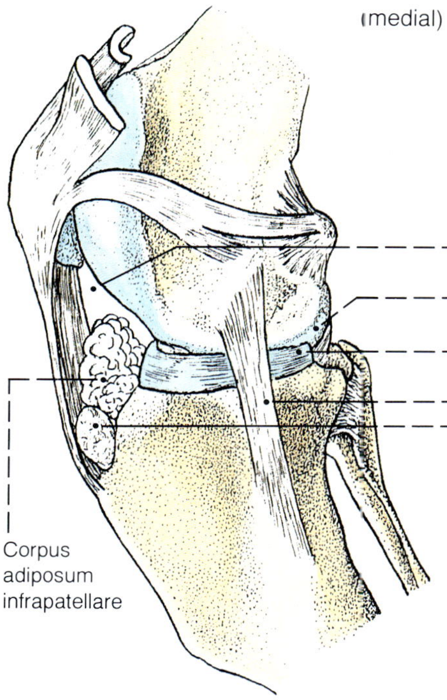

(kraniolateral)

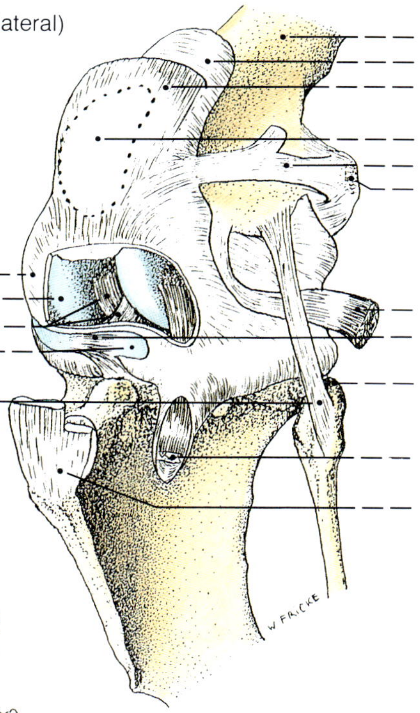

1 Cavum articulare
2 Capsula articularis (Sectio)
3 Cartilago articularis
4 Ligamenta cruciata
5 Meniscus articularis
6 Ligamenta collateralia
7 Bursa subtendinea infrapatellaris distalis

IV. Articulatio trochoidea
(-atlantoaxialis - dorsal)

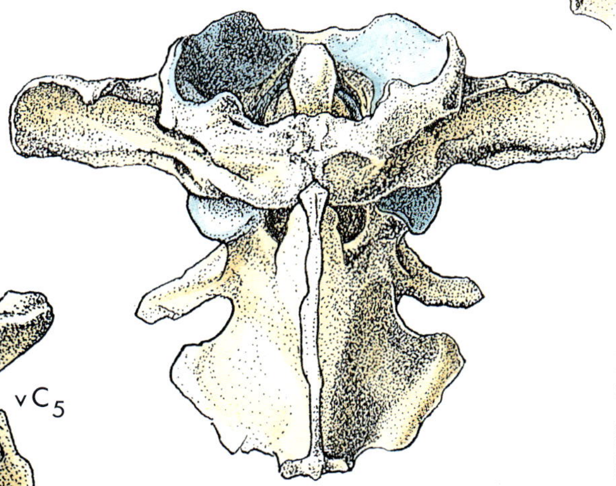

I. Articulatio plana
(Junctura zygapophysialis - lateral)

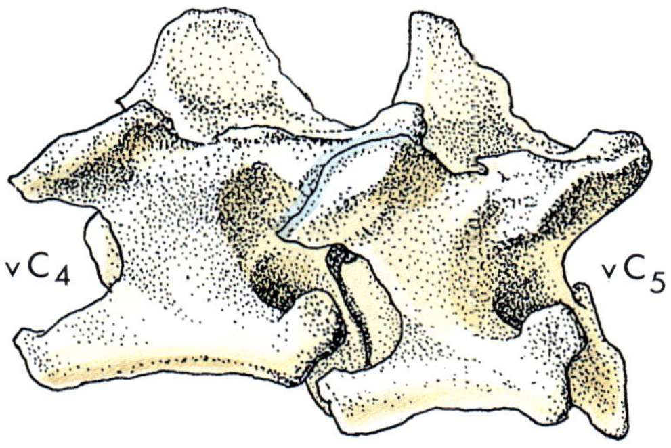

VII. Articulatio condylaris
(-temporomandibularis - ventral)

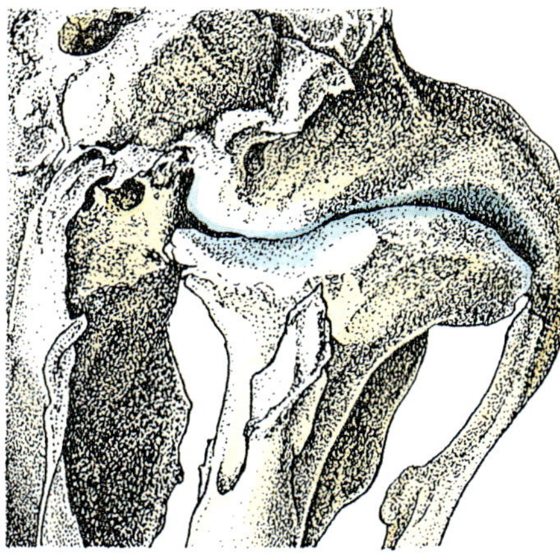

II. Articulatio sphaeroidea
(-humeri - medial)

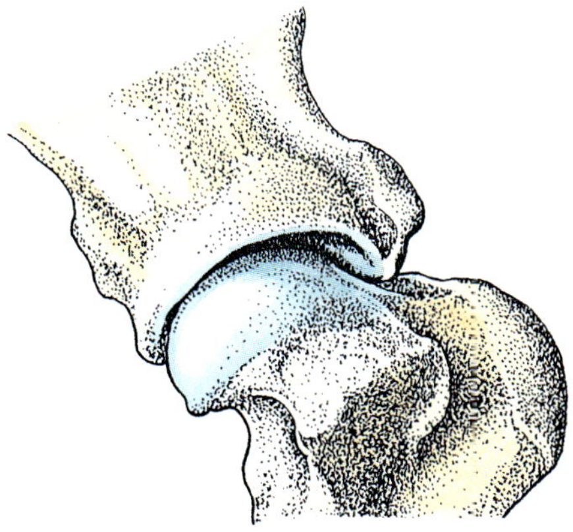

V. Articulatio ellipsoidea
(-atlantooccipitalis — dorsal)

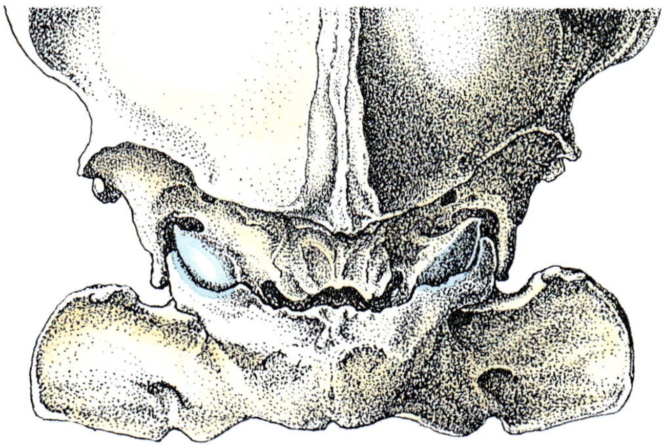

VIII. Ginglymus
(Articulatio cubiti - kranial)

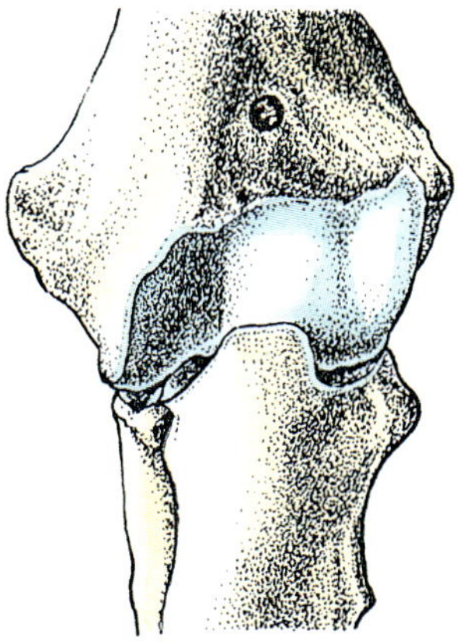

III. Enarthrosis
(Articulatio coxae — lateral)

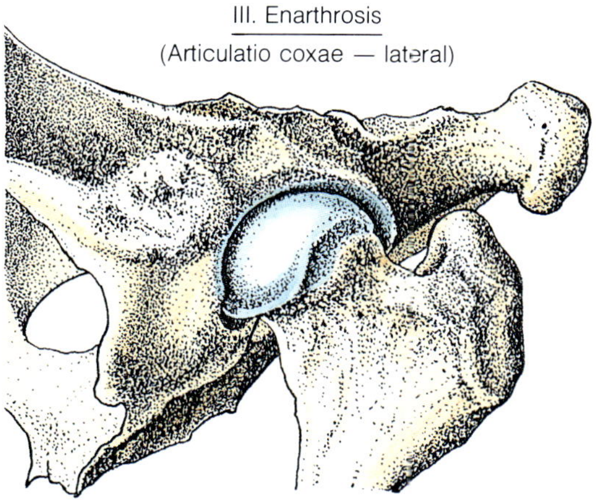

VI. Articulatio sellaris
(-interphalangea distalis manus-dorsolat.)

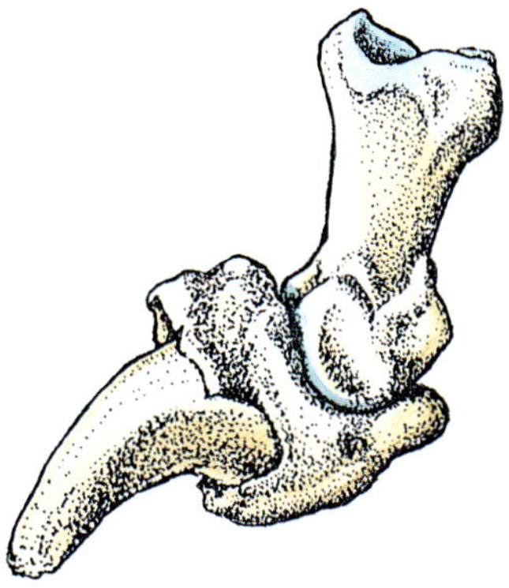

IX. Articulatio cochlearis
(-tarsocruralis - kaudal)

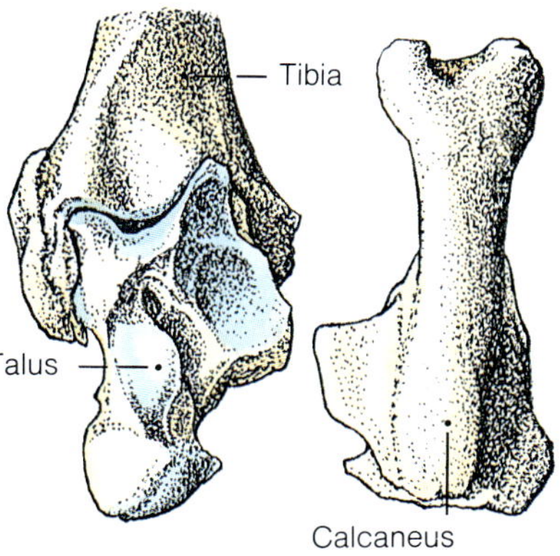

(vide p. 27, 87)

Muskelbauelemente sind die **Muskelzellen**, die in idealer Weise vom Bindegewebe umgeben sind. Die Muskeln besitzen die Fähigkeit zur Kontraktion, die durch das Ineinandergleiten ihrer Muskel-Filamentbündel erfolgt. Aufgrund des Feinbaues und der physiologischen Eigenschaften werden drei Muskelgewebsarten unterschieden.

Muskelgewebsarten	**Farbe**	**Zell-Länge**	**Zell-Durchmesser**	**Innervation**	**Muskelform**
A Quergestreifte Skelettmuskulatur	rötlich	bis 15 cm	ca. 0,1 mm	Somatisches N.-System	Vielgestaltige M.-Individuen
B Glatte Eingeweidemuskulatur	graugelb	ca. 0,1 mm	ca. 0,01 mm	Autonomes N.-System	Schichten
C Quergestreifte Herzmuskulatur	rotbraun	ca. 0,1 mm	ca. 0,05 mm	Eigene Reizbildung u. Autonomes N.-System	Schichten

a) Die **MUSKELGEWEBSARTEN:**

Die **Querstreifung** der **Skelett-** und **Herzmuskulatur** beruht auf der geordneten Architektur der kontraktilen Elemente (Myofilamentbündel) und deren unterschiedlicher Lichtbrechung. Sie fehlt der **Eingeweidemuskulatur.**

I. Das **Vorkommen** der **quergestreiften Skelettmuskulatur (Textus muscularis striatus skeletalis – A)** ist nicht nur auf das Skelett beschränkt. Eine quergestreifte Variante vom viszeralen Typ kommt auch in den Eingeweideabschnitten Schlundkopf und Speiseröhre vor. Die quergestreifte Hautmuskulatur hat ebenfalls keine direkte Skelettverbindung, sondern ist in die oberflächliche Körperfaszie eingelagert und endet in der äußeren Haut (Funktion: Hautbewegung und – Anspannung). Die **glatte Eingeweidemuskulatur (Textus muscularis nonstriatus – B)** kann ebenfalls Verbindung zum Skelett aufnehmen (der glatte M. rectococcygeus zieht vom Rectum zur Schwanzwirbelsäule, s. S. 73). Die **quergestreifte Herzmuskulatur (Textus muscularis striatus cardiacus – C)** kommt als Arbeits- und Erregungsleitungsmuskulatur am Herzen vor (s. S. 47), wo sich die Arbeitsmuskulatur bis in die Lungenvenen fortsetzt.

1 II. Die **Farbe** der quergestreiften Skelettmuskulatur ist mehr oder weniger deutlich rot. Die Farbe der glatten Muskulatur ist graugelb und prägt die typische Farbe der Darmwand. Die Herz-Arbeitsmuskulatur ist ständig aktiv und von rotbrauner Farbe.

III. Die **Länge** der Muskelzellen ist in den drei Muskelarten sehr unterschiedlich, Die quergestreifte Skelettmuskelzelle (Myocytus skeletalis) kann eine beachtliche Länge von bis zu 15 cm aufweisen und viele Hundert Zellkerne besitzen. Wegen dieser und anderer Baueigentümlichkei-
2 ten wird sie Synzytium (Genese durch Zellverschmelzung unter Verlust der Plasmalemmata) und auch Muskelfaser genannt. Die Länge der glatten Muskelzellen (Myocyti nonstriati) kann bei Änderung physiologischer Parameter erheblich variieren, z. B. im graviden Uterus, wo sich ihre Länge mehr als verzehnfachen kann. Die Länge der Herzmuskelzelle (Myocytus cardiacus) wird durch Glanzstreifen (Disci intercalati) begrenzt. Die Herzmuskulatur kann lediglich in funktioneller, nicht in morphologische Hinsicht als Synzytium aufgefaßt werden.

IV. Die **Innervation** der Skelettmuskulatur erfolgt durch schnelleitende,
3 markhaltige Nerven über motorische Endplatten (Terminationes neuromusculares). Das erfolgt willkürlich. (Ausnahme: Die quergestreifte Muskulatur der Speiseröhre, die vom N. vagus unwillkürlich innerviert wird,
4 s. S. 48). Die glatte Eingeweidemuskulatur kontrahiert sich sehr langsam (Stellmuskulatur) und wird unwillkürlich von langsam leitenden, marklosen Nerven des autonomen Nervensystems versorgt. (Ausnahme: Die glatte Gebärmuttermuskulatur kontrahiert sich durch Einwirkung des Hormons Oxytocin aus dem Hypophysen-Hinterlappen. Herzerregung und -innervation, s. S. 46). Spontankontraktionen können durch Dehnungsreize ausgelöst werden, z. B. in der Wand von Lymphgefäßen. Jede quergestreifte Muskelzelle erhält einen Nervenkontakt über eine motorische Endplatte. Dagegen werden die glatten Muskelzellen und die Herzmuskelzellen nur vereinzelt direkt erregt. Die Erregung wird von diesen über elektrische Synapsen (Nexus) an Nachbarzellen weitergeleitet.

V. Die **Muskelform** variiert sehr stark und ist von der Topographie und Funktion abhängig. Die quergestreifte Skelettmuskulatur ist im Körper mit etwa 250 Einzelmuskeln vertreten. Die glatten Muskelzellen und die Herzmuskelzellen bilden Schichten.

b) Die **QUERGESTREIFTE SKELETTMUSKULATUR** wird nachfolgend in ihrer mesoskopisch-mikroskopischen Anatomie beleuchtet. Jede Muskelzelle wird von einem hüllenartigen Überzug abgegrenzt, der aus der Zellmembran (Plasmalemma s. Sarcolemma), einer Basallamina und einem Gitterfaserstrumpf aus feinen **Kollagenfibrillen (Fibrae collagenosae – 12)** und **Retikulumfibrillen (Fibrae reticulares – 13)** besteht. Letztgenannte strahlen auch in die Umgebung zwischen benachbarte Muskelfasern als **Endomysium (11)** aus. Mehrere benachbarte Muskelfasern bilden ein **primäres Muskelfaserbündel (Fasciculus muscularis primarius – 10).** Ein Muskelfaserbündel ist die mit bloßem Auge sichtbare und vom **Perimysium internum** (9) umhüllte Fleischfaser. Mehrere Primärbündel werden von einem stärkeren Bindegewebsstrumpf, dem **Perimysium externum (8)** zum **Sekundärbündel (Fasciculus muscularis secundarius – 3)** vereinigt. Schließlich werden alle Sekundärbündel und somit der gesamte Muskel von einer **lockeren kollagenfaserigen Verschiebeschicht, dem Epimysium (7)** umhüllt. Es folgt oberflächlich die straffe **Muskelbinde (Fascia – 6),** die nach dem Prinzip eines Scherengitters gebaut ist und überwiegend kollagenfaserig und nur partiell elastisch verstärkt ist.

I. Die **Funktion der Bindegewebsstrümpfe** eines Muskels sind vielfältig: 1. Sie übernehmen eine formbewahrende Stützfunktion. 2. Sie fungieren als Verschiebeschichten. Der Muskel ist nie mit allen seinen kontraktilen Anteilen gleichzeitig aktiv. Vielmehr werden nach dem Prinzip der Energieeinsparung nur so viele Primärbündel eingesetzt, wie für die Bewältigung eines Kraftaufwandes erforderlich sind. Die Unterteilung des Muskels ermöglicht die Kontraktion einzelner Primärbündel im Sinne eines optimalen Energieeinsatzes. 3. Die Bindegewebsstrümpfe sind auch Führungsstraßen für Leitungsstrukturen. 4. Da die Muskelfaszie stellenweise mit der Skelettunterlage verwachsen ist, bildet sie auch einen richtungbestimmenden Führungstunnel. 5. Die Bindegewebsstrümpfe wirken einer maximalen Verdickung und somit einer übermäßige Kraftentfaltung entgegen, wodurch sie Schutzfunktionen vor
Muskelzerreißungen ausüben. 6. Die innerhalb der Muskelfaszie liegen- 5
den Venen und Lymphgefäße werden durch den Kontraktionsdruck des Muskels komprimiert, wodurch in Zusammenwirken mit den Klappen ein proximaler Blut- und Lymphstrom gefördert wird.

II. Die **Muskelfaser-Sehnenverbindung (Junctio myotendinea – 14)** ist diskontinuierlich. Die leicht gewellt verlaufenden Sehnenfibrillen verstricken sich mit dem Retikulinfaserstrumpf. Die Befestigung der Sehnenfibrillen an der Muskelzelle erfolgt, besonders im Bereich der fingerförmigen Muskelfortsätze, durch Verankerung über das Endomysium und die Basalmembran. Die **Sehneninsertion** am Knochen **(Terminatio – 1)** ist von der Sehnenform abhängig. Bei großflächigem Ansatz strahlen die kollagenen Sehnenfasern in das Kollagenfaser-Netzwerk der Knochenhaut ein. Das Stratum fibrosum des Periost ist durch perforierende Sharpeysche Fasern (Fibrae perforantes) im Knochen verankert. Kräftige runde **Sehnen (Tendines – 2)** können mit ihren Kollagenfasern das Periost durchdringen und direkt im Knochengewebe enden, wenn die Beinhaut an der Ansatzstelle fehlt. Starke Kräfte wirken auf ein verhältnismäßig kleines Ansatzareal am Knochen ein. Hier kann es zu Abrißfrakturen kommen, wobei eine „Knochenscherbe" samt Sehnenansatz aus dem Knochen herausgerissen wird. Die diskontinuierliche Muskel-Sehnen-Verbindung und die Mikrowellung dienen auch dem Schutz des Muskels vor Zerreißungen. Sie ermöglichen bei der Kontraktion einen sanften elastischen Zug.

III. Der **makroskopische Aufbau** eines Muskels, insbesondere der 6
Ansatzmodus seiner Fasern an der Sehne, läßt Rückschlüsse auf seine Kraftentfaltung und seine Hubhöhe zu. Besitzt der Muskel lediglich eine einfach geformte Ursprungs- und Endsehne, die miteinander durch verhältnismäßig wenige, aber lange, schräg von einer zur anderen Sehne verlaufende Muskelfasern verbunden sind, so spricht man vom **einfach gefiederten Muskel (M. unipennatus – D).** Bei einem zwei- oder mehrfach gefiederten Muskel **(M. bipennatus – E -** resp. multipennatus) sind Ursprungs- und Endsehne durch ihre Aufspaltung komplizierter gebaut und durch verhältnismäßig viele, aber kurze Muskelfasern verbunden. Der einfach gefiederte Muskel kann eine große Hubhöhe, und der mehrfach gefiederte Muskel nur eine geringe Hubhöhe entfalten, weil die Hubhöhe proportional zur Länge der Muskelfaser zunimmt, die sich bis zur Hälfte verkürzen kann. Mit der Kraftentfaltung verhält es sich umgekehrt. Da sich die Kraftentfaltung proportional zur Anzahl der Muskelfasern verhält, muß sie im mehrfach gefiederten Muskel größer sein als im einfach gefiederten. Objektiviert wird das durch einen Vergleich des **anatomischen Durchmessers (Diameter anatomica – 4)** mit dem **physiologischen Durchmesser (Diameter physiologica – 5).** Der anatomische Durchmesser trifft den gesamten Muskel quer zu seiner Längsachse an seiner dicksten Stelle. Der physiologische Durchmesser trifft die einzelnen Muskelfasern quer zu ihrer Verlaufsrichtung. Am einfach gefiederten Muskel stimmen beide Durchmesser überein. Am mehrfach gefiederten Muskel ist der physiologische Durchmesser größer als der anatomische.

Textus muscularis

Legenda:

a Complexus neuromuscularis
b Terminatio neuromuscularis
c Myocytus skeletalis
d Myocytus nonstriatus
e Myocytus cardiacus
f Discus intercalatus

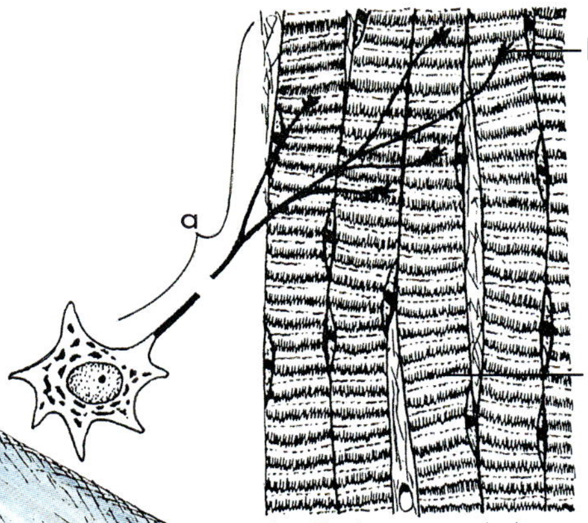

A Textus muscularis striatus skeletalis

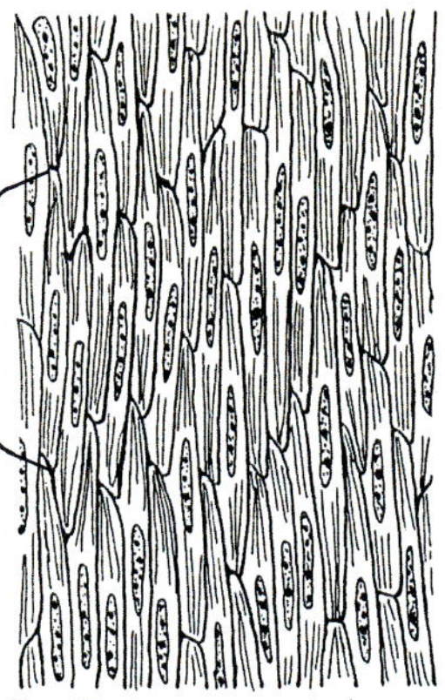

B Textus muscularis nonstriatus

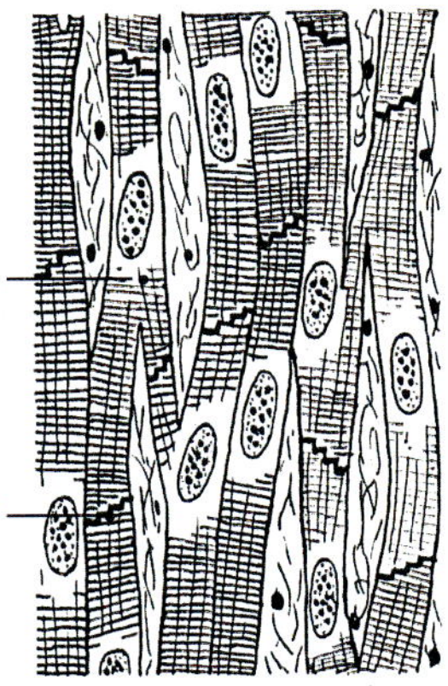

C Textus muscularis striatus cardiacus

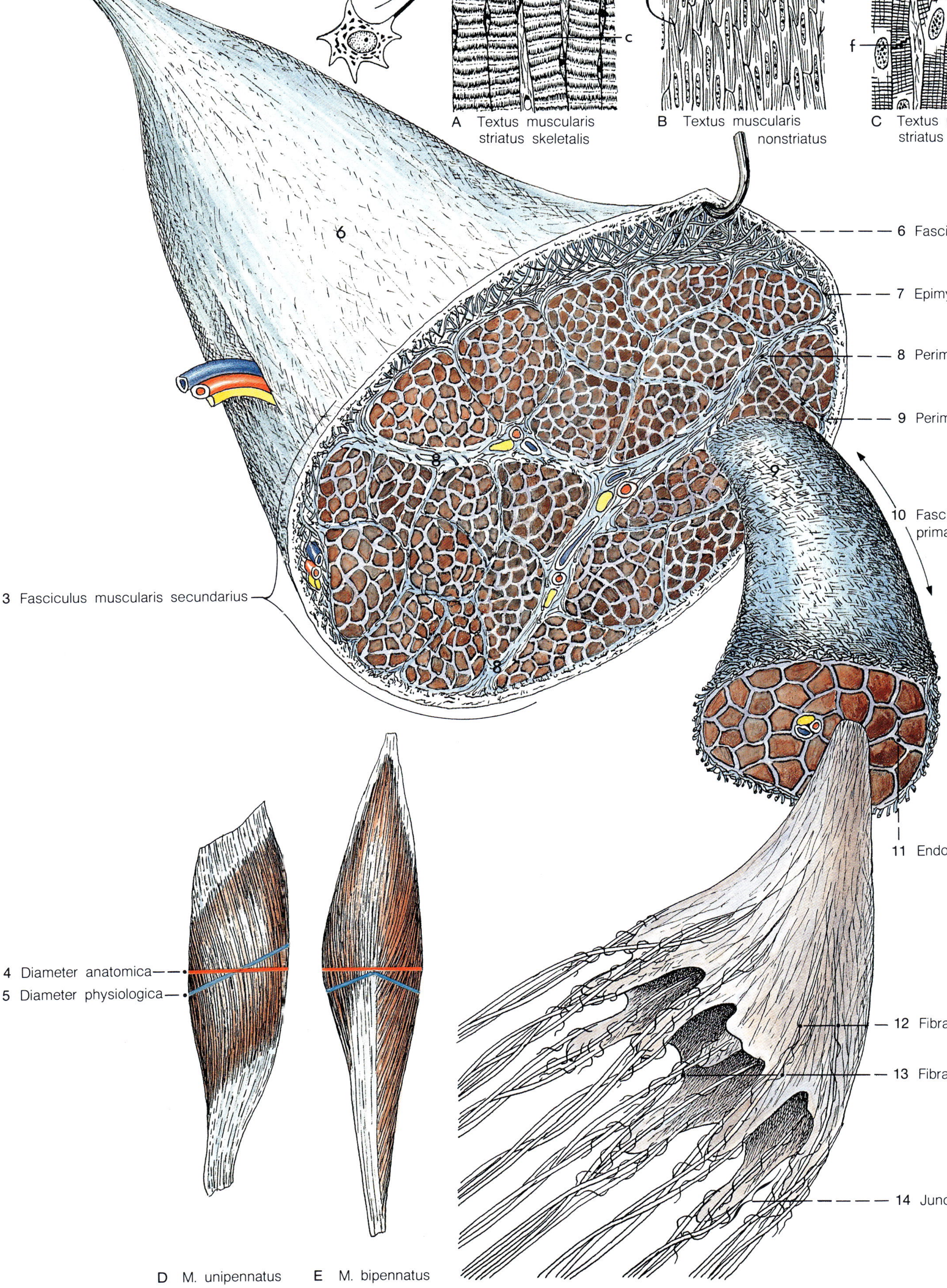

D M. unipennatus E M. bipennatus

5. MUSKELLEHRE: SKELETTMUSKULATUR MIT IHREN HILFSEINRICHTUNGEN

a) Bei der **SKELETTMUSKULATUR** sollen Muskel und Sehne gemeinsam abgehandelt werden, da beide sich in Struktur und Funktion einander ergänzen.

I. Der **Muskel** läßt sich bei typischer Spindelform (**M. fusiformis**) mit der Gestalt eines Mäuschens vergleichen, und der Begriff „Musculus" heißt bei wörtlicher Übersetzung = Mäuschen. Wie ein Mäuschen hat der Muskel auch einen Kopf (**Ursprung - Origo** — 1), einen **Bauch** (der fleischige Teil - **Venter** — 2) und einen Schwanz (**Ansatz - Insertio** oder **Terminatio** — 4). Die Ursprungssehne ist im Punctum fixum am Skelett befestigt (meist proximal am Körper). Die Endsehne endet im Punctum mobile, also am beweglichen Punkt (meist distal am Körper). An einigen Muskeln, wie an denen der Wirbelsäule, sind Ursprung und Ansatz austauschbar. Ursprung und Ansatz eines Muskels können vom anatomischen Präparat „abgelesen" werden. Unter Berücksichtigung beider Komponenten und bei Einsatz des „gesunden Menschenverstandes" ergibt sich in den meisten Fällen die Funktion eines Muskels. Die Funktionen verschiedener Muskeln können einander ergänzen, wie das für Synergisten gilt (z. B. ist der kräftige M. biceps brachii der Synergist des schwächeren M. brachialis). Antagonisten sind Gegenspieler. Bei einer harmonischen Bewegung wirken Synergisten und Antagonisten zusammen. (Die Beugung des Rumpfes wird durch die Bauchmuskeln eingeleitet und durch die Rückenmuskeln abgebremst, um ein „Zusammenklappen" zu verhindern.)

Die **Form** der Muskeln ist bei phylogenetischer Betrachtung sehr variabel (progressiv). Das geht soweit, daß ein bestimmter Muskel bei verschiedenen Spezies so unterschiedlich aussehen kann, daß er an seiner Form nicht mehr mit Sicherheit erkannt werden kann.

Funktionell dienen die Muskeln hauptsächlich der Fortbewegung. Weiterhin werden Hilfsfunktionen zur Aufrechterhaltung von Körpervorgängen wie Atmung, Defäkation und Miktion wahrgenommen. Darüber hinaus ermöglichen die Muskeln das Stehen durch Stabilisierung und Versteifung der Gelenke. Beim Kältezittern produzieren sie Wärme für die Thermoregulation.

1 II. Die **Sehne** (**Tendo** — 3) paßt sich meistens der Form des Muskelbauches an. Spindelförmige Muskeln besitzen runde Sehnen, dagegen gehen breite, parallelfaserige Muskelbäuche in breite, parallelfaserige Sehnen über, und diese heißen **Aponeurosen** (**Aponeuroses** — 5). (Dieser Begriff sollte nicht mit einer Faszie verwechselt werden, die nach dem Prinzip des Scherengitters gebaut ist.) Neben Ursprungs- und Endsehne soll noch der Terminus **Zentralsehne** (**Tendo centralis**, s. S. 145) erwähnt werden, die am mehrfach gefiederten Muskel erkennbar ist. Zentralsehnen stecken im Muskel, also im Fleisch. Sie mindern die Qualität des Fleisches als Lebensmittel. Die silbrig glänzende Oberflächensehne heißt auch Sehnenspiegel. Hintereinanderliegende Muskelbäuche werden durch eine **Zwischensehne** (**Intersectio tendinea** — 6) verbunden. Muskeln mit großflächigem Ursprung oder Ansatz können bei makroskopischer Betrachtung auch „fleischig" beginnen oder enden. Bei mikroskopischer Betrachtung kann man jedoch sehr kurze feine Sehnen feststellen. Muskelform und Sehnenform sowie Muskelfunktion finden in vielen Fällen ihren Niederschlag im Muskelnamen (z. B. **M. serratus** — **B**, der gesägte Muskel; **M. digastricus** — **C**, der zweibäuchige Muskel; **M. bi-** oder **quadriceps** — **D**, der zwei- resp. vierköpfige Muskel; **M. extensor** — **A**, der Streckmuskel; **M. orbicularis** — **E**, der ringförmige Muskel, funktioneller Name: M. sphincter).

Die **Hautmuskeln** sind meist myoglobinarme blasse Varianten der Skelettmuskeln, die meistens keine direkte Verbindung zum Skelett aufnehmen, sondern überwiegend zwischen den Blättern der Fascia trunci superficialis liegen und mit kurzen Sehnen in der äußeren Haut inserieren, wodurch sie bei ihrer Kontraktion die Haut bewegen oder anspannen.

III. Die **Muskelbinden** (**Fasciae**) umgeben einzelne Muskeln als Faser-Scherengitterstrumpf (straffer Bindegewebsstrumpf, s. S. 145), dessen rhombenartig gekreuzte Fasern während der kontraktionsbedingten Muskelverdickung eine Veränderung der Rhombenkonfiguration erkennen lassen. Größere Faszien werden Gruppenfaszien genannt. Sie hüllen eine Muskelgruppe ein und grenzen diese von der Nachbarschaft ab. Sofern Gruppenfaszien Verbindung zu unterlagernden Knochen auf-
2 nehmen, entstehen lage- und richtungsbestimmende osteofibröse Logen für hindurchtretende Muskeln. An Verstärkungen von Faszien können Muskeln auch entspringen oder inserieren. Die großen Körperfaszien umhüllen als Fascia trunci externa und Fascia trunci interna außen resp. innen von der skelettführenden Muskelschicht die großen Körperhöhlen. Die Fascia trunci externa ist in die Fascia trunci superficialis und — profunda gegliedert. Die Fascia trunci superficialis entspricht dem Stratum fibrosum der Subcutis und ist mit dem Hautmuskel verbunden, wo dieser ausgebildet ist (Rumpf, Hals, Kopf). Die Fascia trunci profunda liegt in der Körperwand der skelettführenden Muskelschicht direkt auf und kann mit Faszienblättern die einzelnen Muskeln separieren (z. B. die Fascia thoracolumbalis, die mit ihren Blättern zwischen die Wirbelsäulenmuskeln tritt). An den Gliedmaßen bilden die Gruppen- oder Unterarm- bzw. Unterschenkelfaszien Verstärkungen, die **Haltebänder** (**Retinacula** — 8) für hindurchtretende Sehnen, die hier in ihrer Lage fixiert werden. Die Faszien sind relativ undurchlässig gegenüber Flüssigkeiten wie Extravasaten oder Eiter, die entlang der Faszie vordringen und weit entfernt vom Krankheitsherd „durchbrechen" können.

IV. Die **Blutgefäße** und der Nerv des Muskels treten gemeinsam in den **Muskelhilus** (**Hilus** — 7) ein. Die Gefäßäste verlaufen überwiegend in Längsrichtung eines Muskels, und zwar vornehmlich im Perimysium internum und — externum. Blutkapillaren werden hauptsächlich im Endomysium angetroffen, wobei 4 bis 8 Kapillaren eine Muskelzelle umgeben. Die Blutversorgung ist je nach Muskeltyp variabel und zur Deckung des hohen Energiebedarfs generell intensiver als die spärliche Vaskularisation der Sehne. Die intensive Vaskularisation dient neben dem Abtransport der Stoffwechselprodukte auch der Wärmeregulation, da die Venen die Arbeitswärme nach dem Prinzip eines Röhrenkühlsystems (Wasserkühlung im Auto) ableiten und diese über die Hautvenen an die Körperoberfläche abgeben.

V. Die **Innervation** der meisten Muskeln erfolgt über einen einzigen 3
Nerven. Lediglich die langen Muskeln des Rumpfes (z. B. M. longissimus dorsi), die embryonal aus vielen Myotomen hervorgehen, werden multipel versorgt. Auch solche Muskeln, die im Laufe der Phylogenese durch Fusion aus zwei Einzelmuskel hervorgegangen sind, weisen eine Doppelinnervation auf (z. B. sind beim Hund die Mm. pectineus et adductor longus verschmolzen und bei der Katze völlig getrennt). Der Nerv eines Muskels verzweigt sich ebenso wie die großen Blutgefäße im Peri- und Endomysium. Er besteht aus markhaltigen dicken (Alpha-) und dünnen (Gamma-) Motoneuronen, marklosen autonomen sowie markhaltigen sensiblen Fasern. Ein dickes Motoneuron (große multipolare Nervenzelle mit Dendriten aus der Ventralsäule des Rückenmarks und ihr peripherer Fortsatz = Axon) und die von ihm innervierten Muskelzellen bilden zusammen eine motorische Einheit. In Muskeln mit fein abgestimmten Bewegungen (z. B. Augenbulbus-Muskeln) gehören der motorischen Einheit nur wenige kleine Muskelzellen an. Dagegen gehören in den größeren Extremitäten-Muskeln mehrere tausend Muskelzellen von beträchtlicher Größe zu einer motorischen Einheit. Die dünnen Gamma-Motoneurone innervieren die modifizierten Muskelzellen der Muskelspindel. Die marklosen Anteile des Nerven innervieren die Blutgefäße im Muskel. Die sensiblen Fasern kommen von Schmerzrezeptoren und von den Muskel- und Sehnenspindeln, die Informationen über den Spannungszustand des Muskels vermitteln. Muskel und Nerv bilden eine funktionelle Einheit. Jeder Muskel wird von einem motorischen Nerven über die motorischen Endplatten zur Kontraktion veranlaßt. Bei ständiger reger Muskelarbeit verdicken sich die Muskelfasern physiologisch, und es resultiert daraus eine Muskelhypertrophie. Das Gegenteil wäre die Untätigkeitsatrophie. Die funktionell-anatomische Einheit von Muskel und dazugehörigem Nerv ist so eng, daß sie sich bei phylogenetischer Höherentwicklung kaum ändert (konservatives Verhalten). Bei vergleichend-anatomischer Betrachtung wird klar, daß ein bestimmter Muskel, auch bei den verschiedenen Spezies, seinen speziellen Nerven besitzt. Dieser Nerv ist deshalb ein wichtiges Kriterium bei der Homologisierung von Muskeln, weil er eine einmal eingegangene Verbindung nur selten wieder löst.

b) Zu den **HILFSEINRICHTUNGEN DES MUSKELS** einschließlich seiner Sehnen werden der **Schleimbeutel** (**Bursa synovialis**) und die **Sehnenscheide** (**Vagina synovialis tendinis**) gezählt, die ebenso wie die Gelenkhöhle innen an ihrer Lichtung mit einem **Stratum synoviale** (**10**) ausgekleidet sind und Gelenkflüssigkeit (Synovia) enthalten, die jedoch im Vergleich zum Gelenk modifiziert zusammengesetzt sind. Die Außenumhüllung ist das **Stratum fibrosum** (**11**). Schleimbeutel und Sehnenscheide dienen ebenso wie die Sesambeine dem Schutz einer Sehne, die durch Druck oder Reibung besonders auf harten und spitzen Knochenunterlagen gequetscht oder aufgefasert werden kann. Wenn die mechanischen Insulte nur aus einer Richtung angreifen, ist hier ein Schleimbeutel eingelagert. Zum Schutz der ganzen Oberfläche der Sehne sind Sehnenscheiden ausgebildet, die besonders an der Hand- und Fußwurzel vorkommen. Die Schleimbeutel kommen entweder in subkutaner Lage vor (**Bursa synovialis subcutanea** — 9) und sind dann meistens erworben, oder in subtendinöser (**Bursa synovialis subtendinea** — 15) oder submuskulärer Lage und sind dann meistens ererbt. Die Sehnenscheide verbessert die Gleitfähigkeit einer Sehne auf einer Knochenunterlage. Die Sehnenscheidenwand besteht aus einer **Pars parietalis** (**12**), die über eine gekröseartige, Leitungsstrukturen führende Verbindung (**Mesotendineum** — 14) in die **Pars tendinea** (**13**) übergeht, die der Sehne unmittelbar anliegt. Das Stratum fibrosum der Pars tendinea ist dünn und mit der bindegewebigen Umhüllung der Sehne identisch. Gemeinsame Sehnenscheiden bilden eine Gleitumhüllung für mehrere Sehnen.

Myologia, Bursae et Vaginae synoviales

A M. extensor carpi radialis

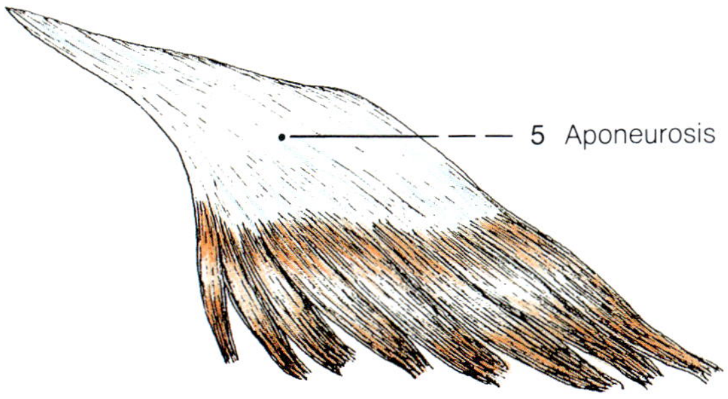

B M. serratus dorsalis cranialis

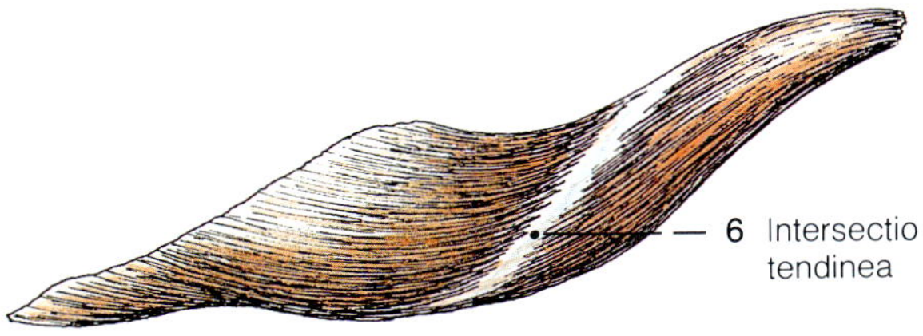

C M. digastricus

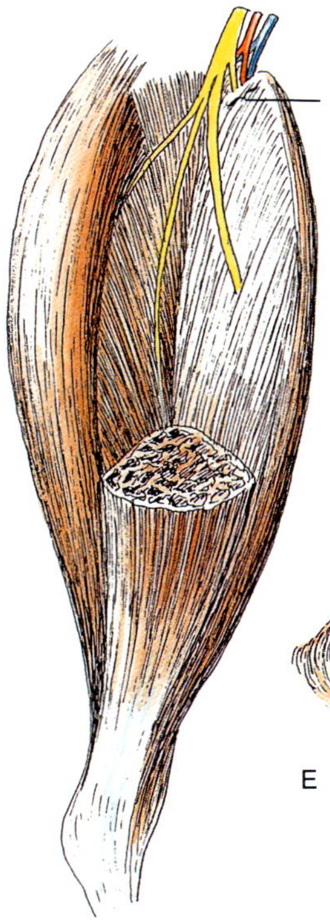

D M. quadriceps femoris

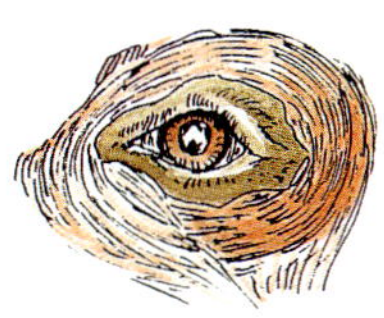

E M. orbicularis oculi

Vagina synovialis tendinis

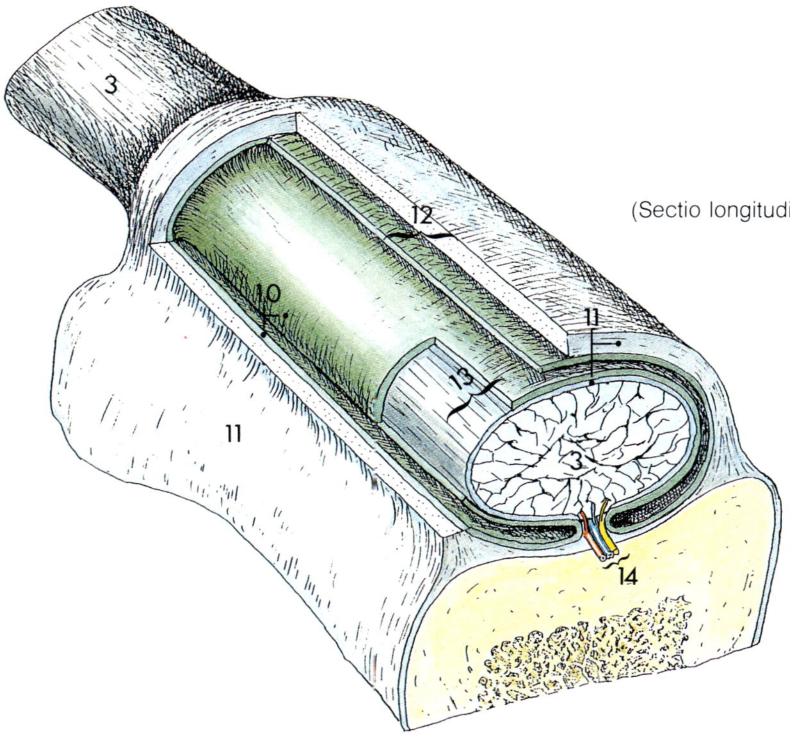

(Sectio longitudinalis)

Bursae synoviales (calcaneae)

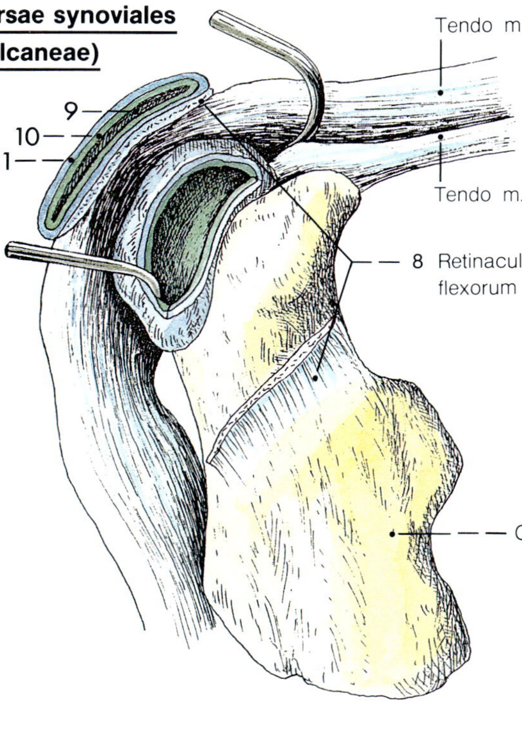

(Sectio transversa)

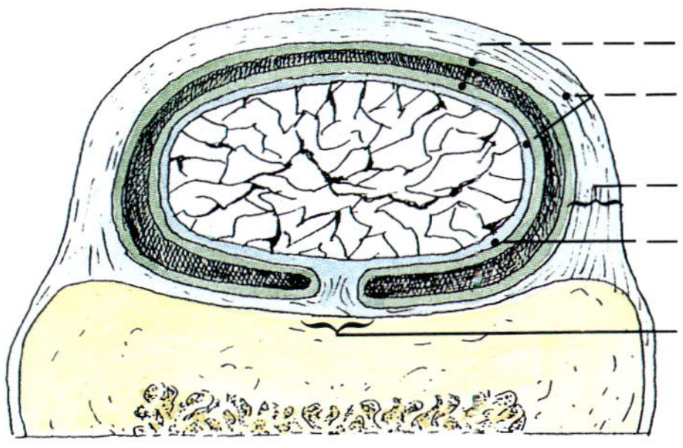

(Sectio transversa)

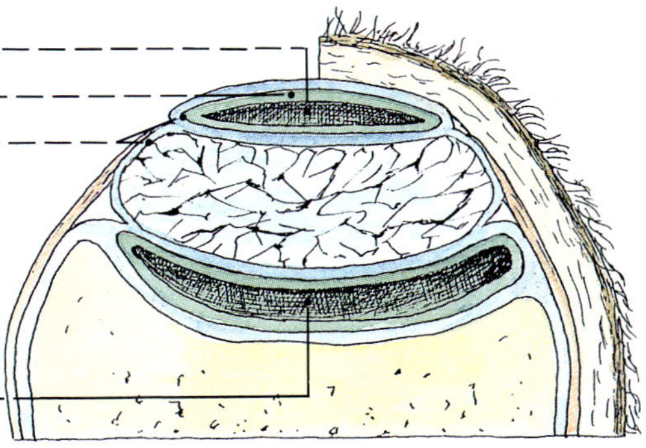

9 Bursa synovialis subcutanea
10 Stratum synoviale
11 Stratum fibrosum
12 Pars parietalis
13 Pars tendinea
14 Mesotendineum
15 Bursa synovialis subtendinea

6. NERVENSYSTEM

Das **Nervengewebe** besteht aus der **Nervenzelle** mit ihren **Fortsätzen,**
1 die zusammen auch **Neuron** heißen und von Neurogliazellen (Nervenzellkitt als Stützgewebe) umgeben sind. Die Neurone sind in der Lage, Impulse aufzunehmen, weiterzuleiten und zu modifizieren sowie in veränderter Form abzugeben. Nach diesem Modus regelt das Nervensystem die Koordination der inneren Körperfunktionen, insbesondere die der inneren Organe, und ermöglicht auch die Auseinandersetzung mit der Außenwelt (Aufnahme und Weiterleitung der Reize von der Haut und den Sinnesorganen zum ZNS) über den afferenten Schenkel des Reflexbogens sowie Reizbeantwortung über den efferenten Schenkel vom ZNS zur Muskulatur.

Die **Einteilung** des Nervensystems wird sowohl nach topographischen als auch funktionellen Kriterien vorgenommen. Nach **topographischen Gesichtspunkten** erfolgt die Untergliederung in das **Zentralnervensystem (ZNS)** sowie das **periphere Nervensystem (PNS)**, und nach **funktionellen Gesichtspunkten** gliedert man in das **somatische** und das **autonome** (vegetative) **Nervensystem**, die beide teils zum ZNS und teils zum PNS gehören.

Das autonome (unwillkürliche) Nervensystem wird unter Berücksichtigung der Nervenüberträgerstoffe, seines Ursprungs und seiner Topographie in den Sympathicus und Parasympathicus gegliedert, die überwiegend als Gegenspieler fungieren. Beide enthalten hauptsächlich efferente und zusätzliche afferente Anteile (s. S. 49).

Das somatische (willkürliche) Nervensystem ermöglicht die Auseinandersetzung mit der Außenwelt. Die Vorgänge laufen zumindest teilweise bewußt ab. Sofern sie unbewußt vonstatten gehen, können sie jederzeit willentlich beeinflußt werden.

a) TOPOGRAPHISCHE EINTEILUNG:
I. Das **Zentralnervensystem** setzt sich aus dem Gehirn und dem Rückenmark zusammen. In beiden Abschnitten ist eine **graue Substanz (Substantia grisea – 15)** von einer **weißen Substanz (Substantia alba – 16)** klar abzugrenzen. In der grauen Substanz liegen die Zellkörper der Nervenzellen (Corpora neuroni), die vom Neuropil umgeben sind. Die weiße Substanz wird überwiegend von Leitungsbahnen geprägt, deren phos-
2 pholipidhaltige Markscheiden auffallend weiß sind. Im Groß- und Kleinhirn liegt die graue Substanz weit überwiegend peripher (als Groß- resp. Kleinhirnrinde), während die weiße als Marksubstanz zentral vorkommt. Im Rückenmark ist es umgekehrt: Die graue Substanz bildet die typische zentrale „Schmetterlingsfigur" und ist vom peripheren Weiß umgeben, in dem die Leitungsbahnen (Tractus oder Fasciculi) vom und zum Gehirn ziehen. Die Markscheiden werden in der weißen Substanz des ZNS von Oligodendrozyten (Gliazellen) gebildet. Ein Oligodendrozyt umhüllt in der Regel mehrere Nervenzellfortsätze (s. klin.-funkt. Anat.)

II. Das **periphere Nervensystem** umfaßt alle neuralen Anteile, die außerhalb der Membrana limitans gliae superficialis des ZNS liegen (12 Hirn-, 8 Hals-, 13 Brust-, 7 Lenden-, 3 Kreuz- und ca. 5 Schwanznerven). Das PNS integriert überwiegend Teile des somatischen Nervensystems. Die meisten peripheren Nerven führen jedoch auch autonome Qualitäten.

3 Die **peripheren Nerven (Nervi)** werden von Nervenfaserbündeln gebildet. Die **Nervenfaser (Neurofibra – 7)** besteht aus einem Zellfortsatz (Axon) und seiner Hülle. Die Nervenzelle samt Fortsätzen wird **Neuron (Neuronum – 3)** genannt. Der **Nervenzellkörper (Corpus neuroni – 4)** entsendet meistens mehrere **Dendriten (Dendrita – 5)** und ein **Axon** oder **Neuritum (6).** Der Dendrit des **sensiblen Neurons** fungiert als Rezeptor, der Erregungen immer nur in eine Richtung zum Corpus neuroni und über das Axon zum Rückenmark leitet. Das Axon der **motorischen Neurone** entspringt am **Neuriten-Ursprungskegel (Colliculus axonis – 4),** der frei von Tigroidsubstanz (Substantia chromatophilica) ist, und leitet die Erregung zum Erfolgsorgan. In den meisten Nervenfasern ist der bis zu einem Meter lange Nervenzellfortsatz von einer Myelinscheide umgeben **(markhaltige Nervenfaser, Neurofibra myelinata – 25),** die zwischen den RANVIERschen Schnürringen von einer einzigen peripheren **SCHWANNschen Zelle (Neurolemmocytus – 23)** gebildet wird. Peripher folgen die Endoneuralscheide (Zytoplasma der Schwannschen Zelle, Basallamina und konzentrische feine Retikulinfi-
4 brillen) sowie das **Endoneurium (20** - lockeres, feinfaseriges Bindegewebe zwischen den Nervenfasern). Am proximalen und distalen Ende der Schwannschen Zelle fehlt die Myelinscheide im Bereich der hier gelege-
5 nen **RANVIERschen Knoten** oder **Schnürringe (Nodi neurofibrae – 8),** die eine Voraussetzung für die saltatorische (überspringende) Erre-
4 gungsübertragung sind. Die Nervenfasern bilden Bündel, die vom **Perineurium** (Fortsetzung der spinalen Spinnwebhaut, s. S. 109) mit äußerer **Pars fibrosa (21)** und innen anliegendem Neurothel **(Pars epithelioidalis – 22)** umgeben sind. Mehrere Nervenfaserbündel formieren sich zu
4 einem peripheren Nerven, der oberflächlich vom **Epineurium (19** - Fortsetzung der Dura mater) überzogen ist. Von hier strahlt lockeres Bindegewebe mit Fettgewebe als Paraneurium in die Umgebung aus und fixiert die Nerven an Nachbarstrukturen. An der **marklosen Nervenfaser (Neurofibra nonmyelinata – 24)** stülpen sich mehrere Axone in eine periphere Gliazelle (Schwannsche Zelle) ein, ohne jedoch eine Markscheide „aufzuwickeln". Ein Nerv kann aus markhaltigen oder marklosen oder beiden Fasertypen bestehen.

b) FUNKTIONELLE EINTEILUNG:
I. Das **somatische Nervensystem** hat die Nervenzellkörper, sofern es sich um **Rückenmarksnerven (Nn. spinales)** handelt, - in der Ventralsäule der grauen „Schmetterlingsfigur" und im Falle der **Hirnnerven (Nn. craniales)** ventral im Hirnstamm. Die Erregungsleitung erfolgt vom ZNS über **efferente Nervenfasern** zur **Ventralwurzel (Radix ventralis – 13)** der Spinalnerven und zu **motorischen** Endplatten an der Muskulatur (Terminationes neuromusculares).

Die **afferenten Nervenfasern** leiten die Erregungen von den peripheren Nervenendigungen der Haut (**sensible** Nerven) oder von den Sinneszellen (sensorische Nerven) über meist lange Dendriten zu ihren Nervenzellkörpern. Diese liegen in den **Spinalganglien (Ganglia spinalia – 18)** dicht am Rückenmark nahe dem For. intervertebrale. Von hier gelangt die Erregung über das kurze Axon in der **Dorsalwurzel (Radix dorsalis – 14)** des Spinalnerven zur Dorsalsäule der grauen „Schmetterlingsfigur". Die sensiblen Hirnnervenanteile haben ihre Nervenzellkörper in der Nähe der Nervenaustrittsstellen aus dem Schädel.

Die **Spinalnerven (Nn. spinales)** können in Segmentalnerven und Plexusnerven gegliedert werden.

Die **Segmentalnerven (Nn. segmentales – 9)** des somatischen Nervensystems (z. B. N. iliohypogastricus cranialis) gehen mit Nachbarnerven keine geflechtartige Verbindung ein, sondern verlaufen isoliert und annähernd parallel zueinander. Die Segmentalnerven gliedern sich in Dorsal- **(d)** und Ventral- **(v)**äste, und weiter in Dorsomedial- **(dm)** und Dorsolateral- **(dl)**äste resp. Ventromedial- **(vm)** und Ventrolateral **(vl)**äste.

Die **Plexusnerven** gehen aus **Nervengeflechten (Plexus nervorum spinalium – 2)** hervor (s. a. Plexus brachialis, S. 19 und Plexus lumbosacralis, S. 71). Die Nervengeflechte entstehen durch Zusammenfluß der **Ventraläste** mehrerer Spinalnerven. Nach Faseraustausch der einzelnen Ventralnervenäste und Neuformierung im Nervengeflecht gehen aus diesem die einzelnen Plexusnerven (z. B. **N. genitofemoralis – 1)** hervor. Diese setzen sich aus Nervenfasern mehrerer Rückenmarkssegmente zusammen (z. B. geht der N. genitofemoralis aus nL 3 und 4 hervor), und entsprechend gibt das einzelne Rückenmarkssegment Nervenfasern an mehrere Plexusnerven ab (nL 3 an die Nn. cutaneus femoris lateralis und genitofemoralis, s. S. 60). Die **Dorsaläste** verlaufen wie typische Segmentalnerven.

II. Das **autonome Nervensystem** (s. a. S. 49) innerviert mit **efferenten Neuronen** u. a. die glatte Muskulatur der Organe und Leitungsstrukturen und steuert und koordiniert die Funktion der inneren Organe. Die Vorgänge laufen unbewußt ab. Das autonome Nervensystem, in erster Linie der Sympathicus, neigt zur Plexusbildung. Die autonomen Plexus sind bevorzugt um große Arterienstämme angeordnet und bestehen überwiegend aus markhaltigen und marklosen, sympathischen und parasympathischen Nervenfasern. Die Plexus enthalten im Gegensatz zu den Spinalnervenplexus auch Ganglien. (Der **Plexus solaris** am Ursprung der Aa. coeliaca und mesenterica cran. enthält auch gleichnamige Ganglien, s. S. 109). Der efferente Schenkel des autonomen Nervensystems besteht aus zwei Teilstrecken-Neuronen. Die Nervenzellkörper des proximalen Neurons befinden sich im ZNS, und die **präganglionären markhaltigen Fasern (Neurofibrae myelinatae)** ziehen im **Ramus communicans albus (12)** zu den peripher gelegenen **autonomen Ganglien (Ganglia autonomica, z. B. Ggll. trunci sympathici – 17** - des **Brustgrenzstranges - Tr. sympathicus).** Hier oder weiter distal am Prävertebralganglion (z. B. **Ggl. mesentericum craniale – 10)** erfolgt die synaptische Umschaltung zu den postganglionären marklosen Fasern, deren Nervenzellkörper in den obengenannten autonomen Ganglien liegen. Die **postganglionären marklosen Fasern (Neurofibrae nonmyelinatae)** ziehen zu den Erfolgsorganen oder in den **Rami communicantes grisei (11)** zu den Spinalnerven des somatischen Nervensystems. Die **afferenten (viszerosensiblen) Neurone** des autonomen Nervensystems leiten von der Peripherie zum ZNS. Sie vermitteln z. B. den Eingeweideschmerz. Die Zellkörper liegen nahe am ZNS, zum Großteil im Ganglion spinale.

Auch das **intramurale Nervensystem** kann zum autonomen Nervensystem gezählt werden, das in der Wand von Hohlorganen (z. B. im Darm, s. S. 109) liegt. (Näheres s. Histologie.) Seine Nervenzellkörper gehören überwiegend zum Parasympathicus. Das intramurale Nervensystem fungiert in den Hohlorganen als Selbststeuerungssystem zur Eigenbewegung des Darmes, die selbst nach seiner Isolierung weiter erfolgen kann.

Medulla spinalis (Pars lumbalis)

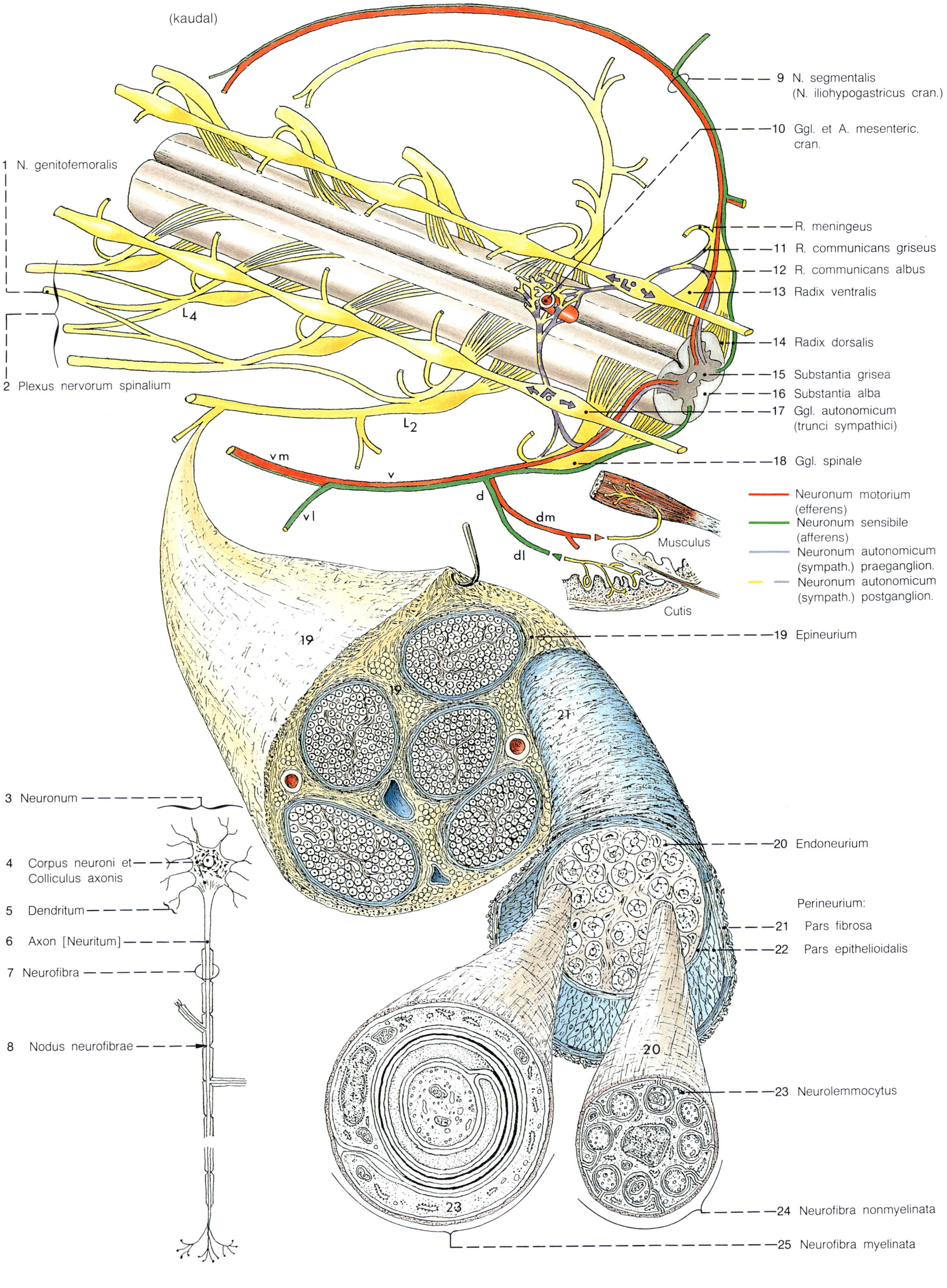

(vide p. 71, 109)

7. ENDOKRINES SYSTEM

Zum **endokrinen System** gehören die endokrinen Drüsen (Hormondrüsen) sowie endokrin sezernierende Organe, die neben ihrer eigentlichen Aufgabe Hormone freisetzen (z. B. Magen-Darmtrakt mit seinen gastrointestinalen endokrinen Zellen). Die Hormone gehören verschiedenen chemischen Stoffgruppen an (z. B. Steroide, Peptide, Amine) und wirken bereits in sehr geringer Konzentration. Die Hormondrüsen sind gemessen an ihrer Leistung bemerkenswert klein. Entgegen früherer Ansicht kann ein einziger Zelltyp mehrere Hormone bilden. Die sezernierten Hormone sind Botenstoffe, die die Entwicklung bestimmter Organe (z. B. Geschlechtsorgane) beeinflussen und verschiedene Leistungen des Körpers im Zusammenwirken mit dem autonomen Nervensystem koordinieren. Die endokrinen Drüsenzellen sezernieren ihre Hormone meist in den Interzellularraum ihrer unmittelbaren Umgebung. Hier können die Inkrete direkt auf benachbarte Zellen oder Gewebe einwirken (z. B. wirken die von testikulären Zwischenzellen gebildeten Hormone (Androgene) direkt auf die benachbarten Samenkanälchen ein), oder die Hormone werden nach ihrer Aufnahme in das Blut- und Lymphgefäßsystem zu weit entfernt liegenden rezeptortragenden Zielzellen (z. B. Prostatazellen) transportiert. Die Blutkapillaren weisen zur Erleichterung der Hormonaufnahme einen spezialisierten Endothelwandaufbau mit zahlreichen Fenestrationen auf. Eine diesbezügliche Ausnahme liegt in den Gonaden vor, die zur Funktionssicherung einer Blut-Hoden-(Gonaden-)Schranke eine geschlossene Endothelauskleidung ihrer Blutkapillaren aufweisen.

1 Das **Hypothalamus-Hypophysensystem (1)** ist das zentral übergeordnete endokrine Steuerungssystem, das über glandotrope Hormone (Steuerungshormone) auf periphere endokrine Drüsen einwirkt (z. B. auf die Nebennierenrinde, nicht jedoch auf das Nebennierenmark). Somit wirkt das Hypothalamus-Hypophysensystem mit seinen Steuerungshormonen über die peripheren endokrin sezernierenden Zellen (z. B. testikuläre Zwischenzellen) indirekt auf die peripheren Zielzellen resp. Zielorgane ein (z. B. Prostata). Außerdem werden hypophysäre Effektorhormone gebildet, die direkt auf periphere Zellen oder Organe einwirken (z. B. Prolaktin auf die Milchdrüse).

a) Der **HYPOTHALAMUS (1 g)** ist ein übergeordnetes Zentrum der Hypophyse und mit dieser topographisch, entwicklungsgeschichtlich und funktionell eng verknüpft.

b) Die **HYPOPHYSE (Hypophysis cerebri)** entwickelt sich mit ihrem **Vorderlappen (Adenohypophysis)** aus dem Ektoderm des Rachendaches und wandert zum Keilbein, wo er sich dem **Hypophysenhinterlappen (Neurohypophysis)** anlagert, der aus dem Zwischenhirn hervorgeht.

I. Für den **Vorderlappen (Adenohypophysis – 1 a-c)** werden im Hypothalamus Releasing-Hormone und Release-Inhibiting-Hormone gebildet, die die Freisetzung von Vorderlappenhormonen (Tropine) steuern. Diese Hypothalamus-Hormone werden von den Nervenzellen der Regio hypothalamica tuberalis gebildet und durch die Axone dieser Nervenzellen im Tractus tuberoinfundibularis (Textabb. c) zur Eminentia mediana (Textabb. j) befördert, die als mediane sichelförmige Vorwölbung des Tuber cinereum in das Infundibulum der dritten Gehirnkammer hineinragt.

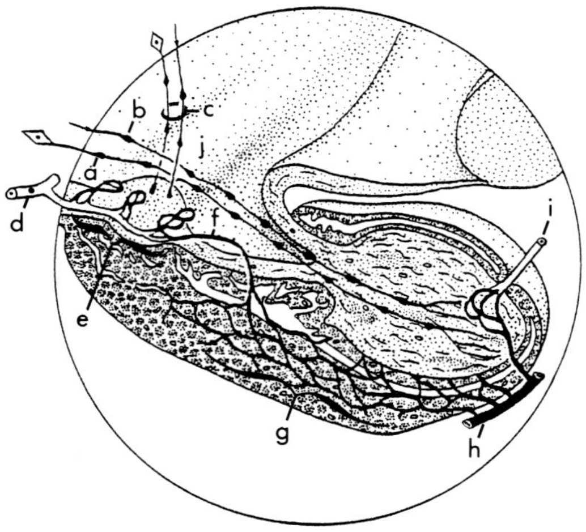

a Tractus paraventriculohypophysialis
b Tractus supraopticohypophysialis
c Tractus tuberoinfundibularis
d A. hypophysialis rostralis
e Rete capillare I
f V. portae hypophysialis
g Rete capillare II
h V. hypophysialis
i A. hypophysialis caud.
j Eminentia mediana

II. Der **Hinterlappen (Neurohypophysis – 1 d-e)** erhält seine Effektorhormone (Oxytocin und Vasopressin = Adiuretin) vom Hypothalamus, wo sie in den Nuclei supraopticus resp. paraventricularis gebildet werden. Die Wirksamkeit der Blut-Hirnschranke verhindert jedoch hier die Aufnahme der Hormone in die Blutbahn. Deshalb werden sie vom Syntheseort nach dem Prinzip der Neurosekretion durch die Axone der Tractus paraventriculohypophysialis und supraopticohypophysialis (Textabb. a und b) zum Hypophysenhinterlappen geleitet. Hier fehlt die Blut-Hirnschranke und deshalb können die Hormone durch fenestrierte Blutkapillaren aufgenommen und über das Blutgefäßsystem weitertransportiert werden. Vasopressin (= Adiuretin) fördert in der Niere die Rückresorption von Wasser aus den Nierenkanälchen und erhöht den Blutdruck. Oxytocin wirkt auf die Myoepithelien an der Peripherie von Schweiß- und Milchdrüsenendstücken sowie auf die glatte Muskulatur des Uterus, wo es zum Ende der Gravidität die Wehentätigkeit auslöst.

Das **Pfortadersystem** (Textabb. e-g) des Hypothalamus-Hypophysensystems ermöglicht den Transport der Releasing-Hormone von der Eminentia mediana zur Adenohypophyse. Dazu spaltet sich die **A. hypophysialis rostralis (d)** in der **Eminentia mediana (j)** in ein **(erstes) Kapillarnetz (Rete capillare I – e)** auf, das die hypothalamischen Releasing-Hormone aufnimmt und über die **V. portae hypophysialis (f)** zur Adenohypophyse leitet, wo sie in einem **(zweiten) Kapillarnetz (Rete capillare II – g)** freigesetzt werden. Hier werden auch die Steuerungs- und Effektorhormone in die Blutbahn aufgenommen.

c) Die **SCHILDDRÜSE (GL. THYREOIDEA – 2 a)** stimuliert in 2
Abhängigkeit vom TSH (Thyreoidea-stimulierendes-Hormon) der Adenohypophyse mit ihren Hormonen Thyroxin (T4) und TrijodThyronin (T3) u. a. den Zellstoffwechsel und reguliert das Körperwachstum. Die Hormone sind Anteile der Thyreoglobuline und werden mit diesen in den Schilddrüsenfollikeln gestapelt (Stapeldrüse, geeignet zur Hormonspeicherung). In diesem Zustand sind die Follikelepithelzellen abgeflacht. Mit zunehmender Sekretausschwemmung werden die Epithelzellen hochprismatisch. Die parafollikulären C-Zellen wirken auf den Kalziumstoffwechsel ein und sind Antagonisten der **NEBEN-** 2
SCHILDDRÜSE (GL. PARATHYREOIDEA – 2 b).

d) Die **NEBENNIERE (GL. ADRENALIS – 3)** wird in die **Nebennie-** 3
renrinde (Cortex – a) und das **Nebennierenmark (Medulla – b)** gegliedert. Die drei Zonen der Nebennierenrinde synthetisieren Steroidhormone. In der subkapsulär gelegenen Zona glomerulosa (arcuata) werden Mineralokortikoide (Aldosteron) gebildet, die auf den Salz- und Wasserhaushalt des Körpers einwirken. In der zentral folgenden Zona fasciculata (Bündel- oder Säulenschicht) werden Glukokortikoide produziert, die den Kohlenhydratstoffwechsel beeinflussen. Vertreter dieser Hormongruppe sind Kortison und Hydrokortison, die auch entzündungshemmend wirken und von erheblicher medizinischer Bedeutung sind. Die Rinden-Innenschicht ist die Zona reticularis, die Androgene produziert.

e) Die **GONADEN (TESTIS – 4 A und OVARIUM – 4 B)** sind mit ihren **testikulären Zwischenzellen (Endocrinocyti interstitiales – 4 A b**, - Leydigsche Zwischenzellen genannt) und den **ovariellen Zwischenzellen (Endocrinocyti interstitiales – 4 B b**, auch Theca interna-Zellen genannt) sowie dem **Corpus luteum** (4 B c) die Zielzellen des adenohypophysären LH (Luteinisierendes Hormon). Sie synthetisieren Androgene mit Testosteron und Hydrotestosteron als wichtigste Vertreter. Im Ovar werden die Androgene in den Follikelepithelzellen der Eifollikel zu Östrogenen aromatisiert. LH fördert auch die Genese des Corpus luteum.

Das follikelstimulierende Hormon (FSH) der Adenohypophyse regt im Ovar das Wachstum von Sekundär- und Tertiärfollikeln sowie (gemeinsam mit LH) die Östrogen- und Androgensynthese an. Im Hoden wirkt es auf die Sertolizellen, u. a. auf deren Produktion des androgenbindenden Proteins. Weiterhin fördert es an den Leydigschen Zwischenzellen die Bildung von LH-Rezeptoren.

f) Die **PLACENTA** (4 C) übernimmt in der 2. Hälfte der Gravidität die Bildung von Progesteron und Östrogen, die vorher vom Corpus luteum des Ovars synthetisiert wurden („Stafettenwechsel" etwa in der Mitte der Gravidität). Da die Progesteronsynthese aus dem Corpus luteum versiegt, übernimmt die Plazenta schließlich allein die endokrine Sicherung der Gravidität.

g) Die **EPIPHYSIS CEREBRI (5)** synthetisiert Melatonin und Antigonadotropin (s. klin.-funkt. Anat.).

h) In den **NIEREN** produzieren die modifizierten **Mediazellen (Endocrinocyti myoidei – 6 a)** der Arteriolae glomerulares afferentes des **juxtaglomerulären Komplexes (Complexus juxtaglomerularis – 6)**
Renin und steuern so die niereneigene Durchblutung und den Blutdruck 4
des Gesamtorganismus.

i) Das **INSELORGAN DER BAUCHSPEICHELDRÜSE (INSULAE PANCREATICAE – 7 a)** besteht beim Menschen aus 1 bis 2 Millionen
Inseln. Ihre B-Zellen fördern durch die Synthese von Insulin den Glyko- 5
genaufbau aus Glukose und senken dadurch den Blutzuckerspiegel. Die A-Zellen synthetisieren Glukagon, das den Blutzuckerspiegel erhöht. Außerdem werden in den D-Zellen Inkrete gebildet, die zur Gruppe der gastrointestinalen Hormone gehören.

j) Die **GASTROINTESTINALEN ENDOKRINEN ZELLEN (ENDOCRINOCYTI GASTROINTESTINALES – 8 a)** kommen verstreut zwischen den Schleimhaut-Epithelzellen im Magen-Darmtrakt vor.

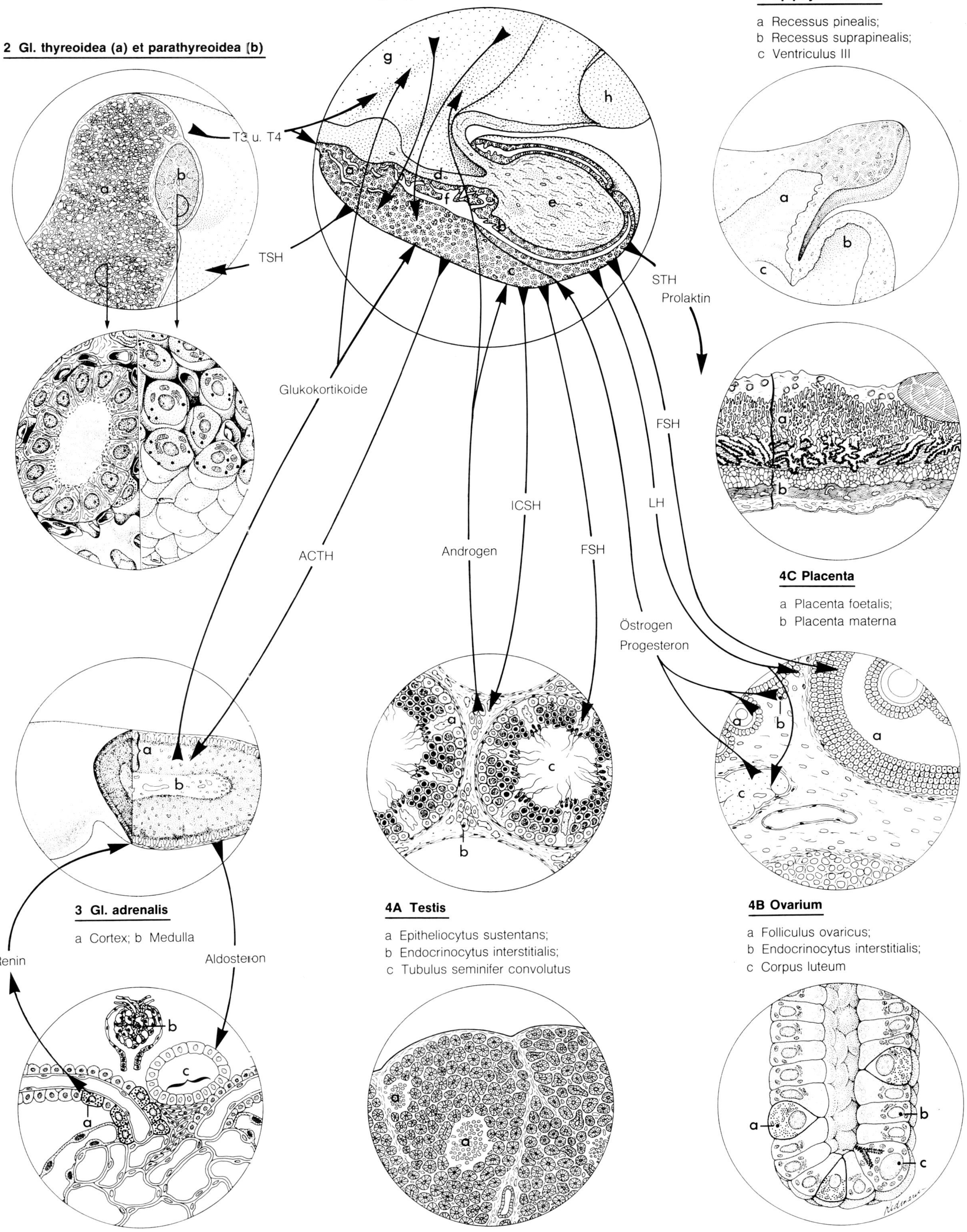

1 Hypothalamus — Hypophysis

Adenohypophysis: a Pars tuberalis; b Pars intermedia; c Pars distalis
Neurohypophysis: d Infundibulum; e Lobus nervosus; f Cavum hypophysis; g Hypothalamus; h Corpus mamillare

2 Gl. thyreoidea (a) et parathyreoidea (b)

3 Gl. adrenalis

a Cortex; b Medulla

4A Testis

a Epitheliocytus sustentans;
b Endocrinocytus interstitialis;
c Tubulus seminifer convolutus

4B Ovarium

a Folliculus ovaricus;
b Endocrinocytus interstitialis;
c Corpus luteum

4C Placenta

a Placenta foetalis;
b Placenta materna

5 Epiphysis cerebri

a Recessus pinealis;
b Recessus suprapinealis;
c Ventriculus III

6 Complexus juxtaglomerularis

a Endocrinocytus myoideus;
b Glomerulum;
c Macula densa

7 Pancreas et Insulae pancreaticae (a)

8 Gl. gastrica propria

a Endocrinocytus gastrointestinalis;
b Exocrinocytus principalis;
c Exocrinocytus parietalis

8. BLUTKREISLAUFSYSTEM

Im **Blutkreislaufsystem** wird das Blut durch den Antrieb des Herzens allen Körperstellen zugeführt, wodurch die Versorgung mit resorbierten Nährstoffen, Sauerstoff, Wasser und Hormonen sowie Abwehrstoffen gewährleistet und der Abtransport von Schlackenstoffen und Wärme sichergestellt wird.

a) Das gemeinsame **BLUTKREISLAUFSYSTEM** ist in einen großen Körperkreislauf, einen kleinen Lungenkreislauf und mehrere Pfortaderkreisläufe gegliedert. Der große **Körperkreislauf (Circulus cardiovascularis corporis)** beginnt in der linken Herzkammer und führt über die Arterien durch den Körper und über die Venen zurück zum rechten Herzen. Der kleine **Lungenkreislauf (Circulus cardiovascularis pulmonis)** beginnt in der rechten Herzkammer und führt das (sauerstoffarme) Blut durch die Lungenarterien zum Gasaustausch in die Lungenbläschen, und das sauerstoffangereicherte Blut gelangt über Lungenvenen zum linken Vorhof, ohne die übrigen Körperteile zu erreichen. Der **Pfortaderkreislauf (Circulus venae portae)** im engeren Sinne sichert die funktionelle Blutversorgung der Leber (s. S. 58).

Eine **Doppelversorgung** durch **Vasa publica** und **Vasa privata** haben so lebenswichtige Organe wie Herz, Leber und Lunge. Die Lungengefäße dienen der Sauerstoffversorgung des ganzen Körpers (daher Vasa publica), und die Bronchalgefäße dienen allein der Versorgung des Bronchalbaums der Lunge (daher Vasa privata).

b) Die **BLUTGEFÄSSE (VASA SANGUINEA)** werden nach ihrem Wandaufbau klassifiziert, der vom Blutdruck abhängig ist. Venen mit einer schwächeren Wand (z. B. Beinvenen) erhalten bei Transplantationen ins Arteriensystem (z. B. Herzkranzarterien) durch Umbauvorgänge allmählich eine typische Arterienwand. Die dreischichtige Gefäßwand besteht aus einer **Tunica interna (s. intima** – 2, die aus einem Endothelium, einem kollagenfaserigen Stratum subendotheliale und an Arterien aus einer Membrana elastica interna besteht), einer **Tunica media** (3, aus glatten Muskelzellen und elastischen Netzen), die an der Membrana elastica externa an die überwiegend kollagenfaserige **Tunica externa (s. adventitia** – 4) grenzt. Die Blutkapillaren lassen die Dreischichtigkeit vermissen, denn sie bestehen nur aus dem Endothel und einer unvollständigen Ummantelung durch Perizyten.

I. Die **Arterien (Arteriae)** führen vom Herzen weg und enthalten mit Ausnahme der Lungenarterien arterielles (sauerstoffreiches) Blut. Entsprechend der Zusammensetzung der Tunica media werden Arterien vom elastischen Typ **(Arteria elastotypica** – 1), vom muskulösen Typ **(Arteria myotypica** – 11) und vom gemischten Typ (Arteria mixtotypica) unterschieden. Die Arterien vom elastischen Typ liegen herznah (Aorta und Truncus brachiocephalicus) und enthalten in ihrer Media weniger glatte Muskelzellen, sondern überwiegend gefensterte elastische Membranen, die das gelbliche Aussehen dieses Arterientyps bewirken. Zu den Arterien vom muskulösen Typ gehören die Herzkranzarterien und die herzfernen Arterien. Sie enthalten in ihrer Media überwiegend glatte Muskelzellen und weniger elastische Fasern. **Endarterien (Arteriae terminales,** z. B. Gehirnarterien) sind von erheblicher medizinischer Bedeutung, da sie keine **Kollateralarterien (Arteriae collaterales** – 7 Umgehungskreisläufe) und keine resp. unzureichende arterioarterielle Anastomosen zu Nachbararterien aufweisen und dann Endarterien (z. B. Gehirnarterien) resp. funktionelle Endarterien genannt werden (z. B. Herzkranzarterien). Bei einem Verschluß dieser Endarterien stirbt das umgebende Gewebe ab (Infarktbildung). **Rankenarterien (Aa. convolutae)** sind Spezialarterien, die einen stark gewundenen, manchmal korkenzieherartigen Verlauf haben. Sie kommen als Aa. helicinae im Penis vor und verstreichen hier bei der Erektion. Im Mesovarium ist ihr Vorkommen unabhängig von Volumenschwankungen. Nach dem Bauprinzip von **Sperrarterien** sind z. B. Abschnitte der Aa. helicinae des Penis gebaut. Sie haben insofern eine besondere blutstromregulierende Funktion, als sie ihr Lumen durch myoide **Intimapolster (Pulvinaria tunicae internae** – 6) vollständig verschließen können, wodurch der gesamte Blutstrom durch das Kapillarbett fließt (Erektion, s. klin. funkt. Anat.). Arteriovenöse Anastomosen dienen der Blutstromregulierung. Nur wenige Organe wie Niere und Gehirn benötigen für ihre Funktion eine gleichmäßige Blutversorgung. Die Blutversorgung der meisten Organe, wie z. B. des Magen-Darm-Traktes, ist schwankend und in ihrer Intensität den aktuellen funktionellen Erfordernissen angepaßt. Diese Hämodynamik wird in erster Linie durch einfache **Brückenanastomosen (Anastomoses arteriovenosae** – 5) aufrechterhalten. Sie sind in ihrem aktiven arteriellen Anfangsschenkel oft nach dem Bauprinzip von Sperrarterien gebaut. Der venöse Endschenkel ist nicht spezifisch differenziert. Bei ihrem Verschluß fließt das gesamte Blut durch benachbarte Arteriolen und durch das benachbarte Kapillargebiet. Bei ihrer Öffnung nimmt das Blut bei Umgehung des Kapillargebietes den „bequemen" weitlumigen Weg durch die Anastomose. **Knäuel- oder Glomerulusanastomosen (Anastomoses arteriovenosae glomeriformes** – 8) kommen (bei sehr kompliziertem Aufbau) im Zehenendorgan und in der Haut vor. Auch ihr arterieller Anfangsschenkel enthält Sperrmechanismen. Die Knäuelanastomosen weisen eine reichliche Versorgung mit autonomen Nerven auf. Ihre Funktion ist noch nicht restlos geklärt.

II. Die **Arteriolen (Arteriolae** – 9) sind in ihrem Durchmesser kleiner als 1/10 mm und enthalten in ihrer Tunica media nur wenige Schichten schneckenförmig gewunden angeordneter Muskelzellen. Die präkapilläre Arteriole enthält nur noch eine Schicht aus glatten Muskelzellen.

Ein **arterielles Wundernetz (Rete mirabile)** ist insofern eine Besonderheit, als es innerhalb des arteriellen Schenkels des Blutkreislaufs liegt und dem eigentlichen arteriellen Kapillarbett vorgeschaltet ist (z. B. Rete mirabile a. maxillaris der Katze)

III. In den **Kapillaren (Vasa capillaria** – 10) ist der Wandaufbau bis auf die Innenschicht reduziert. Diese besteht aus der Endothelinnenauskleidung, einer Basallamina und einer diskontinuierlichen Lage aus Perizyten. Die Länge der Kapillaren beträgt bis zu 1 mm bei einem Durchmesser von 3 bis 10 μm. Die Kapillaren werden nach der Beschaffenheit ihrer Endothelinnenauskleidung in 3 Typen gegliedert, die den jeweiligen funktionellen Erfordernissen angepaßt sind. **Ungefensterte Endothelzellen (Endotheliocyti nonfenestrati** – 13) kleiden das Kapillarlumen lückenlos aus (Vorkommen in Muskulatur, Haut und Bindegewebe). **Gefensterte Endothelzellen (Endotheliocyti fenestrati** – 12) grenzen, ebenfalls lückenlos, an benachbarte Endothelzellen, aber sie weisen intrazelluläre Fenestrae oder Poren auf. Gefensterte Kapillaren kommen in Organen mit regem Stoffaustausch wie Magen-Darm-Trakt, Hormondrüsen und Nieren vor. **Diskontinuierliches Endothel mit Lücken zwischen den Endothelzellen (Aperturae intercellulares** – 14) und diskontinuierlicher oder fehlender Basallamina kommen in den Sinusoiden der Leber vor und erleichtern den Stoffdurchtritt.

IV. Die **Venulen (Venulae** – 16) liegen am Beginn des venösen Schenkels des Blutkreislaufs und weisen einen Durchmesser bis ca. 50 μm auf. Die Tunica media enthält keine Myozyten, sondern Perizyten, und in der kollagenfaserigen Tunica externa liegen oft weiße Blutkörperchen und Makrophagen. Die **postkapillären Venulen (Venulae postcapillares** – 17) mancher lymphatischer Organe sind durch ein kubisches oder gar hochprismatsches Endothel charakterisiert, das zur Durchschleusung von Lymphozyten aus dem Lumen in das perivaskuläre lymphoretikuläre Gewebe befähigt.

V. Die **Venen** sind lockerer gebaut als die Arterien, und ihr Schichten- 1
aufbau ist undeutlicher. In den mittelgroßen Venen liegen in der Tunica media spiralig angeordnete Muskelfaserbündel mit dazwischengelegenem kollagenfaserigen Bindegewebe. In den großen Venen (z. B. V. cava caudalis) fällt die Tunica externa besonders auf und enthält reichlich glatte Muskulatur mit longitudinaler Ausrichtung. Dagegen sind in der Tunica media nur spärliche Muskelzellbündel enthalten.

Die **Venenklappen (Valvulae venosae** – 18) der Venen ragen als halbmondförmige Endothelduplikaturen, die ein zentrales bindegewebsfaseriges Stützgerüst überziehen, ins Lumen hinein. Sie regulieren die Blutstromrichtung. Bei beginnendem Rückstau des Blutes blähen sich die halbmondförmigen Klappen auf und legen sich mit ihren Rändern aneinander, wodurch die Lichtung verlegt und ein Zurückfließen des Blutes verhindert wird.

Sperr- und Drosselvenen, z. B. die **Venae occludentes** in der Leber, sind Spezialvenen in Hormondrüsen, Uterus, Eileiter, Schwellkörpern und der Leber, die durch Ausbildung von Intimapolstern ihrer funktionsbezogenen Benennung gerecht werden. Durch die Drosselung des Blutstroms verlangsamt sich dieser im vorgeschalteten Kapillargebiet.

Venengeflechte (Plexus venosi) sind netzartig geformt und kommen beispielsweise an der Hodenvene als Plexus pampiniformis vor, wo sie der Thermoregulation dienen.

Venöse Sinus (Sinus venosi) sind weitlumige Ausbuchtungen der Venen (z. B. an der Mündung der Hohlvenen). Die Sinus durae matris (Gehirnblutleiter) sind weitlumige Spezialvenen, die die Mittel- und Außenschicht sowie Venenklappen vermissen lassen.

VI. **Vasa vasorum** (15) sind nutritive Blutgefäße in den Wänden der großen Arterien, Venen und Lymphstämme. Diese Gefäße können bei ihrer Größe nicht mehr vom Blut aus ihrem Lumen ausreichend versorgt werden. Kleinere Gefäße haben dagegen eine „Selbstversorgung" aus dem Blutstrom.

VII. Die **Nerven (Nervi vasorum** – 15) sind überwiegend marklos und gehören zum autonomen Nervensystem. Die Vasokonstriktion steht vornehmlich unter Kontrolle des Sympathicus. (Zu Innervation und Hormonwirkung auf die Gefäße, s. Lehrbücher der Physiologie.)

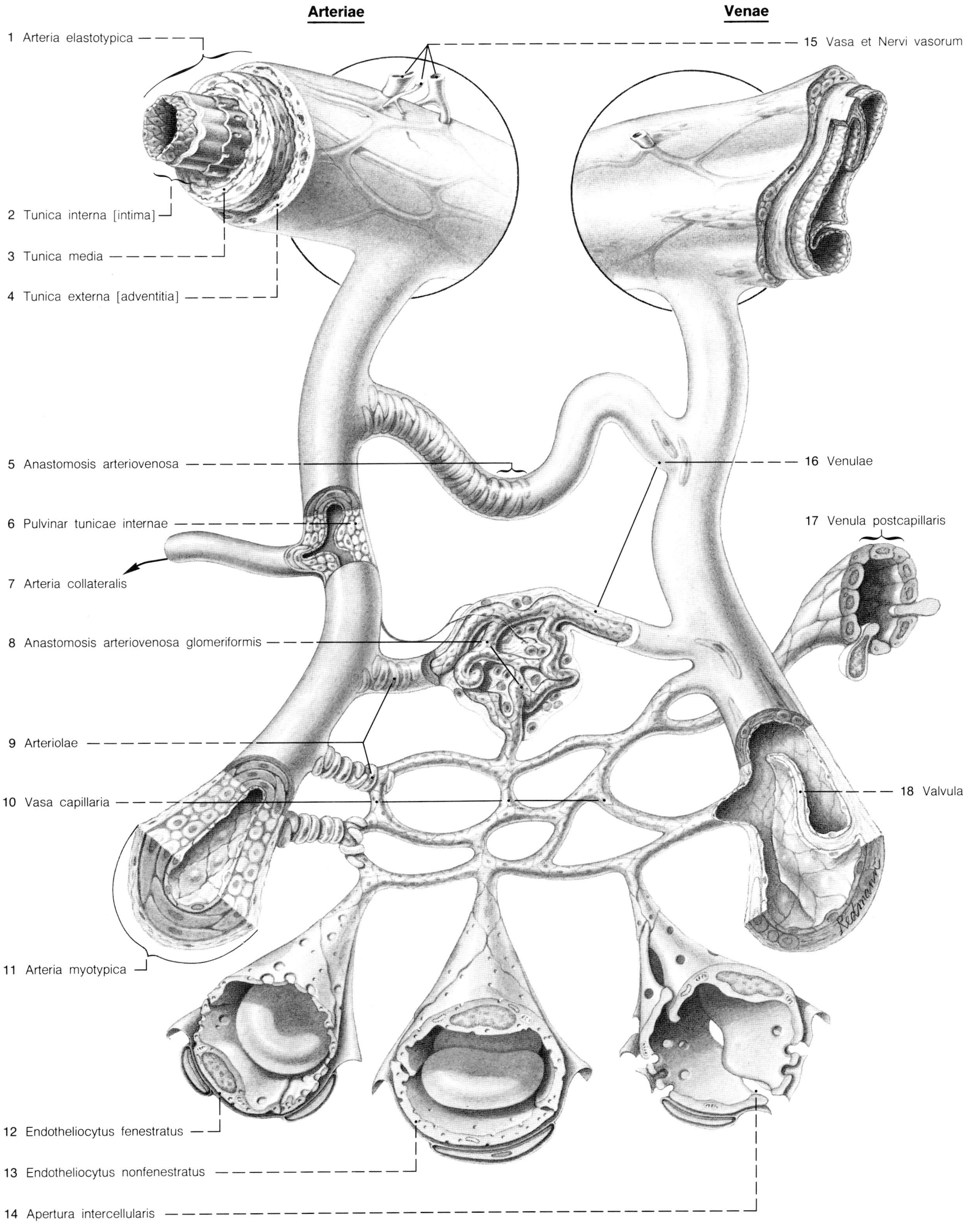
Arteriae
Venae
1 Arteria elastotypica
2 Tunica interna [intima]
3 Tunica media
4 Tunica externa [adventitia]
5 Anastomosis arteriovenosa
6 Pulvinar tunicae internae
7 Arteria collateralis
8 Anastomosis arteriovenosa glomeriformis
9 Arteriolae
10 Vasa capillaria
11 Arteria myotypica
12 Endotheliocytus fenestratus
13 Endotheliocytus nonfenestratus
14 Apertura intercellularis
15 Vasa et Nervi vasorum
16 Venulae
17 Venula postcapillaris
18 Valvula

9. LYMPHSYSTEM

Das **Lymphsystem** setzt sich aus einem Abwehr- oder Immunsystem und einem Transportsystem (Lymphgefäßsystem) zusammen, die sich beide funktionell ergänzen. Das Abwehrsystem schließt die Erkennung und Eliminierung körperfremder Substanzen ein. Zu ihm gehören die Lymphknoten und die lymphatischen Organe.

a) Das **LYMPHGEFÄSSYSTEM** hat Drainagefunktionen zum Flüssigkeitsentzug aus dem Gewebe und Transportfunktionen zur Weiterleitung der Lymphe zu den Lymphknoten und schließlich zum Venensystem. Im Gegensatz zum Blutkreislaufsystem ist das Lymphgefäßsystem kein geschlossener Kreislauf, sondern es beginnt peripher im Gewebe blind mit einem **Lymphkapillarnetz (Rete lymphocapillare — 1)** und endet zentral an der Hals-Brustgrenze im sog. Venenwinkel, der durch die Zusammenflüsse der Vv. jugularis interna und jugularis externa gebildet wird (s. S. 15). Bei Fehlen einer zentralen Antriebspumpe - Lymphherzen kommen nur bei niederen Wirbeltieren und einigen Vogelspezies vor - beträgt das Transportvermögen nur etwa 0,035 % von dem des Blutkreislaufsystems. Die zu transportierende Lymphe ist eine wasserklare bis bernsteinfarbene, im Darmbereich milchig (Fettgehalt) aussehende Flüssigkeit. Diese stammt aus dem Blut und gelangt durch die Blutkapillarwand ins Interstitium. Von hier fließt die Gewebsflüssigkeit zurück in den venösen Kapillarschenkel oder in die Lymphkapillaren, wo durch Wasserrückstrom - also Konzentration - Lymphe entsteht. Eine Lymphdrainage und damit ein Lymphkapillarnetz fehlen u. a. im ZNS, im Epithelgewebe, im Knorpelgewebe, im Knochenmark, im Thymus und in der Hornhaut des Auges. Bei lichtmikroskopischer Routineuntersuchung können die Lymphkapillaren nicht mit Sicherheit von den Blutkapillaren abgegrenzt werden. In der Elektronenmikroskopie ist die Abgrenzung jedoch eindeutig, weshalb hier zum funktionellen Verständnis auf die Ultrastruktur der Lymphkapillaren eingegangen werden soll.

I. Von den Endothelzellen der **Lymphkapillare (Vas lymphocapillare — 22)**, speziell von sich überlappenden Ausläufern, ziehen feinste **Ankerfilamente (Fibrae fixationes — 24)** radiär ins Interstitium zur Verankerung am hier gelegenen **Kollagenfasergeflecht (Fibrae collagenosae — 25)**. Trotz der Ankerfilamente werden die Lymphkapillaren oft im kollabierten Zustand angetroffen. Bei erhöhtem Gewebedruck (vermehrte Flüssigkeitsansammlung im Gewebe - Lymphödem) straffen sich die Ankerfilamente, und die äußere Lage der Endothelzellüberlappung wird dadurch fixiert, während die innere Lage durch die einströmende Flüssigkeit lumenwärts gedrückt wird, wodurch vorübergehend
1 interendotheliale Öffnungen (**„open junctions" — 23**) entstehen. Diese Öffnungen sind, gemessen mit elektronenmikroskopischen Maßstäben, sehr groß, so daß erhebliche Flüssigkeitsmengen, aber auch Makromoleküle, Rußpartikel, Viren, Bakterien und ganze Geschwulstzellen in die Lymphkapillaren einströmen können. Auch Stoffwechselprodukte, Hormone und im Darm resorbierte langkettige Fettsäuren werden in Form von Triacylglycerin als Bestandteile der Chylomikronen über Lymphgefäße abtransportiert. Zusammengefaßt kann gesagt werden, daß durch die „open junctions" auch solche Stoffe gelangen, die wegen ihrer Größe die Blutkapillarwände nicht oder kaum passieren können. Eine frühere Auffassung, daß die Ausläufer des Lymphkapillarnetzes Öffnungen besitzen, muß dahingehend präzisiert werden, daß solche Öffnungen nur bei erhöhtem Gewebedruck auftreten und keineswegs permanent sind. Anders verhält es sich aber am pleuralen und peritonäalen Überzug des Zwerchfells. Hier liegen tatsächlich Stomata vor, die sich im Atemrhythmus öffnen und schließen und durch passive „Schnappbewegungen" den Weitertransport der Lymphe fördern.

II. Die **postkapillären Lymphgefäße (Vasa lymphatica fibrotypica — 26)** heißen auch Leitgefäße, weil sie durch ihre Klappen den Lymphstrom „richten" und zur Mündung „leiten". Abgesehen von den Klappen entspricht der Wandaufbau dem der Lymphkapillaren.

III. Die anschließenden **muskelhaltigen Transportgefäße (Vasa lymphatica myotypica — 27)** begleiten meistens Blutgefäße und Nerven und führen die Lymphe den Lymphknoten zu. Die Transportgefäße lassen bereits eine dreischichtige Wand erkennen: die lumenseitige, endothelzellhaltige **Tunica interna (s. intima — 28)**, die muskelhaltige **Tunica media (29)** und die überwiegend fibröse **Tunica externa (s. adventitia — 30)**. Segmentklappentragende, muskelfreie bis muskelarme Einziehungen wechseln periodisch mit klappenlosen, muskelreichen Ausweitungen, wodurch bei ausreichender Lymphfüllung das typische perlschnurartige Aussehen entsteht. Die Einziehungen an den **Segmentklappen (Valvulae segmentales — 36)** begrenzen ein **Lymphangion (2)**. An Einmündungen von Lymphgefäßen liegen **Einmündungsklappen (Valvulae conjunctiones — 35)**.

IV. Zu den **Lymphgefäßstämmen (Trunci lymphatici — 20)** gehören der Ductus thoracicus, die Cisterna chyli und die Trunci lumbales, intestinales und jugulares. Sie nehmen die Transportgefäße auf. Ihre letzten Abschnitte, die Ductus thoracicus und jugulares, münden in den Venenwinkel. Die dreischichtige Wand weist besonders in der Adventitia längsverlaufende Muskelbündel auf und enthält **Vasa** und **Nervi vasorum (21)**.

Die **Lymphgefäßklappen (Valvulae lymphaticae)** und die Muskulatur sind die morphologische Grundlage für eine **Eigenperistaltik** mit proximal gerichtetem Lymphfluß. Dieser wird aber auch durch andere Kräfte unterstützt wie die „Massage" durch benachbarte quergestreifte Muskeln und auch durch die Pulsation benachbarter Arterien, die über achtertourartige Bindegewebszüge auf die Lymphgefäße übertragen wird (s. Textabb.). In den Körperhöhlen üben die Magen-Darm-Motorik und die respiratorischen Druckschwankungen einen fördernden Einfluß aus. Nach operativer Entfernung eines Lymphknotens ist der Lymphfluß hier selbstverständlich zunächst unterbrochen. Peripher der Unterbrechung ist der Körperteil bei Verlust der Lymphdrainage flüssigkeitsüberflutet („versumpft") und fühlt sich kalt und teigig an. Hauteindellungen verstreichen an solchen unförmig entstellten Körperteilen nur sehr langsam. Der Lymphfluß wird durch allmähliches Zusammenwachsen der durchtrennten Stümpfe wiederhergestellt.

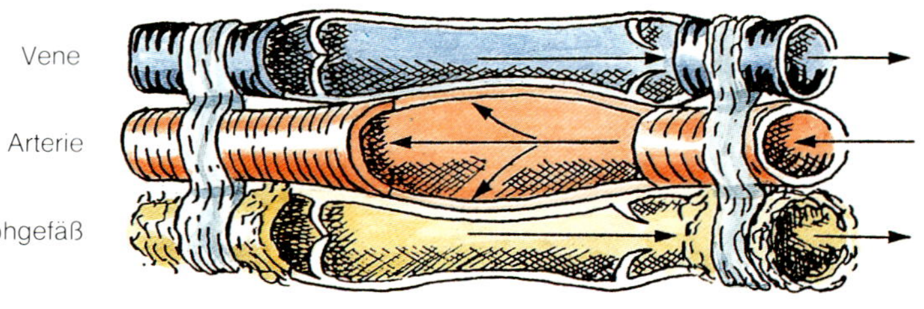

(Wirkung des Arterienpulses auf den lymphatischen und venösen Transport)

b) Die **LYMPHKNOTEN (LYMPHONODI — 8)** haben ortsbezogene 2
Namen (z. B. Lymphonodus axillaris). Es werden regionäre (regionale) Lymphknoten und Lymphozentren unterschieden. Den regionären Lymphknoten fließt Primärlymphe eines bestimmten Einzugsgebietes (tributären Gebietes) über **Vasa lymphatica afferentia (9)** zu. Zwei bis vier **Vasa lymphatica efferentia (17)** ziehen aus dem Lymphknotenhilus heraus und führen Sekundär- oder Durchgangslymphe, die etwa die 10fache Anzahl an Lymphozyten enthält. Weitere kettenartig hintereinander gereihte Lymphknoten filtrieren die Durchgangslymphe und können zusätzlich Primärlymphe aufnehmen. Benachbarte Lymphknoten mit vergleichbaren, sich überschneidenden Einzugsgebieten werden zum Lymphozentrum zusammengefaßt. Lymphknoten besitzen bei glatter, fester Oberfläche oft Bohnenform und sind meistens in Fettgewebe eingebettet und von einer bindegewebigen **Kapsel (Capsula — 10)** umgeben, die am **Hilus (14)** von Blutgefäßen sowie Vasa efferentia und an ihrer Konvexität von Vasa afferentia durchsetzt wird. Von der Kapsel gehen zentralgerichtete **Balken (Trabeculae — 11)** aus. Unter der Kapsel münden die Vasa afferentia in den **Sinus subcapsularis (12)**, der über die **Sinus intermedii (13**, neben den Balken) und **— medullares (16**, neben den Marksträngen gelegen) die Lymphe den Vasa efferentia zuführt.

Die **Lymphsinus (Sinus lymphatici — 3)** sind spaltförmige Lymphstraßen, die von **Endothelzellen (Uferzellen, Endotheliocyti — 4)** begrenzt und luminal durch ein „Reusensystem" aus lumendurchquerenden Retikulumzellen **(Reticulocyti — 6**, die von anderen Autoren als modifizierte Endothelzellen bewertet werden) sowie von diesen ummantelten **Retikulumfasern (Fibrae reticulares intrasinuales — 5)** versteift werden. Das „Reusensystem" kann Teilchen von Ruß, Viren, Bakterien, körpereigene Zellen oder Zelltrümmer auffangen und so den im Lumen befindlichen **Makrophagen (Macrophagocyti — 7)** die Inkorporation ermöglichen.

Das Lymphknotenparenchym bildet B-Lymphozyten sowie Plasmazellen für die humorale Immunität. Es besteht aus **lymphoretikulärem Gewebe (Textus lymphoreticularis — 31)** mit **Retikulumzellen (Reticu-**
locyti — 32) und **-fasern (Fibrae reticulares — 33)**, das mit **Lymphozyten** 3
(Lymphocyti — 34) durchsetzt ist. Im äußeren Cortex bildet das Parenchym charakteristische lymphozytenreiche **Lymphknötchen (Lymphonoduli — 19**, hauptsächlicher Sitz für B-Lymphozyten) und geht zentral in das diffuse lymphoretikuläre Gewebe des **inneren Cortex (Paracortex — 18)** über (hauptsächlicher Sitz für T-Lymphozyten, die vom Thymus über spezielle postkapilläre Venulen aus dem Blut angeschwemmt werden und die zelluläre Immunität bewerkstelligen). Im Mark schließen sich die **Markstränge (Chordae medullares — 15)** an (hauptsächlicher Sitz für B-Lymphozyten und ihre Weiterdifferenzierung in Plasmazellen).

Lymphatische Organe siehe topographische Anatomie, tabellarischer Anhang zur speziellen Anatomie und klinisch-funktionelle Anatomie.

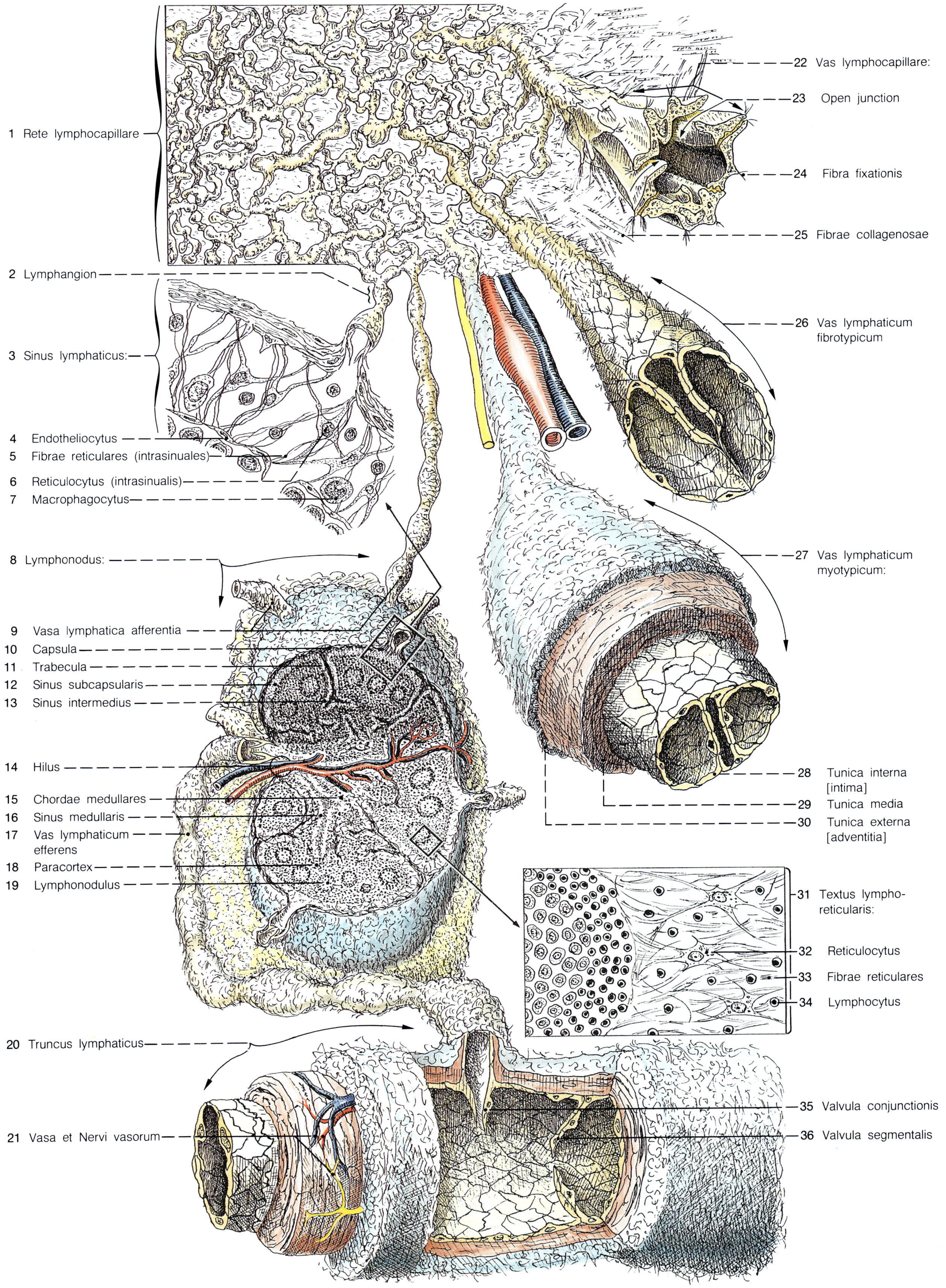
1 Rete lymphocapillare
2 Lymphangion
3 Sinus lymphaticus:
4 Endotheliocytus
5 Fibrae reticulares (intrasinuales)
6 Reticulocytus (intrasinualis)
7 Macrophagocytus
8 Lymphonodus:
9 Vasa lymphatica afferentia
10 Capsula
11 Trabecula
12 Sinus subcapsularis
13 Sinus intermedius
14 Hilus
15 Chordae medullares
16 Sinus medullaris
17 Vas lymphaticum efferens
18 Paracortex
19 Lymphonodulus
20 Truncus lymphaticus
21 Vasa et Nervi vasorum
22 Vas lymphocapillare:
23 Open junction
24 Fibra fixationis
25 Fibrae collagenosae
26 Vas lymphaticum fibrotypicum
27 Vas lymphaticum myotypicum:
28 Tunica interna [intima]
29 Tunica media
30 Tunica externa [adventitia]
31 Textus lymphoreticularis:
32 Reticulocytus
33 Fibrae reticulares
34 Lymphocytus
35 Valvula conjunctionis
36 Valvula segmentalis

10. DRÜSEN, SCHLEIMHÄUTE UND SERÖSE HÄUTE

a) Die **DRÜSEN**-Tätigkeit wird Sekretion genannt. Die Sekrete sind außerhalb der Drüsenzelle wirksam (z. B. Speichel, Hormone). Zur Sekretbereitung nimmt die Drüsenzelle die Ausgangsstoffe auf, synthetisiert die Sekrete in den Zellorganellen und gibt diese nach einem bestimmten Sekretionsmodus (s. unten) ab. Die Sekretion wird hauptsächlich durch Hormone und das autonome Nervensystem gesteuert.

Die Einteilung der Drüsen erfolgt nach verschiedenen Kriterien.

Bei **Sekretabgabe** in die **Blut-** oder **Lymphkapillaren** handelt es sich um **endokrine Drüsen (Hormondrüsen)**, deren Inkrete (Hormone) durch das Gefäßsystem zu den Erfolgsorganen abtransportiert werden. Bei Sekretabgabe an die **innere** oder **äußere Körperoberfläche** handelt es sich um **exokrine Drüsen**, die nachfolgend abgehandelt werden (s. a. S. 6 u. 32).

Nach der **Form der sezernierenden Endstücke** werden **tubulöse** (schlauchförmige), **azinöse** (beerenförmige) und **alveoläre** (bläschenförmige) **Drüsen** unterschieden. Die schlauchförmigen Endstücke können 1. einfach gestreckt, 2. einfach geknäuelt, 3. einfach verzweigt sein. Die zusammengesetzt tubulöse Drüse hat verzweigte Ausführungsgänge.

Nach dem **Sekretionsmodus** unterteilt man in **ekkrine** = merokrine (Sekretabgabe durch Exozytose), **apokrine** (mit dem Sekret wird ein Teil der Drüsenzelle abgestoßen) und **holokrine Drüsen** (die Drüsenzelle wandelt sich ganz in Sekret um).

Nach der **Beschaffenheit des Sekrets** werden **seröse** (dünnflüssiges Sekret), **muköse** (schleimiges Sekret) und **gemischte** (seröse und muköse Anteile) **Drüsen** unterschieden.

Nach der **Zusammensetzung** gliedert man in intraepitheliale **einzellige** (z. B. schleimproduzierende Becherzellen) und **mehrzellige Drüsen**. Erstgenannte münden ohne Ausführungsgänge direkt in das angrenzende Lumen. Die mehrzelligen Drüsen liegen entweder in der Wand des betreffenden Organs, in dessen Lumen sie über einen kurzen Ausführungsgang münden **(Wanddrüsen)**, oder es handelt sich um größere Drüsenpakete, die außerhalb der Wand liegen und meistens mit einem längeren Ausführungsgang münden **(Anhangsdrüsen)**.

b) Die **SCHLEIMHAUT (TUNICA MUCOSA)** ist die lumenbegrenzende Innenauskleidung von Hohlorganen, die mit der Außenwelt in Verbindung stehen. Dazu gehören der Verdauungskanal, die Atemwege sowie die Harnwege und lumenhaltige Anteile der Geschlechtsorgane. Das Lumen wird, mit Ausnahme der Harnwege, von Schleim bedeckt, der von Drüsen der Schleimhaut stammt (Becherzellen, Wand- oder Anhangsdrüsen).

Die **Schleimhaut des Darmes** besteht aus einem lumenseitigen **Epithel (Epithelium columnare** – 7, E, E') und einer **Lamina propria mucosae (6**, die eigentliche Bindegewebsschicht), die in weiten Bereichen des Darms eine **Lamina muscularis mucosae (5)** enthält. In einigen Darmabschnitten folgen außerhalb der Schleimhaut eine **Tela submucosa (4**, lockere Verschiebeschicht) und eine **Tunica muscularis (2 u. 3)**, sowie an der äußeren Oberfläche z. B. des Darmes eine **Tunica serosa (Pars visceralis – 13)** resp. eine bindegewebige **Tunica adventitia** als Verbindungsstruktur zur Umgebung. Die Anteile der Schleimhaut sind entsprechend den funktionellen Erfordernissen in den einzelnen Organen strukturell angepaßt.

I. Im **Verdauungsapparat (Apparatus digestorius)**, der am Mund beginnt und mit dem Anus endet, wird die funktionsbezogene Differenzierung besonders deutlich. Der Übergang zur äußeren Haut wird an beiden Enden des Verdauungskanals von kutaner Schleimhaut mit **mehrschichtigem Plattenepithel (Epithelium stratificatum squamosum – A Cavum oris)** gebildet (s. Histologie). In der Mundhöhle ist im Bereich höchster mechanischer Beanspruchung, wie am harten Gaumen und an den mechanischen Zungenpapillen, das mehrschichtige Plattenepithel zusätzlich verhornt. Der schnelle Abtransport der aufgenommenen Nahrung wird durch quergestreifte Muskulatur in der Tunica muscularis gewährleistet, die sich bis in die Speiseröhre hinein fortsetzt. Der Abtransport wird noch durch schleimige Sekrete der Speicheldrüsen der Mundhöhle und des Rachens gefördert. Die Lamina muscularis mucosae ist eine zarte Eigenmuskelschicht der Darmschleimhaut, die im Oesophagus beginnt und kaudal leicht an Stärke zunimmt. Als glatte Muskulatur gestattet sie eine gewisse Eigenbeweglichkeit der Schleimhaut, unabhängig von der Kontraktion der überwiegend glatten Muskulatur der Tunica muscularis, von der sie durch die Tela submucosa getrennt ist.

Ab dem Mageneingang bildet ein **hochprismatisches Epithel (Epithelium columnare – E Intestinum tenue)** die Lumenauskleidung. Es hat weniger Schutz- als vielmehr Sekretions- und Resorptionsaufgaben. Das kommt durch unterschiedliche Epithelzellen zum Ausdruck. Die **Sekretion von Schleim** wird im Darmbereich hauptsächlich von **Becherzellen (Exocrinocyti caliciformes – 9)** wahrgenommen, die verstreut im lumenseitigen Epithel vorkommen und vom Duodenum bis zum Enddarm zahlenmäßig zunehmen. Verdauungssäfte werden von Wanddrüsen des Darms und von Anhangsdrüsen .(z. B. Bauchspeicheldrüse) sezerniert. Für die **Resorption** ist eine sehr große Kontaktfläche zum Darminhalt erforderlich. Die Oberflächenvergrößerung wird durch **(Darm-)Querfalten (Plicae circulares – 1)** und **Zotten (Villi intestinales – E' a)** und **Krypten (Cryptae intestinales – E' b)** sowie durch den **Mikrovillibesatz (Microvilli – 8)** an der lumenseitigen Oberfläche der Resorptionsepithelzellen erreicht.

II. Im **Respirationstrakt** dient das mehrstufige (mehrreihige) **Flimmerepithel (Epithelium pseudostratificatum columnare ciliatum – B Trachea)** mit eingestreuten Becherzellen der Produktion und dem Abtransport von Schleim, mit dem feinste Staubpartikel nach außen befördert werden können. Respirationsschleimhaut kommt in den Atemwegen vor: Nasenhöhle, Nasennebenhöhlen, Rachen und Ohrtrompete einschließlich Mittelohr, Kehlkopf, Trachea und Bronchen.

III. Die **Schleimhaut des Geschlechtstraktes**, wie Eileiter (s. a. klin.-funkt. Anat.) und Uterus, wird von **einfachem säulenförmigen Epithel (Epithelium simplex columnare – C Tuba uterina)** mit Flimmern und Mikrovilli tragenden Epithelzellen ausgekleidet. Teile des männlichen Geschlechtstraktes, wie die Samenleiter, weisen in ihrer **Epithelauskleidung (Epithelium pseudostratificatum columnare – D Ductus deferens)** lange, verzweigte, unbewegliche Zellfortsätze (sog. Stereozilien, das sind lange, verzweigte Mikrovilli) auf.

IV. Die **Harnwegschleimhaut** ist beim Hund drüsenfrei. Sie kleidet die Harnwege vom Nierenbecken über Harnleiter und Harnblase bis hin zur Harnröhre mit Harnwegsepithel aus. Dieses **Übergangsepithel (Epithelium transitionale – F Ureter)** ist ein mehrreihiges Epithel, dessen Zellen alle der Basis aufsitzen, aber nicht alle die Oberfläche erreichen (Nach anderer Auffassung ist es ein mehrschichtiges Epithel). Das Übergangsepithel besitzt in den lumenbegrenzenden Zellabschnitten besondere Vorrichtungen zum Schutz gegen die aggressive Wirkung des Urins.

c) Die **SERÖSE HAUT (TUNICA SEROSA – G)** kleidet seröse Höhlen aus und bedeckt die äußere Oberfläche vieler Organe. Sie besteht aus dem **Mesothelium (14**, einschichtiges Plattenepithel, das aus dem Mesoderm hervorgegangen ist) und einer bindegewebigen Grundlage der **Lamina propria serosae (15)**.

Die **Funktion der Tunica serosa** besteht hauptsächlich in der Schaffung einer glatten und feuchten Oberfläche, wodurch die Reibung zwischen den Serosablättern gemindert wird. Sie dient der Produktion von seröser Flüssigkeit, die in die serösen Höhlen abgegeben wird und der Oberfläche die typische Beschaffenheit verleiht (feucht, glatt, glänzend). Nach dem Gleichgewichtsprinzip regelt sie auch die Flüssigkeitsresorption (Flüssigkeitsaufnahme aus den serösen Höhlen). Die seröse Flüssigkeit wird durch **Transsudation** und **Resorption** normalerweise mengenmäßig konstant gehalten. Das **Transsudat** entsteht durch „Flüssigkeitsausschwitzung" aus den Blutkapillaren in die Lamina propria serosae und Durchschleusung durch das Serosenepithel.

Eine **Tela subserosa (16)** fungiert als Verschiebeschicht und kann Fettgewebe speichern, das besonders beim Schwein als subseröses Fett gut entwickelt ist. Sie ist nur an solchen Organen vorhanden, die erheblichen Größenschwankungen unterworfen sind, wie Magen und Darm.

Bei den **serösen Höhlen** handelt es sich intra vitam um Räume, die wenig seröse Flüssigkeit enthalten. Zu ihnen zählen die Brustfellhöhlen (Cava pleurae), die Herzbeutelhöhle (Cavum pericardii) und die Bauchfellhöhle (Cavum peritonaei). In die Bauchfellhöhle senken sich Organe von außen ein, ein Gekröse nach sich ziehend,. Die Serosenauskleidung der Bauchfellhöhle **(Pars parietalis – 11)** geht über das Gekröse **(Pars intermedia – 12)** in den Serosenüberzug der Organe über **(Pars visceralis – 13)**.

Die **Lagebeziehung** von Organen zum **Bauchfell (Peritonaeum)** ist besonders von chirurgischer Bedeutung. Bei einem Eingriff hängt es von dieser Lagebeziehung ab, ob die Bauchfellhöhle eröffnet werden und damit ein größeres Risiko eingegangen werden muß. Ein **intraperitonäales Organ** wird bis auf den Gekröseansatz vom Bauchfell umschlossen (z. B. Intestinum tenue). Ein **retroperitonäales Organ** wird nur bauchhöhlenseitig vom Peritonaeum bedeckt (z. B. Nieren) und liegt im **Retroperitonäalspalt (Spatium retroperitonaeale – 10)**. Ein **extraperitonäales Organ** liegt außerhalb der Peritonäalhöhle und wird nicht vom Peritonaeum bedeckt (z. B. Enddarm und Analkanal). Einige längs zur Körperachse liegende Organe, wie die Vagina, gehen von einer intraperitonäalen über eine retroperitonäale in eine extraperitonäale Position über.

Die **sensible Innervation** des Parietalblattes des Bauchfells erfolgt über die **Segmentalnerven** (Lenden- und Thorakalnerven). Das Bauchfell an der Abdominalseite des Zwerchfells wird über den N. phrenicus sensibel innerviert. Das Gekröse wird wenig und das Viszeralblatt des Bauchfells wird kaum sensibel innerviert.

Tunica mucosa et Tunica serosa

Intestinum tenue

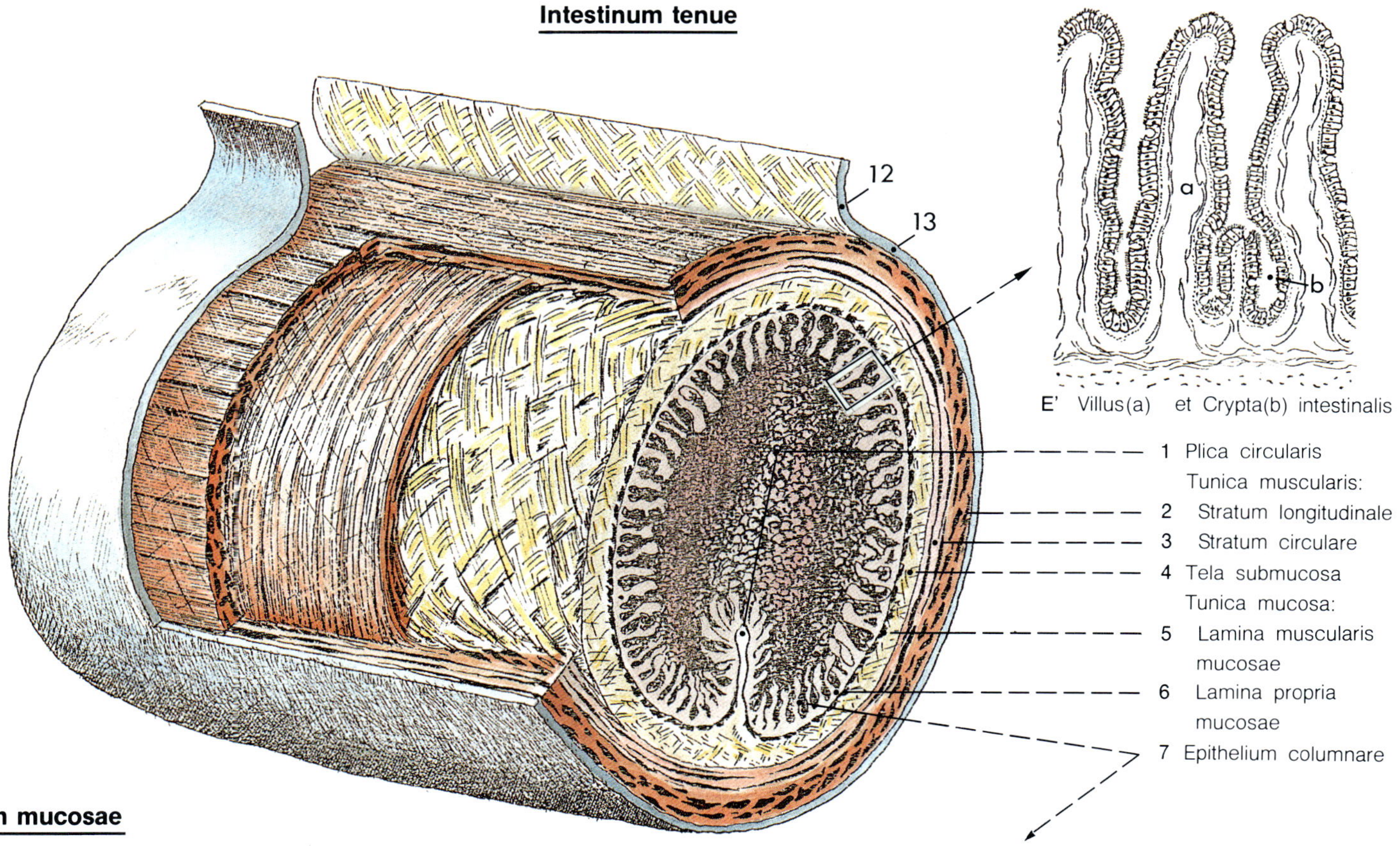

Epithelium mucosae

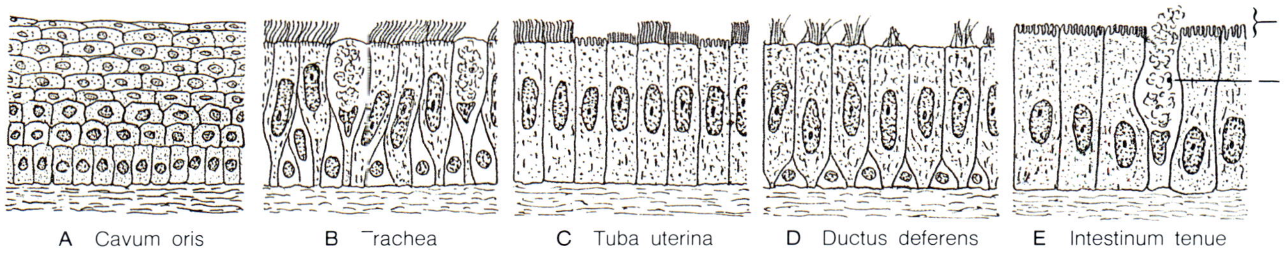

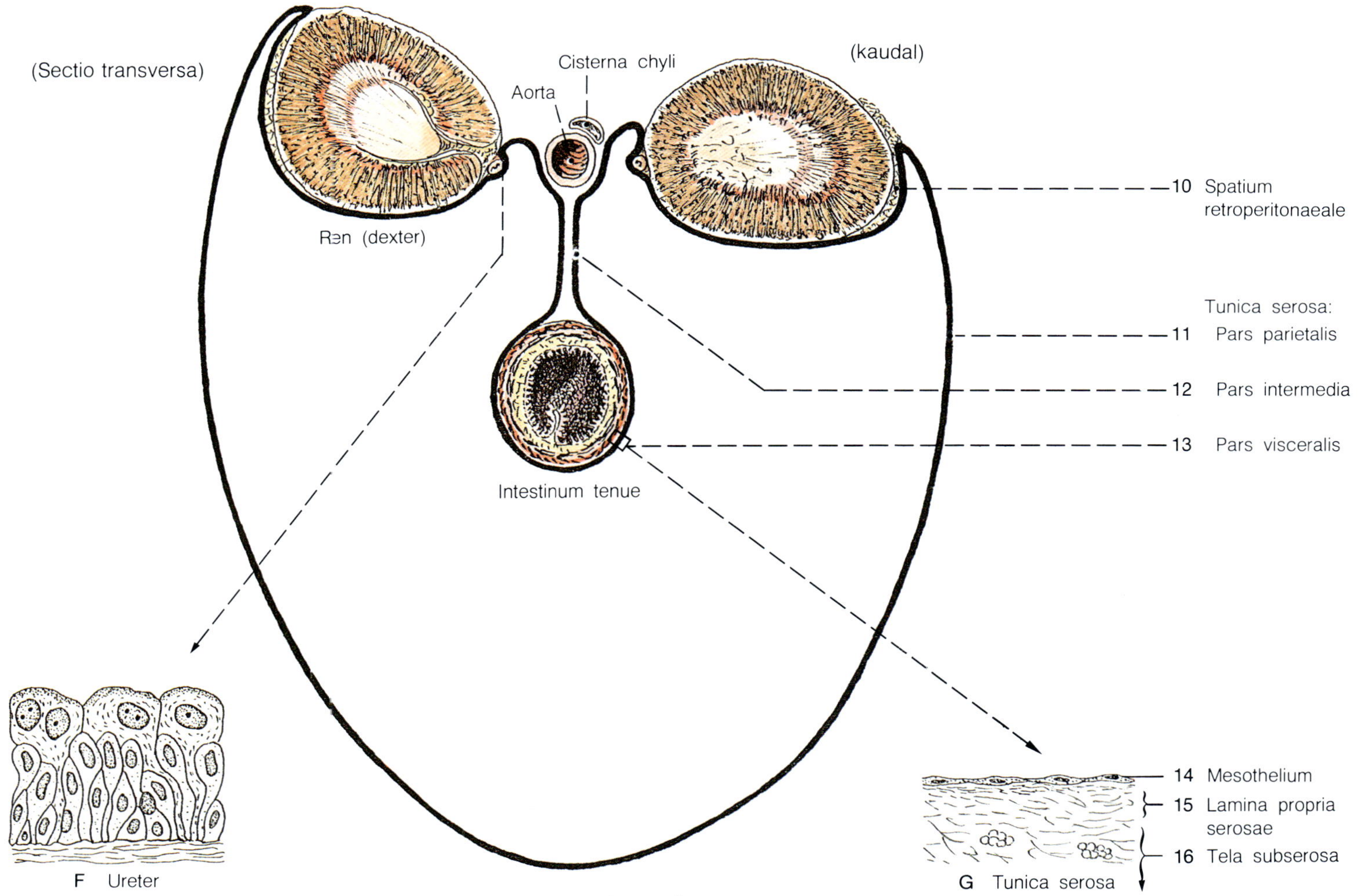

Cavum peritonaei

EINFÜHRUNG IN DIE PHYSIKALISCH–TECHNISCHEN GRUNDLAGEN DER RÖNTGEN– UND ULTRASCHALLDIAGNOSTIK

Cordula Poulsen Nautrup

1 KONVENTIONELLE UND DIREKTVERGRÖSSERNDE RÖNTGENTECHNIK

1.1 Röntgenstrahlung

Bei der Röntgenstrahlung handelt es sich um *elektromagnetische Wellen* mit Frequenzen von etwa 10^{12} bis 10^{14} MHz (Megahertz).

1.2 Erzeugung von Röntgenstrahlung

Beim Auftreffen schneller Elektronen auf eine Anode bzw. ein Target wird ein Teil der kinetischen Energie in Bremsstrahlung (kontinuierliches Strahlenspektrum aus verschiedenen Wellenlängen) und in charakteristische Röntgenstrahlung (Linienspektrum) umgewandelt. Die meiste Energie geht allerdings in Form von Wärme verloren.

Die emittierte Röntgen-Primärstrahlung, die hauptsächlich aus der Bremsstrahlung und bedingt aus der charakteristischen Röntgenstrahlung besteht, ist für den Bildaufbau verantwortlich. Durch die angelegte Hochspannung wird die energiereichste Strahlung mit der kürzesten Wellenlänge vorgegeben. Die in der Röntgendiagnostik gebräuchlichen Hochspannungen bzw. die daraus resultierenden Energien liegen zwischen 18 und 120 kV bzw. 1 und 120 keV. Weiche, langwellige Röntgenstrahlung (niedrige kV-Werte) wird harter, kurzwelliger, energiereicher Strahlung (hohe kV-Werte) gegenübergestellt.

1.3 Verhalten der Röntgenstrahlung in Materie und Entstehung von Röntgenbildern

Materie absorbiert und streut Röntgenstrahlung. Die Absorptionsunterschiede eines durchstrahlten Patienten, Körperteils oder Objekts ergeben ein neues Strahlungsspektrum. Dabei werden alle Ebenen des dreidimensionalen Körpers auf einer Fläche abgebildet. Das Röntgenbild ist also ein *Summationsbild,* bei dem übereinanderliegende Bereiche ineinander projiziert werden (Abb. 1).

1.3.1 Absorption in Abhängigkeit von der durchstrahlten Materie

Die Absorption hängt unter anderem von der Dichte und der Ordnungszahl des durchstrahlten Stoffes ab. Luft bzw. lufthaltige Organe sind wegen ihrer niedrigen Dichte und der daraus folgenden geringen Absorption gut von anderen Weichgeweben mit höheren Dichten zu unterscheiden. Verkalkte bzw. verknöcherte Bereiche absorbieren auf Grund ihrer gößeren Dichten und ihrer höheren effektiven Ordnungszahlen Röntgenstrahlung besser als Weichteile und sind gegenüber diesen deutlich kontrastiert.

1.3.2 Absorption in Abhängigkeit von der Strahlenqualität

Weiterhin beeinflußt die Qualität der Röntgenstrahlung das Maß der Absorption. Während bei Verwendung von weicher Röntgenstrahlung die Absorption überwiegt, nimmt mit steigender Strahlungsenergie die Absorption bei gleichzeitig erhöhter Streuung ab. In sogenannten Weichstrahlaufnahmen ermöglichen die großen Kontrastunterschiede auch Weichgewebe oder gering verkalkte bzw. ossifizierte Strukturen gegeneinander abzugrenzen (Abb. 3). In der Humanmedizin wird diese Technik in der Mammographie bei der röntgenologischen Tumordiagnostik der weiblichen Brust eingesetzt. Mittelharte bis harte Strahlung eignet sich zur Darstellung von ausreichend verkalktem Knochengewebe (Abb. 2).

1.3.3 Kontrastmittel

Zur Differenzierung von Gefäßen in Weichteil- oder Knochengeweben (Abb. 4, 5, 6) sowie zur Beurteilung bestimmter Organbereiche müssen Kontrastmittel eingesetzt werden. Bei diesen unterscheidet man in Abhängigkeit von ihrer Fähigkeit Röntgenstrahlen zu absorbieren, negative (geringere Absorption als Weichgewebe) und positive Kontrastmittel (große Absorption). Zu der ersten Gruppe gehören leicht resorbierbare Gase wie beispielsweise Luft, Kohlendioxyd und Stickoxydul. Sie werden in erster Linie zur Darstellung des Magen-Darm-Traktes und der Harnblase eingesetzt, häufig in Form einer Doppelkontrastdarstellung, bei der ein negatives Kontrastmittel mit einem positiven kombiniert wird. Positive Kontrastmittel besitzen eine große Dichte und eine hohe Ordnungszahl. Neben Bariumsulfat, einem wasserunlöslichen Kontrastmittel zur Überprüfung der Ösophagus- und Magen-Darm-Passage, gibt es zahlreiche wasserlösliche, meist jodhaltige Stoffe, die zur Darstellung der Gefäße (Angiographie – Abb. 4, 5, 6; Arterio-, Phlebo- und Lymphographie) und fast aller Hohlräume des Körpers (Urographie, Cholegraphie, Bronchographie, Arthrographie, Myelographie) genutzt werden.

1.4 Bildwiedergabesysteme

Die von dem Körper durchgelassene Röntgenstrahlung schwärzt einen Film *(fotografischer Effekt)* oder regt die Leuchtschicht einer Folie bzw. eines Bildverstärkers an *(Lumineszenzeffekt).*
Bei der Röntgenaufnahme auf Filmmaterial handelt es sich um ein Negativbild; stark absorbierende Bereiche – Knochen oder Verkalkungen – erscheinen weiß bis hellgrau, während gering absorbierende Bereiche – lufthaltige und parenchymatöse Organe, Fett, Muskulatur, Knorpel, Bindegewebe oder Flüssigkeiten (z.B. Blut, Harn, flüssige Ingesta) – dunkel abgebildet werden (Abb. 7). Die röntgenologische Nomenklatur orientiert sich am Positiv, beispielsweise am Monitorbild (Abb. 8) eines röntgensensitiven Systems aus Bildverstärker und Fernsehkette. Entsprechend werden stark absorbierende Bereiche grundsätzlich als *Verschattungen* bezeichnet (Monitorbild = Positiv: schwarz bis dunkelgrau, Röntgenfilm = Negativ: weiß bis hellgrau), während strahlendurchlässige Gebiete sogenannte *Aufhellungen* darstellen (Monitorbild = Positiv: weiß bis hellgrau, Röntgenfilm = Negativ: schwarz bis dunkelgrau).

Die Analogbilder von einer Röntgenbildverstärker-Fernsehkette können ebenso wie Röntgenaufnahmen oder elektronische Speicherbilder digitalisiert und anschließend zur Bildaufberei-

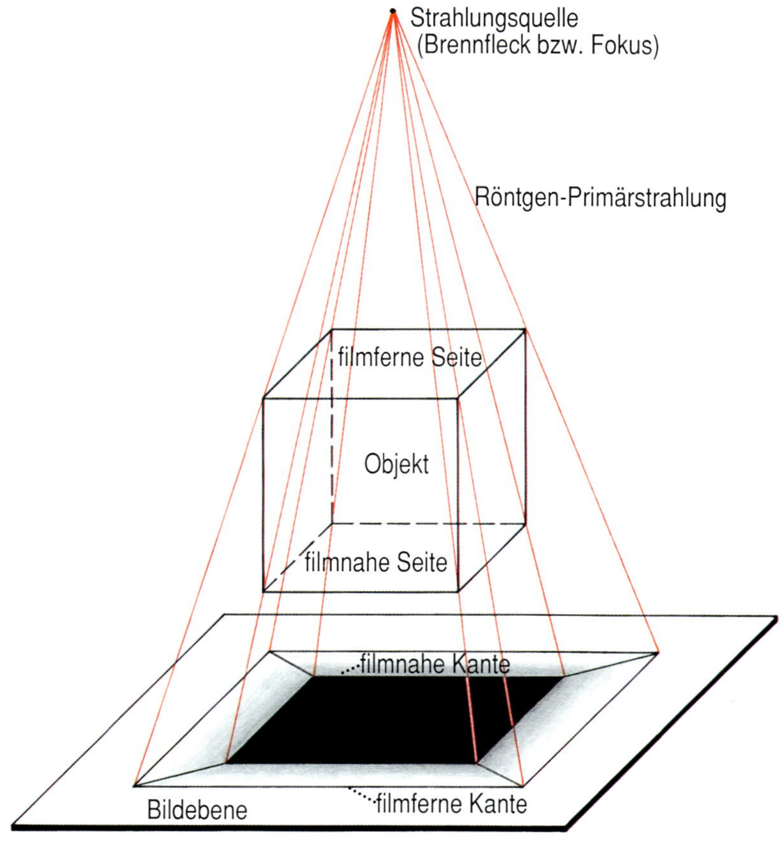

Abb. 1: Schematische Darstellung der Entstehung einer Röntgenaufnahme (Summationsbild).

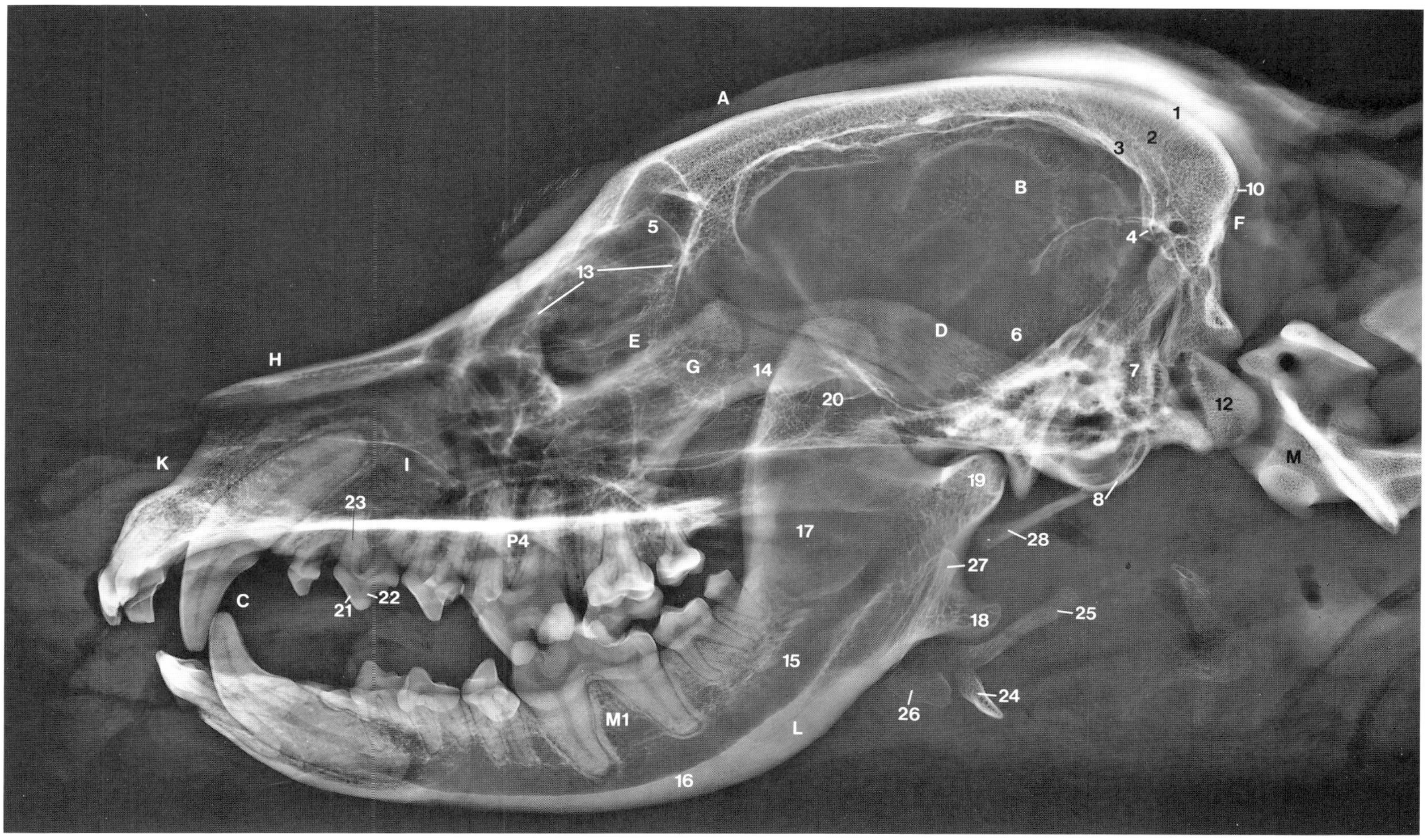

Abb. 2: Linke Kopfhälfte eines adulten Hundes – Hartstrahlaufnahme mit 100 kV, (Lagerung: lateromedial – LM).

Anatomische Strukturen (Abb. 2, 3)

Cranium
1 Lamina externa
2 Diploë
3 Lamina interna
4 Tentorium cerebelli osseum

Ossa neurocranii
A **Os frontale**
5 Sinus frontalis
B **Os parietale**
D **Os temporale**
6 Pars squamosa
7 Pars petrosa
8 Pars tympanica / Bulla tympanica
E **Os ethmoidale**
F **Os occipitale**
9 Squama occipitalis
10 Protuberantia occipitalis externa
11 Pars lateralis
12 Condylus occipitalis

Facies
13 Orbita

Ossa faciei
G **Os zygomaticum**
14 Processus temporalis
H **Os nasale**
I **Maxilla**
K **Os incisivum**
L **Mandibula**
15 Canalis mandibulae
16 Corpus mandibulae
17 Ramus mandibulae
18 Angulus mandibulae
19 Processus condylaris
20 Processus coronoideus

Dentes
C Dens caninus
P4 Dens praemolaris IV
M1 Dens molaris I
21 Enamelum
22 Dentinum
23 Cavum dentis

Os hyoideum
24 Basihyoideum
25 Thyreohyoideum
26 Ceratohyoideum
27 Epihyoideum
28 Stylo- und Tympanohyoideum
M **Atlas**
N **Axis**

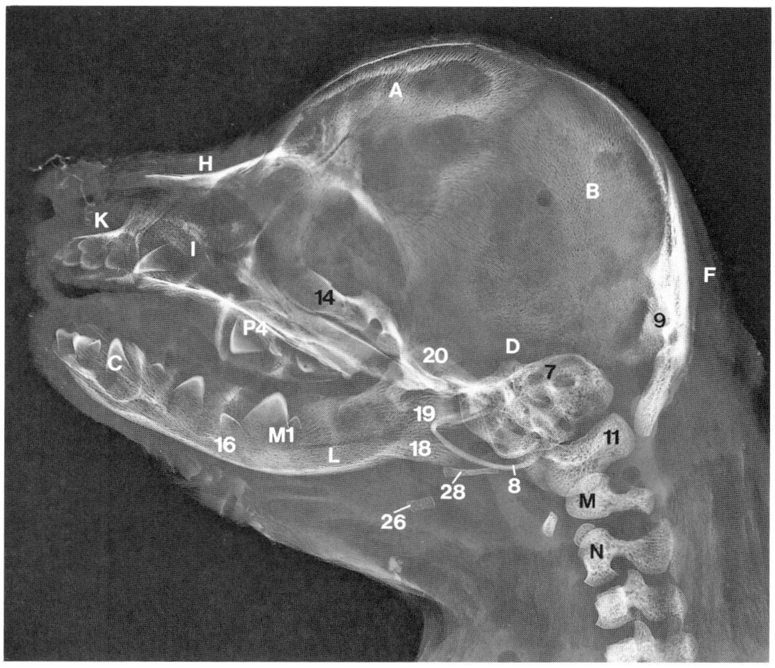

Abb. 3: Linke Kopfhälfte eines sechs Tage alten Welpen - Weichstrahlaufnahme mit 40 kV, (Lagerung: lateromedial - LM).

tung in einen Bildprozessor überführt werden. Zu den in der medizinischen Diagnostik allgemein gebräuchlichen Verfahren gehören digitale Meßmethoden, Mehrfachbildintegrationen zur Kontrastverbesserung, Kantenanhebungen zur Erhöhung des Schärfeeindrucks, Bildsubtraktionen zum Hervorheben bzw. zum isolierten Darstellen von Gefäßen (DSA = digitale Subtraktionsangiographie). In der experimentellen Röntgenologie haben sich außerdem zur Beurteilung von geringen Kontrastunterschieden Farbkodierungen und Pseudo-3D-Dastellungen nach Verschiebungssubtraktionen (Abb. 9) bewährt. Sämtliche digitalen Bildverarbeitungsverfahren dienen der Erhöhung der Röntgenbildqualität mit verbesserten und umfassenderen Beurteilungsmöglichkeiten bei gleichzeitiger Einsparung der schädigenden Strahlungsdosis oder der Kontrastmittelmenge.

1.5 Projektionsgesetze

Für die Abbildungen mittels Röntgenstrahlung gelten die Gesetzmäßigkeiten der *Zentralprojektion;* die von einem mehr oder weniger ausgedehnten, im Idealfall punktförmigen Brennfleck ausgehenden Strahlen divergieren geradlinig.

1.5.1 Geometrische Vergrößerung

Zur Beschreibung der Projektionen sind der Fokus-Film-Abstand (FFA), der Fokus-Objekt-Abstand (FOA) und der Objekt-Film-Abstand (OFA) (Abb. 10) zu unterscheiden. Bei einer konventionellen maßstäblichen 1:1-Aufnahme entspricht FFA annähernd FOA, das heißt bei großem FFA liegt der Patient bzw. der darzustellende Bereich der Bildebene fest an. Durch Verkleinerung von FOA beim Abheben des Patienten bzw. Objekts von der Bildebene entstehen Röntgendirektvergrößerungen (beachte die geometrische Unschärfe, Kapitel 1.6.1, Abb. 17). Der Vergrößerungsfaktor V ergibt sich aus dem Quotienten von FFA und FOA, das heißt V = FFA:FOA (Abb. 10).

1.5.2 Überlagerung

Zwei übereinanderliegende Strukturen werden ineinander projiziert und sind nicht mehr unterscheidbar *(Überlagerung = Superposition).* Spalten, Fissuren oder Frakturen, die annähernd

Anatomische Strukturen

Knochenstrukturen

1 Caput ossis femoris (Epiphyse)
2 Collum ossis femoris
3 Trochanter major (Apophyse)
4 Fossa trochanterica
5 Corpus ossis femoris (Diaphyse)
6 Canalis nutricius
7 Substantia compacta
8 Substantia spongiosa
9 Cavum medullare

Intraossäre Gefäße

10 A. nutricia
11 diaphysäres Gefäß
12 metaphysäres Gefäß
13 epiphysäres Gefäß
14 apophysäres Gefäß

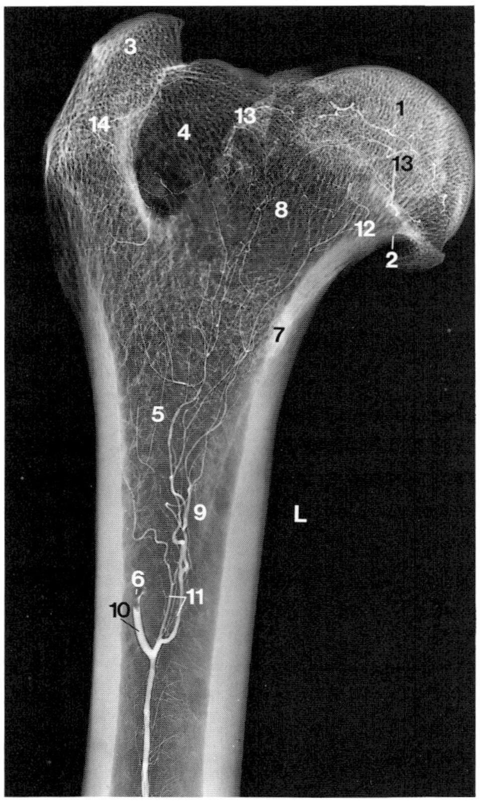

Abb. 4: Kontrastmitteldarstellung der intraossären Gefäße proximal im linken Femur (Lagerung: mediolateral – ML).

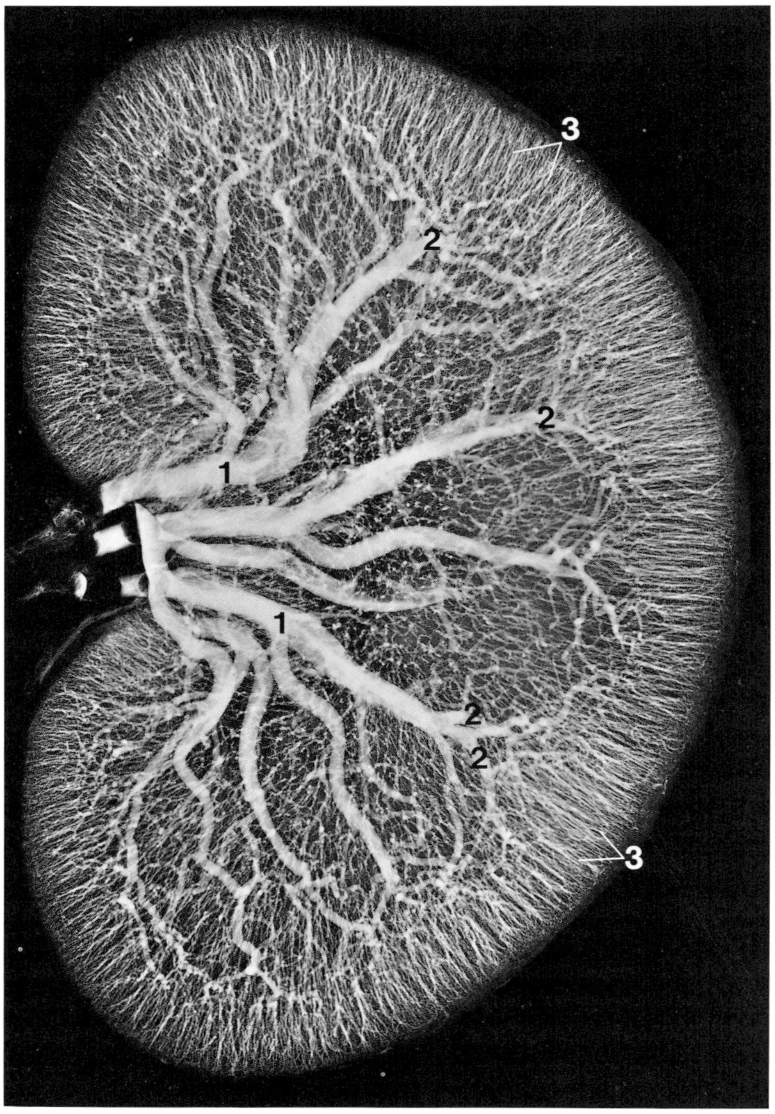

Abb. 5: Kontrastmitteldarstellung der arteriellen Nierengefäße.

senkrecht zum Strahlengang verlaufen, bleiben durch die Überlagerungen verborgen (Abb. 11 A, 12). Erst durch Drehung des Körpers gelangen die Details parallel zum Zentralstrahl und werden abgebildet (Abb. 11 B, 13). Bei der Untersuchung von anatomischen Präparaten können durch die Anfertigung dünner Schnitte (0,1 bis 1 mm) störende Überlagerungen reduziert werden (Abb. 6). In vivo ist die überlagerungsfreie röntgenologische Darstellung von Strukturen einer Ebene mit Hilfe der Tomographie (Schichtbildverfahren) möglich.

Anatomische Strukturen (Abb. 5, 6)

Intrarenale Gefäße

1 A. interlobaris
2 A. arcuata
3 A. interlobularis
4 Arteriola glomerularis afferens
5 Rete capillare glomerulare

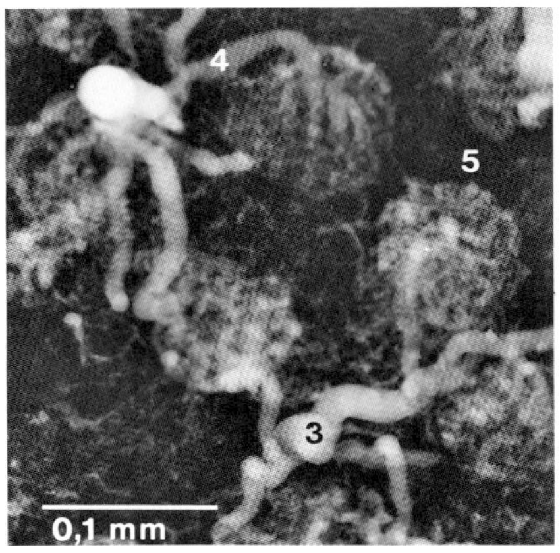

Abb. 6: Kontrastmitteldarstellung der Glomeruli im Cortex renis (etwa 5 mm dicke Gewebescheibe).

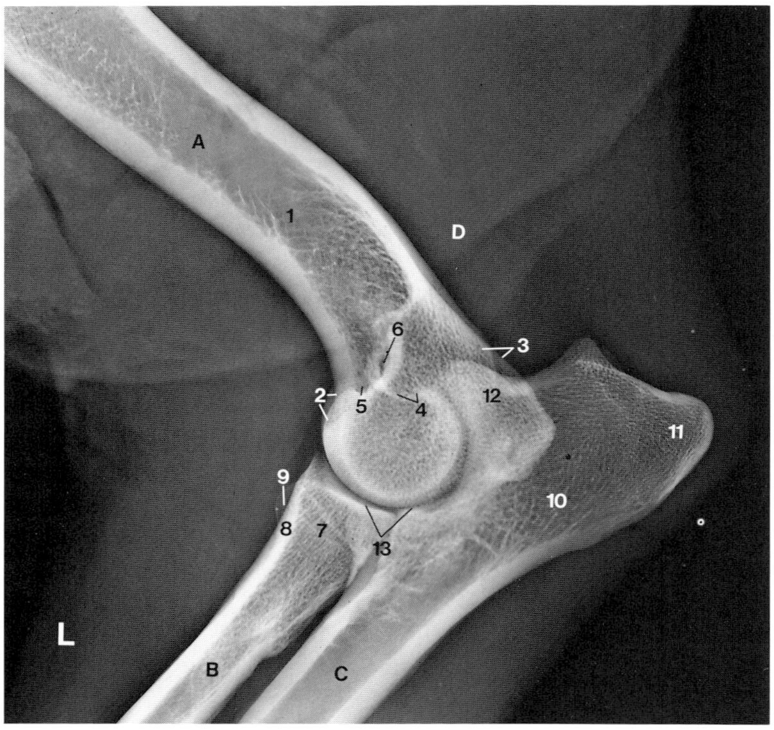

Abb. 7: Linke Articulatio cubiti - Röntgenaufnahme = Negativ (Lagerung: lateromedial – LM).

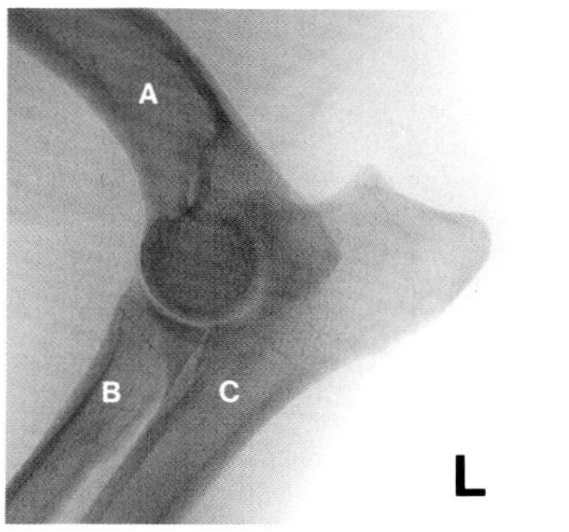

Abb. 8: Linke Articulatio cubiti - Foto vom Monitor = Positiv (Lagerung: lateromedial – LM).

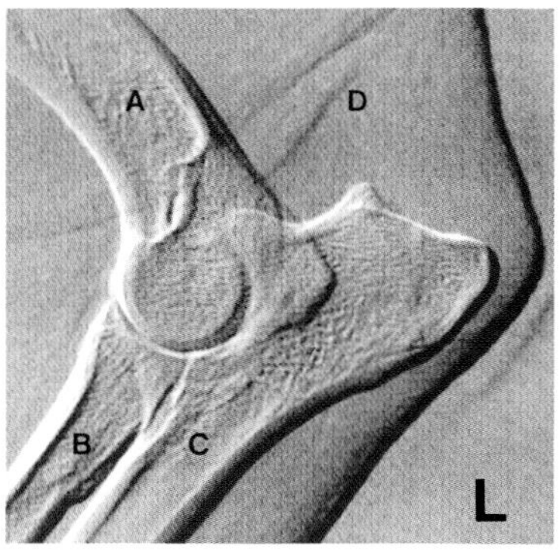

Abb. 9: Linke Articulatio cubiti, digitale Pseudo-3D-Darstellung nach Verschiebungssubtraktion – Foto vom Monitor (Lagerung: lateromedial – LM).

Anatomische Strukturen (Abb. 7, 8, 9)

A Humerus
1 Corpus humeri
2 Condylus humeri
3 Epicondyli
4 Fossa olecrani
5 Fossa radialis
6 Foramen supratrochleare
B Radius
7 Caput radii
8 Collum radii
9 Tuberositas radii
C Ulna
10 Olecranon
11 Tuber olecrani
12 Processus anconaeus
13 Processus coronoidei
D Weichgewebe

1.5.3 Verzeichnung

Die stärkere Vergrößerung filmferner gegenüber filmnaher Bereiche im Röntgenbild heißt Verzeichnung (Abb. 1, 14 A, 15). Eine Steigerung der Verzeichnung bis hin zur Verzerrung kann durch seitliches Verschieben des Objektes in den Randstrahlbereich erfolgen (Abb. 14 B, 16). Ein entsprechender Effekt ist auch durch die Schräglagerung des Objekts im Zentralstrahl zu erzielen.

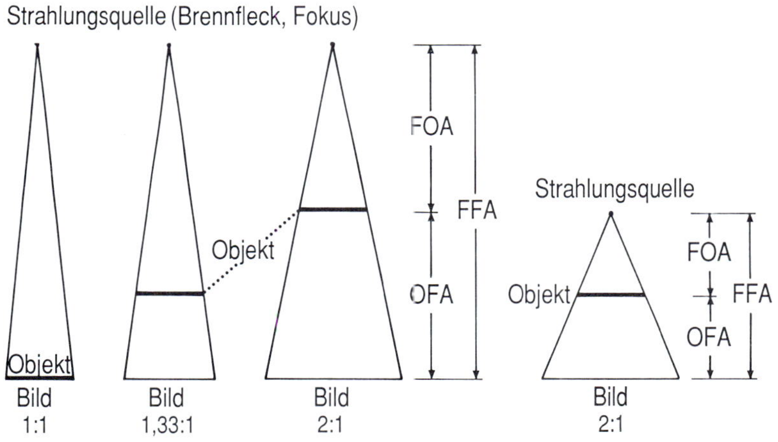

Abb. 10: Schematische Darstellung einer maßstäblichen 1:1 – Abbildung und verschiedener geometrischer Vergrößerungen.

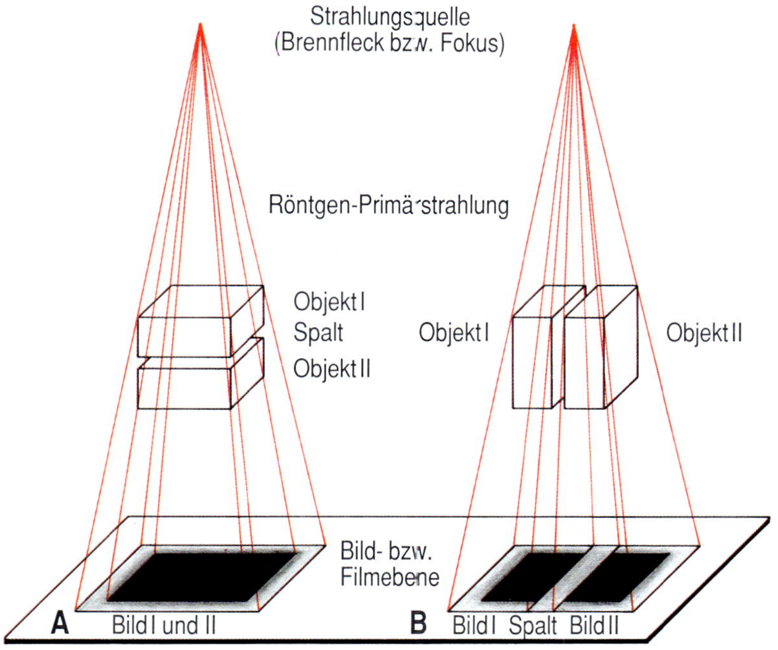

Abb. 11: Schematische Darstellung von Überlagerungen in der Zentralprojektion; **A** Spalte senkrecht, **B** Spalte parallel zum Strahlengang.

12

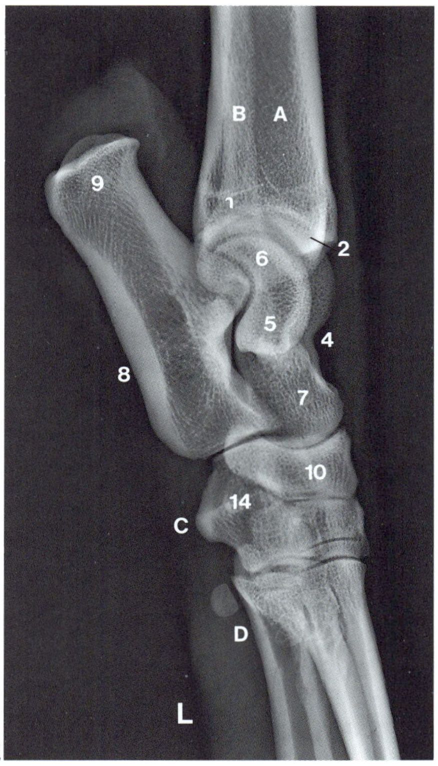

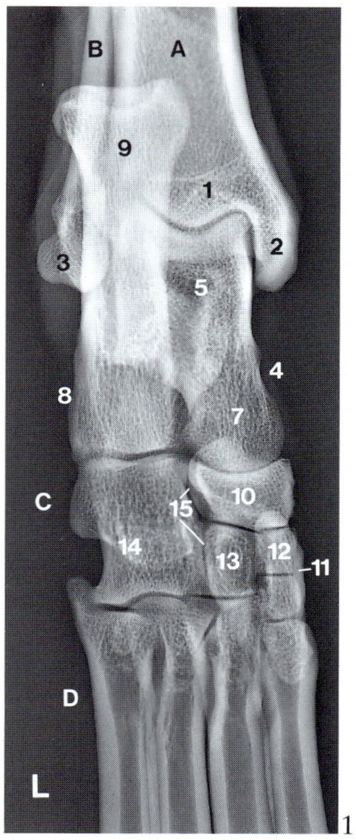

13

Abb. 12: Linke Articulatio tarsi (Lagerung: mediolateral – ML).

Abb. 13: Linke Articulatio tarsi (Lagerung: dorsoplantar – DPl); die typische Form der Articulatio tarsocruralis als Scharniergelenk sowie die Articulationes intertarseae sind im Gegensatz zu Abb. 12 differenzierbar.

Anatomische Strukturen (Abb. 12, 13)

A	**Tibia**	7	Caput
1	Cochlea tibiae	8	Calcaneus
2	Malleolus medialis	9	Tuber calcanei
B	**Fibula**	10	Os tarsi centrale
3	Malleolus lateralis	11	Os tarsale I
C	**Ossa tarsi**	12	Os tarsale II
4	Talus	13	Os tarsale III
5	Corpus tali	14	Os tarsale IV
6	Trochlea tali	15	Articulationes intertarseae
		D	**Ossa metatarsalia**

Verzeichnungen können einen räumlichen Eindruck hervorrufen und die Zuordnung der Details zu einer bestimmten Ebene erleichtern, insbesondere bei Röntgendirektvergrößerungen. Exakte Größenmessungen auf Röntgenaufnahmen sind jedoch nur bei weitgehend verzeichnungsfreier Abbildung durchzuführen; die auszumessende Struktur sollte sich hierbei im Zentralstrahl befinden und bei großem FFA der Bildebene dicht anliegen.

1.6 Qualität von Röntgenbildern

Die Beurteilbarkeit von feinen Strukturen auf Röntgenaufnahmen oder über einen Bildverstärker am Monitor setzt eine ausreichende Bildgüte voraus. Folgende Faktoren sind für die Qualität von Röntgenbildern verantwortlich:

Schärfe und Unschärfe,
Kontrast,
Auflösung des Bildaufzeichnungs- und -wiedergabesystems.

Die Funktionen Schärfe und Kontrast hängen von einer Vielzahl verschiedener Parameter ab, die durch die Geometrie der Strahlenquelle, die Strahlung, den abzubildenden Körper sowie durch das Bildaufnahmesystem vorgegeben werden.

1.6.1 Schärfe und Unschärfe

Die Detailerkennbarkeit auf einer Röntgenaufnahme kann durch Bewegungsunschärfe, geometrische Unschärfe und Film-Folien-Unschärfe stark beeinträchtigt oder aufgehoben sein.

Die *Bewegungsunschärfe* kommt durch Bewegungen des Patienten bei ungenügender Fixierung der zu untersuchenden Körperteile oder durch Eigenbewegungen von Organen (z. B. Herzkontraktionen oder Atembewegungen) zustande. Sie läßt sich durch ausreichend kurze Belichtungszeiten (beispielsweise Kardiographien unter 1 ms) sowie feste Lagerungen vermeiden.

Die *geometrische Unschärfe* wird durch den Durchmesser des Brennflecks und vom Verhältnis FFA zu FOA bestimmt. Während eine ausgedehnte Strahlungsquelle beim Abheben des Körpers von der Bildebene zu deutlichen Randunschärfen führt (Abb. 17, 19), bildet eine ideal punktförmige Strahlungsquelle jeden Bereich zwischen Brennfleck und Bildebene ohne Randunschärfen ab (Abb. 18, 20). Ein direkt der Bildebene anliegender Körper wird unabhängig von der Größe des Brennflecks immer exakt scharf projiziert. Mit Fokusgrößen von 100 µm (Mammographiegeräte) sind maximal 2,5fache Direktvergrößerungen möglich, bei Verwendung von Mikrobrennflecken unter 10 µm können bis zu 200fache Direktvergrößerungen mit ausreichender Schärfe (Abb. 6) erstellt werden.

Die *Folien-Film-Unschärfe* hängt von der Art der Folie und dem Kontakt zwischen Folie und Film ab. Röntgen- bzw. Verstärkerfolien enthalten fluoreszierende Kristalle, die auftreffende Röntgenstrahlung in sichtbares Licht umwandeln. Durch dieses von der Folie emittierte Licht wird die fotografische Schicht eines der Folie fest anliegenden Filmes geschwärzt. Verstärkerfolien dienen der Dosiseinsparung. Je empfindlicher die Folie, das heißt je größer ihre Verstärkungsleistung und je kürzer die für eine Filmschwärzung notwendigen Belichtungszeiten sind, um so größer ist ihre Unschärfe (Abb. 23).

Die drei beschriebenen Unschärfeparameter beeinflussen sich gegenseitig. Erhebliche Verringerung der geometrischen Unschärfe durch Verkleinerung des Brennflecks bedingt durch eine geringe Dosisleistung lange Belichtungszeiten und eine erhöhte Gefahr von Bewegungsunschärfen. Alle drei Faktoren müssen aufeinander abgestimmt und den entsprechenden Fragestellungen angepaßt sein.

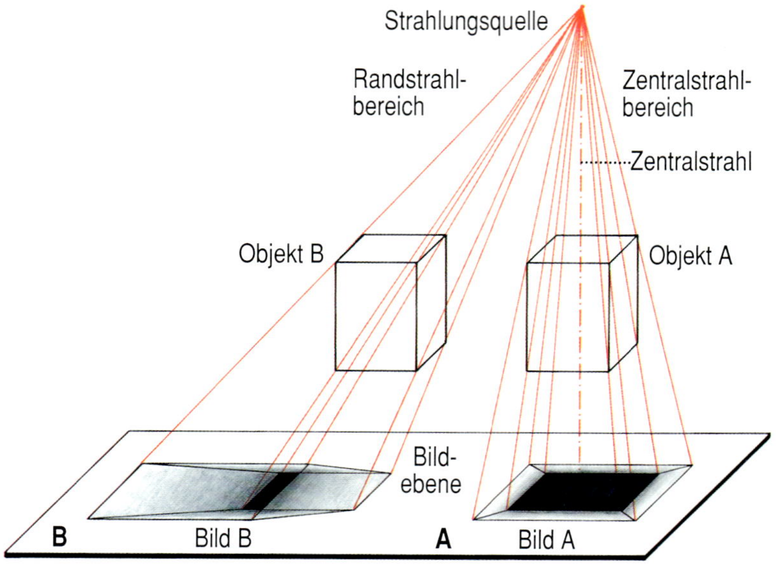

Abb. 14: Schematische Darstellungen zu Verzeichnung und Verzerrung; geometrische Vergrößerung eines Objekts **A** im Zentralstrahlbereich und **B** im Randstrahlbereich.

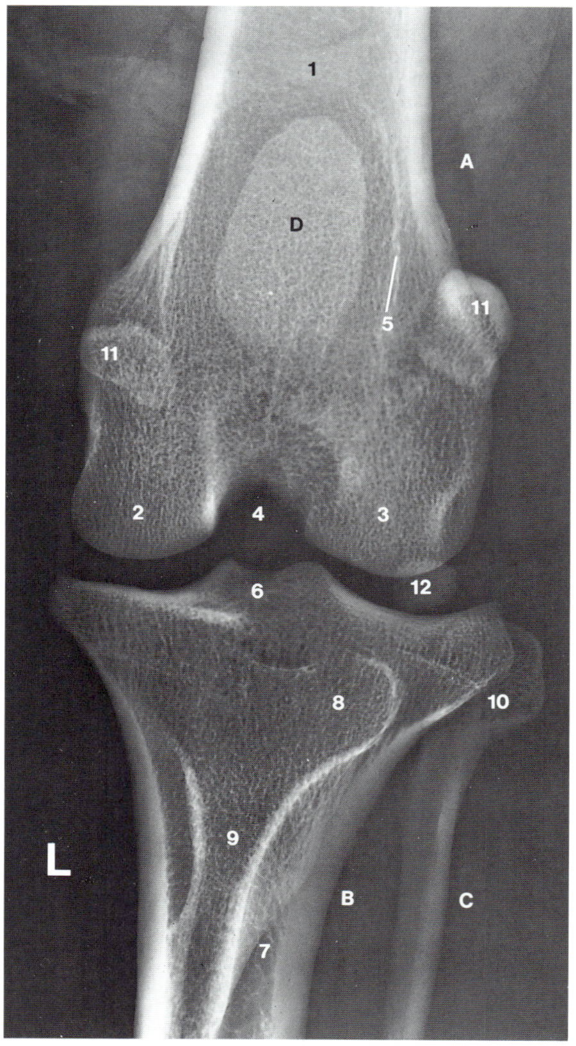

Abb. 15: Linke Articulatio genus im Zentralstrahlbereich (Lagerung = Strahlengang: kraniokaudal – CrCd).

1.6.2 Kontrast

Unter dem Kontrast eines Röntgenbildes versteht man den Unterschied zwischen zwei Schwärzungsstufen auf dem Film bzw. zwischen zwei Helligkeitsstufen am Bildverstärker. Der Kontrast auf dem Wiedergabesystem (Röntgenfilm oder Monitor) entspricht den Intensitätsunterschieden nach Absorption der Primärstrahlung durch den Patienten bzw. das Objekt. Der Kontrast hängt hauptsächlich von der Strahlenqualität, dem darzustellenden Körperteil und von der Streustrahlung ab.

Weiche Strahlung führt zu deutlicheren Kontrastunterschieden als harte Strahlung, bei der die Schwärzungsstufen kleiner sind (siehe Kapitel 1.3.2). Ein mit zu harter Strahlung aufgenommener Bereich wirkt flau, ein leuchtendes Weiß und ein tiefes Schwarz fehlen.

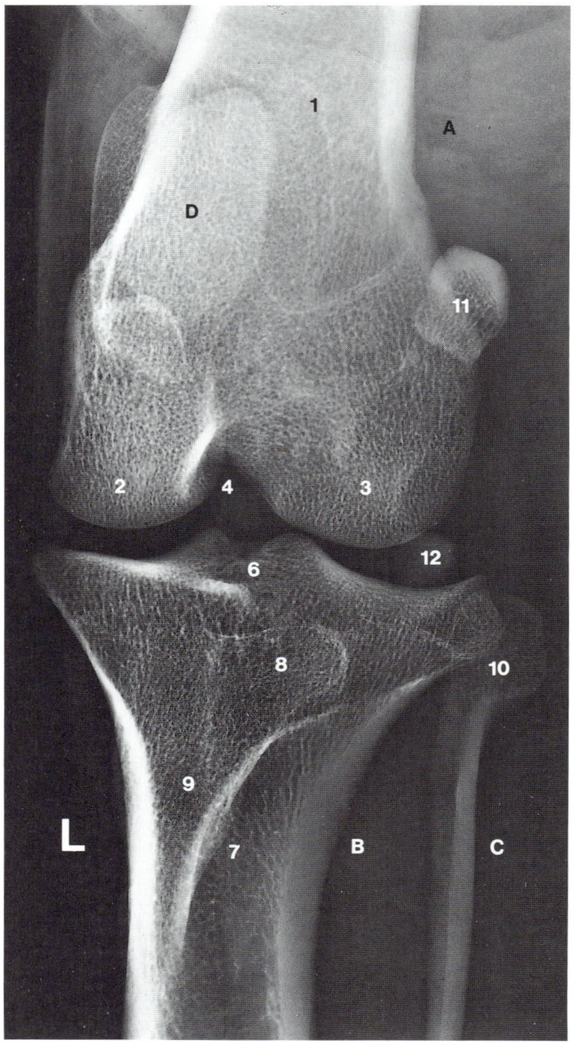

Abb. 16: Linke Articulatio genus im Randstrahlbereich (Lagerung: kraniokaudal CrCd, Strahlengang: 20° lateral des kraniokaudalen Strahlengangs, schräg kraniolateral-kaudomedial – Cr20L-CdMO).

Anatomische Strukturen (Abb. 15, 16)

A	**Femur**
1	Corpus ossis femoris
2	Condylus medialis
3	Condylus lateralis
4	Fossa intercondylaris
5	Trochlea ossis femoris
B	**Tibia**
6	Eminentia intercondylaris
7	Corpus tibiae
8	Tuberositas tibiae
9	Margo cranialis
C	**Fibula**
10	Caput fibulae
D	**Patella**
11	Os sesamoideum m. gastrocnemii
12	Os sesamoideum m. poplitei

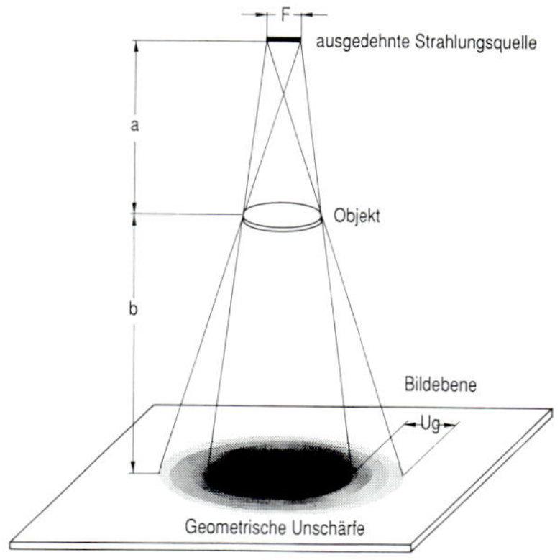

Abb. 17: Schematische Darstellung der geometrischen Unschärfe beim Abheben des Objekts von der Filmebene bei Verwendung einer ausgedehnten Strahlungsquelle.

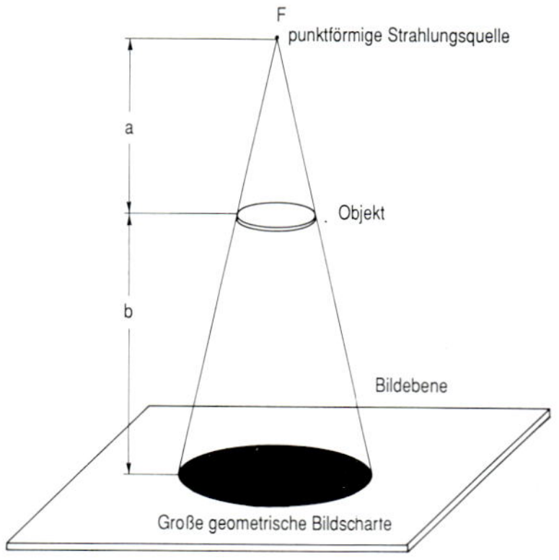

Abb. 18: Schematische Darstellung einer scharfen Direktvergrößerung bei Verwendung einer ideal punktförmigen Strahlungsquelle.

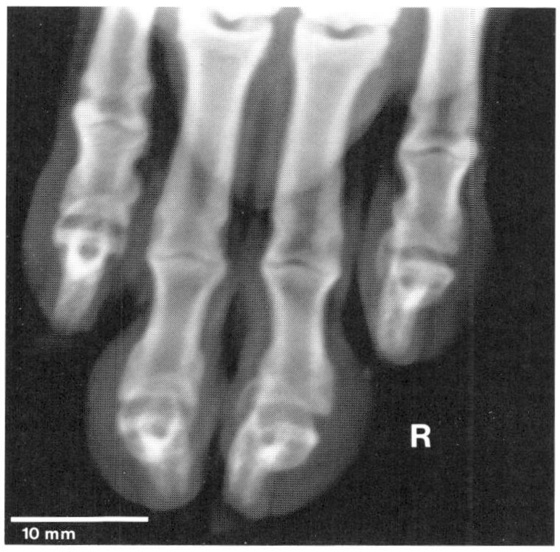

Abb. 19: Große geometrische Unschärfe bei einer vierfachen Direktvergrößerung mit einem 400 µm großen Brennfleck (fotografische Verkleinerung des Originals aus drucktechnischen Gründen).

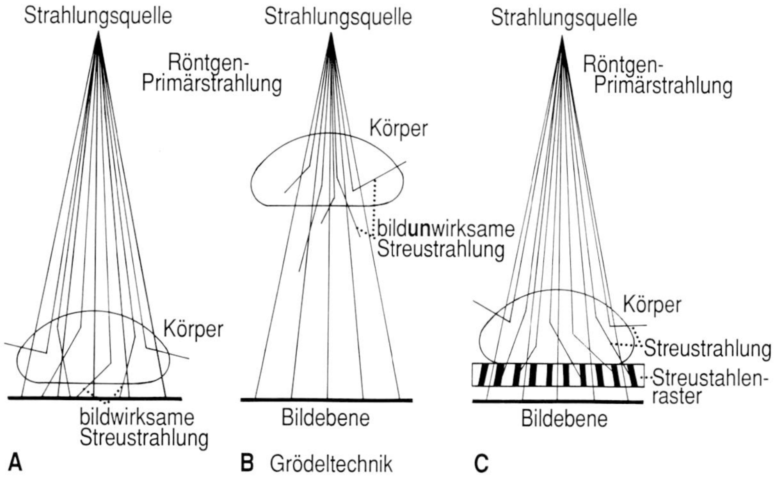

Abb. 21: Schematische Darstellungen zu Wirkung (**A**) und Verminderung (**B, C**) von Streustrahlung (**B** Groedeltechnik, **C** Verwendung eines Streustrahlenrasters).

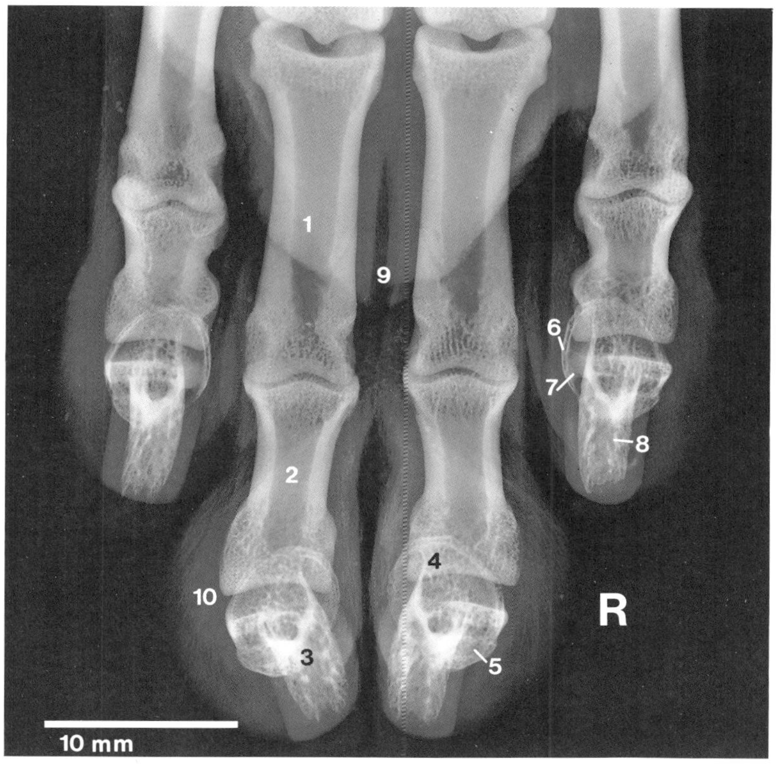

Abb. 20: Hohe geometrische Schärfe bei einer vierfachen Direktvergrößerung mit einem 5 µm großen Mikrofokus; Phalanges mediae und distales der rechten Hinterpfote (Lagerung: dorsoplantar DPI) (fotografische Verkleinerung des Originals aus drucktechnischen Gründen).

Anatomische Strukturen

Ossa digitorum

1 Phalanx proximalis
2 Phalanx media
3 Phalanx distalis
4 Processus extensorius
5 Tuberositas flexoria
6 Crista unguicularis
7 Sulcus unguicularis
8 Processus unguicularis

Weichgewebe

9 Torus metatarseus
10 Torus digitalis

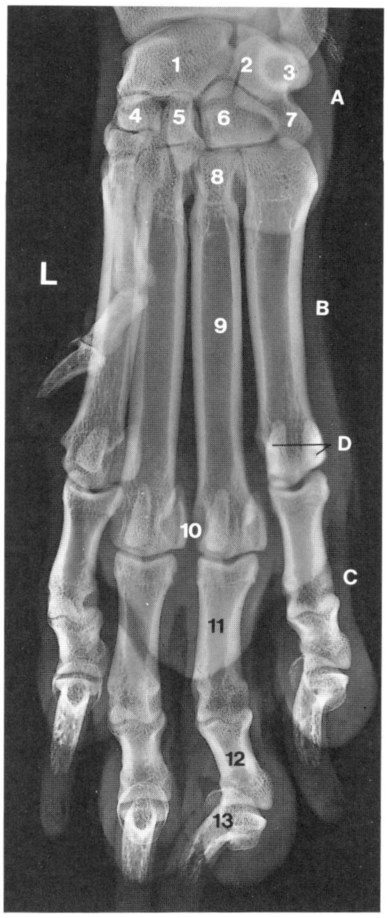

Abb. 22: Knochen der rechten Vorderpfote auf einem hochauflösenden folienlosen Röntgenfilm (Structurix D7, Agfa-Gevaert) - Belichtungswerte: 2,5mm Al-Filterung, FFA 80 cm, 60 kV, 50 mAs.

Deutliche Kontrastunterschiede bestehen zwischen Knochen- und Weichgeweben sowie zwischen kontrastmittelgefüllten Gefäßen bzw. Organen und ihrer Umgebung.

Streustrahlung, die in den durchstrahlten Geweben entsteht, trifft als ungerichtete Strahlung auf die Filmebene und führt zu einer diffusen Schwärzung des Röntgenfilms bzw. diffusen Anregung der Leuchtkristalle der Röntgenfolie oder des Bildverstärkers (Abb. 21 A). Feine Kontrastunterschiede, das heißt geringe Absorptionsunterschiede von Geweben, werden überdeckt. Die Streustrahlung steigt mit zunehmender Härte der Primärstrahlung. Sie hängt außerdem von der Beschaffenheit und Ausdehnung des durchstrahlten Körpers ab. Zur Verminderung der Streustrahlung werden der Primärstrahl mit Blendensystemen eingegrenzt und Streustrahlenraster (Abb. 21 C) benutzt oder bei der Groedel-Technik (Abb. 21 B) der OFA erhöht.

Streustrahlenraster bestehen aus Bleilamellen, die parallel zum Verlauf der Primärstrahlen angebracht sind und nur diese durchlassen, während die ungerichtete Streustrahlung absorbiert wird. Der Nachteil besteht in der notwendigen Erhöhung der Dosisleistung, da neben der Streustrahlung auch ein Teil der Primärstrahlung durch das Raster verloren geht (Abb. 21 C).

1.6.3 Auflösung der Bildaufzeichnungs- und -wiedergabesysteme

Das Auflösungsvermögen des Bildaufzeichnungs- bzw. -wiedergabesystems bestimmt die Größe der Details, die gerade noch erkannt werden können. Periodische Strukturen, beispielsweise in Form von Blei-Strichrastern, die kleiner als die Größe des Filmkorns oder der Leuchtkristalle der Folie bzw. des Bildempfängers sind, können nicht gegeneinander abgegrenzt werden. Die Ortsauflösungen von folienlosen Filmen liegen bei etwa 50 µm (Abb. 22), von Folien-Film-Systemen zwischen 80 und 200 µm (Abb. 23), von Bildverstärker-Fernseh-Ketten zwischen 200 und 420 µm. Um derart kleine Strukturen noch zu erkennen, müssen sie einen ausreichenden Kontrastunterschied zur Umgebung besitzen. Dies ist bei biologischem Material in der Regel nicht gegeben.

Bei konventionellen maßstäblichen Röntgenaufnahmen begrenzt im allgemeinen das verwendete Folien-Film-System die Detailerkennbarkeit auf 100 µm.

Alle erwähnten, die Bildgüte beeinflussenden Faktoren stehen in enger Wechselbeziehung. Sehr kleine, an der Auflösungsgrenze befindliche Strukturen, die eine geometrische Unschärfe oder

Anatomische Strukturen
(Abb. 22, 23)

A **Ossa carpi**
1 Os carpi radiale
2 Os carpi ulnare
3 Os carpi accessorium
4 Os carpale I
5 Os carpale II
6 Os carpale III
7 Os carpale IV
B **Ossa metacarpalia**
8 Basis
9 Corpus
10 Caput
C **Ossa digitorum**
11 Phalanx proximalis
12 Phalanx media
13 Phalanx distalis
D **Ossa sesamoidea**

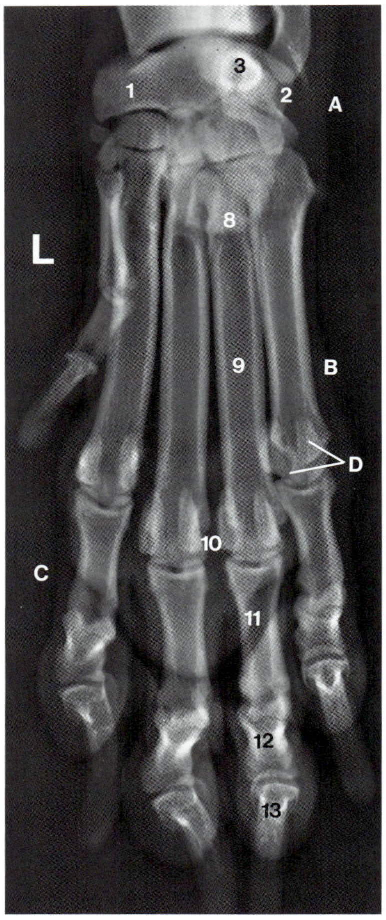

Abb. 23: Knochen der rechten Vorderpfote mit einer hochempfindlichen Folien-Film-Kombination (Trimax T6-Folie und XM-Film, 3M) aufgenommen; verglichen mit Abb. 22 ist die geringere Auflösung und größere Folienunschärfe zu erkennen – Belichtungswerte: 2,5mm Al-Filterung, FFA 80 cm, 60 kV, 1,5 mAs.

undeutliche Kanten durch Überlagerungen aufweisen, sind nur bei starker Kontrastierung zu beurteilen. Umgekehrt ist bei guter Schärfe und ausreichender Größe der Details der Kontrast weniger bedeutsam.

1.6.4 Röntgenographische Beschriftung

Bildgüte wird weiterhin durch umfassende Kennzeichnung hinsichtlich Aufnahmeparameter, Lagerung und Patientenidentifikation, verbessert.

Der Bildebene aufgelegte Bleibuchstaben können kranial, kaudal, medial, lateral, rechts und links bezeichnen. Die Wiedergabe der auf der Röntgenaufnahme abgebildeten Ansicht erfolgt im allgemeinen in Anlehnung an die Vorschläge des Nomenclature Committee of the American College of Veterinary Radiology*. Es werden die Lagerung des Körpers und der Verlauf der Strahlung von der Eintritts- zur Austrittsstelle hin mit veterinäranatomischen Richtungsangaben beschrieben.

1.7 Strahlenschutz

Grundsätzlich gilt, daß Röntgenstrahlung dosisabhängige, im allgemeinen unerwünschte Effekte auf biologische Gewebe besitzt. Weiche Strahlung führt auf Grund der größeren Absorption eher zu Schäden (insbesondere zu Hautveränderungen) als harte Strahlung.

Die Vorschriften der Röntgenverordnung von 1987 und die Durchführungs- und Zusatzbestimmungen sind gewissenhaft einzuhalten. Als übergeordneter Leitsatz muß danach die erforderliche Bildqualität mit einer möglichst geringen Strahlenexposition erreicht werden (§ 3 Abs. 7a, § 15).

2 PHYSIKALISCH-TECHNISCHE GRUNDLAGEN DER SONOGRAPHIE

2.1 Ultraschall

Bei Schallwellen handelt es sich um *Längs-* oder *Longitudinalwellen.* Die Teilchen in Geweben werden durch den Schall in Schwingungen versetzt. Da die Schwingungsrichtung mit der Fortpflanzungsrichtung des Schalls übereinstimmt, kommt es zu Teilchenverdichtungen und -verdünnungen entlang der Ausbreitung (Abb. 24). Unter Ultraschall werden Frequenzen oberhalb 20 kHz (Kilohertz) verstanden. Die im Rahmen der Ultra-

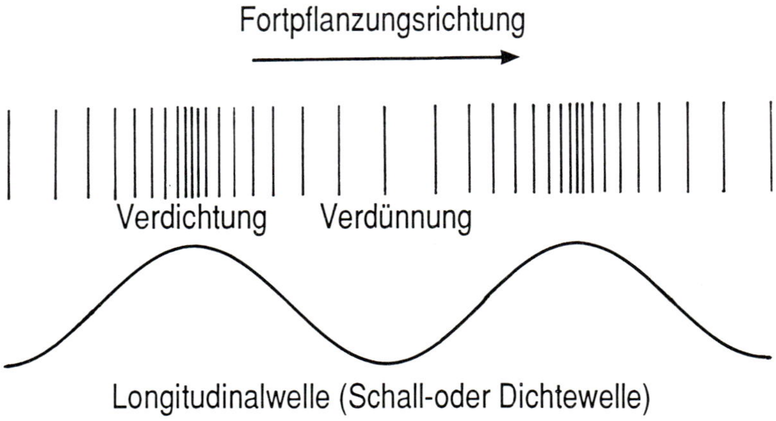

Abb. 24: Schematische Darstellung der Ausbreitung einer Longitudinalwelle im Gewebe.

schalldiagnostik verwendeten Frequenzen liegen zwischen 1 und 20 MHz (Megahertz = 1000 KHz), also erheblich höher als die von Tieren, wie Katzen, Hunden oder Fledermäusen, noch wahrnehmbaren Ultraschallfrequenzen.

2.2 Verhalten von Schallwellen in Materie

2.2.1 Schallgeschwindigkeit, Schallwellenwiderstand

Die *Geschwindigkeit,* mit der sich Ultraschall im Gewebe ausbreitet, hängt von der Frequenz und von der Beschaffenheit der zu durchdringenden Materie ab. Sie beträgt in Weichgeweben und Flüssigkeiten im Mittel 1540 m/s. In Luft ist sie erheblich niedriger und in Knochen deutlich höher. Der *Schallwiderstand* bzw. die *Impedanz* eines Gewebes ergibt sich aus dem Produkt von Schallgeschwindigkeit und Dichte.

2.2.2 Reflexion, Transmission, Brechung, Streuung und Absorption

Beim Auftreffen der Schallwellen auf eine Grenzfläche zwischen zwei Geweben mit unterschiedlichen Schallgeschwindigkeiten bzw. mit verschiedenen Impedanzen (siehe Kapitel 2.2.1) wird ein Teil des Schalls reflektiert (*Reflexion* – Abb. 25, 26). Dabei entspricht bei senkrecht einfallender Schallwelle die Reflexionsrichtung derjenigen der auftreffenden Welle. Der nicht reflektierte Anteil setzt sich ohne Richtungsänderung im zweiten Medium fort (*Transmission* – Abb. 25). Wird die Grenzfläche schräg getroffen, so entspricht bei der Reflexion der Einfallswinkel dem Ausfallswinkel; der die Grenzfläche passierende Schall wird abgelenkt (*Brechung* – Abb. 26).

Unregelmäßige akustische Grenzflächen bewirken eine Reflexion der Schallwellen in alle Richtungen (*Streuung*).

Außerdem wird der Schall beim Durchgang durch Gewebe absorbiert (*Absorption*). Das Maß der Absorption hängt von der Schallfrequenz und der Qualität des durchdrungenen Gewebes ab. Hohe Frequenzen werden stärker als niedrige absorbiert. Hinsichtlich der Körpergewebe besitzen Knochen und Verkalkungen eine hohe Absorptionsrate.

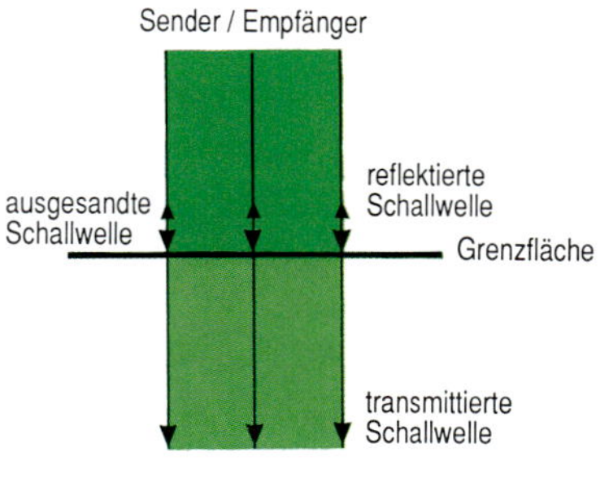

Abb. 25: Schematische Darstellung der Reflexion und Transmission senkrecht auf eine Grenzfläche treffender Schallwellen.

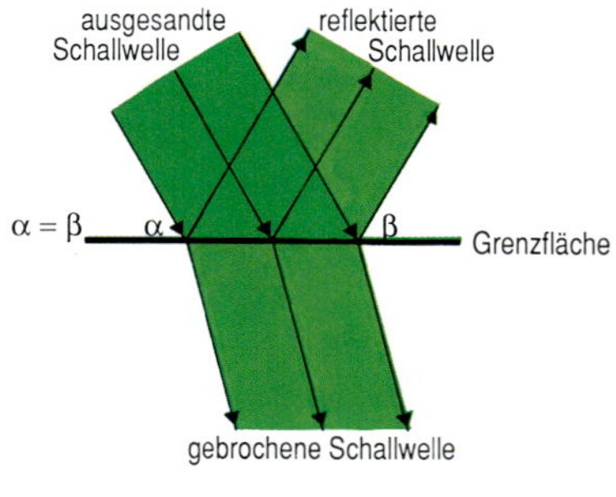

Abb. 26: Schematische Darstellung der Reflexion und Brechung schräg auf eine Grenzfläche treffender Schallwellen.

* Smallwood, J. E., M. J. Shively, V. T. Rendano, and R. E. Habel (1985): A standardized nomenclature for radiographic projections used in veterinary medicine. Vet. Rad. 26, 2–9

2.2.3 Wirkung des diagnostischen Ultraschalls auf biologische Gewebe

Die im Rahmen der Ultraschalldiagnostik eingesetzten Schallintensitäten von wenigen mW/cm^2 sowie die Frequenzen zwischen 1 und 20 MHz gelten als ungefährlich, so daß Verlaufsuntersuchungen auch im Rahmen der Trächtigkeitsdiagnostik möglich sind.

2.3 Erzeugung und Empfang von Ultraschallwellen

Der Schallkopf ist sowohl Sender als auch Empfänger. Ein Piezokristall, der sich im Schallkopf (Transducer oder Scanner) befindet, wird einerseits durch hochfrequente elektrische Spannungen in Schwingungen versetzt und zur Aussendung von Ultraschall angeregt. Umgekehrt wandelt er die reflektierten Schallwellen in entsprechende elektrische Impulse um, die auf einem Monitor sichtbar gemacht werden. Dabei liegt bei einer Impulsdauer von 1 bis 2 µs das Verhältnis von Sende- zu Empfangszeit bei etwa 1:500 bis 1:1000.

2.4 Auflösungsvermögen

Die axiale Auflösung entlang der senkrechten Eindringrichtung des Schallstrahls hängt vorwiegend von der verwendeten Frequenz ab. Bei 1 MHz bzw. 10 MHz sind bestenfalls Strukturen von 1,5 mm bzw. 100 µm noch erkennbar. Hohe Frequenzen besitzen nicht nur eine höhere Auflösung, sondern gleichzeitig auch eine geringere Eindringtiefe auf Grund der größeren Absorption. Für die kardiale und abdominale Untersuchung von Hunden hat sich 5,0 MHz als universell einsetzbare Frequenz erwiesen.

Die laterale Auflösung ist geringer als die axiale und wird in erster Linie von der Geometrie des Schallerzeugers bestimmt.

2.5 Entstehung von zweidimensionalen Ultraschallbildern

2.5.1 Schallkopfabhängige Form des Ultraschallbildes

Zur Darstellung von anatomischen bzw. pathologischen Strukturen wird heute fast ausschließlich die zweidimensionale Realtime-Ultraschalltechnik eingesetzt. In Abhängigkeit vom abgetasteten Ultraschallfeld werden der Sektorscan und der Linear- bzw. Parallelscan unterschieden. Ein Kompromiß zwischen beiden Formen ist der Konvexscan. Während der Sektorschallkopf ein dreieckiges Ultraschallbild erzeugt (Abb. 27, 28), handelt es sich beim Linear- oder Parallelscan um ein viereckiges Bild (Abb. 29, 30). Für die kardiale Ultraschalluntersuchung eignen sich wegen des kleinen Schallfensters zwischen den Rippen im Bereich des lungenfreien Herzfeldes ausschließlich Sektorschallköpfe. Auch die abdominale Untersuchung von Hunden gelingt problemlos mit Sektortransducern (Abb. 28). Daneben

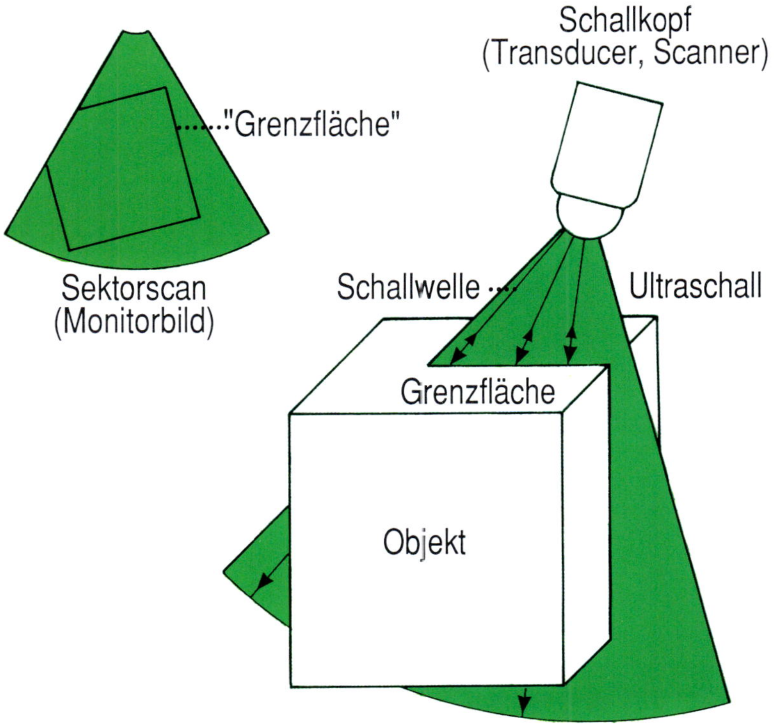

Abb. 27: Schematische Darstellung der Entstehung eines zweidimensionalen Sonogramms (Schnittbild) unter Verwendung eines Sektorschallkopfes.

A

B

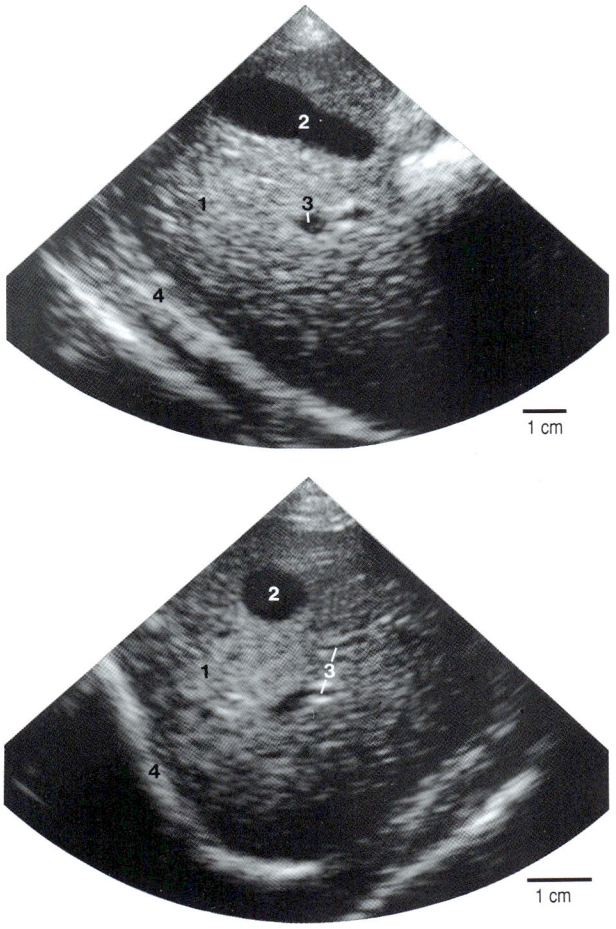

Abb. 28: Sektorschallbilder von der Leber mit längs (**A**) und quer (**B**) dargestellter Gallenblase.

Anatomische Strukturen

1 Hepar, 2 Vesica fellea, 3 Ast der V. portae, 4 Diaphragma.

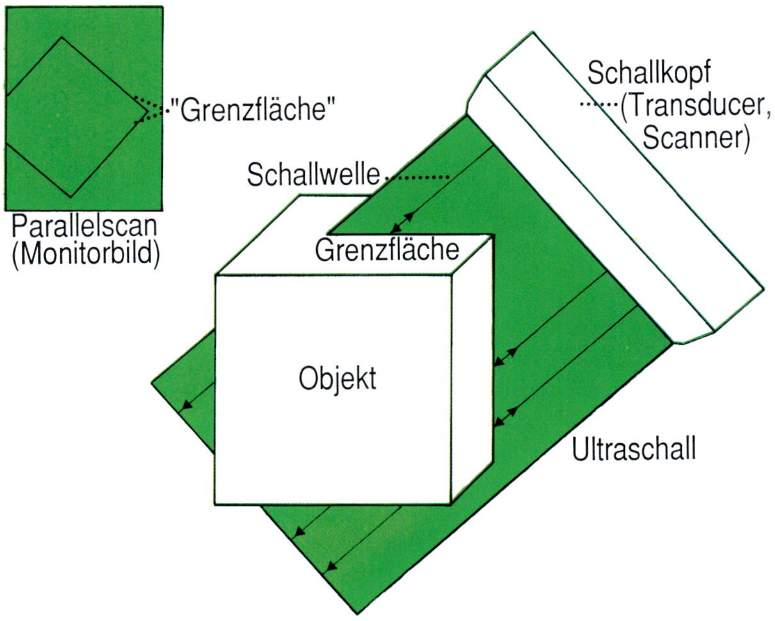

Abb. 29: Schematische Darstellung der Entstehung eines zweidimensionalen Sonogramms (Schnittbild) unter Verwendung eines Linearschallkopfes.

werden auf Grund der besseren Auflösung schallkopfnaher Strukturen und wegen der einfacheren Bildinterpretation auch Linear- oder Konvexschallköpfe für die abdominale Sonographie von Hunden besonders im Rahmen der Trächtigkeitsdiagnostik verwendet (Abb. 30).

2.5.2 Zuordnung der Strukturen auf dem Ultraschallbild

Im Gegensatz zum Röntgenbild (Abb. 1) ist das Ultraschallbild ein *Schnittbild*, das die Grenzflächen zwischen verschiedenen Weichgeweben wiedergibt (Abb. 27, 29). An jeder Grenzfläche entstehen Schallreflexionen, die auf dem Monitor als echogene Bereiche, das heißt als helle Punkte erscheinen (Abb. 28, 30).

Mehr oder weniger stark echogen (weiß) stellen sich senkrecht getroffene fibröse Wandstrukturen von Gefäßen oder Organen dar. Ultraschallbilder von parenchymatösen Organen (Leber-,

Milzgewebe oder Nierenrinde) und von Muskulatur (einschließlich Herzmuskel) bestehen aus zahlreichen Einzelechos (weiß gepunktet).

An Grenzflächen zwischen Weichgeweben und lufthaltigen Strukturen (Lunge) oder Knochen bzw. Verkalkungen wird auf Grund des großen Impedanzunterschiedes zwischen diesen Geweben fast die gesamte Schallintensität reflektiert (starkes weißes Echo). Da die restliche Schallintensität beim Durchdringen von Knochen bzw. Verkalkungen absorbiert wird, können darunter liegende Gewebe nicht mehr dargestellt werden; auf dem Bild erscheint ein schwarzer Schallschatten (Abb. 30). Ebenso ist Gewebe, das von Lunge überlagert wird, nicht beurteilbar.

Homogene Gewebebereiche (z. B. das Nierenmark) oder Flüssigkeiten (z. B. Blut, Galle, Harn) erscheinen echoarm (gleichmäßig dunkelgrau) oder echofrei (gleichmäßig schwarz).

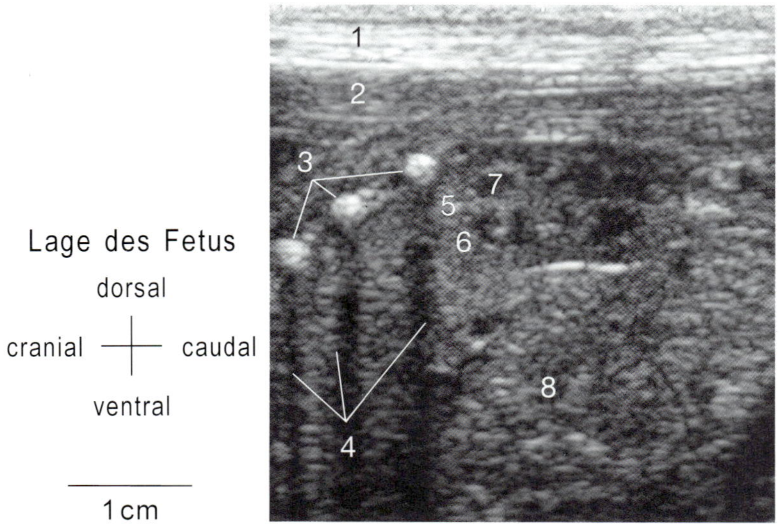

Abb. 30: Linearscan in Höhe der linken Niere bei einem Beaglefetus, 59 Tage nach Ovulation; Wirbel mit typischen Schallschatten, fetale Niere, Sagittalschnitt.

1 Bauchwand
2 Gebärmutterwand
3 Echo von angeschnittenen Wirbeln
4 Schallschatten der Wirbel
5 linke Niere
6 Nierenrinde
7 Nierenmark
8 Darmtrakt

2.5.3 Kontrastmittel

Zur Verbesserung der Gefäß- oder Herzkammerdarstellungen oder zur Beurteilung von Defekten im Herzen, beispielsweise im Septum interventriculare oder interatriale, kommen Ultraschallkontrastmittel zur Anwendung (Abb. 31). Sie enthalten grundsätzlich feinverteilte Gasbläschen als echogene Substanz. Neben CO_2 oder verschiedenen gut aufgeschüttelten Flüssigkeiten, wie physiologische Kochsalzlösung, 5%ige Glucoselösung, Plasmaexpander oder Eigenblut, gibt es kommerziell hergestellte Echokontrastmittel (zum Beispiel Echovist® von Schering). Letztere enthalten Gasbläschen, die an Saccharid-Mikropartikel gebunden sind. Nach intravenöser Injektion lassen sich diese Kontrastmittel bis in den Truncus pulmonalis verfolgen. Eine Passage der Lungenkapillaren gelingt den zur Zeit gebräuchlichen Kontrastmaterialien nicht.

2.5.4 Zuordnung der Richtungen auf dem Ultraschallbild

Durch Drehen, Kippen oder Verschieben des Schallkopfes an der Körperoberfläche kann prinzipiell jede beliebige Schnittebene im Körper erzielt werden (Abb. 28). Entsprechend exakt müssen bei Messungen oder Verlaufsuntersuchungen die gewünschten Ultraschallschnittebenen ausgewählt oder reproduziert werden.

Hinsichtlich der Richtungen im Ultraschallbild liegen die schallkopfnahen Bereiche oben und die schallkopffernen unten (Abb. 27, 29). Rechte bzw. linke Seite der Ultraschallaufnahme entspricht links bzw. rechts, dorsal bzw. ventral oder kranial bzw. kaudal im Körper.

2.6 Dopplerechographie

Die an unbewegten Gewebegrenzflächen reflektierten Schallwellen besitzen eine geringere Intensität, aber die gleiche Fre-

A

B

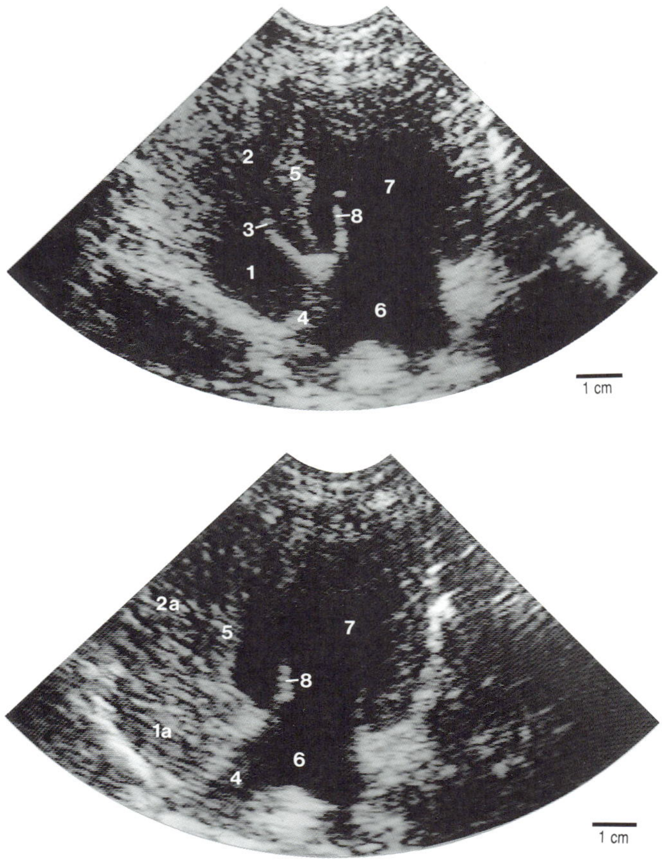

Abb. 31: Diastolischer Vier-Kammer-Blick vom Herzen ohne (**A**) und mit (**B**) Kontrastmittel im Atrium dextrum und Ventriculus dexter.
(Tobias, R., Klinik für kleine Haustiere, Tierärztliche Hochschule Hannover).

Anatomische Strukturen

1 Atrium dextrum
1a Kontrastmittel im Atrium dextrum
2 Ventriculus dexter
2a Kontrastmittel im Ventriculus dexter
3 geöffnete Valva tricuspidalis
4 Septum interatriale
5 Septum interventriculare
6 Atrium sinistrum
7 Ventriculus sinister
8 geöffnete Valva bicuspidalis

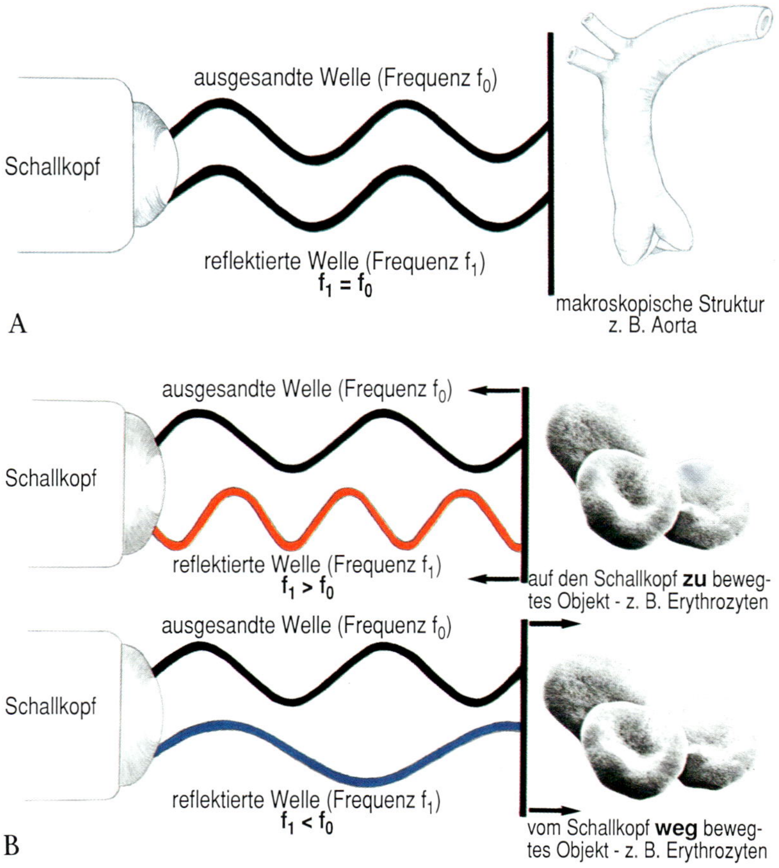

Abb. 32: Schematische Darstellungen zur zweidimensionalen Ultraschalldarstellung (**A**) und zur Dopplerechographie (**B**).

quenz wie die ausgesandten Ultraschallwellen (Abb. 32A). Treffen dagegen Schallwellen auf bewegte Objekte, wie beispielsweise Erythrozyten, verändert sich die Frequenz der reflektierten Schallwellen in Abhängigkeit von Bewegungsrichtung und Geschwindigkeit der bewegten „Grenzflächen“ (Doppler-Prinzip — Abb. 32 B).

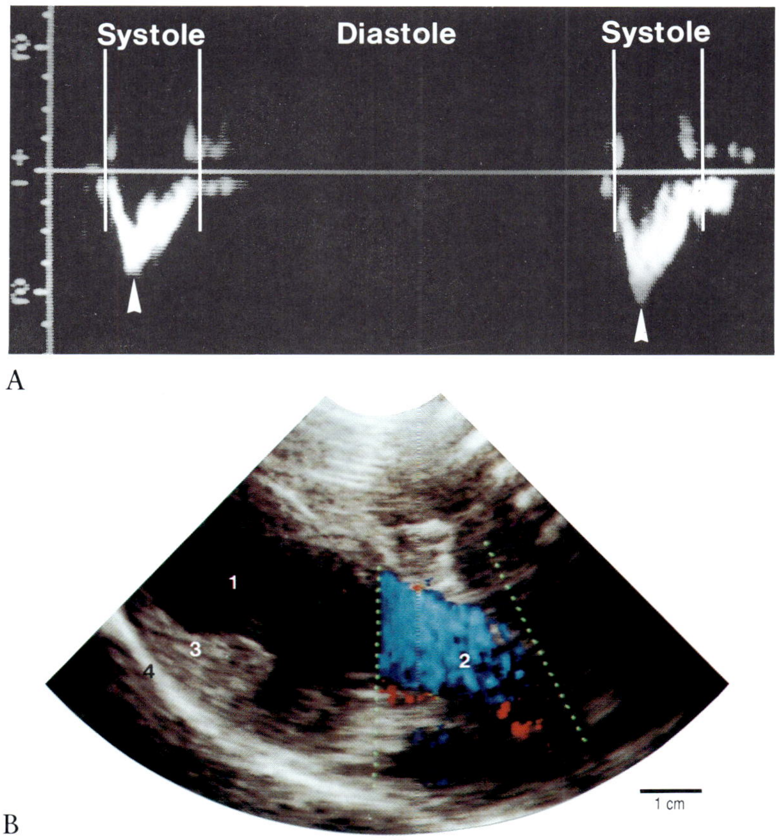

Abb. 33: Blutfluß in Höhe der Aortenklappe (**A** gepulster Schwarzweißdoppler) und in der Aorta ascendens (**B** farbkodierter Doppler).

Anatomische Strukturen

Pfeil	maximale Geschwindigkeit des Blutes in Höhe der Aortenklappe	2	Aorta ascendens
1	Ventriculus sinister (Ausflußbahn)	3	Myocardium
		4	Pericardium

Definitionsgemäß werden Blutkörperchen bzw. Blut, das in Richtung auf den Schallkopf zufließt, oberhalb der Nullinie (kontinuierlicher oder gepulster Schwarzweißdoppler) oder in roter Farbe (farbkodierter Doppler) dargestellt. Umgekehrt, das heißt, unterhalb der Nullinie bzw. in blauer Färbung erfolgt die Abbildung von Erythrozyten, die sich vom Schallkopf weg bewegen. Diese Darstellung der Blutflußrichtung wurde willkürlich gewählt und stimmt nicht mit der Gefäßqualität (Arterie oder Vene) bzw. dem Sauerstoffgehalt des Blutes überein. Sauerstoffreiches Blut in der Aorta ascendens wird beispielsweise blau (Abb. 33B) bzw. unterhalb der Nullinie (Abb. 33A) abgebildet, da es sich vom Schallkopf weg bewegt.

Die Flußgeschwindigkeit der Erythrozyten läßt sich im Schwarzweißdoppler direkt an der Y-Achse ablesen und im farbkodierten Doppler an Hand der Farbintensität abschätzen.

Wenn die Blutflußgeschwindigkeit die Empfangsfrequenz des Schallkopfes überschreitet, tritt ein sogenanntes Aliasing-Phänomen auf, das dem stroboskopischen Effekt im Film entspricht. Es kommt im farbkodierten Doppler zu einem Farbumschlag bzw. im Schwarzweißdoppler zu einer umgekehrten Darstellung in bezug auf die X-Achse.

2.7 Vorbereitung der Hunde für die Ultraschalluntersuchung

Voraussetzung für eine gute Qualität von Ultraschallbildern ist eine ausreichende Ankopplung des Schallkopfes an die Hautoberfläche. Zur kardialen Untersuchung genügt bei den meisten Hunden gründliches Abreiben mit Alkohol und Einmassieren von reichlich Schallgel. Die gleiche Vorbereitung erfahren auch wenig bis mäßig behaarte Hunde für die abdominale Sonographie. Tiere, die ein dichtes und langes Fell mit viel Unterwolle besitzen, müssen allerdings im Untersuchungsgebiet rasiert werden.

Die Lagerung der Hunde hängt von den Gewohnheiten des Untersuchers, vom Verhalten des Tieres und von der Fragestellung ab. Echokardiographien in Seitenlage werden ebenso befürwortet wie kardiale Untersuchungen am sitzenden oder stehenden Hund. Abdominale Sonographien sind sowohl in Rücken- oder Seitenlage als auch am stehenden Tier möglich.

ULTRASCHALLANATOMIE

Cordula Poulsen Nautrup

EINFÜHRUNG IN DIE ULTRASCHALLANATOMIE

Die Ultraschallanatomie besitzt wie die Röntgenanatomie einen direkten klinischen Bezug. Erst die Kenntnis des normalen Ultraschallbildes läßt einen erfolgreichen klinischen Einsatz dieser in der Tiermedizin noch relativ neuen Methode zu.

Im folgenden sind beispielhaft einige Sonogramme von verschiedenen Organen bzw. Organsystemen aufgeführt. Die wichtigen Strukturen im Ultraschallbild werden durch eine Skizze hervorgehoben und bezeichnet. Die jeweiligen Schallpositionen sind einer beigefügten Schemazeichnung zu entnehmen.

HERZ – COR

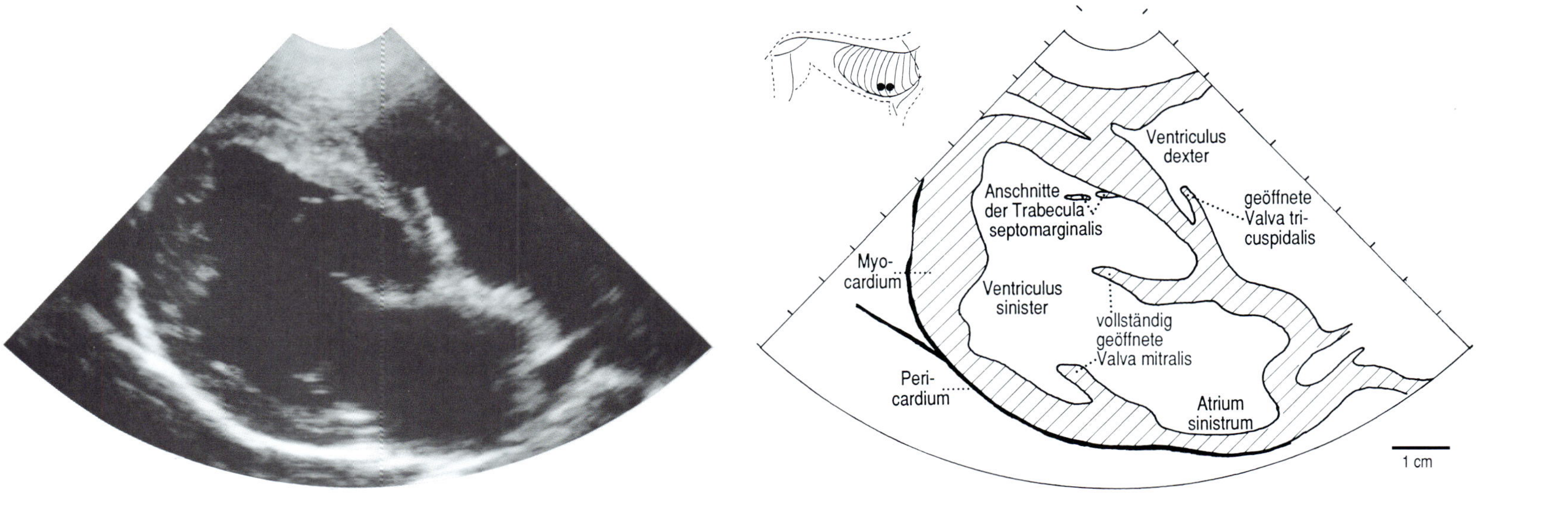

Abb. 1: Einflußbahn der linken Kammer; enddiastolischer linksventrikulärer Längsachsenschnitt.

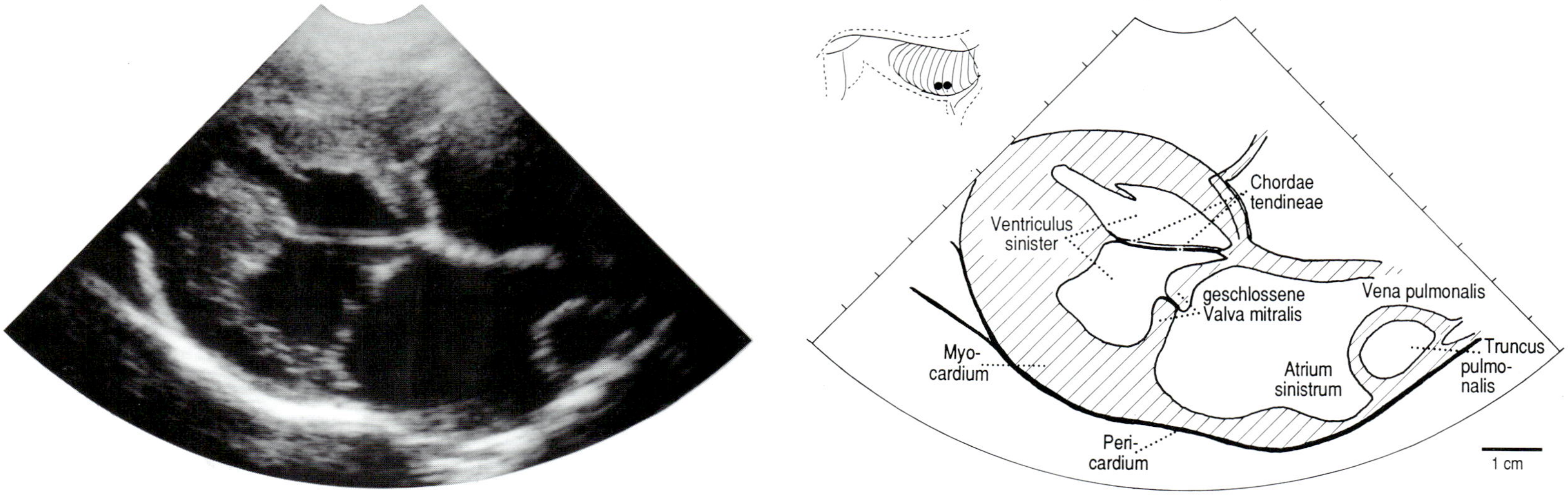

Abb. 2: Einflußbahn der linken Kammer; endsystolischer linksventrikulärer Längsachsenschnitt.

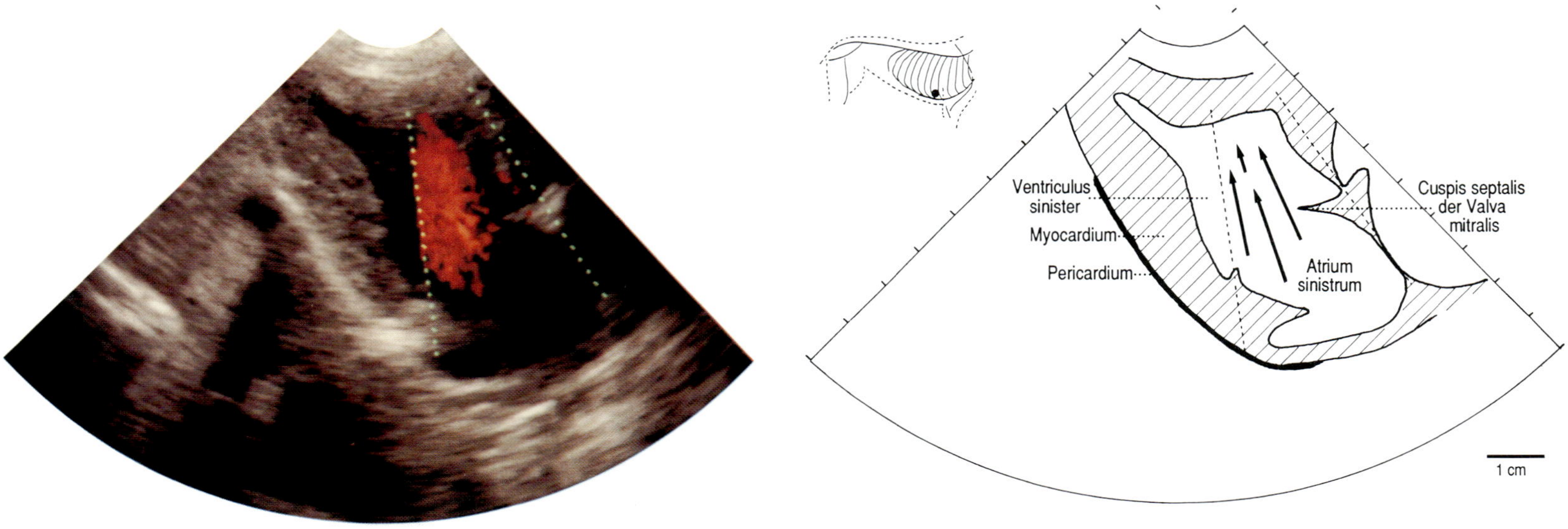

Abb. 3: Einflußbahn der linken Kammer; linksventrikulärer Längsachsenschnitt mit frühdiastolischem Bluteinstrom im farbkodierten Doppler.

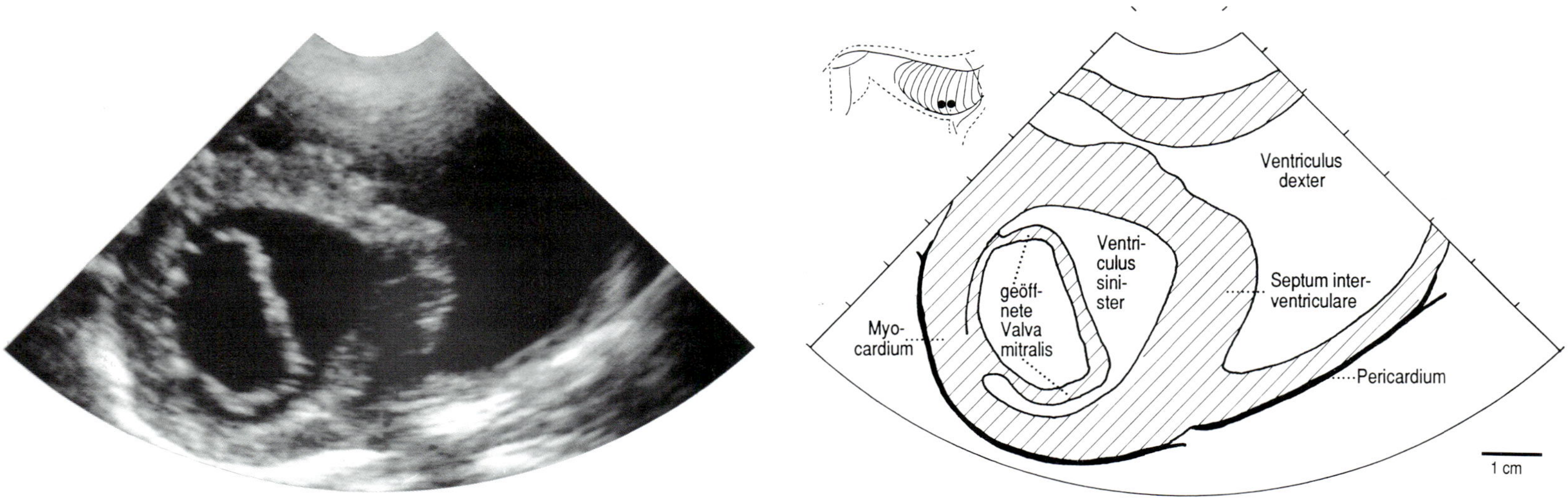

Abb. 4: Einflußbahn der linken Kammer; diastolischer linksventrikulärer Kurzachsenschnitt in Höhe der Mitralklappe.

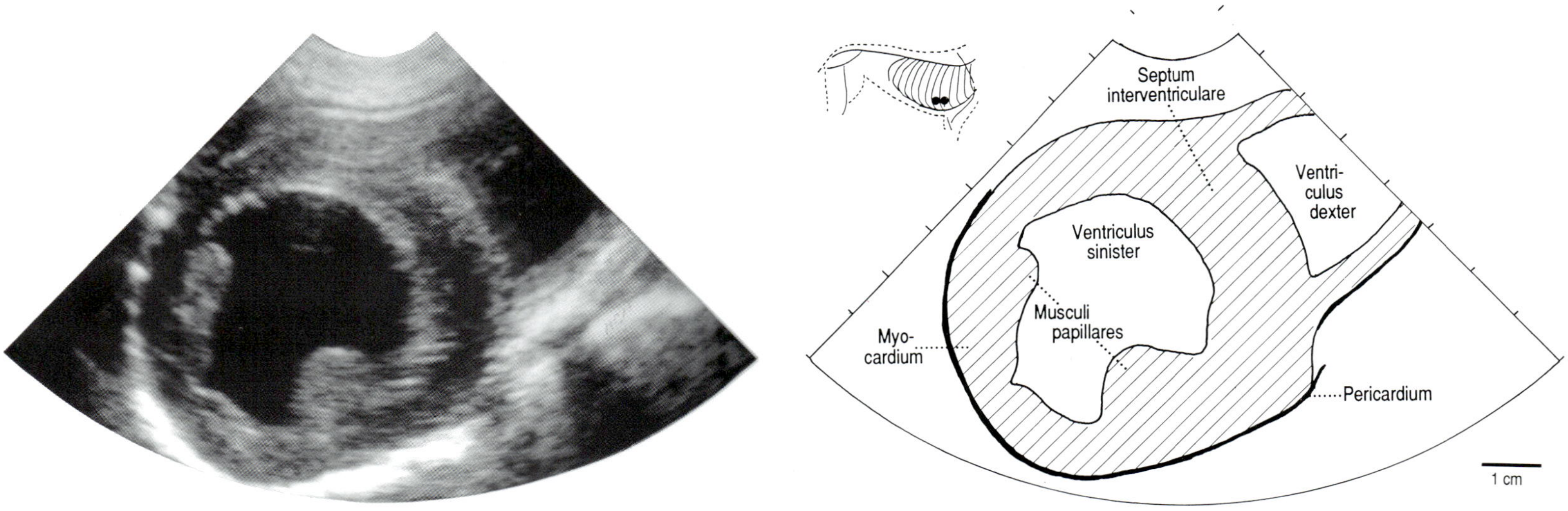

Abb. 5: Einflußbahn der linken Kammer; systolischer linksventrikulärer Kurzachsenschnitt in Höhe der Papillarmuskeln.

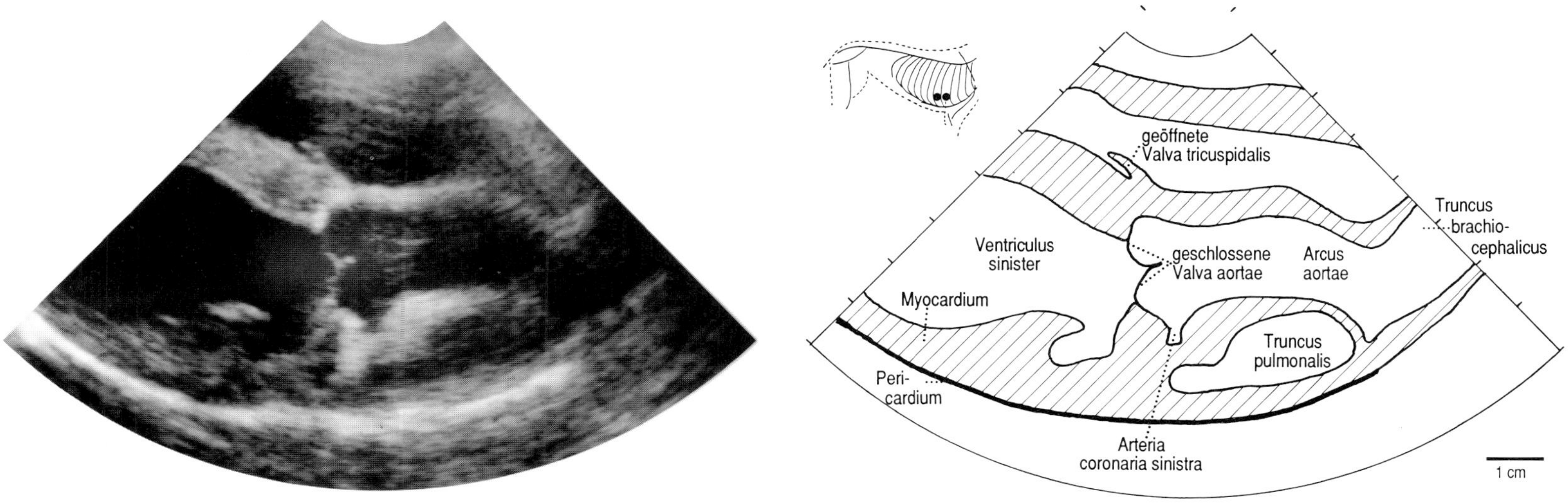

Abb. 6: Ausflußbahn der linken Kammer; diastolischer linksventrikulärer Längsachsenschnitt.

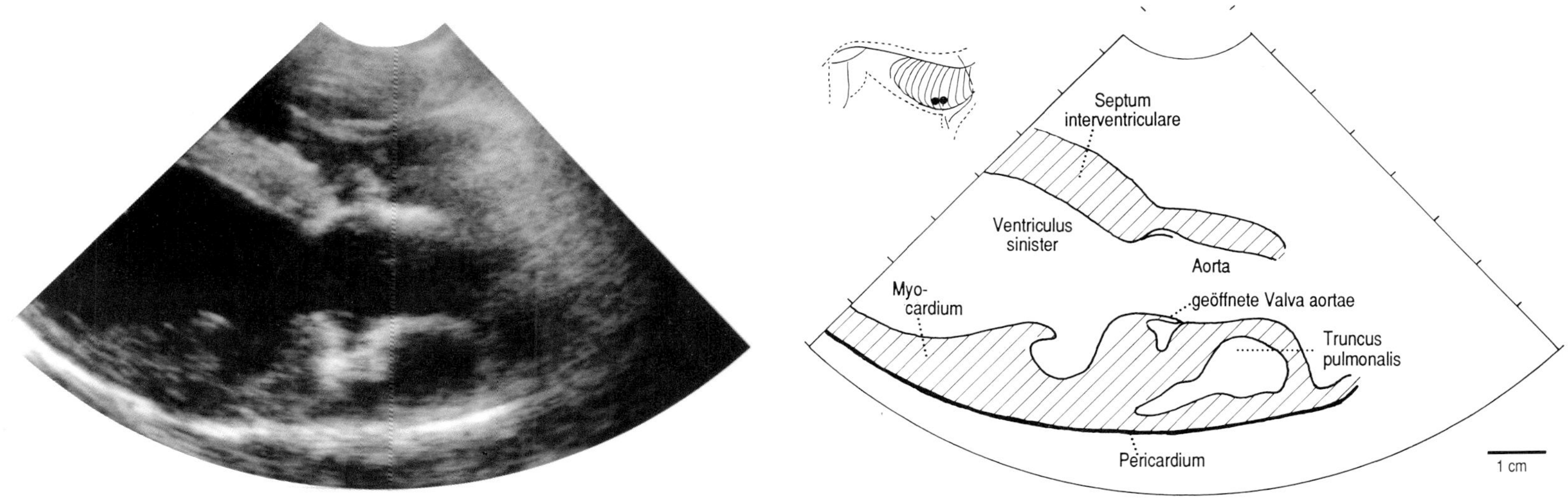

Abb. 7: Ausflußbahn der linken Kammer; systolischer linksventrikulärer Längsachsenschnitt.

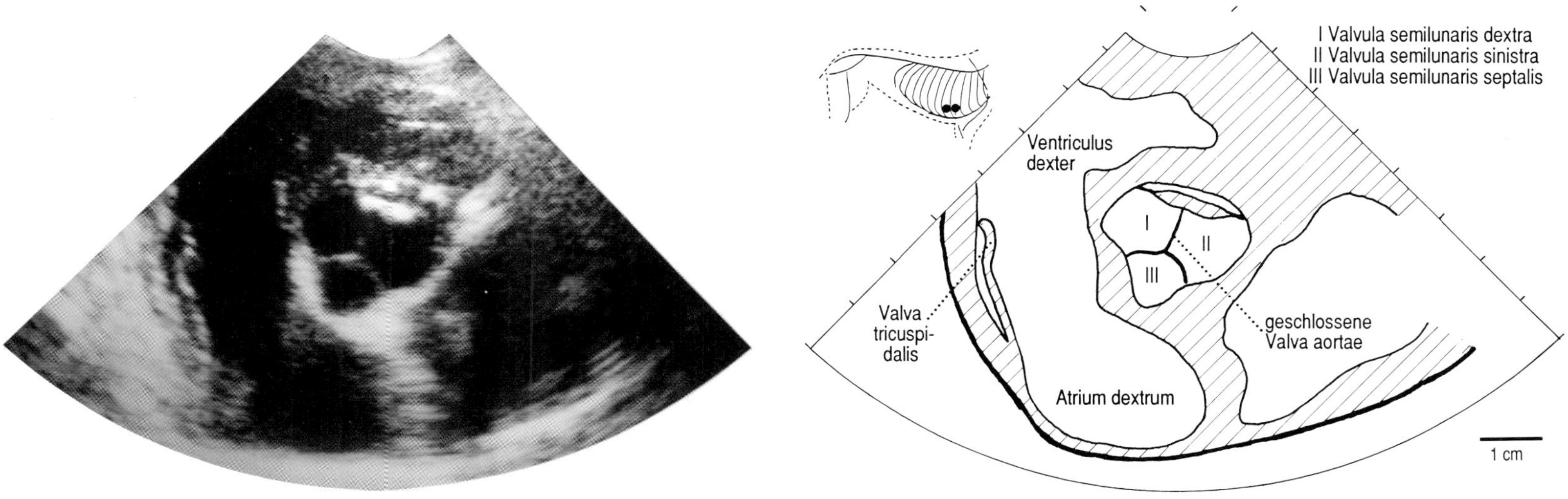

Abb. 8: Ausflußbahn der linken Kammer; diastolischer linksventrikulärer Kurzachsenschnitt in Höhe der Aortenklappe.

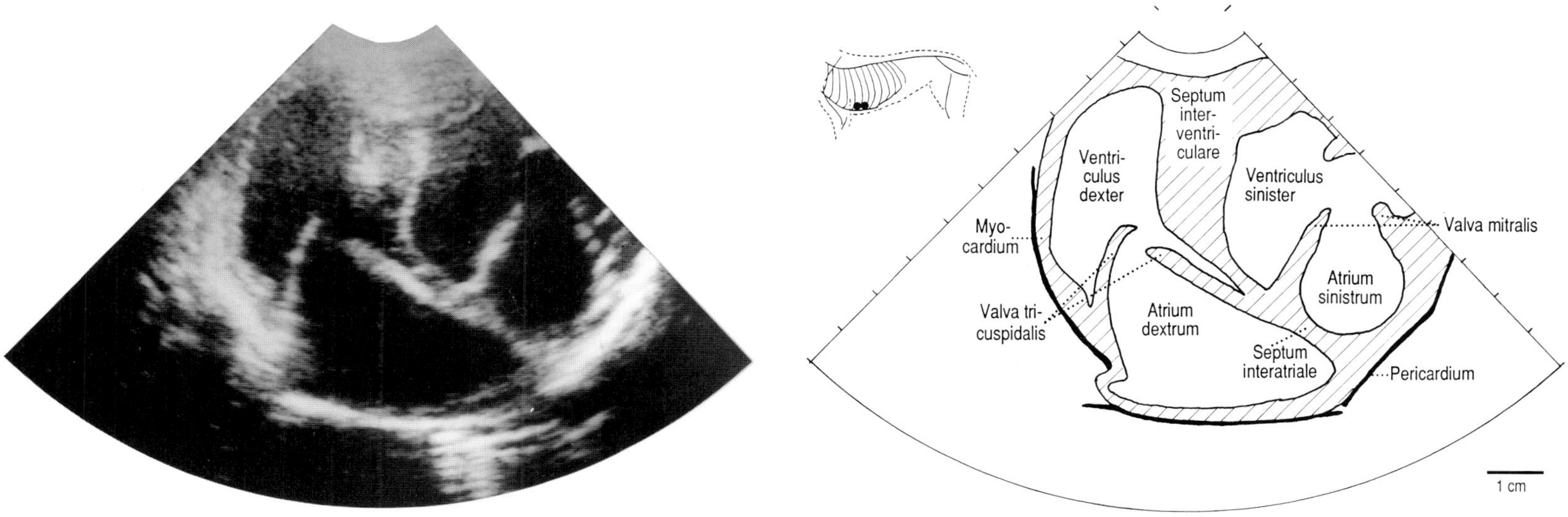

Abb. 9: Einflußbahnen der rechten und linken Kammer; enddiastolischer Vier-Kammer-Blick.

MAGEN – VENTRICULUS / GASTER

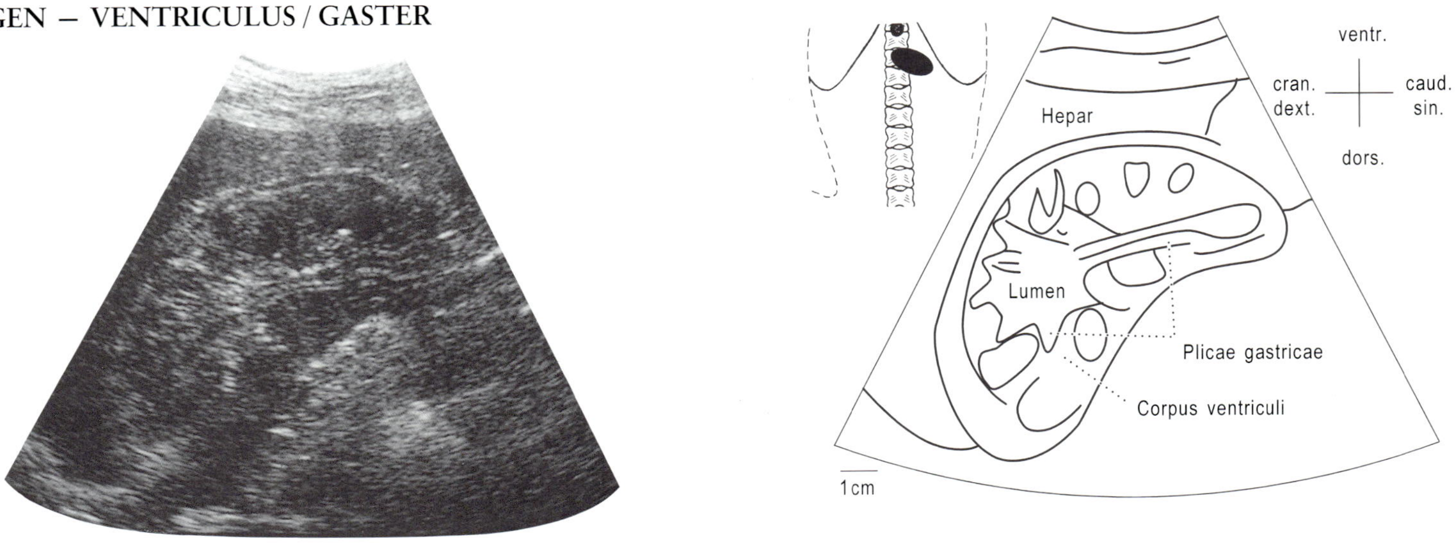

Abb. 10: Leerer Ventriculus, Längsschnitt.

LEBER – HEPAR

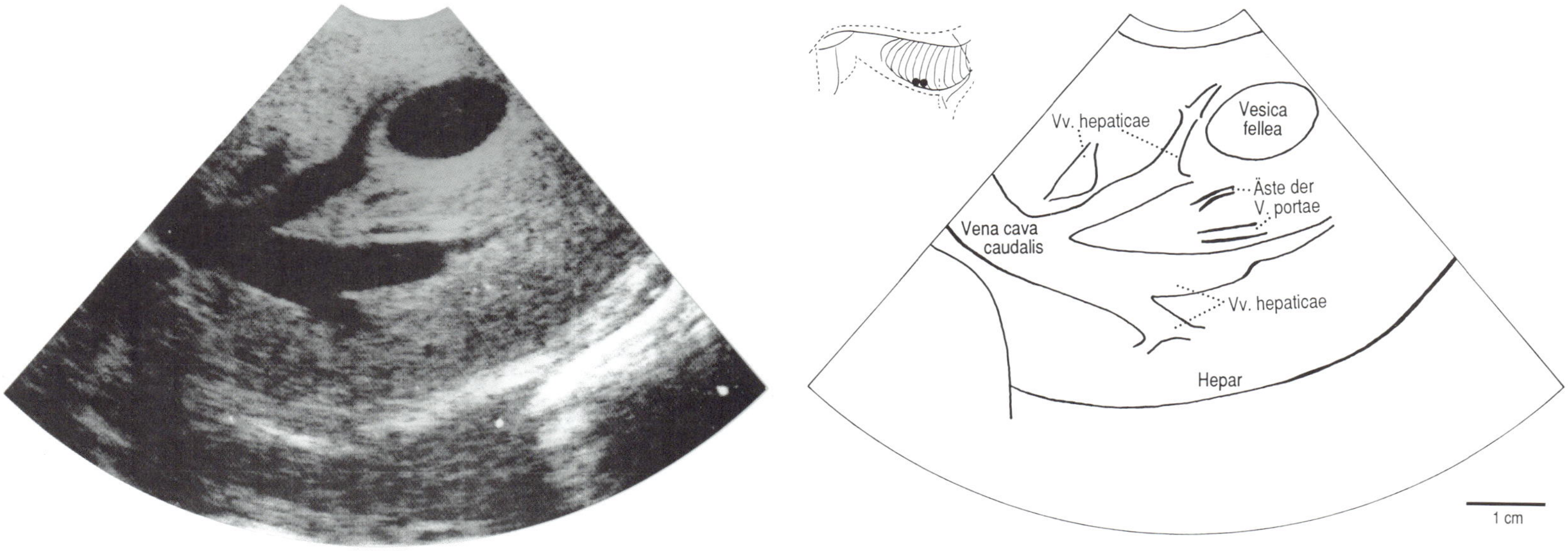

Abb. 11: Hepar, Querschnitt.

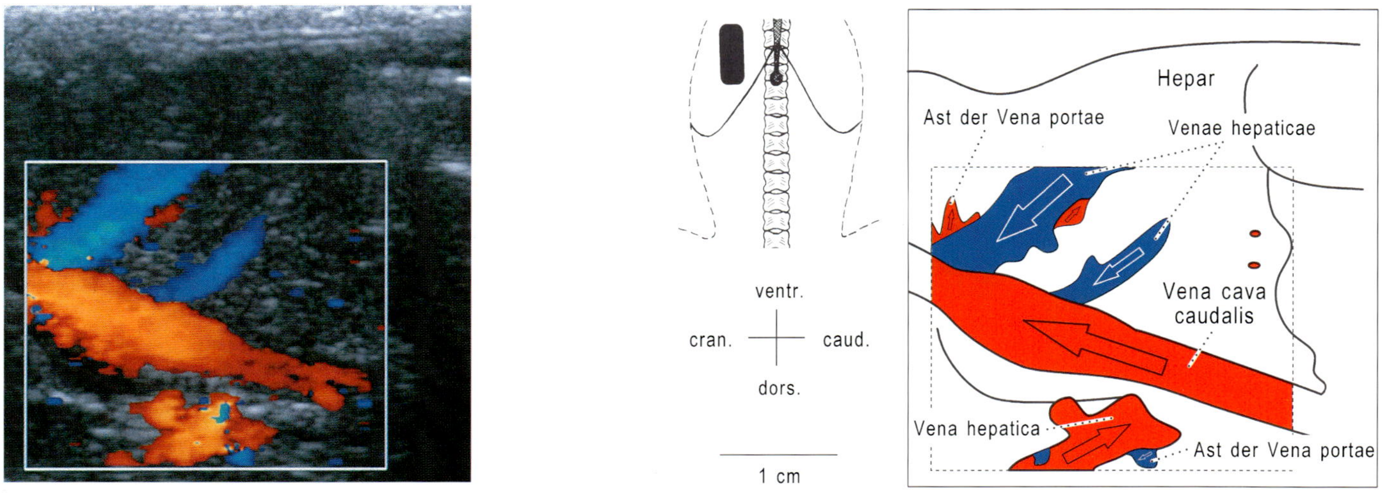

Abb. 12: Hepar eines fünf Tage alten Welpen; farbkodierte Dopplerdarstellung des Blutstromes in den Vv. hepaticae und in der V. cava caudalis während der Inspiration.

MILZ – LIEN / SPLEN

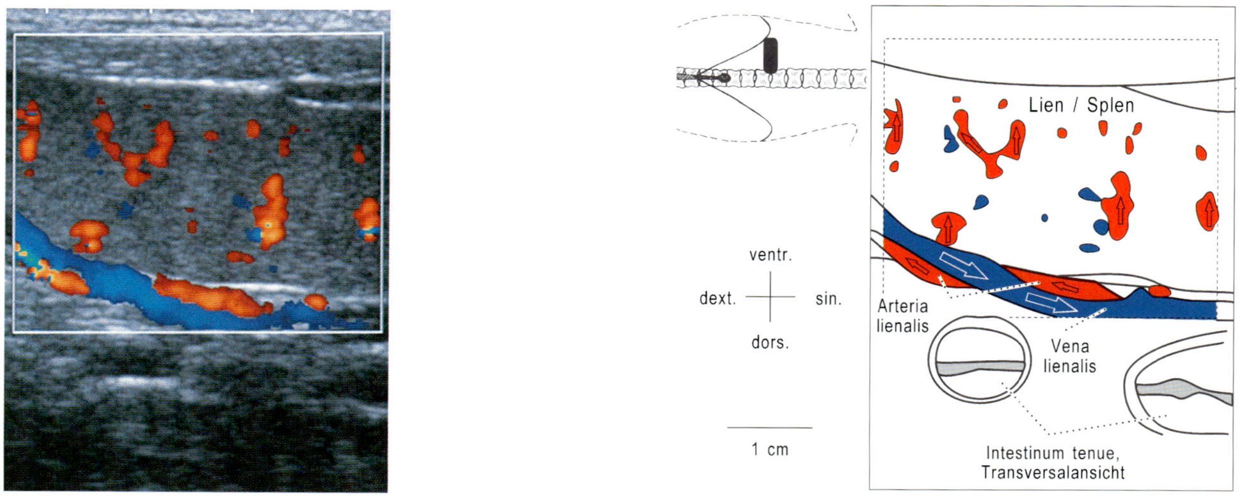

Abb. 13: Lien mit Hilus lienis, Längsschnitt; farbkodierte Dopplerdarstellung des Blutstromes in der A. und V. lienalis sowie intralienalen Gefäßen.

NIERE – REN

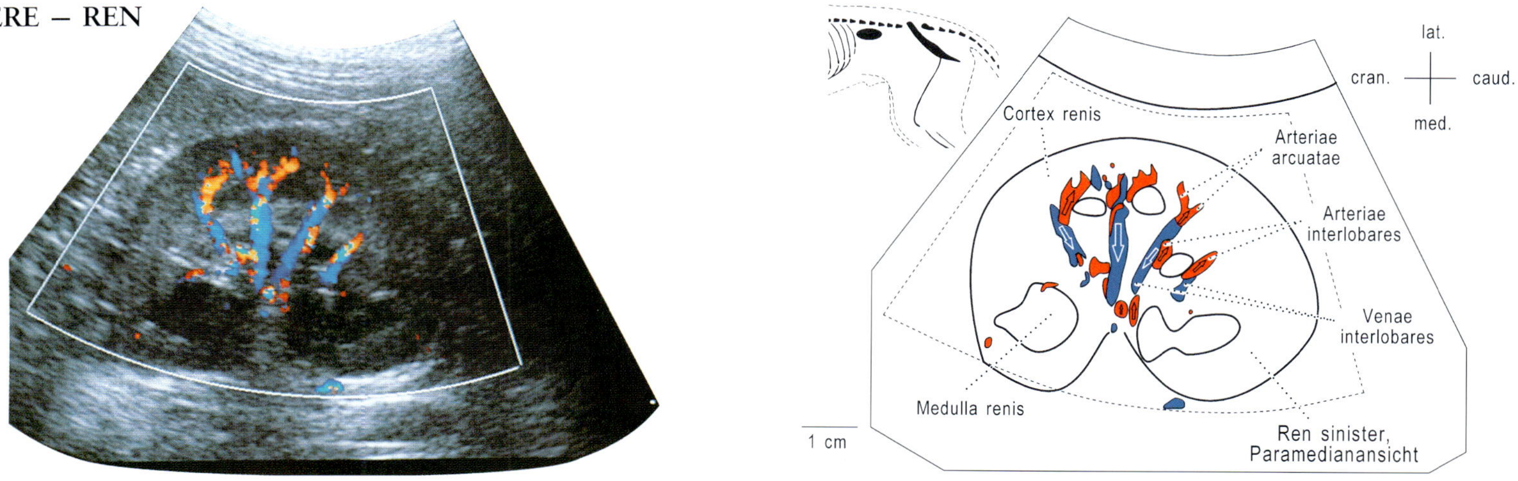

Abb. 14: Ren sinister, paramedianer Längsschnitt; farbkodierte Dopplerdarstellung des Blutstromes in intrarenalen Gefäßen.

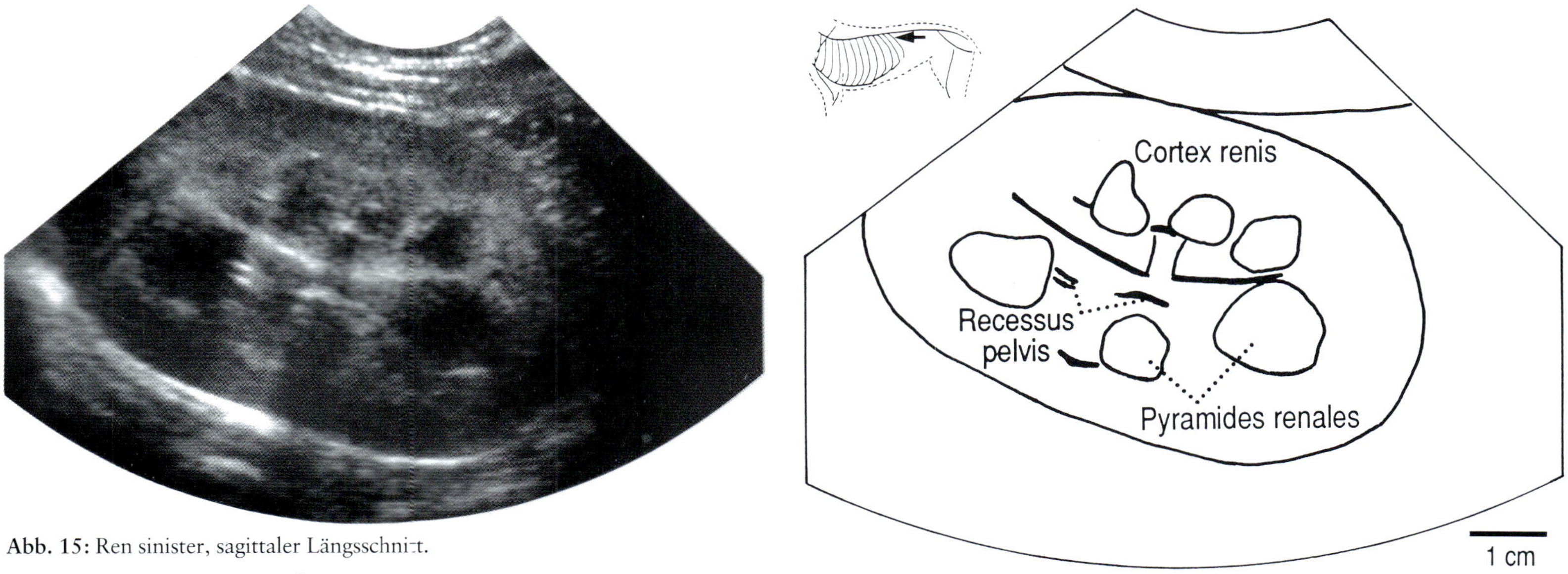

Abb. 15: Ren sinister, sagittaler Längsschnitt.

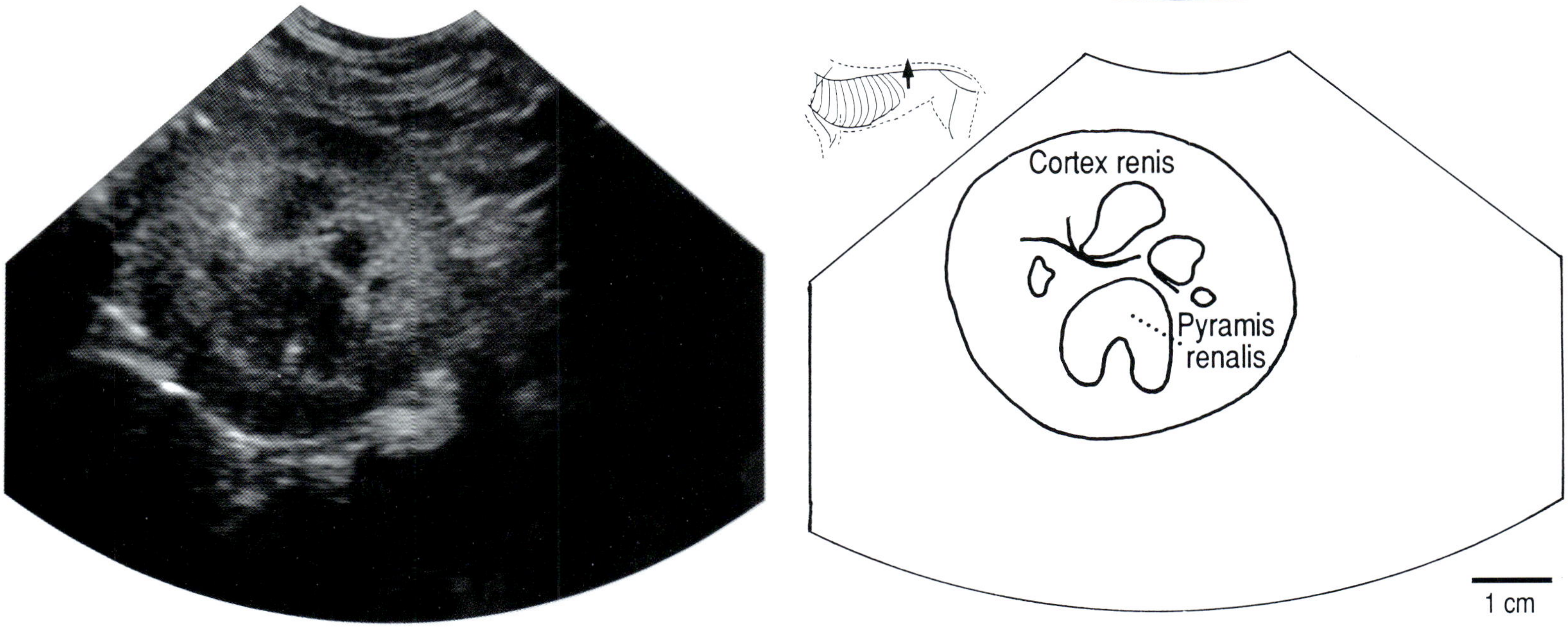

Abb. 16: Ren sinister, Querschnitt.

EIERSTOCK – OVARIUM

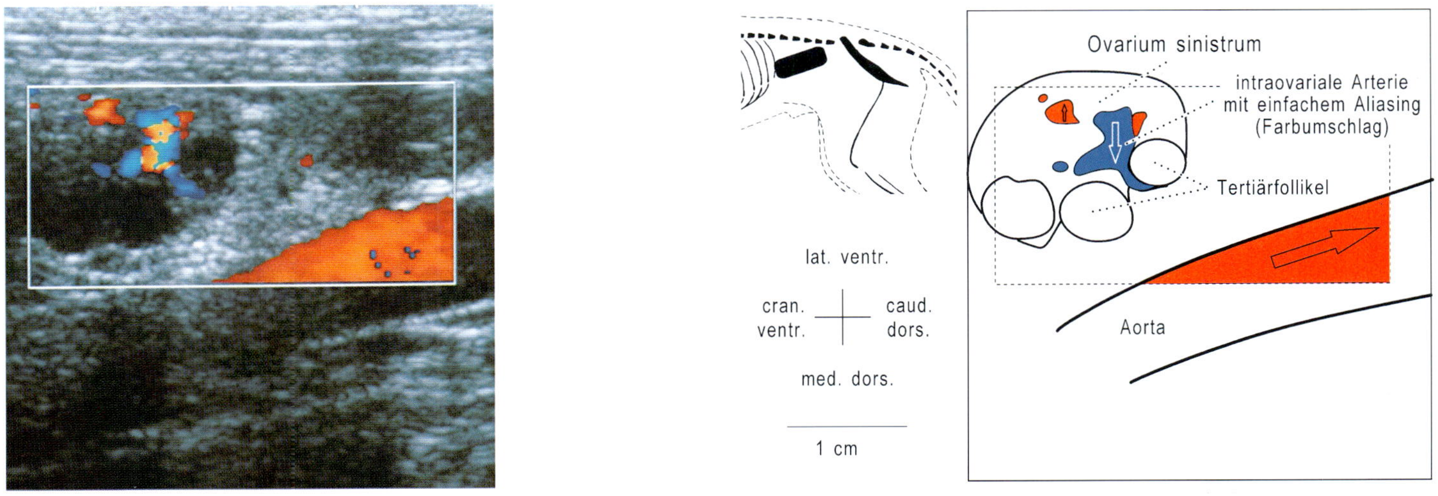

Abb. 17: Ovarium sinistrum mit Tertiärfollikeln bei einer läufigen Hündin; farbkodierte Dopplerdarstellung des Blutstromes in Aorta und intraovarialen Gefäßen.

HARNBLASE – VESICA URINARIA, GEBÄRMUTTERHÖRNER – CORNUA UTERI

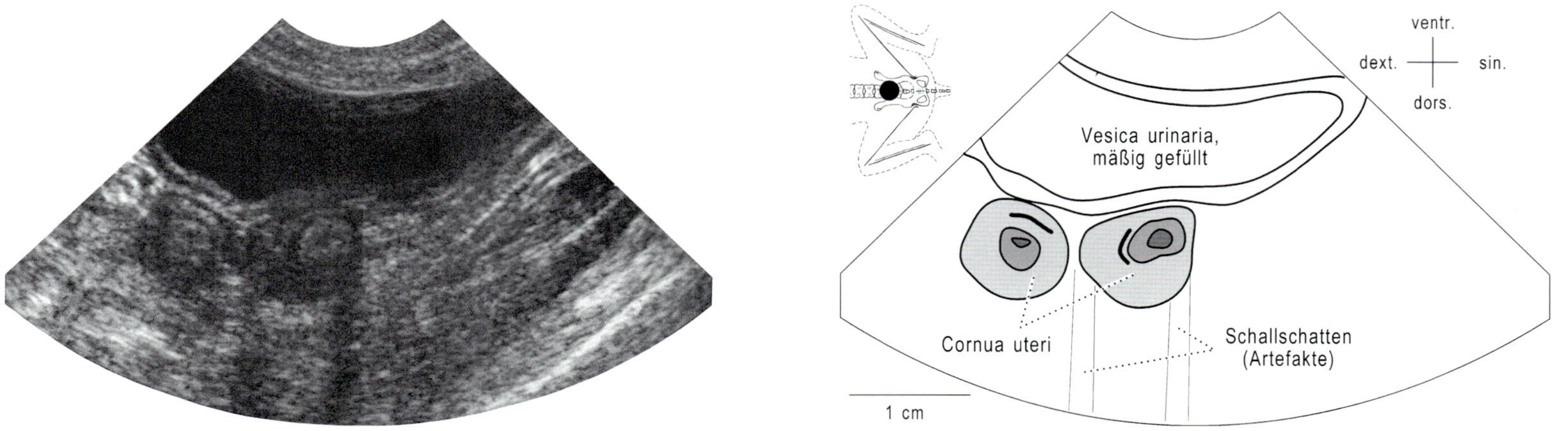

Abb. 18: Mäßig gefüllte Vesica urinaria und quergeschnittene Cornua uteri bei einer läufigen Hündin.

VORSTEHERDRÜSE – PROSTATA

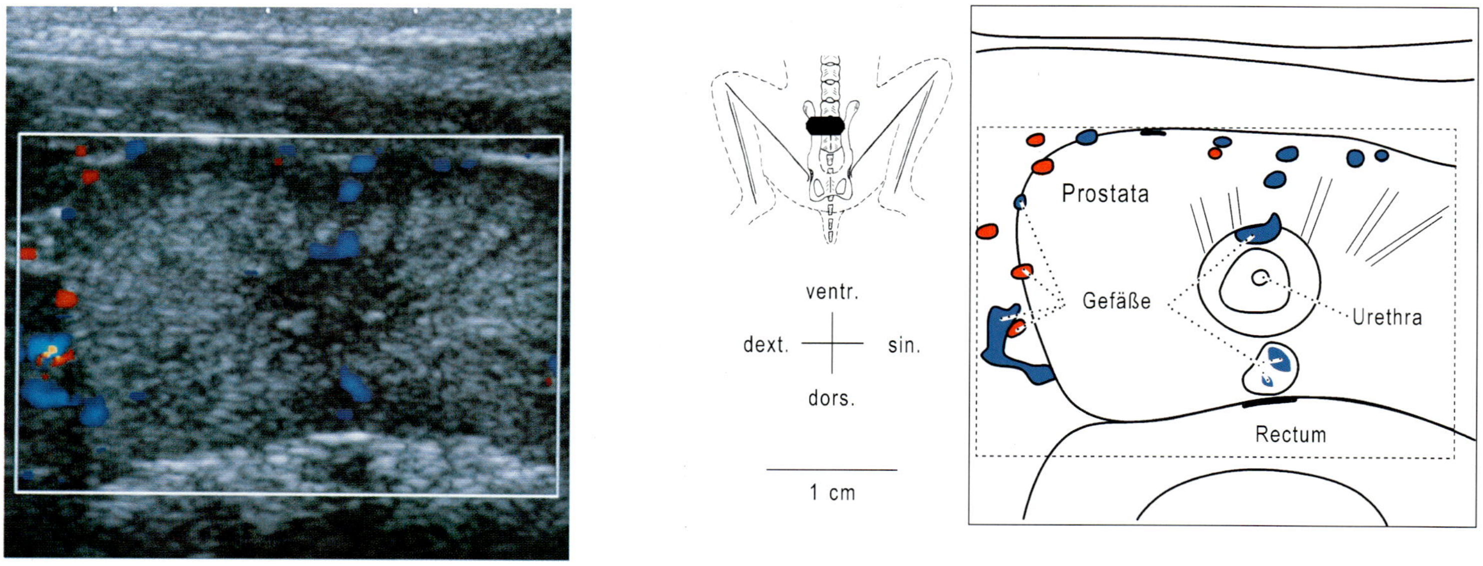

Abb. 19: Prostata und Urethra im Querschnitt, farbkodierte Dopplerdarstellung des Blutstromes in intra- und periprostatischen Gefäßen.

HODEN – TESTIS

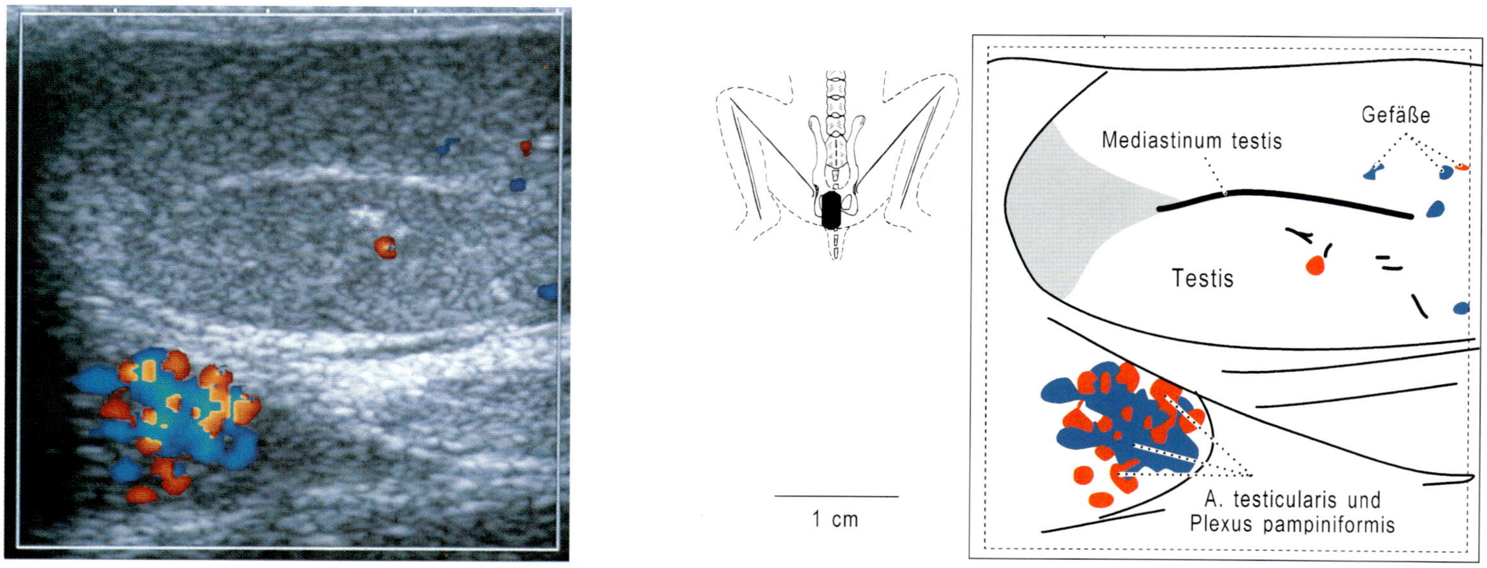

Abb. 20: Testis, Längsschnitt, farbkodierte Dopplerdarstellung des Blutstromes in der A. testicularis und dem Plexus pampiniformis.

Anschrift des Verfassers:

Prof. Dr. Cordula Poulsen Nautrup
Institut für Tieranatomie
Ludwig-Maximilians-Universität
München

Layout:
Susanne Fassbender, med. techn. Assistentin

Technische Zeichnungen:
Gertrud Poulsen Nautrup, Technikerin

Der Firma FEINFOCUS Röntgen-Systeme in Garbsen, insbesondere Herrn H. Hansen, danke ich für die Möglichkeit, Mikrofokus-Röntgengeräte nutzen zu dürfen.

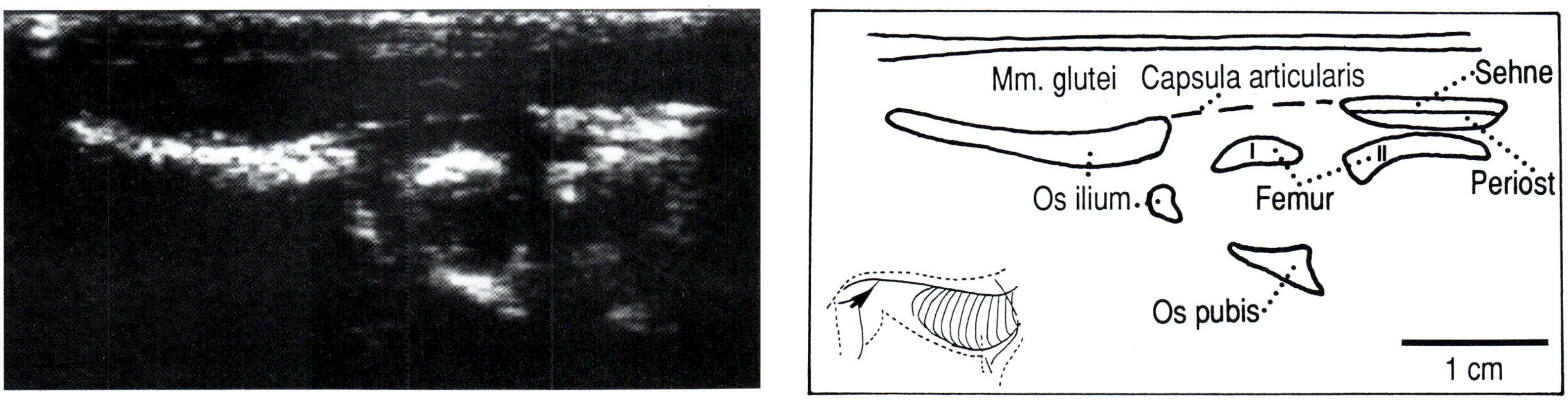

Abb. 21: Articulatio coxae, Längsschnitt.
(Kresken, J.-G., Köstlin, R. G., Chirurgische Tierklinik, Ludwig-Maximilians-Universität München).

TRÄCHTIGKEIT

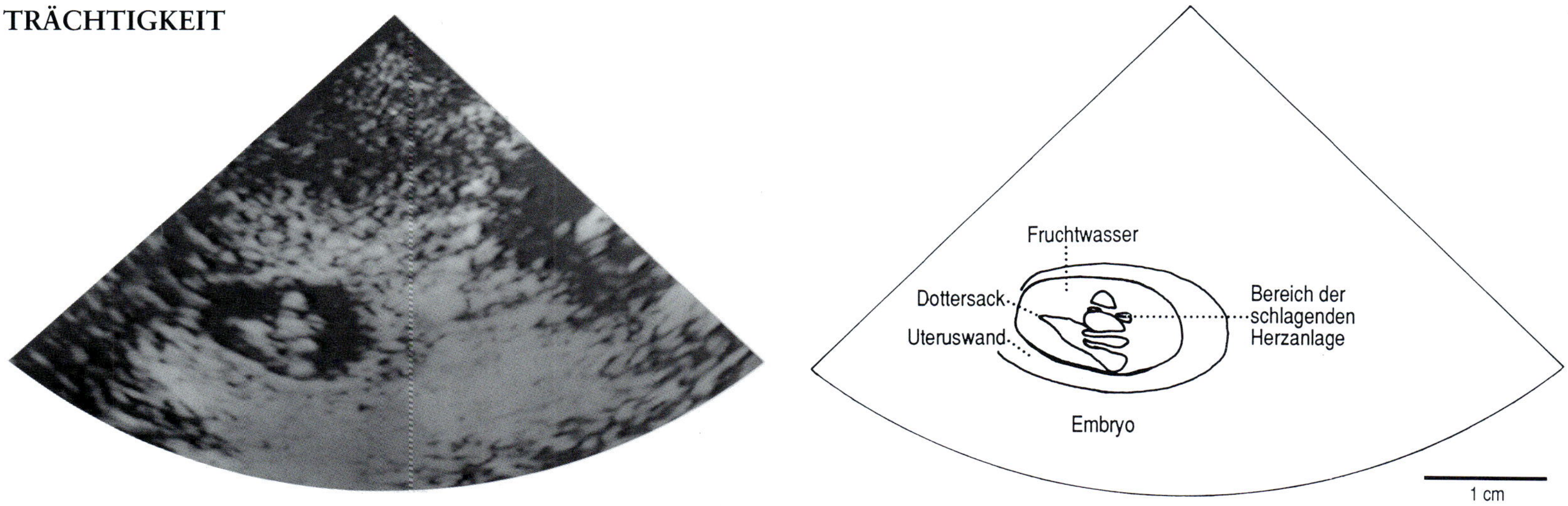

Abb. 22: Frühträchtigkeit, Schwanzknospenembryo, 20 Tage post conceptionem.

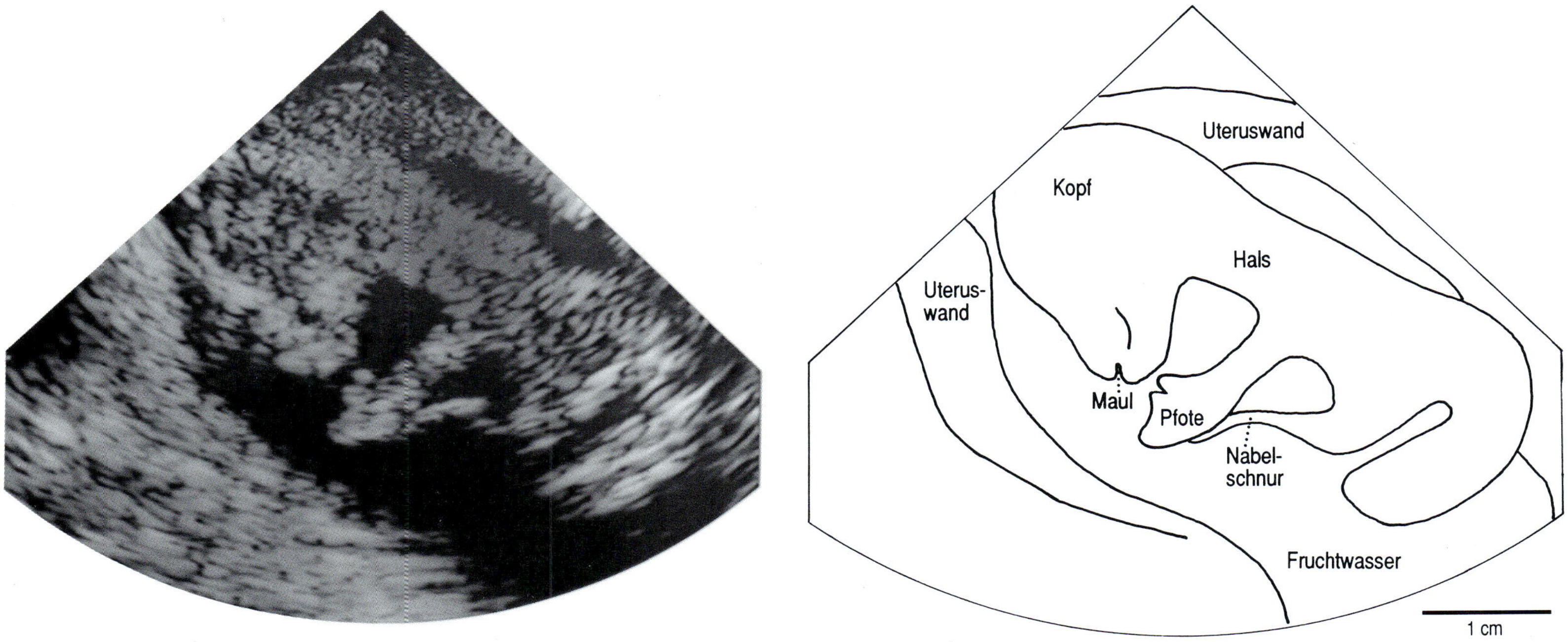

Abb. 23: Trächtigkeit, Fetus, 38 Tage post conceptionem.

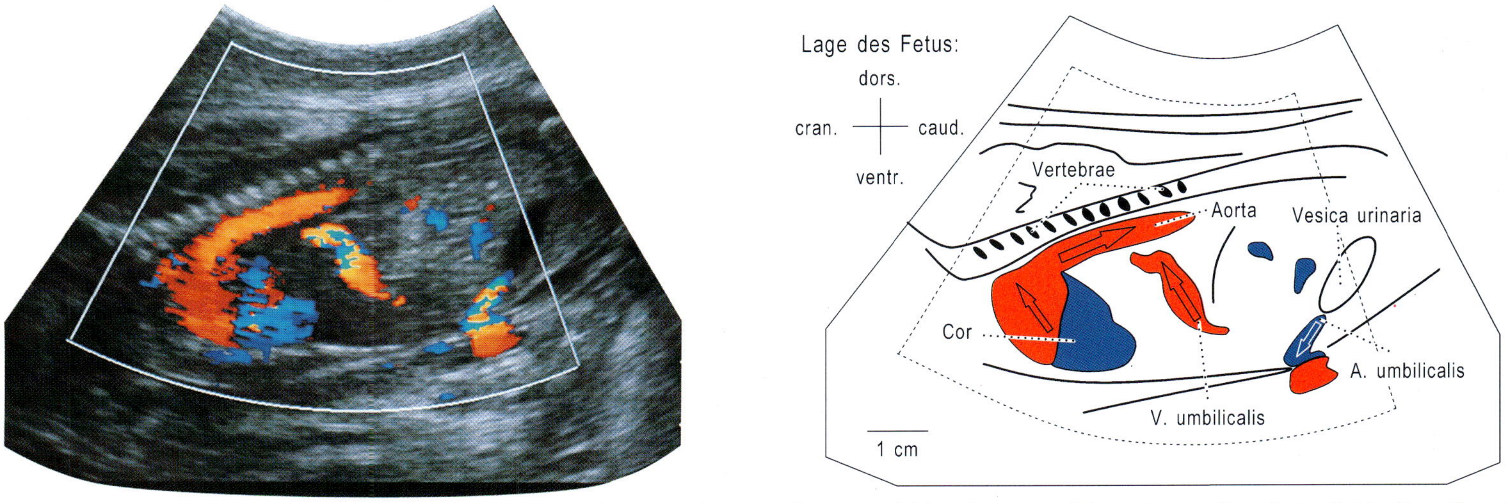

Abb. 24: Spätträchtigkeit, Fetus, 52 Tage nach Ovulation, Cavum thoracis und Cavum abdominis, leicht schräg ausgeführter Paramedianschnitt; farbkodierte Dopplerdarstellung des fetalen Kreislaufs.

4.1 Aus der **ÄUSSEREN HAUT** embryonal abgeschnürte und in die Leder- oder Unterhaut verlagerte Epidermis bildet **Epidermoidzysten (Echtes Atherom**; s. auch 6.1), die einen Durchmesser von bis zu 5 cm annehmen können. **Dermoidzysten** enthalten in ihrer Wand zusätzlich Bestandteile des Epidermalorgankomplexes (Haarfollikel, Talg- und Schweißdrüsen).

4.2 Das **STRATUM CORNEUM** oder einfach **Horn** bildet die wesentliche semipermeable Barriere der äußeren Haut. Es besteht aus verhornten Epidermiszellen (Hornzellen), die über einen **Interzellularkitt** – gleich Ziegelsteine einer Mauer über einen Mörtel – miteinander verbunden sind. Der Interzellularkitt wird im Rahmen der Keratinisierung im Stratum spinosum gebildet und in Form von sogenannten membrane coating vesicles in den Interzellularspalt ausgeschieden. Wesentliche Komponenten des Interzellularkittes der Haut sind Lipide, insbesondere Ceramide, die chemisch an Glykoproteine der Hornzellhülle gebunden sind. Bei der **Autoimmunkrankheit Pemphigus** führt eine autoimmunologische Reaktion gegen diese Glykoproteine zur Lösung der Hornzellen voneinander. Eine Erweiterung des Interzellularspaltes und Blasenbildung sind die Folge. Der kontinuierliche Prozeß der Neubildung und Keratinisierung von Epidermiszellen, die schließlich verhornen und sich über **Abschilferung (Desquamation)** aus dem Hornzellverband lösen, ist energie- und nährstoffaufwendig und wird über einen Feed-back-Mechanismus geregelt. Eine Störung dieses dynamischen Gleichgewichtes z. B. durch einen Vitamin A- oder Zinkmangel kann zur **Verdickung des Stratum corneum (Hyperkeratose)** führen. Bei angeborenen (z. B. fehlende Steroidsulfatase bei Ichthyosis congenita) oder erworbenen (z. B. Mangel an essentiellen Fettsäuren) Störungen des Lipidstoffwechsels wird ein minderwertiger Interzellularkitt gebildet, der eine sichtbare **Schuppenbildung (Seborrhoe)** zur Folge hat.

4.3 Die kollagenen und elastischen Fasern der **LEDERHAUT** besitzen in den verschiedenen Körperregionen jeweils eine bestimmte Hauptausrichtung, die durch die sogenannten **Spaltlinien** dargestellt werden. Dies sind schlitzartige Verletzungen, die nach kreisrunden Einstichen in die Haut entstehen. Schnitte quer zu den Spaltlinien führen zu klaffenden Hautwunden. Die Wundränder von Schnitten längs zu den Spaltlinien liegen spannungsfrei aneinander. Das straffe Bindegewebe der Lederhaut gestattet die Applikation nur geringer Volumina bei der **intradermalen (i.d.) Injektion.** Die intradermal injizierten Stoffe gelangen in engen Kontakt zum Abwehrsystem der Haut, weshalb diese Injektionsform insbesondere für Allergietests verwendet wird.

4.4 Die lockere **UNTERHAUT** des Hundes eignet sich gut für die **subcutane (s.c.) Injektion** auch größerer Flüssigkeitsvolumina. Regelmäßige Druckbelastungen der Haut über festen Unterlagen (Knochenvorsprünge) können zur Bildung **subkutaner Schleimbeutel** führen, wie diese z. B. über dem Ellenbogenhöcker schwerer Hunderassen zu finden sind.

4.5 **DECK- UND WOLLHAARE** durchlaufen einen regelmäßigen Zyklus, der den **Haarwechsel** im Herbst und Frühjahr bestimmt. Gesteuert wird dieser Zyklus von der Epiphyse (Glandula pinealis) in Abhängigkeit von der Tageslichtlänge und der Umgebungstemperatur.

6.1 Das **TALGDRÜSENSEKRET** mischt sich im Haarbalgtrichter mit dem Sekret der apokrinen Schweißdrüsen und bildet einen **oberflächlichen Lipidfilm** auf Haut und Haaren, der insbesondere sehr dichtem Fell einen stark wasserabstoßenden Effekt verleiht. Eine Verlegung der Follikelöffnung führt zum Sekretstau und der Bildung kleiner **Follikelretentionszysten (Falsches Atherom, Grützbeutel**; s. auch 4.1). **Komedonen (Mitesser)** entstehen durch eine vermehrte Talgabsonderung verbunden mit einer Hyperkeratose im Haarfollikel und lassen sich als wurstförmige Gebilde aus den Haarfollikeln ausdrücken.

6.2 Das Sekret der **OHRSCHMALZDRÜSEN** mischt sich mit desquamierten Hornzellen zum gelblich bräunlichen **Ohrschmalz (Cerumen).** Bei Verlegung des äußeren Gehörganges durch übermäßigen Haarwuchs, wie z. B. häufig bei Pudeln, sammelt sich der Ohrschmalz an und kann bei bakterieller Zersetzung eine Otitis externa ceruminosa zur Folge haben.

6.3 Die **ZIRKUMANALDRÜSEN (PERIANALDRÜSEN)** sind hepatoide Drüsen ohne Ausführungsgang. Sie neigen unter Androgeneinfluß zur **Hyperplasie**, die deshalb bei Rüden 10fach häufiger als bei Hündinnen auftritt. Bei stärkerer Vergrößerung können sie abszedieren, ulzerieren oder Fisteln bilden, die unter Schonung des M. sphincter ani externus chirurgisch versorgt werden müssen. Die selteneren **Adenokarzinome** der apokrinen perinealen Schweißdrüsen bilden autonom Parathormon (Pseudohyperparathyreoidismus), weshalb bei einer Hyperkalzämie unklarer Genese die Perianalregion auf Tumoren untersucht werden muß.

6.4 **ANALBEUTEL** s. 56.5

6.5 Das **DORSALE SCHWANZORGAN (Violsche Drüse)** sitzt dorsal des 5.–7. Schwanzwirbels. Bei Wildkaniden ist es regelmäßig ausgebildet und dient der gegenseitigen olfaktorischen Erkennung. Seine Anlage ist beim Hund als Atavismus anzusehen, die keine offensichtliche Funktion mehr besitzt und in ihrem histologischen Aufbau den hepatoiden Zirkumanaldrüsen entspricht. Bei älteren Rüden neigt sie zur **Hyperplasie** evtl. verbunden mit einer lokalen Alopezie und tritt dann als platte derbweiche Schwellung hervor, die als Sitzschwiele oder Glatze des alten Rüden bezeichnet wird.

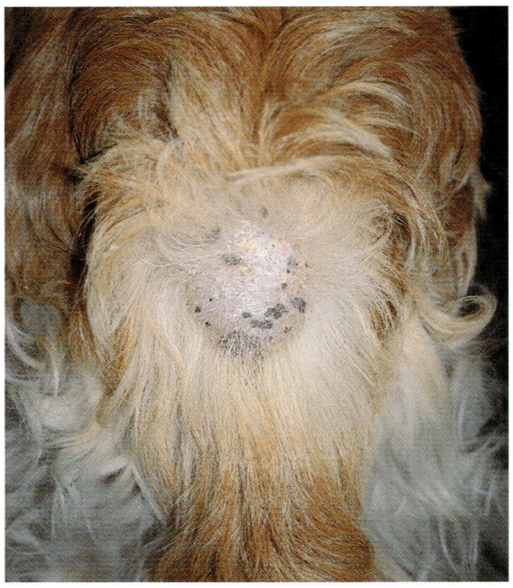

6.5 Hyperplasie der Violschen Drüse („Sitzschwiele") bei einem Hovawartrüden.

6.6 In den Subkutispolstern der **BALLEN** sind die inkompressiblen Fettzellen – vergleichbar den Gelkissen in Laufschuhen – kammerartig von elastischen Bindegewebssepten umgeben. Sie fangen die bei der Fußung auftretenden Kräfte elastisch ab und schützen die Zehenknochen vor Druckbelastung. Die starke mechanische Belastung der Ballenepidermis erfordert eine hohe Hornbildungsrate, die durch eine sehr gute Vaskularisation der Ballenlederhaut gewährleistet wird, weshalb Ballenverletzungen heftig bluten.

6.7 Ungenügend abgenutzte **KRALLEN** werden zu lang, können sich einrollen und evtl. einwachsen. Dies betrifft insbesondere die nicht in die Fußung einbezogene Daumenkralle, die deshalb regelmäßig zu kontrollieren und gegebenenfalls zu kürzen ist. Beim **Krallenschneiden** ist zu beachten, daß nicht im rechten Winkel zur Krallentüte, sondern entsprechend den Verhältnissen bei natürlicher Abnutzung in einem leicht spitzenWinkel gekürzt werden sollte.

8.1 Die **WIRBELSÄULE** ist ein wesentliches Element der parabolischen Bogensehnenbrückenkonstruktion, die dem Rumpf zwischen den Schulter- und Beckengliedmaßen die Tragfähigkeit verleiht. Gleichzeitig besitzt diese Konstruktion eine hohe Beweglichkeit, die auf der Summe der kleinen Bewegungsspielräume zwischen den Einzelwirbeln beruht. Die Dynamik, die die S-förmige Krümmung der Wirbelsäule dem Körperstamm verleiht, zeigt sich insbesondere im Sprunggalopp der Rennhunde, der den Huftieren mit ihrer wesentlich gestreckteren Wirbelsäule nicht möglich ist.

8.2 Die **WIRBEL-TERMINOLOGIE** leitet sich im anatomischen Sprachgebrauch vom lateinischen „Vertebra" und im klinischen Sprachgebrauch vom griechischen „spondylos" = Wirbel ab.

8.3 **BLOCK- UND KEILWIRBEL (HEMIVERTEBRAE)** sind verschiedene Formen der Verschmelzung einzelner Wirbelkörper oder ganzer Wirbel, die auf einer Hemmungsmißbildung beruhen und besonders häufig bei kurzschädeligen (brachyzephalen) Hunderassen auftreten. Sie können eine Deformation sowie seitliche (Skoliose), ventrale (Kyphose) oder dorsale (Lordose) Verkrümmungen der Wirbelsäule verursachen und durch Verengung des Wirbelkanales Lähmungserscheinungen hervorrufen.

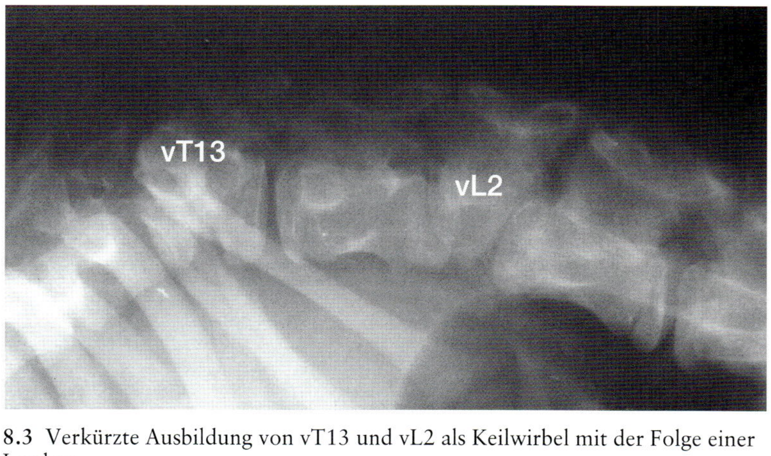

8.3 Verkürzte Ausbildung von vT13 und vL2 als Keilwirbel mit der Folge einer Lordose.

8.4 Der **WIRBELKANAL (CANALIS VERTEBRALIS)** schützt das empfindliche Rückenmark vor äußeren Einwirkungen. Ein angeborener **partiell offener Wirbelkanal** geht in der Regel mit klinischen Symptomen (Lähmungserscheinungen, Harn- und Kotinkontinenz) einher. Diese Anomalie beruht auf einer Hemmungsmißbildung des Neuralrohres und wird als **Spina bifida (Rachischisis)** bezeichnet. Betroffen sind meist Lenden- oder Kreuzwirbel, seltener der Hals- oder Brustbereich. Bei der Spina bifida aperta liegen die Rückenmarkshäute offen an der Oberfläche, während die äußere Haut bei der Spina bifida occulta geschlossen ist und den Defekt verdeckt. Die **Einengung des Wirbelkanales** ist eine häufige Ursache für Funktionsstörungen des Rückenmarkes. Sie kann auf Diskopathien (s. 10.3), Wirbelgelenksdeformationen, subluxationen oder -luxationen (s. 10.1 u. 2), Wirbelmißbildungen (s. 8.3), seltener Tumoren und Hämatomen etc. beruhen. Eine angeborene **Instabilität der kaudalen Halswirbel (kaudale zervikale Spondylomyelopathie oder Wobbler-Syndrom)** tritt besonders bei großwüchsigen Hunden (Rassedisposition Dobermann) auf und führt zur röntgenologisch sichtbaren Verkürzung des Zwischenwirbelraumes und zur Einengung des Canalis vertebralis. Folge ist die chronische Kompression des Rückenmarkes mit typischen neurologischen Ausfallserscheinungen.

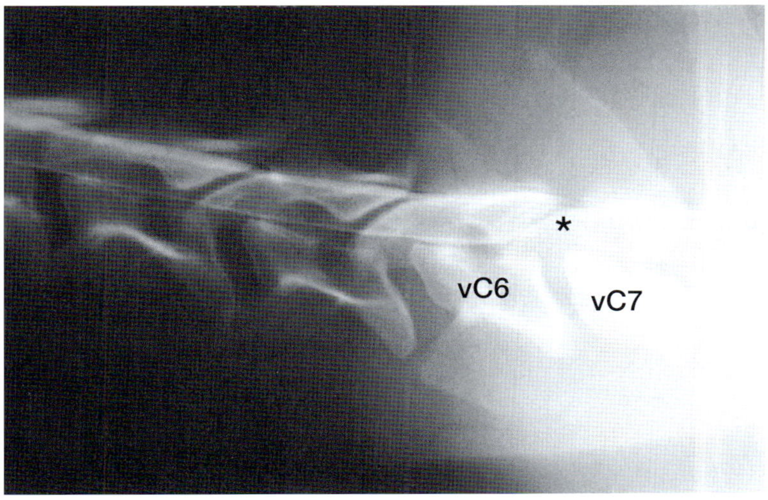

8.4 Myelographische Darstellung der Einengung (*) des Wirbelkanales auf Höhe vC6 und vC7 bei einem Dobermann mit Wobbler-Syndrom.

8.5 Eine **RESEKTION** oder **TEILRESEKTION DES WIRBELBOGENS (LAMINEKTOMIE, HEMILAMINEKTOMIE)** sind die am häufigsten verwendeten Methoden zur chirurgischen Druckentlastung des Rückenmarkes bei Einengung des Wirbelkanales im thorakolumbalen Bereich.

8.6 Chronisch deformierende knöcherne Zubildungen (Osteophyten) der **WIRBELKÖRPER UND -GELENKE (Spondylosis deformans)** sind ein häufiger röntgenologischer Zufallsbefund bei älteren Hunden. Insbesondere beim Boxer können die Zubildungen erhebliche Ausmaße annehmen und die Lendenwirbel vollständig miteinander verbinden **(Spondylarthrosis ancylopoetica)**. Klinische Symptome treten in den (selteneren) Fällen auf, in denen der normalerweise ventral ablaufende Prozeß die Spinalnerven an ihrem Austritt aus den Foramina intervertebralia komprimiert.

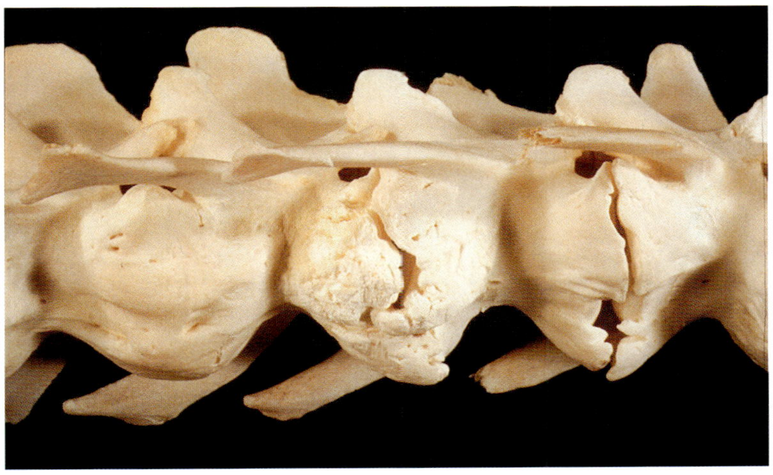

8.6 Ausgeprägte Spondylosis deformans an vL2 bis vL5 mit Verwachsung von vL2 und vL3 (Spondylarthrosis ancylopoetica).

8.7 Anomalien der **SCHWANZWIRBELSÄULE** treten in vielfältiger Form auf und sind bei einzelnen Rassen züchterisch erwünscht (z. B. Französische Bulldogge, Mops). Die konsequente Zucht auf Schwanzlosigkeit ist verbunden mit einer Häufung anderer Wirbelmißbildungen wie der Spina bifida und deshalb aus tierschützerischer Sicht als Qualzucht abzulehnen.

10.1 Eine **INSTABILITÄT DER ART. ATLANTOAXIALIS**, die **atlantoaxiale Subluxation**, ermöglicht eine übermäßige Beugung des 2. Kopfgelenkes, die zur Kompression des Rückenmarks und neurologischen Ausfallserscheinungen führt. Sie tritt angeboren insbesondere bei Zwergrassen auf und beruht dann auf einer Hypoplasie oder Aplasie des Dens axis. Sie kann aber auch durch ein Trauma mit Fraktur des Dens axis (Genickbruch) oder Zerreißung der Gelenkbänder verursacht sein.

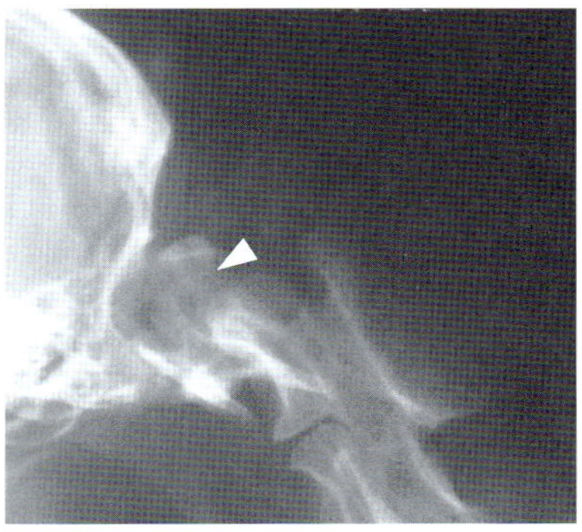

10.1 Atlantoaxiale Subluxation mit Einengung des Canalis vertebralis (Pfeil).

10.2 Veränderungen im Bereich der **ART. LUMBOSACRALIS** verursachen das **Cauda-equina-Kompressionssyndrom**, das mit Schmerzen, Lahmheit, Ataxie und Parese der Beckengliedmaßen sowie Harn- und Kotinkontinenz verbunden sein kann. Häufigste Ursachen sind degenerative Veränderungen an vL7 und vS1 (Spondylosen, s. 8.6), Diskushernien (s. 10.3) und eine Proliferation im Ligamentum flavum, die zur dorsoventralen Stenose des Wirbelkanals führen.

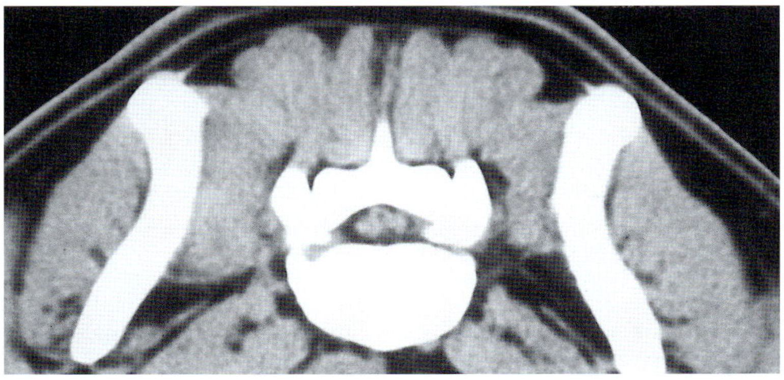

10.2 Einengung des Canalis vertebralis und der Foramina intervertebralia zwischen vL7 und vS1 bei einem Hund mit Cauda-equina-Kompressionssyndrom. (Computertomographische Aufnahme: Tierklinik Krüger, Hamburg).

10.3 Die **ZWISCHENWIRBELSCHEIBEN** unterliegen altersabhängigen Umbauvorgängen, die bei chondrodystrophen Rassen (s. 138.1) bereits in den ersten Lebensjahren schnell voranschreiten. Der Nucleus pulposus und die inneren Bindegewebslamellen des Anulus fibrosus werden zunehmend durch Knorpelgewebe ersetzt (chondroide Metaplasie). Mangelhafte Ernährung, die über Diffusion von peripheren Gefäßen erfolgt, führt zu degenerativen Veränderungen und dystrophischen Verkalkungen, die röntgenologisch darstellbar sind. Der umgebaute Nucleus pulposus ist nicht mehr in der Lage, axiale Kompressionskräfte aufzufangen und abzuleiten. Die resultierende Überlastung der Fasern des Anulus fibrosus hat ihre Überdehnung mit dorsaler Vorwölbung oder ihre dorsale Zerreißung mit Vorfall des Nucleus pulposus in den Wirbelkanal zur Folge. Eine **Bandscheibenvorwölbung (Diskusprolaps)** führt zur Kompression des Rückenmarks und/oder der Spinalnervenwurzeln und verursacht starke Rückenschmerzen, sowie gering- bis mittelgradige Ataxien und Paresen („Teckellähme"). Ein **Bandscheibenvorfall (Diskushernie)** führt zur hochgradigen Schädigung des Rückenmarks mit entsprechend schweren neurologischen Ausfallserscheinungen. Häufigste Lokalisation von Diskopathien sind der thorakolumbale Übergangsbereich von vT11 bis vL3, gefolgt von der Halswirbelsäule zwischen vC2 und vC7. Ein Bandscheibenvorfall im Bereich der Brustwirbel vT2 bis vT10 ist durch das hier ausgebildete Lig. intercapitale selten. Das Lig. longitudinale dorsale verhindert meist eine direkte dorsale Vorwölbung oder Herniation der Zwischenwirbelscheibe und lenkt den vordrängenden Nucleus pulposus lateral ab. Bei Bandscheibenvorfällen mit schweren neurologischen Symptomen ist eine chirurgische Dekompression des Rückenmarks durch Eröffnung des Wirbelkanales mit Entfernung des vorgefallenen Materials notwendig. Im Bereich der thorakolumbalen Wirbelsäule erfolgt dies vorzugsweise durch eine dorsale Hemilaminektomie (s. 8.5). Zur Druckentlastung des Halsmarks wird den Wirbelkörpern kranial und kaudal der betroffenen Bandscheibe ventromedian ein Spalt („Ventral Slot") herausgefräst, der jeweils ein Drittel der Wirbellänge bzw. -breite mißt. Die Entfernung des vorgefallenen Materials über eine ventrale Fenestration des

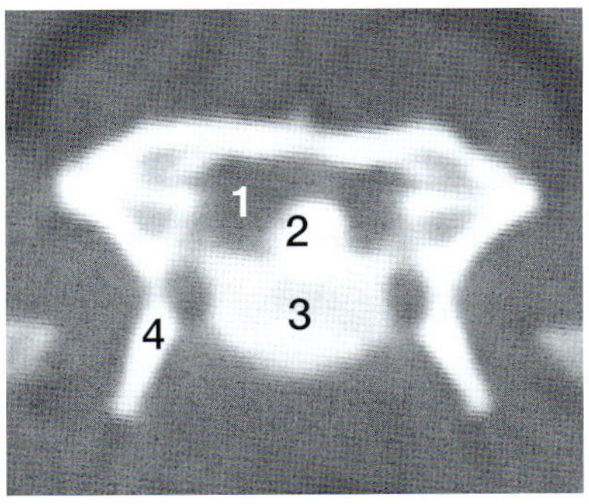

10.3 Diskushernie zwischen vC2 und vC3.
1 Canalis vertebralis;
2 vorgefallener Nucleus pulposus;
3 Corpus vC3;
4 Proc. transversus vC2.
(Computertomographische Aufnahme: Tierklinik Krüger, Hamburg).

Anulus fibrosus ist ebenfalls möglich, kann aber nicht immer eine ausreichende Druckentlastung des Halsmarks erreichen.

12.1 Die Nerven der **DORSALEN THORAKALEN HAUTNERVENREIHE** bilden den afferenten Schenkel beim Pannikulus-Reflexbogen. Hautreize entlang der Rückenlinie werden über sie abgeleitet, führen reflektorisch zur Erregung des N. thoracicus lat. und damit zur Kontraktion des M. cutaneus trunci.

14.1 Die **V. JUGULARIS EXT.** ist auch bei kollabierten peripheren Venen noch zur Blutentnahme geeignet und wird zur Entnahme größerer Blutmengen für Bluttransfusionen herangezogen. Außerdem ist sie der Zugang der Wahl für zentrale Venenkatheter.

14.2 Der **N. LARYNGEUS RECURRENS** liegt der Luftröhre seitlich an und ist unbedingt bei Halsoperationen, insbesondere beim ventralen Zugang zur Halswirbelsäule, zu beachten und zu schonen. Seine Schädigung hat eine einseitige Kehlkopflähmung (Hemiplegia laryngis) zur Folge.

14.3 Der oberflächlich liegende **BUGLYMPHKNOTEN** ist gut tastbar und sollte bei jeder klinischen Allgemeinuntersuchung palpatorisch auf Veränderungen untersucht werden.

14.4 Im **OESOPHAGUS** erfolgt der Weitertransport von abgeschluckten Bissen durch wellenförmige, nach aboral gerichtete unwillkürliche Kontraktionen der Oesophagusmuskulatur. Die Peristaltik wird automatisch nach Auslösung eines Schluckreflexes ausgeführt, aber auch unmittelbar durch mechanische Dehnungsreize gefördert oder sogar ausgelöst. Ein vollständiger Transport von kleinen Teilen (Tabletten!), die keinen Dehnungsreiz ausüben, ist daher nicht immer gewährleistet. **Motilitätsstörungen** können lokal den pharyngoösophagealen Übergangsbereich oder die gesamte Oesophagusmuskulatur betreffen. **Pharyngooesophageale Motilitätsstörungen** beruhen auf angeborenen neuromuskulären Funktionsstörungen mit Lähmung des M. cricopharyngeus (cricopharyngeale Achalasie s. 102.1), können aber z. B. auch Folge einer Staupe- oder Tollwutinfektion sein. Motilitätsstörungen der Oesophagusmuskulatur haben einen ungenügenden Transport der Nahrung und eine Erweiterung der Speiseröhre (**Megaoesophagus**) zur Folge. Die Ursache kann in einer angeborenen Innervationsstörung (Rassedisposition Schäferhund), sowie sekundäre Folge neurogener oder myogener Krankheiten (z. B. Polyneuritis, Myasthenia gravis) sein. Eine Dilatation des kaudalen Abschnittes des Oesophagus wird in selteneren Fällen durch eine ungenügende Erschlaffung des M. sphincter cardiae hervorgerufen (s. 54.5). Im Oesophagus steckengebliebene Fremdkörper (z. B. abgeschluckte Knochen, Bälle etc.) verlegen das Lumen partiell oder vollständig (**Obturation**). Anatomisch für Obturationen disponierte Engstellen sind die Apertura thoracis cranialis, die Herzbasis und der Durchtritt durch das Zwerchfell. Der fortwährende Dehnungsreiz durch den Fremdkörper führt zu einem Krampf der Oesophagusmuskulatur, der zur Minderdurchblutung, ischämischer Nekrose und schließlich Perforation der Oesophaguswand führen kann. Eine Einengung der Speiseröhre von außen (Stenose) wird am häufigsten durch Verlaufsanomalien der großen Gefäße (Rechtsaorta s. 44.4) verursacht.

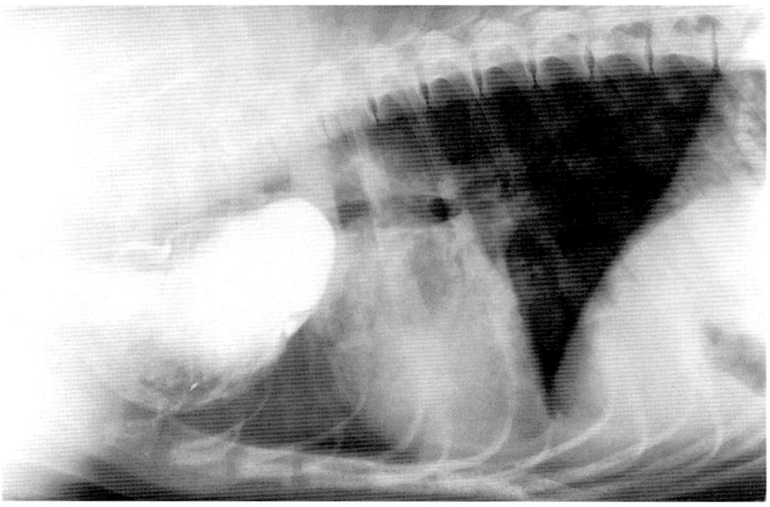

14.4 Kontrastdarstellung des präkardial erweiterten Oesophagus bei einem Hund mit Rechtsaorta und persistierendem Ductus arteriosus.

14.5 Eine **EINENGUNG DER TRACHEA (TRACHEALSTENOSE)** führt zur Atemnot (Dyspnoe). Hauptursache ist eine Schwäche und Überdehnung des Paries membrananceus und des M. trachealis, die eine dorsoventrale Abflachung der Trachea (**Trachealkollaps**) zur Folge hat. Das Krankheitsbild wird fast ausschließlich bei Zwerghunden gesehen (Yorkshireterrier, Toypudel, Chiuahua, Mops) und ist zumindest zum Teil kongenital bedingt. Seltener sind kongenitale Formveränderungen wie eine seitliche Abplattung (**Säbelscheidentrachea**) oder die bei Bulldoggen auftretende Hypoplasie von Knorpelspangen. Eine akut lebensbedrohliche Atemnot durch Verlegung der oberen Atemwege z. B. beim Kehlkopfödem kann durch eine Eröffnung der Luftröhre (Tracheotomie) behandelt werden. Dazu wird nach ventromedianer Freilegung der Trachea eine Inzision eines der Ligamenta anularia zwischen der 2. und 5. Knorpelspange vorgenommen, in die ein T-förmiger Trachealtubus eingeführt wird.

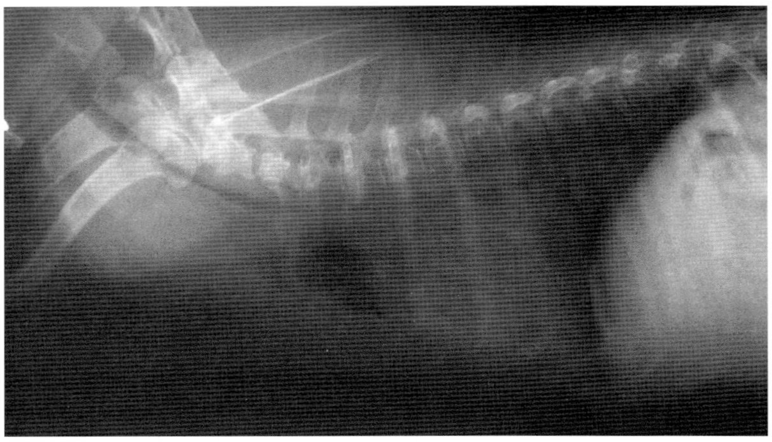

14.5 Abflachung des intrathorakalen Teils der Trachea (Trachealkollaps) bei einem Yorkshireterrier. Die Röntgenaufnahme wurde in exspiratorischer Atemstellung angefertigt.

14.6 Die **SCHILDDRÜSE** ist eine endokrine Drüse, die durch gesteuerte Abgabe ihrer Hormone Tetrajodthyronin (Thyroxin) und Trijodthyronin in die Blutbahn die Intensität des Stoffwechsels reguliert. Ihre parafollikulären oder C-Zellen produzieren zusätzlich das Hormon Kalzitonin, dessen Ausschüttung eine Senkung des Kalziumspiegels bewirkt. Die Schilddrüse entwickelt sich mit ihren Hauptanteilen dorsal aus dem Entoderm der Zungenwurzel. (Die C-Zellen stammen aus den Ultimobranchialkörpern und primär aus der Ganglienleiste.) Von der Zunge sproßt der Ductus thyreoglossus bis zur ventralen Kehlkopf-Tracheagrenze. Das Distalende des Ductus thyreoglossus entwickelt sich zum rechten und linken Seitenlappen sowie zum mittleren Isthmus glandularis, der beim Hund aber nur gelegentlich ausgebildet ist. Die übrigen Teile des Ductus thyreoglossus bilden sich normalerweise vollständig zurück. Einzelne erhalten gebliebene Reste differenzieren sich zu akzessorischen Schilddrüsen, die an allen Organen, die während der Embryonalentwicklung Kontakt zur Schilddrüsenanlage hatten (Zunge, Kehlkopf, Trachea, Herzbasis), vorkommen können. Ausgehend vom Ductus thyreoglossus können sich gelegentlich Zysten entwickeln, die meist an der Zungenwurzel liegen. Die Größe der Schilddrüse ist von einer Vielzahl von Faktoren wie Körpergewicht, Alter, Geschlecht und Jahreszeit abhängig und kann sonographisch bestimmt werden. Jede Form der Schilddrüsenvergrößerung wird als **Struma (Kropf)** bezeichnet und hat eine Vielzahl von Ursachen. Klassisches Beispiel ist eine Jodmangelstruma infolge einer chronischen Unterversorgung mit Jod in Jodmangelgebieten (Süddeutschland). Tumorbedingte Strumen sind beim Hund häufig bösartig (Struma carzinomatosa). Eine bei Hunden (Rassedisposition Beagle) relativ häufige autoimmunologische Schilddrüsenentzündung (Thyreoiditis) kann eine Schilddrüsenverkleinerung und -unterfunktion (Hypothyreose) verursachen.

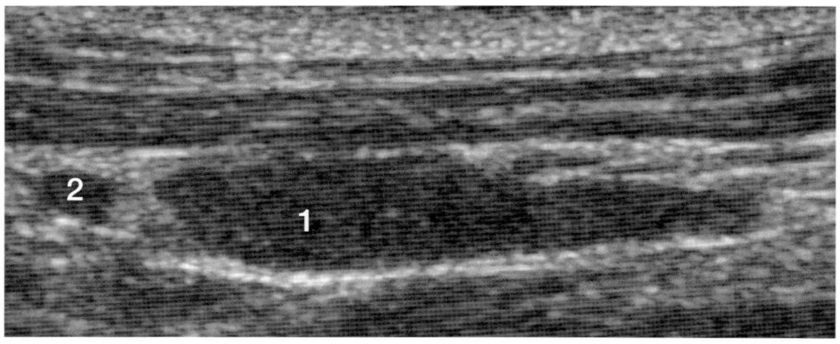

14.6 u. 14.7 Sonographischer Längsschnitt durch die Schilddrüse (1) und das kraniale äußere Epithelkörperchen (2).

14.7 Die **NEBENSCHILDDRÜSEN (EPITHELKÖRPERCHEN)** regulieren den Kalzium- und Phosphatstoffwechsel. Die Ausschüttung ihres Hormones Parathormon bewirkt als Antagonist des Kalzitonins eine Erhöhung des Blutkalziumspiegels und gleichzeitig eine Absenkung des Phosphatspiegels. Ein **Funktionsausfall** der Nebenschilddrüsen führt innerhalb kurzer Zeit zu lebensbedrohlichen hypokalzämischen Tetanien, weshalb die Epithelkörperchen bei Schilddrüsenoperationen unbedingt zu schonen sind. Fütterungsfehler (z. B. vorwiegende Fleischfütterung) insbesondere von Junghunden sind häufig Ursache einer **übermäßigen Aufnahme von Phosphat** und/oder einer **unzureichenden Kalziumzufuhr**. Gegenregulatorisch kommt es zur vermehrten Parathormonausschüttung (**alimentärer sekundärer Hyperparathyreoidismus**) und schließlich **Hyperplasie der Nebenschilddrüsen**. Die Folge ist eine vermehrte Kalziumresorption aus den Knochen, weshalb dieses Krankheitsbild auch als **juvenile Osteoporose** oder **Osteodystrophia fibrosa** bezeichnet wird. Die Demineralisierung der Knochen führt zur Verbiegung der langen Röhrenknochen und der Neigung zu Grünholz-, Impressions- und Wirbelfrakturen. Typische Ursache einer Hyperplasie der Nebenschilddrüsen bei alten Hunden ist eine **chronische Niereninsuffizienz**, die über die Störung der enteralen Kalziumresorption eine Hypokalzämie und damit ebenfalls eine vermehrte Parathormonausschüttung (**renaler sekundärer Hyperparathyreoidismus**) mit entsprechenden Folgen für das Skelettsystem bewirkt. **Adenome der Nebenschilddrüsen** können autonom Parathormon bilden und führen zum seltenen Krankheitsbild des **primären Hyperparathyreoidismus**, dessen Leitsymptom eine Hyperkalzämie ist (s. auch 6.3).

16.1 Das **ACROMION** kann zur Erleichterung des lateralen chirurgischen Zuganges zum Collum scapulae osteotomiert (vorübergehend an seiner Basis gelöst) werden, wobei die enge Lagebeziehung zum N. suprascapularis zu beachten ist. Am Ende des Eingriffes wird das Acromion mit einer Zugschraube oder Bohrdrähten jeweils kombiniert mit einer Zuggurtung wieder fixiert.

16.2 Der **HUMERUS** besitzt beim wachsenden Hund proximal eine Epiphyse (Caput humeri) und eine Apophyse (Tuberculum majus und minus). Beide Kochenkerne verschmelzen im Laufe der Entwickung und sind dann von der Diaphyse durch eine charakteristisch dachförmige Wachstumsfuge getrennt. Distal besitzen Trochlea und Capitulum humeri je einen eigenen Verknöcherungskern, die nach etwa zwei Monaten miteinander verschmelzen und ebenfalls eine gemeinsame Epiphyse bilden. Die proximale Epiphysenfuge besitzt eine wesentlich höhere Wachstumspotenz als die distale, so daß das Längenwachstum des Humerus vorwiegend nach proximal erfolgt. Stauchungen oder Frakturen der proximalen Wachstumsfuge haben somit potentiell gravierendere Folgen für das weitere Längenwachstum des Oberarmbeines als Verletzungen der distalen Epiphysenfuge.

16.3 **OLEKRANONFRAKTUREN** treten bei von lateral einwirkenden Traumata auf oder entstehen durch Überstreckung des Ellenbogengelenkes. Der kräftige Zug des M. triceps brachii am Tuber olecrani führt zur Kippung des Olecranon nach kranioproximal. Die somit immer dislozierte Fraktur muß operativ (KIRSCHNER Bohrdrähte, Verplattung) versorgt werden. Die Zugkräfte des M. triceps brachii müssen zusätzlich durch eine Zuggurtung aufgenommen werden.

16.4 Der **PROC. ANCONAEUS** verleiht dem gestreckten Ellenbogengelenk eine Stabilität gegen Seitwärts- und Rotationsbewegungen. Seine Ablösung (isolierter oder fragmentierter Proc. anconaeus) führt zur leichten Instabilität des Gelenkes und damit zur Arthrosenbildung. Das Krankheitsbild des isolierten Proc. anconaeus wird zum Komplex der Ellenbogengelenksdysplasie (s. 26.2) gerechnet. Seine Loslösung ist nicht traumatisch bedingt, sondern wahrscheinlich Folge einer Wachstums- und Ernährungsstörung seiner knorpeligen Apophysenfuge, die z. B. durch fehlerhafte Ernährung und Aufzucht, aber auch genetische Disposition (z. B. Schäferhund) gefördert wird.

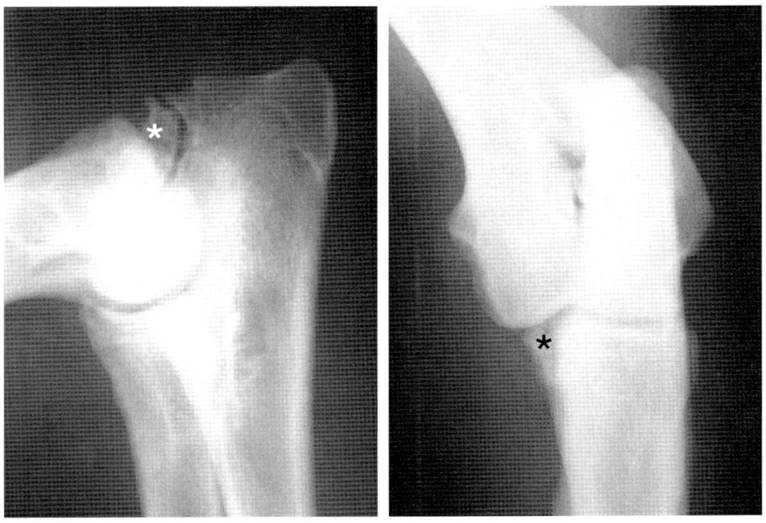

16.4 (Links) isolierter Proc. anconaeus (*) bei einem Schäferhund und
16.5 (rechts) röntgenologische Darstellung der Fragmentierung des Proc. coronoideus med. (*).

16.5 Die **FRAGMENTIERUNG DES PROC. CORONOIDEUS MED. UND LAT.** wird ebenfalls zum Komplex der Ellenbogengelenksdysplasie gerechnet und tritt insbesondere bei großwüchsigen Hunderassen wie dem Berner Sennenhund oder dem Rottweiler auf. Eine der möglichen Ursachen liegt in einer Wachstumsverzögerung des Radius („Short-Radius-Syndrom"). Der Humerus gelenkt dann nicht mehr mit dem verkürzten Radius, sondern lastet insbesondere auf dem Proc. coronoideus med., der als Reaktion deformiert oder fragmentiert.

16.6 In der distalen **ULNA-EPIPHYSENFUGE** erfolgt 80 % des Längenwachstums der Ulna. Genetische (Teckel, Basset), traumatische oder alimentäre (verzögerte Mineralisation s. 14.7) Faktoren können zu einem verzögerten Längenwachstum führen. Die Folge ist eine Verkürzung und Verbiegung der Ulna („Short-Ulna-Syndrom") und eine Stufenbildung im Ellenbogengelenk (**Distractio cubiti**) und/oder im Karpalgelenk (**Distractio carpi**). Das Wachstum des Radius distal über den Proc. styloideus ulnae hinaus führt zur Auswärtsdrehung der distalen Gliedmaßenabschnitte (**Carpus valgus**). Eine verzögerte Mineralisation des Fugenknorpels stellt sich röntgenologisch als konischer Bezirk geringerer Röntgendichte dar („persistierender Knorpelzapfen") und kann in leichter Ausprägung bei Riesenrassen fast regelmäßig nachgewiesen werden.

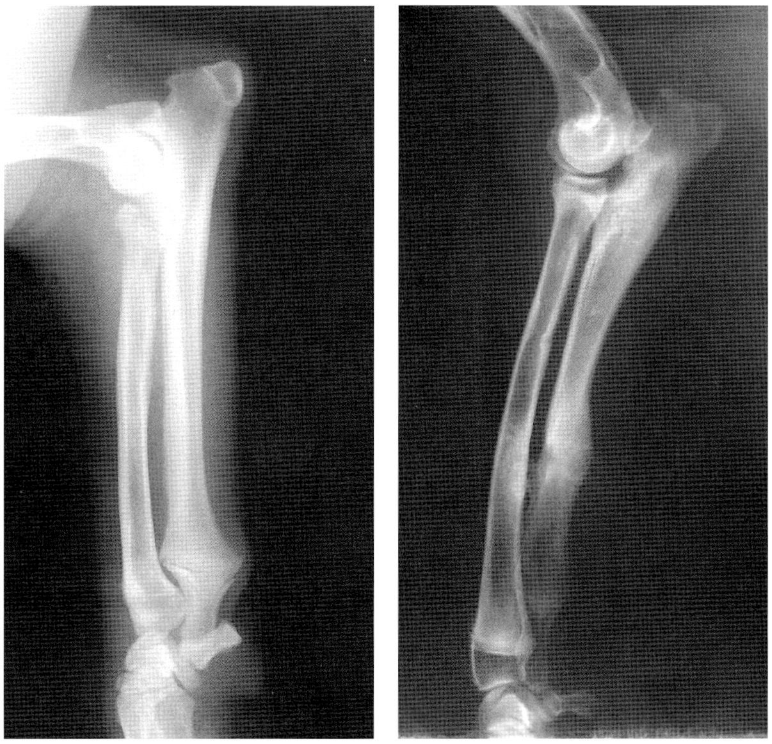

16.5 u. 16.6 Short-Radius-Syndrom (linke Abb.) und Short-Ulna-Syndrom (rechte Abb.) als Folge einer Wachstumsverzögerung nach Fraktur der Ulna.

18.1 Die Nerven des **PLEXUS BRACHIALIS** können durch Druck, Quetschung oder Überdehnung aber auch Tumoren oder Abszesse – ausgehend von den Lnn. axillares – geschädigt werden. Durch Überdehnung sind insbesondere Nerven mit kurzer Verlaufstrecke zwischen der Scalenuslücke und dem Muskeleintritt wie z. B. der N. axillaris gefährdet. Abrisse oder Ausrisse der Plexuswurzeln aus dem Rückenmark sind meist Folge extremer Abduktion der Gliedmaße z. B. bei Autounfällen. Ein vollständiger Abriß des Plexus brachialis führt zur Lähmung der gesamten Gliedmaßenmuskulatur mit Hängen der Schulter und des Ellenbogens bei gebeugter Karpalgelenksstellung. Der Abriß des nTv1 bewirkt zusätzlich den Ausfall des Pannikulusreflexes (s. 12.1) und bei Schädigung der Rr. communicantes albi, die zum Ggl. cervicothoracicum ziehen, tritt ein gleichseitiges (ipsilaterales) HORNERsyndrom (s. 118.1) auf.

18.2 Verletzungen des **M. BICEPS BRACHII** betreffen meist seine Ursprungssehne, die direkt rupturieren oder bei jungen Hunden mit dem Tuberculum supraglenoidale scapulae ausreißen kann (Abrißfraktur). Typisches diagnostisches Merkmal dieser Ruptur ist, daß das Schultergelenk passiv weit überbeugt und das Ellenbogengelenk weit überstreckt werden können.

18.3 Der **N. RADIALIS** kann in seinem Verlauf über die Crista supracondylaris lateralis infolge traumatischer Einwirkungen leicht geschädigt werden. Die Folge ist eine **(distale) Radialislähmung,** die mit einem Ausfall der Zehen- und Karpalgelenksstrecker einhergeht und zum Bild der „Kußhandstellung" führt. Bei Schädigung des N. radialis im Bereich des Plexus brachialis fällt zusätzlich der M. triceps brachii aus **(proximale Radialislähmung)**. Neben den motorischen Ausfällen kommt es bei einer Radialislähmung zum Sensibilitätsausfall am Pfotenrücken.

18.4 Der **N. ULNARIS** ist auf der Medialfläche des Olecranon tastbar und kann bei gestreckt gehaltenem Ellenbogen (lockere Trizepsmuskulatur) nach proximal verfolgt werden.

20.1 Die **V. CEPHALICA ANTEBRACHII** eignet sich für die Venenpunktion zur Blutentnahme oder intravenösen (i.v.) Injektion und zum Legen von Dauerverweilkanülen. Medial und lateral wird die Vene von sensiblen Ästen des N. radialis begleitet, weshalb paravenöses Einstechen von Kanülen heftige Abwehrreaktionen des betroffenen Patienten hervorrufen kann.

20.2 Der **N. SUPRASCAPULARIS** kann in seinen Verlauf um das Collum scapulae durch Skapulafrakturen leicht geschädigt werden. Seine Verletzung führt zur Lähmung der Mm. supraspinatus und infraspinatus. Folgen sind eine Instabilität des Schultergelenkes, Abduktion der Schulter bei Belastung sowie Probleme beim Vorführen der Gliedmaße.

20.3 Eine Überlastung mit Anschwellung des **M. INFRASPINATUS** führt durch Druckanstieg zu seiner Minderdurchblutung (akut funktionelles Kompartmentsyndrom), woraus sich eine ischämiebedingte Fibrosierung und Kontraktur entwickeln kann. Die Verkürzung des Muskels hat eine Außenrotation der Gliedmaße bei adduziertem Ellenbogengelenk und verminderter Beweglichkeit zur Folge. Die frühzeitige chirurgische Durchtrennung des M. infraspinatus führt meist zur vollständigen Wiederherstellung der Gliedmaßenfunktion (s. auch 146.2).

20.4 Das **CAPUT LONGUM DES M. TRICEPS BRACHII** kann infolge eines Sturzes oder Sprunges aus großer Höhe rupturieren. Als Folge ist das betroffene Tier nicht mehr in der Lage, das Ellenbogengelenk zu strecken.

22.1 Die kräftige **FASCIA ANTEBRACHII** umschließt die **kaudomedialen Unterarmmuskeln** vollständig unter Bildung einer Faszienloge bzw. eines muskulären Kompartiments. Die Faszienumhüllung der **kraniolateralen Unterarmmuskeln** bildet dagegen kein abgeschlossenes muskuläres Kompartiment (s. auch 146.2).

22.2 Die **Endsehne des M. FLEXOR CARPI ULNARIS** kann durch operative Translokation an die Strecksehnen des Karpus zur Wiederherstellung der Streckstellung des Karpus bei irreversibler Radialislähmung genutzt werden.

26.1 Das **SCHULTERGELENK** hat beim Hund im Stand einen Winkel von 110–120°. Die Beugung ist um 45–70° und die Streckung um 10–30° möglich. Eine Adduktion ist bis ca. 30° und eine Abduktion bis ca. 40° möglich. Eine **Punktion des Schultergelenkes** kann bei leichter Beugestellung fingerbreit distal des Akromion über dem Tuberculum majus humeri erfolgen. Nach horizontalem Stich durch die Haut wird die Kanüle mediokaudal geschoben, bis Synovia abfließt. Mechanisch am stärksten belastet ist die Gelenkfläche des Humeruskopfes in seinem kaudalen Abschnitt, der auch prädisponiert ist für Schäden des Gelenkknorpels im Sinne einer **Osteochondrosis dissecans** (OCD, s. 142.4).

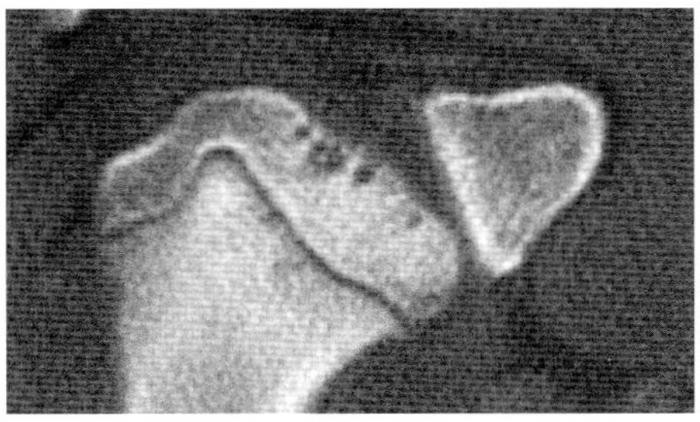

26.1 OCD am Schultergelenk. (Computertomographische Aufnahme: Tierklinik Krüger, Hamburg).

26.2 Das **ELLENBOGENGELENK** nimmt im Stand einen Winkel von 125–140° ein. Eine Beugung ist um 90–110° möglich, während eine Streckung nur um 5–20° erfolgen kann. Die **Punktion** des leicht gebeugten Ellenbogengelenkes erfolgt von kraniolateral dicht unterhalb des tastbaren Epicondylus lateralis humeri bei leicht mediodistaler Neigung der Kanüle. Eine Reihe von Erkrankungen des Ellenbogengelenkes (isolierter Proc. anconaeus und coronoideus, Distractio cubiti, kongenitale Luxation des Radiusköpfchens etc.) werden unter dem Namen **Ellenbogengelenksdysplasie** zusammengefaßt. Sie resultiert insbesondere aus einer Skelettentwicklungsstörung mit asynchronem Längenwachstum von Radius und Ulna (s. 16.6), die zur Stufenbildung im Ellenbogengelenk **(Distractio cubiti)** führt.

26.3 In den **ARTT. RADIOULNARIS PROXIMALIS UND DISTALIS** kann, bei um 90° gebeugt gehaltenem Ellenbogen- und Karpalgelenk, eine Pronation um 10° und eine Supination um 20–30° erfolgen. Nach einer **Ruptur des Lig. collaterale cubiti lat.** ist eine Einwärtsdrehung dagegen um mehr als 45° und nach **Ruptur des Lig. collaterale cubiti med.** eine Auswärtsdrehung über 90° möglich.

26.4 Das **KARPALGELENK** nimmt im Stand mit einem Winkel von 190–200° eine leicht überstreckte Stellung ein. Neben dieser Überstreckung ist auch eine leichte Valgusstellung von 12–20° physiologisch. Eine weitere Streckung des Karpalgelenkes ist stark eingeschränkt (max. 5°). Die Beugung ist bis zu 150–160° und eine Supination um 10–20° möglich. Die Beweglichkeit der verschiedenen Gelenketagen des Karpalgelenkes ist sehr verschieden. Die Hauptbewegung erfolgt in der Art. antebrachiocarpea, die auch eine leichte Rotation um 5–10° zuläßt. Die Art. mediocarpea ist dagegen nur bis 15° und die Art. carpometacarpea bis 5° beugbar. Eine traumatisch bedingte Ruptur des palmaren Bandapparates führt zum Hyperextensionskomplex des Karpalgelenkes.

26.5 Die **BURSA SUBCUTANEA OLECRANI** kann sich als Reaktion auf starke Belastung übermäßig mit Synovia füllen (Hygrom) und wird dann als pralle – bis zu hühnereigroße – Schwellung am Ellenbogenhöker sichtbar.

28.1 Linker und rechter **M. LONGUS COLLI** werden, um einen Zugang von ventral an die Bandscheiben der Halswirbelsäule zu schaffen, nach Inzision der tiefen Halsfaszie in der Medianen stumpf voneinander getrennt.

30.1 Die **INSPIRATOREN** sind kräftiger entwickelt als die **EXSPIRATOREN**, da die Inspiration immer ein aktiver Vorgang ist, während die Exspiration weitgehend passiv erfolgt, und zwar durch Zusammenziehen der elastischen Elemente der Lunge, die während der Inspiration gedehnt wurden. Nur bei forcierter Atmung oder erschwerter Ausatmung (exspiratorische Dyspnoe) werden die Exspiratoren einschließlich der Bauchmuskulatur als Hilfsexspiratoren verstärkt eingesetzt. Eine Atmung mit vermehrter Ausdehnung des Brustkorbes wird als **kostaler Atmungstyp** bezeichnet in Unterscheidung zum **abdominalen Atmungstyp**, bei dem zur Hauptsache das Zwerchfell eingesetzt wird. Beim Hund überwiegt physiologischerweise die kostale Atmung.

30.2 **ZWERCHFELLHERNIEN** können angeboren oder traumatisch erworben sein und gehen dann mit einer Verlagerung von Baucheingeweiden wie Leber, Magen und Dünndarm in die Pleurahöhle einher, wodurch die Entfaltung der Lunge bei der Inspiration mehr oder weniger stark beeinträchtigt wird. Durch den inspiratorischen Unterdruck werden die Bauchhöhlenorgane gewissermaßen in die Brustfellhöhle hineingesaugt. Die **angeborene Zwerchfellhernie** hat ihre Bruchpforte meistens an der Durchtrittstelle der Speiseröhre, dem Hiatus oesophageus. Der stets vorhandene Bruchsack ist oft das erweiterte Cavum mediastini serosum. Bei unvollständigem kongenitalem Verschluß der ventralen Zwerchfellinsertionsabschnitte und unvollständigem Verschluß des Herzbeutels können Baucheingeweide in diesen vordringen. Die **traumatisch erworbene Zwerchfellhernie (Zwerchfellruptur)** geht mit Zusammenhangstrennungen von meist muskulösen Zwerchfellanteilen der Pars costalis diaphragmatis einher und weist keinen Bruchsack auf. Sie verursacht stets schwerwiegende klinische Erscheinungen.

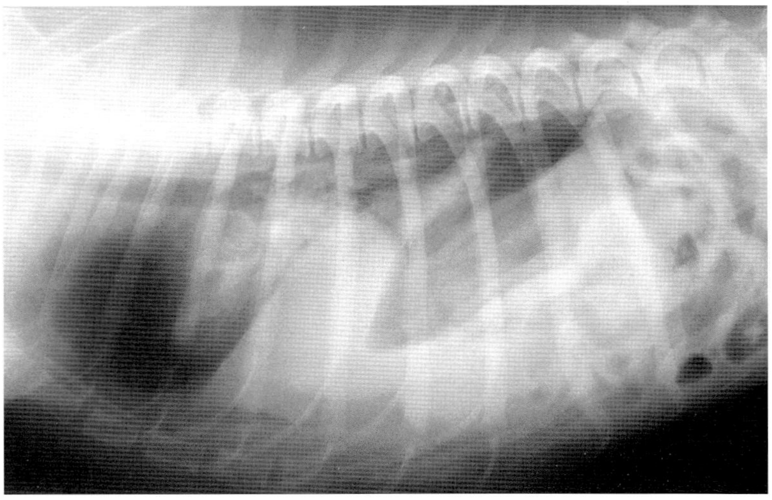

30.2 Teilweise Verlagerung von Leber und Magen in die Pleurahöhle nach einer Zwerchfellruptur.

32.1 Das **OSTIUM PRAEPUTIALE** kann durch Narbenstriktur nach Verletzung oder angeboren verengt sein **(Phimose)** und verhindert dann ein Ausschachten des Penis. Die Folge können eine Harnretention und eine schwere Entzündung von Präputium und Glans penis (Balanoposthitis) sein. Eine leichte bakteriell bedingte Balanoposthitis (Präputialkatarrh) ist bei vielen Rüden chronisch ausgebildet.

32.2 Die **MILCHDRÜSE** ist eine Hautdrüse, speziell eine stark modifizierte apokrine Schweißdrüse. Das Milchdrüsengewebe ist in Septen der F. trunci superficialis eingebettet. Zur chirurgischen Entfernung **(Mastektomie)** kann sich der Operateur daher an der darunter liegenden F. trunci profunda orientieren. Nur im Bereich der inguinalen und der thorakalen Mamma treten Blutgefäße von dorsal an das Drüsengewebe heran. Dorsal der inguinalen Mamma ist bei der Mehrzahl der Hündinnen ein stark mit Fett angefüllter Proc. vaginalis peritonaei zu beachten.

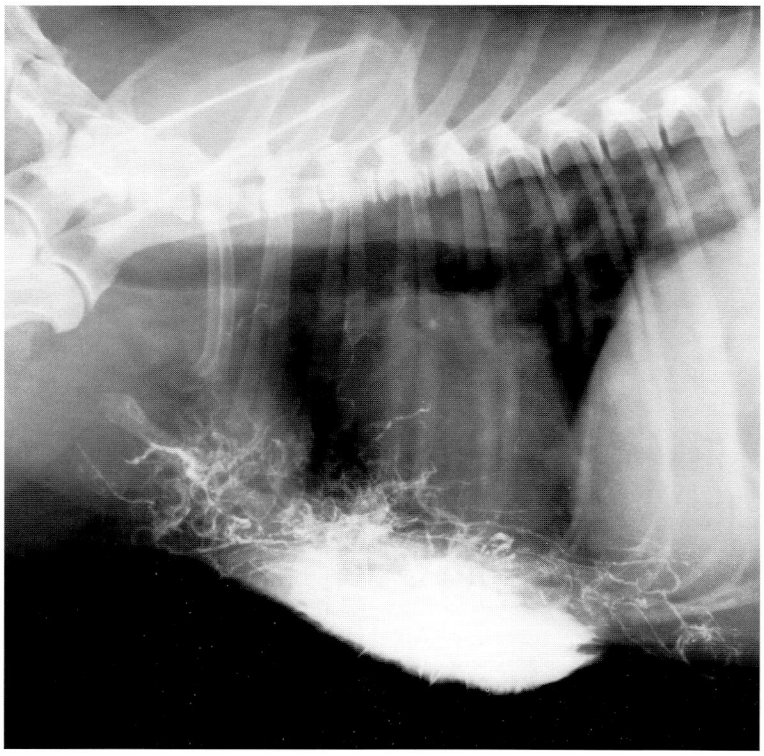

32.2 Indirekte Lymphographie der tumorös entarteten thorakalen Gesäugekomplexe 20 Minuten nach Applikation eines Röntgenkontrastmittels (Iotasul-Schering). Der Lymphabfluß erfolgt kranial in Richtung der Lnn. axillares und kaudal in Richtung der Lnn. inguinales superficiales. Perforierende Lymphgefäße treten durch die Brustwand in die Brusthöhle hinein. (Röntgenbild: Prof. Dr. D. Berens von Rautenfeld, Hannover).

Seine Verletzung stellt eine Eröffnung der Bauchfellhöhle dar. Der **Lymphabfluß** und die regionären Lymphknoten (Lnn. axillaris und inguinalis superficialis) bestimmen die Metastasierungswege bei bösartigen Mammatumoren, die bei der älteren Hündin relativ häufig auftreten. Abführende Lymphgefäße von den thorakalen Mammae können aber auch die Brustwand durchdringen und fließen über die Mediastinallymphknoten ab. Die Möglichkeit des direkten Abflusses der Lymphe aus den abdominalen Mammae in die Lnn. iliaci medd. wurde bei der Hündin inzwischen auch nachgewiesen.

34.1 Die **BAUCHMUSKELN** werden zur Verkleinerung des Bauchvolumens aktiv eingesetzt, wobei bei **kontrahiertem** Zwerchfell der intraabdominale Druck erhöht wird (Bauchpresse). Die Bauchpresse wird zur Defäkation, Miktion, Erbrechen und beim Gebären zum Heraustreiben des Fetus eingesetzt. Bei erschwerter Exspiration wird dagegen das **entspannte** Zwerchfell von den Baucheingeweiden durch die angespannte Bauchmuskulatur kranial gedrängt und verkleinert so die Cava pleurae.

34.2 Die **LINEA ALBA** wird beim Hund am häufigsten für den chirurgischen Zugang in die Bauchhöhle (Laparotomie) gewählt. Bei präumbilikalem Zugang trifft man nach Inzision der Linea alba auf den präumbilikalen Fettkörper im Lig. falciforme, der von der Bauchdecke gelöst und weggeklappt werden sollte.

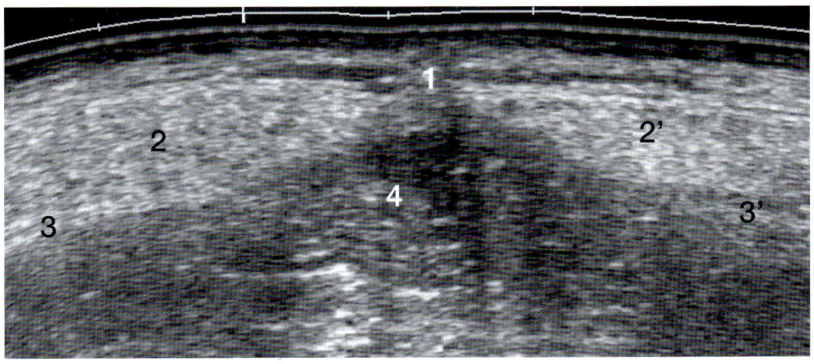

34.2 Sonographisches Querschnittsbild der ventralen Bauchwand kranial des Nabels. 1 Linea alba; 2, 2' M. rectus abdominis dext. et sin., 3, 3' rechtes und linkes tiefes Blatt der Rektusscheide; 4 präumbilikaler Fettkörper. (Sonographische Aufnahme: Prof. Dr. C. Poulsen Nautrup, München).

34.3 Der **NABELBRUCH (HERNIA UMBILICALIS)** ist die häufigste Hernie beim Hund. Durch die meist relativ kleine Bruchpforte fallen in der Regel nur Fett oder Netzanteile vor. Andere Formen der Bauchwandhernien mit Ausnahme der Hernia inguinalis (s. 36.1) sind beim Hund selten.

36.1 Ein **LEISTENBRUCH (HERNIA INGUINALIS)** tritt ganz im Gegensatz zu den Verhältnissen bei den anderen Haussäugetieren bei der Hündin wesentlich häufiger auf als beim Rüden. Es werden der häufigere indirekte, meist angeborene und der seltene direkte, immer erworbene Leistenbruch unterschieden. Bei **indirektem Leistenbruch** bildet der Anulus vaginalis die Bruchpforte und der Proc. vaginalis bildet den Bruchsack. Dieser wird im Gegensatz zu den anderen weiblichen Haustieren bei der Hündin fast immer ausgebildet und ist, da er nicht wie beim Rüden die Strukturen des Samenstranges umhüllen muß, prädisponiert für einen Leistenbruch. Für mehrere Hunderassen (Cocker, Teckel, Golden Retriever) wurde zusätzlich ein erblich bedingter abnorm weiter Anulus vaginalis als Grundlage für den indirekten Leistenbruch nachgewiesen. Bei derart disponierten Tieren kommt es bei Druckerhöhung im Bauchraum (Bauchpresse, Trächtigkeit) leicht zum Vorfall von Netzteilen, Fett, aber auch Darmschlingen, Blase, Uterus etc. in den Proc. vaginalis. Ein Vorfall von Eingeweideteilen durch den Anulus vaginalis wird beim männlichen Tier in der Klinik auch als Hodensackbruch (Hernia scrotalis) bezeichnet. Beim **direkten Leistenbruch** liegt die Bruchpforte meist medial neben dem Anulus vaginalis. Es liegt also eine Gewebszerreißung vor und Baucheingeweide drängen auf kürzestem direktem Weg durch die Bauchdecke.

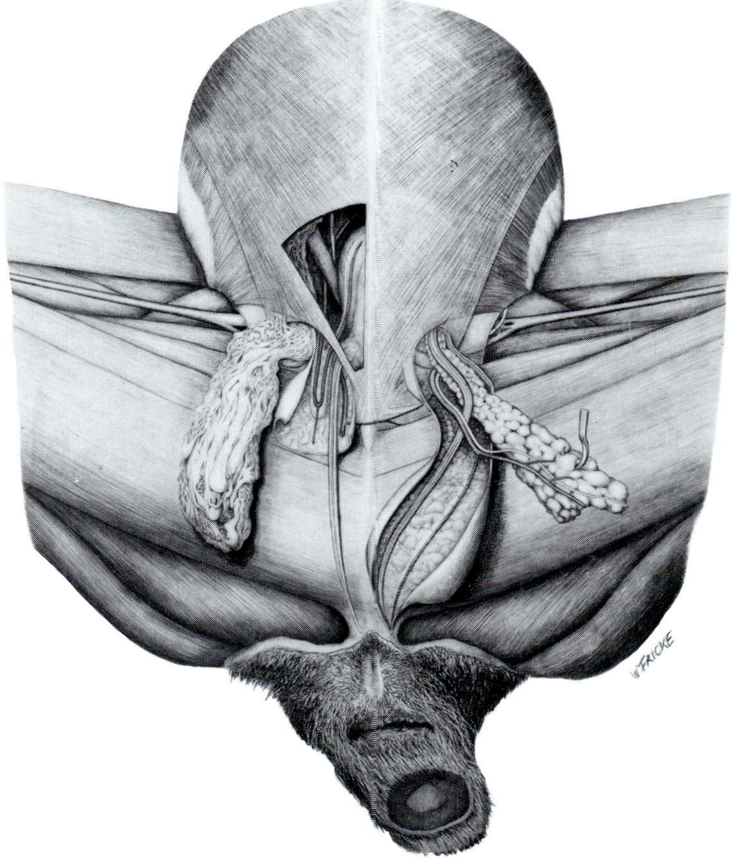

36.1 Darstellung eines beidseitigen Leistenbruches bei der weiblichen Katze (!), der in prinzipiell gleicher Form bei der Hündin vorkommen kann. Linke Bildseite: Direkter Leistenbruch. Rechte Bildseite: Indirekter Leistenbruch bei eröffnetem Processus vaginalis (Bauchwand gefenstert).

36.2 Der **ANULUS FEMORALIS** stellt in seltenen Fällen die Bruchpforte für Schenkelhernien (Hernia femoralis) dar, wobei das Bauchfell und die F. transversalis als Bruchsack in den Schenkelspalt (Spatium femorale) vorgestülpt werden und sekundär zerreißen.

38.1 Das **LUNGENFELD** kann durch Perkussion bestimmt werden. Seine kaudale Grenze liegt beim Hund ungefähr auf der Höhe des Hüfthöckers im 11. Interkostalraum, in der Mitte des Brustkorbes im 9. Interkostalraum und auf der Höhe der oberen Kontur des Ellenbogenhöckers im 6. Interkostalraum.

38.2 Die **LUNGENFUNKTION** besteht hauptsächlich im Gasaustausch zwischen Blut- und Atemluft. Dazu wird die Luft über ein nicht anastomosierendes Bronchialsystem den luftaustauschenden Lungenbläschen (Alveolen) zugeführt, die eine enorme Vergrößerung der inneren Lungenoberfläche bedeuten. Die Atmung basiert auf einer Volumenveränderung der Brusthöhle. Ihre Vergrößerung wird bei der **Inspiration** durch Abflachung der Zwerchfellkuppel (Zwerchfellatmung) und durch Kraniolateralverlagerung der Rippen (kostale Atmung) erreicht. Den Bewegungen der Brusthöhlenwand muß die Lunge durch die Adhäsionskräfte im Pleuraspalt folgen, wodurch die Lungenbläschen entfaltet werden. Die **Exspiration** wird in erster Linie durch perialveoläre elastische Netze bewirkt, die die Lungenbläschen passiv verengen.

38.3 Die lufthaltigen **BRONCHEN** zeichnen sich im Röntgenbild nicht von dem umliegenden lufthaltigen Lungengewebe ab. Erst wenn z. B. durch eine Lungenentzündung das Lungengewebe verdichtet ist, zeichnen sich in den betroffenen Bezirken lufthaltige Bronchen ab (**Luftbronchogramm**). Ihre artefizielle Darstellung ist auch durch Eingabe eines Positivkontrastmittels in den Bronchalbaum möglich (**Kontrastbronchogramm**). Während die Trachea sensibel innerviert ist und als Reaktion auf einen eingeatmeten Fremdkörper einen Hustenreflex auslöst, wird durch einen tief in die Bronchen eingeatmeten Fremdkörper kein Hustenreiz ausgelöst. Die Darstellung und Entfernung eingeatmeter Fremdkörper kann endoskopisch erfolgen (Bronchoskopie).

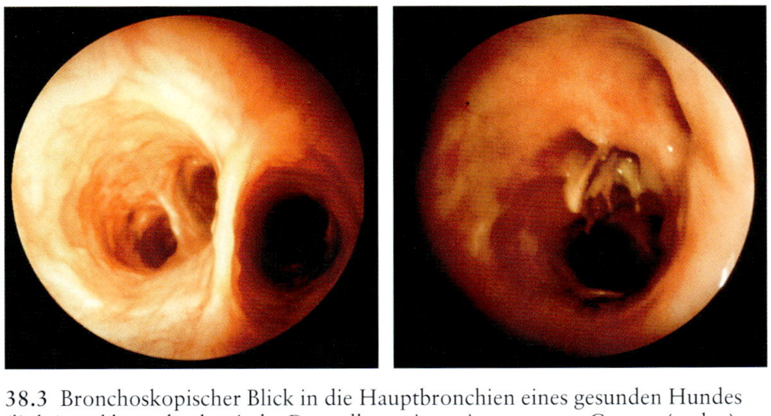

38.3 Bronchoskopischer Blick in die Hauptbronchien eines gesunden Hundes (links) und bronchoskopische Darstellung einer eingeatmeten Granne (rechts). (Bronchoskopische Aufnahmen: Prof. Dr. W. Kraft, München).

40.1 Die **LUNGENARTERIE DES KRANIALEN LUNGENLAPPENS** zieht immer dorsal und parallel zur entsprechenden Lungenvene kranioventral. Beide Gefäße heben sich röntgenologisch im lateralen Strahlengang vom lufthaltigen Lungengewebe deutlich ab und können auf Grund ihrer charakteristischen Lagebeziehung im laterolateralen Röntgenbild sicher als Lungenarterie (dorsal) und -vene (ventral) identifiziert werden.

40.2 Die **fehlende** oder nur **gering ausgebildete VISZEROSENSIBLE INNERVERATION** des Bronchalbaumes (s. auch 38.3) und der Lunge ist die Ursache dafür, daß Lungen- oder Bronchaltumoren erst spät, oft zu spät, erkannt werden, da sie keine oder kaum Schmerzen verursachen.

40.3 Die **AORTA** und die abzweigenden herznahen großen Arterien sind an ihrer gelblichen Farbe als Arterien vom elastischen Typ erkennbar. Die Wand der Aorta ascendens dehnt sich, wenn das Blut in der Systole aus dem Herzen getrieben wird. In der folgenden Diastole zieht sie sich wieder zusammen und befördert das Blut so passiv weiter (Windkesselfunktion, s. Lehrbücher der Physiologie).

40.4 Der **LN. STERNALIS** ist zwar der klinischen Diagnostik nicht direkt zugänglich, bei pathologischer Vergrößerung stellt er sich aber röntgenologisch im laterolateralen Strahlengang gut dar.

40.5 Der **THYMUS** ist ein **primäres lymphatisches Organ**, das bei vergleichend-anatomischer Betrachtung nur in einen Brustteil mit rechtem und linkem Lappen eingeteilt wird. Die Involution mit einhergehender Verfettung ist nie vollständig, da auch im hohen Alter noch funktionierende Reste erhalten bleiben. Foetal wandern nach überwiegender Meinung Stammzellen aus dem Knochenmark in den Thymus ein, wo sich die Tochterzellen zu **Thymozyten** differenzieren. Diese besiedeln von hier aus die sekundären lymphatischen Organe wie Lymphknoten und Milz und sind nach ihrer Prägung zu T-Lymphozyten für die zelluläre Immunität verantwortlich (unerwünschte Wirksamkeit bei der Transplantatabstoßung). Eine Thymus-Atrophie mit Lymphozytenschwund kann bei Ernährungsstörungen, Streß und auszehrenden Krankheiten auftreten. Eine unphysiologisch **verzögerte Rückbildung** kommt bei endokrinen Störungen vor und kann die Folge einer frühzeitigen Kastration sein. Eine **Thymushyperplasie** mit **Überfunktion** tritt, ähnlich wie beim Menschen, selten auch bei jungen Hunden bei der **Myasthenia gravis** (neuromuskuläre Überleitungsstörung mit rascher Ermüdung der Muskulatur) auf (s. 144.3). Durch **Thymektomie** (chirurgische Entfernung) konnte beim Menschen Besserung erreicht werden.

42.1 Die **PLEURA COSTALIS** wird durch Äste der Interkostalnerven sensibel innerviert, weshalb eine Rippenfellentzündung hochschmerzhaft ist. Auch die Pleura diaphragmatica und mediastinalis erhalten über den N. phrenicus sensible bzw. den N. vagus viszerosensible Fasern. Dagegen ist die **Pleura pulmonalis** nicht oder nur geringgradig viszerosensibel innerviert.

42.2 In das **MEDIASTINUM** kann durch Verletzungen der Tracheal- oder Bronchalwand und des Oesophagus z. B. durch einen perforierenden Fremdkörper Luft eindringen **(Pneumomediastinum)**. Im lufthaltigen Mediastinum zeichnen sich röntgenologisch unter physiologischen Verhältnissen nicht sichtbare Leitungsstrukturen und Organe ab.

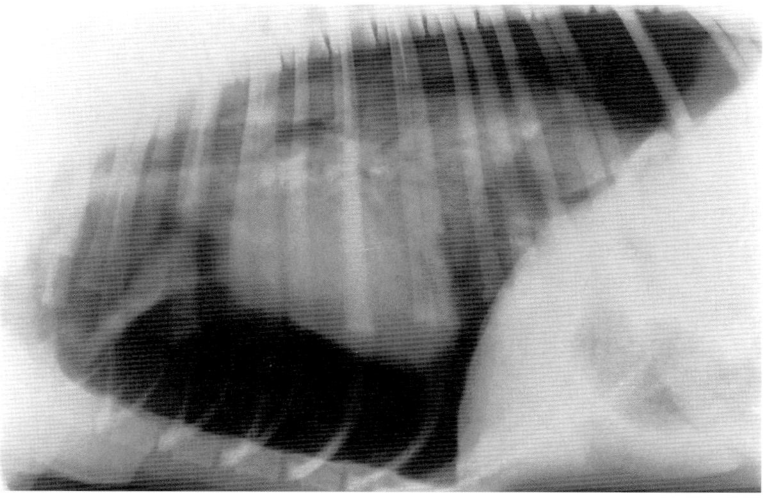

42.2 u. 42.3 Gleichseitiges Auftreten eines Pneumomediastinum, das zum deutlichen Abzeichnen der großen Gefäße führt, und eines Pneumothorax, der ein Abheben der Herzspitze vom Brustbein zur Folge hat.

42.3 Die **CAVA PLEURAE** weisen physiologischerweise lediglich die Weite eines kapillaren Spaltes auf, der mit einem serösen Flüssigkeitsfilm angefüllt ist. Die begrenzenden Pleurablätter (Pleura parietalis und viceralis) haften im serösen Spalt durch die Adhäsion aneinander, ohne jedoch ihre Gleitfähigkeit bei den Atembewegungen der Lunge zu verlieren. Die Pleurahöhlen können in qualitativer und quantitativer Hinsicht einen unphysiologischen Inhalt aufweisen, und zwar Luft **(Pneumothorax)**, vermehrt wäßrige Flüssigkeit **(Hydrothorax)**, lymphhaltige Flüssigkeit (**Chylothorax** nach Ruptur des Ductus thoracicus) oder bluthaltige Flüssigkeit **(Hämothorax)**. Ein **Pneumothorax** entsteht, wenn Luft durch eine Verletzung in den Pleuraspalt eindringt (**äußerer Pneumothorax**) oder durch einen Riß im Lungengewebe in den Pleuraspalt gelangt (**innerer Pneumothorax**). Die Folge ist eine Ausweitung des Pleuralspaltes und damit eine Aufhebung der Adhäsionskräfte, die die Lunge an der Brustwand gehalten haben. Der Lungenflügel auf der betroffenen Seite kollabiert auf einen Bruchteil seiner ursprünglichen Größe. Ein beidseitiger Pneumothorax kann entstehen, wenn das Mediastinum die beiden Pleurahöhlen nicht vollständig trennt. Er führt zur schweren lebensbedrohlichen Atemnot. Der **Ventil- oder Spannungspneumothorax** führt ebenfalls zu lebensbedrohlicher Atemnot. Bei ihm wird mit jedem Atemzug weitere Luft in die Pleurahöhle gesaugt, die bei der Exspiration nicht entweichen kann, da die verletzte Stelle wie ein Ventil wirkt und nur einen Einstrom von Luft zuläßt. Auskultatorisch sind auf der von einem Pneumothorax betroffenen Brustseite keine Atemgeräusche zu hören und auch die Herztöne sind deutlich abgeschwächt. Das Röntgenbild eines Pneumothorax besitzt charakteristische Merkmale: Der kollabierte nach dorsal zum Lungenhilus verlagerte Lungenflügel ist röntgendicht und hebt sich deutlich von der lufthaltigen Pleurahöhle ab. Das Herz ist ebenfalls dorsal verlagert und liegt mit seiner Spitze nicht mehr dem Sternum auf. Häufige Ursache eines **Hydrothorax** ist eine Herzinsuffizienz mit Rückstau des Blutes in den Lungenkreislauf mit der Folge einer vermehrten Flüssigkeitsdiffusion aus dem Blutgefäßsystem in die umliegenden Hohlräume.

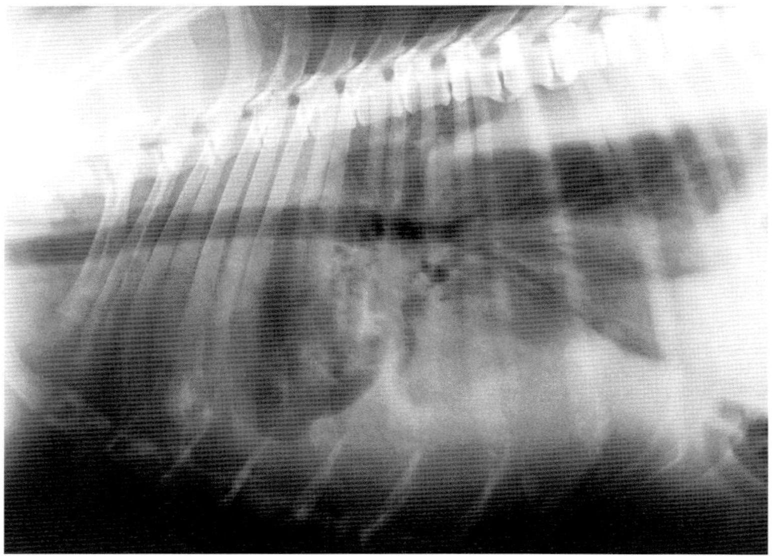

42.3 Massiver Flüssigkeitserguß in die Pleurahöhle (Hydrothorax).

42.4 Die **RECESSUS COSTODIAPHRAGMATICI** sind Komplementär- oder Reserveräume, in die sich die Lunge bei normaler Inspiration nicht ausdehnt. Sie sind bei großen Hunderassen zwei bis drei Finger breit. Kranial werden sie von der Kaudalgrenze des Lungenfeldes (s. 38.1) und kaudal von der Insertionslinie des Zwerchfells begrenzt. Nur bei tiefer Einatmung (Gähnen) und bei pathologischer Lungenvergrößerung (z. B. Emphysem) reichen die kaudalen Lungenränder teilweise in den Recessus costodiaphragmaticus hinein. Beim Lungenemphysem, das beim Hund selten auftritt, kann das Lungenfeld fast bis zur Zwerchfellinsertionslinie reichen.

42.5 Die **HERZBEUTELHÖHLE** ist wie die Pleurahöhlen ein mit seröser Flüssigkeit gefüllter kapillärer Spalt. Er ermöglicht dem Herzen eine reibungsarme Bewegung bei jeder Herzaktion. Seine vermehrte Füllung mit Flüssigkeit schränkt die Ausdehnung der Herzkammern und damit die Leistungsfähigkeit des Herzens ein. Eine chronische Herzbeutelwassersucht (Hydroperikard) kann durch chirurgische Schaffung einer Abflußmöglichkeit in die Pleurahöhle behandelt werden. Starke Blutungen in den Herzbeutel nach Ruptur einer größeren Arterie verursachen eine erhebliche Druckerhöhung im Herzbeutel (Herzbeuteltamponade) und können einen Herzstillstand bewirken.

44.1 Die **HERZFACHBEGRIFFE** leiten sich vom lateinischen „cor, cordis" oder vom griechischen „cardia, -ae" ab. Lagebezeichnungen wie Atrium dextrum beziehen sich auf das Herz selbst und nicht auf den Gesamtkörper.

44.2 Zur Erfüllung seiner **FUNKTION ALS DRUCK- UND SAUGPUMPE** durchläuft das Herz einen regelmäßigen Zyklus aus **Kammermuskelkontraktion (Systole)** und **-erschlaffung (Diastole)** mit einer Frequenz von 80 bis 120 Kontraktionen („Schlägen") pro Minute.

44.3 Die **SEITLICHEN HERZOBERFLÄCHEN** liegen mit ihrem herzspitzenwärtigen Teil der linken und rechten Brustwand direkt an. Hier kann der **Herzspitzenstoß** am kräftigsten durch die Brustwand gefühlt werden und die Ankopplung eines Ultraschallkopfes zur **sonographischen Herzuntersuchung (Echokardiographie)** ist hier möglich (s. S. 168 u. 169). Die **Perkussion** ermöglicht die Abgrenzung dieses Bereiches als Herzdämpfungsfeld. Die direkte Anlagerung des Herzens an die Brustwand erzeugt einen stark gedämpften Klopfschall (absolute Herzdämpfung). Randbezirke in die sich etwas Lunge dazwischen schiebt, erzeugen einen deutlich helleren Klopfschall (relative Herzdämpfung). Bei schräger Lage der Herzlängsachse liegt das rechte Herz mehr rechts und kranial und das linke Herz mehr links und kaudal, wodurch es bei Exspiration an das Zwerchfell grenzt. Auf dem Röntgenbild, bei laterolateralem Strahlengang, liegt das Herz mit dem apikalen Ende seines Margo ventricularis dexter dem Sternum auf.

44.4 Das **LIG. ARTERIOSUM** ist das bindegewebige Überbleibsel des pränatal offenen **Ductus arteriosus**, über den der Blutstrom aus dem Truncus pulmonalis bei Umgehung der Lunge direkt in die Aorta geleitet wird. Normalerweise schließt sich der Ductus arteriosus innerhalb weniger Wochen nach der Geburt vollständig zum fibrösen Lig. arteriosum. Ein abnormes Persistieren des Ductus arteriosus führt auf Grund der veränderten Volumenverhältnisse zu einer starken Belastung des linken Ventrikels, da ein Teil des Blutvolumens (Shunt-volumen) von der Aorta direkt in den Truncus pulmonalis gelangt (Links-Rechts-Shunt) und von der Lunge über die Lungenvenen in den linken Vorhof. Der Rechts-Links-Shunt ist wesentlich seltener und entsteht beim Menschen aus einer Shuntumkehr. Bei der Auskultation eines Links-Rechts-Shunts sind typische „Maschinengeräusche“ hörbar. Ein persistierender Ductus arteriosus ist mitunter mit anderen Herzanomalien (z. B. Ventrikelseptumdefekten) gekoppelt. Durch einen operativen Eingriff kann der Ductus arteriosus mittels verschiedener Techniken verschlossen werden. Hierbei ist der **linke N. laryngeus recurrens** zu beachten, der vom N. vagus abzweigt und sich am Ductus arteriosus (Lig. arteriosum) um den Aortenbogen herumschlägt. Bei **abnormer Persistenz der rechten Aorta** (s. Embryologie der Kiemenbogenarterien) anstelle der normalerweise vorhandenen linken Aorta, liegt die Rechts-Aorta rechts vom Oesophagus (normalerweise liegt die Aorta links davon). Bei dieser Abnormität zieht der deutlich verlängerte Ductus arteriosus vom stets **links** gelegenen Truncus pulmonalis dorsal über den Oesophagus hinweg zur abnormen Rechts-Aorta. Der Oesophagus wird dann durch den Ductus arteriosus eingeschnürt und ist präkardial stark erweitert (Ursache für eine Oesophagusdilatation, s. 14.4). Die Dilatation ist röntgenologisch nach einer Bariumkontrastmittelgabe leicht nachweisbar.

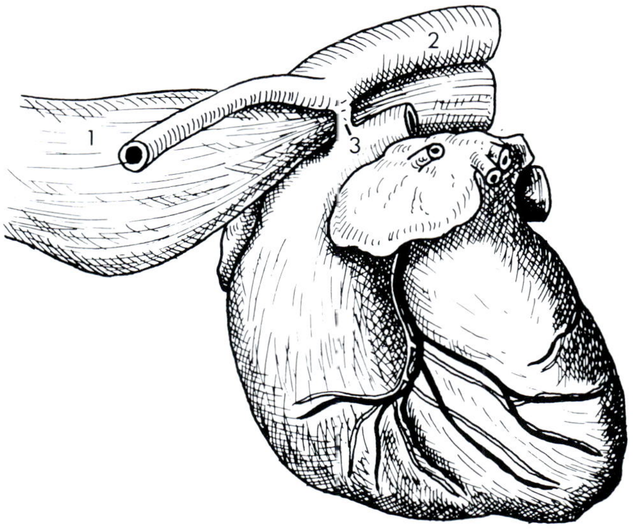

44.4 Persistenz der rechten Aorta. 1 Oesophagus; 2 Aorta descendens; 3 Ductus arteriosus. Details s. S. 41.

44.5 Das **ENDOCARDIUM** geht in die Innenauskleidung der abgehenden Riesengefäße über und ist ähnlich wie diese gebaut.

44.6 Das **MYOCARDIUM** besteht weit überwiegend aus Arbeitsmyokard und zusätzlich aus Erregungsleitungsmyokard. Das Myokard ist der weitaus dickste Wandbestandteil, der aus mehreren Schichten mit verschiedenen Faserverlaufsrichtungen besteht, die sich an der Herzspitze wirbelartig durchmischen. Ebenso wie die Skelettmuskulatur hypertrophiert auch die Herzmuskulatur bei vermehrter Arbeit. Eine gleichmäßige „harmonische“ Herzhypertrophie aller Myokardbereiche liegt bei vermehrter Leistung des ganzen Herzens vor (Sportlerherz). Bei unproportionierter Hypertrophie sind dagegen nur bestimmte Myokardabschnitte verdickt (z. B. die rechte Herzkammer bei einer Pulmonalstenose und die linke bei einer Aortenstenose). Da ein konstantes Zahlenverhältnis von Herzmuskelzellen zu versorgenden Blutkapillaren besteht, ist eine Hypertrophie nur in beschränktem Maße möglich. Wird ein Grenzbereich überschritten, so gleitet die Hypertrophie in eine Dilatation (Herzerweiterung) über, die röntgenologisch bei Kontrastmittelanwendung an der unterschiedlichen Herzwanddicke zu unterscheiden ist. Außerdem nimmt das dilatierte Herz eine stumpfkegelige Form an. (Das normale Herz ist spitzkegelig.) Ein dilatiertes Herz ist nicht mehr in der Lage, sein Blutvolumen in der Systole vollständig auszustoßen, so daß eine beachtliche Restblutmenge verbleibt, die sich mit dem zuströmenden Blut vermischt.

44.7 Das **EPICARDIUM** ist die Fortsetzung der Herzbeutelserosa auf die Herzoberfläche und entspricht somit der Lamina visceralis des Pericardium serosum. Der glatte Mesothelüberzug ermöglicht allgemein ein Gleiten zwischen serösen Häuten und hier das reibungslose Gleiten zwischen Herz und Herzbeutel bei der Herzaktion.

44.8 Bei der **TRICUSPIDALIS-INSUFFIZIENZ** ist die rechte Hauptkammer hypertrophiert. Der rechte Vorhof ist dagegen meist dilatiert, da ein Teil des Blutes durch das ungenügend geschlossene Ostium atrioventriculare dextrum zurückgetrieben wird (Reflux).

44.9 Die **VALVA TRUNCI PULMONALIS** weist oft eine kongenitale Stenose (**Pulmonal-Stenose**) auf, gegen die der rechte Ventrikel arbeiten muß und somit hypertrophiert. Die Pulmonalisklappe ist ebenso wie die Aortenklappe eine Taschenklappe, deren drei Kläppchen (Valvulae) wie Schwalbennester an der Gefäßinnenwand befestigt sind. Beim Blutdurchstrom während der Kammersystole werden die Kläppchenränder an die Gefäßinnenwand gedrängt. Bei der Kammererschlaffung (Diastole) entfaltet der zurückstrebende Blutstrom die drei Kläppchen, so daß diese sich mit ihren Rändern dicht aneinanderlagern und so den Klappenschluß sichern. Die **Herzklappen** sind am **Herzskelett** befestigt. Dieses ist partiell verknorpelt und beim Rind sogar partiell verknöchert und besteht aus den Anuli fibrosi (Faserringe) mit dazwischenliegenden Faserdreiecken. Es stabilisiert die Herzform und dient der Insertion des Vorkammer- und Kammermyokards, die aus beiden Richtungen an das Herzskelett herantreten, diese Grenze aber nicht überschreiten. Der Schluß der Pulmonalis- und Aorten-Taschenklappen erzeugt den 2. (kurzen) **Herzton**. Der (längere) 1. Herzton entsteht durch Anspannungsschwingungen der Herzmuskulatur in der Kammersystole. „Herzgeräusche“ sind abnorme Geräusche, die durch Einengung (Stenose) sowie bei persistierendem Ductus arteriosus (= Strömungsgeräusche) oder durch mangelhaften Schluß (Insuffizienz) der Herzklappen (= Klappengeräusche) entstehen können.

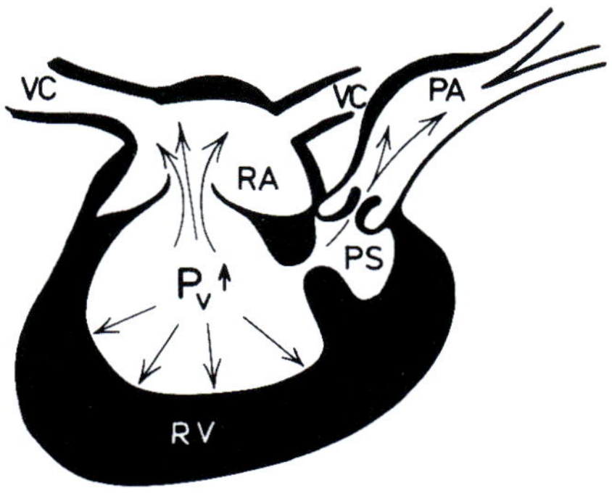

44.9 Hypertrophie der rechten Herzkammerwand und Insuffizienz der Tricuspidalklappe als Folge einer Druckerhöhung (Pv) im rechten Ventrikel bei einer subvalvulären Pulmonalstenose (PS). RA Atrium dextrum; VC V. cava cran. und caud.; PA A. pulmonalis.

44.10 Die **FOSSA OVALIS** ist die dünnste Stelle in der Vorkammerscheidewand, die durch den schlagartigen Verschluß des foetalen Foramen ovale beim ersten Atemzug während der Geburt infolge plötzlich veränderter Druckverhältnisse entsteht. Durch das Foramen ovale wird der Blutstrom an der noch funktionslosen Lunge vorbeigeleitet. In der Foetalperiode fließt das sauerstoffreiche Blut von der Placenta über die V. umbilicalis und weiter über die V. cava caudalis in die rechte Vorkammer und von hier durch das Foramen ovale in die linke Vor- und linke Hauptkammer sowie durch Aorta, Truncus brachiocephalicus und A. carotis communis zum Kopf, der also sauerstoffreicheres Blut erhält und in seiner Entwicklung begünstigt wird. Das sauerstoffarme Blut aus der V. cava cranialis gelangt über die rechte Vorkammer (wo es sich mit dem vorgenannten sauerstoffreichen Blutstrom kreuzt) zur rechten Kammer und über den Truncus pulmonalis, Ductus arteriosus, die Aorta descendens zum kaudalen Körperteil, der somit sauerstoffärmeres Blut erhält und in seiner Entwicklung zurückbleibt.

44.11 Das **SEPTUM INTERVENTRICULARE** besteht in seinem großen apikalen Bereich im wesentlichen aus Herzmuskulatur. Nahe den Atrioventrikularklappen liegt ein kleiner membranöser (bindegewebiger) Bereich. Hier im membranösen Teil kann ein Foramen interventriculare als Anomalie vorliegen. Löcher im muskulären Bereich sind dagegen sehr selten. Beim Septumdefekt fließt das Blut entsprechend den unterschiedlichen Druckverhältnissen von der linken in die rechte Kammer.

44.12 Die Insuffizienz der **VALVA BICUSPIDALIS s. MITRALIS** ist die häufigste Ursache einer Herzinsuffizienz beim älteren Hund. Sie beruht auf einer voranschreitenden Fibrosierung und Verdickung der Klappenränder (Endokardose) bei gleichzeitiger Verkürzung der Klappe. Der Rückstrom der Blutes führt zur Dilatation der linken Vorkammer sowie zum Rückstau in die Pulmonalvenen. Im Lungenkreislauf kommt es zur Blutdruckerhöhung, die bei hochgradigen Insuffizienzen den Übertritt von Flüssigkeit in die Lungenalveolen (Lungenödem) zur Folge hat.

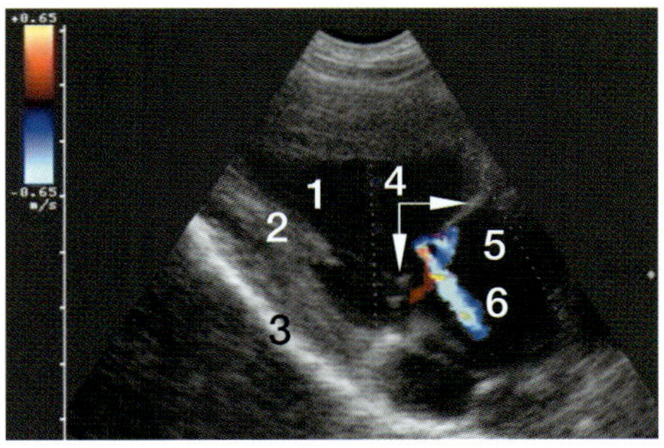

44.12 Mittelgradige Mitralklappensinsuffizienz mit deutlichem systolischem Rückfluß (blaue Farbmarkierung, 6) vom Ventriculus sinister (1) in das Atrium sinistrum (5). 2 M. papillaris subauricularis; 3 Pericardium; 4 Valva mitralis.

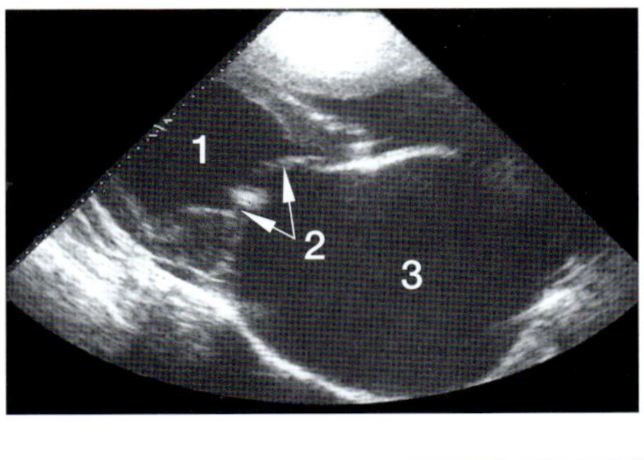

Dekompensierte Herzinsuffizienz mit hochgradig vergrößertem Atrium sinistrum (3) und dilatiertem Ventriculus sinister (1) bei Verdickung der Valva mitralis (2). (Sonographische Aufnahmen: Prof. Dr. C. Poulsen Nautrup, München).

44.13 Eine Insuffizienz der **VALVA AORTAE s. AORTENKLAPPE** ist beim Hund selten. Häufig ist dagegen die kongenitale (Rassedisposition Boxer) meist subvalvulär gelegene **Aortenstenose**. Die Einengung der linksventrikulären Ausflußbahn zieht eine Druckbelastung des linken Ventrikels nach sich, unter der es zur Hypertrophie des Myokards kommt.

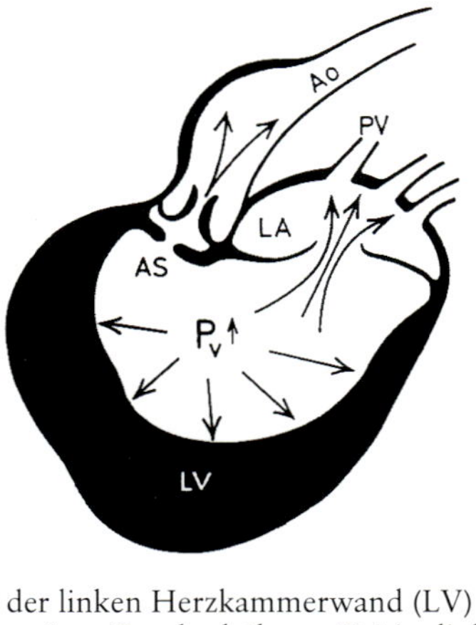

44.13 Hypertrophie der linken Herzkammerwand (LV) und Insuffizienz der Mitralklappe als Folge einer Druckerhöhung (Pv) im linken Ventrikel bei einer subvalvulären Aortenstenose (AS). LA Atrium sinistrum; PV Vv. pulmonales; Ao Aorta.

Die **Klappenmechanismen** aller Herzklappen sind Grundvoraussetzungen für die **Herzaktion** mit **Kammermuskelkontraktion (Systole)** und **Kammermuskelerschlaffung (Diastole)**, die je aus 2 Phasen bestehen und am linken und rechten Herzen synchron ablaufen. In der **Diastole** sind in der 1. Phase, der **Entspannungs-** oder **Erschlaffungsphase**, alle Klappen geschlossen, und es herrscht in der Kammer ein geringer bis fehlender Druck. In der 2. Phase, der **Füllungsphase**, werden durch den höheren Druck in der Vorkammer die Segelklappen durch den Blutstrom aufgestoßen, ebenso wie eine Tür durch einen Windstoß geöffnet wird. (Keinesfalls erfolgt die Öffnung durch Zug der Papillarmuskeln.) Die **Kammerfüllung** erfolgt in erster Linie durch die **Senkung** der **Ventilebene** (Klappenebene), wodurch Blut aus dem Vorhof in die Kammer gesaugt wird. Weitere Faktoren zur Kammerfüllung sind der **Restdruck in den Hohlvenen** und die **Vorkammerkontraktion**.

In der folgenden **Systole** kontrahiert sich die Kammermuskulatur. In der 1. Phase, der **Anspannungsphase**, werden die Atrioventrikularklappen passiv geschlossen, weil der Druck in der Kammer größer wird als in der Vorkammer. Dadurch werden die Klappenzipfel der Segelklappen in Richtung Vorkammer gedrückt (Rückschlagventil). Die nun angespannten Chordae tendineae verhindern ein Zurückschlagen der Klappenzipfel in den Vorkammerbereich. Vielmehr legen sich die Ränder der segelförmigen Klappenzipfel so eng aneinander, daß ein dichter Verschluß entsteht. In der 2. Phase, der **Austreibungsphase**, wird das Blut bei weiterer Druckerhöhung in die abgehenden Gefäße (Aorta resp. Truncus pulmonalis) getrieben. Dabei werden die Taschenklappen passiv durch den Blutstrom aufgestoßen. Am Ende der Austreibungsphase fällt bei beginnender Diastole der Blutdruck in der Kammer unter den Druck in den Riesengefäßen und die drei taschenförmigen Kläppchen werden durch den rückstrebenden Blutstrom aufgebläht. Die Aufblähung bewirkt den Klappenschluß.

Durch die **äußere Herzmassage** soll die Herzaktion für einen beschränkten Zeitraum künstlich aufrechterhalten werden. Beim vorübergehenden Herzstillstand, z. B. bei schockbedingtem starken Parasympathikotonus, wird im Rhythmus des normalen Herzschlages ein äußerer kräftiger Druck auf die Thoraxwand ausgeübt und so das Herz komprimiert, da es in seiner Herzbeutel-Umhüllung dem äußeren Druck nicht ausweichen kann. Durch diesen Druck öffnen sich passiv die Aorten- resp. Pulmonalistaschenklappen, und bei der Entspannung wird das Blut aus den Hohlvenen in die Herzvorkammer angesaugt, so daß auch ohne Kammerkontraktion ein gerichteter Blutstrom bis zum Wiedereinsetzen des Herzschlages künstlich aufrechterhalten werden kann.

46.1 Die **KORONARARTERIEN** sind nach streng anatomischen Kriterien keine Endarterien, da sie englumige Anastomosen aufweisen. Reine Endarterien anastomosieren nicht miteinander und versorgen nur ganz bestimmte Gewebebezirke. Nach funktionellen Gesichtspunkten können jedoch die Koronararterien als Endarterien aufgefaßt werden, da ihre Anastomosen so englumig sind, daß sie bei Thrombosierung einer Nachbararterie deren Blutversorgung nicht voll übernehmen können. Es treten Nekrosen im Myokard auf, die den Herzinfarkt auslösen. Beim Überleben können die Herzmuskelzellen nicht regenerieren, sondern sie werden durch weniger belastbares Narbengewebe ersetzt. (Herzinfarkte sind beim Hund im Vergleich zum Menschen von untergeordneter Bedeutung.)

Die **Thrombosierungsgefahr** in den Herzkranzarterien ist bei einer Endocarditis in der linken Herzkammer erhöht, weil abgelöste Endokardanteile am Ursprung der Aorta direkt in die Koronararterien gelangen können. **Durchblutungsstörungen** in den Herzkranzgefäßen verursachen beim Menschen die **Angina pectoris**, die heftige Herzschmerzen auslöst, welche auf den linken Arm ausstrahlen (s. HEADsche Zonen, 48.1).

Die **Blutversorgung** des Herzens erfolgt während der Diastole über die aus der Aorta ascendens entspringenden Aa. coronariae. Bei abnormer Herzfrequenzerhöhung wird besonders die Diastole verkürzt und eine Unterversorgung verursacht.

46.2 Die **REIZBILDUNG UND ERREGUNGSLEITUNG** muß zur Aufrechterhaltung der Herzaktion ständig funktionieren, auch bei Bewußtlosigkeit. Das Erregungsleitungssystem besteht aus modifizierten speziellen Herzmuskelzellen, die die Fähigkeit zur Kontraktion weitgehend eingebüßt haben. Die Reizbildung erfolgt im Sinusknoten (Schrittmacher). Sofern die Schrittmacherfunktion im Sinusknoten ausfällt, können die nachgeordneten Anteile des Erregungsleitungssystems (der Atrioventrikularknoten und die HISschen Bündel) eine Ersatzschrittmacherfunktion übernehmen, jedoch bei wesentlich verminderter Frequenz.

Bei der **Herztransplantation** wird ein Anteil des Erregungsleitungssystems mittransplantiert (zumindest die HISschen Bündel), wodurch die Herztätigkeit nach Einsatz eines künstlichen Herzschrittmachers in einen fremden Organismus aufrechterhalten wird. Die Kenntnis des Reizbildungs- und Erregungsleitungssystems ermöglicht das Verstehen des **Elektrokardiogramms (EKG)**. Bei Erstellung eines EKG werden die bei der Herzaktion entstehenden elektrischen Potentiale von der Körperoberfläche abgeleitet, verstärkt und aufgezeichnet.

46.3 Das **AUTONOME NERVENSYSTEM** modifiziert die Frequenz der Reizbildung (positiv oder negativ **chronotrop**), die Erregungsleitungsgeschwindigkeit (positiv oder negativ **dromotrop)** sowie die Kontraktionskraft der Arbeitsmuskulatur (positiv oder negativ **inotrop).** Dabei wirken Sympathicus (positiv) und Parasympathicus (negativ) weitgehend antagonistisch. Barorezeptoren (Druckrezeptoren) kommen in der rechten Vorkammer und im Sinus venarum cavarum vor.

48.1 **AUTONOME NERVEN** und sensible Hautnerven des somatischen Nervensystems, die aus demselben Rückenmarkssegment entspringen, bilden viszerokutane Leitungsbögen, die wechselseitige Beeinflussungen ermöglichen. Durch Querverbindungen können Hautreize in bestimmten Hautgebieten **(HEADschen Zonen)** die zugehörigen Eingeweide beeinflussen, und umgekehrt kann sich übersteigerte Erregbarkeit bestimmter Eingeweide auf die zugehörigen **HEADschen Zone**, also auf die zugehörigen Hautgebiete auswirken. Das **Überspringen** des Reizes vom autonomen auf das somatische Nervensystem und umgekehrt erfolgt im Ganglion spinale, da hier kleine viszerosensible (autonome) und große pseudounipolare (somatische) Nervenzellen direkt benachbart sind. Bei Erkrankungen bestimmter innerer Organe werden Schmerzen im zugehörigen Hautgebiet wahrgenommen (z. B. treten beim Herzinfarkt des Menschen heftige Schmerzen im linken Arm auf). Durch hyperämisierende Einreibungen in der HEADschen Zone kann beim Menschen indirekt auf das zugehörige innere Organ eingewirkt werden.

48.2 Verletzungen der Rückenmarkssegmente T1–T3 können den Sympathikotonus im **GGL. CERVICOTHORACICUM** herabsetzen und sich als HORNER-Syndrom am Auge (s. 118.1) manifestieren. Durch Injektion eines Lokalanästhetikums an das Ggl. cervicothoracicum kann die sympathische Innervation des Kopfes, Halses und der gleichseitigen Schultergliedmaße vorübergehend unterbrochen werden (Stellatumblockade). Diese Methode wird in der Neuraltherapie z. B. zur Bekämpfung chronisch-schmerzhafter Prozesse in der Gliedmaße eingesetzt.

48.3 Schädigungen des **N. LARYNGEUS RECURRENS** haben eine einseitige Lähmung der Kehlkopfmuskulatur (Hemiplegia laryngis) zur Folge, weshalb dieser Nerv beim chirurgischen Zugang zur Halswirbelsäule (s. 10.3) unbedingt zu beachten und zu schonen ist.

50.1 Der **CHIRURGISCHE ZUGANG IN DIE BAUCH(FELL)-HÖHLE** wird als **Laparotomie** bezeichnet. Am häufigsten wird der Zugang in der Linea alba gelegt. Beim präumbilikalen Zugang muß das

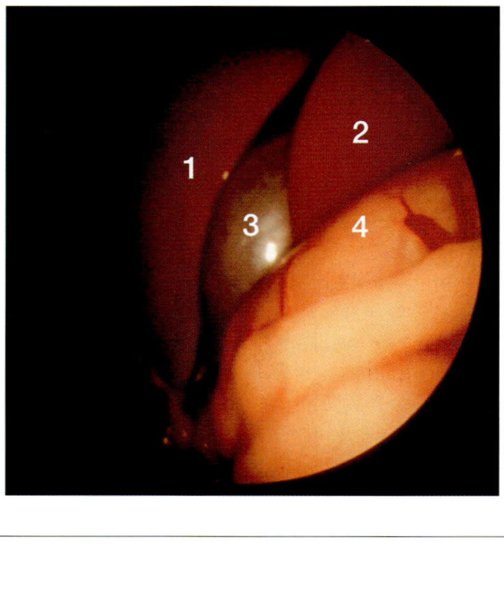

50.1 Laparoskopie: 1 Lobus hepatis dext. med., 2 Lobus quadratus, 3 Vesica fellea, 4 Curvatura major ventriculi. (Laparoskopische Aufnahme: Prof. Dr. W. Kraft, München).

Fettpolster im Lig. falciforme vorgelagert und von seiner Insertion an der Linea alba gelöst werden. Alternativ sind bei speziellen Indikationen auch Zugänge über einen parakostalen Schnitt parallel zum Rippenbogen oder in der Flanke möglich. Zur **Laparoskopie** („Bauchspiegelung") wird ein Endoskop über einen kleinen Einschnitt in die Bauchhöhle eingeführt. Diese Technik ermöglicht bei nur minimalem chirurgischem Eingriff eine direkte Adspektion intraabdominaler Organe und eine gezielte Gewebeentnahme (Biopsie). Bei der minimal invasiven Chirurgie erfolgt der operative Eingriff in der Bauchhöhle rein unter laparoskopischer Kontrolle mit Hilfe spezieller Instrumente, die über einen weiteren kleinen Einschnitt in die Bauchhöhle eingeführt werden.

52.1 Das **GROSSE NETZ** liegt als lockere Verschiebeschicht zwischen der ventralen Bauchwand und dem Darmkonvolut. Es stellt ein wichtiges Abwehrorgan in der Bauchhöhle dar, das reich an Makrophagen und Lymphozyten ist. Zudem dient es als Fettspeicher. Treten am Bauchfellüberzug von Organen oder der Bauchdecke Entzündungen oder Verletzungen auf, verklebt das Netz mit diesen Stellen und schirmt sie so gegen die Umgebung ab. Diese Eigenschaft kann pathologische Prozesse in der Bauchhöhle begrenzen und verhindert eine Verklebung von Darmabschnitten, die damit in ihrer Beweglichkeit und Peristaltik eingeschränkt wären. Diese Schutzfunktion des Netzes kann man sich bei operativen Eingriffen zunutze machen, indem man das Netz über Operationsnähte legt. Einrisse im Netz (Netzbruch, Hernia omentalis) können, wenn sich Darmschlingen in sie hineinschieben, zur Strangulation und schließlich zum Darmverschluß (Ileus) führen. Eine Verlagerung von Dünndarmschlingen in das Foramen epiploicum mit der Folge eines Darmverschlusses tritt beim Hund nur äußerst selten auf.

52.2 Die **DARMLYMPHE** (Chylus = Saft) ist in Abhängigkeit vom Verdauungsvorgang wegen ihres Fettgehaltes mehr oder weniger milchfarben. Langkettige Fettsäuren werden in Form von Chylomikronen (s. Biochemie) in Lymphkapillaren und im zentralen Chylusgefäß der Darmzotten unter Mithilfe der Zottenpumpe abtransportiert. Die kurzkettigen Fettsäuren und die Bausteine des Eiweiß- und Kohlenhydratstoffwechsels werden über das Blutkapillarnetz und die Pfortader zur Leber geleitet. **LYMPHONODULI SOLITARII** sind in der Tunica mucosa von Schleimhäuten verstreut. (Sie kommen auch in den lymphatischen Organen Milz und Lymphknoten vor.) **Lymphonoduli aggregati** (z. B. PEYERsche Platten) liegen besonders im antimesenteriellen Wandabschnitt des Ileum. Die primären Lymphknötchen sind kugelige oder elliptische Ansammlungen von Lymphozyten mit einem Durchmesser von ca. 0,5 mm. Die sekundären Lymphknötchen besitzen ein helles Germinativzentrum und sind bedeutsam als Produzenten von B - Lymphozyten.

52.3 Die **MILZFUNKTION** besteht in der Blutspeicherung, Blutdruckregulierung, im Stoffwechsel durch Hämoglobinabbau, der Blutmauserung durch Phagozytose gealterter Erythrozyten sowie in der Bildung immunkompetenter Zellen. Trotz dieser mannigfaltigen Aufgaben ist die Milz kein lebenswichtiges Organ, da die genannten Funktionen offenbar von anderen Organsystemen übernommen werden können. Die Milz ist aber keinesfalls ein überflüssiges Organ und sollte nicht leichtfertig entfernt werden. Eine Splenektomie kann jedoch bei einer Reihe von Indikationen wie Magentorsionen, Verletzungen und Geschwülsten erforderlich werden. Bei Splenektomie hat es sich in der Humanchirurgie bewährt, kubikzentimetergroße unveränderte Milzgewebsstückchen in das große Netz einzunähen. Rupturen der Milz nach Bauchtraumata oder das Einreißen von Milztumoren führen zu schweren lebensbedrohlichen Blutungen in die Bauchhöhle, die einen schnellstmöglichen therapeutischen Eingriff erfordern.

Zur **Blutspeicherfunktion**, die durch unterschiedliche Größe und Form des Organs augenscheinlich wird, ist die Milz wegen ihres hohen Gehaltes an **glatten Muskelzellen** in der Milzkapsel und dem abgehenden Trabekelsystem befähigt. Durch Blutspeicherung und -entspeicherung dient die Milz auch der **Blutdruckregulierung**, z. B. durch Entlastung des hepatischen Pfortaderkreislaufes, in den die Milzvene einmündet. Bei starker Milzvergrößerung infolge vermehrter Blutspeicherung liegt eine „Stauungsmilz" vor. Diese Splenomegalie kann eine Splenektomie erfordern, die durch die starke Blutfüllung erschwert ist. Durch Adrenalinapplikation wird eine Kontraktion der glatten Muskelzellen und damit eine Blutentspeicherung erreicht. Bei der Euthanasie kann auch eine **Stauungsmilz** entstehen, die durch Lähmung des Vasomotorenzentrums im Gehirn ausgelöst werden soll (Milzvergrößerung bei den Hunden im Präpariersaal). Die **weiße Milzpulpa** mit ihren Milzkörperchen und periarteriellen Lymphscheiden dient der Bildung von Lymphozyten. Die **rote Milzpulpa** wird nach ihrem hohen Gehalt an roten Blutkörperchen benannt. Hier findet die Blutmauserung statt. Nach überwiegender Lehrbuchmeinung fließt das Blut in der roten Milzpulpa teils durch Milzsinus (geschlossener Kreislauf), teils frei im lymphoretikulären Bindegewebe (offener Kreislauf), was im einzelnen, bei tierartlichen Unterschieden, noch nicht abgesichert ist. Auf dem **Röntgenbild** stellt sich die Milz bei laterolateralem Strahlengang gut dar. Das ventrale Milzende, das nach rechts umbiegt und über die Mediane hinweg die rechte Körperseite erreichen kann, wird im allgemeinen als „Dreieckschatten" abgebildet. Das Dreieck entspricht etwa der Querschnittsform der Milz.

54.1 Die **MAGENFACHBEGRIFFE** leiten sich vom lateinischen „ventriculus" ab (= kleiner Bauch, z. B. Corpus ventriculi; wird aber auch für die Herzkammer und Kehlkopftasche gebraucht) oder vom griechischen „gaster" (= Bauch, Magen, z. B. für Lig. gastrolienale oder in der Klinik für Gastritis = Magenentzündung).

54.2 Die **MAGENFUNKTION** besteht in der vorübergehenden Speicherung von Nahrung und der Regulierung des Weitertransportes in kleinen Mengen in den Dünndarm. Die Salzsäure des Magens wirkt desinfizierend und aktivierend auf das von Magendrüsen gebildete Pepsinogen, das als Pepsin die Verdauung einleitet.

54.3 Eine direkte Untersuchung der **MAGENSCHLEIMHAUT** kann durch Einführung eines flexiblen Endoskopes über die Speiseröhre in den Magen erfolgen **(Gastroskopie)** und ermöglicht den Nachweis z. B. von Magengeschwüren, Tumoren sowie die gezielte Entnahme von Gewebeproben.

54.4 Die **MAGENTORSION (TORSIO VENTRICULI)** ist eine dramatisch verlaufende Erkrankung, die meist bei großen Hunderassen vorkommt und das sofortige Eingreifen des Tierarztes erfordert. Der Magen ist nur durch die im Hiatus oesophageus angeheftete Speiseröhre kranial fixiert. Das dorsale Magengekröse ist als großes Netz derartig verlängert, daß es für eine Stabilisierung der Lage des Magens ungeeignet ist. Auch die Pars pylorica und der Anfangsabschnitt des Duodenum sind so frei beweglich, daß sie den Magen nicht in seiner Lage fixieren können. So kann eine akute Magendilatation – meist durch eine Überladung des Magens bei einmaliger täglicher Fütterung verbunden mit einer beginnenden Aufgasung – zu einer Magentorsion führen. Der gedrehte Magen gast lebensbedrohlich auf. Als weitere Folge der Magentorsion werden die Magengefäße, besonders die Venen, stranguliert. Das Lig. gastrolienale wird in die Drehung einbezogen und der venöse Rückfluß aus der Milz durch Stauung der Vv. lienales behindert. Es kommt zur massiven Milzstauung. Die Magentorsion führt zu einem akut lebensbedrohlichen Kreislaufversagen und erfordert eine schnellstmögliche chirurgische Versorgung des Patienten.

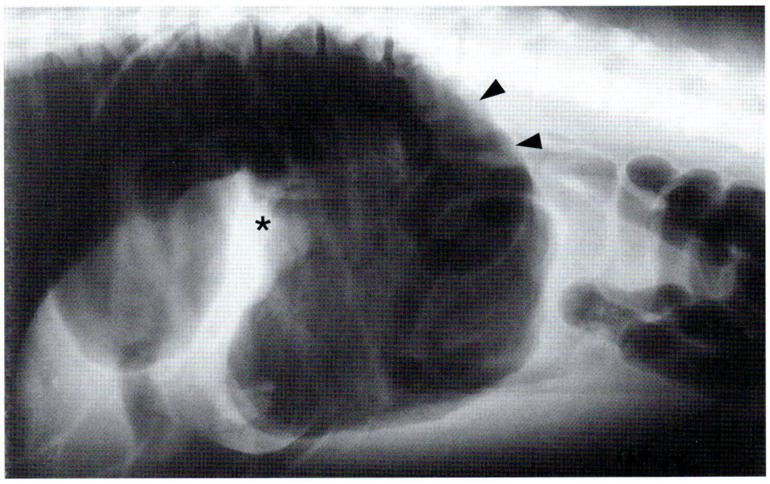

54.4 Magentorsion verbunden mit einer starken Aufgasung. Die große Kurvatur ist dorsal (Pfeile) und die kleine Kurvatur mit der Incisura angularis (*) ventral gerichtet.

54.5 Motilitätsstörungen des **M. SPHINCTER CARDIAE**, die mit einer ungenügenden Erschlaffung (Achalasie) oder häufiger einer Verschlußunfähigkeit (Chalasie) einhergehen, können einen Megaösophagus (s. 14.4) verursachen. Betroffene Tiere sind für das insgesamt seltene Auftreten einer Einstülpung des Magens in den Ösophagus (gastroösophageale Invagination) disponiert.

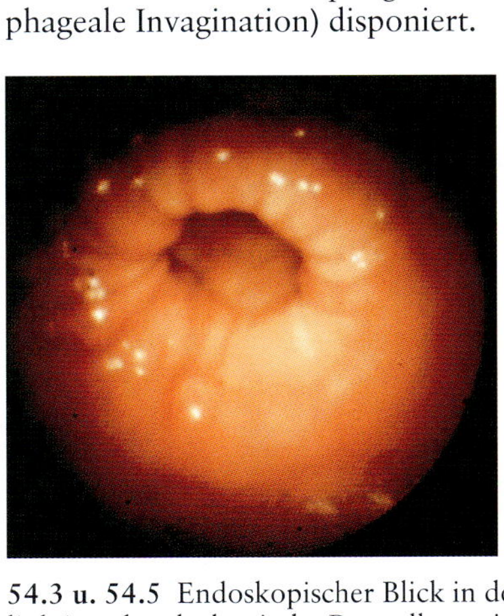

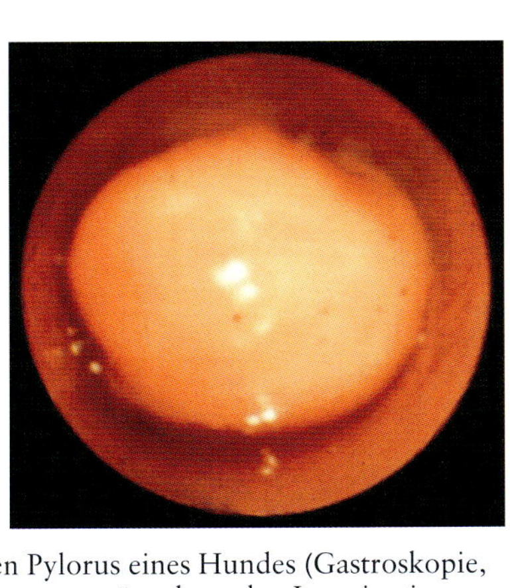

54.3 u. 54.5 Endoskopischer Blick in den Pylorus eines Hundes (Gastroskopie, links) und endoskopische Darstellung einer gastroösophagealen Invagination (Ösophagoskopie, rechts). (Endoskopische Aufnahmen: Prof. Dr. W. Kraft, München).

54.6 Die Einengung des **PYLORUS** (Pylorusstenose) führt zur Entleerungsstörung des Magens. Ihre angeborene Form zeigt sich klinisch nach dem Absetzen des betroffenen Welpen und seiner Umstellung auf feste Nahrung. Bei adulten Hunden kann eine Hyperthrophie der Pylorusschleimhaut und -muskulatur zu seinem funktionellen Verschluß führen (Pylorospasmus). Als Ursache wird eine übermäßige Gastrinproduktion diskutiert. Fremdkörper und Tumoren können ebenfalls einen teilweisen oder vollständigen Verschluß des Magenausganges hervorrufen.

54.7 Bei der **GASTROTOMIE** (Eröffnung des Magens) wird der Schnitt möglichst auf der Facies parietalis, genau zwischen den beiden gefäßführenden Kurvaturen in der Magenachse geführt. Wegen des Muskeltonus stülpt sich die durchschnittene Schleimhaut immer stark nach außen vor.

54.8 Die **BAUCHSPEICHELDRÜSE** produziert mit ihrem **exokrinen Anteil** Verdauungsfermente für die Aufspaltung von Eiweißen, Kohlenhydraten und Fetten. Die eiweißspaltenden Fermente liegen innerhalb der Bauchspeicheldrüse noch als inaktive Vorstufen vor und werden erst nach ihrem Abtransport durch die Pankreasgänge im Darmlumen zu Trypsin und Chymotrypsin aktiviert. Wenn bei krankhaften Veränderungen der Bauchspeicheldrüse die Aktivierung bereits innerhalb der Drüse erfolgt, kommt es zur Selbstverdauung mit der Bildung von Pankreasnekrosen, die nach dramatischem Krankheitsverlauf oft zum Tode führen. Postmortal kommt es sehr rasch zur Selbstverdauung, wobei sich die gelblich-rosafarbene Bauchspeicheldrüse schmutzig-rot verfärbt und ihre zunächst klare Läppchenstruktur zunehmend verliert. Eine Pankreatitis kann zur entzündlichen Schwellung der Ausführungsgänge und der Papilla duodeni major führen. Sekundär kann so ein Verschluß des Ductus choledochus einen Gallestau und Gelbsucht (Verschlußikterus, posthepatischer Ikterus) hervorrufen.

Bei akuter Nekrose oder tumoröser Entartung ist eine partielle Pankreasektomie erforderlich. Die Separierung des gesunden vom krankhaften Gewebe erfolgt durch vorsichtiges Auseinanderdrängen der Drüsenläppchen im interlobulären Bindegewebe unter Schonung der Pankreasgänge und Gefäße (s. S. 57). Zu beachten ist die Anastomose zwischen der kranialen und kaudalen A. pancreaticoduodenalis im Pankreas-Längsschenkel.

Der **endokrine Anteil** (LANGERHANSsche Inseln) reguliert mit seinen Hormonen Glukagon und Insulin den Kohlenhydratstoffwechsel, der bei krankhafter Atrophie der LANGERHANSchen Inseln gestört ist. (Relativer und absoluter Insulinmangel als eine Ursache für eine Zuckerkrankheit.) Tumoren (Insulinome) der β-Zellen, die autonom Insulin produzieren, führen zur Hypoglykämie, die anfallsweise Bewußtlosigkeit und Krämpfe auslösen kann.

54.9 Die **DÜNNDARM-FUNKTION** besteht im wesentlichen aus Sekretions-, Verdauungs-, Resorptions- und Transportvorgängen. Die **Sekretion** wird von schleimproduzierenden **Becherzellen** aufrechterhalten, die in das Oberflächenepithel eingestreut sind, von schlauchförmigen Darmdrüsen (= **Darmkrypten,** das sind Epitheleinsenkungen mit enthaltenen Drüsenzellen – kryptos = verborgen), von **submukösen Glandulae duodenales** und besonders von der **Bauchspeicheldrüse,** die dem Darm außen anliegt.

Die **Verdauung,** d. h. die Aufspaltung der Nahrung in resorbierbare Untereinheiten, erfolgt einmal im Darmlumen und zum anderen zellgebunden an den Zellmembranen der Stäbchensaumzellen des Oberflächenepithels.

Der **Resorption** dienen die oberflächlich gelegenen Stäbchensaumzellen, die hierfür eine enorme Oberflächenvergrößerung durch sehr dicht stehende Mikrovilli mit einer Länge von etwa einem tausendstel Millimeter aufweisen. Der Abtransport der resorbierten Nährstoffe erfolgt über Blutkapillaren mit Ausnahme von langkettigen Fettsäuren, die über Lymphwege abtransportiert werden.

Die **Oberflächenvergrößerung** zur Schaffung einer großen Resorptionsfläche des Darmes erfolgt durch makroskopisch, lichtmikroskopisch und elektronenmikroskopisch erkennbare Strukturen.

Die makroskopisch erkennbaren **Ringfalten** (Plicae circulares) entstehen durch Einfaltungen der Schleimhaut (Mucosa) und der Submucosa, nicht jedoch der Dünndarm-Muskelschicht. Die mikroskopisch erkennbaren Einsenkungen **(Krypten)** und besonders die fingerförmig ausgestülpten **Darmzotten** von etwa 1 mm Länge tragen die **Stäbchensaumzellen** mit den mikroskopisch erkennbaren Mikrovilli, die von der elektronenmikroskopisch erkennbaren Glycocalix (süßer Kelch) bedeckt sind.

An der **Darmmotorik** sind die Zottenpumpe, Pendelbewegungen und peristaltische Wellen beteiligt. Der Parasympathicus fördert, und der Sympathicus hemmt die Darmmotorik. Die Unterbrechung des Nahrungstransportes kann verschiedene Ursachen haben und führt zur vermehrten Wasserresorption und somit zur zusammenballenden Verstopfung (Koprostase, s. auch 56.2).

Die **Zottenpumpe** führt zur Verkürzung der Zotte durch Kontraktion spärlicher glatter Muskelzellen. Dadurch wird der Lymphtransport in zentralen Lymphgefäßen (Chylusgefäßen) gefördert.

Die **Pendelbewegungen** durch die Längsmuskelschicht dienen vornehmlich der Durchmischung des Speisebreies.

Durch **peristaltische Wellen** wird der Darminhalt in Richtung Anus weitertransportiert, wobei sich zuerst die Längsmuskelschicht und dann vor allem die Ringmuskelschicht kontrahiert.

In der **abdominellen Sonographie** sind Dünndarmschlingen sicher an einem fünfschichtigen Wandaufbau zu identifizieren. Die innere Schleimhautoberfläche stellt sich echoreich (1) dar. Die breite Tunica mucosa ist echoarm (2) und wird durch eine schmale echogene Linie (3) von der ebenfalls echoarmen aber schmalen Tunica muscularis (4) getrennt. Die Außenfläche des Darmes mit seinem serösen Überzug stellt sich wiederum als schmale echogene Linie (5) dar.

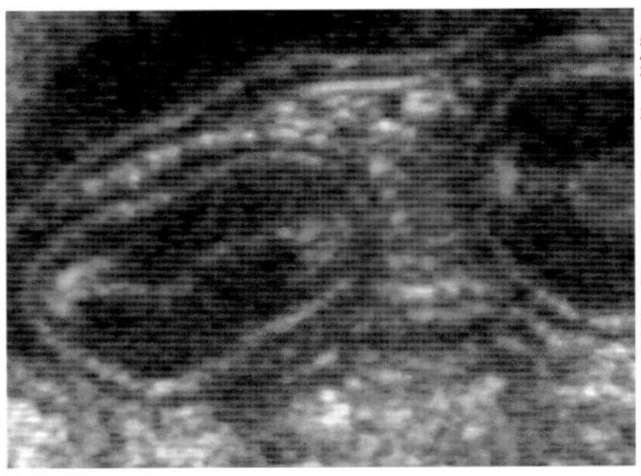

54.9 Jejunalschlingen im sonographischen Querschnitt.
1 Schleimhautoberfläche mit Ingesta
2 Tunica mucosa
3 Tela submucosa
4 Tunica muscularis
5 Tunica serosa

54.10 Das **DUODENUM DESCENDENS** kann an Hand seines charakteristischen geraden Verlaufes entlang der rechten lateralen Bauchwand als einziger Dünndarmabschnitt in der Sonographie sicher identifiziert werden und dient als Orientierungshilfe bei der sonographischen Darstellung des Pankreas.

56.1 Die **DICKDARM-FUNKTION** besteht im wesentlichen aus Flüssigkeitsentzug zur Eindickung des Darminhalts und Schleimbeimengungen durch sehr zahlreiche Becherzellen, die die Weiterleitung des Darminhalts zum Anus fördern. Die adluminale Oberflächenvergrößerung erfolgt nur noch durch Krypten und nicht mehr durch Zotten.

56.2 Das **COLON** stellt sich durch Kot- und Gasansammlungen röntgenologisch meist recht gut dar. Veränderungen der Wand des Kolon wie Tumoren, Ulzera oder Stenosen können dagegen häufig erst nach Kontrastmitteleingabe, die retrograd erfolgen kann, dargestellt werden. Eine **Colonerweiterung** (Megakolon) tritt häufig in Folge einer Kotanschoppung (Koprostase) z. B. durch Fütterungsfehler oder bei Passagehindernissen auf. Die angeborene Form (Megakolon congenitum) ist selten und wird durch das Fehlen der intramuralen Ganglienzellen des Plexus myentericus (Hirschsprung Krankheit) verursacht.

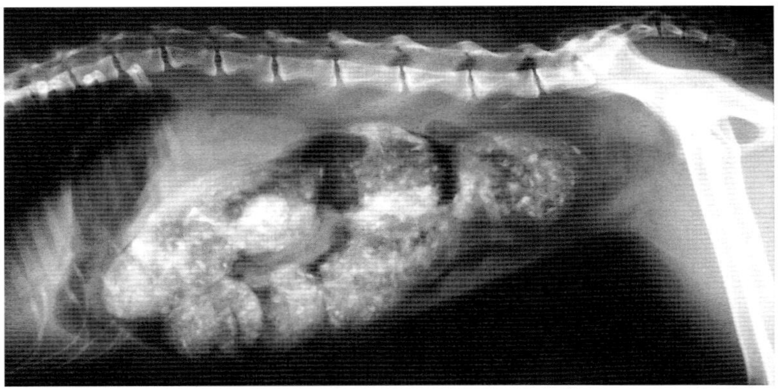

56.2 Massive Anschoppung von Kot im Kolon (Koprostase).

56.3 Die **ATRESIA ANI, ATRESIA RECTI** sowie **ATRESIA ANI ET RECTI** sind Mißbildungen, die während der Ontogenese entstehen (Atresia = fehlende Öffnung des embryonal noch verschlossenen Anus oder des Rectum). Die Mißbildung geht oft mit Fistelbildungen zwischen dem Anorektal- und Urogenitalsystem einher.

56.4 **GLL. CIRCUMANALES** s. 6.3

56.5 Die **ANALBEUTEL** (korrekter wäre Paraanalbeutel) speichern Sekrete ihrer Wanddrüsen, die durch Haftung am abgesetzten Kot der Jagdrevierabgrenzung und der Anlockung des Partners dienen. Normalerweise werden sie bei Kotabsatz durch den Druck des M. sphincter ani externus entleert, wobei ein normal geformter Kot als Widerlager dient. Ein breiig ungeformter Kot, der z. B. infolge von Diätfehlern entsteht, kann nicht als Widerlager dienen und verhindert die Entleerung der Analbeutel, wodurch bei Sekretzersetzung Entzündungen verursacht werden und sekundäre Infektionen mit nachfolgenden Abszeßbildungen entstehen. Der abnorm gefüllte Analbeutel wird dann manuell entleert. Über seine Ausführungsgänge, die als feine Öffnungen bei „4 und 8 Uhr" an der Linea anocutanea münden, ist eine Spülung möglich. Chronische Entzündungen können die Exstirpation der Analbeutel erforderlich machen, die unter Schonung des M. sphincter ani externus erfolgen muß.

56.6 Unter einem **PFORTADERSYSTEM** versteht man die Einschaltung eines zweiten Kapillarbettes in den venösen Schenkel des Kreislaufes. Die Verbindungsvene zwischen dem arteriovenösen Kapillarbett und dem venovenösen Kapillarbett, dem unter Entstehung von Mischblut zusätzlich arterielles Blut zugeführt werden kann, wird als Pfortader bezeichnet. Zur Unterscheidung der verschiedenen Pfortadern wird der Name des Organes, dem die Pfortader das Blut zuführt, angehängt (z. B. V. portae hepatis, V. portae hypophysialis).

58.1 Die **LEBER** liegt mit Ausnahme ventromedialer (nicht palpierbarer) Anteile innerhalb des intrathorakalen Teiles der Bauchhöhle. Bei krankhafter Vergrößerung reicht sie mehr oder weniger weit kaudal über den Rippenbogen hinaus. Das kann durch Palpation, Perkussion (gedämpfter Leberschall) oder durch röntgenologische sowie sonographische Untersuchung festgestellt werden. Die Größe der Leber, die normalerweise ca. 3,4 % des Gesamtkörpergewichtes ausmacht, korreliert mit der Vielzahl der Funktionen: 1. Funktion als endokrine Drüse (Synthese von Blut-Plasmaprotein wie Albumin, Globulin, Fibrinogen). 2. Funktion als exokrine Drüse (Galle und Cholesterol). 3. Intermediärstoffwechsel der Fette, Proteine und Kohlenhydrate. 4. Speicherung von Fett, Glykogen und Eisen. 5. Glykogenolyse und Glykoneogenese sowie Aufrechterhaltung einer physiologischen Glukosekonzentration. 6. Entgiftung von Drogen und Medikamenten. Im Foetalstadium ist die Leber relativ größer und füllt den überwiegenden Teil der Bauchhöhle aus. Diese Größe wird mit ihrer Blutbildungsfunktion in Zusammenhang gebracht. Eine krankhafte Verkleinerung der Leber kann durch ausgeprägte Narbenbildung mit einhergehender Schrumpfung, z. B. bei der Leberzirrhose, verursacht werden.

Die „klassischen" **Leberläppchen** sind makroskopisch noch erkennbare Funktionseinheiten mit einem Durchmesser von ca. 1 mm und einer Höhe bis zu 2 mm. Das Läppchen besitzt eine Zentralvene (makroskopisch als dunkler Punkt erkennbar) mit radiär einmündenden Leberkapillaren (Sinusoiden), sowie radiär angeordneten Leberzellbalken und peripher abgrenzender Bindegewebskapsel (GLISSONsche Kapsel, s. Histologiebücher).

Krankhafte Leberverfettungen, die infolge von Toxineinwirkungen oder Sauerstoffmangel auftreten können und zur gelblichen Verfärbung führen, sind im fortgeschrittenen Stadium makroskopisch erkennbar. Da das Blut in den Lebersinusoiden von der Läppchenperipherie zur Zentralvene fließt, treffen toxische Einflüsse zuerst die peripher gelegenen Leberzellen, so daß zuerst die Läppchenperipherie verfettet. Dagegen beginnt bei Sauerstoffmangel (Hypoxie) die Verfettung meistens im Läppchenzentrum.

58.2 Die **VENA PORTAE** ist in ihrer Wandarchitektur an den vergleichsweise hohen Blutdruck angepaßt. Dieser hohe Blutdruck ist zur Durchströmung des zweiten (hepatischen) Kapillarbettes des Pfortaderkreislaufs erforderlich und wird durch arterio-venöse Anastomosen im Darmbereich sowie durch die blutdrucksteigernde Wirkung der Milz aufrechterhalten, deren venöses Blut in die Pfortader gelangt. Charakteristisch sind außenliegende längsorientierte Muskelzüge, die auch als adventitielle subseröse Muskulatur bezeichnet werden. Die Identifizierung der Pfortader und Pfortaderäste bei der sonographischen Untersuchung der Leber erfolgt an ihrem charakteristischen deutlichen Wandecho, das durch ihre relativ dicke Wand verursacht wird. Die Lebervenen zeigen dagegen keine sonographisch darstellbare Wandstruktur.

In der **V. portae** wird durch arterio-venöse Anastomosen und die Milz ein ausreichender Blutdruck zur Durchströmung des Leberkapillarbettes erreicht, obwohl der Großteil des Blutes bereits am Anfang des venösen Schenkels (z. B. in der Darmwand) ein Kapillarbett durchfloß. Der dadurch bedingte Blutdruckabfall wird durch die blutdruckregulierende Funktion der Milz (s. 52.3) und durch zahlreiche arterio-venöse Anastomosen im Quellgebiet der Pfortader bei Umgehen des Kapillarbettes ausgeglichen. Durch die Umgehung des Kapillarbettes wird ein ausreichender Sauerstoffgehalt zur Versorgung der Leber gesichert, da die dünne A. hepatica dieses riesige Organ nicht allein versorgen kann. Die Pfortader sammelt das Blut der unpaaren Venen aus unpaaren Organen.

Der **venöse Abfluß aus dem kaudalen Rektumabschnitt** erfolgt extraportal über die paarigen Vv. rectalis media und – caudalis. Dieses Blut gelangt nicht über die Pfortader zur Leber, sondern fließt durch den Körperkreislauf, was bei der Medikamentenapplikation in Zäpfchenform ausgenutzt wird. Dabei wird das so resorbierte Pharmakon in seiner vollen Konzentration wirksam.

Im fetalen Kreislauf wird das Pfortaderblut über den **Ductus venosus arantii** am Kapillarbett der Leber vorbei direkt in die V. cava caudalis geleitet. Bleibt dieser Kurzschluß nach der Geburt bestehen, liegt das Krankheitsbild des **kongenitalen portocavalen Shunts** vor. Die Umgehung des zentralen Stoffwechselorganes Leber hat zur Folge, daß sie ihre wesentlichen Entgiftungsfunktionen nur ungenügend wahrnehmen kann. Die Anreicherung von Toxinen wie z. B. Ammoniak im Blut hat eine Beeinträchtigung des ZNS zur Folge und führt zum Bild des **hepatoenzephalen Syndroms**. Kongenitale Shunts können chirurgisch unterbunden werden. Da vielfältige Formen dieser fehlerhaften Gefäßentwicklung auftreten können, muß die Lage des Shunts durch direkte Kontrastmitteleingabe in ein Gefäß im Einzugsgebiet der V. portae (**Portographie**) dargestellt werden.

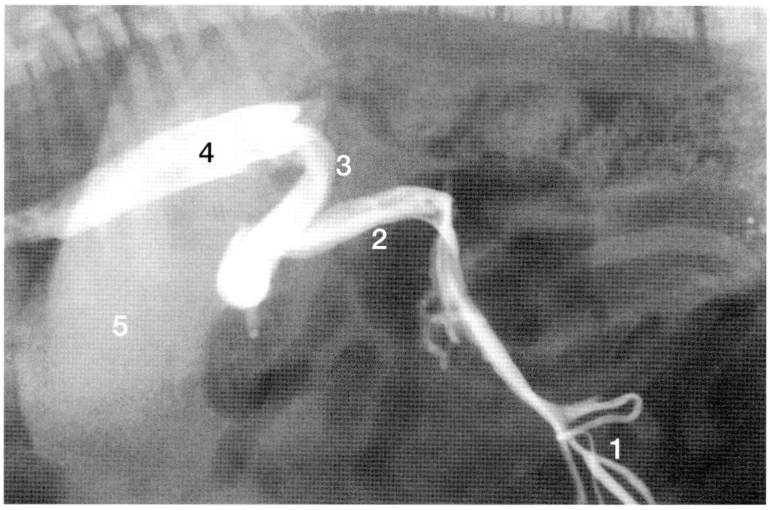

58.2 Röntgenkontrastdarstellung (Portographie) eines extraehepatischen portocavalen Shunt. Das Kontrastmittel fließt nach Injektion in eine V. jejunalis (1) in die V. portae (2) und von dort unter Umgehung der Leber (5) über einen portocavalen Shunt (3) direkt in die V. cava caud. (4).

58.3 In der **GALLENBLASE** wird die Galle durch Wasserrückresorption konzentriert (eingedickt). Ein Schließmuskel an der Mündung des Ductus choledochus reguliert den Gallenfluß in das Duodenum. Die Galle dient hier der Emulgierung von Fetten und somit der Oberflächenvergrößerung, wodurch die Angreifbarkeit von Verdauungsfermenten verbessert wird. Die Gallensäuren und Gallenfarbstoffe werden im Dünndarm wieder resorbiert (enterohepatischer Kreislauf) und danach erneut mit der Galle ausgeschieden. Übermäßiger Gehalt an Gallenfarbstoff im Blut zeigt sich als **Gelbsucht** (prä-, intra- und posthepatischer Ikterus). Beim prähepatischen Ikterus fallen vermehrt Gallenfarbstoffe an (beim vermehrten Abbau roter Blutkörperchen). Der intrahepatische Ikterus wird durch Schädigung der Leberzellen hervorgerufen, und der posthepatische Ikterus wird durch Stauungen im Gallengangsystem verursacht.

Konkrementbildung der Gallenflüssigkeit unter Bildung von Gallensteinen ist beim Hund selten. Häufiger findet man Auskristallisationen in Form von Pigmentgrieß.

Gallenblase und Gallengänge können röntgenologisch nach Kontrastmittelgaben dargestellt werden (Cholangiozystographie). Das Kontrastmittel gelangt aus der Leber über die Gallengänge in die Gallenblase. Postmortal setzt frühzeitig eine Autolyse der Gallenblase und Gallengänge ein, wodurch die Umgebung eine gallige, grünliche Imbibition erkennen läßt (Beobachtung bei den Situsübungen).

60.1 Der **PARASYMPATHICUS DES SAKRALMARKS** gelangt auf verschiedenen Wegen zu seinen Erfolgsorganen, worüber in der Literatur keine Einigkeit besteht. Auch über seine Reichweite und sein Versorgungsgebiet bestehen unterschiedliche Angaben, die womöglich auf artspezifischen Besonderheiten beruhen. Nach Meinung einiger Lehrbuchautoren der Veterinärmedizin soll sich seine Reichweite auf das Rektum begrenzen, und die Nerven am Gekröseansatz des Rektum bis an die Grenze zum Colon descendens gelangen. (Der N. hypogastricus wäre demnach rein sympathisch.) In der Humananatomie wird das Colon transversum als Versorgungsgrenze zwischen dem Parasympathicus des Sakralmarks und dem Vagus angegeben. Neueste Forschungsergebnisse sprechen jedoch für ein noch größeres Versorgungsgebiet durch den sakralen Parasympathicus, das den gesamten Dickdarm umfassen soll.

60.2 Der **PLEXUS LUMBALIS** ist wegen seiner geschützten Lage wesentlich seltener durch traumatische Einflüsse von Schädigungen betroffen als der Plexus brachialis (s. 18.1). Ausfälle werden dagegen relativ häufig durch Einengungen der Foramina intervertebralia und Kompression der Wurzeln des Plexus lumbalis hervorgerufen. Ursachen sind z. B. Diskopathien (s. 10.3) oder massive Spondylarthrosen (s. 8.6).

62.1 An der **NIERE** ist die **Capsula adiposa** des lebenden Tieres von weicher Konsistenz, so daß die Nieren im ventrolateral umgebenden Fett gewissermaßen „schwimmen".

Auf **Röntgenaufnahmen** können die Nieren ohne Kontrastmittelverwendung auf „Leeraufnahmen" nicht immer befriedigend dargestellt werden, was besonders für die linke (kaudale) Niere zutrifft. Zur besseren röntgenologischen Darstellung kann ein „nierengängiges" harnpflichtiges Röntgenkontrastmittel appliziert werden, wodurch die Harnwege röntgenologisch sichtbar werden (Ausscheidungsurographie, s. 62.2). Eine detailierte Nierendarstellung ermöglicht dagegen die Sonographie (s. Ultraschallanatomie S. 170 u. 171)

Kongenitale Mißbildungen, die sich in einem fehlenden Anschluß der Nephrone an das Sammelrohrsystem manifestieren, führen zur Zystenbildung in der Niere. Diese Fehlbildung wird durch die unterschiedliche Herkunft der Nephrone (aus dem metanephrogenen Blastem) und des Sammelrohrsystems (aus der Ureterknospe) begünstigt. Die **Blutgefäße der Niere (A. et V. renalis)** dringen über die Aa. et Vv. interlobares und schließlich über die Aa. et Vv. arcuatae in die Niere ein. Sie dienen der Primärharnbildung und außerdem der Versorgung des Nierenparenchyms einschließlich der Rückresorption nicht harnpflichtiger Bestandteile aus den Tubuli der HENLE-Schleife.

Zur Primärharnbildung gehen die Arteriolae glomerulares afferentes seltener aus der A. arcuata und überwiegend aus den Aa. interlobulares hervor, die innerhalb der Nierenläppchen radiär zur Nierenkapsel ziehen. Im **Nierenkörperchen (Corpusculum renis)** verästeln sich die Arteriolae glomerulares afferentes in die Glomerulus-Kapillarschlingen. Die sich aus dem Glomerulus sammelnden Arteriolae glomerulares efferentes der **subkapsulären Nierenkörperchen (Corpusculum renis subcapsulare)** münden in ein (kortikales) **Kapillarnetz (Rete capillare)**, das die **HENLE-Schleife (Tubulus renalis)** der Nierenrinde umspinnt und Anschluß an die **Vv. interlobulares** findet. Das Nierenmark wird von den **Arteriolae rectae (spuriae)** versorgt, die von einem **marknahen Nierenkörperchen (Corpusculum renis juxtamedullare)** kommen sowie von **Arteriolae rectae (verae)**, die aus den Aa. interlobulares oder, seltener, aus den Aa. arcuatae abstrahlen. Der Blutabfluß aus der Nierenrinde erfolgt über **Vv. interlobulares** und aus dem Nierenmark über **Venulae rectae**, die das Blut über die **Vv. arcuatae** und **interlobares** in die V. renalis leiten.

62.2 Der **HARNLEITER** durchsetzt mit seinem Mündungsabschnitt schräg auf langem Wege die Harnblasenwand. Dadurch wird ein Rückfluß des Harnes zum Nierenbecken (Reflux) verhindert, denn bei Zunahme des Binnendruckes in der Harnblase bei der Miktion wird der Mündungsabschnitt des Harnleiters durch Kompression verschlossen. Eine einseitige Harnleiterverdoppelung kommt als kongenitale Mißbildung vor, wenn sich die Ureterknospe vorzeitig vor Erreichen der Nierenbucht (Sinus renalis) aufteilt. Das kann auch mit der Verdoppelung des Nierenbeckens einhergehen. Ektopische Harnleitermündungen mit einhergehender Inkontinenz können kaudal des Schließmuskels an der Urethra vorkommen. Der Verschluß eines Ureter kann durch vielfältige Ursachen wie Harnsteine, Tumoren, Narbenstrikturen oder Mißbildungen bedingt sein. Er führt zum Harnrückstau, einer Erweiterung des Ureter (Hydroureter) und schließlich des Nierenbeckens. Bei chronischem Rückstau kommt es zur Druckatrophie der Nierenpapille und schließlich des gesamten Nierenparenchyms mit komplettem Funktionsverlust. Übrig bleibt eine große harngefüllte Blase (Sackniere).

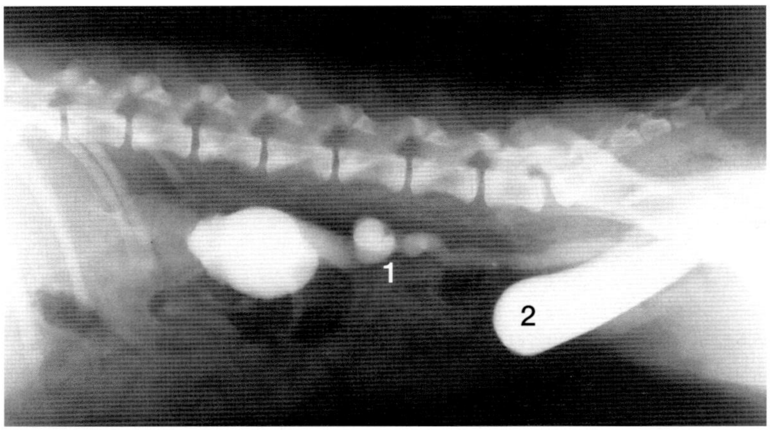

62.2 Ausscheidungsurographie: Das Kontrastmittel hat sich im linken ektopischen Ureter (1), der gestaut und erweitert ist, und in der regulär gefüllten Harnblase (2) angereichert.

64.1 Die **HARNBLASENSCHLEIMHAUT** ist in Falten gelegt, die bei Blasenfüllung verstreichen und der Harnblase ein enormes Fassungsvermögen verleihen. Stumpfe Bauchtraumata können zur Ruptur der gefüllten Blase führen. Rüden sind von dieser Verletzung wesentlich häufiger betroffen als Hündinnen, deren kurze weite Urethra leichter eine schnelle Entleerung bei übermäßiger Druckerhöhung ermöglicht.

64.2 Die **HARNRÖHRE (URETHRA)** ist bei der Hündin kurz und weit und beim Rüden lang und eng. Ein Verschluß der Harnröhre durch Harnsteine (Urethrolithiasis) tritt deshalb fast ausschließlich bei männlichen Tieren auf. Prädilektionsstellen für die Verlegung der Urethra masculina sind die Einengung der Harnröhre durch den Penisknochen (s. 68.7), aber auch ihre Biegung am Arcus ischiadicus.

64.3 Die **HARNBLASENMUSKULATUR** verläuft in einer äußeren und inneren Längsmuskelschicht mit dazwischengelegener Ringmuskelschicht, die nicht exakt voneinander getrennt sind und stellenweise ineinander übergehen. Abscherende Muskelzüge gehen vom Harnblasenhals auf den Anfangsabschnitt der Harnröhre über. Diese Muskelzüge erweitern bei der Kontraktion der Harnblasenmuskulatur den Anfangsabschnitt der Harnröhre. Die Kontraktion der glatten Harnblasenmuskulatur wird durch parasympathische Nervenfasern eingeleitet, die von den Nn. pelvini stammen. Sympathische Nerven werden über den N. hypogastricus zur Harnblase geleitet. Neurogene und myogene Störungen können einen unkontrollierten Harnabfluß (Inkontinentia urinae) oder eine Harnverhaltung (Retentio urinae) hervorrufen. Die Inkontinentia urinae tritt besonders häufig nach der Kastration von Hündinnen auf. Der Verlust an Östrogenen scheint eine Verminderung der Spinkterreaktion auf die sympathische Innervation hervorzurufen, die durch eine medikamentelle Östrogensubstitution und/oder Sympathomimetika wieder aufgehoben werden kann. Eine Vielzahl von Ursachen wie Diskopathien (s. 10.3) bis hin zu chronischen Blasenentzündungen können eine Harnblasenlähmung mit Harnretention und schließlich massiver Blasendilatation hervorrufen. Differentialdiagnostisch muß bei Harnblasendilatation immer ein Abflußhindernis wie z. B. ein Harnröhrenstein (s. 64.2) ausgeschlossen werden.

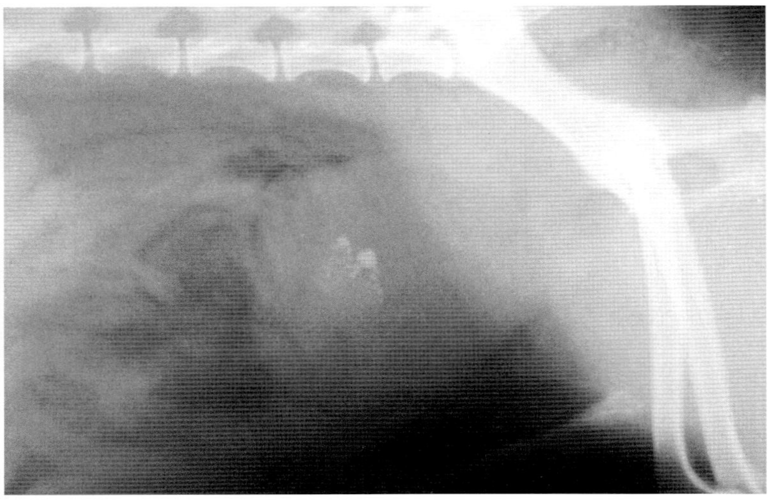

64.3 Harnblasensteine bei einem Rüden.

64.4 Das **KRANIALE KEIMDRÜSENBAND (LIG. SUSPENSORIUM OVARII)** ist insbesondere linksseitig relativ kurz und erschwert bei der Kastration der Hündin (Ovarektomie, Oopheroektomie) die Vorlagerung der Ovarien. Es ist als straffer Strang, der kranial zieht, gut zu ertasten und an dieser Verlaufrichtung leicht von der dorsal ziehenden A. ovarica zu differenzieren. Da es keine Gefäße führt, kann es gefahrlos ohne vorherige Ligatur durchtrennt werden.

64.5 Die **HODENHÜLLEN** – das Bauchfell und die Fortsetzungen der Körperwandschichten – sind bei unterschiedlichen Kastrationsmethoden unterschiedlich zu behandeln. Bei der Kastration (Orchiektomie) mit bedeckendem Scheidenhautfortsatz wird der nicht eröffnete Proc. vaginalis mitsamt umschlossenem Samenstrang distal der Unterbindungsstelle durchtrennt. Bei der Kastration mit eröffnetem Scheidenhautfortsatz werden der „nackte" Samenleiter samt Leitungsstrukturen abgesetzt.

64.6 Durch den **DESCENSUS TESTICULORUM** werden die Hoden in einem prä- und postnatal ablaufenden Prozeß vom Entstehungsort in den Hodensack verlagert. Am 3.–4. Lebenstag sind die Hoden von der Bauchhöhle in den Leistenspalt eingetreten und wandern in den folgenden Lebenswochen in das Skrotum. Im Mittel ist der Hodenabstieg nach 1,5 Monaten beendet und sollte spätestens nach 3,5 Monaten abgeschlossen sein. Wenn der Hodenabstieg unvollendet ist und der Hoden im Bauchraum oder im Leistenspalt steckenbleibt, wird vom verborgenen Hoden oder Kryptorchismus (kryptos = verborgen; orchis = Hoden) gesprochen.

Der **kryptorche Hoden** weist ein abnorm langes Lig. testis proprium und Lig. caudae epididymidis auf. Er neigt zu tumoröser Entartung. Im kryptorchen Hoden, dessen Binnentemperatur nahe der Körperkerntemperatur liegt, ist meistens die Spermiogenese gestört, während die Geschlechtssteroidhormone fast ungestört produziert werden. Für die normale Spermiogenese wird eine wesentlich niedrigere Temperatur benötigt, denn die Binnentemperatur des normal im Skrotum liegenden Hodens liegt nahe der Hauttemperatur.

Bei der physiologischen Lage im Hodensack bewirken mehrere Faktoren, daß die Hodentemperatur hier reguliert werden kann und etwa um 2 °C unter der Körperkerntemperatur liegt. Zwei Faktoren seien genannt: 1. Der venöse Abfluß aus dem Hoden erfolgt über den Plexus pampiniformis. Durch die Gefäßschlingen des venösen Plexus zieht die A. testicularis, deren Blut vor Durchströmung des Hodens durch das etwas kühlere Blut des umgebenden Plexus pampiniformis leicht abgekühlt wird. (Krampfaderförmige Veränderungen des Plexus pampiniformis können beim Menschen eine Sterilität verursachen.) 2. Der M. cremaster (externus) und die glatte Muskulatur in der Tunica dartos des Hodensackes bewirken, daß der Hoden nahe an den wärmeren Körper herangezogen wird resp. – bei Erschlaffung dieser Muskulatur – in den Grund des kühleren Hodensackes abgleitet. Dies dürfte allerdings bei Spezies mit pendelförmigem Skrotum – wie beim Bullen – wirksamer sein als beim Rüden.

66.1 Das **OVAR** hat, vergleichbar mit dem Hoden, eine Doppelfunktion: Bereitstellung von Eizellen für die Befruchtung und Bildung von Geschlechtssteroidhormonen.

In der **Eierstocksrinde** liegen die Eizellen (Oozyten I), die postnatal umhüllt sind und je nach Entwicklungsstadium in verschieden große Follikel eingeteilt werden. Im Primordialfollikel hat die Eizelle einen Durchmesser von 20 µm und ist von flachen Follikelepithelzellen umgeben, die später im Primärfollikel kubisch sind. Erstmals bei der Geschlechtsreife wachsen einige Primärfollikel zu Sekundärfollikeln heran, deren Eizelle einen Durchmesser von 1/10 mm aufweist, von einer Zona pellucida und einem mehrschichtigen Follikelepithel sowie einer bindegewebigen Hülle (Theca externa und interna) umgeben ist. Der entstehende Tertiärfollikel (Bläschenfollikel) läßt zwischen den auseinanderweichenden Follikelepithelzellen ein Antrum folliculare (Follikelhöhle) erkennen, das Liquor follicularis enthält. Die Eizelle mit einem Durchmesser von etwa 2/10 mm ruht auf einem Hügel aus Follikelepithelzellen und ist von einer Corona radiata aus einer einschichtigen Lage von Follikelepithelzellen umgeben. Einige wenige Bläschenfollikel wachsen zum sprungreifen Follikel heran, der einen Durchmesser von etwa 2 mm aufweist. Der Großteil der Follikel kommt nicht zur Ovulation, sondern geht durch die Follikelatresie (atretos = ohne Lichtung oder Öffnung) zugrunde.

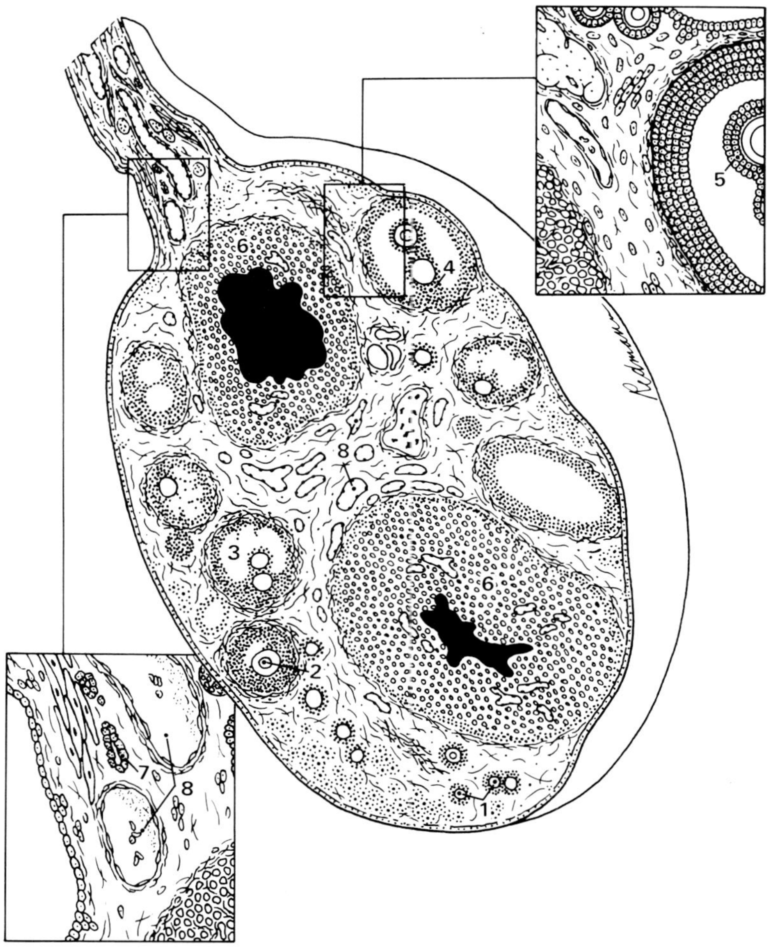

66.1 Längsschnitt durch das Ovar. 1 Primärfollikel; 2 Sekundärfollikel; 3 Tertiärfollikel; 4 Hügel aus Follikelepithelzellen; 5 Corona radiata; 6 Corpus luteum cyclicum; 7 Markstränge; 8 Blutgefäße.

Nach dem Follikelsprung entwickelt sich aus der epithelialen und bindegewebigen Follikelhülle eine etwa 2 mm große endokrine Drüse, der Gelbkörper oder **Corpus luteum.** Der Gelbkörper bleibt bei der Hündin unabhängig von einer Trächtigkeit um die 75 Tage bestehen und produziert in dieser Zeit Progesteron, dessen Konzentration im Zyklus wie in der Trächtigkeit allmählich abnimmt. Bei der trächtigen Hündin kommt es post partum, also nach ca. 63 Tagen, abrupt zu einem Abfall der Progesteronkonzentration. Unter dem Progesteroneinfluß steigt bei der zyklischen wie der graviden Hündin die Prolaktinkonzentration im Blut, die die Milchdrüse auf die Laktation vorbereitet, weshalb es auch bei Hündinnen im Zyklus nach Regression des Gelbkörpers häufig zur Laktation kommt **(Scheinträchtigkeit, Lactatio falsa).**

Störungen der Ovarialfunktion mit der Bildung von zystisch entarteten und/oder persistierenden Follikeln sind bei der Hündin häufige Ursache von Zyklusstörungen. Die **sonographische Verlaufsuntersuchung** ermöglicht eine direkte Darstellung der Follikelreifung, Ovulation und Gelbkörperanbildung und kann zur Kontrolle der Ovarialfunktion herangezogen werden.

66.2 Der **EILEITER** fängt mit seinem Infundibulum (Trichter) die Eizelle bei der Ovulation auf. Gelangt die befruchtete Eizelle in die Bauchhöhle kommt es zur Bauchhöhlenschwangerschaft. Das Bauchfell weist dann in der Umgebung der extrauterinen Nidation gefäßreiche Wucherungen auf, die jedoch bei der Hündin nicht zur Entwicklung einer Frucht ausreichen, weshalb diese frühzeitig abstirbt. Daher ist die extrauterine Gravidität, die auch in der Bursa ovarica beginnen kann, im Vergleich zur Bauchhöhlenschwangerschaft in der Humanmedizin, von untergeordneter tierärztlicher Bedeutung.

66.3 Die **GEBÄRMUTTER** (lat. Uterus, gr. Metra) ermöglicht mit ihrem drüsen- und gefäßreichen **Endometrium** die Nidation der befruchteten Eizelle. Die Epithelauskleidung besteht aus zilienfreien Sekretionszellen und aus Zilienzellen, deren Gestalt sich ebenso wie die der uterinen Drüsen in Abhängigkeit von der Zyklusphase ändert. Während der Follikelreifung bewirkt die Östrogenausschüttung eine Proliferation der Uterindrüsen und eine Ödematisierung des Endometrium. Eine Diapedese von Erythrozyten durch das Endometrium führt in dieser Zyklusphase zur Bildung eines blutigen Ausflusses. Nach der Ovulation führt ein steigender Progesteronspiegel zur Sekretion der Uterindrüsen und zum Verschluß der Cervix uteri.

Häufig kommt es bei der Hündin durch Infektionen und/oder ovarielle Dysfunktionen zu Störungen dieser Abläufe, die verschiedene Formen der Gebärmutterschleimhautentzündung (Endometritis) verursachen: Dringen gegen Ende des Östrus noch vor dem Schluß der Zervix Bakterien in den Uterus ein, kommt es zur Endometritis und Füllung des Uteruslumens mit eitrigem Sekret **(Pyometra),** das nicht ablaufen kann, da die Zervix inzwischen geschlossen ist. Bei **Persistenz von Follikeln** werden permanent Östrogene produziert, die das Endometrium über eine lange Zeit ödematisiert halten und zum chronischen blutig-serösen und – nach sekundärer bakterieller Infektion – zum eitrigem Ausfluß führen **(chronische Endometritis).** Meist sind **Follikelluteinzysten** ausgebildet, die Östrogen und Progesteron produzieren. Die andauernde hormonelle Stimulation der Uterindrüsen führt zur anhaltenden Proliferation sowie Sekretion und schließlich zur Ausbildung des sehr häufigen Krankheitsbildes der **glandulär-zystischen Endometritis.**

Das **Myometrium** bewerkstelligt die Wehentätigkeit zur Austreibung der Leibesfrucht, und das **Perimetrium** sichert die Verschieblichkeit des Organs. Die glatten Muskelzellen des Myometrium können sich während der Trächtigkeit etwa um das zehnfache verlängern (bis etwa 1 mm) und werden bei der Geburt durch die Einwirkung eines Hormons des Hypothalamus/Hypophysensystems (Oxytocin) zur Kontraktion gebracht.

66.4 Ein **UTRICULUS PROSTATICUS (UTERUS MASCULINUS)** kommt beim männlichen Geschlecht nahe dem Samenhügel als blind endende Tasche vor (Rest des Kaudalendes des MÜLLERschen Ganges).

66.5 Die **CERVIX UTERI** besitzt im Canalis cervicis einen verschließenden Schleimpfropf, der aufsteigende Infektionen verhindert. Er ist in seiner Konsistenz zyklusabhängig. Zur Zeit der Läufigkeit wird er verflüssigt und abgestoßen, wodurch die Spermienpassage durch den Zervixkanal ermöglicht wird.

66.6 Das **EPITHEL DER VAGINALSCHLEIMHAUT** unterliegt zyklusabhängigen Veränderungen. Die mikroskopische Untersuchung eines vaginalen Schleimhautabstriches ermöglicht daher die Bestimmung des Zyklusstandes einer Hündin. Im Anöstrus dominieren im Ausstrich große kernhaltige Epithelzellen. Im Laufe des Proöstrus werden sie zunehmend durch verhornte (kernlose) Epithelzellen ersetzt, die im Östrus ein schollig degeneriertes Bild zeigen und unter dem Progesteroneinfluß gegen Ende des Östrus und im Metöstrus wieder verschwunden sind. Unter dem Östrogeneinfluß kommt es im Proöstrus und Östrus zur Ödematisierung der Vaginalschleimhaut, die bei jungen Hündinnen vorwiegend großer Rassen zum Schleimhautvorfall der Scheidenwand führen kann. Bei diesem Läufigkeitsprolaps ist die Mündung der Urethra im Gegensatz zum echten Scheidenvorfall nicht in den Vorfall mit einbezogen.

66.7 Die **HARNRÖHRENMÜNDUNG** liegt bei der Hündin 2 bis 5 cm kranial der ventralen Schamlippenkommisur ventromedian auf dem Scheidenboden. Zur Harngewinnung kann unter Sicht mit einem Scheidenspekulum ein starrer Katheter eingeführt und bis zur Blase vorgeschoben werden.

66.8 Die **KLITORIS** kann bei hormonellen Imbalanzen – ausgehend von den Gonaden und der Nebennierenrinde – erheblich vergrößert sein. Sie wird dann oft als Miniaturausgabe des Penis bezeichnet. Diese Deutung gilt jedoch nur mit erheblicher Einschränkung, weil nämlich die Urethra (anders als am Penis) keinesfalls auf der Spitze des Organs endet und ein Teil des Schwellkörpers als Bulbus vestibuli in die Wand des Vestibulum vaginae verlagert ist.

68.1 Für den **HODEN** wird in der Anatomie überwiegend der Fachbegriff „testis" gebraucht (Ausnahmen: Epi-, Meso- und Periorchium). Die klinischen Begriffe lassen sich vom griechischen Wort „orchis, orchios" ableiten (z. B. Orchiektomie für Kastration). Der Hoden ist eine inkretorische Hormondrüse und bildet außerdem die Samenzellen, die zusammen mit Sekreten des Nebenhodens und der Prostata die Samenflüssigkeit (Ejakulat) ausmachen. Hodentumoren gehören beim älteren Rüden mit zu den häufigsten Tumorformen. Von den Sertolizellen ausgehende Tumoren produzieren Östrogene, die zu einem Feminisierungssyndrom

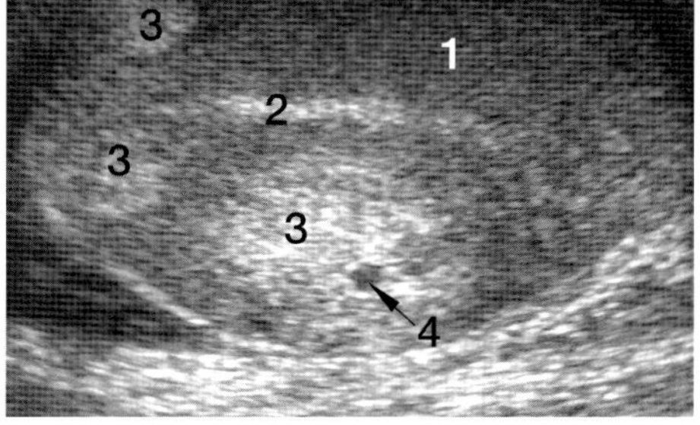

68.1 Sonographischer Längsschnitt durch einen Hoden mit echogenen Tumoren (3) und einer Zyste (4). 1 Hodenparenchym; 2 Mediastinum testis. (Sonographische Aufnahme: Prof. Dr. C. Poulsen Nautrup, München).

des Rüden (Gynäkomastie, Penisatrophie, Attraktivität für andere Rüden etc.) führen.

68.2 Der **NEBENHODEN (EPIDIDYMIS**, epi = auf, didymos = Zwilling oder Hoden im übertragenen Sinne) entwickelt sich mit seinen Ductuli efferentes aus Querkanälchen der Urniere und mit seinem Ductus epididymidis aus dem Urnierengang (WOLFFscher Gang). Aus seiner Einteilung in Caput, Corpus und Cauda läßt sich die Unterteilung des Hodens in eine Extremitas capitata und –caudata ableiten. Der lange Nebenhodengang ist Speicher- und Reifungsstätte für die Spermien, die hier ihre Bewegungs- und Befruchtungsfähigkeit erlangen. Geschädigte Spermien werden durch Spermiophagie beseitigt.

68.3 Der **SAMENLEITER** ist die direkte Fortsetzung des Nebenhodenganges. Die chirurgische Entfernung eines Samenleiterabschnittes zur Sterilisation wird Vasektomie genannt, weil der Samenleiter früher Vas deferens hieß. Die chirurgische Wiedervereinigung beider Stümpfe führt meistens nicht zur beabsichtigten Wiedererlangung der männlichen Zeugungsfähigkeit, weil mit der Durchschneidung begleitende autonome Nerven zwangsläufig mit durchtrennt werden, wodurch es zur Beeinträchtigung der Hodenfunktion und distal der Durchtrennungsstelle zum Ausfall der Peristaltik des Samenleiters kommt, die für den Samentransport unerläßlich ist.

68.4 Der **SAMENHÜGEL** verschließt bei der Ejakulation durch sein Schwellgewebe den harnblasenseitigen Anfang der Urethra, weshalb der Samen distal abgeleitet wird.

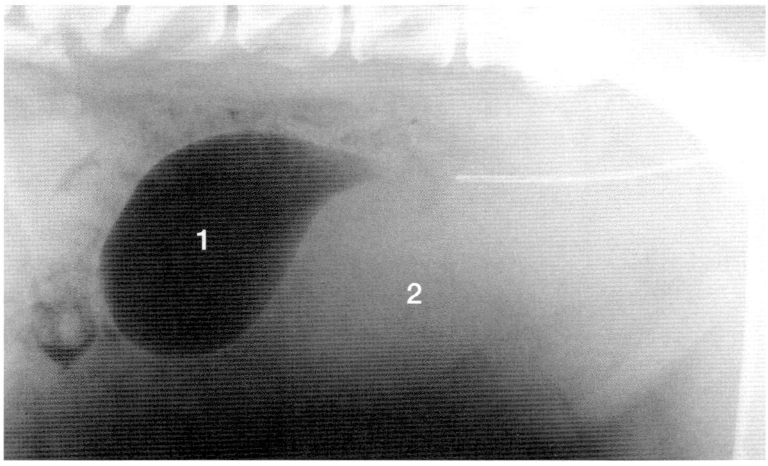

68.5 Negativkontrastdarstellung der Harnblase (1) durch Luftfüllung zur Abgrenzung von einer paraprostatischen Zyste (2), die ihr kaudal anliegt und sich homogen röntgendicht darstellt.

68.5 Die **PROSTATA** liegt beim jungen Rüden intrapelvin und verlagert sich bei Größenzunahme mit steigendem Alter kranial, bis sie etwa ab dem 5. Lebensjahr vollständig intraabdominal liegt. Die Prostatavergrößerung (Prostatahyperplasie) ist die Folge unausgewogener Hormoneinwirkungen. Androgene werden für die glanduläre Hyperplasie verantwortlich gemacht, während Östrogene eine squamöse Metaplasie verursachen. Der Übergang zur pathologischen Prostatahyperplasie beim älteren Rüden ist fließend und meist mit intraparenchymatöser Zystenbildung verbunden. Die vergrößerte Prostata kann das angrenzende Rektum einengen und zu Kotabsatzbeschwerden führen. Eine Einengung der Urethra und Harnabsatzbeschwerden sind dagegen beim Rüden selten. Die Ausschaltung des Androgeneinflusses durch Gabe von Antiandrogen oder eine Kastration führen innerhalb kurzer Zeit zur Verkleinerung der Prostata. Neben den häufigen intraparenchymatösen Prostatazysten treten seltener große ein- oder mehrkammerige Zysten auf, die als Retentionszysten Verbindung zur Prostata besitzen oder als paraprostatische

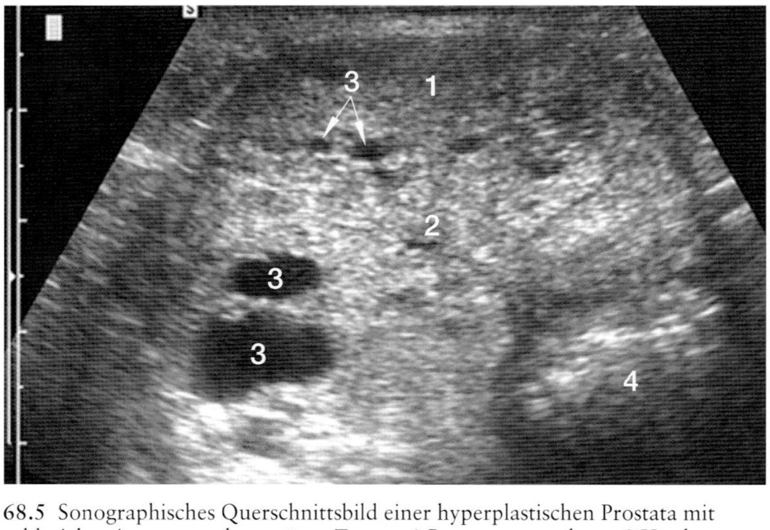

68.5 Sonographisches Querschnittsbild einer hyperplastischen Prostata mit zahlreichen intraparenchymatösen Zysten. 1 Prostataparenchym; 2 Urethra; 3 Zysten; 4 Rektum. (Sonographische Aufnahme: Prof. Dr. C. Poulsen Nautrup, München).

Zysten unbekannter Ursache der Prostata nur anliegen. Derartige Zysten können extreme Ausmaße annehmen und einen erheblichen Teil der Bauchhöhle ausfüllen, bevor sie klinische Beschwerden hervorrufen.

68.6 Die **EREKTION** wird vom Parasympathicus und die Ejakulation vom Sympathicus gesteuert. Die Erektion des Penis wird durch Anschwellung des harten arteriellen Schwellkörpers (Corpus rigidum penis) und des venösen schwammigen Schwellkörpers (Corpus spongiosum penis) erreicht.

Im arteriellen Schwellkörper wird die Erektion durch folgende Faktoren realisiert: 1. Die Intimapolster in den Aa. helicinae, die im „Ruhestadium" diese Rankenarterien verschließen und so das Blut über arteriovenöse Anastomosen bei Umgehung der Kavernen ableiten, flachen sich bei der Erektion ab, so daß der Blutstrom in den Rankenarterien zu den Cavernae geleitet wird. 2. Durch Verschluß der vorgenannten arteriovenösen Anastomosen wird der Blutstrom verstärkt in die Cavernae geleitet, die dadurch prall gefüllt werden. 3. Die Cavernae werden durch Erschlaffung der umgebenden glatten Muskelzellen „geöffnet". 4. Die Venen werden beim schrägen Durchtritt durch die angespannten Trabekel abgeklemmt. 5. Der Stau im venösen Schenkel wird noch durch Kontraktion des M. ischiourethralis und die komprimierende Wirkung des Schwellkörpers im Scheidenvorhof der Hündin verstärkt. Der M. ischiourethralis entspringt am Arcus ischiadicus und inseriert gemeinsam mit dem der Gegenseite an einem median gelegenen fibrösen Ring. Durch seine Kontraktion wird der Blutfluß aus der V. dorsalis penis, die durch diesen Ring zieht, gedrosselt. Auch durch Intimapolster in Drosselvenen soll der Blutabfluß verzögert werden. In neuesten Untersuchungen wird jedoch die Existenz erektionsfördernder arterieller und venöser Intimapolster angezweifelt.

Beim Koitus erigiert in der ersten Phase zunächst das paarige Corpus rigidum penis und erst in der Vagina erfolgt die volle Erektion des unpaaren Corpus spongiosum penis, speziell des Glansschwellkörpers. Die Ejakulation beginnt innerhalb einer Minute nach Beginn des Paarungsaktes. In der zweiten Phase des Koitus dreht sich der Rüde um 180° und kann sich zunächst nicht von der Hündin lösen. Eine S-förmige Torquierung des Penis verzögert weiter den Blutabfluß, besonders aus der Glans penis, wodurch das Phänomen des „Hängens" verursacht wird. (Blutversorgung des Penis, s. S. 71.)

Die **Innervation des Penis** erfolgt über parasympathische, sympathische und sensible Neurone. Die parasympathischen Qualitäten stammen vom Plexus pelvinus und lösen die Erektion aus. Sympathische Qualitäten innervieren besonders die glatten Muskeln sowie die Aa. helicinae und sind verantwortlich für die Ejakulation. Sensible Nervenendigungen sind in der Glans penis und im Präputium zahlreich.

68.7 Der **PENISKNOCHEN** schränkt durch seine dachförmige Überlagerung die Erweiterungsfähigkeit der Harnröhre ein, weshalb sich aus der Harnblase abgeschwemmte Harnsteine direkt vor Erreichen des召Penisknochens anstauen können (Urethrolithiasis).

68.8 Eine Vergrößerung der **LNN. ILIACI MEDD.** zeigt sich röntgenologisch als Verschattung ventral der letzten Lendenwirbel und kann eine ventrale Verlagerung des Enddarmes bewirken.

70.1 Das Ovar wird über die **A. UND V. OVARICA** und die **A. UND V. UTERINA**, die untereinander anastomosieren, mit Blut versorgt. Bei der Kastration der Hündin ist unbedingt zu beachten, daß beide Blutzuflüsse unterbunden werden.

70.2 Der **TRUNCUS LUMBOSACRALIS** und seine Wurzeln in den Rückenmarkssegmenten L6 bis S1 können durch eine Vielzahl von Ursachen geschädigt und funktionell beeinträchtigt werden. Häufigste Probleme sind lumbosakrale Einengungen (s. 10.2), laterale Spondylosen mit Einengung der Foramina intervertebralia (s. 8.6), aber auch Frakturen, Subluxationen und Luxationen der kaudalen Lendenwirbelsäule.

70.3 Die **NEBENNIEREN** befinden sich wie die Nieren und großen Leitungsstrukturen (Aorta und kaudale Hohlvene) im Retroperitonäalraum. Die Nebenniere liegt am Kranialpol der Niere. Diese engen topographi-

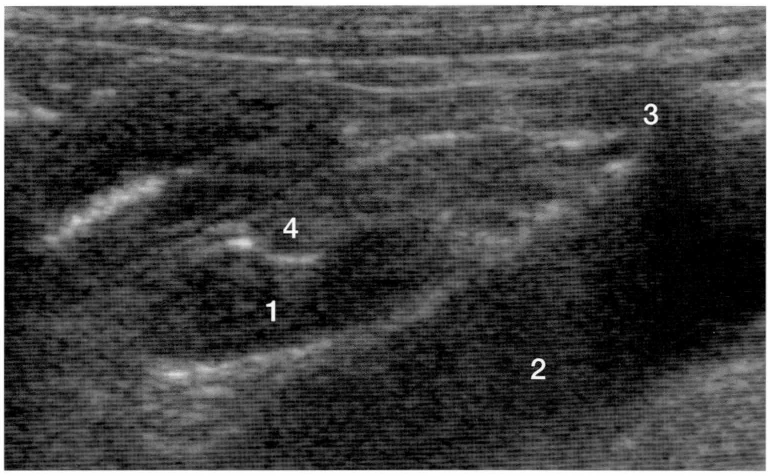

70.3 Sonographischer Längsschnitt durch die hantelförmige linke Nebenniere (1). 2 Aorta abdominalis; 3 A. renalis; 4 V. abdominalis cranialis.

schen Beziehungen waren für die Ableitung des Fachbegriffes entscheidend (Gl. suprarenalis). Die Einschnürung der linken Nebenniere durch die V. abdominalis cran. verleiht ihr im sonographischen Längsschnitt die charakteristische Hantelform, während sich die rechte Nebenniere kommaförmig darstellt. Als inkretorische Hormondrüse hat die Nebenniere eine völlig abweichende Funktion zur Niere. Ihr Markanteil entwickelt sich aus dem Ektoderm (aus Sympathicoblasten) und produziert Adrenalin sowie Noradrenalin. Ihr Rindenanteil entwickelt sich embryonal aus dem mittleren Keimblatt und produziert Steroidhormone. Hyperplasien und Tumoren (Adenome und Adenokarzinome) der Nebennierenrinde sind beim Hund relativ häufig. Ihr klinisches Bild wird durch die Folgen der übermäßigen Produktion von Nebennierenrindenhomonen (Hyperadrenokortizismus) geprägt (s. 150.1). Bei der Exstirpation der Nebenniere, etwa bei tumoröser Entartung, sind der N. splanchnicus major an ihrer Dorsalfläche und die Gefäßversorgung zu beachten, die über kraniale, mittlere und kaudale Nebennierengefäße erfolgt.

72.1 Als **PERINEUM (DAMM)** wird heute entgegen älteren Definitionen der gesamte häutig-muskulöse Verschluß des Beckenausganges in der Umgebung des Anal- und Urogenitalkanals bezeichnet. Eine Atrophie im Diaphragma pelvis, speziell des M. levator ani, führt oft zur **Perinealhernie**, die bei älteren Rüden vorkommt. Ursächlich werden insbesondere hormonelle Einflusse diskutiert. Prostatahyperplasien (s. 68.5) wird zumindest eine verstärkende Rolle zugesprochen, da sie zu vermehrtem Defäkationsdrang und damit verstärkter Belastung des Perineums führen. Im Bruchsack liegt meist retroperitoneales Fett, seltener Dünn- oder Dickdarm. Auch ein kaudales Umschlagen der Harnblase und/oder Prostata tritt gelegentlich auf. Der chirurgische Verschluß der Bruchpforte kann nach Lösung der Endsehne des M. obturatorius int. (s. Abb. S. 78), ihrer Transposition und Verbindung mit den untereinander vernähten Mm. spincter ani ext. und coccygeus erfolgen. Zwingend ist die gleichzeitige Kastration, die der disponierenden Protatahypertrophie entgegen wirkt.

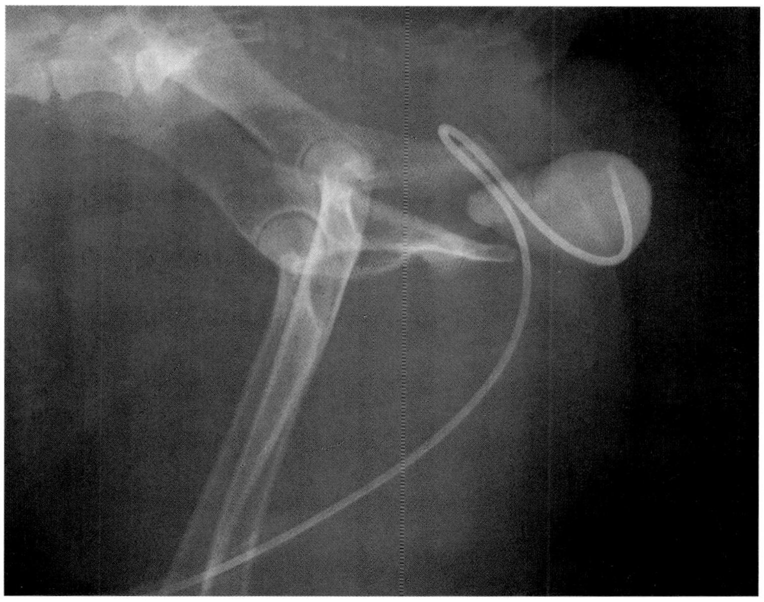

72.1 Röntgendarstellung einer Perinealhernie bei einem Colli-Rüden. Die Harnblase, über einen Katheter mit Kontrastmittel gefüllt, ist in den Bruchsack hineinverlagert (Retroflectio vesicae). (Röntgenbild: Prof. Dr. E. Henschel, Berlin).

Ein **Scheiden-Dammschnitt (Episiotomie)** wird zur Geburtserleichterung (Erweiterung der Schamspalte) oder zur Scheidentumorexstirpation vorgenommen. Dabei wird die Schamspalte dorsal aufgeschnitten, jedoch nicht bis zum M. sphincter ani externus.

74.1 Der **KNÖCHERNE BECKENGÜRTEL** ist besonders bei Verkehrsunfällen oft von **Knochenbrüchen** betroffen. Bei Brüchen mit geringgradiger Dislokation der Bruchenden kann es ohne chirurgischen Eingriff bei Ruhigstellung zur Spontanheilung kommen. Die allseits anliegenden und ansetzenden **Muskeln** können die Heilung durch ihre stabilisierende Wirkung fördern, aber auch durch ihre Kontraktion eine Dislokation der Bruchenden verstärken. In diesem Fall kann die Spontanheilung, z. B. durch Einengung des Geburtsweges, schwerwiegende Folgen haben. Verbunden mit Beckenfrakturen sind oft Verletzungen intrapelvin liegender Organe (z. B. Blase, Urethra, Rektum) und Äste des Plexus lumbosacralis (s. 78.2).

74.2 In der **SYMPHYSIS PELVINA** können die Beckenhälften infolge von Traumata voneinander getrennt werden, was gelegentlich mit einer gleichzeitigen Trennung im Iliosakralgelenk einhergeht. Diese Zusammenhangstrennungen betreffen vornehmlich junge Tiere, da deren Symphysis pelvina noch knorpelig ist und erst im adulten Stadium verknöchert. (Auch die straffe Gelenkverbindung im Iliosakralgelenk wird mit zunehmendem Alter fester.) Die noch knorpeligen Verbindungen ermöglichen eine geringfügige Erweiterung des knöchernen Geburtsweges bei jungen Individuen.

76.1 **Aseptische OBERSCHENKELKOPF-Nekrosen** (LEGG-CALVÉ-PERTHES) treten bei heranwachsenden Hunden im Alter von 4 bis 12 Monaten auf. Als auslösende Ursache wird eine unzureichende Blutgefäßversorgung (s. 84.1) vermutet, wobei eine Rassedisposition (Terrier, Zwergpudel) mit familiärer Häufung besteht. Im fortgeschrittenen Krankheitsstadium sind röntgenologisch eine Verformung des Oberschenkelkopfes, ein Einsinken des Gelenkkopfes sowie reparative Vorgänge wie Verdichtung der Substantia spongiosa und Faserzubildung im Endosteum erkennbar. Die morphologisch erfaßbaren Veränderungen können bei fortgeschrittener Erkrankung auf den Oberschenkelhals (endostale Bindegewebszubildung) übergreifen. Gute Therapieerfolge werden durch Resektion des Oberschenkelkopfes erreicht. Die Blutgefäßversorgung des Oberschenkelkopfes erfolgt beim Junghund über einen Gefäßplexus in der Gelenkkapsel und die A. epiphysialis, die im Lig. capitis ossis femoris verläuft (s. 140.4). Erst nach dem Schluß der Epiphysenfuge wird er zusätzlich durch intraossäre Gefäße (Aa. diaphysiales) mit Blut versorgt (s. Abb. 4 S. 160).

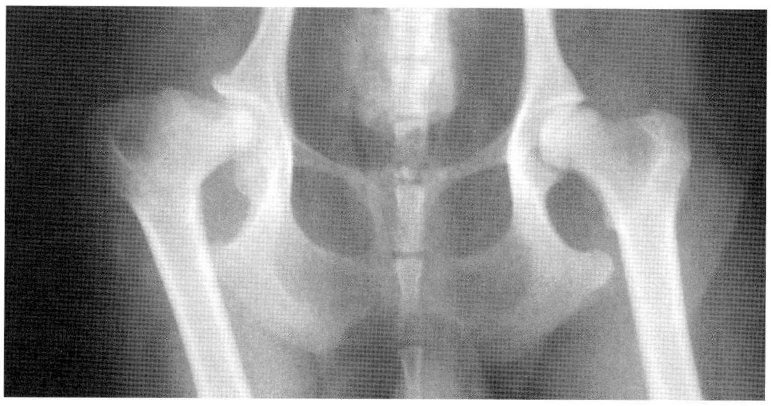

76.1 Deformation des rechten Caput ossis femoris als Folge einer aseptischen Femurkopfnekrose.

76.2 **OBERSCHENKELHALS-Frakturen** beeinträchtigen die Blutversorgung des Oberschenkelkopfes erheblich (s. 76.1), weshalb sie rasch und anatomisch korrekt chirurgisch versorgt werden müssen. Der N. ischiadicus zieht über den M. glutaeus profundus und beide überlagern den Oberschenkelhals, was bei chirurgischen Frakturbehandlungen zu beachten ist.

76.3 Die **TUBEROSITAS TIBIAE**, die Insertionsstelle des M. quadriceps femoris, ist eine Apophyse, die im Wachtumsalter durch einen Apophysenknorpel mit dem übrigen Schienbein verbunden ist. Der Apophysenknorpel besteht aus einem kaudoproximalen, annähernd perpendikulären Teil und einem kraniodistalen, annähernd horizontalen Teil. Der kraniodistale Teil des Epiphysenknorpels ist infolge der Zugwirkung des M. quadricpes femoris (Lig. patellae) einer Zugbelastung ausgesetzt, die sich auf den distal anschließenden Margo cranialis fortsetzt. Eine Apophysiolyse ist selten und meist traumatisch bedingt (s. Abb. 138.5). Sie tritt fast ausschließlich bei Junghunden zwischen dem 4. bis 6. Lebensmonat noch vor der endgültigen Verknöcherung des Apophysenknorpels auf, die im Alter von einem Jahr abgeschlossen ist. Die Fraktur der Tuberositas tibiae beim Hund ist wegen ihrer anderen Pathogenese nicht mit der OSGOOD SCHLATTER Erkrankung beim Menschen gleichzusetzen.

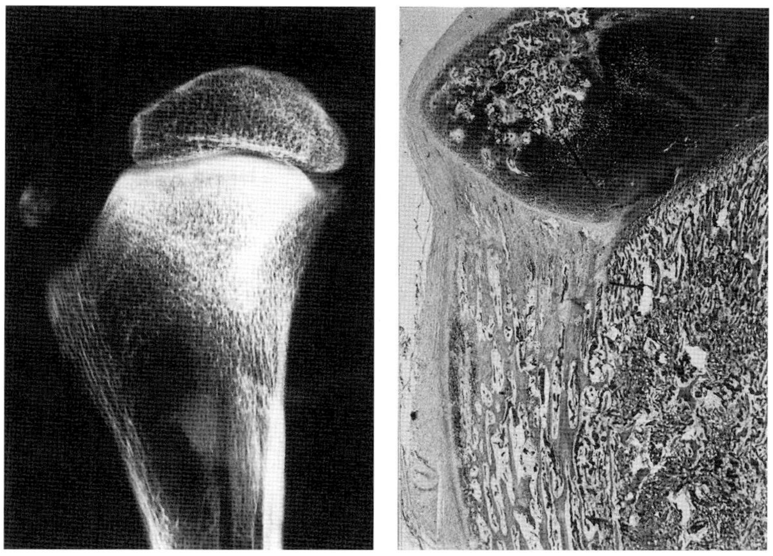

76.3 Röntgenstrukturaufnahme (linke Abb.) und histologischer Schnitt (rechte Abb.) der Tuberositas tibiae eines jungen Hundes mit beginnender Verknöcherung des Apophysenknorpels. (Aufnahmen Frau Dr. v. Ruedorffer, Berlin).

76.4 **AFTER- oder WOLFSKRALLEN** sind insbesondere bei großwüchsigen Rassen (Mastiff, Bernhardiner, Dogge) ausgebildet und können auch doppelt auftreten. Bei einzelnen Hunderassen wie dem Briard gehören sie zum Rassestandard.

78.1 Die **LANGE SITZBEINMUSKULATUR** ist beim Hund die gebräuchlichste Lokalisation für intramuskuläre Injektionen.

78.2 Der **N. ISCHIADICUS** ist in seinem Verlauf über die Incisura ischiadica major bei Beckenfrakturen stark verletzungsgefährdet. Intramuskuläre Injektionen gewebereizender Medikamente in die lange Sitzbeinmuskulatur können bei fehlerhafter Injektionstechnik ebenfalls zu seiner irreversiblen Schädigung führen.

80.1 Der **M. GRACILIS** kann bei heftigen traumatischen Einwirkungen rupturieren. Die Folge ist, daß das Kniegelenk nicht mehr aktiv gestreckt werden kann. Eine Kontraktur des M. gracilis kann bei extrem aktiven oder scharf trainierten Schäferhunden als Folge eines chronisch funktionellen Kompartmentsyndroms (s. 146.2) auftreten. Das Sprunggelenk wird von dem betroffenen Hund im Schritt und verstärkt im Trab überstreckt und auswärts gestellt, während die Pfote nach innen gerichtet ist. Die chirurgische Therapie besteht in einer vollständigen Resektion des Muskels.

80.2 Der **M. PECTINEUS (ET ADDUCTOR LONGUS)** zieht – neben seiner Funktion als Adduktor – das Os femoris proximal, drückt das Caput ossis femoris an den dorsalen Rand des Azetabulum und stabilisiert so das normal ausgeformte Hüftgelenk. Bei Hüftgelenksdysplasie (HD, s. 86.1) dagegen verstärkt dieser Druck auf den verkleinerten Pfannenrand die Schmerzsymptomatik und beschleunigt den Gelenkverschleiß. Die Pektineomyotomie kann daher bei HD zur temporären Besserung der Symptomatik führen, ohne jedoch den Krankheitsprozeß aufzuhalten.

80.3 Eine traumatisch bedingte Kontraktur des **M. quadriceps femoris** führt zur Steifheit und Hyperextension des Kniegelenkes, verbunden mit einer Abduktion oder dem Nachziehen der Beckengliedmaße. Der betroffene Muskel ist gelblich-weiß, atrophisch und schließlich fibrotisch mit lokaler Degeneration und Nekrose.

82.1 Die **V. SAPHENA LAT.** kann zur Blutentnahme und intravenösen Injektion herangezogen werden.

82.2 Der **N. FIBULARIS COMMUNIS** wird in der Klinik auch als **N. peroneus** bezeichnet. Bei seinem Funktionsausfall wird das Tarsalgelenk gestreckt gehalten und kann nicht mehr aktiv gebeugt werden (Fibularislähmung). Der Ausfall der Zehenstrecker führt zum Überköten. Dorsal an der Pfote kommt es zum Sensibilitätsverlust.

82.3 Die **KRANIOLATERALEN UND KAUDALEN UNTERSCHENKELMUSKELN** werden von der Fascia cruris und genus jeweils in einem abgeschlossenen Kompartiment isoliert. Nach Tibiaschrägfrakturen oder Bißverletzungen können starke Druckerhöhungen in diesen Räumen auftreten (Kompartmentsyndrom, s. 146.2).

82.4 Ein knöcherner Ausriß der Ursprungssehne des **M. EXTENSOR DIGITALIS LONGUS** tritt selten und am häufigsten bei Junghunden auf. Mit der Sehne nach distal verlagerte Knochensplitter beeinträchtigen das Kniegelenk und führen zur hochgradigen Lahmheit. Die Zehenstreckung ist dagegen nicht wesentlich eingeschränkt.

82.5 Partielle oder komplette Rupturen des **TENDO CALCANEUS COMMUNIS** (Fersensehnenstrang) sind meist traumatisch bedingt. Nur für den Dobermann scheint es eine Disposition zur spontanen Ruptur zu geben. Nach kompletter Ruptur kommt es zur plantigraden Fußung. Partielle Rupturen betreffen meist nur die oberflächliche Beugesehne.

82.6 Die **FERSENBEINKAPPE** kann nach lateral oder seltener nach medial luxieren. Die Luxation tritt insbesondere bei übergewichtigen Hunden auf und ist mit einer starken Schwellung der **Bursa calcanea subtendinea** verbunden.

82.7 Ein Ausriß der Ursprungssehne des **M. POPLITEUS** führt zur röntgenologisch sichtbaren Dislokation seines Sesambeines.

84.1 Die **AA. CIRCUMFLEXA FEMORIS LATERALIS** und **– MEDIALIS** bilden in der Hüftgelenkskapsel einen Gefäßplexus, aus dem die Hauptversorgung des Oberschenkelkopfes erfolgt (s. 76.1).

86.1 Das **HÜFTGELENK** nimmt im Stand einen Winkel von 85–100° ein. Die Beugung ist um 45–79° und die Streckung um 30–75° möglich. Adduktion und Abduktion können jeweils zu 70–80° erfolgen. Zur **Punktion** des Hüftgelenkes muß eine 5–7 cm lange Kanüle vom kraniodorsalen Rand des Trochanter major horizontal 4–6 cm vorgeschoben werden. **Hüftgelenksluxationen** werden meist durch schwere äußere Gewalteinwirkungen verursacht und erfolgen in der Regel nach kraniodorsal. Die betroffene Gliedmaße erscheint verkürzt und ein gedachtes Dreieck zwischen Tuber coxae, Tuber ischiadicum und Trochanter major ist bei Luxation nach dorsal flacher nach ventral dagegen breiter (Triangel-Test). Die **Hüftgelenksdysplasie (HD)** ist die häufigste Erkrankung der Hüftgelenke. Sie tritt familiär gehäuft bei vielen mittel- und großwüchsigen Hunderassen auf und wird als polygenes Merkmal vererbt. Bei der HD handelt es sich um eine postnatale Entwicklungsstörung des Hüftgelenkes. Wahrscheinlich durch einen ungenügenden formativen Reiz durch das Caput ossis femoris bleibt das Azetabulum flach. Der Femurkopf wird nur ungenügend in der Hüftgelenkspfanne gehalten und kann subluxieren oder luxieren. Die Instabilität im Hüftgelenk führt zur Überbeanspruchung von Gelenkknorpel und subchondralem Knochen, die sekundär degenerative Veränderungen des Hüftgelenkes bewirkt (Coxarthrose). Die Diagnose erfolgt insbesondere röntgenologisch. Bei der Röntgenbeurteilung wird eine Einordnung des untersuchten Hundes in eine von fünf Gruppen (Gruppe A – HD-frei; Gruppe E – schwere HD) vorgenommen. Ein Kriterium zur Ermittlung der Höhe des Azetabulum ist der Winkel nach NORBERG. Dieser Winkel zwischen einer Verbindungslinie durch den Mittelpunkt beider Oberschenkelköpfe und einer von hier ausgehenden Linie zum Kranialrand des Azetabulum sollte beim gesunden Hund großer Rassen nicht weniger als 105° betragen. Bei mittel- und kleinwüchsigen Hunden sind davon abweichende rassespezifische Winkel für die Beurteilung heranzuziehen. In schweren Fällen stehen verschiedene chirurgische Therapiemaßnahmen zur Verfügung. Die Pektineomyotomie ist dabei das einfachste Verfahren, welches eine symptomatische Linderung verschafft (80.2). Mit verschiedenen aufwendigen Operationstechni-

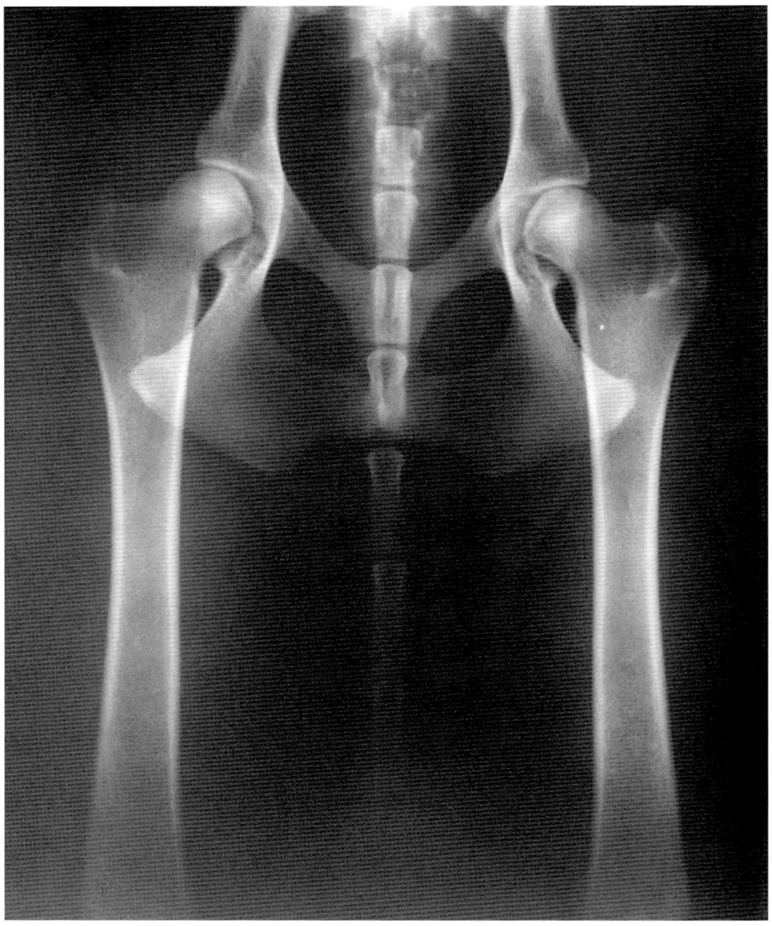

86.1 Gesunde Hüftgelenke mit tief im Azetabulum sitzenden Hüftgelenksköpfen.

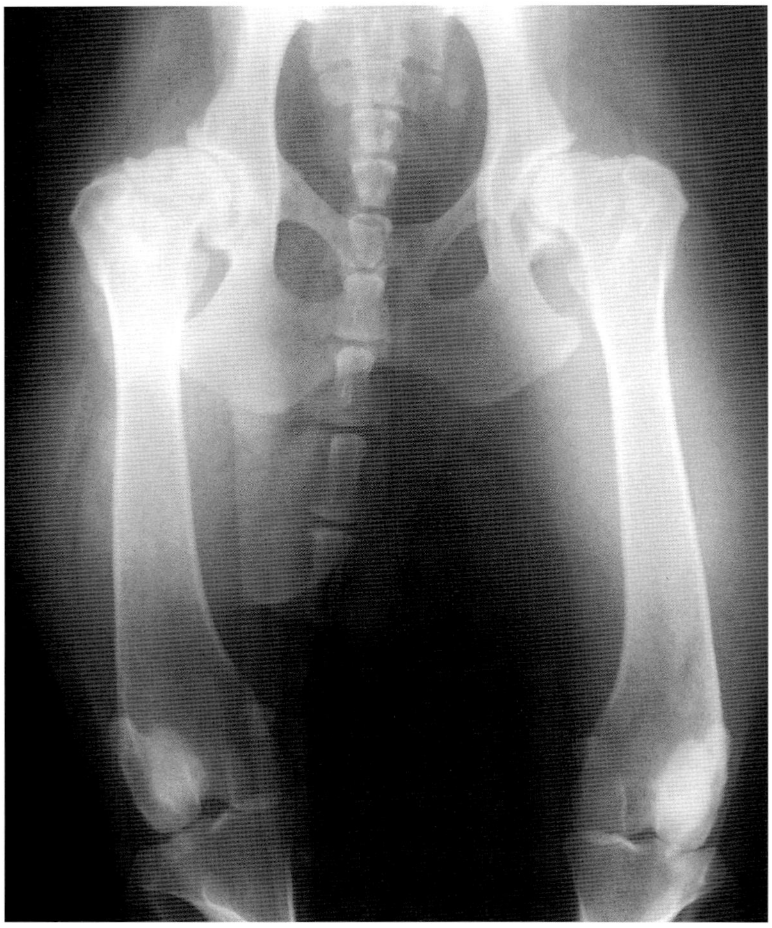

86.1 Schwere Hüftgelenksdysplasie. Die Hüftgelenksköpfe werden von den flachen Hüftgelenkspfannen nur ungenügend umfaßt. Rechts hat sich eine Hüftgelenksarthrose (Coxarthrose) ausgebildet.

ken wird versucht, die Kongruenz zwischen dem Azetabulum und dem Femurkopf zu verbessern. Bei der dreifachen Beckenschwenkosteotomie wird dies nach Osteotomie von Darm-, Scham- und Sitzbein durch Kippung des Azetabulum über den Femurkopf erreicht. Bei der Variationsosteotomie wird dagegen der Femurkopf weiter in das Azetabulum gekippt, indem ein Keil aus dem proximalen Femurschaft entnommen wird. Auch der totale Ersatz des Hüftgelenkes durch eine Prothese wird beim Hund seit einigen Jahren routinemäßig durchgeführt.

86.2 Das **KNIEKEHLGELENK** nimmt im Stand einen Winkel von 105–160° ein. Die Beugung ist um 65–90° und die Streckung um 35–60° möglich. Bei einem Kniegelenkswinkel von 90° läßt sich der Unterschenkel 10–20° einwärts und 35–40° auswärts rotieren. In Streckstellung lassen die gespannten Kollateralbänder dagegen keine Rotation zu. Zur **Punktion** des Kniegelenkes wird eine Kanüle bei leicht gebeugtem Gelenk medial des Lig. patellae auf halber Höhe zwischen Tuberositas tibiae und Patella kaudoproximal bis in den Gelenksack vorgeschoben. Die **Ruptur des vorderen Kreuzbandes** im Kniegelenk zählt zu den häufigsten orthopädischen Krankheiten des Hundes. Mittelgroße Rassen sind häufig im Alter von 5 bis 8 Jahren betroffen. Großwüchsige Rassen meist schon in den ersten Lebensjahren und Zwerghunde erst nach dem 10. Lebensjahr. Ursache für die Rupturanfälligkeit des Lig. cruciatum cran. ist die mit steigendem Lebensalter fortschreitende Ausdifferenzierung eines Faserknorpels im mitteren Teil des Bandes, die seine Zugfestigkeit kontinuierlich herabsetzt. Der Grund für die Ausdifferenzierung des Faserknorpels liegt in der Drehung des vorderen Kreuzbandes um seine eigene Längsachse, die bei jeder Kniegelenksbeugung verstärkt wird und eine intraligamentäre Druckerhöhung bewirkt. Die Ruptur erfolgt in der Regel nicht schlagartig. Einer schleichenden Desintegration der Bandstruktur mit den Stadien der Überdehnung, intraligamentären Rupturen und der partiellen – die Bandoberfläche einbeziehenden – Ruptur folgt schließlich die totale Ruptur nach einem geringgradigen Trauma. Typisches diagnostisches Zeichen einer Kreuzbandruptur ist der positive „Schubladentest“: Bei fixiertem Os femoris läßt sich die Tibia nach kranial verschieben. Die Rotationsinstabilität im Kniegelenk führt in der Mehrzahl der Fälle mit Kreuzbandruptur zu Schäden am medialen Meniskus. Verschiedenste Operationstechniken wurden zur Stabilisierung des Kniegelenkes entwickelt: Ein Streifen der Oberschenkelfaszie oder ein Teil des Lig. patellae kann als intraartikulärer Banderssatz durch die Gelenkhöhle gezogen werden. Zum extraartikulären Bandersatz werden dagegen synthetische Materialien verwendet, die medial und lateral um das Os sesamoideum m. gastrocnemii (Fabella) geschlungen und durch eine Bohrung in der Tuberositas tibiae gezogen werden. Neben den klassischen Bandersatzmethoden wurden biomechanische Operationsmethoden entwickelt: Die Versetzung des Fibulaköpfchens nach kranial verschiebt die Insertion des lateralen Kollateralbandes, so daß dieses die Funktion des vorderen Kreuzbandes übernehmen kann. Bei einer anderen Methode wird durch eine Keilosteotomie der proximalen Tibia das Tibiaplateau kraniodistal gekippt und sein Vorwärtsgleiten verhindert. Der traumatisierte Teil des Meniskus, meistens das Kaudalhorn des medialen Meniskus, wird reseziert.

Weitere relativ häufig auftretende Erkrankungen am Kniekehlgelenk sind die Osteochondrosis dissecans (s. 142.4), die in der Regel am Condylus lat. ossis femoris lokalisiert ist, und die Ruptur des Lig. cruciatum caudale.

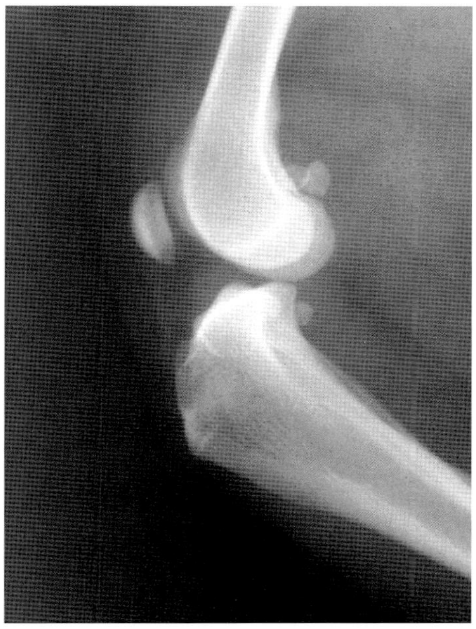

86.2 Röngenologische Darstellung des „Schubladenzeichens“ bei einer Kreuzbandruptur. Die Tibia ist im Verhältnis zum Os femoris kranial verschoben.

86.3 Bei Luxationen des **KNIESCHEIBENGELENKES** (Patella-Luxationen) verlagert sich die Kniescheibe weit nach medial, selten nach lateral. Betroffen sind meist Zwergrassen, bei denen es sich um ein angeborenes Leiden handelt. Bei der angeborenen Patellaluxation bleibt die Trochlea ossis femoris wegen des ausbleibenden formativen Druckreizes durch die Patella flach oder fehlt völlig. Häufig angewendete Operationstechniken sind die Verlagerung der Tuberositas tibiae mit der Insertion des Lig. patellae nach lateral und/oder die Vertiefung der Trochlea ossis femoris.

86.4 Das **SPRUNGGELENK** nimmt im Stand einen Winkel von 110–135° ein. Die Beugung ist um 60–80° und die Streckung um 20–35° möglich. Nur am gebeugten Gelenk besteht eine geringe Rotationsmöglichkeit um 10–15°. Eine Seitwärtsbeweglichkeit ist ein Zeichen für die Fraktur des Proc. maleolaris lat. oder med. oder Rupturen der Ligg. collateralia. Zur arthroskopischen Untersuchung der Art. tarsocruralis kann lateral der Sehne des M. extensor digitalis longus ein Endoskop eingeführt werden. Die Arthroskopie wird insbesondere zur Erkennung von Osteochondrosis dissecans-Läsionen des Gelenkknorpels (s. 142.4) an der Trochlea tali eingesetzt.

88.1 Das **PRIMORDIALKRANIUM** ist in seiner Urform bei den Knorpelfischen eine röhrenförmige knorpelige Hirnkapsel. Das Dach wird im Laufe der Phylogenese bei zunehmender Entfaltung des Gehirns mehr und mehr lückenhaft, so daß schließlich nur noch ein basales knorpeliges Primordialkranium übrig bleibt. Die bindegewebigen Lücken werden durch Knochenplatten ausgefüllt, die unmittelbar aus dem Bindegewebe der Kopfschwarte hervorgehen (Desmokranium) und später mit dem verbliebenen knorpeligen Primordialkranium der Schädelbasis verschmelzen. Das knorpelige Primordialkranium zerfällt bei seiner Verknöcherung, die von mehreren Knochenpunkten ausgeht, in mehrere Einzelknochen (Ersatzknochen). Sie verschmelzen teilweise mit den Deckknochen (Bindegewebsknochen) des Schädeldaches zu **Mischknochen** (z. B. Schläfenbein). Vom Primordialkranium bleiben beim Adulten nur die Nasenknorpel sowie die knorpeligen Wachstumsfugen der Schädelbasis übrig.

Fontanellen (Fonticuli) sind perinatal ausgebildete bindegewebige Lücken zwischen Schädelknochen, die wegen der hier fühlbaren Pulsation Quelle (Fonticulus) genannt werden. Durch das periphere Wachstum der begrenzenden Schädelknochen werden die Fontanellen frühzeitig zu Schädelnähten (Suturae) eingeengt. Dieser Vorgang variiert rassenabhängig. Bei Zwergrassen mit stark abgerundetem Hirnschädel (s. 88.2) kann der vollständige Schluß der Fontanellen ausbleiben.

88.2 Eine starke Wölbung des **HIRNSCHÄDELS** bei gleichzeitiger Verkürzung des Gesichtsschädels ist kennzeichnend für die Kurzköpfigkeit (Brachyzephalie), die typisch ist für viele chondrodystrophe Rassen (Engl. u. Franz. Bulldogge, Chihuahua, Mops, Pekingese, Yorkshireterrier, etc.). Diese Schädelform führt zu vielfältigen Gesundheitsstörungen bei den betroffenen Tieren und ist deshalb als Qualzucht abzulehnen.

88.3 Das **ZUNGENBEIN** verbindet Zungenwurzel und Kehlkopf miteinander. Beim Schluckakt führt dies dazu, daß mit Emporwölbung der Zunge der Kehlkopf nach kraniodorsal unter den Zungengrund gezogen und der Kehldeckel geschlossen wird. Strangulationen können eine Fraktur des Zungenbeines, meist des Stylohyoids, hervorrufen. In der Folge sind Nahrungsaufnahme, Kauen und Abschlucken stark behindert bis unmöglich.

90.1 Die **SCHÄDELWAND** (Schädeldach = **Calvaria**, veraltete Bezeichnung: **Kalotte** = Käppchen [franz.]) besteht aus fünf Schichten:

1. Die **äußere Schädelhaut** heißt auch Pericranium und ist mit dem Bindegewebe der Schädelnähte verschmolzen, während sie von den dazwischenliegenden großen Knochenflächen abgelöst werden kann (hier kann es deshalb zu subperiostalen Blutungen kommen, die nicht über die Knochennähte hinausgehen).

II. Die **Lamina externa** der Schädelknochen ist eine kortikale (kompakte) Knochenschicht.

III. Die **Diploë** wird zwar reduzierte Spongiosa genannt, weist jedoch bauliche Besonderheiten auf. Ihre kleinen Hohlräume enthalten Venen (Vv. diploicae), die der Thermoregulierung dienen. Durch intensive Durchströmung mit Blut werden Temperaturunterschiede zwischen der Kopfschwarte und dem Gehirn ausgeglichen (Überforderung der Temperaturregulierung beim Sonnenstich).

IV. Die **Lamina interna** ist die innere kortikale (kompakte) Knochenschicht der Schädelknochen.

V. Die **innere Schädelhaut (Endocranium)** ist mit der harten Hirnhaut verwachsen.

90.2 **NASENNEBENHÖHLEN** (Sinus paranasales) sind Knochenhohlräume zwischen der Lamina externa und interna, in die hinein sich die respiratorische Nasenschleimhaut ausdehnt. Sie sind bei Welpen noch recht klein und nehmen mit dem Alter erheblich an Umfang zu. Bei langschädeligen Rassen sind immer alle drei Stirnhöhlen ausgebildet, während sie bei extrem kurzschädeligen Rassen auch komplett fehlen können. Infektionen der oberen Atemwege aber auch Neoplasien können zu Schleim- und Eiteransammlungen in den Stirnhöhlen führen. Bei Therapieresistenz müssen die Stirnhöhlen chirurgisch eröffnet werden (Trepanation), um eine lokale Behandlung zu ermöglichen. Die Kieferbucht ist eine lateral gerichtete Ausbuchtung des Oberkieferknochens und wird medial vom Sieb-, Tränen- und Gaumenbein begrenzt. Die Oberkieferzahnwurzeln grenzen an den Rec. maxillaris, so daß beim Wurzelempyem die Kieferbucht mit enthaltener lateraler Nasendrüse in Mitleidenschaft gezogen wird.

90.3 Der **TÜRKENSATTEL** wird von der Hirnanhangsdrüse und dem sie umgebenden Subarachnoidalraum völlig ausgefüllt. Deshalb kann bei röntgenologischen Untersuchungen indirekt auf die Größe der Hirnanhangsdrüse geschlossen werden, die selbst nicht röntgenologisch darstellbar ist.

90.4 Eine Wachstumsstörung des **OBERKIEFERBEINS** mit der Folge seiner Verkürzung führt zum Vor- oder Unterbiß (Brachygnathia superior) und ist typisch für verschiedene chondrodystrophe Rassen wie Boxer, Bulldogge, Pekingese und Mops.

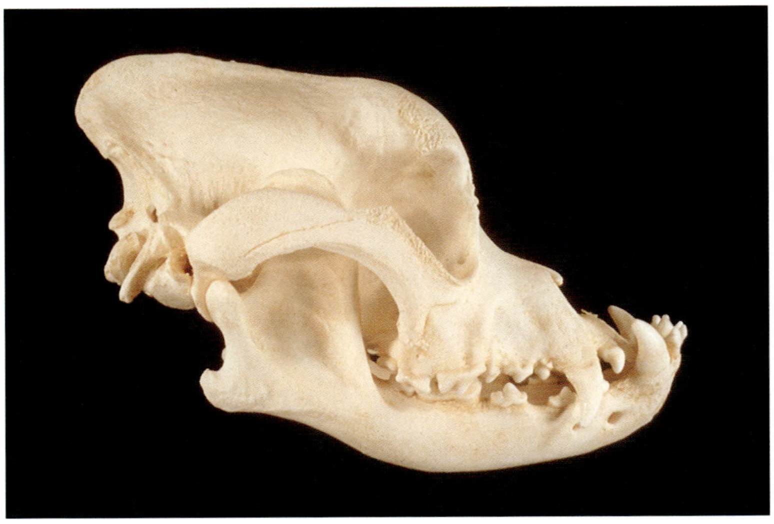

90.4 Schädel eines Boxers mit ausgeprägtem Vorbiß (Brachygnathia superior).

90.5 Beim Überbiß (Brachygnathia inferior) ist der **UNTERKIEFER** im Verhältnis zum Oberkiefer zu kurz. Periostale knöcherne Zubildungen am Unterkiefer und im Bereich der Bulla tympanica sind charakteristisch für die **kraniomandibuläre Osteopathie**. Es handelt sich um eine proliferative Knochenkrankheit des Junghundes, die gehäuft bei West Highland White Terriern auftritt. Die Einschränkung der Beweglichkeit des Kiefergelenkes führt zu Problemen bei der Futter- und Flüssigkeitsaufnahme. Die Veränderungen treten bilateral symmetrisch auf und können so gut von einseitigen Knochentumoren abgegrenzt werden.

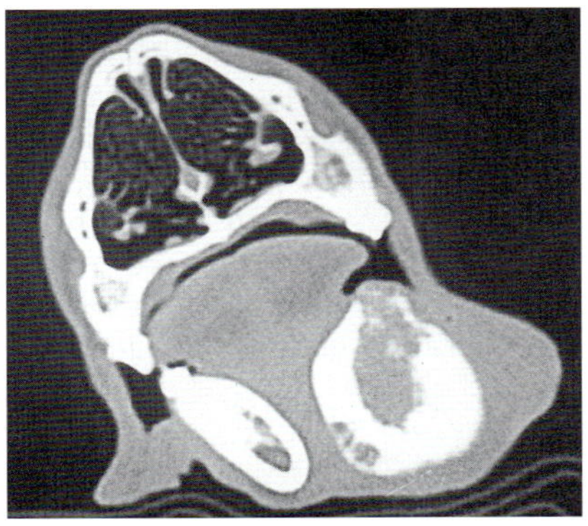

90.5 Knochentumor des rechten Unterkieferastes. (Computertomographische Aufnahme: Tierklinik Krüger, Hamburg).

92.1 Die **V. SUBLINGUALIS** ist am narkotisierten Hund an der Unterseite der Zunge in Notsituationen für intravenöse Injektionen leicht zugänglich.

92.2 Die **FAZIALISLÄHMUNG** führt je nach Lage der Schädigung zu unterschiedlichen Ausfallserscheinungen, die ein- oder beidseitig auftreten können. Bei der **zentralen Fazialislähmung** liegt die Läsion in der Medulla oblongata des Gehirns nahe der Fazialiskerngebiete. Bei Ausfall der mimischen Muskeln bleibt lediglich die Muskulatur des Augenlides und der Stirn intakt, weil die Kerngebiete nur dieser Muskeln weiterhin Impulse von beiden Großhirnhemisphären erhalten. Bei der **peripheren Fazialislähmung** liegt die Läsion im Verlauf des N. facialis meist am Umschlag um den Kieferrand unterhalb des Gelenkfortsatzes.

Bei der **kompletten peripheren Lähmung** können bei entsprechenden Schädigungsgraden die im Felsenbein abgehenden Nervenäste beeinträchtigt sein. (Störung der Geschmacksempfindung durch Schädigung der Chorda tympani, Störung der Gehörempfindlichkeit durch Schädigung des N. stapedius, Beeinträchtigung der Tränendrüsensekretion durch Alteration der präganglionären Nervenfasern im N. petrosus major und Beeinträchtigung der Speichelbildung durch Störung der Chorda tympani, was für den Menschen bedeutsam ist.) Die mimischen Muskeln sind schlaff gelähmt (z. B. Herunterhängen der Lefzen). Bei Ausfall des M. buccinator sammelt sich die Nahrung im Vestibulum oris an der Wange und kann nicht zwischen die Zahnreihen gedrückt werden. Bei Ausfall der Augenlidmuskeln kann die Lidspalte weder ganz geschlossen (M. orbicularis oculi) noch ganz geöffnet (M. levator anguli oculi medialis) werden. Der intakte M. levator palpebrae superioris (N. oculomotorius) und die glatte Muskulatur (M. tarsalis) verhindern, daß das obere Augenlid ganz herunterfällt. Durch den Ausfall des Lidschlages kann die Tränenflüssigkeit nicht über die Kornea verteilt werden, was zur Hornhautaustrocknung, Hornhauttrübung und zur Infektion des Auges führen kann. (Eine ähnliche Schädigung tritt bei Alteration des N. petrosus major mit Beeinträchtigung der Tränenbildung auf.) Der Augenlid-Kornea-Reflex (s. 118.1) ist bei der Fazialislähmung abgeschwächt.

94.1 Der **M. SCUTULOAURICULARIS SUPERFICIALIS** kann bei einer plastischen Operation zur Aufrichtung der Ohrmuschel am hängenden Ohr dorsomedial verlagert und am M. interscutularis samt Schildchen angenäht werden.

94.2 Die **KAUMUSKULATUR** kann beim Starrkrampf (Tetanus) spastisch gelähmt sein, so daß ein Öffnen der Mundspalte und damit eine Nahrungs- oder Flüssigkeitsaufnahme unmöglich sind. Eine Entzündung der Kaumuskulatur unbekannter Ursache (Myositis eosinophilica) führt bei chronischem Verlauf zur ihrer vollständigen Atrophie und läßt Knochenkonturen deutlich hervortreten.

96. 1 Die **MANDIBULARIS-LÄHMUNG** führt zum Ausfall der Kaumuskulatur und bei beidseitiger Lähmung zum Herunterhängen des Unterkiefers. Neben Entzündungen und Traumen sind auch Infektionskrankheiten wie Tollwut und Staupe ursächlich in Betracht zu ziehen.

96.2 Die **NN. MENTALES** können an den palpierbaren Austrittsstellen aus den For. mentalia durch ein Lokalanästhetikum blockiert werden, wodurch die sensible Versorgung der Unterlippe unterbunden ist.

96.3 Der **N. INFRAORBITALIS** kann zur Schmerzausschaltung bei Operationen an der Lippe, Nase, den Schneide- oder Oberkieferbackenzähnen durch Injektion eines Lokalanästhetikums in den Canalis infraorbitalis anästhesiert werden.

98.1 Die **TRÄNENDRÜSE (GLANDULA LACRIMALIS)** und die **GLANDULA PALPEBRAE TERTIAE** sezernieren die seröse Tränenflüssigkeit. Die Tränenflüssigkeit hat die Funktion der Ernährung und Befeuchtung der Hornhaut (Aufrechterhaltung eines Quellzustandes), Reinigung der Hornhaut, der Bindehaut und des Konjunktivalsackes sowie Schutz vor Entzündungen durch antibakterielle Wirkstoffe.

Ein **krankhaftes Versiegen** des Tränenflusses führt zur Keratoconjunctivitis sicca (trockene Horn- und Bindehautentzündung).

98.2 Bei Verlegung des **TRÄNENNASENKANALS** kommt es zum Ablauf der Tränenflüssigkeit über den Lidrand (Epiphora). Durch Einführung eines feinen Katheters in das obere oder untere Punctum lacrimale kann der Tränennasenkanal freigespült werden. Insbesondere bei Zwergrassen kann der Tränennasenkanal nicht komplett angelegt sein. Der chronische Tränenfluß aus dem nasalen Lidwinkel führt zur chronischen Hautreizung und bräunlichen Verfärbung der Haare.

98.3 Eine **ANÄSTHESIE AM AUGE** kann durch Injektion in den Periorbitalsack oder in die Fissura orbitalis erreicht werden. Dabei werden der sensible N. ophthalmicus (V1) und die motorischen Augennerven (III, IV, VI) ausgeschaltet, wodurch eine Retraktion des Augapfels während einer Operation vermieden wird.

98.4 Die **NASENLÖCHER** können bei brachyzephalen Hunderassen wie Pekingesen die Tendenz zur Stenosenbildung aufweisen, weil die knorpelige Stütze der Nasenlöcher unzureichend ist. Bei der Inspiration kommt es nach dem Funktionsprinzip des Einwegventils zum Verschluß der Nasenlöcher und zur schweren inspiratorischen Dyspnoe. Die chirurgische Korrektur erfolgt durch keilförmige Teilresektion des lateralen Nasenflügels. Bei brachyzephalen Rassen sind auch die Knochen des Gesichtsschädels verhältnismäßig kurz und bedecken die Nasenknorpel in Höhe der Nasenspitze nicht. Bei Zuhalten der „Schnauze" kann bei klinischen Untersuchungen der Nasenknorpel deformiert und der Luftstrom unbeabsichtigt unterbrochen werden.

100.1 Die **NASENHÖHLE** gehört zu den „Oberen Luftwegen", in denen die Atemluft bei ihrer Passage in ihrer Temperatur und ihrer relativen Luftfeuchtigkeit verändert und von Fremdkörpern gereinigt wird. Die Angleichung der Atemluft-Temperatur an die Körpertemperatur wird durch Turbulenzen und die sehr gute Blutversorgung der Nasenhöhle erreicht (z. B. wird bei -30 °C die Atemluft auf 37 °C erwärmt). Die feuchtwarme Nasenschleimhaut sorgt für die weitgehende Feuchtigkeitssättigung der Atemluft. Fremdkörper, wie feine Partikel und Insekten, können durch den Haarbesatz der Nasenlöcher aufgehalten werden. Feinste Partikel, Bakterien oder Sporen bleiben an der feuchten Schleimhaut haften und können durch Niesen, oder in erster Linie durch den Zilienschlag, mit dem umgebenden Schleim abtransportiert werden. Eine

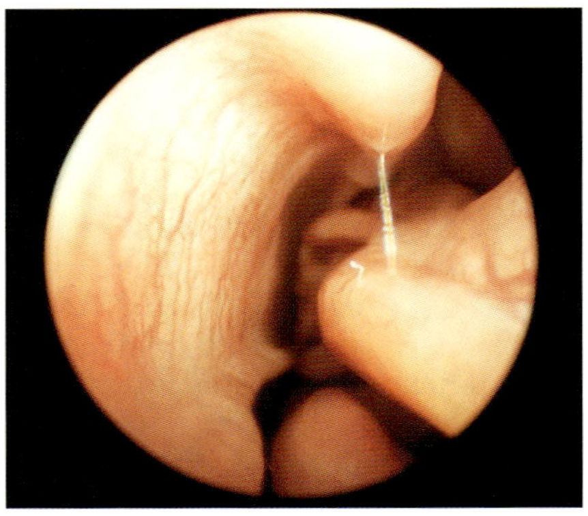

100.1 Endoskopischer Blick in die Nasenhöhle (Rhinoskopie) mit Blick auf die Nasenmuscheln und die Nasenscheidewand.

weitere wichtige Funktion erfüllt die Nasenhöhle für die Regulation der Körpertemperatur (z. B. Wärmeabgabe beim Hecheln).

Die diagnostischen Möglichkeiten bei Nasenhöhlenerkrankungen konzentrieren sich auf die Röntgenologie, Mikrobiologie samt Mykologie, Pathohistologie sowie Computer- und Kernspintomographie. Unter den bildgebenden Verfahren hat die Endoskopie (Rhinoskopie) eine hervorragende Bedeutung, da nicht nur die strukturellen Veränderungen erfaßbar sind, sondern auch Bioptate für weiterführende mikrobiologische und pathohistologische Untersuchungen entnommen werden können. Mit der Röntgenologie und noch viel vorteilhafter mit der Computertomographie können Knochenveränderungen in den feinen Turbinalia oder der Nasenscheidewand, aber auch von Weichteilveränderungen wie Tumorgewebe oder mykotischen Infiltraten erkannt und voneinander unterschieden werden. Die Kernspintomographie besticht durch sehr detaillierte Weichteilzeichnung.

Der chirurgische Zugang in die Nasenhöhle z. B. zur Entfernung von Tumoren erfolgt über den Nasenrücken nach Osteotomie und Rostralklappen des Nasenbeines (Rhinotomie). (Oronasale Fistel s. 104.11)

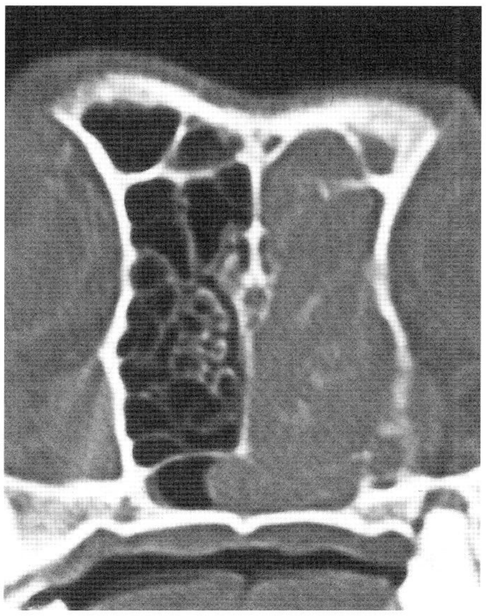

100.1 Eitrige Rhinitis und Sinusitis mit Knochendestruktion im rechten Cavum nasi und Sinus frontalis mit Abfluß von Eiter in den Meatus nasopharyngeus. (Computertomographische Aufnahme: Tierklinik Krüger, Hamburg).

100.2 Durch den **UNTEREN NASENGANG** kann eine Nasenschlundsonde in den Magen geschoben werden und nach Fixierung am Kopf für einige Tage zur künstlichen Ernährung liegen gelassen werden.

100.3 Die **KEHLKOPFSCHLEIMHAUT** kann z. B. bei allergischen Reaktionen im Vestibulumbereich stark anschwellen, wodurch bei extremen Ausmaßen der Atemweg verlegt wird. Der hierfür gängige Begriff „Glottisödem" ist deshalb unkorrekt, weil nicht der Stimmapparat (Glottis), sondern nur die Epiglottis ödematös geschwollen ist. An **Schleimhautfalten** des Kehlkopfes ist neben Taschen- und Stimmfalten auch noch die **Plica aryepiglottica** bedeutsam, die von der Epiglottis zum Stellknorpel (Gießkannenknorpel) reicht und die Lateralbegrenzung des Kehlkopfeingangs (Aditus laryngis) bildet. Lateral der Plica aryepiglottica und somit des Kehlkopfeingangs liegt der **Recessus piriformis** des Schlundkopfes. Die knorpelige Stütze der Plica aryepiglottica bilden die Processus cuneiformis und corniculatus des Stellknorpels. Ein „Kollaps" (Zusammenbruch) des Processus cuneiformis kommt bei kleinen brachyzephalen Hunderassen vor und ist oft mit einer Stenose der Nasenlöcher vergesellschaftet. Das kann schwerwiegende inspiratorische Atemnot verursachen, weil der Processus cuneiformis während der Inspiration ins Kehlkopflumen verlagert wird und dieses dadurch eingeengt ist.

100.4 Die **STIMMRITZE** wird ventral von den Stimmfalten (Pars intermembranacea) und dorsal vom Stellknorpel (Pars intercartilaginea) gebildet. Die Funktion des Stimmapparates (Glottis) besteht in der Stimmbildung und geschieht durch tonfrequentes Schwingen der Stimmlippen. Die Spannung der schwingenden Stimmlippen kann durch die Kehlkopfmuskulatur willkürlich verändert werden. Sie beeinflußt gemeinsam mit der Stärke des Luftstroms die Schwingungsfrequenz und die Schwingungsamplitude, wodurch Tonhöhe und Tonstärke reguliert werden. Alter, Geschlecht und der Gehalt an Geschlechtssteroidhormonen (Testosteron) beeinflussen Länge und Dicke der Stimmlippen und damit die Stimmhöhe. Bei Kastraten unterbleibt das Längenwachstum der Stimmbänder. Die Stimme wird durch Resonanzräume (Nasenhöhle und Nasennebenhöhlen, Mundhöhle) modifiziert. Auch beim **Husten** ist die Glottis funktionell beteiligt. Zunächst ist dabei die Stimmritze geschlossen. Durch einen Exspirationsstoß wird die Stimmritze unter erhöhtem Druck aufgestoßen, so daß die Luft herausschnellt. Der Husten dient der „Trockenlegung" und Reinigung der Luftwege, denn mit dem Luftstoß werden auch Fremdkörper und Schleim ausgeworfen.

100.5 Das **STIMMBAND** reicht vom Processus vocalis des Stellknorpels ventral bis zur Innenfläche des Schildknorpels. Es besteht überwiegend aus elastischen Fasern und gehört gemeinsam mit dem Stimmuskel (M. vocalis) zur Stimmlippe.

100.6 Die seitliche **KEHLKOPFTASCHE** kann bei brachyzephalen Hunderassen in das Kehlkopflumen vorfallen, was bei negativen Druckverhältnissen geschieht (chirurgische Behandlung: Exzision der seitlichen Kehlkopftaschen).

100.7 Die **KEHLKOPFKNORPEL** bilden das Skelett des Kehlkopfes. Der **elastische Kehldeckelknorpel** legt sich beim Schlucken schützend über den Kehlkopfeingang. Die übrigen Kehlkopfknorpel sind gänzlich oder partiell (Stellknorpel) hyalin und neigen im hohen Alter zur röntgenologisch erkennbaren Verkalkung. Sie sind untereinander gelenkig verbunden und besitzen dadurch eine gewisse Bewegungsfreiheit. Das **Ring-Schildknorpelgelenk** (Articulatio cricothyreoidea) liegt zwischen dem Kaudalhorn des Schildknorpels und der Seitenfläche des Ringknorpels. Das **Ring-Gießkannenknorpelgelenk** (Articulatio cricoarytaenoidea) liegt zwischen dem Stellknorpel und dem Kranialrand des Ringknorpels.

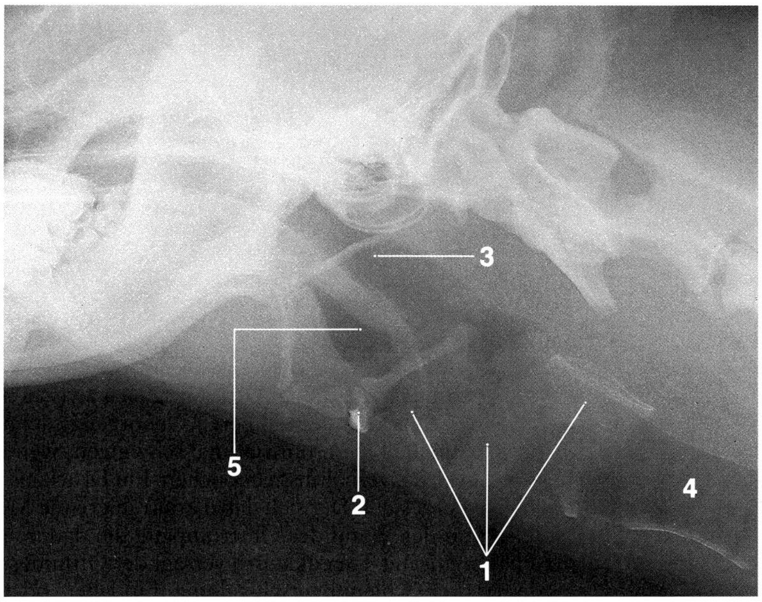

100.7 Kehlkopfknorpel (1) mit Zungenbein (2), Atmungsrachen (3), Trachea (4) und Schlingrachen (5). Details zum Zungenbein, s. S. 88. (Röntgenaufnahme: Prof. Dr. E. Henschel, Berlin).

100.8 Die **KEHLKOPFMUSKELN** verbinden Schild-, Ring- und Stellknorpel miteinander. Nach ihrer Funktion unterscheidet man **„Stellmuskeln"**, die am Stellknorpel ansetzen und durch dessen Verstellung die Weite der Stimmritze verändern und **„Spannmuskeln"**, die die Spannung der schwingenden Kehlkopfwand verändern. Zu den Stellmuskeln gehört der **M. cricoarytaenoideus dorsalis.** Er zieht den Muskelfortsatz des Stellknorpels kaudodorsal nach innen und damit den Stimmfortsatz nach außen (Stimmritzenerweiterer). Der **M. cricoarytaenoideus lateralis** ist ebenfalls ein Stellmuskel und fungiert als Antagonist des M. cricoarytaenoideus dorsalis. Er zieht den Muskelfortsatz des Stellknorpels nach ventral und außen und schwenkt dabei den Stimmfortsatz des Stellknorpels nach innen, wobei sich die Stimmlippen aneinanderlegen (Stimmritzenverengerer). Zu den Spannmuskeln gehört der **M. cricothyreoideus** (Innervation: N. laryngeus cranialis).

Nach Schädigung des N. laryngeus recurrens (s. 14.2) sind die von ihm innervierten Kehlkopfmuskeln schlaff gelähmt (Hemiplegia laryngis) und atrophieren. Es kommt zum Spannungverlust in der gleichseitigen Stimmlippe, zur Ausbildung eines inspiratorischen Atemgeräusches und evtl. einer Dyspnoe unter Belastung.

100.9 Das **VESTIBULUM ORIS** wird rostromedian durch das Ober- und Unterlippenbändchen (Frenulum labii superioris resp. – inferioris) andeutungsweise in zwei Hälften geteilt. Von der Oberlippe zieht median an das **Philtrum** (philtron, gr. = Liebeszauber) zum **Planum nasale.** Die **laterale Lippenspalte** (Hasenscharte des Menschen) ist eine kongenitale Fehlbildung der Oberlippe, die zwischen dem embryonalen medialen Nasenwulst und dem Oberkieferwulst liegt. Eine **Kieferspalte** zieht durch den Oberkiefer zwischen dem Dens caninus und den Schneidezähnen.

100.10 Im **GAUMEN** kommen Gaumenspalten als embryonale Fehlbildungen oder nach Traumen vor (mediane Gaumenspalten werden oft nach Stürzen, besonders bei der Katze, gesehen). Die angeborene mediane **Gaumenspalte** entsteht durch fehlende oder unvollständige Vereinigung der embryonalen lateralen Gaumenfortsätze, wobei die Separierung zwischen Mund- und Nasenhöhle durch den sekundären Gaumen unterbleibt und so der Schluckakt erheblich beeinträchtigt wird. Eine Kombination mehrerer Fehlbildungen kann in Form einer **Lippen-Kiefer-Gaumenspalte** vorliegen und wird **Wolfsrachen** genannt. Als Ursachen für die Fehlbildungen werden hereditäre (genetische), toxische und hormonelle Faktoren sowie Umwelteinflüsse wie Hyper- und Hypovitaminosen genannt. Die Therapie erfolgt durch chirurgische Eingriffe.

Der **weiche Gaumen** besitzt im Gegensatz zum harten Gaumen keine knöcherne Grundlage, sondern wird von quergestreiften Muskeln und der Gaumenaponeurose gestützt. Der Schleimhautüberzug des weichen Gaumens, der mundhöhlenseitig aus kutaner und nasenrachenseitig aus respiratorischer Schleimhaut besteht, ist verschieblich und schwillt bei Entzündungen stark an. Bei einem Großteil der brachyzephalen Rassen tritt als Mißbildung eine Verlängerung des Gaumensegels auf, die meist verbunden ist mit Stenosen der Nasenlöcher und Kehlkopfstenosen. Die chirurgische Korrektur erfolgt durch Kürzung des Gaumensegels an seinem freien Rand.

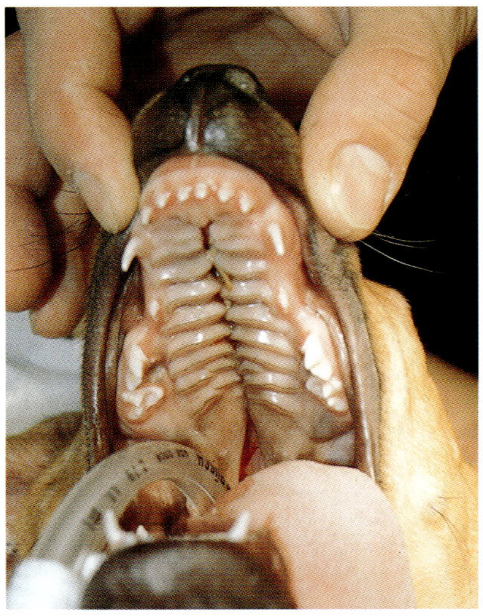

100.10 Angeborene mediane Gaumenspalte bei einem jungen Rhodesian Ridgeback.

100.11 Die **OHRTROMPETE** des Nasenrachens ist von einem Wulst umgeben, der teils vom Stützknorpel, teils von den angrenzenden Muskeln gebildet wird. Die Ohrtrompete dient dem Druckausgleich zwischen dem Mittelohr in der Paukenhöhle und dem äußeren Gehörgang, denn das dazwischenliegende Trommelfell kann nur optimal schwingen, wenn in beiden Räumen gleiche Luftdruckverhältnisse herrschen. Ein Druckausgleich wird durch Schlucken hergestellt. Der sich dabei kontrahierende M. tensor veli palatini inseriert an der Wand der Ohrtrompete, die dadurch geöffnet wird. Bei der Pharyngitis mit Tubenkatarrh versagt der Öffnungsmechanismus wegen der starken Schleimhautschwellung. Ein Über- oder Unterdruck in der Paukenhöhle kann wegen Verschlusses der Ohrtrompete nicht mehr ausgeglichen werden. Die Folge sind ein Ohrschmerz und eine Hörstörung, da das Trommelfell nicht mehr frei schwingen kann.

100.12 Die **TONSILLEN (MANDELN)** gehören zu den lymphatischen Organen. Die Gaumenmandel ist die wichtigste Tonsille des lymphatischen Rachenringes. Nach vergleichend-anatomischem Einteilungsprinzip ist sie als Grubenplattenmandel einzuordnen.

Formal ist ein mehrschichtiger Plattenepithelüberzug charakteristisch. Unter dem Epithel liegt in der Lamina propria mucosae, in einer engen topographischen Beziehung zu den Schleimhautdrüsen, lymphoretikuläres Gewebe mit typischen Primär- und Sekundärlymphknötchen. Aus dem lymphoretikulären Gewebe dringen zahlreiche Lymphozyten in den Epithelüberzug ein, der dadurch „retikuliert" wird. In der Tiefe wird das lymphoretikuläre Gewebe durch eine deutliche bindegewebige Capsula tonsillaris abgegrenzt.

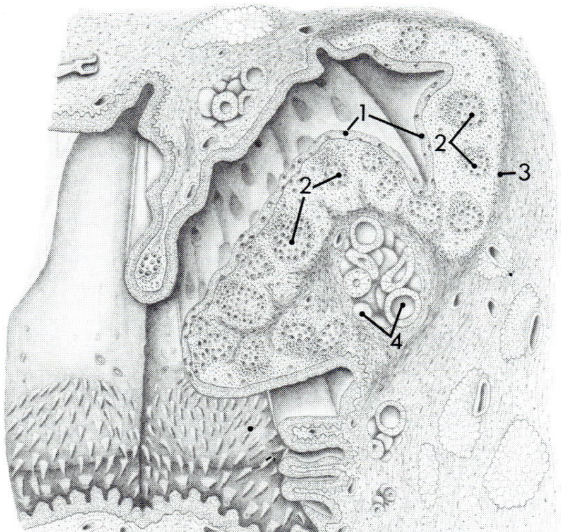

100.12 Gaumenmandel im Sinus tonsillaris. 1 Epithelüberzug; 2 Lymphonoduli; 3 Capsula tonsillaris; 4 Schleimdrüsen.

Die **Funktion** der Mandeln besteht in der Abwehr von Infektionen, die über Mund und Nase vordringen. Dabei werden eindringende Infektionsauslöser offensichtlich erkannt und die Bildung spezifischer Antikörper ausgelöst. Wie andere lymphatische Gewebe sind auch die Mandeln im jugendlichen Organismus besonders gut entfaltet. Das ist auch erforderlich, denn er muß noch die Infektionen durchstehen, gegen die der adulte Organismus bereits immun geworden ist. Mit zunehmendem Alter kommt es zur Rückentwicklung der Mandeln. Bei chronisch rezidivierender Tonsillitis oder Pharyngitis oder beim Plattenepithelkarzinom der Mandeln ist eine **Tonsillektomie** der Gaumenmandel angezeigt. Dabei ist das Mandelgewebe vollständig aus seiner unterlagernden Capsula tonsillaris herauszuschälen. Komplikationen können durch Blutungen auftreten, da die Gaumenmandel von mehreren Ästen der A. lingualis reichlich mit Blut versorgt wird. Leichtfertig sollten die Mandeln nicht entfernt werden, da sie wichtige Funktionen beim Immungeschehen erfüllen, jedoch kann eine übermäßige Ausschüttung von Antigen-Antikörperkomplexen im Verlauf einer rezidivierenden Tonsillitis zur erheblichen Beeinträchtigung der Niere und des Herzens führen.

102.1 Von den **SCHLUNDKOPFMUSKELN** bilden die Schlundkopfschnürer, die am Schädel, Zungenbein und Kehlkopf entspringen, ventral offene Schlingen und enden dorsomedian am Schlundkopf in der Rachennaht (Raphe pharyngis), die als längsgerichteter Sehnenstreifen den Schlundkopf an der Schädelbasis befestigt. Die Muskeln des weichen Gaumens strahlen in die Gaumenaponeurose ein, die das bindegewebige Skelett des weichen Gaumens bildet. Ihr geordnetes Zusammenspiel ist wesentlich für den Ablauf des Schluckaktes.

Beim **Schluckakt** wird der Speisebrei von der Mundhöhle durch den Schlundkopf in die Speiseröhre geleitet, wobei die Luftwege, das sind Nasenrachen und Kehlkopfeingang, verschlossen werden. In der **willkürlichen Anfangsphase** des Schluckaktes werden die Mundbodenmuskeln angespannt, wobei die Zunge wie ein Stempel gegen den harten Gaumen gedrückt wird. Dadurch wird die Speise kaudal gedrängt, gelangt in den Mundrachen und bei Emporwölbung des Zungengrundes in die Nähe des Ostium intrapharyngeum. Hier beginnt die **unwillkürliche Schlußphase** des Schluckaktes mit der Kontraktion der Schlundkopfschnürer. Dabei gleitet der Speisebrei direkt links und rechts am Kehldeckel vorbei durch den linken und rechten Recessus piriformis in die Speiseröhre, wo er durch die Peristaltik zum Magen gelangt. Im engen Mundrachen muß der Speiseweg vor drei „Irrwegen" gesichert werden: 1. Der **Rücktritt** in die **Mundhöhle** wird durch Andrücken der Zunge gegen den Gaumen verhindert. 2. Der **Zugang zum Nasenrachen** wird durch das Anheben und Anspannen des Gaumensegels verlegt. 3. Zur **Abdeckung des Kehlkopfeinganges** wird bei Rostralverlagerung des Kehlkopfes der elastische Kehldeckel durch den emporgewölbten Zungengrund in sich abgebogen und passiv über den Kehlkopfeingang gelegt, wodurch dieser verschlossen wird. Die Passage des Bissens durch den Oesophagus in den Magen wird durch peristaltische Kontraktion gefördert.

Die mangelnde Erschlaffung des **M. cricopharyngeus** engt den Eingang des Oesophagus ein und verhindert ein Abschlucken (cricopharyngeale Achalasie).

102.2 Die **NN. GLOSSOPHARYNGEUS** und **VAGUS** innervieren sensibel die Rachenschleimhaut und motorisch die Rachenmuskulatur und bilden somit gleichzeitig den afferenten und efferenten Schenkel des Schluckreflexes, der durch Berührung der Rachenschleimhaut ausgelöst wird.

102.3 Der **SYMPATHICUS** für den Kopf zieht vom Ganglion cervicale craniale mit postganglionären Fasern in Begleitung großer Blutgefäße, besonders der A. carotis interna (als Plexus caroticus internus), mit der A. carotis externa (als Plexus caroticus externus) und mit der V. jugularis interna (als N. jugularis) zu den Erfolgsorganen. Eine **Reizung des Sympathicus** bewirkt eine Weitstellung der Pupille (Mydriasis) durch starke Kontraktion des M. dilatator pupillae und eine weitgeöffnete Lidspalte durch starke Kontraktion des glatten M. tarsalis. Beim **HORNERschen Symptomen-Komplex** kann die Sympathicus-Nervenleitung auf dem langen Weg zum Kopf unterbunden oder gestört sein (z. B. Struma, Lymphknotenanschwellung oder Tumoren im Mediastinum sowie Bandscheibenvorfall). Das ist kenntlich durch Ptosis (enge Lidspalte), Miosis (enge Pupille) und Nickhautvorfall sowie Enophthalmus (tiefliegender Augapfel).

102.4 Die **PARASYMPATHICUS**-Anteile des Kopfes schließen sich den Hirnnerven III, VII, IX und X an. Die präganglionären parasympathischen Neurone des **N. oculomotorius (III)** ziehen in die Orbita zum Ganglion ciliare, und von hier gelangen die postganglionären Neurone zu den Mm. ciliaris (Akkomodation) und sphincter pupillae (Miosis). Die parasympathischen Qualitäten des N. facialis (VII) ziehen im N. canalis pterygoidei zum Ganglion pterygopalatinum und von hier nach Umschaltung auf das postganglionäre Neuron zu den Hirnhäuten, Nasen- und Tränendrüsen sowie zur Nasenschleimhaut. Andere parasympathische Anteile des N. facialis gelangen in der Chorda tympani zu den Speicheldrüsen. Die **parasympathischen** Qualitäten des **N. vagus** ziehen überwiegend in die großen Körperhöhlen und werden vornehmlich erst in den intramuralen Ganglien der Erfolgsorgane umgeschaltet. Das im For. jugulare gelegene Ganglion proximale enthält die Nervenzelleiber der sensiblen (afferenten) Neurone. Die Nervenzelleiber der viszerosensiblen Neurone liegen im Ganglion distale (nodosum). Eine synaptische Umschaltung erfolgt in den Ganglia proximale und distale nicht, wie das allgemein für sensible Ganglien gilt. Die Zelleiber der autonommotorischen Neurone befinden sich im Rautenhirn.

102.5 **ÄUSSERER GEHÖRGANG** s. 120.2

104.1 Die **ZUNGENWURZEL** ist bei brachyzephalen Rassen auffällig groß und wulstig und kann deshalb den Luftstrom einengen und die Atmung behindern.

104.2 Die **ZUNGENSPITZE** enthält rostromedian die **Lyssa** (Tollwurm), die fälschlicherweise mit der Tollwut – ebenfalls „Lyssa“ – in Zusammenhang gebracht wurde. Die Lyssa ist eine morphologische Besonderheit in der Zunge der Fleischfresser und kann auf dem Querschnitt durch die Zungenspitze leicht nachgewiesen werden. Dieser bindegewebige Schlauch von ca. 4 cm Länge enthält Fettgewebe, quergestreifte Muskulatur sowie Knorpelzellen.

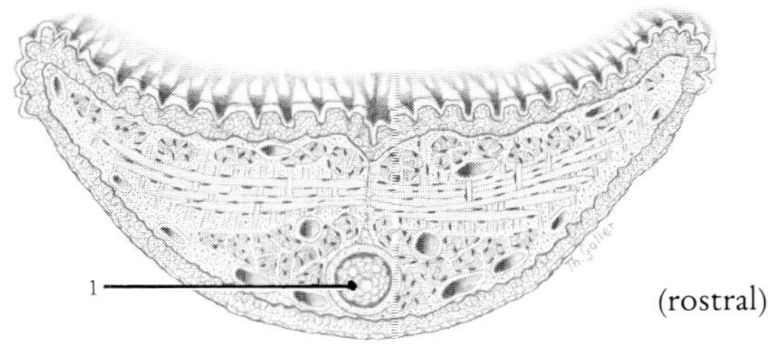

104.2 Querschnitt durch die Zungenspitze mit medianer Lyssa (1).

104.3 Die **GESCHMACKSREZEPTOREN** sind Bestandteile der Geschmacksknospen, die vornehmlich in der ringförmigen Rinne der Papillae vallatae und an den Papillae foliatae und weniger an den Papillae fungiformis vorkommen. Beim Menschen und wahrscheinlich auch bei unseren Haussäugetieren kommen Geschmacksknospen auch zusätzlich im Zungengrund an der Basis des Kehldeckels vor, die vom N. vagus (X) sensorisch innerviert werden. Die Geschmacksknospen sind faßförmig und bestehen aus etwa 30 Zellen (Geschmackszellen, Stützzellen und Basalzellen). Die „Faßöffnung“ – das ist der Geschmacksporus – liegt auf der Schleimhautoberfläche. Die Geschmackszellen sind sekundäre Sinneszellen, die einen synaptischen Nervenfaserkontakt aufweisen. Die ringförmige Rinne der Papillae vallatae enthält ca. 150 Geschmacksknospen. Am Boden dieser Rinne münden die **serösen Geschmacksdrüsen,** die vermutlich die Geschmacksstoffe in Lösung bringen und außerdem diese nach der Geschmackswahrnehmung wegspülen (daher auch von EBNERsche Spüldrüsen). Im kaudalen Zungendrittel kommen außerdem seröse und seromuköse Drüsen vor, die zu den „kleinen Speicheldrüsen“ gehören.

104.4 Der **ZUNGENBINNENMUSKEL** weist wegen der dreidimensionalen Anordnung von longitudinalen, transversalen und perpendikulären Faserbündeln organspezifische Baueigentümlichkeiten auf. Die sonst typische Umhüllung der Muskelfaserbündel durch Endo-, Peri- und Epimysium sowie die Muskelfaszie ist stark modifiziert, und die Skelettmuskelfasern weisen in untypischer Weise gelegentlich Verzweigungen auf.

Funktionell gewährt die dreidimensionale Anordnung der Muskelfasern der Zunge eine enorme Beweglichkeit, die insbesondere der Nahrungsaufnahme zugute kommt. Beim Saugen wird die Zunge zu einem Rohr umgeformt. Durch Kontraktion der perpendikulären und transversalen Muskelfasern wird die Zunge schlanker und dabei sogar länger, was als einzigartige Muskelfunktion zu werten ist.

104.5 Der **N. HYPOGLOSSUS** kann durch Trauma oder Entzündung im Kehlgangsbereich geschädigt werden. Bei einseitiger Lähmung ist die Zunge zur gesunden Seite gebogen und atrophiert auf der gelähmten Seite. Der beidseitige Ausfall des N. hypoglossus führt zur vollständigen Zungenlähmung, die schlaff aus der Maulhöhle hängt.

104.6 Die **SPEICHELDRÜSEN** sezernieren den Speichel in die Mundhöhle oder deren Vorhof. Die Anhangsdrüsen werden auch zu den **großen Speicheldrüsen** zusammengefaßt. Von den großen Speicheldrüsen des Hundes sezernieren die Ohrspeicheldrüse ein seröses und die Unterkiefer- und Unterzungendrüsen ein seromuköses Sekret. Die **Regulierung** des Speichelflusses erfolgt über den **Parasympathicus** und weniger über den Sympathicus.

Parasympathomimetika regen die Sekretion des Speichels an. Der Speichelfluß wird reflektorisch vor und bei der Nahrungsaufnahme ausgelöst. **Speichelsteine** und **Zahnstein** sind Speichelsedimente, die viel Kalzium enthalten. Der Zahnstein kann auch zersetzbaren und übelriechenden Zelldetritus enthalten. Die Oberkieferbackenzähne in der Nähe der Mündungen der Gll. parotis und zygomatica sind für die Anlagerung von Zahnstein besonders disponiert. Speichelsteine liegen in den Ausführungsgängen und können diese verstopfen. Das kann zu Sekretstau, Retentionszysten und Druckatrophie der Drüse führen.

104.7 Die **OHRSPEICHELDRÜSE** wird von Blutgefäßen und vom N. facialis durchquert, weshalb pathologische Veränderungen wie Entzündungen oder Tumoren eine Fazialislähmung verursachen können. Der Ausführungsgang, der oberflächlich über den M. masseter zieht, kann bei krankhaftem Versiegen des Tränenflusses zum „Tränenersatz“ operativ in den lateralen Augenwinkel umgeleitet werden.

104.8 Die **UNTERZUNGENDRÜSE** ist klinisch bedeutsam, weil die Verletzung ihres Ausführungsganges die Entstehung einer Speicheldrüsenzyste verursacht. Liegt die Zyste sublingual im Mundhöhlenboden, wird sie wegen ihrer Ähnlichkeit mit einem Froschbauch auch Ranula genannt. Bei zervikaler Lage spricht man wegen des honigartigen Inhalts von einer Melliceris (Honigzyste). Eine sichere Diagnose, z. B. über eine links- oder rechtsseitige Schädigung, erreicht man durch eine Röntgenaufnahme nach Verabfolgung von Kontrastmittel, wobei die Kontrastmittelgabe durch die Caruncula sublingualis erfolgt. Da die Glandulae sublingualis monostomatica und mandibularis eng aneinandergrenzen und die chirurgische Freilegung der Unterzungendrüse ohne Beeinträchtigung der benachbarten Unterkieferdrüse kaum gelingt, werden beide Organe gemeinsam entfernt.

104.9 **ZÄHNE IN DER ÜBERZAHL (POLYODONTIE)** gehen aus überzähligen Zahnanlagen hervor. **Zähne in der Minderzahl (Oligodontie)** werden besonders bei brachyzephalen Rassen beobachtet, wobei meistens die letzten (kaudalen) Zähne einer Zahnreihe fehlen. Bei Fehlen von embryonalen Zahnanlagen treten unphysiologische **Zahnlücken (Diastasia dentium)** auf. Bei Zahnverlust durch Traumen oder Ausbeißen schließt sich das knöcherne Zahnfach bereits nach wenigen Wochen wieder. Das gilt jedoch nicht für die Alveole des Dens caninus des alten Hundes. Nach Festsetzen von Futterbestandteilen kann es zum Durchbruch einer Entzündung in die Nasenhöhle kommen. Es kommt innerhalb der Zahnreihe zur Selbstregulierung mit der Tendenz, die Kontinuität im Gebiß wieder herzustellen. Bei **normaler Zahnstellung** stehen die Oberkieferschneidezähne etwas rostral vor den Unterkieferschneidezähnen (physiologisches Scherengebiß). Beim fehlerhaften Zangengebiß liegen Ober- und Unterkieferschneidezähne genau übereinander. **Stellungsanomalien** kommen durch Drehung der Zähne um die Längsachse (Torsion) und um die Querachse besonders bei brachyzephalen Hunderassen vor.

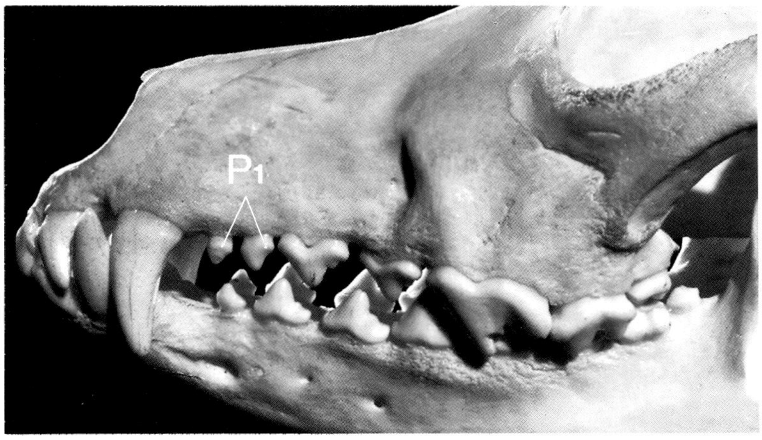

104.9 Polyodontie, dargestellt am doppelt ausgebildeten Dens lupinus (P1) des Oberkiefers. (Präparat Prof. Dr. E. Henschel, Berlin).

104.10 Die **SCHNEIDEZÄHNE** sind von dreieckiger Form und ihre Abnutzung ist von der Fütterung und von Verhaltensweisen (z. B. Apportieren) abhängig.

104.11 Der **ECKZAHN** wird vom Hund als Waffe genutzt (Fangzahn). Die sehr lange Wurzel erschwert die Eckzahnextraktion erheblich. Als Komplikation kann die sehr dünne knöcherne Alveolenwand zur Nasenhöhle bei der Extraktion frakturieren und die Bildung einer oronasalen Fistel verursachen. Zum Verschluß der Fistelöffnung werden Gewebelappen aus der benachbarten Gaumenschleimhaut und anschließend der benachbarten Backenschleimhaut mobilisiert, über den Defekt geklappt und vernäht.

104.12 Die **BACKENZÄHNE** (Prämolaren und Molaren) haben die Funktion, die Nahrung zu zerschneiden und zu zerquetschen. Der erste Vormahlzahn (P1 oder Wolfszahn) ist im Gegensatz zu den anderen Prämolaren immer einwurzelig und kann deshalb sicher röntgenologisch identifiziert werden. Phylogenetisch befindet sich dieser Zahn beim Hund in Rückbildung und macht so Platz für die große Wurzel des Eckzahnes.

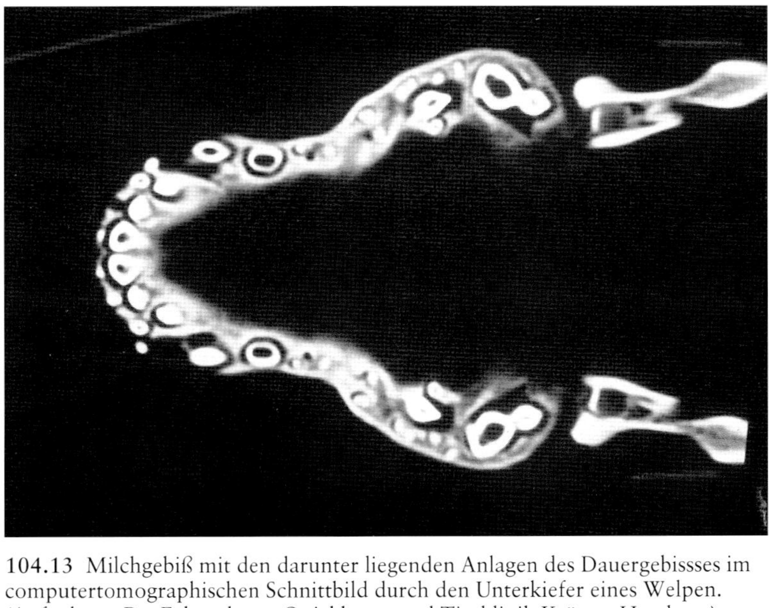

104.13 Milchgebiß mit den darunter liegenden Anlagen des Dauergebisses im computertomographischen Schnittbild durch den Unterkiefer eines Welpen. (Aufnahme: Dr. Fahrenkrug, Quickborn, und Tierklinik Krüger, Hamburg).

104.13 Die **WURZELZAHL** der Zähne kann erhebliche Variationen durch Verschmelzungen mehrerer Wurzeln aufweisen, die bei Extraktionen im Hinblick auf zurückbleibende Wurzelanteile zu beachten sind. Auch Stellungsanomalien der Wurzeln, besonders divergierend auseinanderstrebende Wurzeln, kommen vor und erschweren die Zahnextraktion erheblich.

104.14 Die **REISSZÄHNE** im Oberkiefer besitzen 3 Wurzeln und im Unterkiefer 2 Wurzeln. Wurzelentzündungen und -vereiterungen des oberen Reißzahnes können auf die Umgebung ausstrahlen. Von der kaudalen Reißzahnwurzel ausgehende Fisteln finden ihre Öffnung ventral der Orbita unter dem Auge.

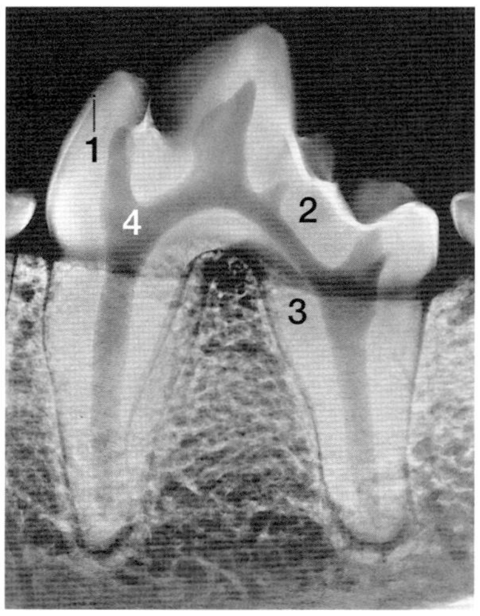

104.14 Reißzahn (M1) im Unterkiefer
Schmelz (1), Dentin (2), Zement (3) und Pulpahöhle (4).
(Mikrofokus-Röntgenaufnahme: Prof. Dr. C. Poulsen Nautrup, München).

104.15 Der **ZAHNSCHMELZ** ist die härteste Substanz des Organismus und wesentlich härter als die Nahrungsbestandteile. Die schmelzbildenden Zellen bilden auch das Schmelzoberhäutchen und überlagern den Zahnschmelz. Nach dem Zahndurchbruch werden die schmelzbildenden Zellen samt Schmelzoberhäutchen bald abgerieben. Daher kann Schmelz nicht regenerieren, wenn er beispielsweise bei der Zahnkaries durch säurebildende Bakterien entmineralisiert und aufgelöst wird. Schmelzhypoplasien mit der Entstehung muldenförmiger Schmelzdefekte und damit einhergehender Prädisposition für Karies treten besonders an den Schneidezähnen im Zusammenhang mit der Staupe (Staupegebiß) auf. Karies (ohne Verknüpfung mit Infektionen) befällt besonders den letzten Prämolaren und den ersten Molaren des Oberkiefers. Das durch Schmelzauflösung freigelegte Dentin ist schwarzbraun verfärbt. Hohlraumbildungen können zur Eröffnung der Pulpahöhle führen. Beim Hund beginnt die Karies meistens an der Okklusionsfläche, seltener an der Schmelz-Zementgrenze, von wo beim Menschen die Hauptgefahr für Karies ausgeht. Die Pulpahöhle enthält die Gefäße und Nerven, die von lockerem Bindegewebe, das an Mesenchym erinnert, umgeben sind.

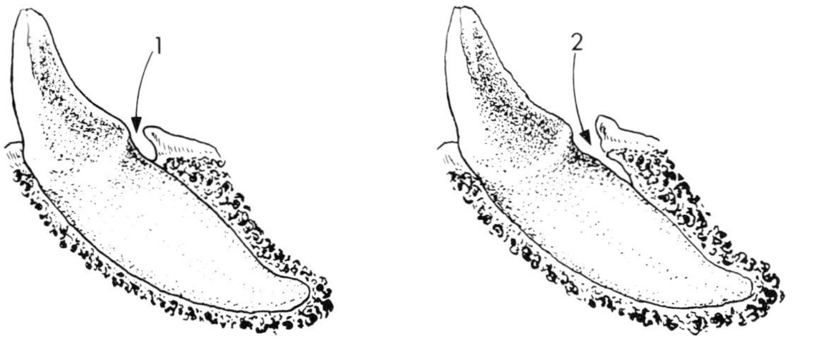

104.16 Zahnfleischtasche (1) durch Ablösung des inneren Saumepithels und des Knochens (Knochentasche – 2) vom Zahn.

104.16 Das **ZAHNFLEISCH** ist der Teil der Mundschleimhaut, der die Alveolarfortsätze der Kieferknochen bedeckt. Es ragt kragenförmig mit dem äußeren Saumepithel über die Basis der Zahnkrone empor, senkt sich danach mit dem inneren Saumepithel (Taschenepithel) in die Tiefe und befestigt sich am Zahnhals, wodurch die Wurzelhaut oberflächlich abgedeckt wird. Bei der Ablösung des inneren Saumepithels vom Zahn entstehen **Zahnfleischtaschen.** Bei Zahnextraktionen muß der betreffende Zahn vom Zahnfleisch freigelegt werden, wobei auch die Innervation des Zahnfleisches durch die Nn. buccalis und sublingualis zu beachten ist.

104.17 Über den **ZAHNHALTEAPPARAT** ist der Zahn in der Alveole eingehängt. Der Kaudruck wird so über schräg verlaufende kollagene Fasern als Zuglast auf den druckempfindlichen Knochen des Zahnfaches übertragen. Entzündungen des Zahnhalteapparates (Parodontitis) gehen meist von bakteriell infizierten Zahnfleischtaschen aus und führen mit fortschreitendem Krankheitsverlauf zur Lockerung und schließlich zum Verlust des betroffenen Zahnes.

106.1 Das **KIEFERGELENK** wird zunächst als primäres Kiefergelenk angelegt, das von Derivaten des MECKELschen Knorpels (l. Kiemenbogenknorpel) gebildet wird. Im Laufe der Evolution kam es zum Funktionswandel mit der Umwandlung zu Gehörknöchelchen, und es wurde ein sekundäres (bleibendes) Kiefergelenk angelegt. Dieses Kiefergelenk ist formal ein Walzengelenk mit großem Öffnungswinkel, aber gleichzeitig großer Beweglichkeit. Luxationen sind aber beim Hund selten und treten meist nur in Form von Subluxationen in Verbindung mit Kieferfrakturen auf. Beim Basset Hound und beim Cocker Spaniel können Kiefergelenksluxationen auf Grund einer mangelhaft ausgebildeten Kiefergelenkspfanne und verkürzter Gelenkfortsätze (**Kiefergelenksdysplasie**) spontan auftreten. Merkmalsträger sollten aus der Zucht genommen werden.

106.2 Frakturen durch die **SYMPHYSIS INTERMANDIBULARIS** sind beim Hund häufig. Sie können relativ leicht nach Reposition durch Drahtcerclagen um die Unterkiefereckzähne und Kirschner Bohrdrähte fixiert werden

108.1 Die **DURA MATER** kann bei älteren Rüden großer Rassen (Dt. Dogge, Mastiff, Bernhardiner) verknöchern (Pachymeningitis ossificans). Die Verknöcherungen verursachen aber nur selten klinische Symptome.

108.2 Zur **EPIDURALANÄSTHESIE** wird ein Anästhetikum, das auch zur Leitungsanästhesie geeignet ist, in den Epiduralraum injiziert. Die Injektionsstelle wird grundsätzlich so gewählt, daß eine Verletzung des Rückenmarks und eine Injektion in den Subarachnoidalraum vermieden wird. Das Anästhetikum diffundiert durch die Hüllen der abgehenden Spinalnervenwurzeln und blockiert reversibel die Nervenreiz-Impulsübertragung. Entsprechend der Menge des applizierten Anästhetikums (und in Abhängigkeit von der Injektionsstelle) werden hohe = kranial vom N. ischiadicus gelegene Segmente bzw. tiefe = kaudal davon gelegene Segmente ausgeschaltet. Hiernach wird eine hohe von einer tiefen Epiduralanästhesie unterschieden. Bei der hohen Epiduralanästhesie werden die motorischen Nerven der Beckengliedmaßen, die Nn. femoralis, obturatorius und ischiadicus anästhesiert und das Tier ist stehunfähig. Bei der tiefen Epiduralanästhesie werden überwiegend sensible Nerven (N. pudendus, N. cutaneus femoris caud.) und motorische Nerven für die Muskeln des Schwanzes sowie des Diaphragma pelvis ausgeschaltet. Der Patient ist weiterhin stehfähig (wichtig für Großtieroperationen).

Als Injektionsstelle für die hohe Epiduralanästhesie wird meistens das Spatium interarcuale lumbosacrale gewählt (lumbosakrale Injektion). Zwischen beiden Tubera sacralia wird kaudal des Spinalfortsatzes des letzten Lendenwirbels in der Medianen senkrecht in den Wirbelkanal eingestochen. Durch Aspiration überzeugt man sich, daß die Kanüle weder im Subarachnoidalraum (Aspiration von Liquor cerebrospinalis) noch im venösen Plexus vertebralis (Aspiration von Blut) liegt. Anderenfalls wird die Kanüle leicht zurückgezogen, und es wird zur Überprüfung nochmals aspiriert. Als Injektionsstelle für die tiefe Epiduralanästhesie werden das Spatium interarcuale sacrococcygeum oder die Spatia interarcualia intercoccygea I–III gewählt.

108.3 Durch Injektion von Röntgenkontrastmittel in das **CAVUM SUBARACHNOIDALE** werden die Konturen des Rückenmarks dargestellt (Myelographie). Einengungen und Läsionen des Rückenmarks, die durch Wirbelveränderungen (s. 8.4, 10.2), Diskopathien (s. 10.3) aber auch z. B. Tumoren hervorgerufen werden, lassen sich durch eine Myelographie

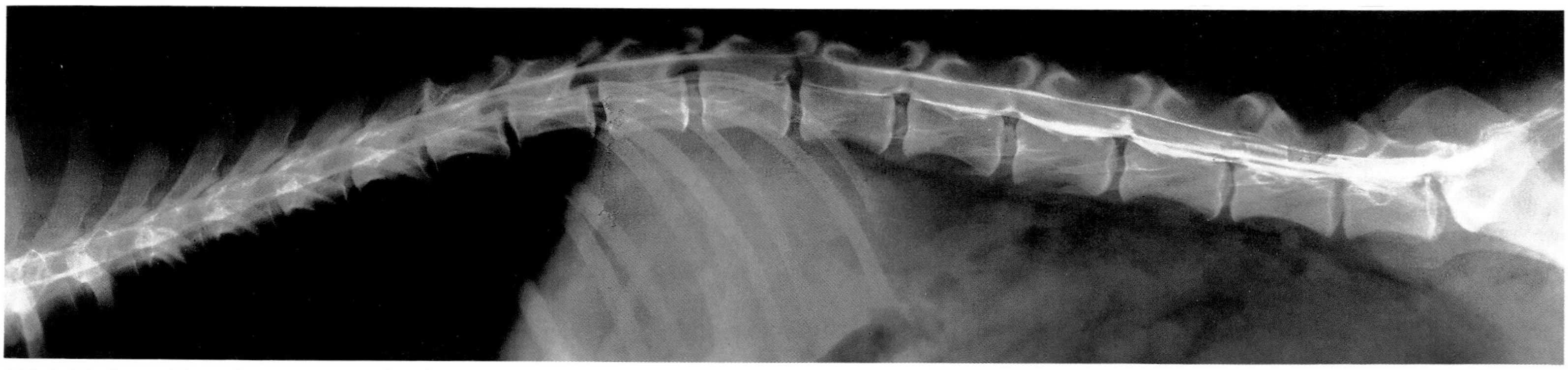

108.3 Myelographie nach Kontrastmittelapplikation in den Subarachnoidalraum durch das Spatium atlantooccipitale (kranial in die Cisterna cerebellomedullaris) und durch das Spatium lumbosacrale (kaudal in den Subarachnoidalraum). Zwischen Brust- und Lendenwirbelsäule liegt an der Unterbrechung der Kontrastmittelfüllung eine unphysiologische Umfangsvermehrung vor, die zur Kompression des Subarachnoidalraumes führt (Röntgenaufnahme: Prof. Dr. K. Hartung, Berlin).

darstellen. Die Injektion des Kontrastmittels erfolgt entweder durch das Spatium atlantooccipitale in die Cisterna cerebellomedullaris oder zwischen 5. und 6. Lendenwirbel in den lumbalen Subarachnoidalraum. Beide Injektionsstellen eignen sich auch zur Gewinnung von Liquor cerebrospinalis.

108.4 Die im **RÜCKENMARK** verlaufenden Nervenstränge ziehen funktionell gebündelt in gemeinsamen Bahnen. Die **aszendierenden sensorischen Leitungsbahnen** lassen sich unterteilen in die Bahnen für die bewußte Propriozeption (Funiculus dorsalis), unbewußte Propriozeption (Tractus spinocerebellaris) und den Tiefenschmerz (Tractus spinothalamicus). Typisches Anzeichen für eine Rückenmarksläsion ist eine Verzögerung oder ein Ausfall der bewußten Propriozeption. Hierbei wird eine passiv auf den Zehenrücken gestellte Pfote von dem betroffenen Tier nicht oder nur verzögert wieder zurückgestellt. Die **deszendierenden motorischen Leitungsbahnen** kommen als oberes Motoneuron von der Großhirnrinde und ziehen im Funiculus ventralis (Extensoren) und Funiculus lateralis (Flexoren) kaudal. Nach Umschaltung auf Nervenzellen im Ventralhorn der grauen Substanz (unteres Motoneuron) wird die Information zu den entsprechenden Muskeln geleitet. Sowohl Schädigungen des oberen als auch unteren Motoneurons führen zu Lähmungen. Bei Schädigungen der unteren Motoneurone gehen aber gleichzeitig Muskeltonus und Reflexe verloren, was bei Schädigungen der oberen Motoneurone nicht der Fall ist. Als Besonderheit beim Hund gibt es vom Lendenmark aufsteigende Neurone, die die unteren Motoneurone der Strecker der Schultergliedmaßen hemmen. Eine Schädigung dieser hemmenden Neurone durch Läsionen im Thorakalmark führt zum übersteigerten Muskeltonus der Strecker in den Schultergliedmaßen (Schiff-Sherrington-Reaktion). Unter Beachtung der motorischen Ausfallssymptomatik lassen sich Rückenmarksläsionen gut lokalisieren.

Eine Degeneration der weißen Substanz im Thorakalmark (degenerative Myelopathie) führt zu progressiver Ataxie, Nachhandschwäche und schließlich –lähmung. Diese Erkrankung wird insbesondere bei älteren Schäferhunden beobachtet.

110.1 Eine Entzündung der **HIRN- UND RÜCKENMARKSHÄUTE** (Meningitis) tritt beim Hund selten isoliert auf, sondern ist meist Folge einer Primärerkrankung wie z. B. einer Endokarditis, die mit einer Bakteriämie einhergeht. Verschiedenste Virusinfektionen führen zu Enzephalitiden (s. 110.3), die sich dann auch auf die Hirnhäute ausdehnen können (Meningoenzephalitis).

110.2 **ZISTERNA CEREBELLOMEDULLARIS** s.116.3

110.3 **ENTZÜNDUNGEN DES GEHIRNS (ENZEPHALITIS)** können in Folge zahlreicher Infektionskrankheiten auftreten. Von großer Bedeutung sind Virusinfektionen wie die Tollwut, Staupe oder Pseudowut (AUJESZKYsche Krankheit) und Protozoeninfektionen wie die Toxoplasmose.

Das **Tollwutvirus** gelangt meistens durch einen Biß ins Gewebe und dann in den Nerven entlang zum ZNS, wo es in den Nervenzellen Entzündungen hervorruft, die schließlich zum Tode führen.

Bei der **Hundestaupe** weist zuerst die weiße Substanz von Gehirn und Rückenmark entzündliche Veränderungen auf (Hirnstammsymptome: motorische Störungen und Bewußtseinstrübungen; Kleinhirnsymptome: Ataxie; Rückenmarksymptome: Paresen).

Die **Toxoplasmose** löst oft Rückenmarks- und Nervenentzündungen sowie Läsionen im Groß- und Kleinhirn aus.

Hirntumoren können von Gliazellen (ektodermale Anteile) sowie von den Hirnhäuten samt Gefäßen (mesodermale Anteile) ausgehen, oder sie können als Metastasen (Tochtergeschwülste) von anderen Organsystemen stammen und über das Gefäßsystem ins Gehirn gelangen. Die Tumoren schädigen das Hirngewebe durch Kompression oder durch Umwandlung in Geschwulstgewebe. Die Zunahme des Druckes im Gehirn führt zu Permeabilitätsstörungen und zu Hirnödemen (Schwellungen) infolge von unphysiologischen Flüssigkeitsansammlungen. In der Diagnose von Gehirntumoren haben unter den bildgebenden Verfahren insbesondere zwei Schichtbildverfahren, die Computertomographie und die Kernspintomographie, eine große Bedeutung. Sie ermöglichen eine überlagerungsfreie Darstellung von Weichteilstrukturen auch innerhalb der Schädelkapsel.

110.4 Die **FORMATIO RETICULARIS** vermittelt bei Läsionen des Hirnstammes Veränderungen im Muskeltonus und Bewegungsstörungen bis zur Beeinträchtigung des Bewußtseins, die von Apathie bis zum Koma (tiefe Bewußtlosigkeit) reichen kann.

110.5 Das **KLEINHIRN** reguliert und koordiniert die Motorik durch Verknüpfung sensorischer und motorischer Leitungsstrukturen. Es erhält aus dem Rückenmark Informationen über aufsteigende Bahnen und empfängt Impulse aus dem Gleichgewichts-, Seh- und Hörzentrum sowie aus motorischen Arealen der Großhirnrinde. Eine erblich progressiv verlaufende Degeneration der Kleinhirnrinde führt zum klinischen Bild der **zerebellaren Ataxie**. Eine Tonuserhöhung der Streckmuskulatur der Becken- und schließlich auch der Schultergliedmaße führt im Endstadium der Erkrankung dazu, daß die betroffenen Tiere nicht mehr aufstehen können.

110.6 Das **MITTELHIRN** dient mit seinen ventralen Anteilen der Durchleitung langer Nervenbahnen, die zwischen Großhirn und Rückenmark verkehren. Im Tegmentum liegen wichtige vegetative Zentren wie Atem- und Kreislaufzentrum. Komplizierte motorische Leistungen werden z. B. über die Augenmuskelnerven vermittelt. Der dorsal gelegene Colliculus rostralis enthält das optische Reflexzentrum (Pupillenreflex). Im Colliculus caudalis liegen subkortikale Integrationszentren der Hörfunktion.

110.7 Der **THALAMUS** ist ein subkortikales Integrationszentrum der Sensibilität wie Temperatur-, Schmerzempfindung sowie Tiefensensibilität und enthält ein Koordinationszentrum der Sehfunktion. Bei Erkrankung treten heftige Schmerzen auf, die durch Schmerzmittel nicht behoben werden können.

110.8 Die **EPIPHYSIS** (Zirbeldrüse) übt durch Abgabe des neurosekretorischen Hormons Melatonin einen hemmenden Einfluß auf die Entwicklung der Gonaden aus („Antigonadotropin"). Ein Ausfall bewirkt sexuelle Frühreife. Nach umstrittener Meinung einiger Autoren soll die Epiphyse die zirkadianen Rhythmen regulieren.

110.9 Im **HYPOTHALAMUS** liegen der Nucleus supraopticus und der Nucleus paraventricularis, die die Hormone des Hypophysen-Hinterlappens synthetisieren (Oxytocin, Adiuretin). Andere Hypothalamus-Kerngebiete synthetisieren die Releasinghormone, die die Sekretion der Hypophysen-Vorderlappenhormone regeln (s. 150.1). Der Hypothalamus enthält auch wichtige vegetative Zentren zur Regulierung von Körpertemperatur, Wasserhaushalt, Hunger und Durst.

110.10 Der **LOBUS ANTERIOR HYPOPHYSEALIS** wird auch **ADENOHYPOPHYSE** genannt. Er ist Produktionsort zahlreicher Hormone, die die Aktivität der meisten endokrinen Drüsen des Körpers modulieren (s. S. 150). Tumoren der Adenohypophyse sind beim Hund relativ häufig. Sie dehnen sich meist nach dorsal aus und führen zur Schädigung des Hypothalamus. Die Folge kann eine ungenügende Produktion von Adiuretin und die Ausbildung eines Diabetes insipidus sein. Ist der Adenohypophysentumor funktionell hormonproduzierend, ist das klinische Bild von dem jeweilig produzierten Hormon abhängig. Eine übermäßige ACTH-Produktion führt beispielsweise zur Ausbildung eines Hyperadrenokortizismus (CUSHING-Syndrom).

112.1 Das **GROSSHIRN** ist in Lappen gegliedert (Stirn-, Scheitel-, Schläfen- und Hinterhauptslappen sowie die Insel). Funktionell ist die Großhirnrinde somatotop gegliedert. Bestimmte Körperteile mit ihrer Sensibilität und Motorik sind auf bestimmten Arealen der Großhirnrinde repräsentiert. Eine „Landkarte" mit diesen Wechselwirkungen zwischen Großhirn und den abhängigen Körperteilen ist auf Darstellungen des Homunculus erkennbar, der auf der Großhirnoberfläche liegend abgebildet ist. Die Gestalt des Homunculus ist unproportioniert und stark verzerrt. Biologisch wichtige Funktionen und die zugehörigen Körperteile wie Hand und Kopf sind überproportional groß dargestellt und auf entsprechend großen Arealen des Großhirns repräsentiert.

112.2 Die **CAPSULA INTERNA** enthält den stark komprimierten Anfangsabschnitt der Pyramidenbahn, deren Anteile zu etwa 4/5 in der Pyramidenkreuzung, die zwischen Rückenmark und Medulla oblongata liegt, auf die gegenüberliegende Körperseite wechseln. Läsionen der Capsula interna gehen von benachbarten Blutgefäßen aus und bewirken beim Menschen den Symptomenkomplex des Schlaganfalls (Apoplexie). Beim Hund kommt diese Erkrankung nur sehr selten vor.

112.3 Im **HIRNSTAMM** erfolgt die Kontrolle der vitalen Funktionen des Körpers (Atmung, Herzsschlag) ebenso, wie die Kontrolle über Miktion und Defäkation sowie Schlucken und Erbrechen . Außerdem schließt er die Zentren für die Kontrolle der Körperhaltung und Bewegung ein und beherbergt die Kerngebiete der Gehirnnerven III–XII, die die Reflexzentren für alle motorischen und sensibel-sensorischen Funktionen im Kopfbereich darstellen. Funktionsstörungen des Hirnstammes äußern sich in einer entsprechend schwerwiegenden Symptomatik, die mit Gangstörungen, Ausfällen der Haltungs- und Stellreaktionen, Bewußtseinsstörungen bis zum Koma und Ausfällen der Vitalfunktionen verbunden sein kann.

112.4 Der **BASALGANGLIENHÜGEL** ist eine Schaltzentrale für die Motorik, insbesondere für langsame Bewegungen. (Bedingt vergleichbar mit der Kleinhirnfunktion.)

114.1 Aus dem **AMMONSHORN** werden in der pathohistologischen Tollwutdiagnostik Gewebeproben entnommen, um den Nachweis von Virusantigen und Einschlußkörperchen mit Immunfluoreszenz zu führen.

114.2 Die **ARTERIEN DES GEHIRNS** sind Endarterien mit scharf begrenztem Endstromgebiet, d. h. sie weisen keine Anastomosen zu benachbarten, parallel verlaufenden Arterien auf. Ausfall der Blutversorgung durch Minderdurchblutung (Gefäßkrämpfe oder Embolie) oder Massenblutungen durch Gefäßrupturen verursachen meist scharf abgegrenzte Infarkte mit nachfolgender Vernarbung.

Die **Blut-Hirnschranke** liegt im Bereich des Kapillarbettes (morphologisches Substrat: s. Histologiebücher). Die Kapillaren werden durch die Blut-Hirnschranke besonders abgedichtet. Viele Stoffe aus dem Blut gelangen nicht in das ZNS. Dadurch wird das Hirngewebe einerseits vor schädlichen Blutbestandteilen geschützt, und andererseits gelangen bestimmte Medikamente nur in stark herabgesetzter Konzentration in das Hirngewebe. Durch die Blut-Hirnschranke wird in der interstitiellen Flüssigkeit ein geeignetes cerebrales Milieu aufrechterhalten. Diese Homöostase ist in der neuronalen Umgebung für die Funktion des Gehirns unerläßlich, speziell für die synaptische Kommunikation zwischen Nervenzellen. Das Gehirn muß einerseits vor den metabolischen Schwankungen in der Zusammensetzung des Blutes geschützt werden und andererseits zur Versorgung mit Nährstoffen und Entsorgung von Abfällen mit dem Blut in indirektem Kontakt stehen. Diese komplexe Aufgabe ermöglicht die Blut-Hirnschranke. Für die Herstellung und die Anwendung von Neuropharmaka ist es essentiell, Strategien für den Transport der Wirkstoffe durch die Blut-Hirnschranke zu entwickeln. Lipophile Substanzen überwinden diese semipermeable Barriere leichter als andere Stoffe und können leichter aus dem Blut in das Hirngewebe diffundieren.

Die **Blut-Liquorschranke** kann als stark modifizierte Variante der Blut-Hirnschranke aufgefaßt werden.

116.1 Die **HIRNBLUTLEITER** dienen u. a. der Thermoregulierung des Kopfes („kühlen Kopf bewahren"). Das Blut der Vv. diploicae wird am Schädeldach gekühlt. Auch in der Nasenhöhle kann das Blut durch die Atemluft gekühlt werden. Von beiden Bereichen fließt es in die Hirnblutleiter, die somit ein Kühlsystem für das Hirn darstellen.

Die klinische Bedeutung liegt darin, daß Blut aus der Nasenhöhle über den Plexus ophthalmicus in das ventrale Hirnblutleitersystem aufgenommen wird. Bei tumorösen Veränderungen in der Nasenhöhle können Zellen verschleppt werden und im Hirnblutleiter bei langsamem bis fehlendem Blutstrom leicht sedimentieren und Anlaß zu Geschwulstbildungen geben.

Sinusvenographie ist eine Röntgenkontrastdarstellung der Hirnblutleiter. Ein Kontrastmittel wird über die V. angularis oculi appliziert und gelangt über den Plexus ophthalmicus in das Hirnblutleitersystem. Unterbrechungen des Kontrastmittelflusses können evtl. durch raumfordernde pathologische Prozesse im Hirnbereich verursacht werden.

116.2 Für die **ENZEPHALOGRAPHIE** kann ein Röntgenkontrastmittel in die Cisterna cerebellomedullaris verabreicht werden, um die Hirn-Oberflächenkonfigurationen beurteilen zu können. Eine spezielle Methode ist die **Ventrikulographie,** wobei ein Seitenventrikel (s. Textabb. S. 116) durch das Großhirn hindurch punktiert wird. Der enthaltene Liquor cerebrospinalis wird abgesaugt, und die Hirnventrikel füllen sich mit Luft, die als Negativ-Kontrastmittel dient (Pneumoenzephalographie). Die Ventrikulographie dient der Beurteilung von Größe und Symmetrie der Hirnventrikel. Mit dem Einzug der Computertomographie in die veterinärmedizinische Diagnostik hat die Bedeutung der Enzephalographie abgenommen.

116.3 **LIQUOR CEREBROSPINALIS** wird in beträchtlichen Mengen gebildet. (Für den Hund werden etwa 350 Milliliter pro Tag angegeben.) Da aber die Gesamtmenge in den Gehirnventrikeln samt Zentralkanal und dem Subarachnoidalraum konstant bleibt, muß es ein Gleichgewicht zwischen Bildung und Resorption geben. Als Orte der Resorption gelten die Granulationes arachnoidales (s. S. 117) sowie die Ausläufer des Subarachnoidalraumes auf den Anfangsabschnitt der Spinalnerven und auf die zu- und abführenden Blutgefäße des Gehirns. Bei einem Ungleichgewicht zwischen Bildung und Resorption entsteht bei vermehrter Bildung oder bei Abflußhemmnissen ein Hydrocephalus internus (Wasserkopf). Dabei sind die Kammern geweitet und das Gehirngewebe wird zunehmend verdrängt. Der Kopf ist unproportioniert groß, und die Schädelknochen sind abnorm dünn. Als Ursache kommen pathologische Umfangsvermehrungen besonders in den engen Bereichen der „inneren" Liquorräume in Betracht (For. interventriculare, Aquaeductus mesencephali und die Apertura lateralis in der vierten Gehirnkammer als Verbindung zwischen den „inneren" und den „äußeren" Liquorräumen). Bei Zwerghunden mit überproportional großem Schädel (Chihuahua, Yorkshire- und Manchester-Terrier, Zwergpudel) sowie brachyzephalen Rassen (Boston-Terrier, Pekingese) tritt ein Hydrocephalus internus als Folge angeborener Abflußstörungen besonders häufig auf.

Bei gesunden Tieren hat der Liquor cerebrospinalis neben nutritiven und thermoregulierenden Funktionen hauptsächlich mechanische Aufgaben in Form einer flüssigen Schutzhülle. Bei Gewalteinwirkungen auf den Kopf wird die Bewegung des Gehirns durch Liquor cerebrospinalis verzögert. Es kommt an der Stelle der Gewalteinwirkung und mit einiger Verzögerung an der gegenüberliegenden Stelle zu Läsionen. Bei heftiger Rotation entstehen an den Übertritten von Leitungsstrukturen auf den Schädel Scherkräfte, die an den Mündungen der Hirnvenen in die Hirnblutleiter zu Blutungen führen können.

Bei vielen Infektionen mit Hirn- und Hirnhautentzündungen ist der Liquor cerebrospinalis in seiner Zusammensetzung verändert. Das bezieht sich in erster Linie auf eine Zunahme des Eiweißgehaltes und des Zellgehaltes (Lymphozyten, Makrophagen). Bei einigen Infektionen kann der Erreger direkt nachgewiesen werden. Deshalb wird Liquor cerebrospinalis für diagnostische Zwecke gewonnen. Dazu wird mit einer speziellen Spinalkanüle durch das Spatium atlantooccipitale in die

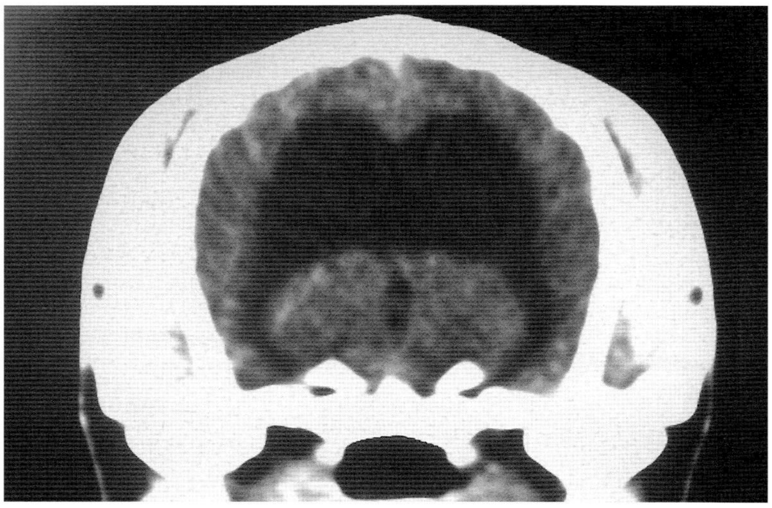

116.3 Starke Erweiterung der beiden Seitenventrikel (Hydrocephalus int.) mit Verdrängung der Großhirnhemisphären. (Computertomographische Aufnahme: Tierklinik Krüger, Hamburg).

Cisterna cerebellomedullaris (magna) eingegangen und Liquor cerebrospinalis aspiriert.

118.1 Das **OBERE** und **UNTERE AUGENLID** begrenzen die Lidspalte, die in seltenen Fällen kongenital geschlossen bleibt. Die Augenlider sind epithelbedeckte fibromuskuläre Gewebeplatten. Die Innenfläche der Augenlider trägt ein mehrschichtiges unverhorntes Plattenepithel, das im Konjunktivalsack prismatisch wird und schließlich auf die Sclera und danach auf die Cornea übergeht. Beide Lidflächen gehen am freien Lidrand ineinander über. Der auf dem Sagittalschnitt annähernd rechteckige freie Lidrand mit seiner äußeren und inneren Lidkante trägt die Wimpern, die der Fremdkörperabwehr dienen. Das innere „Skelett" des Augenlides ist der Tarsus, eine gewölbte Kollagenfaserplatte, die der Wölbung des Augapfels angepaßt ist.

Die **muskulöse Grundlage** des Augenlides bildet der M. orbicularis oculi (Innervation: N. facialis), der M. levator palpebrae superioris im oberen Augenlid (N. oculomotorius) sowie der glatte M. tarsalis (Sympathicus). Ein Herunterhängen des oberen Augenlides kann verschiedene Ursachen haben wie Schädigung des N. oculomotorius, Fazialislähmung (s. 92.2) und Sympathicuslähmung. Bei Schädigung der sympathischen Fasern von nT1 (s. 102.3) ist das HORNER-Syndrom erkennbar mit ipsilateraler Miosis (Verengung der Pupille), verengter Lidspalte durch Herabsinken des Oberlides (Ptosis), Nickhautvorfall und Enophthalmus (abnorme Tieflage des Augapfels in der Augenhöhle). An **Augenliddrüsen** kommen die Tarsaldrüsen vor (Talgdrüsen, MEIBOMsche Drüse), die am Lidrand münden und bei Verlegung ihres Ausführungsganges eine schmerzhafte Knötchenbildung als „Hagelkorn" aufweisen. Die Wimperndrüsen (Glandulae ciliares, MOLLsche Drüsen = apokrine Schweißdrüsen) bilden im Falle ihrer Entzündung das sehr schmerzhafte „Gerstenkorn".

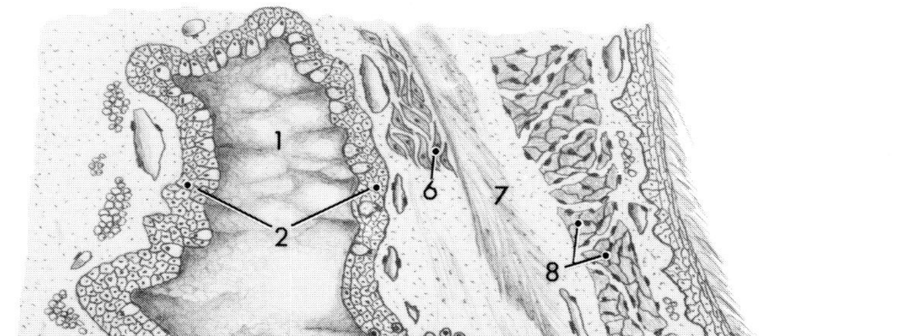

118.1 1 Fornix conjunctivae superior; 2 Tunica conjunctiva (Epithel mit Becherzellen); 3 Sclera; 4 Limbus corneae; 5 Cornea; 6 M. tarsalis superior; 7 Tarsus superior; 8 M. orbicularis oculi; 9 Lymphonoduli conjunctivales; 10 Gl. tarsalis; 11 Gl. ciliaris.

Durch den **Lidschlag** wird die Tränenflüssigkeit auf die Kornea verteilt. Der Lidschluß wird reflektorisch beim Berühren der Hornhaut des Auges ausgelöst (Lid-Kornealreflex). Die afferenten Nervenfasern des Reflexbogens verlaufen über die Nn. ciliares longi (V1, s. S. 98), und die Efferenzen verlaufen über den N. facialis zum M. orbicularis oculi. Bei Hunderassen mit extrem vorstehenden Augen (z. B. Pekingesen) kann in Einzelfällen ein vollständiger Lidschluß nicht mehr möglich sein. Ein zentraler horizontaler Streifen der Kornea wird dann nicht mehr ausreichend feucht gehalten und trübt zunehmend ein.

Fehlstellungen des freien Lidrandes kommen als Einrollung des Lidrandes (Entropium) vor, wodurch die Hornhaut mechanisch gereizt wird, und als Auswärtsrollung (Abstehen) des Lidrandes (Ektropium), wodurch der Konjunktivalsack freigelegt wird. Die Fehlstellungen des freien Lidrandes führen zur Horn- und Bindehautentzündung, wenn keine chirurgische Korrektur erfolgt.

118.2 Das **DRITTE AUGENLID** (Palpebra tertia = Nickhaut) liegt im medialen Augenwinkel und wird vom Blinzknorpel gestützt. Es fällt bei Druckausübung auf den Augapfel oder bei einer Kontraktion des M. retractor bulbi (z. B. bei Tetanus) und der spezifischen Entzündung des M. temporalis des Deutschen Schäferhundes (Myositis eosinophilica) passiv über die Kornea vor (daher auch Nickhaut). An der Außenseite und besonders an der Innenseite des dritten Augenlides liegen zahlreiche Lymphknötchen (sog. Lymphfollikel), die bei der follikulären Konjunktivitis vergrößert und dann durch Schaben zu entfernen sind.

Die **Bindehaut (Tunica conjunctiva)** schlägt sich von der Innenfläche der Augenlider im **Konjunktivalsack (Fornix conjunctivae)** auf die Vorderfläche der Augenlederhaut um und reicht bis zum Hornhautrand. Das prismatische Epithel des Konjunktivalsackes ist zur Resorption befähigt, was bei der Applikation von „Augentropfen" in den Konjunktivalsack ausgenutzt wird. Sie produziert mit ihren Becherzellen auch ein schleimiges Sekret, das die Reibung für den Lidschlag herabsetzt.

118.3 Die **GLASKLARE HORNHAUT (CORNEA)** behält ihre Durchsichtigkeit bei einem bestimmten Quellungszustand, der vorn von der Tränenflüssigkeit und hinten vom Kammerwasser aufrechterhalten wird. Das Licht bricht sich an der äußeren Oberfläche der Kornea (kaum an der inneren), und deshalb kann die Hornhaut mit der (starren) Frontlinse einer Kamera verglichen werden.

Die gesunde Hornhaut ist gefäßlos. Da sie per diffusionem ernährt wird, können Stoffwechselerkrankungen wie Diabetes mellitus eine Hornhauttrübung auslösen. Bei Entzündungen (Keratitis) kommt es jedoch zu Gefäßeinsprossungen, die die Sicht vermindern. Bei oberflächlichen Entzündungsprozessen sprossen konjunktivale Gefäße, und bei Entzündungen der tieferen Schichten dringen Kapillaren ausgehend vom Circulus arteriosus iridis major ein. Auch Narben und unphysiologische Hornhautverkrümmungen bewirken Verzerrungen. Nach dem Tode erfolgt bald eine Hornhauttrübung, weil der normale Quellungszustand durch Veränderungen der vorderen (BOWMANsche Membran) und hinteren (DESCEMETsche Membran) Grenzmembranen verlorengeht.

118.4 Die Adspektion der **WEISSEN AUGENHAUT** ist integraler Bestandteil jeder Allgemeinuntersuchung eines Tieres. So ermöglicht die fehlende Eigenfarbe der Sklera schon im Frühstadium die Erkennung einer Gelbsucht (Ikterus).

118.5 Die **MITTLERE AUGENHAUT** wird auch als **UVEA** und ihre Entzündung als Uveitis bezeichnet.

118.6 An der **IRIS-HINTERFLÄCHE** ist das durchschimmernde Pigmentepithel für die blaue oder graue Farbe der Augen verantwortlich, die z. B. bei Sibirian Huskys vorkommt. Wenn zusätzlich Pigmente in größeren Mengen im Irisstroma vorkommen, resultiert daraus die braune Augenfarbe. Pigmentfreie bindegewebige Verdichtungen der Iris sehen weiß aus. Partielles Weiß charakterisiert ein „Birkauge" und diffuses Weiß ein „Glasauge"; beides kommt beim Hund selten vor. Die **glatten Muskeln** der Iris entwickeln sich nach überwiegender Meinung aus dem Ektoderm. Der M. sphincter pupillae wird parasympathisch innerviert. Eine enge Pupille (Miosis) kann medikamentös durch Miotika oder durch Parasympathicus-Erregung (Angstzustände) oder Sympathicus-Lähmung hervorgerufen werden. Der M. dilatator pupillae wird durch Sympathomimetika zur Kontraktion veranlaßt, wodurch die Pupille weitgestellt wird (Mydriasis). Netz- oder strangartige Gebilde, die auf der Irisvorderfläche liegen und über die Pupille ziehen, werden als persistierende Pupillarmembran gedeutet. Es handelt sich um Reste der embryonalen Tunica vasculosa lentis anterior, die normalerweise im Alter von 3 bis 5 Wochen vollständig zurückgebildet sind. Gewebelücken ventronasal in der Iris (Iriskolobom) beruhen auf einer Hemmungsmißbildung mit unvollständigem Schluß der Augenbecherspalte.

118.7 Die **RETINA** kann durch die Augenspiegelung (Ophthalmoskopie) untersucht werden. Dazu wird die Pupille mit einem Mydriatikum weitgestellt und ein Lichtstrahl über einen Spiegel zum Augenhintergrund geworfen. Durch ein zentrales Loch im Spiegel betrachtet der Untersucher den Augenhintergrund. Erkrankungen der Retina wie Entzündungen, Atrophie und Netzhautablösungen können erkannt werden. Erhöhter Druck im Schädelinnern (z. B. Hydrocephalus) führt zum abnormen Hervorquellen des Discus n. optici über die Oberfläche der Retina. Von den Photorezeptoren überwiegen die Stäbchen deutlich gegenüber den Zapfen (95:5; beim Menschen 50:50). Da die Zapfen für die Farbempfindung verantwortlich sind, dürfte diese beim Hund wenig ausgeprägt sein. Für das scharfe Sehen sind besonders die Zapfen des gelben Fleckes verantwortlich. Da dieser vergleichsweise unterentwickelt ist, dürfte auch die Sehschärfe weniger gut ausgeprägt sein. Die Stäbchen sind lediglich helligkeitsempfindlich. Die Elektroretinographie (ERG) erlaubt eine Funktionsprüfung der Retina auch bei weitgehender Linsentrübung. Es werden hierzu die Aktionspotentiale (visuell induzierte Potentiale) aufgezeichnet, die nach Auftreten eines Lichtblitzes auf der Retina entstehen.

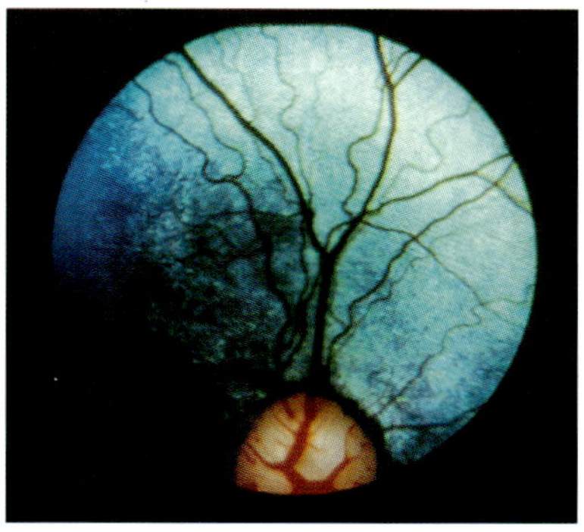

118.7 Augenhintergrund eines Hundes mit Aufzweigung der A. und V. centralis retinae. Das Tapetum lucidum stellt sich hellblau dar. (Ophthalmoskopische Aufnahme: Dr. I. Allgöwer, Berlin).

118.8 Eine **LINSENTRÜBUNG** wird grauer Star (Cataracta lentis) genannt. Unterschiedlichste Ursachen können zu einer Katarakt führen. Es werden angeborene, entzündlich, traumatisch oder toxisch bedingte Katarakte unterschieden. Hyperglykämien können eine metabolische (diabetische) Katarakt herbeiführen. Einzige Möglichkeit der Therapie bei fortgeschrittener Katarakt mit Einschränkung der Sehfähigkeit ist die Extraktion des Linsenkerns bei Erhaltung der Linsenkapsel. Die anschließende Implantation einer Kunstlinse in die Linsenkapsel ist beim Hund mittlerweile als Routineoperation anzusehen. Nach Ruptur der Zonulafasern kann es zur Linsenverlagerung (Luxatio lentis) in die vordere Augenkammer oder auf den Boden der Hinterkammer kommen. Bei Terriern treten Linsenluxationen gehäuft infolge einer hereditären Schwäche der Zonulafasern auf.

118.9 **KAMMERWASSERPRODUKTION UND -ABFLUSS** befinden sich in einem Fließgleichgewicht. Abflußstörungen im Kammerwinkel stören dieses Gleichgewicht und führen zur Erhöhung des intraokulären Augendruckes (grüner Star, Glaukom). Die Druckerhöhung führt zur Druckatrophie der Retina und schließlich zur Erblindung. Der Einblick in den Kammerwinkel (Gonioskopie) ist nach Aufsetzen eines Kontaktglases auf die Kornea möglich. Die Gonioskopie ist eine wichtige Untersuchungsmethode zur Klärung der Ursache eines Glaukoms.

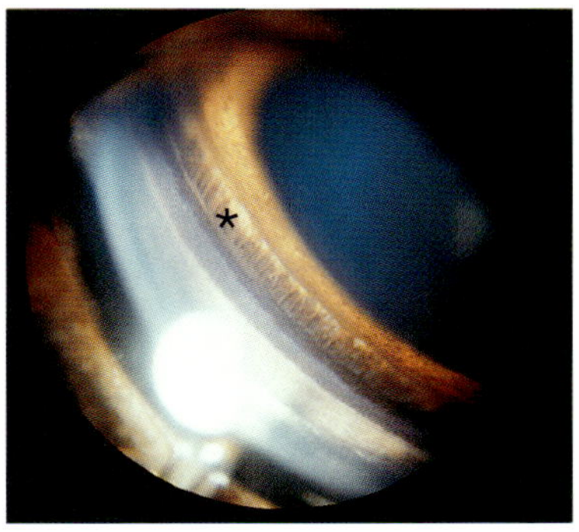

118.9 Blick in den Kammerwinkel mit Darstellung des Lig. pectinatum (*). (Gonioskopische Aufnahme Dr. I. Allgöwer, Berlin).

120.1 Die **OHRMUSCHEL** kann an ihrer konkaven Innenseite und selten an der Außenseite umfangreiche **Hämatome (Othämatome)** aufweisen. Sie werden durch verschiedene, im einzelnen noch nicht geklärte Faktoren verursacht, wie Kopfschütteln bei einer Otitis externa oder durch stumpfe Gewalteinwirkung. Es kommt zu Blutungen aus kleinen Ästen der Ohrgefäße, die mit feinen Zweigen durch kleine Löcher des Ohrmuschelknorpels hindurch an die konkave Ohrinnenfläche ziehen. Die Therapie erfolgt durch Drainage oder chirurgische Spaltung und muß wegen der hohen Rezidivrate häufig ein bis zweimal wiederholt werden.

120.2 Der **ÄUSSERE GEHÖRGANG** weist in seinem Verlauf einen scharfen Knick auf. Um das Trommelfell otoskopisch betrachten zu können, muß der Gehörgang durch kaudodorsalen Zug an der Ohrmuschel gestreckt werden. Chronische Entzündungen des äußeren Gehörganges (Otitis externa s. auch 6.2) sind eine häufige Erkrankung beim Hund. In schweren Fällen wird eine chirurgische Eröffnung des perpendikulären Gehörgangabschnittes nötig, um einen Sekretabfluß und einen besseren Zugang für die lokale Behandlung zu schaffen. Hierzu wird lateral ein Knorpelstreifen aus der Wand des Gehörganges reseziert und danach die äußere Haut mit der innen liegenden Gehörgangshaut vernäht. Tiefgreifende pathologische Veränderungen wie Neoplasien am horizontalen Teil des äußeren Gehörganges können in seltenen Fällen die Entfernung des gesamten äußeren Gehörganges mit seinem perpendikulären und horizontalen Anteil bei Erhalt des freien Teiles der Ohrmuschel erfordern.

120.3 Das **MITTELOHR** steht über die Ohrtrompete mit der Rachenhöhle in Verbindung (s. 100.11). Über die Ohrtrompete können Infektionen vom Rachenraum in die Paukenhöhle aufsteigen und eine Mittelohrentzündung (Otitis media) verursachen. Betroffene Tiere zeigen eine typische Kopfschiefhaltung zur erkrankten Seite. Die lokale Behandlung und Spülung einer eitrigen Mittelohrentzündung erfolgt über den äußeren Gehörgang nach Perforation des Trommelfells unter Sichtkontrolle. Der gesetzte Defekt im Trommelfell verheilt und schließt sich im Regelfall komplikationslos. In schweren Fällen muß die Paukenhöhle von ventral eröffnet werden (Bullaosteotomie).

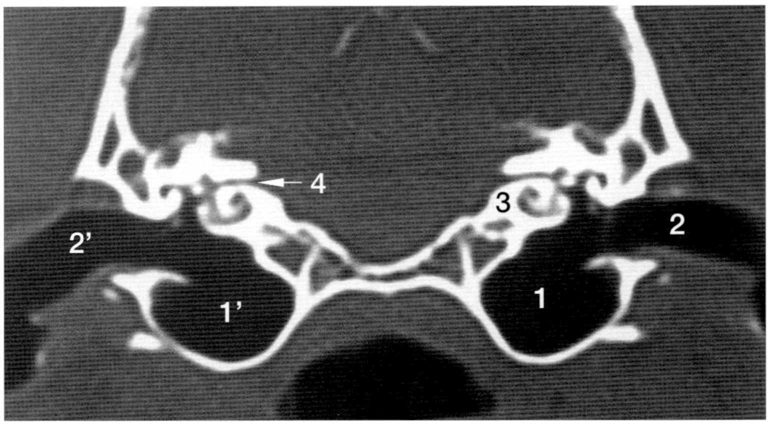

120.3 Computertomographisches Schnittbild durch die linke (1) und rechte (1') Paukenhöhle. 2,2' Meatus acusticus ext.; 3 Cochlea 4 Meatus acusticus int. (Computertomographische Aufnahme: Tierklinik Krüger, Hamburg).

120.4 Die **ENTZÜNDUNG DER BOGENGÄNGE (LABYRINTHITIS)** ist meist Folge des Übertrittes einer Mittelohrentzündung auf das Innenohr. Die betroffenen Tiere leiden unter erheblichen Gleichgewichtsstörungen, Erbrechen und Kopfschiefhaltung.

120.5 Eine Lähmung des **N. VESTIBULOCHOCHLEARIS** kann durch Entzündungen oder Tumoren im Mittel- oder Innenohr verursacht werden. Typische Folgen sind Kreisbewegungen, Umfallen zur betroffenen Seite und Ataxien.

122.1 **MUSKEL- UND SEHNENSPINDELN** sind Rezeptoren der unbewußten Tiefensensibilität, die Informationen über den Dehnungszustand einzelner Muskeln, Sehnen oder Bänder weiterleiten. Die ständige Information über den Dehnungszustand der einzelnen Komponenten des Bewegungsapparates ermöglicht erst fließende Bewegungsabläufe. In der neurologischen Untersuchung wird die unbewußte Tiefensensibilität durch Auslösung von Muskelreflexen getestet. Die bewußte Tiefensensibilität vermittelt dagegen Informationen z. B. zur Lage der Stellung einer Gliedmaße im Raum. Sie kann durch Überprüfung der Stellreflexe untersucht werden (s. auch 108.4)

138.1 Der intrauterine Stillstand der **ENCHONDRALEN OSSIFIKATION** bei ungestörter **PERICHONDRALER OSSIFIKATION** führt zum Sistieren des Längenwachstums der Knochen. Diese als Chondrodystrophie bezeichnete Erbkrankheit (Chondros = Knorpel, dys = fehlerhaft, trophia = Ernährung.) wird bei vielen Hunderassen zur Erlangung bestimmter Rassemerkmale bewußt in der Zucht eingesetzt (z. B. Bulldogge, Boxer, Teckel, Pekingese, West Highland White Terrier, Sealyham Terrier, Welsh Corgi).

138.2 Für die **CHONDROKLASTENAKTIVITÄT** ist während des Knochenwachstums die Mineralisation der Knorpelgrundsubstanz eine notwendige Voraussetzung. Nicht mineralisierter Knorpel kann nicht durch Chondroklasten abgebaut und somit nicht durch Knochen ersetzt werden. Bei Vitamin-D-Mangel (Rachitis), Kalziummangel oder bei einer Verschiebung der optimalen Ca/P-Relation ist die Mineralisation in der Eröffnungszone des großblasigen Knorpels **(Zona resorbens cartilaginea)** eingeschränkt. Die eindringenden Chondroklasten können den Knorpel nicht abbauen. Wegen der andauernden Proliferation ist röntgenologisch eine Verdickung des **Epiphysenfugenknorpels** erkennbar, der dann nicht mehr der statischen Belastung genügt.

138.3 Eine angeborene Störung der **OSTEOBLASTENFUNKTION** inklusive der Kollagensynthese führt zur mangelhaften Knochenbildung **(Osteogenesis imperfecta congenita)**, ein Erbleiden, das bei Pudel, Collie und Sheltie auftritt und schon in utero zu Frakturen und Skelettdeformationen führt. Bei groß- und schnellwüchsigen Rassen kann im 3. bis 8. Lebensmonat eine weitere Form der Osteoblasteninsuffizienz auftreten – die **hypertrophe Osteodystrophie** – , die evtl. infektiöse oder diätetische Ursachen hat. Die Tiere leiden unter einer schmerzhaften Schwellung der Metaphysen von Radius, Ulna und Tibia, die mit periostalen Zubildungen verbunden sein kann.

138.4 Die **VERKNÖCHERUNGSKERNE (OSSIFIKATIONSZENTREN)** sind auf dem Röntgenbild durch die Mineralisation der Substantia spongiosa von der noch nicht mineralisierten Umgebung deutlich abgegrenzt und gut erkennbar. Die an verschiedenen Knochen zu ganz

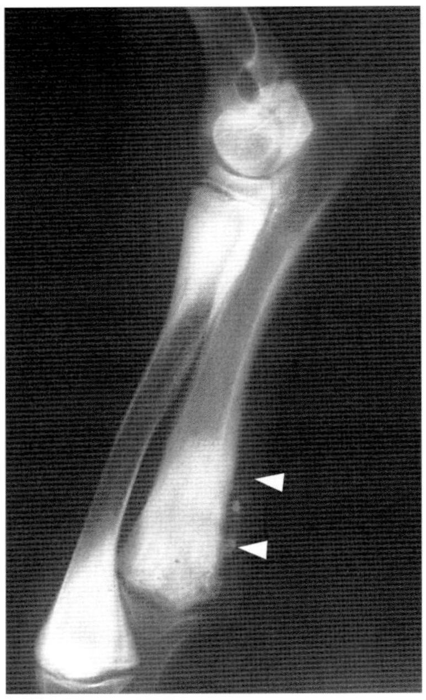

138.3 Erhöhte Röntgendichte der Metaphysen von Radius und Ulna verbunden mit periostalen Zubildungen (Pfeile) bei einer jungen Dogge mit hypertropher Osteodystrophie.

bestimmten Zeiten auftretenden Verknöcherungskerne können für die Altersschätzung herangezogen werden.

138.5 In den **WACHSTUMSFUGEN** erfolgt das Längenwachstum der Knochen. Genetische, traumatische und alimentäre Faktoren (s. 14.7 u. 16.6) können zu Störungen im Längenwachstum führen. Traumatisch bedingte Epiphysen- und Apophysenabrisse (Epi- und Apophysiolysis) treten insbesondere bei Junghunden auf, wenn die Wachstumsfuge noch knorpelig und schwächer zugbelastbar ist. Die schnellstmögliche Reposition und Fixation der Frakturenden zielt darauf ab, das Wachstumsvermögen der Epiphysenfugen zu erhalten. In einem gewissen Rahmen kann ein verringertes Längenwachstum in der Wachstumsfuge eines Gliedmaßenknochens durch verstärktes Längenwachstum der anderen Knochen kompensiert werden. Der Schluß der Wachstumsfugen kann röntgenologisch gut nachgewiesen werden und zur Altersschätzung eines Junghundes herangezogen werden. Am Ende des ersten Lebensjahres ist der Schluß fast aller Wachstumsfugen beim Hund abgeschlossen.

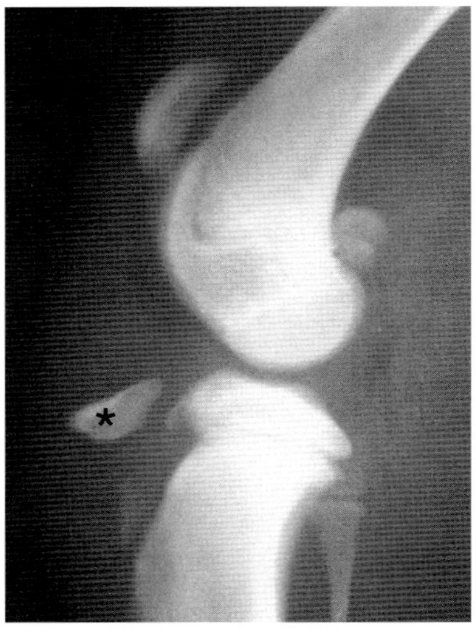

138.5 Abriß der Tuberositas tibiae (*) mit nachfolgender Dislokation durch den Zug des M. quadriceps femoris.

138.6 Das **LÄNGENWACHSTUM** stoppt mit Eintritt der Geschlechtsreife unter dem Einfluß der Geschlechtshormone. Bei Kastration vor der Geschlechtsreife hält das Längenwachstum länger an, weshalb Frühkastraten eine überdurchschnittliche Körpergröße besitzen (eunuchoider Großwuchs). Gefördert wird das Längenwachstums durch die Schilddrüsenhormone und das Wachstumshormon (STH). Ein angeborener Mangel an Wachstumshormon als Folge einer Adenohypophysenunterfunktion kommt als rezessiv vererbter genetischer Defekt bei Schäferhunden vor und führt zum hypophysären Zwergwuchs. Eine vermehrte STH-Produktion bewirkt einen Riesenwuchs. Das extreme Größenwachstum der Riesenrassen beruht, wie inzwischen nachgewiesen werden konnte, auf einem vorübergehenden präpubertären STH-Überangebot.

138.7 Das **DICKENWACHSTUM** der Knochen geht vom Peri- und Endost aus. Adenome der Adenohypophyse, die mit einer STH-Hypersekretion verbunden sind, führen beim adulten Tier zu einem übermäßigem Dickenwachstum der Knochen insbesondere an den Gliedmaßenenden (Akromegalie) und am Schädel sowie zu einer Auffaltung der Gesichtshaut. Dieses Krankheitsbild ist in leichter Form von den Zuchtverbänden als rassetypisches Merkmal bei Neufundländern und Bernhardinern erwünscht. Tumoren im Brustraum können periostale Knochenzubildungen an den Knochen der Gliedmaßen hervorrufen, die zu einer massiven – schon äußerlich sichtbaren – Dickenzunahme aller Röhrenknochen führt (Akropachie, osteopulmonales Syndrom).

Die **sekundäre Knochenbruchheilung (Reparation)** geht vom Periost, vom perivaskulären Bindegewebe der Knochen-Blutgefäße und von der Endostauskleidung der Knochenmarkshöhle aus, die den zunächst deutlichen Frakturspalt durch Kallusbildung fixieren. Zur Kallusbildung differenzieren sich deren Bindegewebszellen zu Osteoblasten. Wenn bei der sekundären Knochenbruchheilung eine weitgehende Fixierung der Fragmente erreicht ist, entsteht durch Osteoblastenaktivität ein primärer Kallus aus Geflechtknochengewebe. Sind die Bruchenden dagegen ungenügend fixiert und unterliegen sie wechselnder Zug- und Druckbelastung, wird zunächst bindegewebiges und danach knorpeliges mineralisiertes Ersatzgewebe gebildet, bevor ein (sekundärer) Kallus aus Geflechtknochengewebe entstehen kann. Zum Abschluß der Knochenbruchheilung wird der Kallus aus Geflechtknochen durch definitives lamelläres Knochengewebe ersetzt, so daß nach guter Heilung bei Nivellierung der kallusbedingten Verdickung die Frakturstelle kaum noch nachweisbar ist.

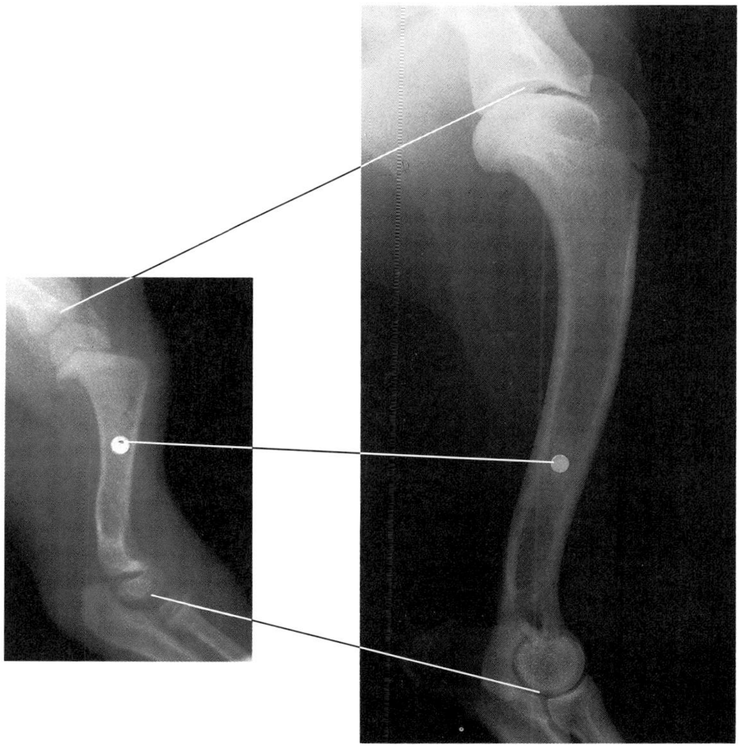

138.6 Objektivierung des Längenwachstums des Humerus durch Markierung der Diaphyse beim Welpen (links) und nach Abschluß des Längenwachstums (rechts). Der proximale Humerus-Epiphysenfugenknorpel besitzt eine deutlich größere Wachstumspotenz. (Röntgenbilder: Prof. Dr. E. Henschel, Berlin).

138.8 Die **REGENERATION** des Knochens wird durch eine operative Vereinigung der vorher reponierten Knochenfragmente gefördert. Die Osteosynthese wird mit verschiedenen Techniken wie Nagelung oder Verschraubung vorgenommen. Dadurch wird die Heilungszeit abgekürzt. Zum Regenerationswachstum kommt es bei der primären Knochenbruchheilung, wenn nach exakter Reposition die Bruchenden stabil, ohne jede Beweglichkeit, aneinander fixiert sind. Die Regeneration erfolgt im Idealfall über die spaltfreie Bruchlinie hinweg nach dem Prinzip des physiologischen Knochenumbaues. Dabei kommt es im Frakturbereich zu keiner oder nur zur unwesentlichen Bildung von Knochenersatzgewebe (Kallus).

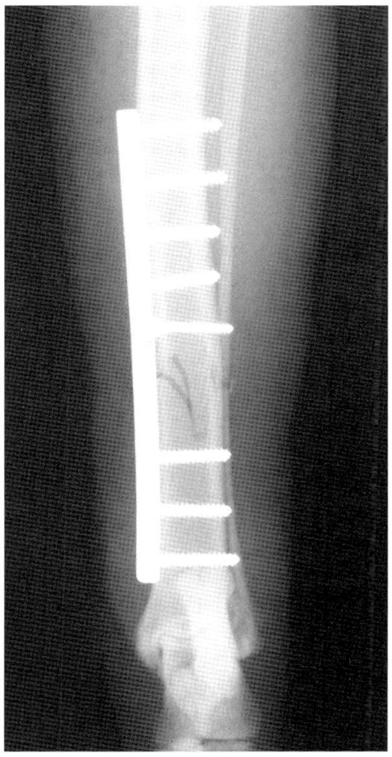

138.8 Chirurgische Versorgung einer Tibiafraktur unter Einsatz der Plattenosteosynthese.

140.1 Der kontinuierlich ablaufende **KNOCHENUMBAU** ermöglicht eine ständige Anpassung an funktionelle Belastungen, dessen Ausdruck das trajektoriale System des Knochens ist. Bei Überwiegen der Abbauvorgänge kommt es zu einer lokalen **Atrophie**, die durch anhaltenden Druck ausgelöst sein kann. Eine allgemeine Atrophie eines oder mehrerer Knochen kann Ausdruck einer mangelnden funktionellen Belastung sein und z. B. nach längerer Lahmheit mit vollständiger Entlastung der betroffenen Gliedmaße auftreten.

Der physiologische Knochenumbau wird auch bei körpereigenen (autologen) Transplantationen von Knochenspänen zum Ausgleich von Substanzverlusten nach Knochenbrüchen nutzbar gemacht. Dabei dient der transplantierte Knochenspan zunächst der Stabilisierung und wird allmählich abgebaut, aber seine überlebenden Gefäße gewinnen Anschluß an das umgebende Transplantationsbett und bewirken eine Osteoblastenproliferation.

140.2 In der **BEINHAUT (PERIOSTEUM)** verankern sich großflächige Muskelansätze, indem sich ihre Sehnenfaserzüge hier ausbreiten (periostal-diaphysärer Ansatztyp). Ansatzzonen von Sehnen an Knochenvorsprüngen und Bandhöckern sind dagegen nicht von einer Knochenhaut überzogen. Hier sind die Sehnen über einen Faserknorpel direkt in der Substantia compacta verankert (chondral-apophysärer Ansatztyp). Bei übermäßiger Muskelkontraktion können hier „Knochenfragmente" herausgerissen werden, was als Abrißfraktur bezeichnet wird. Die Beinhaut kann bei andauernden mechanischen Insulten lokal mit der Bildung von Knorpel- oder Knochengewebe reagieren. So entstehen besonders auf Knochenvorsprüngen „Überbeine".

140.3 Das **ENDOSTEUM**, das an der Grenze zur Markhöhle liegt und Cellulae medullares stellenweise auskleidet, ist wesentlich dünner als das Periosteum. Vom Endosteum geht während des Knochenwachstums vornehmlich ein Knochenabbau durch Osteoklasten aus, wodurch die vom Periost induzierte Verdickung der Substantia compacta in Grenzen gehalten und die Markhöhle stetig vergrößert wird (Prinzip: äußerer Anbau, innerer Abbau).

140.4 Die **GEFÄSSE** des Röhrenknochens gehören vier verschiedenen Versorgungssystemen an, die untereinander anastomosieren und eine intensive Blutversorgung gewährleisten. Die Anastomosen und ihre Kollateralgefäße sorgen dafür, daß selbst nach mehrfachen Knochenbrüchen und therapeutischer Osteosynthese sowie Unterbindung einzelner Gefäße die Blutgefäßversorgung aufrechterhalten wird. Die vier Versorgungssysteme werden nachfolgend in der Reihenfolge ihrer Größe beschrieben.

I. Die größten Gefäße sind die **Vasa nutritia**, die in den mittleren Abschnitt der Diaphyse durch das **Foramen nutritium** und den anschließenden **Canalis nutritius** in die Markräume eindringen. Sie verästeln sich schließlich in die Sinusoide des Knochenmarks und versorgen die Compacta von innen nach außen. Die Kapillaren ziehen in den längs im Osteon verlaufenden **Canales centrales (HAVERSsche Kanäle)** und versorgen das Knochengewebe. Querverbindungen zwischen den Osteonen sind **VOLKMANNsche Kanälchen (Canales perforantes)**, über die vornehmlich Venulen zu den Vv. periostaliae abgeführt werden.

II. Die **A.** und **V. metaphysialis** treten nahe der Linea epiphysialis in den metaphysären Abschnitt der Diaphyse ein.

III. Die **A.** und **V. epiphysialis** versorgen das mit Gelenkknorpel überzogene Knochenende. (Am Oberschenkel gelangen die Gefäße durch das Lig. capitis ossis femoris aus dem Becken in die Oberschenkelepiphyse.) Vor Beendigung des Längenwachstums sind die epiphysären von den meta- und diaphysären Gefäßen durch den Epiphysenfugenknorpel getrennt. Nach dem Epiphysenfugenschluß kommt es – nach überwiegender Meinung – zur Anastomosierung.

IV. Die dünnen **Periostalgefäße**, die auch aus der Gelenkkapsel an den Knochen heranziehen, treten überall an den Knochen heran, versorgen

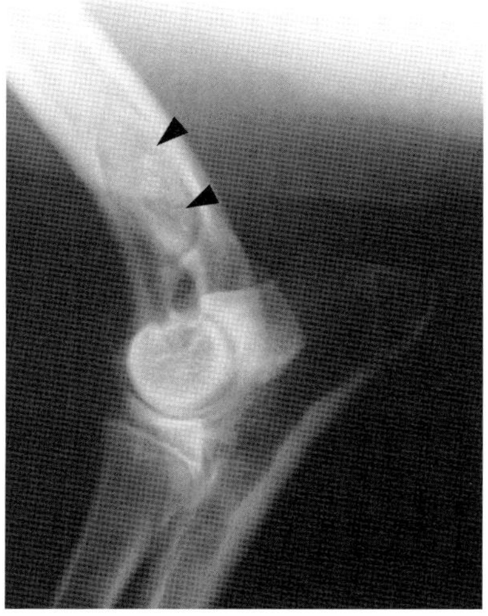

140.4 Röntgendichter umschriebener Bezirk (Pfeile) im Schaft des Humerus bei einer Panostitis eosinophilica.

aber lediglich oberflächliche Abschnitte des Stratum compactum. Ihre Äste dringen in die Peripherie des Stratum compactum ein, während die oben genannten großen Gefäße einem zentrifugalen Versorgungssystem angehören.

Wachstumsstörungen der Knochen können eine Einengung der intraossären Gefäße bewirken und führen zu venösen Abflußstörungen. Es entsteht ein Ödem im Markraum, das zur Erhöhung des intraossären Druckes und zur Kompression weiterer Blutgefäße führt. Die betroffenen Röhrenknochen sind druckempfindlich und weisen im Röntgenbild charakteristische Verschattungen auf. Diese sogenannte **Panostitis eosinophilica** tritt insbesondere bei großwüchsigen Rassen und Schäferhunden im Alter von 6 bis 8 (18) Monaten auf.

140.5 Als weitere **KNOCHENFORM** wurde von der internationalen Nomenklaturkommission im Jahre 1983 der „irreguläre" Knochen (Os irregulare) „eingeführt". Nach dem neuen Einteilungsprinzip gehört der Wirbel zu den irregulären – und nicht mehr zu den kurzen Knochen. Als Grund gilt der Ossifikationsmodus, der an kurzen Knochen durch enchondrale Ossifikation und an den Wirbeln prinzipiell wie an langen Röhrenknochen durch enchondrale und perichondrale Ossifikation erfolgt.

140.6 **SESAMBEINE** besitzen eine Funktion als Druck-Gleitkörper, die meist mit Sehnen assoziiert sind, die über die Scheitelseite eines Gelenkes ziehen.

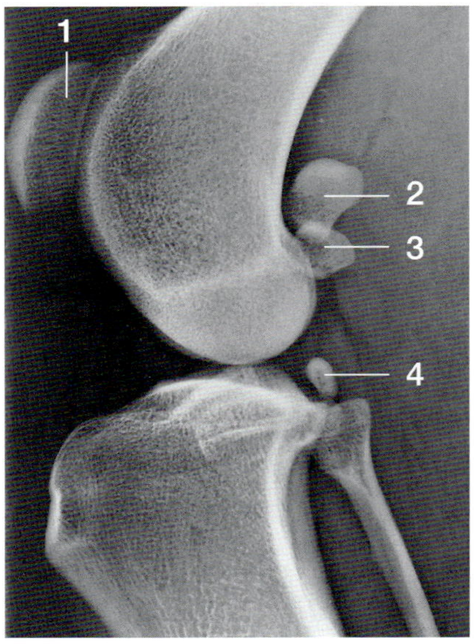

140.6 Sesambeine am Kniegelenk:

1 Patella; 2 und 3 Ossa sesamoidea m. gastrocnemii; 4 Os sesamoideum m. poplitei. (Mikrofokus-Röntgenaufnahme: Prof. Dr. C. Poulsen Nautrup, München).

140.7 **KNORPELGEWEBE** ist im Gegensatz zum Knochengewebe hoch druckbelastbar, weshalb die Gelenkenden der Knochen mit Knorpel überzogen sind. Knorpelgewebe sind nicht oder nur gering durchblutet und daher auf die Ernährung über Diffusion aus der Umgebung angewiesen. Die schlechte Durchblutung verzögert Wundheilungsabläufe und fördert das Auftreten von autoimmunologischen Prozessen.

142.1 Eine **PSEUDARTHROSE („FALSCHES GELENK")** entsteht durch Ausbleiben einer Frakturheilung infolge Instabilität oder mangelhafter Reposition der Bruchenden, die durch Bindegewebe oder Knorpel miteinander verbunden sind. Es bleibt eine unphysiologische Beweglichkeit, verbunden mit einer Instabilität.

Eine **NEARTHROSE** entsteht, wenn sich nach Luxationen in der Fehlstellung gelenkknorpelähnliches sowie gelenkkapselähnliches Gewebe bildet (Neubildung einer Gelenkpfanne). Die Gelenkneubildung ist nach einer Femurkopfresektion (s. 76.1) erwünscht und ermöglicht eine befriedigende Funktionsfähigkeit der Beckengliedmaße.

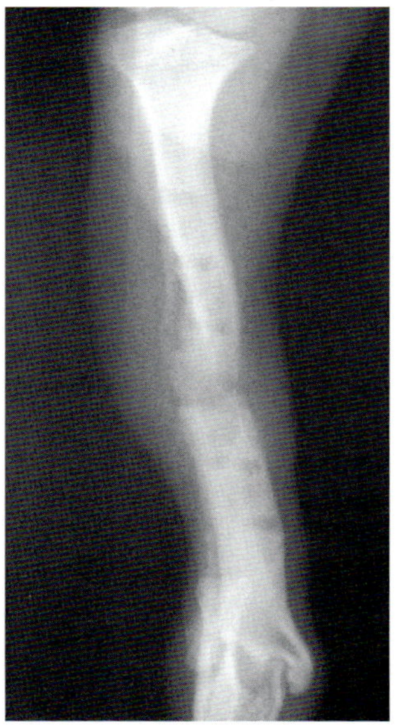

142.1 Ausbildung einer Pseudarthrose nach ungenügender Stabilisierung einer Tibiafraktur.

142.2 Die **GELENKKAPSEL** ist besonders im Bereich der Gelenkkehle in Falten gelegt, die bei der Gelenkstreckung verstreichen. Gelenke mit großer Bewegungsfreiheit besitzen weite Gelenkkapseln. Dagegen weisen straffe Gelenke mit geringer oder fehlender Bewegungsfreiheit sehr eng anliegende Gelenkkapseln auf. Eine Instabilität im Gelenk führt zur vermehrten Belastung der Gelenkkapsel, dessen Stratum fibrosum mit einer Verdickung reagiert. Entzündliche Reize führen zur Synovialitis, die insbesondere in chronischen Fällen zur Verdickung und Zottenbildung des Stratum synoviale führt.

142.3 Die **GELENKBÄNDER** werden bei Verstauchungen (Distorsionen) überdehnt und können bei Verrenkungen (Luxationen) zerreißen, was zu degenerativen Gelenkveränderungen (Arthrosen) führen kann. Weitaus am häufigsten ist das vordere Kreuzband beim Hund von einer Ruptur betroffen (s. 86.2)

142.4 Der **GELENKKNORPEL** dient als druckelastisches, reversibel verformbares Gleitpolster. Er besitzt einen hohen Wassergehalt, der mit zunehmendem Alter abnimmt. An der glatten Oberfläche des hyalinen Knorpels fehlt die Knorpelhaut. Dadurch ist seine Regenerationsfähigkeit eingeschränkt. Gelenke sind bei geringer Belastung nie vollständig kongruent. Erst unter Last verformt sich der Gelenkknorpel, verbessert die Kongruenz und verteilt die Last auf eine größere Fläche. Die regelmäßige Verformung des avaskulären Gelenkknorpels in der Bewegung fördert die Flüssigkeitsströme im Knorpel und verbessert so wesentlich die Nährstoffzufuhr. Im Falle einer (Osteo) Chondrosis dissecans (OCD) ist der Gelenkknorpel stellenweise deutlich verdickt, wird in der Tiefe nicht mehr ausreichend ernährt und weist hier Nekrosen auf. Der pathologisch veränderte Abschnitt ist statisch nicht belastbar. Der darübergelegene intakte Knorpel verliert seine Basis und kann einbrechen. Die OCD tritt beim Hund insbesondere im Schulter- aber auch Ellenbogen-, Knie- und Tarsalgelenk auf.

Die Körperlast wird vom Gelenkknorpel aufgenommen und auf die subchondrale Knochenplatte übertragen, deren Dichte wesentlich von der funktionellen Belastung abhängt. Die genaue Dichte der subchondralen Knochenplatte kann mit der computertomographischen Osteoabsorptiometrie (CTOAM) ermittelt und farblich symbolisiert auf die – dreidimensional aus dem CT-Datensatz rekonstruierte – Gelenkfläche projiziert werden. Fehl- und Überbelastungen eines Gelenkes führen zur lokalen Dichtenzunahme (Sklerosierung) der subchondralen Knochenplatte.

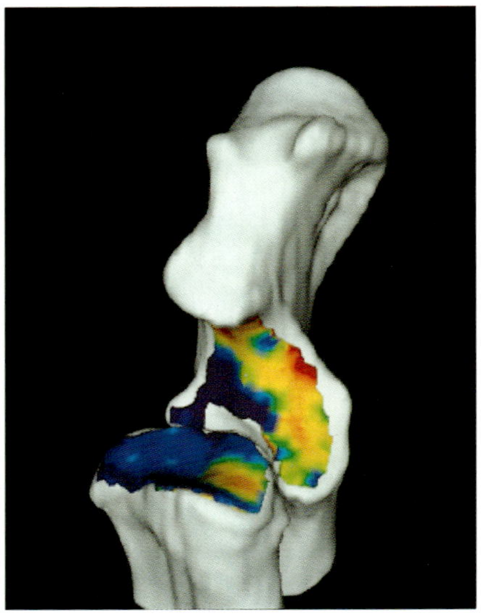

142.4 CTOAM: Farbliche Markierung der subchondralen Knochendichte in der Incisura trochlearis ulnae und auf dem Caput radii.
rot – hohe Knochendichte.
blau – geringe Knochendichte
(Aufnahme Dr. J. Maierl, München).

142.5 **SCHLEIMBEUTEL** reagieren auf chronische Druckbelastung mit einer vermehrten Synoviabildung (Hygrom, s. 26.5).

142.6 **DISCI INTERVERTEBRALES** s. 10.3

144.1 An der unterschiedlichen **FARBE** eines Muskels läßt sich seine Funktionalität ableiten. Die „weißen", weitgehend anaeroben Muskeln bestehen vornehmlich aus dem „weißen" Fasertyp, der größer ist als der rote. Die Fasern vom weißen Typ können sich schneller kontrahieren als die des roten Typs, ermüden aber auch schneller. Die Halte-Aufgaben stehen gegenüber den Bewegungs-Aufgaben im Vordergrund, weshalb sie auch Haltemuskeln genannt werden. Die roten aeroben Bewegungsmuskeln enthalten in ihren überwiegend roten (kleineren) Muskelfasern sehr viel Muskelfarbstoff (Myoglobin) und sind besser mit Blut versorgt als die „weißen" Muskeln. Die Kontraktion, aber auch die Ermüdbarkeit sind langsamer als im „weißen" Muskel.

144.2 Die **MUSKELENTWICKLUNG (MYOGENESE)** geht zum Großteil von den Myotomen der Urwirbel aus (s. Embryologie). Von hier stammende (primäre) Myoblasten differenzieren sich in 2 verschiedene Richtungen. Der zahlenmäßig überwiegende (primäre) Myoblastentyp entwickelt sich mit gleichartigen Zellen zu einer langen Zellreihe, zu einem „Myotubus". Er enthält reihenförmig zentral angeordnete Zellkerne, aber kein Lumen, weshalb die Benennung als Myotubus = Muskelschlauch irreführend ist. Innerhalb des „Myotubus" verschwinden die Plasmalemmata zwischen den sekundären Myoblasten und so entsteht eine sehr lange vielkernige Zelle, ein Synzytium. Der kleine Anteil der (primären) Myoblasten wird zu wenig differenzierten Satellitenzellen, die zwischen der Muskelzelle und der außen folgenden Basallamina liegen.

Bei der **Muskelregeneration** wird die Bedeutung der Satellitenzellen klar. Sofern die Basallamina bei einer Muskelzellschädigung intakt bleibt, werden die Zelltrümmer durch Makrophagen beseitigt. Die „schlummernden" Satellitenzellen teilen sich mitotisch und überbrücken den Defekt. Bei weiterer Differenzierung dieses von Satellitenzellen ausgehenden Brückenabschnittes wird unter Synthese von Myofilamenten die Diskontinuität zwischen den defekten Muskelzellenden allmählich wieder geschlossen und so die Kontinuität wieder hergestellt. Bei größeren Defekten (Riß von Muskelfaserbündeln) kommt es zur Heilung unter Narbenbildung.

144.3 Die Erregungsübertragung an den **MOTORISCHEN ENDPLATTEN** erfolgt über Acetylcholin. Durch Bildung von Antikörpern gegen Azetylcholinrezeptoren wird die neuromuskuläre Erregbarkeit gestört. Diese Krankheit (Myastenia gravis) kann kongenital auftreten oder erworben sein (s. 40.5) und ist durch rasche Ermüdbarkeit der Muskulatur gekennzeichnet. Mitbetroffen ist sehr oft die quergestreifte Muskulatur des Oesophagus, wodurch dieser dilatieren kann (Megaoesophagus).

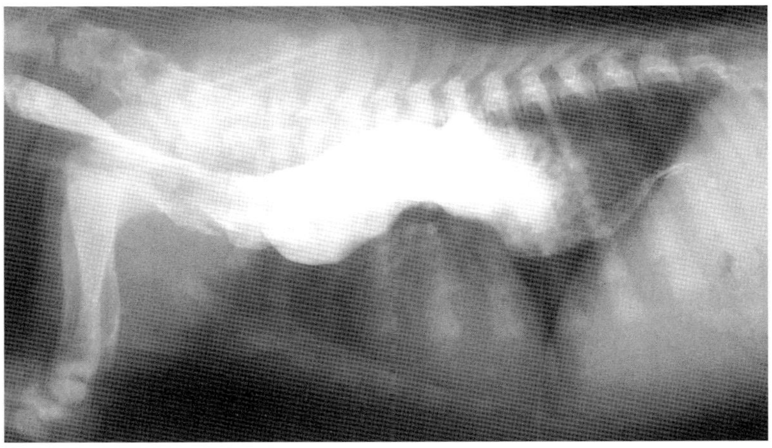

144.3 Kontraströntgendarstellung eines stark dilatierten Oesophagus (Megaoesophagus).

144.4 Die **KONTRAKTION DER GLATTEN MUSKULATUR** kann auch durch Dehnungsreize und Spontanentladungen an den neuromuskulären Kontakten ausgelöst werden (z. B. in Lymphgefäßen und in der Darmwand).

144.5 **MUSKELRISSE** können bei abrupter Dehnung eines kontrahierten Muskels oder bei zusätzlicher Überstreckung in extremer Streckstellung auftreten z. B. nach einem Sprung oder Sturz aus größerer Höhe. Am häufigsten sind die Mm. gracilis und triceps brachii betroffen.

144.6 Der **INNERE AUFBAU EINES MUSKELS** kann in vivo sonographisch dargestellt werden. Außerdem lassen sich mit Hilfe der Sonographie intramuskuläre Hämatome, Abszesse oder Fibrosierungen diagnostizieren.

146.1 **SEHNEN** ändern insbesondere an Gelenken ihre Verlaufsrichtung. Meist dient als „Umlenkrolle" eine Knochenrinne oder ein Retinakulum. Zum Ableiten der hier auf die Sehne einwirkenden Druck- und Scherkräfte ist in die normalerweise parallelfaserige Sehnenstruktur ein Faserknorpel eingelagert. Diese sogenannten Gleitsehnenbezirke besitzen eine geringere Zugfestigkeit als die rein parallelfaserigen Zugsehnenabschnitte. Sehnenrupturen treten deshalb fast ausschließlich in Gleitsehnenbezirken wie z. B. in der Ursprungssehne des M. biceps brachii auf (s. 18.2).

146.2 Bilden **OSTEOFIBRÖSE LOGEN** abgeschlossene Kompartimente, können sich die in ihnen verlaufenden Strukturen nicht ausdehnen. Starke Einblutungen nach Frakturen oder Anschwellungen von Muskeln nach starker Belastung führen deshalb in einem abgeschlossenen Kompartiment zu einer erheblichen Druckerhöhung (Komartmentsyndrom). Folgen sind Minderdurchblutung und Störungen der neuromuskulären Funktion mit einhergehenden Schmerzattacken, die ohne rechtzeitigen therapeutischen Eingriff zur massiven ischämischen Schädigung der betroffenen Muskulatur führen können (s. 20.3, 22.1, 82.3).

146.3 Die **INNERVATION EINES SKELETTMUSKELS** kann mit Hilfe der Elektromyographie überprüft werden.

148.1 Die **NEUROGLIA** umgibt die Nervenzellkörper und Nervenzellfortsätze und separiert diese von Blutgefäßen mit umgebendem Bindegewebe. Es werden periphere (SCHWANNsche Zellen und Satellitenzellen oder Mantelzellen) von zentralen Gliazellen (Ependymzellen, Astrozyten, Oligodendrozyten und Mikrogliozyten) unterschieden. Gliazellen bilden ein Stützgerüst, sind für die Ernährung des Nervengewebes bedeutsam und sorgen für die Aufrechterhaltung eines optimalen perineuralen Milieus durch Eliminierung von Nervenüberträgerstoffen im ZNS. Durch die Synthese einer Myelinscheide sorgen sie für den Schutz von Nerven (Bedeutung für die Nervenregeneration, s. 148.3). Von Gliazellen können gut- oder bösartige Tumoren (Gliome) ihren Ausgang nehmen. Die Neuroglia bildet gemeinsam mit markhaltigen und marklosen Nervenfasern und deren konstant engen Interzellularspalten das **Neuropil**, das in der grauen Substanz des ZNS die Nervenzellkörper voneinander separiert.

148.2 Die **MARKSCHEIDENBILDUNG** beginnt bereits pränatal und schreitet postnatal voran (Markscheidenreifung), wobei sich wichtige Funktionseinheiten schneller entwickeln als weniger wichtige. Die lamellenartige Markscheide umgibt das Axon gewissermaßen als Isolator. Dieser ermöglicht im Zusammenwirken mit den RANVIERschen Schnürringen eine saltatorische Erregungsübertragung, d. h. das „Überspringen" der Erregung von Schnürring zu Schnürring, wodurch die Erregungsleitungsgeschwindigkeit im Vergleich zur marklosen Nervenfaser wesentlich erhöht ist. Als Faustregel gilt ungefähr: je dicker das Axon (Dendrit), desto dicker ist die Markscheide, je länger die Internodien, desto schneller die Erregungsleitung.

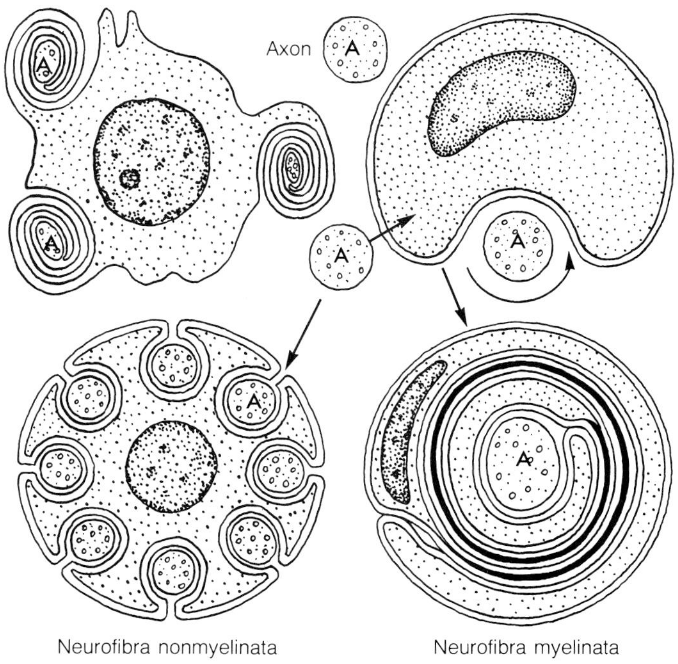

148.2 Schema der Markscheidenbildung.

148.3 Die **NERVENREGENERATION** (Wiederherstellung der Nervenleitfähigkeit) beginnt nach Durchtrennung oder Läsion zunächst am proximalen und vor allem am distalen Nervenstumpf mit einer **Degeneration**. Proximal degenerieren nur wenige Internodien, sofern der Nervenzellkörper, wie in den meisten Fällen, intakt bleibt. Vom distalen Nervenstumpf degenerieren die Axone bis hin zu den Endformationen. Die Regeneration beginnt proximal mit dem Sprossen der SCHWANNschen Zellen, die mit den ebenfalls sprossenden SCHWANNschen Zellen des distalen Nervenstumpfes ein defektüberbrückendes Kontinuum bilden. Die bandförmig hintereinander gereihten SCHWANNschen Zellen fungieren als Leitschiene für die vom Proximalstumpf aussprossenden Nervenaxone, die bis zum Erfolgsorgan regenerieren. Die Regeneration schreitet sehr langsam, ca. 3 mm/Tag, voran. Voraussetzung für die Nervenregeneration ist u. a. eine verhältnismäßig kurze Distanz zwischen dem proximalen und dem distalen Nervenstumpf. Durch eine Nervenstumpfannäherung und -vernähung kann die Regeneration gefördert werden. Abschließend wird wieder eine Nervenmarkscheide gebildet. (Dagegen wird bei einer **Neurektomie** zur Schmerzausschaltung ein ausreichend langes Nervenstück herausgeschnitten, um ein natürliches Zusammenwachsen zu verhindern – eine umstrittene, immer weniger gebrauchte Methode zur Behandlung von Sportpferden.)

148.4 **ENDO-, PERI- UND EPINEURIUM** schützen die Nerven vor Überdehnung und verankern den Nerven über das Paraneurium in der Umgebung.

148.5 Die **RANVIERSCHEN SCHNÜRRINGE** liegen an Unterbrechungen der Markscheiden, wo das Axon (Dendrit) leicht verdickt ist (RANVIERscher Knoten). Zwischen zwei Schnürringen liegt das Internodium. Die RANVIERschen Schnürringe sind bedeutsam für die Lokalanästhesie, die zuerst hier, bei Fehlen der Markscheide, ihre Wirksamkeit entfaltet.

150.1 HORMONSYNTHESE IM HYPOTHALAMUS-HYPOPHYSENSYSTEM

Periphere endokrine Drüsen (Schilddrüse, Nebennierenrinde, Gonaden) wirken über ein „Feedback" auf das Hypothalamus-Hypophysensystem ein. Beispiel für ein negatives „Feedback": Eine Streßsituation bewirkt im Hypothalamus die Freisetzung von ACTH-RH und in der Adenohypophyse eine Steigerung der ACTH-Inkretion, gefolgt von vermehrter Abgabe von Glukokortikoiden in der Nebennierenrinde. Letztere wirken über ein negatives „Feedback" auf den Hypothalamus ein, wodurch die Freisetzung von ACTH-RH, ACTH und Glukokortikoiden reduziert wird. Bei einem positiven „Feedback" wird durch eine hohe Hormonsyntheserate der peripheren Drüsen (z. B. Östrogen in der Zwischenzelle und Follikelepithelzelle) die Freisetzung von Hypothalamus-Hypophysenhormonen (z. B. LH-RH und LH) zum Ovulationstermin noch gesteigert (s. auch 110.10, 138.6 u. 7.).

HYPOTHALAMUS	HHL-EFFEKTOR-HORMONE	ZIELORGANE ZELLEN	HAUPTWIRKUNG
Oxytocin Vasopressin = Adiuretin	Neurosekretorischer Transport zum HHL	Myoepithelien Glatte Muskulatur, Niere, Blutgefäße	z. B. Wehen, Milchfluß, Wasserrückresorption in der Niere, Blutdrucksteigerung
	HVL-EFFEKTOR-HORMONE		
RH u. RIH	Somatotropes Hormon (STH)	Wachsende Zellverbände	Körperwachstum
RH u. RIH	Prolaktin	Milchdrüse	Milchsekretion
	HVL-STEUERUNGS-HORMONE		
RH	Thyreoidea stimulierendes Hormon (TSH)	Schilddrüse	Stoffwechsel
	Gonadotropine: Follikel-stimulierendes Hormon (FSH)	Sertoli- und Follikel-epithelzellen	testikuläre u. follikuläre Reifung
RH	Luteinisierendes Hormon (LH, weibl.) (ICSH, männl.)	Ovarielle und testikuläre Zwischenzellen Corpus luteum	Androgen- resp. Östrogen- u. Progesteronsynthese
RH	Adrenocorticotropes Hormon (ACTH)	Nebennierenrinde	Steroidhormonsynthese
RH u. RIH	Melatropin d. Pars intermed. Melanocyte stimulating Hormone (MSH)	Pigmentzellen	Pigmentierung

RIH = Release Inhibiting Hormone; RH = Releasing Hormone; HHL resp. HVL = Hypophysen-Hinter- resp. -Vorderlappen. ICSH = Interstitial cell stimulating Hormone.

150.2 SCHILDDRÜSE UND NEBENSCHILDDRÜSE s. 14.6 u. 7

150.3 NEBENNIERE s. 70.3

150.4 RENIN wird bei einem Abfall des arteriellen Blutdruckes der Niere freigesetzt. Es wandelt das Angiotensinogen des Blutplasmas in Angiotensin I um. In verschiedenen Organen (z. B. Lungen) wird dieses dann zu Angiotensin II transformiert, das die Nebennierenzellen der Zona glomerulosa zur Synthese von Aldosteron stimuliert. Dieses Mineralokortikoid bewirkt durch Rückresorption von Natrium und Wasser eine Zunahme des intravaskulären Flüssigkeitsvolumens und damit eine Blutdruckerhöhung, wodurch die Reninsynthese wieder vermindert wird.

150.5 Eine unzureichende Ausschüttung von **INSULIN** führt zur Hyperglykämie und zur Ausscheidung von Glucose über den Harn, woher die Krankheit ihren Namen Diabetes mellitus hat.

152.1. Die **VENEN** sind aufgrund zahlreicher morphologischer Baueigentümlichkeiten differentialdiagnostisch eindeutig von Arterien abgrenzbar. Sie sind allgemein weitlumiger und zahlreicher. Mehrere Kollateralvenen können in einer gemeinsamen Gefäßnervenstraße eine Arterie begleiten. Das weitlumige Venensystem einiger Organe wie Leber, Lunge, Milz und Haut fungiert auch als Blutspeicher, wodurch dem fließenden Blutstrom beträchtliche Blutmengen temporär entzogen werden können und so bei ökonomischer Aufrechterhaltung der Funktion die Herzbeanspruchung vermindert wird.

Der **venöse Blutrückfluß** wird durch verschiedene Faktoren gefördert:

1. Durch Sogwirkung des Herzens wird bei Verlagerung der Ventilebene Blut aus dem Mündungsgebiet beider Hohlvenen und aus der rechten Vorkammer angesaugt.

2. Bei Körperbewegungen werden Körperabschnitte wie Gelenkanteile und Sohlenballen wiederkehrend komprimiert und so ein Druck auf die hier gelegenen Venen ausgeübt, wodurch der Blutstrom, gerichtet durch die Venenklappen, herzwärts gelangt. Durch kontraktionsbedingte Muskelverdickungen wird der Blutstrom „voranmassiert". Das gilt besonders für solche Venen, die innerhalb einer Muskelfaszie liegen.

3. Von Arterien kann die Pulswelle mit rhythmischer Druckschwankung auf eng anliegende Begleitvenen übertragen werden.

4. Bei der Atemrhythmik wird bei wechselndem Unterdruck in der Pleurahöhle venöses Blut angesaugt. (Bei Verletzung herznaher Venen kann wegen des Unterdruckes Luft aspiriert werden – Emboliegefahr.)

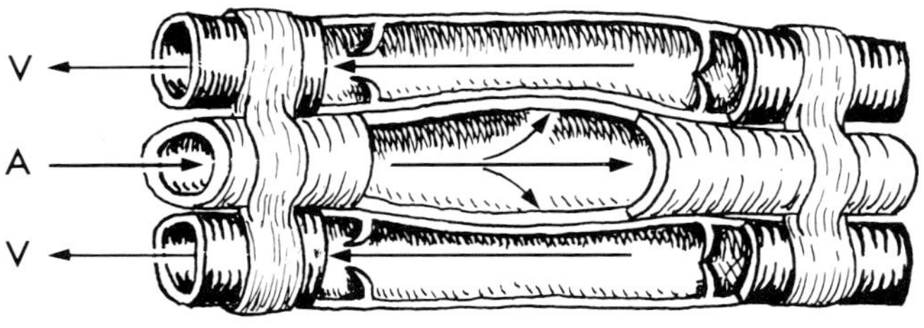

152.1 Auswirkung der arteriellen Pulsation auf den venösen Blutrückfluß.

154.1 Die **„OPEN JUNCTIONS"** sind die morphologische Grundlage für die **direkte** und **indirekte Lymphographie** (Röntgendarstellung des Lymphgefäßsystems). Bei der indirekten Lymphographie wird zunächst ein Farbstoff (Patentblauviolett) ins Interstitium injiziert. Die Farbpartikel (Durchmesser ca. 0,1 μm) gelangen über die „open junctions" in die Lymphkapillaren und markieren diese sowie die proximal folgenden Lymphgefäße samt Lymphknoten. Durch diese Markierung können die sonst unscheinbaren Lymphgefäße leichter für eine Injektion eines Röntgenkontrastmittels aufgefunden und punktiert werden. Bei der direkten Lymphographie wird ein geeignetes Röntgenkontrastmittel in das Lymphgefäß injiziert. Auf dem Röntgenbild sind dann die Lymphwege und evtl. vorhandene pathologische Unterbrechungen des Lymphflusses erkennbar (z. B. bei Lymphknotenveränderungen und bei Lymphangiopathia obliterans infolge degenerativ-dystrophischer Endothelveränderungen).

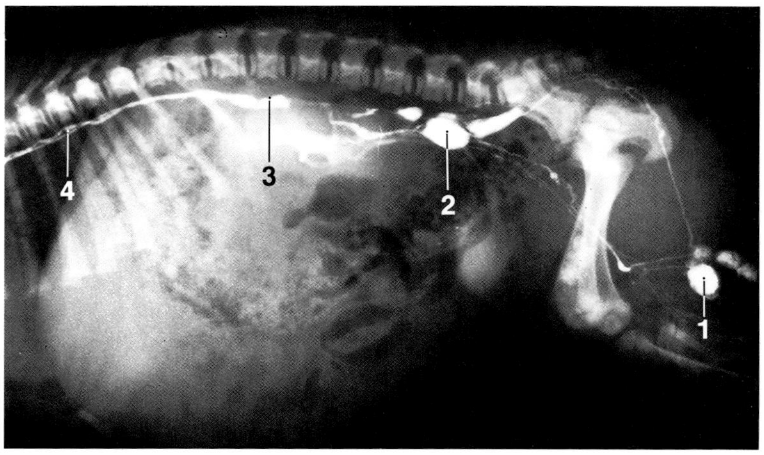

154.1 Lymphographie des Kaudalbereiches eines Welpen. 1 Lnn. poplitei; 2 Ln. iliacus medialis; 3 Cisterna chyli; 4 Ductus thoracicus. (Röntgenbild: Prof. Dr. D. Berens von Rautenfeld, Hannover).

154.2 Die **LYMPHKNOTEN** sind von medizinischer Bedeutung, da sie bei **Entzündungen** im Einzugsgebiet mitbetroffen sind. Daher sollte das Einzugsgebiet der Lymphknoten bekannt sein. Entzündete Lymphknoten sind dann vergrößert, schmerzhaft und vermehrt wärmeabstrahlend. Für die **klinische Diagnostik** ist wichtig, daß sie sich in diesem Zustand leichter palpieren lassen. Normalerweise sind nur die oberflächlichen Lymphknoten mehr oder weniger deutlich palpierbar. Mit dem Lymphfluß angeschwemmte bösartige Tumorzellen werden in den Lymphknoten aufgehalten und können Ausgangspunkt von **Tochtergeschwülsten (Metastasen)** sein.

154.3 Die **LYMPHOZYTEN** werden entsprechend ihrer Größe in kleine, mittlere und große Zellen unterteilt. Nach funktionellen Gesichtspunkten werden B- und T-Lymphozyten unterschieden, die allerdings nur mit Spezialmethoden morphologisch unterschieden werden können. **B-Lymphozyten** stammen aus dem Knochenmark und werden in der Bursa cloacae bzw. in äquivalenten Organen geprägt und in die Blutbahn sowie in die Lymphknoten entlassen. **B** steht für Bursa cloacae der Vögel. Das **Bursa-Äquivalent** der Säugetiere ist nicht genau bekannt bzw. nicht genau definiert. Nach vielen Autoren gehört das Knochenmark dazu, weshalb B in unkorrekter Weise auch für „Bone marrow" gebraucht wird. Die B-Lymphozyten sind für die **humorale Immunität** verantwortlich. Sie beruht auf der Fähigkeit der B-Lymphozyten, sich in Plasmazellen umzuwandeln, die Immunoglobuline (Antikörper) produzieren. Die **T-Lymphozyten** entstehen im Knochenmark, differenzieren sich im Thymus (**T** steht für Thymus) und werden danach in die thymusabhängigen Areale der Lymphknoten (Paracortex) und der Milz entlassen. Nach funktionellen Gesichtspunkten werden Helfer-, Killer-, Suppressor- und Gedächtniszellen unterschieden. Die kurzlebigen (wenige Tage lebenden)

Killerzellen sind für die zelluläre Immunität verantwortlich. Sie töten Zellen (z. B. Bakterien oder transplantierte Zellen – Transplantatabstoßung) und gehen dabei selbst zugrunde (Eiterbildung). Die **Helferzellen** regulieren die Transformation von B-Lymphozyten zu Plasmazellen und kontrollieren damit die humorale Immunität. **Suppressorzellen** wirken hemmend auf Killer- und Helferzellen und verhindern dadurch überschießende Immunreaktionen. Die langlebigen (mehrere Jahre lebenden) **Gedächtniszellen** sind dafür verantwortlich, daß das Abwehrsystem bei einer wiederholten Konfrontation mit einem spezifischen Antigen rasch mit einer sekundären Immunantwort reagieren kann.

ANATOMISCHER WORTSCHATZ

Termini generales (unter teilweiser Berücksichtigung der Etymologie)

a-, an-, ar-, gr. – Vorsilbe, die eine Verneinung bezeichnet oder ein Nichtvorhandensein
ab-, lat. – entfernt von, weg von
abaxialis, -e, lat. – weg von der Achse
abdomen, -inis, n., lat. – der Bauch
abdominalis, -e, lat. – zum Bauch gehörig
abducens, -entis, lat. – wegführend, abziehend
abductor, -oris, m., lat. – der Wegführer
accelerans, -antis, lat. – beschleunigend
accessorius, -a, -um, lat. – hinzukommend
accomodare, lat. – anpassen
acetabulum, -i, n., lat. – die Pfanne des Hüftgelenks, wörtlich: Essigschälchen
acinus, -i, m., lat. – die Weinbeere, beerenförmiges Endstück einer serösen Drüse
acromion, -mii, n., gr. – Gräteneck an der Spina scapulae
acropodium, -i, n., gr. – äußerstes Gliedmaßenende, pus, podos = Fuß
acusticus, -a, -um, gr. – das Gehör betreffend, hörbar
acutus, -a, -um, lat. – scharf, spitz
ad-, lat. – an, bei zu
adductor, -oris, m., lat. – der Heranführer
adeno-, gr. – Bestimmungswort in Zusammensetzungen mit der Bedeutung: Drüse = aden
adhaesio, -onis, f., lat. – das Anhaften
adiposus, -a, -um, lat. – fettreich
adultus, -a, -um, lat. – erwachsen
adventitia, -ae, f., lat. – das (hinzukommende) Bindegewebe
afferens, -entis, lat. – heranbringend
ala, -ae, f., lat. – der Flügel
alaris, -e, lat. – zum Flügel gehörig
albicans, -antis, lat. – weißlich schimmernd
albugineus, -a, -um, lat, – weißlich
albus, -a, -um, lat. – weiß
alveolaris, -e, lat. – zum Alveolus gehörig
alveolus, -i, m., lat, – die kleine Mulde
amphi-, gr. – Vorsilbe, mit der Bedeutung: um, herum
amphiarthrosis, -is, f., gr. – das straffe Gelenk
ampulla, -ae, f., lat. – kolbenartige Erweiterung
amputatio, -onis, f., lat. – das Abschneiden
amygdaloideus, -ea, -eum, gr. – mandelähnlich
analis, -e, lat. zum After gehörig
anastomosis, -is, f., gr. – das Ineinandermünden, ana = auf, stoma = Mund
anconaeus, -a, -um, gr. – zum Ellenbogen gehörig, ankon = Krümmung der Ellenbogen
andro-, gr. – Bestimmungswort in Zusammensetzungen mit der Bedeutung: Mann, männlich, aner, andros
angina, -ae, f., lat. – das Beklemmungsgefühl, entzündliche Schwellung des lymphatischen Rachenringes
angio-, gr. – Bestimmungswort in Zusammensetzungen mit der Bedeutung: Gefäß, Blutgefäß = angeion
angulus, -i, m., lat. – der Winkel, die Ecke
ankylosis, -is, f., gr. – die Versteifung eines Gelenks, die Krümmung
anomalia, f., gr. – Abweichung von der Regel (anomalos - uneben, von der Regel abweichend)
ansa, -ae, f., lat. – die Schlinge, der Henkel
antebrachium, -ii, n., lat. – der Unterarm, wörtlich: Vorderarm
anterior, -oris, n., lat. – der vordere
anthracosis, -osis, f., gr. – die Ablagerung von Kohlenstaub in Organen
anti-, gr. – gegen, anstatt
antrum, -i, lat. – die Höhle, die Grotte
anulus, -i, m., lat. – kleiner Ring
anus, -i, m., lat. – der Ring, der After
aorta, -ae, f., gr. – die große Körperschlagader, ursprünglich: Bronchen, aeirein = heben
apertura, -ae, f., lat. – die Öffnung
apex, -icis, m., lat. – die Spitze
apicalis, -e, lat. – zur Spitze gehörig
apokrin, gr. – mit dem Sekret wird ein Teil der Zelle abgestoßen, apokrinein = absondern
aponeurosis, -is, f., lat. – die flächenhafte Sehne
apophysis, -is, f., lat. – der Auswuchs (am Knochen)
apparatus, us, m., lat. – der Apparat
applicare, lat. – verwenden, verabreichen
apportare, lat. – herbeitragen
aquaeductus, -us, m., lat. – die Wasserleitung
arachnoidalis, -e, gr. – zur Spinnwebenhaut gehörig
arachnoidea, -ae, f., gr. – die Spinnwebenhaut des Gehirns und Rückenmarks
arcualis, -e, lat. – zum Bogen gehörig
arcuatus, -a, -um, lat. – bogenförmig, gebogen
arcus, -us, m., lat. – der Bogen
area, -ae, f., lat. – der Bezirk, das Feld
arrector, -oris, m., lat. – der Aufrichter
arteria, -ae, f., gr., lat. – die Schlag- oder Pulsader, aer = Luft, terein = enthalten
arteriosus, -a, -um, lat, – zur Arterie gehörig
arthrosis, -is, f., gr. – die degenerative Gelenkveränderung
articularis, -e, lat. – zum Gelenk gehörig
articulatio, -onis, f., lat. – das Gelenk, die gelenkartige Verbindung
articulus, -i, m., lat. – das Gelenk
arytaenoideus, -a, -um, gr. – gießkannenähnlich
ascendens, -entis, lat. – ansteigend
ascensus, -us, m., lat. – der Anstieg, der Aufstieg
ascites, -ae, m., gr. – die Bauchwassersucht, askos = Schlauch
asper, -era, -erum, lat. – rauh
aspiratio, -onis, lat. – Anhauchen, Anwehen, Einatmung, Ansaugung
asthenia, f., gr. – die Kraftlosigkeit, Schwäche
asthma, -atis, n., gr. – die Atemnot, die Kurzatmigkeit
astron, n., gr. – das Sternbild, der Stern
atlas, -antis, m., gr. – der Träger, der erste Halswirbel
atresia, -ae, f., gr. – das Fehlen einer natürlichen Öffnung, tresis = das Durchbohren
atrialis, -e, lat. – zur Vorkammer gehörig
atrium, -i, n., lat. – die (Herz-)Vorkammer
atrophia, -ae, f., gr. – der Schwund von Zellen, Geweben, trophe = Ernährung
auditivus, -a, -um, lat. – zum Hören oder zum Gehörorgan gehörig
auricula, -ae, f., lat. – das kleine Ohr, das Herzohr
auris, -is, f., lat. – das Ohr, das Gehörorgan
auscultare, lat. – lauschen, Abhören von Körpergeräuschen
autochthon, gr. – an Ort und Stelle entstanden
auto-, gr. – Bestimmungswort in Zusammensetzungen mit der Bedeutung: selbst, eigen
autonomicus, -a, -um, gr. – selbständig, eigengesetzlich, nomos = Gesetz
axialis, -e, lat. – zur Achse hin
axilla, -ae, f., lat. – die Achselhöhle
axillaris, -e, lat. – zur Achselhöhle gehörig
axis, axis, m., lat. – die Achse, der Zweite Halswirbel Dreher
axon, m., gr. – die (Wagen)achse, der axonale Fortsatz einer Nervenzelle = Neurit
azygos, gr. – unpaar, unbegleitet, zygon Joch
basalis, -e, gr. / basilaris, -e, gr. – an der Grundfläche eines Organs liegend, zum Sockel gehörig
basis, -is, f., gr. – das Fundament, der Sockel, der unterste Teil eines Körperteils
basipodium, -ii, n., gr. – die Fußwurzel
bi-, bis-, lat. – zwei-, doppelt, zweimal
biceps, -cipitis, lat. – zweiköpfig
bicipitalis, -e, lat. – zum Bizeps gehörig
bicuspidalis, -e, lat. – zweizipfelig
bifidus, -a, -um, lat. – in zwei Teile gespalten, zweigeteilt
bifurcatio, -onis, f., lat. – die Gabelung
bilifer, -era, -erum, lat. – galleführend
bilis, -is, f., lat. – die Galle
biventer, -era, -erum, lat. – zweibäuchig
-blast, gr. – Grundwort in Zusammensetzungen mit der Bedeutung: Bildungsgewebe, blastos = Keim
brachalis, -e, lat. – zum Arm gehörig
brachiocephalicus, -a, -um, lat. – zum Arm und Kopf gehörig
brachium, -ii, n., lat. – der Arm, Oberarm
brachy-, gr. – Bestimmungswort in Zusammensetzungen mit der Bedeutung: verkürzt, kurz, brachys = kurz
brevis, -e, lat. – kurz, klein
bronchalis, -e, gr. – zum Luftröhrenast gehörig
bronchus, -i, m., gr. – Luftröhrenast der Lunge
bucca, -ae, f., lat. – die Wange, d ie Backe
buccalis, -e, lat. – zur Wange gehörig
buccinator, -oris, m. – der Wangenmuskel, wörtlich: der Hornbläser
bulbus, -i' m., lat. – die Zwiebel, Anschwellung
bulla, -ae, f., lat. – die Kugel, die Blase
bursa, -ae, f., lat., gr. – der Beutel, die Kapsel, der Sack
caecum, -i, n., lat. – der Blinddarm, caecus = blind
caecus, -a, -um, lat. – blind, finster
calcaneus, -i, m., lat. – das Fersenbein
caliciformis, -e, lat. – becherförmig
caliculus, -i, m., lat. – der kleine Kelch (Deminutiv)
calix, -icis, m., lat. – der Becher, Kelch
callosus, -a, -um, lat. – reich an Schwielen

callus, -i, m., lat.	–	die Verhärtung, das Keimgewebe des Knochens, callum = Schwiele
calotte, f., fr.	–	das kleine Dach, das Käppchen
calvaria, -ae, f., lat.	–	die Hirnschale, das Schädeldach, calva = Schädel
calx, calcis, f., lat.	–	die Ferse
cambiare, lat.	–	wechseln, tauschen
camera, -ae, f., lat.	–	die Kammer
canaliculus, -i, m., lat.	–	der kleine Kanal
canalis, -is, m., lat.	–	der Kanal
caninus, -a, -um, lat.	–	zum Hundszahn gehörig
caninus, -i, m., lat.	–	Hundszahn
capillus, -i, m., lat.	–	das (Haupt-)Haar
capitulum, -i, n., lat.	–	das Köpfchen
capsula, -ae, f., lat.	–	die (kleine) Kapsel, capsa = Kapsel
caput, -itis, n., lat.	–	der Kopf
cardia, -ae, f., gr.	–	das Herz und der Magenmund
cardiacus, -a, -um, lat.	–	zum Herzen gehörig
caries, -ei, f., lat.	–	das Morschsein, die Fäulnis
carneus, -ea, -eum, lat.	–	fleischig
carotis, -idis, f., gr.	–	die Halsschlagader, eigentlich: die Kopfschlagader, kara = Kopf, karoein = betäuben
carpeus, -a, -um, lat.	–	zum Handgelenk gehörig
carpus, -i, m., gr.	–	die Handwurzel
cartilagineus, -a, -um, lat.	–	knorpelig
cartilago, -inis, f., lat.	–	der Knorpel
caruncula, -ae, f., lat.	–	das Fleischwärzchen, caro = Fleisch
castrare, lat.	–	Zerschneiden, entmannen
castratio, -onis, f., lat,	–	die Entfernung der Keimdrüsen, castro = entmannen
cauda, -ae, f., lat.	–	der Schwanz
caudalis, -e, lat.	–	zum Schwanz hin bzw. gehörig
caudatus, -a, -um, lat.	–	geschwänzt
caverna, -ae, f., lat.	–	die Höhle
cavernosus, -a, -um, lat.	–	löchrig, höhlig
cavitas, -atis, f., lat.	–	die Höhlung, der Hohlraum
cavum, -i, n., lat.	–	der Hohlraum
cellula, -ae, f., lat.	–	die kleine Zelle
cementum, -i, n., lat.	–	das Zahnzement; das, die Zahnwurzel überziehende Knochengewebe
centralis, -e, lat., gr.	–	in der Mitte befindlich
centrum, -i, n., gr.	–	die Mitte
cephalica, ae, f., gr.	–	eigentlich: zum Kopf gehörig
cephalicus, -a, -um, lat.	–	zum Kopf gehörig, kephale = Kopf
cerato-,gr.	–	Bestimmungswort in Zusammensetzungen mit der Bedeutung: Horn = keras
cerebellum, -i, n., lat.	–	das Kleinhirn
cerebrum, -i, n., lat.	–	das Großhirn
cerumen, -inis, n., lat.	–	das Ohrenschmalz
ceruminosus, -a, -um, lat.	–	Ohrenschmalz produzierend
cervicalis, -e	–	zum Hals gehörig
cervix, -icis, f., lat.	–	der Hals, der Nacken
chiasma, -atis, n., gr.	–	die Kreuzung
choana, -ae, f., lat., gr.	–	der Trichter
choledochus, -a, -um, gr.	–	galleführend, chole = Galle, dechesthai = enthalten aufnehmen
chondro-, gr.	–	Bestimmungswort in Zusammensetzungen mit der Bedeutung: Knorpel
chondrosis, -is, f., gr.	–	die Knorpelbildung
chorda, -ae, f., gr.	–	der Strang, die Saite
chorioidea, -ae, f., gr.	–	die Aderhaut des Auges
chronos, -ni, m., gr.	–	die Zeit
chylus, -i, m., gr.	–	der Saft, die Lymphe
chymus, -i, m., gr.	–	der Saft, Bezeichnung für den angestauten Speisebrei des Magens
ciliaris, -e, lat.	–	zur Wimper gehörig
ciliatus, -a, -um, lat.	–	zilientragend
cilium, -ii, n., lat.	–	die Wimper,
cingulum, -i, n., lat.	–	der (Knochen-)Gürtel
circularis, -e, lat.	–	kreisförmig
circulus, -i, m., lat.	–	der kleine Kreis (Deminutiv)
circum, lat.	–	Bestimmungswort in Zusammensetzungen mit der Bedeutung: ringsherum
circumferentia, -ae, f., lat.	–	der Umkreis, ferre = tragen
circumflexa, -a, -um, lat.	–	(her-)umgebogen, kreisförmig, flectere = biegen
cisterna, -ae, f., lat.	–	die Zisterne, ursprünglich: unterirdische Grube zur Sammlung von Regenwasser
claustrum, -i, n., lat.	–	der Verschluß, der Riegel
clavicula, -ae, f., lat.	–	das Schlüsselbein, clavis = Schlüssel
clavicularis, -e, lat.	–	zum Schlüsselbein gehörig
cleido-, gr.	–	Bestimmungswort in Zusammen setzungen mit der Bedeutung: Schlüsselbein, kleis = Schlüssel
clitoris, -idis, f., gr.	–	der Kitzler
cloaca, -ae, f., lat.	–	die Gosse, der Abwasserkanal, gemeinsamer Ausführungsgang der Harn- und Geschlechtswege
clunis, -is, f., lat.	–	die Hinterbacke
coccygeus, -a, -um, gr.	–	zum Schwanz gehörig

coccyx, -igis, m., gr.	–	das Steißbein, der Schwanz, der Kuckuck
cochlea, -ae, f., lat.	–	die Schnecke
cochlearis, -e, lat.	–	zur Gehörschnecke des Innenohres gehörig
coeliacus, -a, -um, gr.	–	zur Leibeshöhle gehörig, koiliä Höhle
coeloma, -ata, n., gr.	–	die embryonale Leibeshöhle
colicus, -a, -um, lat. gr.	–	zum Grimmdarm gehörig
colla, -ae, f., gr.	–	der Leim
collagenosus, -a, -um, lat.	–	leimbildend, aus Kollagen bestehend
collapsus, -i, m., lat.	–	der Zusammenbruch
collateralis, -e, lat.	–	seitlich
colliculus, -i, m., lat.	–	das Hügelchen
collum, -i, n., lat.	–	der Hals
colon, -i, n., lat.	–	der Grimmdarm, weil Sitz der Kolikschmerzen
columna, -ae, f., lat.	–	die Säule
columnaris, -e, lat.	–	säulenförmig
com-, con-, lat.	–	Vorsilbe mit der Bedeutung: zusammen mit
commissura, -ae, f., lat.	–	die Verbindung
communicans, -antis, lat.	–	verbindend
communis, -e, lat.	–	gemeinsam
compactus, -a, -um, lat.	–	zusammengedrängt
complexus, -a, -um, lat.	–	zusammengefaßt
compositus, -a, -um, lat.	–	zusammengesetzt
compressio, -onis, f., lat.	–	das Zusammendrücken
concha, -ae, f., lat., gr.	–	die (Nasen-)Muschel
condylaris, -e, gr.	–	zum Gelenkfortsatz gehörig
condylus, -i, m., gr.	–	der Gelenkfortsatz, -beule, -höcker
congenitalis, -e, lat.	–	angeboren
conjugatus, -a, -um, lat.	–	verbunden, verknüpft
conjunctio, -onis, f., lat.	–	die Verbindung, Vereinigung
conjunctiva, -ae, f., lat	–	die Bindehaut des Auges
consecutio, -onis, f., lat.	–	die Folge, das Aufeinanderfolgen
constrictor, -oris, m., lat.	–	der Zusammenzieher
contactus, -a, -um, lat.	–	berührt
contortus, -a, -um, lat.	–	vielfach gewunden, gedreht
contractio, -onis, f., lat.	–	das Zusammenziehen, die Verkürzung
conus, -i, m., gr.	–	der Kegel
convolutus, -a, -um, lal.	–	gewunden
cor, cordis, n., lat.	–	das Herz
coracoideus, -a, -um, gr.	–	zum Rabenschnabelbein gehörig, korax = Rabe
corium, -ii, n., lat.	–	die Lederhaut
cornea, -ae, f., lat.	–	die Hornhaut des Auges
corneus, -a, -um, lat.	–	aus Horn
corniculatus, -a, -um, gr.	–	gehörnt
cornu, cornus, n., lat.	–	das Horn
corona, -ae, f., lat.	–	der Kranz, die Krone, das Gekrümmte
coronarius, -a, -um, lat.	–	zum Kranz gehörig
coronoideus, -a, -um, gr.	–	hakenähnlich
corpus, -oris, n., lat.	–	der Körper
corpusculum, -i, n., lat.	–	der kleine Körper (Deminutiv)
cortex, -icis, m., lat.	–	die Rinde
corticalis, -e, lat.	–	zur Rinde gehörig
costa, -ae, f., lat.	–	die Rippe
costalis, -e, lat.	–	zur Rippe gehörig
coxa, -ae, f., lat.	–	die Hüfte
cranialis, -e, lat. gr.	–	schädelwärts, zum Schädel gehörig
cranium, -ii, n., lat., gr.	–	der Schädel
crassus, -a, -um, lat.	–	dick
cremaster, -eris, m., gr.	–	der Aufhänger (für Hodenheber muskel), kremannynai = aufhängen
cribrosus, -a, -um, lat.	–	siebartig
cribrum, -i, n., lat.	–	das Sieb
crico-, gr.	–	Bestimmungswort in Zusammensetzungen mit der Bedeutung: Ring
cricoarytaenoideus, -a, -um, gr.	–	vom Ring- zum Gießkannenknorpel ziehend
cricoideus, -a, -um, lat., gr.	–	ringähnlich, krikos = Ring
cricothyreoideus, -a, -um, gr.	–	vom Ring- zum Schildknorpel ziehend
crista, -ae, f., lat.	–	die Leiste, der Kamm
cruralis, -e, lat.	–	zum anatom. Schenkel gehörig
crus, cruris, n., lat.	–	der (Unter-)Schenkel
crypta, -ae, f., gr.	–	die Einbuchtung, Grube, kryptein = verbergen
cubitus, -i, m., lat.	–	der Ellenbogen
cuneatus, -a, -um, lat.	–	keilförmig
cuneiformis, -e, lat.	–	keilförmig, cuneus = Keil
cunnus, -i, m., lat.	–	die weibliche Scham
cupula, -ae, f., lat.	–	die kleine Kuppel, cupa = Wölbung
curettage, f., frz.	–	die Ausschabung
curvatura, -ae, f., lat.	–	die Biegung, Krümmung
curvus, -a, -um, lat.	–	gekrümmt, gebogen
cuspis, -idis, f., lat.	–	der Zipfel
cutaneus, -a, -um, lat.	–	zur Haut gehörig

cuticula, -ae, f., lat.	– das Häutchen (Deminutiv)
cutis, -is, f., lat.	– die Haut
cyclicus, -a, -um, gr.	– kreisförmig
cysticus, -a, -um, lat., gr.	– zur Blase gehörig
cystis, -is, f., gr.	– die Blase
cyto, -cyt, gr.	– Bestimmungs- bzw. Grundwort in Zusammensetzungen mit der Bedeutung: Zelle
dartos, gr. (tunica dartos)	– abgehäutet (die Fleischhaut des Hodensackes)
de-, lat.	– Vorsilbe mit der Bedeutung: von, weg, heran
defaecatio, -onis, f., lat.	– die Stuhlentleerung
deferens, -entis, lat.	– herabführend
deferentialis, -e, lat.	– zum Ductus deferens gehörig
deformatio, -onis, f., lat.	– die Formabweichung, die Verunstaltung
degenerare, lat.	– ausarten, entarten
delabens, -entis, lat.	– herabrollend, herabgleitend
deltoideus, -a, um, lat., gr.	– deltaartig, -ähnlich, dreieckig
dendriticus, -a, -um, gr.	– verzweigt, baumartig
dendritum, -i, m., lat.	– der Baum
dens, dentis, m., lat.	– der Zahn
denticulatus, -a, -um, lat.	– mit kleinen Zähnen besetzt
dentin, n., lat., dtsch.	– Zahnbein
derma, -atis, n., gr.	– die Haut
descendens, -entis, lat.	– absteigend
descensus, -us, m., lat.	– der Abstieg
desmo-, gr.	– Bestimmungswort mit der Bedeutung: Band, Bindegewebe
dexter, -tra, -trum, lat.	– rechts, der rechte
diameter, -eris, m., f., gr.	– der Durchmesser
diaphragma, -atis, n., lat., gr.	– die Scheidewand, das Zwerchfell
diaphysis, -is, f., gr.	– der Schaft, das Mittelstück eines Röhrenknochens
diarthrosis, -is, f., lat., gr.	– das Gelenk, diarthroein = in Glieder zerlegen
diastasis, -is, f., gr.	– das Auseinanderstehen, die Spaltung
diastema, -atis, n., gr.	– der Zwischenraum, die natürliche Zahnlücke
diastole, f., gr.	– das Erschlaffen des Herzkammermuskels
diencephalon, -i, n., gr.	– das Zwischenhirn
digastricus, -a, -um, gr.	– zweibäuchig
digestorius, -a, -um, lat.	– der Verdauung dienend
digitalis, -e, lat.	– zum Finger gehörig
digitus, -i, m., lat.	– der Finger, die Zehe
dilatator, -oris, m., lat.	– der Erweiterer
diploë, f., gr.	– die doppelte Tafel des Schädeldaches mit dazwischengelegener spongiöser Substanz
diploicus, -a, -um, gr.	– zur Diploë gehörig
dis-, lat.	– eine Trennung bezeichnend, auseinander, ver-, zer-, entzwei
discus, -i, m., lat., gr.	– die Scheibe, die Platte
dislocatio, -onis, f., lat.	– die Veränderung der normalen Lage
dissecare, lat.	– zerschneiden, durchtrennen
disseminatus, -a, -um, lat.	– ausgebreitet, verteilt
distalis, -e, lat.	– weiter vom Rumpf entfernt
distractio, -onis, f., lat.	– die Trennung, das Auseinanderziehen
diverticulum, -i, n., lat.	– die Aussackung, die Ausbuchtung
dorsalis, -e, lat.	– zum Rücken gehörig, rückenwärts
dorsum, -i, n., lat.	– der Rücken
drainage, f., frz.	– die Ableitung einer Flüssigkeitsansammlung
dromos, -mi, m., gr.	– der Lauf
ductus, -us, m., lat.	– der Gang, der Leiter
duodenalis, -e, lat.	– zum Zwölffingerdarm gehörig
duodenum, -i, n., lat.	– der Zwölffingerdarm
duralis, -e, lat.	– zur harten Hirnhaut gehörig
durus, -a, -um, lat.	– hart
dys-, gr.	– Vorsilbe mit der Bedeutung: fehlerhaft
dysplasia, -ae, f., gr.	– die Fehlentwicklung, die Fehlbildung, plassein = bilden
dyspnoe, f., gr.	– die Kurzatmigkeit, Atemnot
dystrophia, -ae, f., gr.	– die Fehlernährung, trophe = Ernährung
e-, ek-, ex-, lat., gr.	– Vorsilbe mit der Bedeutung: aus, heraus
ecto-, gr., lat.	– außen, außerhalb, ektos = außen
ectopia, -ae, f., gr.	– Organverlagerung nach außen (z. B. des Herzens)
ectropium, -ii, n., lat., gr.	– die Auswärtskehrung, die Umstülpung des freien Lidrandes
efferens, -entis, lat.	– abführend, herausführend
ejaculatio, -onis, f., lat.	– das Herausschleudern
ejaculatorius, -a, -um, lat.	– dem Herausschleudern dienend
ellipsoideus, -ea, -eum, lat.	– ellipsenähnlich
embryonalis, -e, gr.	– zum Keimling gehörig
eminentia, -ae, f., lat.	– die Erhöhung, das Hervorragende
emissarius, -a, -um, lat.	– entleerend, ausstoßend
emphysema, -atis, f., gr.	– die Luftansammlung im Gewebe, emphyein = einblasen
empyema, -atis, n., gr.	– Eiteransammlung in vorgebildeten Körperhöhlen, pyon = Eiter
emulsion, f., lat., dtsch.	– feine kolloidale Verteilung eines unlöslichen Stoffes in Flüssigkeit
en-, gr.	– innerhalb, hinein
enamelum, -i, n., engl., lat.	– Emaille, die Glasur, der Zahnschmelz
enarthrosis, -is, f., gr.	– das Nußgelenk
encephalon, -i, n., gr.	– das Gehirn
endocardium, -ii, n., gr.	– die Innenauskleidung des Herzens
endon, gr.	– innen
endo-, ento-, gr.	– innen, inwendig
endokrin, gr., dtsch.	– nach innen absondernd, bei Drüsenzellen in die Blutbahn
enteron, -ri, n., gr.	– das Eingeweide, der Darm
entropium, -ii, n., gr.	– die Einwärtskehrung, die Einstülpung des freien Lidrandes
ependyma, -atis, n., gr.	– die Auskleidung der Hirnventrikel und des Zentralkanals
epi-, gr.	– auf, darauf, zu, über
epicardium, -ii, n., gr.	– der (seröse) Überzug des Herzens
epicondylus, -i, m., lat., gr.	– der auf dem Condylus liegende Fortsatz, kondylos = Gelenkfortsatz
epidermis, -idis, f., gr.	– die Oberhaut, derma = Haut
epididymis, -idis, f., gr.	– der Nebenhoden, didymo Zwilling
epiduralis, -e, lat., gr.	– auf der Dura (mater) gelegen
epigastricus, -a, -um, lat., gr.	– auf dem Bauche oder dem Magen befindlich; wird für die kraniale Bauchgegend gebraucht
epiglotticus, -a, -um, gr.	– zum Kehldeckel gehörig
epiglottis, -idis, f., gr.	– der Kehldeckel
epineurium, -ii, n., gr.	– bindegewebige Umhüllung der peripheren Nerven
epiphysis, -is, f., gr.	– das Daraufgewachsene; die Enden der Röhrenknochen und die Zirbeldrüse, physis = Wachstum
epiploicus, -a, -um, gr.	– zum Netz gehörig
epiploon, -oi, n., gr.	– das Netz, „das auf den Eingeweiden Schwimmende“
epision, -ii, n., gr.	– die Schamgegend, der Damm
epistropheus, -ei, m., gr.	– der Umdreher, für den zweiten Halswirbel
epithelialis, -e, gr.	– zum Deckgewebe gehörig
epitheloid, gr., dtsch.	– epithelähnlich
equinus, -a, -um, lat.	– zum Pferde gehörig
erector, -oris, m., lat.	– der Aufrichter
erigere, lat.	– aufrichten, anschwellen
ethmo-, gr.	– Bestimmungswort in Zusammensetzungen mit der Bedeutung: Sieb, Siebbein
ethmoidalis, -e, und ethmoides, gr.	– siebähnlich
excavatio, -onis, f., lat.	– die Aushöhlung
excisio, -onis, f., lat.	– das Ausschneiden, das Herausschneiden
excretorius, -a, -um, lat.	– ausscheidend, nach außen absondern
exo-, gr,	– außen, außerhalb, nach außen gerichtet
exokrin, gr.	– nach außen absondernd durch einen Ausführungsgang
exspiratio, -onis, f., lat.	– die Ausatmung
exstirpare, lat.	– ausrotten, ausschneiden, entfernen
extensor, -oris, m., lat.	– der Strecker
extensorius, -a, -um	– zum Strecker gehörig
externus, -a, -um, lat.	– außenliegend, außerhalb
extra-, lat.	– Bestimmungswort in Zusammensetzungen mit der Bedeutung: außerhalb von etwas
extremitas, -atis, f., lat.	– die Gliedmaße, eigentlich: Äußerste
facialis, -e, lat.	– zum Gesicht gehörig
facies, -iei, f., lat.	– das Äußere, das Aussehen, das Gesicht
falciformis, -e, lat.	– sichelförmig
falx, -cis, f., lat.	– die Sichel
fascia, -ae, f., lat.	– wörtlich: die (Muskel-) Binde
fasciculus, -i, m., lat.	– das kleine Bündel (von Muskel oder Nervenfasern)
fauces, -ium, f., pl“ lat.	– der Schlund, enger Eingang
fel, fellis, n., lat.	– die Galle(nblase)
felleus, -a, -um, lat.	– gallig
femininus, -a, -um, lat.	– weiblich
femoralis, -e, lat.	– zum Oberschenkel gehörig
femur, -oris, n., lat.	– der Oberschenkel(knochen)
fenestra, -ae, f., lat.	– das Fenster
fetus, -us, m., lat.	– das Gezeugte, die Leibesfrucht
fibra, -ae, f., lat.	– die Faser
fibrosus, -a, -um, lat.	– faserig
fibula, -ae, f., lat.	– die Spange, das Wadenbein
fibularis, -e, lat.	– zum Wadenbein gehörig
filiformis, -e, lat.	– fadenförmig
filum, -i, n., lat.	– der Faden
fimbria, -ae, f., lat.	– die Franse

fissura, -ae, f., lat. – die Spalte, der Einschnitt
fistula, -ae, f., lat. – die Röhre, röhrenförmiges Geschwür
fixatio, -onis, f., lat. – die Befestigung
flavus, -a, -um, lat. – gelb
flexor, -oris, m., lat. – der Beuger
flexorius, -a, -um, lat. – zum Beuger gehörig
flexura, -ae, f., lat. – die Biegung
flocculus, -i, m., lat. – die kleine Flocke
fluctuare, lat. – hin und her wogen; sich unruhig bewegen
foliatus, -a, -um – blattartig
folium, -ii, n., lat. – das Blatt
follicularis, -e, lat. – zum Bläschen gehörig, bläschen-, schlauchähnlich
folliculus, -i, m., lat. – das Säckchen, das Bläschen
fontanella, f., ital. – die kleine Quelle
foramen, -inis, n., lat. – das Loch, die Öffnung
formatio, -onis, f., lat. – die Bildung, die Anordnung
fornix, -icis, m., lat. – das Gewölbe
fossa, -ae, f., lat. – der Graben, (Grube)
fovea, -ae, f., lat. – die (rundliche) Grube
fractur, lat., dtsch. – der Bruch
frenulum, -i, n., lat. – das Bändchen
frons, frontis, f., lat. – die Stirn
frontales, -e, lat. – zur Stirn gehörig
fundamentalis, -e, lat. – zum Grund gehörig
fundus, -i, m., lat. – der Boden, der Grund
fungiformis, -e, lat. – pilzförmig, fungus = Pilz
funiculus, -i, m., lat. – das dünne Seil, der kleine Strang
fusiformis, -e, lat. – spindelförmig (fusus die Spindel)

galea, -ae, f., lat. – der Helm, die Haube
gallus, -i, m., lat. – der Hahn
ganglion, -ii, n., gr. – der (Nerven-)Knoten
gaster, gastris, f., gr. – der Magen, der Bauch
gastricus, -a, -um, gr. – zum Magen gehörig
gastrocnemius, -i, m., gr. – der bauchige Wadenmuskel, kneme = Wade
gemellus, -i, m., lat. – der Zwilling
-gen, gr. – Grundwort in Zusammensetzungen mit der Bedeutung: bildend
genesis, -is, f., gr. – die Erzeugung, die Entstehung
geniculatus, -a, -um, lat. – knieähnlich
genioglossus, -a, -um, gr. – vom Kinn zur Zunge verlaufend
geniohyoideus, -a, -um, gr. – vom Kinn zum Zungenbein verlaufend
genitalis, -e, gr. – zu den Geschlechtsorganen gehörig
genitofemoralis, -e, gr., lat. – zu den Geschlechtsorganen und zum Oberschenkel gehörig
genu, -us, n., lat. – das Knie
glandula, -ae, f., lat. – die Drüse
glans, glandis, f., lat. – die Eichel
glenoidalis, -e, gr. – zur flachen Gelenkgrube gehörig
glia, -ae, f., gr – der Leim, das Stützgewebe des ZNS
globus, -i, m., lat. – die Kugel, der Kloß
glomeriformis, -e, lat. – geknäuelt
glomerulosus, -a, -um, lat. – geknäuelt
glomerulum, -i, n., lat. – in der Niere
glomerulus, -i, m., lat. oder – das kleine Knäuel, das Gefäßknäuel
glomus, glomeris, n., lat. – das Knäuel
glossa, -ae, f., gr. – die Zunge
glottis, -idis, f., gr. – Stimmapparat, eigentlich: Mundstück der Flöte
glutaeus, -aea, -aeum, gr. – zum Gesäß gehörig
glyco-, lat., gr. – Bestimmungswort in Zusammensetzungen mit der Bedeutung: süßlich, Zucker
gomphosis, -is, f., gr. – die Einzapfung, die keilförmige Befestigung, gomphos = Zahn
gracilis, -e, lat. – dünn, zierlich, schlank
granulatio, -onis, f., lat. – Körnelung, körnige Wärzchen
granulosus, -a, -um, lat. – gekörnt, Körner-
-graphie, gr. – Grundwort in Zusammensetzungen mit der Bedeutung: Aufzeichnung (röntgenologische Darstellung), graphein = zeichnen
graviditas, -atis, f., lat. – die Schwangerschaft
gravis, -ve, lat. – schwer, beschwerlich
griseus, -a, -um, lat. – grau
gustatorius, -a, -um, lat. – dem Schmecken dienend
gustus, -us, m., lat. – das Kosten, der Geschmack
gyrus, -i, m., lat., gr. – der Kreis, die (Gehirn-)Windung

haemalis, -e, gr. – Blut(gefäße) bergend, haima = Blut
haemarthros, -osis, f., gr. – der Bluterguß in einem Gelenk
haematoma, -atis, n., gr. – der Bluterguß
hallux, -icis, m., lat. – die große Zehe
hamatus, -a, -um, lat. – hakenförmig
hamulus, -i, m., lat. – der kleine Haken
helix, icis, f., lat., gr. – die Windung, das Schneckengewinde, die Ohrkrempe
hemi-, gr. – Bestimmungswort in Zusammensetzungen mit der Bedeutung: halb, zur Hälfte
hemisphaerium, -ii, n., lat., gr. – die Halbkugel, die linke oder rechte Hälfte des Groß- und Kleinhirns, sphaira = Kugel
hepar, -atis, n., lat., gr. – die Leber
hepaticus, -a, -um, lat., gr. – zur Leber gehörig
hereditarius, -a, -um, lat. – erblich, ererbt
hernia, -ae, f., lat., gr. – der Bruch, der Vorfall
hetero-,gr. – Bestimmungswort in Zusammensetzungen mit der Bedeutung: ungleich, verschieden
hiatus, -us, m., lat. – die Öffnung
hilus, -i, m., lat., korrekt: hilum – etwas Geringes, ein kleiner Einschnitt (der Ort des Gefäßeintritts)
hippocampus, -pi, m., lat., gr. – Ammonshorn, der Wulst im Seitenventrikel, hippokampos = Seepferdchen
homo-, gr. – gleichartig, homos = gleich
homolog, gr., dtsch. – übereinstimmend, entsprechend
horizontalis, -e, gr. – parallel zum Horizont, waagerecht
humeralis, -e, lat. – zum Oberarm(knochen) gehörig
humerus, -i, m., lat. – der Oberarm(knochen)
hyalo-, gr. – Bestimmungswort in Zusammensetzungen mit der Bedeutung: durchsichtig, glasartig
hydro-, gr. – Bestimmungswort in Zusammensetzungen mit der Bedeutung: Wasser, wässrig
hyo-, gr. – Bestimmungswort in Zusammensetzungen mit der Bedeutung: Zungenbein
hyoglossus, -a, -um, gr. – vom Zungenbein zur Zunge ziehend
hyoideus, -a, -um, gr. – zum Zungenbein gehörig
hyopharyngeus, -a, -um, gr. – vom Zungenbein zum Schlund ziehend
hyper-, gr. – Vorsilbe mit der Bedeutung: über, übermäßig
hyperplasia, -ae, f., gr. – die Größenzunahme eines Organes durch Zellvermehrung, plassein = bilden
hypertrophia, -ae, f., gr. – Größenzunahme eines Organs durch Zellwachstum
hypo-, gr. – Vorsilbe mit der Bedeutung: unter
hypogastricus, -a, -um, lat., gr. – unter dem Magen bzw. Bauch gelegen
hypoglossus, -a, -um, gr. – unter der Zunge gelegen
hypophysis, -is, f., gr. – Gehirnanhangsdrüse, das unten Gewachsene
hypothalamus, -i, m., gr. – der unter dem Thalamus gelegene Gehirnteil, eigentlich: Unterschlafgemach

ikterus, -i, m., gr. – die Gelbsucht, eigentlich: der gelbe Vogel, Pirol
ileum, -ei, n., gr. – der Krumdarm (Hüftdarm), eilein = krümmen
ileus, -ei, m., gr. – der Darmverschluß
ilia, -ium, n., pl., lat. – die Weichen, die Gedärme
iliacus, -a, -um, lat. und – zur Weiche oder zum Darmbein gehörig
ilicus, -a, -um, lat.
imbibere, lat. – einsaugen, Gewebe mit Flüssigkeit durchtränken
impar, -aris, lat. – ungleich, ungerade
impressio, -onis, f., lat. – der Eindruck
in-, lat. – Vorsilbe mit der Bedeutung: ein, hinein
incisivus, -a, -um, lat. – zum Schneiden geeignet
incisura, -ae, f., lat. – der Einschnitt
incontinentia, -ae, f., lat. – die Unenthaltsamkeit; das Unvermögen, Harn und Kot zurückzuhalten
incus, -udis, f., lat. – der Amboß
index, -icis, m., lat. – der Zeigefinger, der Anzeiger
inducere, lat. – einführen, einleiten, hineinführen
inferior,-ius, Gen.: -oris – weiter unten gelegen, unterer (Komparativ), lat.
infra-, lat. – Bestimmungswort in Zusammensetzungen mit der Bedeutung: unterhalb von
infraspinatus, -a, -um, lat. – unterhalb der Schulterblattgräte gelegen
infundibulum, -i, n., lat. – der Trichter
inguen, -inis, n., lat. – die Leiste
inguinalis, -e, lat. – zur Leistengegend gehörig
injectus, -a, -um, lat. – hineingeworfen, eingeflößt
inscriptio, -onis, f., lat. – die Einschreibung, die Inschrift
insertio, -onis, f., lat. – die Ansatzstelle (eines Muskels)
inspiratio, -onis, f., lat. – die Einatmung
insufficientia, -ae, f., lat. – das Unvermögen, die Funktionsschwäche
insultus, -a, -um, lat. – angefallen, verletzt
integer, -gra, -grum, lat. – unversehrt, unbeschädigt
integumentum, -i, n., lat. – die Bedeckung, die Hülle, die Haut

inter-, lat.	– Vorsilbe mit der Bedeutung: zwischen
intercalatus, -a, -um, lat.	– zwischengeschaltet
intercellularis, -e, lat.	– zwischen den Zellen
intermedius, -a, -um, lat.	– in der Mitte zwischen anderen gelegen
internus, -a, -um, lat.	– innerer, innen
intersectio, -onis, f., lat.	– der Einschnitt
interstitium, -ii, n., lat.	– das Zwischengewebe
intestinalis, -e, lat.	– zu den Eingeweiden gehörig
intestinum, -i, n., lat.	– das Eingeweide, die Gedärme, der Darm
intimus, -a, -um, lat.	– der Innerste
intra-,lat.	– Vorsilbe mit der Bedeutung: innerhalb von
intumescentia, -ae, f., lat.	– die Anschwellung
involutio, -onis, f., lat.	– die physiologische Rückbildung eines Organes
iris, -idis, f., lat.	– die Regenbogenhaut, Iris
irregulare, lat.	– ungerichtet, unnormal
irritare, lat.	– reizen
ischiadicus, -a, -um, gr.	– zum Sitzbein gehörig
ischium, -ii, n., gr.	– das Sitzbein
isthmus, -mi, m., gr.	– der Engpaß
-itis, -itidis, f., lat.	– Endung zur Bezeichnung von Entzündungskrankheiten
jejunum, -i, n., lat.	– der Leerdarm
jugularis, -e, lat.	– zur Drosselrinne bzw. Drosselvene gehörig
jugulum, -i, n., lat.	– die Höhlung, die Kehle
jugum, -i, n., lat.	– das Joch
junctio, -onis, f., lat.	– die Verbindung
junctura, -ae, f., lat.	– die Verbindung (zwischen benachbarten Knochen)
juvenilis, -le, lat.	– jugendlich
juxta-, lat.	– Vorsilbe: nahe bei, daneben
-klast, gr.	– Grundwort in Zusammensetzungen mit der Bedeutung: auflösende Zelle, klaein = zerbrechen
kopros, f., gr.	– der Schmutz, Kot
-krinein, gr.	– Grundwort in Zusammensetzungen mit der Bedeutung: abscheiden, absondern
kryptos, gr.	– verborgen, versteckt, kryptein = verbergen
kyphosis, -is, f., gr.	– die konvexe Dorsalbiegung der Wirbelsäule, kyphos = gebückt
labium, -ii, n., lat.	– die Lippe
labrum, -i, n., lat.	– die Lippe, die Lefze
labyrinthus, -i, m., gr.	– Irrgarten, der vielfach verschlungene Irrweg
lacrima, -ae, f., lat.	– die Träne
lacrimalis, -e, lat.	– zu den Tränen gehörig
lactifer, -a, -um, lat.	– milchführend
lacuna, -ae, f., lat.	– die Vertiefung, die Einbuchtung
lacus, -us, m., lat.	– der See
lamella, -ae, f., lat.	– das Plättchen
lamellosus, -a, -um, lat.	– reich an Plättchen
lamina, -ae,f., lat.	– das Blatt
laneus, -a, -um, lat.	– aus Wolle
laryngeus, -a, -um, lat.	– zum Kehlkopf gehörig
larynx, -yngis, m., lat., gr.	– die Kehle, der Kehlkopf, larynein = gurren
lateralis, -e, lat.	– seitlich
latus, -eris, n., lat.	– die Seite
latissimus, -a, -um, lat. (Superlativ)	– der breiteste
latus, -a, -um, lat.	– breit
lemma, n., gr.	– die Scheide, Hülle
lens, -tis, f., lat.	– Linse
lentiformis, -e, lat.	– linsenförmig
leptos,gr.	– weich, dünn
leptomeninx, -ingis, f., gr.	– die weiche Hirnhaut
levator, -oris, m., lat.	– der Heber, levare = heben
liber, -bera, -berum, lat.	– frei
lien, -enis, m., lat.	– die Milz
lienalis, -e	– zur Milz gehörig
ligamentum, -i, n., lat.	– das Band
limbicus, -a, -um, lat.	– zum Saum gehörig
limbus, -i, m., lat.	– der Saum
limen, -inis, n., lat.	– die Schwelle, der Grenzwall
linea, -ae, f., lat.	– die Linie
lingua, -ae, f., lat.	– die Zunge
lingualis, -e, lat.	– zur Zunge gehörig
liquor, -oris, m., lat.	– die Flüssigkeit
lobaris, -e, m., gr.	– zum Lappen gehörig
lobus, -i, m., gr.	– der Lappen
longissimus, -a, -um, lat. (Superlativ)	– der längste
longitudinalis, -e, lat.	– längs gerichtet
longus, -a, -um, lat.	– lang
lordosis, -is, f., gr.	– Ventralbiegung der Wirbelsäule
lucidus, -a, -um, lat.	– hell, leuchtend
lumbalis, -e, lat.	– zur Lende gehörig
lumbricalis, -e, lat.	– wie ein Regenwurm aussehend, wurmähnlich
lumbus, -i, m., lat.	– die Lende
lumen, -inis, n., lat.	– das Licht, die lichte Weite
lupinus, -i, m., lat.	– Wolfszahn, vom Wolfe
luteus, -a, -um, lat.	– gelb
luxatio, -onis, f., gr.	– die Verrenkung, die Verschiebung, loxos = schief
lympha, -ae, f., lat. gr.	– die Lymphe, die Gewebsflüssigkeit
lymphaticus, -a, -um, lat.	– zur Lymphe gehörig, lymphatisch
lymphonodulus, -i, m., lat.	– das Lymphknötchen (Deminutiv)
lymphonodus, -i, m., lat.	– der Lymphknoten
lysis, -is, f., gr.	– die Auflösung
macro-, gr.	– Bestimmungswort in Zusammensetzungen mit der Bedeutung: groß
macula, -ae, f., lat.	– der Fleck
magnus, -a, -um, lat.	– groß
major, majus, Gen. majoris (Komparativ)	– größer
malaris, -e, lat.	– zur Wange gehörig
malleolus, -i, m., lat.	– das Hämmerchen, der Knöchel
malleus, -i, m., lat.	– der Hammer
mamma, -ae, f., lat.	– die Milchdrüse
mammarius, -a, -um, lat.	– zur Milchdrüse gehörig
mamillaris, -e, lat.	– brustwarzenähnlich
mandibula, -ae, f., lat.	– der Unterkiefer, mandare = kauen
mandibularis, -e, lat.	– zum Unterkiefer gehörig
manica, -ae, f., lat.	– der Ärmel, die Manschette, die Handfessel
manubrium, -ii, n., lat.	– der Handgriff
manus, -us, f., lat.	– die Hand
margo, -inis, m., f., lat.	– der Rand
masculinus, -a, -um, lat.	– männlich
masseter, -eris, m., lat., gr.	– der Kaumuskel, massaesthai = kauen
massetericus, -a, -um	– zum Kaumuskel gehörig
masticatorius, -a, -um, lat.	– zum Kauen dienend
mastoideus, -a, -um, gr.	– zum Warzenfortsatz des Schläfenbeins gehörend, warzenähnlich
mater, -tris, f., lat.	– die Mutter
maturus, -a, -um, lat.	– reif, erwachsen
maxilla, -ae, f., lat.	– der Oberkiefer
maxillaris, -e, lat.	– zum Oberkiefer gehörig
maximus, -a, -um (Superlativ)	– der größte . . .
meatus, -us, m., lat.	– der Gang
mechanicus, -a, -um, lat., gr.	– mechanisch
medialis, -e, lat.	– zur Mitte hin gelegen
mediana, arab.	– A. mediana = die Ader des Madjan
medianus, -a, -um, lat.	– in der Mitte liegend
mediastinum, -i, n., lat.	– das Mittelfell
medius, -a, -um	– in der Mitte gelegen
medulla, -ae, f., lat.	– das Mark
medullaris, -e, lat.	– zum Mark gehörig
mega-, gr.	– Bestimmungswort in Zusammensetzungen mit der Bedeutung: groß, weit megas = groß
membrana, -ae, f., lat.	– die zarte Haut, das Häutchen
membranaceus, -a, -um, lat.	– häutig
membranosus, -a, -um, lat.	– häutig
membrum, -i, n., lat.	– das Glied
meninx, -ingis, f., lat., gr.	– die Gehirnhaut
meniscus, -ei, m., gr.	– der Halbmond, meniskos = kleiner Mond, c-förmiger Zwischenknorpel im Kniegelenk
mentalis, -e, lat.	– zum Kinn gehörig
mentum, -i, n., lat.	– das Kinn
meros, n., gr.	– das Teil, das Stück
mesencephalon, -i, n., gr.	– das Mittelhirn
mesenchym, n., gr., dtsch.	– das embryonale Bindegewebe, mesos = mitten, cheein = gießen
mesenterium, -ii, n., gr.	– das Darmgekröse, s. a. meso-
mesialis, -e, gr.	– zur Mitte hin gelegen
meso-, gr.	– Vorsilbe in Zusammensetzungen mit der Bedeutung: mitten, zwischen, Gekröse
mesothelium, -ii, n., gr.	– die Deckzellschicht der serösen Häute
meta-, gr.	– hernach, nach (räumlich und zeitlich)
metacarpeus, -a, -um, lat.	– zur Mittelhand gehörig
metacarpus, -i, m., gr.	– die Mittelhand, nach dem carpus
metanephros, -phri, n., gr.	– die Nachniere
metaphysis, -is, f., gr.	– die Umbildungs-, die Wachstumszone des Knochens, physis Wachstum
metaplasie, f., gr., dtsch.	– die Gewebsumwandlung, plasis = Gestaltung
metastasis, -asis, f., gr.	– das Umsetzen, die Wanderung, methistemi = versetzen
metatarseus, -a, -um, lat.	– zum Mittelfuß gehörig
metra, -a, gr.	– die Gebärmutter
metritis, -tidis, f., gr.	– die Gebärmutterentzündung

micro-, gr.	– Bestimmungswort in Zusammensetzungen mit der Bedeutung: klein, fein
mictio, -onis, f., lat.	– das Harnlassen, mingere = harnen
minimus, -a, -um, lat. (Superlativ)	– der kleinste
minor, minus, Gen. minoris (Komperativ)	– kleiner
miosis-, -osis, f., gr.	– das Verkleinern, die Verengung der Pupille, meion = weniger
mirabilis, -e, lat.	– wunderbar
mitralis, -le, lat.	– zweizipfelige Segelklappe des Herzens, zweizipfelige Bischofsmütze
modus, -i, m., lat.	– die Art und Weise
molaris, -e, lat.	– zum Mahlen dienend, mola = Mühle
mollis, -e, lat.	– weich
monos, mono-, gr.	– allein
morbus, -i, m., lat.	– die Krankheit
mortalis, -le, lat.	– sterblich
moto-, lat.	– Bestimmungswort in Zusammensetzungen mit der Bedeutung: die quergestreifte Muskulatur betreffend
motoricus, -a, -um, lat.	– die Bewegung betreffend, beweglich
motorius, -a, -um, lat.	– der Bewegung dienend
mucosus, -a, -um, lat.	– schleimig
multi, lat.	– viele
multifidus, -a, -um, lat.	– vielfach gespalten
muralis, -e, lat.	– zur Mauer gehörig, in der Wand eines Organs gelegen
musculus, -i, m., lat.	– der Muskel (eigentlich das Mäuschen)
myasthenia, -ae, f., gr.	– krankhaft gesteigerte Ermüdbarkeit von Muskelgruppen
mydriasis, -asis, f., gr.	– die Erweiterung der Pupillen
myel-, gr.	– Bestimmungswort in Zusammensetzungen mit der Bedeutung: das Mark, myelos = Mark
myelencephalon, -i, n., gr.	– Markhirn, das Nachhirn
myelinatus, -a, -um, lat.	– markhaltig
myentericus, -a, -um, gr.	– zur Eingeweidemuskulatur gehörig
mylo-, gr.	– Bestimmungswort in Zusammensetzungen mit der Bedeutung: Mahl(Backen-)zähne, hier: Unterkiefer, mylae = Backenzähne
myo-, gr.	– Bestimmungswort in Zusammensetzungen mit der Bedeutung: Muskel
myocardium, -ii, n., gr.	– die Herzmuskelschicht
nares, -ium, f., pl., lat.	– die Nasenlöcher
nasalis, -e, lat.	– zur Nase gehörig
nasomaxillaris, -e, lat.	– zur Nase und zum Oberkiefer gehörig
nasus, -i, lat.	– die Nase
natalis, -e, lat.	– die Geburt betreffend
natis, -is, f., lat.	– die Hinterbacke
ne-, neo-, gr.	– Bestimmungswort in Zusammensetzungen mit der Bedeutung: neu
necrosis, -is, f., gr.	– der örtliche Gewebstod, nekros = tot
nephro-, gr.	– Bestimmungswort in Zusammensetzungen mit der Bedeutung: Niere, nephros = Niere
nervus, -i, m., lat.	– der Nerv, die Saite
neur-, neuro-, gr.	– Bestimmungswort in Zusammensetzungen mit der Bedeutung: der Nerv
neurocranium, gr.	– der Gehirnschädel
neuron, -ni, n., gr.	– die Nervenzelle und ihre Fortsätze
neuronum, -i, n., gr.	– die Nervenzelle und ihre Fortsätze
neurothelialis, -e, gr.	– epithelähnlich, Nerven umhüllend
nidation, lat., dtsch.	– die Einnistung der befruchteten Eizelle in die Gebärmutterschleimhaut, nidus = Nest, Brut
niger, -gra, -grum, lat.	– schwarz, dunkelfarbig
nodosus, -a, -um, lat.	– knotig
nodulus, -i, m., lat.	– das Knötchen
nodus, -i, m., lat.	– der Knoten
non-, lat.	– verneinende Vorsilbe: nicht
nucha, -ae, f., lat., arab.	– der Nacken, nuqurah = Nacken
nucleus, -i, lat.	– der (Zell-)Kern
nudus, -a, -um, lat.	– nackt, bloß
nutritius, -a, -um, lat.	– zum Ernähren dienend
oo-, gr.	– Bestimmungswort in Zusammensetzungen mit der Bedeutung: Ei
obliquus, -a, -um, lat.	– schief, schräg
obliterans, antis, lat.	– nicht mehr in Gebrauch, obliterare = auslöschen, in Vergessenheit bringen
oblongatus, -a, -um, lat.	– verlängert
obturatus, -a, -um, lat.	– verstopft
obtusus, -a, -um, lat.	– stumpf
occiput, -itis, n., lat.	– das Hinterhaupt
occludens, lat.	– verschließend
occlusalis, -e, lat.	– zum Verschließen geeignet
oculus, -i, m., lat.	– das Auge
oedema, -atis, n., gr.	– Gewebewassersucht, oidema = Geschwulst
oesophagus, -i, m., gr.	– die Speiseröhre, osein = tragen, phagma = Speise
olecranon, -i, n., gr.	– der Ellenbogenhöcker
olfactorius, -a, -um, lat.	– zum Riechen dienend
oligo-, gr.	– Bestimmungswort in Zusammensetzungen mit der Bedeutung: wenig, gering, klein
oliva, -ae, f., lat.	– die Olive (olivenförmige Erhabenheit im verlängerten Mark)
omentum, -i, n., lat.	– das Netz, operimentum = Decke, Überzug
omo-, gr.	– Bestimmungswort in Zusammensetzungen mit der Bedeutung: die Schulter, omos = Schulter
ontogenesis, -is, f., gr.	– die Entwicklung des einzelnen Lebewesens vom Keim zum geschlechtsreifen Individuum, on = das Seiende, genesis = Entstehung, Entwicklung
onyx, m., gr.	– der Nagel, Huf, die Klaue, Kralle
ophthalmicus, -a, -um	– zum Auge gehörig
opticus, -a, -um, lat., gr.	– zum Sehen dienend
ora, -ae, f., lat.	– die Küste
oralis, -e, lat.	– zum Munde gehörig
orbicularis, -e, lat.	– kreisähnlich
orbita, -ae, f., lat.	– die Augenhöhle, orbis = Kreis
orbitalis, -e, lat.	– zur Augenhöhle gehörig
orchis, -is, m., gr.	– der Hode(n)
organum, -i, n., lat., gr.	– das Werkzeug, das Organ
orificium, -ii, n., lat.	– die Mündung, os = Mund, facere = machen
origo, -inis, f., lat.	– der Ursprung
ortho-, gr.	– Bestimmungswort in Zusammensetzungen mit der Bedeutung: gerade, recht, richtig, typisch
os, oris, n., lat.	– der Mund
os, ossis, n., lat.	– der Knochen
osseus, -a, -um	– knöchern
ossificatio, -onis, f., lat.	– die Verknöcherung
osteo-, gr.	– Bestimmungswort in Zusammensetzungen mit der Bedeutung: Knochen
ostium, -ii, n., lat.	– die Mündung
osteogenesis, -is, f., gr.	– die Knochenbildung
osteoid, n., gr. dtsch.	– die Knochengrundsubstanz
osteon, -ei, n., gr.	– die Baueinheit des Lamellenknochens, osteon = Knochen
oticus, -a, -um, gr.	– zum Ohr gehörig, otos = Ohr
otitis, -itidis, f., gr.	– die Ohrentzündung
ovalis, -e, lat.	– eiförmig, oval
ovarium, -ii, n., lat.	– der Eierstock
ovulation, lat., dtsch.	– der Eisprung
ovum, -i, n., lat.	– das Ei
pachy-, gr.	– Bestimmungswort in Zusammensetzungen mit der Bedeutung: dick, derb
pachymeninx, -ingis, f., gr.	– die harte Gehirnhaut, Dura mater
palatinus, -a, -um, lat.	– zum Gaumen gehörig
palatum, -i, n., lat.	– der Gaumen
pallidus, -a, -um, lat.	– blaß, bleich
pallium, -ii, n., lat.	– der Mantel
palma, -ae, f., lat.	– die (flache) Hand, Hohlhandfläche
palmaris, -e, lat.	– zur Handfläche gehörig
palmatus, -a, -um, lat.	– palmenzweigähnlich, fächerartig
palpare, lat.	– abtasten, klopfen
palpebra, -ae, f., lat.	– das Augenlid
palpebralis, -e, lat.	– zum Augenlid gehörig
pampiniformis, -e, lat.	– rankenförmig, pampinus = Weinranke
pancreas, -atis, n., gr.	– die Bauchspeicheldrüse, pan = ganz, kreatos = Fleisch
pancreaticus, -a, -um, gr.	– zur Bauchspeicheldrüse gehörig
panniculus, -i, m., lat.	– das Läppchen, der Fetzen
papilla, -ae, f., lat.	– die Warze, „Brust“warze
papillaris, -e, lat.	– warzenartig
para-, gr.	– Vorsilbe mit der Bedeutung: neben, längs, auch falsch
parasit, gr., dtsch.	– der Schmarotzer = parasitos
parasympathicus, gr.	– ein Teil des unwillkürlichen Nervensystems, überwiegend antagonistisch zum Sympathicus
parathyreoideus, -a, -um, gr.	– zur Nebenschilddrüse gehörig
parenchyma, -atis, n., gr.	– spezifisches Organgewebe
paries, -etis, m., lat.	– die Wand
parietalis, -e, lat.	– zur Wand gehörig
parodontium, -tii, n., gr.	– der Zahnhalteapparat
parotis, -is, f., gr,	– die Ohrspeicheldrüse
pars, partis, f., lat.	– der Teil
parvus, -a, -um, lat.	– klein, kurz
patella, -ae, f., lat.	– die Kniescheibe, (kleine) flache Schale, Teller
patellaris, -e, lat.	– zur Kniescheibe gehörig

patho-, gr. – Bestimmungswort in Zusammensetzungen mit der Bedeutung: Leiden, Krankheit
pecten, -inis, m., lat. – der Kamm
pectineus, -a, -um, lat. – zum (Schambein-)Kamm gehörig
pectoralis, -e, lat. – zur Brust gehörig
pectus, -oris, n., lat. – die Brust
pediculus, -li, m., lat. – das Füßchen, der Stiel
pedunculus, -i, m., lat. – der Stiel
pellucidus, -a, -um, lat. – durchsichtig, durchscheinend, lux = Licht
pelvinus, -a, -um, lat. – zum Becken gehörig
pelvis, -is, f., lat. – das Becken, die Wanne
penis, -is, m., lat. – das männliche Glied
pennatus, -a, -um, lat. – gefiedert
percutere, lat. – schlagen, abklopfen
perforans, lat. – durchbrechend, durchdringend
perforare, lat. – durchbohren, durchbrechen
peri-, gr. – Vorsilbe mit der Bedeutung: um, herum
pericardiacus, -a, -um, gr. – zum Herzbeutel gehörig
pericardium, -ii, n., gr. – der Herzbeutel
perichondrium, -ii, n., gr. – die Knorpelhülle, chondros = Knorpel
perikaryon, -ii, n., gr. – der Zelleib einer Nervenzelle karyon = Kern
perineum, -i, n., gr. – der Damm (zwischen Anus und Vulva)
periodontium, -ii, n., gr. – die Zahnwurzelhaut, odus = Zahn
periosteum, -ii, n., gr. – die Knochenhaut
peristaltik, gr., dtsch. – das Umfassende, Zusammendrücken
peritonaeum, -i, n., lat., gr. – das Bauchfell, peritonaion = das Umspannende
permanens, -entis, lat. – bleibend, fortdauernd
peronaeus, -a, -um, gr. – zum Wadenbein gehörig
perpendicularis, -e, lat. – senkrecht
persistere, lat. – dauernd bestehen, bleiben
pes, pedis, m., lat. – der Fuß
petrosus, -a, -um, gr. – felsig, petros = Fels
petro-, gr. – Bestimmungswort in Zusammensetzungen mit der Bedeutung: Felsenbein
-phagie, f., gr., dtsch. – Grundwort in Zusammensetzungen mit der Bedeutung: Vertilgung, Auflösung, phagein = fressen
phalanx, -angis, f., gr. – das Fingerglied (spez. Knochen)
pharyngeus, -ea, -eum, gr. – zum Schlund gehörig
pharynx, -ngis, m., gr. – der Rachen
philtrum, -i, n., lat., gr. – die Rinne in der Mitte der Oberlippe, philtron = Liebeszauber
phrenes, f., pl., gr. – das Zwerchfell, s. Diaphragma
phrenicus, -a, -um, gr. – zum Zwerchfell gehörig
phylogenesis, -is, f., gr. – die Stammesentwicklung der Lebewesen, phyle = Stamm
pilos, m., gr. – der Filz, das Fasergeflecht
pilus, -i, m., lat. – das Haar
pinea, -ae, f., lat. – der Zirbel(kiefern)zapfen
pinealis, -e, lat. – zur Zirbeldrüse gehörig
piriformis, -e, lat. – birnenförmig, pirum = Birne
pisiformis, -e, lat. – erbsenförmig, pisum = Erbse
pius, -a, -um, lat. – fromm, treu, anschmiegsam
placenta, -ae, f., lat. – der Kuchen, der Mutterkuchen, die Nachgeburt
planta, -ae, f., lat. – die Fußsohle
plantaris, -e – zur Fußsohle gehörig
planum, -i, n., lat. – die Fläche
planus, -a, -um, lat. – flach, eben
platysma, -atis, n., gr. – der Halshautmuskel, die Platte
pleura, -ae, f., gr. – das Brustfell, die Seite des Leibes
plexus, -us, m., lat., gr. – das Geflecht, plectere, plekein = flechten
plica, -ae, f., lat. – die Falte = plicatura
pneuma, -matos, f., gr. – der Hauch, die Luft
pneumaticus, -a, -um, gr. – lufthaltig
pollex, -icis, m., lat. – der Daumen
poly-, gr. – Vorsilbe mit der Bedeutung: viel
pons, pontis, m., lat. – die Brücke
poples, -itis, m., lat. – die Kniekehle
popliteus, -a, -um – zur Kniekehle gehörig
porta, -ae, f., lat. – die Pforte, die Tür
portio, -onis, f., lat. – der Anteil (eines Organs)
porus, -i, m., gr. – die Öffnung
post, lat. – nach, hinter
posterior, -ius, gen.: -oris, lat. (Komparativ) – der hintere
prae-, lat. – Vorsilbe mit der Bedeutung: vor
praeputialis, -e, lat. – zur Vorhaut gehörig
praeputium, -ii, n., lat. – die Vorhaut
primarius, -a, -um, lat. – an erster Stelle stehend
primordialis, -e, lat. – ursprünglich, am Anfang der Embryonalentwicklung
principalis, -e, lat. – ursprünglicher, erster
privatus, -a, -um, lat. – persönlich, eigen
processus, -us, m., lat. – der Fortsatz, das Fortschreiten
profundus, -a, -um, lat. – tief
prognosis, -is, f., gr. – das Vorherwissen, die Vorhersage
proliferatio, -onis, f., lat. – die Wucherung, das Wachstum, proles = Nachkomme, ferre = erzeugen
promontorium, -ii, n., lat. – der Vorsprung, das Vorgebirge
pronator, -oris, m., lat. – der Einwärtsdreher
proprius, -a, -um – eigen
prosencephalon, -i, n., gr. – das Vorderhirn
prostata, -ae, f., gr. – die Vorsteherdrüse
protuberantia, -ae, f., lat. – der (Knochen-)Vorsprung
proximalis, -e, lat. – zum Rumpf hin; ursprungsnahe
pseudo-, pseud-, gr. – Bestimmungswort in Zusammensetzungen mit der Bedeutung: vorgetäuscht, falsch
psoas, m., gr. = gen. – die Lenden, Nom.: psoa
pterygoideus, -a, -um, gr. – flügelförmig gestaltet, pteryx = Flügel
ptosis, -is, f., gr. – das Herabsinken des oberen Augenlides, Fall, Sturz
pubes, -is, f., lat. – die Schamgegend
pubicus, -a, -um, lat. – zur Schamgegend gehörig
publicus, -a, -um, lat. – öffentlich, allgemein
pudendalis, -e, lat. – zur Schamgegend gehörig
pudendus, -a, -um, lat. – schändlich, dessen man sich schämen muß
pulmo, -onis, m., lat. – die Lunge
pulmonalis, -e, lat. – zur Lunge gehörig
pulpa, -ae, lat. – die gefäßreiche Gewebsmasse, das Mark
pulvinar, -aris, n., lat. – das Polster
punctum, -i, n., lat. – der Punkt
pupilla, -ae, f., lat. – das Sehloch, die Pupille
putamen, -inis, n., lat. – die Schale
pyloricus, -a, -um, lat., gr. – zum Pförtner gehörig
pylorus, -i, lat., gr. – der Pförtner, Magenausgang
pyramidalis, -e – zur Pyramide gehörig
pyramis, -idis, f., gr. – die Pyramide
quadratus, -a, -um, lat. – viereckig
quadriceps, -ipitis, lat. – vierköpfig
quadrigeminus, -a, -um, lat. – vierfach
quartus, -a, -um, lat. – vierter, der vierte
radialis, -e, lat. – zur Speiche gehörig
radiatio, -onis, f., lat. – die Ausstrahlung
radiatus, -a, -um, lat. – strahlenförmig angeordnet
radius, -ii, m., lat. – der Stab, die Speiche
radix, -icis, f., lat. – die Wurzel
ramus, -i, m., lat. – der Ast, der Zweig
ranula, -ae, f., lat. – die Froschgeschwulst, rana = Frosch
raphe, -ae, f., gr. – die Naht
recessus, -us, m., lat. – der Schlupfwinkel, die Vertiefung
recidere, lat. – zurückkommen, wiederkehren
rectalis, -e, lat. – zum Mastdarm gehörig
rectum, -i, n., lat. – der Mastdarm, gerader Dickdarmabschnitt
rectus, -a, -um, lat. – gerade
recurrens, -entis, lat. – zurücklaufend
regio, -onis, f., lat. – die Lage, die Gegend
regula, -ae, f., lat. – die Richtschnur, die Latte
ren, renis, m., lat. – die Niere
renalis, -e, lat. – zur Niere gehörig
reponere, lat. – zurückstellen, in die ursprüngliche Lage bringen
resecare,lat, – abschneiden
reservatus, -a, -um, lat. – zurückbehalten, aufbewahrt
resorbere, lat. – aufsaugen, in sich aufnehmen
respiratorius, -a, -um, lat. – zur Atmung dienend
restitutio, -onis, f., lat. – die Wiederherstellung
rete, retis, n., lat. – das Netz
reticularis, -e, lat. – netzförmig
retina, -ae, f., lat., arab. – die Netzhaut des Auges, Rescheth = Umhüllung des Glaskörpers
retinaculum, -i, n., lat. – das Halteband
retractor, -oris, m., lat. – der Zurückzieher
retro-,lat. – Vorsilbe mit der Bedeutung: rückwärts
reuniens, -entis, lat. – vereinigend
rhin-, gr. – Bestimmungswort in Zusammensetzungen mit der Bedeutung: Nase, rhis = Nase
rhinencephalon, -i, n., gr. – das Riechhirn
rhombencephalon, -i, n., gr. – das Rautenhirn, rhombos = Raute
rhomboideus, -a, -um, gr. – rautenähnlich
rigidus, -a, -um, lat. – starr, steif
rima, -ae, f., lat. – die Spalte
rostralis, -e, lat. – rüssel- oder schnabelwärts, zum Rüssel gehörig
rotator, -oris, m., lat, – der Dreher
rotundus, -a, -um, lat. – rund
ruber, -bra, -brum, lat, – rot
ruga, -ae, f., lat. – die Runzel, Falte
ruptura, -ae, f., lat. – die Zerreißung, der Riß
sacculus, -i, m., lat. – das kleine Säckchen
saccus, -i, m., lat. – der Sack

sacer, -cra, crum, lat. – heilig
sacralis, -e, lat. – zum Kreuzbein (Os sacrum) gehörig
sagittalis, -e, lat. – in Pfeilrichtung; die, der Medianebene parallel liegende Ebene
saliva, -ae, f., lat. – der Speichel
salivaris, -e, lat. – zum Speichel gehörig
salpinx, -ingis, f., gr. – der Eileiter, „Gebärmuttertrompete“
sanguineus, -ea, eum, lat. – blutig
saphenus, -a, -um, arab., lat. – verborgen (unter der Haut)
sarco-, gr. – Bestimmungswort in Zusammensetzungen mit der Bedeutung: Fleisch = sarx
sartorius, -a, -um, lat. – zum Schneidern geeignet, sartor = Schneider
scala, -ae, f., lat. – die Treppe
scalenus, -a, -um, gr. – ungleichseitig dreieckig
scapula, -ae, f“ lat. – das Schulterblatt, pl.: scapulae = Rücken
scapularis, -e – zum Schulterblatt gehörig
scapus, -i, m., lat. – der Schaft
sclera, -ae, f., gr. – die Lederhaut des Auges, skleros = hart
scrotum, -i, n., lat. – der Hodensack
scutulum, -i, n., lat. – das Schildchen
sebaceus, -a, -um, lat. – talgig, Talg produzierend
sebum, -i, n., lat. – der Talg
sectorius, -a, -um, lat. – zum Schneiden geeignet
secundarius, -ia, -ium, lat. – an zweiter Stelle stehend
segmentalis, -e, lat. – zum Abschnitt gehörig
segmentum, -i, n., lat. – der Abschnitt
sella, -ae. f., lat. – der Sessel, der Sattel
sella turcica, f., lat. – der Türkensattel
semen, -inis, n., lat. – der Samen
semi-, lat. – Vorsilbe mit der Bedeutung: halb
semilunaris, -e, lat. – halbmondförmig
semimembranosus, -a, -um, lat. – halbhäutig
seminalis, -e, lat. – zum Samen gehörig
seminifer, -era, -erum, lat. – samenführend
semispinalis, -e, lat. – halb zu den Dornfortsätzen gehörig
semitendinosus, -a, -um, lat. – halbsehnig
sensibilis, -e, lat. – empfindsam, empfindlich
septalis, -e, lat. – zur Scheidewand gehörig
septicus, -a, -um, gr. – mit Keimen behaftet
septulum, -i, n., lat. – die kleine Scheidewand
septum, -i, n., lat. – die Scheidewand
serratus, -a, -um, lat. – gesägt, gerändert
serosus, -a, -um, lat. – reich an Serum (= farblose Blutflüssigkeit), serum = Molke
sesamoideus, -ea, -eum, gr. – der Frucht der Sesampflanze ähnlich
sexualis, -e, lat. – geschlechtlich
siccus, -a, -um, lat. – trocken
sigmoideus, -ea, -eum, gr. – S-förmig, sigma = S
simplex, -icis, lat. – einfach
sinister, -tra, -trum, lat. – links, der linke . . .
sinus, -us, m., lat. – der Busen, die Bucht, die Höhle
sive, lat. – oder
skeletalis, -e, lat. – zum Skelett gehörig
skeleton, -i, n., gr. – das Knochengerüst
skoliosis, -is, f., gr. – die seitliche Verbiegung der Wirbelsäule, skolios = gekrümmt
solaris, -e, lat. – sonnenähnlich
solea, -ae, f., lat. – die Sohle
solitarius, -a, -um, lat. – alleinstehend, einzeln
soma, -atis, n., gr. – der Leib, der Körper
spatium, -ii, n., lat. – der Zwischenraum, der Raum
spermaticus, -a, -um, lat. – zum Samen gehörig
sphaeroideus, -ea, -eum, gr. – kugelartig, sphaira = Kugel
sphenoidalis, -e, gr. – keilförmig, sphen = Keil
sphincter, -eris, n., gr. – der Schließmuskel, die Schnur, das Band
spina, -ae, f., lat. – die Gräte, der Dorn, Rückgrat
spinalis, -e, lat. – dornähnlich
spinosus, -a, -um, lat. – dornenreich
spiralis, -e, gr. – kreisförmig gewunden
spirare, lat. – blasen, wehen, atmen
splanchnicus, -a, -um, gr. – zu den Eingeweiden gehörig, splanchnon = Eingeweide
splanchnocranium, n., gr. – der Eingeweideschädel
splen, -enis, m., gr. – die Milz
splenius, -a, -um, lat., gr. – wulstförmig, splenium = Pflasterstreifen
spondylosis, -is, f., gr. – die Gelenkerkrankung der Wirbel, spondylos = Wirbel
spongiosus, -a, -um, gr. – schwammig, spongos = Schwamm
squama, -ae, f., lat. – die Schuppe
squamosus, -a, -um, lat. – schuppig, voll Schuppen
stapes, -edis, m., lat. – der Steigbügel
stasis, f., gr. – der Stillstand, die Stauung
statoacusticus, -i, m., lat., gr. – der Nerv für Gleichgewicht und Gehör
stellatus, -a, -um – sternförmig
steno-, gr. – Bestimmungswort in Zusammensetzungen mit der Bedeutung: eng, schmal = stenos
sterilis, -e, lat. – unfruchbar, keimfrei
sternalis, -e, gr. – zum Brustbein gehörig
sternebra, -ae, f., gr. – der einzelne Brustbeinabschnitt
sternum, -i, n., lat., gr. – das Brustbein, sternon = Brust
stoma, -atis, n., gr. – der Mund, die kleine Öffnung
stratificatus, -a, -um, lat. – geschichtet
stratum, -i, n., lat. – die Schicht, Zone
striatus, -a, -um, lat. – gestreift
struma, -ae, f., lat. – die Drüsengeschwulst (der Schilddrüse), der Kropf
styloideus, -a, -um, gr. – griffelähnlich
stylos, -i, m., gr. – der Griffel
sub-, lat. – Vorsilbe mit der Bedeutung: unter, unterhalb
subclavius, -a, -um, lat. – unter dem Schlüsselbein gelegen
subcutis, -is, f., lat. – die Unterhaut
substantia, -ae, f., lat. – die Beschaffenheit, das Vorhandensein
sudare, lat. – schwitzen, ausschwitzen
sudoriferus, -a, -um, lat. – Schweiß enthaltend
sulcus, -i, M., lat. – die Furche, die Rinne
super-, lat. – Vorsilbe mit der Bedeutung: über, obendrauf
superficialis, -e, lat. – oberflächlich
superior, -us, Gen.: -oris (Komparativ), lat. – der obere
supinator, -oris, m., lat. – der Auswärtsdreher
supra-, lat. – Vorsilbe mit der Bedeutung: oberhalb von, darüberhinaus
sura, -ae, f., lat. – die Wade
suspensorius, -a, -um, lat. – zum Aufhängen geeignet
sustentaculum, -i, n., lat. – die Stütze, der Halt
sustentans, lat. – aufrechthaltend, stützend
sutura, -ae, f., lat. – die (Knochen-)Naht
sympathicus, -i, m., gr. – ein Teil des unwillkürlichen Nervensystems, Antagonist des Parasympathicus
symphysialis, -e, gr. – zur Schambeinfuge gehörig
symphysis, -is, f., gr. – die Verwachsung, symphyesthai = zusammenwachsen
syn-, gr. – Vorsilbe mit der Bedeutung: zusammen
synarthrosis, -is, f., gr. – das straffe Gelenk
syndromos, -mi, n., gr. – der Symptomenkomplex, dromos = Lauf
synovia, -ae, f., lat., gr. – die Gelenkschmiere, Wortneubildung von Paracelsus
synovialis, -e, lat. – zur Gelenkschmiere gehörig bzw. mit ihr gefüllt
synthesis, -is, f., gr. – die Zusammensetzung
systole, f., gr. – das Zusammenziehen des Herzkammermuskels
tabula, -ae, f., lat. – die Tafel, das Brett
tactilis, -e, lat. – berührbar, zum Gefühl gehörig
tactus, -us, m., lat. – das Gefühl
talus, -i, m., lat. – das Sprungbein, der Würfel
tampon, m., frz. – der Stöpsel, der Pfropfen
tarsus, -i, m., lat., gr. – die Fußwurzel, die Lidplatte
tectum, -i, n., lat. – das Dach
tegmentum, -i, n., lat. – die Decke, die Bedeckung
tela, -ae, f., lat. – die Gewebs(schicht)
telencephalon, -i, n., gr. – das Endhirn, telos = Ende
temporalis, -e, lat. – zur Schläfe gehörig
tempus, -oris, n., lat. – die Schläfe, die Zeit
tendineus, -a, -um, lat. – sehnig
tendinosus, -a, -um – sehnenreich
tendo, -inis, m., lat. – die Sehne, tendere = spannen
tensor, -oris, m., lat. – der Spanner
tentoricus, -a, -um, lat. – zeltähnlich
tentorium, -ii, n., lat. – das Zelt
tenuis, -e, lat. – dünn, zart
teres, -etis, lat. – rundlich, glattrund
terminalis, -e, lat., gr. – zur Grenze, zum Ende gehörig
terminatio, -onis, f., lat. – die Endigung
tertius, -a, -um, lat. – der dritte
testicularis, -e, lat. – zum Hoden gehörig
testiculus, -i, m., lat. – der kleine Hoden
testis, -is, m., lat. – der Hoden
tetanie, gr., dtsch. – Muskelkrampf, tetanos = Spannung, Halsstarre
textus, -us, m., lat. – das Gewebe, das Geflecht
thalamicus, -a, -um, lat., gr. – zum Sehhügel gehörig
thalamus, -i, lat., gr. – das Gemach, die Wohnung, der Sehhügel
theca, -at-, f., lat., gr. – die Kapsel, die Hülle, bindegewebige Hülle eines Organes
therapia, -ae, f., gr. – die Heilbehandlung, therapeuein = heilen
thoracalis, -e, gr. – zum Brustkorb gehörig
thoracicus, -a, -um, lat. – zum Brustkorb gehörig
thorax, -acis, m., lat., gr. – der Brustkorb, Brustpanzer
thrombus, -i, m., lat., gr. – der Blutpfropf, das Blutgerinnsel
thymus, -i, m., lat., gr. – der Bries

thyreoarytaenoideus, -a, -um, gr.	– vom Schild- zum Gießkannenknorpel ziehend
thyreoideus, -ea, gr.	– zum Schildknorpel resp. zur Schilddrüse gehörig
tibia, -ae, f., lat.	– das Schienbein, die Flöte, schin, altdtsch. = Hautbein
-tomia, -ae, f., gr.	– Grundwort in Zusammensetzunge mit der Bedeutung: das Schneiden, der Schnitt, temnein = schneiden
tonsilla, -ae, f., lat.	– die Mandel
torsio, -onis, f., lat.	– die Drehung
torus, -i, m., lat.	– das Polster, der Wulst
trabecula, -ae, f., lat.	– das Bälkchen, trabs = Balken
trachea, -ae, f., gr.	– die Luftröhre, trachys = rauh, steif
trachynx, -ngis, m., gr.	– der Kehlrachen, aus tracheia und pharynx
tractus, -us, m., lat.	– der Zug, der Strang, der Verlauf
tragus, -i, m., gr.	– der knorpelige Vorsprung an der Ohrmuschel, Ziegenbock
trans-, lat.	– Vorsilbe: durch, hindurch
transitionalis, -e, lat,	– vorübergehend
transplantare, lat.	– verpflanzen
transversalis, -e, lat.	– quer, zum Querliegenden gehörig
transversus, -a, -um, lat.	– quer liegend
trapezius, -a, -um, gr.	– ungleichseitig viereckig
trapezoideus, -ea, -eum, gr.	– trapezähnlich
trauma, -matos, n., gr.	– die Wunde, die Verletzung
tri-, gr.	– drei–
triangularis, -e, lat.	– dreieckig
triceps, -ipitis, m., lat.	– dreiköpfig
tricuspidalis, -e, lat.	– dreizipfelig, dreispitzig,
trigeminalis, -e, lat.	– zum N. trigeminus gehörig
trigeminus, -a, -um, lat.	– dreifach, dreigeteilt (Drillings-)
trigonum, -i, n., gr.	– das Dreieck
trochanter, -eris, n., gr.	– der Rollhügel, trochos = Rad
trochlea, -ae, f., gr.	die Rolle
trochlearis, -e	– zur Rolle gehörig
trochoideus, -ea, -eum, gr.	– radförmig
-trop, gr.	– Grundwort in Zusammensetzungen mit der Bedeutung: ändern, wandeln, trope = Änderung
tropho-, gr.	– Bestimmungswort in Zusammensetzungen mit der Bedeutung: Nahrung, Ernährung
truncus, -i, m., lat.	– der Stamm, der Rumpf
tuba, -ae, f., lat.	– die Trompete
tuba auditiva, tubae auditivae, f., lat.	– die Ohrtrompete
tuba uterina, tubae uterinae, f., lat.	– der Eileiter
tuber, -eris, n., lat.	– der Höcker, der Auswuchs
tuberculum, -i, n., lat.	– das Höckerchen
tuberositas, -atis, f., lat.	– die Rauhigkeit, Höckerigkeit
tubulus, -i, m., lat.	– die kleine Röhre
tumor, -oris, m., lat.	– die (krankhafte) Anschwellung, die Geschwulst
tunica, -ae, f., lat.	– die Gewebsschicht, die Hülle
turbinalis, -e, lat.	– gewunden, gedreht
turcicus, -a, -um, neulat.	– türkisch
tympanicus, -a, -um, lat., gr.	– zur Pauke gehörig
tympano-, gr.	– Bestimmungswort in Zusammensetzungen mit der Bedeutung: Pauke
tympanum, -i, n., lat., gr.	– die Trommel, die (Hand-)Pauke
-typicos, gr.	– Grundwort in Zusammensetzungen mit der Bedeutung: bildend
ulna, -ae, f., lat.	– die Elle
ultra-, lat.	– Vorsilbe mit der Bedeutung: jenseits
umbilicalis, -e, lat.	– zum Nabel gehörig
umbilicus, -i, m., lat.	– der Nabel, Nabelstrang
unguicula, -ae, f., lat.	– der kleine Huf, die Kralle (Deminutiv von „ungula“)
unguicularis, -e, lat.	– zur Kralle gehörig
unguis, -is, m., lat.	– der Nagel
unguiculus, -i, m., lat.	– das Nägelchen, die Kralle
ungula, -ae, f., lat.	– der Huf, die Klaue
urachus, -i, m., gr.	– der fetale Harngang, uron = Harn, cheo = ich gieße
ureter, -eris, m., gr.	– der Harnleiter
urethra, -ae, f., gr.	– die Harnröhre
urinarius, -a, -um, lat.	– zum Harn gehörig
urogenitalis, -e, gr.	– zum Harn- und Geschlechtsapparat gehörig
uterus, -i, m., lat.	– die Gebärmutter, uter = Schlauch
utriculus, -i, m., lat.	– der kleine, sackförmige Schlauch
uvula, -ae, f., lat.	– das Zäpfchen, uva = Weintraube
vagalis, -e, gr.	– zum N. vagus gehörig
vagina, -ae, f., lat.	– die Scheide
Vagus, -a, -um, lat.	– umherschweifend
valgus, -a, -um, lat.	– säbelbeinig, x-förmig verbogen
vallatus, -a, -um, lat.	– umwallt, schützend umgeben
valva, -ae, f., lat.	– der Türflügel, die (Schoten-)Klappe
valvula, -ae, f., lat.	– das Kläppchen
varus, -a, -um, lat.	– krummbeinig, o-förmig gebogen
vas, vasis, n., lat.	– das Gefäß
vasculosus, -a, -um, lat.	– gefäßreich, gefäßhaltig
vastus, -a, -um, lat.	– riesig, plump, unförmig
velum, -i, n., lat.	– das Segel
vena, -ae, f., lat.	– die Blutader, die Vene
venosus, -a, -um, lat.	– venös
venter, -tris, m., lat.	– der Bauch
ventralis, -e, lat.	– bauchwärts
ventricularis, -e, lat.	– zum Bauch, zur Kammer gehörig
ventriculus, -i, m., lat.	– der kleine Bauch, die (Herz-)Kammer, die (Gehirn-)Kammer
venula, -ae, f., lat.	– die kleine Vene (Deminutiv), Venule
vertebra, -ae, f., lat.	– der Wirbel, vertere = drehen
vertebralis, -e, lat.	– zum Wirbel gehörig
vertex, -icis, m., lat.	– der Scheitel, der Wirbel
verticalis, -e, lat.	– senkrecht, lotrecht
verus, -a, -um, lat.	– wahr, echt
vesica, -ae, f., lat,	– die Blase
vesicalis, -e, lat.	– zur Blase gehörig
vesicularis, -e, lat.	– bläschenartig
vestibularis, -e, lat.	– zu einem Vorraum gehörig
vestibulum, -i, n., lat.	– der Vorhof, der Vorraum, der Eingang
villus, -i, m., lat.	– die Zotte
vitreus, -a, -um, lat.	– gläsern
viscera, -erum, n., lat., pl.	– die Eingeweide
visceralis, -e, lat.	– zu den Eingeweiden gehörig
visus, -us, m., lat.	– das Sehen
vivum, -i, n., lat.	– das Lebendige
vocalis, -e, lat.	– tönend, klangvoll, vox = Stimme
vola, -ae, f., lat.	– die Hohlhand
volaris, -e, lat.	– zur Hohlhand gehörig
volvere, lat.	– drehen, wälzen
volvulus, -i, m., lat.	– die Drehung
vomer, -eris, m., lat.	– das Pflugschar(bein)
vulva, -ae, f., lat.	– die äußeren weiblichen Geschlechtsorgane, Scham
xiphoideus, -a, -um, gr.	– schwertähnlich, xiphos = Schwert
-zele, gr.	– Grundwort in Zusammensetzungen mit der Bedeutung: krankhaftes Hervortreten von Organen, Organteilen oder Körperflüssigkeiten, zele = Bruch
zona, -ae, f., gr.	– der Gürtel, der Streifen
zonoskeleton, gr. dtsch.	– der Skelettgürtel
zonularis, -e, lat.	– gestreift, gürtelförmig
zygomaticus, -a, -um, lat., gr.	– zum Jochbogen gehörig, s. a. jugum und azygos

LITERATURVERZEICHNIS

Adams, D. R., 1986: Canine Anatomy. Iowa State University Press, Ames

Amman, E., E. Seiferle und G. Pelloni, 1978: Atlas zur chirurgisch-topographischen Anatomie des Hundes. Paul Parey, Berlin, Hamburg.

Anderson, W. D. and Anderson, G. B., 1994: Atlas of Canine Anatomy. Lea and Febiger, Philadelphia, Baltimore

Barone, R., 1976: Anatomie Comparée des Mammiferes Domestiques; T.1 - Osteologie; T. 2 - Arthrologie et Myologie; T. 3 Splanchnologie, Foetus et ses Annexes. Viget Freres, Paris

Baum, H., 1917: Die im injizierten Zustand makroskopisch erkennbaren Lymphgefäße der Skelettknochen des Hundes. Anat. Anz. 50:521-539

Baum, H., 1917: Die Lymphgefäße der Haut des Hundes. Anat. Anz. 50:1-15

Baum, H. und O. Zietzschmann, 1936: Handbuch der Anatomie des Hundes, 2. Aufl., Paul Parey, Berlin

Berg, R., 1982: Angewandte und topographische Anatomie der Haustiere. 2. Aufl., Gustav Fischer, Jena

Böhme, G., 1967: Unterschiede am Gehirnventrikelsystem von Hund und Katze nach Untersuchungen an Ausgußpräparaten. Berl. Münch. Tierärztl. Wschr. 80:195-196

Bojrab, M. J., 1981: Praxis der Kleintierchirurgie. Enke, Stuttgart

Bolz, W., 1985, Hrsg.: O. Dietz: Lehrbuch der Allgemeinen Chirurgie für Tierärzte. 5. Aufl., Enke, Stuttgart

Bonath, K. H. und W. D. Prieur, 1998: Kleintierkrankheiten Bd 3 Orthopädische Chirurgie und Traumatologie. Ulmer Verlag, Stuttgart

Boyd, J. S., Paterson, C. and A. H. May, 1991: A Colour Atlas of Clinical Anatomy of the Dog and Cat. Wolfe Publ. Ltd., London

Bradley, O. Ch., 1948: Topographical Anatomy of the Dog. 5. Ed., Oliver and Boyd, Edinburgh, London

Bucher, O., und H. Wartenberg 1997: Cytologie, Histologie und mikroskopische Anatomie des Menschen, 12. Aufl., Hans Huber, Bern, Stuttgart, Wien

Budras, K.-D., 1972: Zur Homologisierung der Mm. adductores und des M. pectineus der Haussäugetiere. Zbl. Vet. Med., C, 1:73-91

Budras, K.-D., F. Preuß, W. Traeder und E. Henschel, 1972: Der Leistenspalt und die Leistenringe unserer Haussäugetiere in neuer Sicht. Berl. Münchn. tierärztl. Wschr. 85:427-431

Budras, K.-D. und D. Seifert, 1972: Die Muskelinsertionsareale des Beckens von Hund und Katze, zugleich ein Beitrag zur Homologisierung der Lineae glutaeae unserer Haussäugetiere. Anat. Anz. 132:423-434

Budras, K.-D. und A. Wünsche, 1972: Arcus inguinalis und Fibrae reflexae des Hundes. Gegenbaurs morph. Jb. 1 17:408-419

Chandler, E. H., J. B. Sutton and D. J. Thompson, 1984: Canine Medicine and Therapeutics. 2. Ed., Blackwell, Oxford, London

Christoph, H.-J., U. Freudiger und E.-G. Grünbaum, 1997: Klinik der Hundekrankheiten. 2. Aufl., Fischer, Stuttgart

Dämmrich, K., 1981: Zur Pathologie der degenerativen Erkrankungen der Wirbelsäule bei Hunden. Kleintierpraxis 26:467-476

Dahme, E. und E. Weiss, 1999: Grundriß der speziellen pathologischen Anatomie der Haustiere 5. Aufl., Enke, Stuttgart

Dellmann, H.-D. and E. M. Brown, 1976: Textbook of Veterinary Histology. Lea and Febiger, Philadelphia

De Lahunta, A., 1983: Veterinary Neuroanatomy and Clinical Neurology. 2. Ed., W. B. Saunders Comp., Philadelphia

De Lahunta, A. and R. E. Habel, 1986: Applied Veterinary Anatomy. W. B. Saunders Comp., Philadelphia

Donat, K., 1971: Die Fixierung der Clavicula bei Katze und Hund. Anat. Anz. 128:365-374

Donat, K., 1972: Der M. cucullaris und seine Abkömmlinge (M. trapezius und M. sternocleidomastoideus) bei den Haussäugetieren. Anat. Anz. 131:286-297

Done, St. H., Goody, P. C., Evans, S. A. et al., 1996: Color Atlas of Veterinary Anatomy. Vol.3: The Dog and Cat. Mosby-Wolfe, London

Dyce, K. M., Sack, W. O. und C. J. G. Wensing, 1991: Anatomie der Haustiere. Enke, Stuttgart

Ellenberger, W. und H. Baum, 1943: Handbuch der vergleichenden Anatomie der Haustiere. 18. Aufl., Springer, Berlin

Evans, H. E. and A. de Lahunta, 1988: Miller's Guide to the Dissection of the Dog. 3. Ed., W. B. Saunders Comp., Philadelphia, London, Toronto

Evans, H. E., 1993: Miller's Anatomy of the Dog. 3. Ed., W. B. Saunders Comp., Philadelphia, London, Toronto

Faller, A., 1980: Anatomie in Stichworten. Ferdinand Enke, Stuttgart

Franke, H.-R., 1970: Zur Anatomie des Organum vomeronasale des Hundes. Diss. med. vet., Freie Universität Berlin

Frewein, J. und B. Vollmerhaus, 1994: Anatomie von Hund und Katze. Blackwell Wissenschafts-Verlag, Berlin

Getty, R., 1975: Sisson and Grossman's Anatomy of the Domestic Animals. Vol. 2 - Porcine, Carnivore, Aves. 5. Ed., W. B. Saunders Comp., Philadelphia, London, Toronto

Getty, R., H. L. Foust, E. T. Presley and M. C. Miller, 1956: Macroscopic anatomy of the ear of the dog. Amer. J. Vet. Res. 17: 364-375

Grandage, J., 1972: The erect dog penis. Vet. Rec. 91:141-147

Habel, R. E., 1985: Applied Veterinary Anatomy. Pub. by author, Ithaca, N. Y.

Habel, R. und K.-D. Budras, 1992: Anatomy of the praepubic tendon in horse, cow, sheep, goat and dog. Am. J. Vet. Res. 53: 2183-2195

Henning, Ch., 1965: Zur Kenntnis des M. retractor ani et penis s. clitoridis et constrictor recti (M. retractor cloacae) beim Hund. Anat. Anz. 117:201-215

Henning, P., 1965: Der M. piriformis und die Nn. clunium medii des Hundes. Zbl. Vet. Med., A, 12:263-275

Henschel, E. und W. Gastinger, 1963: Beitrag zur Arteriographie der Aa. carotis und vertebralis beim Hund. Berl. Münchn. tierärztl. Wschr. 76:241-243

Henschel, E., 1971: Zur Anatomie und Klinik der wachsenden Unterarmknochen mit Vergleichen zwischen der Distractio cubiti des Hundes und der Madelungschen Deformität des Menschen. Arch. Experim. Vet. med. 26:741-787

Henschel, E., 1983: Das Hüftgelenk von Hund und Katze - eine Enarthrosis? tierärztl. Prax. 11:345 -348

Hoerlein, B. F., 1978: Canine Neurology. Diagnosis und Treatment. 3..Ed., W. B. Saunders Comp., Philadelphia, London, Toronto

Hyrtl, J., 1880: Onomatologia Anatomica. Braumüller, Wien

International Committee on Gross Anatomical Nomenclature, 1994: Nomina Anatomica, 4. Ed., Nomina Histologica, 2. Ed., Ithaca, N. Y.

Jacoby, S., 1968: Über einige Abkömmlinge des M. sphincter marsupii beim Hunde. Anat. Anz. 122:234-338

Kadletz, M., 1932: Anatomischer Atlas der Extremitätengelenke von Pferd und Hund. Urban und Schwarzenberg, Berlin, Wien

Kealy, J. K., 1991: Röntgendiagnostik bei Hund und Katze. 2. Aufl., Enke, Stuttgart

King, A. S., 1978: A Guide to the Physiological and Clinical Anatomy of the Thorax. 4 Ed., Dept. Vet. Anat., University of Liverpool, Liverpool

King, A. S. and V. A. Riley, 1980: A Guide to the Physiological and Clinical Anatomy of the Head. 4. Ed., Dept. Vet. Anat., University of Liverpool, Liverpool L69 3BX

Koch, T. und R. Berg, 1981 - 1985: Lehrbuch der Veterinär-Anatomie. Bd. 1-3, Gustav Fischer, Jena

König, H. E., 1992: Anatomie der Katze. Gustav Fischer, Stuttgart, Jena, N.Y.

Kraft, W., 1993: Tierärztliche Endoskopie. Schattauer, Stuttgart, N.Y.

Krölling, O. und H. Grau, 1960: Lehrbuch der Histologie und vergleichenden mikroskopischen Anatomie der Haustiere. Paul Parey, Berlin, Hamburg

Krstic, R. V., 1978: Die Gewebe des Menschen und der Säugetiere. Springer, Berlin, Heidelberg, New York

Krstic, R. V., 1984: Illustrated Encyclopedia of Human Histology. Springer, Berlin, Heidelberg, New York, Tokyo

Krüger, G., 1961: Veterinärmedizinische Terminologie. 2. Aufl., Hirzel, Leipzig

Leonhardt, H., 1990: Histologie, Zytologie und Mikroanatomie des Menschen. 8. Aufl., Thieme, Stuttgart

Liebich, H.-G., 1999: Funktionelle Histologie 3. Aufl., Schattauer, Stuttgart, N.Y.

Lippert, H., 1999: Lehrbuch Anatomie. 5. Aufl., Urban und Fischer, München

Morgan, J. P. , A. Wind und A. P. Davidson, 2000: Hereditary Bone and Joint Diseases in the Dog. Schlütersche, Hannover

Nickel, R., A. Schummer und E. Seiferle, 1991-1996: Lehrbuch der Anatomie der Haustiere. Bd. 1-4, Paul Parey, Berlin, Hamburg

Niemand, H. G., und P. Suter, 1994: Praktikum der Hundeklinik. 8. Aufl., Paul Parey, Berlin, Hamburg

Nitschke, Th., 1970: Diaphragma pelvis, Clitoris und Vestibulum vaginae der Hündin. Anat. Anz. 127:76-125

Pierard, J., 1972: Anatomie Appliquèe des Carnivores Domestiques, Chien et Chat. Sornabec, Quebec

Preuß, F., 1967: Anleitung zur topographischen Ganztierpräparation des Hundes. Selbstverlag, Berlin

Reese, S., 1995: Untersuchungen am intakten und rupturierten Lig. cruciatum craniale des Hundes. Diss. med. vet., Berlin

Ruedorffer, N. v., 1996: Morphologische Untersuchungen zur Ortholo- gie und Pathologie der Tuberositas tibiae bei Hunden bis zum Alter von 2 Jahren. Diss. Med. vet., Berlin

Schaller, O., 1992: Illustrated Veterinary Anatomical Nomenclature. Enke, Stuttgart

Simoens, P., 1985: Morphologic study of the vasculature in the orbit and eyeball of the pig. Thesis Fakul. Vet. Med., State Univ. Ghent

Wünsche, A. und K.-D. Budras, 1972: Der M. cremaster externus resp. compressor mammae des Hundes. Zbl. Vet. Med. C, 1: 138-148

SACHVERZEICHNIS